Karl Helfferich

Das Geld

Literaricon

Karl Helfferich

Das Geld

ISBN/EAN: 9783965067714

Auflage: 1

Erscheinungsjahr: 2023

Erscheinungsort: Treuchtlingen, Deutschland

© Literaricon Verlag UG (haftungsbeschränkt)

www.literaricon.com

Printed in Germany

Cover: Victor Dubreuil, Barrels of Money, Abb. gemeinfrei

DAS GELD

Von

KARL HELFFERICH

Sechste, neubearbeitete Auflage

LEIPZIG

VERLAG VON C. L. HIRSCHFELD

1923

Druck von C. Schulze & Co., G. m. b. H., Gräfenhainichen.
Printed in Germany.

Vorwort zur sechsten Auflage.

Als ich im Jahre 1910 die zweite Auflage dieses Buches bearbeitete, konnte ich feststellen, daß in den seit der Ausgabe der ersten Auflage verflossenen sieben Jahre die Weiterentwicklung der tatsächlichen Verhältnisse auf dem Gebiete des Geldwesens sich im großen Ganzen innerhalb der seit längerer Zeit feststehenden Bahnen bewegt hatte, daß aber auf dem Gebiet der Geldtheorie ein wichtiges Ereignis, das Erscheinen des Werkes von G. F. Knapp über die „Staatliche Theorie des Geldes" eine teilweise Neubearbeitung einzelner Abschnitte nötig gemacht hatte.

Heute ist die Lage umgekehrt. Die zwölf Jahre seit der Neubearbeitung meines Buches haben zwar die umfangreiche Literatur des Geldwesens weiter erheblich vermehrt und im Einzelnen manche wertvolle Bereicherung der Geldlehre gezeitigt; wichtiger aber als die Fortschritte der Theorie sind dieses Mal die durch den Weltkrieg verursachten gewaltigen Aenderungen sowohl des Geldwesens der einzelnen Länder als auch der internationalen Geldverfassung.

Die durch den Krieg ausgelöste Entwicklung ist noch im Fluß. Gleichwohl habe ich geglaubt, jetzt nicht abermals, wie bei der dritten, vierten und fünften Auflage, einen bis auf den statistischen Anhang unveränderten Neudruck herausgeben, sondern eine die neuere Entwicklung berücksichtigende Neubearbeitung vornehmen zu sollen. Die Neubearbeitung hat mich weiter geführt, als ursprünglich in meiner Absicht lag. Es hat sich die Notwendigkeit herausgestellt, dem Werke einige ganz neue Abschnitte einzufügen: dem historischen Teil ein 7. Kapitel, das „die Entwicklung des Geldwesens seit dem Ausbruch des Weltkrieges" behandelt, dem theoretischen Teil ein 13. Kapitel, das sich mit der „Gestaltung des Geldwertes von 1850 bis zur Gegenwart" befaßt.

Ich habe mit diesen neuen Kapiteln zum ersten Male eine umfassende systematische Darstellung der gewaltigsten Umwälzung versucht, die jemals auf dem Gebiete des Geldwesens der Welt eingetreten ist.

Aber die Neubearbeitung konnte sich nicht auf die Erweiterung des Buches durch diese neuen Kapitel beschränken. Die sich aus den Erfahrungen der letzten Jahre ergebenden Erkenntnisse mußten die gesamte Darstellung der Theorie des Geldes durchdringen, die durch die Revolutionierung des Geldwesens aufgeworfenen Probleme volkswirtschaftlicher und rechtlicher Natur in das System der Geldlehre hineingearbeitet und am gegebenen Platze behandelt werden.

Dem Werke in seiner neuen Gestalt gebe ich den Wunsch mit auf den Weg, daß es sich in den Kreisen der Theorie und Praxis das Interesse, das es in seinen früheren Auflagen während zweier Jahrzehnte gefunden hat, neu gewinnen und daß es zur Vertiefung der Erkenntnis auf einem Gebiet beitragen möchte, dessen zentrale Wichtigkeit nicht nur für die Volkswirtschaftslehre, sondern auch für das ganze wirtschaftliche Leben durch die Ereignisse seit dem Ausbruch des Weltkrieges für jedermann eindringlicher denn je zuvor klar gemacht worden ist.

Berlin, im Mai 1923.

Karl Helfferich.

Vorwort zur ersten Auflage.

Ein zusammenfassendes Werk über das Geld bedarf zu seiner Rechtfertigung kaum eines Begleitwortes. Die Entwicklung des Geldwesens während der letzten Jahrzehnte hat eine Reihe neuer Probleme in Erscheinung treten lassen und auf manches alte Problem ein neues Licht geworfen. Die Literatur über Einzelfragen des ganzen großen Gebietes ist unter den Eindrücken dieser Entwicklung nahezu ins Unübersehbare angewachsen. Ich selbst habe während einiger Jahre meinen bescheidenen Teil zu dieser Literatur beigetragen, und der Wunsch nach einer alle Seiten des Geldproblems behandelnden Darstellung ist bei mir, je mehr ich mich mit dieser Materie beschäftigte, desto mehr zu dem Bedürfnis geworden, die Ergebnisse meiner eignen Studien in einer solchen Darstellung zusammenzufassen. Ich habe deshalb, als mir der Herausgeber und der Verleger des Hand- und Lehrbuches der Staatswissenschaften gegen Ende des Jahre 1898 vorschlugen, die Bearbeitung der Bände über das Geld und die Banken zu übernehmen, diesen Vorschlag bereitwilligst angenommen.

Freilich bin ich bei der Ausführung des verlockenden Gedankens auf größere Schwierigkeiten — äußere und innere — gestoßen, als ich erwartet hatte. Bald nach der Uebernahme der Arbeit war ich durch gesundheitliche Gründe genötigt, längere Zeit außerhalb Deutschlands und fern von anstrengender Tätigkeit zuzubringen. Dann wiesen mich wissenschaftliche Interessen und meine Laufbahn auf handels- und kolonialpolitische Fragen hin; als ich im Oktober 1901 in die Kolonial-Abteilung des Auswärtigen Amtes berufen wurde, war der Band über das Geld zum größeren Teil fertiggestellt, aber seine Vollendung mußte bis zu meinem Herbsturlaub im Jahre 1902 vertagt werden. Dazu kam, daß ich die Aufgabe selbst beträchtlich unterschätzt hatte.

Es zeigte sich, daß die abgerundete und alle Teile eines großen
Gebietes gleichmäßig durchdringende Darstellung, auch wenn man den
Stoff mit einiger Vollständigkeit zu beherrschen glaubt, eine große
Arbeitsleistung erfordert; eine Anzahl von Einzelfragen, an denen man
bisher vorbeigegangen ist, bleibt noch zu ergründen, eine Anzahl von
Brücken zwischen Teilgebieten bleibt noch zu schlagen, und vor allem
erfordert es Zeit und nochmals Zeit, bis man die eigne Kleinarbeit
innerlich hinreichend überwunden hat, um ihre Ergebnisse richtig
bewertet und am richtigen Ort in den großen Zusammenhang einreihen
zu können.

Der vorliegende Band erfordert seiner Natur nach eine Ergänzung
durch eine Darstellung des Bankwesens. Obwohl ich mich auch mit
dieser Materie eingehend befaßt und sie seit Jahren zum Gegenstand
von Vorlesungen gemacht habe, bin ich nach den bei der nunmehr
abgeschlossenen Arbeit gemachten Erfahrungen und bei den großen
Ansprüchen, welche meine Tätigkeit in der Kolonialverwaltung und
meine Vorlesungen an meine Arbeitskraft stellen, nicht imstande, einen
Termin für das Erscheinen des zweiten Bandes festsetzen zu können.
In Rücksicht darauf sind die unmittelbar mit dem Geldwesen in Zusammenhang stehenden Fragen des Kredit- und Bankwesens in dem
ersten Bande soweit mitbehandelt worden, daß dieser für sich allein
ein geschlossenes Ganzes darstellt.

Berlin, Anfang April 1903.

Karl Helfferich.

Vorwort zur zweiten Auflage.

In den sieben Jahren, die seit dem Erscheinen dieses Buches verflossen sind, hat sich manches ereignet, was eine unveränderte Neuausgabe nicht angängig erscheinen ließ.

Zunächst hat die Weiterentwicklung der tatsächlichen Verhältnisse
auf dem Gebiete des Geldwesens eine Fortführung der historischen und
statistischen Darstellung erforderlich gemacht.

Wichtiger als die Gestaltung der Tatsachen, die sich im großen
Ganzen innerhalb der bereits seit längerer Zeit feststehenden Bahnen
bewegte, ist ein Ereignis auf dem Gebiete der Geldtheorie: G. F.
Knapps im Jahre 1905 ausgegebenes Buch „Die Staatliche Theorie
des Geldes". Das Werk bedeutet, soweit die Analyse des staatlichen
Geldwesens in Betracht kommt, einen entscheidenden Fortschritt in der
Wissenschaft vom Gelde. Es gab dem Verfasser insbesondere Anlaß
zu einer teilweisen Neubearbeitung des von der Geldverfassung handeln-

den III. Abschnitts des zweiten Buches. Auch da, wo die Auffassungen Knapps abgelehnt werden mußten, erschien vielfach eine Auseinandersetzung mit ihnen unabweisbar. Uebereinstimmung und Gegensätzlichkeit werden sich also aus der vorliegenden Neubearbeitung, wie ich glaube, mit hinreichender Klarheit ergeben.

Schließlich konnte die zweite Auflage nicht unbeeinflußt davon bleiben, daß der Verfasser seit dem Erscheinen der ersten Auflage in engere Berührung mit der Praxis des Geldverkehrs gekommen ist. Wenn sich auch aus den praktischen Wahrnehmungen keine wesentlichen Korrekturen der Grundanschauungen ergaben, so hat doch hier und dort das Bild der Zusammenhänge eine deutlichere Ausprägung erfahren.

Ein baldiges Erscheinen des zweiten Bandes, enthaltend die Darstellung des Bankwesens, kann ich leider bei der völligen Inanspruchnahme meiner Zeit durch meine Berufsgeschäfte nicht in Aussicht stellen.

Berlin, im Juli 1910.

Karl Helfferich.

Inhalt.

Zweites Buch. Theoretischer Teil.

I. Abschnitt. Das Geld in der Wirtschaftsordnung.

Einleitung.

Es ist vielleicht kein Teil der volkswirtschaftlichen Disziplin so sehr mit der Gesamtheit der Volkswirtschaftslehre verwachsen, wie die Lehre vom Gelde. Denn in dem komplizierten Mechanismus der modernen Volkswirtschaft ist das Geld dasjenige Instrument, welches die Beziehungen der einzelnen Glieder zum Ganzen trägt und vermittelt.

Der Grundzug unserer modernen Wirtschaftsverfassung ist die Produktion für den Markt. Die wichtigste Voraussetzung für den wirtschaftlichen Fortschritt, die Arbeitsteilung, hat im Laufe der Kulturentwicklung eine fortgesetzte Verfeinerung erfahren, und damit haben sich die Produkte der Arbeit des Einzelnen immer weiter von seinen eignen Bedürfnissen entfernt. Die meisten Menschen erzeugen heute mit ihrer Arbeit nur einen verschwindenden Bruchteil von dem, was sie selbst brauchen, dagegen einen großen Ueberschuß an Dingen, für die sie selbst keine Verwendung haben; das, was sie brauchen, müssen sie zum größten Teil gegen ihre Arbeitserzeugnisse und gegen ihre Leistungen von anderen eintauschen. Jeder Einzelne leistet unendlich viel mehr, wenn er seine Arbeitskraft auf einen einzelnen Arbeitszweig verwendet, als wenn er sie auf tausend Arbeitszweige zersplittert; jeder Einzelne steht sich unendlich viel besser, wenn er sich als dienendes Glied dem Ganzen einfügt, als wenn er selbst ein Ganzes sein wollte.

Das verwickelte System von Leistungen und Gegenleistungen, zu dem die sich stets verfeinernde Arbeitsteilung geführt hat, ist jedoch nur möglich geworden durch die Entwicklung des Geldes. Nur das Geld ermöglicht den Austausch von Gütern und Leistungen in dem Maße, wie es unsere Wirtschaftsverfassung verlangt, und die Vermittlung von Leistung und Gegenleistung durch das Geld hat den unmittelbaren Austausch immer mehr in den Hintergrund gedrängt. In unserer heutigen Volkswirtschaft ist das Geld geradezu allgegenwärtig. Der Unternehmer, bis hinab zum kleinsten Handwerker und Landwirt, verkauft den Ueberschuß seiner Erzeugnisse gegen Geld, der Arbeiter stellt dem Unternehmer seine Arbeitskraft zur Verfügung gegen einen Geldlohn, die Uebertragung von Vermögensmacht und Kaufkraft erfolgt in Geld, — kurz beim ganzen Produktions- und Verteilungsprozeß tritt das Geld in Erscheinung als das vermittelnde Glied zwischen dem Einzelnen und der Gesamtheit.

Die wirtschaftliche Allgegenwart des Geldes hat schon früh die Aufmerksamkeit derjenigen, welche über staatliche und gesellschaftliche Einrichtungen nachdachten, auf sich gelenkt. Die Anfänge der modernen Nationalökonomie waren Versuche, das geheimnisvolle Wesen des Geldes zu ergründen. Das Geld beschäftigte die ersten nationalökonomischen Denker so sehr, daß ihnen alles das, was wir Volksreichtum nennen, im Gelde verkörpert erschien. Ebenso, wie sich die Alchymisten den Kopf darüber zerbrachen, wie sie Gold aus minderwertigen Stoffen herstellen könnten, ebenso war der erste Kreis der volkswirtschaftlichen Denker bei seinen Erwägungen, wie der Reichtum einer Nation vermehrt werden könne, durchaus darauf beschränkt, durch welche Mittel möglichst viel Edelmetall — und zwar Edelmetall als Geldstoff — ins Land gebracht werden könne. Ihre Ueberschätzung des Geldes beeinflußte im 17. und teilweise im 18. Jahrhundert stark die praktische Wirtschaftspolitik. Die gesamte Handelspolitik der sogenannten merkantilistischen Periode ging aus von dem Bestreben, den auswärtigen Handel so zu gestalten, daß durch ihn möglichst viel Edelmetall ins Land gezogen werde.

Der naive Glaube, daß das Geld alles sei, wurde jedoch bald erschüttert. Es folgte ihm das entgegengesetzte Extrem, eine weitgehende Unterschätzung des Geldes. Statt in ihm allen Reichtum verkörpert zu sehen, legte man ihm nur noch einen „fiktiven Wert" bei, ließ es nur noch als „Wertzeichen" gelten (L o c k e , H u m e , M o n t e s q u i e u). A d a m S m i t h stellte in seinem Werk über den Reichtum der Nationen den Satz auf, die Quelle allen Reichtums sei die Arbeit und die in einem Lande vorhandene Geldmenge sei gänzlich gleichgültig für die Beurteilung seines Reichtums; das Geld habe lediglich die Funktion, den Austausch von Gütern und Leistungen zu vermitteln, und um zu einer richtigen Erkenntnis der wirtschaftlichen Vorgänge und Verhältnisse zu gelangen, empfehle es sich, von dem lediglich vermittelnden Gelde gänzlich abzusehen, das Geld gänzlich auszuschalten und alle durch das Geld vermittelten Beziehungen als direkte Beziehungen aufzufassen.

Zweifellos hat diese Methode zu einem großen Fortschritt in der nationalökonomischen Wissenschaft geführt; sie ist zur Auffindung und Feststellung volkswirtschaftlicher Wahrheiten ebenso unentbehrlich, wie die Voraussetzung des luftleeren Raumes für die Physik. Die Annahme, daß die Vermittlung des Geldes nichts an den wirtschaftlichen Vorgängen ändern könne, geht jedoch zu weit. Denn ebenso wie die Luft durch ihr bloßes Vorhandensein und durch ihre wechselnde Beschaffenheit die Bewegungen der Körper beeinflußt, ebenso übt sowohl die Vermittlung des Geldes an sich als auch die verschiedene Beschaffenheit des Geldes einen Einfluß aus auf die wirtschaftlichen Bewegungen.

Die Ergründung der Modifikationen, welche die wirtschaftlichen Wahrheiten durch die Dazwischenkunft des Geldes erleiden, gehört zu den schwierigsten und feinsten Aufgaben der Nationalökonomie, zugleich zu denjenigen Aufgaben, durch welche die volkswirtschaftliche

Theorie der Uebereinstimmung mit der praktischen Wirklichkeit näher-
gebracht wird.

Daraus ergibt sich, von welch großer Wichtigkeit die Kenntnis
des Geldwesens ist, sowohl für das gesamte Gebäude der theoretischen
Volkswirtschaftslehre als auch für die Beurteilung einzelner Fragen der
praktischen Nationalökonomie.

Die vorliegende Arbeit beabsichtigt, das Geldwesen in seiner Gesamtheit zur Darstellung zu bringen. Sie gibt zunächst eine Entwicklungsgeschichte des Geldes, und zwar sowohl des Geldes als eines
wirtschaftlichen und juristischen Begriffes, als auch der Organisation
der Geldverfassung. Daran anschließend sucht sie das Geld unserer
modernen Volkswirtschaft theoretisch zu erfassen, in seinen Funktionen,
in seinen Beziehungen zum Staate, nach seiner Organisation, nach den
Ursachen und Wirkungen der in ihm vorgehenden Veränderungen.

Erstes Buch

Geschichtlicher Teil.

I. Abschnitt. Die Entwicklungsgeschichte des Geldes und der Geldsysteme.

I. Kapitel. Die Entstehung des Geldes.

§ 1. Das fundamentale Unterscheidungsmerkmal von Geld und Ware.

Was wir heute im volkswirtschaftlichen und rechtlichen Sinne unter „Geld" verstehen, im Unterschied zu allen übrigen Sachgütern, ist ein Gebilde der neueren Zeit. Wenn wir die Geschichte des Geldes zurückverfolgen wollen bis an seinen Ursprung, dann müssen wir von allen Besonderheiten zweiter Ordnung absehen und dürfen nur das wesentlichste Unterscheidungsmerkmal zwischen Geld und den übrigen in der Volkswirtschaft in Erscheinung tretenden Objekten ins Auge fassen. Dieses Unterscheidungsmerkmal liegt ganz allgemein gesprochen darin, aß die übrigen wirtschaftlichen Objekte („Güter") dem direkten Verbrauch oder dauernden Gebrauch der Einzelwirtschaften dienen, während das Geld die Bestimmung hat, den Verkehr in diesen Gütern zu vermitteln, d. h. die Uebertragung von Einzelwirtschaft zu Einzelwirtschaft zu erleichtern, wobei das Geld selbst, solange es Geldeigenschaft behält, nicht in den Konsum oder den dauernden Gebrauch einer Einzelwirtschaft eintritt. Das Geld wird nicht um seiner selbst willen genommen, nicht um von seinem Empfänger verbraucht oder dauernd gebraucht zu werden, sondern um früher oder später, sei es behufs einseitiger Uebertragung von Vermögensmacht, sei es im Austausch gegen andere wirtschaftliche Objekte oder gegen Leistungen irgendwelcher Art, wieder weggegeben zu werden. Freilich werden von privatwirtschaftlichem Standpunkte aus betrachtet auch solche Güter, welche niemand als Geld bezeichnen wird, eingetauscht, um unverändert oder verarbeitet weitergegeben zu werden; unverändert vom Händler, dessen Geschäft im Ankauf von Gütern zum Wiederverkauf besteht, verändert vom Gewerbetreibenden, der Rohstoffe erwirbt, um daraus gebrauchsfertige Erzeugnisse herzustellen und diese zu veräußern. Aber nur vom privatwirtschaftlichen Standpunkte aus handelt es sich hier um einen Erwerb zur Wiederveräußerung. Volkswirtschaftlich betrachtet, sind die Gewerbetreibenden und Händler nur die Vermittler, welche die Güter in die für den Verbrauch und Gebrauch geeignete Form bringen und ihrer endgültigen Verwendung in der Wirtschaft des Einzelnen zuführen: volkswirtschaftlich betrachtet sind alle Verkehrsobjekte, die wir im Gegensatz zum Gelde „Waren" nennen, dazu bestimmt, in der Einzelwirtschaft konsumiert zu werden, während das Geld seine Zwecke erfüllt, indem es nirgends eine dauernde Stätte findet, sondern von Hand zu Hand geht.

Der hier festgestellte Unterschied zwischen Geld und Ware beruht nicht auf einer verschiedenartigen stofflichen Beschaffenheit; er ist vielmehr nur ein Unterschied zweier Funktionen, die von einem und demselben konkreten Wertgegenstand erfüllt werden können und in der Tat erfüllt worden sind; so z. B. früher von Sklaven, Rindern, Muscheln usw., später von Edelmetallen in Barren oder in Ringen und Spangen.

Wie nun jeder Entwicklungsprozeß auf eine immer feinere Spezialisierung hinausläuft, so auch die Entwicklung des Geldes: das Geld als solches hat sich immer mehr von dem Kreise der übrigen Güter abgesondert; die Funktion der Verkehrsvermittlung, insbesondere der Tauschvermittlung, hat in dem Gelde eine Verkörperung gewonnen; Geld und Gebrauchsgut haben sich voneinander geschieden und sich als verschiedene konkrete Erscheinungen einander gegenübergestellt. Aber auch heute ist die Trennung noch keine vollständige. Es gibt zwar bestimmte Arten von Geld, die ausschließlich Geldfunktionen verrichten können, so vor allem das Papiergeld, das nur als Geld, nicht aber als gewöhnliches Verbrauchs- oder Gebrauchsgut verwendbar ist. Aber die Grundlage wichtiger Geldverfassungen, solcher, die auch unter den heutigen Verhältnissen fast allgemein als die erstrebenswerten gelten, bildet auch noch auf der gegenwärtigen Entwicklungsstufe das sogenannte „vollwertige Metallgeld", dessen Wert in der Geldform nicht höher ist als der Wert des Stoffes, aus dem es besteht, das infolgedessen in großem Umfange zu anderen als zu Geldzwecken verwendet werden kann und verwendet wird: durch Einschmelzung und industrielle Verarbeitung. Bei dem vollwertigen Metallgelde ist also die Grenze zwischen Geld und Ware keine feste, sondern eine durchaus flüssige; derselbe konkrete Stoff, der heute in gemünzter Form als Geld fungiert, kann dieser Verwendung jederzeit entzogen werden. Andererseits garantiert eine der wichtigsten Einrichtungen auf dem Gebiete des Geldwesens, das freie Prägerecht, die unbeschränkte Möglichkeit der Umwandlung des dem Geldwesen zugrunde gelegten Metalls in geprägtes Geld. Allerdings kann kein Gut gleichzeitig die beiden Funktionen als Gebrauchsgut und als Geld erfüllen; solange ein Gut dem einen Zwecke dient, ist es dem anderen entzogen.

Man braucht nun bloß die Erwägung anzustellen, daß diejenigen Arten von Geld, welche nur Geldfunktionen verrichten können, wie das Papiergeld, auf Voraussetzungen beruhen, die nur bei einer bereits hochentwickelten Volkswirtschaft und bei ausgebildeten Rechtsverhältnissen gegeben sind, und man wird zu der Erkenntnis geführt, daß die Scheidung zwischen Geld und Ware in dem Maße, in welchem sie heute besteht, nur als Ergebnis eines langen Entwicklungsprozesses entstanden sein kann. Wenn man nach den Anfängen des Geldes suchen will, wird man sich deshalb damit bescheiden müssen, an den geringfügigsten Differenzierungen zwischen Geld und Gebrauchsgut anzuknüpfen, und man wird dann zu verfolgen haben, wie diese Unterschiede allmählich zu schärferer Ausprägung gelangt sind.

§ 2. Die rationalistische Erklärung der Entstehung des Geldes.

Die ersten Denker, welche sich mit der Ergründung des Geldwesens beschäftigten, haben sich die Aufgabe, die Entstehung des Geldes zu erklären, nicht allzuschwer gemacht. Sie hatten das Geld vor sich als eine fertige Einrichtung, welche gewisse auf der Hand liegende Zwecke auf das beste erfüllte; die Erkenntnis der Zweckmäßigkeit des Geldes sahen sie ohne weiteres als das treibende Moment bei der Entstehung des Geldes an: sie hielten das Geld für ein Erzeugnis zweckbewußter menschlicher Willenstätigkeit. Das war die Zeit, in welcher die historische Erforschung weit zurückliegender Vorgänge sich noch keiner systematischen Pflege erfreute und in welcher man die mangelnde Kenntnis der positiven Vorgänge durch deduktive Konstruktionen ersetzte. Alle zweckmäßigen Einrichtungen des wirtschaftlichen und politischen Zusammenlebens wurden damals auf schöpferische Willensakte der Menschheit oder einzelner Völker zurückgeführt. Wie man die Entstehung des Staates daraus erklärte, daß die einzelnen Individuen, um dem Kampfe aller gegen alle ein Ziel zu setzen, einen „Gesellschaftsvertrag" geschlossen hätten, ebenso erklärte man sich die Entstehung des Geldes daraus, daß die Menschheit zur Erleichterung des Tauschverkehrs aufgrund eines Uebereinkommens ein allgemeines Tauschmittel geschaffen und daß sie die Edelmetalle wegen ihrer ganz besonderen Vorzüge für die hierbei in Betracht kommenden Funktionen zum allgemeinen Tauschmittel bestimmt habe.

Der Gedanke ist in der Tat sehr naheliegend, daß die uns zweckmäßig erscheinenden Einrichtungen, die ihrer Natur nach Menschenwerk sein müssen, aus der Erkenntnis ihrer Zweckmäßigkeit heraus mit bewußter Absicht geschaffen worden seien. Man ist geneigt, die zweckmäßigen Einrichtungen des gesellschaftlichen Lebens, die nicht von einem Einzelnen geschaffen, sondern aus dem Zusammenleben hervorgegangen sind, ebenso zu betrachten, wie geistreiche Entdeckungen und Erfindungen eines einzelnen Kopfes. Die geschichtliche Forschung hat jedoch in dieser Beziehung aufklärend gewirkt und die sogenannte rationalistische Auffassung der gesamten gesellschaftlichen Entwicklung widerlegt; sie hat gezeigt, daß der Geist der Gesamtheit anders arbeitet als der Geist des Einzelnen, daß das Zweckmäßige im gesellschaftlichen Leben — namentlich auf den frühesten Stufen — nicht immer durch bewußte Willensakte, die auf einer klaren Erkenntnis beruhen, durchgeführt wird, sondern daß es sich meist in einer unbewußten Entwicklung unter dem Drang der täglichen Notwendigkeiten des Lebens durchsetzt, ja daß es oft erst die Verhältnisse schafft, in denen es in seiner vollen Zweckmäßigkeit zutage tritt. Unsere ganze Wirtschaftsverfassung beruht auf dem Gelde, das Geld erscheint aufgrund unserer Wirtschaftsverfassung so zweckmäßig und notwendig, daß man sich·den Gebrauch des Geldes überhaupt nicht wegdenken kann. Aber gerade deshalb muß das Geld in gewissen Beziehungen das Frühere gewesen sein; unsere Wirtschaftsverfassung erscheint in vielen und wichtigen Beziehungen als das Produkt des Geldes, und es ist deshalb unzulässig, die Entstehung des Geldes aus seiner Zweckmäßigkeit für unsere heutige Wirtschaftsverfassung zu erklären.

§ 3. Die Ergebnisse der geschichtlichen Forschung über den Ursprung des Geldes.

Bei der Beschränktheit des Materials über die frühesten Stufen der wirtschaftlichen Entwicklung wird wohl niemals eine lückenlose Feststellung, die den gesamten Werdeprozeß des Geldes umfaßt, möglich sein. Wir sind auf spärliche Ueberlieferungen und Notizen angewiesen, welche die Verhältnisse der grauen Vorzeit stellenweise beleuchten; zum Vergleich und zur Prüfung können wir die Beobachtungen verwenden, die in neuerer Zeit bei Völkerschaften, die noch auf einer niedrigen Entwicklungsstufe stehen, gemacht worden sind. Aber so beschränkt alles in allem das Material ist, so sind die Ergebnisse der bisherigen Forschungen immerhin ausreichend, um die wesentlichsten Züge der Entstehung des Geldes erkennen zu lassen.

Zwischen der Ausbildung des Geldes und der Entwicklung der gesamten Volkswirtschaft besteht eine so enge Wechselwirkung, daß man zu den frühesten Anfängen des wirtschaftlichen Lebens zurückgehen muß, wenn man die ersten Ansätze zur Entstehung des Geldes finden will.

In dem ganzen Werdeprozeß der Volkswirtschaft ist die Tendenz zu erkennen, daß die einzelnen Individuen und einzelnen Gruppen immer mehr zu einem durch komplizierte Beziehungen verbundenen Ganzen zusammenwachsen. Die wirtschaftliche und die gesamte gesellschaftliche Entwicklung geht aus von der Isolierung und führt zum Zusammenschluß. Die Eigenproduktion, das Stadium, in dem einzelne kleine Gruppen, Familien und Stämme, mit ihrer Arbeit ausschließlich das und alles das beschaffen, was sie zur Befriedigung des eignen Bedarfs nötig haben, stellt die früheste Stufe der Wirtschaft dar. Gewisse Herrschafts- und Autoritätsverhältnisse, verkörpert in dem Patriarchen oder Stammesältesten, waren hier sicherlich für eine ganz primitive Regelung der Produktion und der Verteilung bestimmend; den einzelnen Familien oder Stammesmitgliedern wurde die von ihnen zu leistende Arbeit und ihr Anteil am Arbeitsertrag zugewiesen. Innerhalb dieser sich selbst genügenden Gruppen gab es wohl bereits eine natürliche Arbeitsteilung, anknüpfend an die verschiedenartige Leistungsfähigkeit der beiden Geschlechter und der Altersklassen, aber es gab noch keinen wirtschaftlichen Verkehr, vor allem noch keinen Tausch. Damit fehlten die Voraussetzungen für ein Verkehrsinstrument, für ein Tauschmittel, kurz für das, was wir heute als Geld bezeichnen.

Ein wirtschaftlicher Verkehr konnte erst dann in Erscheinung treten, nachdem sich innerhalb der nach außen isolierten, nach innen in gewissem Sinn kommunistischen Gruppen ein Eigentum entwickelt hatte; denn nur was man besitzt, kann man an andere übertragen, sei es unentgeltlich, sei es im Austausch gegen andere Güter.

Es kann hier nicht die Absicht sein, in eine Untersuchung über die Entstehung des Eigentums einzutreten. Wenn wir das Eigentum ganz allgemein als die vollständige und ausschließliche Herrschaft über einen Gegenstand auffassen, in der Weise, daß diese Herrschaft sowohl die Benutzung des Gegenstandes nach allen Seiten hin, als auch die beliebige Wiederholung der Benutzung in der Zeit einschließt, so haben wir damit in dem Eigentum die denkbar stärkste Steigerung der vorübergehenden Nutzung und der Benutzung, die lediglich zu einem einzelnen bestimmten Zwecke erfolgt. Das Eigentum kann also beruhen auf der Macht des Eigentümers, sich die dauernde und vollständige Benutzung eines Gegenstandes zu erhalten, d. h. andere davon auszuschließen, oder auf der Anerkennung durch Sitte und Recht, wobei die Gesamtheit an Stelle der Macht des Eigentümers das Eigentum garantiert.

Die Möglichkeit und das Bedürfnis nach einer dauernden und ausschließlichen Benutzung ist in Hinsicht auf die verschiedenen Güter, die in einer primitiven Wirtschaft in Erscheinung treten, verschieden stark; und danach stuft sich aller Wahrscheinlichkeit nach auch der Prozeß der Eigentumsbildung ab. Sowohl die geschichtliche Forschung als auch die Beobachtung von Völkerschaften, die jetzt noch auf ganz niedriger Kulturstufe stehen, haben gezeigt, daß das Eigentum sich zuerst entwickelt hat an Dingen, die das Ergebnis nicht gemeinschaftlicher, sondern ganz individueller Arbeit sind[1]). So erklärt es sich, daß Grund und Boden, der in gemeinschaftlicher Arbeit urbar gemacht und bestellt wurde, am spätesten Gegenstand des Individualeigentums geworden ist, während sich das Eigentum zuerst ausbildete an Dingen wie Kleidung, Schmuck, Waffen, Werkzeugen, an Kriegsbeute, an Sklaven und Sklavinnen und schließlich am Vieh; soweit unsere Forschungen reichen, war bei Hirtenvölkern das Vieh, das einem Herrn folgen kann, Gegenstand des Sondereigentums, im Gegensatz zum unbeweglichen Boden, der Gemeinbesitz war in einer kaum weniger allgemeinen Bedeutung als die Luft. Bei einzelnen Kategorien der genannten Güter ist die Ausbildung des Eigentumsbegriffs, die absolute Verknüpfung der Sache mit der Person, eine ganz besonders starke geworden, wie das der bei vielen Naturvölker nachgewiesene Brauch beweist, daß dem Toten der individuellste Teil seiner Habe, seine Frauen vielfach mit inbegriffen, ins Grab mitgegeben wird, oft freilich aufgrund abergläubischer Vorstellungen, die mit diesen Dingen des persönlichsten Gebrauchs die Seele des Verstorbenen verknüpften; aber gerade diese abergläubische Verknüpfung von Person und Sache ist in sich selbst die stärkste Zuspitzung des Eigentumbegriffs.

An die Entstehung des Eigentums schließen sich bestimmte Formen des Eigentumwechsels an, vor allem die Form, an die man bei einer Betrachtung des Geldes zunächst zu denken pflegt, nämlich der Tausch. Freilich ist der Tausch schon eine komplizierte Form des Eigentumswechsels, weil er eine zweiseitige Aktion ist, die eine Willensüberein-

---

[1]) In dem Recht der indischen Geschlechtsgenossenschaften z. B. wird der Erwerb einer persönlichen Geschicklichkeit, wie etwa das Erlernen eines Handwerks, als das hauptsächlichste Mittel zur Gewinnung eines Sondergutes genannt (Simmel, Philosophie des Geldes. 2. Aufl. 1907, S. 383).

stimmung zweier Individuen voraussetzt. Die primitivsten Formen des Besitzwechsels waren jedenfalls der Raub und das Geschenk, die noch im 19. Jahrhundert bei manchen Stämmen Polynesiens die einzige Form des Besitzwechsels waren. Raub und Geschenk sind einseitige Aktionen, hervorgehend aus dem Wollen nur eines Individuums. Der Raub ist die gewaltsame Aneignung auf Kosten eines anderen ohne die Gewährung einer Gegenleistung, das Geschenk die freiwillige Enteignung zugunsten eines anderen ohne die Bedingung einer Gegenleistung. Vorteil und Nachteil liegen hier in vollem Umfang und ohne Ausgleich auf nur einer Seite.

Aus diesen Formen heraus mag der Tausch in folgender Weise entstanden sein:

Das Geschenk unter Gleichstehenden, z. B. unter Gastfreunden, fand seine Ergänzung am Gegengeschenk; und dieselbe Sitte, die das Gegengeschenk verlangte, bildete sich dahin aus, auch das Vorhandensein einer gewissen Relation von Geschenk und Gegengeschenk zu fordern. Damit haben wir eine Brücke, die zum eigentlichen Austausch führt. In der Tat kommt es heute noch bei unzivilisierten Völkerschaften vor, daß der Tauschhandel sich in der Form des gegenseitigen Beschenkens vollzieht. Sobald man schenkt um eines ganz bestimmten Gegengeschenkes willen, sobald andererseits das Gegengeschenk nur gemacht wird, wenn ein ganz speziell gewünschtes Gut vorher geschenkt worden ist, verwandelt sich das Schenken in ein Tauschen.

Soweit die gewaltsame Aneignung in Betracht kommt, entsteht die Überleitung zum Tausche dann, wenn der Eigentümer die Macht besitzt, den vom anderen begehrten Gegenstand festzuhalten, und wenn er so den Begehrenden nötigt, ihm eine entsprechende Gegenleistung zu bieten. Hier geht also der Tausch hervor aus der Machtgleichheit des Besitzenden und des Begehrenden.

Der Schritt von den einseitigen Formen des Besitzwechsels zu der zweiseitigen des Tausches ist einer der bedeutsamsten in der menschlichen Kulturentwicklung. Schon Adam Smith hat hervorgehoben, daß die Neigung zum Tauschen etwas spezifisch Menschliches sei und bei keinem anderen Lebewesen gefunden werde. Er hat dabei dahingestellt gelassen, „ob diese Neigung eine jener ursprünglichen Eigenschaften der menschlichen Natur ist, über die wir uns keine weitere Rechenschaft geben können, oder ob sie, was wahrscheinlicher sein dürfte, die notwendige Folge der Denk- und Sprechfähigkeit ist“. Neuerdings hat Simmel den Tausch als einen Ausfluß „der ganz allgemeinen Charakteristik, in der das spezifische Wesen des Menschen zu bestehen scheint“, dargestellt. „Der Mensch ist das objektive Tier. Nirgends in der Tierwelt finden wir auch nur Ansätze zu demjenigen, was man Objektivität nennt, der Betrachtung und Behandlung der Dinge, die sich jenseits des subjektiven Fühlens und Wollens stellt. Gegenüber dem einfachen Wegnehmen oder der Schenkung, in denen sich der rein subjektive Impuls auslebt, setzt der Tausch eine objektive Abschätzung, Ueberlegung, gegenseitige Anerkennung, eine Reserve des unmittelbar subjektiven Begehrens voraus. Daß diese ursprünglich keine freiwillige, sondern durch die Machtgleichheit der anderen Partei erzwungene sein mag, ist dafür ohne Belang; denn das Entscheidende, spezifisch Menschliche ist eben, daß die Machtgleichheit nicht zum gegenseitigen Raub im Kampf, sondern zu dem abwägenden Tausch führt, in dem das einseitige und persönliche Haben und Habenwollen in eine objektive, aus und über der Wechselwirkung der Subjekte sich erhebende Gesamtaktion eingeht. Der Tausch, der uns als etwas ganz Selbstverständliches erscheint, ist das erste und in seiner Einfachheit wahrhaft wunderbare Mittel, mit dem Besitzwechsel die Gerechtigkeit zu verbinden; indem der Nehmende zugleich Gebender ist, verschwindet die bloße Einseitigkeit des Vorteils, die den Besitzwechsel unter der Herrschaft eines rein impulsiven Egoismus oder Altruismus charakterisiert." —

Wenn nun, wie wir gesehen haben, der Tausch auf der Voraussetzung des persönlichen Eigentums beruht, so hat andererseits zweifellos bei den meisten Völkern die Eigentumsbildung gerade durch eine bestimmte Art des Tauschhandels eine Förderung erfahren, nämlich durch den Tauschhandel mit fremden, bereits weiter vorgeschrittenen Völkerschaften. Der Anreiz zum Tausche ist um so stärker, je verschiedenartiger die im Besitze verschiedener Personen befindlichen Güter sind; denn der Sinn des Tausches ist ja, daß man etwas anderes bekommen will an Stelle dessen, was man hat. Innerhalb derselben Gruppe und desselben Stammes, die auf primitiver Stufe eine große Einförmigkeit und Gleichartigkeit der Güterherstellung aufweisen, ist deshalb der Anreiz zum Tausche zunächst nur schwach; anders verhält es sich, wenn eine Berührung mit fremden Völkern entsteht, die aufgrund anderer natürlicher und technischer Voraussetzungen anders geartete Güter erzeugen. So mag der Tausch in die einzelnen Gruppen und Stämme vielfach von außen hineingetragen worden sein, und der Außenhandel mag auf diese Weise vielfach die Priorität vor dem Binnenhandel beanspruchen. Welch ein starker Anreiz zum Tauschen liegt für wilde und halbwilde Stämme darin, wenn sie von unternehmungslustigen Kaufleuten aus vorgeschritteneren Kulturkreisen aufgesucht und wenn ihnen alle möglichen verlockenden Gegenstände gezeigt werden, Dinge, die sie bisher nicht kannten, und deren Herstellung ihnen aus natürlichen und technischen Gründen unmöglich ist, wie Glasperlen, Baumwollzeuge, Eisenwaren usw. Indem nun die Fremdlinge im Austausche gegen ihre Waren, die die Begehrlichkeit der Wilden heftig anregen, ganz bestimmte andere Gegenstände verlangen, wie Felle und Pelze im Norden, Elfenbein, Kautschuk, Goldstaub usw. in Afrika, lenken sie die Wilden darauf hin, diese Dinge planmäßig für den Austausch zu beschaffen. So trägt der Verkehr mit Fremden wesentlich zur Förderung des Tauschverkehrs bei, und die Waren des Außenhandels, sowohl die Einfuhr- als die Ausfuhrwaren, bilden überall eine der frühesten Kategorien derjenigen Güter, an welchen ein persönliches Eigentum besteht. Mithin beruht nicht nur der Tausch auf der Voraussetzung des Eigentums, sondern die Möglichkeit des Tausches hat andererseits zur Ausbildung des Eigentums erheblich beigetragen.

Der Tausch machte nun verschiedene Vorrichtungen erforderlich, die in einem viel weiteren Umfang als vorher dadurch notwendig wurden, daß der Tausch die Herstellung einer Beziehung, einer Gleichung zwischen verschiedenartigen Dingen und verschiedenen Quantitäten voraussetzt. Neben dem Zählen der Gegenstände wird jetzt das genaue Messen und Wiegen von Wichtigkeit, vor allem aber das Vergleichen des Wertes der auszutauschenden Güter.

Das Zählen bedurfte keinerlei künstlicher Vorrichtungen. Für das Abmessen benutzte man in primitiver Weise die am menschlichen Körper von der Natur gegebenen Dimensionen, wie den Arm, den Zoll, den Fuß, den Schritt. Die natürlichen Wagschalen sind die beiden Handflächen. Genaueres Wägen wurde zuerst notwendig bei den kostbarsten Gegenständen. Während man anfänglich von den dünnen Goldspiralen Stücke nach dem Augenmaß abbrach, scheint die Goldwage nach den neuesten metrologischen Forschungen die erste künstlich konstruierte Wage gewesen zu sein, deren sich die Menschen bedienten. Das Gewicht wurde in Fruchtkörnern dargestellt. Das „Karat", das als Gewichtseinheit für Gold lange Zeit in der ganzen Kulturwelt in Geltung war, bei uns in Deutschland bis in die zweite Hälfte des 19. Jahrhunderts hinein, ist arabischen Ursprungs und geht auf den Kern der Johannisbrotfrucht zurück. Neuerdings ist glaubhaft gemacht worden, daß auch das Gewicht, welches heute noch in England im Edelmetallhandel und in der Münze angewendet wird, das Troypfund, auf einer ähnlichen Grundlage beruht, indem seine kleinste Unterteilung, das Grän, von dem Gewicht des Gerstenkorns abgeleitet sein soll.

Am kompliziertesten und interessantesten gestaltet sich das Abschätzen des „Wertes". Hierfür gibt es keinen konkreten und greifbaren Maßstab, wie für Ausdehnung und Gewicht; denn die Wertbildung ist ein subjektiver Vorgang, der Wert haftet nicht an den Dingen selbst, sondern die Bewertung der Dinge vollzieht sich in der menschlichen Seele. Allerdings hat der Wert in dieser Hinsicht eine Doppelstellung (Simmel, Philosophie des Geldes). Die weitgehende Gleichartigkeit und Übereinstimmung der Anschauungen und der Zweckmäßigkeitsvorstellungen innerhalb einer und derselben menschlichen Gemeinschaft erzeugt gewisse Normen, die den subjektiven Bewertungsprozeß in der Einzelseele maßgebend beeinflussen; diese Normen erscheinen, obwohl sie aus einer Summe gleichartiger subjektiver Vorgänge entstanden sind, als etwas außerhalb der Einzelseele Stehendes, als etwas im Reich der Dinge Gegebenes, kurz als etwas Objektives. Der Tausch, bei dem ein Gut gegen ein anderes hingegeben wird, hat außerordentlich viel dazu beigetragen, den „Wert" als etwas den Dingen Anhaftendes, der Einzelwillkür Entrücktes erscheinen zu lassen; denn beim Tausche verkörpert sich der Wert des einen Gegenstandes in dem anderen Gegenstande, für den er hingegeben wird. Aber trotzdem dadurch der Wert aus der Menschenseele in die Außenwelt verlegt erscheint und sich als eine den Dingen anhaftende Eigenschaft darstellt, ist damit noch kein greifbarer Maßstab für die Wertermittlung gegeben. Selbst der Begriff des „Wertmessers", wie wir ihn heute in unserem „Geld" verkörpert sehen, unterscheidet sich wesentlich von den Maßen für Ausdehnung und Gewicht, die zur objektiven Ermittelung von Ausdehnung

und Gewicht und gleichzeitig als gemeinschaftlicher Ausdruck für Aus-
dehnungs- und Gewichtsgrößen dienen, während das Geld nur als gemeinsamer Wertausdruck fungiert, zu einer Wertermittlung jedoch
nicht fähig ist.[1] Aber auch der Begriff des Wertmessers in diesem
beschränkten Sinn war der Zeit, in welcher das Geld erst im Entstehen
war, noch gänzlich fremd.

Wie sich aus dem Vorstellungskreise des Naturmenschen heraus der
komplizierte Vorgang des Gleichsetzens von Werten gebildet und immer
feiner entwickelt hat, davon ist aufgrund verhältnismäßig spärlicher
Anhaltspunkte wenigstens in ganz groben Zügen eine Anschauung
möglich. Wenn uns berichtet wird, daß die Eingeborenen des Bismarckarchipels im Tauschhandel schnurweise aufgereihte Kaurimuscheln, die
sie Dewarra nennen, nach ihrer Länge verwenden, in der Weise, daß
sie für Fische dieselbe Länge in Dewarra geben, wie die Fische selbst
lang sind; wenn man auch in anderen Gebieten der Erscheinung begegnet, daß das gleiche Maß zweier Dinge als wertgleich gilt, ein Maß
Getreide z. B. als wertgleich mit demselben Maß von Kaurimuscheln[2]),
— so haben wir hiermit die primitivste Stufe der Wertgleichsetzung,
eine Stufe, auf der die Wertgleichheit noch durch die quantitative
Gleichheit gegeben erscheint, und der gegenüber eine „Wertvergleichung,
die nicht auf quantitative Kongruenz hinausläuft, einen höheren geistigen
Prozeß darstellt“.

Was nun diese sich über die bloßen Quantitätsvorstellungen erhebende Wertvergleichung anlangt, so ist es, namentlich aufgrund
der Forschungen von Ridgeway[3]), überaus wahrscheinlich, daß sich
auf primitiver Kulturstufe zwischen allen Gegenständen, die freies
Eigentum und mithin tauschbar geworden waren, konventionelle
Wertverhältnisse ausgebildet haben, die als Normen für den Tauschverkehr galten und die offenbar nur ganz langsamen Veränderungen
unterlagen. Beobachtungen, die bei jetzt noch halbwilden Völkerschaften gemacht worden sind, bestätigen diese Annahme. So galt im
alten Griechenland und in Irland ein männlicher Sklave gleich drei
Kühen, und so bestanden bis in die neueste Zeit hinein bei zahlreichen
halbwilden Völkerschaften Afrikas und der Südsee interessante Wert-
skalen, die aus den wichtigsten Tauschgütern gebildet waren. Ridgeway
und Schurtz geben eine ganze Anzahl von Beispielen. Letzterer gibt
z. B. nach Mollien (Reise nach dem Innern von Afrika) für Bondu im
westlichen Sudan folgende Werttabelle:

$$1 \text{ Sklave} = 1 \text{ Doppelflinte und 2 Flaschen Pulver}$$
$$= 5 \text{ Ochsen}$$
$$= 100 \text{ Stück Zeug;}$$
$$1 \text{ Schnur Glasperlen} = 1 \text{ Kürbisflasche voll Wasser}$$
$$= 1 \text{ Maß Milch}$$
$$= 1 \text{ Arm voll Heu;}$$
$$2 \text{ Schnüre Glasperlen} = 1 \text{ Maß Hirse.}$$

---

[1]) Vgl. hierzu die näheren Ausführungen unten im II. Buch, Kapitel 3, § 5.
[2]) Vgl. Simmel, a. a. O., S. 105; Schurtz, Grundriß einer Entstehungsgeschichte des Geldes. 1890. S. 80 und die dort zitierten Publikationen.
[3]) Siehe Ridgeway, The origin of metallic currency. 1892.

In Darfour in Zentralafrika bestand noch am Ende des vorigen Jahrhunderts folgende Wertskala, deren Grundlage der männliche Sklave von bestimmter normaler Größe war. Ein solcher Sklave galt gleich 30 Stück Baumwollgewebe von bestimmter Länge, gleich 6 Ochsen, gleich 10 spanischen Dollar von bestimmtem Gepräge. Das System wurde ergänzt durch Zinnringe, Perlenschnüre usw.

Wie sich diese Wertverhältnisse gebildet haben, welche Rolle dabei die Vorschriften über die Leistungen an die Priester und die Häuptlinge gespielt haben, ist nicht festzustellen. Dagegen erscheint es sehr begreiflich, daß solche festen Wertverhältnisse entstanden sind. Je lebhafter und feiner der Handel entwickelt ist, um so empfindlicher ist das Bewertungsverhältnis der einzelnen Güter; je schwächer und primitiver der ganze Verkehr, desto schwerfälliger ist die Preisbewegung. Wir brauchen nur die Preisentwicklung an der Börse, dem feinsten Organ des modernen Handels, zu vergleichen mit derjenigen in entlegenen und verkehrsarmen Provinzen, wo es heute noch herkömmliche Preise und herkömmliche Löhne gibt, von denen man nur ungern und gezwungen abweicht. Hier herrscht das Herkommen als allgemeine Norm, dort die individuelle Abwägung in jedem Einzelfall.

Es ist wahrscheinlich, daß diese herkömmlichen Wertverhältnisse alle Güter umfaßten, die überhaupt veräußerliches Eigentum waren. Die feste gegenseitige Bewertung der Güter ist eine wesentliche Erleichterung des Tausches, weil sie die schwierige Aufgabe der Wertbemessung für die einzelnen Tauschakte überflüssig macht. Ja es ist möglich, daß der Tausch in größerem Umfange überhaupt nur durch die Festlegung der Tauschverhältnisse seitens der obrigkeitlichen oder priesterlichen Gewalt ermöglicht wurde, da nur durch solche Normen die Schwierigkeit überwunden werden konnte, die in dem Mangel eines jeden greifbaren Anhaltspunktes für die Wertgleichsetzung verschiedenartiger Güter bestand. Weit über die primitiven Zeiten hinaus, von denen hier die Rede ist, war für den Handel eine objektive Norm der Tauschverhältnisse und Preise ein Bedürfnis, dem Preistaxen und ähnliche Einrichtungen entsprachen.

Man hat nun in den durch traditionelle Wertverhältnisse verbundenen Gütern die erste Erscheinungsform des Geldes sehen wollen (Ridgeway und Lotz). Aber diese Annahme ist mindestens solange nicht zutreffend, als die Wertskala sämtliche überhaupt tauschbaren Güter umfaßt; solange das der Fall ist, haben sich das Geld und die übrigen tauschbaren Objekte noch nicht differenziert; es fehlt noch das wesentliche Merkmal, daß einzelne Güter aus dem ganzen Kreise der tauschbaren Objekte vorzugsweise dazu verwendet werden, den Austausch der anderen zu vermitteln, daß sie eingetauscht werden nicht um ihrer selbst willen, sondern um gegen andere Dinge wieder ausgetauscht zu werden.

Das Geld mußte sich also aus den Eigentum darstellenden und in herkömmlichen Austauschverhältnissen stehenden Gütern erst entwickeln. Wir müssen uns diese Entwicklung so vorstellen, daß zuerst Güter, die dem Gebrauch dienten, gelegentlich und nebenbei auch als Tauschmittel verwendet wurden. In Betracht kamen dafür wohl überall an-

länglich nur solche Dinge, die nicht dem unmittelbaren Verbrauch
dienen, sondern dem längeren Gebrauch. Der Wilde und Halbwilde
zeichnet sich aus durch mangelhafte Vorsorge für die Zukunft. Ist ihm
das Glück günstig, hat er eine gute Kriegsbeute oder Jagdbeute oder
einen reichen Fischzug gemacht, dann lebt er in Saus und Braus, solange die erworbenen und erkämpften Vorräte reichen; dann leidet er
wieder Mangel. Erlegtes Wild, Fische und Früchte werden so rasch
wie möglich verzehrt. Dagegen können sich Schmuckgegenstände jeder
Art, wie Ringe und Spangen aus Gold oder Bronze, Perlen und Muscheln,
Waffen und kostbare Geräte, Sklaven und Sklavinnen, Viehherden usw.
im Besitz des Einzelnen in großen Massen ansammeln. Jedermann wird
solche Dinge im gegebenen Falle gern eintauschen, zunächst in der
Absicht, sie zu behalten und für sich zu gebrauchen; im Notfall jedoch,
oder wenn ihn anderes mehr lockt, wird er sich entschließen, diese
Dinge im Austausch gegen andere wieder fortzugeben. So tragen die
indischen Frauen bis in unsere Zeit hinein ihren ganzen Geldbesitz in
Form von Silberschmuck am eignen Leibe, d. h. das Silber dient ihnen
als Schmuck, solange sie nicht genötigt sind, es als Geld zu verwenden.

Je mehr dann in der weiteren Entwicklung der Tausch den Zustand der Eigenproduktion durchsetzte und dadurch zu einer Verfeinerung der Arbeitsteilung führte, desto mehr mußten die Schwierigkeiten,
die auch schon unter den einfachsten Verhältnissen dem direkten Austausch entgegenstanden, zur planmäßigen Benutzung gewisser Güter als
Tauschmittel führen. Je mehr sich der Kreis der tauschbaren Güter
erweitert, desto seltener wird der Fall, daß sich zwei Leute begegnen,
von denen jeder gerade diejenige Ware überflüssig hat, welche der
andere als Gegenwert für seine Ware verlangt. Die wachsende
Schwierigkeit des direkten Austauschs mußte dazu führen, daß man das
Ziel auf Umwegen zu erreichen suchte. Die Schwierigkeit war nur zu
überwinden, wenn diejenigen, welche bestimmte Waren überflüssig
hatten, gegen diese zunächst solche Waren eintauschten, von denen sie
erwarten durften, für sie jederzeit die von ihnen wirklich benötigten
Dinge erhalten zu können. Die früher nur gelegentlich zum Austausche
verwendeten Güter wurden mehr und mehr planmäßig für den Zweck
des Austausches angesammelt.

Wenn wir diejenigen Dinge betrachten, welche nach historischen
Ueberlieferungen in den Anfangsstadien der Verkehrswirtschaft bei den
einzelnen Völkern als Geld fungiert haben oder heute noch bei halbwilden Völkerschaften Gelddienste versehen, dann erhalten wir eine
bunte Auswahl der verschiedenartigsten Gegenstände. Die besonderen
wirtschaftlichen Verhältnisse der einzelnen Stämme und Völker, das
Vorwiegen der Jagd, der Viehzucht, des Ackerbaus, der Reichtum an
verschiedenen Metallen, die Berührung mit anderen Völkern und Stämmen
auf dem Wege des Handels und andere Umstände üben ihren Einfluß
auf die Verwendung bestimmter Güter zu Geldzwecken aus. Dazu
kommen Satzungen der weltlichen und geistlichen Obrigkeit, die für
die Leistung von Abgaben und die Entrichtung von Vermögensbußen,
bestimmte Güter vorschrieben. Auch mystische und religiöse Vorstellungen aller Art sind häufig mit im Spiel und erzeugen mitunter

absonderliche Bildungen auf dem Gebiet des primitiven Geldwesens. Bei Jägervölkern kommen als Tauschmittel vor allem Waffen in Betracht, bei Hirtenvölkern das Vieh, bei Stämmen, die mit fremden Kaufleuten Handel treiben, die ein- und auszutauschenden Waren. Unmittelbar dem Konsum dienende Waren, wie Getreide, Reis, Tee, Kakaobohnen, Tabak, getrocknete Fische, Salz und ähnliches mehr, erfüllen aus den bereits angedeuteten Gründen meist erst in vorgeschrittenen Stadien der wirtschaftlichen Entwicklung die Funktionen von Tauschmitteln. Diese Produkte selbst setzen schon einen regelrechten Wirtschaftsbetrieb voraus, und ihre Verwendung als Geld ist häufig in Fällen eingetreten, wo der Gebrauch von Metallgeld bereits bekannt war, die metallischen Umlaufsmittel selbst aber fehlten und durch Produkte der erwähnten Art ersetzt werden sollten, so z. B. noch am Ende des 18. Jahrhunderts in manchen Gebieten der Vereinigten Staaten von Amerika.

Neben den genannten Gütern hat sich eine Gruppe von Waren allenthalben frühzeitig zum Tauschmittel herausgebildet: diejenigen Gegenstände, welche als Schmuck Verwendung finden können, so kostbare Steine, Schmuckgegenstände aus Bronze und Edelmetall; auch die Kaurimuscheln sind wahrscheinlich durch ihre Verwendung zu Schmuckzwecken zu ihrer Funktion als Geld hindurchgegangen. Weitaus am wichtigsten von allen Stoffen, die zur Herstellung von Schmuckgegenständen dienten, sind für die Entwicklung des Geldes die Edelmetalle Gold und Silber geworden; sie haben im Lauf der Zeit mehr und mehr die übrigen Güter aus der Rolle des Tauschmittels verdrängt.

Zu merkwürdigen Bildungen hat bei gewissen halbwilden Völkern die Verbindung mystischer Vorstellungen mit dem Gelde geführt. Seltsamkeit des Ursprunges, hohes Alter, Einholung des Geldes aus entfernten Gebieten und unter bestimmten Zeremonien, irgendwelche Verbindungen mit dem Totenkultus und dem Geisterglauben, — das alles verleiht vielfach bei halbwilden Völkern Gegenständen, die an und für sich ungeeignet als Gebrauchs- und Verbrauchsgut sind, ein geheimnisvolles Ansehen. So leitet das merkwürdige Scherbengeld der Palau-Inseln seinen Wert von seinem hohen Alter und seinem angeblich himmlischen Ursprung ab. Das Steingeld der Insel Yap, mühlsteinartige Aragonitplatten von verschiedener Größe, wird unter großen Gefahren von den Palau-Inseln eingeholt. Die Bewohner des Bismarckarchipels pflegten ihr Muschelgeld zu ganz bestimmten Zeiten aus bestimmten Bezirken der Nordküste von Neupommern zu beschaffen.

Wenn nun die als Tauschmittel dienenden Güter eine Auswahl aus dem ganzen Kreise der Tauschobjekte darstellten, so standen auch sie naturgemäß unter der Herrschaft der herkömmlichen Wertverhältnisse, die sich über die Gesamtheit der Tauschgüter erstreckten. Die traditionellen Wertverhältnisse schufen hier aus den verschiedenartigsten Gütern, aus Sklaven, Rindern, Schafen, Edelmetallringen und -Spangen, Muscheln, Fellen, Salz usw. gewissermaßen ein einheitliches Geldsystem. Aber diese primitiven Geldsysteme dürfen nicht unter einem unseren heutigen Geldsystemen entlehnten Gesichtspunkten betrachtet werden: die Grenze zwischen Tauschmittel und Tauschgut war vollkommen flüssig, das Geld stand den Waren noch nicht gegenüber wie eine in sich geschlossene Einheit der Vielheit. Ferner entsprach den festen Wertverhältnissen zwischen den einzelnen als Tauschmittel dienenden Gütern durchaus nicht immer die Vertretbarkeit, durch die die einzelnen Geldarten erst zu einem Geldsysteme vereinigt werden. Wir begegnen vielmehr einer gewissen Rangordnung der einzelnen Geldarten, vermöge deren kostbare Güter nur durch entsprechend kostbare Tauschmittel eingetauscht werden können, während andererseits kostbare Tauschmittel nur zum Eintausch entsprechend wertvoller Waren, nicht aber zum Ankauf großer Mengen geringwertiger Gegenstände verwendet werden dürfen. So konnte man in Afrika vielfach Sklaven nicht mit geringwertigen Tauschmitteln kaufen, sondern nur mit bestimmten kostbaren Gegenständen, wie Elfenbein oder Gewehren und Schießpulver. In Angola konnte Elfenbein nur gegen Schießpulver und Gewehre eingehandelt werden. In Betschuanaland war Rindvieh nicht gegen den sonst als Tauschmittel gebräuchlichen Tabak, sondern nur gegen Eisen und Zeuge käuflich. Ebenso war in gewissen Teilen Westafrikas Gold nicht für Glaswaren, Tabak usw. erhältlich, sondern nur für Kleiderstoffe, Salz oder Bernstein. Auch für den Kauf von Frauen sind stellenweise nur ganz bestimmte Tauschmittel zulässig [1]).

Die gegenseitigen Beziehungen der einzelnen Arten der Tauschmittel sind hier also trotz der zwischen ihnen bestehenden herkömmlichen Wertverhältnisse nicht auf eine lediglich quantitative Beziehung reduziert, es bestehen vielmehr zwischen ihnen noch gewisse qualitative Unterschiede, die sie noch nicht in einem Geldsysteme untergehen lassen. Der jeder spezifischen Qualität entbehrende Geldcharakter ist bei diesem Kreise von Tauschmitteln noch nicht ausgebildet.

Nicht als Geld angesehen werden dürfen bestimmte Güter, deren Besitz zwar Macht und Ansehen verleiht, die aber im allgemeinen nicht als Tauschmittel dienen, sondern sich oft geradezu durch ihre Unveräußerlichkeit auszeichnen, die aber wegen ihrer Aehnlichkeit mit bestimmten Formen des Geldes mitunter gleichfalls als Geld angesehen worden sind. Hierher gehören z. B. die „feinen Matten" auf Samoa. Von diesen hat jede ihre mehr oder minder sagenhafte Geschichte, und nach der Bedeutung derselben richtet sich ihre Wertschätzung und das Ansehen, das ihr Besitz verleiht. Sie sind ein wertvolles Besitztum der samoanischen Familienverbände, aber sie fungieren nicht als Tauschmittel. Sie wurden vielmehr bei jeder neuen Königswahl unter bestimmten, meist zu blutigen Fehden führenden Zeremonien neu verteilt und blieben dann bis zur nächsten Königswahl im Besitz eines und desselben Familienverbandes. Wie wenig sie als Geld, als Verkehrsinstrument in irgendwelchem Sinne aufgefaßt werden können, zeigt ein in den Akten des Gouvernements von Samoa befindliches Schreiben des „hohen Häuptlings" Mataafa, in dem der Gouverneur gebeten wird, die Matten für unpfändbar zu erklären, da sie heilig seien und für den Samoaner denselben Wert hätten, wie Orden und Ehrentitel für die Deutschen. — Auch das sogenannte Steingeld von Yap, das schon wegen seiner Schwere

---

1) Siehe Schurtz a. a. O. S. 80; Simmel, a. a. O. S. 288.

durchaus ungeeignet ist, Geldfunktionen zu verrichten, wechselt — wenigstens in seinen größeren Stücken — nur in den seltensten Fällen seinen Besitzer; die Bestimmung der größeren Stücke liegt offenbar weniger in der Verkehrsvermittlung als darin, daß ihr Besitz, ähnlich wie auf Samoa der Besitz von feinen Matten, großes Ansehen verleiht.

§ 4. Die Edelmetalle als allgemeines Tauschmittel.

Wie bereits erwähnt, finden sich unter den als Tauschmittel dienenden Gütern fast überall frühzeitig Metalle, namentlich die Edelmetalle Gold und Silber, neben ihnen vor allem Kupfer und Bronze, Eisen, vielfach auch Zinn. Das Schmuckbedürfnis, dem hauptsächlich die Edelmetalle dienen, ist ebenso früh und allgemein entwickelt, wie andererseits das Bedürfnis nach Waffen und Werkzeugen, dem die unedlen Metalle genügen: die daraus hervorgehende allgemeine Begehrtheit hat die Metalle als besonders geeignet zum Tauschmittel erscheinen lassen.

Gold und Silber begegnen uns als Tauschmittel in der frühesten unseren Forschungen zugänglichen Zeit bei den Assyriern, Babyloniern und Ägyptern. Für Griechenland bezeichnet Plutarch das Eisen als das früheste allgemeine Tauschmittel, und in dem konservativen Sparta hat sich das Eisengeld noch bis in spätere Perioden hinein erhalten. In Italien hat von allen Metallen am frühesten das Kupfer Gelddienste versehen. Zinngeld finden wir namentlich bei den Malayen, deren Land sich durch einen großen Reichtum an diesem Metalle auszeichnet.

Ueberall jedoch haben mit fortschreitender Kultur die Edelmetalle den Vorrang gewonnen und immer ausschließlicher die Funktionen des Geldes in sich verkörpert. Neben ihnen sind unedle Metalle, namentlich Kupfer, nur in geringem Umfange zur Ergänzung des Geldsystems durch kleine Stücke beibehalten worden; alle übrigen Güter, die ursprünglich Gelddienste versahen, haben diese Stellung gänzlich verloren.

Man hat oft diese Entwicklung als etwas Wunderbares und Unerklärliches angesehen und einen inneren Widerspruch darin gefunden, daß gerade die Edelmetalle, die keinem dringenden Bedürfnisse, sondern nur dem Schmuckbedürfnisse und der Eitelkeit dienen, zu der hervorragenden und beherrschenden Stellung im wirtschaftlichen Verkehr gekommen sind, die das Geld einnimmt, und daß jedermann bereit ist, die an sich entbehrlichen Edelmetalle im Austausche für die allernotwendigsten Bedarfsgüter anzunehmen.

Aber dieser Widerspruch ist nur ein scheinbarer. Wie ein genaueres Eindringen zeigt, verdanken es die Edelmetalle gerade ihrer relativen Entbehrlichkeit, verbunden mit ihrer Schönheit, ihrer Seltenheit und anderen Eigenschaften, daß sie zum wichtigsten Geldstoff der Kulturwelt geworden sind.

Ihre Schönheit und Formbarkeit lassen sie als Rohstoff für Schmuckgegenstände und für Geräte aller Art — ganz unabhängig vom Urteil über die „Nützlichkeit" — allgemein begehrt erscheinen. Obwohl nirgends ein zwingendes Bedürfnis nach Edelmetallen besteht, wie etwa nach Nahrung und Kleidung, so ist doch die Nachfrage nach Gold und Silber zu Luxuszwecken viel weniger begrenzt, wie die Nachfrage nach den für die Erhaltung des Lebens notwendigsten Gütern. An Nahrungmehr aufzuhäufen, als man in absehbarer Zeit zur Sättigung bedarf, daran hat niemand ein Interesse. Für die Aufhäufung von Schmuck- und Prunkstücken dagegen gibt es keine Schranken. Der menschliche Magen hat eine begrenzte Aufnahmefähigkeit, das Schmuckbedürfnis, die Eitelkeit und die Prunksucht dagegen kennen keine Sättigungsgrenze. Derjenige, welcher Ueberfluß an den notwendigsten Bedarfsgütern hatte, war deshalb stets geneigt, dafür edle Metalle, verarbeitet oder unverarbeitet, einzutauschen, deren Besitz der Eitelkeit schmeichelt und Ansehen verleiht; und deshalb konnte man von den Edelmetallen erwarten, daß man für sie jederzeit die benötigten und anderwärts überflüssigen Waren würde erhalten können. Die Unentbehrlichkeit der Nahrungsmittel usw. erstreckt sich für den Einzelnen immer nur auf ein begrenztes Quantum; darüber hinaus sind sie absolut überflüssig, ja wegen der Mühe und Gefahr der Aufbewahrung sogar lästig. Bei den Edelmetallen jedoch entspricht gerade der Entbehrlichkeit die ganz allgemein und quantitativ unbegrenzte Begehrtheit und Verwendbarkeit.

Die Edelmetalle besitzen ferner eine nahezu unbegrenzte Widerstandsfähigkeit gegen zerstörende Einflüsse. Gold und Silber werden weder vom Wasser noch von der Luft angegriffen; sie verlieren im Feuer nur bei ganz hohen Temperaturen von ihrer Substanz; Gold löst sich nur in Königswasser (3 Teile Salzsäure und 1 Teil Salpetersäure) und wird nur von Chlor, Brom und wenigen anderen Chemikalien angegriffen, während Silber in Salpetersäure und konzentrierter Schwefelsäure löslich ist und von Salzsäure angegriffen wird. Auch den physikalischen Einflüssen der Reibung gegenüber zeigen sich die Edelmetalle, namentlich wenn sie einen passenden Zusatz anderer Metalle erhalten (Legierung), sehr widerstandsfähig. Infolge dieser Eigenschaften lassen sich die Edelmetalle, ohne sich in ihrer Substanz zu verändern, beliebig lang aufbewahren. Sie fanden besonders leicht Annahme als Gegenwert für die übrigen Güter, weil in ihnen nicht, wie in den einem raschen Verderb ausgesetzten Waren, der Zwang liegt, sie alsbald zum eignen Verbrauch oder zu einem abermaligen Tausche zu verwenden.

Des weiteren ist die Beschaffenheit der Edelmetalle eine durchaus gleichartige in jedem einzelnen Stücke, einerlei an welchem Ort das Metall gewonnen ist. Das trifft zwar streng genommen auch für die unedlen Metalle, wie das Kupfer, zu, nur daß hier die stets vorhandene Beimischung anderer Metalle zu Unterschieden führt, deren Beseitigung im Wege der Affinierung — im Gegensatz zu den Edelmetallen — die Kosten nicht deckt. Die gleichartige Beschaffenheit der Edelmetalle bewirkt, daß Unterschiede der Qualität nicht abzuwägen sind, daß gleiche Gewichtsmengen desselben Metalls stets gleiche Werte darstellen und sich deshalb restlos gegenseitig ersetzen und vertreten können.

Eine für die Geldfunktion der Edelmetalle sehr wesentliche Eigenschaft ist ferner ihre unbegrenzte Teilbarkeit. Man kann die Edelmetalle sehr exakt in die denkbar kleinsten Teile zerlegen und beliebig viele kleine Metallstückchen jederzeit und ohne nennenswerte Kosten wieder zu einem großen Klumpen zusammenschmelzen. Die letztere Möglichkeit sorgt dafür, daß der Wert verschieden großer Edelmetallstücke stets ihrem Gewichte entspricht, daß mithin die Teilung in kleine

Stücke keinen Wertverlust mit sich bringt. Nur diese Eigenschaft
ermöglicht es, fast ohne Einschränkung beliebig große Werte darzustellen,
im Gegensatz zu Gütern, die ihrer Natur nach unteilbar sind, wie etwa
Sklaven und Vieh, oder bei denen die Teilung eine große Wertverringerung involviert, wie bei Diamanten, bei denen es bisher nur
gelungen ist, aus einem großen mehrere kleine zu machen, nicht aber
aus mehreren kleinen einen großen. Eine besondere Folge der Formbarkeit der Edelmetalle ist ihre Eignung zur Annahme eines Gepräges,
durch das von autoritativer Seite Feinheit und Gewicht der einzelnen
Stücke beglaubigt werden kann. Die große Wichtigkeit dieser Eigenschaft soll später erörtert werden.

Außerdem kommt in Betracht die relative Seltenheit und die daraus
sich ergebende Kostbarkeit der Edelmetalle. Ihr spezifischer Wert ist
ein hoher, da der vorhandene Bestand gegenüber der allgemeinen
Begehrtheit beschränkt ist und durch die Neugewinnung nur in lang-
samem Tempo vermehrt werden kann. Andererseits ist doch der vorhandene Bestand groß genug, um den Edelmetallen in ausreichendem
Umfange die Funktion als Geld zu ermöglichen. Infolge des hohen
Wertes in geringem Gewicht und Volumen stellen sich bei den Edelmetallen die Kosten der Aufbewahrung und des Transports ganz beträchtlich niedriger als bei den meisten anderen Waren, und dadurch
wird sowohl ihre Annahme als auch ihre Verausgabung im Tauschverkehr, sowohl ihre Erhaltung in ruhendem Zustande als auch ihre
Bewegung ganz außerordentlich erleichtert.

Als eine ganz besonders wichtige Eigenschaft kommt schließlich
noch hinzu die relative Wertbeständigkeit der Edelmetalle[1]), die sich
ihrerseits aus einigen der bisher aufgezählten Eigenschaften ergibt.

Diese Wertbeständigkeit steht zunächst in einem doppelten Zusammenhange mit der substantiellen Widerstandsfähigkeit der Edelmetalle gegen chemische und physikalische Einwirkungen. Durch diese
Widerstandsfähigkeit sind einmal alle diejenigen Wertveränderungen
ausgeschlossen, welche sich bei anderen Gütern aus der unvermeidlichen
Veränderung der Substanz selbst ergeben. Zweitens sammeln sich
infolge der Dauerhaftigkeit der Edelmetalle die Ergebnisse der Edelmetallgewinnung zu Massen an, denen gegenüber die jährliche Neuproduktion, selbst unter den günstigsten Verhältnissen, nur einen kleinen
Bruchteil ausmacht. Je rascherem Verderben oder Verzehr ein Gut
ausgesetzt ist, desto größer ist im allgemeinen die jeweilige Neuproduktion im Verhältnis zum vorhandenen Bestande, desto stärker ist
die Einwirkung der Schwankungen der Neuproduktion auf den Preis.
Während z. B. beim Getreide der jeweilige Ernteertrag den noch vorhandenen Vorrat aus früheren Ernten meist beträchtlich übersteigt, mithin das Jahr für Jahr verfügbare Getreidequantum und damit auch der
Getreidepreis in erster Reihe von den Schwankungen des Ernteausfalls
abhängt, hat selbst die stärkste jemals erreichte Jahresgewinnung von

---

[1]) Das Problem des Wertes und der „Wertbeständigkeit“ soll an dieser Stelle
nicht von Grund aus erörtert werden; es sei vielmehr nur das in dem vorliegenden
Zusammenhange Erforderliche angedeutet, während die eingehende Behandlung dem
12. Kapitel des II. Buches vorbehalten bleibt.

Gold — etwa 2,1 Milliarden Mark im Jahre 1913 — nur etwa 5 Prozent des auf mehr als 40 Milliarden zu schätzenden monetären Goldbestandes der Welt betragen und vielleicht nur halb soviel im Verhältnis zu dem gesamten aus Geld und Goldwaren bestehenden Goldvorrat. Die Dauerhaftigkeit der Edelmetalle gibt also der verfügbaren Menge eine außerordentlich große Beständigkeit gegenüber den Schwankungen der Neuproduktion. Nur eine sich auf lange Zeiträume erstreckende ungewöhnlich hohe oder niedrige Edelmetallproduktion kann mithin einen merkbaren Einfluß auf die Wertgestaltung der Metalle ausüben.

Diese bedeutsame Wirkung der Dauerhaftigkeit der Edelmetalle wird verstärkt durch gewisse Folgen, die sich aus dem Luxuscharakter von Gold und Silber ergeben. Es ist eine bekannte Tatsache, daß die Preisschwankungen am heftigsten sind bei den unentbehrlichsten Bedarfsgütern und daß sie um so mehr abnehmen, je entbehrlicher ein Gut ist. Bei Luxusartikeln genügt eine geringere Preisverminderung als bei den unentbehrlichen Dingen, um das gestörte Verhältnis von Angebot und Nachfrage wieder in Uebereinstimmung zu bringen. Weil der Bedarf an Brot keine wesentliche Einschränkung verträgt, weil jedermann lieber auf alles andere verzichten als verhungern will, deshalb sind hier ganz andere Preiserhöhungen notwendig, um den aufgrund des verfügbaren Vorrates nicht zu befriedigenden Teil der Nachfrage auszuschalten, als bei Luxusgegenständen, auf die jedermann am leichtesten verzichten kann. Andererseits ist der Verbrauch und Bedarf an den unentbehrlichsten Dingen, wie oben bereits gezeigt wurde, am wenigsten steigerungsfähig; ein starkes Mehrangebot von Nahrungsmitteln usw. kann sich deshalb, namentlich wenn sie leicht verderblich sind, nur durch ganz unverhältnismäßig viel größere Preisherabsetzungen Absatz verschaffen, als ein vermehrtes Angebot von Luxusartikeln, für die eine Schranke der Aufnahmefähigkeit überhaupt nicht existiert. Durch diese Verhältnisse erscheint die Wertbeständigkeit der Edelmetalle, für die ihre substantielle Dauerhaftigkeit die erste Voraussetzung und ein äußerliches Symbol ist, in ganz besonders hohem Grade gewährleistet.

Wenn auch einzelne der hier aufgezählten Eigenschaften bei anderen Objekten in gleichem oder gar in höherem Maße gegeben sind, so findet sich doch eine derartig glückliche und vollkommene Vereinigung nur bei den Edelmetallen. Wenn z. B. den Diamanten die Kostbarkeit in höherem Maße eigen ist, so besitzen sie dafür die Unzerstörbarkeit nur in geringerem Grade, und die Formbarkeit geht ihnen völlig ab. Durch die Vereinigung der aufgezählten Eigenschaften sind die Edelmetalle in der Eignung zur Verrichtung von Geldfunktionen allen anderen Gütern überlegen, und sie haben infolgedessen die anderen Geldarten allmählich verdrängt; freilich nicht in der Weise, daß die klare Erkenntnis ihrer Vorzüge irgendwo und irgendwann zu einem ausgesprochenen Beschlusse, sie allein als Tauschmittel zu benutzen, geführt hätte; vielmehr hat sich die ihnen innewohnende Eignung zu diesem Zwecke ganz von selbst Geltung verschafft. Indem jeder Einzelne tat, was ihm für seine persönlichen Interessen zweckmäßig erschien, kam die Gesamtheit immer mehr zur ausschließlichen Benutzung der Edelmetalle zur Tauschvermittlung.

Das Zwangsläufige dieser Entwicklung tritt am meisten hervor, wenn man erwägt, daß neben den positiven Vorzügen der Edelmetalle vor allen anderen Tauschmitteln auch ein negatives Moment die Entwicklung bestimmen mußte. Durch den gesamten Fortschritt der Volkswirtschaft, beruhend auf der immer weitergehenden Arbeitsteilung, mußten die wichtigsten der anfänglich neben den Edelmetallen als Tauschmittel fungierenden Güter ganz von selbst ausgeschaltet werden. Wir brauchen nur an die neben den Edelmetallen wichtigste Kategorie der Tauschmittel, an das Viehgeld, zu denken. Es ist ohne weiteres klar, daß das Vieh nur bei Nomaden und Hirtenvölkern die Dienste als allgemeines Tauschmittel versehen kann. Nur wo die Bedingungen für die Viehhaltung für jedermann so gut wie unbegrenzt gegeben sind, kann das Vieh in großem Umfange den Dienst als Tauschmittel versehen. Schon mit der Einführung und Ausdehnung des Ackerbaues werden jedoch die Bedingungen für die Viehhaltung beschränkt; sie werden es immer mehr, je mehr sich die einzelnen Berufe von einander scheiden und je mehr sich einzelne Berufszweige von dem unmittelbaren Zusammenhange mit dem Grund und Boden loslösen. Gerade für diejenigen Berufe, welche späterhin die Geldwirtschaft am meisten ausgebildet haben, für die städtischen Gewerbe, fehlen die Voraussetzungen für ein Viehgeld vollständig. Ein Handwerker, der keinen Grundbesitz und kein Weiderecht hat, ist nicht in der Lage, Ochsen und Kühe im Austausch gegen seine Erzeugnisse anzunehmen.

So mußten allmählich alle diejenigen Güter, deren Gebrauchswert und deren Aufbewahrung von beruflichen Voraussetzungen abhängig sind, als Tauschmittel in Wegfall kommen, und es mußte sich ganz von selbst ergeben, daß die Edelmetalle, deren Verwendbarkeit und Aufbewahrungsmöglichkeit an keine berufliche Voraussetzung gebunden ist und deren natürliche Eigenschaften ihre Annahme im Austausch gegen andere Waren so sehr befördern, immer mehr zum allgemeinen und schließlich zum alleinigen Tauschmittel wurden.

§ 5. Die Erfindung der Münze.

Bei allen natürlichen Vorzügen, welche die Edelmetalle zum allgemeinen Tauschmittel geeignet machten, stand der Ausdehnung ihres Gebrauchs zu Geldzwecken ein starkes Hindernis entgegen. Bei der großen Kostbarkeit des Silbers und namentlich des Goldes kam es in besonders hohem Grade auf die genaue Feststellung des Gewichtes und der Beschaffenheit der Edelmetallstückchen an. Solange die meisten Mitglieder eines Stammes Jäger waren, wußten sie den Wert von Waffen und Jagdgerät aller Art sachverständig zu prüfen; solange die meisten Stammesgenossen Hirten waren, konnten sie ein Rind oder eine Ziege mit kundigem Blick abschätzen. Niemals aber war ein nennenswerter Bruchteil eines Volkes sachverständig bei der Prüfung von Edelmetallen. Schon das genaue Wiegen machte, auch nachdem die Goldwage erfunden war, große Schwierigkeiten. Noch viel schwieriger aber ist die Feststellung, ob und wieviel unedles Metall dem Golde oder Silber beigemischt ist. Das Aussehen der Metallstückchen wird selbst durch relativ große Zusätze von Kupfer nur unmerklich verändert, und auch die große spezifische Schwere der Edelmetalle, namentlich des Goldes, ist kein ausreichender Schutz gegen die betrügerische Beimischung anderer Metalle von geringerem Werte. Es ist deshalb ein auf besonderen Kenntnissen beruhendes Probierverfahren notwendig, um festzustellen, wie viel reines Edelmetall ein Barren enthält. Die Notwendigkeit des Wiegens und Probierens bei jedem einzelnen Tauschakte mußte also die Verwendung der Edelmetalle als Tauschmittel stark beeinträchtigen.

Diese Schwierigkeit führte dazu, die für den Tauschverkehr bestimmten Edelmetalle in eine bestimmte Form zu bringen, in Ringe und Barren von bestimmter Feinheit und bestimmtem Gewichte. In Babylonien[1]), wo die Edelmetalle (Gold, Silber und daneben die Elektron oder Weißgold genannte natürlich vorkommende Mischung beider Metalle) zuerst die Alleinherrschaft als Geld gewonnen zu haben scheinen, wurde nach bestimmten Gewichtseinheiten Edelmetalls gerechnet. Das Gewichtssystem beruhte auf sexagesimaler Teilung: 1 Talent = 60 Minen zu 60 Schekel, ein System, das sich mit gewissen Modifikationen später über ganz Vorderasien, Aegypten und Griechenland verbreitet hat. Gold und Silber standen zu einander in dem als fest angenommenen Wertverhältnis von $13\frac{1}{3}$ zu 1; die Gewichtseinheit war für Gold und Silber in der Weise verschieden, daß die (leichtere) Mine Gold gleich 10 Minen Silber galt. Aufgrund dieses Systems bestand namentlich in Babylonien eine entwickelte Geldwirtschaft und auf dieser beruhend, sogar ein umfangreicher Kreditverkehr, von dem sich Zeugnisse in unzähligen Keilinschriften, die unter den Trümmern der babylonischen Städte gefunden wurden, erhalten haben. Trotz dieser hohen Entwicklung ist von Münzprägung für jene Zeit noch keine Spur nachzuweisen. Man begnügte sich damit, die Barren nach den Unterabteilungen des Gewichtssystems in eine für den Verkehr handliche Form zu bringen, in Ziegeln und Stücke von bestimmtem Gewichte, die kleineren Stücke auch in die Form von Ringen, von denen sich auf ägyptischen Denkmälern zahlreiche Abbildungen erhalten haben.

Gegen Betrug, namentlich in bezug auf den Feingehalt, bestand in der Herstellung solcher gleichartiger Metallstücke noch keine hinreichende Sicherheit. Der Gedanke der Beglaubigung des Feingehaltes und Gewichtes der Barren und Ringe durch eine Stempelung, die sich ja den Edelmetallen leicht aufprägen läßt, liegt außerordentlich nahe, und es ist auffallend, daß man erst verhältnismäßig spät auf diesen Gedanken gekommen zu sein scheint; im alten Babylonien und in Aegypten kannte man eine solche Stempelung, wie bereits erwähnt, überhaupt nicht. Bei den Juden wurde vor dem Babylonischen Exil das Metallgeld nur zugewogen; ebenso bei den Griechen zur Zeit Homers und bei den Römern wahrscheinlich bis zur Zeit der Dezemvirn (pendere = wiegen; davon expensa, stipendium usw.). Der chinesische Taël ist heute noch nur eine Gewichtseinheit ungeprägten Silbers.

---

[1]) Vgl. Brandis, Münz-, Maß- und Gewichtssystem in Vorderasien. 1866; Hultsch, Griechische und römische Metrologie. 1882; Eduard Meyer, Orientalisches und griechisches Münzwesen, im Handwörterbuch der Staatswissenschaften.

Die ältesten mit einer gleichartigen Stempelung versehenen Edelmetallstückchen stammen, soweit unsere Kenntnis reicht, aus dem kleinasiatischen Grenzgebiet der griechischen und orientalischen Kultur und gehören dem 7. Jahrhundert vor Christi Geburt an. Schon Herodot hat behauptet, daß die Lyder die ersten Menschen gewesen seien, die goldene und silberne Münzen geprägt haben. Die neueren Forschungen und Münzfunde haben diese Annahme durchaus bestätigt. Von Lydien aus scheint sich die Erfindung der Münze rasch über Vorderasien und Griechenland verbreitet zu haben, und nach und nach hat sie sich die ganze Welt erobert.

Die ältesten lydischen Münzen, die wir kennen, sind von sehr einfachem Aeußeren; sie sind ovale Metallplättchen, die auf der einen Seite eine Anzahl paralleler Streifen aufweisen, auf der anderen einige unregelmäßige Vertiefungen. Etwas späteren Ursprungs sind die Stücke, die auf der einen Seite ein eigentliches Münzbild, z. B. einen Löwenkopf, zeigen, auf der anderen Seite an Stelle der unregelmäßigen Vertiefungen ein Quadrat (quadratum incusum). Es hat lange gedauert, bis auch die Rückseite ein vollkommenes Münzbild erhielt (etwa von der Mitte des 5. Jahrhunderts an). Als Münzbilder finden wir außer Tierköpfen Darstellungen religiösen Inhalts, wie Götterbilder, die auf den Zusammenhang von Tempeln und Münzstätten, der lange bestanden hat, hindeuten. Inschriften, die den Namen des Prägeortes oder des Münzherrn angeben, kommen frühzeitig neben den erwähnten Bildnissen vor. Dagegen ist die Sitte, das Bildnis des Landesherrn auf die Münze zu setzen, erst in der hellenistischen Zeit aufgekommen.

Es lag nahe, die ersten Münzen genau nach dem geltenden Gewichtssysteme auszuprägen. Neuerdings ist allerdings die Auffassung vertreten worden, daß die Münzen vielfach in enge Beziehung zu den bereits vor ihrer Entstehung vorhandenen Tauschmitteln gesetzt worden seien. Wo ungeprägtes Metall schon vor der Erfindung der Münze in einer durch das Gewichtssystem gegebenen Stückelung als Geld verwendet wurde, fallen beide Gesichtspunkte zusammen. Wo bei der Einführung des gemünzten Geldes das Vieh die wichtigste Rolle als Geld spielte, soll der Hauptmünze häufig ein Metallgehalt gegeben worden sein, der dem Werte eines Ochsen entsprach, und zum äußeren Zeichen dieser Wertübereinstimmung sind die ältesten Münzen vielfach mit dem Bilde eines Ochsen usw. versehen. Bei den Römern war nicht nur das Gepräge der Kupfermünzen „boum oviumque effigie“ ausgestattet, sondern auch der Name „pecunia“ (pecus = Vieh) ist von dem früheren Viehgelde auf das spätere Metallgeld übergegangen.

Was den Stoff anbelangt, aus dem die frühesten Münzen geprägt wurden, so ist folgendes zu bemerken:

Die ersten Münzen Lydiens und der griechischen Stadtstaaten in Kleinasien waren aus Elektron hergestellt, dessen Zusammensetzung nach Gold und Silber keine einheitliche ist, dessen Silberzusatz jedoch im Laufe der Zeit von etwa einem Viertel auf nahezu zwei Drittel stieg, wohl infolge absichtlicher Beimischung; diese Art der Münzverschlechterung konnte um so leichter betrieben werden, als offenbar noch ein zuverlässiges Verfahren zur exakten Feststellung des Feingehaltes der

Elektronmischung fehlte. Die Elektronmünzen werden durchweg als Goldmünzen bezeichnet.

Silbermünzen scheinen erst später aufgekommen zu sein und in Kleinasien lediglich dem lokalen Verkehr gedient zu haben; das zeigt sich vor allem darin, daß dort die Silbermünzen in den einzelnen Städten nach sehr verschiedenen Typen geprägt wurden, während hinsichtlich der Goldmünzen eine weitgehende Uebereinstimmung herrschte. In Griechenland selbst dagegen haben Silbermünzen den ganz überwiegenden Bestandteil des Münzumlaufs gebildet.

Bemerkenswert ist, daß man neben den Hauptstücken, deren Typus der Goldstater im Gewicht von etwa 14,2 g und im Wert von etwa 30 Goldmark und der $\frac{1}{6}$ Stater waren, auch ganz kleine Teilstücke prägte, bis herab zum $\frac{1}{24}$ Stater, einer Goldmünze im Werte von nur 1,25 Goldmark. Später hat Athen vereinzelt sogar Gold- und Silbermünzen bis herab zum $\frac{1}{8}$ Obolus (Wert der kleinsten Goldmünze etwa 27 Pfennig, der kleinsten Silbermünze etwa 2 Pfennig) ausgeprägt!

Erst spät hat man, um dem Bedürfnis des Verkehrs nach kleinem Gelde zu genügen, mit der Prägung von Kupfermünzen begonnen; in Athen erst zur Zeit des Perikles. Allgemeine Verbreitung hat die Kupferprägung in Griechenland erst im 4. Jahrhundert vor Christi Geburt gefunden.[1])

In Rom hat schon zur Zeit, als noch das Herdenvieh vorwiegend als Geld fungierte, ungeprägtes Kupfer gleichfalls als Tauschmittel gedient. Allmählich hat es das Vieh aus seiner Geldfunktion verdrängt. Wie bereits erwähnt, wurde das Kupfer bis zur Zeit der Dezemvirn zugewogen, wenn auch angeblich schon zur Zeit des Königs Servius große Kupferbarren mit bestimmten Zeichen versehen worden sein sollen (aes signatum). Silbermünzen sind in Rom erst im Jahre 268 v. Chr. eingeführt worden, Goldmünzen erst gegen Ende der Republik.

Wenn wir das Wesen der Münze einer genaueren Betrachtung unterziehen, so finden wir, daß sie schon in der Form, in der sie uns bei ihrer Entstehung gegenübertritt, etwas mehr ist als ein durch eine Stempelung nach Gewicht und Feinheit beglaubigter Metallbarren. Schon vor der Erfindung der Münze hatten in Phönizien große und allgemeines Vertrauen genießende Kaufleute Edelmetallbarren zur Ersparung der Feingehaltsprüfung und des Wägens mit einer Stempelung versehen, und auch heute noch werden im Edelmetallhandel Barren mit gewissen Zeichen gestempelt, die ihre Feinheit und eventuell auch ihr Gewicht angeben. Eine Stempelung zur Bezeichnung der Feinheit ist sogar bei Gold- und Silberwaren heute ganz allgemein üblich. Aber gestempelte Barren wird an sich niemand als Münzen bezeichnen, und zwar nicht nur aus dem Grunde, weil sie in ihrer Form und Größe nicht der Vorstellung entsprechen, die wir uns heute von der Münze machen, weil sie verhältnismäßig schwere Stäbe und Ziegel sind, die sich für den Umlauf als Geld, das von Hand zu Hand gehen soll, nicht eignen. Es kommt vielmehr noch ein anderes, wichtigeres Moment

---

1) Vgl. Eduard Meyer a. a. O.

hinzu. Bei den Barren ist die Stempelung durchaus individueller Natur; das einzelne Stück wird aufs genaueste untersucht und nach seinem Feingehalt bezeichnet; der Feingehalt ist rein individuell, und die einzelnen Barren zeigen selbst dann, wenn sie im großen Ganzen nach einem einheitlichen Typus gegossen sind, Verschiedenheiten in der Feinheit und namentlich im Gewichte, die bei der Kostbarkeit des Metalls beachtet werden müssen. Bei den Münzen dagegen ist die Stempelung eine durchaus generelle, das einzelne Münzstück ist nicht, wie der einzelne Barren, ein besonderes Individuum für sich, sondern ein Einzelstück einer einheitlichen Gattung. Ein gestempeltes Edelmetallstückchen kann nur dann als Münze bezeichnet werden, wenn es als einzelnes Exemplar eines ganzen Kreises gleichartiger Stücke, die sich infolge ihrer Gleichwertigkeit gegenseitig vertreten können (Fungibilität), hergestellt worden ist[1]).

Deshalb ist bei den Münzen innerhalb der einzelnen Sorten nicht nur genaue Uebereinstimmung im Feingehalte, sondern auch genaue Uebereinstimmung im Gewichte nötig. Um eine betrügerische Verkürzung am Gewichte zu verhindern, überzieht bei der Münze, im Gegensatz zum gestempelten Barren, die Stempelung die ganze Oberfläche, soweit es technisch möglich ist; die Stempelung heißt dann „Gepräge".

Die Gleichartigkeit der einzelnen Münzstücke innerhalb derselben Sorte ist ein Merkmal, das bei den Bestimmungen des Begriffes „Münze" mitunter übersehen wird, und doch ist gerade dieses Merkmal von ganz hervorragender Wichtigkeit für die gesamte Entwicklung des Geldwesens und für die Bedeutung des Geldes in der Volkswirtschaft. Die nach einem einheitlichen Typus geprägte Münze hat Wirkungen hervorgerufen, die eine individuelle Stempelung von Edelmetallbarren niemals hätte zeitigen können und die weit über die zunächst in die Augen fallende Ersparung des Wägens und Probierens bei jedem einzelnen Tausche oder Kaufe hinausgingen. Mehr noch als die autoritative Beglaubigung nach Feinheit und Gewicht hat die Ausprägung nach einheitlichen Typen die Verwendbarkeit der Edelmetalle als Geld gesteigert; sie hat den Ausgangspunkt abgegeben dafür, daß sich das Geld vom Edelmetalle als eine selbständige Kategorie loslöste.

§ 6. Die Steigerung der Verwendbarkeit der Edelmetalle zu Geldzwecken durch die Münzprägung.

Die Beglaubigung von Edelmetallbarren nach Feinheit und Gewicht durch eine bestimmte Prägung oder Stempelung beseitigte ein sehr wesentliches Hindernis, das der Verwendung der Edelmetalle zu Geldzwecken entgegenstand. Aber eine solche Beglaubigung an sich allein vermochte die Edelmetalle noch nicht allgemein zu Geldzwecken brauchbar zu machen. Mit Edelmetallbarren, von denen jeder Einzelne nach Feinheit und Gewicht ein Individuum für sich ist, kann der Groß-

---

1) Knapp (Staatliche Theorie des Geldes, 1905, 3. Aufl. 1921) stellt das gemünzte Geld als „morphisches Zahlungsmittel" („geformte, bewegliche Sachen, welche Zeichen tragen") dem ungemünzten Edelmetall als „amorphischem Zahlungsmittel" gegenüber. Die Verfassung der Zahlungsmittel, in der mit ungemünztem Metalle gezahlt wird, nennt er „Autometallismus", die Verfassung, in der mit geformten Zeichen tragenden Stücken gezahlt wird, nennt er „Morphismus".

handel auskommen; im großen internationalen Zahlungsverkehr haben die Barren ihre Bedeutung als Geld bis zum heutigen Tage bewahrt; für den kleineren Verkehr dagegen eignen sich die Barren, auch wenn sie nach Gewicht und Feinheit beglaubigt sind, nicht als Tauschmittel. Auf den früheren Stufen der Kulturentwicklung verstehen die weitesten Kreise der Bevölkerung wohl das Zählen, aber nicht das Rechnen. Das Rechnen mit so komplizierten Zahlen, wie es die Feinheitsbezeichnungen von Edelmetallbarren sind, bei denen es noch auf die fünfte und sechste Dezimalstelle ankommt, bleibt auch bei entwickelter Kultur stets eine Unbequemlichkeit, die zwar in den Kontoren des Großhandels, wo es sich um die Uebertragung großer Werte handelt, leicht überwunden wird, die aber im Geben und Empfangen des täglichen Verkehrs nicht bewältigt werden kann. Das verwickelte Rechnen wird nun dadurch auf ein einfaches Zählen reduziert, daß mehrere Münzsorten, von denen die größeren ein Vielfaches der kleineren darstellen, geschaffen werden und daß innerhalb der verschiedenen Münzsorten die einzelnen Stücke in Feinheit, Gewicht und Gepräge vollständig gleichartig hergestellt werden. Dadurch wird es möglich gemacht, beliebige Wertsummen durch bloßes Zuzählen gleichartiger Münzstücke zu übertragen.

Erst durch diese Reduktion des Rechnens auf das Zählen erhielt das Edelmetall in der Form von Münzen jene ganz allgemeine Verwendbarkeit als Tauschmittel, die für die Entwicklung des Geldwesens, ja für die Entwicklung der gesamten Wirtschaftsverfassung geradezu ausschlaggebend geworden ist. Alle Vorzüge, mit denen die Edelmetalle von Natur für die Verrichtung von Geldfunktionen ausgestattet snd, konnten jetzt erst in volle Wirksamkeit treten, auch in denjenigen Schichten des Verkehrs, die des Wiegens, Probierens und des Rechnens mit komplizierten Zahlen unkundig waren. In der Form von Münzen wurden die Edelmetalle auch dort im Austausche gegen andere Waren angenommen, wo man sie ungeprägt aus Mißtrauen über ihre wirkliche Beschaffenheit zurückgewiesen hätte. Zu allen ihren natürlichen Vorzügen verschaffte ihnen die Münzform die Leichtigkeit und Einfachheit der Uebertragung, die für die Entwicklung des in der fortgesetzten Uebertragung seine eigentliche Bestimmung findenden Geldes eine unerläßliche Voraussetzung war. Deshalb ist es den Edelmetallen erst in gemünzter Form gelungen, ganz allgemein alle übrigen Tauschmittel zu verdrängen. Während diese allmählich immer mehr wieder auf ihre Stellung als bloße Gebrauchs- oder Verbrauchsgüter zurückgeführt wurden, erfuhr die Gangbarkeit des gemünzten Geldes aus sich selbst heraus eine fortgesetzte Steigerung: je leichter das gemünzte Metall im Austausch gegen andere Güter anzubringen war, desto stärker wurde der Begehr nach ihm. So entwickelte sich in der Münze ein Objekt, vermittelst dessen man alle anderen tauschbaren Güter erhalten konnte und das deshalb jedermann für die von ihm selbst nicht benötigten oder benutzten Güter zu erhalten strebte.

§ 7. Die Verkörperung der Geldfunktion in der Münze.

Je mehr sich die Verwendung als Tauschmittel auf eine einzelne Kategorie von Gegenständen konzentrierte, desto stärker mußte an sich schon der Gegensatz zwischen Geld und den übrigen Verkehrsobjekten hervortreten und empfunden werden. Solange alle tauschbaren Güter gleichzeitig Tauschgut und Tauschmittel darstellen, sind nur die Anfänge einer Differenzierung der Tauschmittelfunktion von den übrigen Funktionen und Brauchbarkeiten der Güter zu beobachten. Erst wenn die Funktion des Tauschmittels von einer einheitlichen, bestimmt abgegrenzten Gruppe von Gütern ausschließlich ausgeübt wird, ist der Anlaß zu einer deutlichen Unterscheidung von Tauschmitteln und anderen Gütern gegeben. Aber auch hier ist das allgemeine Tauschmittel noch nicht ausschließlich Tauschmittel, sondern es vereinigt in sich die Eigenschaft als Tauschmittel und als Gebrauchsgut (so etwa bei einem Rindergeld und bei ungeprägtem Edelmetallgeld). Es gibt noch kein Tauschmittel als solches, sondern immer erst noch eine, allerdings auf eine einzelne Gütergruppe beschränkte Tauschmittelfunktion.

Erst in der Münze hat diese Funktion eine besondere Gestalt gewonnen. In der Münze wurde zum erstenmal das Tauschmittel äußerlich unterschieden und herausgehoben aus allen zum Verbrauch oder Gebrauch bestimmten Gütern. Solange die Metallbarren ebenso den Rohstoff für Schmuckgegenstände darstellten, solange Goldspiralen und Ringe ebenso Schmuckgegenstände waren, wie sie auch zum Austausch gegen andere Güter verwendet wurden, — solange war der Unterschied zwischen Gebrauchsgut und Tauschmittel nicht in der Augenfälligkeit gegeben, mit welcher er jetzt in Erscheinung trat, wo der Unterschied in der Münze seinen körperlichen Ausdruck fand. Freilich wurde das gemünzte Metall durch die Prägung nicht dauernd und unwiderruflich aus dem Kreise der übrigen Güter ausgeschieden; die Münzen können ja durch Einschmelzung jederzeit wieder in Rohmetall und durch Verarbeitung in Schmuckgegenstände verwandelt werden. Aber solange sie Münzen sind, stellen sie doch in konkreter Weise die Geldfunktion dar, die bisher von den Gebrauchsgütern nur nebenbei verrichtet worden war. Damit ist die Grundlage gegeben für eine das Geld von allen übrigen Gütern scharf unterscheidende Anschauungsweise und für die Herausbildung eines besonderen Geldbegriffs, der Geld und Ware, die ursprünglich als verschiedene Funktionen in demselben Objekt friedlich nebeneinander wirksam waren, als Gegensätze einander gegenüberstellt.

Wir haben nun zu verfolgen, wie sich diese Trennung von Geld und Ware in Anknüpfung an die Münze vollzogen hat.

Solange die Münze lediglich als ein nach Feingehalt und Gewicht beglaubigtes Metallstückchen erschien, war die Voraussetzung für die scharfe Trennung von Geld und Ware noch nicht gegeben; denn das Metall an sich gehörte dem Kreise der Gebrauchsgüter an. Die Münze mußte also erst dem Metall gegenüber, aus dem sie hergestellt wurde, eine gewisse Selbständigkeit gewinnen, ehe jene Trennung stattfinden konnte.

Das gemünzte Geld zeigte sich nun, wie bereits hervorgehoben, in seiner Brauchbarkeit als Tauschmittel dem rohen Metall soweit überlegen, daß die Vorstellung, die man sich von der Münze machte, schon aus diesem Grunde sich bald von der Vorstellung eines bloßen, durch Formgebung beglaubigten Metallquantums entfernen mußte. Wo einmal im allgemeinen Verkehr die Münze Fuß gefaßt hatte, da war bald mit ungeprägtem Metalle nichts mehr anzufangen; nur in gemünztem Zustande übte das Metall jene bald als geheimnisvoll erscheinende Macht über alle anderen Waren aus.

Mußte schon dadurch die Vorstellung geweckt werden, daß die Prägung das Wesentliche an der Münze sei — die Prägung, die anfänglich nur eine Beglaubigung des Metallgehalts, also des ursprünglichen Wesens der Münze war — und daß der Metallgehalt erst in zweiter Reihe käme, so wurde dieser Eindruck noch verstärkt durch die Wahrnehmung, daß auch Münzen, die durch Abnutzung unter ihren ursprünglichen Metallgehalt herabgesunken oder die gar von Anfang an unter ihrem ursprünglichen Metallgehalte ausgeprägt worden waren, sich im Verkehr als gangbar erwiesen. Man fing an, die Prägung als eine Art Hexerei anzusehen, die nicht nur gewöhnliche Waren in Geld verwandeln, sondern auch aus geringeren Werten höhere Werte schaffen könne.

Befördert wurde die Verselbständigung des Begriffs des Geldes gegenüber demjenigen eines bestimmten Edelmetallquantums dadurch, daß die Münzen überall eigne Namen erhielten. Auch dort, wo der Münzname ursprünglich nichts war als eine bestimmte Gewichtsbezeichnung, wie Sekel, Drachme, Talent, As, Livre, Pfund, Mark usw., gewann er bald eine selbständige, von der Gewichtsbezeichnung unabhängige Bedeutung. Oft aber war der Münzname von vornherein ein willkürlicher, der keinerlei Gewichtsbezeichnung enthielt. Diese scheinbare Formsache der Einführung eigner Namen für die Münzen wurde dadurch außerordentlich wichtig, daß überall, wo die Münze Boden faßte, die Kaufverabredungen und Zahlungsverträge bald nicht mehr in bestimmten Gewichtsmengen staatlich beglaubigten Goldes, Silbers oder Kupfers, sondern in bestimmten Summen von Gold-, Silber- oder Kupfermünzen abgeschlossen wurden. Vor der Erfindung der Münze, als das Geld als solches noch kein konkreter Gegenstand, sondern nur eine Funktion war, die nebenbei von gewissen Gebrauchsgütern erfüllt wurde, konnte es den Begriff der Geldsumme noch nicht geben; was wir heute Geldsumme nennen, deckte sich damals vollständig mit der Bezeichnung der Anzahl oder Gewichtsmenge der als Tauschmittel verwendeten Gebrauchsgüter. Um Geldbeträge zu messen und auszudrücken, brauchte man keine anderen Vorstellungen und Maßeinheiten als die, welche zur Bestimmung und Bezeichnung der Quantität bei den gewöhnlichen Gütern notwendig waren. Solange in der Hauptsache das Vieh als Geld fungierte, war die Geldsumme identisch mit einer bestimmten Anzahl von Rindern, Schafen usw.; solange ungeprägtes Metall als Tauschmittel verwendet wurde, war die Geldsumme identisch mit einer bestimmten Gewichtsmenge Metall. Erst mit der Münze entstand ein spezieller Maßstab für Geldmengen, ein Maßstab, dessen Rechnungseinheit die Münze selbst war; und dadurch, daß alle Güter mehr und mehr ausschließlich gegen das geprägte Geld ausgetauscht wurden, fanden mehr und mehr alle Werte ihren Gegenwert und mithin ihren Wertausdruck in Geldsummen. Die Münze als Rechnungseinheit für Geldsummen wurde damit zur Maßeinheit für alle Verkehrswerte überhaupt. So ist es bis zum heutigen Tage geblieben; wir drücken noch heute die Geldsummen und im Anschlusse daran alle Werte und Preise aus in Einheiten, die ursprünglich Münzeinheiten waren, wie Mark, Frank, Dollar, Pfund Sterling, Gulden usw., ebenso wie sie in der ersten Zeit nach der Erfindung der Münze die klein-asiatischen Griechen in Stateren, die Perser in Dareiken berechneten; nicht aber bezeichnen wir Geldsummen in staatlich beglaubigten, d. h. in gemünzten Pfunden Goldes oder Silbers.

In dieser Beziehung bedeutet die Münze die Unabhängigkeitser-klärung des Geldes vom Geldstoff, dem Edelmetalle, und damit von den Gebrauchsgütern überhaupt. Das Geld erscheint als eine selb-ständige wirtschaftliche Güterkategorie mit eigner Quantitätsbe-stimmung. Solange freilich de facto die Münze in Uebereinstimmung blieb mit ihrem ursprünglichen Edelmetallgehalte, war diese ent-scheidende Lostrennung nur latent, nur potentiell vorhanden; sie mußte jedoch sofort effektiv und aktuell werden, wenn sich der Metallgehalt der Münzen aus irgendwelchen Gründen veränderte. Wir sehen uns damit vor allem auf das Verhalten des Staates gegenüber dem Gelde hingewiesen; denn der Staat hat sich sehr bald der Prägetätigkeit bemächtigt, und Veränderungen des Feingehalts der Münzen mußten deshalb haupt-sächlich, wenn auch nicht ausschließlich, von dieser Instanz ihren Aus-gang nehmen.

§ 8. Der Staat und die Münzprägung.

Vor der Erfindung der Münze hat sich auch eine entwickelte Staatsgewalt, wie sie beispielsweise in Babylonien und Aegypten be-stand, mit dem Geldwesen nur wenig zu beschäftigen gehabt, in der Hauptsache wohl nur so weit, als die an den Staat zu leistenden Zahlungen und Abgaben und die durch richterlichen Spruch festzu-setzenden Entschädigungen und Geldstrafen zu regeln waren.

Diese einseitigen Vermögensübertragungen sind vom Tausche wohl zu unterscheiden. Ihre Regelung hing insofern mit der Entwicklung eines allgemeinen Tauschmittels zusammen, als wohl in der Hauptsache Leistung in solchen Gütern vorgeschrieben wurde, die als Tauschmittel fungierten. Denn die staatliche Obrigkeit, die Priester usw. mußten Wert darauf legen, für diejenigen Güter, welche sie nicht unmittelbar für ihre Zwecke verbrauchen konnten, jederzeit solche Dinge erhalten zu können, auf die sich ihr eigner Bedarf richtete. Andererseits haben die Vorschriften über die Leistungen an den Staat und die Priester-schaft und über die Strafzahlungen sicher wesentlich dazu beigetragen, die Gangbarkeit gewisser Güter im Tauschverkehr zu steigern und ihnen den Charakter als Tauschmittel im Flusse der Zeiten zu bewahren. Denn schon aus dem Umstande, daß ein bestimmtes Gut zu den ge-nannten wichtigen Zwecken gebraucht werden kann oder gar gebraucht werden muß, erwächst diesem Gute eine Verwendbarkeit, die über seinen unmittelbaren Gebrauch und Verbrauch hinausgeht und ihm eine besondere Eignung zum Tauschverkehr verleiht. Auf diese Weise haben die Vorschriften über Abgaben aller Art, über Opfer und na-mentlich auch über das Wehrgeld auf die erste Entwicklung des Geldwesens sicherlich einen beträchtlichen Einfluß ausgeübt, und es wurde ja auch bereits erwähnt, daß die traditionellen Wertverhältnisse zwischen den wichtigsten tauschbaren Gütern wahrscheinlich durch die Vorschriften und Tarife über die Leistungen an die weltliche und geistliche Obrigkeit und über die Strafgelder eine besondere Befestigung erfahren haben.

Mit der Münze entstand nun für den Staat eine völlig neue Aufgabe, die ihn weit über den bisherigen Umfang hinaus mit dem Geldwesen in Berührung brachte: die Beteiligung an der Herstellung oder die ausschließliche Handhabung der Herstellung des gemünzten Geldes.

Die Stempelung der Münzstücke mag zuerst, ähnlich wie heute noch die Stempelung von Barren, von angesehenen Kaufleuten, deren Geschäfte eine große Ausdehnung hatten und deren Namen weithin bekannt war, erfolgt sein. Daß vor der Erfindung der Münze eine Stempelung von Barren seitens phönizischer Kaufleute stattfand, wurde oben bereits erwähnt. Ob auch die eigentliche Münzprägung zuerst von Privaten ausgeübt wurde, ob sie von weithin angesehenen Heiligtümern ausging, darüber wissen wir nichts Bestimmtes. Sicher ist jedoch, daß bereits im frühesten Stadium die Staatsgewalt die Münzprägung ausgeübt hat, und daß diese bald als ein ausschließliches Recht der Staatsgewalt erschien.

Die Staaten haben seither das Monopol der Münzprägung meist als ihr Recht beansprucht, und es ist in der Tat nur natürlich und folgerichtig, daß die öffentliche Gewalt, die im Interesse der Gesamtheit das Maß- und Gewichtswesen ordnete, die Normalmaße und Normalgewichte herstellte, sich auch des Münzwesens annahm; denn das öffentliche Interesse an richtig und gleichmäßig ausgeprägten Münzen steht nicht hinter dem an einem geordneten Maß- und Gewichtssystem zurück. Dazu kommt, daß auch für den primären Zweck der Münzprägung, für die Beglaubigung von Gewicht und Feinheit, die öffentliche Gewalt geeigneter und wirksamer sein mußte, als die größten Kaufleute; nur die höchste Autorität kann der Münze die weite Verbreitung und allgemeine Annahme sichern, die sie aus ihrem eigentlichen Wesen heraus erstrebt. Schließlich hat bei der Monopolisierung der Münzprägung in den Händen des Staates sicherlich mitgespielt die bereits erwähnte Wahrnehmung, daß auch unter ihrem ursprünglichen Feingehalt ausgeprägte Münzen sich als gangbar erwiesen, daß mithin das Münzregal eine fiskalische Ausnutzung gestattete.

Welcher dieser Punkte in der allgemeinen Anschauung und in der Meinung der öffentlichen Gewalt selbst jeweilig als der wichtigste erschien, das hing stets von dem allgemeinen politischen und wirtschaftlichen Charakter der Zeit ab.

Jedenfalls war von der frühesten Zeit an das Recht der Münzprägung in der allgemeinen Vorstellung so sehr mit der Staatsgewalt verknüpft, daß es stets als ein wesentlicher Bestandteil der Souveränität angesehen wurde und daß die Geschichte seiner Ausübung in den einzelnen Staaten ein förmliches Spiegelbild für die Gesamtrichtung der Entwicklung der Staatsgewalt liefert. So hat schon Darius die Goldprägung zum ausschließlichen Monopol der Zentralgewalt des persischen

Reiches gemacht und nur die Prägung von Silbermünzen für den lokalen
Umlauf den Satrapen und Vasallen überlassen.   Nach der Unterwerfung
Italiens durch die Römer wurde den italienischen Unterstaaten nur die
Prägung des kleinen Geldes überlassen, das große Geld wurde ausschließlich von Rom selbst geprägt.   Augustus nahm, nachdem er
die Herrschaft errungen hatte, für sich das ausschließliche Recht der
Prägung von Gold- und Silbermünzen in Anspruch, dem Senat verblieb
nur die Kupferprägung.   In Deutschland hatte, solange unter den alt-
fränkischen Königen noch eine starke Zentralgewalt bestand, der König
allein das Recht der Münzprägung.   Mit der späteren Zersplitterung
der Staatsgewalt ging eine völlige Dezentralisation des Münzrechtes
Hand in Hand.   Geistliche und weltliche Herren und Reichsstädte erhielten zuerst die Befugnis zur Prägung von kleinen Münzen, bis in
der Goldenen Bulle den Kurfürsten auch das Recht der Goldprägung
verliehen wurde.   Erst die Konsolidierung der größeren Territorial-
staaten brachte nach der mit der Auflösung der Reichsgewalt eingetretenen völligen Zersplitterung des Münzwesens eine Wendung zum
Besseren zustande, und eine der ersten Segnungen, die das neue Deutsche
Reich auf wirtschaftlichem Gebiete brachte, war die Herstellung der
deutschen Münzeinheit.

Solche Analogien lassen sich überall beobachten.   So hat auch
in Frankreich im 11. und 12. Jahrhundert das Münzregal in
Uebereinstimmung mit der Zentralgewalt eine ähnliche Zersplitterung
erfahren wie in Deutschland; aber vom Beginn des 13. Jahrhunderts
an hat der Sieg des Königtums über die Barone auch das königliche
Münzregal wiederhergestellt.   Und noch früher ist es in England gelungen, der Krone das ausschließliche Münzregal zu sichern.

§ 9.   Die Ausgestaltung des Geldbegriffs auf Grund der Münze.

Das staatliche Monopol der Münzprägung ist eine der wichtigsten
historischen Voraussetzungen, aufgrund deren sich die Sonderstellung
des Geldes gegenüber den übrigen Gütern weiter entwickelte.   Das
Prägemonopol hat wesentlich dazu beigetragen, daß die in der Münze
gegebene selbständige Form mit einem selbständigen Inhalt erfüllt wurde
und daß die durch die Münze bewirkte körperliche Ausscheidung des
Geldes aus dem Kreise der übrigen Güter eine selbständige Ausbildung
des Geldbegriffs nach sich zog.

Der wesentliche Schritt war folgender: Die öffentliche Gewalt,
die ihre Hand auf die Münzprägung gelegt hatte, begnügte sich nicht
mehr damit, daß sie allein Münzen prägen durfte, sondern sie nahm
auch das Recht in Anspruch, ihre Münzen so herzustellen, wie es ihr
gut dünkte; sie begnügte sich ferner nicht mehr damit, dem Verkehr in
der Münze ein ganz besonders geeignetes Tauschmittel zu liefern, das
mit den anderen von früher her vorhandenen Tauschmitteln gewissermaßen in einen freien Wettbewerb hätte treten können, sondern sie
stellte die Forderung auf, daß ausschließlich die von ihr in Umlauf gesetzten Münzen Geld sein sollten.

Die Grundlage, auf der diese beiden Ansprüche der öffentlichen
Gewalt verwirklicht werden konnten, um dann das Wesen des Geldes

selbst entscheidend zu beeinflussen, war die oben dargestellte Tatsache
der Ueberlegenheit des gemünzten Metalls über das ungemünzte und
der Umstand, daß nach der Erfindung der Münze die Münzeinheit gleichzeitig die Rechnungseinheit für Geldsummen geworden war. Wie ein
immer enger werdendes Netz überzogen mit dem Fortschreiten der
wirtschaftlichen Entwicklung Zahlungsverpflichtungen aller Art die ganze
Volkswirtschaft. Die öffentlichen Abgaben und die privaten aus Kauf
und Verkauf, Miete, Pacht usw. hervorgehenden Zahlungsverpflichtungen,
staatliche Besoldungen usw. nahmen einen immer größeren Umfang an.
Nun muß man sich vergegenwärtigen, daß nach der Einführung der
Münze diese Zahlungsverpflichtungen in fortschreitendem Umfange auf
bestimmte Münzeinheiten lauteten, die allerdings ursprünglich nichts
waren als bestimmte Edelmetallquantitäten in staatlich beglaubigter
Form. Daß aber in der allgemeinen Vorstellung, die sich vom Wesen
der Münze herausbildete, der Metallgehalt in den Hintergrund, die
Prägung in den Vordergrund trat, ist bereits dargestellt. Und der Staat
selbst, der die Prägung als sein ausschließliches Recht in Anspruch
nahm, mußte sich diese Auffassung schon aus folgenden Gründen zu
eigen machen: Die Prägetechnik gestattete keine genau gleichmäßige
Ausmünzung, und der effektive Metallgehalt der umlaufenden Münzen
erfuhr durch die Abnutzung im Laufe der Zeit eine ganz unvermeidliche
Veränderung. Gleichwohl mußte, wenn der Zweck der Münze überhaupt erreicht werden sollte, die Fiktion aufrecht erhalten werden, daß
alle einzelnen Münzstücke der gleichen Sorte in ihrem Werte übereinstimmten und sich untereinander zu dem ihnen beigelegten Werte vertreten könnten. Was in dieser Beziehung durch den Materialwert der
Münzen nur unvollkommen erreicht werden konnte, ließ sich in vollkommenerer Weise nur durch einen Rechtssatz, der die Gleichartigkeit
und gegenseitige Vertretbarkeit der einzelnen Münzstücke derselben
Gattung dekretierte, durchsetzen. Den Münzen wurde durch Rechtssatz
eine bestimmte „Geltung" beigelegt, die von Verschiedenheiten und
Veränderungen im Metallgehalt der einzelnen Stücke bewußt absah.

Eine auf klarer Erkenntnis der Verhältnisse beruhende Entwicklung finden wir bei den Römern; als diese an Stelle der Kupferbarren,
die zugewogen wurden, geprägte Münzen einführten, haben sie von vornherein deren Annahme zu dem ihnen beigelegten Werte oder, wie man
sich heute ausdrückt, zu ihrem „Nennwerte" vorgeschrieben, ohne Rücksicht darauf, ob ihr tatsächlicher Metallgehalt mit dem Nennwerte übereinstimmte.

Wenn nun auch dieses Prinzip ursprünglich nur aus der mangel-
haften Prägetechnik und der Abnutzung der Münzen hervorgegangen
sein mag, so bedeutet es doch nicht mehr und nicht weniger, als daß
es Sache des Staates ist, zu bestimmen, daß Zahlungsverpflichtungen,
die auf seine Münzen, auf sein Geld lauten, in denjenigen Stücken beglichen werden können und müssen, die er als solche Münzen bezeichnet,
ohne Rücksicht auf ihren Effektivgehalt[1]). Damit erschien es in das

---

[1]) Knapp, a. a. O. drückt das aus: die auf Zahlungsmittel lautenden Schulden
wurden aus „Realschulden" zu „Nominalschulden".

Belieben des Staates und seiner Gesetzgebung gestellt, Bestimmungen über den Metallgehalt der Münzen und über den Inhalt der auf gemünztes Geld lautenden Verbindlichkeiten zu treffen und eventuell diese Bestimmungen zu verändern. Damit wurde das Geld eine juristisch selbständige Größe; das Edelmetallquantum, mit dem die Rechnungseinheit des Geldes ursprünglich zusammenfiel, wurde zum bloßen Substrat des Geldes, über dessen Festsetzung und Veränderung die Staatsgewalt die freie Verfügung beanspruchte. Das ursprüngliche Verhältnis von Metall und Münze erscheint damit völlig umgekehrt: während anfänglich der Metallgehalt das Gegebene und die Münzform nur eine Beglaubigung dieses Metallgehaltes war, erscheint jetzt die Münze und die ursprünglich von ihr abgeleitete Rechnungseinheit als das Gegebene, und der Staat bestimmt und verändert nach Gutdünken ihren Metallgehalt[1]).

Diese Gewalt über das Geld konnte der Staat praktisch jedoch nur dann in vollem Umfange ausüben, wenn er alle fremden Elemente, die unabhängig von seinem Einflusse waren, von der Geldfunktion ausschloß. Über das gemünzte Geld hatte der Staat infolge des Prägemonopols die volle Herrschaft, die Herstellung desselben lag in seiner Hand. Über das Geld schlechthin konnte er diese Herrschaft nur in soweit vollkommen verwirklichen, als die von ihm hergestellten Münzen das alleinige Geld waren. Nur dadurch, daß die Staatsgewalt bestimmte, die von ihr geprägten Münzen sollten das alleinige Geld sein, konnte sie ihr Geld zu einer selbständigen Größe machen und alle

---

[1]) Knapp charakterisiert diese entscheidende Entwicklung mit der Wendung: Die morphischen Zahlungsmittel erhielten „proklamatorische Geltung“.

Der Gegensatz dazu ist „pensatorische (durch Wägen gefundene) Geltung“. Proklamatorische, d. h. durch einen proklamierten Rechtssatz der Staatsgewalt beigelegte Geltung können nur morphische Zahlungsmittel haben, denn die proklamatorische Beilegung der Geltung kann nur an technisch genau definierte Stücke erfolgen, nicht an einen Stoff als solchen. Dagegen können auch morphische Stücke pensatorisch, d. h. nach dem Gewichte, gelten; der Fall ist selten, aber er ist theoretisch möglich und historisch vorgekommen. Die morphisch-proklamatorischen Zahlungsmittel nennt Knapp „chartale Zahlungsmittel“ (von Charta). Nur chartale Zahlungsmittel sind für ihn „Geld“. — Wenn auch in der oben stehenden, aus der ersten Auflage unverändert übernommenen Darstellung der Begriff Geld weiter gefaßt ist, so stimmt doch der Verfasser mit Knapp in der Beurteilung der Wichtigkeit der Beilegung der „proklamatorischen Geltung“ für die Entwicklungsgeschichte und die Theorie des Geldes überein, indem auch er erst von dieser Beilegung das Geld als eine „juristisch selbständige Größe“ datiert und erst mit der völligen Scheidung zwischen Geld und Geldstoff, die auf der Durchführung der „proklamatorischen Geltung“ beruht, die Entstehung des Geldes als vollendet ansieht.

Indem Knapp die entscheidende Wendung in der Tatsache sieht, daß die morphischen Zahlungsmittel proklamatorische Geltung erhielten, gibt er zugleich zu, daß die „proklamatorische Geltung“ nur möglich ist, wo bereits „morphische Zahlungsmittel“ bestehen. Da andrerseits die „proklamatorische Geltung“ des Geldes nur die Gegenseite der Nominalität der Geldschulden ist, können Nominalschulden unmöglich vor den morphischen Zahlungsmitteln, also vor den Münzen bestanden haben; Nominalität der Schulden und Autometallismus sind mithin unvereinbar, und Knapp setzt sich mit sich selbst in Widerspruch, wenn er eine Nominalität der Schulden schon beim Autometallismus anerkennen will (a. a. O., S. 13). Die Münze war der Ausgangspunkt für die ganze die Nominalität der Schulden und die proklamatorische Geltung der Geldstücke umfassende selbständige Entwicklung des Geldbegriffs.

Geldsubstanzen — in Frage kamen praktisch nur die Metalle — zu ihrem Willen unterworfenen Substraten herabdrücken. Durchaus zutreffend bemerkt deshalb Simmel zu der oben erwähnten römischen Rechtsnorm, welche die Annahme der Kupfermünzen nach ihrem Nennwerte und ohne Rücksicht auf ihren Metallgehalt vorschrieb, daß diese Norm zugleich die Zusatzbestimmung erforderte: Geld sei überhaupt nur eben diese Münze, alles daneben bestehende konventionelle Geld sei bloße Ware; nur bei Forderungen auf jene kann man mit der strengen Geldschuldklage vorgehen, alle sonstigen Geldschulden sind, wie Warenschulden, nur auf den wirklichen, also durch ihr Nominal als Geld nicht beeinflußten Wert einzuklagen. Dieses Bestimmungsrecht des Staates darüber, was überhaupt Geld sein soll, ist in der Folgezeit festgehalten und weiter ausgebildet worden in enger Wechselwirkung mit dem Verfügungsrechte des Staates über das Substrat seines Geldes.

Allerdings sind diese Zusammenhänge nur selten klar erkannt worden, und der alte theoretische Streit, der bis auf Aristoteles zurückgeht, ob das Geld auf das Gesetz oder auf die Natur zurückzuführen sei, ob sein Wert auf seinen inneren Metallgehalt oder auf der staatlichen Prägung beruhe, — alle diese Fragen wären durch eine zutreffende Vorstellung von dem Entwicklungsgange des Geldes wesentlich vereinfacht worden. Es ist hier nicht der Platz, auf diese verschiedenen Theorien einzugehen; sie werden im theoretischen Teile dieses Buches ihre Behandlung erfahren. Hervorgehoben werden muß hier nur, daß die Anschauung von dem Verfügungsrecht der öffentlichen Gewalt über den Metallgehalt ihrer Münzen und damit über das Substrat ihres Geldes in der Praxis von jeher geherrscht hat. Diese Anschauung hat sich historisch feststellbar zum erstenmal in absoluter Deutlichkeit geoffenbart in der bekannten Seisachthie, die Solon im Jahre 594 vor Christus in Athen durchführte. Um die beabsichtigte Erleichterung aller Schulden um ein Viertel durchzuführen, schlug Solon nicht etwa den Weg ein, den Nominalbetrag der Schulden um ein Viertel herabzusetzen, sondern er verringerte den Metallgehalt der athenischen Münzen um ein Viertel und schrieb vor, daß alle Gläubiger sich die Zahlung in den neuen, leichteren Münzen zu ihrem Nennwerte gefallen lassen müßten. Das athenische Geld existierte fort als rechtlich identische Größe, aber mit einem anderen Substrat, das durch eine geringere Menge Edelmetall dargestellt wurde.

Alle die zahlreichen Münzverschlechterungen, von denen kein Staatswesen verschont geblieben ist, sind praktische Aeußerungen derselben Anschauung. Ueberall sehen wir, daß sich der Metallgehalt der Münzeinheit im Laufe der Zeit beträchtlich verringert hat. Das griechische Talent, das römische As, das Pfund oder Livre in Italien, Frankreich und England, die Mark und später der Gulden und Taler in Deutschland, — alle diese Rechnungseinheiten blieben rechtlich identische Größen, während ihr metallisches Substrat durch ein immer kleiner werdendes Quantum Metall dargestellt wurde. Zwar haben wir es bei den Münzverschlechterungen mit Maßregeln zu tun, die oft aus falschen Vorstellungen wirtschaftlicher Natur und aus gewinnsüchtigen Motiven der Münzherren hervorgegangen sind. Aber alle

3*

Irrtümer und Mißbräuche dürfen nicht darüber hinwegtäuschen, daß
an der zweckmäßigen Einrichtung des Geldwesens ein so starkes öffentliches Interesse besteht, daß die Staatsgewalt nicht nur das Recht,
sondern auch die Pflicht hat, auf diesem Gebiete regulierend einzugreifen.
Nur aus diesem Grundsatze heraus, der die Identität zwischen dem Gelde
und dem Metalle, aus welchem das Geld jeweilig besteht, völlig aufhebt,
der das Metall lediglich als eine dem Bestimmungsrechte des Staates
unterworfene Substanz des Geldes ansieht, — nur aus diesem Grundsatze heraus ist eine so entscheidende Maßregel, wie ein moderner
Währungswechsel, zu verstehen und juristisch zu rechtfertigen; denn
ein Uebergang etwa von der Silberwährung zur Goldwährung besteht
ja gerade darin, daß der Staat nicht nur das seiner Geldeinheit zugrunde liegende Metallquantum verändert, sondern daß er mit dem
das Substrat des Geldes darstellenden Metalle selbst wechselt, indem
er an die Stelle des Silbers das Gold setzt. Wenn wir solche Vorgänge, ohne in theoretische Streitigkeiten einzutreten, einfach de lege
lata betrachten, dann sehen wir, daß das Geld seine rechtliche und
wirtschaftliche Kontinuität bei wechselndem Metallgehalte der Münzeinheit bewahrt hat, und darin tritt die Selbständigkeit des Geldbegriffs
gegenüber dem Stoffe, aus dem das Geld besteht, aufs deutlichste in
Erscheinung. Erst mit dieser völligen Scheidung zwischen Geld und
Geldstoff ist die Entstehung des Geldes vollendet.

2. Kapitel. Die Entwicklung der Geldsysteme.

§ 1. Die Münzsorten.

Die Lostrennung des Geldes aus dem Kreise der übrigen Güter
und die Ausbildung eines besonderen Geldbegriffs hat ihr Gegenstück
und ihre Ergänzung in der Entwicklung der Geldsysteme. Der
Entwicklungsprozeß des Geldes geht dahin, das Geld als eine Einheit
der Vielheit der Waren gegenüberzustellen, und die Zusammenfassung
der verschiedenen konkreten Erscheinungsformen des Geldes zu einer
Einheit hat sich in der Bildung der Geldsysteme vollzogen.

Wir wissen, daß in den ersten Stadien der Entstehung des Geldes
eine Vielheit von verschiedenartigen Tauschgütern nebeneinander bestand, die durch herkömmliche Wertverhältnisse miteinander in Beziehung gesetzt waren und von denen einzelne im Laufe der Zeit
mehr und mehr ausschließlich die Funktion als Tauchmittel über-
nahmen. Von einem eigentlichen „Geldsystem" kann in diesem frühen
Zustande, in dem überhaupt noch keine prinzipielle Scheidung von
Geld und Ware erfolgt war, nicht die Rede sein. Außerdem fehlte,
wie oben auseinandergesetzt wurde, diesen Kombinationen von Tauschmitteln sowohl die Geschlossenheit nach außen hin, als auch die innere
Einheit. Jeder Fortschritt des wirtschaftlichen Denkens mußte die
freie und veränderliche Bewertung der einzelnen Güter gegenüber der
Macht des Herkommens begünstigen und dadurch die an sich schon
lose Verbindung der einzelnen Tauschmittel, die in dem traditionellen
Wertverhältnis bestand, immer mehr lockern.

Dadurch, daß die Edelmetalle mit der Zeit sich zum alleinigen Tauschmittel herausarbeiteten, war eine gewisse auf die Einheitlichkeit des Geldes gerichtete Tendenz gegeben, zumal da die Schwankungen im gegenseitigen Wertverhältnis von Silber, Gold und Kupfer auch während längerer Perioden offenbar nur ganz geringfügig waren.

Aber diese auf die Entstehung eines einheitlichen Geldes gerichtete Entwicklungstendenz erfuhr eine Unterbrechung gerade durch die Erfindung der Münze, durch die nach der anderen Seite hin die Brauchbarkeit der Edelmetalle als Tauschmittel so sehr gesteigert wurde. Nunmehr entstand nämlich aus dem einzelnen Metall eine Vielheit von Münzsorten, und aus denselben Gründen, aus welchen die Münze an sich gegenüber dem Metalle unabhängig wurde, bildete sich auch eine gewisse Selbständigkeit der einzelnen Münzsorten heraus.

Die Bedürfnisse des Verkehrs mußten von Anfang an zu einer Vielheit von Münzsorten hinführen. Das war ja gerade einer der wesentlichsten Vorzüge der Edelmetalle, daß sie infolge ihrer unbeschränkten Teilbarkeit und Formbarkeit die Darstellung der verschiedensten Wertgrößen gestatteten. Es ist deshalb ganz natürlich, daß man nicht nur die eigentliche Münzeinheit selbst, sondern auch Bruchteile und Vielfache derselben ausmünzte. Aber bei dieser einfachen Stückelung eines und desselben Münztypus hatte es nicht sein Bewenden; es kam vielmehr eine Verschiedenheit der Grundtypen selbst hinzu. Das Prägemonopol des Staates für sein Gebiet, das in einer Ausschließung fremder Münzen seine notwendige Ergänzung hat, ist erst im Laufe der Zeit zu seiner vollen Ausbildung gelangt; deshalb war der Münzumlauf vielfach ein gemeinschaftlicher, auch dann, wenn die einzelnen Städte oder Staaten verschiedene Typen ausmünzten. Auch innerhalb eines und desselben Staates wurde sehr häufig nach verschiedenen Typen geprägt. Es kam vor, daß einzelne Münzsorten zuerst von auswärts eindrangen, sich große Beliebtheit errangen, und daß dann schließlich der Staat selbst, ohne die Prägung seiner alten Münzen aufzugeben oder mindestens ohne die umlaufenden alten Münzen gänzlich zu beseitigen, den neuen Münztypus adoptierte. Je größer die Zersplitterung des Prägerechts und je geringer die Geschlossenheit des Münzumlaufs nach außen hin, desto größer die Mannigfaltigkeit der Münzsorten.

Gleich bei der ersten Einführung der Münze beobachten wir eine solche Mannigfaltigkeit. In Lydien selbst, dem Ursprungslande der Münze, scheinen von Anfang an Goldmünzen nach zwei verschiedenen Typen, beruhend auf der Verschiedenheit des babylonischen und des von diesem abgeleiteten phönizischen Edelmetallgewichtssystems, geprägt worden zu sein: Statere von etwa 14,2 g Gewicht (phönizischer Fuß) und Statere von nur 10,8 g Gewicht (babylonischer [Silber-] Fuß), beide mit Teilstücken. Auch in den griechischen Stadtstaaten Kleinasiens prägte man nach verschiedenen Gewichtssystemen. teilweise nach dem phönizisch-lydischen Fuß, teilweise nach dem schweren babylonischen Goldgewichte (der Stater etwa 16,5 g); letzterer Typus wurde namentlich in Phokäa geprägt zu der Zeit, als diese Stadt auf dem Höhepunkt ihrer wirtschaftlichen Bedeutung stand.

Daß hinsichtlich des Münzfußes der Silbermünzen in den griechischen Stadtstaaten Kleinasiens eine sehr viel weitergehende Verschiedenheit herrschte, als hinsichtlich der Goldausmünzungen, wurde bereits erwähnt.

Zu der Verschiedenheit der Münztypen, soweit sie sich im Rauhgewicht der Münzstücke äußerte, kam noch die Verschiedenheit der Zusammensetzung des Elektron nach Gold und Silber hinzu. Es ist bereits darauf hingewiesen worden, wie sehr sich diese Mischung allmählich verschlechtert hatte. Das Ergebnis einer mit einem phokäischen Stater vorgenommenen Schmelzprobe, das Mommsen in seiner Geschichte des römischen Münzwesens mitteilt, war eine Mischung von nur 412 Tausendteilen Gold, 539 Tausendteilen Silber und 49 Tausendteilen Kupfer.

Schon der Lyderkönig Krösus sah sich etwa ein Jahrhundert nach der Erfindung der Münze, infolge der zahlreichen Spielarten der in seinem Königreiche umlaufenden Münzen und infolge der Verschlechterung des Elektron, zu einer durchgreifenden Münzreform genötigt. Um das Münzwesen seines Staates auf eine einfachere und zuverlässigere Basis zu stellen, schaffte er die Elektronprägung ab und führte Münzen aus reinem Gold und reinem Silber ein; aber auch die neuen Münzen wurden nicht nach einem einheitlichen, sondern abermals nach zwei verschiedenen Typen geprägt.

Wir sehen also, wie sich gleich nach der Einführung des gemünzten Geldes innerhalb eines und desselben Umlaufsgebietes verschiedene Münztypen entwickelten, von denen ein jeder mit seinen Teilstücken eine Gruppe für sich bildete.

Noch deutlicher tritt diese Zersplitterung in einzelne von einander unabhängige Münzsorten in Erscheinung bei denjenigen Völkern, welche nicht durch den eignen Erfindungsgeist, sondern durch die Berührung mit höher entwickelten, gemünztes Geld gebrauchenden Nationen die Münze als Tauschmittel kennen lernten. Bis zum heutigen Tage können wir beobachten, wie bei solchen Völkern sich die Münzen verschiedener handeltreibender Nationen zusammenfinden, dabei vielfach solche Münzsorten, die in ihrem Ursprungslande nicht als Geld dienen, sondern ausschließlich für den Handel mit fremden, halbzivilisierten Völkern geprägt wurden, wie Maria-Theresia-Taler, spanische und amerikanische Trade-Dollar usw. Oft werden solche Münzstücke zu einem Gliede des gewissermaßen naturalen Geldsystems und verrichten ihre Dienste als Tauschmittel neben Rindern, Salz, Kaurimuscheln und anderen Tauschgütern. Das Zusammentreffen verschiedener Münzsorten aus verschiedenen Ländern führt hier zu einem bunten Gemisch, dem jede innere Gliederung und jeder Zusammenhang fehlt.

Nur auf verhältnismäßig hohen Stufen der wirtschaftlichen und politischen Entwicklung und bei einer straffen Zentralisation der Staatsgewalt ist es gelungen, in Anlehnung an einen bestimmten Münztypus aus wenigen Sorten von Ganzstücken, Teilstücken und Vielfachen ein einheitliches System zu konstruieren; so wenigstens in der besten Zeit des römischen Weltreiches und später in vollkommenerer Weise in den modernen Staaten der europäischen Kultur.

Für das Verständnis der Entwicklungsgeschichte des modernen Geldwesens ist eine etwas genauere Betrachtung der Geldverfassung des Mittelalters und der neueren Zeit notwendig.

Das römische Münzwesen geriet mit dem Niedergange des Weltreichs in einen vollständigen Verfall. In den Stürmen der Völkerwanderung blieb von der römischen Münzverfassung nicht viel mehr übrig als die Errungenschaft der geprägten Münze. Das Münzwesen der neu entstehenden staatlichen Gebilde lehnte sich meist an die überlieferten römischen Münztypen an. Sie gebrauchten weströmisches und oströmisches Geld; daneben schlugen sie auch eigne Münzen nach diesen Vorbildern.

Im Laufe der Zeit bildete sich in den einzelnen Ländern eine unglaubliche Mannigfaltigkeit von Münzsorten heraus, am meisten aus den bereits erwähnten Gründen dort, wo die geistlichen und weltlichen Territorialherren und die Städte sich eine verhältnismäßig unabhängige Stellung errangen und das Recht der Münzprägung erhielten. Das war besonders in Deutschland der Fall, wo gegen Ende des Mittelalters etwa 600 Münzstätten bestanden. Aehnliche Zustände herrschten infolge der politischen Zersplitterung in Italien, während Frankreich und namentlich England früher zu einer Zentralisation ihres Münzwesens gelangten.

Charakteristisch dafür, wie wenig die Staatsgewalt im Mittelalter und teilweise noch während der neueren Zeit die Gestaltung des Münzsystems in der Hand hatte und wie wenig sie ein geschlossenes Münzwesen zu schaffen und aufrecht zu erhalten vermochte, ist der Umstand, daß sich die Neubildungen im Geldwesen, namentlich das Aufkommen neuer Münzsorten und der Uebergang vom vorwiegenden Gebrauch des einen zu dem des anderen Edelmetalls, unabhängig von der Autorität der einzelnen Regierungen — und zwar meist auf internationalem Wege — vollzogen.

Das trifft namentlich für die größeren Münzsorten zu, die ihrer Natur nach in ihrem Umlaufe und ihrer Wirksamkeit nicht in demselben Maße territorial beschränkt waren, wie das Kleingeld.

Im 10. Jahrhundert breitete sich beispielsweise der Bisant oder Besant, eine byzantinische Goldmünze, die auf den römischen Goldsolidus zurückzuführen ist, über ganz Europa aus bis nach England. Das vorwiegende Umlaufsmittel blieb jedoch das Silbergeld, dessen Grundtypus der Denar war. Die fortgesetzte Verschlechterung dieses kleinen Silbergeldes führte allmählich dazu, daß zuerst die Prägung von Großmünzen in Silber aufkam, deren Verschlechterung wiederum dazu beigetragen hat, daß später die Kaufleute sich immer mehr des Goldgeldes bedienten. Italien hatte in jenen Jahrhunderten die Führung im europäischen Münzwesen. In Florenz sind wahrscheinlich schon seit 1182 große Silerstücke im Werte von 12 Denaren geprägt worden, in Venedig von 1194 an 24- und 26-Denarstücke. Wahrscheinlich sind diese Stücke Nachahmungen orientalischer Silbermünzen gewesen. Wegen ihrer in der damaligen Zeit für Europa ungewöhnlichen Größe erhielten sie den Namen „Grossi" oder „Grossoni". Sie tauchten dann in Frankreich auf als „gros tournois", in England als „groats" und in Deutschland von etwa 1300 an als „Groschen" oder „Dickpfennige."

Aber auch diese großen Silbermünzen unterlagen allerwärts starken Verschlechterungen in Feingehalt und Gewicht, und zwar in den einzelnen Ländern und in den einzelnen Territorien desselben Landes in verschiedenem Maße. In Florenz ist der Grosso von 1252 bis 1347 auf ein Drittel seines ursprünglichen Feingehaltes gesunken.

Diese Verschlechterung des Silbergroßgeldes war es, die dem Aufkommen der Goldmünzen den Boden bereitete. Die ersten Goldmünzen jener Zeit erschienen unter dem Namen „Florenen"; sie wurden nachweislich von 1252 ab, und wahrscheinlich nicht vor diesem Jahre, in Florenz geprägt, und ihr Name wird in der Regel vom Namen Florenz abgeleitet. Nach Le Blanc findet sich jedoch der Münzname Florenus schon 1148 in Urkunden, und es ist möglich, daß das Wort Florenus von den Blumen auf dem Gepräge dieser Goldmünzen hergenommen ist, zumal da sie auch in Deutschland den Namen „Liliengulden" erhielten. Um dieselbe Zeit tauchten die Dukaten auf, ob zuerst in Apulien oder in Venedig, ist nicht aufgeklärt. Florenen und Dukaten scheinen ursprünglich identisch gewesen zu sein, entfernten sich aber bald erheblich voneinander in Feinheit und Gewicht und bildeten zwei verschiedene Münztypen, die als solche mehrere Jahrhunderte lang die Goldprägungen der europäischen Staaten beherrschten. Wie die großen Silbermünzen unterlagen sie territorial verschieden starken Verschlechterungen. Am besten hielten sie sich in Italien, am meisten verschlechtert wurden sie in Deutschland, namentlich nachdem das Recht der Goldprägung im Jahre 1356 durch die Goldene Bulle den Kurfürsten zugestanden worden war. Nach der dritten Reichsmünzordnung von 1559, in welcher der Goldgulden (Florenus) und der Dukat als Reichsmünzen anerkannt wurden, sollten aus der feinen Mark Goldes $93^{45}/_{111}$ Goldgulden und $67^{67}/_{71}$ Dukaten geprägt werden; bis 1737 wurde diese gesetzliche Feingehaltsbestimmung nicht geändert.

Später erfuhren eine ähnliche internationale Verbreitung die von Spanien ausgehenden Pistolen, die das Vorbild der französischen Louisdor, der preußischen Friedrichsdor usw. geworden sind.

Wie im 13. und 14. Jahrhundert die Verschlechterung des Silbergeldes das Aufkommen und die Verbreitung der neuen Goldmünzen befördert hatte, so hat im 15. Jahrhundert die Verschlechterung der Goldmünzen — neben der Steigerung der deutschen Silberproduktion — dazu beigetragen, dem Silber im Großverkehr wieder zu seiner alten Stellung zu verhelfen. In Venedig, dem wichtigsten Markte für das deutsche Silber, wurde schon im Jahre 1472 der Wert des Goldguldens in einer bis dahin unerhört großen Silbermünze dargestellt. Dieses Beispiel fand Nachahmung zuerst bei den Erzherzögen Maximilian und Sigismund, die 1479 und 1484 damit begannen, das Silber ihrer Tiroler Bergwerke in solche große Stücke auszumünzen, die zunächst den Namen „Guldengroschen" erhielten. Von 1519 an wurde dieses Münzstück (= $^1/_8$ Mark Feinsilber) in großem Umfange von dem Grafen Schlick in Joachimsthal in Böhmen geprägt; die Münzen wurden nunmehr „Joachimstaler" oder schlechtweg „Taler" genannt. Aus diesem Stücke sind die späteren „Silbergulden" und „Taler", die in der neueren deutschen Münzgeschichte die wichtigste Rolle spielten, hervorgegangen.

Der Silbergulden wurde in den Reichsmünzordnungen des 16. Jahrhunderts als die große Silbermünze des Reichs adoptiert. Die Talerprägung wurde durch die Reichsmünzordnung von 1559 ausdrücklich unter Verbot gestellt, durch den Reichstagsabschied von Augsburg von 1566 wieder zugelassen, und dieser Taler, der „Reichsspeziestaler" von $^1/_9$ Mark Feingehalt, wurde für lange Zeit die Grundlage des deutschen Silbergeldes.

Wir haben also in jener Zeit eine große Mannigfaltigkeit von Münzsorten, die nicht als Ganz- und Teilstücken zusammengehörten, von denen vielmehr jede mit ihren Ganz- und Teilstücken einen eignen Typus darstellte und von denen jede ihre eigne, noch dazu nach Staaten und Territorien verschiedene Geschichte hatte. Noch viel größer war die Mannigfaltigkeit der Münzsorten und die Verschiedenheit je nach dem Orte und der Zeit der Prägung bei dem kleinen Gelde, das sich in einem fortgesetzten Flusse von Veränderungen befand und mit dem großen Gelde nur einen ganz lockeren Zusammenhang hatte.

Schon auf den ersten Blick ergibt sich, daß dieses bunte Gewirr sich nicht mit unseren modernen, auf einem einzigen Münztypus und einer einzigen Rechnungseinheit aufgebauten und nach dem Dezimalsystem oder einer andern rationellen Anordnung gegliederten Münzsystemen vergleichen läßt. Damit entsteht die Frage nach der Art und Weise des Nebeneinanders und nach dem gegenseitigen Verhalten der einzelnen Münzsorten.

§ 2. Das Sortengeld[1]).

Es wurde bereits angedeutet, daß die einzelnen Münzsorten in den Jahrhunderten, mit denen wir uns hier beschäftigen, ihr eignes Schicksal hatten, und daß die Ursachen für diese gegenseitige Unabhängigkeit der Münzsorten grundsätzlich dieselben sind, auf welche die Unabhängigkeit der Münze überhaupt gegenüber dem Münzmetalle zurückzuführen ist. Die Zahlungsverträge lauteten nicht mehr auf Edelmetall schlechthin, sondern auf gemünztes Geld, und sobald verschiedene Münztypen aufkamen, konnten und mußten sie auf die eine oder andere Münzsorte lauten. Die Veränderungen des Metallgehaltes der Münzen haben bewirkt, daß die gleiche Geldsumme sich in schwankenden Quantitäten Edelmetall darstellte; sie haben auf diese Weise das feste Verhältnis zwischen gewichtsmäßig normierten Edelmetallmengen und nach Münzeinheiten bestimmten Geldsummen aufgehoben. Wenn nun diese Veränderungen des tatsächlichen Metallgehaltes die verschiedenen neben einander umlaufenden Münztypen in verschiedenem Maße trafen, so mußte daraus

---

[1]) Vgl. zu diesem Paragraphen die Abhandlung über „Die geschichtliche Entwicklung der Münzsysteme" in meinen Studien über Geld- und Bankwesen, erstmals gedruckt in Conrads Jahrbüchern. 3. Folge. Bd. IX; ebendort die Ausführungen von Lexis über „Parallelwährung und Sortengeld"; ferner Schmoller, Ueber die Ausbildung einer richtigen Scheidemünzpolitik vom 14.—19. Jahrhundert, in Schmollers Jahrbuch XXIV, 4; außerdem Lexis, Art. „Parallelwährung" im Handwörterbuch der Staatswissenschaften.

eine ebensolche Trennung zwischen den einzelnen Münzsorten hervorgehen.

Die Ursachen der Feingehaltsveränderungen der Münzsorten waren nun im wesentlichen folgende:

Die Mangelhaftigkeit der Prägetechnik bewirkte Ungleichmäßigkeiten des Feingehaltes schon innerhalb einer und derselben Sorte. In solchen Fällen lohnte es sich, die zu schwer geratenen Stücke auszusuchen, während die zu leicht geratenen im Umlauf blieben. Der tatsächliche Metallgehalt der umlaufenden Stücke entfernte sich damit von dem ursprünglichen und normalen Gehalte, und zwar bei den einzelnen Sorten in verschiedenem Maße, je nach der Sorgfalt der betreffenden Münzstätte und je nach der technischen Möglichkeit der gleichmäßigen Ausprägung (bei kleinen Stücken sind aus natürlichen Gründen die Abweichungen vom normalen Gehalt relativ größer als bei großen Stücken).

Zu dieser unabsichtlichen Verschlechterung des Umlaufs kamen die absichtlichen Verringerungen an Feingehalt und Gewicht bei der Ausprägung. Diese Münzverschlechterungen waren bei denselben Münztypen, z. B. beim Dukaten, territorial außerordentlich verschieden; außerdem wurden innerhalb eines und desselben Territoriums die einzelnen Münztypen in sehr verschiedenem Maße von der Münzverschlechterung betroffen. In Deutschland z. B. hatten die Münzherren für die Prägung des kleinen Geldes in viel höherem Grade freie Hand, als für die Prägung der großen Silbermünzen und der Goldstücke. Infolgedessen waren die Verschlechterungen des kleinen Geldes weitaus stärker, als die der großen Münzen.

Schließlich kam in Betracht die Abnutzung der Münzen im Umlauf und die betrügerische Verkürzung ihres Feingehalts durch Beschneiden, Befeilen und ähnliche Praktiken, die durch die primitive Münztechnik, namentlich durch das Fehlen der Randprägung, sehr erleichtert wurden. Auch diese Momente wirkten auf die einzelnen Sorten in verschiedener Stärke ein. Je nach Größe und Dicke unterliegen die Münzen der Abnutzung in verschiedenem Grade; dünne Münzen sind leichter zu beschneiden als dicke, schlecht geprägte können unmerklicher in ihrem Feingehalte verkürzt werden als gut geprägte.

Alle diese Umstände im Verein wirkten dahin, daß das gegenseitige Verhältnis des tatsächlichen Metallgehaltes der einzelnen Münzsorten fortgesetzten Schwankungen unterlag. Andererseits war es der Staatsgewalt in jener Zeit noch nicht in vollem Umfange gelungen, den Münzen eine von ihrem Metallgehalte unabhängige Geltung beizulegen. Maßgebend für die Bewertung, welche die einzelnen Geldsorten im Verkehr fanden, war vielmehr im großen Ganzen das Quantum von Edelmetall, das sie tatsächlich enthielten; neben diesem materiellen Momente kam außerdem noch die größere oder geringere Beliebtheit einzelner Münzsorten in Betracht.

Die Folge war, daß erstens die einzelnen Münzsorten zu einander nicht in festen, sondern in schwankenden Wertverhältnissen standen; daß zweitens die einzelnen Sorten sich bei der Zahlungsleistung nicht ohne weiteres vertreten konnten; kurz, daß die einzelnen Sorten nicht ein einheitliches System bildeten, sondern als verschiedene Arten von Geld neben einander existierten. Es gab kein einheitliches Geld, innerhalb dessen die Sorten gleichgültig sind, es gab vielmehr nur einzelne von einander unabhängige Münzsorten und Gruppen von Münzsorten, deren jede man nach Wahl oder Herkommen den Zahlungsverabredungen zugrunde legte. Infolgedessen läßt sich diese Münzverfassung nicht auf eine Stufe stellen mit unseren modernen Währungssystemen, bei denen das Geld als eine von den Erscheinungsformen der einzelnen Geldsorten unabhängige Einheit erscheint; sie stellt vielmehr ein Vorstadium dar, aus dem heraus durch eine wirksame Zusammenfassung der einzelnen Sorten sich unsere modernen Geldsysteme erst zu entwickeln hatten und das sich, weil in ihm die Münzsorte eine ihr in den eigentlichen Geldsystemen nicht mehr zukommende Bedeutung hat, wohl am besten als „Sortengeld" bezeichnen läßt.

Der Zustand des „Sortengeldes" hat infolge der politischen Verhältnisse in Italien und vor allem in Deutschland die schärfste Ausprägung erfahren.

Im Italien[1]) des späten Mittelalters haben wir es namentlich mit drei Gruppen von Münzsorten zu tun, mit Goldgeld, großem Silbergeld und kleinem Silbergeld, und an diese einzelnen Gruppen schloß sich eine getrennte Rechnung und Buchung an. In Florenz hatte man am Ende des 13. Jahrhunderts drei verschiedene Rechnungen neben einander, von denen jede ein Geldsystem für sich bildete:

1. Die reine Goldrechnung mit dem Goldgulden zu 20 Goldschillingen zu 12 Denaren („lira a oro").

2. Die Goldrechnung mit dem Goldgulden zu 29 Soldi a fiorin zu 12 Denaren (lira a fiorini). Diese Rechnung lehnte sich an das Wertverhältnis an, das im Jahre 1271 tatsächlich zwischen Goldgulden und Silbersoldo (grosso) bestand, und die daraus hervorgehende Rechnung wurde beibehalten, auch nachdem der Kurs des Soldo durch fortgesetzte Verschlechterungen stark gesunken war; dadurch wurde das Kleingeld dieser Rechnung zu einem fiktiven Kleingeld, ebenso wie das Kleingeld der reinen Goldrechnung von jeher ein fiktives durch keinerlei Münzstücke dargestelltes gewesen war.

3. Die Rechnung in lira, soldi und denari des umlaufenden Kleingeldes, die sich auf die Soldi und Denare aufbaute, und bei der die lira ebenso ein fiktives Geld war, wie bei den ersten zwei Rechnungen die Unterabteilungen („lire e soldi di piccioli"). Dabei bildeten nicht einmal die Soldi und Denare eine Einheit für sich; trotz wiederholter Bemühungen vermochte die florentinische Regierung den Soldo ebensowenig in ein festes Verhältnis zu dem kleinen Silbergelde wie zu dem Goldgelde zu bringen. Allerdings war der Florenus bei seiner Einführung im Jahre 1252 als ein Stück von 20 Soldi gedacht; in der Folgezeit aber wurde der Soldo noch soviel mehr verschlechtert als der Goldgulden, daß 1346 bereits 60, später sogar bis zu 85 Soldi auf einen Goldgulden gingen; noch größer waren die Schwankungen zwischen dem großen und dem kleinen Silbergeld, den Soldi einerseits, den De-

---

[1]) Vgl. Schmoller a. a. O.

naren und Quattrini (= 4 Denare) andererseits. Die Zahlungen wurden in der einen oder anderen dieser Münzsorten bedungen.

In ähnlicher Weise hatte Venedig eine Goldwährung und eine dreifache Silberwährung, die sich an den alten Soldo, den tatsächlich kursierenden Soldo und an das tatsächlich kursierende Kleingeld anschloß. Auch hier waren alle Versuche, den gegenseitigen Wert der einzelnen Münzsorten gesetzlich festzulegen, ohne Erfolg.

In Deutschland war die Verwirrung fast noch schlimmer. Seit dem 14. Jahrhundert kamen zwei Typen von Goldmünzen, der Dukat und der Goldgulden, in Betracht; daneben, seit der Einführung der ganz schweren Guldengroschen oder Taler, drei große Kategorien von Silbermünzen: die Taler und Silbergulden als erste Gruppe, ferner die Groschen und schließlich das Kleingeld. Jede einzelne dieser Sorten existierte dazu noch in unzähligen Spezialitäten, je nach der Zeit und dem Ort ihrer Ausprägung.

Wie groß dabei die Schwankungen des gegenseitigen Wertverhältnisses selbst bei gleichbleibendem gesetzlichen Feingehalte waren, dafür sind die Veränderungen der Bewertung von Goldgulden und Dukaten außerordentlich charakteristisch. Dem Münzfuße beider Sorten, wie er in der Reichsmünzordnung von 1559 festgesetzt wurde und bis 1737 unverändert blieb, hätte ein Verhältnis von 100 Dukaten = 137 $^{12}/_{25}$ Goldgulden entsprochen. In Wirklichkeit schwankte das Kursverhältnis beider Sorten, wie es sich aus Tarifierungen in Reichstagsbeschlüssen, Münzrezessen, Valvationstabellen usw. ergibt, zwischen den Gleichungen 100 Dukaten = 120 Goldgulden (1623 in Kursachsen) und 100 Dukaten = 164 $^{1}/_{2}$ Goldgulden (Ende des 17. Jahrhunderts).

Wenn hier schon bei gleichbleibendem gesetzlichen Feingehalte solche Schwankungen vorkamen, dann kann man sich denken, um wieviel größer die Schwankungen zwischen dem großen und dem kleinen Silbergeld gewesen sein müssen; denn während seit dem Reichstagsabschiede von 1566 der Reichsspeziestaler bis um die Mitte des 18. Jahrhunderts wenigstens in seinem gesetzlichen Feingehalte keiner Veränderung unterlag — die tatsächlichen Ausmünzungen blieben freilich meist hinter dem gesetzlichen Gehalte zurück —, erfuhren die mittleren und kleineren Silbermünzen ganz außerordentliche Verschlechterungen, die in der sogenannten „Kipper- und Wipperzeit" von 1620—1623 ihren Höhepunkt erreichten. Die große Masse der Umlaufsmittel bestand dabei aus kleineren Münzstücken, aus Groschen, Kreuzern, Hellern, Pfennigen usw., deren Ausprägung nicht nur zeitlich, sondern auch territorial außerordentlich verschieden war. Wie in Italien, so baute sich auch hier auf dieses sich fortgesetzt verschlechternde Kleingeld eine besondere Rechnung auf. Der Taler und der Gulden des gewöhnlichen Verkehrs waren nicht identisch mit dem „Speziestaler" oder „Speziesgulden", die als große Silberstücke geprägt wurden; der „Taler in Rechnung" bedeutete vielmehr 24 Groschen, der Gulden 60 Kreuzer des umlaufenden Kleingeldes; sie waren keine geprägten Münzstücke, sondern Sammelbegriffe, wie etwa „Schock" und „Mandel". Der Taler in Rechnung wurde in Preußen erst seit 1750 in einem wirklichen Talerstück, der Rechnungsgulden wurde in Süddeutschland erst 1837 durch ein wirkliches Guldenstück körperlich dargestellt. Vorher unterlagen die großen Silbermünzen fortgesetzten Wertschwankungen gegenüber dem Rechnungsgelde des gewöhnlichen Verkehrs. Am Ende des 17. Jahrhunderts wurde im Leipziger Münzrezeß, der 1737 als Grundlage für den Reichsmünzfuß adoptiert wurde, der Speziestaler auf 32 Groschen = $1^1/_3$ Rechnungstaler und auf 120 Kreuzer = 2 Gulden tarifiert. Aber auch diese Bewertung ließ sich nicht allgemein und nicht auf die Dauer durchsetzen.

Alle Versuche, die verschiedenen Münzsorten einem einheitlichen Systeme einzugliedern und feste Wertverhältnisse zwischen ihnen einzuführen, zeigten in Deutschland ebensowenig Erfolg wie in Italien. Die Reichsmünzordnungen vermochten nicht an die Stelle des Sortenwirrwars ein geordnetes Münzsystem zu setzen.

Infolge des schwankenden Wertverhältnisses zwischen den einzelnen Münzsorten war es nicht gleichgültig, auf welche Sorte eine Zahlungsverabredung lautete. Eine allgemeine Geldschuld in unserem modernen Sinne gab es damals nicht; die Wechselordnungen z. B. verlangten neben der Bezeichnung der Summe auch die Angabe der Geldsorte, in der gezahlt werden sollte; und noch in einem Zirkular **Friedrichs des Großen** „an alle Regierungen und Justizkollegien" vom 12. Januar 1762 heißt es: „Es ist eine allgemeine, in der selbstredenden Billigkeit gegründete Rechtslehre, daß ein jeder Schuldner das ihm geschehene Anlehen in eben der Münzsorte, wie er solches empfangen, nach dem in- und äußerlichen Werte zurückzuzahlen verbunden sei." Erst verhältnismäßig spät scheinen Zahlungsverträge auf Geld schlechthin, auf „Korrent"oder „gangbare Münze" häufiger geworden zu sein, und darüber, in welchen Sorten solche Verträge erfüllt werden sollten, waren häufig eigne gesetzliche Bestimmungen oder gerichtliche Entscheidungen notwendig. So heißt es z. B. in der Generalwechselordnung im Herzogtum Schlesien vom 31. August 1738 im Art. XXX: ... „lauten aber die Wechselbriefe schlechthin auf Korrent oder erhöhet Kaisergeld, so ist der Inhaber des Briefes von dem Akzeptanten 17-Kreuzer und 7-Kreuzer (solche Stücke befanden sich damals im Umlauf!) oder kaiserlichen Reichsthaler in Zahlung anzunehmen schuldig. ... Wenn aber im Wechselbriefe oder Assignaten keine Sorte am Gelde exprimiret ist, aber auch Korrent darinnen nicht enthalten, so kann die Zahlung auch in Dukaten oder in gewogener kleiner Münze geleistet werden." — Noch im Jahre 1755 wandte sich der Magistrat zu Wesel an die Regierung mit der Anfrage, ob Obligationen, die ursprünglich auf Zweidrittelstücke des Leipziger Fußes oder auf Louisblancs gelautet hatten und dann durch die friderizianische Münzreform von 1750 in Taler preuß. Kurant konvertiert worden waren, nur in ganzen, halben und viertel Talerstücken oder auch in Acht-, Vier- und Zweigroschenstücken — die alle nach dem gleichen Fuße ausgemünzt waren! — erfüllt werden könnten.

Nicht nur die tatsächlichen Wertschwankungen der einzelnen Sorten, sondern auch das Fehlen eines rechtlichen Zusammenhangs zwischen ihnen läßt die Merkmale eines einheitlichen Münzsystems vermissen. Weil es damals nicht gelang, eine feste Wertrelation zwischen Gold- und Silbermünzen mit gesetzlichen Vorschriften durchzusetzen, deswegen hat man geglaubt, diese Geldverfassung nicht als „Doppelwährung" bezeichnen zu können. Man hat sie meist „Parallelwährung" genannt; aber auch diese Bezeichnung ist nicht ganz zutreffend, weil die für die Parallelwährung wesentliche Unabhängigkeit und Unvertretbarkeit der Goldmünzen einerseits, der Silbermünzen andererseits nicht charakteristisch sein kann für eine Geldverfassung, in der sowohl innerhalb der Goldmünzen als auch innerhalb der Silbermünzen die einzelnen Sorten in ihrem Wertverhältnisse schwanken und sich gegenseitig nicht vertreten können. Nicht das Nebeneinander zweier „Währungen", sondern das Nebeneinander einer Anzahl von Münzsorten ist das Wesen des geschilderten Zustandes, und desbalb ist dieser als „Sortengeld" von den modernen Währungssystemen scharf zu unterscheiden.

§ 3. Das Problem der Einrichtung von Münzsystemen.

Die bisherigen Ausführungen ergeben, daß die Erfindung der Münze, so gewaltig der durch sie bewirkte Fortschritt war, doch keine Errungenschaft von ausschließlichem Vorteil bedeutete. In zwei Beziehungen brachte die Münze einen Rückschritt. Das Geld erfuhr durch die verschlechterte Ausprägung, durch die natürliche Abnutzung und die betrügerische Verkürzung des Feingehaltes der Münzen eine starke Wertverringerung. Ferner entwickelte sich aus dem einzelnen Edelmetalle eine Anzahl selbständiger Münzsorten, und dadurch erfuhr die Einfachheit und Einheitlichkeit des Geldwesens eine schwere Beeinträchtigung.

Diese Nachteile, die sich namentlich in Zeiten des Verfalls der Staatsgewalt empfindlich geltend machten, haben mitunter dazu geführt, daß der Großverkehr, welcher das gemünzte Geld am leichtesten entbehren kann, zur Benutzung des ungeprägten Edelmetalls als Zahlungsmittel zurückkehrte. Das war z. B. der Fall in der letzten Zeit des römischen Kaiserreichs[1]) und in norddeutschen Handelsstädten während des 12. und 13. Jahrhunderts. Auch die großen Girobanken, die in Italien, Holland und Deutschland während des 16. und am Anfang des 17. Jahrhunderts gegründet wurden, hatten mehr oder weniger ausgesprochen den Zweck, die beiden Nachteile des gemünzten Geldes zu vermeiden. Schon der Banco del Giro in Venedig hatte seine eigne einheitliche und von den Verschlechterungen des umlaufenden Geldes unabhängige Bankowährung; ebenso die Amsterdamer Wechselbank, welche nur gegen Einzahlung einer bestimmten vollwichtigen Münzsorte Gutschrift auf Girokonto leistete. Bei der Hamburger Girobank, die den geschilderten Zweck am konsequentesten verfolgt hat, war seit 1770 die Grundlage der Bankowährung überhaupt kein geprägtes Münzstück mehr, sondern Feinsilber in Barren. Für die Kölnische Mark Feinsilber wurden $27^3/_4$ Mark Banko gut geschrieben.

---

[1]) Zur Zeit Konstantins wurde im großen Verkehr nicht mehr nach Münzeinheiten, sondern nach Gold- und Silberpfunden gerechnet; sogar die öffentlichen Kassen nahmen die offiziellen Gold- und Silbermünzen nur nach dem Gewichte.

Das Buchgeld, dessen sich der Hamburger Handel bis zum Jahre 1872 bediente, beruhte mithin auf ungeprägtem Silber.

Während es auf diese Weise den Großkaufleuten einzelner Handelsstädte gelang, für ihre besonderen Zwecke ein von den Übelständen des gemünzten Geldumlaufs freies Buchgeld zu schaffen, ist es der Staatsgewalt erst nach Jahrhunderten fruchtloser Versuche gelungen, dem geprägten Gelde wieder die Einheitlichkeit und relative Wertbeständigkeit der ungeprägten Edelmetalle zu geben.

Die Schwierigkeiten, die zu überwinden waren, beruhten, wie aus den Darlegungen der letzten beiden Paragraphen hervorgeht, teilweise auf den Mängeln der Prägetechnik, teilweise auf absichtlichen Münzverschlechterungen, teilweise auf der Verschlechterung der Münzen im Umlauf; und dazu kam schließlich noch, was das gegenseitige Verhältnis von Silber- und Goldmünzen anlangt, die Veränderlichkeit des Wertverhältnisses beider Edelmetalle, ein Faktor, der um so mehr hervortreten mußte, je mehr es gelang, über die zuerst genannten Schwierigkeiten Herr zu werden.

Es ist hier nicht der Platz für eine eingehende Schilderung der Entwicklung der Prägetechnik von den nur einseitig geprägten Blechmünzen des Mittelalters (Brakteaten) bis zu unseren modernen Münzstücken, die vermittelst komplizierter und äußerst exakt arbeitender Maschinen hergestellt und einem peinlich genauen Prüfungsverfahren (Justierung) unterworfen werden, ehe sie in Umlauf gelangen. Wie viel dadurch für ein geordnetes und einheitliches Münzwesen gewonnen wurde, leuchtet von selbst ein. Aber der technische Fortschritt, der die Herstellung fast absolut gleichmäßiger Stücke ermöglichte, hat in einem Punkte nur in geringem Umfange Wandel schaffen können, nämlich hinsichtlich der Verschiedenheit der Prägekosten im Verhältnis zum Werte der großen und der kleinen Münzstücke. Noch in der Zeit unmittelbar vor dem Weltkriege waren die Kosten der Prägung eines Zehnmarkstücks nicht geringer als diejenigen eines Zwanzigmarkstücks, mit anderen Worten: die Kosten der Ausprägung einer bestimmten Summe in Zehnmarkstücken waren ungefähr doppelt so hoch, wie die Kosten der Ausprägung desselben Betrages in Zwanzigmarkstücken[1]). Noch größer ist der Unterschied der Prägekosten, wenn Silber- oder gar Kupfermünzen den Goldmünzen gegenübergestellt werden.

Aus den relativ hohen Prägekosten der kleinen Münzen erklären sich zu einem guten Teil die ganz besonderen Schwierigkeiten der Schaffung und Erhaltung eines geordneten Umlaufs von Kleingeld. Die höheren Prägekosten nötigten förmlich dazu, das Kleingeld unter dem ihm rechnungsmäßig zukommenden Metallgehalte auszuprägen; denn nur durch einen Abzug vom Metallgehalte konnte der Münzherr sich für die höheren Prägekosten schadlos halten; die Auffassung aber, daß der Münzherr im Interesse einer geordneten Geldzirkulation eventuell auch Verluste übernehmen müsse, lag jener Zeit, welche das Münzrecht

---

[1]) Die vom Reiche den einzelstaatlichen Münzstätten zu gewährende Prägevergütung betrug nach den letzten darüber erlassenen Bestimmungen pro kg Feingold bei den Doppelkronen 6,50 Mark bei den Kronen dagegen 12 Mark Vgl. Koch, Münzgesetzgebung, 6. Aufl., S. 67/68.

als ein nutzbares Regal ansah, noch durchaus fern. Andererseits verstand man es damals noch nicht, das unterwertig ausgeprägte Geld mit Kautelen zu umgeben, die ihm einen den effektiven Metallgehalt überschreitenden Nennwert gesichert hätten. Meist wurde das kleinere Geld mit einem noch viel geringeren Feingehalte geprägt, als den höheren Prägekosten entsprochen hätte, so daß für die Münzherren gerade aus der massenhaften Prägung kleinen Geldes die größten Gewinne erwuchsen. In solchen Fällen trat aber bald eine dem Minderfeingehalte entsprechende Entwertung ein: es gelang nicht, das kleine Geld auf einem höheren als dem durch seinen Metallgehalt gegebenen Werte zu halten. Sobald sich dieser Ausgleich vollzogen hatte, waren die Münzherren, nur um auf ihre Prägekosten zu kommen, zu einer abermaligen Verringerung des Metallgehaltes ihres Kleingeldes gezwungen.

Wo man diese Schäden einsah und ihnen durch die Festsetzung einer nur geringen Unterwertigkeit des kleinen Geldes entgegenzuwirken versuchte, zeigten sich andere Schwierigkeiten. So verlangte die Reichsmünzordnung von 1559, daß die Pfennige und Heller nur um ein Zehntel hinter dem groben Gelde an Feingehalt zurückbleiben sollten; das bedeutete bei der damaligen Prägetechnik, daß solche Ausmünzungen überhaupt nur mit Verlust möglich waren. Diejenigen Münzstände, welche gegen die Reichsmünzordnung nicht verstoßen wollten, unterließen deshalb die Ausprägung von kleinem Gelde fast vollständig, und die Folge davon war, daß sie in Rücksicht auf den kleinen Verkehr das ganz schlechte Kleingeld derjenigen Münzstände, die sich um die Vorschriften der Reichsmünzordnung überhaupt nicht kümmerten, auch in ihren Territorien zulassen mußten. In England, wo man gleichfalls das Kleingeld mit einem so hohen Feingehalte ausstattete, daß seine Prägung nur unter Verlusten für die Münzstätte möglich war und deshalb nur in ungenügendem Umfange erfolgte, herrschte im 15., 16. und teilweise auch im 17. Jahrhundert ein solcher Mangel an kleinen Münzen, daß Städte und sogar Privatpersonen, namentlich Kaufleute, Zeichengeld usw. aus Messing ausgaben.

Die Schwierigkeit des Problems wurde gemildert durch das allmähliche Durchdringen der Einsicht, daß der Staat für ein geordnetes Geldwesen nötigenfalls finanzielle Opfer zu bringen habe. Völlig gelöst wurde es jedoch erst durch die allmähliche Ausbildung der Grundsätze der modernen Scheidemünzpolitik, durch die Erkenntnis, daß man das kleine Geld, ohne die ihm beigelegte Geltung und ohne das ganze Geldwesen zu gefährden, unterwertig ausprägen kann, wenn man mit seiner Ausmünzung nicht über den Verkehrsbedarf hinausgeht, wenn man es durch Begrenzung seiner Zahlungskraft auf einen niedrigen Maximalbetrag auf die Sphäre des Kleinverkehrs beschränkt und wenn man ihm darüber hinaus allenfalls noch durch eine Verpflichtung des Staates zur Umwechslung in vollwertiges Geld einen besonderen Rückhalt schafft. Ansätze zu einer diesem Systeme entsprechenden Praxis sind schon frühzeitig dagewesen; so wurde in England in der ersten Hälfte des 17. Jahrhunderts gleich nach der Einführung des staatlichen Kupfergeldes dessen Zahlungskraft auf kleine Beträge beschränkt, und in Brandenburg-Preußen finden sich im 17. Jahrhundert gleichfalls ver-

einzelte Vorschriften, welche die Zahlungskraft der Pfennige und auch
der Groschen mehr oder weniger begrenzten; auch hinsichtlich des
Umfangs der Prägung von kleinem Gelde wurde in einzelnen Perioden
nach vernünftigen Prinzipien verfahren. Es fehlte aber an der konse-
quenten Durchbildung und Innehaltung der in der praktischen Erfahrung gewonnenen Grundsätze, und in Deutschland speziell fehlte es
an den politischen Vorbedingungen für eine richtige und konsequente
Scheidemünzpolitik. Kein Territorium kann sich in der Ausgabe unterwertigen Kleingeldes eine wirksame Beschränkung auferlegen, wenn
es vom Nachbarterritorium jederzeit mit schlechtem Gelde überschwemmt
werden kann; ein ausschließlich eigner Münzumlauf aber ist nur möglich bei einer bestimmten Größe und Geschlossenheit des Staatsgebietes.

Von nicht geringerer Wichtigkeit wie die Frage der Eingliederung
des kleinen Geldes in ein Münzsystem war das Problem der Aufrechterhaltung der Vollwichtigkeit des umlaufenden Geldes. Die Prägetechnik
spielte auch hier eine Rolle, indem ihre Entwicklung das betrügerische
Befeilen und Beschneiden der Münzstücke immer mehr erschwerte. In
den ersten Jahrhunderten des Mittelalters, als die Prägetechnik eine
ganz unvollkommene und damit die Gefahr der raschen Verschlechterung des umlaufenden Geldes eine ganz besonders starke war, half
man sich in radikaler Weise durch periodische Münzverrufungen und
Umprägungen; das ganze zirkulierende Geld wurde außer Kurs gesetzt
und mußte dem Münzherrn zur Umprägung eingeliefert werden unter
Bedingungen, die diesem gestatteten, nicht nur auf seine Kosten zu
kommen, sondern noch einen Münzgewinn zu machen. Solange in Deutschland die jährlichen Münzverrufungen in Uebung waren (bis ins 12. Jahrhundert), hielt sich tatsächlich der Denar auf dem gleichen Silbergehalte. Als diese Verrufungen, die eine schwere Belastung und Belästigung des Geldverkehrs bedeuteten, außer Gebrauch kamen, begann
die Periode der fortgesetzten Verschlechterung des Geldumlaufs.

Aus der Unvermeidlichkeit der Abnutzung des umlaufenden Geldes
hat noch I. G. Hoffmann in den ersten Jahrzehnten des 19. Jahrhunderts den Schluß gezogen, daß jeder Münzfuß im Laufe der Zeit
sich verschlechtern müsse. Da der Wert des geprägten Geldes sich
im ganzen nach dem Durchschnitte des tatsächlichen Metallgehaltes
richte und da dieser durchschnittliche Metallgehalt durch die Abnutzung
des umlaufenden Geldes immer geringer werden müsse, könne der Staat
selbst seine vollwertigen Prägungen gar nicht mehr aufrecht erhalten,
der Edelmetallpreis müsse entsprechend der Abnutzung des umlaufenden
Geldes soweit steigen, daß die Prägung vollwichtiger Stücke nur noch
unter Verlust möglich sei; und außerdem würde ein solches Opfer vergeblich gebracht werden, denn der überdurchschnittliche Feingehalt der
neuen vollwichtigen Stücke mache deren Einschmelzung zu einem
lohnenden Geschäfte für die Edelmetallhändler. Infolgedessen werde
dem Staate nichts anderes übrig bleiben, als den durch die Abnutzung
des umlaufenden Geldes veränderten Stand durch den Uebergang zu
einem leichteren Münzfuße anzuerkennen.

Seither ist es jedoch auch in diesem Punkte gelungen, ein
Auskunftsmittel zu finden, das die guten Wirkungen der früheren Münz-

verrufungen mit erträglicheren Formen vereinigt, nämlich die Festsetzung eines **Passiergewichts**, d. h. einer Abnutzungsgrenze für die umlaufenden Münzen, durch deren Ueberschreitung die Münzstücke den Charakter als gesetzliches Zahlungsmittel im Privatverkehr oder selbst gegenüber den öffentlichen Kassen verlieren. Der Zweck, auf diese Weise die abgenutzten Stücke aus dem Umlaufe zu entfernen, wird am vollkommensten erreicht und die durch die Abnutzung entstehenden Kosten werden am gerechtesten verteilt, wenn der Staat die Verpflichtung übernimmt, die im Umlaufe auf natürliche Weise unter das Passiergewicht abgenutzten Stücke zu ihrem Nennwerte einzuziehen und in vollwichtige Stücke umzuprägen.

Durch die exakte Ausprägung, die durch Fortschritte der Technik wesentlich befördert wurde, und durch die Einführung eines nur wenig hinter dem Normalgewichte der Münzen zurückbleibenden Passiergewichts wurden die besonderen Ursachen der fortgesetzten Verringerung des Metallgehaltes des gemünzten Geldes beseitigt. Den Münzen wurde ihr ursprünglicher Metallgehalt gesichert, es gelang, sie auf dem ihnen gesetzlich gegebenen Metallwerte zu erhalten; kurz, in bezug auf ihren stofflichen Gehalt wurde die Münze wieder zu dem nach Gewicht und Feingehalt genau bestimmten Metallstückchen, das sie bei ihrer Erfindung darstellte.

Mit der Beseitigung der Gründe, die zu der Entwertung der Münzen gegenüber ihrem Grundstoffe geführt hatten, waren gleichzeitig die Ursachen, auf denen die Schwankungen im gegenseitigen Werte der aus demselben Metalle geprägten Münzen beruhten, aus der Welt geschafft. Indem jede einzelne Münzsorte in ihrem Werte auf ein bestimmtes Quantum ihres Edelmetalls zurückgeführt war, waren gleichzeitig feste Wertbeziehungen zwischen allen aus dem gleichen Metalle geprägten Münzsorten geschaffen. Die Goldmünzen auf der einen Seite, die Silbermünzen auf der anderen Seite schlossen sich zu einer in sich unveränderlichen Einheit zusammen; der Staatsgewalt, welcher es gelungen war, der Verschlechterung der umlaufenden Münzen durch eine sorgfältige Kontrolle über den Geldumlauf vorzubeugen, wurde es auch möglich, für eine rationellere Einrichtung ihres Münzsystems zu sorgen, die Vertretbarkeit der einzelnen Münzsorten des gleichen Metalls durchzusetzen und den Geldumlauf vor dem Eindringen von ausländischen, schlecht in das Landesmünzsystem passenden Münzsorten zu bewahren.

Dagegen konnten durch die geschilderten Fortschritte der Münzpolitik die Schwankungen zwischen Gold- und Silbermünzen, soweit diese auf den Veränderungen des Wertverhältnisses zwischen den Metallen Gold und Silber beruhten, nicht beseitigt werden. Für die Bedürfnisse des Verkehrs erschien es jedoch wünschenswert, auch Gold- und Silbermünzen zu einem einheitlichen Systeme zusammenzufassen. Das konnte natürlich nur gelingen, wenn man entweder das Wertverhältnis zwischen den Metallen Gold und Silber festzulegen vermochte, d. h. wenn es gelang, durchzusetzen, daß ein Pfund Gold immer und unveränderlich so viel wert sei wie eine ganz bestimmte Anzahl von Pfunden Silber; oder aber wenn es gelang, den Wert der Münzen mindestens des einen

Metalls von ihrem Metallgehalte, der bisher auf die Dauer für den Wert der Münzen ausschlaggebend gewesen war, unabhängig zu machen und ihn mit dem Werte der Münzen des anderen Metalls in eine feste Verbindung zu bringen; wenn es beispielsweise gelang, das Gold allein zur Wertgrundlage aller Münzen des Systems, auch der Silbermünzen, zu machen. Nur diese beiden Wege, die Beseitigung der Wertschwankungen zwischen Gold und Silber oder die Loslösung des Wertes der Münzen des einen Metalls von ihrem gesetzlichen und tatsächlichen Metallgehalte und seine Verbindung mit dem Werte der Münzen des anderen Metalls, konnten zum Ziele führen. Die Beseitigung der Wertschwankungen zwischen Gold und Silber ist bis zum heutigen Tage — wie hier vorgreifend bemerkt werden darf — nicht gelungen. Das Problem der Loslösung der Münzen des einen Metalls vom Werte ihres Metallgehaltes und ihre Verbindung mit den Münzen des anderen Metalls ist erst in der modernen Goldwährung vollkommen gelöst worden.[1])

---

1) Wenn in den obigen Ausführungen der Metallgehalt gewissermaßen als die natürliche Grundlage des Wertes des gemünzten Geldes angenommen ist, so ist deshalb der Verfasser nicht etwa „Metallist" im Knappschen Sinn, d. h. er steht, wie die folgenden, gegenüber der ersten Auflage nahezu unveränderten Ausführungen in den §§ 7—9 dieses Kapitels zeigen, keineswegs auf dem Standpunkt, daß die Geldeinheit durch den Metallgehalt der sie darstellenden Münze „real definiert" sei, im Sinne der Gleichsetzung der Mark mit $\frac{1}{1395}$ Pfund Feingold (Knapp, S. 7); er verkennt nicht und hat niemals verkannt — was übrigens wohl ausnahmslos von der gesamten Geldliteratur der letzten drei Jahrzehnte gilt —, daß in der heutigen Geldverfassung Geld ohne stofflichen Wert oder mit einem Metallgehalte, dessen Wert geringer ist, als der Geltung des Geldstückes entspricht, tatsächlich existiert, also auch möglich ist, daß mithin der Metallgehalt für den Begriff Geld kein wesentliches Merkmal und für den Wert des Geldes nicht schlechthin entscheidend ist. Die obige Darstellung ist rein historischer Natur; sie konstatiert die Tatsache, daß bis zu einer noch nicht lange zurückliegenden Zeit der tatsächliche Metallgehalt der Münzen auf die Dauer entscheidend für ihre gegenseitige Bewertung und ihre Bewertung gegenüber den Edelmetallen war, obwohl das Geld — um mit Knapp zu reden — als „morphisch-proklamatorisches Zahlungsmittel" sich im Anschluß an die Münzprägung bereits seit vielen Jahrhunderten als selbständige wirtschaftliche und juristische Kategorie entwickelt und von den Metallen, aus denen es hergestellt wurde, losgelöst hatte. Der Taler war niemals juristisch ein bestimmtes Silberquantum; denn wer Taler schuldete, konnte sich nicht durch Hingabe von Barrensilber liberieren. Der Taler hatte auch längst aufgehört, wirtschaftlich — und zwar sowohl in seinen Funktionen als auch in seinem Werte — mit einem bestimmten Silberquantum identisch zu sein; er entsprach seinem effektiven Metallgehalte und seinem Werte nach ursprünglich $^1/_9$, zuletzt ein $^1/_{14}$ feinen Mark Silbers; aber nichtsdestoweniger waren sein jeweiliger tatsächlicher Silbergehalt und dessen Veränderungen entscheidend für seinen „Wert", zunächst für sein Wertverhältnis zu dem Metalle Silber, wie es in dem in Talern ausgedrückten Silberpreise in Erscheinung trat. Es bedurfte, wie die folgende Darstellung zeigt, erst besonderer Vorkehrungen seitens der staatlichen Gesetzgebung und Verwaltung, um auch in diesem letzten Punkte das Band zwischen Geld und Geldstoff zu durchschneiden. Das Beilegen einer „proklamatorischen Geltung" an die einzelnen Geldstücke hat, wie die Geschichte vieler Jahrhunderte zeigt, für sich allein nicht ausgereicht, um die Unabhängigkeit des Geldwertes von dem jeweiligen tatsächlichen Metallgehalte der Münzen durchzusetzen. Im Gegenteil, es waren die im Metallgehalt der einzelnen Münzsorten sich vollziehenden Aenderungen, welche den Staat zwangen, seine Proklamationen über die gegenseitige Geltung der einzelnen Münzsorten fortgesetzt zu ändern.

§ 4. Die Schwankungen des Wertverhältnisses zwischen Gold und Silber.

Die ältesten Nachrichten über die Wertrelation zwischen Gold und Silber stammen aus dem babylonischen Reiche, wo eine Gewichtseinheit Gold soviel galt wie $13\frac{1}{3}$ Gewichtseinheiten Silber. Es ist wahrscheinlich, daß sich dieses Wertverhältnis während mehrerer Jahrhunderte ohne wesentliche Schwankungen erhalten hat.

In Griechenland wurde im allgemeinen das Gold niedriger bewertet. Für das Jahr 400 vor Christus ist eine Relation von 12:1 zwischen Gold und Silber überliefert; bis zur Zeit Alexanders des Großen scheint sich das Wertverhältnis zwischen $13\frac{1}{3}:1$, der babylonischen Relation, und $11\frac{1}{2}:1$ bewegt zu haben. Nach der Eroberung des persischen Reiches sank der Wert des Goldes im Verhältnis zum Silber auf 10:1.

In Rom war während der Zeit der Republik das gesetzliche Wertverhältnis, das der Ausprägung von Silber- und Goldmünzen zugrunde lag: 1:11,91. Das tatsächliche Wertverhältnis der Metalle auf dem offenen Markte wies jedoch zeitweise große Abweichungen von dieser Relation auf. So soll etwa ein Jahrhundert vor Christi Geburt die Entdeckung reicher Goldfelder bei Aquileia den Wert des Goldes gegenüber dem des Silbers um ein Drittel vermindert haben, und zur Zeit Cäsars soll die Wertrelation zwischen den beiden Metallen zeitweise auf etwa 1:8,9 herabgegangen sein. Für die ersten Jahrhunderte der Kaiserzeit ergeben die Prägevorschriften für Gold- und Silbermünzen Schwankungen zwischen 1:11,3 und 1:12,2. Die Zeit des Verfalls der römischen Herrschaft brachte eine wesentliche Steigerung des Goldwertes, die wohl zum größten Teil darauf beruht haben mag, daß in unruhigen und unsicheren Zeiten das Gold, weil es bei gleichem Werte leichter zu transportieren und zu verbergen ist als das Silber, stets gegenüber dem weißen Metalle bevorzugt wurde. Die Meinungen über die zahlenmäßige Gestaltung der Wertrelation in jener Zeit gehen auseinander, da die Bedeutung gewisser kaiserlicher Verordnungen der Jahre 397 und 422 nach Christi Geburt, die auf ein Wertverhältnis von 1:14,4 und gar von 1:18 schließen lassen würden, nicht ganz klargestellt ist.

Während des Mittelalters hat sich die Wertrelation der beiden Metalle im großen Ganzen zwischen 1:10 und 1:12 gehalten. Für einzelne Fälle freilich sind beträchtliche Abweichungen nach oben und unten über diesen Spielraum hinaus nachgewiesen, etwa von 1:8 bis 1:13,6. Der ersten deutschen Reichsmünzordnung von 1524 liegt ein Wertverhältnis von 1:11,38 zwischen Silber und Gold zugrunde.

Vom Anfang des 16. Jahrhunderts an ist ein langsames Steigen des Goldwertes zu beobachten. Soetbeer berechnet die ungefähre Relation zwischen Silber und Gold von 1501 bis 1520 auf 1:10,75, für 1601 bis 1620 auf 1:12,25. In den folgenden fünf bis sechs Jahrzehnten erfuhr diese Entwicklung eine plötzliche und starke Beschleunigung. Die Wertrelation von 1660 bis 1680 wird von Soetbeer auf 1:15 geschätzt. Für den Anfang des 18. Jahrhunderts haben wir eine Relation von $1:15\frac{1}{}$.

Der Verlauf des 18. Jahrhunderts brachte zunächst einen relativen Rückgang des Goldwertes bis auf eine Relation von 1 : 14,56 von 1751 bis 1760, dann aber eine neue Steigerung bis auf etwa 1 : 15$^1/_2$ um die Jahrhundertwende.

In den ersten sieben Jahrzehnten des 19. Jahrhunderts bewegte sich die Relation in verhältnismäßig engen Grenzen um 1 : 15 $^1/_2$. Der ungünstigste Stand für das Silber war (nach den Londoner Silberpreisen) 1 : 16,12 im Jahre 1848, der günstigste 1 : 15,03 im Jahre 1859.

Vom Beginne der 70er Jahre an trat eine heftige Entwertung des Silbers ein, die im Laufe von drei Jahrzehnten dem Silber mehr als die Hälfte seines Wertes dem Golde gegenüber entzog. Am Ende des 19. Jahrhunderts galten erst 34—35 Pfund Silber so viel wie ein Pfund Gold, und im Jahre 1909 war das Verhältnis etwa 40 Pfund Silber = 1 Pfund Gold.

Es ist hier noch nicht der Platz zur Untersuchung der Ursachen dieser Schwankungen; wir werden später finden, daß ihre Gründe einmal in den Verhältnissen der Edelmetallproduktion liegen, dann in den Schwankungen der Nachfrage nach Gold und Silber, wie sie durch den Wechsel der Zeiten, durch die wirtschaftliche Entwicklung, welche die Verwendung des einen Metalls mehr als die des anderen begünstigte, und schließlich durch Aenderungen der Ordnung des Münzwesens, die ihrerseits wieder durch den Wechsel der wirtschaftlichen Bedürfnisse veranlaßt waren, hervorgerufen worden sind.

Vorläufig handelte es sich für uns nur darum, festzustellen, daß eine längere Zeit andauernde Beständigkeit des Wertverhältnisses beider Metalle — abgesehen vielleicht von der babylonischen Vorzeit, über die wir nichts Genaueres wissen — niemals bestanden hat. Daraus ergibt sich, wie ungemein schwierig die Aufgabe war, aus den beiden Edelmetallen ein in sich geschlossenes Geldsystem herzustellen, zu bewirken, daß — trotz aller Wertschwankungen zwischen Gold und Silber — Gold- und Silbermünzen in einem unverrückbar festen Wertverhältnisse zueinander stehen, daß z. B. 10 silberne Einmarkstücke stets genau ebensoviel wert waren, wie ein goldenes Zehnmarkstück. Daß die Lösung dieser Aufgabe gelungen ist, sogar in einer Zeit, welche die stärksten Verschiebungen im Wertverhältnis der beiden Edelmetalle aufweist, haben die tatsächlichen Verhältnisse des Geldwesens, wie sie in den wichtigsten Kulturländern bis zum Ausbruch des Weltkrieges bestanden, gezeigt. Auf welchem Wege die Lösung gelungen ist, soll in den folgenden Ausführungen dargestellt werden.

§ 5. Doppelwährung und Parallelwährung.

Es ist viel leichter, rückwärts schauend die Entwicklung von Jahrhunderten zu überblicken und zu erkennen, nur auf diesem bestimmten Wege konnte diese oder jene Aufgabe gelöst werden, als im gegebenen Augenblicke sich über die zum gewollten Ziele führenden Wege klar zu werden. Oft ist die Menschheit Jahrhunderte lang in die Irre gegangen und hat sich auf falscher Fährte nach der Lösung eines Problems abgemüht, ohne sich über die Unmöglichkeit, auf dem eingeschlagenen Wege zum Ziele zu kommen, Rechenschaft zu geben;

oft sind große Umwälzungen und Fortschritte nicht aus der klaren Erkenntnis des neuen besseren Zustandes hervorgegangen, sondern aus unklaren und tastenden Versuchen, auf die eine oder andere Weise drückende Uebelstände zu beseitigen.

So verhielt es sich auch bei dem Probleme, das uns hier beschäftigt.

Von allem Anfang an versuchten die Staaten, nicht nur zwischen Silbermünzen unter sich und Goldmünzen unter sich, sondern auch zwischen diesen beiden Kategorien untereinander ein festes Wertverhältnis herzustellen, ohne sich der aus den Schwankungen des Wertverhältnisses zwischen den Rohmetallen hervorgehenden Schwierigkeiten völlig bewußt zu werden. Die Staatsgewalt machte sich die Aufgabe so leicht wie möglich, indem sie einfach vorschrieb, eine bestimmte Summe von Silbermünzen solle ebensoviel gelten, wie eine bestimmte Summe von Goldmünzen.

Es mag dahingestellt bleiben, ob und wie weit diese „Tarifierungen" von Gold- und Silbermünzen einen Einfluß ausgeübt haben auf die Wertbewegungen von Gold und Silber. Sicher ist, daß sie diese Wertbewegungen nicht b e h e r r s c h t haben, daß Schwankungen um das sich aus der Tarifierung von Gold- und Silbermünzen ergebende Wertverhältnis der Edelmetalle stattgefunden haben; daß ferner der freie Verkehr die staatlichen Tarifierungen der Gold- und Silbermünzen nur solange beobachtete, als sie dem tatsächlich bestehenden Wertverhältnisse zwischen den rohen Metallen entsprachen, daß er seine Bewertung der Gold- und Silbermünzen entsprechend den Schwankungen im Wertverhältnis der Metalle trotz der strengsten Vorschriften und Verbote änderte; daß schließlich der Staat sich immer und immer wieder genötigt sah, seine Tarifierungen denjenigen des freien Verkehrs anzupassen oder den Feingehalt der einen oder der anderen Münzsorte entsprechend zu verändern.

Allerdings haben Veränderungen im Wertverhältnisse der Rohmetalle nicht immer ihren vollen Einfluß auf das Wertverhältnis von Gold- und Silbermünzen ausgeübt; die Macht staatlicher Verordnungen hat sich vielmehr unter bestimmten Voraussetzungen stark genug erwiesen, um den vollen Einfluß der Veränderungen des Wertverhältnisses zwischen Gold und Silber auf die gegenseitige Bewertung der Gold- und Silbermünzen einzudämmen; wo das der Fall war, trat jedoch ein anderer Mißstand in Erscheinung.

Wenn sich der den Goldmünzen beigelegte Nennwert in Silbermünzen niedriger stellte, als dem jeweiligen Wertverhältnisse zwischen Gold und Silber auf dem Edelmetallmarkte entsprach, so kam das zunächst darin in Erscheinung, daß der Staat für das Gold, das seinen Münzstätten zur Ausprägung gebracht wurde, einen geringeren Preis zahlte, als auf dem freien Markte für Gold zu erhalten war; die Folge davon war, daß niemand dem Staate Gold zur Ausmünzung brachte, sondern daß jedermann, der über Goldbarren verfügte, es vorzog, sie zu dem höheren Preise auf dem offenen Markte zu verkaufen. So hat in Frankreich, wo die Münzanstalt seit dem Beginn des 19. Jahrhunderts stets 3100 Frs., abzüglich einer geringen Prägegebühr, für das Kilogramm Münzgold (900 Tausendteile Feingold und 100 Tausendteile

Kupfer) zahlte, niemand Gold zur Münze gebracht, wenn er auf der Pariser Metallbörse dafür etwa 3150 Frs., also 50 Frs. mehr, erhalten konnte. Das im Verhältnis zum freien Verkehr in der staatlichen Tarifierung zu ungünstig bewertete Metall bleibt also den Münzstätten fern, da sein Preis als Ware höher steht, als dem ihm staatlich beigelegten Ausmünzungswerte entspricht. Es werden mithin in der Hauptsache, wenn der Staat nicht selbst das von ihm zu niedrig bewertete Metall zu einem höheren als dem Ausmünzungswerte entsprechenden Preise kaufen und dadurch bei der Prägung Verluste erleiden will, nur Münzen aus dem gegenüber dem tatsächlichen Wertverhältnisse zu hoch bewerteten Metalle geprägt.

Dazu kommt, daß es für den Edelmetallhandel stets lohnend ist, die nicht allzu stark abgenutzten Münzen des in der staatlichen Tarifierung zu ungünstig bewerteten Metalls einzuschmelzen und eventuell im Austausch gegen das zu günstig bewertete Metall nach dem Auslande zu exportieren. Wenn in 3100 Frs. französischer Goldmünzen — abgesehen von der Abnutzung — ein Kilogramm Münzgold enthalten ist, dann kann man, da die Schmelzkosten im Verhältnis zum Goldwerte nicht ins Gewicht fallen, einen Gewinn machen, wenn man Goldmünzen einschmilzt und das so gewonnene Barrengold zu 3150 Frs. pro Kilogramm Münzgold auf dem inländischen Edelmetallmarkte oder nach dem Auslande verkauft.

Daraus ergibt sich, daß jede Verschiebung des tatsächlichen Wertverhältnisses der Edelmetalle gegenüber demjenigen, welches der staatlichen Tarifierung zugrunde liegt, das im Werte steigende Metall nicht nur von den Münzstätten fernhält, sondern auch zur Einschmelzung und Ausfuhr der aus ihm hergestellten und im Umlauf befindlichen Münzen führt. Jede Verschiebung des Wertverhältnisses zwischen Gold und Silber vertreibt mithin das in seinem relativen Werte steigende Metall aus der Zirkulation und füllt den Geldumlauf mit dem sich entwertenden Metalle.

Das sind nicht etwa rein theoretische Erwägungen, sondern die Ergebnisse der Erfahrungen, die während mehrerer Jahrhunderte in den verschiedensten Ländern mit diesem System, das wir heute Doppelwährung nennen, gemacht worden sind. Ueberall, wo der Staat ein festes Wertverhältnis und gegenseitige Vertretbarkeit zwischen Gold- und Silbermünzen vorschrieb und beide Metalle in dem Umfange prägte, wie sie bei seinen Münzstätten eingeliefert wurden, hat bei jeder Schwankung des Wertverhältnisses der ungeprägten Edelmetalle das im Werte sinkende Metall das im Werte steigende Metall aus dem Umlaufe verdrängt.

Die sich daraus ergebenden Nachteile machten sich zuerst dort fühlbar, wo die gesamte Volkswirtschaft am weitesten fortgeschritten und deshalb gegen Störungen auf dem Gebiete des Geldwesens am meisten empfindlich war. Das Land, das in der modernen wirtschaftlichen Entwicklung am weitesten vorausgeeilt war, nämlich England, hat daher auch in der Entwicklung des modernen Geldwesens die Führung gehabt. Die englische Münzgeschichte ist deshalb hochbedeutsam für die Erkenntnis der Entwicklungsgeschichte der modernen Geldverfassung überhaupt[1]).

Wie in allen anderen Ländern, wurde auch in England zunächst ein festes Wertverhältnis zwischen Silber- und Goldmünzen im Wege der staatlichen Tarifierung angestrebt. In der ersten Hälfte des 17. Jahrhunderts bewirkten häufige Schwankungen der Wertrelation von Gold und Silber, daß — ungeachtet der durch Veränderungen des Feingehaltes der Münzen vorgenommenen Korrekturen — Goldumlauf und Silberumlauf fortgesetzt miteinander abwechselten.

Die daraus entstehenden Unbequemlichkeiten führten schließlich dazu, daß man einen neuen Weg einschlug, um Gold- und Silbermünzen dauernd nebeneinander im Umlaufe zu erhalten. Das abwechselnde Verschwinden der Goldmünzen und der Silbermünzen hatte die dauernde Erhaltung des gleichzeitigen Umlaufs beider Münzsorten als ein besonders dringendes Bedürfnis erscheinen lassen, so daß man bereit war, diesem Bedürfnis das feste Wertverhältnis von Gold und Silber, dessen Erstrebung die Schuld an dem Wechsel des Geldumlaufs trug, zum Opfer zu bringen. Man verzweifelte an der Möglichkeit, Gold- und Silbermünzen in eine feste Beziehung zu bringen und dabei dem Verkehr einen genügenden Umlauf von beiden Münzsorten zu sichern. Als im Jahre 1663 eine neue Goldmünze, die Guinea, eingeführt wurde, verzichtete man im Gegensatz zur bisherigen Praxis darauf, dieser eine feste Geltung gegenüber den Silbermünzen beizulegen; man überließ vielmehr die Bewertung der Guinea dem freien Verkehr und gestattete den Regierungskassen, die Guinea zum Tageskurse in Zahlung zu nehmen.

Dieses System, mit dem England von 1663 an einen Versuch machte, nennt man heute Parallelwährung, weil in ihm ein System von Goldmünzen und ein System von Silbermünzen nebeneinander einhergehen, ohne das beide Systeme durch eine gesetzliche Tarifierung und gegenseitige Vertretbarkeit miteinander verbunden sind.

Aber auch dieses System befriedigte nicht. Es war für den Verkehr überaus lästig, mit zwei verschiedenen Geldarten, die in schwankendem Kursverhältnisse zueinander standen, rechnen zu müssen. Unter dem Druck dieser Unbequemlichkeit mußte der Versuch mit der Parallelwährung, der nichts war als ein Verzicht auf ein einheitliches Geldwesen, bald wieder aufgegeben werden.

Den ersten Anlaß zu einem neuen Eingriff der Regierung gab der Umstand, daß das englische Silbergeld infolge betrügerischer Verkürzung seines Feingehaltes gegen Ende des 17. Jahrhunderts einen großen Teil seines ursprünglichen Metallgehaltes verlor — es wird behauptet bis zu 50 Prozent —, und daß infolgedessen der Kurs der neuen und verhältnismäßig vollwichtigen Guinea, die anfangs als ein Stück im Werte von etwa 20 Schilling gedacht war, bis auf 30 Schilling und darüber stieg. Für die Regierung, die eine Reform des verschlechterten Silberumlaufs beabsichtigte, war ein so hoher Guinea-

---

[1]) Vgl. zum folgenden insbesondere Kalkmann, Englands Uebergang zur Goldwährung im 18. Jahrhundert, 1895.

kurs überaus unbequem, und um einer weiteren Steigerung einen Riegel vorzuschieben, verbot sie ihren Kassen im August 1695 die Annahme der Guinea zu einem höheren Kurse als 30 Schilling. Mit der Durchführung der Silbermünzreform wurde in den ersten Monaten des folgenden Jahres der Maximalkurs der Guinea schrittweise auf 22 Schilling herabgesetzt. Obwohl diese für die öffentlichen Kassen festgesetzten Maximalkurse die Guinea gegenüber der Marktrelation zwischen Gold und Silber zu günstig bewerteten — der Kurs von 22 Schilling hätte einem Wertverhältnis von $1:15,9$ entsprochen, während das effektive Wertverhältnis $1:15$ war —, wirkten diese Maximalkurse für den Verkehr doch ebenso wie eine feste Tarifierung. Solange die öffentlichen Kassen die Guinea zum Maximalkurse nahmen, gab sie auch im Verkehr niemand zu einem billigeren Satze, und solange sie im Verkehr nicht im Kurse zurückging, lag für die öffentlichen Kassen kein Grund vor, unter den Maximalkurs herabzugehen. Damit war die Parallelwährung ihrem Wesen nach wieder preisgegeben, und der tatsächliche Zustand des englischen Geldwesens war wieder eine Doppelwährung, und zwar eine Doppelwährung, in welcher das Gold gegenüber seinem Marktwerte zu hoch bewertet war. Daran änderte sich auch dann nichts, als im Jahre 1699 der Maximalkurs der Guinea auf $21^1/_2$ Schilling herabgesetzt wurde, und als sie im Jahre 1717 gesetzliche Zahlungskraft zu 21 Schilling erhielt[1]). Die Tarifierung zu 21 Schilling hätte einem Wertverhältnisse von $1:15,2$ entsprochen, während Newton selbst, auf dessen Rat diese Kursherabsetzung vorgenommen wurde, das tatsächliche Wertverhältnis auf $1:14,97$ berechnete. Er wollte die Reduktion nur versuchsweise vorgenommen wissen und nötigenfalls eine weitere Herabsetzung des Guineakurses erfolgen lassen. Zu einer solchen kam es jedoch nicht infolge des Unwillens, den die Veränderung der Geltung der damals schon das wichtigste Zahlungsmittel in England darstellenden Goldmünze erregte. Es erging vielmehr im Jahre 1718 ein Gesetz, welches bestimmte, daß in Zukunft keine Veränderung der Gold- und Silbermünzen stattfinden sollte, weder in bezug auf ihren Metallgehalt, noch in bezug auf ihren Nennwert. Dieses Gesetz erging, obwohl sich damals bereits die unangenehme Folge der festen Tarifierung — die Knappheit an Silbergeld — wieder stark fühlbar gemacht hatte; so dringend war das Bedürfnis nach einem festen Verhältnis zwischen Gold- und Silbergeld.

Das Gesetz von 1717, welches der Guinea gesetzliche Zahlungskraft (statt des bisherigen Maximal-Kassenkurses) zu 21 Schilling in Silbergeld beilegte, und das Gesetz von 1718, welches jede künftige

---

[1]) Es wird darüber gestritten, ob die Guinea gesetzliche Zahlungskraft zu einem festen Kurse von 21 Schilling oder zu einem Maximalkurse von 21 Schilling erhalten habe. Erstere Ansicht vertritt Kalkmann, letztere Lexis. Streng formell wäre die englische Währungsverfassung von 1717 an nur dann als Doppelwährung anzusehen, wenn der Guinea ein fester Kurs verliehen worden wäre. Da aber tatsächlich der Kurs von 21 Schilling als ein absolut fester gewirkt hat, kann diese formelle Seite der Frage als gleichgültig angesehen werden, zumal im Hinblick auf das im folgenden Jahre (1718) erlassene Gesetz, das für die Zukunft jede weitere Aenderung des Nennwertes von Gold- und Silbermünzen untersagte.

Aenderung dieser Tarifierung ausschloß, bedeuteten die völlige Abkehr von der Parallelwährung und die Rückkehr zum Doppelwährungssysteme.

Bei dieser neuen Doppelwährung war — wie bereits erwähnt — das Gold höher tarifiert, als dem Wertverhältnisse auf dem Markte entsprach. Da das letztere in den folgenden Jahrzehnten eine weitere Verschiebung zuungunsten des Goldes erfuhr, stellte sich das Wertverhältnis auf dem Markte bis gegen Ende des 18. Jahrhunderts für das Silber beträchtlich günstiger, als die gesetzliche Relation, die der gegenseitigen Bewertung der englischen Gold- und Silbermünzen zugrunde gelegt war. Die Folge war, daß — wie früher in denselben Fällen — das Silber der englischen Münzstätte fernblieb, und daß es vorteilhaft war, die durch die Umprägung von 1695—1698 auf ihr volles gesetzliches Gewicht gebrachten Silbermünzen einzuschmelzen und als Barren zu verkaufen. Es zeigte sich bald, daß die ganzen gewaltigen Kosten für die Umprägung der Silbermünzen umsonst aufgewendet waren. Alles vollwertige Silbergeld verschwand, und im Umlaufe hielten sich nur Silbermünzen, die soweit abgenutzt waren, daß ihre Einschmelzung trotz des hohen Silberpreises nicht lohnte. Die große Masse der Umlaufsmittel bestand aus den goldenen Guineas, die für alle großen Zahlungen benutzt wurden, und die Klagen darüber, daß an dem abgenutzten Silbergelde nicht einmal genug für den Bedarf des kleinen Zahlungsverkehrs vorhanden sei, wurden immer lauter. Auch die schlechte Beschaffenheit der umlaufenden Silbermünzen gab zu großen Beschwerden Anlaß. Aber diesen Mißständen war auf dem Boden der bestehenden Geldverfassung nicht abzuhelfen, da jede Neuprägung und Neuausgabe vollwichtiger Silberstücke nur Material für die Schmelztiegel der Edelmetallhändler lieferte. Vergeblich suchte man nach einem Auswege aus diesem Zustande, vergeblich suchte man nach einem Mittel, um die Vorteile des überwiegenden Goldumlaufs, die man wohl zu schätzen wußte, mit der Erhaltung eines ausreichenden und geordneten Silberumlaufs zu vereinigen.

§ 6. Die Entstehung der Goldwährung.

Die selbsttätige Entwicklung der Dinge leitete schließlich mit zwingender Gewalt auf den Weg, der aus diesem unhaltbaren Zustande herausführte.

Der nicht erneuerungsfähige Umlauf von Silbermünzen unterlag einer immer stärkeren Abnutzung bis zur gänzlichen Unkenntlichkeit des Gepräges. Der effektive Silbergehalt dieser Münzen sank beträchtlich unter den Gehalt, der bei dem damaligen Marktpreise des Silbers ihrem Werte in Goldgeld entsprochen hätte; während sie in ihrem gesetzlichen Feingehalte nach wie vor unterwertet waren, war ihr tatsächlicher Feingehalt geringer, als ihrer gesetzlichen Geltung und ihrer Tarifierung in Goldgeld entsprach; sie waren durch die Abnutzung aus einem unterwerteten zu einem unterwertigen Gelde geworden. Um nun niemanden zu zwingen, ein solches Geld, dessen Materialwert geringer war als sein Nennwert, unbeschränkt in Zahlung nehmen zu müssen, bestimmte ein Gesetz vom Jahre 1774, daß den Silbermünzen für Summen von mehr als 25 Pfd. Sterl. gesetzliche

Zahlungskraft nur noch nach dem Gewichte (zum Satze von 5 sh. 2 d pro Unze) zustehen sollte.[1])

Dadurch hatte die gesetzliche Doppelwährung eine wesentliche Modifikation erfahren: die volle gesetzliche Zahlungskraft der Silbermünzen war beschränkt, ihre formelle Gleichberechtigung mit den Goldmünzen war aufgehoben. Freilich hatte schon vorher bei dem Mangel an Silbergeld niemand Silbermünzen zu größeren Zahlungen verwendet, so daß diese formelle Modifikation tatsächlich keine Aenderung brachte.

Immerhin war auch nach 1774 das Silbergeld wenigstens nach dem Gewichte volles gesetzliches Zahlungsmittel.

Die endgültige Preisgabe der Doppelwährung erfolgte erst am Ende des 18. Jahrhunderts und wurde verursacht durch eine neue Verschiebung des Wertverhältnisses der beiden Edelmetalle.

Im letzten Viertel des 18. Jahrhunderts zeigte sich eine allmähliche Entwertung des Silbers gegenüber dem Golde. Das durchschnittliche Wertverhältnis beider Metalle war 1771—1780 1:14,64; es trat dann eine Aenderung zugunsten des Goldes ein; in den 90 er Jahren wurde das gesetzliche Wertverhältnis der englischen Währung (1:15,2) erreicht und schließlich sogar überschritten.

Damit kam die entscheidende Wendung. Die Ausprägung von Silber, die bisher nur unter Verlusten möglich gewesen war, fing an lohnend zu werden, und die Ausprägung von Gold, die bisher lohnend gewesen war, begann nur noch unter Verlusten möglich zu sein; dagegen konnten die Edelmetallhändler, die bisher vollwichtige Silbermünzen eingeschmolzen hatten, jetzt mit der Einschmelzung von Goldmünzen ein Geschäft machen. Für jeden in diesen Dingen Bewanderten war es sofort klar, daß jetzt das alte Spiel von neuem beginnen würde, daß das Silber in großen Massen in den englischen Geldumlauf eindringen und das Gold verdrängen würde. In der Tat wurden große Mengen von Silber bei der Londoner Münze zur Ausprägung eingeliefert.

Die englische Regierung war damit vor die Frage gestellt, ob sie ruhig das Silber aufnehmen und das Gold verschwinden lassen wollte; und das wollte sie nicht. Der ganze Verkehr hatte zwar stark unter dem Mangel und der schlechten Beschaffenheit des Silbergeldes gelitten, aber um den Preis des so viel bequemeren Goldumlaufs wollte niemand das Silbergeld erkaufen.

Es fragte sich, was zur Erhaltung des Goldumlaufs gegenüber der Verschiebung des Wertverhältnisses geschehen konnte. Verbieten, daß Goldmünzen eingeschmolzen und exportiert würden? — Man wußte aus vielen Erfahrungen, daß solche Verbote unwirksam waren. Es blieb mithin nur übrig, das Silber nicht herein zu lassen; wenn es nicht in den Verkehr eindringen konnte, vermochte es das Gold nicht zu verdrängen. Eindringen konnte es aber in den Verkehr nur in der Form geprägter Münzen, und der Staat allein hatte das Recht, aus Silber-

---

barren Münzen herzustellen. Wenn der Staat sich weigerte, das bei seinen Münzstätten eingelieferte Silber auszuprägen, dann war der drohenden Silberinvasion ein Riegel vorgeschoben. Die Weigerung, Silber in beliebigen Mengen auszuprägen, das war also der Weg, auf dem der vorhandene Goldumlauf gegenüber den Veränderungen des Wertverhältnisses zwischen Silber und Gold wirksam verteidigt werden konnte.

Die englische Regierung zögerte nicht, diesen Weg zu beschreiten, obwohl ein formales Hindernis entgegenstand. Seit dem Jahre 1666 war der englischen Münze die Verpflichtung auferlegt, jede Menge von Gold und Silber, die ihr gebracht wurde, für den Einlieferer unentgeltlich auszuprägen; jedermann hatte mithin einen Anspruch und ein Recht darauf, sich von der staatlichen Münzanstalt beliebige Mengen von Gold und Silber ausprägen zu lassen. Man nennt dieses Recht, das in der modernen Geldverfassung von großer Bedeutung ist, das freie Prägerecht.

Die englische Regierung setzte sich jedoch über dieses Bedenken hinweg. Noch ehe das für private Rechnung ausgemünzte Silber den Einlieferern zurückgegeben war, wurde die Münze angewiesen, die ausgeprägten Stücke wieder einzuschmelzen und fernerhin von Privaten kein Silber mehr zur Ausmünzung anzunehmen.

Der Befehl war zweifellos ein Verstoß gegen das geltende Recht; aber die von der Regierung ergriffene Maßregel erschien im allgemeinen Interesse als so selbstverständlich, daß das Parlament nicht zögerte, sie zu legalisieren.

Mit dieser im Jahre 1798 erfolgten Aufhebung des freien Prägerechtes für Silber war England aus der Doppelwährung heraus zu einem Systeme gelangt, welches bereits die wesentlichen Merkmale der modernen Goldwährung an sich trug.

Für das Gold allein bestand das freie Prägerecht fort, und damit war die Voraussetzung für die dauernde Verbindung des Wertes der englischen Geldeinheit mit dem Werte eines bestimmten Goldquantums gegeben. Die englische Münzstätte prägte damals — und prägt heute noch — aus der Unze Münzgold (Standard Gold) von $^{11}/_{12}$ Feinheit für jederman unentgeltlich 77 sh. $10^{1}/_{2}$ d. Der Preis der Unze Standard Gold kann deshalb nie merklich unter diesen Satz sinken, da dieser Preis stets durch Einlieferung bei der Münze zu erzielen ist. Andererseits ist in je 77 sh. $10^{1}/_{2}$ d englischer Goldmünzen — abgesehen von der geringfügigen Abnutzung — stets je eine Unze Standard Gold enthalten; es liegt deshalb für niemand ein Grund vor, merklich mehr als 77 sh. $10^{1}/_{2}$ d für die Unze Standard Gold zu bezahlen, solange man auf Verlangen jederzeit Zahlung in Goldmünzen erhalten kann. Der Preis der Unze Münzgold in Goldgeld kann also infolge der freien Prägung für Gold weder merklich unter 77 sh. $10^{1}/_{2}$ d sinken, noch auch über diesen Preis steigen, solange in Goldgeld gezahlt wird oder Goldgeld stets ohne Aufschlag für anderes englisches Geld zu erhalten ist; zwischen dem ungeprägten Golde und den Goldmünzen ist eine feste Beziehung hergestellt.

Dieselbe Maßregel, welche dem Eindringen des Silbers einen Riegel vorschob, die Aufhebung der freien Prägung für Silber, war gleichzeitig die Voraussetzung dafür, daß die Silbermünzen in ihrem Werte als Geld von ihrem Silbergehalte unabhängig gemacht und dem Goldgelde angegliedert wurden.

Solange die freie Prägung auch für Silber bestand, konnten sich die vollwichtigen Silbermünzen in ihrem Werte als Geld ebensowenig von ihrem gesetzlichen Silbergehalte entfernen, wie die Goldmünzen von ihrem Goldgehalte. Die Silbermünzen konnten in ihrem Werte lediglich um den Betrag der Abnutzung unter denjenigen ihres gesetzlichen Silbergehaltes sinken, und die Abnutzung war ja damals bei den englischen Silbermünzen sehr erheblich; aber sie konnten niemals über den Wert ihres gesetzlichen Silbergehaltes steigen; solange die Münze für ein Troypfund Standard Silber (von $^{87}/_{40}$ Feinheit) 62 Schilling gab, konnte der Preis des Troypfundes Standard Silber nicht unter 62 sh. in Silbergeld sinken, der Schilling konnte nicht über den Wert von $^{1}/_{62}$ Troypfund Standard Silber steigen. Wenn der Preis des Silbers in Goldgeld zurückging, mußte auch der in Goldgeld ausgedrückte Wert des aus Silber geprägten Geldes zurückgehen. Sobald aber die Münze kein Silber mehr zur Ausprägung annahm, konnten die Besitzer von Silberbarren in die Zwangslage kommen, sich mit weniger als 62 sh. für das Troypfund zufrieden zu geben; der Wert des geprägten Schillings konnte sich, weil der Staat nunmehr sein Prägemonopol faktisch ausübte, über den Wert seines Metallgehaltes erheben, aber nur bis zum Werte des Goldäquivalentes des Schillings, da ja jedermann für die Unze Standard Gold 77 sh. $10^{1}/_{2}$ d erhalten konnte und niemand mehr als den durch diese Gleichung gegebenen Goldwert für die Beschaffung englischen Geldes aufzuwenden brauchte.

In der Tat zeigte es sich, daß nach der Einstellung der freien Silberprägung die Silbermünzen, trotz des weiteren Rückgangs des Silberpreises und trotz ihrer beträchtlichen Abnutzung, sich auf der ihnen beigelegten Geltung in Goldgeld erhielten.

Die Aufhebung der freien Prägung für Silber und die auf den Bedarf des Verkehrs beschränkte und ausschließlich für Rechnung des Staates erfolgende Ausprägung von Silbermünzen stellte sich mithin als das Mittel heraus, durch das der Wert der Silbermünzen von ihrem Metallgehalte losgelöst und durch Tarifierung wirksam mit dem Goldgelde verbunden werden konnte.

Freilich mit einer Einschränkung, die sich aus den bisherigen Ausführungen von selbst ergibt.

Der Wert einer Münze kann nie unter den Wert ihres tatsächlichen Metallgehaltes sinken, weil die Münze jederzeit eingeschmolzen und in Rohmetall verwandelt werden kann. Nur ein ihren Metallgehalt übersteigender Wert kann den Münzen bei beschränkter Prägung beigelegt werden. Jede ihren Metallgehalt unterwertende Tarifierung treibt die Münzen in den Schmelztiegel; das hatte die bisherige Entwicklung zur Genüge gezeigt.

Diese Erfahrungen und Erwägungen waren maßgebend für die Grundzüge der Neuordnung des englischen Geldwesens, die im Jahre

1816 vorgenommen wurde und zum erstenmal eine „Goldwährung" schuf. Die Neuordnung verzögerte sich bis zu diesem Jahre infolge der napoleonischen Kriege, die vorübergehend das englische Geldwesen in große Unordnung brachten.

Die wesentlichsten Züge der im Jahre 1816 gesetzlich begründeten englischen Goldwährung sind folgende:

Freie Prägung besteht allein für Gold; der Wert des Geldes ist dadurch mit dem Werte des Goldes in Verbindung gesetzt. Die Guinea im Werte von 21 sh. wurde durch eine neue Goldmünze, den Sovereign, im Werte von 20 sh. ersetzt.

Die Silbermünzen werden mit einem geringeren Gehalte, als bei dem bestehenden Wertverhältnisse zwischen Gold und Silber und dem Goldgehalte des Sovereigns ihrer gesetzlichen Geltung entspricht, ausgeprägt, und zwar ausschließlich für Rechnung und auf Anordnung der Regierung und in einem den Bedarf des Verkehrs an Silbergeld nicht überschreitendem Umfange. Während bisher 62 sh. aus dem Troypfunde Münzsilber geprägt worden waren, wurden von nun an 66 sh. aus dem Troypfunde ausgebracht. Die Silbermünzen wurden also um mehr als 6 Prozent in ihrem Feingehalte verkürzt und zwar in der Absicht, sie auch bei etwaigen künftigen Aenderungen des Wertverhältnisses der beiden Edelmetalle zugunsten des Silbers im Umlauf erhalten zu können, d. h. um auszuschließen, daß der Preis ihres Silbergehaltes infolge solcher Aenderungen die ihnen beigelegte Geltung überschreite und so ihre Einschmelzung lohnend mache; die Erfahrung des ganzen 18. Jahrhunderts, die gezeigt hatte, daß nur durch Abnutzung unterwertig gewordene Silbermünzen sich im Umlauf halten konnten, war nicht umsonst gewesen. Die strenge Begrenzung der Ausgabe der unterwertigen Silbermünzen auf den Umfang des Verkehrsbedarfs sollte Störungen in der Verkehrsbewertung von Gold- und Silbermünzen verhindern.

Schließlich wurde nur den Goldmünzen die volle gesetzliche Zahlungskraft belassen, die Zahlungskraft der Silbermünzen dagegen auf Beträge von nicht mehr als 40 sh. beschränkt; niemand sollte verpflichtet sein, mehr als 40 sh. in den unterwertigen Silbermünzen in Zahlung zu nehmen. Dadurch wurde dem Silbergelde die ihm von Natur zukommende Sphäre des Zahlungsverkehrs zugewiesen, das Publikum wurde davor bewahrt, größere Summen in dem zu schweren und unbequemen Silbergelde annehmen zu müssen. Der Beschränkung der Zahlungskraft der Silbermünzen lag ferner der Gedanke zugrunde, welcher schon die Beschränkung der Zahlungskraft des gemünzten Silbergeldes im Jahre 1774 veranlaßt hatte, daß nämlich nur ein Geld, das seinen vollen Wert in sich selbt, in seinem Stoffe trägt, ohne jede Beschränkung gesetzliches Zahlungsmittel sein dürfe, daß man umgekehrt die Zahlungsempfänger vor dem Zwange, größere Beträge in unterwertigen Münzen anzunehmen, sicher stellen müsse.

Auf der beschränkten Zahlungskraft ruht der Begriff der modernen Scheidemünze. Während wir das Geld mit voller gesetzlicher Zahlungskraft als Kurantgeld bezeichnen, nennen wir Scheidemünzen diejenigen Geldsorten, deren gesetzliche Zahlungskraft auf gewisse Maximalbeträge beschränkt ist.

Das gesamte Silbergeld wurde also in der englischen Geldverfassung denselben Grundsätzen unterworfen, nach denen vorher schon das ganz kleine Geld behandelt worden war.

Die im Jahre 1816 geschaffene englische Geldverfassung heißt Goldwährung, weil das allein frei ausgeprägte Gold in einem festen Wertverhältnis zu dem Gelde steht und die Goldmünzen allein Kurantgeld sind, während das Silber nur zur Ausprägung von Scheidemünzen und in dem Umfange verwendet wird, wie es der Bedarf des Verkehrs an Geldstücken von geringerem Werte, die in Gold nicht dargestellt werden können, erfordert.

Das System erscheint etwas künstlich und kompliziert, und es hat in der Tat eine starke und aufgeklärte Staatsgewalt und eine weit vorgeschrittene Gesetzgebung zur Voraussetzung. Eine Anzahl der Schriftsteller, die später die Goldwährung bekämpft haben und für die Doppelwährung eingetreten sind, haben daraus die Behauptung hergeleitet, das ganze System der Goldwährung sei am grünen Tische künstlich ausgedacht worden, die Goldwährung sei nichts als das Produkt eines theoretischen Doktrinarismus, und sie sei vermittelst eines gänzlich ungerechtfertigten Willküraktes an die Stelle der wohlbewährten Doppelwährung oder Silberwährung gesetzt worden.

In Wirklichkeit hat es sich gerade umgekehrt verhalten. Die englische Doppelwährung hatte von selbst zu einem Zustande geführt, der in tatsächlicher Beziehung der Goldwährung entsprach: zu einem fast ausschließlichen Goldumlaufe mit einem den Bedürfnissen des Verkehrs knapp genügenden, durch Abnutzung unterwertig gewordenen Silberumlaufe; erst aus diesem tatsächlichen Zustande ist die Goldwährungstheorie hervorgegangen.

Wenn man die geschilderte Entwicklung in ihrer Gesamtheit überblickt, so ergibt sich:

Die Goldwährung entstand aus dem Streben nach einem einheitlichen Geldsystem, innerhalb dessen beide Edelmetalle in einer ihren besonderen Eigenschaften entsprechenden Weise gleichzeitig im Umlauf sind; und zwar entstand die Goldwährung aus diesem Bestreben, nachdem die Erreichung des Zieles auf dem Wege der Doppelwährung sich aufgrund der Erfahrungen von Jahrhunderten als unmöglich herausgestellt hatte. Alle Versuche, auf dem Wege der bloßen Tarifierung von Gold- und Silbermünzen die Schwankungen im Wertverhältnis der Rohmetalle Gold und Silber zu bewältigen, waren immer und immer wieder vergeblich gewesen, und deshalb war es nicht gelungen, auf diesem Wege Gold- und Silbermünzen zu einem geschlossenen Systeme zu vereinigen. Diese vergeblichen Versuche haben schließlich mit elementarer Notwendigkeit dazu gedrängt, das Geldwesen auf dem den Bedürfnissen des Verkehrs einer entwickelten Volkswirtschaft besser entsprechenden Golde allein aufzubauen, die Silbermünzen von ihrem Metallwerte bewußt unabhängig zu machen und sie in das einheitliche

System als ein Geld zweiter Ordnung, als ein Hilfsgeld und als bloße Scheidemünze einzufügen[1]).

§ 7. Die Papierwährung.

Das Verhältnis des Geldes zu dem Geldstoffe hat im Laufe der bisher geschilderten Entwicklung folgende Wandlungen erfahren.

Geld und Geldstoff traten sich erst von der Erfindung der Münze an als etwas Verschiedenes gegenüber. Das gemünzte Metall begann, ausschließlich als das Geld zu erscheinen, das rohe Metall hörte auf, mehr zu sein als ein bloßer Geldstoff. Die Verschiedenheit war ursprünglich nur eine rein äußerliche; denn anfangs war die Münzform nur als eine autoritative Beglaubigung einer bestimmten Edelmetallquantität gedacht. Aber bald wurde das gemünzte Geld wirtschaftlich und rechtlich eine selbständige, von dem Geldmetall unterschiedene Kategorie. Der Wert des gemünzten Geldes wurde eine selbständige wirtschaftliche Größe, und das Geld bestand bei allen Veränderungen seines gesetzlichen und tatsächlichen Metallgehaltes und bei allen sich daraus ergebenden Veränderungen seines Wertverhältnisses zu der Gewichtseinheit des Rohmetalls als eine rechtlich identische Größe fort. Aber auch in diesem Zustande war der tatsächliche (wenn auch schwankende) Metallgehalt im großen Ganzen und auf die Dauer immer noch bestimmend für den Wert der einzelnen Münzsorten im Verhältnis sowohl unter sich wie auch zu dem Prägemetall.

Die Befreiung einer großen Kategorie von Münzen von der Gebundenheit an den Wert ihres Stoffes trat im weiteren Verlaufe der Entwicklung als eine grundsätzliche Notwendigkeit hervor, als es sich um die Zusammenfassung der aus verschiedenen Metallen bestehenden Geldsorten zu einem einheitlichen Geldsysteme handelte. Da eine Festlegung des Wertverhältnisses zwischen den beiden wichtigen Geldmetallen nicht gelang, war ein einheitlicher Geldwert bei verschiedenen Geldsorten nur zu erlangen dadurch, daß man den Wert der Münzen des einen Metalls von dem Werte ihres Stoffes unabhängig machte und ihn — statt zu dem eignen Stoffe — in Beziehung setzte zu den Münzen des anderen Metalls. Die Lösung des Problems ist in der im vorigen Kapitel geschilderten Weise gelungen in der modernen Goldwährung. Die zu einem Goldwährungssysteme gehörigen Silbermünzen leiten ihren Wert nicht ab von ihrem Silbergehalte, sondern von den die Grundlage des Geldsystems bildenden Goldmünzen und kommen damit indirekt in eine Wertbeziehung zu einem bestimmten Quantum Gold; der Wert der Silbermünzen steht bei der Goldwährung nicht mehr in Beziehung zu dem Stoffe, aus dem sie bestehen, sondern zu einem anderen Stoffe, zu dem sie keinerlei äußerliches Verhältnis haben. Bei den Silbermünzen innerhalb einer Goldwährung ist also die vollständige Trennung von „Stoffwert" und „Geldwert" der Münzen vollzogen.

---

[1]) Gegenüber dieser geradezu zwingenden Logik der Bedürfnisse und Tatsachen, aus der die Goldwährung entstanden ist, läßt sich die Knappsche Auffassung, England sei gewissermaßen durch einen Zufall zur Goldwährung gekommen und die anderen Länder seien nur aus dem Bedürfnisse einer Währungsgleichheit mit England gefolgt (a. a. O. S. 266), nicht aufrecht erhalten.

Aber diese Trennung ist keine vollständige in Hinsicht auf die Wertbeziehungen zwischen dem gesamten Gelde einerseits und dem Geldmetalle andererseits. Die Trennung ist nur vorhanden bei einem Teile des Geldes, bei den Silbermünzen und den kleineren Scheidemünzen aus unedlem Metall, während die Goldmünzen, welche die Grundlage des Systems darstellen, mit dem Werte ihres Goldgehaltes in Verbindung bleiben. Da der Wert der Geldeinheit bei dieser Währungsverfassung sich von den Goldmünzen ableitet, bleibt zwischen dem Gelde und dem Metalle Gold immer noch das engste Verhältnis bestehen: Der Wert des Geldes schlechthin, einerlei aus welchem Metall die konkreten Münzen bestehen, ist verknüpft mit dem Werte eines bestimmten Stoffes, dem Werte des Goldes. Insofern ist mithin bei der Goldwährung das Band zwischen dem Gelde und der übrigen Güterwelt, soweit die Wertbeziehungen in Betracht kommen, noch nicht zerschnitten.

Im Laufe der Entwicklung der neueren Zeit sind jedoch Währungssysteme entstanden, bei welchen jede derartige Verbindung zwischen dem Werte des Geldes und dem Werte eines anderen Wertgegenstandes fehlt, Systeme, bei denen der Wert des Geldes von der ganzen übrigen Güterwelt unabhängig ist und sich nach eignen Gesetzen bewegt.

Bereits im Altertum und Mittelalter kamen Versuche vor, das seinen Wert im Stoffe tragende Metallgeld zu ergänzen oder zu ersetzen durch ein seinem Stoffe nach wertloses Zeichengeld. Nachdem sich infolge der Erfindung der Münze das Geld begrifflich als eine selbständige Güterkategorie, deren Herstellung in der Hand des Staates lag, entwickelt hatte, führte dieselbe hohe Bewertung der staatlichen Tätigkeit bei der Schaffung von Geld und dieselbe Geringschätzung des stofflichen Wertes der Münzen, welche die Münzverschlechterungen veranlaßt hatten, zu Versuchen, stofflich gänzlich wertlosen, aber mit einem bestimmten staatlichen Zeichen versehenen Stücken kraft staatlicher Autorität den Charakter als Geld beizulegen und ihnen in der Eigenschaft als Geld eine bestimmte Geltung in dem vorher bestehenden Gelde zu verleihen, woraus sich von selbst ein entsprechender Wert gegenüber den übrigen wirtschaftlichen Gütern ergeben sollte. In der neueren Zeit ist das Papier der Stoff geworden, aus welchem solches Geld ausschließlich hergestellt wird.

Es waren namentlich die Geldbedürfnisse des Staates, die ebenso wie zu Münzverschlechterungen, so auch zur Ausgabe von papiernen Geldzeichen führten. Wie bei der Ausprägung geringhaltiger Münzen wurde auch bei der Ausgabe solcher Geldzeichen erstrebt, sie auf der ihnen beigelegten, in dem bisherigen Gelde ausgedrückten Geltung zu erhalten. Das wirksamste Mittel zu diesem Zwecke ist das Versprechen, die papiernen Geldzeichen auf Verlangen zu ihrem Nennwerte in dem bisherigen Gelde, zumeist also in vollwertigem Metallgelde, einzulösen. Diese Einlösung war von vornherein gegeben bei den von Privaten und von Banken ausgegebenen papiernen Geldzeichen, die ihrem Ursprunge nach nicht auf der staatlichen Befugnis, Zahlungsmittel zu schaffen, beruhten, sondern darauf, daß sie Zahlungsversprechen von als zahlungsfähig bekannten Privatpersonen und Instituten waren. Diese privaten

Kreditpapiere haben sich zu den Banknoten im modernen Sinne entwickelt.

Solange die Einlösbarkeit nicht ein toter Buchstabe ist, sondern wirklich aufrecht erhalten wird, kann sich der Wert des vom Staate ausgegebenen Papiergeldes und der von Privaten ausgegebenen Banknoten nicht von dem ihnen beigelegten Werte in vollwertigem Metallgelde entfernen; der Wert der papiernen Geldzeichen bleibt damit mittelbar in fester Verbindung mit dem Werte eines bestimmten Quantums des dem Währungssystem zugrunde liegenden Metalls.

In zahlreichen Fällen ist jedoch diese Stütze für den Wert der papiernen Geldzeichen in Wegfall gekommen. An Stelle der Einlösbarkeit ist häufig sowohl bei staatlichem Papiergelde als auch bei Banknoten der „Zwangskurs" getreten, d. h. das staatliche Gebot, die vom Staate selbst oder von einer Bank ausgegebenen Zettel zu dem ihnen beigelegten Nennwerte ohne Rücksicht auf ihre Einlösbarkeit oder Uneinlösbarkeit in Zahlung zu nehmen.

Mit dem Wegfall der Einlösbarkeit hörten die Zettel auf, Forderungen auf Metallgeld zu sein, sie wurden zu einem selbständigen Gelde; sie hörten auf, in ihrem Wert von dem ursprünglich geschuldeten Metallgelde fest bestimmt zu werden, unterlagen vielmehr einer selbständigen Wertbildung, die sich von dem Werte des ursprünglichen Metallgeldes entfernte, aber doch nur in seltenen Fällen zu einer gänzlichen Entwertung, entsprechend dem wertlosen Stoffe dieses Geldes, hinführte.

Sobald jedermann verpflichtet ist, uneinlösbares Papiergeld zu der ihm beigelegten Geltung in Zahlung zu nehmen, wird das Papiergeld entscheidend für die Wertbewegung des Landesgeldes. Wer in effektivem Metallgelde bezahlt werden will, muß sich eventuell dazu verstehen, dieses zu einem höheren Kurse, als seinem Nennwerte entspricht, in Zahlung zu nehmen. Der Wert der Rechnungseinheit entfernt sich von dem Werte des ihr ursprünglich entsprechenden Metallquantums im Verhältnis zu dem Aufgelde, das für Metallgeld gezahlt wird oder im Verhältnis zu der Steigerung des in Papiergeld ausgedrückten Preises des ursprünglichen Währungsmetalls. Das ursprüngliche Edelmetallgeld erscheint als Ware, deren schwankender Preis in dem eigentlichen Umlaufsmittel des Landes, dem uneinlösbaren Papiergelde, ausgedrückt wird. Einen solchen Zustand des Geldwesens, dessen charakteristisches Merkmal in der Loslösung der Rechnungseinheit von ihrem ursprünglichen metallischen Aequivalente besteht, nennt man Papierwährung.

Die ersten Beispiele von Papiergeldwirtschaft zeigen in ihrem Verlaufe eine unaufhaltsame und starke Entwertung des ausgegebenen Papiergeldes gegenüber dem ursprünglichen Metallgelde. Sie zeigen fast durchweg den Charakter sich rasch entwickelnder Krisen des Geldwesens, die schließlich in einer außerordentlichen oder gar völligen Entwertung des Papiergeldes ihr Ende finden.

Die erste Papiergeldwirtschaft in großem Stil entstand im Jahre 1720 in Frankreich im Gefolge der Lawschen Unternehmungen. Die von Law gegründete Bank gab Noten aus, die den Charakter als gesetzliches Zahlungsmittel erhielten und deren Betrag mit dem Umfange der von der Bank betriebenen Unternehmungen und des von ihr künstlich geförderten Börsenspiels schließlich nahezu die Höhe von 3 Milliarden Livres erreichte. Der Zusammenbruch des ganzen Systems führte zu einer starken Entwertung und schließlich zu völliger Beseitigung des Papiergeldes.

Aehnlich verlief die zweite französische Papiergeldperiode zur Zeit der Revolution. Die Nationalversammlung beschloß im Jahre 1789, Domänen zu veräußern und den zu erwartenden Erlös bereits im voraus durch die Ausgabe von „Assignaten" nutzbar zu machen. Ursprünglich waren diese Assignate verzinsliche Staatsobligationen, die auf je 10 000 Livres lauteten, später (1790) wurde die Verzinslichkeit aufgehoben und den Assignaten wurde Zwangskurs verliehen; sie wurden also ein richtiges Papiergeld, dessen kleinstes Stück allmählich bis auf 3 Livres herabgesetzt wurde. Die Ausgabe dieses Papiergeldes nahm für die damalige Zeit ungeheure Dimensionen an und erreichte Ende 1796 den Betrag von 45 $\frac{1}{2}$ Milliarden Livres. Ihr Kurs in dem ursprünglichen Metallgelde sank im gleichen Verhältnis und betrug im Jahre 1796 nur noch etwa $\frac{1}{3}$ Prozent ihres ursprünglichen Metallgeldäquivalentes; schließlich sind sie trotz aller auf eine Steigerung ihres Kurses hinzielenden Gewaltmaßregeln einer gänzlichen Entwertung verfallen.

In Nordamerika gaben während des Unabhängigkeitskrieges die Kolonien zur Beschaffung der Mittel für die Kriegführung Papiergeld aus, das sog. „Kontinentalgeld". Dieses Papiergeld unterlag binnen weniger Jahre einer starken Entwertung und wurde im Jahre 1781 zu $\frac{1}{20}$ seines Nennwertes gegen verzinsliche Zertifikate ausgetauscht.

Die Beispiele solcher Art ließen sich beträchtlich vermehren. Allen ist gemeinsam, daß die Papierwirtschaft wie eine akute Krankheit erscheint, die in der völligen Entwertung des Papiergeldes oder in seiner Beseitigung zu einem geringen Bruchteil des ihm beigelegten Nennwertes (Devalvation) ihr Ende findet. Sowohl der öffentliche Kredit als auch die Macht des Staates über das Geldwesen waren noch nicht hinreichend entwickelt, um ein Papiergeld längere Zeit ohne eine allzustarke Entwertung im Umlaufe zu erhalten, es schließlich wieder auf den Gleichwert mit dem ursprünglichen Metallgelde zu bringen und es zu diesem Werte wieder durch Metallgeld zu ersetzen. —

Die Erscheinung, daß Länder während längerer Perioden in der Papiergeldwirtschaft bleiben und sich des Papiergeldes als eines leidlichen Ersatzes für das Metallgeld bedienen, ja daß sie in gewisser Weise ihren Papiergeldumlauf systematisch regulieren, ist neueren Datums.

Die erste moderne Papierwährung in diesem Sinne war vorhanden in England von 1797 bis 1823; infolge der napoleonischen Kriege war die Bank von England von der Einlösung ihrer Noten entbunden und ihre Noten waren mit Zwangskurs ausgestattet worden. Anfänglich zeigte sich kein merklicher Wertunterschied zwischen den Noten und dem Metallgelde. Von 1801 an begann jedoch ein Aufgeld auf Metallgeld in Erscheinung zu treten, das im Jahre 1810 bis auf 20 Prozent, 1813 und 1814 auf 30—40 Prozent stieg. Die im Jahre 1811 erlassenen Verbote, Goldmünzen zu einem höheren Nennwerte in Noten oder Noten zu einem niedrigen Werte in Goldmünzen anzunehmen, blieben ohne Wirkung. Die Goldmünzen verschwanden gänzlich aus dem Verkehr, und die Entfernung des Wertes der englischen Rechnungseinheit, des Pfundes Sterling, von seinem ursprünglichen Metalläquivalente zeigte sich in den erhöhten Preisen der Goldbarren. Nach der Wiederherstellung des Friedens ging das Goldagio rasch und erheblich zurück, d. h. der Wert des englischen Geldes näherte sich wieder seinem ursprünglichen Metalläquivalente. Im Jahre 1819 wurde die Wiederherstellung der Noteneinlösung für das Jahr 1823 angeordnet. Bereits vom Jahre 1821 an war das Goldaufgeld verschwunden; der Wert des Pfundes Sterling deckte sich wieder mit seinem Goldäquivalente, nachdem er sich von 1801 an in durchaus selbständigen Bewegungen unterhalb dieses Goldwertes gehalten hatte.

Hier hat also die Papiergeldwirtschaft nicht zu einer dauernden und völligen Entwertung der papiernen Geldzeichen geführt, es ist vielmehr durch Maßregeln der Bankpolitik und der staatlichen Finanzpolitik gelungen, dem Papiergelde trotz des Fehlens der Einlösbarkeit und trotz der Wertlosigkeit seines Stoffes stets noch einen Wert zu erhalten und es schließlich wieder auf die volle Parität mit dem Metallgelde zu bringen.

Aehnlich verlief die Entwicklung der Papierwährung in zahlreichen anderen modernen Staaten.

Wie England durch die napoleonischen Kriege, so sind die Vereinigten Staaten von Amerika in der ersten Hälfte der 60er Jahre des 19. Jahrhunderts durch den Bürgerkrieg in die Papiergeldwirtschaft geraten. Vom Jahre 1861 an wurde in steigenden Mengen Papiergeld in Umlauf gesetzt, das anfangs einlösbar war, bald aber (durch Gesetz vom 25. Februar 1862) durch nicht einlösbare Schatznoten ersetzt wurde, die den Charakter als gesetzliches Zahlungsmittel (ausgenommen für die Zollzahlung und für die Zahlung der Zinsen der Staatsanleihen) erhielten. Der in dem Gesetz von 1862 auf 150 Millionen Dollar fixierte Maximalbetrag für die Ausgabe dieses Papiergeldes wurde bei verschiedenen Gelegenheiten beträchtlich erhöht, zuletzt durch ein Gesetz vom 30. Juli 1864 bis auf 450 Millionen Dollar.

Bereits im Jahre 1861 begann das Papiergeld sich gegenüber dem ursprünglichen Metallgelde zu entwerten. Es stellte sich ein Goldagio ein, das mit der Vermehrung des Papiergeldumlaufs rapid stieg und im Juli 1864 mit 185 Prozent seinen Höhepunkt erreichte. Das entwertete Papiergeld erfüllte immer mehr die ganze Zirkulation und verdrängte selbst die kleinen Scheidemünzen aus dem Verkehr.

Nach der Beendigung des Bürgerkrieges wurden Maßregeln in Angriff genommen, die den Umfang des Papierumlaufs allmählich vermindern und das Geldwesen wieder auf seinen ursprünglichen Zustand zurückführen sollten. Wenn auch die völlige Beseitigung des Papiergeldes an dem Widerstande mächtiger Interessengruppen scheiterte (es sind schließlich noch nahezu 350 Millionen Dollar Papiergeld im Umlauf geblieben), so gelang es doch, das Papiergeld einlösbar zu machen (von 1879 an) und die Einlösbarkeit fortan aufrecht zu erhalten. Von der Mitte des Jahres 1864 an ist eine weitere Entwertung des Papiergeldes nicht mehr eingetreten, vielmehr zeigte das Goldagio einen wesentlichen Rückgang; es betrug um die Mitte des Jahres 1865 nicht mehr ganz 50 Prozent und ist in den folgenden Jahren bis zur Aufnahme der Barzahlungen im Jahre 1879 allmählich ganz verschwunden.

Auch hier ist also trotz einer anfänglich sehr heftigen Erschütterung des Geldwesens eine systematische Regulierung des Papierumlaufs, eine Verhinderung der gänzlichen Entwertung des Papiergeldes und schließlich sogar die Wiederherstellung der Einlösbarkeit und damit auch der Metallgeldparität des Papiergeldes gelungen.

Aehnliche Papiergeldperioden von kürzerer Dauer machte Frankreich durch, von 1848 bis 1850 infolge der Februarrevolution und von 1870 bis 1877 infolge des Krieges mit Deutschland. In beiden Fällen wurde die Bank von Frankreich zur Einstellung der Noteneinlösung ermächtigt. Die Abweichung der Noten von der metallischen Währungsgrundlage war nur gering; das Aufgeld der Goldmünzen betrug 1848 im Maximum 12 Prozent, 1871 nur 2,4 Prozent.

Preußen hatte uneinlösbares Papiergeld mit Zwangskurs von 1806 bis 1824. Dieses unterschied sich in mehrfacher Beziehung von demjenigen Englands, Frankreichs und der meisten anderen Staaten; zunächst dadurch, daß dieses Papiergeld, die sog. Tresorscheine, nicht in ursprünglich von einer Bank ausgegebenen Noten bestand, deren Einlösung aufgehoben wurde, sondern daß es von vornherein vom Staate selbst als Papiergeld emittiert wurde; ferner dadurch, daß ihm nicht nur Zwangskurs verliehen wurde, sondern daß auch ein Zwang, bestimmte Teile der an die königlichen Kassen zu leistenden Zahlungen in diesen Scheinen zu zahlen, bestand; der Zwangskurs selbst war zeitweise (Oktober 1806 bis Oktober 1807) suspendiert und lediglich durch den Zahlungszwang an die öffentlichen Kassen ersetzt, zeitweise (Oktober 1807 bis Februar 1809) hatten die Tresorscheine Zwangskurs, aber nicht zu ihrem Nennwerte, sondern zu ihrem Kurswerte, und das sowohl für die öffentlichen Kassen als auch im Privatverkehr. Die Entwertung dieser Tresorscheine betrug in der schlimmsten Zeit (Juni 1813) 76 Prozent. Im Jahre 1815 wurde die Parität mit dem Metallgelde wieder nahezu erreicht. Eine Kabinettsorder vom 21. Dezember 1824 ordnete ihre Ersetzung durch Kassenanweisungen an.

Fast in allen Staaten haben Kriege, Revolutionen und ähnliche Ereignisse, die große Geldbedürfnisse zur Folge hatten, zu solchen Papiergeldperioden geführt. In den geschilderten Fällen gelang die Wiederherstellung der metallischen Währung im Laufe von verhältnismäßig kurzer Zeit. Anders gestaltete sich der Verlauf, wenn die Finanzkraft des Staates nicht stark genug war, um die einmal verlorene metallische Währung wiederherzustellen, einerlei ob es sich darum handelte, das vom Staate selbst ausgegebene Papiergeld wieder durch vollwertiges Metallgeld zu ersetzen, oder darum, der Zentralbank durch Zurückzahlung der dem Staate geleisteten baren Vorschüsse die Wiederaufnahme der Noteneinlösung zu ermöglichen. In solchen Ländern bildete sich die Papierwährung zu einer dauernden Einrichtung aus; sie verlor den Charakter des Ungewöhnlichen, und da ihre baldige

Beseitigung nicht zu erwarten stand, begann die Verkehrswelt, sich mit ihr abzufinden und sich auf ihrer Grundlage einzurichten.

Abgesehen von einer Reihe kleinerer Staaten in Europa und Amerika, die in der Hauptsache durch finanzielle Mißwirtschaft in die Papierwährung geraten sind, beobachten wir vor dem Weltkrieg solche länger dauernden Papierwährungen namentlich in Rußland und Oesterreich.

R u ß l a n d hatte vom Ende des 18. Jahrhunderts an Papierwährung bis zum Jahre 1899, mit einer kurzen Unterbrechung von 1843—1854. Der erste Abschnitt dieser Papiergeldperiode endete mit einer beträchtlichen Entwertung des Papierrubels gegen den ursprünglichen Silberrubel. Im Jahre 1843 wurden die alten uneinlösbaren Rubelassignate gegen ein neues Papiergeld, die einlösbaren Reichskreditbillets, eingelöst, und zwar mit der Maßgabe, daß für je 350 Rubel in Assignaten 100 Rubel in Kreditbillets gegeben wurden. Solange die Kreditbillets einlösbar waren, bestand wieder eine Silberwährung. Aber infolge des Krimkrieges mußte im Jahre 1854 die Einlösung eingestellt werden, und die zweite Periode der russischen Papierwährung begann mit der Entstehung eines neuen Aufgeldes auf den Silberrubel. Daß vom Jahre 1860 an die Kreditbillets als Noten der staatlichen russischen Reichsbank erschienen, brachte keine materielle Aenderung. Das Aufgeld des Silberrubels stieg allmählich auf etwa 30 Prozent, bis der russisch-türkische Krieg im Jahre 1877 mit einer starken Vermehrung der Papiergeldausgabe eine weitere heftige Steigerung des Agios herbeiführte. Der Kurs des Papierrubels bewegte sich von nun an in großen Schwankungen, die, nachdem das Silber in den wichtigsten Kulturstaaten demonetisiert und seine Prägung auch in Rußland eingestellt worden war (1876), nicht mehr an dem ursprünglichen Währungsgeld, dem Silberrubel, gemessen wurden, sondern an den ausländischen Goldwährungen, namentlich an der deutschen Reichswährung. Der Berliner Rubelkurs erreichte in jener Periode seinen tiefsten Stand mit 164 Mark pro 100 Rubel im Jahre 1887, seinen höchsten Stand mit 265 Mark im Jahre 1890. Vom Jahre 1894 an gelang es den geschickten Operationen des russischen Finanzministeriums, in Vorbereitung der Einführung der Goldwährung den Berliner Rubelkurs auf etwa 220 Mark zu befestigen. Die im Jahre 1899 formell vollendete Goldwährung entspricht einem Rubelkurse von 216 Mark.

O esterreich hatte bereits während der französischen Revolutionskriege im Jahre 1793 seine Zuflucht zur Papiergeldwirtschaft genommen, die in ihrem Verlaufe zu einer sehr erheblichen Entwertung des Geldes führte. Die für uneinlösbar erklärten Noten der Wiener Stadtbank hatten im Jahre 1811 nur noch $\frac{1}{8}$ ihres ursprünglichen Metallwertes. Ihre Ersetzung durch ein neues Papiergeld hatte keinen Erfolg. Erst der im Jahre 1816 gegründeten Nationalbank gelang es, wieder geordnete Geldverhältnisse herzustellen. Die Unruhen des Jahres 1848 führten zur Einstellung ihrer Noteneinlösung; damit begann eine neue Periode der Papierwährung. Neben den uneinlösbaren Banknoten wurde uneinlösbares Staatspapiergeld ausgegeben. Die Versuche zur Wiederherstellung der Barzahlungen, die 1853, 1858 und 1866 gemacht wurden, scheiterten im ersten Falle an der beim Ausbruche des Krimkrieges notwendig gewordenen Mobilmachung, im zweiten Falle am Ausbruche des Krieges mit Italien, im dritten Falle an dem Kriege mit Preußen. Der Geldbedarf des Staates wurde durch diese Ereignisse stets im entscheidenden Momente so stark erhöht, daß die Wiederherstellung der Silberwährung aufgegeben werden mußte. Das Aufgeld auf Silbergeld stieg 1850 bis auf 50 Prozent, 1859 bis auf 53 Prozent. Vom Beginne der 70er Jahre an, während der Entwertung des Silbers, hielt sich der Wert des österreichischen Papiergeldes verhältnismäßig stabil gegenüber den ausländischen Goldwährungen; das Silberagio sank immer mehr, bis es schließlich ganz verschwand. Ebenso wie für Rußland war jedoch auch für Oesterreich ein festes Wertverhältnis zwischen seinem Gelde und dem Silber, dem ursprünglichen Währungsmetalle, gleichgültig geworden; wichtig war dagegen die Befestigung des österreichischen Geldwertes gegenüber dem Geldwerte der ausländischen Goldwährungen. Oesterreich kehrte sich deshalb durch Einstellung der freien Silberprägung vom Silber ab und begann Vorbereitungen zu treffen, sein Geldwesen auf dem Boden der Goldwährung wiederherzustellen. Das Gesetz von 1892 gab der neuen Münzeinheit, der Krone (= $\frac{1}{2}$ Gulden), einen Goldwert von ungefähr 85 Pfennigen. Da die formelle Aufnahme der Goldeinlösung der Noten der Oesterreich-Ungarischen Bank immer wieder hinausgeschoben wurde, war der Kurs des österreichischen Geldes auch in den ersten Jahren nach 1892 zeitweise um einige Prozente unter diesen Wert herabgegangen; im großen Ganzen jedoch hat es sich bis zum Ausbruch des Weltkrieges als möglich gezeigt, das österreichische Geld auf der ihm durch die neuen Währungsgesetze beigelegten Goldparität zu erhalten.

Wir haben es in den zuletzt geschilderten Fällen mit einem Papiergelde zu tun, dessen Wert sich zwar von demjenigen seines ursprünglichen Metalläquivalents entfernt, das aber nicht einer raschen und schließlich vollständigen Entwertung unterliegt, sondern sich viele Jahrzehnte hindurch — zwar mit großen Schwankungen im einzelnen, aber doch mit einer gewissen Wertstabilität im ganzen — im Umlauf erhält.

Der Weltkrieg hat eine neue Aera der Papierwährung eröffnet, deren Erscheinungen im einzelnen an anderer Stelle dieses Buches dargestellt werden sollen. An tatsächlicher Bedeutung überragen diese Erscheinungen alle früher dagewesenen Perioden der Papiergeldwirtschaft; schon dadurch, daß alle am Kriege beteiligten Staaten außer den Vereinigten Staaten von Amerika, außerdem auch eine Anzahl neutraler Staatswesen sich zur Einstellung oder wenigstens Einschränkung der Einlösung ihres Papiergeldes in Metallgeld veranlaßt gesehen haben; ferner dadurch, daß die Ausgabe von Papiergeld in den einzelnen Staaten einen nie gekannten oder auch nur geahnten Umfang angenommen hat; schließlich dadurch, daß in einigen der durch den Krieg, innere Wirren und die Friedensbedingungen am schwersten getroffenen Staaten das Geld gegenüber seinem ursprünglichen Metalläquivalent eine geradezu phantastische Entwertung erfahren hat. Es genüge hier der Hinweis, daß die deutsche Papiermark gegenwärtig (Ende Januar 1923) nur noch den Wert von $^1/_{10\,000}$ ihres ursprünglichen Goldwertes hat, während die Entwertung des russischen Rubels sich überhaupt kaum mehr beziffern läßt.

Grundsätzlich Neues jedoch hat diese neue Papiergeldperiode nicht gebracht. Sie hat lediglich die bisherigen Erkenntnisse vom Wesen der Papierwährung bestätigt. Die Bewegungen des Geldwertes werden hier weder durch den an sich wertlosen Stoff, noch durch das ursprüngliche Metalläquivalent des Geldes, noch durch irgendeinen anderen Wertgegenstand bestimmt; das Geld ist hier nicht nur dem Begriffe nach, sondern auch in seiner Wertbewegung durchaus unterschieden und unabhängig von allen übrigen Güterkategorien.

§ 8. Metallische Währungen mit gesperrter Prägung.

Eine ähnliche Erscheinung auf dem Gebiete des modernen Geldwesens wie die Papierwährung ist die metallische Währung mit gesperrter Prägung des Währungsmetalls. Bereits im System der Goldwährung haben wir Münzen aus Silber kennen gelernt, denen aufgrund der beschränkten Prägung ein ihren Stoffwert überschreitender Wert, der sich vom Goldgelde ableitet und dadurch mit dem Metalle Gold in Beziehung gesetzt ist, beigelegt ist. Es ist nun im Laufe der neueren Entwicklung des Geldwesens in verschiedenen Fällen vorgekommen, daß die Ausprägung von Silber, das die Grundlage der Währung darstellte, eingeschränkt oder gänzlich gesperrt worden ist, ohne daß gleichzeitig Goldmünzen eingeführt, deren Prägung freigegeben und die Silbermünzen in den Goldmünzen tarifiert worden wären. In diesen Fällen trat, wie wir an den einzelnen Beispielen sehen werden, das Umgekehrte ein, wie bei der Einstellung der Einlösung von Banknoten und Papiergeld. Wenn die Uneinlösbarkeit von Papiergeld, das gesetzlichen Kurs erhält, verfügt wird, ist die Möglichkeit gegeben, daß der Wert des Landesgeldes u n t e r das der Rechnungseinheit ursprünglich zugrunde gelegte Metalläquivalent herabsinkt, weil man keinen Anspruch und keine Sicherheit mehr hat, für das Papiergeld den gleichen Nennbetrag in vollwertigem Metallgelde zu erhalten. Wenn dagegen die Prägung des ursprünglichen Währungsmetalls eingestellt wird, dann ist die Möglichkeit gegeben, daß sich der Wert des Landesgeldes ü b e r das der Rechnungseinheit ursprünglich zugrunde gelegte Metalläquivalent erhebt, weil kein Anspruch und keine Sicherheit mehr besteht, gegen das ungeprägte Metall das gleiche Gewicht (ev. nach Abzug der geringfügigen Prägekosten) in geprägtem Gelde zu erhalten.

Zum erstenmal trat diese Möglichkeit in bemerkenswerter und vielbemerkter Weise ein, als die Niederlande im Jahre 1873 die freie Silberprägung einstellten, ohne für die Reform ihres Geldwesens irgend einen weiteren Schritt zu tun. Damit war die bisher bestehende feste Beziehung zwischen dem Silberwerte und dem Werte des niederländischen Geldes durchbrochen; der Wert des geprägten holländischen Silbergeldes vermochte über den Wert des in ihm enthaltenen Silberquantums hinaus zu steigen, denn die Nachfrage nach niederländischen

Zahlungsmitteln konnte nun nicht mehr durch die Ausprägung von Barrensilber befriedigt werden. Eine solche Steigerung trat in der Tat in dem Maße ein, daß, während das Silber im Verhältnis zum Gold eine Entwertung erfuhr, das geprägte holländische Silbergeld gegenüber dem Goldgelde der Goldwährungsländer eine beträchtliche Wertsteigerung aufwies. Während bis zum Anfang des Jahres 1875 der Silberpreis in London bis auf etwa $57\frac{1}{2}$ d hinabging, stieg der Kurs des niederländischen gegenüber dem des englischen Geldes soweit, daß 1 Pfd. Sterl. statt — wie früher — 12 Gulden nur noch 11,6 Gulden notierte. Darin kam die Tatsache in Erscheinung, daß der Wert des holländischen Guldens um etwa 10 Prozent über den Wert seines Silbergehaltes hinaus gestiegen war. Der Wert des Silbers war nur noch eine untere Grenze für den Wert des holländischen Geldes, der holländische Gulden konnte in seinem Werte nicht unter seinen Silbergehalt herabgehen, aber nach oben hin konnte er unbegrenzt steigen.

Diesem Zustande wurde im Jahre 1875 ein Ende gemacht durch die Einführung einer frei ausprägbaren Goldmünze, des Zehnguldenstücks, das gesetzliche Zahlungskraft zu seinem Nennwerte erhielt. Ein Zehnguldenstück enthält 6,72 g Münzgold von $^9/_{10}$ Feinheit; aus dem Kilogramm Feingold werden 1653,43 Gulden geprägt, und da für das Kilogramm 5 Gulden Prägegebühr berechnet werden, kann man jederzeit für ein Kilogramm Feingold 1648,43 Gulden erhalten. Unter diesen Preis in niederländischem Gelde kann das Gold nie sinken, und mithin kann sich der Wert des niederländischen Geldes niemals über das diesem Preise entsprechende Goldäquivalent erheben. Solange der Metallwert des Silberguldens ein geringerer ist, als das Goldäquivalent des Goldguldens, und solange die niederländische Regierung nicht die Verpflichtung übernimmt, Silbergulden auf Verlangen in Goldgulden einzulösen, ist die Möglichkeit vorhanden, daß der Silbergulden den ihm beigelegten Goldwert nicht erreicht und daß ein Aufgeld auf Goldmünzen entsteht. Der Zustand würde dann mit einer Papierwährung Aehnlichkeit haben, jedoch mit dem Unterschiede, daß nicht eine grenzenlose Entwertung des niederländischen Geldes, sondern nur eine Entwertung bis auf den Silbergehalt des Silberguldens stattfinden könnte. In Wirklichkeit hat sich bis zum Weltkriege das holländische Geld stets auf seiner Goldparität gehalten.

Ein zweiter Fall dieser Art wurde geschaffen durch die Einstellung der indischen Silberprägung im Juni 1893. Von vornherein verfolgte diese Maßregel den Zweck, den Wert des indischen Geldes von dem sich fortgesetzt entwertenden Silber unabhängig zu machen und ihn in eine feste Beziehung zum Werte des englischen Goldgeldes zu bringen. Um das letztere Ziel zu erreichen, wurde gleichzeitig mit der Einstellung der freien Silberprägung verfügt, daß die indischen Münzstätten gegen Einlieferung englischer Goldmünzen indische Silberrupien verabfolgen sollten, und zwar 15 Rupien für den Sovereign, oder für je 16 d in englischem Goldgelde eine Rupie. Die Folge dieser Maßregeln war, daß sich der Wert der Rupie über den Wert ihres Silbergehaltes erheben konnte, aber nicht — wie der Wert des holländischen Silberguldens von 1873 bis 1875 — unbegrenzt, sondern nur bis zu dem Werte von 16 d englischer Währung, der seinerseits gegeben war durch ein bestimmtes Goldquantum. Der Wert des Silbergehaltes der Rupie in englischem Gelde ist bei einem Silberpreise von etwa 22 d pro Unze Standard Silber, dem niedrigsten Preise, der vor dem Weltkriege in London notiert wurde, etwa $8\frac{1}{8}$ d. Der Wert der Rupie in englischem Goldgelde kann sich mithin bei einem Silberpreis von 22 d zwischen $8\frac{1}{8}$ d und 16 d bewegen. Eine Erhöhung des Silberwertes gegenüber dem Goldwerte würde den Spielraum verengern, eine weitere Entwertung des Silbers würde ihn vergrößern.

Die tatsächliche Entwicklung des Rupienkurses war folgende:

Im ersten Jahre nach der Einstellung der freien Silberprägung trat ein beträchtlicher Preissturz des Silbers ein. Der Londoner Silberpreis ging bis auf 27 d in den ersten Monaten des Jahres 1894 zurück. Auch der Rupienkurs zeigte eine sinkende Tendenz, die jedoch in ihrer Stärke weit hinter derjenigen des Silbers zurückblieb. Der tiefste Kurs wurde erreicht mit 12,41 d im Januar 1895, während dem gleichzeitigen Silberpreise (27,2 d) ein Kurs von nur 10,1 d entsprochen hätte; selbst damals hielt sich mithin der Wert der geprägten Rupie um 23 Prozent über dem Werte ihres Silbergehaltes. Seither ist der Rupienkurs, unabhängig von den Schwankungen des Silberpreises, allmählich und mit geringen Unterbrechungen gestiegen; er erreichte Anfang 1896 14 d, stieg bis Ende 1897 auf $15\frac{1}{2}$ d und kam im Januar 1898 zum erstenmal auf der erstrebten Goldparität von 16 d an, auf der er sich seither mit geringen Abweichungen gehalten hat, bis die Steigerung des Silberpreises während des Weltkrieges und die gleichzeitige Entwertung des englischen Geldes gegenüber dem Golde zu neuen Störungen führte. Seit Anfang 1898 bestand mithin tatsächlich ein festes Wertverhältnis zwischen dem Golde und der Rupie, wobei allerdings die Möglichkeit vorlag, daß der Wert der Rupie sich nach unten von der neuen Goldparität wieder entfernte und sich dem Schmelzwerte der Silberrupie wieder näherte, aber auch die Möglichkeit, daß der Wert der Rupie sich bei einer Steigerung des Silberpreises über das ihr beigelegte Goldäquivalent von 16 d englischer Währung erhob.

Der dritte und interessanteste der hierher gehörenden Fälle ist das österreichische Geld von 1879 bis 1892.

Oesterreich hatte, wie bereits dargestellt, seit 1848 eine Papierwährung an Stelle der ursprünglichen Silberwährung. Der Wert des österreichischen Papierguldens blieb in den ersten Jahren der Silberentwertung verhältnismäßig stabil gegenüber dem Gelde der Goldwährungsländer, und das Silberagio sank immer mehr, bis es schließlich um die Wende der Jahre 1878 und 1879 gänzlich verschwand. Man hat diesen Vorgang „Selbstregulierung der österreichischen Valuta" genannt, weil ohne jede Maßregel des Staates oder der Oesterreichisch-Ungarischen Bank sich der Gleichwert zwischen dem uneinlösbaren Papiergelde und dem Silbergulden von selbst ergeben hatte.

Von dem Augenblicke an, wo der Gleichwert zwischen dem Papier- und dem Silbergulden wieder hergestellt war, konnte sich nun bei einer weiteren Entwertung des Silbers gegenüber dem Golde das österreichische Geld gegenüber dem Gelde der Goldwährungsländer nicht mehr, wie seither, nahezu stabil halten. Da infolge der freien Silberprägung jedermann für ein Pfund Feinsilber 45 Gulden erhalten konnte (nach Abzug von 1 Prozent Prägegebühr), konnte der Wert des Guldens nicht merklich über dem Wert von $^{1}/_{45}$ Pfund Silber stehen. Ging nun der Wert des Silbers gegenüber dem Golde weiter zurück, dann mußte notwendigerweise auch der Wert des österreichischen Silberguldens gegenüber dem Goldgelde des Auslandes zurückgehen. Der Papiergulden andererseits konnte nicht höher stehen als der Silbergulden, denn — ganz abgesehen davon, daß der Papiergulden ursprünglich nur eine Forderung auf Silbergulden darstellte — der Silbergulden war gesetzliches Zahlungsmittel, mit dem alle Zahlungsverpflichtungen ebensogut wie mit Papiergulden erfüllt werden konnten. In ihrer wirtschaftlichen und rechtlichen Verwendbarkeit als Geld innerhalb des österreichisch-ungarischen Staates standen sich beide Geldarten gleich; deshalb konnte der Papiergulden, der nur als Geld eine Verwendbarkeit hatte, niemals höher bewertet werden als der Silbergulden, während umgekehrt der Silbergulden, der außer seiner Verwendbarkeit als Geld auch eine Verwendbarkeit als Metall hatte, solange höher bewertet werden mußte als der Papiergulden, als sein stofflicher Metallgehalt in Oesterreich-Ungarn selbst einen höheren Preis erzielte als 1 Gulden österreichischer (Papier-) Währung[1]).

Die österreichische Regierung war nun nicht gewillt, den Geldumlauf des Landes mit dem sich zur Münze drängenden Silbergelde anfüllen zu lassen. Das früher so oft vergeblich angestrebte Ziel der Wiederherstellung eines Silberumlaufs hatte infolge der währungspolitischen Umwälzungen aufgehört, wünschenswert zu sein. Vor allem aber wollte man den Kurs des österreichischen Geldes in den Goldwährungsländern nicht durch den Rückgang des Silberpreises drücken lassen, und deshalb wurde in den ersten Monaten des Jahres 1879 auf dem Verordnungswege die freie Silberprägung aufgehoben.

Diese Maßregel schuf in Verbindung mit dem Fortbestehen der Uneinlösbarkeit des Papiergeldes einen ganz eigentümlichen Zustand. Bisher waren die Wertbewegungen des österreichischen Geldes nach unten hin unbegrenzt: da man keinen Anspruch hatte, für den stofflich wertlosen Papiergulden metallisches Geld zu erhalten, war die Möglichkeit einer unbegrenzten Entwertung des österreichischen Geldes gegeben. Diese Möglichkeit bestand auch 1879 weiter, da die Einlösbarkeit des Papiergeldes nicht wieder hergestellt wurde. Dagegen bestand bis 1879 für die Wertbewegungen des österreichischen Geldes nach oben hin eine Grenze an dem Schmelzwerte des Silberguldens. Durch die Aufhebung der freien Silberprägung war diese Grenze beseitigt, und der Wert des österreichischen Geldes konnte sich, wie der

---

[1]) Ein „Disagio“ des Silberguldens gegenüber dem Papiergulden, ebenso ein „Agio“ des Papierguldens gegenüber dem Silbergulden waren also in gleicher Weise ausgeschlossen.

Wert des niederländischen von 1873 bis 1875, unbegrenzt über sein Silberäquivalent erheben. Erst durch die Reformgesetze des Jahres 1892, welche eine Goldmünze mit gesetzlicher Zahlungskraft einführten, wurde dem österreichischen Geldwerte nach oben hin in dem Goldäquivalente der neuen Rechnungseinheit, der Krone, eine Grenze gezogen. Von 1879 bis 1892 dagegen konnte sich der Wert des österreichischen Geldes sowohl nach oben als auch nach unten hin ohne jede durch ein Edelmetall oder sonstiges Gut gegebene Grenze bewegen. Der tatsächliche Gang der Dinge war, daß sich der Wert des Guldens über dem immer mehr sinkenden Silberwerte hielt. Schon im Jahre 1879 war der Silbergehalt des Silberguldens nur noch 95,85 Kreuzer wert, und er ging weiter zurück bis auf 91,95 Kreuzer im Jahre 1886 und 84,69 Kreuzer im Jahre 1891.

§ 9. Die Bedeutung der von der metallischen Grundlage losgelösten Währungen in der Entwicklungsgeschichte des Geldes.

Sowohl die Papierwährung als auch die metallischen Währungen mit beschränkter Prägung unterscheiden sich darin von den übrigen Geldsystemen, daß bei ihnen die Wertbildung des Geldes eine vollständig oder doch innerhalb weiter Grenzen freie ist, während bei der Goldwährung der Wert des Geldes in einer festen Verbindung steht mit dem Werte des Metalles Gold, bei der Silberwährung mit dem Werte des Metalles Silber, bei der Doppelwährung mit dem Werte des in der gesetzlichen Relation zu günstig bewerteten Metalles und während bei der Parallelwährung zwei von einander unabhängige Geldsysteme, eines auf dem Golde, das andere auf dem Silber beruhend, nebeneinander hergehen. Bei allen diesen Systemen besteht eine Verknüpfung des Wertes des Geldes mit dem Werte eines bestimmten Metalles; der Geldwert der Hauptmünzen, von dem sich der Wert sämtlicher Geldarten des Systems ableitet, fällt mit ihrem Stoffwerte zusammen. Bei den Währungen mit gesperrter Prägung dagegen übersteigt der Wert des geprägten Geldes seinen Stoffwert oft beträchtlich; bei der Papierwährung ist das stets der Fall, solange das Papiergeld überhaupt noch einen Wert hat.

Es fragt sich, worauf bei diesen Währungen der Wert des Geldes beruht.

In unserer Wirtschaftsverfassung ist das Geld ein gänzlich unentbehrliches Verkehrswerkzeug. Fortgesetzt besteht eine gar nicht abzuschätzende Menge von Zahlungsverpflichtungen, die auf Geld lauten. Der Staat hat sich das Recht zu sichern gewußt, ausschließlich das Geld herzustellen, dessen der Verkehr bedarf, und Münzen und Papierscheine irgendwelcher Art zum gesetzlichen Zahlungsmittel für bestehende Geldschulden zu erklären. Wenn nun der Staat die Prägung des Währungsmetalls einstellt und damit eine Vermehrung der Umlaufsmittel verhindert, während gleichzeitig der Bedarf des inneren Verkehrs an Geld und die Nachfrage auf dem Weltmarkte nach

Zahlungsmitteln für das betreffende Land steigt, dann muß das darin zum Ausdrucke kommen, daß sich der Wert des geprägten Geldes über seinen Metallwert erhebt. Der Mehrwert des geprägten Geldes beruht darauf, daß in einem gegebenen Zustande der Wirtschaft und des Rechtes nur das geprägte Metall, nicht auch das ungeprägte Metall, die Funktionen als Geld erfüllen kann und daß der Staat sich weigert, auf Verlangen das Metall in geprägtes Geld zu verwandeln.

Auch der Wert des uneinlösbaren Papiergeldes beruht ausschließlich darauf, daß es vom Staate zum gesetzlichen Zahlungsmittel erklärt ist, daß es zur Erfüllung bestehender Schuldverpflichtungen und staatlich auferlegter Geldleistungen verwendet werden kann und daß es für die wirtschaftlich gänzlich unentbehrlichen Funktionen des Geldes staatlich privilegiert ist.

Der Wert beider Arten von Geld beruht mithin weder auf dem Werte ihres Stoffes an sich, noch darauf, daß sie etwa eine Forderung enthielten, sondern ausschließlich auf dem ihnen beigelegten Charakter als gesetzliches Zahlungsmittel.

In diesem Sinne stellen diese Geldarten, namentlich das uneinlösbare Papiergeld, einen Markstein in der Entwicklungsgeschichte des Geldes dar; sie bilden den entgegengesetzten Pol zu demjenigen, von welchem die Entwicklung des Geldes ausgegangen ist: Das Geld entstand damit, daß Güter, die ihre wesentliche Bestimmung im gewöhnlichen Gebrauche hatten, gelegentlich und nebenbei als Tauschmittel verwendet wurden. Die Funktionen als gewöhnliches Gebrauchsgut, z. B. als Schmuck, waren mit der Funktion als Tauschmittel in demselben Gegenstande vereinigt. Allmählich verengerte sich der Kreis der als Tauschmittel verwendeten Gebrauchsgüter, während gleichzeitig der gesamte Kreis der tauschbaren Güter eine große Erweiterung erfuhr; schließlich bildeten sich die Edelmetalle immer mehr zum ausschließlichen Tauschmittel heraus. In der Münze erhielt die Funktion als Tauschmittel ihre eigentliche Verkörperung. In dieser Form waren die Edelmetalle nur noch Geld, in ungemünztem Zustande waren sie bald nur noch gewöhnliche Waren. Die Münze, die anfangs nur ein nach Gewicht und Feingehalt beglaubigtes Stückchen Edelmetall war, löste sich im weiteren Verlaufe von dieser Grundlage los, sie wurde eine selbständige Größe mit wechselndem Substrate. Ihr durch wechselnde Edelmetallquantitäten gegebener Wert wurde die Einheit für die Bemessung von Werten überhaupt. Die einzige Gemeinschaft zwischen dem Gelde und den übrigen Gütern bestand jetzt nur noch darin, daß das Geld in seinem Werte mit seinem jeweiligen tatsächlichen Metallgehalte verknüpft blieb. Allmählich aber wurde auch dieser letzte Zusammenhang gelockert. Bei einzelnen Münzstücken und Münzgruppen — zuerst bei den Münzen aus unedlem Metall und den kleinen, stark legierten Silbermünzen, dann bei der Gesamtheit der Silbermünzen innerhalb der Goldwährung — wurde ihr Wert als Geld von dem Werte ihres Stoffes losgelöst und mit dem Werte eines dritten Wertgegenstandes, mit dem sie stofflich nichts gemein hatten, in Verbindung gesetzt. Bei den Währungen mit gesperrter Prägung stieg der Geldwert, ohne sich von einem dritten Stoffe abzuleiten, über das ihm ursprünglich zugrunde gelegte Metalläquivalent. Schließlich haben wir in dem uneinlösbaren Papiergelde eine Geldart, deren Wert bei dem gänzlichen Fehlen eines stofflichen Wertes ausschließlich auf der Qualifikation zur Verrichtung von Geldfunktionen beruht.

Damit ist der Kreis geschlossen: Während ursprünglich gewisse Gebrauchsgüter nebenbei auch Geldfunktionen verrichteten, während die metallischen Münzen durch Einschmelzung und Verarbeitung jederzeit in Gebrauchsgüter verwandelt werden können und ihr Wert anfangs ausschließlich, später zum Teil auf der Möglichkeit der Umwandlung in Gebrauchsgüter beruht, ist das Papiergeld überhaupt nur als Geld zu gebrauchen, als Gebrauchsgut ist es wertlos; es ist die reine Verkörperung der Geldfunktion.

II. Abschnitt. Die Gestaltung der Edelmetall- und Währungsverhältnisse seit der Entdeckung Amerikas.

Vorbemerkung.

Im ersten Abschnitte wurde die Entwicklungsgeschichte des Geldes im allgemeinen dargestellt. Es wurde gezeigt, wie sich der Begriff des Geldes allmählich ausbildete und wie sich das Verhältnis des Geldes zu dem gesamten Kreise der übrigen Güter allmählich bis zu einer nahezu vollständigen Trennung differenzierte; es wurde ferner gezeigt, welchen Entwicklungsgang die Einrichtung des Geldwesens durchgemacht hat und wie es allmählich gelungen ist, die aus verschiedenen Stoffen bestehenden Geldsorten zu einheitlichen Geldsystemen zusammenzufassen.

Bei der Darstellung dieser allgemeinen Entwicklungsgeschichte konnten die einzelnen konkreten Vorgänge auf dem Gebiete des Geldwesens nur soweit interessieren, und sie wurden nur soweit geschildert, als sie von markanter Bedeutung für die Entwicklung des Geldes waren und in typischer Weise den Fortschritt von einer niedrigeren zu einer höheren Stufe darstellten. Es handelte sich lediglich darum, das begrifflich Wesentliche aus der Flucht und Fülle der tatsächlichen Vorgänge und Erscheinungen herauszuschälen.

Der folgende Abschnitt hat einen anderen Inhalt. Er beschäftigt sich mit der konkreten Gestaltung der Edelmetall- und Währungsverhältnisse: mit der Geschichte der Produktion, der monetären Verwendung und des Wertverhältnisses der Edelmetalle sowie der Ausbreitung der verschiedenen Währungssysteme über die einzelnen Kulturstaaten. Er reiht in pragmatischer Weise die tatsächlichen Vorgänge aneinander, aus denen der gegenwärtige Stand der internationalen Währungsverfassung hervorgegangen ist, indem er lediglich ihre tatsächliche Bedeutung, nicht ihre begriffliche Erheblichkeit ins Auge faßt. Im ersten Abschnitte, als die begriffliche Bedeutung der Goldwährung für die Entwicklung des Geldes dargestellt werden sollte, war es z. B. durchaus genügend, diese an der ersten Entstehung der Goldwährung in England darzutun; die weitere Ausbreitung der Goldwährung über die einzelnen Kulturstaaten ist zwar von eminenter praktischer Bedeutung, fügte aber der begrifflichen Entwicklung des Geldes kein neues Moment hinzu. Der Platz für die Behandlung dieser Verhältnisse ist in dem neuen Abschnitte gegeben. Dabei ist freilich eine völlige Scheidung der beiden Materien nicht möglich. Wie im ersten Abschnitte stets auf konkrete Vorgänge und Erscheinungen Bezug genommen werden mußte, so wird auch im folgenden Abschnitte stets die begriffliche Entwicklung des Geldes zu berücksichtigen sein. Er schildert für den der Gegenwart am nächsten liegenden größeren Zeitabschnitt die Gesamtheit der wichtigeren Vorgänge, aus denen die Entwicklungsgeschichte des Geldes abstrahiert ist; er soll dadurch ebenso zum Verständnis der tatsächlichen Lage der internationalen Edelmetall- und Währungsverhältnisse beitragen, wie der erste Abschnitt zum Verständnis der Stellung des Geldes in der Güterwelt und der inneren Einrichtung der modernen Geldsysteme.

3. Kapitel. Edelmetallproduktion und Wertverhältnis.

§ 1. Allgemeines über die Statistik der Edelmetallproduktion.

Die beiden Edelmetalle Gold und Silber sind seit Jahrtausenden die wichtigsten Geldstoffe der Kulturländer. Die Eigenschaften, welche sie als besonders tauglich zur Verrichtung von Geldfunktionen erscheinen lassen, sind bereits im vorigen Abschnitte geschildert worden; wenn auch die neuere Entwicklung in der Papierwährung ein Geldsystem hervorgebracht hat, das von der metallischen Grundlage gänzlich losgelöst erscheint, so gilt doch dieses Geldsystem in der allgemeinen Anschauung als krankhafter Zustand des Geldwesens, dessen möglichst rasche Beseitigung stets von allen Staaten, die durch politische oder wirtschaftliche Krisen in die Papierwirtschaft geraten waren, angestrebt wurde.[1]

Aus der besonderen Stellung der Edelmetalle im Geldwesen ergibt sich ohne weiteres die außerordentliche Bedeutung, welche die Gestaltung der Edelmetallproduktion für die gesamte Entwicklung des Geldwesens haben mußte. Der Umfang der Produktion von Gold und Silber mußte einen wesentlichen Einfluß ausüben auf die Ausdehnung des Gebrauchs von Edelmetallgeld und damit auf die intensive und extensive Entwicklung der Geldwirtschaft. Die im Laufe der Zeit wiederholt eingetretenen Verschiebungen im gegenseitigen Verhältnisse der Produktion von Gold und Silber stellen eines der wichtigsten Momente für die Gestaltung der Währungsverhältnisse in der Kulturwelt dar. Die Produktionsverhältnisse der Edelmetalle sind ferner von beträchtlichem Einflusse sowohl auf die Gestaltung des Geldwertes an sich, als auch auf die Entwicklung des gegenseitigen Wertverhältnisses der beiden Edelmetalle gewesen.

Deshalb erscheint es geboten, diesen neuen Abschnitt mit einer kurzen Darstellung der Entwicklung der Edelmetallproduktion einzuleiten.

---

1) Diese praktische Beurteilung der Papierwährung schließt in keiner Weise aus, daß in der theoretischen Betrachtung die Papierwährung genau ebenso als eine tatsächlich bestehende Form der Geldverfassung behandelt und analysiert werden muß, wie die auf metallischer Grundlage beruhenden Geldsysteme. Knapp hat durchaus recht, wenn er darauf hinweist, daß es für die theoretische Betrachtung keine abnormen Erscheinungen und keine Ausnahmen, sondern nur besondere Fälle gibt (S. 29).

Eine Statistik der Edelmetallproduktion für weit zurückliegende Zeiten hat mit den größten Schwierigkeiten zu kämpfen. Einigermaßen zuverlässige Angaben sind erst von der Entdeckung Amerikas an, die für das Geldwesen ebensosehr wie für die allgemeinen wirtschaftlichen, politischen und kulturellen Verhältnisse den Beginn der neueren Zeit bedeutet, vorhanden. Wir verdanken diese Statistik vor allem den fleißigen und gewissenhaften Forschungen Adolf Soetbeers[1]), die eine wertvolle Ergänzung erfahren haben durch Arbeiten von Lexis und durch die jährlichen Berichte des Münzdirektors der Vereinigten Staaten von Amerika. Bei allem Aufwande von Sorgfalt, die der Gewinnung zuverlässiger Zahlen für die Edelmetallproduktion gewidmet worden ist, gilt für diese Statistik bis in die Mitte der 70 er Jahre des 19. Jahrhunderts hinein die Bemerkung, die Soetbeer in seinen „Materialien" gemacht hat:

„Blickt man auf die Statistik der Edelmetallproduktion früherer Zeiten, so wird jeder Sachverständige einräumen, daß selbst den mit größter Mühe und Gewissenhaftigkeit nach wiederholter Prüfung endlich zustande gebrachten Aufstellungen der Charakter großer Unsicherheit verbleibt, daß manche ziffernmäßige Angaben nur auf gewagten und ungefähren Schätzungen mit weiten Fehlergrenzen und mitunter selbst nur auf objektiven Wahrscheinlichkeitsvermutungen beruhen, welche sich an sehr wenige und schwache Anhaltspunkte knüpfen. Wenn man aber nicht überhaupt auf eine zusammenhängende und umfassende Statistik der Edelmetalle verzichten will, so sind solche annähernden Schätzungen und Vermutungen als Notbehelf unentbehrlich."

Es ist erklärlich, daß in Anbetracht dieser unsicheren Grundlage die Resultate, zu denen die verschiedenen Forscher gekommen sind, für einzelne Perioden nicht unerheblich von einander abweichen. Im großen Ganzen haben sich für die Zeit bis zum Ende der 80 er Jahre des 19. Jahrhunderts die Soetbeerschen Zahlen, für die spätere Zeit die Angaben des amerikanischen Münzdirektors des größten Ansehens zu erfreuen. Seit dem Beginne der 70 er Jahre haben die Grundlagen der Statistik der Edelmetallproduktion an Zuverlässigkeit und Vollständigkeit so sehr gewonnen, daß erheblichere Abweichungen von der Wirklichkeit und größere Differenzen in den Ergebnissen der einzelnen Untersuchungen nicht mehr möglich sind. Seitdem die „Währungsfrage" aufgetaucht und brennend geworden ist, war das praktische Interesse an den Edelmetallverhältnissen so stark geworden, daß in allen wichtigen Produktionsgebieten der Beobachtung der Edelmetallgewinnung die erforderliche Sorgfalt und Aufmerksamkeit zugewendet wurde.

---

1) Siehe namentlich „Edelmetallproduktion und Wertverhältnis zwischen Gold und Silber seit der Entdeckung Amerikas bis zur Gegenwart". Gotha 1879; „Materialien zur Erläuterung und Beurteilung der wirtschaftlichen Edelmetallverhältnisse und der Währungsfrage". 2. Aufl. Berlin 1886; „Literaturnachweis über Geld- und Münzwesen", Berlin 1892.

§ 2. Allgemeine Uebersicht über die Entwicklung der Produktion von Gold und Silber[1]).

Von den beiden Edelmetallen und wahrscheinlich von allen Metallen überhaupt ist das Gold zuerst von den Menschen gewonnen worden. Die Ursache ist, daß Gold fast nur in gediegenem Zustande oder in Verbindung mit Silber vorkommt, und zwar vielfach im Sande und in den Ablagerungen der Flüsse in Form von Körnern und Plättchen, die bei der Widerstandsfähigkeit des Goldes gegen die Einwirkungen von Luft und Wasser durch ihren Metallglanz die Aufmerksamkeit auch der noch auf primitiver Kulturstufe stehenden Menschen auf sich ziehen mußten. Zu der leichten Gewinnung des Goldes kommt hinzu seine Formbarkeit, die es in Verbindung mit seinem schönen Metallglanze als ganz besonders geeignet zur Herstellung von allerlei Schmuckgegenständen erscheinen ließ. So erklärt es sich, daß man primitiven Goldschmuck auch bei wilden Völkerschaften fast überall vorgefunden hat, wo die Flüsse Gold mit sich führen und wo Gold in Schwemmlanden vorkommt.

Wesentlich ungünstiger liegen die Verhältnisse beim Silber. Das weiße Metall kommt nur in verhältnismäßig geringen Mengen in gediegenem Zustande vor; meist ist es verbunden mit Chlor, Bleiglanz, Schwefel, Arsen und Antimon. Seine Gewinnung setzt im allgemeinen bereits einen regelrechten Bergbau und eine vorgeschrittene Verhüttungstechnik voraus; sie bietet nicht nur beträchtlich größere Schwierigkeiten als die Goldgewinnung, sondern vielfach auch als die Kupfergewinnung. Es klingt deshalb durchaus nicht unwahrscheinlich, daß die arischen Völker das Silber erst nach dem Golde und dem Kupfer kennen gelernt haben.

Ueber die Produktion von Gold und Silber während des Altertums und Mittelalters liegen nur spärliche Notizen vor, deren Zuverlässigkeit — wenigstens in quantitativer Beziehung — mehr als zweifelhaft ist. Wir wissen aus einzelnen Inschriften usw., daß in Vorderasien im 9., 8. und 7. Jahrhundert vor Christi Geburt schon recht erhebliche Mengen von Gold vorhanden gewesen sein müssen: so soll Sanherib laut einer Keilinschrift dem jüdischen König Hiskia eine Zahlung von 300 Talenten Gold auferlegt haben, was — bei Bewertung des Goldtalentes auf etwa 70000 Goldmark — eine Summe von etwa 21 Millionen Goldmark ergibt. Sicherlich sind zur Zeit des lydischen Königreichs in Kleinasien aus den Ablagerungen der Flüsse erhebliche Mengen von Gold gewonnen worden. In Oberägypten und Nubien ist regelrechter Goldbergbau in Quarzgängen betrieben worden; auch aus Arabien, der Ostküste von Afrika und vielleicht auch von Indien ist in jener Zeit Gold nach Vorderasien gekommen. Zur griechischen Zeit wurde auf Thasos, in Thrazien und Mazedonien Gold im Wege des Bergbaues gewonnen; die Gruben wurden teilweise noch zur Römerzeit ausgebeutet. Zur Zeit des Polybius wurde viel Gold in den Schwemmlanden von Aquileja gewonnen. Reiche Erträge warfen

---

[1]) Vgl außer den bereits zitierten Arbeiten von Soetbeer vor allem die Artikel „Edelmetalle“, „Gold und Goldwährung“, „Silber und Silberwährung“ von Lexis im Handwörterbuch der Staatswissenschaften.

vor allem die Goldwäschereien und Goldbergwerke in Spanien ab. Dazu kamen in der Kaiserzeit die Goldbergwerke im Gebiet des heutigen Salzburg und Kärnten sowie in Galizien. Sicher hat in den ersten Jahrhunderten nach Christi Geburt die Goldgewinnung sehr erheblich abgenommen.

Was das Silber anlangt, so ist die Herkunft des zweifellos nicht unerheblichen Silberbestandes im babylonischen Gebiete bis zum heutigen Tage noch unaufgeklärt. Die reichen Silberbergwerke Spaniens sind wahrscheinlich schon sehr frühzeitig (wohl bereits gegen Ende des 2. Jahrtausends vor Christus) von den Phöniziern ausgebeutet worden. Später — während der Glanzperiode Athens — haben die Bergwerke von Laurion stattliche Erträgnisse geliefert. Sporadisch wurde Silber auch in Cypern, Thrazien und Kleinasien gewonnen. Zur römischen Zeit stammte die Silbergewinnung vorwiegend aus dem Silberbergbau Spaniens, der nach dem ersten Punischen Kriege zunächst von den Karthagern, dann von den Römern zu einer ganz neuen Blüte gebracht worden zu sein scheint. Ebenso wie die Goldgewinnung zeigte auch der Silberbergbau in den ersten Jahrhunderten nach Christi Geburt einen unaufhaltsamen Rückgang; im 5. Jahrhundert scheint er im weströmischen Reiche gänzlich aufgehört zu haben.

Das 5., 6. und 7. Jahrhundert nach Christi Geburt hat bei nahezu stillstehender Edelmetallproduktion und bei einem starken Abfluß von Edelmetall nach dem byzantinischen Reiche und dem entfernteren Osten offenbar eine außerordentliche Verringerung des Edelmetallbestandes von Westeuropa herbeigeführt.

Von der Karolingerzeit an hat die Gewinnung beider Metalle wieder einen Aufschwung genommen. Die Goldwäscherei an den französischen und deutschen Flüssen, die niemals ganz aufgehört hatte, scheint wieder mit größerem Nachdruck betrieben worden zu sein. Der Betrieb der Goldbergwerke in Ungarn und Siebenbürgen ist wahrscheinlich schon im 8. Jahrhundert wieder aufgenommen worden; um dieselbe Zeit sollen Goldfunde in Böhmen gemacht worden sein, wo die Goldwäschereien vom 11. bis zum 14. Jahrhundert steigende Erträgnisse lieferten. Der Höhepunkt der westeuropäischen Goldproduktion fällt in das 15. Jahrhundert, in dem auch die salzburgischen Bergwerke erhebliche Erträge abwarfen. Sogar aus Afrika ist in jener Zeit durch den allmählich an Bedeutung und Ausdehnung gewinnenden Handel Gold in größeren Beträgen nach Westeuropa gekommen.

Rascher als die Goldgewinnung scheint sich die Silberproduktion von dem Tiefstande der drei Jahrhunderte vor der Karolingerzeit erholt zu haben. Für eine günstigere Gestaltung der Silberversorgung spricht schon der Umstand, daß der noch von den Merowingern festgehaltene Goldsolidus immer mehr durch das Silbergeld ersetzt worden ist und daß die von Karl dem Großen vorgenommene Neuordnung des Münzwesens durchaus auf der Basis des Silbers beruhte. Vielleicht schon unter Pipin, jedenfalls aber unter Karl dem Großen waren die Silberminen von Melle in Poitou im Betrieb. Im 9. Jahrhundert scheinen die Silberbergwerke im Lebertal im Elsaß mit gutem Erfolg in Angriff genommen worden zu sein; von der zweiten Hälfte des 12. Jahrhunderts bis gegen Ende des 15. Jahrhunderts hat jedoch der Betrieb wegen technischer Schwierigkeiten (Wasserandrang) geruht. Nicht viel später als im Lebertal wurde im Breisgau der Silberbergbau aufgenommen (urkundlich nachweisbar schon 1028); dazu kam der Silberbergbau in Maasmünster. Von erheblicher Bedeutung war die um das Jahr 970 aufgenommene Silbergewinnung im Harz, die im 12. Jahrhundert einen Höhepunkt erreicht zu haben scheint. Dazu kam in der zweiten Hälfte des 12. Jahrhunderts die Silbergewinnung aus dem Mansfelder Kupferschiefer und die Inangriffnahme des Silberbergbaues in der Gegend von Freiberg in Sachsen. Größere Silberquantitäten als irgendein anderes Produktionsgebiet lieferte vom Beginne des 13. Jahrhunderts an bis zum Ausgange des Mittelalters Böhmen. Um die Wende des 13. und 14. Jahrhunderts scheinen hier die größten Ergebnisse erzielt worden zu sein. Auch Ungarn, namentlich die Gegend von Schemnitz, hat schon frühzeitig Silber produziert.

Außerhalb des Gebietes des heutigen Deutschen Reiches und Oesterreich-Ungarns war während des ganzen Mittelalters sowohl die Gold- als auch die Silbergewinnung nur unbedeutend. Schweden, Norwegen, Spanien und Italien lieferten nur geringe Beiträge.

Im ganzen blieb, trotz der relativen Steigerung, die Silberproduktion bis zum Ausgange des 15. Jahrhunderts gering. L e x i s schätzt die jährliche Silbergewinnung Europas für das 8. und 9. Jahrhundert auf etwa 1 Million Silbermark (die Silbermark = $^1/_8$ Silbertaler = $^1/_{180}$ kg Silber), für das 10. und 11. Jahrhundert auf etwa 2 Millionen, im 12. und in der ersten Hälfte des 13. Jahrhunderts auf 3 Millionen, von 1250 bis 1450 auf 5 Millionen Silbermark. Die Goldproduktion war dem Werte nach in den letzten beiden Jahrhunderten des Mittelalters zweifellos beträchtlich größer als die Silbergewinnung. L e x i s ist geneigt, für das 14. und 15. Jahrhundert, in welcher Periode das Goldgeld im Großverkehr das Silber mehr und mehr verdrängt hat, die europäische Goldgewinnung zuzüglich der Goldeinfuhr aus Afrika auf durchschnittlich 10 Millionen Goldmark im Jahr zu veranschlagen. —

Ein gänzlicher Umschwung in der Edelmetallversorgung Europas ist vom Beginne des 16. Jahrhunderts an eingetreten. Die Entdeckung der neuen Welt mit ihrem alle früheren Vorstellungen weit übertreffenden Edelmetallreichtum hat eine neue Aera eingeleitet, die hinsichtlich der Größe der Verhältnisse mit den früheren Zeiten überhaupt nicht mehr zu vergleichen ist. Vorbereitet war dieser völlige Umschwung schon in der zweiten Hälfte des 15. Jahrhunderts durch eine erneute Zunahme der europäischen Edelmetallgewinnung selbst, vor allem durch eine für die damaligen Verhältnisse gewaltige Zunahme der europäischen Silbergewinnung.

Für die mit der Entdeckung Amerikas beginnende neue Periode steht uns ein weit reicheres und zuverlässigeres Zahlenmaterial zur Verfügung, und dieses Material hat durch deutschen Gelehrtenfleiß die denkbar gründlichste Bearbeitung erfahren. Wir bewegen uns also von nun an auf einem festeren Boden als bisher.

Um einen allgemeinen Ueberblick über die Gestaltung der Edelmetallproduktion von der Entdeckung Amerikas an zu ermöglichen, seien zunächst die Durchschnittszahlen der gesamten Weltproduktion für längere Perioden mitgeteilt (s. nachstehende Tabelle). Die Zahlen be-

Uebersicht über die Edelmetallproduktion der Welt.

(Die Zahlen beziehen sich auf die Jahresdurchschnitte der einzelnen Perioden.)

| Perioden bzw. Jahre | Gold | | Silber | | Von der Gesamtproduktion kommen auf das | | | |
| | | | | | Gold | | Silber | |
	kg	1000 Mark	kg	1000 Mark (Marktwert)	Proz. vom Gewicht	Wert	Proz. vom Gewicht	Wert
1493—1520	5 800	16 182	47 000	12 220	11,0	57,0	89,0	43,0
1521—1544	7 160	19 976	90 200	22 370	7,4	47,2	92,6	52,8
1545—1560	8 510	23 742	311 600	76 965	2,7	23,6	97,3	76,4
1561—1580	6 840	19 083	299 500	72 779	2,2	20,8	97,8	79,2
1581—1600	7 380	20 590	418 900	98 860	1,7	17,2	98,3	82,8
1601—1620	8 520	23 771	422 900	96 412	2,0	19,8	98,0	80,2
1621—1640	8 300	23 157	393 600	78 326	2,1	22,8	97,9	77,2
1641—1660	8 770	24 468	366 300	70 330	2,3	25,8	97,7	74,2
1661—1680	9 260	25 835	337 000	62 682	2,7	29,2	97,3	70,8
1681—1700	10 765	30 034	341 900	63 593	3,1	32,1	96,9	67,9
1701—1720	12 820	35 768	355 600	65 075	3,5	35,5	96,5	64,5
1721—1740	19 080	53 233	431 200	79 772	4,2	40,0	95,8	60,0
1741—1760	24 610	68 662	533 145	100 764	4,4	40,5	95,6	59,5
1761—1780	20 705	57 767	652 740	124 021	3,1	31,8	96,9	68,2
1781—1800	17 790	49 634	879 060	162 626	2,0	23,4	98,0	76,6
1801—1810	17 778	49 600	894 150	160 053	1,9	23,7	98,1	76,3
1811—1820	11 445	31 932	540 770	97 339	2,1	24,7	97,9	75,3
1821—1830	14 216	39 663	460 560	81 519	3,0	32,7	97,0	67,3
1831—1840	20 289	56 606	596 450	105 572	3,3	34,9	96,7	65,1
1841—1850	54 759	152 777	780 415	137 353	6,6	52,7	93,4	47,3
1851—1855	199 388	556 308	886 115	160 387	18,4	77,6	81,6	22,4
1856—1860	201 750	562 899	904 990	164 709	18,2	77,4	81,8	22,6
1861—1865	185 057	516 326	1 101 150	199 308	14,4	72,1	85,6	27,3
1866—1870	195 026	544 139	1 339 085	239 696	12,7	69,4	87,3	30,6
1871—1875	173 904	485 207	1 969 425	314 649	8,1	58,5	91,9	41,5
1876—1880	172 414	481 045	2 450 252	382 062	6,6	55,7	93,4	44,3
1881—1885	154 959	432 300	2 808 400	424 800	5,3	50,4	91,7	49,6
1886—1890	169 869	473 934	3 387 532	448 000	4,8	51,4	95,2	48,6
1891—1895	245 170	681 031	4 901 333	554 200	4,8	55,9	95,2	44,1
1896—1900	387 257	1 080 447	5 154 551	428 806	7,0	71,6	93,0	28,4
1901—1905	485 434	1 351 359	5 226 121	404 015	8,5	77,0	91,5	23,0
1906—1910	652 302	1 819 922	6 135 348	480 518	9,6	79,1	90,4	20,9
1911—1920	647 936	1 807 741	5 906 681	594 060	9,1	75,3	90,9	24,7

ruhen bis 1890 auf der Soetbeerschen Statistik, für die späteren Jahre auf den Angaben des amerikanischen Münzdirektors.

Gegen Ende des 15. Jahrhunderts begannen die Silberbergwerke im sächsischen Erzgebirge, in Böhmen und Tirol erheblichere Silbermengen zu liefern; gleichzeitig wurden aus den durch die portugiesischen Seefahrer in jenen Jahrzehnten entdeckten afrikanischen Küsten beträchtliche Quantitäten von Goldstaub nach Europa gebracht; aus Amerika kam anfangs (vor der Eroberung Mexikos und Perus) nur Gold, und zwar in nicht sehr erheblichen Mengen. Soetbeer schätzt, wie aus der Tabelle auf S. 85 hervorgeht, für die erste Periode seiner statistischen Untersuchungen, die von 1493 bis 1520 reicht, die jährliche Produktion von Gold auf ungefähr 5800 kg im Werte von 16 Millionen Mark, von Silber auf etwa 47 000 kg im Werte von 12 Millionen Mark.

Die seither verflossenen Jahrhunderte haben eine ganz außerordentliche, wenn auch nicht ununterbrochene Steigerung der Gewinnung beider Edelmetalle gebracht. Die Goldproduktion ist von 5800 kg auf 768 000 kg im Jahre 1913 gestiegen, die Silberproduktion von 47 000 kg auf mehr als 7 Millionen kg im Jahre 1911.

Die erste und am meisten in die Augen fallende Ursache dieser Entwicklung war die Entdeckung neuer und reichhaltiger Lagerstätten. Dazu kommt aber als ein zweiter, namentlich für die neuere Zeit überaus wichtiger Faktor der Fortschritt in der Technik des Bergbaues und der Erzverarbeitung, durch den der Abbau minder ergiebiger Bergwerke und die Verarbeitung geringhaltiger Erze in stets größer werdendem Umfange ermöglicht wurde, ja sogar die Wiederaufnahme der Ausbeutung von früher als abgebaut aufgegebenen Bergwerken und die Aufarbeitung von Rückständen aus früher verarbeiteten Erzen.

In den folgenden Paragraphen soll die Gestaltung der Produktion eines jeden der beiden Edelmetalle im einzelnen besprochen werden.

§ 3. Die Goldproduktion von 1493 bis zur Gegenwart.

Wenn man die Zahlenreihen der Tabelle auf S. 85 überblickt, dann lassen sich sowohl für die Gold- als auch für die Silbergewinnung gewisse, sich durch Richtung und Stärke der Entwicklung von einander unterscheidende Perioden deutlich erkennen.

1. Periode: 1493—1680. — Die Goldgewinnung zeigte zunächst bis zur Wende des 17. und 18. Jahrhunderts eine allmähliche und nur wenig unterbrochene Zunahme. In Europa standen die salzburgischen Goldbergwerke von der Mitte des 15. bis zur Mitte des 16. Jahrhunderts auf dem Höhepunkte ihrer Ergiebigkeit, während die Goldproduktion Siebenbürgens und die Goldwäschereien an deutschen, böhmischen und französischen Flüssen mit dem Beginne des 16. Jahrhunderts ihre Blütezeit bereits überschritten hatten. Während aber die salzburgische Produktion von der Mitte des 16. Jahrhunderts an überhaupt nicht mehr in Betracht kam und während die europäischen Goldwäschereien jährlich nur einige hunderttausend Mark brachten, hat Siebenbürgen immerhin während des 16., 17. und 18. Jahrhunderts noch einigermaßen ansehnliche Goldmengen geliefert. Nach Soetbeer ist die Goldproduktion Oesterreich-Ungarns, wie es bis zum Ende des Weltkrieges bestand, von 1500—1520 auf durchschnittlich 2000 kg pro Jahr = ca. 5,6 Millionen Goldmark zu veranschlagen bei einer Weltproduktion von etwas mehr als 16 Millionen Goldmark; von 1545—1780 dagegen nimmt Soetbeer für die österreichisch-ungarische Goldproduktion nur noch 1000 kg

= ca. 2,8 Millionen Goldmark pro Jahr an. Dagegen hat in jener Zeit des Rückgangs der europäischen Goldgewinnung zunächst Afrika und dann vor allem die neue Welt einen überreichlichen Ersatz geliefert. Nach S o e t b e e r ist es bis zur Ausbeutung der Goldfelder in Neugranada und Brasilien (17. und 18. Jahrhundert) höchstwahrscheinlich Afrika gewesen, welches dem europäischen Verkehr nachhaltig und in verhältnismäßig bedeutender Menge Gold zugeführt hat. Die Portugiesen haben im 16. Jahrhundert nicht unerhebliche Goldsummen, die wahrscheinlich aus dem südöstlichen Afrika stammten, nach Europa gebracht; Guinea hat in der zweiten Häfte des 17. Jahrhunderts den Engländern erhebliche Goldmengen geliefert. S o e t b e e r schätzt die Goldzufuhr aus Afrika während des 16. Jahrhunderts auf mehr als 690 Millionen, während des 17. Jahrhunderts auf ungefähr 560 Millionen Goldmark. Auch aus Japan sollen in der zweiten Hälfte des 16. Jahrhunderts und im 17. Jahrhundert durch die Portugiesen und später durch die Holländer nicht unerhebliche Goldmengen nach Europa gebracht worden sein.

Die Goldbeträge, die in den ersten Jahrzehnten nach der Entdeckung Amerikas von den Antillen und den Küsten des Golfes von Mexiko nach Europa versendet worden sind, wurden früher meist überschätzt. Die Goldwäschereien der Spanier auf den Antillen haben nur auf Hispaniola in der Zeit von 1500 bis 1520 größere Erträgnisse geliefert; 1515 war der Höhepunkt bereits überschritten. Lexis glaubt, daß man eher zu hoch als zu niedrig greift, wenn man den ganzen Goldertrag Amerikas von 1500 bis 1521 auf 15 Millionen Goldmark veranschlagt. In den folgenden Jahrzehnten lieferte die Plünderung der in Mexiko und Peru aufgehäuften Schätze sowie die Aufnahme des Goldbergbaues in Mexiko und Südamerika für die damalige Zeit erhebliche Beiträge zur Goldversorgung Europas. Freilich hat die genauere Prüfung ergeben, daß die früheren Berichte über die Goldausbeute in jenen Ländern stark übertrieben waren. Lexis schätzt, in der Hauptsache im Anschluß an Soetbeer, für die Zeit von 1522 bis 1547 das in Mexiko erbeutete und produzierte Gold auf höchstens 80 Millionen Goldmark, das sind 3,2 Millionen Goldmark im Jahresdurchschnitt; für die Zeit vor 1548 bis 1700 nimmt er einen durchschnittlichen jährlichen Goldertrag der mexikanischen Bergwerke von höchstens 1 Million Goldmark an, für das 18. Jahrhundert eine allmähliche Steigerung des jährlichen Ertrags bis auf 4 Millionen Goldmark. Die gesamte Goldausbeute der Spanier in Peru wird auf etwa 20 Millionen Goldmark veranschlagt, von denen allein etwa 16 Millionen auf das bekannte Lösegeld Atahualpas kamen. Die Erträgnisse der stellenweise reichen Waschgoldlager im Gebiete des damaligen Vizekönigreiches Peru (einschl. des heutigen Ecuador und Bolivia) werden für die Zeit von 1534 bis zum Ende des 16. Jahrhunderts auf 210 Millionen Goldmark (etwa 3,2 Millionen Goldmark im Jahresdurchschnitt), für das 17. Jahrhundert auf 4,5 Millionen Goldmark im Jahresdurchschnitt geschätzt. Einige Millionen Goldmark pro Jahr lieferte seit der Mitte des 16. Jahrhunderts auch die Goldgewinnung in Chile. — Für das wichtigste Goldproduktionsland von der zweiten Hälfte des 16. bis zum Ende des 17. Jahrhunderts hält Soetbeer Neugranada. Schon in

den 30er Jahren des 16. Jahrhunderts fanden die Spanier dort im
Besitze der Eingeborenen erhebliche Goldmengen. Soetbeer schätzt
das durch Plünderung und später durch Goldwäscherei gewonnene Gold
für die Zeit von 1537 bis 1600 auf 5,58 Millionen Goldmark im Jahresdurchschnitt; für das 17. Jahrhundert auf $9\,^3/_4$ Millionen Goldmark, für
die erste Hälfte des 18. Jahrhunderts auf nahezu 14 Millionen Goldmark. Lexis hält diese Zahlen für erheblich zu hoch gegriffen; nach
seinen Angaben wäre für die Zeit von 1536 bis 1600 nur eine jährliche Durchschnittsausbeute von 3,2 Millionen Goldmark, für das
17. Jahrhundert eine solche von 6,8 Millionen Goldmark, für das 18. Jahrhundert von 7,8 Millionen Goldmark anzunehmen.

Nach den Soetbeerschen Schätzungen ist in dieser ersten Periode
die für Europa in Betracht kommende jährliche Goldgewinnung insgesamt gestiegen von 5800 kg im Werte von 16,2 Millionen Goldmark
in der Zeit von 1493 bis 1520 auf 9260 kg im Werte von 25,8 Millionen Goldmark in den zwanzig Jahren von 1661 bis 1680.

2. Periode: 1681—1760. — Gegen Ende des 17. Jahrhunderts
machte die allmähliche Steigerung der Goldproduktion, die seit der
Entdeckung Amerikas zu beobachten war, einem plötzlichen und
starken Aufschwunge Platz. Die Ursache war die Auffindung und
Ausbeutung von Goldlagern in Brasilien, deren Reichtum denjenigen
aller bisherigen Fundstätten weit übertraf. Gegenüber der brasilianischen Produktion traten auch die an und für sich immer noch erheblichen Erträgnisse von Neugranada vollständig in den Hintergrund.
Das geht deutlich aus der folgenden Zusammenstellung hervor, in
der die brasilianische Goldproduktion der gesamten Goldproduktion der
Erde gegenübergestellt ist:

Durchschnitt	Gesamte Goldproduktion	Brasilianische Goldproduktion	Produktion außerhalb Brasiliens
1681—1700	30,0 Mill. M.	4,2 Mill. M.[1])	25,8 Mill. M.
1701—1720	35,8 „ „	7,7 „ „	28,1 „ „
1721—1740	53,2 „ „	24,9 „ „	28,3 „ „
1741—1760	68,7 „ „	40,7 „ „	28,0 „ „

Während die gesamte Weltproduktion von 30 auf 68,7 Millionen
Goldmark stieg, ist die gesamte Goldproduktion außerhalb Brasiliens
nahezu stabil geblieben.

3. Periode: 1761—1820. — In den zwei Jahrzehnten von 1741
bis 1760 hatte die Goldproduktion ihren vorläufigen Höhepunkt erreicht.
Von 1761 an ging die brasilianische Goldgewinnung infolge der Erschöpfung der Goldfelder fast ebenso rapid zurück, wie sie vom Ende
des 17. Jahrhunderts an zugenommen hatte. Soetbeer gibt für die
brasilianische Goldgewinnung folgende Zahlen (Jahresdurchschnitte):

1741—1760	40,7	Millionen Goldmark
1761—1780	28,9	„ „
1781—1800	15,2	„ „
1801—1810	10,5	„ „
1811—1820	4,9	„ „

[1]) 1691—1700.

Die übrigen Produktionsgebiete, von denen Neugranada wieder das wichtigste wurde — seine Goldproduktion betrug nach Soetbeer 1801 bis 1810 nahezu 14 Millionen Goldmark, 1811 bis 1820 immer noch 8,4 Millionen Goldmark —, zeigten nicht entfernt eine Steigerung, die ausreichend gewesen wäre, um den Rückgang der brasilianischen Produktion auszugleichen. Vielmehr hatten in den ersten Jahrzehnten die politischen Vorgänge im spanischen Amerika — die Unabhängigkeitskriege der sich aus den Trümmern des spanischen Kolonialreiches bildenden mittel- und südamerikanischen Republiken — die Wirkung, die Goldgewinnung auch in diesen wichtigen Produktionsgebieten zu beeinträchtigen. So ging — immer nach Soetbeer — die Goldgewinnung Mexikos von durchschnittlich 4,9 Millionen Goldmark im Jahrzehnt 1801 bis 1810 auf 2,9 Millionen Goldmark im folgenden Jahrzehnt zurück, die Goldgewinnung von Peru und Bolivia sank in derselben Zeit von 5 auf 2,9 Millionen Goldmark pro Jahr, und Neugranada hatte eine Abnahme seiner durchschnittlichen Goldgewinnung von 5,6 Millionen Goldmark zu verzeichnen. In Europa und den übrigen Gebieten blieb die Goldproduktion auf ihrem niedrigen Stande. Die Wirkung war, daß die Gesamtproduktion von 68,7 Millionen Goldmark im Jahresdurchschnitte der zwanzig Jahre 1741 bis 1760 auf 31,9 Millionen Goldmark im Jahrzehnt 1811 bis 1820 herabging.

4. Periode: 1821—1847. — Von den 20er Jahren des 19. Jahrhunderts an trat in der Bewegung der Goldproduktion wieder ein Umschwung ein; die neue Steigerung vollzog sich zunächst langsam, um gegen Ende der 40er Jahre ein rapides Tempo einzuschlagen. Der Umschwung wurde eingeleitet durch die gewaltigen Fortschritte der russischen Goldgewinnung im Ural und später auch in Sibirien. Noch für das Jahrzehnt 1811 bis 1820 berechnet Soetbeer die russische Goldgewinnung auf nur 900000 Goldmark im Jahresdurchschnitt. Die Aufschließung ergiebiger Schwemmlande brachte Rußland bereits im folgenden Jahrzehnt an die Spitze aller Goldproduktionsländer. Nach amtlichen russischen Quellen betrug die russische und sibirische Goldgewinnung durchschnittlich:

1816 —1820	277	kg[1]) =	1,4	Millionen	Goldmark
1821—1830	3451	„ =	8,8	„	„
1831—1840	7090	„ =	18,0	„	„
1841—1845	17936	„ =	45,0	„	„
1846—1850	26518	„ =	67,6	„	„

Wenn auch die Goldgewinnung in den anderen Produktionsgebieten, namentlich in Brasilien, sich allmählich wieder hob, so handelte es sich dort nur um Beträge von wenigen Millionen Goldmark, die gegenüber der gewaltigen Steigerung der russischen Goldproduktion ganz zurücktraten. Es ist nahezu ausschließlich Rußland gewesen, dessen Goldwäschereien die für Europa in Betracht kommende Goldgewinnung von 31,9 Millionen Goldmark im Jahresdurchschnitt des Jahrzehnts 1811 bis 1820 auf etwas mehr als 100 Millionen Goldmark im Jahresdurchschnitt von 1841 bis 1847 steigerte.

---

1) Die Angaben beziehen sich auf Gold von $^{11}/_{12}$ Feinheit.

5. Periode: 1848—1870. — Mit dem Jahre 1848 begann eine neue Phase der Goldgewinnung, die sich gegenüber der früheren Zeit noch beträchtlich stärker unterscheidet, als die mit der Entdeckung Amerikas eingeleitete Epoche gegenüber den vorhergegangenen Jahrhunderten.

Im Jahre 1848 wurden in Kalifornien Goldfelder entdeckt, deren Reichtum alles bisher Dagewesene weit hinter sich ließ. Im Jahre 1851 wurden ähnlich reiche Fundstätten in Australien (Viktoria und Neusüdwales) aufgeschlossen. In den 60er Jahren folgte die Entdeckung von Goldfeldern und Goldbergwerken von großer Ergiebigkeit in einer Reihe anderer Staaten des westlichen Nordamerika (Colorado, Dakota, Montana, Nevada). Ende der 50er Jahre begann die Goldgewinnung in Neuseeland, Ende der 60er Jahre in Queensland.

Die Vereinigten Staaten allein lieferten im Jahresdurchschnitt des Jahrfünfts 1851 bis 1855 für 248 Millionen Goldmark Gold; die folgenden Jahre hielten sich freilich nicht ganz auf dieser Höhe, immerhin stellte sich die Produktion im Jahrfünft 1866 bis 1870 durchschnittlich auf 212 Millionen Goldmark. Australiens Goldgewinnung erreichte ihren höchsten Stand im Jahrfünft 1856 bis 1860 mit durchschnittlich 230 Millionen Goldmark; im Jahrfünft 1866 bis 1870 betrug die jährliche Goldgewinnung dieses Erdteils immer noch 196 Millionen Goldmark. Dabei blieb auch die Produktion Rußlands auf der beträchtlichen Höhe, die sie am Ende der 40er Jahre erreicht hatte, ja sie erfuhr, während die amerikanische und australische Produktion bereits wieder anfing zurückzugehen, eine neue Steigerung; im Jahresdurchschnitt des Jahrfünfts 1866 bis 1870 stellte sie sich nach Soetbeer auf 84 Millionen Goldmark.

Insgesamt betrug die Goldgewinnung des Jahrzehnts 1851 bis 1860 im Jahresdurchschnitt etwa 200000 kg im Werte von etwa 560 Millionen Goldmark, und das folgende Jahrzehnt hielt sich mit 900000 kg im Werte von etwa 530 Millionen Goldmark nahezu auf dieser Höhe. Die durchschnittliche Produktion dieser zwei Jahrzehnte war nahezu 18 mal stärker als diejenige des Jahrzehnts 1811 bis 1820 gewesen war; die gesamte Produktion der beiden Jahrzehnte lieferte fast ebensoviel Gold, wie die vorausgegangenen 250 Jahre von 1600 bis 1850 zusammen genommen.

6. Periode: 1871—1890. — Vom Beginn der 70er Jahre an trat ein vorübergehender Rückschlag ein. Wie aus der Tabelle auf S. 96 ersichtlich ist, zeigte insbesondere die Goldproduktion Australiens, dessen goldhaltige Schwemmlande zum größten Teile erschöpft waren, einen starken und bis zur Mitte der 80er Jahre kaum unterbrochenen Rückgang. Sie erreichte 1886 ihren tiefsten Punkt mit weniger als 40000 kg (gegen 82400 kg im Jahresdurchschnitt des Jahrfünfts 1856 bis 1860). In nicht viel schwächerem Grade trat die Erschöpfung der kalifornischen Goldfelder in der Produktion der Vereinigten Staaten in Erscheinung, die im Jahre 1883 auf der Goldproduktion von 45000 kg (gegen 88000 kg im Jahresdurchschnitt 1851—1855) ankamen. Auch die Goldgewinnung Rußlands, die bis zum Ende der 70er Jahre stetig an Umfang gewonnen hatte, zeigte vom Jahre 1880 an eine nicht un-

wesentliche Abnahme. Die übrigen weniger bedeutenden Produktionsländer vermochten gegenüber diesem Ausfalle in den wichtigsten Gebieten nicht entfernt einen ausreichenden Ersatz zu bieten, und so
verringerte sich die Weltproduktion von Gold von 195000 kg im
Durchschnitt des Zeitraumes 1851 bis 1870 auf 148600 kg im Jahre 1883.
Damit war der tiefste Punkt erreicht, aber eine entscheidende Besserung
brachten die nächsten Jahre noch nicht. Es hatte damals den Anschein,
als ob die reichsten Goldlager der Erde unaufhaltsam ihrer gänzlichen
Erschöpfung entgegengingen und als ob damit endgültig eine Periode
abnehmender Goldgewinnung eingetreten sei. An pessimistischen
Prophezeihungen nach dieser Richtung hin hat es damals nicht gefehlt.

7. P e r i o d e : 1891 b i s z u r G e g e n w a r t. — Schon in der
zweiten Hälfte der 80er Jahre machte sich, wenn auch zögernd und
unter Rückschlägen, eine neue Steigerung der Goldgewinnung bemerkbar. Die australische Goldgewinnung setzte wenigstens ihren Rückgang
nicht fort, in den Vereinigten Staaten begann der Goldbergbau allmählich wieder größere Erträgnisse zu liefern, und die weitere Abnahme
der russischen Goldproduktion wurde mehr als ausgeglichen durch den
beginnenden Goldbergbau in Südafrika.

Eine entscheidende Wendung trat erst mit dem Anfang der
90er Jahre ein. Jahr für Jahr, und meist in großen Sprüngen, ging
die Goldproduktion in die Höhe. Der Rückgang, der seit dem Beginn
der 70er Jahre eingetreten war, wurde rasch wieder ausgeglichen; am
Ende des 19. Jahrhunderts erreichte die jährliche Goldgewinnung
einen Betrag, der etwa zweieinhalbmal so groß war als die durchschnittliche Jahresproduktion der kalifornisch-australischen Epoche. Nach
einer kurzen Stockung infolge des Burenkrieges stieg die jährliche
Goldproduktion bis auf mehr als 768000 kg, auf mehr als die drei-
undeinhalbfache Höhe der kalifornischen Zeit. Erst der Weltkrieg und
seine Nachwirkungen brachten einen fühlbaren Rückschlag. Die Goldproduktion der Welt im Jahre 1920 berechnet sich nur noch auf rund
504000 kg.

Den Anstoß zu dem letzten und weitaus stärksten Aufschwunge
der Goldgewinnung gaben die Goldbergwerke am Witwatersrande in
Südafrika, deren Erträgnisse sich von 1891/92 an in rascher Folge
verdoppelten und verdreifachten. Es handelt sich dort um ein Gold-
vorkommen von ganz außerordentlicher Ausdehnung und Nachhaltigkeit, und zwar um ein Vorkommen, das nicht im Wege der Goldwäscherei, sondern fast nur im Wege des Quarzbergbaus ausgebeutet
werden kann. Trotzdem lieferte Transvaal Erträgnisse, die auch die
reichste Produktion aller bis dahin ausgebeuteten Schwemmlande übertrafen. Im Jahre 1898 betrug die Produktion von Südafrika 120600 kg
Gold im Werte von 335,4 Millionen Goldmark. Seitdem hat der Burenkrieg
einen zeitweisen Stillstand der Minen herbeigeführt, und nach Friedensschluß schien die volle Wiederaufnahme des Betriebs, abgesehen von
technischen Schwierigkeiten, namentlich in der Beschaffung der nötigen
Arbeitskräfte auf Hindernisse zu stoßen. Bereits das Jahr 1904 übertraf jedoch mit 129000 kg wieder die Goldproduktion des Jahres
1898, und seither ist die Goldgewinnung Südafrikas in dem Maße

weiter gestiegen, daß sie im Jahre 1916 mit 335000 kg um etwa 70 Prozent höher war als die durchschnittliche Weltproduktion der kalifornischen Aera.

Neben Transvaal wurden einige andere Produktionsgebiete neu in Angriff genommen. Von 1888 an wurde in Indien, namentlich in Mysore, Gold produziert, und zwar in rasch steigenden Beträgen; 1913 betrug die Goldgewinnung in Britisch-Indien etwa 51 Millionen Mark. Auch in anderen asiatischen Gebieten, namentlich im chinesischen Amur-gebiete, wurden erhebliche Quantitäten Gold gefunden; die chinesische Produktion der Jahre 1912—14 wird vom amerikanischen Münzdirektor auf durchschnittlich 15,4 Millionen Goldmark veranschlagt.

In der zweiten Hälfte der 90er Jahre sind ferner im hohen Nord-westen des nordamerikanischen Kontinents, in dem kanadischen Klon-dyke und dem amerikanischen Alaska Alluvien von erheblichem Gold-reichtum entdeckt worden. Die klimatischen Verhältnisse des hohen Nordens bedeuten allerdings eine ganz außerordentliche Erschwerung, trotzdem hat die kanadische Goldproduktion im Jahre 1900 einen Wert von mehr als 117 Millionen Goldmark erreicht; seither ist jedoch auch hier ein Rückgang eingetreten.

Die Auffindung und Inangriffnahme dieser neuen Lagerstätten hätte zwar genügt, um der Periode des Stillstandes und des Rückgangs der Goldproduktion ein Ende zu machen; für sich allein jedoch hätten diese neuen Goldlager und Goldbergwerke nicht die ganz gewaltige Steigerung der Goldgewinnung, deren Zeugen wir in den letzten drei Jahrzehnten waren, bewirken können. Diese neueste Epoche der Gold-produktion unterscheidet sich vielmehr von allen früheren aufsteigenden Perioden gerade dadurch, daß nicht ausschließlich neue Fundstätten die Zunahme der Goldgewinnung hervorgerufen haben, sondern daß ein reichlicher Anteil an der Steigerung auf eine beträchliche Zu-nahme der Goldgewinnung in den alten Produktionsgebieten entfällt. Die Vereinigten Staaten und Australien haben von 1891 bis 1900 ihre Goldproduktion mehr als verdoppelt. Seitdem ist in den Vereinigten Staaten die Zunahme in langsamerem Tempo weitergegangen, bis 1915 der Höhepunkt mit 152000 kg erreicht wurde. Die folgenden Jahre brachten einen empfindlichen Rückschlag; die Steigerung der Arbeits-löhne verringerte die Rentabilität des Goldbergbaus in dem Maße, daß die Goldförderung des Jahres 1920 mit 77000 kg nur noch etwa halb so hoch war wie diejenige des Jahres 1915. Australien erreichte 1903 einen Höhepunkt mit 134000 kg. Seitdem ist ein ununterbrochener Rückgang eingetreten, der im Jahre 1920 auf einem Tiefpunkt von nur noch 35600 kg ankam.

Von der Mitte der 90er Jahre an hielt die Goldgewinnung dieser beiden Produktionsgebiete mit der sich rasch weiter entwickelnden Goldausbeute Südafrikas nahezu gleichen Schritt. Nachdem dann die Folgen des Burenkrieges überwunden waren, überflügelte Südafrika rasch die übrigen Produktionsländer. Im Jahre 1915, dem Jahre der stärksten Goldgewinnung, hatte Südafrika eine Goldproduktion von 327000 kg; es folgten die Vereinigten Staaten mit 152000 kg und Australien mit 74000 kg. An vierter Stelle kam Rußland, dessen Goldgewinnung gegen Ende der 80er Jahre ihren Rückgang gleichfalls unterbrochen und sich in den 90er Jahren auf einer ansehnlichen Höhe gehalten hatte; seine jährliche Produktion erreichte ihren höchsten Stand im Jahre 1910 mit 54000 kg, sie erlitt in den folgenden Jahren lebhafte Schwankungen und im Weltkrieg einen schweren Niederbruch; für 1922 wird sie nur noch auf 2177 kg berechnet.

Es wurde bereits im Rahmen der allgemeinen Uebersicht über die Edelmetallproduktion angedeutet, daß die unerwartete Steigerung der Goldproduktion in den alten Goldländern in der Hauptsache durch technische Fortschritte im Goldbergbau und in der Aufbereitung des Goldes erzielt worden ist. Diese technischen Verbesserungen der metallurgischen Methoden haben nicht nur die gründlichere Ausbeutung der bereits bekannten Goldlager, die Wiederaufnahme von Bergwerken, deren Betrieb wegen Unergiebigkeit eingestellt worden war, und die Ausbeutung von Rückständen aus der Goldproduktion früherer Zeiten gestattet und so die Goldgewinnung der alten Produktionsländer auf eine auch in der Periode der raschen Ausbeutung reicher Schwemmlande nie erreichte Höhe gebracht; sie haben vielmehr auch zu einem großen Teile die Voraussetzung für einen lohnenden Abbau der neu entdeckten Goldlager gebildet. Die Goldproduktion des Transvaal wäre ohne diese technischen Fortschritte niemals auch nur entfernt zu ihrer Höhe gelangt; der Bergbau am Rande ist in seinem großen Umfange erst dadurch lohnend geworden, daß die Verbesserungen des technischen Verfahrens die Ausbeutung von Quarz ermöglichen, der pro Tonne nur wenige Gramm Gold enthält.

Die neueste und glänzendste Epoche der Goldgewinnung unterscheidet sich mithin dadurch von allen früheren, daß sie nicht auf der Entdeckung neuer, leicht auszubeutender Goldfelder in Schwemmlanden beruht, sondern auf dem Fortschritte der metallurgischen Methoden. Während in den früheren Perioden einer ungewöhnlich starken Goldproduktion weitaus der größte Teil des neuen Goldes aus Schwemmlanden gewonnen wurde — so war es im Altertum, so war es zur Zeit der spanischen Eroberungen in Amerika und später in der Zeit der brasilianischen und kalifornisch-australischen Goldfelder —, stammt heute der beträchtlich überwiegende Teil der Goldförderung aus dem Gangbergbau. Die goldhaltigen Schwemmlande sind fast in allen wichtigen Produktionsländern — die bedeutsamste Ausnahme ist Sibirien — abgebaut; so namentlich in Kalifornien und Australien, den Ländern der ehemals reichsten Alluvien. In Kalifornien und den übrigen goldproduzierenden Staaten der Union liegt heute der Schwerpunkt der Goldgewinnung im Quarzbergbau, das gleiche gilt von Australien. In Südafrika kam von Anfang an fast nur Quarzgold in Betracht. Auch in Sibirien stammt das Gold nicht aus oberflächlichen Ablagerungen, sondern aus sogenannten Diluvialschichten, die 20 und mehr Fuß unter der Erde liegen; ebenso verhält es sich in Australien, soweit Schwemmlande neben dem Quarzbergbau in Betracht kommen.

Nach einer Denkschrift, die der Geheime Oberbergrat Dr. H a u c h e - c o r n e im Jahre 1894 für die deutsche Silberkommission ausgearbeitet hat, kamen damals schon von der gesamten Goldproduktion etwa 70 Prozent aus regelrechtem Bergwerksbetrieb und nur 30 Prozent aus der Goldwäscherei, während $1\frac{1}{2}$ Jahrzehnte vorher der Bergbau gegenüber der Wäscherei noch eine ganz untergeordnete Rolle gespielt hatte. Das Verhältnis hat sich inzwischen noch erheblich weiter zugunsten des Bergbaus verschoben.

Diese Wandlung ist deshalb von ganz besonderer Wichtigkeit, weil der Gangbergbau eine weit größere Nachhaltigkeit der Goldgewinnung gewährleistet als die Ausbeutung oberflächlicher Goldablagerungen. Während auch die reichsten Goldfelder infolge der Leichtigkeit der Goldgewinnung stets in kurzer Zeit erschöpft werden, kann der Abbau im Bergwerksbetriebe nur allmählich vor sich gehen. Die neueren Erfahrungen haben ferner gezeigt, daß die früher häufig vertretene Annahme, daß die Gänge in der Tiefe verarmen, keineswegs allgemein zutrifft, daß vielmehr der Abbau nach der Tiefe bei den wichtigsten Goldbergwerken so weit lohnend bleibt, als sich die Gänge überhaupt erstrecken.

Das Ueberwiegen der bergmännischen Goldgewinnung in der neuesten Zeit hat die hauptsächlich von dem Wiener Geologen Eduard Sueß mit Nachdruck vertretene und damals vielfach aufgenommene Ansicht widerlegt, daß der Goldbergbau aus geologischen Gründen keine Zukunft haben könne und daß deshalb mit der Erschöpfung der Schwemmlande ein unaufhaltsamer Rückgang der Goldproduktion einsetzen müsse[1]). Sueß ging davon aus, daß der weitaus größte Teil der Goldgewinnung — er berechnete diesen Teil auf nicht weniger als neun Zehntel — aus Alluviallagern stamme, die einen ungewöhnlich großen, aber rasch erschöpfbaren Goldreichtum enthalten. Je weiter unsere Kenntnis der Erdoberfläche fortschreite, um so geringer werde die Wahrscheinlichkeit der Entdeckung neuer und reichhaltiger Waschgoldlager. Der Bergbau auf Gold werde für diesen Ausfall wegen des unzuverlässigen und spärlichen Goldvorkommens in hartem Gestein keinen Ersatz bieten können; daher müsse mit Notwendigkeit ein allmähliches Versiegen der Goldgewinnung eintreten.

Wenn jemals eine Theorie schlagend durch die Tatsachen widerlegt worden ist, dann ist der Sueßschen Theorie eine solche Widerlegung zu teil geworden. Die bekannten Schwemmlande sind nahezu gänzlich erschöpft, und die Goldgewinnung ist beträchtlich höher als jemals zuvor. Die Fortschritte der Technik haben ein angebliches Naturgesetz überwunden. Mit Recht schrieb Lexis schon vor zwei Jahrzehnten über diese wichtige Frage[2]):

„Wenn früher nach Sueß neun Zehntel alles Goldes aus den Wäschereien stammte, so werden gegenwärtig vier Fünftel des außerhalb Sibiriens gewonnenen Goldes durch Quarzbergbau geliefert, und da man jetzt im Stande ist, Quarz mit Vorteil zu verarbeiten, das nur $\frac{1}{4}$ Unze Gold auf die Tonne enthält, und da auch das in Schwefelkiesen enthaltene, dem gewöhnlichen Amalgamationsverfahren nicht erreichbare Gold durch neue Methoden immer vollständiger extrahiert wird,

<hr>

[1]) Siehe Eduard Sueß, Die Zukunft des Goldes 1877.
[2]) Art. Gold und Goldwährung im Handwörterbuch der Staatswissenschaften 2. Aufl. Bd. IV. S. 756.

so ist eine bedeutende und nachhaltige Goldproduktion noch auf viele
Jahrzehnte, vielleicht auf Jahrhunderte gesichert. . . . Die gegenwärtige

Die jährliche Goldproduktion der Welt 1876—1920

Jahre	Nach Soetbeer		Nach den Berichten des amerikanischen Münzdirektors	
	kg	1000 Mark	kg	1000 Mark
1876	165 956	463 027	156 015	435 282
1877	179 445	500 660	171 412	478 323
1878	185 846	518 522	179 187	499 931
1879	167 307	466 797	163 667	456 631
1880	163 515	456 218	160 152	446 824
1881	160 678	419 000	155 020	432 506
1882	153 817	429 000	153 465	428 167
1883	148 584	415 000	143 543	400 485
1884	155 718	435 000	153 060	427 037
1885	155 972	435 000	163 169	455 242
1886	160 763	449 000	159 748	445 697
1887	158 247	441 000	159 157	444 018
1888	164 090	458 000	165 813	462 618
1889	176 272	492 000	185 812	518 415
1890	—	—	178 814	498 891
1891	—	—	196 574	518 411
1892	—	—	220 648	615 608
1893	—	—	236 978	661 169
1894	—	—	272 591	760 529
1895	—	—	299 060	834 377
1896	—	—	304 317	849 014
1897	—	—	355 212	991 041
1898	—	—	431 656	1 204 320
1899	—	—	461 515	1 287 627
1900	—	—	383 049	1 068 707
1901	—	—	392 705	1 095 649
1902	—	—	416 490	1 245 709
1903	—	—	493 083	1 375 701
1904	—	—	522 686	1 458 294
1905	—	—	572 204	1 596 448
1906	—	—	604 835	1 687 490
1907	—	—	621 375	1 733 636
1908	—	—	666 318	1 859 027
1909	—	—	683 201	1 906 131
1910	—	—	681 983	1 911 103
1911	—	—	695 062	1 939 223
1912	—	—	701 379	1 956 817
1913	—	—	768 256	2 143 434
1914	—	—	660 667	1 843 261
1915	—	—	707 897	1 975 033
1916	—	—	683 381	1 906 641
1917	—	—	631 090	1 760 711
1918	—	—	577 198	1 610 382
1919	—	—	550 388	1 535 582
1920	—	—	501 011	1 406 274

Zunahme der Produktion kann natürlich nicht lange fortdauern, auch
wird die Entdeckung neuer reicher Fundstätten in der Zukunft immer
seltener werden, während sich die alten allmählich erschöpfen müssen.

Aber eine wirkliche Goldknappheit liegt in so weiter Ferne, daß sie für die wirtschaftlichen Fragen der Gegenwart ebensowenig in Betracht kommt, wie etwa die Erschöpfung der Kohlenlager der Erde." —

Die Goldgewinnung in den wichtigsten Produktionsländern von 1851—1920.

(Bis 1889 nach Soetbeer, dann nach dem amerikanischen Münzdirektor).

Perioden bzw. Jahre (durchschnittlich)	Vereinigte Staaten		Australasien		Rußland		Afrika	
	kg	1000 Mk.	kg	1000 Mk.	kg	1000 Mk.	kg	1000 Mk.
1851—1855	88 800	247 752	69 573	194 124	24 730	68 997	—	—
1856—1860	77 100	215 109	82 392	229 891	26 570	74 130	—	—
1861—1865	66 700	186 093	77 634	216 617	24 084	67 194	—	—
1866—1870	76 000	212 040	73 526	205 153	30 050	83 840	—	—
1871—1875	59 500	166 005	63 123	176 145	33 380	93 130	—	—
1876—1880	63 920	178 337	45 294	126 370	40 140	111 991	—	—
1881—1885	48 087	134 163	43 522	121 426	35 607	99 344	?	?
1886—1890	50 279	140 664	43 881	122 428	31 973	89 205	6 723	18 757
1891	49 917	139 268	47 245	131 814	36 356	101 433	23 687	66 087
1892	49 654	138 535	51 398	143 400	37 325	104 137	36 461	101 726
1893	54 100	150 939	53 698	149 817	39 805	111 056	44 096	123 028
1894	59 434	165 821	62 836	175 312	36 313	101 913	60 595	169 060
1895	70 132	195 668	67 406	188 063	43 476	121 298	67 040	187 042
1896	79 880	222 865	67 984	189 675	32 404	90 407	66 819	186 425
1897	86 312	240 810	79 244	221 091	34 977	97 586	88 111	245 830
1898	96 995	270 616	97 594	272 287	38 314	106 896	120 566	336 379
1899	106 911	298 282	119 352	332 992	33 354	93 058	109 876	306 554
1900	119 126	332 362	110 591	308 549	30 312	84 570	13 048	36 404
1901	118 367	330 244	115 679	322 744	34 383	95 929	13 677	38 159
1902	120 373	335 840	122 749	342 470	33 905	94 595	58 716	163 817
1903	110 731	308 939	134 231	374 504	37 063	103 406	102 314	285 456
1904	121 072	337 791	132 060	368 447	37 321	104 126	129 272	360 669
1905	132 682	370 183	129 291	360 722	33 542	93 582	170 410	475 443
1906	142 001	396 183	123 971	345 879	29 336	81 847	203 669	568 237
1907	136 075	379 649	113 870	317 697	40 151	112 021	228 685	638 031
1908	142 281	396 964	110 333	307 829	42 209	117 763	250 558	599 057
1909	149 975	418 430	106 843	298 092	48 723	135 937	257 280	717 811
1910	144 853	404 140	98 511	274 846	53 535	149 363	263 602	735 450
1911	145 787	406 746	90 557	252 654	48 377	134 972	288 201	804 080
1912	140 613	392 310	82 018	228 830	33 402	93 192	316 764	889 352
1913	133 741	373 137	79 823	222 706	39 885	111 279	311 808	869 914
1914	142 239	396 847	71 575	199 694	43 013	120 006	303 938	847 987
1915	152 025	424 150	74 326	207 370	43 638	121 751	327 475	913 655
1916	139 318	388 697	60 903	169 919	33 854	94 453	335 464	935 945
1917	126 017	351 587	51 758	144 405	27 084	75 564	322 457	899 655
1918	103 290	288 179	46 362	129 350	18 056	50 376	296 493	827 215
1919	90 782	253 282	40 492	112 973	16 551	46 177	291 749	813 980
1920	77 019	214 884	35 582	99 274	2 177	6 074	282 716	788 775

Hinsichtlich weiterer Einzelheiten über die Goldgewinnung sei auf die einschlägigen Arbeiten von Soetbeer, Lexis und zahlreiche Monographien, sowie auf die jährlichen Berichte des amerikanischen Münzdirektors verwiesen. Wir müssen uns hier damit begnügen, die bisherigen Ausführungen durch zwei statistische Uebersichten zu erläutern, von den die eine die Goldproduktion der einzelnen Jahre von 1876 an nachweist, die andere die Goldgewinnung der wichtigsten Produktionsländer während des letzten halben Jahrhunderts veranschaulicht.

Die Goldproduktion Deutschlands ist an sich schon unbedeutend, und nur ein kleiner Bruchteil des Goldes wird durch Scheidung güldischen Silbers aus inländischen Erzen dargestellt. Weitaus der größte Teil des in Deutschland gewonnenen Goldes wird aus goldhaltigen Silbererzen gewonnen, die aus dem Auslande importiert und in Deutschland verhüttet werden. Die Entwicklung der Goldproduktion Deutschlands wird unten zusammen mit der deutschen Silbergewinnung statistisch dargestellt (S. 104 und 105).

§ 4. Die Silberproduktion von 1493 bis zur Gegenwart.

Die Entwicklung der Silberproduktion ging derjenigen der Goldproduktion im einzelnen keineswegs parallel; gemeinsam ist beiden Metallen nur die ganz außerordentliche Produktionssteigerung, die sich in besonderem Maße seit der Mitte des 19. Jahrhunderts gezeigt hat. Diese gemeinsame Entwicklungstendenz beruht auf den gleichen Ursachen allgemeiner Natur, auf der erweiterten geographischen und geologischen Kenntnis der Erdrinde und auf den Fortschritten der metallurgischen Technik.

Wie beim Golde unterscheiden wir auch beim Silber, je nach der Richtung der Produktionsentwicklung, eine Anzahl verschiedener Perioden.

1. Periode: 1493—1620. — Die auf die Entdeckung Amerikas folgenden 120 Jahre brachten beim Silber eine noch außerordentlich viel stärkere Vermehrung der Produktion als beim Golde. In den letzten Jahren des 15. und in den ersten drei Jahrzehnten des 16. Jahrhunderts war die beträchtliche Steigerung ausschließlich durch den Aufschwung des europäischen, insbesondere des deutschen und österreichischen Silberbergbaus verursacht. Die neue Welt lieferte vor 1533 kaum irgendwelche erheblichen Quantitäten Silber. In Deutschland brachte bis ungefähr zur Mitte des 16. Jahrhunderts namentlich das sächsische Erzgebirge erheblich steigende Erträgnisse; die durchschnittliche Silbergewinnung Sachsens wird von Soetbeer für 1493 bis 1520 auf 12 860 Pfund (= 1 157 400 Silbermark), für 1545 bis 1560 auf 26 300 Pfund (= 2 367 000 Silbermark) veranschlagt; die durchschnittliche Silberproduktion Deutschlands berechnet Soetbeer für die beiden Perioden auf 1 980 000 und 3 492 000 Mark. Die Silberproduktion in Böhmen brachte namentlich in den 30er Jahren des 16. Jahrhunderts reiche Erträgnisse; die Joachimstaler Bergwerke standen damals auf ihrer Höhe. Die Tiroler Bergwerke gaben schon seit 1470 für die damalige Zeit ungewöhnlich reiche Erträgnisse. Im ganzen schätzt Soetbeer die durchschnittliche jährliche Silbergewinnung des späteren Oesterreich-Ungarn für die Periode 1521 bis 1544 auf 32 000 kg = 5 760 000 Silbermark. In dieser Periode kamen, obwohl der Zufluß von Silber aus Amerika bereits begann, noch nahezu zwei Drittel der gesamten Silberproduktion auf Europa. Von insgesamt 90 200 kg lieferte Oesterreich-

Ungarn 32000, Deutschland 15000, ganz Europa zusammen 59000 kg. Erst etwa seit 1570 zeigte die deutsche und österreichische Silbergewinnung wieder einen ausgesprochenen Rückgang.

Obwohl die europäische Silberproduktion zunächst noch eine weitere Steigerung erfuhr, ist von 1545 an Amerika ausschlaggebend für die Gestaltung der Weltproduktion von Silber geworden. Schon vorher hatten die Plünderungen in Mexiko und Peru und die beginnende Inangriffnahme von Silberbergwerken in Peru nicht unerhebliche Beträge von Silber geliefert. Das entscheidende Ereignis aber war die Entdeckung der Silberminen von Potosi in Bolivia im Jahre 1545, der drei Jahre später (1548) die Aufschließung der reichen Silberminen von Zacatecas in Mexiko folgte. Eine technische Verbesserung der Silbergewinnung von großer Bedeutung, die Einführung des Amalgamationsverfahrens (in Mexiko seit 1558, in Peru seit 1571), hat wesentlich zur Steigerung der Silbergewinnung beigetragen, namentlich nachdem in der Nähe der Silberminen von Potosi Quecksilberbergwerke entdeckt worden waren.

Die Produktion von Potosi lieferte insbesondere von 1545 bis 1555 und dann von 1571 bis 1600 glänzende Erträgnisse, die beträchtlich mehr als die Hälfte der gleichzeitigen Weltproduktion von Silber ausmachten. Peru und auch Mexiko standen weit hinter Potosi zurück; die europäische Silbergewinnung sank — obwohl sie erst in den letzten drei Jahrzehnten des 16. Jahrhunderts eine absolute Abnahme erfuhr — zu einem minimalen Bruchteil der Weltproduktion herab.

Dieses Gesamtresultat steht fest, wenn auch in Einzelheiten die Schätzungen von einander abweichen. L e x i s nimmt für die Produktion von Potosi, Peru und Mexiko durchweg niedrigere Zahlen an als S o e t b e e r. Nach seinen Berechnungen würde z. B. die Silbergewinnung von Potosi in der Zeit von 1545 bis 1600 insgesamt etwa 8 840 000 kg betragen haben, nach S o e t b e e r dagegen 11 053 000 kg.

Nach S o e t b e e r hat sich die durchschnittliche Silberproduktion von 1493 bis 1620 auf die einzelnen Produktionsgebiete folgendermaßen verteilt (die L e x i s sche Schätzung des Wertes der Gesamtproduktion ist in Klammern beigefügt):

Jahre	Europa	Peru	Potosi	Mexiko	Gesamtproduktion [1]	
	kg	kg	kg	kg	kg	1000 Mark [2]
1493—1520	47 000	—	—	—	47 000	8 460 (8 250)
1521—1544	59 000	27 300	—	3 400	90 200	16 236 (12 300)
1545—1560	62 000	48 000	183 200	15 000	311 600	56 088 (46 250)
1561—1580	48 500	46 000	151 800	50 200	299 500	52 910 (46 000)
1581—1600	41 300	46 000	254 300	74 300	418 900	75 402 (61 000)
1601—1620	27 400	103 400	205 900	81 200	422 900	76 122 (58 000)

[1] Einschließlich der nicht besonders aufgeführten Silbergewinnung in den unbedeutenderen Produktionsgebieten.   [2] Silbermark $= \frac{1}{180}$ kg Silber.

In dieser ersten Periode hat sich mithin die Silbergewinnung auch nach der geringeren L e x i s schen Schätzung auf den sieben- bis achtfachen

Betrag, nach der Soetbeerschen Schätzung auf den neunfachen Betrag gesteigert. Die Goldproduktion dagegen hat sich in jener Zeit zwar auch vermehrt, aber nicht einmal ganz um die Hälfte. Der Anteil des Goldes an der Produktion der beiden Edelmetalle sank dem Gewichte nach von 11 Prozent in der Zeit 1493 bis 1520 auf 2 Prozent in den zwei ersten Jahrzehnten des 17. Jahrhunderts.

2. Periode: 1621—1680. — Während die Goldgewinnung im Laufe des 17. Jahrhunderts — nach einer vorübergehenden Stockung in den 20er und 30er Jahren — in beschleunigtem Tempo weiter anwuchs, zeigte die Silberproduktion nach dem gewaltigen Aufschwunge des 16. Jahrhunderts einen Stillstand, ja sogar eine leichte Abnahme. Der Rückschlag war hervorgerufen durch die beginnende Erschöpfung der Minen von Potosi, deren durchschnittliche Produktion nach der Soetbeerschen Schätzung von 254 300 kg in 1581—1600 auf 100 500 kg in 1661—1680 zurückging. Diese sehr erhebliche Abnahme wurde in ihrer Wirkung zum größten Teile ausgeglichen durch die infolge der Aufschließung der Silberminen zu Pasco relativ hohe peruanische Silberproduktion, die Soetbeer für das 17. Jahrhundert auf einen Jahresdurchschnitt von 103 400 kg schätzt, und durch die weitere allmähliche Steigerung der mexikanischen Silbergewinnung, die im Durchschnitt der Jahre 1661 bis 1680 mit 102 000 kg die gleichzeitige Produktion von Potosi zum ersten Mal überholte. Insgesamt zeigte die jährliche Silbergewinnung von 1601 bis 1620 auf 1661 bis 1680 nach der Soetbeerschen Schätzung einen Rückgang von 422 900 kg = 76 122 000 Silbermark auf 337 000 kg = 60 660 000 Silbermark; nach Lexis hat die Silbergewinnung von 1581 bis 1600 auf 1661 bis 1680 abgenommen von 61 auf 51 Millionen Silbermark.

3. Periode: 1681—1810. — In den letzten beiden Jahrzehnten des 17. Jahrhunderts begann die Silberproduktion allmählich wieder zu steigen; vom Anfang des 18. Jahrhunderts an machte diese Steigerung so rapide Fortschritte, daß sich die Silbergewinnung bis zum Beginne des 19. Jahrhunderts mehr als verdoppelte.

Die einzelnen Produktionsgebiete hatten an dieser Entwicklung einen sehr verschiedenartigen Anteil. Die Produktion von Potosi setzte zunächst ihren Rückgang fort, und ihr Jahresdurchschnitt kam in der Periode 1721 bis 1740 auf dem Tiefpunkte von 43 800 kg an (nach Soetbeer). Die folgenden Jahrzehnte dagegen brachten eine erneute Steigerung, sodaß die Silbergewinnung von Potosi um die Wende des 18. und 19. Jahrhunderts wiederum nahezu 100 000 kg erreichte. Die Produktion von Peru blieb bis in die zweite Hälfte des 18. Jahrhunderts hinein stabil und zeigte dann von etwa 1760 an bis zum ersten Jahrzehnt des 19. Jahrhunderts eine Steigerung um etwa die Hälfte. Auch die europäische Silbergewinnung zeigte vom Ende des 17. Jahrhunderts an einen neuen Aufschwung. Dazu kam von der Mitte des 18. Jahrhunderts an Sibirien, dessen Bergwerke gegen Ausgang des 18. Jahrhunderts etwa 20 000 kg pro Jahr lieferten. Alles das trat jedoch vollständig in den Hintergrund vor der diese ganze Periode beherrschenden Steigerung der mexikanischen Silbergewinnung, die sich vom Ausgange des 17. bis zum Beginne des 19. Jahrhunderts von etwa 110 000 kg auf etwa 550 000 kg hob. Insgesamt stieg der Jahresdurchschnitt der Silbergewinnung 1661—1680 auf 1801—1810 von 337 000 kg auf 894 000 (Soetbeer). Die Steigerung der Silbergewinnung blieb zwar anfangs hinter der gleichzeitigen Zunahme der Goldproduktion (Brasilien) ganz bedeutend zurück, sodaß sich der Anteil des Goldes am Gewichte der Gold- und Silberproduktion von 2 Prozent in 1601—1620 auf 4,4 Prozent in 1741—1760 hob; während aber die Goldproduktion von 1760 an abzuflauen begann, setzte die Silbergewinnung ihre außerordentliche Steigerung ununterbrochen fort bis in das erste Jahrzehnt des 19. Jahrhunderts hinein.

4. Periode: 1811—1830. — Die Zeit von 1811 bis 1830 brachte einen ungewöhnlichen Tiefstand der gesamten Edelmetallgewinnung. Während die Goldgewinnung zunächst noch weiter zu fallen fortfuhr und sich von 1820 an nur ganz langsam wieder erholte, zeigte die Silbergewinnung plötzlich eine rapide Abnahme; in zwei Jahrzehnten sank sie fast um die Hälfte, von 894 000 kg im Jahresdurchschnitt 1801 bis 1810 auf 460 000 kg im Jahrzehnt 1821 bis 1830. Die Ursache lag hauptsächlich in den bei der Darstellung der Goldproduktion bereits erwähnten politischen Verhältnissen der großen amerikanischen Produktionsgebiete; der geregelte Bergbaubetrieb in Mexiko und Südamerika ließ sich in jener Zeit der Unabhängigkeitskriege und der inneren Wirren nicht aufrecht erhalten.

Im Anschluß an die oben auf S. 98 gegebenen Zahlen ist in der folgenden Uebersicht die Entwicklung der Silberproduktion und ihre Verteilung auf die einzelnen Produktionsgebiete für die Periode von 1621 bis 1850 zusammengefaßt.

Durchschnittlich	Europa	Peru	Bolivia (Potosi)	Mexiko	Sibirien	Gesamtproduktion	
	kg	kg	kg	kg	kg	kg	1000 Mark
1621—40	27 000	103 400	172 000	88 200	—	393 600	70 848 (57 500)[1]
1641—60	25 500	103 400	139 200	95 200	—	366 300	65 934 (51 500)
1661—80	27 000	103 400	100 500	102 100	—	337 000	60 660 (51 000)
1681—1700	30 400	103 400	92 900	110 200	—	341 900	61 542 (52 250)
1701—20	33 300	103 400	49 100	163 800	—	355 600	64 008 (63 000)
1721—40	46 200	103 400	43 800	230 800	—	431 200	77 616 (71 000)
1741—60	55 100	103 400	58 200	301 000	7 945	533 145	95 966 (94 000)
1761—80	53 100	121 600	83 000	366 400	20 140	652 740	117 493 (116 000)
1781—1800	58 900	128 400	98 000	562 400	20 360	879 060	158 231 (157 000)
1801—10	59 400	151 300	96 500	553 800	20 150	894 150	160 947 (160 000)
1811—20	57 700	88 000	49 300	312 000	22 770	540 770	97 339 (97 000)
1821—30	60 200	58 000	42 300	264 800	23 260	460 560	82 901 (82 000)
1831—40	65 840	90 000	61 000	331 000	20 610	596 450	107 606 (107 000)
1841—50	101 600	108 000	66 000	420 300	19 515	780 414	140 475 (140 000)

[1] Die in Klammern beigefügten Zahlen entsprechen den Schätzungen von Lexis.

5. Periode: 1831 bis zur Gegenwart. — Während der 30er Jahre des 19. Jahrhunderts trat eine neue Wendung in der Entwicklung der Silberproduktion ein. Die Silbergewinnung im ehemals spanischen

Amerika nahm nach der Beendigung der Unabhängigkeitskämpfe allmählich wieder einen größeren Umfang an, vor allem in Mexiko, das gegen Ende der 60er Jahre wieder den höchsten Stand seiner früheren Produktion erreichte, um ihn im Laufe der folgenden Jahrzehnte um ein Vielfaches zu übertreffen. Außerhalb der alten amerikanischen Produktionsgebiete begann in den 30er Jahren Chile erhebliche und rasch wachsende Mengen von Silber zu liefern. Dazu kam seit den 60er Jahren ein Gebiet, das bis zur Mitte des 19. Jahrhunderts überhaupt kein Silber produziert hatte, das aber nun in rascher Entwicklung an die Spitze aller Silberproduktionsländer trat: die Vereinigten Staaten. Ihre Jahresproduktion von Silber betrug in den 50er Jahren durchschnittlich nicht viel mehr als 7000 kg. Infolge der Entdeckung von Silberminen, die an Reichhaltigkeit selbst die Minen von Potosi übertrafen, nahm die Produktion rapid zu; sie betrug in der ersten Hälfte der 60er Jahre im Durchschnitt bereits 174000 kg, in der zweiten Hälfte der 70er Jahre erreichte sie nahezu 1 Million kg und überholte damit die Silbergewinnung aller anderen Länder. Bis in die zweite Hälfte der 90er Jahre haben die Vereinigten Staaten unbestritten die erste Stelle behauptet. In den folgenden Jahren wurde jedoch die nordamerikanische Produktion von der mexikanischen eingeholt und schließlich überflügelt. Für 1911 beziffert der amerikanische Münzdirektor die mexikanische Silbergewinnung auf 2458000 kg, diejenige der Vereinigten Staaten auf 1879000 kg. Das Jahr 1914 brachte einen plötzlichen und scharfen Rückgang der mexikanischen Silbergewinnung bis auf 857000 kg. Seither hat sich die Gewinnung wieder auf mehr als 2 Millionen kg im Jahre 1920 gehoben.

Als neues Silberproduktionsland ist zu den alten Gebieten um die Mitte der 80er Jahre Australien hinzugekommen, dessen Minen schon in den Jahren 1893 und 1894 über 100000 kg Silber geliefert haben. Für 1910 gibt der amerikanische Münzdirektor die australische Produktion mit 670000 kg an. Damit war Australien an die dritte Stelle aller Silberproduktionsländer getreten. Auch hier brachte das Jahr 1914 ein plötzliches Zusammenklappen der Silbergewinnung: von 564000 kg im Jahre 1913 auf 111000 kg im Jahre 1914, dann wieder eine Steigerung auf 232000 kg im Jahre 1920.

Auch in Europa hat die Silbergewinnung einen nicht unbeträchtlichen Aufschwung erfahren; insbesondere die Silbergewinnung in Deutschland hat sich von den 40er Jahren an und besonders seit dem Beginn der 60er Jahre in ungeahnter Weise entwickelt, sodaß Deutschland bis zum Anfang des 20. Jahrhunderts den dritten Platz unter allen Silberproduktionsländern behauptete; ein nicht unbeträchtlicher Teil der deutschen Silberproduktion stammt allerdings aus importierten Erzen, die in Deutschland verhüttet werden. Neuerdings ist die deutsche Silbergewinnung, auch wenn man die Verhüttung ausländischer Erze mit einrechnet, außer von der australischen Produktion auch von derjenigen Kanadas überholt worden. Auch in anderen europäischen Ländern, namentlich in Spanien, ist der Silberbergbau erneut und mit Erfolg in Angriff genommen worden.

Das Gesamtergebnis war, daß die Silberproduktion bis zur zweiten Hälfte der 50er Jahre den Rückgang, den sie seit dem Beginn des

Die jährliche Silberproduktion der Welt 1876—1920.

Jahre	Nach Soetbeer		Nach den Berichten des amerikanischen Münzdirektors	
	kg	1000 Mark	kg	1000 Mark
1876	2 323 779	364 833	2 107 355	329 000
1877	2 388 612	386 955	1 949 567	316 000
1878	2 551 364	395 461	2 282 530	355 000
1879	2 507 507	381 141	2 313 572	351 000
1880	2 479 998	381 920	2 326 386	360 000
1881	2 586 700	395 800	2 457 830	378 000
1882	2 773 100	418 100	2 689 582	413 000
1883	2 775 100	416 400	2 773 655	416 000
1884	2 910 300	436 500	2 537 050	381 000
1885	3 036 000	436 800	2 849 392	410 000
1886	3 021 200	405 700	2 901 863	390 000
1887	3 324 600	438 800	2 989 793	395 000
1888	3 673 300	477 200	3 384 932	429 000
1889	4 237 000	534 900	3 739 076	472 000
1890	—	—	3 921 996	554 000
1891	—	—	4 266 498	569 000
1892	—	—	4 763 563	560 000
1893	—	—	5 146 789	542 000
1894	—	—	5 119 947	439 000
1895	—	—	5 209 867	460 000
1896	—	—	4 885 158	445 000
1897	—	—	4 989 657	404 000
1898	—	—	5 258 210	419 000
1899	—	—	5 240 429	424 000
1900	—	—	5 399 299	452 000
1901	—	—	5 382 369	436 000
1902	—	—	5 063 566	362 000
1903	—	—	5 216 800	380 000
1904	—	—	5 108 067	400 000
1905	—	—	5 359 803	441 000
1906	—	—	5 133 887	469 000
1907	—	—	5 729 611	511 000
1908	—	—	6 318 237	456 000
1909	—	—	6 598 721	464 000
1910	—	—	6 896 282	503 000
1911	—	—	7 035 548	513 000
1912	—	—	6 977 002	579 000
1913	—	—	6 964 361	568 000
1914	—	—	4 996 141	373 151
1915	—	—	5 591 101	391 766
1916	—	—	5 013 310	464 704
1917	—	—	5 417 972	654 855
1918	—	—	6 163 870	819 373
1919	—	—	5 488 634	830 711
1920	—	—	5 418 742	745 888

Jahrhunderts erlitten hatte, wieder einholte, indem sie im Durchschnitte des Jahrfünfts 1856 bis 1860 den Betrag von 900 000 kg überschritt; vom Beginn der 70er bis zur Mitte der 90er Jahre erfolgte dann der gewaltige Aufschwung, der die jährliche Silbergewinnung von etwa $1\frac{1}{2}$ auf mehr als 5 Millionen kg brachte; seither bewegt sich die jährliche Silbergewinnung über 5 Millionen kg; sie hat im Jahre 1908

Die Silbergewinnung in den wichtigsten Produktionsgebieten 1851—1920.

(1851—85 nach Soetbeer; 1896—1920 nach dem amerikanischen Münzdirektor.)

Perioden bzw. Jahre (durchschnittlich)	Vereinigte Staaten kg	Mexiko kg	Peru, Bolivia, Chile kg	Australien kg	Deutschland[1]) kg
1851—1855	8 300	466 100	218 600	—	48 860
1856—1860	6 200	447 800	190 400	—	61 510
1861—1865	174 000	473 000	191 100	—	68 320
1866—1870	301 000	520 900	229 800	—	89 125
1871—1875	564 800	601 800	374 700	—	143 080
1876—1880	980 700	655 800	350 000	—	163 800
1881—1885	1 137 600	750 800	365 000	?	238 920
1886	1 227 000	794 000	547 000	29 403	318 880
1887	1 284 000	904 000	412 247	6 422	366 960
1888	1 424 000	995 000	491 000	120 308	405 910
1889	1 555 000	1 144 000	456 000	204 523	402 400
1890	1 696 000	1 212 000	440 603	258 212	402 257
1891	1 815 000	1 084 000	476 404	311 100	443 840
1892	1 976 000	1 229 000	493 000	418 087	488 000
1893	1 867 000	1 380 000	873 793	637 800	448 100
1894	1 540 000	1 463 000	880 000	562 263	442 800
1895	1 733 662	1 461 008	939 361	389 102	392 000
1896	1 830 347	1 422 315	418 672	380 746	428 400
1897	1 675 582	1 676 925	437 878	369 523	448 100
1898	1 693 563	1 765 116	655 054	326 379	480 600
1899	1 703 720	1 730 089	669 858	396 266	467 600
1900	1 693 395	1 786 887	697 771	415 014	415 700
1901	1 717 705	1 793 692	803 092	318 256	403 800
1902	1 726 603	1 872 091	465 759	249 690	430 600
1903	1 689 270	2 193 249	270 592	301 233	396 300
1904	1 794 509	1 891 764	237 356	452 926	389 800
1905	1 744 995	2 023 044	300 184	467 666	399 800
1906	1 757 944	1 717 738	328 262	432 640	393 400
1907	1 757 844	1 901 934	459 983	558 292	386 900
1908	1 631 129	2 291 260	478 141	534 218	407 200
1909	1 702 068	2 299 920	470 117	508 842	400 600
1910	1 777 229	2 219 975	407 996	670 165	420 000
1911	1 878 675	2 458 241	401 449	515 658	439 600
1912	1 983 415	2 321 626	385 737	458 412	895 800
1913	2 077 807	2 199 186	385 755	563 873	765 800
1914	2 253 657	856 820	311 163	111 136	651 100
1915	2 331 604	1 230 798	413 375	133 616	349 400
1916	2 314 613	710 370	472 447	126 386	319 000
1917	2 231 428	1 088 647	467 060	311 042	276 100
1918	2 109 179	1 944 541	439 089	309 000	280 300
1919	1 763 062	2 049 898	440 334	223 573	294 300
1920	1 721 977	2 073 476	410 459	232 307	—

zum ersten Male den Betrag von 6 Millionen Mark überschritten, um im Jahre 1911 auf 7 Millionen kg anzukommen. Augenblicklich steht die Silbergewinnung auf 5 bis 6 Millionen kg.

---

[1]) Nach der Reichsstatistik.

In noch höherem Grade als bei der jüngsten Steigerung der Goldproduktion hat bei dieser glänzenden Entwicklung der Silbergewinnung die Verbesserung der metallurgischen Technik mitgewirkt. Die dadurch ermöglichte erhebliche Verringerung der Kosten der Silbergewinnung machte den Abbau und die Verarbeitung geringhaltiger Erze in immer größerem Umfange lohnend, obwohl — was besonders hervorgehoben werden muß — der Preis des Silbers seit dem Beginn der 70er Jahre um mehr als die Hälfte gefallen ist. Bei dem weitverbreiteten Vorkommen des Silber namentlich in geringhaltigen Erzen ist der für das Silber zu erzielende Preis die einzige wirksame Grenze für die Ausdehnung der Silberproduktion geworden.

Wie oben für das Gold, so seien hier für das Silber einige speziellere Nachweisungen über die Produktion in den einzelnen Jahren von 1876 an und über die Erzeugung in den einzelnen Ländern von 1851 an beigefügt.

Die Tabelle auf S. 104 gibt eine Uebersicht über die Entwicklung der deutschen Edelmetallproduktion (nach der Reichsstatistik).

Ueber die Provenienz des in Deutschland gewonnenen Goldes und Silbers seit 1896[1]) sei folgende Aufstellung gegeben. Es wurde gewonnen:

	Gold			Silber		
Jahre	aus inländischen Erzen kg	aus ausländischen Erzen kg	aus in- u. ausländ. Rückständen und Abfällen kg	aus inländischen Erzen kg	aus ausländischen Erzen kg	aus in- u. ausländ. Rückständen und Abfällen kg
1896	86	772	1629	183252	200053	45124
1897	112	715	1954	171048	241812	35208
1898	111	837	1899	173329	276522	30727
1899	112	486	2007	194188	236532	36870
1900	99	506	2450	168349	195698	51688
1901	90	420	2245	171777	197968	34051
1902	94	331	2239	178409	214048	38153
1903	106	344	2122	180374	168836	47043
1904	97	361	2280	180736	153266	55825
1905	100	663	3170[2])	180978	162018	56779[2])
1906	121	640	3441[3])	177331	156277	58834[3])
1907	100	463	4119[4])	158261	165193	63079[4])
1908	97	669	3991[5])	154636	178809	73740[5])
1909	104	559	4401	165876	167163	67523
1910	95	542	3988	174092	156870	89041
1911	118	573	4277	155044	175397	109138
1912*)	118	—	—	155044	—	—
1913*)	204	—	—	155044	—	—
1914*)	204	—	—	155044	—	—

[1]) Für die früheren Jahre enthält die Reichsstatistik keine derartigen Angaben.
[2]) Darunter aus in- und ausländischem Werkblei

Gold		Silber	
[2])	1 kg	[2])	951 kg
[3])	1 „	[3])	376 „
[4])	38 „	[4])	3373 „
[5])	— „	[5])	210 „

*) Neuere vergleichbare Zahlen liegen nicht mehr vor.

Die Gold- und Silberproduktion Deutschlands 1851—1919.

Perioden bzw. Jahre (durchschnittlich)	Gold		Silber[1]	
	kg	1000 Mark	kg	1000 Mark
1851—1855	14,2	39,6	48 860	8 795
1856—1860	20,4	56,9	61 510	11 072
1861—1865	32,4	90,4	68 330	12 180
1866—1870	100,4	280,1	89 120	15 954
1871—1875	284,4	779	145 000	24 929
1876	281,3	785	139 800	21 970
1877	307,9	858	147 600	23 812
1878	378,5	1 056	167 700	25 390
1879	466,7	1 302	177 500	26 518
1880	463,0	1 292	186 000	28 608
1881	380,7	1 063	186 990	28 514
1882	376,1	1 051	214 980	32 763
1883	457,3	1 278	235 060	35 088
1884	555,0	1 551	248 110	37 056
1885	1378,4	3 855	309 420	44 138
1886	1473,0	4 112	318 880	42 618
1887	1753,0	4 894	366 960	48 074
1888	1793,0	5 003	405 910	51 392
1889	1717,0	4 794	402 400	50 740
1890	2277,0	6 335	402 260	56 060
1891	2427,0	6 760	443 840	58 877
1892	2549,0	7 094	487 960	57 075
1893	2547,0	7 086	448 090	46 948
1894	3199,0	8 916	442 820	38 504
1895	3547,0	9 878	391 980	34 403
1896	2487,0	6 916	428 430	38 872
1897	2781,0	7 737	448 070	36 381
1898	2847,0	7 913	480 580	38 157
1899	3605,0	7 259	467 590	37 832
1900	3055,0	8 523	415 735	4 653
1901	2755,0	7 688	403 796	32 519
1902	2664,0	7 431	430 610	30 800
1903	2572,0	7 175	396 253	28 897
1904	2738,0	7 636	389 827	30 367
1905	3933,0	10 974	399 775	32 922
1906	4202,0	11 727	393 442	35 768
1907	4682,0	13 071	386 933	34 655
1908	4758,0	13 288	407 185	29 699
1909	5064,0	14 145	400 562	28 137
1910	4625,0	12 919	429 003	30 654
1911	4967,0	13 847	439 580	32 133
1912	43400	121 343	895 800	74 145
1913	38700	108 056	765 800	62 480
1914	22900,0	64 096	651 100	52 407
2915	6200,0	17 358	349 400	30 665
1916	11300,0	33 193	319 000	39 883
1917	11000,0	31 067	276 100	45 560
1918	8300	24 355	280 300	48 734
1919	13200	98 629	294 003	173 403

[1] Seit 1912 einschließlich des Metallinhaltes der Präparate einer Scheideanstalt.

Um einen Ueberblick über die Beteiligung aller einzelnen Länder an der Produktion von Gold und Silber zu geben, sei für das Jahr 1920 die folgende, nach den Angaben des amerikanischen Münzdirektors zusammengestellte Tabelle mitgeteilt.

Edelmetallproduktion der Welt im Jahre 1920 in den einzelnen Ländern.

(Nach dem „Report of the Direktor of the Mint on the produktion of the precious metals in the calendar year 1920", Washington 1921).

Länder	Gold		Silber	
	kg fein	Wert in 1000 Mark	kg fein	Wert in 1000 Mark
England	—	—	1555	214
Frankreich . . .	227	633	373	51
Oesterreich . . .	—	—	435	60
Tschecho-Slowakei	273	762	21153	2912
Rußland	2177	6074	1555	214
Griechenland . .	6	17	4666	642
Italien	23	64	10887	1499
Serbien	—	—	467	65
Norwegen	—	—	10784	1484
Schweden . . .	15	42	933	128
Spanien . . .	—	—	99265	13664
Türkei . . .	—	—	3110	428
Europa	2721	7592	155183	21361
Ver. Staaten von Amerika .	77019	214884	1721977	237029
Kanada	23854	66553	397932	54775
Mexiko	22969	64084	2073476	285413
Zentralamerika	4514	12594	83981	11560
Argentinien	5	14	622	86
Bolivien, Chile . . .	1060	2957	124416	17126
Brasilien	2708	7555	622	86
Ecuador	1129	3150	1089	150
Guayana	2080	5803	249	34
Kolumbien	8727	24348	14930	2055
Peru	1952	5446	286043	39374
Uruguay . .	12	33	—	—
Venezuela	752	2098	124	17
Amerika	146781	409519	4705641	647705
Afrika	282715	788775	38479	5297
Australien	35582	99274	232307	31977
China	4514	12594	2177	300
Japan	8303	23165	162126	22316
Britisch-Indien .	13584	37899	89288	12290
Uebriges Asien . .	9841	27456	33721	4642
	36242	101114	287312	39548
Insgesamt	504041	1406274	5418742	745888

§ 5. Das Wertverhältnis von Gold und Silber.

Nicht geringere Aufmerksamkeit als die Entwicklung der Produktion der beiden Edelmetalle verdient die Gestaltung des Wertverhältnisses von Gold und Silber. Insbesondere zum Verständnis der Entwicklung der internationalen Währungsverhältnisse ist die Kenntnis der Veränderungen der Wertrelation zwischen beiden Metallen eine ähnlich wichtige Voraussetzung, wie die Kenntnis der Wandlungen der Edelmetallproduktion. Freilich besteht zwischen Edelmetallgewinnung und Wertrelation in der Art ihres Verhältnisses zur Gestaltung der universellen Währungverfassung ein bedeutsamer Unterschied. Die Edelmetallproduktion ist in der Hauptsache von Faktoren abhängig, die mit der Gestaltung der monetären Verhältnisse nichts zu tun haben, von der Entdeckung neuer Lagerstätten und von technischen Fortschritten; die Wertrelation von Gold und Silber dagegen steht, abgesehen von der Einwirkung der Verschiebungen in der Edelmetallgewinnung, in großem Umfange unter dem Einflusse der Wandlungen, welche die monetären Verhältnisse durchgemacht haben. Wie sich aus der Darstellung der Geschichte der internationalen Währungsverfassung ergeben wird, besteht ein komplizierter Kausalnexus zwischen Produktion, monetärer Verwendung und Wertverhältnis der beiden Edelmetalle; die interessantesten und wichtigsten Probleme der Entwicklung der universellen Währungsverhältnisse von der Entdeckung Amerikas bis zum Ausbruch des Weltkrieges liegen auf diesem Felde.

Daraus ergibt sich, daß zwar einerseits ein Ueberblick über die Entwicklung der Wertrelation zu den Voraussetzungen für die Beschäftigung mit der Gestaltung der internationalen Währungsverhältnisse gehört, daß aber andererseits die Ursachen der Veränderungen der Wertrelation eine genügende Beleuchtung erst aus der Entwicklung der Währungsverhältnisse selbst erhalten können. An dieser Stelle kann deshalb nur die tatsächliche Gestaltung des Wertverhältnisses von Gold und Silber dargestellt werden, während eine Untersuchung der Ursachen zunächst noch vorbehalten bleiben muß.

Eine gedrängte Uebersicht über die Schwankungen der Wertrelation von der grauen Vorzeit bis zur Gegenwart wurde bereits oben (S. 52 ff.) gegeben, als es sich darum handelte, die Schwierigkeit der Vereinigung beider Metalle zu einem einheitlichen Systeme darzustellen. Zur Ergänzung dieser Angaben für die neuere Zeit folgt hier zunächst eine Tabelle, die das Wertverhältnis für dieselben Zeiträume, für die oben die Edelmetallproduktion dargestellt worden ist, enthält. Auch auf diesem Gebiete sind die grundlegenden Arbeiten in erster Reihe von Soetbeer geliefert worden, der zu diesem Behufe für die Zeit vor 1687 die in Münzgesetzen, in Rechenbüchern und in der Literatur enthaltenen Anhaltspunkte benutzt hat; für die Zeit von 1687 an liefern die regelmäßigen Notierungen des Gold- und Silberpreises der Hamburger Börse ein zuverlässiges Material. In neuerer Zeit wird den Berechnungen des Wertverhältnisses meist der in London notierte Silberpreis zugrunde gelegt.

Hinsichtlich der Zuverlässigkeit des für die frühere Zeit ermittelten Wertverhältnisses gilt ähnliches, wie für die Ziffern der Edelmetallproduktion. Soetbeer selbst hebt hervor, daß trotz aller Vorsicht und Sorgfalt bei der Auswahl und Verwertung des Materials seine Angaben nur als ungefähre Schätzungen zu betrachten sind, schon deshalb, weil bei dem unvollkommenen Zustande der Verkehrsmittel zu gleicher Zeit an verschiedenen Orten erhebliche Unterschiede sowie am gleichen Orte rasch aufeinander folgende Schwankungen im gegenseitigen Werte der Edelmetalle vorkamen.

In der neueren Zeit sind die örtlichen Abweichungen des Wertverhältnisses auf ein Minimum reduziert. Für Einzeluntersuchungen

Das Wertverhältnis zwischen Silber und Gold.

Durchschnittszahlen für längere Perioden bzw. Jahre von 1501—1919.

Perioden bzw. Jahre	1 kg Gold = wieviel kg Silber	Perioden bzw. Jahre	1 kg Gold = wieviel kg Silber
1501—1520	10,75	1851—1855	15,41
1521—1540	11,25	1856—1860	15,30
1541—1560	11,30	1861—1865	15,40
1561—1580	11,50	1866—1870	15,55
1581—1600	11,80	1871—1875	15,97
1601—1620	12,25	1876—1880	17,81
1621—1640	14,00	1881—1885	18,63
1641—1660	14,50	1886—1890	21,16
1661—1680	15,00	1891—1895	26,32
1681—1700	15,00	1896—1900	33,54
1701—1720	15,21	1901—1905	36,20
1721—1740	15,08	1906—1910	35,68
1741—1760	14,75	1911—1915	36,67
1761—1780	14,72	1916	30,11
1781—1800	15,09	1917	23,09
1801—1810	15,61	1918	21,00
1811—1820	15,51	1919	18,44
1821—1830	15,80	1920	20,27
1831—1840	15,75	1921	32,20
1841—1850	15,83		

kommen außer den Londoner Notierungen heute vor allem die Notierungen an der Newyorker, Hamburger und Pariser Börse in Betracht.

Ein Ueberblick über die Gesamtentwicklung der Wertrelation von Gold und Silber zeigt, daß vom Beginne des 16. Jahrhunderts an das Silber im Verhältnis zum Golde erheblich und fast ununterbrochen im Werte gesunken ist. Eine nennenswerte Ausnahme machen nur die Perioden 1720 bis 1780 und 1850 bis 1865, in denen der Silberwert im Verhältnis zum Goldwerte eine kleine und vorübergehende Steigerung erfuhr; schließlich die Jahre des Weltkrieges, die eine plötzliche starke Erholung des Silberpreises brachten, eine Erholung, die allerdings heute schon zum größten Teil wieder verloren gegangen ist.

Die Intensität der relativen Wertverringerung des Silbers ist jedoch in den einzelnen Zeitabschnitten sehr verschieden. Während des ganzen 16. Jahrhunderts und in den ersten beiden Jahrzehnten des 17. Jahrhunderts bröckelte der Silberwert allmählich, aber ununterbrochen ab; die Periode 1601 bis 1620 zeigte eine durchschnittliche Wertrelation von 1:12,25 gegen 1:10,75 ein Jahrhundert zuvor; das war eine Entwertung des Silbers um etwa 12 Prozent im Laufe von 100 Jahren. Es sei daran erinnert, daß in jener Zeit die Silberproduktion einen ganz außerordentlichen Aufschwung nahm, während die Goldproduktion nur verhältnismäßig langsam anwuchs.

Die folgenden Jahrzehnte brachten eine erhebliche Beschleunigung im Rückgange des Silberwertes; die Wertrelation war schon 1621 bis 1640 1:14, sie ging auf 1:15 in den 40 Jahren 1661 bis 1700 und auf 1:15,21 in der Periode 1701 bis 1720. Wie wenig die Produktionsverhältnisse allein entscheidend sind für die Gestaltung des gegenseitigen Wertes der beiden Metalle, zeigt sich in dieser Periode ganz besonders deutlich. Diese Entwertung des Silbers um nahezu 20 Prozent vollzog sich bei stockender und abnehmender Silbergewinnung und zunehmender Goldproduktion; der Anteil des Goldes am Gewichte der Gesamtproduktion stieg in jener Zeit von 2 Prozent auf 3,5 Prozent.

Von 1720 an begann der Silberwert wieder etwas zu steigen. 1761 bis 1780 war die durchschnittliche Relation 1:14,72. In dieser ersten Periode der Unterbrechung des Wertrückganges des Silbers wies die Goldproduktion infolge der Entdeckung Amerikas eine sehr erhebliche Steigerung auf, durch die — trotz der gleichzeitigen Steigerung der Silbergewinnung — der Anteil des Goldes am Gewichte der Gesamtproduktion zeitweise (1741 bis 1760) auf 4,4 Prozent erhöht wurde.

Mit der Abnahme der Goldgewinnung bei einer vorläufig noch weiter steigenden Silberförderung begann der Silberwert um die Neige des 18. Jahrhunderts abermals zu sinken; die Wertrelation hielt sich in der ersten Hälfte des 19. Jahrhunderts im großen Ganzen zwischen 1:15,5 und 1:16, mit einer namentlich gegen Ende dieser Periode hin deutlich hervortretenden Tendenz zur weiteren Verringerung des Silberwertes.

Mit der Entdeckung der kalifornischen Goldfelder trat die Entwicklung in eine neue Phase. Die Wertrelation erfuhr eine ausgesprochene Verschiebung zuungunsten des Goldes und zugunsten des Silbers. Die durchschnittliche Relation des Jahrfünfts 1856 bis 1860 war 1:15,30, und im Jahre 1859 ging die Wertrelation auf dem Londoner Markte zeitweise bis auf 1:15,03 zurück, während sie im Jahre 1848 vorübergehend 1:16,12 gewesen war. Der Gewichtsanteil des Goldes an der Gesamtproduktion der Edelmetalle hob sich in den 50er Jahren auf mehr als 18 Prozent.

Schon in der zweiten Hälfte der 60er Jahre trat jedoch abermals ein Umschwung ein, und mit den 70er Jahren begann der rapide und unaufhaltsame Preissturz des Silbers. In zwei Jahrzehnten verlor das weiße Metall ungefähr die Hälfte seines Wertes. Im Jahre 1909 waren erst etwa 40 kg Silber soviel wert wie 1 kg Gold.

Die Zeit, in der sich diese auffallende Entwicklung, deren Ursachen in der Zeit des Kampfes um Gold- oder Doppelwährung heftig umstritten waren, vollzog, war charakterisiert durch folgende Merkmale:

1. Hinsichtlich der Produktionsverhältnisse. — Bis zur Mitte der 80 er Jahre ging die Goldproduktion zurück bei erheblich steigender Silbergewinnung; in den folgenden Jahren nahm zwar die Goldproduktion wieder zu, aber die Silberförderung stieg bis etwa 1893 in noch viel höherem Maße, sodaß der Anteil des Goldes am Gewichte der Gesamtproduktion wieder bis auf 4,8 Prozent im Durchschnitt der Periode 1886 bis 1895 zurückging. Von 1894 an zeigte allerdings die Goldproduktion eine wesentlich stärkere Zunahme als die Silbergewinnung, ohne daß dadurch eine nachhaltige Erholung des Silberpreises bewirkt worden wäre.

2. Hinsichtlich der monetären Verhältnisse. — Seit dem Beginn der 70 er Jahre hat sich in der Währungsverfassung der Kulturwelt eine gewaltige Verschiebung vollzogen. Fast alle Länder, die für den Weltverkehr in Betracht kommen, haben dem Silber ihre Münzstätten verschlossen und die Goldwährung mehr oder minder vollständig durchgeführt. Die Verwendung des Silbers zu Geldzwecken ist mithin beschränkt worden, während der Gebrauch des Goldgeldes eine sehr erhebliche Ausdehnung erfahren hat.

Diese Andeutungen müssen hier genügen, um die Gestaltung der Wertrelation mit der Gesamtentwicklung in Beziehung zu setzen.

In Anbetracht der Wichtigkeit der Vorgänge seit der Mitte des 19. Jahrhunderts sind in der Tabelle auf S. 111 und 112 die Londoner Silbernotierungen und das sich daraus ergebende durchschnittliche Wertverhältnis für die Zeit von 1840 bis 1921 zusammengestellt. Dazu ist folgendes zu bemerken:

Die Londoner Silbernotierung lautet auf pence (d) pro Unze Standard Silber (oz. st.) Das Standard Silber ist $^{37}/_{40}$ fein. Aus einer Unze Standard Gold von $^{11}/_{12}$ Feinheit werden andererseits 3 Pfd. Sterl. 17 sh. $10\,^1/_2$ d = 934,5 d geprägt. Daraus ergibt sich, wenn man die Londoner Notierung des Silberpreises = a setzt, zur Berechnung des Wertverhältnisses zwischen der feinen Unze Silber und der feinen Unze Gold folgender Kettensatz:

x Unzen feines Silber	1 Unze feines Gold
11 Unzen feines Geld	12 Unzen Standard Gold
1 Unze Standard Gold	934,5 pence
a pence	1 Unze Standard Silber
40 Unzen Standard Silber	37 Unzen feines Silber.

$$\text{Danach ist } x = \frac{12 \cdot 934,5 \cdot 37}{11 \cdot 40 \cdot a}$$
$$= \frac{942,995454\ldots}{a}$$

Man muß mithin die konstante Zahl 942,995454.... mit dem Londoner Silberpreise dividieren, um die Relationszahl zu ermitteln. Diese Berechnung hat allerdings einen nahezu festen Londoner Goldpreis, wie er von den 20er Jahren des vorigen Jahrhunderts bis in den Weltkrieg hinein tatsächlich bestand, zur Voraussetzung. Für die Zeit vom Beginn des Weltkrieges an muß die Berechnung den jeweiligen Stand des Goldpreises berücksichtigen, oder, soweit für diesen angesichts der Beschränkungen des freien Goldhandels keine Anhaltspunkte vorliegen, den Kurs des amerikanischen Dollars, der sich im großen Ganzen ungefähr auf der Goldparität gehalten hat.

Der Londoner Silberpreis und das sich daraus ergebende Wertverhältnis zwischen Silber und Gold 1848—1921.

Jahre	Niedrigster	Höchster	Durchschnittl.	Durchschnittl. Wertverhältnis 1 kg Gold = x kg Silber
	Silberpreis (pence pro Unze Standard)			
1848	$58^1/_8$	60	$59^1/_2$	15,85
1849	$59^1/_2$	60	$59^3/_4$	15,76
1850	$59^1/_2$	$61^1/_2$	$61^1/_{16}$	15,44
1851	60	$61^5/_8$	61	15,46
1852	$59^7/_8$	$61^7/_8$	$60^1/_2$	15,58
1853	$60^5/_8$	$61^7/_8$	$61^1/_2$	15,33
1854	$60^7/_8$	$61^7/_8$	$61^1/_2$	15,33
1855	60	$61^5/_8$	$61^5/_{16}$	15,38
1856	$60^1/_2$	$62^1/_4$	$61^5/_{16}$	15,38
1857	61	$62^3/_8$	$61^3/_4$	15,27
1858	$60^3/_4$	$61^7/_8$	$61^5/_{16}$	15,38
1859	$61^3/_4$	$62^3/_4$	$62^1/_{16}$	15,19
1860	$61^1/_4$	$62^3/_8$	$61^{11}/_{16}$	15,29
1861	$60^1/_8$	$61^3/_8$	$60^{13}/_{16}$	15,51
1862	61	$62^1/_8$	$61^7/_{16}$	15,34
1863	61	$61^3/_4$	$61^3/_8$	15,36
1864	$60^5/_8$	$62^1/_2$	$61^3/_8$	15,36
1865	$60^1/_2$	$61^5/_8$	$61^1/_{16}$	15,44
1866	$60^3/_8$	$62^1/_2$	$61^1/_8$	15,41
1867	$60^3/_8$	$61^1/_4$	$60^9/_{16}$	15,57
1868	$60^1/_8$	$61^1/_8$	$60^1/_2$	15,58
1869	60	61	$60^7/_{16}$	15,59
1870	$60^1/_4$	$60^3/_4$	$60^9/_{16}$	15,57
1871	$60^3/_{16}$	61	$60^1/_2$	15,58
1872	$59^1/_4$	$61^1/_8$	$60^5/_{16}$	15,63
1873	$57^7/_8$	$59^{15}/_{16}$	$59^1/_4$	15,93
1874	$57^1/_4$	$59^1/_2$	$58^5/_{16}$	16,16
1875	$55^1/_2$	$57^5/_8$	$56^7/_8$	16,64
1876	$46^3/_4$	$58^1/_2$	$52^3/_4$	17,75
1877	$53^1/_4$	$58^1/_4$	$54^{13}/_{16}$	17,20
1878	$49^1/_2$	$55^1/_4$	$52^9/_{16}$	17,92
1879	$48^7/_8$	$53^3/_4$	$51^1/_4$	18,39
1880	$51^3/_8$	$52^7/_8$	$52^1/_4$	18,05
1881	$50^7/_8$	$52^7/_8$	$51^{11}/_{16}$	18,25
1882	50	$52^3/_8$	$51^5/_8$	18,20
1883	50	$51^3/_{16}$	$50^9/_{16}$	18,64
1884	$49^1/_2$	$51^3/_8$	$50^5/_8$	18,61
1885	$46^7/_8$	50	$48^5/_8$	19,41

Jahre	Niedrigster	Höchster	Durchschnittl.	Durchschnittl. Wertverhältnis 1 kg Gold = x kg Silber
	Silberpreis (pence pro Unze Standard)			
1886	42	47	$45^3/_8$	20,78
1887	$43^1/_4$	$47^1/_?$	$44^5/_8$	21,10
1888	$41^5/_8$	$44^9/_{16}$	$42^7/_8$	22,00
1889	42	$44^3/_8$	$42^{11}/_{16}$	22,10
1890	$43^5/_?$	$54^5/_8$	$47^{11}/_{16}$	19,75
1891	$43^1/_2$	$48^3/_8$	$45^1/_{16}$	20,92
1892	$37^7/_8$	$43^3/_4$	$39^{13}/_{16}$	23,72
1893	$30^1/_2$	$38^3/_4$	$35^5/_8$	26,49
1894	27	$31^3/_4$	$28^{15}/_{16}$	32,56
1895	$27^3/_{16}$	$31^3/_8$	$29^7/_8$	31,60
1896	$29^3/_4$	$31^{15}/_{16}$	$30^3/_4$	30,59
1897	$23^3/_4$	$29^{13}/_{16}$	$27^9/_{16}$	34,20
1898	25	$28^5/_{16}$	$26^{15}/_{16}$	35,03
1899	$26^5/_8$	29	$27^7/_{16}$	34,36
1900	27	$30^3/_{16}$	$28^1/_4$	33,33
1901	$24^{15}/_{16}$	$29^9/_{16}$	$27^8/_{16}$	34,68
1902	$21^{11}/_{16}$	$26^1/_8$	$24^1/_{16}$	39,15
1903	$21^{11}/_{16}$	$28^1/_2$	$24^3/_4$	38,10
1904	$24^7/_{16}$	$28^9/_{16}$	$26^3/_8$	35,70
1905	$25^7/_{16}$	$30^5/_{16}$	$27^{13}/_{16}$	33,87
1906	29	$33^1/_8$	$30^7/_8$	30,54
1907	$24^1/_4$	$32^7/_{16}$	$30^3/_{16}$	31,24
1908	22	27	$24^{13}/_{32}$	38,64
1909	$23^1/_{16}$	$24^7/_8$	$23^{23}/_{32}$	39,74
1910	$23^3/_{16}$	$26^1/_4$	$24^{21}/_{32}$	38,22
1911	$23^{11}/_{16}$	$26^1/_8$	$24^{19}/_{32}$	38,33
1912	$25^1/_8$	$29^{11}/_{16}$	$28^1/_{16}$	33,62
1913	$26^1/_{16}$	$29^3/_8$	$27^9/_{16}$	34,19
1914	$22^1/_8$	$27^1/_4$	$25^1/_4$	37,37
1915	$22^5/_{16}$	$27^1/_4$	$23^5/_8$	41,35
1916	$26^{11}/_{16}$	$37^1/_8$	$31^3/_8$	30,80
1917	$35^{11}/_{16}$	55	$40^{13}/_{16}$	23,67
1918	$42^1/_2$	$49^1/_2$	$47^{17}/_{32}$	20,31
1919	$47^3/_4$	$79^1/_8$	$57^1/_{32}$	18,82
1920	$89^1/_2$	$38^7/_8$	$61^{13}/_{32}$	20,80
1921	$43^3/_?$	$30^5/_8$	$36^7/_8$	31,90

4. Kapitel.   Die Wandlungen im monetären Gebrauche der Edelmetalle von 1493 bis zur Mitte des 19. Jahrhunderts.

§ 1.   Die Entwicklung von der Entdeckung Amerikas bis zum Ende des 18. Jahrhunderts.

In den beiden Jahrhunderten vor der Entdeckung Amerikas überwog in den europäischen Kulturstaaten, soweit es sich aufgrund der lückenhaften Anhaltspunkte beurteilen läßt, der Gebrauch des Goldgeldes. Die fortgesetzte Verschlechterung der Silbermünzen soll in jener Zeit dazu geführt haben, daß sich der Großhandel immer mehr der wahrscheinlich vom Orient nach Italien gebrachten und von dort über ganz Europa bis nach England vordringenden Goldmünzen bediente. Man hat sogar davon gesprochen, daß in jener Periode in den wichtigsten Kulturstaaten die „Goldwährung" geherrscht habe. Das Wort „Goldwährung" darf in diesem Zusammenhange natürlich nicht als die Bezeichnung eines bestimmten Währungssystems aufgefaßt werden; denn die Goldwährung in diesem Sinne und die Währungssysteme überhaupt sind ja, wie im ersten Abschnitte gezeigt wurde, erst viel später entstanden. Die Geldverfassung der damaligen Zeit charakterisiert sich vielmehr als Sortengeld, und der Ausdruck „Goldwährung" kann hier nur besagen, daß innerhalb dieses Rahmens der tatsächliche Gebrauch von Goldgeld vorherrschend war.

Wie weit die herkömmliche Begründung dieses Zustandes durch die Verschlechterung der Silbermünzen zutreffend ist, muß hier dahingestellt bleiben. Nur zur Ergänzung sei auf einen Umstand aufmerksam gemacht, der aus der späteren Entwicklung eine besondere Beleuchtung erhält, nämlich auf die Tatsache, daß es, wie oben (S. 84 und 97) ausführlich dargelegt worden ist, überaus wahrscheinlich, ja man kann sagen durchaus sicher ist, daß in jener Periode die Goldproduktion im Verhältnis zur Silberproduktion beträchtlich größer war als vom Anfang des 16. bis zur Mitte des 19. Jahrhunderts. Noch für die Zeit von 1493 bis 1520 stellte sich nach der Soetbeerschen Statistik der Anteil des Goldes am Gewichte der gesamten Edelmetallproduktion auf 11 Prozent, während er in der Folgezeit bis unter 2 Prozent herabging. Dem Werte nach entfielen auf das Gold in dem genannten Zeitraume 57 Prozent, während sich sein Anteil im 16. und 17. Jahrhundert zeitweise unter 20 Prozent ermäßigte. Schon im Jahre 1419 hatten aber die Portugiesen das Kap Bojador an der Westküste Afrikas umsegelt, und der Goldstaub gehörte zu den wichtigsten Waren, welche die portugiesischen Schiffe von den Küsten Afrikas nach Europa brachten. Wenn man ferner erwägt, daß bereits im letzten Viertel des 15. Jahrhunderts die deutsche Silberproduktion einen sehr erheblichen Aufschwung zeigte, während von der Goldgewinnung eine ähnlich große Zunahme nicht berichtet wird, so erscheint der Schluß gerechtfertigt, daß in dem Jahrhundert vor 1493 der Anteil der Goldproduktion noch erheblich bedeutender war, als ihn die Ziffern für die Periode 1493 bis 1520 ausweisen. Für eine Zeit, in der das Geldwesen noch nicht in feste Formen gegossen ist, in denen vielmehr der Verkehr alles als Geld benutzt, was sich ihm als geeigneter Geldstoff darbietet, läßt ein Ueberwiegen der Goldproduktion allein schon einen überwiegenden Gebrauch von Goldgeld als natürlich erscheinen.

Mit der Hervorhebung des vorherrschenden Goldgebrauchs sind jedoch die Geldverhältnisse zur Zeit der Entdeckung Amerikas noch nicht genügend charakterisiert. Es muß außerdem erwähnt werden, daß der Gebrauch des metallischen Geldes überhaupt damals noch ein beschränkter war, daß die Naturalwirtschaft in den weitesten Schichten noch nicht durch die Geldwirtschaft verdrängt war, wenn auch die letztere während des Mittelalters erhebliche Fortschritte gemacht hatte.

Eine weitere Ausdehnung des Geldgebrauchs erschien aus der gesamten wirtschaftlichen Entwicklung heraus notwendig. Aber erst durch den gewaltigen Strom von Edelmetall, der sich von 1520 an über die alte Welt ergoß, wurde der enorme Fortschritt der Geldwirtschaft, der die neue Zeit auszeichnet, möglich gemacht.

Wenn wir sehen, daß weitaus der größte Anteil an der Steigerung der Edelmetallproduktion während des 16. und 17. Jahrhunderts auf das Silber entfällt, so muß es als eine notwendige Folge erscheinen, daß in jener Zeit das Silber das Gold aus seiner beherrschenden Stellung als Geldmetall verdrängte. Diese Entwicklung hatte schon vor der Entdeckung der neuen Welt und ihrer Silberschätze begonnen mit der Steigerung der Silbergewinnung in Sachsen, Böhmen und Tirol. Die fortgesetzte Verschlechterung der Goldmünzen mag auch dieses Mal den Umschwung begünstigt und den Verkehr für die Aufnahme der neuen großen Silbermünzen, die damals aufkamen, günstig gestimmt haben. Das entscheidende Moment war aber auch in diesem Falle sicherlich die große Zunahme der Silbergewinnung in Verbindung mit dem Umstande, daß das Silber damals in viel höherem Grade als das Gold dem wichtigsten monetären Bedürfnisse der Zeit entsprach. Dieses Bedürfnis war die Ausdehnung des Metallgeldgebrauches von den Höhen des Großverkehrs auf die bisher noch von der Naturalwirtschaft beherrschten unteren Schichten der Volkswirtschaft. Für den Großhandel war das Gold ein ebenso geeignetes, ja ein tauglicheres Geld als das Silber; für den mittleren und kleinen Verkehr aber, für alle die weiten Kreise, die nunmehr der Geldwirtschaft neu erschlossen wurden, war bei der Kleinheit aller wirtschaftlichen Verhältnisse das Gold ein viel zu kostbarer Geldstoff; nur das Silber konnte hier Eingang finden.

Die Produktionsverhältnisse der Edelmetalle und die wirtschaftlichen Bedürfnisse der Zeit wirkten also vereint dahin, dem Silber wieder die vorherrschende Stellung im Geldwesen zu verschaffen. Aber eben deshalb wirkten diese beiden Momente in einer anderen Beziehung einander entgegen, nämlich in Hinsicht auf den Wert des Geldes gegenüber den übrigen Gütern im allgemeinen und auf das gegenseitige Wertverhältnis der beiden Edelmetalle im besonderen.

Es ist hier noch nicht der Platz zu einer genaueren Untersuchung der Faktoren, die den Wert der Edelmetalle bestimmen. Einer solchen bedarf es auch nicht, um zu erweisen, daß außerordentliche Veränderungen in der Produktion der Edelmetalle, durch die innerhalb weniger Jahrzehnte der Umfang des gesammten Edelmetallvorrates stark beeinflußt wird, für die Wertbewegung der Edelmetalle von Bedeutung sind. Es ist a priori wahrscheinlich, daß die vom Anfang des 16. bis zum Anfang des 17. Jahrhunderts eingetretene Vermehrung der gesamten Edelmetallproduktion auf das Siebenfache den Wert des Edelmetallgeldes gegenüber den übrigen Gütern herabzudrücken geeignet war und daß speziell die Vermehrung der Silberproduktion auf das Neunfache bei einer Steigerung der Goldgewinnung um nicht ganz die Hälfte das Wertverhältnis der beiden Metalle zuungunsten des Silbers beeinflussen mußte.

In der Tat haben sich beide Wahrscheinlichkeiten verwirklicht, aber nicht entfernt in einem Maße, das der Größe der Veränderungen in der Edelmetallproduktion entsprochen hätte.

Zur Illustration der Entwicklung des Geldwertes gegenüber den übrigen Gütern in der hier in Betracht kommenden Periode mögen die folgenden Zahlen dienen, die Rogers für England als effektive Durchschnittspreise ermittelt hat:

	In den Jahren 1541—1582	In den Jahren 1583—1642	In den Jahren 1643—1702
Weizen	13 sh. $6^1/_2$ d	36 sh. 1 d	41 sh. $11^1/_4$ d
Gerste	8 „ $5^3/_4$ „	19 „ $9^3/_4$ „	22 „ $2^1/_4$ „
Hafer.	5 „ $5^1/_2$ „	12 „ 5 „	15 „ $2^1/_2$ „
Rindfleisch	1 „ 7 „	2 „ $5^1/_2$ „	3 „ $5^1/_2$ „
Butter	2 „ 8 „	4 „ $9^1/_2$ „	6 „ 1 „
Eisen	26 „ $2^3/_4$ „	33 „ $11^1/_4$ „	38 „ 10 „
Lohn der Maurergesellen .	3 „ $4^1/_2$ „	4 „ $2^3/_4$ „	6 „ $7^3/_4$ „
Lohn der landw. Arbeiter .	3 „ 3 „	4 „ 10 „	6 „ $4^3/_4$ „

Zweifellos wäre die Geldwertverringerung und die ihr entsprechende Preisrevolution eine beträchlich stärkere gewesen, wenn nicht das starke Bedürfnis nach einer Ausdehnung der Geldwirtschaft den großen Massen neuen Metalls ein weites Verwendungsfeld gesichert hätte. Weil die vermehrte Produktion einem starken wirtschaftlichen Bedürfnisse entgegenkam, übte sie nicht ihre volle Wirkung auf den Wert des Edelmetallgeldes aus. Weil aber dieses starke wirtschaftliche Bedürfnis sich ausschießlich auf das Silbergeld erstreckte, weil das weite Feld, das in jener Zeit der Geldwirtschaft neu erschlossen wurde, nur für das für kleinere Zahlungen geeignete Silber Verwendung hatte, deshalb erscheint die Einwirkung der veränderten Produktionsverhältnisse auf die Wertrelation der beiden Metalle in noch viel höherem Grade abgeschwächt, als die Einwirkung auf den Geldwert schlechthin. Durch die rasch fortschreitende Ausdehnung der Geldwirtschaft auf die unteren Schichten der Volkswirtschaft gewann das Silber gegenüber dem Golde so sehr an Bedeutung und Verwendbarkeit innerhalb des Geldwesens, daß trotz der vielfach stärkeren Vermehrung der Silbergewinnung nur eine relativ geringfügige Aenderung der Wertrelation zugunsten des Goldes eintrat, eine Verschiebung von 1 : 10,75 auf 1 : 12,25. —

Die Periode von etwa 1620 an zeigte in den wesentlichsten Punkten eine umgekehrte Tendenz. Bei abnehmender Silbergewinnung fuhr die Goldproduktion fort zu steigen. Gleichzeitig wuchs aus verschiedenen Gründen die monetäre Nachfrage nach Gold. Die europäische Welt wurde damals durch langwierige und verheerende Kriege heimgesucht, und in solchen unsicheren Zeiten ist das Gold, weil es leichter zu transportieren und zu verbergen ist, stets mehr gesucht als das Silber. Von der zweiten Hälfte des 17. Jahrhunderts an kam hinzu der Aufschwung des internationalen Verkehrs und die Vergrößerung der Umsätze. Dadurch wurde in ähnlicher Weise, wie in der vorhergehenden Periode durch die Ausdehnung der Geldwirtschaft nach unten hin für das Silber, so jetzt für das Gold ein weiteres Verwendungsgebiet und eine stärkere Nachfrage geschaffen. Denn je mehr der internationale Verkehr wächst, bei dem es sich um die Versendung beträchtlicher Summen auf große Entfernungen handelt, und je größer die Umsätze auch im Inlandsverkehr werden, desto stärker wird das Bedürfnis nach Zahlungsmitteln, die in kleinem Volumen einen hohen Wert repräsentieren; und in dieser Beziehung ist das Gold dem Silber weit überlegen. Nur aus dieser Zunahme der Goldnachfrage läßt es sich erklären, daß von 1620 an das Gold gegenüber dem Silber erheblich im Werte stieg, während gleichzeitig der Anteil des Goldes an der Gesamtproduktion der beiden Metalle eine nicht unwesentliche Steigerung aufwies. Das Wertverhältnis zwischen Silber und Gold ging von 1:12,25 in der Periode 1601 bis 1620 auf 1:14 im Durchschnitt der folgenden 20 Jahre, und es hob sich bis auf 1:15,21 im Durchschnitt der Jahre 1701 bis 1720. Das war die stärkste Veränderung der Relation seit dem Beginn des Mittelalters, und sie ist auch späterhin nur übertroffen worden durch die Silberentwertung im letzten Drittel des 19. Jahrhunderts.

Die Möglichkeit, daß der große Silberzufluß aus der neuen Welt, der von 1545 an begonnen hatte, seinen Einfluß auf das Wertverhältnis der beiden Metalle erst von etwa 1620 an in vollem Umfange ausübte, nachdem sich die jährliche Neuproduktion allmählich zu großen Massen aufgestaut hatte, soll bei der Erklärung des ungewöhnlichen Rückgangs des Silberwertes nicht ganz von der Hand gewiesen werden. Gänzlich abzulehnen sind dagegen die Versuche, den Umschwung in der Wertrelation aus den Einflüssen der staatlichen Münzgesetzgebung zu erklären, also daraus, daß in der in Frage stehenden Periode die Goldmünzen in staatlichen Verordnungen gegenüber den Silbermünzen fortgesetzt höher tarifiert worden seien. Der ursächliche Zusammenhang ist vielmehr der umgekehrte. Jeder Kenner der damaligen monetären Verhältnisse weiß, daß in jener Zeit die staatlichen Tarifierungen von Gold- und Silbermünzen nicht nur auf das Wertverhältnis der ungeprägten Metalle ohne Einfluß waren, sondern daß sie nicht einmal den Wert der geprägten Münzen zu fixieren vermochten. Die Münzen waren vielmehr der schwankenden Bewertung des freien Verkehrs unterworfen, und die häufigen Aenderungen der offiziellen Tarifierungen der Münzen wurden dadurch hervorgerufen, daß die offizielle Bewertung nicht mehr im Einklang mit der tatsächlichen Bewertung stand. Weit entfernt, die Ursache der veränderten Bewertung der beiden Metalle im freien Verkehr zu sein, waren mithin die Veränderungen der gesetzlichen Tarifierung damals die Wirkung des veränderten Marktwertes der Edelmetalle.

Während in dem Jahrhundert von 1620 bis 1720 die Wirkung der Produktionsverhältnisse auf das Wertverhältnis beträchtlich überboten wurde durch Verschiebungen in der monetären Nachfrage nach Gold und Silber, übte in den folgenden Jahrzehnten die reiche Goldausbeute Brasiliens einen sichtbaren Einfluß aus. Die Wertrelation begann eine Veränderung zuungunsten des Goldes zu zeigen. Während sie in dem Jahrzehnt 1701 bis 1710 durchschnittlich 1:15,27 gewesen war, stellte sie sich 1751 bis 1760 auf 1:14,56. Außer der ungewöhnlichen Steigerung der Goldgewinnung mag zu dieser Veränderung der Umstand beigetragen haben, daß der sich immer mehr entwickelnde Verkehr mit Indien fortgesetzt große Mengen von Silber absorbierte.

Abgesehen von der Einwirkung auf das Wertverhältnis, die sich bald als vorübergehend herausstellte, hatte die große Steigerung der Goldproduktion die dauernde Folge, daß in dem Lande, das immer mehr die Führung in der wirtschaftlichen Entwicklung übernahm, nämlich in England, der vorwiegende Gebrauch des Goldgeldes sich einbürgerte. Schon gegen Ende des 17. Jahrhunderts hatte das Gold in der englischen Zirkulation gegenüber dem Silber erheblich an Boden gewonnen. Begünstigt worden war diese Entwicklung, wie oben in anderem Zusammenhange dargelegt wurde, durch den schlechten Zustand des Silbergeldes und nach der Silbermünzreform von 1695 durch das Verhalten der öffentlichen Kassen, welche die Goldmünze, die Guinea, zu einem höheren Werte in Zahlung nahmen, als der Marktrelation zwischen Silber und Gold entsprochen hätte. Bis zum Jahre 1717 war allerdings der Privatverkehr nicht an den Kurs der öffentlichen Kassen gebunden; wenn trotzdem die Guinea auch im Privatverkehr zu einem im Verhältnis zur Marktrelation der beiden Metalle zu günstigen Kurse in Zahlung genommen wurde, so war das nur möglich aufgrund der Tatsache, daß die vorgeschrittene englische Volkswirtschaft für das Goldgeld ein sich immer mehr erweiterndes Verwendungsfeld bot. In den Jahren 1717 und 1718 wurde dann formell ein Doppelwährungssystem eingeführt; die Guinea erhielt einen festen, auch für den Privatverkehr verbindlichen Kurs von 21 Schilling, und dieser Kurs entsprach einem Wertverhältnisse von 1 : 15,2. Tatsächlich hatte England damals schon einen fast ausschließlichen Goldumlauf, und da die neue gesetzliche Relation für das Gold gegenüber der Marktrelation immer noch zu günstig war, ist auch in der Folgezeit der englischen Zirkulation fast ausschließlich Gold zugeflossen. Von 1701 bis 1816 wurden für mehr als 90 Millionen Pfd. Sterl. Goldmünzen geprägt, Silbermünzen dagegen nur für 908 200 Pfd. Sterl.[1]).

Bemerkenswert ist, daß die englische Doppelwährung nicht die Wirkung hatte, den gegenseitigen Marktwert der Edelmetalle in Uebereinstimmung zu setzen mit der gesetzlichen Relation. Vielmehr entfernte sich das Wertverhältnis der beiden Metalle auf dem Markte in den auf die formelle Einführung der Doppelwährung folgenden Jahrzehnten immer weiter von dem gesetzlichen Wertverhältnisse. Der von Soetbeer für das Jahrzehnt 1711 bis 1720 berechnete Durchschnitt von 1 : 15,15 kam der gesetzlichen Relation der englischen Doppelwährung 1 : 15,2 sehr nahe; aber späterhin veränderte sich die Marktrelation bis auf 1 : 14,56 im Durchschnitt des Jahrzehnts 1751 bis 1760. England hatte eben in jener Zeit kein Silber abzugeben; es hatte nur einen spärlichen und abgenutzten Silberumlauf. Infolgedessen vermochte es der relativen Wertsteigerung des Silbers nur insoweit entgegenzuwirken, als es einen großen Teil des neuproduzierten Goldes

---

[1]) Kalkmann, Englands Uebergang zur Goldwährung. Straßburg 1895. S. **64**, 65; Lexis, Handwörterbuch der Staatswissenschaften, 3. Aufl., Bd. V. S. 39.

bereitwillig aufnahm und dadurch den Einfluß der Steigerung der Goldproduktion auf den relativen Goldwert einigermaßen paralysierte. Der gewaltige Aufschwung der englischen Volkswirtschaft während des 18. Jahrhunderts machte eine starke Vermehrung der Geldzirkulation überhaupt und — bei der Größe der Umsätze — speziell des Goldumlaufs dringend wünschenswert.

Auch auf die monetären Verhältnisse der übrigen Länder scheint die vermehrte Goldgewinnung um die Mitte des 18. Jahrhunderts einen gewissen Einfluß ausgeübt zu haben. Eine Zunahme der Goldzirkulation scheint damals fast überall eingetreten zu sein, namentlich in den wirtschaftlich am meisten entwickelten Ländern wie Frankreich.

Während jedoch in diesen Ländern der mit dem letzten Drittel des 18. Jahrhunderts einsetzende neuerliche Umschwung in den Produktionsverhältnissen der Edelmetalle wieder zu einem fast ausschließlichen Silberumlaufe zurückführte, hat England den einmal gewonnenen Goldumlauf auch gegenüber den Wandlungen in der Produktion und im Wertverhältnisse der Edelmetalle sich dauernd zu sichern verstanden, und zwar durch Maßnahmen, die auf die Einführung der Goldwährung hinausliefen und die bereits in dem Kapitel über die Entstehung der Goldwährung genauer dargestellt worden sind. Die rasche Abnahme der Goldproduktion nach der Erschöpfung der brasilianischen Goldfelder führte in Verbindung mit der fortgesetzt steigenden Silbergewinnung von neuem zu einer Verschiebung des Wertverhältnisses zuungunsten des Silbers. In der zweiten Hälfte der 90er Jahre kam die Marktrelation auf einem Punkte an, der die Ausprägung von Silber auf der Londoner Münzstätte und das Einschmelzen der englischen Goldmünzen lohnend erscheinen ließ. Da aber die Ersetzung des vorhandenen Goldumlaufs durch einen vorwiegenden Silberumlauf in England der Regierung und dem Parlamente nicht wünschenswert erschien, wurde die Einstellung der bisher formell freien Silberprägung verfügt (1798). Bei der Entwicklungsgeschichte der Geldsysteme hat uns dieser Vorgang interessiert, weil er der erste Schritt zur Ausbildung der Goldwährung, zur wirksamen Zusammenfassung von Gold- und Silbermünzen in einem Systeme war. An dieser Stelle haben wir seine Bedeutung für den tatsächlichen Umfang der monetären Verwendung der Edelmetalle, insbesondere des Silbers zu würdigen.

Die Sperrung der englischen Münze für das Silber im Jahre 1798 war die erste „Demonetisation" des Silbers. Wenn man den Vorgang nach seiner rein formalen Seite hin betrachtet, so wurde dem Silber ein großes und wichtiges Verwendungsgebiet verschlossen, und es liegt deshalb nahe, von einer künstlichen Beschränkung der Silbernachfrage vermittelst der Münzgesetzgebung zu sprechen. Die Münzgesetzgebung erscheint hier zum ersten Male als unmittelbar bestimmend, in welchem Umfange die beiden Metalle zu Geldzwecken verwendet werden sollen, und sie scheint dadurch einen direkten Einfluß auf den gegenseitigen Wert der beiden Metalle zu gewinnen. Damit taucht die große Streitfrage auf, die später die „Währungsfrage" in großem Umfange beherrschen sollte: ob die Münzgesetzgebung die Ursache der Silberentwertung gewesen sei, und ob durch die Münzgesetzgebung der Silberwert wieder hergestellt und befestigt werden könne.

Zur richtigen Beurteilung der Bedeutung, die der Einstellung der englischen Silberprägung zukommt, sind vor allem folgende Momente zu beachten:

Die Maßnahme, die in formeller Beziehung eine entscheidende Aenderung der englischen Münzverfassung bedeutete, war in tatsächlicher Beziehung lediglich eine Aufrechterhaltung des bestehenden Zustandes. Der vorhandene Goldumlauf wurde gegenüber der Gefahr einer Verdrängung durch das billiger werdende Silber sichergestellt, und wie schon bisher, so mußte sich nun auch in Zukunft die englische Nachfrage nach Geld ausschließlich auf das Gold richten. Der bestehende Zustand wurde durch die Sperrung der Silberprägung gesichert, weil er den Bedürfnissen des Verkehrs entsprach und weil nach der allgemeinen Ansicht eine Verdrängung des Goldumlaufs durch einen Silberumlauf den Interessen des englischen Verkehrs entgegen gewesen wäre. Durch die Feststellung dieses Verhältnisses wird die Annahme, die Nachfrage nach Silber sei durch die Sperrung der englischen Silberprägung künstlich beschränkt worden, in das richtige Licht gesetzt. Die am Ende des 18. Jahrhunderts durch den Rückgang des Silberwertes entstehende Möglichkeit der Silberverwertung durch Ausprägungen in der Londoner Münzstätte war nur eine durch die automatische Wirkung des bestehenden Doppelwährungssystems geschaffene Absatzmöglichkeit, nicht aber eine auf den wirklichen Bedürfnissen des lebendigen Verkehrs beruhende Nachfrage nach silbernen Zahlungsmitteln. Der Gesetzgebungsakt, der die Einstellung der Silberprägung verfügte, hat also nicht eine wirklich vorhandene Silbernachfrage künstlich beschränkt; er war vielmehr lediglich der Ausdruck der Tatsache, daß der englische Verkehr für die eindringenden Silbermengen keine Verwendung hatte. Die Gesetzgebung war also nicht die letzte Ursache für die dauernde Beschränkung des Silbergebrauchs im englischen Verkehr und für die daraus sich ergebenden Wirkungen auf das Wertverhältnis von Silber und Gold; die Gesetzgebung war vielmehr nur das Instrument, durch das sich die Bedürfnisse des Verkehrs, die sich früher unmittelbar in der wechselnden Bewertung von Gold- und Silbermünzen äußern konnten, Geltung verschafften. Die Sperrung der Silberprägung hat nicht die Nachfrage nach Silber zu Geldzwecken beschränkt; vielmehr wurde, weil die Bedürfnisse des englischen Geldverkehrs sich nicht auf das Silber, sondern auf das Gold richteten, die Einstellung der Silberprägung verfügt.

Die entscheidende Bedeutung des ganzen Vorgangs liegt darin, daß zum ersten Male ein großes Land, und zwar dasjenige Land, welches in der wirtschaftlichen Entwicklung die erste Stellung einnahm, sich weigerte, das Silber in beliebigen Mengen, wie sie die jeweilige Produktion lieferte, in seinen Geldumlauf aufzunehmen; daß vielmehr eine den gegebenen Unterschieden zwischen Gold und Silber entsprechende verschiedene Behandlung der beiden Metalle eintrat, indem das Silber auf die Sphäre der kleinen Zahlungen, für die das Gold zu wertvoll ist, beschränkt wurde, während die Sphäre der größeren Zahlungen,

für die das Silber als zu schwer und unbequem erschien, ausschließlich
dem Golde vorbehalten wurde. Diese Beschränkung des Silbergeldes
auf einen bestimmten Kreis war gleichzeitig der erste und wichtigste
Schritt zur Herstellung eines einheitlichen aus Gold- und Silbermünzen
bestehenden Geldsystems. So fand in der Goldwährung gleichzeitig
die bisher noch niemals vollkommen gelungene Zusammenfassung von
Gold- und Silbermünzen, wie auch die den Bedürfnissen eines entwickelten Verkehrs entsprechende Begrenzung des Silberumlaufs eine
zweckentsprechende Verwirklichung.

§ 2. Die Entwicklung bis zu den kalifornischen Goldfunden.

Außerhalb Englands war im 18. Jahrhundert und in den ersten
Jahrzehnten des 19. Jahrhunderts das Bedürfnis nach einem vorwiegenden Goldumlaufe noch nicht vorhanden. Die kleineren wirtschaftlichen Verhältnisse boten für das Silber noch ein breites Verwendungsfeld, und wenn auch das um die Mitte des 18. Jahrhunderts in
größeren Mengen eindringende Gold keineswegs ungern vom Verkehr
aufgenommen wurde, so hat doch, als die Abnahme der Goldproduktion
eintrat, während die Silberproduktion zu steigen fortfuhr, der Verkehr
ohne merklichen Widerstand auf das Gold verzichtet. Der gemeinschaftliche Zug der Entwicklung des Geldwesens auf dem europäischen
Kontinente in den letzten Jahren des 18. und in der ersten Hälfte des
19. Jahrhunderts ist die Tatsache, daß das Silbergeld zur fast ausschließlichen Herrschaft kam, so verschieden auch die formelle Geldverfassung in den einzelnen Ländern war.

In Deutschland war in der zweiten Hälfte des 18. Jahrhunderts aus dem Chaos des Sortengeldes heraus die Parallelwährung
hervorgegangen und zur Anerkennung gelangt. In dem Münzedikte
Friedrichs des Großen vom 14. Juli 1750, das für die spätere Entwicklung des deutschen Münzwesens grundlegend geworden ist — es
führte den Taler mit einem Feingehalte von $\frac{1}{14}$ Köln. Mark Silber ein,
aus dem später unsere Reichsmark hervorgegangen ist, — in diesem
Münzedikte wurde zwar der Wert der neuen preußischen Goldmünze,
des Friedrichsdor, auf 5 Taler in Silber festgesetzt und die genaue
Beobachtung der „Proportion zwischen Gold und Silber" befohlen
(Ziffer 11 des Edikts). Aber dasselbe Edikt enthielt bereits die Bestimmung (Ziffer 5), daß alle Verschreibungen auf Goldmünzen in
Friedrichsdor, alle Verschreibungen auf Silbermünzen in Silberkurantgeld konvertiert und dementsprechend bezahlt werden sollten. Gold-
und Silbermünzen konnten sich mithin als Zahlungsmittel gegenseitig
nicht vertreten, und damit war die Festsetzung einer festen Relation
zwischen Gold- und Silbermünzen ihrer wesentlichsten Bedeutung entkleidet. Schon aufgrund des Edikts von 1750 charakterisierte sich
mithin die preußische Münzverfassung nicht als eine Doppelwährung,
sondern als eine formell freilich nicht ganz konsequent durchgeführte
Parallelwährung. Der Verkehr beobachtete das Verhältnis 1 Friedrichsdor = 5 Silbertaler von allem Anfang an nicht. Die Relation war
für das Gold zu ungünstig, und der Friedrichsdor erhielt sofort ein
Aufgeld gegenüber seinem gesetzlichen Werte in Silbergeld. In der

Folgezeit wurde das feste Verhältnis zwischen Gold- und Silbergeld auch formell preisgegeben; in einem Reskripte vom 30. Juli 1764 wurde ein „Agio" zwischen dem Friedrichsdor und dem Silberkurantgeld bis zur Höhe von 5 Prozent verstattet und die Aufnahme des jeweiligen Kurses des Friedrichsdor in den Kurszettel erlaubt. Schließlich bestimmte ein Patent vom 2. Februar 1787, daß die Goldmünzen kein durch Gesetz bestimmtes Verhältnis zum Silberkurant haben sollten, sondern „die Bestimmung des Agios" sollte „lediglich der Konkurrenz überlassen bleiben".

In Oesterreich ging die Entwicklung nach derselben Richtung; durch ein Edikt vom 21. Februar 1786 hob Kaiser Josef „alle wegen Belegung der Geldsorten mit einem Agio ehemals erlassenen Verbote und Strafgesetze" auf. Auch in den übrigen deutschen Territorien verzichtete man darauf, ein festes Wertverhältnis zwischen Gold und Silbermünzen durchzusetzen. So tarifierte ein im Jahre 1765 zwischen den wichtigsten süddeutschen Staaten vereinbarter Münzvertrag den Dukaten auf 2 Gulden 10 Kreuzer des 20 Guldenfußes, gestattete aber den vertragenden Staaten, „das Aufgeld deren 10 Kreutzer entweder in totum oder in tantum abzubrechen".

Innerhalb dieser formellen Parallelwährung hatte jedoch das Silbergeld von Anfang an entschieden das Uebergewicht. Das Silbergeld nahm im Umlaufe einen viel größeren Raum ein als das Gold. Es erschien ferner in der allgemeinen Auffassung als das eigentliche Landesgeld, während die Goldmünzen immer mehr als bloße „Handelsmünzen" angesehen wurden. Das kommt deutlich darin zum Ausdruck, daß nur das Silbergeld als unveränderliche Werteinheit angesehen wurde, während das Goldgeld einen schwankenden Kurs, ein veränderliches Aufgeld gegenüber seinem gesetzlichen Normalwerte erhielt. Wie bereits erwähnt, wurde im Jahre 1764 die Aufnahme des Friedrichdor in den Kurszettel gestattet, und der süddeutsche Münzverein von 1765 bestimmte, daß Veränderungen in der offiziellen Tarifierung von Gold- und Silbermünzen „niemalen in der Erhöhung des Silbers (als bey dem der 20-Guldenfuß ohnabänderlich beyzubehalten ist), sondern alleinig in der Erniedrigung des Goldes gesucht werden sollen". Dieser Auffassung entsprach es, daß man unter Zahlungsverträgen, die auf Geld ohne nähere Zusatzbestimmungen lauteten, Zahlungsverpflichtungen auf Silbergeld verstand. In Preußen bestimmte das Gesetz vom 29. März 1764, das nach den Wirren des Siebenjährigen Krieges wieder eine geordnete Geldverfassung herstellte, daß Verschreibungen auf „Courant" oder auf Geld schlechthin in Silberkurant zu zahlen seien, in Friedrichsdoren nur dann, wenn ausdrücklich Gold oder Friedrichsdor bedungen. In England hatte sich ein Jahrhundert früher das System der Parallelwährung mit einem schwankenden Kurse der Goldmünzen als unhaltbar gezeigt; es war geradezu unerträglich geworden, nachdem der Goldumlauf den größeren Teil der Zirkulation ausmachte, und deshalb war im Jahre 1718 ausdrücklich durch ein Gesetz jede weitere Veränderung des Kurses der Guinea untersagt worden. In Deutschland dagegen lagen die Verhältnisse anders. Bei dem geringeren Volkswohlstande und den kleineren Umsätzen genügte das Silber noch in der ersten Hälfte des 19. Jahrhunderts den Ansprüchen des Verkehrs in durchaus befriedigender Weise, und das Fehlen eines stärkeren Goldumlaufs wurde nicht als lästig empfunden. Da aber das Goldgeld nur in beschränkten Mengen vorhanden war und im Verkehr eine nur nebensächliche Rolle spielte, erschienen auch die Kursschwankungen des Goldgeldes als erträglich, zumal da der deutsche Verkehr bei der herrschenden Münzzersplitterung daran gewöhnt war, mit Kursveränderungen zahlreicher umlaufender Münzsorten zu rechnen.

Freilich hat der schwankende Kurs der Goldmünzen in der Folgezeit dazu beigetragen, daß der goldene Teil der deutschen Parallelwährung immer mehr verkrüppelte. Da Münzen, von denen niemand weiß, wieviel sie am nächsten Tage gelten, nicht gern in Zahlung genommen werden, konnte das Goldgeld in sich Deutschland nicht einbürgern. Die zur Ausprägung gelangten deutschen Goldmünzen wurden daher, wie später die Ergebnisse der Einziehung bei der deutschen Münzreform zeigten, in sehr viel stärkerem Umfange eingeschmolzen und exportiert als die Silbermünzen. Auch der Rückgang der Goldproduktion hat wesentlich dazu beigetragen, daß der deutsche Goldumlauf in seiner Entwicklung zurückblieb. Das Goldwährungsland England zog einen erheblichen Teil des neuen Goldes an sich, und Deutschland sah sich, ebenso wie die meisten anderen Kontinentalstaaten, zur Ergänzung seines Geldumlaufs immer mehr auf das Silber angewiesen.

So glitt das deutsche Geldwesen unmerklich von der Parallelwährung zur reinen Silberwährung hinüber.

In Preußen wurde im Jahre 1830 dem Silbergelde die Fähigkeit beigelegt, bei Zahlungen an die öffentlichen Kassen, die in Gold festgelegt waren, den Friedrichsdor zu dem festen Satze von $5^2/_3$ Taler zu vertreten. Im folgenden Jahre erhielt der Friedrichsdor zum gleichen Satze Kassenkurs für das Silbergeld. Gleichzeitig ging der preußische Staatshaushalt völlig zur Silberrechnung über. Alle Forderungen und Leistungen, die bis dahin auf Gold gestellt waren, wurden zum Satze von $5^2/_3$ Taler pro Friedrichsdor in Silbergeld umgerechnet.

Der süddeutsche Münzverein von 1837, der südlich der Mainlinie endlich geordnete Geldverhältnisse schuf, tat der Goldmünzen überhaupt mit keinem Worte Erwähnung; ebenso verhielt sich der Dresdener Münzvertrag von 1838, der sämtliche Zollvereinsstaaten umfaßte. Deutlicher als durch dieses stillschweigende Ignorieren konnten die Goldmünzen nicht als außerhalb der eigentlichen Geldverfassung stehend bezeichnet werden.

Ihren formellen Abschluß fand die Entwicklung zur Silberwährung in dem Wiener Münzvertrage von 1857. In den Verhandlungen, die diesem Vertrage vorausgingen, wurde für Deutschland zum ersten Male die Währungsfrage aufgerollt. Als im November 1854 in Wien die im preußisch-österreichischen Handelsvertrage von 1853 verabredete Münzkonferenz zusammen trat, hatten die Verhältnisse der Edelmetallproduktion durch die Entdeckung der kalifornischen und australischen Goldfelder bereits eine völlige Umwälzung erfahren. Oesterreich stellte den Antrag, das neu zu schaffende deutsche Geldwesen auf der Basis der Goldwährung zu begründen, um dadurch den Anschluß Deutschlands an den Weltverkehr, in dem das Gold vorherrsche, zu ermöglichen. Aber die Vertreter der deutschen Staaten lehnten es ab, auf dieser Grundlage zu verhandeln; sie begründeten ihr Verhalten folgendermaßen: es habe große Bedenken, alle auf bestimmte Quantitäten Silber lautenden Zahlungsverbindlichkeiten nach einem mehr oder minder willkürlichen Verhältnis in solche umzuwandeln, welche in Gold erfüllt werden könnten, und das besonders in einer Zeit, in welcher noch eine weitere Entwertung des Goldes in Aussicht stehe oder wenigstens allgemein befürchtet werde, in welcher aber jedenfalls der Goldwert noch manche Schwankung und Krisis werde durchmachen müssen, ehe er einen auch nur annähernden Grad von Festigkeit und Dauer erlangen werde.

Die Meinungsverschiedenheit zwischen Oesterreich und den deutschen Staaten schien unüberbrückbar, und infolgedessen wurden die Verhandlungen bis zum Jahre 1856 unterbrochen. Oesterreich entschloß sich in der Zwischenzeit, auf die Goldwährung zu verzichten, und so kam am 24. Januar 1857 der Wiener Münzvertrag aufgrund der reinen Silberwährung zustande. In förmlich demonstrativer Weise proklamierte der Vertrag das „Festhalten an der reinen Silberwährung". Die Prägung aller bisherigen Goldmünzen wurde untersagt, und an ihrer Stelle wurden zwei „Vereins-Handels-Goldmünzen" eingeführt, die „Krone" und die „halbe Krone" im Feingehalt von 10 bzw. 5 g. Um jedoch die Silberwährung gegenüber dieser Goldmünze völlig intakt zu halten, wurde vorgeschrieben, daß der Wert der Krone in Landessilberwährung nicht fixiert werden dürfe, sondern dem freien Spiel von Angebot und Nachfrage überlassen bleiben müsse. Auch sollte diesen Münzen kein dauernder und fester Kassenkurs beigelegt werden dürfen; solche Tarifierungen sollten höchstens für sechs Monate Gültigkeit haben und dann aufgrund des durchschnittlichen Börsenkurses erneuert werden. Den alten Landesgoldmünzen, deren weitere Prägung untersagt wurde, gestand man allerdings auch fernerhin noch einen festen Kassenkurs zu; aber die Regierungen sollten darauf Bedacht nehmen, diese Münzen allmählig zu beseitigen.

Auch die außerhalb des Zollvereins stehenden deutschen Staaten hatten Silberwährung mit der einzigen Ausnahme der freien Stadt Bremen, in welcher eine Goldwährung bestand.

Die Sitte der Goldzahlung in bestimmten Fällen und Geschäftszweigen hat sich in den einzelnen deutschen Gebieten in verschiedener Stärke erhalten, am meisten in Hannover und Braunschweig; in diesen Staaten haben auch weitaus die stärksten Goldprägungen stattgefunden. Aber auch hier war das Silber das vorherrschende Zahlungsmittel und das eigentliche Landesgeld.

Im ganzen sind in den Staaten des heutigen Deutschen Reiches soweit Nachweisungen vorliegen, in dem Zeitraume von 1764 bis 1871 ausgeprägt worden (nach Abzug der Wiedereinziehungen):

Goldmünzen	530,9 Millionen Mark	
Silberkurantmünzen	1714,7	„ „
Silberscheidemünzen	83,6	„ „

Davon befanden sich zur Zeit des Beginns der Münzreform noch in Umlauf:

Goldmünzen   95 Millionen Mark
Silberkurantmünzen   1456   „   „
Silberscheidemünzen   79   „   „

Die Ausprägung von Silbermünzen war mithin nur etwa dreimal so stark wie die Ausprägung von Goldmünzen; die letzteren vermochten sich jedoch aufgrund der geschilderten Verhältnisse so wenig im Verkehr zu halten, daß der tatsächliche Goldumlauf Deutschlands im Jahre 1871 nur den 16. Teil des Silberumlaufs ausmachte. —

Während in Deutschland die Entwicklung der Parallelwährung zu einem fast ausschließlichen Silberumlaufe und schließlich zur gesetzlichen Proklamierung der Silberwährung führte, kam Frankreich innerhalb eines Doppelwährungssystems zu einer vorwiegenden Silberzirkulation, bis die kalifornischen Goldfunde einen Umschwung herbeiführten.

In Frankreich beharrte man während des 17. und 18. Jahrhunderts bei den Versuchen, den gegenseitigen Wert der Gold- und Silbermünzen durch gesetzliche Tarifierungen zu fixieren. Diese Tarifierungen wurden häufig geändert; denn da sich die Edelmetalle den Verordnungen nicht fügten, mußten sich die Verordnungen nach den Schwankungen der Marktrelation von Gold und Silber richten, wenn anders man nicht auf die Münzen des einen oder des anderen Metalls gänzlich verzichten wollte.

Was den tatsächlichen Zustand des französischen Geldumlaufs anlangt, so erscheint es sicher, daß die starke brasilianische Goldproduktion das Goldgeld beträchtlich vermehrt hat. In den letzten Jahrzehnten des 18. Jahrhunderts ist dann, entsprechend der Abnahme der Goldgewinnung und der Steigerung der Silberproduktion, ein Umschwung eingetreten. Die Verschiebung der Marktrelation zugunsten des Goldes führte zur ·Einschmelzung und zum Export der nunmehr in der gesetzlichen Relation unterwerteten Goldmünzen, und dieser Vorgang gab den Anlaß zu einer neuen Tarifierung, die in der Folgezeit von der größten Bedeutung geworden ist. Auf Veranlassung des Ministers Calonne erschien unter dem 30. Oktober 1785 eine „Déclaration du Roi portant fixation de la valeur de l'or relativement à l'argent etc.", in welcher eine Verringerung des Feingehaltes der Goldmünzen bei gleichbleibendem Nennwerte vorgeschrieben wurde; das der neuen Bemessung des Feingehaltes zugrunde gelegte Wertverhältnis von Silber und Gold war 1:15,5. Diese Tarifierung ist später von der Gesetzgebung der Republik beibehalten worden, als diese durch das Gesetz vom 7. Germinal des Jahres XI (28. März 1803) das französische Geldwesen aufgrund der Frankenrechnung neu ordnete.

Es verdient hervorgehoben zu werden, daß in dem französischen Münzgesetz von 1803 der Grundsatz der Doppelwährung mit einer dauernd festen Tarifierung beider Metalle keineswegs präzis ausgesprochen ist. Das Gesetz begründete die französische Münzverfassung vielmehr der Form nach auf das Silber, indem es erklärte: „Fünf Gramm Silber von $^9/_{10}$ Feinheit bilden die Münzeinheit". Das Gold kam nur subsidiär hinzu in der Form, daß das Gesetz vorschrieb: „Es werden Goldstücke von 20 und 50 Frs. geprägt". Der ursprüngliche

Entwurf enthielt sogar den ausdrücklichen Vorbehalt, daß die Goldstücke (nicht aber die Silberstücke) eventuell in ihrem Feingehalte
geändert werden könnten. Eine solche Aenderung ist jedoch niemals
erfolgt, und da den Goldmünzen und Silbermünzen in gleicher Weise
der Charakter als gesetzliches Zahlungsmittel zukam und sie sich bei
den Zahlungsleistungen gegenseitig zu ihrem Nennwerte vertreten konnten,
da ferner beide Metalle gegen eine mäßige Münzgebühr frei ausprägbar
waren, ist das französische Münzsystem des Jahres 1803 als eine
Doppelwährung zu bezeichnen.

Das Wertverhältnis von 1 : 15,5 war, als es von Calonne eingeführt wurde, für das Gold erheblich zu günstig gegriffen. Die Entwertung des Silbers jedoch, die im letzten Viertel des 18. Jahrhunderts
begann und in England zur Einstellung der freien Silberprägung führte,
brachte am Anfange des 19. Jahrhunderts, zur Zeit als das Münzgesetz
von 1803 erlassen wurde, das Marktverhältnis in annähernde Uebereinstimmung mit der gesetzlichen Relation der französischen Doppelwährung.

Der Rückgang des relativen Silberwertes setzte sich jedoch in der
ersten Hälfte des 19. Jahrhunderts fort. Die weitere Abnahme der
Goldproduktion, die sich bis in die 20er Jahre hinein erstreckte, wirkte
zusammen mit der erfahrungsgemäß in kriegerischen Zeiten steigenden
Goldnachfrage. Vom zweiten Jahrzehnt des 19. Jahrhunderts an zeigte
allerdings der Anteil des Goldes an der Produktion beider Edelmetalle
eine Zunahme, und auch das Wertverhältnis zeigte eine vorübergehende
Veränderung zugunsten des Silbers. Der Goldbedarf Englands, das am
Ende des 18. Jahrhunderts in die Papiergeldwirtschaft geraten war und
nunmehr durch umfangreiche Goldbeschaffungen die Wiederaufnahme
der Barzahlungen vorbereitete, führte jedoch bald zu einer neuen
Steigerung des relativen Goldwertes. Dazu kam als ein immer wichtigeres Moment die großartige Entwicklung des internationalen Verkehrs,
innerhalb dessen der englische Goldsovereign in großem Umfange an
die Stelle des spanischen Silberpiasters trat.

Diese Ursache bewirkte, daß trotz der nachhaltigen Steigerung
der Goldgewinnung von den 20er Jahren an das Wertverhältnis auf
dem Markte für das Gold dauernd günstiger war, als die gesetzliche
Relation in Frankreich. Namentlich in den 40er Jahren zeigte sich
eine ausgesprochene Tendenz zur weiteren Verringerung des Silberwertes. Der Londoner Silberpreis sank im Jahre 1848 bis auf $58^1/_2$ d,
entsprechend einem Wertverhältnis von 1 : 16,12. Auch auf der Pariser
Börse ging der Goldpreis fortgesetzt in die Höhe. Gold und Silber
wurden dort in Promillen „prime“ und „perte“ auf den Münzpreis gehandelt. Der Aufschlag für Gold überstieg bereits im Jahre 1847 zeitweise die Höhe von 20 Promille. Aus dem durchschnittlichen Gold-
und Silberpreise des Jahres 1848 ergibt sich ein Wertverhältnis von
1 : 15,94. Zeitweise stieg in jenem Jahre infolge der politischen Wirren
der Aufschlag für Gold auf 65 Promille, während der höchste Aufschlag
für Silber nur 3 Promille betrug; das sich daraus ergebende Wertverhältnis ist 1 : 16,66.

Die Folge war, daß die große Vermehrung, welche die französische Zirkulation in jener Periode erfuhr, ausschließlich auf das Silber entfiel, während der Goldumlauf durch Einschmelzung und Export immer mehr zusammenschrumpfte. Von 1830 bis 1847 (für die frühere Zeit existieren keine Zahlen) weist die französische Handelsstatistik eine überwiegende Ausfuhr von Gold auf. In 13 von den 18 Jahren war eine Mehrausfuhr von Gold zu verzeichnen. Insgesamt betrug der Ausfuhrüberschuß von Gold 73 Millionen Frs. Dazu kommen die Beträge, die heimlich oder unter falscher Deklaration ausgeführt worden sind, und der ganze industrielle Goldverbrauch in Frankreich selbst. In der gleichen Zeit fand ein ununterbrochener Zufluß von Silber statt, der sich (nach Abzug der gleichzeitigen Ausfuhr) auf 1692 Millionen Frs. stellte.

Die Silberprägungen auf den französischen Münzstätten beliefen sich von 1820 bis 1850 auf 3186,5 Millionen Frs., die gleichzeitigen Goldprägungen dagegen nur auf 483,4 Millionen Frs.; von 1842 bis 1847 wurden nur für 17,3 Millionen Frs. Goldmünzen geschlagen bei einer gleichzeitigen Silberprägung von 427,8 Millionen Frs. Die Zahlen der Goldausfuhr zeigen, daß die gleichzeitigen Einschmelzungen von Goldmünzen die Ausprägungen beträchtlich überwogen haben. Das Goldgeld, das in Zirkulation blieb, erhielt ein Aufgeld. Die goldnen Zwanzigfrankenstücke notierten an der Pariser Börse ein Aufgeld, dessen Höchstbetrag in normalen Zeiten zwischen etwa 10 und 20 Promille schwankte und das in der Verwirrung des Jahres 1848 sogar bis auf 120 Promille stieg[1]).

Gegenüber den Schwankungen der Marktelation von Gold und Silber gelang es mithin der französischen Doppelwährung weder die Goldmünzen einwandfrei in das Geldsystem einzufügen, noch die beiden Metalle gleichberechtigt im Umlaufe zu erhalten. Gegen die Mitte des 19. Jahrhunderts bestand die französische Zirkulation aus einem durchaus überwiegenden Silberumlaufe und einem geringen Vorrate von Goldmünzen mit schwankendem Aufgelde. Auch hier ist also das Silber in der ersten Hälfte des 19. Jahrhunderts wieder zur nahezu ausschließlichen Herrschaft gelangt.

Aehnlich wie in Frankreich entwickelten sich die Verhältnisse in denjenigen Ländern, welche das französische Frankensystem adoptierten, in Belgien, in der Schweiz und in Italien; nur daß in diesen Ländern die Silberwährung ausdrücklich anerkannt wurde. So nahm das belgische Münzgesetz vom 5. Juni 1832 den Silberfranken als Münzeinheit an, ohne die Prägung von Goldfranken anzuordnen oder zuzulassen. —

Die Vorherrschaft des Silbers auf dem europäischen Kontinente während der ersten Hälfte des 19. Jahrhunderts und der feste Glaube an die Dauer dieses Zustandes wird am besten charakterisiert durch eine münzpolitische Maßregel, zu der die Niederlande sich im Jahre 1847, am Vorabend der gewaltigen Umwälzung der Edelmetall- und Währungsverhältnisse, entschlossen.

---

[1]) Vgl. Lexis, Art. „Doppelwährung“ im Handwörterbuch der Staatswissenschaften, 3. Aufl., Bd. III, S. 562.

Von allen mitteleuropäischen Staaten hatten in der ersten Hälfte des 19. Jahrhunderts die Niederlande allein einen ansehnlichen Goldumlauf. Durch ein Gesetz vom 28. September 1816 hatten sie eine Doppelwährung angenommen, der eine Relation von 1 : 15,873 zugrunde lag. In dieser Relation war das Gold im Verhältnis zur Marktrelation zu hoch bewertet. Die Folge davon war, daß in Holland ausschließlich Gold und überhaupt kein Silbergeld geprägt wurde. Wenn trotzdem die Einziehungen gelegentlich der holländischen Münzreform um die Mitte des 19. Jahrhunderts etwa 94 Millionen Fl. in Silber und nur 50 Millionen Fl. in Gold ergaben, so kam das daher, daß die alten Silbermünzen zu stark abgenutzt waren, als daß sie die Einschmelzung und den Export gelohnt hätten, während umgekehrt von dem Goldgelde, das ausschließlich den Verkehr mit dem Auslande vermittelte, stets erhebliche Beiträge wieder abflossen. Von 1816 bis 1847 waren 172 Millionen Fl. in Gold ausgemünzt worden, von denen, wie oben erwähnt, 1847 nur noch 50 Millionen Fl. vorhanden waren. Trotz der starken Goldprägungen galt in der öffentlichen Meinung das Silber nach wie vor als das eigentliche Geld, das den Sitten und Gebräuchen des Landes am meisten entspreche. Die Erkenntnis, daß bei dem bestehenden Wertverhältnis die Zulassung des Goldes eine nachhaltige Verbesserung des Silberumlaufs unmöglich mache, hat schließlich eine gegen das Gold gerichtete Münzgesetzgebung hervorgerufen.

Nach langwierigen Verhandlungen kam am 26. November 1847 ein Münzgesetz zustande, das anstelle der formell bestehenden Doppelwährung eine reine Silberwährung einführte. In der Durchführung dieses Gesetzes wurde im Jahre 1850 das umlaufende Goldgeld eingezogen und unter erheblichen Kosten durch einen Silberumlauf ersetzt.

Deutlicher als durch diese holländische Münzreform konnte die allgemeine Auffassung, daß für absehbare Zeit das Silber das Geldmetall des europäischen Kontinents sein werde, nicht zum Ausdruck gebracht werden.

Im Gegensatze zu der geschilderten Entwicklung in den europäischen Staaten vollzogen sich die Dinge in den Vereinigten Staaten von Amerika.

Die amerikanische Geldverfassung beruhte ursprünglich auf dem Gesetze vom 2. April 1792. Dieses Gesetz bestimmte, daß der verhältnismäßige Wert von Gold und Silber in allen Münzen der Vereinigten Staaten 15 : 1 sein sollte, daß die Gold- und Silbermünzen gesetzliches Zahlungsmittel bei jeder Art von Zahlung sein sollten und daß die Münzanstalten für jedermann unentgeltlich Gold- und Silbermünzen ausprägen sollten. In diesen Bestimmungen war die Doppelwährung formell in vollendeterer Weise proklamiert, als vorher in England und später in Frankreich.

Das Wertverhältnis von 15 : 1 entsprach bei seiner Einführung ungefähr der Relation auf dem Weltmarkte. Aber der Rückgang des relativen Silberwertes, der in England die Veranlassung zur Begründung der Goldwährung gab, während er in Frankreich zu einem überwiegenden Silberumlaufe führte, erzeugte bald eine Differenz zwischen der Marktrelation und dem Wertverhältnisse des amerikanischen Münzgesetzes. Infolgedessen gewann auch in den Vereinigten Staaten der Silberumlauf die ausschließliche Herrschaft. Die wenigen Goldmünzen, die sich im amerikanischen Umlauf hielten, bekamen ein Aufgeld, das in den 20er Jahren des 19. Jahrhunderts bis auf 5 Prozent stieg. Der größte Teil des amerikanischen Geldumlaufs bestand aus fremden Silbermünzen, namentlich aus spanischen Piastern, die zu einem gesetzlich festgestellten Kurse zirkulierten.

Bei der frühzeitigen Entwicklung der amerikanischen Volkswirtschaft und bei den lebhaften Verkehrsbeziehungen zu England wurde der Goldumlauf nur ungern vermißt. Um die Schaffung und Erhaltung eines Goldumlaufs zu ermöglichen, wurde durch ein Gesetz vom 28. Juni 1834 der Feingehalt des Golddollar so weit verringert, daß das Wertverhältnis der amerikanischen Doppelwährung sich auf 1:16 stellte.

Damit war die gesetzliche Relation wieder in leidliche Uebereinstimmung mit dem Wertverhältnisse auf dem Markte gebracht, und während einiger Jahre hielten sich Gold- und Silberprägungen ungefähr die Wage. Vom Beginne der 40er Jahre an gewannen jedoch die Goldprägungen das Uebergewicht, und der von 1848 an eintretende Rückgang des Goldwertes bewirkte, daß sich einheimische Silbermünzen bald nur noch mit Aufgeld im Verkehr hielten und daß neben ihnen zahlreiche ausländische Silbermünzen, die mit schwankendem Kurswerte umliefen, den Dienst von Scheidemünzen versahen.

So hatte sich schließlich um die Mitte des 19. Jahrhunderts überall ein stark überwiegender Umlauf des einen oder des anderen der beiden Edelmetalle herausgebildet, und zwar ebenso sehr in den Ländern mit gesetzlicher Doppelwährung, wie in den Ländern, deren Gesetzgebung die einfache Währung — sei es die Goldwährung oder Silberwährung — sanktioniert hatte.

Bei dieser Verteilung der beiden Metalle herrschte das Silbergeld unbedingt vor auf dem europäischen Kontinente und in dem größten Teile der außereuropäischen Welt, namentlich in den großen Staaten Asiens, in Vorder- und Hinterindien, in China und Japan. Neben England hatten nur einige kleinere Staaten, wie Portugal, ferner die Vereinigten Staaten von Amerika und englische Kolonien, wie Kanada und Australien, einen überwiegenden, aber an sich unbedeutenden Goldumlauf.

Diese ungleiche Teilung der Welt in Gold- und Silberländer schien durch den Stand der Edelmetallproduktion für längere Zeit festgelegt zu sein. Die geringfügige Vermehrung des Weltgoldbestandes durch die damalige Goldproduktion ließ — von einem Uebergang zur Goldwährung gar nicht zu reden — einen ausgiebigeren Gebrauch des Goldes zu Geldzwecken selbst dort unmöglich erscheinen, wo die Doppelwährung Gold und Silber formell auf gleichem Fuße behandelte. So sehr auch gerade in den 30er und 40er Jahren des 19. Jahrhunderts der aus der steigenden Verwendung der Dampfkraft hervorgegangene Aufschwung aller wirtschaftlichen Verhältnisse eine stärkere Verwendung von Goldgeld für die Länder des europäischen Kontinents als wünschenswert erscheinen ließ: praktische Folgen für die internationalen Währungsverhältnisse und für die Münzpolitik der einzelnen Staaten konnten sich daraus nicht ergeben, solange nicht genug Gold vorhanden war, um den Platz des Silbers im Geldumlaufe auszufüllen.

§ 3. Die kalifornischen und australischen Goldfunde und ihre Wirkung auf den Edelmetallmarkt.

Um die Mitte des 19. Jahrhunderts bewirkte ein Zusammentreffen verschiedener Ereignisse eine vollständige Umwälzung sowohl in den Produktions- als auch in den Nachfrageverhältnissen der beiden Edelmetalle.

Die enorme Zunahme der Goldgewinnung infolge der Entdeckung der Goldfelder in Kalifornien und Australien ist bereits dargestellt worden. In den zwei Jahrzehnten von 1850 bis 1870 wurde Gold produziert im Gewicht von nahezu 4 Millionen kg und im Werte von fast 11 Milliarden Goldmark. Diese Vermehrung des Weltgoldvorrates war größer als im ersten Jahrzehnt des 20. Jahrhunderts der Goldumlauf in Deutschland, Frankreich und England zusammen genommen, der insgesamt nur etwa 10 Milliarden Goldmark erreichte. Der Kulturwelt war auf einen Schlag das Material für eine erhebliche Ausdehnung des Gebrauches von Goldgeld zur Verfügung gestellt, und das in einer Zeit, in der ein glänzender Aufschwung der Produktions- und Transporttechnik überall auf wirtschaftlichem Gebiete die Verhältnisse ins Riesenhafte wachsen ließ, in der durch die Vergrößerung der Umsätze und die Steigerung des Verkehrs ein wertvolleres und deshalb bequemeres Zahlungsmittel als das Silber immer mehr als ein dringendes Bedürfnis erschien.

Gleichzeitig mit dem enormen Neuangebot von Gold trat eine beträchtliche Steigerung der Nachfrage nach Silber ein und zwar zur Versendung nach Asien. Der Bedarf war teilweise verursacht durch große indische Silberanleihen, die zu Eisenbahnbauten, zur Bekämpfung der häufig wiederkehrenden Hungersnot und zur Unterdrückung des großen Eingeborenenaufstandes von 1857 aufgenommen wurden. Zum anderen Teil lag der Grund der vermehrten Silberverschiffungen in der gesteigerten indischen Ausfuhr. Vor allem machte der amerikanische Bürgerkrieg für einige Jahre die Zufuhr von Baumwolle aus den Südstaaten der Union unmöglich, und die europäische Baumwollindustrie sah sich dadurch genötigt, Ersatz in der indischen Baumwolle zu suchen. Indiens Mehrausfuhr von Waren entwickelte sich in jener Zeit folgendermaßen:

Durchschnittlich pro Fiskaljahr	Mehrausfuhr von Waren (1000 Rupien)
1840/41 — 1849/50	65 170
1850/51—1859/60	88 240
1860/61—1864/65	254 110
1865/66—1869/70	201 000

Aufgrund dieser Verhältnisse nahm die Silberausfuhr nach Indien einen gewaltigen Umfang an. In einzelnen Jahren überstieg Indiens

Nettoeinfuhr von Silber die gesamte gleichzeitige Neuproduktion der
Erde, wie sich aus nachstehender Zusammstellung ergibt.

Perioden (Durchschnittl.)	Silber-produktion	Mehreinfuhr von Silber in Indien		Ueberschuß der Silberproduktion über die indische Silbereinfuhr
	kg	1000 Rupien	kg[1])	kg
1841—1850	780 415	15 325	163 900	616 515
1851—1855	886 115	21 846	233 650	652 465
1856—1860	904 990	100 725	1 077 380	— 172 390
1861—1865	1 101 150	99 680	1 066 100	35 050
1866—1870	1 339 085	94 290	1 008 450	350 050

In der zweiten Hälfte der 50er Jahre hat Indien etwa 172 000 kg
Silber pro Jahr mehr absorbiert, als gleichzeitig neu produziert wurde,
und auch in der ersten Hälfte der 60er Jahre blieb für die Welt
außerhalb Indiens nur ein ganz unbedeutender Teil (etwa 3,2 Prozent)
der Silberproduktion verfügbar. Ihren höchsten Betrag erreichte die
indische Mehreinfuhr von Silber im Fiskaljahre 1865/66 mit
186 687 000 Rupien = etwa 2 Millionen kg Silber bei einer Weltproduktion von nur etwa 1,2 Millionen kg. Die folgenden Jahre
brachten dann eine rasche und starke Abnahme der indischen Silbernachfrage.

Die gesteigerte Goldgewinnung und die vermehrte Silbernachfrage
bewirkten zunächst einen Umschwung im Wertverhältnisse der beiden
Edelmetalle. Während seit dem Ende des 18. Jahrhunderts der Silberwert gegenüber dem Werte des Goldes eine im großen Ganzen sinkende
Tendenz gezeigt hatte, fing er jetzt an in die Höhe zu gehen. Die
Notierung des Silbers in London zeigte eine steigende Bewegung
(vgl. Tabelle auf S. 112). Der Durchschnittspreis des Jahres 1859 war
$62^1/_{16}$ d, das entsprechende Wertverhältnis 1:15,19. Der höchste Silberpreis war $62^3/_4$ d, entsprechend einem Wertverhältnisse von 1:15,03.
Die Steigerung des Silberwertes übertrug sich auf Frankreich. Von
1850 an zeigte die bisher nur unbedeutende „prime" auf Silber eine
beträchtliche Steigerung, und anstelle des Aufschlags auf Gold wurde
während längerer Zeiträume „perte" notiert. Der Silberpreis erreichte
seinen höchsten Stand im Laufe des Jahres 1864 mit 38 Promille
Prämie; aus dieser Notierung und dem gleichzeitigen Goldpreise ergab
sich ein Wertverhältnis von 15,15:1.

Sowohl auf dem Londoner Silbermarkte als auch in Paris selbst
sank mithin das Gold gegenüber dem Silber beträchtlich unter die der
französischen Doppelwährung zugrunde liegende Relation.

§ 4. Die Ausdehnung des Goldumlaufs und ihre Rückwirkung auf den Wert der Edelmetalle.

Die nächste Folge des Umschwunges im Wertverhältnisse der Edelmetalle war eine entsprechende Umwälzung im französischen Münzumlaufe. Im Gegensatz zu den bisherigen Verhältnissen wurde es

---

[1]) 93,5 Rupien = 1 kg Silber.

lohnend, Gold zur Ausprägung nach den französischen Münzstätten zu bringen und Silbergeld einzuschmelzen und zu exportieren. Die Goldprägungen nahmen vom Jahre 1851 einen gewaltigen Umfang an, während die Silberausmünzungen zeitweise bis zur völligen Bedeutungslosigkeit zusammenschrumpften. Von 1851 bis 1866 betrugen die französischen Goldprägungen 5608 Millionen Frs., die Silberkurantprägungen nur 268,6 Millionen Frs. Der höchste Jahresbetrag der Goldausmünzungen fällt auf das Jahr 1859 mit 702,7 Millionen Frs. Die geringste Silberkurantprägung fand statt im Jahre 1864 mit 160840 Frs. Während der zehn Jahre 1857 bis 1866 wurde insgesamt nur für 35,1 Millionen Frs. Silberkurantgeld geprägt.

Diese Zahlen erhalten ihre Ergänzung durch die Statistik des französischen Edelmetallverkehrs. Folgende Uebersicht veranschaulicht den Umschwung, der sich hier vollzog:

Jahre	Gold		Silber	
	Mehreinfuhr	Mehrausfuhr	Mehreinfuhr	Mehrausfuhr
	Millionen Frs.		Millionen Frs.	
1830—1847	—	73	1 692	—
1848—1851	146	—	609	—
1852—1864	3 377	—	—	1 726
1865—1870	1 630	—	562	—

Während in der Periode 1830 bis 1847 bei starkem Silberzuflusse Gold überwiegend exportiert worden war, brachte die Uebergangszeit 1848 bis 1851 eine Mehreinfuhr von Gold bei einem immer noch starken Silberzuflusse. Die Periode 1852 bis 1864 wies Jahr für Jahr eine beträchtliche Mehrausfuhr von Silber auf, die sich insgesamt auf $1^3/_4$ Milliarde Frs. belief. Gleichzeitig erfolgte eine außerordentlich starke Einfuhr von Gold. Die letztere setzte sich in den Jahren 1865 bis 1870 noch fort, während infolge des damals sich bereits bemerkbar machenden neuen Rückganges des Silberwertes auch wieder Silber in größeren Mengen nach Frankreich gebracht wurde.

Die starken Silberexporte der Jahre 1852 bis 1864 zehrten in Verbindung mit dem industriellen Verbrauche von Silber den größeren Teil der französischen Silberzirkulation auf. Das eindringende Gold bot dafür einen überreichlichen Ersatz. So verwandelte sich binnen weniger Jahre der fast ausschließliche Silberumlauf in einen stark überwiegenden Goldumlauf, dank der automatischen Wirkung der französischen Doppelwährung, die, sobald der Silberwert über die Relation von 1 : 15,5 stieg, das Gold zuströmen und das Silber abfließen ließ.

Zweifellos hat das französische Geldwesen in jener Zeit einer völligen Umwälzung der Edelmetallproduktion und -Verteilung einen ausgleichenden Einfluß auf das Wertverhältnis der Metalle ausgeübt. Dadurch, daß Frankreich der gesteigerten Silbernachfrage den größten Teil des eignen großen Silberumlaufes zur Verfügung stellte und daß es anstelle des abfließenden Silbers das neu produzierte Gold in großen Massen aufnahm, wirkte es der Veränderung des Wertverhältnisses zuungunsten des Goldes und zugunsten des Silbers entgegen.

Während der Gewichtsanteil des Goldes an der Produktion beider Edelmetalle von etwa 3 Prozent auf mehr als 18 Prozent stieg, ging der Londoner Silberpreis in seiner größten Spannung von $58^1/_2$ d auf $62^3/_4$ d in die Höhe, d. h. der Goldpreis des Silber stieg nur um etwa 7,3 Prozent.

Wir haben es hier jedoch nicht mit einer Wirkung zu tun, die das Doppelwährungssystem an sich und unter allen Umständen ausüben muß. Die Betätigung dieser ausgleichenden Wirkung war vielmehr an ganz bestimmte Voraussetzungen gebunden. Erstens daran, daß Frankreich, als die Umwandlung in den Verhältnissen des Edelmetallmarktes begann, einen großen Silberumlauf angesammelt hatte, den es im Austausch gegen das neue Gold der gesteigerten Silbernachfrage zur Verfügung stellen konnte; wäre anstelle der Steigerung der Goldproduktion und der Silbernachfrage eine ähnliche Steigerung der Silbergewinnnug und des Goldbedarfs getreten, dann wäre die französische Doppelwährung, da sie mit Silber gesättigt und arm an Gold war, gänzlich außerstande gewesen, den Einfluß dieser Verhältnisse auf die Wertrelation der beiden Metalle zu brechen. Die zweite Voraussetzung war, daß der Uebergang von einer Silber- zu einer Goldzirkulation den Interessen des französischen Verkehrs entsprach und daß infolgedessen Frankreich den Austausch von Silber gegen Gold ruhig über sich ergehen ließ. Wo die automatischen Wirkungen der Doppelwährung den Bedürfnissen des Verkehrs widersprochen haben, dort hat nirgends die Rücksicht auf ihre ausgleichende Wirkung auf das Wertverhältnis der Edelmetalle die Gesetzgebung davon abgehalten, über die Doppelwährung den Stab zu brechen. So hat England im Jahre 1797, als ihm die Doppelwährung einen Silberumlauf anstelle seines Goldumlaufs zu bringen drohte, durch die Sperrung der Silberprägung die Doppelwährung beseitigt, und ebenso hat sich später Frankreich verhalten, als bei dem neuen Preisrückgange des Silbers die Doppelwährung seinen kaum gewonnenen Goldumlauf bedrohte.

Wie sehr um die Mitte des 19. Jahrhunderts auf dem europäischen Kontinente der Boden für das Goldgeld durch die allgemeine wirtschaftliche Entwicklung vorbereitet war, zeigt sich daran, daß nicht nur in Frankreich, wo das Gold aufgrund der Doppelwährung ohne weiteres Eingang fand, sich eine umfangreiche Goldzirkulation bildete, sondern auch in Ländern, deren Münzverfassung formell für das Gold keinen Raum hatte.

Zunächst drangen die neuen französischen Goldmünzen in denjenigen Ländern ein, welche das Frankensystem auf der Basis der reinen Silberwährung angenommen hatten, in Belgien, der Schweiz und Italien. Ueberall befreundete sich der Verkehr sofort mit dem Golde, und, weit entfernt, Maßregeln gegen das Goldgeld zu verlangen, das die nationale Geldverfassung bedrohte, verlangte und erreichte die öffentliche Meinung überall seine gesetzliche Zulassung. Auch in Deutschland nahm der Umlauf ausländischer Goldmünzen, namentlich französischer Zwanzigfrankenstücke, in jener Zeit stark überhand, unbeschadet der im Wiener Münzvertrag von 1857 feierlich proklamierten Silberwährung.

Diese Gegenwirkungen gegen die starke Vermehrung der Goldgewinnung wurden in der ersten Zeit nach den kalifornischen Goldfunden vielfach übersehen. Obwohl der Verkehr überall das neue Gold bereitwillig aufnahm, fehlte es nicht an Leuten, die diese Umwälzung mit großen Bedenken ansahen. Der französische Nationalökonom Michael Chevalier prophezeite eine beträchtliche Entwertung des Goldes als unausbleibliche Folge der Goldfunde und riet, das in seinem Werte bedrohte Metall als Geldstoff abzuschaffen und zur reinen Silberwährung überzugehen. Aehnliche Stimmen ließen sich selbst in England vernehmen. Nur wenige erkannten bereits damals, daß die vermehrte Goldgewinnung zu einer stärkeren Verwendung des Goldes als des tauglicheren und dem modernen Verkehr besser entsprechenden Geldstoffes führen und dadurch von selbst jeder starken Entwertung entgegenwirken werde. Der erste, welcher diese Ansicht vertrat, bereits in den fünfziger Jahren, war der Deutsche Adolf Soetbeer.

Der Gang der Dinge hat Soetbeers Auffassung bestätigt. Niemand dachte im Ernst daran, dem eindringenden Golde in ähnlicher Weise die Tür zu schließen, wie England am Ende des 18. Jahrhunderts dem Silber. Allgemein wurde der Goldumlauf gegenüber dem schweren und unbequemen Silbergelde als eine Wohltat empfunden, und in dieser Tatsache, nicht in dem formalen Mechanismus der französischen Doppelwährung, ist der tiefere Grund dafür zu erblicken, daß der Wert von Gold und Silber unter dem Einflusse der veränderten Produktionsverhältnisse nicht weiter auseinanderging.

Im Verhältnis zu den übrigen Gütern hat allerdings das Gold infolge der gewaltigen Produktionssteigerung eine gewisse Entwertung erfahren, die sich bis zum Jahre 1873 erstreckte. Die meisten Warenpreise haben in jener Zeit, trotz der Verbesserung und Verbilligung der Produktion und des Transports durch technische Fortschritte, eine wesentliche Steigerung aufgewiesen. Nach der Statistik des Londoner „Economist“ ist die Durchschnittszahl (index number) aus 22 wichtigen Warenpreisen von 1845—50 bis 1873 von 100 auf 134 Prozent gestiegen. Aber infolge der Verknüpfung mit dem Schicksale des Goldes hat gleichzeitig auch das Silber ungefähr in dem gleichen Maße an Kaufkraft verloren. Das zeigt sich darin, daß nicht nur die in London nach Goldgeld berechneten Warenpreise eine Steigerung erfuhren, sondern daß auch die Preise in Silberwährungsländern sich nach derselben Richtung entwickelten. Nach einer Statistik, die Soetbeer aufgrund der hamburgischen Preise aufgestellt hat, ist die Verhältniszahl von 100 in den Jahren von 1847—50 auf 127,75 im Jahre 1871, dem letzten Jahre der deutschen Silberwährung gestiegen. Die vermehrte Goldproduktion hat mithin schon damals ihren Einfluß nicht nur auf den Wert des Goldes, sondern auch auf den Wert des für Indien stark gefragten Silbers ausgeübt, da das neue Gold für die europäischen Länder einen willkommenen Ersatz für das Silber darstellte und mithin das Silber in großem Umfange entbehrlich machte.

§ 5. Die Maßregeln der Doppelwährungsländer zur Erhaltung eines ausreichenden Silberumlaufs.

Der Fortschritt, welcher in der Ersetzung des Silberumlaufes durch eine Goldzirkulation bestand, war allerdings nicht ganz frei von gewissen unangenehmen Nebenwirkungen. Wo die Doppelwährung für das Eindringen des Goldes einen gesetzlichen Boden gewährte, nahm die Verdrängung des Silbers einen solchen Umfang an, daß sich bald ein empfindlicher Mangel an Silbermünzen für den kleinen Verkehr fühlbar machte. Am frühesten zeigte sich das — wie bereits erwähnt — in den Vereinigten Staaten, deren Doppelwährung das Gold noch wesentlich höher bewertete, als die Doppelwährung Frankreichs. Dann machten sich dieselben Mißstände in Frankreich und den übrigen Ländern der Frankenrechnung geltend. Sowohl diesseits als auch jenseits des Ozeans stellte sich die Notwendigkeit ein, Maßregeln zu treffen, um das Silber in dem für die kleineren Zahlungen notwendigen Umfange im Verkehr zu halten,

Zuerst gingen die Vereinigten Staaten mit einer Aenderung ihres Münzgesetzes vor. Die Münzverfassung Englands zeigte den Weg. Durch ein Gesetz vom 21. Februar 1853 wurden die Silbermünzen vom $^1/_2$ Dollarstück abwärts in Scheidemünzen verwandelt. Ihr Feingehalt wurde soweit verringert, daß er einem Wertverhältnisse von 1 : 14,88 zwischen Silber und Gold entsprach, ihre Prägung wurde in die Hand der Regierung gelegt und ihre Zahlungskraft auf Beträge bis zu 5 Dollar beschränkt. Das System der Doppelwährung wurde jedoch durch diese Maßregel nur modifiziert, aber noch nicht ganz verlassen: das Eindollarstück blieb formell als frei ausprägbare Kurantmünze, als „Standard Dollar", bestehen. Tatsächlich wurde allerdings von dem Prägerechte für Silber nur ein ganz geringfügiger Gebrauch gemacht. In dem ganzen Zeitraume von 1834 bis 1873 wurden insgesamt nur 8 Millionen Dollar in silbernen Eindollarstücken ausgemünzt, und selbst diese geringe Summe fand ihre Verwendung wohl ausschließlich als Handelsmünze im Verkehr mit Ostasien.

Zu Beginn der 60 er Jahre sahen sich die Frankenländer zu ähnlichen Maßregeln gedrängt. Schon im Jahre 1851 hatte die französische Regierung eine Kommission eingesetzt, die aufgrund der veränderten Produktionsverhältnisse die Münzfrage untersuchen sollte. Sie zeitigte kein brauchbares Ergebnis. Eine zweite im Jahre 1857 berufene Kommission wußte nur den unannehmbaren Vorschlag zu machen, die Silberausfuhr durch einen hohen Zoll oder durch Verbote zu erschweren. Zu praktischen Maßnahmen kam es in Frankreich erst, nachdem die übrigen Frankenländer den Anstoß dazu gegeben hatten.

Der erste Schritt zur Erhaltung des für den Kleinverkehr unentbehrlichen Silbergeldes geschah in der Schweiz. Dort wurden vom Jahre 1860 an die kleineren Silbermünzen als unterwertige Scheidemünzen ausgeprägt, zwar im gleichen Gewichte, wie bisher, aber in einer Feinheit von $^8/_{10}$ gegen $^9/_{10}$. Italien folgte diesem Beispiele und reduzierte die Feinheit seiner Silbermünzen vom Zweifrankenstücke abwärts auf 835 Tausendteile. Endlich im Jahre 1864 fing auch Frankreich an, seine 50- und 20-Centimesstücke im Feingehalte von 835 Tausendteilen auszumünzen.

Im Anschluß an diese Maßregeln begannen Verhandlungen zwischen den einzelnen Frankenländern, deren Münzumlauf damals schon zum großen Teil ein gemeinschaftlicher war. Das Ergebnis war der sogenannte L a t e i n i s c h e M ü n z v e r t r a g vom 23. Dezember 1865, der Frankreich, Belgien, die Schweiz und Italien umfaßte. Das Münzsystem als solches blieb in diesem Vertrage unverändert. Die einzelnen Staaten sicherten sich die gegenseitige Annahme ihrer Münzen an ihren öffentlichen Kassen zu. Hinsichtlich des Silbergeldes wurde beschlossen, die Münzen vom Zweifrankenstücke abwärts als Scheidemünzen in einer Feinheit von 835 Tausendteilen auszuprägen, und zwar ausschließlich für Rechnung der beteiligten Staaten und in einem Höchstbetrage von 6 Frs. pro Kopf der Bevölkerung; die Zahlungskraft dieser Scheidemünzen wurden auf 50 Frs. beschränkt.

Das silberne Fünffrankenstück, der sogenannte Fünffrankentaler, blieb — ebenso wie in Amerika der Standard Dollar — als frei ausprägbare Kurantmünze erhalten; die gesetzliche Doppelwährung blieb mithin bestehen, wenn auch die Prägung von Fünffrankenstücken zur völligen Bedeutungslosigkeit herabsank.

Belgien, die Schweiz und Italien hatten bei den Verhandlungen über den Münzvertrag den sofortigen Uebergang zur Goldwährung verlangt; aber in Frankreich arbeiteten einflußreiche Kreise, namentlich die Haute Finance und die Bank von Frankreich, für die Erhaltung der Doppelwährung, und die französische Regierung widersetzte sich deshalb dem Verlangen der übrigen Münzbundstaaten.

Sowohl für die Vereinigten Staaten als auch für die Länder des Lateinischen Münzbundes schuf die Doppelwährung mit Silberscheidemünzen befriedigende Verhältnisse, solange das Wertverhältnis der Edelmetalle die formell fortbestehende freie Silberprägung praktisch nicht zuließ. Unter dieser Bedingung brachte das System alle Vorteile der reinen Goldwährung: einen überwiegenden Goldumlauf und einen hinreichenden Silberumlauf für den kleinen Verkehr.

Ein Umschwung im Wertverhältnisse zugunsten des Goldes mußte die Lage ändern. Sobald das Silber wieder unter den ihm beigelegten Wert zurückging und damit die Silberprägung wieder anfing lohnend zu werden, entstand für die Länder mit der modifizierten Doppelwährung dieselbe Frage, vor die sich England am Ende des 18. Jahrhunderts gestellt sah und die es ohne Besinnen mit der Preisgabe des Doppelwährungssystems löste: die Frage, ob sie den überwiegenden Goldumlauf durch das Silber wieder verdrängen lassen wollten.

Aber diese eigentlich entscheidende Frage stand vorläufig noch im Hintergrund. Ehe sie praktisch wurde, traten Ereignisse ein, die ihre schließliche Lösung stark beeinflußten und beschleunigten. Inzwischen wendeten sich die Interessen des Tages mit Eifer einem Probleme zu, dessen bisher rein theoretische Erörterung durch den Abschluß des Lateinischen Münzbundes seiner Verwirklichung nahe gerückt schien: der Idee einer Weltmünzeinheit.

§ 6. Weltmünzbund und internationale Währungsfrage.

Der Gedanke einer Weltmünzeinheit ist fast so alt, wie die Verschiedenheit der Münzverfassungen der einzelnen Länder. Gewisse ganz auf der Oberfläche liegende Vorteile, die Ersparung der Umwechslung und der Umrechnung usw., daneben die ideale Vorstellung eines Zusammengehens der ganzen Menschheit in einer wichtigen Einrichtung, haben ihm stets Anhänger verschafft. Besonders nahe mußte der Gedanke eines Weltmünzbundes in einer Zeit liegen, in der die Menschheit noch unter dem frischen und vollen Eindrucke des gewaltigen Fortschrittes stand, der aus der Erleichterung des Verkehrs von Nation zu Nation hervorgegangen war. Nachdem die Errungenschaften der modernen Technik die Ueberwindung des trennenden Raumes erleichtert und so die natürlichen Schwierigkeiten des internationalen Verkehrs wesentlich vermindert hatten, war man bestrebt, auch die künstlichen Hindernisse zu beseitigen. Unter der lebhaften Mitwirkung N a p o - l e o n s III. war in den Handelsverträgen mit England, dem Zollverein und anderen Staaten die bisherige Politik der Absperrung preisgegeben worden. Ebenso wie durch die Herabsetzung der Zollschranken wollte man den internationalen Güteraustausch fördern durch die Einführung eines universellen Maß- und Gewichtssystems und durch die Begründung einer Weltmünzeinheit. In der Tat ist es den Franzosen gelungen, ihrem metrischen Maß- und Gewichtssysteme eine nahezu universelle Verbreitung zu geben. In der Münzfrage jedoch stießen diese kosmopolitischen Bestrebungen auf große Schwierigkeiten.

Der eifrigste Förderer des Gedankens eines Weltmünzbundes innerhalb der französischen Regierung war d e P a r i e u , Vizepräsident und später Präsident des Staatsrates. Für ihn war der Lateinische Münzbund nur eine Vorstufe für die erstrebte Weltmünzeinheit. Im Texte des Lateinischen Münzvertrags selbst war dieser Gedanke zum Ausdruck gebracht. Der Artikel 12 des Vertrags lautete:

„Das Recht zum Beitritte zur gegenwärtigen Uebereinkunft ist jedem Staate vorbehalten, der ihre Verbindlichkeiten übernehmen und das Vereinsmünzsystem in betreff der Gold- und Silbermünzen einführen will."

Außerdem teilte Frankreich den Vertrag sofort nach seinem Abschlusse den Regierungen der wichtigeren Staaten mit und forderte sie zum Beitritte auf.

Der Erfolg des französischen Vorgehens entsprach nicht der begeisterten Aufnahme, den der Abschluß des Lateinischen Münzvertrags bei der kosmopolitisch gestimmten öffentlichen Meinung der meisten Kulturstaaten gefunden hatte. Nur Griechenland trat der Münzunion formell bei; der Kirchenstaat, Spanien und Rumänien nahmen auf dem Wege der autonomen Gesetzgebung, ohne sich dem Münzvertrage anzuschließen, das Frankensystem an. Bei allen übrigen Regierungen stieß die Aufforderung Frankreichs auf große Bedenken, die teilweise aus der Rücksicht auf das eigne, seit langer Zeit eingebürgerte Münzsystem der betreffenden Länder hervorgingen. Namentlich der Umstand, daß die Lateinische Münzunion aufgrund der Doppelwährung errichtet war, veranlaßte die fremden Regierungen fast allgemein zu einer großen Zurückhaltung, und es zeigte sich, daß eine befriedigende Entscheidung der Währungsfrage die erste Voraussetzung für einen Weltmünzbund sei.

Die französische Regierung suchte die Schwierigkeiten zu überwinden, indem sie anläßlich der Pariser Weltausstellung von 1867 einen großen internationalen Meinungsaustausch über die Weltmünze veranstaltete. Auf der von ihr berufenen internationalen Münzkonferenz waren 19 europäische Regierungen und außerdem die Vereinigten Staaten von Amerika offiziell vertreten. Zwar hatte die Konferenz nur den Charakter einer unverbindlichen Besprechung; sie sollte keine Beschlüsse von praktischer Tragweite fassen, sondern nur die Grundlage für weitere diplomatische Verhandlungen liefern. Aber trotzdem gewähren ihre Verhandlungen einen interessanten und wichtigen Einblick in die Stellung der verschiedenen Regierungen zur Münzfrage, in ihre Beurteilung der münzpolitischen Situation und in ihre münzpolitischen Absichten, namentlich soweit die Währungsfrage in Betracht kommt.

In bezug auf die Weltmünzeinheit selbst kam es nur zu Beschlüssen ganz allgemeinen Inhalts. Es wurde empfohlen, bei künftigen Münzreformen in Ländern, die noch nicht das Frankensystem angenommen hätten, das goldene Fünffrankenstück als „dénominateur commun", als „gemeinsamen Nenner" anzunehmen, d. h. eine Rechnungseinheit, die in einem einfachen Verhältnisse zu dieser Münze stehe, dem Münzsysteme zugrunde zu legen. Aber die wichtigsten Staaten, namentlich England, die deutschen Staaten und Holland, machten sofort weitgehende Vorbehalte, indem sie erklärten, daß sie mit Rücksicht auf ihre wohlbewährten und in den Volksgewohnheiten eingewurzelten Systeme ihren Beitritt zu einem internationalen Münzsystem nicht in sichere Aussicht stellen könnten.

Während man in bezug auf das internationale Münzsystem über das „non liquet" nicht hinauskam, herrschte in bezug auf die Währungsfrage nahezu völlige Einstimmigkeit. Es fanden umfangreiche Verhandlungen darüber statt, aufgrund welchen Währungssystems eine Weltmünzeinheit errichtet werden könne; und diese Frage wurde mit allen Stimmen gegen die eine der Niederlande dahin entschieden, daß weder die Silberwährung, noch die Doppelwährung, sondern nur die reine Goldwährung in Betracht komme.

Dieser Beschluß brachte als übereinstimmende Meinung der auf der Konferenz vertretenen Regierungen zum Ausdruck, daß die Goldwährung das Währungssystem der Zukunft sei. Die dem Beschlusse vorausgegangenen Verhandlungen ließen keinen Zweifel darüber bestehen, daß die bereits im Besitz der Goldwährung befindlichen Staaten unter keinen Umständen gesonnen waren, die Goldwährung wieder preiszugeben, daß ferner die in absehbarer Zeit vor der Notwendigkeit einer Geldreform stehenden Länder die Goldwährung als die Grundlage ihres künftigen Geldwesens anstrebten. Die englische Regierung erklärte auch in der Folgezeit auf das bestimmteste, daß sie unbedingt bei der Goldwährung bleiben werde und daß jede Münzeinigung mit einem Doppelwährungslande ausgeschlossen sei. Belgien, die Schweiz und Italien, die schon bei der Begründung des Lateinischen Münzbundes die Goldwährung als Grundlage gefordert hatten, vertraten nach wie vor dieselbe Meinung. Oesterreich hatte bereits im Jahre 1854, beim Beginn der Verhandlungen über den Wiener Münzvertrag, den Uebergang zur Goldwährung verlangt; sein Vertreter auf der Pariser

Konferenz vertrat dieselbe Forderung und schloß wenige Tage nach Schluß der Konferenz mit Frankreich eine Präliminarkonvention über Oesterreichs Beitritt zur Münzunion ab, die als Vorbedingung für beide Teile ausdrücklich den Uebergang zur Goldwährung festsetzte. Die Vereinigten Staaten von Amerika, die damals ebenso wie Oesterreich Papierwährung hatten, zeigten sich gewillt, ihr Geldwesen auf der Basis der Goldwährung wiederherzustellen. Das Gold war vor dem Bürgerkriege, der die Ausgabe von Papiergeld mit Zwangskurs veranlaßt hatte, das fast ausschließliche Zahlungsmittel gewesen, und die Tatsache des formellen Fortbestehens der Doppelwährung war geradezu in Vergessenheit geraten. Das zeigte sich auch während der Papiergeldperiode darin, daß die Zölle in Gold erhoben wurden und daß die Auszahlung der Zinsen der Nationalschuld in Gold erfolgte. Ueber das Doppelwährungssystem urteilte der Vertreter der Vereinigten Staaten auf der Pariser Konferenz folgendermaßen:

„Die Gesetzgeber und das Volk der Vereinigten Staaten haben genugsam die Erfahrung gemacht, wenn nicht durch Studium, so doch durch die Praxis, daß das System der Doppelwährung nicht nur eine Unklugheit, sondern eine Unmöglichkeit ist.“

Zurückhaltender sprachen sich bei aller Anerkennung der Vorzüge der Goldwährung nur die deutschen Vertreter und diejenigen der skandinavischen Staaten aus. Der preußische Delegierte erklärte, nicht zu wissen, wann und wie in Preußen der Uebergang von der Silberwährung zur Goldwährung stattfinden könne, und die skandinavischen Vertreter machten den Uebergang zur Goldwährung abhängig vom Verhalten Deutschlands, auf das sie handelspolitisch am meisten angewiesen waren.

Der einzige Staat, der sich dem Uebergange zur Goldwährung grundsätzlich abgeneigt zeigte, waren die Niederlande. Ihr Vertreter erklärte die Doppelwährung theoretisch für die vollkommenste Münzverfassung, aber trotzdem stimmte er für eine Doppelwährung nur unter der Voraussetzung, daß ein allgemeiner Münzverein auf dieser Grundlage zustande käme. Eine isolierte Doppelwährung hielt er für undurchführbar. Eine universelle Doppelwährung aber war, wie sich auf der Konferenz zeigte, gänzlich aussichtslos.

Diese große internationale Aussprache über die Währungsfrage ist ein bleibendes Dokument für die damalige Zeitströmung, die sich völlig zugunsten der Goldwährung gewendet hatte. Man hat die Bedeutung dieser Aussprache späterhin herabzusetzen versucht mit der Behauptung, die Pariser Konferenz habe sich nicht für die Goldwährung entschieden, sondern nur dafür, daß die Münzeinheit auf Grundlage der Goldwährung erreicht werden sollte[1]); nachdem später die Münzeinigungsbestrebungen sich als aussichtslos gezeigt hätten, sei auch der Beschluß der Pariser Konferenz zugunsten der Goldwährung gegenstandslos geworden; man könne deshalb aus diesem Beschlusse nicht folgern, daß eine starke Strömung zugunsten der Goldwährung in der Kulturwelt vorhanden gewesen sei.

---

[1]) Vgl. die Drucksachen Nr. 14 und 20 der deutschen Silberkommission von 1894.

Bei dieser Argumentation wird der Inhalt der Verhandlungen über den Beschluß gänzlich ignoriert; aus diesen Verhandlungen geht, wie oben gezeigt wurde, deutlich hervor, daß die Vertreter der einzelnen Staaten die Goldwährung nicht lediglich als Mittel zum Zweck einer Münzunion betrachteten, sondern daß sie die Goldwährung an sich für das vollkommenste Geldsystem ansahen und daß sie ganz ohne Rücksicht auf ein etwaiges Zustandekommen des Weltmünzbundes gewillt waren, die Goldwährung, wo sie bestand, festzuhalten, wo sie nicht bestand, auf ihre Einführung Bedacht zu nehmen. Es wird außerdem übersehen, daß die Goldwährung ihrer Natur nach nicht lediglich Mittel zum Zweck eines Weltmünzbundes sein konnte, ein Mittel, das durch die Aussichtslosigkeit jenes Zweckes seinen Wert verloren hätte. Der wichtigere Teil der von einem Weltmünzbunde zu erwartenden Vorteile war bereits auf dem Boden der bloßen Währungsgleichheit zu erreichen, und deshalb war kein Grund vorhanden, nach dem Scheitern der Weltmünzidee auch auf eine Währungsgleichheit zu verzichten. Das Votum der Pariser Konferenz, daß die Münzeinheit nur auf Grundlage der Goldwährung erreichbar sei, besagte gleichzeitig, daß auch eine Währungsgleichheit für die Kulturvölker nur auf Grundlage der Goldwährung durchgeführt werden könne.

Wenn man mit einem raschen Blicke die Entwicklung der folgenden Jahrzehnte überfliegt, dann sieht man, daß die Tatsachen dieser Auffassung Recht gegeben haben. Nichts hat in den letzten Jahrzehnten vor dem Ausbruch des Weltkrieges so sehr zur Ausbreitung der Goldwährung beigetragen, als die immer enger werdende Verkettung der handelspolitischen und finanziellen Interessen der Völker, die eine Währungsgleichheit gebieterisch verlangte.

Alles in allem geben die Pariser Verhandlungen davon Zeugnis, wie sehr die Goldfunde nicht nur die tatsächlichen Verhältnisse des Geldumlaufs in der Kulturwelt, sondern auch die währungspolitischen Ansichten in kurzer Zeit umgewandelt hatten. Von der Demonetisation des Goldes in den Niederlanden im Jahre 1847, die gewissermaßen den Glauben an die Silberwährung besiegelte, bis zur Pariser Konferenz von 1867, welche die Goldwährung als das System der Zukunft proklamierte, — eine kurze Spanne von zwei Jahrzehnten! Das Ueberhandnehmen der Goldzirkulation in großen Gebieten und die Wandlung der währungspolitischen Auffassung hatte den Boden vorbereitet für eine neue Aera der Münzgesetzgebung, als deren Aufgabe es sich darstellte, den Goldumlauf, wo er bestand, ohne durch die gesetzliche Goldwährung gesichert zu sein, dauernd zu erhalten, und dem Goldgelde dort, wo es infolge der bestehenden Münzverfassung bisher keinen Eingang hatte finden können, Eingang zu verschaffen.

Es fehlte nur noch der Anstoß, um den Stein ins Rollen zu bringen.

Wie die Dinge in der zweiten Hälfte der 60er Jahre lagen, mußte man erwarten, daß dieser Anstoß von Frankreich ausgehen werde. Frankreich hatte in der münzpolitischen Entwicklung die Führung übernommen; sein Ehrgeiz, einen Weltmünzbund unter französischer Hegemonie zustande zu bringen, mußte es weiter vorwärts drängen; nach der Richtung der Goldwährung schon deshalb, weil nach den Erklärungen der Pariser Konferenz die Goldwährung die unerläßliche Vorbedingung für einen Weltmünzbund war.

Sobald aber Frankreich endgültig die Doppelwährung preisgab und die Goldwährung annahm, war für die Länder der europäischen Kultur die Währungsfrage praktisch entschieden. Daß die Schweiz, Belgien und Italien sich einem solchen Schritte ohne weiteres angeschlossen hätten, war sicher. Gegenüber diesen Staaten, gegenüber England und seinen wichtigsten Kolonien und gegenüber dem fast ausschließlich auf Gold beruhenden Welthandel wären Deutschland, Holland und Skandinavien mit ihrer Silberwährung in eine währungspolitische Isolierung geraten.

Er war für Deutschland eine günstige Fügung, daß es nicht vor diese Eventualität gestellt wurde und daß in Frankreich die Anhängerschaft der Doppelwährung immer noch stark genug war, um dort ein entschlossenes Vorgehen zu verzögern. Noch im März 1867, einige Monate vor der internationalen Konferenz, hatte sich eine Kommission mit 5 gegen 3 Stimmen für die Beibehaltung der Doppelwährung entschieden. Nun wurde im Jahre 1868 eine neue Münzkommission berufen, die eine umfangreiche Enquete veranstaltete und Gutachten der Handelskammern, der Generalsteuereinnehmer und der Bank von Frankreich einholte. Letztere beharrte noch immer auf dem Standpunkte der Doppelwährung; aber von 66 Handelskammern erklärten sich 45, von 91 Steuereinnehmern 69 für die Goldwährung. Die Enquetekommission selbst empfahl mit 17 von 23 Stimmen die Beseitigung des Silberkurantgeldes, mindestens aber die sofortige Einstellung oder Beschränkung der Ausprägung silberner Fünffrankenstücke und die Beschränkung ihrer Zahlungskraft auf Beträge bis zu 100 Frs.

Der doppelwährungsfreundliche Finanzminister Magne unterwarf sich jedoch nicht den Beschlüssen der Enquetekommission, sondern setzte es durch, daß die Frage an ein neues Forum zur nochmaligen Beratung verwiesen wurde, nämlich an den Conseil Supérieur du Commerce, de l'Agriculture et de l'Industrie. Dieser Conseil begann seine Verhandlungen im November 1867 und beendete seine Arbeiten erst im Juli 1870, nach Ausbruch des Krieges mit Deutschland; er vernahm eine große Anzahl von Sachverständigen aller Länder und aller Parteien und gab sein Schlußvotum mit beträchtlicher Mehrheit zugunsten der Goldwährung ab.

Aber jetzt war die Zeit für eine französische Initiative auf dem Gebiete des Geldwesens vorüber. Der Krieg machte zunächst jede Maßregel unmöglich, und in seinen Folgen brachte er eine Umwälzung der Verhältnisse, durch welche die Führung auch auf währungspolitischem Gebiete von Frankreich an Deutschland überging.

5. Kapitel. Die deutsche Geldreform.

§ 1. Der Zustand des deutschen Geldwesens vor der Reform.

Die deutsche Geldreform nimmt in der neueren Entwicklung des Geldwesens eine so hervorragende Stellung ein, daß es sich schon daraus rechtfertigt, sie an dieser Stelle etwas eingehender zu behandeln.

Die Verhältnisse, aus denen die Bestrebungen nach einer Reform des deutschen Geldwesens ursprünglich hervorgegangen waren, hatten allerdings mit der internationalen Entwicklung des Geldwesens nichts zu tun, sondern waren durchaus nationaler Natur. Der von alters her am meisten beklagte Mißstand im deutschen Geldwesen war die Vielheit der in den einzelnen Territorien geltenden Münzsysteme, sowie die Mannigfaltigkeit und der schlechte Zustand der einzelnen Münzsorten, die teilweise aus längst abgeschafften Prägesystemen herrührten.

Zur Zeit der Münzreform bestanden im neuen Deutschen Reiche noch sechs verschiedene Münzsysteme: die Talerwährung im größten Teile von Nord- und Mitteldeutschland, die Guldenwährung in den süddeutschen und einigen mitteldeutschen Staaten, die Frankenwährung in den neu erworbenen Reichslanden, die Lübische Währung in den Freien Städten Hamburg und Lübeck, die auf Feinsilber begründete Bankowährung für den hamburgischen Großhandel, die Talergoldwährung in Bremen. Die Talerwährung selbst zerfiel in verschiedene Systeme, in das preußische, das den Taler in 30 Silbergroschen zu 12 Pfennigen einteilte, während der Groschen in Sachsen und einigen mitteldeutschen Staaten nur zu 10 Pfennigen gerechnet wurde, und während man in Mecklenburg nach Talern zu 48 Schillingen rechnete.

Noch schlimmer als diese Vielheit von Münzsystemen war das Chaos des Münzumlaufs. Bei der Einführung eines neuen Prägesystems war meist nicht darauf Bedacht genommen worden, die umlaufenden Stücke des alten Münzfußes zu beseitigen, und so hatten die deutschen Münzsysteme von anderthalb Jahrhunderten im deutschen Münzumlaufe ihre Niederschläge hinterlassen. Dazu kamen das Papiergeld von 21 deutschen Staaten und die Noten von 31 deutschen Banken, außerdem eine Fülle ausländischen Metall- und Papiergeldes.

Am schlimmsten lagen in dieser Beziehung die Verhältnisse in Südwestdeutschland. Die dort herrschende Münzverwirrung kann kaum drastischer dargestellt werden als durch ein Dokument, das L u d w i g B a m b e r g e r gelegentlich einer Rede über die Notwendigkeit der deutschen Münzeinigung am 5. Mai 1870 dem Zollparlamente vorlegte. Er sagte:

„Ich habe hier ein sogenanntes Bordereau, d. h. die spezifizierte Aufstellung von Geldsorten, womit ein Handeltreibender eine seinem Bankier überschickte Sendung begleitet. Das Bordereau, welches ich Ihnen hier vorzeige, lautet über 15834 Gulden und datiert vom 19. Dezember 1869; ich habe es mir aus den Briefen eines Bankhauses herausgenommen. Es enthält also die Münzen, aus denen diese 15834 Gulden zusammengesetzt waren, und damit Sie verstehen, welche Bedeutung das hat, muß ich sagen: die Sendung kam aus einem kleinen Landstädtchen der Provinz Rheinhessen. Es ist dies eine kleine Stadt von 3—4000 Seelen mit einem einzigen Gasthaus, welches nicht etwa die Fremden der Merkwürdigkeit wegen besuchen; es ist eine Zahlung, hervorgegangen aus Pacht- und Kaufzielen der Bauern, aus verkauftem Weizen, Gerste, Hülsenfrüchten und dergleichen Abtragungen, die aus den einzelnen umliegenden Dörfern in diese kleine Landstadt gebracht und durch Vermittlung eines Handeltreibenden einkassiert wurden. Was aus den Taschen der Bauern zusammengeflossen ist, ist folgendes: die Summe von 15834 Gulden bestand aus Doppeltalern, Kronentalern, $2^1/_2$-Guldenstücken, 2-Guldenstücken, 1-Guldenstücken, $^1/_2$-Guldenstücken, $^1/_3$-, $^1/_6$-, $^1/_{12}$- Reichstalern, 5-Franken-, 2-Franken-, 1-Frankenstücken; dann kommt das Gold: Pistolen, doppelte und einfache Friedrichsdor, $^1/_2$-Sovereigns, russische Imperialen, Dollars, Napoleons, holländische Wilhelmsdor, österreichische und württembergische Dukaten, hessische 10-Guldenstücke und schließlich noch ein Stück dänisches Gold."

Auf diesem Gebiete der Einheitlichkeit des Münzsystems und der Ordnung der Zirkulationsmittel tat Abhilfe am frühesten und am dringendsten not, und hier setzten von Anfang an die Reformbestrebungen ein. Aber so groß auch die Einigkeit in der Anerkennung dieses Mißstandes war, so gering war die Einigkeit im Zusammenwirken zu einer durchgreifenden Reform. Die einzelnen deutschen Staaten und Fürsten wachten ängstlich über ihrer Souveränität, und gerade das „Münzregal" wurde stets als eines der wichtigsten Souveränitätsrechte angesehen, von dem nichts preisgegeben werden dürfe. Dadurch war vor der Reichsgründung eine einheitliche Ordnung des deutschen Geldwesens unmöglich gemacht. Alles, was sich erreichen ließ, waren Münzverträge zwischen den Staaten des Zollvereins, die gewisse einheitliche Grundsätze für die Münzprägung enthielten und den Taler und Doppeltaler zur Vereinsmünze mit gesetzlicher Zahlungskraft im ganzen Vereinsgebiete machten. Im Jahre 1837 hatten sich die süddeutschen Staaten bereits zu einem Münzvereine zusammengeschlossen, der die Guldenwährung einheitlich regelte; 1838 folgte ein Münzvertrag zu Dresden zwischen den sämtlichen Staaten des Zollvereins. Der wichtigste dieser Verträge war der Wiener Münzvertrag vom 24. Januar 1857, der auch Oesterreich mit einbezog. Da Oesterreich jedoch aus seiner Papierwährung nicht herauskam, wurde der Münzverein mit diesem Staate nur insoweit wirksam, als eine Anzahl von Vereinstalern mit gesetzlicher Zahlungskraft für das ganze Vereinsgebiet auch in Oesterreich geprägt wurde. Nach dem Kriege von 1866 schied Oesterreich aus dem Münzvereine aus.

Neben der Münzzersplitterung war ein großer Mißstand des deutschen Geldwesens der Mangel eines ausreichenden und geordneten Goldumlaufs, ein Fehler, der in der deutschen Währungsverfassung begründet war und sich mit dem Fortschreiten der wirtschaftlichen Entwicklung und der Vergrößerung des Volkswohlstandes immer mehr fühlbar machte. Das Fehlen eines ausreichenden Goldumlaufs begünstigte, da die Silbermünzen für jede größere Zahlung zu unbequem waren, ein starkes Ueberhandnehmen des Umlaufs papierner Geldzeichen. Namentlich die kleineren deutschen Staaten machten sich diese Verhältnisse zu nutzen und brachten große Mengen von Papiergeld in den Verkehr, meist in Scheinen, die auf ganz kleine Beträge, bis herab zu 1 Taler, lauteten und für deren Sicherstellung entweder überhaupt keine oder nur ungenügende Vorkehrungen getroffen waren. Aehnlich verhielten sich die meisten Notenbanken, die durch die Ausgabe ungedeckter Banknoten möglichst hohe Gewinne zu erzielen suchten.

Da man dem Publikum unmöglich zumuten konnte, sich mit dem lästigen Silber abzuschleppen, erschien als die einzige Möglichkeit, das bedrohliche Uebermaß von Papiergeldzeichen einzuschränken, die Schaffung eines den Bedürfnissen des gesteigerten und verfeinerten Verkehrs entsprechenden Umlaufs von Goldmünzen.

Nach der gleichen Richtung hin wirkte die bereits geschilderte Entwicklung der internationalen Währungsverhältnisse. Ueberall hatte der Gebrauch von Goldgeld eine bedeutende Zunahme erfahren, überall zeigten sich — wie insbesondere auf der Pariser Münzkonferenz von 1867 hervortrat — in wachsender Stärke Bestrebungen, den Goldumlauf, wo er von selbst Boden gefaßt hatte, durch die gesetzliche Einführung der Goldwährung dauernd festzuhalten und ihm dort, wo er sich infolge der bestehenden Münzgesetze nicht einbürgern konnte, durch die Einführung der Goldwährung Eingang zu verschaffen. Es zeigte sich immer deutlicher, daß ein Beharren bei der Silberwährung Deutschland währungspolitisch isolieren mußte.

Sowohl in Rücksicht auf den eignen Geldumlauf, als auch in Rücksicht auf die internationale Gestaltung der Währungsverhältnisse mußte deshalb neben der Münzeinigung die Herstellung eines Goldumlaufs als das wichtigste Ziel der deutschen Münzreform erscheinen.

§ 2. Die Reformbestrebungen.

Das Verlangen nach einer deutschen Münzeinheit, das nahezu ebenso alt war, wie die deutsche Münzzersplitterung, war durch die vor der Reichsgründung in den Münzvereinen erzielten Erfolge keineswegs befriedigt. So groß auch der Fortschritt war, den namentlich der Wiener Münzvertrag von 1857 durch seine einschneidenden Bestimmungen über die Scheidemünzen und durch die Erhebung des Eintalerstücks zur Vereinzmünze herbeiführte, so blieb doch selbst innerhalb des Zollvereinsgebietes eine Trennung nach zwei Landeswährungen — Talerwährung und süddeutsche Guldenwährung —, innerhalb des Münzvereins (einschließlich Oesterreichs) sogar eine dreifache Verschiedenheit der Landeswährungen bestehen. Dazu kam, daß nur die Vereinsmünzen ohne Unterschied der Münzstätten, aus denen sie hervorgingen, gesetzliches Zahlungsmittel im ganzen Vereinsgebiete sein sollten; diesen allerdings war die unbedingte gesetzliche Zahlungskraft in einer so prägnanten Weise beigelegt, daß ihnen für die künftige Entwicklung — ganz abgesehen davon, daß sie mit den wichtigsten Kurantmünzen des wichtigsten Teiles des Vereinsgebietes identisch waren — ein Uebergewicht über das Landeskurantgeld gesichert schien; Zahlungsverträge, die auf Landeskurantgeld lauteten, sollten nach Art. 8 des Wiener Vertrags in Vereinsmünzen erfüllt werden können, während Zahlungsverträge, die auf Vereinsmünzen gestellt wurden, ausschließlich in Vereinsmünzen zu erfüllen sein sollten. Dagegen hatten hinsichtlich der Landesmünzen die einzelnen Staaten während der Verhandlungen über den Vertrag ausdrücklich die Uebernahme auch nur der Verpflichtung abgelehnt, die Münzen der mitvertragenden Staaten in ihrem Gebiete wenigstens nicht zu verbieten. Aber die Bedeutung des Landeskurantgeldes gegenüber den Vereinsmünzen ist infolge der

Erklärung des Eintalerstückes zur Vereinsmünze — neben dem schon seit dem Münzvertrage von 1838 zur Vereinsmünze erhobenen Doppeltalerstück — und durch die den Vereinsmünzen beigelegten rechtlichen Qualitäten seit 1857 sehr zurückgegangen. Die Prägeziffern sind dafür ein sprechender Beweis. Von 1838 bis 1857 wurden im Gebiete des Zollvereins nur wenig mehr als 50 Millionen Taler in Vereinsmünzen (Doppeltalerstücken) ausgeprägt, während gleichzeitig allein an Kurantmünzen süddeutscher Währung eine Summe von etwa 80 Millionen Taler zur Ausmünzung gelangte. Dagegen wurde 1857 bis 1871 in den Zollvereinsstaaten an Vereinsmünzen (Ein- und Zweitalerstücken) eine Summe von 229 Millionen Taler geprägt, während die gleichzeitigen Ausmünzungen von Landeskurantgeld der Taler- und der süddeutschen Guldenwährung nur $6^{1}/_{3}$ Millionen Taler betrugen; davon kamen etwa 2 Millionen auf die Landeskurantmünzen der Talerwährung ($^{1}/_{3}$- und $^{1}/_{6}$-Talerstücke) und $4^{1}/_{3}$ Millionen Taler auf die Landeskurantmünzen der Guldenwährung. Die in dem Wiener Münzvertrage aufrechterhaltene süddeutsche Guldenwährung war mithin nahe daran, durch die Vereinsmünzen erdrückt zu werden; von der gesamten Kurantausmünzung der Guldenstaaten selbst entfielen in der Zeit vom Wiener Vertrage bis zur deutschen Münzreform nur etwa 8,4 Prozent auf die Landesmünzen, dagegen 91,6 Prozent auf die Vereinsmünzen.

Wenn auch diese aus der unentrinnbaren wirtschaftlichen Notwendigkeit hervorgehende Entwicklung eine allmählich immer weiter fortschreitende Annäherung an das Ziel der völligen Gemeinschaft der deutschen Umlaufsmittel in Aussicht stellte, so lag darin doch immerhin nur ein geringer Trost für diejenigen, welche im täglichen Verkehr die Mißstände der Münzzersplitterung empfanden. Der Wiener Vertrag war nur halbe Arbeit, und gerade deshalb regte er ganz besonders das Verlangen an, daß in der Frage der deutschen Münzeinigung ganze Arbeit getan werden möchte.

Zu der Forderung der Münzeinigung traten vom Ausgang der 50er Jahre an mit wachsender Stärke die Bestrebungen auf Einführung der Goldwährung. Die münztechnischen Vorzüge der Goldwährung hatten bereits in den 30er Jahren des 19. Jahrhunderts einen kenntnisreichen und eifrigen Vertreter in dem verdienstvollen Nationalökonomen J. G. Hoffmann.[1]) Aber damals hatten solche Erörterungen in Anbetracht der oben geschilderten Verhältnisse der Edelmetallproduktion lediglich theoretische Bedeutung; für einen münztechnisch noch so gerechtfertigten Uebergang zur Goldwährung fehlte das wesentlichste: das Gold. Erst der gänzliche Umschwung der Edelmetallproduktion von 1848 an hat einerseits die Bahn zur Goldwährung freigemacht, während andererseits die allgemeine wirtschaftliche Entwicklung eine solche Währungsänderung immer mehr als eine Notwendigkeit erscheinen ließ. Die Entwicklung der internationalen Währungsverfassung und die Rücksicht auf den inneren Geldumlauf, in dem mangels

---

[1]) Von seinen Arbeiten kommen hier insbesondere in Betracht: „Drei Aufsätze über das Münzwesen“. Berlin 1832; „Die Lehre vom Gelde als Anleitung zu gründlichen Urteilen über das Geldwesen“. Berlin 1838; „Zeichen der Zeit im deutschen Münzwesen, als Zugabe zu der Lehre vom Gelde“. Berlin 1841.

eines bequemen Zahlungsmittels das Papier bedrohlich überhand nahm, wirkten zusammen, um neben der Münzeinigung die Herstellung eines ausreichenden und geordneten Goldumlaufes als das wichtigste Ziel einer deutschen Münzreform erscheinen zu lassen.

Ueber den Weg, auf welchem dieses letztere Ziel erreicht werden konnte, herrschte jedoch in der öffentlichen Meinung anfänglich noch große Unklarheit. Der erste deutsche Handelstag, der 1861 in Heidelberg versammelt war und sich mit der Münzfrage beschäftigte, hielt die Münzeinigung für ein so dringendes Bedürfnis, daß ihre Verwirklichung nicht durch eine Verkettung mit der Währungsfrage erschwert werden dürfe. Der dritte Handelstag, der im Jahre 1865 in Frankfurt a. M. stattfand, zeigte bereits einen beträchtlichen Umschwung der Meinungen. Das Bedürfnis nach der Schaffung eines Goldumlaufs wurde fast einhellig als dringend anerkannt, aber über die Art und Weise, wie das Goldgeld dem deutschen Münzsysteme eingefügt werden sollte, herrschte noch große Meinungsverschiedenheit. Man einigte sich auf einen Beschluß, der die Prägung einer Goldmünze im Feingehalte des Zwanzigfrankenstücks verlangte; dieser Münze sollte ein fester, falls sich aber die Regierungen dazu nicht entschließen könnten, wenigstens ein von Zeit zu Zeit veränderlicher Kassenkurs beigelegt werden. Der Vorschlag wollte nur ein Auskunftsmittel zeigen, das gleichzeitig „zur Anbahnung der Goldwährung" dienen sollte.

In den folgenden Jahren zog die von Frankreich ausgehende Bewegung zugunsten eines Weltmünzbundes auch die deutschen Reformbestrebungen in ihre Kreise. Der Abschluß des Lateinischen Münzbundes und die glanzvolle Pariser Münzkonferenz von 1867 gaben dem Gedanken einer Weltmünze eine besondere Flugkraft. Gleichzeitig wirkten die Verhandlungen der Pariser Konferenz aufklärend in der Währungsfrage. Die Wirkung in Deutschland zeigte sich auf dem Volkswirtschaftlichen Kongresse von 1867 und dem Deutschen Handelstage von 1868, die beide gleichzeitig mit der deutschen Münzeinheit den Anschluß an das Frankensystem und den Uebergang zur Goldwährung verlangten. Auch der Norddeutsche Reichstag faßte im Juni 1868 eine Resolution, die ein Münzsystem forderte, das „möglichst viele Garantien einer Erweiterung zu einem allgemeinen Münzsysteme aller zivilisierten Länder biete"; ein Jahr später wurde vom Zollparlamente eine gleichlautende Resolution beschlossen.

Es stellte sich jedoch bald heraus, daß weder England noch die Vereinigten Staaten geneigt waren, das französische Münzsystem anzunehmen. Frankreich selbst zögerte, die auf der Pariser Konferenz von seiner eignen Regierung und allen anderen Staaten mit Ausnahme der Niederlande anerkannte Voraussetzung für einen internationalen Münzbund, nämlich den Uebergang zur gesetzlichen Goldwährung, zu verwirklichen. Dazu kam schließlich der deutsch-französische Krieg; angesichts des blutigen Ringens zweier mächtiger Kulturvölker mußte die Idee einer internationalen Münzverbrüderung verblassen. Man begann Vorteile und Nachteile einer Münzgleichheit mit dem Auslande praktisch abzuwägen und kam zu dem Schlusse, daß die wichtigsten Vorteile durch die auf dem Boden der Goldwährung zu erstrebende Währungsgleichheit erreicht werden könnten, während eine Gleichheit des Münzsystems und infolgedessen eine Gemeinschaft des Münzumlaufs für Deutschland nicht nur eine lästige Umrechnung aus dem bisherigen Gelde nötig gemacht hätte, sondern auch in anderen Beziehungen zu großen Bedenken Anlaß gab. Namentlich die in jener Zeit in die Oeffentlichkeit gedrungenen Mitteilungen über die Ungenauigkeit der französichen Ausmünzungen und das Fehlen von Vorschriften über die Erhaltung der Vollwichtigkeit der französischen Münzen ließen es nicht wünschenswert erscheinen, mit Frankreich in eine völlige Münzgemeinschaft zu treten.

Ohnedies war die Aufgabe der deutschen Münzeinigung und des gleichzeitigen Uebergangs zur Goldwährung groß genug, und alles sprach dagegen, die Lösung durch das Streben nach einer schon durch das Verhalten Englands und Amerikas aussichtslosen internationalen Münzeinigung noch mehr zu erschweren.

§ 3. Die Bedeutung des französichen Krieges und der Reichsgründung für die Währungsfrage.

Die staatsrechtlichen Voraussetzungen für eine ganz Deutschland umfassende Münzreform wurden erst durch die Gründung des Reiches geschaffen. Zwar hatte bereits die Verfassung des Norddeutschen Bundes die Ordnung des Münz-, Papiergeld- und Bankwesens der Gesetzgebung des Bundes unterstellt; aber solange Süddeutschland noch außerhalb der Bundesgemeinschaft stand, konnte nur auf dem schwerfälligen Wege von Verträgen mit den einzelnen süddeutschen Staaten eine einheitliche Reform durchgeführt werden. Gleichwohl beschloß der Bundesrat im Frühjahr 1870 eine Enquete über die bei der Münzfrage in Betracht kommenden Verhältnisse zu veranstalten, und das Zollparlament faßte eine Resolution, welche die verbündeten Regierungen ersuchte, die Münzreform als eine gemeinsame Angelegenheit des Zollvereins zu behandeln und deshalb die geplante Enquete auch auf Süddeutschland zu erstrecken.

Die Regierung des Norddeutschen Bundes war geneigt, diesen Wunsch zu erfüllen, aber die Resolution wurde überholt durch die allgemeine politische Entwicklung. Die Fragebogen für die Enquete waren ausgearbeitet und lagen zur Versendung bereit, als der Krieg mit Frankreich ausbrach, dessen Folgen die Bedingungen für eine deutsche Geldreform gänzlich veränderten.

Vor dem Kriege stand Frankreich, wie oben dargestellt wurde, am Ende langer und eingehender Erhebungen über die Währungsfrage, die ganz entschieden zugunsten der Goldwährung ausgefallen waren. Die Einführung der Goldwährung bot damals in Frankreich keinerlei Schwierigkeiten. Da Frankreich ganz überwiegend Goldgeld und nur wenig Silbergeld im Umlauf hatte, bedurfte es nur eines Gesetzes, das die freie Silberprägung aufhob und die Zahlungskraft der silbernen Fünffrankstücke beschränkte. In Deutschland dagegen genügte zur Einführung der Goldwährung nicht ein bloßes Gesetz, sondern der vorhandene Silberumlauf, der den Betrag von 500 Millionen Taler nicht unbeträchtlich überstieg, mußte zum größten Teile beseitigt und durch einen Goldumlauf ersetzt werden. Durch die Schließung der französischen Münzstätten für das Silber mußte dieses Metall nach der allgemeinen Annahme eine gewisse Entwertung erfahren; und je stärker das Silber gegenüber dem Golde im Werte zurückging, desto schwieriger und kostspieliger mußte für Deutschland die Umwandlung seines Silberumlaufs in einen Goldumlauf werden.

Der Ausgang des Krieges kehrte die Lage um.

Frankreich wurde durch die Folgen des Krieges daran gehindert, in der Währungsfrage den so eingehend vorbereiteten entscheidenden Schritt zu tun. Infolge des Krieges hatte die Bank von Frankreich die Einlösung ihrer Noten einstellen müssen; wenn die französische Regierung auf die möglichst rasche Wiederaufnahme der Barzahlungen hinarbeiten wollte, dann durfte sie sich die Mittel dazu nicht durch die Einstellung von Silberprägungen beschränken. Einen ähnlichen Zwang übte die Kriegskostenentschädigung aus. Da Frankreich zur Zahlung der Kontribution auch silberne Fünffrankenstücke verwenden durfte, erleichterte es sich die Abtragung, wenn es möglichst viel Silber zur Ausprägung annahm. An eine Aufhebung der Silberprägung und einen Uebergang zur Goldwährung war also für Frankreich vorläufig nicht mehr zu denken.

Umgekehrt wirkte der Ausgang des Krieges für Deutschland.

Die Gründung des Reiches beseitigte das letzte staatsrechtliche Hindernis, das bisher die Münzreform erschwert und verzögert hatte. Die Kriegsentschädigung löste die Frage, woher Deutschland das zur Goldwährung nötige Gold nehmen sollte; die fünf Milliarden brachten, soweit sie nicht in effektivem Golde, sondern in Wechseln, Bankanweisungen usw. eingingen, hinreichend Mittel, um Gold zu Prägezwecken auf ausländischen Märkten anzukaufen.

Die ungewöhnliche Gunst des Augenblicks wurde in Deutschland mit Energie und Geschick ausgenutzt. Die im Jahre 1870 beschlossene Enquete unterblieb, da die Reichsregierung jetzt die Münzfrage für hinreichend geklärt und die Zeit für zu kostbar hielt, als daß noch eine zeitraubende Enquete am Platze gewesen wäre. Nach der jahrelangen öffentlichen Diskussion über die Münzreform war die Enquete in der Tat überflüssig, und die fast gleichlautenden Beschlüsse einer freien Kommission von Reichstagsmitgliedern, die im Juni 1871 zusammentrat, und des im August 1871 zu Lübeck tagenden Volkswirtschaftlichen Kongresses konnten mit Recht als der Ausdruck der nahezu einmütigen öffentlichen Meinung erscheinen. Diese Beschlüsse verlangten die Einführung eines einheitlichen, sich von der Talerwährung ableitenden Münzsystems mit dezimaler Einteilung auf Grundlage der Goldwährung.

§ 4. Die Einstellung der preussischen Silberprägungen.

Noch ehe die Gesetzgebung des neuen Reiches Gelegenheit hatte, sich mit der Münzfrage zu befassen, geschah seitens der preußischen Regierung ein währungspolitisch höchst bedeutsamer Schritt. Durch die französische Kontribution wurde auf dem gesamten internationalen

Geldmarkte eine starke Nachfrage nach Zahlungsmitteln für Deutschland hervorgerufen, und im Hinblick auf die an die Reichsregierung zu leistenden Zahlungen wurden große Beträge von Silber nach Deutschland geschickt und bei den deutschen Münzstätten zur Ausprägung eingeliefert. Die deutschen Staaten hatten zwar Silberwährung, aber das freie Prägerecht für Silber war gesetzlich nicht festgelegt; freie Silberprägung bestand vielmehr nur tatsächlich, und zwar in der Form, daß die deutschen Münzstätten das ihnen angebotene Silber zu einem öffentlich bekannt gemachten, wenig hinter dem Ausmünzungswerte zurückbleibenden und innerhalb enger Grenzen veränderlichen Preise ankauften. Im zweiten Quartal des Jahres 1871 exportierte nun England allein für nahezu 2 Millionen Pfd. Sterl. Silber nach Deutschland, und den deutschen Münzstätten wurden trotz der Herabsetzung ihres Ankaufspreises, die einer Erhöhung ihrer Prägegebühr gleichkam, fortgesetzt große Mengen von Silber zur Ausprägung gebracht. Der starke Silberzufluß jener Zeit erklärt sich daraus, daß Deutschland durch die von Frankreich zu zahlende Kriegskostenentschädigung gewissermaßen Gläubiger der ganzen Welt geworden war. Auf allen Märkten wurden für französische Rechnung Zahlungsmittel für Deutschland gesucht. Namentlich die Londoner Banken stellten Wechsel auf Deutschland zur Verfügung und suchten für deren Deckung durch die Versendung von Edelmetall nach Deutschland zu sorgen. Da Deutschland damals noch Silberwährung hatte, kam als Edelmetallrimesse ganz vorwiegend das Silber in Betracht, das ohnehin in jener Zeit — infolge der Zunahme der Produktion und infolge des Nachlassens des Silberbedarfs für Indien — dem Londoner Markte wieder in größeren Mengen zur Verfügung stand.

Der starke Silberzufluß kam der deutschen Regierung in einem Augenblicke, in dem sie mit dem Plane der Herstellung eines Goldumlaufs umging, natürlich sehr ungelegen. Zwar war ein Beschluß darüber, ob der erstrebte Goldumlauf im Wege der reinen Goldwährung oder im Wege der Doppelwährung hergestellt werden sollte, noch nicht gefaßt, die Reichsregierung wollte vielmehr ausdrücklich diese Entscheidung bis zum Erlasse eines definitiven Münzgesetzes offen halten. Aber die durchschlagende Logik der Tatsachen sprach deutlich genug: wollte man wirklich einen ansehnlichen Goldumlauf herstellen, dann mußte man jedem weiteren Anschwellen des Silberumlaufs entgegenwirken.

Nachdem die Berliner Münze mit der Herabsetzung des Ankaufspreises für Silber bis auf 29 Taler 23 Sgr. (bei einem Münzfuß von 30 Taler auf das Pfund fein) keine Verminderung der Silbereinlieferungen zu bewirken vermocht hatte, wurde seitens der preußischen Regierung die gänzliche Einstellung des Silberankaufs verfügt. Vom 3. Juli 1871 an kaufte die Berliner Münze kein Silber mehr von Privaten an.

Bei der alle anderen deutschen Münzstätten weit überragenden Bedeutung der Berliner Münzanstalt war dieser Schritt gleichbedeutend mit der Aufhebung der freien Silberprägung. Der endgültigen Entscheidung in der Frage, ob Doppelwährung oder Goldwährung, war damit im Drange der Notwendigkeit vorgegriffen. In jenem Akte, der den Charakter einer Defensivmaßregel trug, kam bereits klar die Erkenntnis zum Vorschein, die das Prinzip der Doppelwährung ablehnt, nämlich die Erkenntnis, daß die Schaffung und Erhaltung eines Goldumlaufs und die unbeschränkte Prägung für Silber nicht miteinander vereinbar sind.

§ 5. Die Reformgesetzgebung.

Im Oktober 1871 wurde dem Bundesrate der Entwurf eines Gesetzes, betreffend die Ausprägung von Reichsgoldmünzen, vorgelegt. Wie schon der Titel besagt, war mit dem Entwurfe noch nicht eine endgültige Regelung des deutschen Geldwesens erstrebt, sondern zunächst nur die Schaffung von Reichsgoldmünzen, die zwar als Grundlage für die künftige einheitliche deutsche Münzverfassung dienen sollten, die aber in die bestehende Münzverfassung nur provisorisch eingefügt werden konnten. In den Händen des Reichstags ist das Gesetz weit über seine ursprüngliche Bedeutung hinausgewachsen; es wurden ihm Bestimmungen eingefügt, welche die wichtigsten der für ein definitives Münzgesetz vorbehaltenen Entscheidungen vorweg nahmen.

Trotz erheblicher Schwierigkeiten und Meinungsverschiedenheiten in einzelnen Punkten, namentlich in der Frage der staatsrechtlichen Ordnung des deutschen Münzwesens, konnte das Gesetz, betreffend die Ausprägung von Reichsgoldmünzen, schon am 4. Dezember 1871 verkündigt werden.

Das Gesetz machte die Mark, die in 100 Pfennige eingeteilt wird, zur Rechnungseinheit des neuen Münzsystems. Die Mark wurde dem dritten Teile des Talers gleichgesetzt, und ihr Wert in den Münzeinheiten der übrigen deutschen Landeswährungen wurde entsprechend diesem Verhältnisse zum Taler bestimmt. Die Mark selbst wurde definiert als der zehnte Teil einer Reichsgoldmünze, von der $139^{1}/_{2}$ Stück aus dem Pfunde feinen Goldes ausgebracht werden; neben dem Zehnmarkstück wurde ein Zwanzigmarkstück im Feingehalte von $\dfrac{1}{67^{3}/_{4}}$ Pfund Feingold geschaffen. Die Ausprägung anderer Münzen des neuen Systems wurde noch nicht angeordnet.

Die bloße Schaffung einer Reichsmünze machte auch bei einem als Provisorium gedachten Gesetze eine Anzahl weiterer Vorschriften notwendig.

Bei dem Charakter des Reichs als Bundesstaat mußte zunächst die Frage entstehen: wer soll die Reichsmünzen prägen, das Reich oder die Einzelstaaten, und was für ein Gepräge sollen die Reichsmünzen tragen? Eine mächtige Strömung ging dahin, daß für alle Zukunft in Fragen des Münzwesens das Reich die einzige Instanz bilden dürfe, daß mithin die gesamte das Münzwesen betreffende Verwaltungstätigkeit, Prägung, Einziehung usw., nur Sache des Reiches sein dürfe. Die einzelstaatlichen Regierungen dagegen und die Partikularisten im ganzen Reiche wollten die Prägetätigkeit und alle damit zusammenhängenden Rechte und Pflichten im Gegensatz zu der ausdrücklich dem Reiche übertragenen Münzgesetzgebung den Einzelstaaten vorbehalten. Schon im Bundesrate kam es in dieser Frage zu einem Kompromisse zwischen beiden Forderungen, der allerdings mehr nach der partikularistischen Seite hinneigte; der Reichstag hat jedoch die wichtigsten Bestimmungen ihres partikularistischen Charakters entkleidet und die Frage der staatsrechtlichen Ordnung des Münzwesens der Sache nach — wenn auch unter Konzessionen in der Form — in unitarischem Sinne entschieden.

Nach den Vorschriften des Gesetzes vom 4. Dezember 1871, die später durch das Münzgesetz von 1873 für sämtliche Reichsmünzen eine Ergänzung erfuhren, übt das Reich die Münzprägung nicht selbst aus; die Ausprägung von Reichsmünzen geschieht vielmehr auf den Münzstätten derjenigen Bundesstaaten, die sich dazu bereit erklärt haben. Aber die Ausprägung geschieht auf Kosten und auf Anordnung des Reichs. Der Reichskanzler bestimmt unter Zustimmung des Bundesrates die auszumünzenden Beträge, die Verteilung dieser Beträge auf die einzelnen Münzsorten und Münzstätten sowie die den letzteren für die Prägung jeder einzelnen Münzgattung gleichmäßig zu gewährende Vergütung; ebenso versieht er die Münzstätten mit dem Prägemetall, das für die ihnen zugewiesenen Ausmünzungen erforderlich ist. Auch das Verfahren bei der Ausprägung wird vom Bundesrate festgestellt und unterliegt der Beaufsichtigung von seiten des Reichs. Das den Einzelstaaten vorbehaltene Prägerecht entbehrt mithin jeder selbständigen Bedeutung; es erstreckt sich lediglich auf die Ausführung von Anordnungen, die vom Reiche ausgehen.

Eine formelle Konzession wurde den Einzelstaaten auch bei der Festsetzung des Gepräges der Reichsmünzen gemacht. Es wurde bestimmt, daß die Reichsgoldmünzen auf der einen Seite den Reichsadler und die Inschrift „Deutsches Reich“, auf der anderen Seite das Bildnis des Landesherren bezw. das Hoheitszeichen der Freien Städte mit einer entsprechenden Umschrift tragen sollten. Im Reichstage wurde der Versuch gemacht, den Landesherren das Recht, die Reichsmünzen mit ihrem Bildnisse versehen zu lassen, zu nehmen und nur das Bildnis des Kaisers zuzulassen; aber kein geringerer als Fürst Bismarck selbst warnte dringend davor, in dieser Frage „einen politisch in hohem Grade verstimmenden Druck auf die Bundesgenossen auszuüben“.

Die Sorge für die Aufrechterhaltung der Vollwichtigkeit des Münzumlaufs, die Einziehung abgenutzter Reichsmünzen sowie die zur Durchführung der Münzreform notwendige Einziehung der Landesmünzen sollte nach dem im Bundesrate festgestellten Entwurfe Sache der Einzelstaaten sein. Der Reichstag hob jedoch diese Bestimmungen auf und übertrug auch diese Angelegenheiten in richtiger Erkenntnis der Gemeinschaftlichkeit des zu schaffenden Geldwesens der Zentralgewalt.

Der Feingehalt der durch das Gesetz vom 4. Dezember 1871 eingeführten Reichsgoldmünzen wurde in der Weise bestimmt, daß ein Wertverhältnis von 1 : 15,5 zwischen Silber und Gold angenommen wurde. Da der Taler nach seinem gesetzlichen Feingehalte $\frac{1}{30}$ Pfund Silber enthielt, mithin die Mark, als $\frac{1}{3}$ Taler, $\frac{1}{90}$ Pfund Silber darstellte, ergibt sich für das Zehnmarkstück ein Feingehalt von $10 \times \frac{1}{90 \times 15,5} = \frac{1}{139,5}$ Pfund Gold. Das Wertverhältnis von 1 : 15,5 wurde gewählt, weil es ungefähr dem durchschnittlichen Wertverhältnisse seit dem Beginn des 18. Jahrhunderts entsprach, weil es ferner zur Zeit der Beratung des Gesetzes mit dem auf dem Edelmetallmarkte tatsächlich bestehenden übereinstimmte, und schließlich, weil es die Grundlage des Münzsystems der Länder der Lateinischen Münzunion war.

Der ursprüngliche Entwurf wollte die Reichsgoldmünzen vorläufig nur in der Weise in die bestehenden Geldsysteme einfügen, daß er ihnen keinen gesetzlichen Kurs zu einem bestimmten Nennwerte, sondern nur einen Kassenkurs gab, der erforderlichenfalls noch sollte geändert werden können. Schon im Bundesrate wurde jedoch der Kassenkurs durch den vollen gesetzlichen Kurs ersetzt.

In einem anderen Punkte hat erst der Reichstag durchgegriffen. Im Reichskanzleramte und im Bundesrate stimmte man zwar darin überein, daß nur die Goldwährung als das Endziel der deutschen Münzreform in Betracht kommen könne; gleichwohl betrat man nur zögernd den Weg, der zu diesem Ziele führte. Da man sich, obwohl innerlich entschlossen, doch noch die Wahl zwischen Doppelwährung und Goldwährung offen halten wollte, wurde in dem Gesetzentwurfe keinerlei Bestimmung über die Einstellung der Silberprägung getroffen; man begnügte sich vielmehr im Bundesrate mit einer protokollarischen Uebereinkunft, in der sich die Einzelregierungen gegenseitig zusagten, von der Ausmünzung von Silberkurantgeld bis auf weiteres Abstand nehmen zu wollen. Der Reichstag zog jedoch die Konsequenzen aus der Wahrnehmung, daß an die Schaffung und Erhaltung eines Goldumlaufs bei gleichzeitiger Vermehrung des deutschen Silbergeldes nicht zu denken sei; er fügte in das Gesetz einen Paragraphen ein, der die weitere Ausprägung von Silberkurantgeld, abgesehen von Denkmünzen, untersagte. Mit diesem Schritte war die Entscheidung über die künftige Währungsverfassung Deutschlands, die der Entwurf des Gesetzes einem endgültigen Münzgesetze vorbehalten wollte, zugunsten der Goldwährung gefallen.

Auch in einem anderen auf dem Gebiete der Währungsverfassung liegenden Punkte ging der Reichstag über den vom Bundesrate beschlossenen Entwurf hinaus. Der Bundesrat hatte nur hinsichtlich der Landesgoldmünzen eine Bestimmung über die Einziehung getroffen, über die Einziehung von Landessilbermünzen enthielt er nichts. Der Reichstag ergänzte diese Bestimmung dadurch, daß er dem Reichskanzler die Ermächtigung erteilte, die Einziehung der bisherigen Silberkurantmünzen der deutschen Bundesstaaten anzuordnen. Damit war bereits die Absicht einer Einschränkung der deutschen Silberzirkulation auf das bei einer Goldwährung zulässige Maß ausgesprochen.

Durch das Gesetz vom 4. Dezember 1871 waren also, trotz der Beibehaltung seines bescheidenen Titels, die Grundlagen für die neue deutsche Münzverfassung geschaffen.

Die Reformgesetzgebung wurde in allen wesentlichen Punkten abgeschlossen durch das Münzgesetz vom 9. Juli 1873.

Das Gesetz proklamierte in seinem ersten Artikel die reine Goldwährung formell als das Endziel der Münzreform und ordnete die Verfassung dieser „Reichsgoldwährung" in allen ihren Einzelheiten.

Außer den Zwanzig- und Zehnmarkstücken, deren Prägung bereits in dem Gesetze vom 4. Dezember 1871 verfügt worden war, schuf das Gesetz von 1873 eine dritte Reichsgoldmünze, das Fünfmarkstück (Art. 2). Diese Münze hat sich freilich nicht bewährt. Es wurde an solchen Stücken nur ein geringer Betrag (ca. 28 Millionen Mark) ausgeprägt; durch die Münznovelle vom 1. Juni 1900 ist ihre Einziehung und Außerkurssetzung angeordnet worden.

Die Ausprägung der Goldmünzen für private Rechnung wurde im Prinzip freigegeben durch folgende Bestimmung in Art. 12 des Münzgesetzes:

„Privatpersonen haben das Recht, auf denjenigen Münzstätten, welche sich zur Ausprägung auf Reichsrechnung bereit erklärt haben, Zwanzigmarkstücke für ihre Rechnung ausprägen zu lassen, soweit diese Münzstätten nicht für das Reich beschäftigt sind."

„Die für solche Ausprägungen zu erhebende Gebühr wird vom Reichskanzler mit Zustimmung des Bundesrats festgestellt, darf aber das Maximum von 7 Mark auf das Pfund Feingold nicht übersteigen."

Gemäß diesem Artikel erfolgte am 8. Juni 1875 eine Bekanntmachung des Reichskanzlers, in der die Prägegebühr auf 3 Mark für das Pfund Feingold normiert wurde.

Eine wichtige Ergänzung hat das freie Prägerecht für Gold erfahren durch § 14 des Bankgesetzes vom 14. März 1875. Dort wurde der Reichsbank die Verpflichtung auferlegt, Barrengold zum festen Satze von 1392 Mark für das Pfund fein gegen ihre Noten umzutauschen. Der Satz 1392 Mark pro Pfund fein entspricht dem Ausmünzungswerte des Pfundes Feingold von 1395 Mark abzüglich der Prägekosten von 3 Mark. Da bei der Reichsbank der Umtausch von Gold gegen Noten Zug um Zug erfolgt, während bei den Münzstätten die effektive Ausprägung abgewartet werden muß, ist die Einlieferung von Gold bei den Münzstätten mit einem Zinsverluste verbunden. Infolgedessen ist der Reichsbank die gesamte Vermittlung der Privatprägungen zugefallen.

Neben den frei ausprägbaren und volles gesetzliches Zahlungsmittel darstellenden Goldmünzen, die als der Grundstock und die Hauptmasse des neuen deutschen Geldumlaufs gedacht waren, schuf das Münzgesetz ein System von Scheidemünzen aus Silber, Nickel und Kupfer.

Für die Silbermünzen wurde, da sie nur als Scheidemünzen vorgesehen waren, mit Absicht ein geringerer Feingehalt angesetzt, als dem Gehalte der bisherigen Silberkurantmünzen und der dem Währungswechsel zugrunde gelegten Relation von Silber und Gold entsprach. Ihr Feingehalt wurde auf $^1/_{100}$ Pfund pro 1 Mark bestimmt (Art. 3 § 1), während der bisherige Drittteltaler $^1/_{90}$ Pfund Feinsilber enthalten hatte. Der Münzfuß der Gold- und Silbermünzen ergab so ein Wertverhältnis von 13,95 : 1, während der Uebergang zur Goldwährung aufgrund einer Relation von 15,5 : 1 stattfand. Die Unterwertigkeit der Silberscheidemünzen gegenüber den bisherigen Kurantsilbermünzen und der Relation des Währungswechsels stellt sich mithin auf 10 Prozent.

Die Zahlungskraft der Reichssilbermünzen wurde auf Beträge bis zu 20 Mark, die der Nickel- und Kupfermünzen auf Beträge bis zu

1 Mark beschränkt; von Reichs- und Landeskassen dagegen sind die Reichssilbermünzen, nicht aber auch die Nickel- und Kupfermünzen, bis zu jedem Betrage in Zahlung zu nehmen (Art. 9).

Ferner zog das Münzgesetz eine Grenze für die Ausmünzung von Scheidemünzen, indem es vorschrieb, daß der Gesamtbetrag der Reichssilbermünzen bis auf weiteres 10 Mark, der Gesamtbetrag der Nickel- und Kupfermünzen $2^1/_2$ Mark pro Kopf der Reichsbevölkerung nicht übersteigen sollte (Art. 4). In der Münznovelle vom 1. Juni 1900 ist die Grenze für die Reichssilbermünzen, entsprechend dem inzwischen gewachsenen Bedarfe an Silbergeld, auf 15 Mark, in der Münznovelle vom 16. Mai 1908 auf 20 Mark pro Kopf der Reichsbevölkerung erweitert worden.

Schließlich suchte man dem Nennwerte der unterwertigen Scheidemünzen dadurch eine besondere Stütze zu geben, daß dem Reiche die Verpflichtung auferlegt wurde, an bestimmten, vom Bundesrat zu bezeichnenden Kassen gegen Reichssilbermünzen in Beträgen von mindestens 200 Mark und gegen Nickel- und Kupfermünzen in Beträgen von mindestens 50 Mark auf Verlangen Reichsgoldmünzen zu verabfolgen (Art. 9, Abs. 2).

Mit diesen Vorschriften war das künftige Münzwesen in strenger Uebereinstimmung mit den Prinzipien der reinen Goldwährung geordnet. Aber diese neue Ordnung konnte nicht mit einem Schlage an die Stelle der vorhandenen Münzverfassung gesetzt werden. Die erforderlichen Prägungen von Reichsmünzen beanspruchten eine Reihe von Jahren, und nur in dem Maße, wie diese Prägungen fortschritten und wie die neuen Münzen in den Verkehr gelangten, konnten die umlaufenden Landesmünzen eingezogen und außer Kurs gesetzt werden. Es war Aufgabe des Münzgesetzes, neben der Ordnung des künftigen Münzwesens Bestimmungen zu treffen, die den Uebergang von den bestehenden Landeswährungen zur Reichswährung regelten. Vor allem wurden die Modalitäten der Einziehung und Außerkurssetzung der Landesmünzen festgesetzt; dem Bundesrate wurde die Befugnis zur Außerkurssetzung der Landesmünzen und zur Feststellung der hierfür erforderlichen Vorschriften erteilt; es wurde die Veröffentlichung der Außerkurssetzung in den für die Veröffentlichung von Landesverordnungen bestimmten Blättern und im Reichsanzeiger vorgeschrieben; ferner wurde bestimmt, daß eine Außerkurssetzung erst eintreten dürfe, wenn eine Einlösungsfrist von mindestens vier Wochen festgesetzt und mindestens drei Monate vor ihrem Ablaufe öffentlich bekannt gemacht sei (Art. 8). Ein Termin für die Vollendung der Einziehung der sämtlichen Landesmünzen wurde nicht bestimmt; es wurde in dieser Beziehung nur vorgeschrieben, daß bei jeder Ausgabe von Reichssilbermünzen ein dem Nennwerte nach gleicher Betrag von umlaufenden groben Landessilbermünzen eingezogen werden sollte (Art. 4, Abs. 2), eine Bestimmung, die nach 1879 nicht mehr genau innegehalten worden ist.

Weil sich ein bestimmter Zeitpunkt für die gänzliche Beseitigung der Landessilbermünzen, namentlich der Taler, nicht absehen ließ, und weil man andererseits den Uebergang aus den Landeswährungen in die neue einheitliche Ordnung nicht von der Beseitigung des letzten Talers abhängig machen wollte, wurde in dem Gesetze ein Uebergangsstadium vorgesehen, das im Gegensatz zu der als Endziel aufgestellten „Reichsgoldwährung" als „Reichswährung" bezeichnet wurde. In diesem Uebergangsstadium sollte bereits nach Mark gerechnet werden und alle Zahlungsverpflichtungen sollten, statt auf das frühere Landesgeld, auf Reichsmünzen lauten; aber anstelle der Reichsgoldmünzen sollten auch die noch nicht völlig beseitigten Kurantmünzen der Talerwährung gesetzliches Zahlungsmittel bis zu jedem Betrage sein. Der Zeitpunkt des Inkrafttretens der Reichswährung sollte durch eine mit Zustimmung des Bundesrates zu erlassende kaiserliche Verordnung bestimmt werden (Art. 2, Abs. 2); er ist durch eine Verordnung vom 22. September 1875 auf den 1. Januar 1876 festgesetzt worden. Aus der Reichswährung sollte sich nach den Intentionen des Münzgesetzes die Reichsgoldwährung durch die allmähliche Beseitigung des Silberkurantgeldes von selbst entwickeln.

Im Anschluß an die eigentliche Münzgesetzgebung wurde der Papiergeld- und Banknotenumlauf geregelt.

Der enge Zusammenhang, der zwischen den Mißständen auf dem Gebiete des eigentlichen Münzwesens und auf dem Gebiete der papiernen Zirkulation bestand, ist bereits bei der Darstellung des Zustandes des deutschen Geldwesens vor der Reform betont worden. In der Erkenntnis dieses Zusammenhanges hegten sowohl die Regierungen der meisten Einzelstaaten als auch die Mehrheit des Reichstags den Wunsch, die Ordnung der papiernen Umlaufsmittel in unmittelbarem Anschlusse an die Reform der metallischen Umlaufsmittel zu erledigen. Wenn sich trotzdem die Vorlage von Gesetzentwürfen über das Papiergeld und die Notenbanken verzögerte, so lag die Ursache in Meinungsverschiedenheiten zwischen den Verbündeten Regierungen über wichtige Punkte der angestrebten Reform, insbesondere über die Art der den Einzelregierungen für die Einziehung ihres Papiergeldes zu gewährenden Erleichterungen und Entschädigungen und über die Frage der Umwandlung der Preußischen Bank in eine Reichsbank. Es war bekannt geworden, daß ein Bankgesetzentwurf, der die Schaffung einer Reichsbank enthielt, bereits im Jahre 1872 ausgearbeitet worden war und sogar bereits die Unterschrift des Reichskanzlers trug, als er im letzten Augenblicke an dem Widerstande des preußischen Finanzministers C a m p h a u s e n scheiterte.

Um einen Druck auf die Regierungen zur möglichst schleunigen Erledigung der Papiergeld- und Bankfrage auszuüben, fügte der Reichstag dem Münzgesetze einen Artikel bei, der gewisse einschneidende Bestimmungen über Staatspapiergeld und Banknoten traf. In der Fassung, in der dieser Artikel 18 in der zweiten Lesung angenommen wurde, schrieb er vor, daß bis spätestens zum 1. Januar 1875 alle nicht auf Reichswährung lautenden Zettel — einerlei ob Noten oder Staatspapiergeld — eingezogen werden sollten; von diesem Termine an sollten nur noch solche papiernen Umlaufsmittel geduldet werden, die auf Reichswährung in Beträgen von mindestens 100 Mark lauteten.

Da die Existenzfähigkeit namentlich des kleinstaatlichen Papiergeldes wesentlich darauf beruhte, daß es in kleinen Abschnitten, die erfahrungsgemäß seltener als große Abschnitte zur Einlösung präsentiert werden, ausgegeben war, da außerdem der vorgeschriebene Termin sehr knapp anberaumt war, sah sich der Bundesrat in der Tat veranlaßt, sich sofort mit der Materie zu befassen. Die Meinungsverschiedenheiten waren aber auch jetzt innerhalb des Bundesrats noch so groß, daß es nicht gelang, bis zur dritten Lesung des Münzgesetzes zu einer Einigung zu kommen. Da der Reichstag sich nicht mit unverbindlichen Erklärungen zufrieden geben wollte, unterbrach er die dritte Lesung des Münzgesetzes, bis die Regierung imstande wäre, bestimmte Vorschläge hinsichtlich des Staatspapiergeldes zu machen.

Im Bundesrate einigte man sich nun im Prinzip darüber, das Staatspapiergeld durch ein Reichspapiergeld, die Reichskassenscheine, zu ersetzen, die behufs Erleichterung der Einziehung des Staatspapiergeldes an die Einzelstaaten nach Maßgabe ihrer Bevölkerung verteilt werden sollten. Ein Gesetzentwurf kam jedoch nicht zustande, da Bayern auf der gleichzeitigen Regelung der Papiergeld- und Bankfrage bestand, und da B i s m a r c k aus politischen Gründen eine Majorisierung Bayerns vermeiden wollte. Aber auf der Grundlage des Gedankens der Schaffung eines Reichspapiergeldes kam es schließlich unmittelbar vor Schluß der Reichstagssession doch noch zu einer Einigung zwischen den Verbündeten Regierungen und dem Reichstage über die Formulierung des viel umstrittenen Artikel 18 des Münzgesetzes. Hinsichtlich der Banknoten blieb es bei der ursprünglichen Bestimmung, nur daß der Termin für die Einziehung der nicht auf Reichswährung lautenden Noten und für die Beseitigung der auf weniger als 100 Mark lautenden Notenabschnitte auf den 1. Januar 1876 verschoben wurde. Hinsichtlich des Staatspapiergeldes dagegen wurde bestimmt:

„Das von den einzelnen Bundesstaaten ausgegebene Papiergeld ist spätestens bis zum 1. Januar 1876 einzuziehen und spätestens sechs Monate vor diesem Termine öffentlich aufzurufen. Dagegen wird nach Maßgabe eines zu erlassenden Reichsgesetzes eine Ausgabe von Reichspapiergeld stattfinden. Das Reichsgesetz wird über die Ausgabe und den Umlauf des Reichspapiergeldes sowie über die den einzelnen Bundesstaaten zum Zwecke der Einziehung ihres Papiergeldes zu gewährenden Erleichterungen die näheren Bestimmungen treffen.“

Das im Schlußartikel des Münzgesetzes in Aussicht gestellte Reichsgesetz wurde unter dem 30. April 1874 als Gesetz, betreffend die Ausgabe von Reichskassenscheinen, verkündigt. Es entsprach in allen wesentlichen Punkten der bereits im Juni 1873 im Bundesrat erzielten prinzipiellen Einigung. Als Normalbetrag der Ausgabe von Reichskassenscheinen wurde die Summe von 120 Millionen Mark[1]), 3 Mark pro Kopf der damaligen Bevölkerung, festgesetzt; die 120 Millionen Mark waren zur Verteilung an die Einzelstaaten behufs Erleichterung der Einziehung des Staatspapiergeldes bestimmt; aber die Verteilung hatte nach Maßgabe der Bevölkerung an sämtliche Bundesstaaten zu

---

[1]) Im Jahre 1913 ist der Höchstbetrag auf 240 Millionen Mark, im Laufe des Krieges auf 360 Millionen Mark erhöht worden.

erfolgen, einerlei ob sie Staatspapiergeld ausgegeben hatten oder nicht. Andererseits war damals nach amtlichen Feststellungen ein Gesamtbetrag von 184 Millionen Mark Staatspapiergeld im Umlauf; namentlich eine Anzahl von Kleinstaaten hatte erheblich mehr als 3 Mark pro Kopf ihrer Bevölkerung an Papiergeld ausgegeben, und der auf sie entfallende Anteil von Reichskassenscheinen wurde nicht als eine ausreichende Erleichterung erachtet. Infolgedessen wurde bestimmt, daß denjenigen Staaten, deren Papiergeldausgabe ihren Anteil an den Reichskassenscheinen überschreite, zwei Drittel des überschießenden Betrags als Vorschuß aus der Reichskasse zu überweisen sei, und zwar, soweit die Bestände der Reichskasse die Gewährung dieser Vorschüsse in barem Gelde nicht gestatteten, gleichfalls in Reichskassenscheinen; der Reichskanzler wurde ermächtigt, Reichskassenscheine über den Betrag von 120 Millionen Mark hinaus bis zur Höhe der zu gewährenden Vorschüsse anfertigen zu lassen und in Umlauf zu setzen. Die Vorschüsse sollten innerhalb 15 Jahren, vom 1. Januar 1876 an gerechnet, in gleichen Jahresraten zurückgezahlt werden.

Da Vorschüsse in Metallgeld nicht gewährt worden sind, hat sich die anfängliche Ausgabe von Reichskassenscheinen auf 174 Millionen Mark gestellt, und dieser Betrag ist plangemäß bis zum Jahre 1892 auf 120 Millionen Mark, den gesetzlich vorgesehenen Normalbetrag reduziert worden. Es ist mithin zunächst nur eine ganz geringe Einschränkung des Papierumlaufs mit der Ersetzung des Landespapiergeldes durch Reichskassenscheine bewirkt worden, und erst im Laufe von 15 Jahren ist der Betrag des umlaufenden Papiergeldes auf etwa zwei Drittel des bei Beginn der Münzreform ausgegebenen Betrags eingeschränkt worden. Der unmittelbare Vorteil der Reform, soweit sie das staatliche Papiergeld betraf, lag mithin weniger in der nahezu allgemein für erstrebenswert gehaltenen Verringerung des Papierumlaufs, als in der Einheitlichkeit und Ordnung des neuen Papiergeldes.

Reichskassenscheine und Banknoten sollten sich nach der Absicht der Reformgesetzgebung keine Konkurrenz machen. Während für die Notenbanken auch späterhin bis zum Jahre 1906 das in Artikel 18 des Münzgesetzes ausgesprochene Verbot der Ausgabe von Abschnitten zu weniger als 100 Mark aufrecht erhalten wurde, wurden für die Reichskassenscheine Abschnitte zu 50, 20 und 5 Mark gewählt. Nachdem jedoch die Reichsbank zur Ausgabe kleiner Noten autorisiert worden war, wurde durch ein Gesetz vom 5. Juni 1906 bestimmt, daß die Reichskassenscheine nur noch auf 5 Mark und 10 Mark lauten sollten. Solche Abschnitte gehören durchaus in eine Sphäre des Zahlungsverkehrs, die bei den auf metallischer Grundlage beruhenden Geldsystemen im allgemeinen von den metallischen Zirkulationsmitteln ausgefüllt wird; allerdings gibt es auch innerhalb dieser Sphäre gewisse Zwecke, zu denen ein papierner Zettel brauchbarer ist als ein metallisches Geldstück (Versendung in Briefen usw.).

Ueber die rechtlichen Qualitäten der Reichskassenscheine ist folgendes zu bemerken.

Im Privatverkehr sollte ein Zwang zu ihrer Annahme nicht stattfinden. Dagegen schrieb das Gesetz vor, daß sie bei allen Kassen des Reichs und der Bundesstaaten zu ihrem Nennwerte in Zahlung zu nehmen seien; sie hatten mithin einen sogenannten „Kassenkurs". Ferner wurde die Reichshauptkasse verpflichtet, die Reichskassenscheine für Rechnung des Reichs jederzeit auf Erfordern gegen bares Geld einzulösen. Ein Fonds zur Einlösung der Reichskassenscheine wurde jedoch nicht geschaffen; vielmehr wurde de facto die Einlösungsverpflichtung des Reichs durch die Reichsbank wahrgenommen. Das Bankgesetz vom 14. März 1875 hat der Reichsbank die Führung der Kassengeschäfte des Reichs übertragen; gemäß dieser Bestimmung übertrug eine Bekanntmachung des Reichskanzlers vom 29. Dezember 1875 die Wahrnehmung der Zentralkassengeschäfte des Reichs auf die Reichsbankhauptkasse, die unter der Benennung „Reichshauptkasse" diese Geschäfte zu führen hat. Die Reichshauptkasse ist mithin nichts anderes als eine Abteilung der Reichsbankhauptkasse.

Die Zweckmäßigkeit der Einlösungsverpflichtung und die Vorenthaltung des gesetzlichen Kurses wurde namentlich von B a m b e r g e r lebhaft angefochten. In kritischen Lagen werde sich die Einlösbarkeit nicht aufrecht erhalten lassen, und der gesetzliche Kurs werde verliehen werden müssen, sobald infolge entstehenden Mißtrauens die Scheine nicht mehr freiwillig genommen würden. Die in Rede stehenden Bestimmungen böten deshalb nur eine scheinbare Sicherheit, sie seien nur ein „gemaltes Fenster". Aber diese zutreffenden Argumente vermochten bei der allgemeinen Stimmung, die sich an Kautelen gegenüber den papiernen Umlaufsmitteln nicht genug tun konnte, nicht durchzudringen.

Den Abschluß des großen Gesetzgebungswerkes der deutschen Geldreform bildete das Bankgesetz vom 14. März 1875. Es regelte die Banknotenausgabe, den Banknotenumlauf, den Geschäftskreis der Notenbanken usw. Es ordnete ferner die Umwandlung der Preußischen Bank in eine Reichsbank an, der die Aufgabe der Regelung und Ueberwachung des deutschen Geldumlaufs zugewiesen wurde.

Es seien hier nur die wesentlichsten Punkte hervorgehoben, die sich unmittelbar auf den Banknotenumlauf beziehen.

Die Befugnis zur Ausgabe von Banknoten kann nur durch Reichsgesetz erworben oder über den bei Erlaß des Bankgesetzes zulässigen Betrag der Notenausgabe hinaus erweitert werden.

Banknoten durften nach dem Gesetze vom 14. März 1875 nur auf Beträge von 100, 200, 500 und 1000 Mark oder von einem vielfachen von 1000 Mark ausgefertigt werden. Erst ein Gesetz vom 20. Februar 1906 hat die Reichsbank — nicht auch die Privatnotenbanken — autorisiert, auf 50 Mark und 20 Mark lautende Noten auszugeben.

Eine Verpflichtung zur Annahme von Banknoten bei Zahlungen, die gesetzlich in Geld zu leisten sind, fand nach den Bestimmungen des Bankgesetzes nicht statt und konnte auch für Staatskassen durch Landesgesetz nicht begründet werden; dagegen waren die Kassen des Reichs und der Einzelstaaten im Wege von Verwaltungsverordnungen zur Annahme der Reichsbanknoten angewiesen worden. Die Banknovelle vom 1. Juni 1909 hat den Reichsbanknoten gesetzliche Zahlungskraft auch im Privatverkehr beigelegt. Die Noten der übrigen Notenbanken, der sogenannten Privatnotenbanken, werden von den Reichs- und Staatskassen nicht im ganzen Reiche, sondern nur innerhalb eines beschränkten Umlaufsgebietes angenommen.

Den Banken wurde die Verpflichtung auferlegt, ihre Noten sofort auf Präsentation zum vollen Nennwerte einzulösen und nicht nur an ihrem Hauptsitze, sondern auch an ihren Zweiganstalten jederzeit zum vollen Nennwerte in Zahlung zu nehmen. Die Einlösung hatte, wie die Banknovelle vom 1. Juni 1909 ausdrücklich vorschrieb, in „deutschen Goldmünzen" zu erfolgen.

Die Notenausgabe der einzelnen Banken ist teilweise durch Gesetz oder Statut auf einen bestimmten Maximalbetrag beschränkt, teilweise ist eine direkte Grenze nicht gezogen; so hat die Reichsbank das Recht, „nach Bedürfnis ihres Verkehrs" Noten auszugeben; dagegen wurde z. B. das Notenrecht der Bayerischen Notenbank auf einen Betrag von 70 Millionen Mark begrenzt. Indirekt wurde die Notenausgabe beschränkt durch die Vorschrift der sogenannten Dritteldeckung und durch das System der Notensteuer. Die erstere Vorschrift verlangte, daß die Banken für den Betrag der von ihnen in Umlauf gesetzten Noten jederzeit mindestens ein Dritteil in kursfähigem deutschen Gelde und in Reichskassenscheinen oder in Gold in Barren oder ausländischen Münzen, das Pfund fein zu 1392 Mark gerechnet, bereit hielten. Das System der Notensteuer besteht darin, daß einer jeden Notenbank ein bestimmter Betrag für die ihren Barvorrat übersteigende Notenausgabe zugewiesen wurde, bei dessen Ueberschreitung von der Mehrausgabe 5 Prozent jährlich an die Reichskasse zu zahlen sind. Dadurch sollten die Banken dahin geführt werden, daß sie mit ihrer durch Barvorrat nicht gedeckten Notenausgabe innerhalb der Grenzen des ihnen zugewiesenen Kontingents blieben. Die Summe der steuerfreien Kontingente ist durch das Bankgesetz auf 385 Millionen Mark bemessen worden; davon hat die Reichsbank allein 250 Millionen Mark erhalten, mit der Maßgabe, daß ihr die Kontingente der auf ihr Notenrecht verzichtenden Banken zuwachsen sollten. Im Jahre 1900 waren von den 32 Privatnotenbanken, die zur Zeit des Erlasses des Bankgesetzes bestanden, nur noch sieben vorhanden, und das steuerfreie Notenkontingent der Reichsbank war auf 293,4 Millionen Mark angewachsen. Die Banknovelle vom 7. Juni 1899 hat das steuerfreie Kontingent der Reichsbank auf 450 Millionen Mark erhöht. Diesem sind in der Folgezeit weitere 22 829 000 Mark durch den Verzicht der Frankfurter Bank, der Bank für Süddeutschland (Darmstadt) und der Braunschweigischen Bank auf die Notenrechte zugewachsen. Die Banknovelle vom 1. Juni 1909 hat das steuerfreie Kontingent der Reichsbank auf 550 Millionen Mark normiert, mit der Maßgabe, daß es an den vier auf die Quartalswenden fallenden Ausweistagen 750 Millionen Mark betragen solle.

Die Reichsbank unterscheidet sich von den Privatnotenbanken nicht nur durch die Größe aller ihrer Verhältnisse, ihres Grundkapitals und Reservefonds, ihres Metallvorrates, ihres Notenumlaufs usw. und durch ihr sich über das ganze Reich erstreckendes Filialennetz, sondern auch dadurch, daß die wichtige Aufgabe der Regelung des Geldumlaufs ausschließlich von ihr erfüllt wird.

Bis zu der Zeit, in der alle Verhältnisse des deutschen Geldwesens durch den Weltkrieg eine völlige Veränderung erfahren haben, überwachte und regulierte sie die auswärtigen Beziehungen des deutschen Geldwesens. Sie war einerseits infolge der Bestimmungen über den Goldankauf die Vermittlerin zwischen der Verkehrswelt und den Münzanstalten und zog auf diese Weise in erster Reihe alles vom Auslande kommende und zu monetären Zwecken bestimmte Gold an sich; sie war andererseits das Reservoir, auf das der Goldbedarf für ausländische Zahlungen in erster Reihe sich angewiesen sah. Auf die sich durch ihre Kassen vollziehenden internationalen Goldströmungen übte sie ihrerseits durch ie Handhabung ihrer Diskontpolitik, gelegentlich auch durch andere, kleinere Mittel einen regulierenden Einfluß aus.

Was den inländischen Geldumlauf anlangt, so benutzte die Reichsbank ihre Notenausgabe vor allem zu dem Zwecke, den Geldumlauf den Schwankungen der Geldnachfrage anzupassen, während andererseits auch auf diesem Gebiete ihre Diskontpolitik auf den Geldbedarf selbst regulierend einwirkte.

Ferner ist die Reichsbank infolge ihrer zahlreichen Filialen die gegebene Instanz für die örtliche Regulierung des Geldumlaufs innerhalb des Reichsgebietes. Durch Gesetz und Verordnungen wurden ihr in dieser Beziehung eine Reihe von Verpflichtungen auferlegt, so die Umwechslung von Reichsscheidemünzen gegen Goldgeld, die Einlösung von Reichskassenscheinen usw. In der Praxis ging die Reichsbank jedoch weit über die gesetzlichen Verpflichtungen hinaus, indem sie im allgemeinen einerseits Zahlung in allen beliebigen Geldsorten annahm, andererseits ihre Zahlungen in den gewünschten Geldsorten leistete. Dadurch setzte sie den Verkehr instand, alle überflüssigen Beträge bestimmter Sorten an ihre Kassen abzustoßen und sich aus ihren Kassen mit den benötigten Sorten zu versehen.

§ 6. Die Durchführung der Geldreform.

Mit der Münz-, Papiergeld- und Bankgesetzgebung war nur ein Teil der schwierigen Aufgaben der Geldreform gelöst. Der zweite Teil fiel der Verwaltungstätigkeit der Reichsregierung zu; diese hatte die Reichswährung und Goldwährung aus dem Gesetzbuche heraus zum wirklichen Leben zu führen.

Die der Reichsverwaltung zufallende Aufgabe war ihrer Art und ihrem Umfange nach bisher ohne Vorgang. Während England bei seinem Uebergange zur Goldwährung nur den tatsächlichen Zustand, der sich unter der gesetzlichen Doppelwährung herausgebildet hatte, festgehalten und formell sanktioniert hatte, war in Deutschland der fast ausschließliche Silberumlauf durch einen Goldumlauf zu ersetzen. Die Frage, woher das Gold, war durch die Kriegskostenentschädigung wenigstens teilweise gelöst; aber die Frage, wohin mit dem Silber, bestand in unverminderter Schwere fort. Die Ergebnisse der Silbereinziehung haben gezeigt, daß damals etwa 1530 Millionen Mark Silbergeld in Deutschland vorhanden waren; davon konnten bei der damaligen Bevölkerung nicht viel mehr als 450 Millionen Mark als Silberscheidemünzen beibehalten werden. Der große Rest von etwa 1080 Millionen Mark war, den Intentionen der Reformgesetzgebung entsprechend, gegen Gold zu veräußern. Dieser Betrag stellte etwa sechs Millionen kg Silber dar, während die damalige Jahresproduktion von Silber sich auf etwa zwei Millionen kg belief.

Bei der Abstoßung dieses Silberquantums hatte die Regierung keine geringe Verantwortung; denn bei der gewaltigen Masse, um die es sich handelte, bedeutete der geringste Preisunterschied eine Differenz von Millionen: schon in ihrem eignen finanziellen Interesse mußte sich deshalb die Regierung davor hüten, durch ihre Verkäufe einen allzu starken Druck auf den Silbermarkt auszuüben.

Es ist deshalb begreiflich, daß die Reichsregierung nur zögernd mit den Silberverkäufen vorging.

Wäre die französische Milliardenzahlung nicht dazwischen gekommen, dann hätte die Regierung die Mittel zur Goldbeschaffung im wesentlichen aus den Erlösen der Silberverkäufe gewinnen müssen; so aber konnte sie die Goldbeschaffung und -Ausprägung unabhängig von den Silberverkäufen betreiben, und von dieser Möglichkeit wurde im größten Umfange Gebrauch gemacht. Nicht nur das effektiv eingehende Gold wurde in Reichsgoldmünzen umgeprägt, auch die übrigen Eingänge der Kontribution, Wechsel, Bankanweisungen usw., wurden zu einem großen Teile zum Ankaufe von Gold auf dem Londoner Markte benutzt. Erst von 1875 an wurden die Goldankäufe ausschließlich aus den Mitteln bewirkt, die der Reichsregierung aus ihren Silberverkäufen in London zuflossen.

Wie groß die damals vor sich gehende Verschiebung im internationalen Goldumlaufe war, geht aus folgenden Zahlen hervor.

Das Reich hat aus der Kontribution fremde Goldmünzen im Betrage von 220 Millionen Mark unmittelbar erhalten. Es hat ferner — teilweise aus den übrigen Eingängen der Kontribution, teilweise aus den Erlösen der Silberverkäufe — von 1871 bis 1879 für etwa 1260 Millionen Mark Gold beschafft. In Summa hat es also in diesen neun Jahren für 1480 Millionen Mark Gold vom Auslande erhalten. Dazu kam von 1875 an eine nicht unbeträchtliche private Goldeinfuhr. Bis zum Schlusse des Jahres 1879 waren Reichsgoldmünzen im Betrage von 1719 Millionen Mark ausgeprägt, davon etwa $89\,{}^1\!/_2$ Millionen Mark aus den eingezogenen deutschen Landesgoldmünzen. Auf die einzelnen Jahre verteilte sich die Goldbeschaffung des Reichs und die Goldausmünzung folgendermaßen:

Jahre	Goldbeschaffung des Reichs Mark	Ausprägung von Reichs-goldmünzen Mark
1871 und 1872	523 976 336 [1]	421 474 130
1873	516 335 953 [1]	594 362 890
1874	318 219	93 507 380
1875	100 974 011	166 420 850
1876	53 655 681	159 424 280
1877	166 086 223	112 539 475
1878	91 953 155	125 130 790
1879	27 314 325	46 387 060
	1 480 613 913	1 719 245 855

[1] Ausschließlich der eingezogenen Landesgoldmünzen, aber einschließlich der auf die französische Kontribution eingezahlten fremden Goldmünzen.

Auch die Verteilung des den deutschen Münzstätten überlieferten Prägegoldes auf Goldbarren und die einzelnen Münzsorten ist nicht ohne Interesse. Im ganzen wurde den Münzstätten von 1871 bis 1879 eine Goldmenge von 1 172 731 Pfund fein überwiesen. Darunter waren

647 557 Pfund fein in Barren
391 976 „   „   „ Franken und Napoleondor
49 770 „   „   „ russischen Goldmünzen
37 532 „   „   „ Dollars und Eagles
30 404 „   „   „ Sovereigns
12 823 „   „   „ spanischen Isabellinen,

der Rest in diversen Goldmünzen von geringerer Bedeutung.

Freilich hat zeitweise eine gewisse Reaktion gegen diese gewaltige Uebertragung von Goldgeld nach Deutschland stattgefunden; namentlich in den Jahren 1874 und 1875 sind nicht unerhebliche Beträge von Gold aus Deutschland wieder abgeflossen. Aber es blieb doch eine beträchtliche Vermehrung des deutschen Goldgeldbestandes übrig, die sich nach genauen Berechnungen für die Zeit vom Beginn der Reform bis 1879 auf rund 1300 Millionen Mark beziffern dürfte.

Weniger energisch ging die Reichsregierung mit der Abstoßung des durch die großen Goldausprägungen überflüssig werdenden Silbergeldes vor. Das Bestreben, durch möglichste Schonung des Silbermarktes den Preis des Silbers vor einem starken Rückgange zu bewahren, vereinigte sich mit einer beträchtlichen Unterschätzung der Menge des abzustoßenden Silbergeldes. Die zur Einziehung gelangenden Landessilbermünzen wurden bis zum Jahre 1876 vorwiegend zur Umprägung in Reichssilbermünzen verwendet, nur zum kleineren Teile wurde das Silber verkauft.

Wohl trieben die Männer, welche den Verlauf der Dinge sicheren Blickes voraussahen, vor allem Bamberger und Soetbeer, die Regierung unaufhörlich zur Eile an; wohl wurden späterhin, namentlich im Jahre 1877, günstige Konjunkturen zu großen Verkäufen benutzt; aber die anfängliche übertriebene Zurückhaltung rächte sich dadurch, daß in den späteren Jahren bei einem immer stärkeren Rückgange des Silberpreises die Verkäufe immer größere Verluste ergaben.

Auf die einzelnen Jahre verteilte sich die Ueberweisung von Prägesilber an die deutschen Münzstätten und der Verkauf von Silber folgendermaßen:

Jahre	Ueberweisung von Prägesilber an die deutschen Münzstätten	Silberverkäufe
	Pfund fein	Pfund fein
1873	83 177	39 300
1874	574 484	770 300
1875	1 232 898	215 000
1876	2 197 734	1 343 600
1877	172 236	2 969 400
1878	10 557	1 387 500
1879	—	377 800
	4 271 086	7 102 900

Außerdem haben die Hamburgische Bank in der ersten Hälfte des Jahres 1873 etwa $^1/_2$ Millionen Pfund Feinsilber, die Preußische bzw. Reichsbank von 1871 bis 1876 etwa 430 000 Pfund Feinsilber verkauft.

Während dieser Verkäufe ging der Silberpreis erheblich zurück, und die zunächst übergroße Zurückhaltung der Reichsregierung verfehlte somit ihren eigentlichen Zweck. Zu Anfang der 70er Jahre stand der Silberpreis in London auf etwa 61 d pro Unze Standard, in den ersten Monaten des Jahres 1879 schwankte er um 50 d; das waren etwa 150 Mark pro kg Feinsilber, während — von der Abnutzung und unterwertigen Ausprägung ganz abgesehen — erst 180 Mark in alten Silbermünzen ein Kilogramm Feinsilber enthielten. Bis zum Frühjahr 1879 hatte die Reichsregierung im ganzen etwa $3^1/_4$ Millionen kg Silber verkauft und dabei einen Verkaufsverlust von 72 Millionen Mark erlitten. Man schätzte damals von sachverständiger Seite die noch vorhandenen Taler auf etwa 475 Millionen Mark und berechnete, daß man bei deren Veräußerung einen weiteren Verlust von 90—100 Millionen Mark erleiden werde.

Der Rückgang des Silberpreises selbst, der zahlreiche Interessen verletzte, wurde vielfach auf die deutschen Silberverkäufe zurückgeführt, obwohl diese, so bedeutend sie an und für sich waren, gegenüber den übrigen für den Silbermarkt maßgebenden Faktoren nur im Jahre 1877 erheblich ins Gewicht fielen.

Die übertriebene Vorstellung von der Einwirkung der deutschen Silberverkäufe auf die Entwertung des Silbers und die großen Verluste, die bei der Fortsetzung der Silberverkäufe zu erwarten waren, veranlaßten im Mai 1879 den Reichskanzler, die Einstellung der Silberverkäufe anzuordnen.

Diese Maßregel, welche die planmäßige Durchführung der Reform unterbrochen hat, ist späterhin nicht wieder rückgängig gemacht worden. Nur der im Jahre 1879 im Besitze des Reichs verbliebene kleine Rest von Silberbarren, ergänzt durch die Einschmelzung von etwa $1^1/_4$ Millionen Mark Vereinstalern, ist in den Jahren 1885 und 1886 an die ägyptische Regierung, die damals in Berlin Silbermünzen herstellen ließ, verkauft worden. Außerdem ist im Jahre 1892 ein Abkommen mit Oesterreich-Ungarn abgeschlossen worden, nach dem dieser Staat von den in Deutschland umlaufenden österreichischen Talern einen Betrag von 26 Millionen Mark zur Einschmelzung übernahm. Dadurch hat sich der Bestand an Talern, der im Jahre 1879 zurückblieb und damals etwa 475 Millionen Mark betragen haben mag, um $27^1/_2$ Millionen Mark verringert.

Dagegen ist der Talerbestand immer mehr aufgezehrt worden dadurch, daß die fortschreitende Zunahme der Reichsbevölkerung und des Verkehrs eine entsprechende Vermehrung der Prägung von Reichssilbermünzen möglich und notwendig gemacht hat und daß als Material für diese Prägungen nach den münzgesetzlichen Vorschriften nicht etwa neu angekauftes Barrensilber, sondern nur der vorhandene Talerbestand verwendet werden konnte. Bereits bis zum Erlaß der Münznovelle vom vom 1. Juni 1900 hatte sich der Talerrest bis auf etwa 360 Millionen Mark verringert. Seither hat aufgrund der Erhöhung der Kopfquote für die Ausgabe von Reichssilbermünzen und des weiteren Zuwachses der Reichsbevölkerung die Umprägung der Taler in Reichssilbermünzen.

solche Fortschritte gemacht, daß durch Bekanntmachung vom 27. Juni 1907 die noch umlaufenden Taler mit Wirkung vom 1. Oktober 1907 an außer Kurs gesetzt werden konnten; die Einlösungsfrist ist am 30. September 1908 abgelaufen. Durch die inzwischen erlassene Münznovelle vom 19. Mai 1908, die das Kontingent für die Reichssilbermünzen auf 20 Mark pro Kopf der Reichsbevölkerung erhöhte und die als Ersatz für den Taler ein Dreimarkstück als Reichssilbermünze, mithin als Scheidemünze, einführte, war inzwischen der Materialbedarf für die Prägung von Reichssilbermünzen so gewachsen, daß die Finanzverwaltung zum Ankaufe von Barrensilber übergehen mußte. Der Prägegewinn war nach der Bestimmung der erwähnten Münznovelle zur Deckung der außerordentlichen Ausgaben des Reichs und zunächst zur Verstärkung der Betriebsmittel der Reichshauptkasse zu verwenden.

Durch die Außerkurssetzung des Talers ist die deutsche Geldreform überhaupt erst zum formellen Abschlusse gelangt. Am 1. Oktober 1907 ist die „Reichswährung" zu der im ersten Artikel des Münzgesetzes von 1873 vorgesehenen „Reichsgoldwährung" geworden.

Wohl war dem Bundesrate durch ein Gesetz vom 6. Januar 1876 die Befugnis erteilt worden, die Taler zu Scheidemünzen gleich den Reichssilbermünzen zu erklären. Von dieser Befugnis ist jedoch niemals Gebrauch gemacht worden, und die Taler waren deshalb bis zum 1. Oktober 1907 neben den Reichsgoldmünzen gesetzliches Zahlungsmittel bis zu jedem Betrage, obwohl ihr Silbergehalt infolge der immer weiter vorgeschrittenen Silberentwertung bei einem Silberpreise von 23 d schließlich nur noch 1,15 Mark wert war. Das Prinzip der Goldwährung war in diesem Punkte durchbrochen. Wohl war auch vor dem 1. Oktober 1907 das feste Wertverhältnis zwischen dem deutschen Gelde schlechthin und dem Golde vorhanden, in der Weise, daß der Wert einer Mark stets mit ganz geringen Schwankungen dem Werte von $\frac{1}{1395}$ Pfund Feingold entsprach; aber die Goldmünzen waren nicht allein volles gesetzliches Zahlungsmittel, sondern sie teilten sich in diese Eigenschaft mit den Silbertalern. Man nannte deshalb unsere Geldverfassung eine „hinkende Goldwährung".

Erst die Außerkurssetzung der Taler hat mit dem letzten Reste des ehemaligen Silberkurantgeldes diesen Zustand beseitigt und an die Stelle der „hinkenden Goldwährung" die „reine Goldwährung", an die Stelle der „Reichswährung" die „Reichsgoldwährung" gesetzt.

Ueber die tatsächliche Gestaltung des deutschen Geldumlaufs seit dem Beginne der Münzreform bis zum Ausbruche des Weltkrieges mögen folgende Zahlen Aufschluß geben.

Ausprägung von Reichsmünzen seit 1871 bis Ende März 1914 abzüglich der wieder eingezogenen Beträge.

1. Goldmünzen	Mark		2. Silbermünzen	Mark
20-Markstücke	4 412 752 600		2. Silbermünzen	1 158 991 000
10-Markstücke	706 672 400		3. Nickel- u. Kupfer-	
Sa. der Goldmünzen	5 119 425 000		münzen	132 791 500

Von den Goldmünzen dürfte nach Abzug der für industrielle Zwecke eingeschmolzenen und auf ausländischen Münzstätten umgeprägten Stücke im Jahre 1914 noch ein Betrag von etwa 3,4 Milliarden Mark vorhanden gewesen sein. Dem Bestande an Reichsgoldmünzen ist der monetären Zwecken dienende Vorrat an Goldbarren und fremden Goldmünzen hinzuzurechnen. Im Durchschnitt des Jahres 1914 lagen in der Reichsbank als Notendeckung allein 421 Millionen Mark an Goldbarren und fremden Goldmünzen. Der monetäre Goldvorrat Deutschlands würde sich demnach für die Zeit des Kriegsausbruchs auf rund 3820 Millionen Mark berechnen. Bei den Reichssilbermünzen wird man in Berücksichtigung der Abgänge durch Verschleuderung usw. einen Bestand von rund 1100 Millionen Mark annehmen dürfen. Die Taler kamen seit ihrer Außerkurssetzung nicht mehr in Betracht. Setzt man für die Nickel- und Kupfermünzen 120 Millionen Mark ein, so erhält man für das Jahr 1914 einen Gesamtvorrat an Metallgeld von rund 5040 Millionen Mark, von dem rund 3800 Millionen Mark, also rund drei Viertel, auf das Gold kommen.

Was die papiernen Zirkulationsmittel anlangt, so entfiel ein feststehender Betrag von 120 Millionen Mark auf die Reichskassenscheine. Die durchschnittliche Notenausgabe der Reichsbank hat im Jahre 1913 1958,2 Millionen Mark, die der Privatnotenbanken 148,8 Millionen Mark betragen, der gesamte deutsche Notenumlauf stellte sich mithin auf 2107 Millionen Mark, die gesamte Papiergeldausgabe auf 2227 Millionen Mark. Der durch Metall nicht gedeckte Notenumlauf betrug jedoch bei einem Metallbestande der deutschen Notenbanken von insgesamt 1420,6 Millionen Mark nur 686,4 Millionen Mark; rechnet man dazu die 120 Millionen Mark Reichskassenscheine, für die eine Deckung nicht vorhanden war, so ergibt sich ein Betrag von 806,4 Millionen Mark ungedeckter Papierscheine. Die Bestände der Reichsbank und der Privatnotenbanken an Reichskassenscheinen und an „Noten anderer Banken" stellten sich auf 83,4 Millionen Mark, sodaß der tatsächlich umlaufende Betrag ungedeckten Papiergeldes sich auf 723 Millionen Mark belief. Das ungedeckte Papier machte mithin im Durchschnitt des Jahres 1913 etwa 14,3 Prozent des Metallgeldvorrates, etwa 19 Prozent des Goldvorrates und etwa $12\,^1/_2$ Prozent des rund 5760 Millionen Mark betragenden Gesamt-Geldumlaufes aus.

Weitaus der größte Teil der deutschen Umlaufsmittel bestand mithin zur Zeit des Kriegsausbruches aus Gold und goldgedeckten Papierscheinen.

Welche Wandlungen sich seit dem Beginne der Münzreform und seit ihrem verfrühten Abschlusse im Jahre 1879 in der Größe und der Zusammensetzung des deutschen Metallgeldbestandes vollzogen haben, ergibt sich aus der folgenden Uebersicht:

| Zeitpunkt | Goldgeld | | Silbergeld | | Nickel- u. Kupfergeld | | Gesamter Metallbestand |
	Mill. M.	%	Mill. M.	%	Mill. M.	%	Mill. M.
1. Beginn d. Münzreform .	245	12,4	1 735	87,4	3,6	0,2	1 985
2. Ende 1879	1 530	62,5	875	35,7	45,0	1,8	2 450
3. Ende März 1914 . . .	3 820	78,0	1 100	21,8	120,0	0,2	5 040
Zunahme 3 gegen 1 . .	+4 155	—	— 635	—	+ 96,4	—	+ 3 615
Zunahme 3 gegen 2 . .	+2 290	—	+ 225	—	+ 75	—	+ 2 590

6. Kapitel. Die Ausbreitung der Goldwährung und die Silberentwertung von der deutschen Geldreform bis zur Gegenwart.

§ 1. Die Gestaltung der internationalen Währungsverfassung in den 70er Jahren des 19. Jahrhunderts.

Indem Deutschland sich im Jahre 1871 entschloß, von der Silberwährung zur Goldwährung überzugehen, hat es als erster Staat die Folgerung aus der durch das kalifornische und australische Gold bewirkten Aenderung der internationalen Währungsverhältnisse gezogen. Seit Jahren hatte man die Annahme der Goldwährung in den wichtigsten Staaten eifrig erörtert; Deutschland machte nun von der durch den Krieg geschaffenen Gunst des Augenblicks Gebrauch, um zuerst zu handeln und sich in dem als unvermeidlich erscheinenden Prozesse der Umwandlung der Währungsverfassung einen Vorsprung vor den übrigen Nationen zu sichern.

Wenn die Annahme richtig war, aufgrund deren Deutschland sich in erster Reihe zum Uebergange zur Goldwährung entschlossen hatte, dann konnte Deutschland auf der eingeschlagenen Bahn nicht lange allein bleiben. In der Tat fand es bald genug Nachfolger.

Bereits im Jahre 1872 betraten die skandinavischen Königreiche Schweden, Norwegen und Dänemark den von Deutschland eingeschlagenen Weg, getreu dem von ihrem Vertreter auf der Pariser Münzkonferenz von 1867 aufgestellten Grundsatze, daß sie ihren Uebergang zur Goldwährung von dem Verhalten Deutschlands abhängig machen müßten. Die drei Staaten, die bisher, wie Deutschland, Silberwährung hatten, beschlossen durch einen Vertrag vom 18. Dezember 1872 die Einführung eines gemeinsamen Münzsystems, das auf der Goldwährung beruhen sollte. Der Uebergang von der Silberwährung zur Goldwährung wurde von 1873 bis 1876 von den einzelnen Staaten selbständig durchgeführt. Bei der Kleinheit des Münzumlaufs waren weder erhebliche Silberabstoßungen noch größere Goldbeschaffungen notwendig.

Im ganzen haben Schweden und Norwegen für etwa 22 Millionen Mark, Dänemark für etwa 17 Millionen Mark Silber auf den Markt gebracht. —

In den Niederlanden[1]) erstattete im Dezember 1872 eine zur Prüfung der Münzfrage eingesetzte Kommission ihren Bericht, der zu dem Schlusse kam, daß die Silberwährung für Holland unhaltbar geworden sei. Entsprechend dem Standpunkte, den das Königreich auf der Pariser Konferenz von 1867 eingenommen hatte, wurde die internationale Doppelwährung für die theoretisch beste Währungsverfassung erklärt; aber diese sei praktisch aussichtslos, falls sich nicht Deutschland noch nachträglich für die Doppelwährung entscheiden sollte. Um den Weg zur Doppelwährung und zur Goldwährung in gleicher Weise offen zu halten, empfahl die Kommission die vorläufige Annahme der

---

[1]) Vgl. K a l k m a n n , Hollands Geldwesen im 19. Jahrhundert, in S c h m o l l e r s Jahrbuch, XXV. 4.

Doppelwährung mit der Maßgabe, daß die Silberprägung beschränkt oder aufgehoben werden könnte.

Die Niederländische Bank stellte daraufhin ihre Silberankäufe ein (im Dezember 1872). Die holländische Regierung ließ sich durch ein Gesetz vom 21. Mai 1873 die Ermächtigung zur Einstellung der Silberprägung erteilen und machte von dieser Befugnis sofort Gebrauch. Wie die deutschen, so waren jetzt auch die holländischen Münzstätten dem Silber verschlossen, und zwar zunächst ohne daß die Ausprägung von Goldmünzen verfügt worden wäre. Ein Gesetzentwurf, der die Einführung eines goldenen Zehnguldenstückes und die Demonetisation des Silbers vorschlug, also den formellen Uebergang zur Goldwährung, wurde am 2. März 1874 von der zweiten Kammer der Generalstaaten verworfen. Aber die Silberprägung blieb mit einer kurzen Unterbrechung eingestellt. Die Befugnis zur Einstellung der Silberprägung war der Regierung zunächst nur provisorisch bis zum 1. Mai 1874 erteilt worden; von diesem Zeitpunkte an stand die Utrechter Münze dem Silber wieder offen, und dieses strömte sofort in großen Beträgen herbei. Bis Ende November 1874 waren 32 Millionen Silbergulden zur Ausprägung gelangt. Nunmehr wurde durch ein Gesetz vom 3. Dezember 1874 abermals die Einstellung der Silberprägung verfügt.

Da nun weder Gold noch Silber in holländisches Geld umgewandelt werden konnte, trat bei dem günstigen Stande der holländischen Zahlungsbilanz ein beträchtliches Steigen der holländischen Valuta ein, das sich in einem ungewöhnlichen Rückgange der Wechselkurse auf das Ausland äußerte. Der niederländische Handel wurde dadurch in seinen Kalkulationen gestört, die großen Forderungen an das Ausland, die Holland besaß, erschienen in niederländischem Gelde entwertet. Um diesem unerwünschten Zustande ein Ende zu machen, gab es nur ein Mittel: die Verbindung der holländischen Valuta mit dem Golde vermittelst der Freigabe der Goldprägung.

Unter dem Drucke dieser Notwendigkeit kam das Gesetz vom 6. Juni 1875 zustande, das ein goldenes Zehnguldenstück schuf und dessen Ausprägung für private Rechnung gestattete. Die Silberprägung, die bisher nur provisorisch gesperrt worden war, wurde durch ein Gesetz vom 9. Dezember 1877 endgültig eingestellt. Das umlaufende Silbergeld wurde jedoch nicht demonetisiert. Durch ein Gesetz vom 27. April 1884 wurde der Regierung wenigstens die Befugnis erteilt, im Falle eines ungewöhnlichen Rückgangs der holländischen Valuta Silbergulden bis zum Betrage von 125 Millionen einzuschmelzen und gegen Gold zu verkaufen. Infolge der günstigen Zahlungsbilanz Hollands hat sich der Kurs des holländischen Geldes seither stets auf seiner Goldparität gehalten.

In Niederländisch-Indien wurde durch ein Gesetz vom 28. März 1877 dieselbe Münzverfassung eingeführt, wie sie das Mutterland besaß.

Wenn auch durch diese Maßregeln kein Silbergeld eingezogen und auf den Markt gebracht wurde, so bedeutete doch die Einstellung der Silberprägungen für Holland und seine Kolonien eine weitere, nicht unerhebliche Einschränkung der Verwertungsgelegenheit für das weiße Metall. —

Während die Niederlande durch die Notwendigkeit, ihre Valuta gegenüber derjenigen der wichtigsten Handelsvölker stabil zu erhalten, halb gegen ihren Willen vom Silber zum Golde gedrängt wurden, vollzog sich in den Vereinigten Staaten von Amerika die entscheidende Wandlung ohne jeden derartigen äußeren Zwang.

Die amerikanische Union befand sich seit dem Bürgerkriege in einer Papiergeldwirtschaft; ihre Valuta war also ohnedies eine schwankende, und Aenderungen in der metallischen Grundlage des Geldwesens waren bis zur Herstellung der Barzahlungen ohne unmittelbare praktische Bedeutung. Auch während der Papiergeldperiode wurde jedoch das Gold in entschiedener Weise vor dem Silber bevorzugt; das Gold war seit der Aenderung des Doppelwährungssystems in den Jahren 1834 und 1853 in der öffentlichen Auffassung immer mehr die Grundlage des amerikanischen Geldwesens geworden, und als gegen Ende der 60er Jahre die Beseitigung der Papiergeldwirtschaft ins Auge gefaßt wurde, dachte kaum mehr jemand an die Rückkehr zur Doppelwährung.

Im Jahre 1869 wurde im Schatzamte der Entwurf zu einer Revision sämtlicher Münzgesetze ausgearbeitet. In diesem Entwurfe war der Silberdollar als frei ausprägbare Kurantmünze beseitigt und die Zahlungskraft der sämtlichen Silbermünzen auf Beträge bis zu 5 Dollar beschränkt. Da später die Behauptung aufgebracht worden ist, die Beseitigung des Standarddollars sei in das Münzgesetz heimlich eingeschmuggelt worden, ist es notwendig, darauf hinzuweisen, daß die Beseitigung bereits im ersten Entwurfe enthalten war, daß der dem Entwurfe beigegebene Bericht auf diese Beseitigung ausdrücklich hinwies und daß bei den Debatten über den Entwurf die Aufhebung der freien Silberprägung und die Beschränkung der Zahlungskraft des Silbergeldes mehrfach nach Für und Wider erörtert wurde. Der Entwurf, dessen Beratungen wiederholt unterbrochen wurden, erhielt am 12. April 1873 Gesetzeskraft[1]).

Das Gesetz fand damals wenig Beachtung, da es praktisch zunächst alles beim alten ließ. Die Papierwährung blieb vorläufig noch bestehen. Silber war schon lange nicht mehr für private Rechnung geprägt worden, und der Standard-Silberdollar, dessen Zahlungskraft beschränkt wurde, gehörte im Umlaufe zu den größten Seltenheiten. Erst die starke Entwertung des Silbers in den Jahren 1875 und 1876 hat die Aufmerksamkeit der Silberinteressenten auf das Gesetz von 1873 gelenkt. —

Von besonderer Wichtigkeit in dem Kreise der währungspolitischen Entscheidungen jener Zeit waren die Maßnahmen der zum Lateinischen Münzbunde gehörigen Länder, insbesondere Frankreichs.

In Frankreich war ja vor dem Kriege die Währungsfrage am meisten erörtert worden. Während die übrigen Staaten des Münzbundes schon seit dessen Begründung für die Goldwährung eingetreten

---

[1]) Vgl. insbesondere Prager, Die Währungsfrage in den Vereinigten Staaten von Nordamerika. 1897.

waren, hatte das Doppelwährungssystem in Frankreich noch eifrige Anhänger, und man kann sagen, daß es allein deren Widerstand war, der vor dem Kriege von 1870 die Entscheidung der internationalen Währungsfrage zugunsten der Goldwährung verhinderte. Jedenfalls wäre ohne die Dazwischenkunft des Krieges die Entscheidung in der Währungsfrage auf französischem Boden gefallen.

Der Krieg und seine Folgen machten es Frankreich für einige Zeit unmöglich, aktiv in die Entwicklung einzugreifen. Das französische Münzsystem selbst war gestört durch die Einstellung der Noteneinlösung seitens der Bank von Frankreich. Durch den Zwangskurs der Banknoten wurde der Zudrang von Metall zu den französischen Münzstätten während der Jahre 1871 und 1872 stark beeinträchtigt und damit auch die Wirkung des in jener Zeit eintretenden neuen Umschwungs im Wertverhältnisse der Edelmetalle.

Es wurde bereits darauf hingewiesen, daß für Frankreich die letzte Nötigung zu einer währungspolitischen Entscheidung fehlte, solange das Wertverhältnis der beiden Metalle sich so stellte, daß eine Verdrängung des französischen Goldumlaufs durch die frei ausprägbaren silbernen Fünffrankentaler nicht in Frage kam. Seit der Mitte der sechziger Jahre nun war gleichzeitig mit der Abnahme des Silberbedarfs für Asien ein leichter Rückgang des Silberpreises eingetreten. Während noch im Juni 1866 auf dem Londoner Markte ein durchschnittliches Wertverhältnis von 1 : 15,19 bestand, näherte sich in der Folgezeit das Wertverhältnis auf dem Markte immer mehr der Relation der französischen Doppelwährung. Im Durchschnitt des Jahres 1867 war es bereits für das Silber etwas ungünstiger, als der französischen Relation entsprach (1 : 15,57), und das weiße Metall wurde von nun an wieder in größeren Beträgen zur französischen Münze gebracht. Während in den vier Jahren von 1863 bis 1866 insgesamt nur für wenig mehr als 1 Million Frs. Silberkurant ausgemünzt worden war, stellten sich die Prägungen in den Jahren 1867 bis 1870 auf 259,6 Millionen Frs.; allerdings überwogen auch in diesem Zeitraume die Goldprägungen mit 828,2 Millionen Frs. die Silberprägungen noch ganz beträchtlich.

Infolge des Zwangskurses der Noten der Bank von Frankreich schrumpften die Prägungen sowohl von Gold als auch von Silber in den Jahren 1871 und 1872 stark zusammen; sie betrugen

	an Silberkurantgeld	an Goldmünzen
1871	4 710 905 Frs.	50 169 880 Frs.
1872	389 190 „	—

Inzwischen war die Verschiebung im Wertverhältnisse der Edelmetalle zuungunsten des Silbers beträchtlicher geworden. Gegen Ende 1872 betrug die nach dem Londoner Silberpreise berechnete Relation 1 : 15,85, und sie ging im dritten Quartal 1873 bis auf 1 : 16.

Dadurch und durch den Rückgang des Agios auf Metallgeld in Frankreich begann die Ausprägung von Silber auf den Münzstätten der Lateinischen Münzunion in hohem Grade lohnend zu werden. In Frankreich allein zeigte das Jahr 1873, in dem überhaupt kein Gold geprägt wurde, eine Ausmünzung von Silberkurant im Betrage von 154,6 Millionen Frs., obwohl vom September an die Silberprägung keine unbeschränkte mehr war. In der ganzen Lateinischen Münzunion erreichten die Silberprägungen in diesem Jahre den Betrag von 308,5 Millionen Frs.

Damit war die mit dem Doppelwährungssysteme verbundene Gefahr der Umkehr zu einem überwiegenden Silberumlaufe plötzlich in die unmittelbarste Nähe gerückt, und die Länder des Lateinischen Münzbundes waren nunmehr zu einer Entscheidung darüber gezwungen, ob sie diese Wirkung ihres Währungssystems hinnehmen oder ihr Währungssystem der Erhaltung eines vorwiegenden Goldumlaufs opfern wollten.

Um die Mitte des Jahrhunderts, als sich im Wertverhältnis der Edelmetalle eine Verschiebung nach der umgekehrten Richtung vollzog, hatte in Frankreich außer einigen Theoretikern niemand daran gedacht, den vorhandenen Silberumlauf durch eine Aussperrung des herbeiströmenden Goldes zu schützen. Alles, was man getan hatte, war, daß man schließlich das für den kleinen Verkehr notwendige Quantum von Silbergeld durch seine Ausprägung als unterwertige Scheidemünze dem Umlaufe sicherte. Jetzt aber zeigte man sich nicht gewillt, den durch diese Passivität entstandenen Goldumlauf gegen das eindringende Silber preiszugeben. Die öffentliche Meinung, namentlich in den Kreisen des Handels und der Industrie, verlangte die Einstellung der Silberprägungen, und obwohl in jener Zeit sowohl in Frankreich als auch in Belgien die Finanzminister bekannte Anhänger des Doppelwährungssystems waren, sahen sich die Regierungen zu einem Eingreifen veranlaßt.

Anfang September 1873 beschränkte der belgische Finanzminister Malou die Prägung von Fünffrankentalern auf der Brüsseler Münze auf 150 000 Frs. pro Tag, während sie vorher etwa 300 000 Frs. pro Tag erreicht hatte. Um dieselbe Zeit, am 6. September 1873, wurde die Pariser Münze angewiesen, mit ihren täglichen Silberausmünzungen, die den Betrag von 750 000 Frs. erreicht hatten, 200 000 Frs. nicht zu überschreiten; der Münze in Bordeaux wurde ein Höchstbetrag von 80 000 Frs. zugewiesen.

Die Schweiz prägte damals keine eignen Münzen. Auf ihre Anregung trat im Januar 1874 eine Konferenz der Münzbundstaaten zusammen, um über die Lage zu beraten und Beschlüsse zu fassen. Die Schweiz verlangte die völlige Einstellung der Silberprägung, aber die Konferenz ging nicht so weit; sie begnügte sich damit, durch die Konvention vom 31. Januar 1874 den einzelnen Münzbundstaaten Höchstbeträge für die Ausprägung von Fünffrankentalern zuzuteilen, im ganzen 140 Millionen Frs. Für die folgenden Jahre wurden ähnliche Kontingentierungen festgesetzt (durch Konventionen vom 5. Februar 1875 und 6. Februar 1876). Mitte 1876 wurde endlich sowohl in Frankreich als auch in Belgien die Ausmünzung von Silberkurantgeld grundsätzlich eingestellt, nur das von den französischen Münzanstalten gegen Münzscheine bereits angenommene Silber wurde in den nächsten Jahren noch ausgeprägt. Aufgrund eines Abkommens vom 5. November 1878 wurde schließlich die Einstellung der Silberprägung für das gesamte Gebiet des Lateinischen Münzbundes verfügt.

Immerhin waren die Silberkurantprägungen der Lateinischen Münzunion auch in den Jahren 1874 bis 1879 nicht unbedeutend, wie sich
aus folgender Zusammenstellung ergibt.

Jahre	Frankreich	Belgien	Italien	Schweiz	Griechenland	Zusammen
1874	59 996 010	12 000 000	60 000 000	7 978 250	—	139 974 260
1875	75 000 000	14 904 705	50 000 000	—	5 988 995	145 893 700
1876	52 661 315	10 799 425	31 951 715	—	9 429 345	104 841 800
1877	16 464 285	—	22 048 285	—	44 525	38 557 095
1878	1 821 420	—	9 000 000	—	—	10 821 420
1879	—	—	20 000 000	—	—	20 000 000
Summe	205 943 030	37 704 130	193 000 000	7 978 250	16 462 865	460 088 275

Eine Abstoßung von Silbergeld hat in den Staaten der Lateinischen
Münzunion ebensowenig stattgefunden, wie in den Niederlanden und in
den Vereinigten Staaten. Die vorhandenen Fünffrankentaler im Betrage
von mehreren Milliarden Frs. blieben als Kurantgeld im Umlauf. Aber
bei der günstigen Zahlungsbilanz Frankreichs hielten sich die Fünffrankentaler, trotz des Fortschreitens der Silberentwertung, auf der
ihnen beigelegten Goldparität, ebenso wie in Holland die Silbergulden
und in Deutschland die Taler. Seit 1878 konnte eine Vermehrung
des französischen Münzumlaufs nur durch einen Zufluß von Gold eintreten, und ein solcher Zufluß hat tatsächlich in starkem Umfange
stattgefunden, sodaß der Betrag des Silberkurantgeldes im Verhältnis
zum gesamten Münzumlaufe immer mehr an Bedeutung verloren hat.

Mit der gänzlichen Einstellung der Silberkurantprägungen des
Lateinischen Münzbundes war das Schicksal des Silbers als Münzmetall
für die Länder der europäischen Kultur besiegelt. Selbst in dem
Papierwährungslande O e s t e r r e i c h - U n g a r n wandte man sich vom
Silber ab, als um die Wende der Jahre 1878 und 1879 durch den Rückgang des Silberpreises bei relativ stabilem Kurse des österreichischen
Papierguldens gegenüber dem Gelde der Goldwährungsländer das Aufgeld des Silberguldens verschwand und die Ausprägung von Silbergulden infolgedessen wieder anfing lohnend zu werden. Obwohl die
Münzstätten gesetzlich zur Ausprägung von Silber für private Rechnung
verpflichtet waren, wurden sie im Frühjahr 1879 durch eine Anweisung
des Finanzministeriums beauftragt, kein Silber mehr zur Ausmünzung
anzunehmen. Da alle bedeutenden Handelsvölker ihr Geldwesen auf
die Basis des Goldes gestellt hatten, konnte für Oesterreich eine Rückkehr zur ursprünglichen Silberwährung nicht mehr in Betracht kommen. —
Auch in R u ß l a n d wurde in jener Zeit aus denselben Gründen während
des Fortbestehens der Papierwährung die freie Prägbarkeit des Silberrubels aufgehoben.

So vollzog sich innerhalb weniger Jahre eine tiefgehende Aenderung
in der internationalen Währungsverfassung. Dem Silber, das während
der 50er und 60er Jahre in großen Massen nach Asien abgeflossen
war, wurde, als es in den 70er Jahren wieder in den europäischen
Geldumlauf einzudringen begann, von einem Staate nach dem andern,

selbst von Papierwährungsländern, die Tür verschlossen. L u d w i g
B a m b e r g e r bezeichnete diesen welthistorischen Vorgang damals treffend
als die „Entthronung eines Weltherrschers". Alle bedeutenden Staaten
europäischer Kultur sperrten das Silber, das seit Jahrtausenden gleichberechtigt mit dem Golde als Geld gedient hatte, von ihren Münzstätten
aus; nur Asien, Mexiko und einige mittel- und südamerikanische
Staaten blieben dem Silber noch offen.

§ 2.　Die währungspolitische Entwicklung von 1878 bis 1893.

Wir haben gesehen, wie sich vom Beginn der 70er Jahre an
Schlag auf Schlag in einer Reihe der wichtigsten Kulturstaaten die
gegen das Silber gerichteten währungspolitischen Maßregeln folgten. In
dieser Entwicklung trat gegen Ende der 70er Jahre eine Ruhepause
ein, die länger als ein Jahrzehnt andauerte.

Der Stillstand erklärt sich aus verschiedenen Gründen.

Zunächst war die Sperrung der Münzstätten für das Silber in
allen bedeutenderen Staaten europäischer Kultur mit den Maßregeln
der 70er Jahre vollständig abgeschlossen. In allen wichtigen Ländern
europäischer Kultur, die überhaupt ein auf metallischer Basis geordnetes
Geldwesen besaßen, war die Goldwährung oder wenigstens eine Goldvaluta zur Durchführung gekommen. Die Länder, welche noch außerhalb der Goldvaluta standen, waren teilweise finanziell nicht imstande,
ein geordnetes Geldwesen herzustellen und aufrecht zu erhalten; so Rußland, Oesterreich-Ungarn, Spanien, zahlreiche südamerikanische Staaten.
Teilweise waren sie noch unberührt von den Bedürfnissen, die in
den Ländern europäischer Kultur eine Begrenzung des Silberumlaufs
und einen vorwiegenden Goldumlauf als wünschenswert hatten erscheinen lassen; so die Silberwährungsländer Asiens.

Der zweite Grund des plötzlich eingetretenen Stillstandes war die
Abnahme der Goldproduktion, die sich von der zweiten Hälfte der
70er Jahre an fühlbar machte. Es sei daran erinnert, daß die durchschnittliche jährliche Goldgewinnung in den 50er und 60er Jahren
nahezu 200 000 kg betragen hatte und daß die Goldproduktion bis zum
Jahre 1883 unter 150 000 kg zurückging. Diese Abnahme wurde als
eine dauernde Erscheinung aufgefaßt. Gerade in jener Zeit erschien
das oben erwähnte Werk von E d u a r d S u e ß über „Die Zukunft
des Goldes", das aufgrund einer geologischen Hypothese eine dauernde
Abnahme der Goldproduktion in Aussicht stellte.

Verstärkt wurde die Wirkung des Rückgangs der Goldgewinnung
speziell für die europäischen Staaten durch gewisse Verschiebungen in
der internationalen Goldbewegung. Während die Vereinigten Staaten
bisher den größten Teil ihrer Goldproduktion an Europa abgegeben
hatten, begannen sie vom Ende der 70er Jahre an, nachdem sie die
Barzahlungen aufgenommen hatten, Gold in zeitweise erheblichen Beträgen an sich zu ziehen; eine Reihe überaus günstiger Ernten setzte
sie dazu instand. Gleichzeitig ging Indiens Goldeinfuhr beträchtlich
in die Höhe. Wie sehr durch alle diese Verhältnisse die Goldversorgung
der Welt außerhalb der Vereinigten Staaten und Indiens vorübergehend
beeinträchtigt wurde, ergibt sich aus folgender Uebersicht.

Perioden (Jahresdurchschnitte)	Goldgewinnung der Welt	Goldgewinnung der Vereinigt. Staaten	Goldgewinnung außerhalb der Vereinigten Staaten	Mehrausfuhr von Gold aus den Vereinigten Staaten	Mehreinfuhr von Gold in Indien	Von der jährl. Goldproduktion für die Welt außerhalb der Verein. Staaten und Indiens verfügbar
	1000 Mark	1000 Mark	1000 Mark	1000 Mark	1000 Mark	1000 Mark
1871—1875	485 200	166 000	319 200	+ 161 000	43 900	436 300
1876—1880	481 000	178 700	312 300	— 47 200	10 500	254 600
1881—1885	432 300	134 100	298 200	— 84 400	77 100	136 700
1886—1890	467 700	140 100	327 600	+ 14 800	43 800	298 600
1891—1895	685 600	157 900	527 700	+ 160 200	17 900[1])	670 000
1896—1900	1 080 000	273 000	807 000	— 106 000	98 000[1])	603 000
1901—1905	1 354 000	336 600	1 017 800	+ 5 800	129 000[1])	894 000
1906—1910	1 819 900	399 100	1 420 800	— 65 300	211 800[1])	1 143 700

Wenn man in Erwägung zieht, wie dringend notwendig die Ausdehnung des Goldumlaufs damals in jenen Ländern war, die ihre Münzstätten dem Silber verschlossen hatten und sich teilweise in einem recht schwierigen Uebergangszustande befanden, dann wird man verstehen, daß durch die Abnahme der Goldgewinnung und namentlich des für die Welt außerhalb der Union und Indiens verfügbaren jährlichen Goldzuwachses die Ausdehnung der Goldwährung über die Staaten mit Silberwährung und mit zerrütteten Währungsverhältnissen von der zweiten Hälfte der 70er Jahre an bis zum Beginn der 90er Jahre des vorigen Jahrhunderts beträchtlich erschwert wurde.

Dazu kam schließlich die Macht der mit dem Silberwerte wirklich oder vermeintlich verbundenen Interessen. Der Rückgang des Silberpreises stellte sich dar als eine Schädigung des Silberbergbaus. Ferner wurden durch die Silberentwertung betroffen die zahlreichen Besitzer von Wertpapieren, die auf Silberwährung lauteten (österreichische, mexikanische Anleihen usw.) Schließlich erschütterte die Silberentwertung die Wechselkurse zwischen Gold- und Silberwährungsländern in einer bisher unerhörten Weise. Bisher hatten sich bei der relativen Stabilität des Wertverhältnisses von Gold und Silber die Schwankungen der Wechselkurse zwischen Gold- und Silberwährungsländern innerhalb verhältnismäßig enger Grenzen bewegt. Der starke Preissturz des Silbers zerriß nun diese annähernde Festigkeit und führte zu einem Rückgange der Silbervaluten, dessen Ende sich nicht absehen ließ.

Alle Kulturstaaten wurden durch diese Wirkungen der Silberentwertung in Mitleidenschaft gezogen. Die Schädigung des Silberbergbaus traf in erster Linie die Vereinigten Staaten, nach ihnen vor allem Deutschland. Auch am Besitze von Wertpapieren, die auf Silberwährung lauteten, war Deutschland stark beteiligt. Die Erschütterung der Silbervaluten brachte ein Moment der Unsicherheit in den Weltverkehr, namentlich in den Verkehr mit dem asiatischen Osten, durch welches England am schwersten betroffen wurde. Außerdem wurden die engen finanziellen Beziehungen, die England mit seinem indischen Reiche verbanden, durch die Silberentwertung sehr gestört. Dazu

[1]) Zuzüglich der indischen Goldproduktion.

kamen dann noch die Interessen derjenigen, welche aus einer Geldentwertung Vorteil zu ziehen hofften und denen das Silber gerade
wegen seiner Entwertung das Ideal eines Geldstoffes war (so den
amerikanischen „Inflationisten"). Schließlich fiel ins Gewicht der un-
interessierte Glaubenseifer der theoretischen Anhänger des bimetallistischen Systems.

In Anbetracht dieser Verhältnisse ist es erklärlich, daß lebhafte
Bestrebungen zur Wiederherstellung des Silberwertes hervortraten. Es
entstand die bimetallistische Agitation, deren Ziele die „Rehabilitierung
des Silbers" war. Die Münzstätten der Kulturwelt sollten dem Silber,
um seinen Wert wieder auf den alten Stand zu bringen, von neuem
ohne jede Beschränkung, ebenso wie dem Golde, geöffnet werden; das
Silber sollte als Geldmetall wieder in seine Gleichberechtigung mit
dem Golde eingesetzt werden.

Dort, wo stets die materiellen Interessen sich am brutalsten geltend
gemacht haben und wo gleichzeitig die Interessen am Silberbergbau
den größten Umfang hatten, in den Vereinigten Staaten, kam es am
frühesten zu einer starken Bewegung zugunsten des Silber; dort
allein hat die Silberpartei große positive Erfolge erzielt, und von dort
aus ist auch in der Folgezeit stets wieder der Anstoß für eine internationale bimetallistische Agitation ausgegangen.

Ihr eigentliches Ziel, die Wiederherstellung der freien und unbeschränkten Silberprägung, hat allerdings die silberfreundliche Bewegung
nirgends erreicht. Abgesehen von der radikalen Silberpartei in den Vereinigten Staaten, deren Einfluß sich niemals voll durchsetzen konnte, galt
es überall als ausgemacht, daß die Wiederaufnahme der freien Silberprägung aufgrund eines Doppelwährungssystems nur dann Erfolg
haben könne, wenn sie gemäß einer internationalen Vereinbarung von
den wichtigsten Kulturstaaten gleichzeitig durchgeführt werden würde.
Aber alle Versuche, ein solches internationales Uebereinkommen herbeizuführen, sind gescheitert.

Im August 1878 trat auf Einladung der Vereinigten Staaten eine
internationale Münzkonferenz zusammen „zum Zweck einer internationalen Vereinbarung über ein bimetallistisches Geldsystem und Sicherstellung eines festen Wertverhältnisses zwischen Gold und Silber".
Deutschland hatte die Beschickung der Konferenz abgelehnt, England
hatte die Einladung erst nach einigem Zögern angenommen. Es zeigte
sich alsbald, daß eine Einigung über eine internationale Doppelwährung
nicht zu erzielen war, und alles, was schließlich zustande kam, war
eine gänzlich nichtssagende Resolution des Inhalts, daß die Münz-
aufgabe des Silbers ebensogut wie diejenige des Goldes aufrecht erhalten werden müsse; daß aber die Wahl des einen oder des anderen
der beiden Edelmetalle oder der gleichzeitige Gebrauch beider nach
der besonderen Lage eines jeden Staates geschehen müsse.

Nachdem Deutschland im Jahre 1879 seine Silberverkäufe eingestellt hatte, wurde ein neuer Versuch zur internationalen Regelung
der Währungsfrage gemacht. Im Jahre 1881 ließen die Vereinigten
Staaten zusammen mit Frankreich abermals Einladungen zu einer
Münzkonferenz nach Paris ergehen. Diesmal war auch Deutschland

vertreten, und zwar in der Person des späteren Staatssekretärs des Reichsschatzamtes, des Freiherrn von Thielmann.

Die Konferenz wurde am 19. April 1881 eröffnet. Eine Anzahl von Staaten erklärte sich für den Bimetallismus, aber nur im Falle der Beteiligung Englands und Deutschlands. Aber sowohl England als auch Deutschland stellten höchstens kleine Konzessionen an das Silber in Aussicht und gaben gleichzeitig die bestimmteste Erklärung ab, daß sie das Prinzip der Goldwährung nicht aufgeben könnten. Nach ergebnislosen Beratungen vertagte sich die Konferenz im Juli 1881 bis zum April 1882, um diplomatischen Verhandlungen von Kabinett zu Kabinett Raum zu geben; als aber auch auf diesem Wege nichts erreicht wurde, ließ man die ganze Angelegenheit stillschweigend einschlafen.

In der Folgezeit wurden die Regierungen Englands und Deutschlands, bei denen man den Hauptwiderstand erblickte, durch eine starke bimetallistische Agitation bearbeitet, jedoch gleichfalls ohne Erfolg. Trotzdem unternahmen die Vereinigten Staaten, gedrängt durch die fortgesetzte Verschlechterung ihres eignen infolge der gleich zu besprechenden Silbergesetze geschwächten Geldumlaufs, im Jahre 1891 abermals einen Versuch, die europäischen Staaten zu einer gemeinsamen Aktion zugunsten des Silbers zu bestimmen. Auf ihre Einladung hin trat in Brüssel im Jahre 1891 aufs neue eine internationale Konferenz zusammen, deren einziger Erfolg war, daß sie deutlicher noch als die früheren ähnlichen Veranstaltungen die gänzliche Aussichtslosigkeit des internationalen Bimetallismus dartat. Wie wir sehen werden, sind bald darauf wichtige Konsequenzen aus dieser Aussichtslosigkeit gezogen worden.

Wenn auch in dieser Weise die auf die Wiederherstellung der freien Silberprägung gerichteten Bestrebungen ihr eigentliches Ziel verfehlten, so gelang es ihnen immerhin, die währungspolitische Entwicklung während der 80er Jahre in einem gewissen Schwebezustande zu erhalten und wenigstens einige positive Maßregeln zweiter Ordnung zugunsten des Silbers durchzusetzen.

In Deutschland war zwar die Einstellung der Silberverkäufe weniger auf die Bewegung zugunsten des Silberwertes als auf die großen Verluste bei den Silberverkäufen zurückzuführen. Aber die Silberagitation hatte wenigstens den Erfolg, daß sie eine Wiederaufnahme der Silberverkäufe verhinderte und die Welt über die Zukunft der deutschen Währungsverfassung in Zweifel setzte.

In den meisten übrigen Staaten, namentlich in denen des Lateinischen Münzbundes, gelang es der bimetallistischen Agitation, jeden Schritt, der über die Einstellung der freien Silberprägung hinausging, zu verhindern, vor allem jede Abstoßung überflüssiger Silbermengen.

Positive Erfolge erreichte die Silberbewegung in dem Lande, von welchem sie eigentlich ihren Ausgang genommen hatte und das durch die Bedeutung seines Silberbergbaues am meisten an einer Hebung und Befestigung des Silberwertes interessiert war, in den Vereinigten Staaten von Amerika. Die sogenannte Bland-Bill vom 28. Februar 1878 wies das Schatzamt an, monatlich 2—4 Millionen Dollar Silber anzukaufen und in Standarddollar mit voller gesetzlicher Zahlungskraft ausprägen zu lassen. Die Bland-Bill blieb bis 1890 in Kraft; während ihrer Wirksamkeit wurden Silbermengen von etwa 9 Millionen kg im Werte von mehr als 300 Millionen Dollar in Standarddollar ausgeprägt. Durch die Sherman-Bill vom 14. Juli 1890 wurden die Silberankäufe des Schatzamtes beträchtlich erhöht. Die monatlichen Ankäufe wurden auf $4^1/_2$ Millionen Unzen Feinsilber normiert; gegen dieses Silber, das zum größten Teile ungeprägt aufbewahrt werden sollte, hatte das Schatzamt Schatznoten auszugeben. Die Sherman-Bill blieb bis zum Sommer 1893 in Wirksamkeit. Während ihrer dreijährigen Dauer kaufte das Schatzamt etwa $5^1/_4$ Million kg Silber zum Preise von etwa 156 Millionen Dollar an, beträchtlich mehr als ein Drittel der gleichzeitigen Weltproduktion von Silber. —

Alle die geschilderten Verhältnisse, die Abnahme der Goldproduktion, die Ungunst der Goldverteilung und die silberfreundliche Bewegung wirkten zusammen, um von 1879—1893 jede weitere entscheidende Veränderung der internationalen Währungsverfassung zuungunsten des Silbers zu verhindern. Die Staaten, die im Laufe der 70 er Jahre zur Goldwährung oder wenigstens zur Goldvaluta übergegangen waren, behielten beträchtliche Mengen von Silberkurantgeld zurück; so Deutschland im Jahre 1879 etwa 475 Millionen Mark in Talern, so die Lateinische Union etwa 3 Milliarden Frs. in Fünffrankenstücken, so Holland seinen ganzen Kurantguldenbestand. Oesterreich-Ungarn hat auch nach der Aufhebung der freien Silberprägung im Jahre 1879 noch umfangreiche Silberprägungen auf Staatsrechnung vorgenommen; Spanien hat von 1876 bis 1892 noch 640 Millionen Frs. in silbernen Fünfpesetastücken ausgeprägt; in Indien wurden Jahr für Jahr Silberausmünzungen im Werte von 130—-140 Millionen Mark vorgenommen, und dazu kamen schließlich die enormen Silberankäufe und Siberprägungen der Union. Alles in allem haben in den zwei Jahrzehnten von 1873 bis 1893 durchschnittlich pro Jahr ganz erheblich stärkere Silberausmünzungen stattgefunden, als in irgendeiner früheren Zeit. Nur in den Staaten des europäischen Kontinents hat die monetäre Silberverwertung eine beträchtliche Einschränkung erfahren. Nach Lexis[1]) haben die Silberausmünzungen in Europa, den Vereinigten Staaten und Indien im Jahresdurchschnitt betragen (nach dem alten Silberwerte gerechnet):

1851—60   163 Millionen Mark
1861—70   340   „   „
1887—91   479   „   „

Bei der letztgenannten Ziffer ist die mit der Ausprägung gleichbedeutende Hinterlegung von Barrensilber in den Vereinigten Staaten aufgrund der Sherman-Bill nicht mit in Rechnung gezogen. Die erhebliche Silbereinfuhr Chinas, die zum großen Teile aus mexikanischen Piastern bestand, ist in keiner der oben gegebenen Ziffern mit in Anschlag gebracht. Die nachweisbare Gesamtprägung von Silber betrug, immer nach Lexis, von 1876 bis 1893 nach dem alten Wertverhältnis 9800 Millionen Mark, von denen etwa 400 Millionen Mark,

---

[1]) Art. „Silber und Silberwährung" im Handwörterbuch der Staatswissenschaften, 3. Aufl. Bd. VII. S. 517.

die auf Umprägungen alter Münzen in deutsche und skandinavische Scheidemünzen kommen, abzuziehen sind, während auf der anderen Seite die Hinterlegungen von Barrensilber in den Vereinigten Staaten hinzugerechnet werden müssen.

Trotz dieser gewaltigen Silberprägungen und trotzdem vom Ende der 70er Jahre an bis zum Jahre 1893 die internationale Währungsverfassung keine weitere Veränderung zuungunsten des Silbers erfuhr, gelang es doch den für die Wiederherstellung des Silberwertes wirkenden Kräften nicht, auch nur den weiteren Fortschritten der Silberentwertung Einhalt zu gebieten. Die Einstellung der deutschen Silberverkäufe im Mai 1879 erfüllte nicht die auf diese Maßregel vielfach gesetzte Erwartung; die Silberprägungen, welche durch die Bland-Bill von 1878 in den Vereinigten Staaten angeordnet wurden, haben kaum irgendeine sichtbare Einwirkung auf den Silberpreis ausgeübt; auch die vom Anfang der 80er Jahre an wieder steigende Silbereinfuhr Indiens vermochte nicht, den weiteren Rückgang des Silberpreises aufzuhalten. Der durchschnittliche Londoner Silberpreis stand 1878 auf $52^9/_{16}$ d, 1879 auf $51^1/_4$ d pro Unze Standard; er stieg im Jahre 1880, wohl hauptsächlich infolge der Einstellung der deutschen Silberverkäufe, auf $52^1/_4$ d, erreichte aber damit noch nicht einmal wieder sein Niveau von 1878; dann ging er langsam zurück bis auf $50^5/_8$ und $50^3/_4$ d in den Jahren 1883 und 1884, kam also schon damals auf einem tieferen Stande an als in irgendeinem Jahre während der Durchführung der deutschen Münzreform. Von 1885 an machte die Silberentwertung, trotz der Fortdauer der amerikanischen Silberankäufe und Silberprägungen, geradezu rapide Fortschritte; der durchschnittliche Silberpreis des Jahres 1889 war nur noch $42^{11}/_{16}$ d, der niedrigste Silberpreis in diesem Jahre war 42 d. Die gewaltige Steigerung der amerikanischen Silberankäufe durch die Sherman-Bill bewirkte, daß im August 1890 der Silberpreis bis auf $54^5/_8$ d in die Höhe schnellte. Aber diese spekulative Preissteigerung brach rasch wieder zusammen; bereits im November 1890 sank der Preis wieder auf $47^1/_8$ d; im Jahre 1891 wurde der niedrigste Silberpreis mit $43^1/_2$ d, im Jahre 1892 mit $37^7/_8$ d notiert, und in der ersten Hälfte des Jahres 1893 machte der Preisrückgang noch weitere Fortschrittte. Der Preis stand beträchtlich tiefer als vor dem Erlaß der Sherman-Bill, und seit dem Jahre 1879 hatte die Silberentwertung, obwohl die internationale Währungsverfassung in jener Zeit keine wesentliche Aenderung erfahren hatte, sich um etwa 25 Prozent verschärft.

Mit dem Jahre 1893, in dem die Sherman-Bill aufgehoben und die freie Silberprägung in Indien eingestellt wurde, begann ein neuer starker Preissturz, so daß im Jahre 1902 das durchschnittliche Wertverhältnis etwa 1:39 war. Vom Jahre 1904 an haben der russisch-japanische Krieg und seine Nachwirkungen eine erhebliche Zunahme der Silbernachfrage hervorgerufen, sodaß zeitweise eine nicht unerhebliche Steigerung des Silberpreises eintrat. Aber das Jahr 1908 wies bereits wieder ein durchschnittliches Wertverhältnis von 1:38,67, das Jahr 1909 sogar ein solches von 1:39,74, auf. Die folgenden Jahre brachten eine leichte Hebung des Silberpreises, die aber in den Jahren 1914 und 1915 wieder verloren ging. Das durchschnittliche Wertverhältnis des Jahres 1915 war mit 1:39,84 das ungünstigste, das für das Silber jemals zu verzeichnen war.

Der Weltkrieg hat auch auf dem Edelmetallmarkte revolutionierend gewirkt. Vom Jahre 1915 an zeigte das Silber auf dem Londoner Markte geradezu sensationelle Preissteigerungen, die schließlich im Jahre 1919 mit einer Notierung von $79^1/_8$ d für die Unze Standard ihren Höhepunkt erreichten. Darüber näheres weiter unten.

§ 3. Die Ursachen der Silberentwertung.

Die Tatsache der starken Entwertung des Silbers gegenüber dem Golde wurde in der Schilderung der Entwicklung der internationalen Währungsverfassung verzeichnet, ohne daß auf die Feststellung der Ursachen dieser in der Geschichte der Edelmetalle bisher unerhörten Erschütterung des Wertverhältnisses der beiden Metalle eingegangen worden wäre. Die Darstellung der geschichtlichen Entwicklung der internationalen Edelmetall- und Währungsverhältnisse würde jedoch der Vollständigkeit entbehren, wenn hier eine Erörterung der Ursachen dieser gewaltigen Verschiebung des Wertverhältnisses und namentlich des Zusammenhangs zwischen der veränderten Münzgesetzgebung und der Silberentwertung unterbliebe.

Eine weit verbreitete Ansicht geht dahin, daß ausschließlich die Aenderungen der Münzgesetzgebung, die zuerst in den 70er Jahren und später von 1893 an erfolgten, die Entwertung des Silbers hervorgerufen hätten. Vor allem habe die Aufhebung der französischen Doppelwährung die Entwertung des Silbers überhaupt erst ermöglicht, während die große Stabilität des Wertverhältnisses in den ersten sieben Jahrzehnten des 19. Jahrhunderts ausschließlich der Wirksamkeit der französischen Doppelwährung zu danken gewesen sei. Den Anstoß zu der verhängnisvollen Entwicklung habe der deutsche Währungswechsel gegeben, der die übrigen Kulturstaaten gezwungen oder wenigstens veranlaßt habe, sich gleichfalls vom Silber abzuwenden. Der deutsche Währungswechsel selbst wurde mitunter als die Tat eines verblendeten Doktrinarismus, als ein Willkürakt aufgefaßt, der eben so gut hätte unterbleiben können; und von allem, was dann folgte, sollte der Satz gelten: Das eben ist der Fluch der bösen Tat, daß sie fortzeugend immer Böses muß gebären.

Ohne weiteres ist zuzugeben, daß die Beschränkung und die gänzliche Einstellung der freien Silberprägung in einer großen Anzahl von Kulturstaaten eine erhebliche Verkleinerung des Verwendungsgebietes für Silber bedeutete, die sich namentlich in den 70er Jahren, vor der Bland-Bill und vor dem neuen Aufschwunge des indischen Silberbedarfs, fühlbar machen mußte. Auch die spätere starke Ausdehnung der Silberprägungen in Amerika und Asien vermochte keinen ausreichenden Ersatz zu bieten für den Wegfall der freien Prägbarkeit in den Ländern europäischer Kultur. Wohl wurde der größte Teil des neuen Silbers der monetären Verwendung zugeführt; aber das war auf dem gegenüber der Zeit vor 1870 geographisch kleineren und an volkswirtschaftlicher Bedeutung hinter Europa zurückstehenden Gebiete nur möglich unter einer beträchtlichen Minderung des Silberwertes.

Andererseits aber haben wir gesehen, daß gerade der Rückgang des Silberpreises der Grund war, der in einer Anzahl von wichtigen Ländern, so in den Niederlanden, in den Staaten des Lateinischen Münzbundes und in Oesterreich-Ungarn, die Einschränkung oder völlige Einstellung der Silberprägung herbeigeführt hat.

Das Verhältnis von Silberentwertung und Münzgesetzgebung ist mithin kein einseitiges; die Ausschließung des Silbers von den Münzstätten war nicht lediglich Ursache der Silberentwertung, sondern die Einstellung der Silberprägungen ging selbst vielfach auf die Silberentwertung als auf ihre wesentliche Ursache zurück; es lag mithin eine Wechselwirkung vor. Diese Wechselwirkung mochten diejenigen, welche die Wandlungen der Münzgesetzgebung als Willkürakte ansehen, als einen circulus vitiosus betrachten: die Münzgesetzgebung verschuldete die Silberentwertung, und die Silberentwertung veranlaßte wieder ein weiteres Umsichgreifen der silberfeindlichen Gesetzgebung.

Eine Betrachtung der geschichtlichen Vorgänge wird uns darüber belehren, ob wirklich in der gesamten währungspolitischen Entwicklung der letzten fünf Jahrzehnte vor dem Weltkriege ein solcher fehlerhafter Zirkel vorliegt.

Wir haben die Währungsverhältnisse der Welt in der ersten Hälfte des 19. Jahrhunderts in einer gewissen Stabilität gesehen; erst die von den kalifornischen Goldfunden eingeleitete Umwälzung der Produktionsverhältnisse der Edelmetalle hat neues Leben in den Entwicklungsprozeß gebracht.

Das neugewonnene Gold wurde von den Ländern, die sich bisher überwiegend des Silbers bedient hatten, bereitwillig als Geldstoff aufgenommen; denn die wirtschaftliche Entwicklung hatte den vermehrten Gebrauch von Goldgeld wünschenswert gemacht. Die vermehrte Produktion fand mithin ihr Gegengewicht an einem starken Verkehrsbedarfe und an einer vermehrten monetären Verwendung. Daß die Länder mit Doppelwährung die Verdrängung ihres bisherigen Silberumlaufs durch das neue Gold ruhig geschehen ließen, daß die Länder mit Silberwährung, vor allem Deutschland, sich einen Goldumlauf zu verschaffen wünschten, war die einfache Folge der unbestreitbaren Tatsache, daß für den größeren Teil des modernen Verkehrs das Gold ein tauglicherer Geldstoff ist als das Silber. Das vermehrte Angebot eines tauglicheren Verkehrsmittels hat nun die notwendige Wirkung, die Nachfrage nach dem weniger tauglichen zu vermindern, ja selbst einen Teil der bisher verwendeten weniger tauglichen Verkehrsmittel freizusetzen. Mit anderen Worten: die starke Vermehrung der Goldproduktion mußte das Bedürfnis des Verkehrs nach Silbergeld einschränken und damit die Tendenz zu einer Entwertung des Silbers schaffen. Wie wenig dieser Zusammenhang eine Konstruktion ex post ist, wird dadurch bezeugt, daß diese Ansicht schon zu einer Zeit ausgesprochen wurde, als die Umwälzungen in der Währungsgesetzgebung und die Silberentwertung noch nicht eingetreten waren. Soetbeer schrieb in der Hamburger Börsenhalle vom 15. Juli 1869: „Wie paradox es anfangs vielleicht lauten mag, es liegt doch eine gewisse Wahrheit darin, daß im großen und ganzen genommen und auf die Dauer die außerordentliche Steigerung der Goldproduktion mehr auf die Wertverringerung des Silbers als des eignen Produkts ihre Wirkung äußern muß."

Und die Rolle der Münzgesetzgebung in diesen aus der allgemeinen wirtschaftlichen Entwicklung und den Produktionsverhältnissen der Edelmetalle resultierenden Vorgängen?

Die Münzgesetzgebung ist, wie bereits in einem früheren Abschnitte gelegentlich der Sperrung der englischen Silberprägung im Jahre 1798 ausgeführt wurde, lediglich das Instrument, durch das in unserer modernen Rechts- und Wirtschaftsordnung der Geldumlauf den Ansprüchen und Bedürfnissen des Verkehrs entsprechend gestaltet wird. Ebenso wie in England im Jahre 1798 durch die Einstellung der freien Silberprägung nicht etwa eine wirkliche Verkehrsnachfrage nach Silber künstlich beschränkt, sondern wie durch diesen Akt nur eine den lebendigen Verkehrsbedürfnissen widersprechende Verdrängung des Goldumlaufs durch einen Silberumlauf verhindert wurde, — ebenso hat die Münzgesetzgebung in den Staaten des europäischen Kontinents, nachdem die Goldfunde die Mittel zu einer den modernen Verkehrsbedürfnissen besser entsprechenden Gestaltung der Zirkulation geliefert hatten, überall dort eingreifen müssen, wo sich das Gold nicht automatisch an Stelle des Silbers setzen konnte oder wo der einmal gewonnene Goldumlauf durch eine spätere gegenteilige Wirkung der Münzverfassung aufs neue durch das Silber bedroht erschien.

Solange der starke indische Silberbedarf der 50er und 60er Jahre große Silbermengen aus Europa nach Asien führte, vollzog sich für die Staaten mit Doppelwährung die Verminderung des Silberumlaufs und die Ausdehnung des Goldumlaufs ganz von selbst. Ein Eingreifen der Gesetzgebung war nur insoweit notwendig, als es sich um die Erhaltung der unbedingt notwendigen kleinen Silbermünzen handelte; im großen Ganzen aber wirkte das bimetallistische System in diesem Falle in einer den Wünschen und Bedürfnissen des Verkehrs entsprechenden Weise. Deutschlands Bedürfnis nach einem Goldumlaufe dagegen konnte nur befriedigt werden durch eine Abschaffung der gesetzlich bestehenden Silberwährung und den Uebergang zur Goldwährung. Auch für die Doppelwährungsländer mußte — ganz unabhängig von Deutschlands Vorgehen — ein Eingreifen der Gesetzgebung nötig werden, sobald der außerordentliche Silberbedarf für den Osten nachließ und dazu noch eine starke Vermehrung der Silberproduktion kam. Mit dem Eintreten dieser Möglichkeiten mußte sich die Frage entscheiden, ob das Silber den Teil seines monetären Absatzgebietes in Europa, den es an das Gold verloren hatte, wieder würde gewinnen können.

Wie wenig damals ein wirklicher Verkehrsbedarf nach mehr Silber in Europa existierte, das zeigte sich während der 70er Jahre besonders auffallend in Deutschland, und zwar darin, daß der deutsche Verkehr, nachdem die Preußische Bank bzw. die Reichsbank die Zahlungen in Gold aufgenommen hatte, fortgesetzt große Beträge von Silbergeld im Austausch gegen Goldgeld an die Reichsbank abgab. Von Mitte 1875 bis Mitte 1879 hat der deutsche Verkehr etwa 735 Millionen Mark Silbergeld an die Reichsbank abgestoßen und etwa 695 Millionen Mark Goldgeld aus der Bank entnommen. Hier, wo der freie Verkehr sich nach seinen wirklichen Bedürfnissen aus dem Metallvorrate der Zentralbank versorgen konnte, trat es deutlich zutage, daß nicht nur kein weiterer Verkehrsbedarf nach Silber, sondern daß sogar ein beträchtlicher Ueberschuß an Silbergeld über den Verkehrsbedarf hinaus vorhanden war.

Es waren mithin nicht die Münzgesetze, welche die Nachfrage nach Silber für Geldzwecke in einer für den Wert des weißen Metalls entscheidenden Weise verringerten, sondern der wirkliche Sachverhalt war folgender:

Die gesteigerte Produktion und Verwendung des Goldes als des tauglicheren und im Verkehr beliebteren Zirkulationsmittels hatte den Bedarf der europäischen Staaten an Silbergeld wesentlich eingeschränkt; um den Silberumlauf auf einen dem veränderten Verkehrsbedarf annähernd entsprechenden Umfang wirksam zu beschränken, dazu war die Einstellung der freien Silberprägung und der Uebergang zur Goldwährung notwendig, und zwar für Silberwährungsländer von vornherein, für Doppelwährungsländer von demjenigen Momente an, in welchem infolge von Veränderungen in Angebot und Nachfrage auf dem Silbermarkte ihren Münzstätten wieder größere Silbermengen zuflossen. —

Die Faktoren außerhalb der Münzgesetzgebung, die um die Wende der 60er und 70er Jahre, den für das Schicksal des Silbers entscheidenden Umschwung auf dem Silbermarkte herbeiführten, waren in der Hauptsache folgende:

1. Die Steigerung der Silberproduktion von 1,1 Millionen kg im Durchschnitt der Jahre 1861 bis 1865 auf 2 Millionen kg im Durchschnitt der Periode 1871 bis 1875 und 2,5 Millionen kg im Durchschnitt der Periode 1876 bis 1880.

2. Die Verringerung des indischen Silberbedarfs von mehr als 100 Millionen Rupien im Durchschnitt der Jahre 1855 bis 1865 auf etwa 71 Millionen Rupien im Durchschnitt der Jahre 1866 bis 1869 und etwa 35 Millionen Rupien 1870 bis 1876.

Das Zusammenwirken dieser beiden Faktoren prägte sich darin aus, daß von der Mitte der 60er Jahre an, wie die folgende Uebersicht ausweist, fortgesetzt größere Silbermengen für die europäische Kulturwelt verfügbar blieben.

Perioden (Jahresdurchschnitte)	Silberproduktion kg	Mehreinfuhr von Silber in Indien		Ueberschuß der Silberprod. über d. ind. Mehreinf. kg
		1000 Rubinen	kg [1]	
1856—1860	904 990	100 725	1 077 380	— 172 390
1861—1865	1 101 150	99 680	1 066 100	35 050
1866—1870	1 339 085	94 290	1 008 450	330 635
1871—1875	1 969 425	30 631	327 600	1 641 825
1876—1880	2 450 252	70 542	754 440	1 695 812
1881—1885	2 808 400	60 806	650 330	2 158 070
1886—1890	3 387 532	96 351	1 030 500	2 357 032
1891—1895	4 901 333	96 600	1 158 661	3 742 672
1896—1900	5 151 551	64 800	1 004 398	4 150 153
1901—1905	5 226 121	113 600	1 991 426	3 234 695
1906—1910	6 135 348	236 969	2 523 736	3 611 612
1911—1915	6 312 831	103 916	911 406	5 401 425

[1] 93,5 Rupien = 1 kg Silber.

Während Indien von 1855 bis 1860 beträchtlich mehr Silber absorbierte, als gleichzeitig produziert wurde, stieg der Ueberschuß der Silberproduktion über den indischen Bedarf von 331000 kg im Jahrfünft 1866 bis 1870 in den beiden folgenden fünfjährigen Perioden auf 1642000 kg und 1696000 kg.

Der Rückgang der Silberverschiffungen nach Indien hatte seine Ursache zum Teil in dem Wegfall der ungewöhnlichen Verhältnisse, welche die außerordentlichen Verschiffungen während der 50er und 60er Jahre veranlaßt hatten, vorwiegend aber darin, daß die Zahlungen in Gold, die Indien nach England zur Verzinsung von Anleihen, zur Auszahlung von Gehältern und Pensionen usw. zu leisten hatte, sich rapid vermehrten. Die Mittel für diese in England zu leistenden Goldzahlungen wurden und werden heute noch aufgebracht durch die Begebung der sogenannten India-Councilbills auf dem Londoner Markte. Die Councilbills sind Wechsel, die vom Indischen Rate in London auf die indische Finanzverwaltung gezogen werden und in Bombay, Kalkutta oder Madras in indischer Währung zahlbar sind.

Diese Councilbills oder Schatzwechsel waren als Zahlungsmittel für Indien besser verwendbar als das Silber. Ihre Versendung machte geringere Kosten und bedingte keinen Zinsverlust; die Möglichkeit ihrer telegraphischen Uebertragung machte sie besonders brauchbar in Fällen eines plötzlichen und starken Geldbedarfs in Indien und gestattete außerdem die Vermeidung von Kursverlusten, denen Silber und gewöhnliche Wechsel auf Indien infolge des langen Zeitraumes zwischen Ankauf in London und Verwendung in Indien ausgesetzt waren. Deshalb war die Größe des Angebots von Schatzwechseln für die Silbernachfrage und der Kurs, zu welchem sie begeben wurden, für den Silberpreis von großem, oft sogar von entscheidendem Einflusse.

Es traf sich nun, daß gerade in der für das Silber kritischen Zeit die Begebungen von Schatzwechseln infolge der steigenden Verschuldung Indiens an England einen großen Umfang annahmen. Während sich die jährlichen Begebungen im Durchschnitt der 50er Jahre auf 21,8 Millionen Rupien belaufen hatten, stellten sie sich in der zweiten Hälfte der 60er Jahre schon auf 55,2 Millionen Rupien, um 1870 bis 1875 auf 120 Millionen, 1876 bis 1880 auf mehr als 150 Millionen Rupien zu steigen. Zeitweise überstieg ihr Betrag den Wert der gesamten englischen Silberausfuhr.

Auf diese Weise nahmen die Councilbills auf Kosten des Silbers unter den Rimessen für Indien einen immer größeren Raum ein, wie folgende Ziffern beweisen:

Durchschnittlich	Indiens Mehreinfuhr von Silber 1000 Rupien	Begebungen von Councilbills 1000 Rupien
1865 66—1869/70	94 290	55 200
1870 71 —1874/75	30 631	120 840
	Abnahme 63 659	Zunahme 65 640

Wenn die starke Abnahme des indischen Silberbedarfs und die gleichzeitige Steigerung der Silberproduktion an sich schon hingereicht hätten, um die europäischen Staaten, namentlich die Länder der Lateinischen Doppelwährung, zu einer Entscheidung darüber zu zwingen, ob sie das Silber in ihrem Geldumlaufe wieder zur Vorherrschaft kommen lassen wollten, — so mußte die Notwendigkeit dieser Entscheidung allerdings in hohem Grade beschleunigt werden durch das Vorgehen irgendeines bedeutenden Staates, der sich dem Silber verschloß oder gar einen Teil seines bisherigen Silberumlaufs auf den Markt brachte.

Eine solche Beschleunigung hat die deutsche Münzreform herbeigeführt; aber auch nur eine Beschleunigung der Entwicklung, nicht die Entwicklung selbst. Durch die Feststellung der Tatsache, daß die gegen das Silber gerichtete Münzgesetzgebung nur das Mittel war, durch das der Geldumlauf den Bedürfnissen des Verkehrs entsprechend gestaltet wurde, ist allein schon die Frage beantwortet, ob es sich bei den entscheidenden Aenderungen der Münzgesetzgebung um Willkürakte handelte oder um Maßnahmen, die wirtschaftlichen Bedürfnissen entsprachen; und die Frage, welchen Anteil die deutsche Münzreform und die Aufhebung der französischen Doppelwährung an den Ursachen der Silberentwertung haben, ist damit auf die ihr zukommende bescheidene Bedeutung zurückgeführt. Wenn die gegen das Silber gerichtete Münzgesetzgebung der europäischen Staaten in ihrer Gesamtheit nur die Wirkung einer tiefer liegenden gemeinsamen Ursache war, dann ist es müßig, sich den Kopf darüber zu zerbrechen, ob der eine oder der andere Staat den Anstoß zu der ganzen Entwicklung gegeben oder zu der Entwertung des Silbers mehr als die anderen beigetragen hat.

Immerhin ist es nicht überflüssig, speziell die Wirkung der. Beseitigung der französischen Doppelwährung und die Stellung der deutschen Münzreform in dem Kreise der zur Entwertung des Silbers zusammenwirkenden Faktoren zu erörtern.

Die französische Doppelwährung soll während ihres Bestehens von 1803 bis 1873 ein stabiles Wertverhältnis zwischen Gold- und Silbermünzen gesichert haben; es wurde behauptet, nur die Aufhebung der freien Silberprägung in den Staaten der Lateinischen Münzunion habe überhaupt eine Silberentwertung möglich gemacht.

Es erscheint zunächst auffallend, daß gerade der französischen Doppelwährung eine solche Wirkung zugeschrieben wurde. Vom Jahre 1717 bis 1798 bestand in England ein Doppelwährungssystem; aber trotzdem England in jener Zeit eine bedeutendere Stellung im internationalen Geld- und Edelmetallverkehr einnahm als Frankreich zur Zeit des Bestehens seiner Doppelwährung, hat niemand der englischen Doppelwährung eine ähnliche Wirkung auf das Wertverhältnis der Edelmetalle zugeschrieben, wie sie vielfach für die französische Doppelwährung vindiziert worden ist. Die Tatsache, daß während der ganzen Zeit des Bestehens des englischen Doppelwährungssystems das Wertverhältnis auf dem offenen Markte für das Silber ein günstigeres war, als die gesetzliche englische Relation, steht gegen jede Anzweiflung fest. Hier hat also das Doppelwährungssystem die ihm zugeschriebene Wirkung nicht ausgeübt; wenn tatsächlich während des Bestehens der französischen Doppelwährung sich das Marktverhältnis mit der gesetzlichen Relation gedeckt hätte, so würde sich aus dem Versagen der englischen Doppelwährung der Schluß ergeben, daß die behauptete Wirkung nicht eine mit Notwendigkeit aus dem Systeme sich ergebende sein kann.

Aber die Behauptung selbst, die französische Doppelwährung habe das Wertverhältnis der beiden Edelmetalle auf der Relation von 1:15,5 stabilisiert, ist nicht ganz zutreffend.

Wie bereits dargestellt wurde, zeigte der Silberpreis in der ersten Hälfte des 19. Jahrhunderts eine sinkende Tendenz; in London sank der Preis der Unze Standard Silber im Jahre 1848 bis auf $58^{1}/_{2}$ d, entsprechend einem Wertverhältnis von 1:16,12 zwischen Silber und Gold. In den Jahren der Steigerung der Goldgewinnung trat die umgekehrte Bewegung ein; der Londoner Silberpreis stieg bis auf 62,75 d, entsprechend einem Wertverhältnis von 1:15,03. Die Spannung stellt sich auf $7^{1}/_{4}$ Prozent.

Man hat eingewendet, daß diese Schwankungen auf dem Londoner Markte nur durch die Kosten des Transports von Gold und Silber zwischen London und Paris entstanden seien. Wenn in Paris das Wertverhältnis der beiden Edelmetalle sich in genauer Uebereinstimmung mit der gesetzlichen Relation befunden hätte, so habe in London, falls Silber nach Paris versendet werden sollte, das Silber um die Transportkosten billiger sein müssen; umgekehrt, wenn London Silber aus Paris beziehen wollte, so habe der Silberpreis in London um die Transportkosten höher sein müssen, als dem französischen Wertverhältnisse entsprochen hätte.

Dieser Einwand hätte jedoch nur dann eine Berechtigung, wenn wirklich auf dem Pariser Edelmetallmarkte sich das Wertverhältnis der beiden Edelmetalle auf dem Satze von 1:15,5 erhalten hätte. Aber diese Voraussetzung trifft nicht zu. Wir haben fortlaufende Notierungen des Preises von Gold- und Silberbarren auf dem Pariser Markte, und diese Notierungen ergeben, daß Schwankungen stattfanden zwischen 1:16,66 und 1:15,15. Die Schwankungen der Jahresdurchschnitte stellen sich auf 1:15,94 bis 1:15,33. Die Spannung der Jahresdurchschnitte war in Paris etwas kleiner als in London, die größte Spannung der einzelnen Kurse dagegen war in London kleiner als in Paris.

Die Tatsache, daß Schwankungen um das gesetzliche Wertverhältnis auch in Paris selbst stattfanden, und zwar ungefähr in demselben Umfange wie in London, steht mithin fest. Die Erklärung dieser Schwankungen um den Satz des französischen Wertverhältnisses durch die Kosten des Transports von und nach dem Auslande ist also hinfällig.

Erschwerend kommt in Betracht, daß unter der Herrschaft der französischen Doppelwährung sich nicht nur das ungemünzte Metall von der gesetzlichen Relation entfernte, sondern daß in der ersten Hälfte des 19. Jahrhunderts auch das geprägte Goldgeld ein Agio auf seinen Nennwert notierte. Das französische Doppelwährungsgesetz vermochte also nicht einmal Schwankungen im Wertverhältnisse zwischen den französischen Gold- und Silber m ü n z e n zu verhindern. Von einer Beherrschung des Wertverhältnisses der u n g e p r ä g t e n Metalle kann erst recht keine Rede sein.

An dieser Tatsache vermag auch der Umstand nichts zu ändern, daß sich die Schwankungen des Wertverhältnisses innerhalb verhältnismäßig enger Grenzen hielten. So gut eine Prämie von $6\frac{1}{2}$ Prozent auf Goldbarren und ein Aufgeld von 12 Prozent auf goldene Zwanzigfrankenstücke entstehen konnte, so gut eine Prämie von $3\frac{4}{5}$ Prozent auf Silber aufkommen konnte, ebensogut hätte die Abweichung von dem gesetzlichen Wertverhältnisse, wenn sich die maßgebenden Faktoren weiter zuungunsten des einen oder des anderen Metalls verändert hätten, beträchtlich größer werden können.

Wenn darauf hingewiesen wurde, daß die Abweichungen von der gesetzlichen französischen Relation in keinem Verhältnis zu der außerordentlichen Umwälzung der Edelmetallproduktion, wie sie durch die Goldfunde der 50er Jahre hervorgerufen worden ist, gestanden hätten, so ist zuzugeben, daß die Wirksamkeit der französischen Doppelwährung tatsächlich den Einfluß dieser Umwälzung auf das Wertverhältnis beträchtlich abgeschwächt hat. Aber diese Wirkung war an ganz bestimmte Vorbedingungen geknüpft, die bereits oben bei der Darstellung der Geschichte der französischen Doppelwährung präzisiert wurden. Diese Vorbedingungen waren, daß der französische Münzumlauf, als die enorme Steigerung der Goldproduktion und der Silbernachfrage für Indien eintrat, ganz mit Silber gesättigt war, daß ferner der Uebergang von einem Silber- zu einem Goldumlaufe den Bedürfnissen des Verkehrs entsprach.

Als zu Beginn der 70er Jahre eine neue Umkehr des Wertverhältnisses stattfand, war die erste der beiden Vorbedingungen ebenfalls gegeben: Frankreich und die übrigen Länder der Lateinischen Münzunion hatten einen großen Vorrat von dem in seinem relativen Werte steigenden Metalle. Unter diesen Verhältnissen war die französische Doppelwährung an sich abermals imstande, dem Weltmarkte große Beträge des im Werte steigenden Metalls zur Verfügung zu stellen, das im Werte sinkende Metall aufzunehmen und dadurch ausgleichend auf die Veränderung des Wertverhältnisses zu wirken. Wie lange die französische Doppelwährung gegenüber der gewaltigen Steigerung der Silberproduktion und den anderen auf eine Entwertung des Silbers hinwirkenden Faktoren imstande gewesen wäre, die Silberentwertung hintan zu halten, ist eine Frage für sich.

Aber die zweite Vorbedingung, welche bei dem Umschwunge der 50er Jahre für die Wirksamkeit der französischen Doppelwährung gegeben war, fehlte diesmal. Die Wirksamkeit der Doppelwährung hätte diesmal den Münzbundstaaten nicht einen tauglicheren anstelle eines weniger tauglichen Geldstoffes, das Gold anstelle des Silbers, gebracht, sondern umgekehrt das Silber anstelle des Goldes. In den fünfziger Jahren kostete es Frankreich kein Opfer, sein Doppelwährungssystem ausgleichend auf die Veränderung des Wertverhältnisses wirken zu lassen; die automatische Wirkung des Doppelwährungssystems brachte ihm sogar eine Verbesserung seines eignen Geldumlaufs. Zu Beginn der 70er Jahre dagegen hätten die Staaten der Lateinischen Münzunion, um ihre Doppelwährung dieselbe Wirkung ausüben zu lassen, ihren Goldumlauf aufgeben müssen, und um diesen Preis waren sie nicht gewillt, sich um die Stabilität des Wertverhältnisses

der Edelmetalle verdient zu machen. Münzgesetz und Verkehrsbedürfnis
kamen hier in Konflikt, und da der Verkehr nicht für die Münzgesetze,
sondern die Münzgesetze für den Verkehr da sind, mußte in diesem
Konflikte das Verkehrsbedürfnis siegen: die Doppelwährung wurde durch
die Einstellung der freien Silberprägung beseitigt.

Die Stellung der deutschen Münzreform unter den währungspolitischen Maßregeln jener Zeit und ihr Anteil an der Silberentwertung ist dadurch gleichfalls bereits in gewissem Grade
aufgeklärt. Die Darstellung, daß der deutsche Währungswechsel
die Ursache der Preisgabe der französischen Doppelwährung gewesen sei, steht in Widerspruch mit der von derselben Seite
vertretenen Ansicht, daß das Bestehen der französischen Doppelwährung eine Entwertung des Silbers nicht zugelassen haben würde;
denn unmöglich werden konnte die Aufrechterhaltung der Doppelwährung nur durch eine starke Abweichung des tatsächlichen von
dem gesetzlichen Wertverhältnisse, im vorliegenden Falle durch eine
beträchtliche Entwertung des Silbers, die ja angeblich, solange die
Doppelwährung bestand, gar nicht eintreten, also auch nicht durch die
deutsche Münzreform hervorgerufen werden konnte.

Auch der Einwand, Frankreich habe sich gegen das von Deutschland abgestoßene Silber verteidigen müssen, ist nicht stichhaltig. Denn
einmal hat Deutschland mit seiner Silberabstoßung erst im Oktober 1873
begonnen, als die Beschränkung der freien Silberprägung in Frankreich
und Belgien bereits erfolgt war. Ferner lag für Frankreich und die
übrigen Staaten des Lateinischen Münzbundes nur dann eine Veranlassung vor, sich gegen das deutsche Silber zu verteidigen, wenn man
eine Vermehrung des Silberumlaufs überhaupt nicht wollte, wenn man
also zwischen Silber und Gold den Unterschied machte, dessen Bestehen
die bimetallistische Theorie nicht gelten lassen will. Wollte aber die
französische Münzunion sich das Silber fernhalten und sich ihren Goldumlauf sichern, dann mußte sie — ganz unabhängig von der deutschen
Münzreform — durch das Steigen der Silberproduktion und die Abnahme der indischen Silbernachfrage zur Einstellung der freien Silberprägung gedrängt werden, nur daß die Notwendigkeit eines solchen
Schrittes vielleicht erst einige Jahre später hervorgetreten wäre.

Nicht nur in bezug auf das Verhalten der Lateinischen Münzunion,
sondern auch in bezug auf die sämtlichen gegen das Silber gerichteten
währungspolitischen Maßregeln, die auf die deutsche Münzreform folgten,
heißt es das Verhältnis von Ursache und Wirkung umdrehen, wenn man
den deutschen Währungswechsel als den Grund für die Einstellung der
Silberprägungen in den anderen Staaten bezeichnet. Die Währungsfrage
war Jahre lang vor der deutschen Münzreform in der internationalen
Oeffentlichkeit diskutiert worden; in der ganzen Kulturwelt war das ausgesprochene Bestreben zutage getreten, die Goldwährung, wo sie tatsächlich bestand, gesetzlich festzuhalten, und sie einzuführen, wo sie nicht
bestand. Die Umstände fügten es, daß Deutschland als erster Staat in
den Umwandlungsprozeß eintreten und sich dadurch relativ günstige
Bedingungen sichern konnte. Daß die anderen Staaten dem Vorgehen
Deutschlands folgten, war mithin lediglich eine Bestätigung der richtigen

Voraussicht, aufgrund deren Deutschland sich zur Goldwährung entschlossen hatte.

Der tiefere Grund für die sogenannte „Demonetisation" und für die Entwertung des Silbers ist mithin zu suchen in einem Verdikte des Verkehrs über den Gebrauchswert des Silbers als Geldstoff. Nachdem aus dem Kreise der zahlreichen Güter, welche anfänglich als Geld fungiert hatten, die beiden Edelmetalle wegen ihrer besonderen Tauglichkeit zu diesem Zwecke allein als Geldstoff übrig geblieben waren, nachdem Gold und Silber Jahrtausende lang neben einander Gelddienste geleistet hatten, ist schließlich innerhalb der Kulturwelt im Laufe einer kurzen Spanne Zeit der an Tauglichkeit zurückstehende dieser beiden Stoffe von dem tauglicheren verdrängt worden, weil die Edelmetallgewinnung plötzlich das tauglichere Metall der Kulturwelt in viel größeren Mengen zur Verfügung gestellt hat.

Die den Bedürfnissen des Verkehrs entsprechende Beschränkung des Silbergeldes innerhalb des gesamten Geldumlaufs war gleichzeitig, wie im ersten Abschnitte dieses Buches dargestellt wurde, die Voraussetzung für die Herstellung eines einheitlichen Geldsystems aus beiden Edelmetallen. Nur bei einer beschränkten Ausgabe von Silbermünzen war es möglich, dem Silbergelde einen von seinem eignen Stoffe unabhängigen, von dem Goldgelde abgeleiteten und dadurch mit dem Werte des Metalles Gold verknüpften Wert beizulegen. So hat die Ausdehnung der Goldwährung und die Beschränkung der Silberprägung nach zwei Seiten hin den Bedürfnissen des modernen Geldverkehrs Rechnung getragen.

§ 4. Die währungspolitische Entwicklung von 1893 bis zum Weltkrieg.

Der unaufhaltsam erscheinende Rückgang des Silberpreises hat in Verbindung mit einer neuerlichen Steigerung der Goldproduktion im letzten Jahrzehnt des neunzehnten Jahrhunderts, eine zweite Reihe von währungspolitischen Maßregeln hervorgerufen, die sich als die Fortsetzung der in den 70er Jahren eingetretenen Umwälzung darstellen.

Je stärker die Silberentwertung wurde, desto mehr verringerten sich die Aussichten auf die angestrebte Rehabilitation des Silbers, desto fester wurde in der ganzen Welt die Ueberzeugung, daß das Silber seine Rolle als ein mit dem Golde gleichberechtigtes Geldmetall ausgespielt habe und daß die Währungsgleichheit mit den wichtigsten Handelsvölkern nur auf der Grundlage des Goldes zu erreichen sei. Der letztere Gesichtspunkt hat selbst asiatische Staaten, wie Indien und Japan, für welche vom Gesichtspunkte des inneren Verkehrs aus das Silber in weit größerem Umfange verwendbar ist als das Gold, in ihrer Währungspolitik ausschlaggebend beeinflußt.

Die schon seit der Mitte der 80 er Jahre wieder in der Zunahme begriffene Goldproduktion hat von 1890 an einen Umfang angenommen, der alles bisher dagewesene, selbst die kalifornische und australische Periode, weit hinter sich läßt. Von 415 Millionen Goldmark im Jahre 1883 stieg die Goldgewinnung auf etwa 500 Millionen Goldmark im Jahre 1890; im Jahre 1895 betrug sie bereits 834 Millionen Goldmark, im Jahre 1899 hat sie den Betrag von 1287 Millionen Goldmark im Gewichte von etwa 461000 kg erreicht und im Jahre 1913 ist sie auf 768000 kg im Werte von rund 2143 Millionen Goldmark angekommen. In den zehn Jahren 1851 bis 1860 betrug die durchschnittliche Jahresproduktion von Gold etwa 560 Millionen Goldmark im Gewicht von 200000 kg; der Wert der durchschnittlichen Jahresproduktion von Gold und Silber zusammen belief sich damals auf etwa 720 Millionen Goldmark. Die Goldproduktion des Jahres 1913 war also fast viermal so groß wie diejenige der Glanzzeit der kalifornischen und australischen Goldfunde, und sie war dem Werte nach dreimal so groß wie die damalige Gold- und Silberproduktion zusammen.

Vom Beginn des Jahres 1891 an bis zum Ende des Jahres 1900 sind für etwa 8,9 Milliarden Mark, in den dreizehn Jahren von 1901 bis 1913 sind für etwa 22 Milliarden Mark Gold produziert worden, gegen nicht ganz 10 Milliarden in den zwei Jahrzehnten 1871 bis 1890. Der zu Geldzwecken dienende Goldvorrat der Welt wurde für das Jahr 1890 auf etwa 15 Milliarden Mark geschätzt. Von der Neugewinnung dürften im Jahrzehnt 1891 bis 1900 etwa 300 Millionen Mark pro Jahr in der Industrie Verwendung gefunden haben; es blieben von der Goldgewinnung dieses Jahrzehnts für Geldzwecke verfügbar rund 6 Milliarden Mark. Dadurch hätte der Goldgeldbestand der Welt von 1890 bis 1900 eine Vermehrung von 15 auf mehr als 21 Milliarden Mark, d. h. um nahezu die Hälfte, erfahren.

Für die späteren Jahre bis zum Kriegsausbruch ist der stark zunehmende industrielle Goldverbrauch auf etwa 500 Millionen Mark im Jahresdurchschnitt zu veranschlagen; also für die 13 Jahre 1900 bis 1913 auf 6,5 Milliarden Mark. Durch die gleichzeitige Neugewinnung von Gold in Höhe von 22 Milliarden Mark wird also der monetäre Goldbestand der Welt um weitere 15,5 Milliarden Mark, also auf 36,5 Milliarden Mark gestiegen sein[1]).

Wie die großen Goldfunde der 50er Jahre, so hat auch diese noch gewaltigere Vermehrung des Goldvorrats eine starke Ausdehnung des monetären Goldverbrauchs zur Folge gehabt. Die Steigerung der Goldgewinnung hat — in einigen wichtigen Staaten zusammen mit einer Besserung der Finanzlage während einer langen Friedenszeit — den Uebergang großer Wirtschaftsgebiete zur Goldwährung oder wenigstens zu einer der Goldwährung nahekommenden Währungsverfassung ermöglicht, einen Uebergang, der infolge der fortgesetzten Silberentwertung doppelt dringlich erschien.

Zunächst haben Oesterreich-Ungarn und Rußland darauf Bedacht genommen, die Goldwährung einzuführen, und sie haben zu diesem Zwecke einen großen Teil des neuen Goldes in den Kassen ihrer Finanzverwaltungen und ihrer Zentralbanken angesammelt. Rußland allein hat von 1891 bis 1899 eine Mehreinfuhr von Gold im Betrage von etwa 1,8 Milliarden Mark zu verzeichnen gehabt, gleichzeitig

---

[1]) Der amerikanische Münzdirektor kommt in der Tat aufgrund von Schätzungen des monetären Goldbestandes der einzelnen Länder für Ende 1913 auf einen monetären Weltvorrat an Gold in Höhe von 36,5 Milliarden Mark; vgl. die Uebersicht auf S. 193.

eine eigne Goldproduktion von etwa 930 Millionen Mark. Oesterreich-Ungarn hat von 1891 bis 1900 für etwa 530 Millionen Mark Gold mehr ein- als ausgeführt. Rußlands Uebergang zur Goldwährung wurde vom Jahre 1894 an schrittweise durch eine Reihe von Verwaltungsmaßnahmen des Finanzministeriums und von Gesetzen durchgeführt; er ist zum Abschluß gekommen durch das Gesetz vom 7./19. Juni 1899. In Oesterreich-Ungarn ist durch ein Gesetz vom 2. August 1892 die Goldwährung im Prinzip angenommen worden, aber zu ihrer vollen Durchführung durch die Aufnahme der Barzahlungen seitens der Oesterreichisch-Ungarischen Bank ist es nicht gekommen.

Von direktem Einflusse war die Silberentwertung für die währungspolitischen Maßregeln Indiens, Japans und der Vereinigten Staaten.

Indien hat jährlich große Beträge in Gold zu zahlen, teils an Zinsen für Goldanleihen, teils an Gehältern und Pensionen für britisch-indische Beamte. Die zu diesem Zwecke stattfindenden Councilbill-Begebungen haben von 1890 an etwa 16 Millionen Pfd. Sterling jährlich betragen. Da Indiens Einnahmen in Silber eingingen, wurde bei dem Fortschreiten der Silberentwertung ein immer größerer Teil der Einkünfte durch die Goldausgaben verschlungen. Eine feste Beziehung zwischen dem indischen Gelde und der englischen Goldwährung erschien deshalb schon zur Vermeidung eines Zusammenbruchs der indischen Finanzen notwendig. Um eine solche feste Beziehung herzustellen, mußte der Wert der indischen Münzeinheit, der Rupie, unabhängig gemacht werden von dem sich entwertenden Silber. Nachdem die Brüsseler Münzkonferenz die Aussichtslosigkeit eines internationalen Zusammenwirkens zur Hebung und Befestigung des Silberwertes dargetan hatte, geschah der entscheidende Schritt am 26. Juni 1893 durch die Einstellung der freien Silberprägung. Man hatte dabei ins Auge gefaßt, den Kurs der Rupie auf 16 d englischer Währung zu befestigen, und dieses Ziel ist durch die Sperrung der Silberprägung in wenigen Jahren erreicht worden, obwohl der Wert des Silbergehaltes der Rupie bis auf 12 d und weniger herabging. Indien sammelte allmählich einen beträchtlichen Goldschatz an, der zur Aufrechterhaltung des der Rupie beigelegten Goldwertes dienen sollte. Durch ein Gesetz vom 15. September 1899 wurde der englischen Hauptgoldmünze, dem Sovereign, gesetzliche Zahlungskraft zu 15 Rupien (entsprechend einem Rupienwerte von 16 d) beigelegt. Damit hatte Indien hinkende Goldwährung mit freilich stark überwiegendem Silberumlauf. Aber der Silberumlauf war nicht mehr beliebig vermehrbar, und der Wert des Geldes war von seinem Silbergehalte losgelöst und zu einem bestimmten Goldquantum in Beziehung gesetzt. Die Goldeinfuhr Indiens hat von 1896 an erheblich zugenommen. Der Ueberschuß über die Goldausfuhr einschließlich der eignen Goldproduktion, hat in dem Jahrzehnt 1896 bis 1905 etwa 1135 Millionen Mark betragen.

Japan hat nach Beendigung des Krieges mit China eine Reform seines Geldwesens vorgenommen. Es hat die von China gezahlte Kriegsentschädigung benutzt, um sich das zum Uebergange zur Goldwährung nötige Gold zu verschaffen. Die Goldwährung wurde eingeführt durch

ein Gesetz vom 29. März 1897. Bei der Durchführung des Gesetzes wurde
ein Teil des zirkulierenden Silbergeldes eingeschmolzen und verkauft.

Die Vereinigten Staaten schließlich sahen sich bereits im
Jahre 1893 genötigt, ihre silberfreundliche Politik aufzugeben. Nachdem die Brüsseler Konferenz von 1892 resultatlos auseinander gegangen
war, nachdem auf die Einstellung der indischen Silberprägung ein
neuer scharfer Preisrückgang des Silbers erfolgt und um dieselbe Zeit
eine panikartige Beunruhigung über das Schicksal der mit Silber über-
füllten amerikanischen Währung entstanden war, wurde der Kongreß
im Sommer 1893 zu einer außerordentlichen Session einberufen, in
der die Aufhebung der Sherman-Bill beschlossen wurde. In den
folgenden Jahren gab es heftige Kämpfe zwischen den Parteien, die
sich auf der einen Seite für freie Silberprägung, auf der anderen für
die Goldwährung erklärten. Seine schärfste Zuspitzung erfuhr dieser
Streit bei der Präsidentschaftswahl im November 1897, bei welcher
der Kandidat der Freisilberleute Bryan gegen Mc. Kinley unterlag.

Mc. Kinley, der aus innerpolitischen Gründen den Anhängern des
Silbers entgegenkommen wollte, schickte zwar nach seinem Amtsantritte
im Jahre 1898 eine Kommission nach Europa, die sich um ein internationales Abkommen zugunsten des Silbers bemühen sollte. In Europa
hatte sich inzwischen die bimetallistische Agitation nach dem heftigen
Preissturze des Silbers im Jahre 1893 von neuem erhoben und namentlich in Deutschland einen großen Umfang angenommen. Graf Caprivi
hatte im Jahre 1894 eine Kommission „behufs Erörterung von Maßregeln zur Hebung und Befestigung des Silberwertes" berufen, und
am 15. Februar 1895 hatte sich der Reichskanzler Fürst Hohenlohe
bereit erklärt, mit den Verbündeten Regierungen über die Zweckmäßigkeit eines Meinungsaustausches in der Währungsfrage mit
fremden Regierungen in Unterhandlungen zu treten. Eine Anfrage des
deutschen Reichskanzler in London, ob die englische Regierung eventuell bereit sei, die indischen Münzstätten wieder für das Silber zu
öffnen — ein Schritt, der als erste Vorbedingung für alle weiteren
silberfreundlichen Maßregeln erscheinen mußte —, wurde jedoch negativ
beantwortet, und aufgrund dieser Antwort beschloß der Bundesrat am
23. Januar 1896, der Resolution des Reichstags vom Februar 1895,
welche die Einberufung einer internationalen Münzkonferenz verlangte,
keine Folge zu geben. Bald darauf (am 17. März 1896) erklärte die
englische Regierung im Unterhause, daß nach der einstimmigen Ansicht
des Kabinetts eine Preisgabe der Goldwährung für England unmöglich
sei, daß sie aber, wenn mehrere ausländische Staaten die freie Silberprägung wieder herstellten, die Oeffnung der indischen Münzstätten und
andere kleinere Konzessionen an das Silber in Erwägung zu ziehen
bereit sei.

So war die Lage, als im Jahre 1898 die amerikanische Silber-
gesandtschaft nach Europa kam. Sie fand in Frankreich, wohin sie
sich zunächst wendete, bei dem Kabinett Méline das weiteste Entgegenkommen. Gemeinschaftlich mit Frankreich wurden die Verhandlungen
in London fortgesetzt. Frankreich sowohl als auch die Union erklärten
sich bereit, die Silberprägung auf Grundlage des alten Wertverhält-

nisses von 1 : 15,5 freizugeben, wobei die Freigabe der Silberprägung in allen anderen Staaten, auch in England, als wünschenswert bezeichnet wurde. Nachdem England dieses Ansinnen kurzer Hand abgelehnt hatte, wurden andere Propositionen gemacht, deren wichtigste die Wiedereröffnung der indischen Münzstätten für das Silber war; außerdem sollte England dem Silber in seiner eignen Zirkulation einen breiteren Raum gewähren und sich zu jährlichen Silberankäufen von bestimmter Höhe verpflichten.

Das englische Kabinett gab die Entscheidung über die Oeffnung der indischen Münzstätten in die Hand der indischen Regierung selbst. Diese sprach sich in einem ausführlich begründeten Entschlusse gegen die Wiederherstellung der freien Silberprägung aus. Die Einstellung der Silberprägung habe ihren Zweck, den Rupienkurs auf 16 d zu befestigen, nahezu erreicht, es liege mithin in den indischen Verhältnissen kein Grund vor, die erfolgreiche Maßregel wieder rückgängig zu machen. Ein auf Frankreich und die Vereinigten Staaten beschränkter Bimetallismus biete keine ausreichende Sicherheit für die Befestigung des Wertverhältnisses, ein Fehlschlag des geplanten Experiments müsse aber die Lage Indiens aufs neue außerordentlich verschlimmern. Außerdem müsse, nachdem sich die indischen Verhältnisse dem gesunkenen Silberwerte und Rupienkurse angepaßt hätten, eine so pöltzliche und starke Erhöhung des Silberpreises, wie sie in der von Frankreich und Amerika proponierten Relation liege, für die gesamte indische Volkswirtschaft die verhängnisvollsten Wirkungen haben.

Mit dieser Antwort war das Schicksal der Verhandlungen endgültig entschieden.

Die Bewegung zugunsten der Wiederherstellung der freien Silberprägung und der internationalen Doppelwährung ist in der Folgezeit allmählich eingeschlafen.

Die Vereinigten Staaten haben sich mit den gegebenen Verhältnissen abgefunden. Sie haben darauf Bedacht genommen, ihren Goldvorrat erheblich zu stärken, und das ist ihnen dank ihrer günstigen Handelsbilanz in größtem Umfange gelungen. Während sie in den sämtlichen Jahren von 1889 bis 1896 eine Mehrausfuhr von Gold zu verzeichnen hatten, betrug der Ueberschuß der Goldeinfuhr in den drei Jahren 1897 bis 1899 etwa 200 Millionen Dollar. Wenn auch alles in allem in dem Jahrzehnt 1891 bis 1900 die Ausfuhr von Gold um etwa 270 Millionen Mark die Einfuhr überwog, so stand dieser Mehrausfuhr doch eine gleichzeitige eigne Goldproduktion im Werte von etwa 2,1 Milliarden Mark gegenüber, sodaß sich der Gesamtzuwachs der Vereinigten Staaten an Gold während des genannten Jahrzehnts auf etwa 1,8 Milliarden Mark berechnet. In den dreizehn Jahren 1901 bis 1913 sind in den Vereinigten Staaten per Saldo rund 360 Millionen Mark Gold zugeflossen, was zusammen mit einer eignen Goldproduktion in Höhe von 4850 Millionen Mark einen Goldzuwachs von 5210 Millionen Mark ergibt.

Auch gesetzlich haben die Vereinigten Staaten die Konsequenzen aus der währungspolitischen Weltlage gezogen: eine Bill vom 14. März 1900 hat den Golddollar formell als die Währungseinheit der Vereinigten Staaten proklamiert.

Die völlige Aenderung der währungspolitischen Situation fand einen prägnanten Ausdruck in internationalen Verhandlungen, die im Jahre 1903, auch diesmal wieder auf Betreiben der Vereinigten Staaten, geführt wurden.

Durch ein Gesetz vom 3. März 1903 wurde in den Vereinigten Staaten eine Kommission eingesetzt, die entsprechend einer von den Regierungen Mexikos und Chinas ausgegangenen Anregung sich mit der Frage der Schaffung eines festen Wertverhältnisses zwischen dem Gelde der Goldwährungsländer und der Länder mit Silberumlauf befassen sollte („to bring about a fixed relationship between the moneys of the goldstandard countries and the present silver using countries").

Das Programm dieser Kommission sprach also nicht mehr von der „Hebung und Befestigung des Silberwertes"; das Metall Silber und sein Schicksal traten vielmehr in den Hintergrund gegenüber dem Interesse an stabilen Wechselkursen zwischen den Goldwährungsländern und den noch vorhandenen Silberländern.

Gewiß hatten die Valutadifferenzen zwischen Gold- und Silberländern auch im Währungsstreite der vergangenen Jahrzehnte und auf den sich mit der Wiederherstellung des Silberwertes und dem Bimetallismus befassenden Münzkonferenzen eine große Rolle gespielt. Aber der Unterschied war, daß man früher in der Befestigung des Wertverhältnisses zwischen Silber und Gold, die nur im Wege des internationalen Bimetallismus erreichbar sein sollte, das einzige Mittel zur Beseitigung der Valutaschwankungen gesehen hatte, während man jetzt ganz bewußt auf Festlegung des Silberwertes und Bimetallismus verzichtete. Daß auch bei einem solchen Verzichte eine Stabilität der Wechselkurse zwischen Gold- und Silberländern zu erreichen war, hatte inzwischen das Beispiel Indiens schlagend gelehrt.

Die amerikanische Kommission besuchte zusammen mit einer mexikanischen Kommission Paris, London, den Haag, Berlin und Petersburg und verhandelte dort, unter Mitwirkung der diplomatischen Vertreter Chinas, das im übrigen die Wahrung seiner Interessen der amerikanischen Union überlassen hatte, mit den von den betreffenden Regierungen bestellten Vertretern. Es kam der Kommission dabei mehr auf eine das Problem klärende Aussprache mit den Sachverständigen der verschiedenen Länder an, als auf die Herbeiführung von Beschlüssen von unmittelbarer praktischer Tragweite. Insbesondere lehnten es die amerikanischen und mexikanischen Mitglieder überall ausdrücklich ab, die Goldwährungsländer zu irgendwelchen Aenderungen ihrer Münzgesetzgebung zugunsten des Silbers oder zu Silberankäufen über den effektiven Verkehrsbedarf hinaus veranlassen zu wollen. Die Aussprache hatte das Ergebnis, daß allgemein die Möglichkeit und Zweckmäßigkeit einer Stabilisierung der Valuta der Länder mit Silberumlauf auf einer Goldbasis anerkannt wurde; auch hinsichtlich der Mittel, durch die das Ziel erreicht und dauernd sicher gestellt werden könne, ergab sich eine weitgehende Uebereinstimmung: Beschränkung der Ausprägung von

Silberkurant und womöglich Schaffung einer aus den Silberprägegewinnen zu alimentierenden Goldreserve zum Zwecke der Aufrechterhaltung des Wechselkurses gegenüber vorübergehenden ungünstigen Gestaltungen der Zahlungsbilanz. Auch darüber war man sich klar, daß für das große und wichtige Chinesische Reich die Lösung des Problems ganz besondere Schwierigkeiten bieten würde, weil hier ein eigentlicher Münzumlauf überhaupt erst noch zu schaffen war.[1])

Aus den Beratungen zog Mexiko alsbald die praktischen Konsequenzen. Durch ein Gesetz vom 9. Dezember 1904, das durch Dekret vom 25. März 1905 in Kraft gesetzt wurde, erfuhr das mexikanische Geldwesen unter Beibehaltung des Silberkurantgeldes eine Neuordnung auf der Goldbasis. Der Goldpeso im Gehalte von $^3/_4$ g Feingold (im genauen Gehalte des japanischen Gold-Yen) wurde zur Rechnungseinheit des Geldsystems erklärt. Die der Ausmünzung von Gold- und Silbermünzen zugrunde gelegte Relation ist $1:32,6$, entsprechend einem Londoner Silberpreise von 28,44 d. Neue Silbermünzen dürfen nur gegen Einlieferung von Gold ausgeprägt und verabfolgt werden. Zur Sicherung der ins Auge gefaßten Goldparität wurde eine Goldreserve gebildet, der die Gewinne aus der Silberprägung zuwachsen.

Schon vorher, im Jahre 1903, hatten die Vereinigten Staaten das Geldwesen der Philippinen auf ähnlicher Basis geordnet; gleichartige Reformen wurden durchgeführt in den Straits-Settlements und in einigen anderen Kolonialgebieten.

Die vorübergehende Steigerung des Silberpreises in den Jahren 1906 und 1907 brachte für diese Länder, ebenso wie für Japan, einige Ungelegenheiten. Der Münzfuß des Silbergeldes in den genannten Gebieten entsprach durchweg einem Londoner Silberpreise von ungefähr 29 d. Als nun nach der Beendigung des russisch-japanischen Krieges der Bedarf an Silber für Ostasien ungewöhnlich große Dimensionen annahm und den Silberpreis bis auf 33 d und darüber hob, begann das Silber aus den Ländern mit der neuen Goldvaluta genau ebenso zu verschwinden, wie in den 50er Jahren des vorigen Jahrhunderts aus Frankreich und den übrigen Ländern des späteren Lateinischen Münzbundes. Man griff zu Gegenmaßregeln. Mexiko führte einen Ausfuhrzoll von zehn Prozent vom Nominalwert auf seine Silbermünzen ein; Japan setzte den Feingehalt seiner Silberscheidemünzen um 25 Prozent herab; die gleiche Reduktion des Silbergehaltes nahmen die Straits sogar mit ihrem Silberkurantgelde vor, nachdem sie vorher den Sovereign mit einem festen Kurse zum gesetzlichen Zahlungsmittel gemacht hatten.

Wenn man alle die geschilderten Aenderungen, die durch das Vorgehen einer Anzahl kleinerer Wirtschaftsgebiete ergänzt wurden, überblickt, dann ergibt sich die Wahrnehmung, daß die Goldwährung und der Gebrauch des Goldgeldes innerhalb der zwei Jahrzehnte von 1890 bis 1910 eine Ausdehnung erfahren haben, die sich sehr wohl vergleichen läßt mit den Vorgängen der 70er Jahre des vorigen Jahr-

---

[1]) Siehe den Report on the introduction of the gold-exchange standard into China and other silver-using countries, Drucksachen des amerikanischen Repräsentantenhauses 1903. No. 144.

Monetärer Edelmetallvorrat der Welt am 31. Dezember 1913.

Länder	Gold	Silber	Auf den Kopf der Bevölkerung		
			Gold	Silber	Summe
	Millionen Mark		Mark		
Deutschland	3 820,0	1 150,0	56,8	17,1	73,9
England	3 486,4	531,3	76,8	11,7	88,5
Oesterreich-Ungarn .	1 244,5	524,2	24,9	10,5	35,4
Rußland	4 248,3	331,0	25,9	2,0	27,9
Finnland	52,7	11,5	17,0	3,7	20,7
Niederlande	255,8	118,4	42,6	19,7	62,3
Portugal	310,1	139,0	51,7	23,2	74,9
Türkei	598,1	110,9	25,1	4,7	29,8
Dänemark	170,0	31,5	60,7	11,3	72,0
Norwegen	109,2	17,2	45,5	7,2	52,7
Schweden . . .	115,5	6,3	20,6	1,1	21,7
Frankreich . . .	5 040,0	1 726,6	127,3	43,6	170,9
Belgien . . .	287,7	171,3	38,4	22,7	61,1
Italien	1 115,1	101,1	31,9	2,9	34,8
Schweiz . . .	184,0	64,7	49,7	17,5	67,2
Griechenland . .	133,6	12,6	44,5	4,2	48,7
Spanien . .	388,5	986,2	19,8	50,3	70,1
Bulgarien .	41,2	20,2	9,4	4,6	14,0
Rumänien . .	177,2	63,4	24,3	8,7	33,0
Serbien . .	50,4	3,4	17,4	1,2	18,6
Europa . .	21 828,3	6 120,8	43,7	12,3	56,0
Vereinigte Staaten . .	7 999,7	3 120,8	81,5	31,8	113,3
Kanada	598,5	551,0	83,1	76,5	159,6
Argentinien	1 228,9	39,5	170,7	5,5	176,2
Bolivien	33,6	2,9	14,6	1,3	15,9
Brasilien . . .	378,4	105,0	16,4	4,5	20,9
Chile	2,1	35,7	0,6	10,5	11,1
Ecuador . . .	20,2	5,9	13,5	3,9	17,4
Guayana (Brit.) .	3,8	4,2	12,7	14,0	26,7
„ (Holl.) . .	0,4	0,8	4,0	8,0	12,0
Kolumbien . . .	16,8	16,8	3,2	3,2	6,4
Paraguay . . .	7,1	—	8,9	—	8,9
Peru	84,0	10,1	18,7	2,2	20,9
Uruguay . . .	62,2	18,1	51,8	15,1	66,9
Venezuela . . .	7,6	3,8	2,8	1,4	4,2
Kuba	126,0	2,1	57,3	0,9	58,2
Haïti	8,2	—	4,1	—	4,1
Mexiko	131,0	235,2	8,7	15,6	24,3
Zentralamerika . . .	8,4	49,1	4,7	27,3	32,0
Amerika .	10 716,9	4 201,0	59,9	23,5	83,4
Aegypten	803,5	76,0	71,1	6,7	77,8
Südafrika . . .	63,0	11,3	10,5	1,9	12,4
Afrika . .	866,5	87,3	50,1	5,0	55,1
Australien	909,3	42,0	189,4	8,8	198,2
Japan	548,8	299,4	10,4	5,6	16,0
Korea .	7,1	14,3	0,5	1,1	1,6
Indien .	1 570,8	3 759,0	6,4	15,4	21,8
Siam .	0,4	186,9	0,1	23,1	23,2
Straits . .	5,0	29,4	2,5	14,7	17,2
Asien . .	2 132,1	4 289,0	6,6	13,4	20,0
Insgesamt	36 453,1	14 740,1	35,7	14,4	50,1

hunderts. Hier wie dort hatte es die gewaltige Vermehrung des Goldvorrates möglich gemacht, dieses Metall in einer erheblich erweiterten territorialen Ausdehnung als Geldstoff zu verwenden. Die internationale Währungsverfassung hatte so vor dem Ausbruch des Weltkrieges eine nahezu vollständige Konsolidierung auf der Basis des Goldes erfahren.

*   *   *

Ueber die tatsächlichen Verhältnisse des Geldumlaufs der einzelnen Länder kurz vor Ausbruch des Weltkrieges gibt die nach den Schätzungen des amerikanischen Münzdirektors berechnete Tabelle auf S. 193 eine ungefähre Uebersicht.

7. Kapitel.
Die Entwicklung des Geldwesens seit dem Ausbruch des Weltkrieges.

§ 1. Die Erschütterung des Geldwesens durch den Weltkrieg.

Das Geldwesen der Kulturwelt hatte in den vier Jahrzehnten des europäischen Friedens, des beispiellosen wirtschaftlichen Aufschwungs in allen Erdteilen und der ebenso beispiellosen Entfaltung der internationalen Wirtschaftsbeziehungen eine Entwicklung durchgemacht, die der gesamtwirtschaftlichen Entwicklung adäquat war; eine Entwicklung, welche die Geldverfassung der einzelnen Länder festigte und die gleichzeitig dem Verhältnis zwischen den Geldsystemen der einzelnen Wirtschaftsgebiete einen solchen Grad von Sicherheit und Beständigkeit verlieh, daß sich ohne vertragsmäßige Bindung aus dem Nebeneinander der einzelnen nationalen Geldverfassungen eine wohlgeordnete und festbegründete internationale Geldverfassung, beruhend auf der gemeinsamen Grundlage der Goldwährung, herausstellte. Diese internationale Geldverfassung war ein integrierender Bestandteil des ganzen weltwirtschaftlichen Systems; sie war Voraussetzung für dessen Funktionieren und Weiterbestehen, und gleichzeitig hing ihr eignes Arbeiten und ihr eigner Fortbestand von dem ungestörten Funktionieren des Weltwirtschaftssystems ab.

Der Weltkrieg hat, indem er die einzelnen nationalen Wirtschaften aufs schwerste erschütterte und die Weltwirtschaft desorganisierte, indem er gleichzeitig den staatsfinanziellen, politischen und sozialen Zustand der einzelnen Länder und der Welt revolutionierte, auch die Verhältnisse des Geldwesens von Grund aus verändert und anstelle der Ordnung und ruhigen Entwicklung Unordnung und Gärung in einem Ausmaße hervorgerufen, wie es bisher noch nie gesehen wurde.

Alle am Kriege beteiligten Staaten sahen sich vor der Notwendigkeit, ebenso wie ihre ganze Wirtschaft, so auch ihr Geldwesen in den Dienst der Kriegführung zu stellen. Auch die neutral gebliebenen Staaten, deren finanzielle und wirtschaftliche Außenbeziehungen durch den Krieg sofort berührt, und, je länger der Krieg dauerte und je weiter er sich ausdehnte, desto mehr in Mitleidenschaft gezogen wurden, sahen sich zu einschneidenden Maßnahmen auf dem Gebiete des Geldwesens genötigt.

§ 2. Schutz und Stärkung der nationalen Goldbestände.

Eine Notwendigkeit, die sich sofort überall aufdrängte, war der Schutz des nationalen Goldvorrates.

Der Kriegsausbruch hatte zur unmittelbaren Wirkung eine Erschütterung allen Kredits. In den Außenbeziehungen der einzelnen Länder machte sich das noch stärker fühlbar als im inneren Verkehr. Anstelle der Zahlungen im Wege des Kredits und der Verrechnung trat im größten Umfange wieder der Barverkehr, und Barverkehr nach Außen hieß Zahlung in effektivem Gold. Gewiß wurde der Außenhandel der am Kriege beteiligten Länder — insbesondere der Mittelmächte, die nicht mehr über den freien Seeverkehr verfügten — durch den Krieg beträchtlich eingeschränkt. Aber die Erhaltung eines Teiles des Außenhandels, nämlich der Zufuhr von Nahrungsmitteln, Rohstoffen und anderen lebens- und kriegswichtigen Waren, stellte sich als eine Frage von Sein oder Nichtsein dar. Und die elementarste Vorsicht gebot damit zu rechnen, daß diese Zufuhren zu einem großen Teil in effektivem Golde bezahlt werden müßten. Es galt also, die greifbaren nationalen Goldbestände für diesen Zweck zu reservieren und sie womöglich zu verstärken. Diese Notwendigkeit kollidierte mit der Einlösbarkeit von papiernen Geldzeichen und Scheidemünzen in Gold, und sie trug überall den Sieg davon.

Die Schutzmaßnahmen für die nationalen Goldreserven wurden in den einzelnen Ländern in verschiedenen Formen durchgeführt. Teils wurde durch unmittelbare gesetzgeberische Eingriffe die Einlösung des unterwertigen Geldes in Goldgeld suspendiert, teils begnügte man sich, ohne zur gesetzlichen Aufhebung der Goldeinlösung zu greifen, mit Verwaltungsmaßnahmen, die jedoch in ihrer Wirkung gleichfalls auf die Einstellung der Goldeinlösung hinauskamen.

In Deutschland wurden sofort bei Kriegsausbruch, am 4. August 1914, eine Reihe wirtschaftlicher und finanzieller Notgesetze erlassen, die seit Jahrzehnten aufgrund der im Kriege 1870/71 gemachten Erfahrungen und der seither in anderen Kriegen gemachten Beobachtungen für den Kriegsfall zum Zwecke der finanziellen Mobilmachung vorbereitet waren. Von diesen Maßnahmen galten die folgenden dem Schutze und der Stärkung der nationalen Goldreserven:

Zunächst wurde die Reichsbank von der Verpflichtung befreit, ihre Banknoten in Reichsgoldmünzen einzulösen; ebenso die Reichshauptkasse von der Verpflichtung der Goldeinlösung der Reichskassenscheine. Letztere erhielten, um ihren Umlauf trotz der Einstellung der Goldeinlösung zu sichern, die Eigenschaft als gesetzliches Zahlungsmittel, die den Reichsbanknoten schon durch die Banknovelle vom 1. Juni 1909 beigelegt worden war. Gleichzeitig wurde bestimmt, daß bei der Einlösung von Silber-, Nickel- und Kupferscheidemünzen (§ 9 des Münzgesetzes) anstelle der Reichsgoldmünzen Reichskassenscheine und Reichsbanknoten verabfolgt werden könnten.

Die Aufhebung der Goldeinlösung von Reichskassenscheinen, Reichsbanknoten und Scheidemünzen wurde im Laufe der weiteren Entwicklung ergänzt durch Verbote des Goldhandels und insbesondere der

Goldausfuhr. Am 23. November 1914 erging eine Bundesratsverordnung, die den Agiohandel mit Reichsgoldmünzen unter Verbot stellte. Am 13. November 1915 wurde, gleichfalls durch Bundesratsverordnung, die Ausfuhr und Durchfuhr von Gold untersagt. Schon seit Kriegsbeginn war im Wege von Verwaltungsmaßnahmen die Ausfuhr von Gold praktisch unterbunden worden.

Mit diesen Abwehrmaßnahmen ging Hand in Hand das Bestreben, den für Kriegszwecke verwendbaren Goldbestand der Reichsbank durch Zuführung von Gold aus dem mit Goldgeld gesättigten freien Geldumlauf und schließlich auch aus dem privaten Besitz von goldenen Schmucksachen nach Möglichkeit zu stärken.

Schon in den Jahren vor dem Kriegsausbruch hatte die Reichsbank planmäßig die Politik verfolgt, die monetäre Goldreserve Deutschlands nach Möglichkeit bei sich zu konzentrieren. Man ging dabei von der zutreffenden Ansicht aus, daß ein in den Tresors der Zentralnotenbank konzentrierter Goldbestand für den Fall wirtschaftlicher Krisen und politischer Verwicklungen ein weit wirksameres Instrument sei als der gleiche, in die zahllosen Kanäle des Verkehrs verteilte Goldbetrag. Der Ueberführung eines Teiles des freien Goldumlaufs in die Reichsbank hatte vor allem auch das oben (S. 157) erwähnte Gesetz vom 20. Februar 1906 gedient, das der Reichsbank die Befugnis zur Ausgabe kleiner Banknoten (auf 50 und 20 Mk. lautend) erteilte. Der Erfolg dieser Politik war schon vor dem Kriege sehr ansehnlich. Während der durchschnittliche Goldbestand der Reichsbank im Jahre 1900 mit 570,7 Millionen Mark nicht allzuviel über denjenigen des Jahres 1890 mit 513,6 Millionen Mark hinausgegangen war, stellte sich der durchschnittliche Goldvorrat des Jahres 1910 auf 777,8 Millionen, des Jahres 1913 auf 1067,6 Millionen Mark. In der ersten Hälfte des Jahres 1914 hatte sich diese günstige Entwicklung in beschleunigtem Tempo fortgesetzt, mit der Wirkung, daß der Goldbestand der Reichsbank — trotz der in der letzten Juliwoche infolge der Kriegspanik eingetretenen starken Goldentziehung — am 31. Juli 1914 sich auf 1253,2 Millionen Mark stellte.

Sofort nach Kriegsausbruch wurde, wie für diesen Fall vorgesehen, der in Reichsgoldmünzen bestehende Reichskriegsschatz von 120 Millionen Goldmark der Reichsbank überwiesen; ebenso die weitere Goldreserve des Reichs, die aufgrund eines Gesetzes vom 3. Juli 1913 in Verbindung mit einer Vermehrung der Reichskassenscheine von 120 auf 240 Millionen Mark geschaffen worden war und die inzwischen den Betrag von 85 Millionen Mark erreicht hatte. Damit wurde der Goldbestand der Reichsbank in den ersten Tagen des Krieges auf rund 1460 Millionen Mark gebracht.

Eine noch viel beträchtlichere Vermehrung des Goldbestandes der Reichsbank wurde durch den Appell an die vaterländische Gesinnung erreicht. Es wird stets ein Ruhmestitel für das deutsche Volk sein, daß es mit einer jedes eigensüchtige Interesse zurückstellenden Bereitwilligkeit sein Gold gegen Papier hingab, um dem Vaterlande zu helfen. Die Einlieferungen von Gold aus dem freien Verkehr waren so stark, daß der Goldbestand der Reichsbank schon am 7. Dezember 1914 den

Betrag von 2 Milliarden Mark überschritt und daß er am 31. Dezember 1914 den Betrag von 2092,8 Millionen Mark erreichte. Das war in 5 Monaten eine Netto-Zunahme von mehr als 630 Millionen Mark. Der Zufluß aus dem freien Verkehr an die Reichsbank war noch erheblich größer; denn über jene 630 Millionen Mark hinaus wurden aus ihm die sehr beträchtlichen Goldzahlungen für Kriegsbedürfnisse aller Art an das Ausland bestritten.

In den folgenden Kriegsjahren fand, dank einer eifrigen und geschickten Propaganda, der Goldzufluß aus dem freien Verkehr und Privatbesitz an die Reichsbank seine Fortsetzung, wenn auch in einem sich allmählich verringerndem Maße. Am Ende des Jahres 1915 war der Goldbestand der Reichsbank auf 2445 Millionen Mark, Ende 1916 auf 2520 Millionen Mark angewachsen. Am 15. Juli 1917 erreichte er mit 2533,3 Millionen Mark seinen Höhepunkt. Er übertraf damit um 1073 Millionen Mark den Stand bei Kriegsausbruch, wie er sich nach Zuführung des Spandauer Kriegsschatzes und der Goldreserve des Reiches ergeben hatte. Diese Stärkung um mehr als 1 Milliarde Mark war in ununterbrochenem Zustrom erzielt worden, obwohl die Reichsbank gleichzeitig viele hunderte Millionen Goldmark für die Finanzierung lebens- und kriegswichtiger Einfuhren zur Verfügung gestellt hatte.

Von der Mitte des Jahres 1917 waren die Goldreserven des freien Verkehrs soweit ausgeschöpft, daß der weitere Zufluß zur Reichsbank die immer stärker werdenden Anforderungen von Gold für Auslandszahlungen nicht mehr zu decken vermochte. Der Goldbestand der Reichsbank fing an, langsam zurückzugehen. Ende des Jahres 1917 betrug er 2407, Ende Juni 1918 noch 2346 Millionen Mark. Wenn dann wieder eine Vermehrung bis auf 2550 Millionen Mark am 7. November 1918 eintrat, so war die Ursache dieses neuen Zuwachses lediglich das russische Gold, das aufgrund des Zusatzvertrages zum Frieden von Brest-Litowsk der deutschen Regierung ausgehändigt wurde. Dieses russische Gold mußte jedoch aufgrund des Art. XIX. des Waffenstillstandsvertrages der Entente ausgeliefert werden. Das Jahr 1918 schloß mit einem Reichsbank-Goldbestand in Höhe von 2262 Millionen Mark, der immerhin noch mehr als doppelt so hoch war wie der durchschnittliche Stand des Jahres 1913.

Aehnliche Maßnahmen wie in Deutschland wurden zum Schutz und Stärkung des greifbaren Goldbestandes auch in den anderen kriegführenden Ländern und in zahlreichen neutralen Staaten getroffen. Was die Abwehr von Angriffen auf die Goldbestände der Zentralnotenbanken betrifft, so hat man nicht überall — wie in Deutschland und Frankreich — zu einer klaren und gesetzlichen Einstellung der Goldeinlösung der Banknoten usw. gegriffen. Insbesondere in England hat man auf einen solchen unmittelbaren Eingriff der Gesetzgebung verzichtet, das gleiche Ziel aber durch praktische Maßnahmen erreicht. Die Macht der Staatsgewalt und der Bank von England über die Geschäftswelt, verbunden mit der nationalen Disziplin, erwies sich als stark genug, um private Geldentnahmen aus der Bank von England tatsächlich zu verhindern. Jeder Engländer, der entgegen dem Willen der Regierung und der Bank von England von seinem gesetzlichen

Recht, Banknoten zur Einlösung in Goldgeld zu präsentieren, Gebrauch gemacht hätte, wäre als Geschäftsmann und Mitglied der staatlichen Gemeinschaft völlig erledigt gewesen. Die Bank von England konnte die Einlösung der Noten und die Auszahlung der bei ihr stehenden Guthaben in Gold auch ohne formalen Rechtsgrund verweigern, ohne befürchten zu müssen, daß irgend jemand gegen sie die Gerichte anrufen würde.

Der drohende geschäftliche und soziale Verruf aller derjenigen, welche entgegen dem nationalen Willen und dem nationalen Interesse versucht hätten, der Bank von England Gold zu entziehen, kam — und kommt bis auf den heutigen Tag — in seiner praktischen Wirkung einer gesetzlichen Einstellung der Goldeinlösung vollkommen gleich; dies um so mehr, als sofort nach Kriegsausbruch auch England ein Ausfuhrverbot für Gold erlassen hat.

Unmittelbar bei Kriegsausbruch enstand allerdings in der britischen Finanzwelt eine schwere Panik, die sich u. a. in einem „run" auf die Bank von England äußerte. In den wenigen Tagen vom 22. Juli bis 7. August 1914 sah die Bank ihre Goldreserven von 38,6 auf 26 Millionen Pfund zusammenschmelzen. Die Erhöhung des Bankdiskonts von 3% bis auf 10% erwies sich gegenüber dieser Goldentziehung als wirkungslos. Man mußte, um einen völligen Zusammenbruch zu verhindern, zu dem gewaltsamen Mittel greifen, die sämtlichen Banken vom Mittag des 1. August bis zum Morgen des 7. August völlig zu schließen. In der Zwischenzeit wurde der Regierung die gesetzliche Ermächtigung zur Suspendierung der Bankakte gegeben, wurde ihr die Befugnis zur Ausgabe von Staatspapiergeld (Currency-Notes) erteilt, wurde durch den Erlaß eines Moratoriums und anderer Maßnahmen für Beruhigung gesorgt. Als die Bank von England am 7. August ihre Schalter wieder öffnete, wußte sie mit den oben angedeuteten Mitteln auch ohne gesetzliche Suspendierung der Noteneinlösung die Ansprüche auf Gold von sich fern zu halten.

Die Heranziehung von Gold zur Stärkung der nationalen Reserven war für die gegen uns im Kriege stehenden Länder insofern leichter, als sie nicht von dem Verkehr mit den großen überseeischen Gebieten der Goldgewinnung abgeschnitten und infolgedessen nicht ausschließlich auf die Heranziehung von Gold aus dem inländischen freien Verkehr und Privatbesitz angewiesen waren. Immerhin verzichteten auch unsere Kriegsgegner nicht auf eine starke Propaganda für die Ueberführung des Goldes aus den privaten Kassenbeständen in die Tresors der Zentralbanken. Der Erfolg war namentlich in Frankreich sehr ansehnlich. Es sollen während des Krieges rund $2\frac{1}{2}$ Milliarden Fr. Gold aus dem freien Verkehr der Bank von Frankreich zugeführt worden sein. In den Ausweisen der Bank von Frankreich kommt diese Zuführung ebensowenig voll zum Ausdruck, wie der gleichzeitige Vorgang bei uns in den Ausweisen der Reichsbank; denn auch Frankreich hatte aus seiner nationalen Goldreserve große Auslandszahlungen zu bestreiten, wenn ihm auch in weit größerem Umfange als Deutschland für diese Zwecke Auslandskredite — namentlich von England und den Vereinigten Staaten — zur Verfügung gestellt worden. Zur Sicherung dieser Auslandskredite sah sich die französische Regierung allerdings genötigt, die Bank von Frankreich zu veranlassen, einen nicht unerheblichen Teil ihrer Goldreserve an das Ausland — namentlich an die Bank von England — zu überführen und dort zu verpfänden. Im Ganzen hat sich der Goldbestand der Bank von Frankreich während des Krieges wie folgt entwickelt:

Goldbestand der Bank von Frankreich
(in Millionen Frank)

	im Inland	im Ausland	zusammen
30. Juli 1914	4 141	—	4 141
Ende 1914	3 900	—	3 900
„ 1915	5 015	—	5 015
„ 1916	3 383	1 693	5 076
„ 1917	3 314	2 037	5 351
„ 1918	3 449	2 037	5 486

Die Konzentration des Goldes in der Zentralnotenbank hat also in Frankreich später eingesetzt als in Deutschland. Das Jahr 1914 zeigt vom Kriegsausbruch an eine Abnahme des Goldbestandes der Bank. Erst im Jahre 1915 wurden große Erfolge erzielt. Aber nicht nur die gesamten Ablieferungen an die Bank, sondern noch erhebliche Beträge darüber hinaus gingen an das Ausland, teils endgültig in der Form von Zahlungen, teils vorläufig in der Form der Verpfändung. Der im Inland ruhende Goldbestand der Bank von Frankreich war am Ende des Jahres 1918 um einige 600 Millionen Fr. geringer als bei Kriegsausbruch.

Der Bank von England standen für die Stärkung ihres Goldvorrates wirksamere Mittel zu Gebote als irgendeinem anderen zentralen Noteninstitut. Sie brauchte sich nicht auf die Heranziehung von Gold aus dem inländischen Verkehr oder auf die private Goldzufuhr von außen zu beschränken, sondern konnte die Machtmittel des britischen Imperiums für sich einsetzen.

Eine Vermehrung ihres Goldbestandes erzielte sie in den ersten Wochen und Monaten nicht nur durch die Heranziehung von Gold aus dem freien Verkehr und aus den nicht unbeträchtlichen Goldreserven der privaten Depositenbanken, sondern vor allem durch eine Reihe besonderer Maßregeln. Zunächst wurden die in London vorhandenen ägyptischen und indischen Goldreserven dem Goldvorrat der Bank von England einverleibt. Außerdem errichtete die Bank von England Golddepots in Australien, Südafrika und Kanada, denen das dort aus der Neuproduktion — in Kanada auch aus Zahlungen der Vereinigten Staaten — verfügbar werdende Gold zugeführt und die von nun an in die Goldreserven der Bank von England mit eingerechnet wurden. Der Erfolg war, daß bereits Anfang Dezember 1914 die Bank von England ihren Goldbestand mit mehr als 70 Millionen £ ausweisen konnte, (gegen 26 Millionen £ am 7. August 1914).

Aber auf dieser Höhe vermochte die Bank von England ihren Goldbestand nicht zu halten. Ende 1915 stellte sich ihr Goldbestand auf etwa 50 Millionen £, ein Jahr später auf etwa 54, Ende 1917 auf etwa 59 Millionen £. Erst in der zweiten Hälfte des Jahres 1918 kam es zu einer neuen erheblichen Steigerung, bis auf nahezu 80 Millionen £ am Jahresschluß.

Bei dieser Entwicklung sind einerseits die drastischen Mittel zu berücksichtigen, die England zur Alimentierung seiner zentralen Goldreserve ergriff, andererseits die großen Goldhergaben an das Ausland, namentlich an die Vereinigten Staaten, zu denen sich die Bank als Gegenmaßnahme gegen die Entwertung des Sterlingkurses gegenüber dem Gelde der Union und der europäischen Neutralen veranlaßt sah. Diese Politik der Verhinderung eines Zusammenbruchs der englischen Valuta erforderte um so größere Opfer an Gold, als England nicht nur das finanzielle Rückgrat und damit der Geldgeber für seine Alliierten, sondern auch in großem Umfang deren „manufacturing partner“ und damit das Zentrum für die Beschaffung und Verarbeitung der für die Kriegführung des Vielverbandes aus aller Welt herangeholten Rohstoffe war.

Die von England angewandten Mittel, diesen gewaltigen Anforderungen zu genügen, waren einmal die Beschlagnahme der südafrikanischen und australischen Goldproduktion zugunsten der Bank, daneben aber ein starker Druck auf die eignen Alliierten. Namentlich Frankreich und Rußland mußten sich in Gegenleistung für die ihnen von England gewährten Kredite dazu verstehen, ansehnliche Teile ihres Goldbestandes ihrer Zentralbanken an die Bank von England abzuführen.

Die „Mobilmachung des Goldes“ war natürlich nur in Ländern wie Deutschland, Frankreich und England möglich, die über einen stärkeren inneren Goldumlauf verfügten oder die in der Lage waren, sich eine eigne Goldproduktion nutzbar zu machen, wie England in seinen Dominions und Rußland im Ural und Sibirien. In denjenigen kriegführenden Ländern, in denen diese Voraussetzungen nicht zutrafen, waren die Goldbestände der Zentralbanken zu einem sichtbaren Schwinden verurteilt. In Italien wirkten diesem Schwunde die Kredite Englands und der Vereinigten Staaten einigermaßen entgegen; der Goldbestand der Bank von Italien zeigt deshalb vom Ende des Jahres 1913 bis zum Ende des Jahres 1918 nur den verhältnismäßig bescheidenen Rückgang von 1107 Millionen auf rund 820 Millionen Lire. In Oesterreich-Ungarn fehlten solche Gegenwirkungen; das verbündete Deutschland tat sich selbst schwer genug. In der Donaumonarchie war der Goldbestand der Zentralbank schon Ende 1915 mit 685 Millionen Kronen nur noch wenig mehr als halb so hoch wie vor Kriegsausbruch mit rund 1250 Millionen Kronen. Ende 1916 betrug er nur noch 290 Millionen, Ende 1917 265 Millionen Kronen.

§ 3. Die Neutralen: Vom Schutz des Goldes zum Schutz gegen das Gold.

Schon aus den bisherigen Darlegungen ergibt sich, daß die das Gold betreffenden Vorgänge sich nicht in einer Mobilisation des freien Goldumlaufs der kriegführenden Länder und dessen Konzentration in den Tresors der Zentralnotenbanken erschöpften, sondern daß außerdem

die Verwendung des Goldes zum Einkauf lebens- und kriegsnotwendiger
Waren im Auslande einen Abfluß von Gold aus den kriegführenden
nach den neutralen Ländern zur Folge haben mußte.

Diese Verschiebung ist in ganz großem Umfange eingetreten.

Nicht gleich zu Anfang. Im Gegenteil! Zunächst suchten die
kriegführenden Länder, die über freien Verkehr mit der Außenwelt
und über umfangreiche Guthaben in dieser Außenwelt verfügten, vor
allem England und daneben auch Frankreich, ihre Guthaben möglichst
in barem Golde einzukassieren, um ihre eigne Goldposition zu stärken.
Die neutralen Staaten sahen sich dadurch ihrerseits zu Schutzmaßnahmen
für ihre Goldbestände ja teilweise zur Einstellung der Goldeinlösung
ihrer Banknoten veranlaßt. So gab in den Niederlanden ein Gesetz vom 3. August 1914 der Niederländischen Bank die Ermächtigung,
im Falle von Krieg oder Kriegsgefahr die Einlösung ihrer Noten aus-
zusetzen. In der Schweiz wurde die Nationalbank bei Kriegsbeginn
von der Verpflichtung entbunden, ihre Noten in Metallgeld einzulösen.
Die skandinavischen Staaten folgten diesem Beispiel. Die
Vereinigten Staaten von Amerika sahen sich genötigt, in
der Zeit unmittelbar nach Kriegsausbruch größere Quantitäten von Gold
an Europa, namentlich an England, abzugeben.

Bald aber änderte sich infolge des wachsenden Material- und
Warenbedarfs der kriegführenden Staaten die Lage in dem oben angedeuteten Sinne. Den Zentralbanken der neutralen Länder, die für
die Versorgung der Kriegführenden in erster Reihe in Betracht kamen,
strömte das Gold in einer nie gesehenen Fülle zu. Der Goldbestand
der Schweizerischen Nationalbank, der Ende 1913 rund
170 Millionen Fr. betragen hatte, erreichte Ende 1916 die Höhe von
345 Millionen Fr. und wuchs weiter auf 415 Millionen Fr. Ende 1918.
Aehnlich war die Entwicklung der drei skandinavischen Zentralbanken. Die Goldreserve der Niederländischen Bank stieg
von 151 Millionen Gulden Ende 1913 auf 588 Millionen Ende 1916
und 698 Millionen Gulden Ende 1917. Die Bank von Spanien
sah ihren Goldbestand von 480 Millionen Pesetas Ende 1913 auf
1251 Millionen Ende 1916 und 2228 Millionen Pesetas Ende 1918
anwachsen. Die Federal Reserve Banks der Vereinigten
Staaten von Amerika, die erst gegen Ende des Jahres 1914 ihre
Tätigkeit aufnahmen und am Jahresschluß einen Goldbestand von 229 Millionen Dollar aufwiesen, verfügten Ende 1916 über eine Goldreserve
von 471 Millionen Dollar. Der Zuwachs war bis dahin angesichts der
gewaltigen Lieferungen der Union für die kriegführenden Staaten verhältnismäßig bescheiden, da England und Frankreich zunächst ihren
großen Bestand an amerikanischen Wertpapieren als Zahlungsmittel benutzen konnten. Das Jahr 1917, in dem die Vereinigten Staaten selbst
in den Krieg eintraten, brachte jedoch allein einen Zuwachs der Goldreserve der Federal Reserve Banks um 1200 Millionen Dollar auf
1671 Millionen, und das folgende Jahr zeigte eine weitere Zunahme
auf 2090 Millionen Dollar. Damit erreichte diese Reserve für sich
allein einen Umfang, der ungefähr der Summe der Goldbestände der

deutschen Reichsbank, der Bank von England, der Bank von Frankreich und der Russischen Staatsbank entsprach.

Auch die Bank von Japan vermochte ihren Goldbestand von 24,4 Millionen Yen Ende 1913 auf 712,9 Millionen Yen Ende 1918 zu steigern.

Nachdem bei den neutralen Ländern die erste kurze Phase der Goldentziehung durch die Kriegführenden überwunden war und sich dafür ein immer stärker anwachsender Goldzufluß aus den Ländern der Kriegführenden eingestellt hatte, sahen sich die Neutralen in der Lage, die Schutzmaßnahmen für ihre Goldbestände milder zu handhaben oder ganz fallen zu lassen.

Bald jedoch kam es so weit, daß die neutralen Länder den Zustrom von Gold nicht mehr als einen Vorteil ansahen, sondern daß sie im Gegenteil aus der Ueberschwemmung mit Gold erhebliche Besorgnisse herleiteten. Das Gold kam zu ihnen nicht als Geschenk des Himmels, sondern als Träger der dringendsten Nachfrage für Materialien und Waren aller Art. Während in normalen Zeiten die Nachfrage nach Waren hochwillkommen ist, überschritt jetzt die Nachfrage für die Bedürfnisse des unersättlichen Krieges alle Grenzen. Der alte Satz „pecuniam habens habet omnem rem, quam habere vult" fand seine Umkehrung: Die Ware drängte nicht mehr nach Geld, sondern das Geld — im internationalen Verkehr war Geld nur noch das Gold — drängte nach der Ware. Die Gold anbietende Nachfrage der Kriegführenden war bereit, jeden Preis zu zahlen und trieb damit auch die Inlandspreise der neutralen Länder für die notwendigsten Lebensbedürfnisse hoch; der Material- und Warenhunger der Kriegführenden nahm einen Umfang an, daß ihre Nachfrage in den neutralen Ländern zu einer Bedrohung für die ausreichende und erschwingliche Versorgung der eignen Bevölkerung wurde.

Die neutralen Staaten sahen sich angesichts dieser Entwicklung zu Schutzmaßnahmen für die Sicherung des Lebensbedarfs ihrer eignen Bevölkerung gezwungen, zu Ausfuhrbeschränkungen und Ausfuhrverboten für wichtige Waren, zu Preisregulierungen für den Inlandsbedarf und für den Export, zu Kompensationsabkommen mit denjenigen Ländern, an welche sie Material- und Warenlieferungen zuließen[1]). Es lag nahe, den Schutz für die Waren durch eine Abwehr gegen das Gold, das ja der vornehmste Träger der Nachfrage nach Waren war, zu ergänzen. Bestärkt wurde dieser Gedanke der Abwehr gegen das Gold durch gewisse geldtheoretische Vorstellungen und Auffassungen. Aus dem Zustrom von Gold ergab sich für die neutralen Länder eine Vermehrung ihrer Geldzirkulation, die in ähnlicher Weise, wenn auch nicht in demselben Grade, eine „Inflation" bedeutete, wie die wachsende Papiergeldausgabe in den kriegführenden Ländern. Mit dieser „Goldinflation" brachte man die auch in den neutralen Ländern eintretende Preissteigerung in einen unmittelbaren Zusammenhang. Insbesondere in Schweden wurde diese Theorie vertreten, und zwar von

---

[1]) S. darüber mein Buch über den „Weltkrieg" Bd. II, Abschnitt „Der Wirtschaftskampf um die Neutralen", S. 202 ff.

keinem Geringeren, als dem angesehenen Nationalökonomen und scharfsinnigen Geldtheoretiker Professor G u s t a v C a s s e l.

Theorie und praktische Notwendigkeiten wirkten sich schließlich aus in einer P o l i t i k d e r G o l d a u s s p e r r u n g.

Durch ein Gesetz vom 8. Februar 1916 enthob Schweden seine Reichsbank von der Verpflichtung, Gold zu festem Satz gegen Verabfolgung von Banknoten anzunehmen. Diese Maßnahme wurde bald darauf durch eine königliche Verordnung vom 28. April 1916 ergänzt, die der Münzstätte die weitere Ausprägung von Gold für private Rechnung untersagte.

Norwegen und Dänemark folgten diesem Beispiel.

Auch andere neutrale Staaten machten Schwierigkeiten bei der Hereinnahme von Gold, sei es indem ihre Zentralbanken das aus dem Ausland kommende Gold nur nach besonderer Vereinbarung annahmen, sei es, indem sie — wie z. B. die Bank von Spanien — den Ankaufspreis von Gold herabsetzten.

Diese Maßnahmen kamen in ihrer Wirkung einer Einstellung der freien Prägung des Goldes gleich. Während in den kriegführenden Ländern die Einstellung der Goldeinlösung von Papiergeld und Scheidemünzen das Band zwischen Geld und Gold zerschnitt und die Möglichkeit eines Sinkens des Geldwertes unter sein ursprüngliches Goldäquivalent schuf, wurde in den erwähnten neutralen Ländern das Band zwischen Gold und Geld durch die Einstellung der Umwandlung von Gold in Geld gleichfalls zerschnitten, und zwar in der Weise, daß die Möglichkeit eines Steigerns des Geldwertes über sein ursprüngliches Goldäqivalent geschaffen wurde. Die Wirkung dieser nach entgegengesetzten Richtungen tendierenden Maßnahmen wurden verstärkt durch die gewaltige Steigerung der Transport- und Versicherungskosten für Gold und durch die vielfachen Verbote der Goldausfuhr und Golddurchfuhr. Das Metall Gold, das in den Jahrzehnten vor dem Weltkrieg die feste und einheitliche Grundlage für das Geldwesen der Kulturwelt geworden war, verlor diesen Charakter. Mit seiner Ausschaltung kamen nicht nur die einzelnen nationalen Geldsysteme ins Wanken, sondern auch die internationale Geldverfassung büßte jeden Zusammenhalt ein und fiel auseinander.

§ 4. Zahlungsmittelkrisis und Papiergeld.

Die katastrophale Zuspitzung der politischen Lage in der letzten Juliwoche und die Kriegserklärungen der ersten Augusttage 1914 erzeugten auf den Geldmärkten der Welt eine ungeheure Panik. Angesichts der völligen Ungewißheit über den Gang der Ereignisse und die Gestaltung schon der allernächsten Zukunft war es begreiflich, daß jedermann sich für alle Fälle einen ausreichenden Kassenbestand zu sichern suchte. Niemand wußte, ob und in welchem Umfang künftig Auszahlungen auf vorhandene Guthaben würden geleistet werden können und ob künftig die Geldbeschaffung im Wege des Kredits auch nur annähernd in der gleichen Weise wie bisher möglich sein würde. Es handelte sich nicht nur um die Vorsorge für private Bedürfnisse des Haushalts usw., sondern auch um die Sicherung ausreichender Betriebsmittel für die Unternehmungen in Landwirtschaft, Gewerbe und Handel.

Es kam hinzu, daß die Millionen der zu den Waffen gerufenen Männer ihr Haus und ihre Geschäfte zu bestellen und auch sich selbst mit Barmitteln auszustatten hatten. Der sich aus diesem begreiflichen und berechtigten Sicherungsbedürfnis ergebende Drang nach Zahlungsmitteln wurde verstärkt durch die Kopflosigkeit, die in den ersten Tagen der Verwirrung in allen Ländern herrschte. „Die Börsen wurden von allen Seiten mit Verkaufsaufträgen überschüttet; die Geldinstitute wurden mit Kreditanträgen und Wechseleinreichungen bestürmt; Kredite wurden gekündigt; bei Banken und Sparkassen drängte sich die Kundschaft, um Guthaben und Einlagen zurückzuziehen"[1]). Bemerkenswert ist, daß bei dieser Panik im Gegensatz zu früheren Zeiten nicht die Sorge die Hauptrolle spielte, ob gegen das umlaufende Papiergeld im Wege der Einlösung Metallgeld zu erhalten sein werde. Die zum Zweck der Goldeinlösung in den verschiedenen Ländern stattgehabten „runs" auf die Notenbanken entsprangen wohl mehr spekulativer Gewinnsucht als ernstlicher Sorge. Die Einstellung der Goldeinlösung löste keinerlei akute Erschütterungen aus. Die Hauptsorge war vielmehr, ob es weiterhin möglich sein werde, ohne Schwierigkeiten und Verzögerungen gegen sichere Unterlagen, wie gute Kaufmannswechsel und beleihungsfähige Papiere oder Waren, überhaupt Zahlungsmittel in irgendeiner Form, insbesondere auch kleines Geld für Lohnauszahlungen usw. zu bekommen.

Neben der gewaltigen Steigerung des privaten Bedarfs an Zahlungsmitteln, wie ihn der Kriegsausbruch aus den angedeuteten Gründen mit sich bringen mußte, gingen einher die ungeheuren Bedürfnisse aller staatlichen an der Mobilmachung beteiligten Stellen nach Barmitteln zur sofortigen Auszahlung für Besoldung und Materialbeschaffung.

Der so entstandenen Krisis der baren Zahlungsmittel wurde mit den verschiedensten Mitteln entgegengewirkt.

Zunächst mit restriktiven Mitteln.

In Frankreich wurde den Banken und Sparkassen, um sie vor dem Andrang der Einleger zu schützen, die gesetzliche Ermächtigung gegeben, auf die bei ihnen stehenden Guthaben nur bescheidene Teilbeträge auszuzahlen. In England half man sich durch die bereits erwähnte Schließung der Banken für mehrere Tage; außerdem setzte die Bank von England zur Einschränkung der an sie herantretenden Geldansprüche ihren Diskont bis auf 10 Prozent in die Höhe. Man sah sich ferner in allen kriegführenden Ländern genötigt, Moratorien zu erlassen, teils für den Wechselverkehr, teils für den gesamten Bankverkehr, teils für alle Zahlungsverpflichtungen unter Privaten.

Nur in Deutschland entschloß man sich, von dem Erlaß eines Moratoriums abzusehen. Man begnügte sich mit Gegenmaßnahmen, die bestimmt waren, die deutsche Geschäftswelt vor der Wirkung der im Auslande erlassenen Moratorien zu schützen. Außerdem wurde die Möglichkeit geschaffen, im Einzelfall beim Vorliegen eines wirklichen Notstandes die Zahlungsfristen durch gerichtliches Urteil hinauszuschieben. Im übrigen wurde die Zahlungsfähigkeit der deutschen Wirtschaft durch positive Maßnahmen und Einrichtungen aufrechterhalten, so durch die

---

[1]) Siehe in meinem „Weltkrieg", Bd. II, S. 25/26.

im freiwilligen Zusammenschluß der beteiligten Kreise geschaffenen Kriegskreditbanken und durch die Vereinbarungen der Bodenkredit-institute über die Bevorschussung von Hypotheken[1]).

Die durch den Kriegsausbruch ausgelösten Ansprüche an die Elastizität des Geldwesens konnten nicht durch restriktive Maßnahmen wie Moratorien und scharfe Diskonterhöhungen, auch nicht allein durch positive Maßnahmen auf dem Gebiete der Sicherung des Kreditverkehrs befriedigt werden. Ueberall mußten der schlagartig auftretenden Zah-lungsmittel-Panik n e u e G e l d z e i c h e n im weitesten Ausmaße zur Verfügung gestellt werden.

Da jede Möglichkeit zu einer plötzlichen Vermehrung der metallischen Umlaufsmittel fehlte, da man aus den bereits erörterten Gründen ins-besondere das Gold in den großen nationalen Reserven festzuhalten, ja aus dem freien Verkehr in diese Reserven hereinzuleiten suchte, blieben nur Banknoten und Staatspapiergeld zur Befriedigung des Bedarfs an Zahlungsmitteln übrig. In allen von dem Kriege unmittelbar oder mittelbar betroffenen Ländern wurden deshalb den Notenbanken Er-leichterungen für die Ausgabe ihrer Noten gewährt und einschränkende Bestimmungen aufgehoben.

So wurde die B a n k v o n E n g l a n d bei Kriegsausbruch er-mächtigt, das durch die Peelsakte festgesetzte Kontingent ihrer durch Gold nicht gedeckten Notenausgabe zu überschreiten, falls ihr Diskont nicht niedriger sei als $10\,^0/_0$. Das Notenkontingent der B a n k v o n F r a n k r e i c h wurde bei Kriegsausbruch von 6,8 auf 12 Milliarden Fr. erhöht; weitere beträchtliche Erhöhungen folgten im Verlauf des Krieges; die Bank wurde außerdem autorisiert, kleine Noten zu 20 und 5 Fr. auszugeben. Auch in anderen kriegführenden und neutralen Ländern wurde den Banken die Erlaubnis gegeben, zur Behebung des empfindlichen Mangels an Kleingeld Banknoten auszugeben, die auf kleine Beträge lauteten, wie sie bisher ausschließlich durch silberne Scheidemünzen dargestellt worden waren.

Vielfach wurden neben den Banknoten n e u e A r t e n v o n P a p i e r-g e l d — meist staatlichen oder kommunalen Charakters — geschaffen oder wenigstens zugelassen. Dazu kamen für die ganz kleinen Beträge Münzen aus Eisen, Aluminium und anderen Metallen oder Legierungen, die bisher für Münzzwecke nicht gebräuchlich gewesen waren.

In E n g l a n d wurde die Notenausgabe der Zentralbank entlastet durch die Einführung von Schatzkassenscheinen (Currency Notes) zu 1 Pfund und zu 10 Schilling, die mit gesetzlicher Zahlungskraft ausgestattet und zunächst ohne jede Golddeckung ausgegeben wurden. Vom Septem-ber 1914 an begann man jedoch eine Golddeckung anzusammeln. Schon Ende 1914 waren 38,5 Millionen Pfd. St. dieser Schatzkassenscheine in Um-lauf, während die Notenausgabe der Bank von England am gleichen Tage 36,1 Millionen Pfd. St. betrug. Schon damals hatten also die Currency Notes die Noten der Bank von England überholt. Bis Ende 1916 stieg der Umlauf der Currency Notes auf 150,1 Millionen Pfd. St., der Umlauf der Noten der Bank von England betrug nur 39,7 Millionen Pfund. Ende 1918

---

[1]) Vgl. auch hierzu in meinem „Weltkrieg“ Bd. II, S. 30 ff.

waren 323,4 Millionen Currency Notes ausgegeben gegen 70,2 Millionen
Noten der Bank von England. Die Golddeckung der Currency Notes
erreichte im Jahre 1915 den Stand von 28,5 Millionen Pfd. St. und blieb
während des ganzen Krieges und darüber hinaus auf diesem Stande,
der schließlich nur noch eine Deckung von weniger als 10°/₀ bedeutete.

In Frankreich kamen zu den Noten der Bank papierne Geldzeichen in kleinen Abschnitten und Aluminium-Münzen, die von Städten
und Handelskammern ausgegeben wurden.

In Italien wurde der Schatzminister ermächtigt, auf kleine
Beträge lautende Staatsnoten auszugeben.

In Deutschland ergingen am 4. August die bereits erwähnten
Gesetze zur finanziellen Mobilmachung.

Zunächst wurde die indirekte Kontingentierung der Notenausgabe
der Reichsbank durch die Notensteuer aufgehoben. Die sogenannte
„Drittelsdeckung" blieb als mittelbare Schranke für die Notenausgabe
der Reichsbank aufrecht erhalten, jedoch mit der sehr wesentlichen
Milderung, daß neben Gold, kursfähigem deutschem Gelde und Reichskassenscheinen, die nach § 17 des Bankgesetzes als Barvorrat zu gelten
haben, auch die jetzt neu geschaffenen Darlehnskassenscheine als Bardeckung zugelassen wurden.[1]) Der den Barvorrat in diesem Sinne
übersteigende Notenumlauf mußte nach den bis zum Kriegsausbruch
geltenden Bestimmungen des Bankgesetzes gedeckt sein durch diskontierte Wechsel mit einer höchstens dreimonatlichen Verfallzeit, aus
denen in der Regel drei, mindestens aber zwei als zahlungsfähig Verpflichtete haften, oder durch Schecks, aus denen mindestens zwei als
zahlungsfähig bekannte Verpflichtete haften. Jetzt wurden diesen
Wechseln „unverzinsliche Schuldverschreibungen des Reichs, die
spätestens nach drei Monaten mit ihrem Nennwert fällig sind", also die
kurzfristigen Reichsschatzanweisungen, gleichgestellt. Das Notenausgabe-
recht der Reichsbank wurde damit praktisch ins Ungemessene erweitert
und in den Dienst der Kriegführung gestellt.

Gleichzeitig wurde die Reichsbank erheblich entlastet durch die
Errichtung der schon im Krieg von 1870/71 vom Norddeutschen
Bunde erprobten Darlehnskassen. Nach dem Gesetz vom 4. August
1914 traten Darlehnskassen des Reichs in Anlehnung an die Organisation der Reichsbank in Berlin und an allen Orten mit selbständigen
Reichsbankanstalten ins Leben. Außerdem wurden an zahlreichen Plätzen
Hilfsstellen eingerichtet. Den Darlehnskassen wurde die Aufgabe zugewiesen, Darlehen gegen Verpfändung von Wertpapieren und Waren zu
gewähren, und zwar in den von ihnen auszugebenden „Darlehnskassenscheinen". Bei der Stückelung der Darlehnskassenscheine ging man
herab bis zu Scheinen von 2 und 1 Mark. Der Charakter als gesetzliches Zahlungsmittel wurde den Darlehnskassenscheinen — im Gegensatz zu Reichskassenscheinen und Reichsbanknoten — nicht ausdrücklich
beigelegt. In der Praxis haben sich daraus, da die öffentlichen Kassen
und die Reichsbank von Anfang an die Darlehnskassenscheine ohne

---

[1]) Erst durch die Banknovelle vom 9. Mai 1921 ist die Vorschrift der
„Drittelsdeckung" auch in dieser Abschwächung aufgehoben worden, zunächst bis
zum 31. Dezember 1923.

jeden Anstand zu ihrem vollen Nennwert in Zahlung nahmen, irgendwelche Unzuträglichkeiten nicht ergeben; der Verkehr hat zwischen
den Darlehnskassenscheinen, Reichskassenscheinen und Reichsbanknoten
niemals einen Unterschied gemacht. Von besonderer Wichtigkeit war,
daß den Darlehnskassenscheinen, wie oben bereits erwähnt, die Eigenschaft beigelegt wurde, als Notendeckung im Sinne der Drittelsdeckung
des Bankgesetzes zu dienen.

Die Festsetzung des Höchstbetrags der auszugebenden Darlehnskassenscheine wurde dem Bundesrat übertragen, der ihn zunächst auf
1 500 Millionen Mark normierte, aber bald erheblich über diesen Betrag
hinausging.

Auch in Deutschland wurde die Ausgabe neuen Geldes seitens der
Zentralnotenbanken und der Staatsgewalt ergänzt durch die Ausgabe
von auf kleine Beträge lautenden städtischen Papier- und später auch
Metallgeld.

Der Kleingeldmangel dauerte mit Schwankungen während des
ganzen Krieges und darüber hinaus an, zumal da die Silbermünzen zu
Thesaurierungszwecken zurückgehalten wurden und immer mehr aus
dem Verkehr verschwanden, bis schließlich ihre formelle Außerkurssetzung erfolgte (zunächst für die Zweimarkstücke durch Verordnung
des Bundesrats vom 12. Dezember 1917, später durch Verordnung vom
13. April 1920 für sämtliche Reichssilbermünzen). Die rasch ver-
schmutzenden und leicht zerreißbaren kleinen Papierscheine waren ein
schlechter Ersatz. Für die ganz kleinen Beträge von weniger als
50 Pfennig waren sie, wie die kommunalen Scheine beweisen, schlechthin unbrauchbar. Hier wurde mit neuen Münzen aus Eisen (10 und
5 Pfennigstücke), Zink (10 Pfennigstücke) und Aluminium (1 Pfennig-
und 50 Pfennigstücke) als Ersatz für die gleichfalls allmählich verschwindenden Münzen aus Nickel und Kupferbronze experimentiert.

Welche für den damaligen Stand des Geldwertes enormen Ansprüche in der Zeit des Kriegsausbruchs zu befriedigen waren, tritt
darin zutage, daß die deutsche Reichsbank sich genötigt sah, ihren
Banknotenumlauf in den zwei Wochen vom 23. Juli bis zum 7. August
1914 von 1 891 Millionen auf 3 897 Millionen Mark, also um mehr als
2 Milliarden Mark und auf mehr als das Doppelte, zu steigern. Nur
durch die sofortige Bereitstellung dieser gewaltigen Summen von
Zahlungsmitteln, die allein auf dem Wege des Notendruckes möglich
war, konnte die finanziell reibungslose Durchführung der Mobilmachung
sichergestellt, konnte der unter der Einwirkung des Kriegsausbruchs
plötzlich vervielfachte Bedarf der deutschen Wirtschaft an Zahlungsmitteln befriedigt und konnte die Zahlungsmittelpanik ohne schwersten
Schaden überwunden werden.

§ 5. Das Papiergeld als Mittel der Kriegführung.

Die Anpassung des Geldumlaufs an die Schwankungen des Geldbedarfs der Volkswirtschaft ist die dem Papiergeld innerhalb eines auf
metallischer Grundlage beruhenden Geldwesens zukommende Funktion.
Die Suspendierung der Goldeinlösung der Reichsbanknoten, Reichs-

kassenscheine und Scheidemünzen durch die Notgesetze des 4. August 1914 war nicht aus dem Willen der Abkehr von der Goldwährung, sondern lediglich aus der zwingenden Kriegsnotwendigkeit des Schutzes der nationalen Goldreserven entsprungen; die Absicht ging auf eine möglichst baldige Wiederaufnahme der Goldzahlungen, wofür die Erhaltung eines ansehnlichen Goldbestandes über den Krieg hinaus geradezu Voraussetzung war. Die große Steigerung der Papiergeldausgabe zu Beginn des Krieges war, soweit sie lediglich die Anpassung an den durch den Kriegsausbruch gewaltig gesteigerten Verkehrsbedarf bedeutete, an sich nichts, was aus dem Rahmen einer metallischen Währung herausfiel. Denn auch in den Friedenszeiten und bei unbeeinträchtigtem Bestande der Goldwährung hatte die Reichsbank zeitweise sehr erhebliche Steigerungen des Geldbedarfs durch eine entsprechende Steigerung ihrer Notenausgabe zu befriedigen gehabt. Die beträchtliche Vermehrung ihres Goldbestandes während der letzten Friedensjahre, die jetzt nach Kriegsausbruch infolge der freiwilligen Goldeinlieferung in verstärktem Maße weiterging, hatte der Reichsbank die Befriedigung großer Spannungen des Geldbedarfs erleichtert; denn bei größerem Goldvorrat bedeutet eine Steigerung der Notenausgabe um den gleichen absoluten Betrag eine geringere Verschlechterung des Deckungsverhältnisses. In der Tat blieb die prozentuale Golddeckung der Notenausgabe der Reichsbank in der Zeit des ersten Anpralls der Zahlungsmittelklemme durchaus befriedigend. Sie verminderte sich zwar von $43,1\%$ am 31. Juli 1914 auf $37,9\%$ am 7. August, erholte sich aber in den folgenden Wochen bis auf $48,6\%$ am 23. November. Auch unter der Hochspannung des 31. Dezember 1914 stellte sie sich immer noch auf $41,5\%$.

Dagegen wurde ein neues Moment in die deutsche Geldverfassung — und in ähnlicher Weise in die Geldverfassungen aller kriegführenden Staaten — dadurch hineingetragen, daß für die Papiergeldausgabe neben und vor dem Bedarf der Wirtschaft an Umlaufsmitteln, wie er sich in dem privaten Kreditbegehr durch Wechseldiskontierung äußert, der Geldbedarf des Staates für die Zwecke der Kriegführung entscheidend wurde.

Die Kosten des Krieges überschritten für die sämtlichen der an ihm beteiligten Staaten alle bisherigen Begriffe. In Deutschland erforderte der Mobilmachungsmonat (August 1914) allein einen Betrag von mehr als 2 Milliarden Mark, mithin mehr als die auf etwa $1^{3}/_{4}$ Milliarden Mark berechneten Gesamtaufwendungen Deutschlands für den Krieg 1870/71. Nach einem vorübergehenden Rückgang wurde im März 1915 wieder eine Monatsausgabe von mehr als 2 Milliarden Mark erreicht. Auf diesem Satze hielten sich dann die Ausgaben mit nicht allzugroßen Schwankungen bis zum Spätsommer 1916. Von da an trat in Verbindung mit der Durchführung des sogenannten Hindenburg-Programms eine Steigerung ein. Im Monat Oktober 1916 wurde zum ersten Mal der Betrag von 3 Milliarden Mark überschritten, genau ein Jahr später zum ersten Mal der Betrag von 4 Milliarden Mark, und schließlich wurde im Oktober 1918 eine Ausgabe von nahezu 5 Milliarden Mark erreicht.

Im ganzen stellten sich die Kriegsausgaben Deutschlands wie folgt:

	Milliarden Mark	
	im ganzen	im Monats-durchschnitt
1. Kriegsjahr (1. August 1914 bis 31. Juli 1915)	20,1	1,675
2. „ (1. „ 1915 „ 31. „ 1916)	24,1	2,008
3. „ (1. „ 1916 „ 31. „ 1917)	34,4	2,867
4. „ (1. „ 1917 „ 31. „ 1918)	46,9	3,818
1. August 1918 bis 31. Dezember 1918	21,8	4,358
Insgesamt (1. August 1914 bis 31. Dezember 1918)	147,3	2,780

Diesen von der Reichsfinanzverwaltung für die Kriegführung zu beschaffenden Summen steht die Tatsache gegenüber, daß der gesamte Umlauf Deutschlands an metallischen und papiernen Zahlungsmitteln in den Jahren vor dem Kriege sich auf nicht viel mehr als 5 Milliarden Mark gestellt und daß das gesamte deutsche Volkseinkommen vor dem Kriege sich auf 42 bis 45 Milliarden Mark belaufen hatte. Das erste Kriegsjahr brachte also in Deutschland Kriegsausgaben in Höhe des Vierfachen des Vorkriegs-Geldumlaufs und von nahezu der Hälfte des gesamten Vorkriegs-Volkseinkommens.

Der Mobilmachungsmonat allein erforderte fast zwei Fünftel des Betrages, der bei Kriegsausbruch in Deutschland an Umlaufsmitteln überhaupt vorhanden war, und das zu einer Zeit, in der aus den oben dargestellten Gründen die privaten Wirtschaften darauf Bedacht nehmen mußten, ihre Kassenbestände festzuhalten und womöglich zu verstärken

In den anderen kriegführenden Staaten lagen die Verhältnisse ähnlich

Die Mittel, mit denen der moderne Staat in normalen Zeiten seinen Geldbedarf deckt, sind laufende Staatseinnahmen (in der Hauptsache Steuern und sonstige Abgaben, daneben Einnahmen aus Staatseigentum und Betriebsverwaltungen) und Anleihen. Fortdauernde Ausgaben müssen nach gesunden finanzpolitischen Grundsätzen durch laufende Einnahmen gedeckt werden. Das gleiche gilt für die sogenannten einmaligen Ausgaben, die sich in wechselnden Formen erfahrungsgemäß Jahr für Jahr wiederholen. Beide Arten von Ausgaben sind Ausgaben des „ordentlichen Haushalts". Anleihen kommen nach gesunden finanzpolitischen Grundsätzen nur in Betracht für die Ausgaben des „außerordentlichen Haushalts"; nach den strengsten Grundsätzen sind auch hier Anleihen nur gerechtfertigt, soweit es sich um Ausgaben für „werbende Zwecke" (Hauptbeispiel: Erweiterung und Verbesserung des Eisenbahnnetzes) handelt, die aus sich selbst heraus die Verzinsung und Tilgung der aufzunehmenden Anleihen aufzubringen geeignet sind.

In beiden Fällen, bei der Einhebung laufender Einnahmen und bei der Aufnahme von Anleihen, wird vorhandene Kaufkraft im Wege der Uebertragung vorhandener Zahlungsmittel von Privaten auf den Staat übergeleitet. Das Geldwesen, insbesondere der Umfang der Geldzirkulation, wird durch diese beiden Arten der Geldbeschaffung des Staates nicht berührt. Ebensowenig wird eine zusätzliche Kaufkraft für den Staat neu geschaffen; was der Staat durch die Erhebung laufender Einnahmen und die Aufnahme von Anleihen an Kaufkraft gewinnt, das büßen die Steuerzahler und die Anleihezeichner an Kaufkraft ein.

Grundverschieden von diesen beiden Wegen, auf denen sich der Staat, ohne das Geldwesen zu berühren und ohne die in der Volkswirtschaft vorhandene Kaufkraft zu ändern, die Mittel für die Durchführung seiner Zwecke verschaffen kann, ist ein dritter Weg: die Schaffung neuer Kaufkraft zugunsten des Staates durch den Druck von Papiergeld. Es macht dabei praktisch keinen Unterschied, ob der Staat selbst für seine eigne Rechnung das neue Papiergeld als Staatspapiergeld herstellen läßt und in Umlauf setzt oder ob er bei seiner Notenbank Kredite in Anspruch nimmt, deren Gegenwert ihm in Banknoten zur Verfügung steht. Dieser Weg führt seiner Natur nach zu einer Vermehrung der Umlaufsmittel und zu einer Konkurrenz der im Wege der Ausgabe neuer Zahlungsmittel für den Staat neu geschaffenen Kaufkraft mit der vorhandenen und zunächst scheinbar ungeschmälert gebliebenen Kaufkraft der Privaten; also zu der Erscheinung, die man als „Inflation“ bezeichnet und die notwendigerweise zu einer Verminderung der Kaufkraft des Geldes führen muß. Die Zusammenhänge im einzelnen werden im II. (theoretischen) Teil dieses Buches zu erörtern sein.

Wegen ihrer üblen Folgen für das Geldwesen und die gesamte Wirtschaft scheidet die Schaffung neuer Kaufkraft für den Staat im Wege des Druckes von Papiergeld in normalen Zeiten als Mittel der staatlichen Geldbeschaffung völlig aus.

In Kriegszeiten jedoch haben die Staaten, seitdem papierne Geldzeichen im Verkehr Wurzel gefaßt haben, selten auf das Mittel der Notenpresse für die Deckung ihres Geldbedarfs ganz verzichten können. Wie zur Befriedigung vorübergehender Schwankungen des wirtschaftlichen Geldbedarfs, so mußten die papiernen Geldzeichen auch für Befriedigung des außerordentlichen Kriegsbedarfs des Staates herhalten, soweit dieser außerordentliche Bedarf nicht sofort oder überhaupt nicht auf den beiden anderen Wegen, dem Wege der Besteuerung und dem Wege der Anleihe, seine Deckung fand.

Die Notwendigkeit, auf den Druck papierner Geldzeichen zur Finanzierung des Krieges zurückzugreifen, war für alle beteiligten Staaten bei einem Kriege von dem Umfang und der Dauer des Weltkrieges in stärkerem Maße gegeben als jemals zuvor. Diese Notwendigkeit stellte sich sofort nach Kriegsausbruch ein, als die Staaten die gewaltigen Ausgaben für die Mobilmachung leisten mußten. Die sofortige Aufbringung von Milliardenbeträgen im Wege der Besteuerung verbot sich von selbst; die Aufbringung im Wege von Anleihen scheiterte an der Tatsache, daß der Kriegsausbruch über die Geldmärkte aus den oben dargelegten Gründen eine Klemme heraufbeschwor, in der sie nicht nur kein Bargeld abgeben konnten, sondern neues Bargeld für sich selbst benötigten. Die Finanzierung der Mobilmachung ist deshalb überall, soweit sie nicht aus etwa vorhandenen bereiten Beständen (Kriegsschatz in Deutschland), die aber nirgends auch nur

entfernt ausreichten, gedeckt werden konnte, durch die Inanspruchnahme des Kredits der Notenbanken, also im Wege der Schaffung
neuer Zahlungsmittel und neuer Kaufkraft zugunsten des Staates bewirkt worden. Der Weg hierzu ist in Deutschland der Finanzverwaltung formell eröffnet worden durch das oben (s. S. 206) erwähnte
Gesetz vom 4. August 1914, das für die Diskontierung bei der Reichsbank die dreimonatlichen Schatzanweisungen des Reichs den kaufmännischen Wechseln gleichstellte.

Erst nachdem die erste große Welle des Kriegsgeldbedarfs über
die kriegführenden Staaten dahingegangen war, konnte man unter Berücksichtigung auch der übrigen Wege, der Anleihe und der Steuern, zu
einer einigermaßen planmäßigen Finanzierung des Krieges kommen.
Man hat in den einzelnen Staaten in verschiedenem Maße auf Steuern
und Anleihen zurückgegriffen. Nirgends aber ist es im weiteren Verlauf
des Krieges gelungen, das Papiergeld als Mittel der Kriegsfinanzierung
völlig auszuschalten.

Die Rücksicht auf die Erhaltung eines gesunden und leistungsfähigen Geldwesens ließ es notwendig erscheinen, dafür Sorge zu tragen,
daß die für die Finanzierung des Krieges auszugebenden Summen nicht
als eine dauernde und sich fortgesetzt steigernde Vermehrung des Geldumlaufs wirkten. Das Geld, das der Staat für die Mobilmachung benötigte und mangels anderer sofort fließender Quellen sich durch den
Druck papierner Geldzeichen beschaffte, ergoß sich im Wege der vom
Staat geleisteten Zahlungen in den Verkehr. Die Geldklemme der
ersten Kriegstage wurde bald durch eine wachsende Geldflüssigkeit abgelöst. Wenn einer bedenklichen „Inflation" vorgebeugt werden sollte,
dann mußte durch eine Aenderung der Geldbeschaffung nicht nur der
allzu reichlich fließende Quell der papiernen Scheine verstopft, sondern
auch die Hochflut der bereits ausgegebenen neuen Scheine wenigstens
zum Teil aufgesaugt werden.

Zu Gebote standen für diesen Zweck die beiden bereits bezeichneten Wege, die Einhebung von K r i e g s s t e u e r n und die Aufnahme von A n l e i h e n.

Schon im zweiten Kriegsmonat, im September 1914, ging D e u t s c h-
l a n d als erster von allen kriegführenden Staaten mit der Begebung
einer großen Anleihe vor. E n g l a n d folgte im November 1914. Dagegen ging England mit der Ausschreibung von Kriegssteuern gleichfalls schon im November 1914 voran, während man in Deutschland
— wie übrigens in allen anderen kriegführenden Staaten — mit der
Einführung neuer Steuern zunächst zögerte.

Die Gründe, die für Deutschland das Betreten des Weges der
Kriegssteuern ungleich schwieriger machten, als für England, hat der
Verfasser an anderer Stelle eingehend dargelegt[1]). Hier genüge die
Feststellung, daß auch England, trotz seiner für das Anziehen der Steuerschraube sehr viel günstigeren Verhältnisse, über die Deckung seines
ordentlichen Etats hinaus bis zum Ende des Rechnungsjahres 1918 nur
etwa 15 Milliarden Mark an Steuern (einschließlich der Kriegsgewinn-

---

[1]) „Der Weltkrieg", Bd. II. S. 154 ff.

steuer) für die Deckung der bis dahin insgesamt etwa 120 Milliarden Mark betragenden Kriegskosten aufgebracht hat, also nur etwa $12^1/_2\,^0/_0$ seiner Kriegskosten durch Steuern hat decken können[1]). In allen anderen Staaten ist der Anteil der Steuern an der Deckung der Kriegskosten noch erheblich geringer gewesen.

In Deutschland rechnete man, stark beeinflußt durch die von dem Generalfeldmarschall Grafen Schlieffen vertretene Auffassung, zunächst mit einem kurzen Krieg. Die Ansichten in Regierung, Parlament und öffentlicher Meinung gingen dahin, daß der Krieg für Deutschlands Zukunft geführt werde, seine finanziellen Lasten, soweit sie nicht nach dem Vorbilde von 1870/71 durch eine Kriegsentschädigung abgebürdet werden würden, deshalb auch im Wege von Kriegsanleihen in der Hauptsache der Zukunft auferlegt werden könnten, zumal da die Kriegsanleihen in ähnlicher Weise wie Kriegssteuern geeignet waren, einen Rückfluß der papierenen Zahlungsmittel herbeizuführen und dadurch der Gefahr der Inflation entgegenzuwirken. Als es sich herausstellte, daß man sich auf eine längere Kriegsdauer gefaßt machen müsse und als zudem die rapid wachsenden Ausgaben für die Verzinsung der Kriegsanleihen — diese Ausgaben wurden auf den ordentlichen Haushalt genommen — starke Fehlbeträge im ordentlichen Haushalt herbeizuführen drohten, wurde auch in Deutschland der Weg der Kriegssteuern betreten (Ende 1915) und zwar mit dem Erfolg, daß während der fünf Rechnungsjahre 1914 bis 1918 nicht nur die gesamten Ausgaben des ordentlichen Haushalts gedeckt sondern darüber hinaus noch ein Ueberschuß von mehr als 3 Milliarden Mark erzielt wurde, der in der Hauptsache zur Tilgung der Reichsschuld, mit anderen Worten, zur Verminderung des für die Kriegführung entstehenden Anleihebedarfs, also zur Deckung eines, wenn auch bescheidenen Teiles der Kriegsausgaben Verwendung fand[2]).

Kriegsanleihen wurden während der ganzen Kriegsdauer im regelmäßigen Abstand von 6 Monaten, jeweils im März und September, zur Zeichnung aufgelegt, im ganzen neun, davon die erste, wie bereits erwähnt, im September 1914, die letzte im September 1918. Durch diese sich regelmäßig wiederholenden Kriegsanleihen sollte von 6 zu 6 Monaten

---

[1]) Siehe hierzu die Schrift von W. Prion, Steuer- und Anleihepolitik in England während des Krieges. Berlin 1918.

[2]) Die Einnahmen des Reichs und die Ausgaben des ordentlichen Reichsetats stellten sich wie folgt (siehe Drucksache des Reichstags Nr. 254 von 1920, S. 6, 13 und 14)

	Millionen Mark	
Rechnungsjahr	Einnahmen	Ausgaben
1914	2,350,8	1,653,2
1915	1,735,2	1,785,6
1916	2,029,4	2,973,8
1917	7,830,4	6,893,6
1918	6,795,0	7,146,0
Zusammen	20,740,8	20,452,2
Davon für Schuldentilgung		2,783,1
Ausgaben abzüglich Schuldentilgung		17,669,1

Die Einnahmen für diese Periode ergeben also gegenüber den Ausgaben, abzüglich Schuldentilgung, ein Mehr von 3,071,7 Millionen Mark.

die vom Reich für die Zwecke der Kriegführung kontrahierte „schwebende Schuld", in der Hauptsache bestehend aus bei der Reichsbank diskontierten Schatzanweisungen, konsolidiert und damit gleichzeitig das für die Zwecke der Finanzierung geschaffene und in Umlauf gesetzte Papiergeld wieder aufgesaugt werden.

Wie weit die Konsolidierung der schwebenden Schuld durch die regelmäßige Auflegung von Kriegsanleihen gelang, ergibt die nachstehende Uebersicht:

| | (Millionen Mark) | | |
	Nennbetrag der Zeichnung	Ansstehende Schatzanweisungen am Ende d. Zeichnungsmonats	Ueberschuß der Anleihezeichnungen über d. ausstehenden Schatzanweisungen
1. Kriegsanleihe (Sept. 1914)	4 460	2 632	+ 1 832
2. „ (März 1915)	9 060	7 209	+ 1 851
3. „ (Sept. 1915)	12 101	9 691	+ 2 410
4. „ (März 1916)	10 712	10 388	+ 324
5. „ (Sept. 1916)	10 652	12 766	− 2 114
6. „ (März 1917)	13 122	14 855	− 6 732
7. „ (Sept. 1917)	12 626	27 204	− 14 578
8. „ (März 1918)	15 001	38 971	− 23 970
9. „ (Sept. 1918)	10 443	49 414	− 38 971

Die ersten drei Kriegsanleihen lieferten also einen wachsenden Ueberschuss über den bei ihrer Begebung ausstehenden Betrag an Schatzanweisungen. Auch die vierte Kriegsanleihe, deren Ergebnis durch besondere Verhältnisse beeinträchtigt wurde (U-Boot-Streit, Entlassung des Großadmirals von Tirpitz) reichte noch aus, um die bis dahin aufgelaufene schwebende Schuld des Reiches zu konsolidieren. Dagegen blieben vom Herbst 1916 ab die Erträgnisse der Kriegsanleihen mit progressiv wachsenden Summen hinter den Beträgen der schwebenden Schuld zurück. Während im September 1916, also nach zwei Kriegsjahren, die schwebende Schuld erst eine Summe von 12,8 Milliarden Mark ausmachte, von der nach Begebung der 5. Kriegsanleihe nur 2,1 Milliarden Mark ungedeckt blieben, erreichte zwei Jahre später, im September 1918, die schwebende Schuld den Betrag von fast 50 Milliarden Mark. Die damals zur Zeichnung aufgelegte neunte Kriegsanleihe erbrachte nur 10,4 Milliarden Mark. Ungedeckt blieben also von der schwebenden Schuld rund 39 Milliarden Mark. Ende Dezember 1918 stellte sich die schwebende Schuld des Reiches auf 55,2 Milliarden Mark. Das System der periodischen Abdeckung der für die Kriegführung aufgenommenen schwebenden Schuld durch Kriegsanleihen hat sich also in der ersten Hälfte des Krieges bewährt, dagegen hat es in den beiden letzten Kriegsjahren versagt. Es ist eine offene Frage, ob in jenem zweiten Stadium des Krieges angesichts des immer stärkeren Zurückbleibens des Ertrags der Kriegsanleihen hinter den stark zunehmenden Kriegsausgaben und damit hinter der stark anwachsenden schwebenden Schuld ein stärkeres Anziehen der Steuerschraube nicht angezeigt gewesen wäre und ob nicht auf diesem Wege eine stärkere Aufsaugung der schwebenden Schuld und der mit dieser zusammenhängenden Papiergeld-Inflation sich hätte erreichen lassen.

Für die Beurteilung der Wirkung der Zunahme der schwebenden Schuld auf das Geldwesen ist die Tatsache von Wichtigkeit, daß keineswegs der Gesamtbetrag der ausgegebenen Schatzanweisungen von der Reichsbank aufgenommen werden mußte, daß vielmehr im Laufe des Krieges ein wachsender Anteil dieser Schatzanweisungen im „freien Verkehr", in der Hauptsache bei den Privatbanken, bei den großen industriellen Unternehmungen, und den großen privaten Vermögensverwaltungen Unterkunft fand. Während Ende 1914 von den damals ausgegebenen 2,9 Milliarden Reichsschatzanweisungen volle 2,7 Milliarden in der Reichsbank lagen und nur 0,2 Milliarden außerhalb der Reichsbank hatten untergebracht werden können, während Ende 1916 von 12.6 Milliarden Reichschatzanweisungen sich 8,9 Milliarden Mark in der Reichsbank und 3,7 Milliarden im freien Verkehr befanden, änderte sich in der Folgezeit das Verhältnis in der Weise, daß Ende 1917 der Bestand der Reichsbank an Reichsschatzanweisungen mit 14,2 Milliarden Mark hinter dem außerhalb der Reichsbank untergebrachten Betrag mit 14,4 Milliarden Mark um eine Kleinigkeit zurückblieb. Ende 1918 lagen von 55,2 Milliarden ausgegebener Reichsschatzanweisungen 27,2 Milliarden in der Reichsbank, 28 Milliarden befanden sich im „freien Verkehr".

In den beiden ersten Kriegsjahren fand sich also das deutsche Publikum bereit, das zur Anlage verfügbar werdende Geld fast ausschließlich zur Anlage in langfristigen Kriegsanleihen anzuwenden, während in der zweiten Hälfte des Krieges die Anlage in kurzfristigen Reichsschatzanweisungen immer mehr bevorzugt wurde. Der Unterschied zwischen der Unterbringung langfristiger Kriegsanleihen und Reichsschatzanweisungen mit nur dreimonatlicher Verfallzeit war von staatsfinanziellem Standpunkte aus sehr erheblich; denn das Reich mußte damit rechnen, bei Verfall der Schatzanweisungen mit der Prolongierung auf Schwierigkeiten zu stoßen. Dagegen war die Wirkung auf die Gestaltung des Umlaufs von Zahlungsmitteln eine ähnliche, wenn der freie Verkehr Schatzanweisungen aufnahm und behielt, wie wenn das Publikum Kriegsanleihe zeichnete. In beiden Fällen vollzog sich die Geldbeschaffung des Reichs im Wege der Uebertragung bereits vorhandener Zahlungsmittel auf das Reich. Neue Zahlungsmittel, und damit neue Kaufkraft wurden auch durch die Ausgabe von Schatzanweisungen nur insoweit geschaffen, als die Schatzanweisungen bei der Reichsbank diskontiert wurden.

Die Vermehrung des durch Gold nicht gedeckten Notenumlaufs der Reichsbank blieb deshalb nicht unwesentlich hinter der Zunahme der schwebenden Schuld des Reiches zurück. Von rund 1,1 Milliarden Mark am 30. Juni 1914 stieg er auf rund 5,5 Milliarden am 30. Dezember 1916 (gleichzeitige Ausgabe von Reichsschatzanweisungen 12,6 Milliarden Mark) und auf rund 19,9 Milliarden Mark am 31. Dezember 1918 (gleichzeitige Ausgabe von Reichsschatzanweisungen 55,2 Milliarden Mark).

Den Reichsbanknoten sind in ihrer Eigenschaft als Umlaufsmittel allerdings gleichzustellen die Dahrlehnskassenscheine, die ohne metallische Deckung gegen Verpfändung von Wertpapieren und Waren ausgegeben wurden. Das Reich hat zwar die Darlehnskassen für die Zwecke seiner eignen Geldbeschaffung nicht unmittelbar in Anspruch genommen; jedoch haben Einzelstaaten und Kommunen einen Teil ihres durch den Krieg verursachten Geldbedarfs bei den Darlehnskassen gedeckt, und auch die Mittel für die Einzahlung auf die Kriegsanleihen sind zu einem — wenn auch nur bescheidenen Teil — durch Beleihung von Wertpapieren bei den Darlehnskassen aufgebracht worden. Ein erheblicher Teil der Darlehnskassenscheine ging an die Reichsbank und wurde dort als Notendeckung (s. oben S. 206) festgehalten. Der im freien Umlauf befindliche Betrag an Darlehnskassenscheinen betrug Ende 1916 2,9 Milliarden, Ende 1917 6,3 Milliarden, Ende 1918 10,1 Milliarden Mark.

Insgesamt hat also der durch Gold nicht gedeckte Umlauf papierner Geldzeichen Ende 1916 den Betrag von 8,4 Milliarden, Ende 1918 den Betrag von rund 30 Milliarden Mark erreicht.

Alles in allem sind von den rund 150 Millarden Mark die bis Ende des Jahres 1918 vom Reiche insgesamt für Kriegszwecke verausgabt wurden, weniger als 30 Milliarden Mark, also weniger als ein Fünftel, im Wege der Schaffung neuen Papiergeldes finanziert worden, mehr als 120 Milliarden dagegen, also mehr als vier Fünftel, teils durch die Begebung langfristiger Kriegsanleihen, von denen Ende 1918 rund 89 Milliarden Mark ausgegeben waren, teils durch die Begebung von Reichsschatzanweisungen im freien Verkehr ohne Beanspruchung der Notenpresse. Daneben wurde der ganze Zinsendienst der Kriegsanleihen und darüber hinaus ein Kriegskostenbetrag von rund 3 Milliarden Mark aus Steuern bestritten.

Bei der Beurteilung der Zunahme des Papierumlaufs ist zu berücksichtigen, daß Deutschland die b e s e t z t e n G e b i e t e im Westen und Osten mit Umlaufsmitteln zu versehen hatte. Wenn auch zur Entlastung der Reichsbank in diesen Gebieten besondere Einrichtungen getroffen wurden — so in Belgien durch die Verleihung des Rechtes der Notenausgabe an die Société Générale, in Polen durch die Schaffung der Polnischen Darlehnskasse, in Kurland, Livland und Estland durch die Darlehnskasse Oberost — so wuchs doch der Umlauf deutscher Geldzeichen dort zu großen Summen an. Allein in Belgien wurden nach Abschluß des Waffenstillstandes von der dortigen Regierung nicht weniger als 6 Milliarden Mark deutschen Papiergeldes eingelöst, von denen allerdings ein erheblicher Teil erst kurz vor der Einlösung aus spekulativen Gründen nach Belgien gebracht worden war. Auch im neutralen Auslande waren in der Erwartung einer Besserung des Markkurses nicht unerhebliche Beträge deutschen Papiergeldes angesammelt worden. Außerdem waren große Summen in den Heereskassen gebunden. Schließlich erforderte auch der innere deutsche Verkehr infolge des Zurücktretens des Wechsels und des Ueberhandnehmens der Barregulierung beträchtlich größere Mengen an Zahlungsmitteln als in Friedenszeiten.

Die Entwicklung der Umlaufsverhältnisse in Deutschland ist typisch für diejenigen der kriegführenden Länder.

Sogar in England, wo die Banknote in Friedenszeiten an Bedeutung für den Zahlungsverkehr gänzlich hinter dem Scheck zurücktrat und wo auch im Kriege die inflationistische Vermehrung der dem Scheckverkehr als Grundlage dienenden Bankguthaben eine beträchtlich größere Rolle spielte als die Vermehrung der papierenen Geldzeichen, ist eine erhebliche Zunahme des Papierumlaufs eingetreten. In der Vorkriegszeit wies die Bank von England seit langem regelmäßig einen Goldbestand auf, der nicht unbeträchtlich höher war als ihre Notenausgabe. Noch der letzte Juliausweis des Jahres 1914 verzeichnete einen Goldvorrat von 38,1 Millionen Pfund Sterling gegenüber einem Notenumlauf von nur 29,7 Millionen Pfund Sterling. Der Stand der täglich fälligen öffentlichen und privaten Guthaben bei der Bank von England war dagegen 68,2 Millionen Pfund Sterling. Mitte 1916 waren die öffentlichen und privaten Guthaben auf 162,6 Millionen Pfund Sterling angewachsen, der Goldbestand auf 60,3 Millionen Pfund Sterling, während der Notenumlauf sich auf der mäßigen Höhe von 36,4 Millionen Pfund Sterling hielt. Neben den Noten der Bank von England waren jedoch damals bereits Currency Notes im Betrage von 122 Millionen Pfund Sterling in Umlauf, denen eine Golddeckung von nur 28,5 Millionen Pfund Sterling gegenüberstand. Um die Jahreswende 1918/19 waren die täglich fälligen Guthaben bei der Bank von England auf 241,2 Millionen Pfund Sterling gestiegen, der Goldvorrat auf 80 Millionen Pfund Sterling, der Notenumlauf auf 70,2 Millionen Pfund Sterling, der Umlauf der Currency Notes — bei einer unveränderten Golddeckung in Höhe von 28,5 Millionen Pfund Sterling — auf 323,2 Millionen Pfund Sterling. Es waren also damals gegenüber einer starken Ueberdeckung der Noten in der Vorkriegszeit, 313 Millionen Pfund Sterling (= 6,4 Milliarden Goldmark) ungedeckter Papierscheine vorhanden, dazu ein Plus von 173 Millionen Pfund Sterling aus sonstigen täglich fälligen Verbindlichkeiten.

Weit stärker als in Deutschland war bis in die letzte Phase des Krieges hinein die Zunahme des ungedeckten Papierumlaufs in Frankreich, obwohl die französischen Kriegskosten hinter denjenigen Deutschlands zurückblieben, obwohl das ohnehin schon kleinere Umlaufsgebiet des französischen Geldes während des Krieges — im Gegensatz zu Deutschland — keine Erweiterung, sondern eine Verengerung erfuhr und obwohl Frankreich — gleichfalls im Gegensatz zu Deutschland — einen erheblichen Teil seiner Kriegsausgaben durch auswärtige Anleihen (Vereinigte Staaten und England) finanzieren konnte. Schon Ende 1916 stellte sich der nichtgedeckte Notenumlauf der Bank von Frankreich auf 13,3 Milliarden Fr. = 10,8 Milliarden Mark, während gleichzeitig die durch Gold nicht gedeckte Papiergeldausgabe Deutschlands nur 8,4 Milliarden Mark betrug. Mitte 1918 war der ungedeckte Notenumlauf der Bank von Frankreich 25,2 Milliarden Fr. = 20,3 Milliarden Mark, während die ungedeckte Papiergeldausgabe Deutschlands nur etwa 17 Milliarden Mark betrug. Erst in den Monaten des Zusammen-

bruchs überholte die Flut der ungedeckten Papiergeldausgabe in Deutschland den französischen Stand.   Am Jahresschluß 1918 standen 30 Milliarden Mark in Deutschland nur 27,6 Fr. = 22,3 Milliarden Mark in
Frankreich gegenüber.

Am ungünstigsten entwickelten sich die Verhältnisse in R u ß l a n d.
Bei Kriegsausbruch waren die Noten der Russischen Reichsbank fast
in vollem Umfang durch Gold gedeckt: einem Notenumlauf von 1 634
Millionen Rubel stand ein Goldbestand von 1 600 Millionen Rubel gegen-
über.   Bereits um die Wende des Jahres 1915/16 war der ungedeckte
Notenumlauf auf rund 3,7 Milliarden Rubel = 8,14 Milliarden Mark,
Ende 1916 auf 7,1 Milliarden Rubel = 15,6 Milliarden Mark an-
geschwollen (in Deutschland gleichzeitig nur 8,4 Milliarden Mark).
Der letzte vor der bolschewistischen Revolution veröffentlichte Ausweis
der russischen Reichsbank (23. November 1917) zeigte einen durch
Gold nicht gedeckten Notenumlauf von 17,6 Milliarden Rubel = 38,7
Milliarden Mark (in Deutschland gleichzeitig erst etwa 13 Milliarden
Mark).

Die gleichfalls sehr ungünstige Entwicklung in O e s t e r r e i c h -
U n g a r n, ebenso die Entwicklung in I t a l i e n und in einer Anzahl
neutraler Länder ist aus den Tabellen auf S. 229 und 230 ersichtlich.

Sehr bemerkenswert ist die Gestaltung der Verhältnisse des Geldumlaufs in den V e r e i n i g t e n   S t a a t e n.
Die kurz vor Kriegsausbruch ins Leben gerufenen F e d e r a l   R e s e r v e
B a n k s hatten bis zur Zeit des Eintritts der Vereinigten Staaten in den Krieg
zwar einen sehr stattlichen Goldbestand angesammelt, ihre Notenausgabe
war jedoch gänzlich bedeutungslos geblieben.   Noch Ende 1916 betrug
die Notenausgabe der Federal Reserves Banks nur 14,1 Millionen Dollar;
sie wurde um mehr als das Dreißigfache durch den Goldvorrat in Höhe
von 453,7 Millionen Dollar übertroffen.   Dagegen brachte der gewaltige
Goldzufluß der beiden folgenden Kriegsjahre eine noch stärkere Zunahme der Notenausgabe.   Ende 1918 stand bei den Federal Reserve
Banks einem Goldbestand von 2090 Millionen Dollar ein Notenumlauf
von 2802 Millionen Dollar gegenüber.   In den beiden Jahren 1917
und 1918 wuchs also die amerikanische Zirkulation nicht nur um den
Betrag des Goldzuflusses, der sich auf rund 1640 Millionen Dollar
stellte, sondern darüber hinaus noch um die Steigerung der Notenausgabe der Federal Reserve Banks; während Ende 1916 der Notenumlauf um rund 440 Millionen Dollar durch Gold überdeckt war, stellte
sich Ende 1918 der durch Gold nicht gedeckte Notenumlauf auf
712 Millionen Dollar.   Die Vermehrung des amerikanischen Geldumlaufs
in den zwei Jahren 1917 und 1918 betrug mithin 1152 Millionen Dollar.

In allen kriegführenden Ländern trat also, wie sich aus der vorstehenden Darstellung ergibt, eine beträchtliche Steigerung des Geldumlaufs ein, die zwar nicht ausschließlich, aber doch vorwiegend dadurch verursacht wurde, daß die Staatsgewalt unmittelbar oder mittelbar

sich der Macht der Geldschaffung zur Geldbeschaffung für Kriegszwecke bediente. Zu den tiefeinschneidenden qualitativen Aenderungen in den Geldverfassungen, die auf dem Wege der Gesetzgebung und Verwaltung herbeigeführt wurden, kamen also gewaltige Veränderungen quantitativer Art, und zwar sowohl in dem Gesamtumfang des Geldumlaufs der einzelnen Länder, wie auch in der Zusammensetzung des Geldumlaufs nach Metall und Papiergeld und in dem Verhältnis der für die Papiergeldausgabe verfügbaren metallischen Deckung.

§ 6. Die Inflation bei den Neutralen.

Ebenso wie die durch den Krieg verursachten konstitutionellen Erschütterungen des Geldwesens von den unmittelbar am Kriege beteiligten Ländern sofort auch auf die Neutralen übergriffen, wie auch diese sich zur Einstellung der Goldeinlösung für die papiernen Geldzeichen, zu Ausfuhrverboten für Gold, zur Schaffung neuer Geldzeichen aus Papier und unedlen Metallen, teilweise auch zu Maßnahmen gegen die Ueberflutung mit Gold veranlaßt sahen, ebenso unterlag das Geldwesen der Neutralen auch den quantitativen Veränderungen.

Allein schon die bereits besprochene Verschiebung in den nationalen Goldbeständen, der Zustrom von Gold aus den kriegführenden zu den neutralen Ländern, hatte eine Vermehrung des Geldumlaufs in den letzteren zur unmittelbaren Folge. Zunächst nur eine Vermehrung des Goldumlaufs. Aber dabei blieb es nicht. Auch die Neutralen, vor allem die den Kriegsschauplätzen am nächsten gelegenen europäischen Neutralen, sahen sich durch den Krieg vor große Ausgaben gestellt, für deren Finanzierung sie zum Teil auf die Hilfe ihrer Notenbanken zurückgriffen. Es sei nur an die Mobilmachungen der Neutralen zum Schutz ihrer Neutralität erinnert. Zu den vermehrten Ausgaben des Staates kam der erhöhte Geldbedarf der Wirtschaft, hervorgerufen durch die Notwendigkeit der Barregulierung in vielen Fällen, in denen früher die Regulierung auf dem Wege des Kredits und der Verrechnung üblich gewesen war, durch das Steigen der Preise und durch die Forcierung der Produktion, die durch die dringende und unersättliche Nachfrage der Kriegführenden verursacht wurden. Der so entstehende Mehrbedarf an Zahlungsmitteln überschritt vielfach erheblich die durch den Goldzufluß bewirkte Vermehrung des Geldumlaufs und führte zu einer wachsenden Beanspruchung der Notenbanken und zu einer beträchtlichen Zunahme des ungedeckten Notenumlaufs.

Vom Ende des Jahres 1913 bis zum Ende des Jahres 1918 nahmen zu:

> bei der Schweizerischen Nationalbank: der Goldbestand um 209, der Notenumlauf auf 662 Millionen Fr.;
>
> bei der Niederländischen Bank: der Goldbestand um 538, der Notenumlauf um 735 Millionen Fl.;
>
> bei der Schwedischen Reichsbank: der Goldbestand um 184, der Notenumlauf um 443 Millionen Kronen.

Eine Ausnahme machte in Europa nur Spanien, bei der sich die Zunahme des Goldbestandes und des Notenumlaufs einigermaßen die

Wage hielt. Der Goldbestand der Bank von Spanien stieg um 1,748 Millionen Peseten, der Notenumlauf um 1,887 Millionen Peseten[1]).

Die durch den Krieg hervorgerufene „Inflation" blieb also nicht auf die kriegführenden Länder beschränkt, sie wurde zu einer Welterscheinung.

§ 7. Das Geldwesen in der Nachkriegszeit.

Es sind jetzt (Februar 1923) mehr als vier Jahre verflossen seit mit dem „Waffenstillstand" vom November 1918 der „Krieg" sein Ende fand. Aber der damals geschaffene „Friede" ist von keinem Anderen als dem Manne, der ihm das Gepräge gegeben hat, von Herrn Clémenceau als die „Fortsetzung des Krieges mit anderen Mitteln" bezeichnet worden. Einen wahren Frieden hat die Welt noch nicht gefunden. Zum mindesten von Frankreich wird der Kampf mit dem Ziel der völligen Unterdrückung, der wirtschaftlichen Verkrüppelung, der finanziellen Entblutung und der politischen Zerstückelung Deutschlands fortgesetzt. Das Diktat von Versailles, genannt „Friedensvertrag", gibt Frankreich für die Führung dieses Krieges die Waffen, vor allem die Waffe der Deutschland auferlegten unerfüllbaren Kriegsentschädigung. In Ausführung des Versailler Diktats sind Deutschland Zahlungen an das Ausland für „Reparationen", für den angeblichen Ausgleich von Vorkriegsschulden, für Besatzungskosten, Kontrollkommissionen usw. auferlegt worden, die Jahr für Jahr einen größeren Betrag ausmachen, als der ganze monetäre Goldbestand Deutschlands in der Vorkriegszeit. Der Kapitalbetrag der „Reparationsschuld" Deutschlands ist in dem „Londoner Zahlungsplan" vom Mai 1921 mit 132 Milliarden Goldmark auf eine Summe festgesetzt worden, die größer ist als das gesamte durch Krieg, Friedensbedingungen und Revolution stark verminderte deutsche Volksvermögen. Auch die gegenseitigen Wirtschaftsbeziehungen der Siegerstaaten sind mit Kriegsschulden in einem Umfange beschwert, wie er in der bisherigen Entwicklung der Völker ohne Beispiel ist. Nach dem Stand vom Juli 1921 betrugen die aus dem Kriege entstandenen Forderungen der Vereinigten Staaten an ihre verschiedenen Verbündeten einschließlich aufgelaufener Zinsen mehr als 11 Milliarden Dollar; England allein schuldet an die Union 4,573 Millionen Dollar, Frankreich 3,634 Millionen Dollar, Italien 1,809 Millionen Dollar. England hinwiederum hat aus Kriegsvorschüssen insgesamt Forderungen in Höhe von 1,787 Millionen Pfd.St., davon 561 Millionen Pfd.St. an Rußland, 557 Millionen Pfd.St. an Frankreich, 477 Millionen Pfd.St. an Italien, 103 Millionen Pfd.St. an Belgien. Gegenüber dieser gegenseitigen Verschuldung versagt die Tragkraft des zwischenstaatlichen Handels, der im bisherigen Verlauf der Wirtschaftsgeschichte durch Einfuhr- und Ausfuhrüberschüße die sich aus internationalen Verschuldungsverhältnissen ergebenden Zahlungsverpflichtungen in der Hauptsache reguliert hat. Die Kaufkraft großer Gebiete, insbesondere Deutschlands, das vor dem Kriege allein ein Achtel des Weltexports aufgenommen hat, wird unter der Last der ihnen auf-

---

[1]) Die Einzelheiten der Entwicklung sind aus den Uebersichten auf S. 229 und 230 ersichtlich.

erlegten Verschuldung erdrückt; dieselben Gebiete werden unter dem
Druck ihrer Zahlungsverpflichtungen zu einem Schleuderausverkauf an
Waren und Produktionsmitteln gezwungen. Die notwendige Wirkung
auf die Gläubigerländer ist Verminderung der Arbeitsgelegenheit und
Arbeitslosigkeit. Die Weltwirtschaft kann nicht zur Ruhe und die internationale Geldverfassung kann nicht zur Ordnung kommen, ehe nicht
die internationale Verschuldung in einer Weise geordnet ist, daß die
aus ihr entstehenden Jahresverpflichtungen durch den internationalen
Warenverkehr ohne schwere Störungen beglichen werden können.

Die Rückwirkungen der aus dem Krieg und den Friedensbedingungen
erwachsenen internationalen Verschuldung auf die Finanz- und Wirtschaftsverhältnisse der einzelnen Länder sind erschwert worden durch
die Zerstörungen, die der Krieg an sachlichen Produktionsmitteln, vor
allem aber an der menschlichen Arbeitskraft angerichtet hat. Dazu
kommen in einzelnen Fällen besondere Verhältnisse: in Rußland die
bolschewistische Revolution, die mit der Zerstörung des ganzen staatlichen, wirtschaftlichen und gesellschaftlichen Gefüges dieses wichtige
Produktions- und Absatzgebiet aus der Weltwirtschaft nahezu völlig
ausgeschaltet hat; in Deutschland die durch die Revolution herbeigeführte Verschiebung in den innerpolitischen und sozialen Macht-
verhältnissen, die sich vorläufig noch in einer starken Beeinträchtigung
der Gütererzeugung auswirkt; im Südosten Europas die Zertrümmerung
der Donaumonarchie und damit die Auflösung eines großen einheitlichen
Wirtschaftsgebietes in Bestandteile, die ihre Lebensfähigkeit noch nicht
erwiesen und ein wirtschaftliches Gleichgewicht in sich selbst noch
nicht gefunden haben. Dazu kommt, daß die Friedensverträge mit der
handelspolitischen Disqualifizierung Deutschlands (Vorenthaltung der
Meistbegünstigung usw.) die Grundlage der Gleichberechtigung zerstört
haben auf der vor dem Kriege der Welthandel aufgebaut war; daß ferner
fast in allen Staaten Verbote und Einschränkungen für Einfuhr und
Ausfuhr fortbestehen.

Die Weltwirtschaft ist also nach wie vor desorganisiert, und die
einzelnen nationalen Wirtschaften stehen noch im Zeichen der gewaltigen
Erschütterungen, die der Krieg ausgelöst hat. Dieser Zustand gibt
auch dem Geldwesen der Nachkriegszeit das Gepräge.

Die durch den Krieg verursachten k o n s t i t u t i o n e l l e n Ver-
ä n d e r u n g e n d e r e i n z e l n e n nationalen Geldverfassungen
sind noch nicht wieder beseitigt: Die Goldeinlösung der papiernen
Geldzeichen bleibt praktisch, sei es durch Gesetz, sei es durch Verwaltungsmaßnahmen, in allen Ländern außer den Vereinigten Staaten
von Amerika unterbunden; die Goldausfuhr ist noch nirgends, außer in
den Vereinigten Staaten von Amerika, von allen Beschränkungen befreit.
Die vor dem Kriege universelle Goldwährung ist bis zum heutigen Tage
die seltene Ausnahme; die Papierwährung beherrscht die Welt. Da
die Freizügigkeit des Goldes im Weltverkehr noch nicht wieder hergestellt ist und da mit der Universalität der Goldwährung die einheitliche Grundlage der internationalen Geldverfassung abhanden gekommen
ist, konnte die internationale Geldverfassung selbst noch nicht wieder

aufgebaut werden: statt der durch das Gold zusammengehaltenen internationalen Geldverfassung der Vorkriegszeit haben wir ein **chaotisches Nebeneinander nationaler Geldsysteme**, denen in ihrer wechselseitigen Beziehung jeder Gleichgewichtspunkt fehlt.

Die großen **quantitativen Verschiebungen und Veränderungen** im internationalen Geldwesen und im Geldwesen der einzelnen Staaten, die der Krieg mit sich gebracht hatte, setzten sich in der Nachkriegszeit fort. In Art und Umfang waren sie deutlich beeinflußt durch die neuen und für die einzelnen Länder durchaus verschiedenartigen politischen, wirtschaftlichen und finanziellen Machtverhältnisse, die der Ausgang des Krieges und die Friedensbedingungen geschaffen hatten.

Was zunächst die **Goldbewegung** anbelangt, so mußte Deutschland eine weitere erhebliche Schwächung seines Goldbestandes hinnehmen. Aufgrund des Waffenstillstandsvertrages mußte die Reichsbank das von Rußland erhaltene Gold an die Entente herausgeben, außerdem mußte sie der Entente für die von dieser zugelassenen und vermittelten Einfuhr von Lebensmitteln große Beträge in Gold zur Verfügung stellen. Von 2 262 Millionen Mark Ende 1918 ging demgemäß der Goldbestand der Reichsbank auf 1 089 Millionen Mark Ende 1919 zurück. Im Jahre 1920 hielt er sich ungefähr auf dieser Höhe. Im Jahre 1921 sank er im Zusammenhang mit der Zahlung der ersten Goldmilliarde auf die uns im Londoner Zahlungsplan vom Mai 1921 auferlegten Verpflichtungen um eine Kleinigkeit unter den Stand von einer Milliarde Mark herab. Ende 1922 stellte er sich auf 1 005 Millionen Mark. Gegenüber dem höchsten Stande während des Krieges hat also die Reichsbank mehr als 1 ¹/₂ Milliarden Gold abgeben müssen. Außerdem hat Deutschland gegenüber dem Stand vor dem Kriege seinen ganzen Goldumlauf im Betrage von mehr als 3 Milliarden Mark verloren, dazu alles, was an goldenen Schmucksachen während des Krieges an die Reichsbank abgeliefert worden ist.

Das von Deutschland nach dem Kriege abgegebene Gold kam in erster Linie England, Frankreich und den Vereinigten Staaten zugute.

Trotz weiterer, nicht unerheblicher Goldabflüsse nach Amerika vermochte die Bank von **England** ihren Goldbestand von 80 Millionen Pfund Sterling Ende 1919 auf 91,4 Millionen Pfund Sterling Ende 1919 und 128 Millionen Pfund Sterling Ende 1920 zu steigern und ihn seither auf dieser in der Geschichte der Bank unerhörten Höhe zu halten. Zu der sprunghaften Steigerung im Jahre 1920 hat allerdings in erster Linie der Umstand beigetragen, daß die englischen Privatbanken sehr erhebliche Goldmengen an das Zentralinstitut abgaben.

Die Bank von **Frankreich** konnte ihren Goldvorrat[1]) von 3 318 Millionen Fr. Ende 1918 auf 3 600 Millionen Ende 1920 und 3 670 Millionen Ende 1922 bringen.

---

[1]) Ohne das „Gold im Auslande".

Die **Bank von Italien** hat ihren Goldbestand seit dem Jahre 1918 mit geringen Schwankungen auf ungefähr der gleichen Höhe gehalten.

Von den Notenbanken der europäischen Neutralen vermochte die **Bank von Spanien** ihren Goldbestand noch weiter zu erhöhen (von 2 228 Millionen Peseten Ende 1918 auf 2 513 Millionen Peseten Ende 1921), ebenso die **Schweizerische Nationalbank** (von 415 Millionen Fr. Ende 1918 auf 549 Ende 1921) und die **Dänische Nationalbank** (von 197 auf 230 Millionen Kronen), während die **Niederländische Bank**, die **Schwedische Reichsbank** und die **Bank von Norwegen** eine leichte Abnahme zu verzeichnen hatten.

Die **Vereinigten Staaten** zogen neben ihrer eignen Goldgewinnung, die eine rückläufige Bewegung aufweist, aus Europa auch nach dem Abschluß des Krieges nicht unbeträchtliche Goldmengen an sich, gaben aber andererseits große Beträge Goldes an die mittel- und südamerikanischen Staaten und an Ostasien ab. Im Jahre 1919 stand sogar einer Goldeinfuhr von 77 Millionen Dollar eine Goldausfuhr in Höhe von 368 Millionen Dollar gegenüber. Im folgenden Jahre, 1920, stieg dagegen die Einfuhr von Gold auf 429 Millionen Dollar; die Ausfuhr stellte sich auf 322 Millionen Dollar; von dieser Summe gingen allein nach Japan über 100 Millionen Dollar, nach Argentinien 90 Millionen Dollar. Das Jahr 1921 brachte den Vereinigten Staaten einen Goldzufluß in Höhe von nicht weniger als 691 Millionen Dollar; davon kamen aus Europa allein 530 Millionen Dollar, ein großer Teil davon aus Rußland. Die Goldausfuhr betrug nur 24 Millionen Dollar, sodaß die Mehreinfuhr von Gold sich für 1921 auf 667 Millionen Dollar stellte. Der Goldbestand der **Federal Reserve Banks** zeigte in den Jahren 1919 und 1920 keine wesentlichen Veränderungen, stieg jedoch im Jahre 1921 von 2 059 auf 2 870 Millionen Dollar (bis Ende 1922 auf 3 040 Millionen Dollar). Der gesamte monetäre Goldbestand der Union wurde für Ende 1921 amtlich auf 3 766 Millionen Dollar geschätzt: das sind mehr als 40 Prozent des monetären Goldbestandes der Welt.

Die **Bank von Japan**, die während des Krieges — von Anfang 1914 bis Ende 1918 — ihren Goldbestand bereits von 224 auf 713 Millionen Yen hatte erhöhen können, verzeichnete bis Ende 1921 einen weiteren Zuwachs auf 1 246 Millionen Yen.

Die Verschiebung im monetären Goldbestande der Welt zuungunsten Europas und zugunsten der neuen Welt und Ostasiens nahm also in der Nachkriegszeit ihren Fortgang.

Die Einzelheiten der Verschiebung in den Goldbeständen der großen Notenbanken sind aus der Uebersicht auf S. 229 ersichtlich. Dabei geben die Verschiebungen in den Goldbeständen der Zentralnotenbanken noch nicht ein vollständiges Bild. Es muß hinzugenommen werden, daß in den europäischen Ländern das vor dem Krieg im freien Umlauf befindliche Goldgeld, dazu große Mengen von Gold, das bisher zu Schmucksachen und Geräten Verwendung gefunden hatte, in den Zentralnotenbanken konzentriert worden ist. Einen annähernden Ueberblick über die Verschiebungen des monetären Goldbestandes zwischen den einzelnen Ländern und Weltteilen geben die folgenden, auf den Schätzungen des amerikanischen Münzdirektors beruhenden Uebersichten.

Monetärer Edelmetallvorrat der Welt am 31. Dezember 1920.

| Länder | Gold | Silber | Auf den Kopf der Bevölkerung | | |
| | | | Gold | Silber | zusammen |
	Mill. Mark		Mark	Mark	Mark
Deutschland . . .	1 092,1	1 491,0	19,74	27,05	46,79
England	3 377,8	1 328,5	73,37	28,81	102,18
Frankreich	2 879,2	215,9	49,14	5,21	54,35
Italien	858,3	94,1	23,35	2,56	25,91
Deutsch-Oesterreich .	7,6	—	1,22	—	1,22
Rußland	1 260,0	—	6,89	—	6,89
Belgien	216,0	22,2	28,18	2,90	31,08
Bulgarien	30,1	13,7	5,42	2,48	7,90
Tschecho-Slowakei . . .	25,6	68,8	1,85	5,04	6,89
Dänemark	256,0	3,0	85,64	0,97	86,61
Finnland . . .	63,5	19,3	19,07	5,84	24,91
Ungarn	29,4	5,8	1,43	0,25	1,68
Jugoslavien . . .	52,0	12,5	3,74	0,88	4,62
Lettland . . .	9,2	—	6,13	—	6,13
Niederlande . . .	1 074,0	218,4	158,47	32,05	190,52
Norwegen . . .	165,8	—	72,37	—	72,37
Polen	12,4	37,6	1,01	3,11	4,12
Portugal . . .	39,0	80,1	6,51	13,40	19,91
Rumänien . .	1,4	—	0,08	—	0,08
Spanien	1 990,0	465,0	93,41	22,30	115,71
Schweden . . .	318,4	1,1	54,77	0,21	54,98
Schweiz	387,2	98,5	100,34	25,54	125,88
Europa	14 145,0	4 175,5	27,43	8,09	35,52
Vereinigte Staaten . .	12 185,3	2 480,0	112,77	22,93	135,70
Kanada	472,9	120,3	56,53	14,36	70,89
Mexiko	525,5	106,6	33,89	12,31	46,20
Britisch Honduras .	0,1	0,9	3,28	20,58	23,86
Cuba	189,0	35,7	65,18	12,31	77,49
Haïti	3,4	0,5	1,34	0,17	1,51
Honduras . . .	0,1	4,8	0,25	7,52	7,77
Nicaragua	—	1,1	—	1,76	1,76
Britisch Westindien .	—	2,0	—	5,50	5,50
Französisch Westindien	1,3	0,5	6,17	2,35	8,52
Argentinien . . .	2 076,6	—	259,27	—	259,27
Brasilien	140,9	—	4,70	—	4,70
Columbien	97,9	28,5	17,89	5,17	23,06
Britisch Guayana .	—	6,4	—	20,58	20,58
Peru	111,9	—	19,28	—	19,28
Uruguay . . .	261,5	—	173,54	—	173,54
Venezuela . . .	94,7	44,2	41,79	19,91	61,70
Amerika	16 161,2	2 831,5	79,19	13,88	93,07

Länder	Gold	Silber	Auf den Kopf der Bevölkerung		
	Mill. Mark		Gold Mark	Silber Mark	zusammen Mark
Aegypten . .	16,3	150,5	1,26	11,80	13,06
Uebriges Afrika .	199,4	292,8	5,78	7,02	11,80
A f r i k a	215,7	443,3	3,96	8,14	12,10
A u s t r a l i e n	484,7	—	75,17	—	75,17
China . . .	21,0	504,8	0,04	1,51	1,55
Japan	2 711,0	119,8	34,48	1,51	35,99
Indien (Britisch) . . .	488,3	1 304,4	1,51	4,12	5,63
Indien (Niederländisch) .	373,8	—	7,01	—	7,01
Uebriges Asien .	31,9	176,2	0,72	3,96	4,68
A s i e n	3 626,0	2 105,2	4,46	2,60	7,06
Insgesamt	34 632,6	9 555,5	21,67	6,01	27,68

Veränderungen im monetären Goldbestand wichtiger Länder von Ende 1913 bis Ende 1920.
(In Millionen Goldmark.)

Länder	1913	1920	Zu- bzw. Abnahme
Deutschland	3 280	1 092	— 2 189
Oesterreich-Ungarn (1920 Deutsch-Oesterreich, Ungarn und Tschecho-Slowakei) . . .	1 245	63	— 1 182
England.	3 487	3 378	— 109
Frankreich	5 040	2 879[1])	— 2 161
Italien	1 115	858	— 157
Europa insgesamt .	21 828	14 145	— 7 687
Vereinigte Staaten	8 000	12 185	+ 4 185
Kanada	594	473	— 126
Argentinien	1 224	2 077	+ 848
Amerika insgesamt .	10 717	16 161	+ 5 444
Afrika insgesamt . .	866	216	— 650
Australien insgesamt . .	909	484	— 425
Asien insgesamt . .	2 132	3 626	+ 1 494[2])

Noch bezeichnender als die Goldbewegung ist die in der Nachkriegszeit in den verschiedenen Ländern eingetretene Entwicklung des
P a p i e r g e l d u m l a u f s.

[1]) Ohne das von der Bank von Frankreich ausgewiesene „Gold im Ausland".

[2]) Die Zunahme entfällt so gut wie ausschließlich auf Japan, das seinen
Goldbestand von 546 auf 2 711 Millionen Mark erhöhte; die übrigen asiatischen
Länder, namentlich Indien, zeigen eine Abnahme ihrer Goldbestände.

In Rußland ist die Ausgabe von Rubelnoten auf Trillionen angewachsen. Zu Anfang des Jahres 1922 waren 17 Trillionen — 17 000 000 000 000 000! — Papierrubel ausgegeben. Bis Ende März 1922 wuchs der Papierumlauf weiter auf 71 Trillionen Rubel.

In dem neuen polnischen Staat hat der Papierumlauf im Oktober 1922 den Betrag von 463 Milliarden polnische Mark erreicht. Eine lawinenartige Zunahme des Papierumlaufs trat auch in Oesterreich ein.

Aber auch in Deutschland ist die Papierflut seit dem Abschluß des Krieges in erschreckender Progression angewachsen.

Die gewaltige Erhöhung des deutschen Papierumlaufs in der Nachkriegszeit ist die unmittelbare Folge der durch die Revolution und die Friedensbedingungen völlig zerrütteten Reichsfinanzen. Die Nachwirkungen des Krieges selbst treten hinter diesem Faktor gänzlich in den Hintergrund. Die Verzinsung der während des Krieges aufgelaufenen Reichsschuld erfordert von dem im laufenden Rechnungsjahr (1922) den Betrag von 3000 Milliarden Mark beträchtlich überschreitenden Ausgabenbedarf noch nicht 8 Millarden. Durch Steuern von einer Schwere, wie sie die Welt noch nicht gesehen hat, wurden in den 15 Monaten vom Mai 1921 bis Juli 1922 die Bedürfnisse der eignen Reichsverwaltung annähernd gedeckt. Dagegen ist es ausgeschlossen, die uns im Friedensvertrag auferlegten Lasten im Wege der Besteuerung aufzubringen; denn diese Lasten erreichen zusammen mit den Ausgaben des „inneren Etats" ungefähr die Höhe des gesamten deutschen Volksvermögens. Der Weg der Anleihe hat seit Kriegsende und Revolution völlig versagt. Die einzige seither zur Zeichnung aufgelegte Anleihe, die „Sparprämienanleihe" des Finanzministers Erzberger, war ein völliger Mißerfolg. Auch schwere Eingriffe in die Vermögenssubstanz, wie das Reichsnotopfer, vermochten nur einen bescheidenen Zuschuß zur Deckung des Fehlbetrages des Reiches zu beschaffen. So blieb und bleibt bis zu einer für Deutschland tragbaren Regelung der Kontributionsfrage das Reich darauf angewiesen, sich für die durch Steuern und andere Einnahmen nicht gedeckten Ausgaben das Geld durch die Begebung von Schatzanweisungen zu beschaffen, die, so weit sie nicht vom freien Verkehr aufgenommen werden, bei der Reichsbank gegen Gutschrift auf Girokonto oder gegen Verabfolgung von Reichsbanknoten diskontiert werden.

Unter diesen Verhältnissen hat sich die Verschuldung des Reiches folgenderweise entwickelt:

	langfristige Anleihen	schwebende Schuld	zusammen
	(in Milliarden Mark)		
Mitte 1914	4,9	0,5	5,4
Ende 1918	93,7	55,1	148,8
„ 1919	89,2	86,2	176,0
„ 1920	86,0	174,0	260,0
„ 1921	73,0	265,0	338,0
„ 1922	64,4	1822,0	1886,4

Die Abnahme der langfristigen Verschuldung um nahezu 30 Milliarden Mark seit dem Ende des Jahres 1918 ist in der Hauptsache zurückzuführen einmal auf die Annahme von Kriegsanleihestücken in Zahlung auf das Reichsnotopfer, dann auf die zum Zweck der Haltung des Kurses der Kriegsanleihen vorgenommenen Interventionskäufe, die das Reich durch die Kriegsanleihe-Aktiengesellschaft hat ausführen lassen. Infolge dieser Reduktion der konsolidierten Reichsschuld ist die schwebende Schuld des Reichs von Ende 1918 bis Ende 1922 nicht nur um den vollen Betrag der Zunahme der Verschuldung des Reichs (1737 Milliarden Mark) gestiegen, sondern darüber hinaus noch um die rund 30 Milliarden Mark, um die die konsolidierte Schuld des Reiches sich verringert hat, im ganzen um 1767 Milliarden Mark in vier Jahren!

Die vom Reiche ausgegebenen Schatzanweisungen bedeuteten in der Nachkriegszeit ebensowenig, wie im Kriege selbst, in vollem Umfang eine Vermehrung des Papierumlaufs. Die Unterbringung der Schatzscheine im freien Verkehr gestaltete sich in den beiden ersten Jahren nach dem Waffenstillstand sogar verhältnismäßig günstig, sodaß Ende 1920 von den insgesamt ausgegebenen 152,8 Milliarden Mark nur 57,6 Milliarden in der Reichsbank lagen, während 95,2 Milliarden Mark außerhalb der Reichsbank untergebracht waren. Im Laufe des Jahres 1921 begann jedoch die Aufnahmefähigkeit des freien Verkehrs für Reichsschatzanweisungen nachzulassen. Während die Gesamtausgabe bis Ende Dezember 1921 um 94,3 Milliarden Mark auf 247,1 Milliarden Mark stieg, nahm der freie Verkehr von dieser Vermehrung nur 19,6 Milliarden Mark auf, sodaß die Reichsbank ihren Bestand an Reichsschatzanweisungen um 74,7 Milliarden, von 57,6 auf 132,3 Milliarden Mark, anwachsen sah. Ende Dezember 1922 befanden sich von der auf 1,822 Milliarden Mark gestiegenen Gesamtausgabe 1,184 in der Reichsbank.

In Uebereinstimmung mit dieser Entwicklung stieg die Notenausgabe der Reichsbank von 22,2 Milliarden Mark am Ende des Jahres 1918 auf 68,8 Milliarden Mark Ende 1920, 102,3 Milliarden Mark Ende 1921 und 1280 Milliarden Mark Ende 1922. Dazu kommen noch die Darlehnskassenscheine, deren Umlauf von 10,1 Milliarden Mark Ende 1918 auf 13,7 Milliarden Mark Ende 1919 stieg; nach einigen Schwankungen hat er Ende 1922 ungefähr wieder diesen Stand erreicht. Nimmt man die Verminderung des Goldbestandes der Reichsbank auf rund 1 Milliarde Mark hinzu, so ergibt sich, daß in etwa vier Jahren der Nachkriegszeit der ungedeckte Papiergeldumlauf Deutschlands auf etwa das 43 fache des Standes vom Ende des Jahres 1918 angeschwollen ist.

Auch in den europäischen „Siegerstaaten" und in den Vereinigten Staaten von Amerika machte die Zunahme des durch Gold nicht gedeckten Papierumlaufs nach dem Kriegsabschluß zunächst noch Fortschritte. Die Auswirkungen und die Abwicklung des Krieges stellten an Staatsfinanzen und Wirtschaft überall gewaltige Ansprüche, die ohne Hilfe der Notenbanken und ohne Schaffung neuen Geldes nicht befriedigt werden konnten.

In England, wo während des ganzen Krieges die Zentralnotenbank für ihre Noten eine starke Ueberdeckung in Gold hatte durchhalten können, schwoll die Notenausgabe in den Jahren 1919 und 1920 in einem Maße an, das die sehr beträchtliche Zunahme des Goldvorrats noch übertraf; während von Ende 1918 bis Ende 1920 der Goldbestand von 79,1 auf 128,1 Millionen Pfd. St. anwuchs, stieg die Notenausgabe von 70,3 auf 132,8 Millionen Pfd. St., und gleichzeitig nahm der Umlauf von Currency Notes, bei unveränderter Golddeckung in Höhe von 28,5 Millionen Pfd. St., von 323,2 auf 367,6 Millionen Pfd. St. zu. Insgesamt steigerte sich also in diesen zwei Jahren der ungedeckte Papierumlauf in England um 57,9 Millionen Pfd. St. Seitdem ist eine Rückbildung eingetreten. Ende 1922 stellte sich der Notenumlauf der Bank von England auf 124,9, die Ausgabe von Currency Notes auf 301,3, zusammen 426,2 Millionen Pfd. St., denen ein Goldbestand der Bank in Höhe von 127,4 Millionen Pfd. St. und eine Golddeckung der Currency-Notes in Höhe von 27 Millionen Pfd. St. gegenüber stand.

In denselben Jahren 1919 und 1920 mußte die Bank von Frankreich bei einer Zunahme des Goldbestandes um etwa 100 Millionen ihre Notenausgabe von 31 auf 38 Milliarden, also um 7 Milliarden Fr., vermehren. Auch die Notenausgabe der Bank von Italien stieg in diesen beiden Jahren, bei einer Zunahme des Goldbestandes um 65 Millionen Lire, von 9,2 auf 15,4 Milliarden Lire.

In den Vereinigten Staaten zeigt der Goldbestand der Federal Reserve Banks gerade in den beiden auf den Abschluß des Krieges folgenden Jahren eine leichte Abnahme (von 2090 auf 2059 Millionen Dollar), während die Notenausgabe gleichzeitig eine Steigerung von 2862 auf 3561 Millionen Dollar erfuhr. Der durch Gold nicht gedeckte Notenumlauf der Federal Reserve Banks stieg also um fast 800 Millionen Dollar.

Bei den europäischen Neutralen waren die Veränderungen des Papierumlaufs in den beiden ersten Nachkriegsjahren im allgemeinen unerheblich; nur Spanien machte eine Ausnahme: hier wurde die weitere Zunahme des Goldbestandes der Zentralbank, von 2228 auf 2457 Millionen Peseten noch weit übertroffen durch die Zunahme der Notenausgabe, die sich von 3852 auf 4326 Millionen Peseten, erhöhte.

Im Laufe des Jahres 1921 kam jedoch — im Gegensatz zu der Entwicklung in Rußland, Polen, Oesterreich und Deutschland — die „Inflation" auch in denjenigen Staaten zum Stillstand, in welchen sie sich in den beiden Nachkriegsjahren noch fortgesetzt hatte. Größere Anleiheoperationen und ein schärferes Anziehen der Steuerschraube brachten in den „Siegerstaaten" Ordnung in die öffentlichen Finanzen oder führten wenigstens erhebliche Fortschritte in dieser Richtung herbei. Dazu kamen Maßnahmen der Bankpolitik — insbesondere in den Vereinigten Staaten und in England — die bewußt und planmäßig

auf eine Einschränkung des Papierumlaufs, auf eine „Deflation", hin-
arbeiteten.

Der Board der Federal Reserve Banks der Vereinigten
Staaten erzielte in dieser Politik den Erfolg, daß vom Ende des Jahres 1920
bis zum Ende des Jahres 1922 bei einer Zunahme des Goldbestandes
von 2,059 auf 3,040 Millionen Dollar der Notenumlauf von 3,561 auf
2,464 Millionen Dollar eingeschränkt wurde. Eine Golddeckung der
Noten von knapp 60 Prozent hat sich also in der kurzen Zeit von
$1^1/_4$ Jahren in eine starke Ueberdeckung verwandelt; trotz der Zunahme des Goldbestandes um 981 Millionen Dollar ist der Papierumlauf
um 1017 Millionen Dollar verringert worden.

Der Bank von England gelang es in derselben Zeit, bei einem
gleichbleibenden Goldbestand von rund 128 Millionen Pfd. St. ihren
Notenumlauf von 132,8 auf 124,9 Millionen Pfd. St. zu reduzieren.
Gleichzeitig wurde der Umlauf von Currency Notes, der vom Kriegsausbruch bis Ende 1920 ununterbrochen gewachsen war, von 367,6
auf 301,3 Millionen Pfd. St. zurückgeführt. Insgesamt hat also England
in den zwei Jahren seinen Papierumlauf bei gleichbleibender Golddeckung um rund 74 Millionen Pfd. St. einschränken können.

Die Bank von Japan verringerte bei annähernd gleichbleibendem
Goldbestand ihren Notenumlauf von 1439 Millionen Yen Ende Dezember
1920 auf 1,108 Millionen Yen Ende März 1922; sie erzielte damit eine
Ueberdeckung ihrer Noten um 120 Millionen Yen.

In Frankreich und in Italien ist vom Jahre 1921 an wenigstens
ein Beharrungszustand herbeigeführt worden. Dasselbe gilt für Spanien.
Auch die übrigen Neutralen zeigten entweder einen Stillstand in
der Geldvermehrung oder eine leichte Deflation. Die Einzelheiten ergeben sich aus der Uebersicht auf S. 230.

Die Entwicklung, die während des Krieges überall, wenn auch
dem Grade nach verschieden, in der Richtung einer beispiellosen Ver
mehrung der Umlaufsmittel gegangen war, hat also vom Jahre 1921
an begonnen, sich stark zu differenzieren. Während die „Inflation"
in den Ländern, die durch den Kriegsausgang und innere Wirren
am schwersten getroffen worden sind, daneben in dem durch die
Gunst der Alliierten künstlich großgemachten, aber staatsun-
tauglichen Polen, progressiv weitergeht, ist sie in dem weitaus
größten Teil der Welt zum Stillstand gekommen und in einer Anzahl
von Ländern, namentlich in den Vereinigten Staaten von Amerika,
in Japan und in England von einer ausgesprochenen „Deflation"
abgelöst worden.

§ 8.   Das Wertverhältnis von Geld und Geldmetall im Krieg und in der Nachkriegszeit.

Die konstitutionellen und quantitativen Veränderungen, die das
Geldwesen aller am Kriege unmittelbar und mittelbar beteiligten Länder
erfuhr, hatten starke Einwirkungen auf den gesamten Komplex von
Erscheinungen, die man mit dem Begriffe des „Geldwertes" in Zu-

Veränderungen der Goldbestände der wichtigsten Notenbanken
im Kriege und in der Nachkriegszeit.

(Die Ziffern beziehen sich auf den Jahresschluß.)

	1913	1914	1915	1916	1917	1918	1919	1920	1921	1922
Deutsche Reichsbank (Millionen Mark)	1 170	2 093	2 445	2 520	2 407	2 262	1 089	1 092	995	1 005
Oesterreich-Ungarische Bank (Millionen Kronen) . .	1 241	1 055	685	290	265	262	223	—	—	—
Bank von England [1] (Millionen Pfund Sterling) .	37,1	67,5	51,5	54,3	58,3	79,1	91,3	128,3	128,4	127,4
Bank von Frankreich [2] (Millionen Frank) .	3 508	4 158	5 015	5 076	5 352	5 477	5 579	5 500	5 524	5 534
Bank von Italien (Millionen Lire) .	1 107	1 118	1 077	—	836	—	805	—	—	—
Russische Reichsbank (Millionen Rubel) .	1 518	1 554	1 612	1 473	1 292	—	—	—	—	—
Niederländische Bank (Millionen Gulden) . .	151	217	429	587	698	689	637	636	606	581,3
Schweizerische Nationalbank (Millionen Frank) . .	116	238	250	345	358	415	547	543	549	535,1
Schwedische Reichsbank (Millionen Kronen)	102	108	125	184	244	286	281	282	278	274,0
Bank von Spanien (Millionen Peseta)	480	572	867	1 251	1 966	2 228	2 422	2 457	2 513	2 524,8
Federal-Reserve-Banks (Millionen Dollar) .	—	229	358	471	1 671	2 090	2 090	2 059	2 870	3 040
Bank von Japan (Millionen Yen)	224	218	248	411	650	743	713	1 247	—	—

[1] Metallbestand einschl. kleiner Beträge Silbergeld.
[2] Goldbestand einschl. „Gold im Ausland".

Veränderungen des Notenumlaufs der wichtigsten Notenbanken im Kriege und in der Nachkriegszeit.

(Die Ziffern beziehen sich auf den Jahresschluß.)

	1913	1914	1915	1916	1917	1918	1919	1920	1921	1922
Deutsche Reichsbank (Millionen Mark)	2 593	5 046	6 918	8 055	11 468	22 188	35 698	68 805	113 639	1 280 095
Darlehenskassenscheine				2 872	6 265	10 109	13 692	11 975	8 275	13 400
Oesterreich-Ungarische Bank (Millionen Kronen) . . .	2 494	5 136	7 162	10 889	18 440	35 588	54 481	—	—	—
Bank von England (Millionen Pfund Sterling) .	29,6	36,1	35,3	39,7	45,9	70,3	91,3	132,8	126,5	124,9
Currency-Notes	—	38,5	103,1	150,1	212,8	323,2	349,8	364,6	325,6	301,3
Bank von Frankreich (Millionen Frank) .	6 635	10 043	13 310	16 679	22 237	30 250	37 275	37 902	36 487	36 359
Bank von Italien (Millionen Lire) .	1 764	2 162	3 010	3 867	6 539	9 223	12 692	15 437	13 477	—
Russische Reichsbank (Millionen Rubel) .	1 669	2 864	5 304	8 591	18 917	—	—	—	—	—
Niederländische Bank (Millionen Gulden) . . .	334	494	577	758	890	1 069	1 033	1 072	1 013	974,1
Schweizerische Nationalbank (Millionen Frank) . . .	314	456	466	537	702	976	1 036	1 024	1 009	976,4
Schwedische Reichsbank (Millionen Kronen) .	304	328	417	573	814	747	760	731	591	582,2
Bank von Spanien (Millionen Peseta) .	1 965	2 100	2 360	2 751	3 268	3 852	4 370	4 326	4 244	4 187,0
Federal-Reserve-Banks (Millionen Dollar) .	—	—	13	14	1 254	2 802	3 319	3 561	2 528	2 464
Bank von Japan (Millionen Yen) . .	426	386	430	601	831	1 145	1 555	1 439	—	—

[1]) im freien Umlauf.

sammenhang zu bringen pflegt. Das Wesen und der innere Zusammenhang dieser Erscheinungen wird im IV. Abschnitt des zweiten (theoretischen) Teiles dieses Buches eingehender behandelt werden. An dieser Stelle kann nur die Klarstellung der historischen Entwicklung des Wertverhältnisses zwischen dem Geld und den beiden Geldmetallen sowie des Wertverhältnisses zwischen den einzelnen nationalen Geldeinheiten in Frage kommen.

a) Das Wertverhältnis von Geld und Gold.

Das Geldwesen fast der gesamten Kulturwelt hatte sich vor dem Kriege auf der Grundlage der Goldwährung konsolidiert; d. h. in den einzelnen Ländern hatte die wechselseitige freie Umwandelbarkeit von Gold und Geld, wie sie in der freien Ausprägung des Metalles Gold und in der freien Einlösbarkeit der nicht aus Gold bestehenden Geldsorten in Goldgeld gegeben war, eine feste Wertbeziehung zwischen Geld und Gold, die sich in einem stabilen Goldpreise ausdrückte, hergestellt; diese festen Wertbeziehungen zwischen den einzelnen nationalen Geldeinheiten, der Mark, dem Pfund Sterling, dem Franken, dem Dollar usw., zum Metalle Gold hatten die Wirkung, daß einmal das Wertverhältnis zwischen den einzelnen nationalen Geldeinheiten, wie es hauptsächlich in den auswärtigen Wechselkursen zum Ausdruck kommt (Valuta), annähernd dieselbe Stabilität aufwies, wie das Wertverhältnis zwischen den einzelnen nationalen Geldeinheiten und dem Golde; daß ferner die Tauschverhältnisse zwischen dem Gelde und den übrigen Waren, die Warenpreise, in dem sich nur langsam und schwerflüssssig verändernden Wertverhältnis zwischen dem Metalle Gold und den übrigen Waren einen Rückhalt hatten.

Der durch konstitutionelle Einrichtungen des Geldwesens gesicherte feste Goldpreis war also der tragende Pfeiler für das Wertverhältnis zwischen den einzelnen nationalen Geldeinheiten, d. h. für die valutarischen Beziehungen zwischen den einzelnen nationalen Geldverfassungen; ferner für das Wertverhältnis zwischen Geld und Waren, d. h. für die Kaufkraft des Geldes.

Die konstitutionellen Einrichtungen des Geldwesens, auf denen der Pfeiler des festen Goldpreises ruht, sind durch den Krieg, wie oben dargestellt wurde, fast überall beseitigt worden. Die Einlösbarkeit der nicht aus Gold bestehenden Zahlungsmittel in Goldgeld wurde überall aufgehoben und ist bis zum heutigen Tage nur in den Vereinigten Staaten von Amerika wieder hergestellt. Die freie Ausprägung für Gold ist zwar in denjenigen Ländern formell in Kraft geblieben, in denen, weil der Marktpreis des Goldes erheblich über dem Münzpreis steht, tatsächlich niemand von dieser Einrichtung Gebrauch zu machen wünscht; sie ist dagegen in solchen Ländern beseitigt oder wenigstens eingeschränkt worden, in welchen sich ein starker Zustrom von Gold fühlbar machte. Dazu kommen alle die Beschränkungen für den Handel in Gold, insbesondere für die Ausfuhr und Durchfuhr, die dem Golde seine internationale Freizügigkeit nehmen.

Der Goldmarkt wurde durch diese Maßnahmen völlig zerstört. Mit dem Kriegsausbruch gab es keinen einheitlichen, im freien Markte zustande gekommenen Goldpreis mehr. Der Londoner Markt, auf dem sich vor dem Kriege der Goldhandel der Welt konzentriert hatte, stellte die Notierung von Gold völlig ein. Auch in den anderen Ländern, die bisher in bescheidenerem Umfang einen Markt für Gold gehabt hatten, hörten die Notierungen von Gold auf. Ersatz bildete sich nirgends heraus; auch nicht in den Vereinigten Staaten. Dort wurden zwar während des Krieges und in den Nachkriegsjahren größere Quantitäten von Gold umgesetzt als jemals zuvor auf dem Londoner Markte; aber das Geschäft beschränkte sich auf so wenige große Hände, daß ein Bedürfnis nach einer offiziellen Notierung von Goldpreisen bisher nicht hervorgetreten zu sein scheint. Rückfragen in New York haben jedenfalls ergeben, daß Preise für Barrengold in keiner Form notiert werden, daß aber tatsächlich das Gold dort, und zwar dort allein, zu dem der Goldparität des Landesgeldes, des Dollars bis auf minimale Abweichungen entsprechenden Preise gekauft und verkauft wird. Nur in der ersten Zeit des Krieges scheinen auch in New York — in Verbindung mit dem starken Goldbegehr für die kriegführenden Staaten und den starken Goldverschiffungen dorthin — größere Schwankungen des Goldpreises vorgekommen zu sein.

In allen anderen Ländern haben sich starke Schwankungen des Goldpreises eingestellt, die in ihrer Richtung und Ausdehnung von den verschiedenartigsten Faktoren bestimmt wurden. Zur Feststellung der Schwankungen ist man angesichts des Mangels an Notierungen für Barrengold auf den Kurs des allein im großen Ganzen zum Golde in fester Wertbeziehung gebliebenen amerikanischen Dollar angewiesen, also auf die Bewegungen der einzelnen Valuten, gemessen am amerikanischen Gelde. Bei den weiter unten vorzunehmenden Nachprüfungen der seit dem Kriegsausbruch eingetretenen Valutaschwankungen wird sich ergeben, daß in einzelnen neutralen Ländern der Goldpreis zeitweise niedriger gewesen sein muß, als dem Ausmünzungswerte des Goldes entsprach. In der Hauptsache jedoch hat sich schon in den neutralen Ländern der Goldpreis höher gestellt als der Ausmünzungswert des Goldes. In den kriegführenden Ländern war das ausnahmslos der Fall und ist dies bis auf den heutigen Tag ausnahmslos so geblieben.

In England versuchte man zwar die Fiktion eines festen Goldpreises aufrecht zu erhalten. Es wurde nach Kriegsausbruch angeordnet, daß Gold nur an die Bank von England verkauft werden dürfe, und zwar zu dem alten Preise von 77 sh. 9 d für die Unze Standard; den südafrikanischen und australischen Minen wurde auferlegt ihre gesamte Goldproduktion zu diesem Preise der Bank von England zu überlassen. Diese Zwangsvorschriften blieben während der ganzen Dauer des Krieges in Kraft. Aber die aufgrund dieser Zwangsbewirtschaftung des innerhalb des britischen Weltreichs gewonnenen Goldes getätigten Verkäufe an die Bank von England geben kein Bild von der wahren Lage. Die Zwangsvorschriften hatten nur die Wirkung, daß die Goldförderung einen starken Rückgang erfuhr. Als im Laufe des Jahres 1919 die britische Regierung den Vorstellungen der Mineninteressenten nachgab und diesen gestattete, das von ihnen gewonnene Gold auf dem Londoner Markte zu höheren Preisen als dem gesetzlichen Münzpreise zu verkaufen, stellte sich — trotzdem von der Wiederherstellung eines freien Goldmarktes auch jetzt noch keine Rede sein konnte — alsbald eine sehr erhebliche Differenz zwischen Marktpreis und Münzpreis heraus. Die Notierung, die von jetzt ab nicht mehr für Unzen Standard, sondern für Unzen fein erfolgte, richtete sich seit jener Zeit völlig nach dem Kurse des amerikanischen Dollar. Während der gesetzliche Goldgehalt des Sovereign einem Goldpreise von 84 sh. 11$^8/_4$ d entspricht, stellte sich der Marktpreis des Goldes in London im Februar 1920 zeitweise auf 127 sh 4 d, also um 50 Prozent höher als der Münzpreis. In Uebereinstimmung mit der günstigeren Gestaltung des Dollarkurses trat dann eine Senkung des Goldpreises ein. Im ganzen schwankte der Marktpreis für Gold in London im Jahre 1920 zwischen 127 sh 4 d und 102 sh 7 d, im Jahre 1921 zwischen 115 sh 11 d und 97 sh 7 d für die Unze fein. Der Unterschied zwischen dem Marktpreis und Münzpreis für Gold, das „G o l d a g i o“, ist also im Laufe des Jahres 1921 bis auf etwa 15 Prozent zurückgegangen. Seither ist das Goldagio noch geringer geworden; Ende 1922 war der Londoner Goldpreis 88 sh 11 d; das Goldagio betrug mithin nur noch etwa 4,6 Prozent.

Zu einem förmlichen Agio auf die englischen Goldmünzen, wie es in früheren Zeiten eines geringeren Einflusses der Staatsgewalt auf das Geldwesen unter ähnlichen Verhältnissen stets eingetreten ist, scheint es im Weltkrieg und in der Nachkriegszeit nicht gekommen zu sein. Die Goldmünzen verschwanden aus dem Verkehr; ein irgendwie nennenswerter Handel in britischen Goldmünzen fand nicht statt.

In D e u t s c h l a n d, wo vor dem Kriege Goldpreise in Berlin und Hamburg notiert wurden, hörte der offizielle Goldhandel mit dem Kriegsausbruch auf. Am 23. November 1914 erließ der Bundesrat die bereits erwähnte Bekanntmachung betr. Verbot des Agiohandels mit Reichsgoldmünzen, die den Erwerb und die Veräußerung von Reichsgoldmünzen zu einem ihren Nennwert übersteigenden Preise von einer Genehmigung des Reichskanzlers abhängig machte. Aufgeld auf Reichsgoldmünzen ist, während die große Masse der vorhandenen Reichsgoldmünzen aus vaterländischen Beweggründen zum Nennwert bei der Reichsbank gegen Noten eingeliefert wurde, unter der Hand sicherlich in zahlreichen Fällen gezahlt worden; aber das Verbot des Agiohandels ließ das Goldagio nicht in Erscheinung treten.

Auch der Handel in ausländischen Goldmünzen wurde Beschränkungen unterworfen, indem zunächst die Bekanntmachung über den Handel mit ausländischen Zahlungsmitteln vom 20. Januar 1916 und später die Bekanntmachung über den Zahlungsverkehr mit dem Auslande vom 8. Februar 1917 (Devisenordnung) diesen Handel bei der Reichsbank und einer Anzahl bestimmter Bankfirmen konzentrierte. Darüber hinaus setzte die gleichzeitig mit der Devisenordnung erlassene Bekanntmachung über Goldpreise einen Höchstpreis von 2,790 Mark für Roh-, Abfall- und Bruchgold für das Kilogramm Feingold fest; dieser Höchstpreis entsprach genau dem Ausmünzungswert. Schließlich wurde durch eine Bekanntmachung über die gewerbliche Verarbeitung von Reichsmünzen vom 10. Mai 1917 das Einschmelzen und die sonstige Verarbeitung von Reichsmünzen von der Genehmigung des Reichkanzlers abhängig gemacht.

Diese Bestimmungen, die jeden freien Handel mit Gold und Goldmünzen völlig unterbanden, wurden erst nach Friedensschluß abgebaut. Durch Bekanntmachung vom 23. Juli 1919 wurde zunächst der Höchstpreis für Roh-, Abfall- und Bruchgold aufgehoben. Am 11. September 1919 wurde mit der Aufhebung der Deviseuordnung vom 8. Februar 1917 auch der Handel mit ausländischen Goldmünzen wieder freigegeben. Die Beschränkung für die gewerbliche Verarbeitung von Reichsgoldmünzen wurde durch eine Bekanntmachung vom 9. Dezember 1919 beseitigt, und schließlich wurde durch Bekanntmachung vom 19. Dezember 1919 auch das Verbot des Agiohandels mit Reichsgoldmünzen aufgehoben. Dafür aber wurde durch den § 21 Nr. 8 des Ausführungsgesetzes zum Friedensvertrag vom 31. August 1919 die Verfügung über Gold ohne Erlaubnis des Reichswirtschaftsministers unter Strafe gestellt, zunächst bis zum 31. Mai 1921, dann durch ein Gesetz vom 28. April 1921 bis zum 30. September 1921. Seitdem ist der inländische Handel mit Gold und Goldmünzen im wesentlichen frei[1]). Dagegen unterliegen Ausfuhr und Durchfuhr von Gold auch heute noch dem Verbot der Bekanntmachung vom 13. November 1915.

Obwohl das Ausführungsgesetz zum Friedensvertrag die Verfügung über Gold beschränkte, bildete sich um die Wende des Jahres 1919/20 an der Berliner Börse ein freier Goldhandel heraus. Erst am 17. Februar 1921 machte der Börsenvorstand durch eine Bekanntmachung diesem Goldhandel wieder ein Ende. Die von Januar 1920 bis Februar 1921 notierten Kurse des goldenen Zwanzigmarkstücks erreichten im Januar 1920 mit 450 Mark ihren höchsten Stand, gingen dann rasch bis auf 160 Mark im Mai 1920 zurück, um dann wieder bis auf 340 Mark im November 1920 zu steigen. Die letzte in diesem Handel verzeichnete Notiz (17. Februar 1921) lautete auf 328 Mark. Seit jener Zeit sind die Notierungen für Gold und Goldmünzen, obwohl die Verfügungsbeschränkung für Gold am 1. Oktober 1921 in Wegfall kam, nicht wieder aufgenommen worden.

Dagegen ist die Reichsbank in Verbindung mit der Annahme des Londoner Ultimatums, das große Goldbeschaffungen für das Reich nötig machte, im Mai 1921 ermächtigt worden, Goldmünzen und Barrengold für Rechnung des Reiches zu von ihr bekanntzugebenden Preisen anzukaufen. Der von der Reichsbank veröffentlichte Preis für das Zwanzigmarkstück stellte sich zunächst auf 260 Mark, mußte jedoch im Einklang mit dem seit jener Zeit in die Höhe wirbelnden Dollarkurse in rascher Folge erhöht werden; er beträgt zurzeit (Februar 1923) nicht weniger als 150 000 Mark, also das 7500 fache des Nennwertes! Auch

---

[1]) Beschränkungen bestehen nur noch insofern, als die Ausübung des Goldhandels im Hausieren und durch auffällige Reklame gemäß der noch in Kraft befindlichen Verordnung vom 7. Februar 1920 verboten ist und als der Handel in russischen Goldmünzen aufgrund des Gesetzes vom 15. März 1919 nach wie vor nur durch Vermittlung der Reichsbank erfolgen darf. Außerdem ist die Verfügung über das im Besitz der deutschen Privatnotenbanken befindliche Gold durch Gesetz vom 30. Juli 1921 an die Genehmigung der Reichsregierung und an die von dieser festzusetzenden Bedingungen gebunden.

damit bleibt er noch hinter dem Weltmarktpreise für Gold zurück, wie er sich aus dem Kurs und dem Feingehalt des amerikanischen Dollars ergibt.

Die Reichsgoldmünzen sind infolge der schwankenden Bewertung, die ihnen nicht nur im freien Handel, sondern auch durch die deutsche Zentralbank zuteil wird, aus dem deutschen Geldsystem ausgeschieden, auch wenn sie formell nicht außer Kurs gesetzt worden sind.

Die Goldmünzen sind also nicht mehr Geld, sondern nur noch Ware, wie das rohe Edelmetall, aus dem sie bestehen.

Die Gesetzgebung hat aus dieser Entwicklung bestimmte Folgerungen gezogen, insbesondere auf dem Gebiete der Steuern. Laut Gesetz vom 30. April 1920 sind bei der Veranlagung zum Reichsnotopfer Gold- und Silbermünzen mit dem Metallwerte zu berechnen. Die Finanzämter sind angewiesen worden, als den für den 31. Dezember 1919 maßgebenden Metallwert eines Zwanzigmarkstücks 220 Mark anzusetzen. Ebenso enthält das Vermögenssteuergesetz von 1922 in § 15 Abs. 6 die Bestimmung: „Gold- und Silbermünzen sind mindestens mit dem Metallwerte einzusetzen."

Der Versailler Friedensvertrag, der ja in Deutschland Gesetzeskraft erlangt hat, operiert allerdings in seinem Abschnitt über die „Reparation" (Teil VIII) und seinen „finanziellen Bestimmungen" (Teil IX) mit dem Begriff der „Goldmark". Aber diese „Goldmark" ist weder eine Münze noch ein gesetzliches Zahlungsmittel. Sie wird in § 262 des Versailler Vertrages wie folgt definiert:

Jede Barzahlungsverpflichtung Deutschlands aus dem gegenwärtigen Vertrage, die in Mark Gold ausgedrückt ist, ist nach Wahl der Gläubiger zu erfüllen in Pfund Sterling, zahlbar in London, in Golddollars der Vereinigten Staaten zahlbar New York, in Goldfranken zahlbar Paris und in Goldlire zahlbar in Rom.

Bei Ausführung des gegenwärtigen Artikels bestimmt sich Gewicht und Feingehalt für die oben genannten Münzen jeweils nach den am 1. Januar 1914 in Geltung gewesenen gesetzlichen Vorschriften.

Die „Goldmark" ist also lediglich ein Berechnungsmaßstab für die von Deutschland in Begleichung der ihm durch das Versailler Diktat auferlegten Verpflichtungen zu leistenden Zahlungen. Die Zahlungen selbst haben in Pfund Sterling, Golddollar, Goldfranken oder Goldlire nach Wahl des Gläubigers zu erfolgen, und zwar streng genommen — nur bei den Pfund Sterling fehlt der Zusatz „Gold" — nicht in der Währung der genannten Gläubigerländer schlechthin, sondern in den effektiven Goldmünzen dieser Länder, die — außer dem amerikanischen Dollar — gegenüber dem umlaufenden Papiergeld ein Agio genießen und damit selbst außerhalb der Geldverfassung der betreffenden Länder stehen. Maßgebend für die Umrechnung von Goldmark in Pfund Sterling. amerikanische Golddollar, französische Goldfranken und italienische Goldlire ist das Verhältnis des gesetzlichen Goldgehaltes, wie es zu Beginn des Jahres 1914 bestand. Im Grunde genommen lauten also die in Goldmark ausgedrückten Verpflichtungen auf bestimmte Quantitäten Feingold, dargestellt durch Goldmünzen der Gläubigerstaaten. In der Praxis hat die Reparationskommission fast ausnahmslos Zahlung in amerikanischem Dollar, umgerechnet zur alten Goldparität, verlangt.

Mit dem deutschen Geldwesen hat also die „Goldmark" des Versailler Vertrags nichts zu tun. Diese „Goldmark" hat die abgebrochene Wertbeziehung zwischen dem deutschen Gelde und dem Metalle Gold nicht wiederhergestellt.

Die Entfernung des Geldwertes von seinem früheren Goldäquivalent nach unten — anders ausgedrückt: die Steigerung des Goldpreises über seinen gesetzlichen Ausmünzungswert — wie sie in England in schwächerem und seit 1920 rückläufigem Maße, in Deutschland in stärkerem und seit 1921 rapid fortschreitendem Maße in Erscheinung getreten ist, hat sich in allen kriegführenden Staaten, außer der Union, herausgestellt.

Auch in den neutralen Ländern hat sich im allgemeinen eine Steigerung des Goldpreises über den Ausmünzungswert des Goldes, wenn auch in geringerem Umfang als in den am günstigsten dastehenden kriegführenden Staaten, herausgestellt. Ein Stand des Goldpreises unter seinem Ausmünzungswert — eine Erscheinung, wie sie während des Krieges aufgrund der Einstellung der Annahme von Gold gegen Banknoten oder der Goldausprägung sich zeigte — ist heute nirgends mehr zu konstatieren.

b) Der Silberpreis.

Die Stürme des Weltkrieges haben nicht nur das Verhältnis von Geld und Gold auf das schwerste erschüttert; sie haben auch das weiße Metall, das in dem halben Jahrhundert vor dem Weltkrieg seine ehemalige dem Golde gleichwertige Bedeutung als Währungsmetall Schritt für Schritt verloren und gleichzeitig eine Entwertung auf etwa ein Drittel seines früheren Wertes durchgemacht hatte, in den Wirbel der Ereignisse hineingezogen.

Schon in den ersten Kriegsjahren zeigte der Silberpreis eine auffallende Steigerung. Während im Jahre 1914 der Londoner Silberpreis mit $22^1/_8$ d für die Unze Standard den niedrigsten jemals dagewesenen Stand (22 d im Jahre 1908) annähernd wieder erreicht hatte, stieg er im Laufe des November 1915 bis auf $27^1/_4$ d, im Laufe des Mai 1916 sogar auf $37^1/_8$ d, den höchsten seit der Einstellung der indischen Silberprägungen im Frühjahr 1893 verzeichneten Kurs. Dann trat ein leichter Rückschlag und, bis in das Frühjahr 1917 hinein, ein Beharrungszustand ein.

Diese erste starke Aufwärtsbewegung des Silberpreises war verursacht einmal durch die starke Nachfrage Englands und anderer kriegführender Staaten, die dem Kleingeldmangel zunächst durch eine verstärkte Ausprägung von Silbermünzen abzuhelfen suchten. Das britische Schatzamt allein hat im Jahre 1915 mehr als 3 Millionen Pfd. St. Silber aus dem Markte genommen. Dazu kam ein erhöhter Bedarf von Silber für Ostasien, namentlich für Indien und China, um die starken Warenbezüge aus jenen Gebieten abzudecken. · Der Warenhunger der Kriegführenden suchte nicht nur bei den europäischen Neutralen und in Amerika, sondern auch im Osten Befriedigung. Da bei den kriegführenden Staaten, vor allem bei England, das diese Warenbezüge in der Hauptsache vermittelte und finanzierte, keine Neigung bestand, Gold für die Bezahlung dieser Importe abzugeben, und da die Aufnahmefähigkeit Asiens, trotz der vor zwei Jahrzehnten erfolgten Einstellung der Silberprägungen in Indien und der Befestigung der indischen Währung auf Goldbasis, nahezu unbegrenzt erschien, ergab es sich von selbst, daß das Silber als Zahlungsmittel für den Osten Gegenstand einer gewaltig steigenden Nachfrage wurde. Der sich damals ergebende Bedarf an Silber wurde gesteigert durch die Notwendigkeit, die in Mesopotamien, an der ägyptischen Grenze, in Ostafrika und anderen Schauplätzen kämpfenden indischen Truppen in Silberrupien zu entlohnen.

Die preissteigernde Tendenz dieser Nachfrage wurde durch die Tatsache noch verschärft, daß infolge der mexikanischen Wirren — Mexiko lieferte in den Jahren vor dem Kriege ein gutes Drittel der Weltproduktion an Silber — die Silbergewinnung einen starken Rückgang zeigte (von rund 7 Millionen Tonnen jährlich 1910—1913 auf nicht viel mehr als 5 Millionen Tonnen in den folgenden Jahren).

Das Jahr 1917 steigerte mit dem Eintritt der Vereinigten Staaten in den Krieg und mit der äußersten Anspannung aller Kräfte auf Seiten der Alliierten, wie sie namentlich für das Bestehen des U-Boot-Krieges notwendig war, die Bedeutung Ostasiens für die Versorgung der kriegführenden Länder in erheblichem Maße; damit gleichzeitig die Bedeutung des Silbers als Zahlungsmittel für jene Gebiete. Unter dem Druck dieser Verhältnisse stieg der Londoner Silberpreis von 35 d im März auf 55 d im September 1917, auf einen seit dem Jahre 1878 nicht mehr erreichten Kurs.

Die Verteuerung des Silbers, an der sich eine lebhafte Spekulation entzündete und die durch diese Spekulation noch weiter gesteigert wurde, gab Anlaß zu einer Kette ähnlicher Maßnahmen, wie sie bisher für das Gold getroffen worden waren. Eine Anzahl von Staaten erließen Ausfuhrverbote oder Ausfuhrbeschränkungen für Silber, vor allem die wichtigsten Silberproduktionsländer, Mexiko, die Vereinigten Staaten, Peru; aber auch England stellte die Silberausfuhr unter die Kontrolle des Schatzamtes, Indien und China untersagten die Silberausfuhr, Japan erließ ein Verbot des Einschmelzens von Silbermünzen und der Silberausfuhr.

Zahlreiche andere Staaten ergriffen ähnliche Maßnahmen. Verbote des Einschmelzens von Silbermünzen und der Ausfuhr von Silber erschienen insbesondere in denjenigen Ländern nötig, in denen der Metallgehalt der Silbermünzen infolge der Steigerung des Silberpreises und des Rückganges der eignen Valuta einen Wert erreichte, der den Nennwert überschritt.

England und die Vereinigten Staaten, auf denen die Last der Finanzierung des Krieges für die Alliierten und damit auch die Finanzierung der Warenbezüge aus den ostasiatischen Gebieten vornehmlich ruhte, suchten auch auf anderen Wegen Erleichterung. Selbstverständlich machte England in weitgehendem Maße von Krediten der indischen Regierung Gebrauch; auch die amerikanische Regierung ließ sich vom Jahre 1917 an von der indischen Regierung Kredite für die

Finanzierung ihrer indischen Einkäufe einräumen. Auf Mexiko wurde ein starker Druck ausgeübt, um es zur Ueberlassung seiner Silberförderung zu bestimmen; Ende 1917 überließ das amerikanische Schatzamt der mexikanischen Regierung sogar 15 Millionen Dollar Gold unter der Bedingung, daß Mexiko sein Ausfuhrverbot für Silber aufhebe.

Darüber hinaus trafen die Vereinigten Staaten und England gegen Ende des Jahres 1917 Vereinbarungen über den Aufkauf eines großen Teiles der amerikanischen Silbergewinnung. Gerüchte, daß die amerikanische Regierung die Beschlagnahme der gesamten amerikanischen Silberförderung und eine gesetzliche Normierung des Silberpreises beabsichtige, begannen von jener Zeit an auf den Kurs zu drücken.

Die wichtigste Aktion aber war die Mobilisierung der großen Silberbestände, die das amerikanische Schatzamt seit dem Erlaß der Sherman-Bill (1890) gegen Ausgabe von Silberzertifikaten aufgekauft und als Deckung für diese Silberzertifikate in Verwahr genommen hatte. Im Frühjahr 1918 stimmte der Kongreß einem Gesetze zu (Pittman-Bill), das die amerikanische Regierung zum Verkauf dieses hinterlegten Silbers bis zum Betrage von 350 Millionen Dollar und zur Einziehung der für dieses Silber ausgegebenen Zertifikate gegen Noten zu 1, 2 und 5 Dollar ermächtigte. In Verbindung mit der Durchführung dieses Gesetzes setzten die amerikanische und die englische Regierung im gegenseitigen Einvernehmen Höchstpreise für Silber fest, die in New York zunächst auf 100, dann auf $101^1/_4$ cents für die Unze fein, in London zunächst auf 49, dann auf $49^1/_2$ d für die Unze Standard Silber normiert wurden. Damit hatten die beiden Regierungen in der Tat den Silbermarkt für einige Zeit in ihrer Gewalt.

Auf der anderen Seite ergriff die indische Regierung unter dem Einfluß des britischen Schatzamtes Maßnahmen, die bestimmt waren, die Wirkungen der unter dem Einfluß des Krieges zu ungeahnter Aktivität gelangten indischen Zahlungsbilanz abzuschwächen. Aehnlich wie vorher Schweden und andere europäische Neutrale sich gegen den Zustrom von Gold zur Wehr gesetzt hatten, ging jetzt Indien vor; die indische Regierung erließ um die Mitte des Jahres 1917 Einfuhrbeschränkungen sowohl für Gold als auch für Silber; sie beschlagnahmte das eingeführte Gold zu einem Preise, der aufgrund der zunächst noch festgehaltenen Parität von 15 Rupien = 1 Pfd. St. dem englischen Ausmünzungswerte entsprach, das Silber zu einem Preise von $5^0/_0$ unter dem Londoner Tagespreis des Ankunftstages. Gleichzeitig schuf man in kleinen Noten, bis herab zu fünf Rupien, Ersatz für das verteuerte Silber. Das Hauptmotiv für diese Politik der Aussperrung von Gold und Silber war allerdings nicht, wie in Schweden, die Furcht vor der Inflation, sondern die Sorge der britischen Regierung um die Erhaltung ihres Goldbestandes sowie ihr Bestreben, unter Ausschaltung der Spekulation die Verschiffung von Silber nach Indien in der eignen Hand zu konzentrieren und dadurch die Möglichkeit zu bekommen, den Silberpreis niedrig zu halten.

Das Zusammenwirken aller dieser Maßnahmen bewirkte in der Tat, daß von der Mitte des Jahres 1918 bis in das späte Frühjahr 1919 hinein der Silberpreis annähernd stabil blieb. Im Mai wurden in

Amerika und England die Höchstpreise für Silber aufgehoben, ebenso in Amerika das Ausfuhrverbot für Silber. Die Folge war, daß die mit neuer Wucht einsetzende Silbernachfrage für Indien und China den Silberpreis in einer alles bisher Dagewesene übertreffenden Weise in die Höhe trieb. Obwohl die amerikanische Regierung durch starke Silberverkäufe auf den Preis zu drücken suchte und obwohl die Silberausfuhr der Vereinigten Staaten im Jahre 1919 den Betrag von 239 Millionen Dollar erreichte, wovon 109 Millionen Dollar nach Indien, 70 Millionen Dollar nach China gingen, kam der New Yorker Silberpreis im November 1919 auf 137,5 cents, im Januar 1920 sogar auf 140,75 cents für die Unze fein. Dieser letztere Kurs entsprach einem Wertverhältnis von 1 zu 14,7 zwischen Silber und Gold. Ein solches Wertverhältnis war seit dem Jahre 1780 nicht mehr dagewesen.

Hatte die Gestaltung des Silberpreises vorher schon in einer Anzahl von Ländern, deren Geldwert in größerem Abstand unter das frühere Goldäquivalent herabgegangen war, den Metallwert der Silbermünzen über ihren Nennwert hinausgetrieben und damit zur Einschmelzung und zur Thesaurierung der Silbermünzen Veranlassung gegeben, so überschritt der Silberpreis jetzt auch das Verhältnis, in dem in den Vereinigten Staaten der Metallgehalt des Golddollar und des Silberdollar stand (1 : 16). Um gleichwohl das Silbergeld dem Verkehr zu erhalten, wurde in Amerika zu Beginn des Jahres 1920 durch die Mac Fadden Bill der Feingehalt des Silberdollar von 900 Tausendteilen auf 800 Tausendteile herabgesetzt.

In anderen Ländern waren drastischere Maßnahmen nötig. England sah sich genötigt, im Herbst 1919 von neuem ein Ausfuhrverbot für Silber und Silbermünzen zu erlassen und bald darauf den Feingehalt seiner Silbermünzen von 925 auf 500 Tausendteile herabzusetzen.

Andere Staaten suchten sich mit Verboten der Einschmelzung und der Ausfuhr von Silbermünzen zu helfen.

Wieder andere setzten ihre Silbermünzen außer Kurs und suchten sie gegen Papiergeld aus den Händen des Publikums in die Regierungskassen zu leiten. So wurden in Italien schon im Jahre 1917 den Silberscheidemünzen die gesetzliche Zahlungskraft entzogen, ihre Ablieferung gegen Papiergeld an die staatlichen Kassen verfügt und der Besitz von mehr als 10 Lire an solchen Münzen unter Strafe gestellt. Auch in Deutschland wurden, nachdem im Jahre 1917 die silbernen Zweimarkstücke außer Kurs gesetzt worden waren, durch Verordnung vom 13. April 1920 den sämtlichen Silbermünzen die gesetzliche Zahlungskraft entzogen. Die Reichsbank versuchte, durch die Gewährung verhältnismäßig günstiger Ankaufspreise einen möglichst großen Teil der noch vorhandenen Silbermünzen zu erwerben.[1]

---

[1] Der Ankaufspreis der Reichsbank für die Reichssilbermünzen wurde im Mai 1920 für je 1 Mark Nennwert zunächst auf 3 Mark festgesetzt, bis zum November 1921 aber auf 20 Mark erhöht. In der Folgezeit fand im Einklang mit dem Rückgang des Silberpreises in London und New York eine starke Herabsetzung statt. Seit dem Beginn des katastrophalen Zusammenbruchs der deutschen Valuta im Herbst 1921 wurde der Ankaufspreis in raschem Tempo und starkem Ausmaße erhöht; zurzeit (Februar 1923) beträgt er das 1750fache des Nennwertes der Silbermünzen.

Nach einer ganz anderen Richtung lief die Entwicklung in China und Indien. Das chinesische Geld nahm, da es Silberwährungsgeld war, ohne weiteres an der Wertsteigerung des Silbers teil. In Indien war zwar seit dem Jahre 1899 der englische Sovereign zum Kurse von 15 Rupien als gesetzliches Zahlungsmittel zugelassen worden. Aber der Geldumlauf des indischen Reiches bestand nach wie vor so gut wie ausschließlich aus Silber. Solange das Wertverhältnis zwischen den beiden Edelmetallen für das Silber ungünstiger gewesen war, als die diesem Werte entsprechende Relation, war es dank der Sperrung der freien Silberprägung und der günstigen indischen Zahlungsbilanz gelungen, die Rupie auf der Grundlage des Kurses 15 Rupien = 1 Pfund Sterling oder 1 Rupie = 16 Pence zu stabilisieren. Jetzt, wo auf der einen Seite der Wert des britischen Pfundes unter seine Goldparität herabgesunken und der Silberpreis in England weit über den Satz hinaus gestiegen war, der dem im Jahre 1899 festgelegten Verhältnis zwischen Rupie und Sovereign entsprochen hätte, sprengte die Steigerung des Silberpreises in Verbindung mit den von der indischen Regierung verfügten Einschränkungen der Goldeinfuhr die seit zwei Jahrzehnten gesichert erscheinende Parität zwischen dem englischen und dem indischen Gelde. Die indische Rupie erhob sich in ihrem Werte, wie bei der Darstellung der Valutaverhältnisse der Nachkriegszeit zu zeigen sein wird, nicht nur beträchtlich über die ihr beigelegte Parität in englischem Gelde, sondern auch über das Goldäquivalent, das dieser Parität entsprochen hätte. —

So rasch und überraschend sich die Steigerung des Silberpreises entwickelt hatte, so wurde doch dieser Aufstieg des Silbers durch das Tempo des vom Beginn des Jahres 1920 an einsetzenden Absturzes noch übertroffen. Ein Nachlassen des Bedarfs für Ostasien und das Angebot des von den europäischen Staaten aus dem Verkehr gezogenen oder vom Edelmetallhandel aufgekauften und eingeschmolzenen Silbergeldes begannen schwer auf den Silbermarkt zu drücken. Während in New York der Silberpreis im Januar 1920 den Satz von 140$^3/_4$ Cents erreicht hatte, wurde am 10. Dezember des gleichen Jahres für das im freien Markte gehandelte Silber[1]) nur noch ein Kurs von 59$^1/_4$ Cents erzielt. Im März 1921 ging der Silberpreis sogar auf 52$^5/_8$ Cents in New York und auf 30$^5/_8$ d in London zurück, also auf einen Tiefstand, wie er seit 1916 nicht mehr erreicht worden war. Die auf diesen heftigen Rückschlag eingetretene Reaktion war nicht unbedeutend, stand aber doch in keinem Verhältnis zu dem seit Anfang 1920 eingetretenen Preissturz, hielt auch nicht vor. Ende 1922 notierte Silber in New York 64$^1/_4$ Cents, in London 31$^9/_{16}$ d. —

Aus der vorstehenden Darstellung ergibt sich, daß die durch den Krieg hervorgerufenen heftigen Schwankungen des Silberpreises, wenn auch nicht in demselben Maße wie die Zerreißung des Bandes zwischen Gold und Geld, einen weitgehenden Einfluß auf die Geldverfassungen der einzelnen Länder und auf das Verhältnis zwischen den einzelnen nationalen

---

[1]) Die amerikanische Regierung fährt fort, Silber inländischer Provenienz zum festen Satze von 99$^1/_2$ Cents für Münzzwecke aufzunehmen.

Geldsystemen ausgeübt haben. Vor allem ist das Geld der am Kriege beteiligten und namentlich der schließlich unterlegenen europäischen Staaten nicht nur „entgoldet", sondern auch entsilbert worden; entsilbert in einzelnen Staaten bis zur formellen und tatsächlichen Beseitigung eines jeden Silbergeldes. Die von den europäischen Staaten in Jahrhunderten angesammelten und auch nach dem Uebergang zur Goldwährung in der Hauptsache beibehaltenen Bestände an Silbermünzen sind, während die neue Welt das europäische Gold an sich gezogen hat, zum großen Teil nach Indien und China abgeflossen.

§ 9. Die Erschütterung der intervalutarischen Beziehungen.

Die durch den Krieg bewirkte Zerstörung des festen Verhältnisses zwischen Geld und Gold trat am schnellsten und am sinnfälligsten in Erscheinung in der Gestaltung der Wertbeziehungen zwischen den einzelnen nationalen Geldeinheiten, also in den intervalutarischen Kursen.

Auch auf diesem Gebiete liegt allerdings ein lückenloses Material nicht vor. Einmal wurden die Wechselkurse zwischen den im entgegengesetzten Lager stehenden kriegführenden Mächten, solange der Krieg dauerte, nicht notiert. In Berlin z. B. wurden die Wechsel auf die Länder unserer Kriegsgegner erst wieder nach der Ratifikation des Versailler Friedens zum Börsenhandel zugelassen, die offizielle Notierung erfolgte zum ersten Mal wieder am 2. Februar 1920. Auch die Wechselkurse auf die verbündeten und neutralen Länder wurden in Berlin vom Kriegsausbruch bis zum 28. Januar 1916 nicht notiert. Ferner sind die amtlichen Wechselkursnotierungen vielfach durch reglementierende Eingriffe der Regierungen beeinflußt worden. Immerhin ist aus den während des Krieges ununterbrochen fortgesetzten Notierungen auf wichtigen neutralen Börsenplätzen ein zutreffendes Bild von der Erschütterung der internationalen Geldverfassung zu gewinnen.

Indem der Krieg die Handelsbeziehungen zwischen den einzelnen Ländern revolutionierte, schuf er für den internationalen Zahlungsausgleich völlig neue Verhältnisse. Der Export der kriegführenden Staaten schmolz zusammen, da diese alle verfügbaren Kräfte auf die Kriegszwecke konzentrieren mußten. Gleichzeitig schwoll ihr Importbedarf an lebens- und kriegswichtigen Waren und Materialien ins Ungeheuerliche an. Die bisherige Organisation des internationalen Zahlungsausgleichs, an die jetzt weit größere Ansprüche gestellt wurden als jemals zuvor, brach zusammen; denn ihre Voraussetzungen, die Erhältlichkeit und Verwendbarkeit des Goldes zu festen Preisen in allen wichtigen am Welthandel beteiligten Ländern und die internationale Freizügigkeit des Goldes kamen mit der Aufhebung der Goldeinlösung der papiernen Geldzeichen, mit den Beschränkungen der Goldannahme bei zentralen Notenbanken und Münzstätten, mit den Ausfuhrbeschränkungen und Ausfuhrverboten für Gold in Wegfall. Den wildesten Schwankungen in gegenseitigen Wertverhältnissen des Geldes der einzelnen Länder war damit freier Spielraum gegeben.

An Versuchen, durch Maßnahmen verschiedener Art auf die Gestaltung der ausländischen Wechselkurse einzuwirken und so einen Ersatz für die bisher in den Funktionen des Goldes gesicherte Stabilität der intervalutarischen Beziehungen zu schaffen, haben es allerdings die am Kriege beteiligten Regierungen nicht fehlen lassen.

Das Gold selbst, das der Verfügung des freien Verkehrs entzogen wurde und das damit aufhörte, durch seine Bewegungen von Land zu Land automatisch auf eine enge Begrenzung der Wechselkurs-Schwankungen zu wirken, wurde von den Regierungen als Instrument einer planmäßigen Beeinflußung der Devisenkurse benutzt; am stärksten von England, das infolge der oben dargestellten Maßnahmen während des ganzen Krieges bedeutende Zugänge an Gold zu verzeichnen hatte und infolgedessen auch mit der Abgabe von Gold zum Zwecke der Regelung des Sterlingkurses freigebiger verfahren konnte als alle anderen am Kriege beteiligten europäischen Nationen.

Neben der Abgabe von Gold wurde die Aufnahme ausländischer Anleihen und Kredite und die Verfügung über deren Gegenwert in den Dienst der Aufrechterhaltung der Valuta gestellt. Für die Ententeländer spielten die in den Vereinigten Staaten aufgenommenen Anleihen und Kredite unter den auf die Aufrechterhaltung ihrer Valuta gerichteten Maßnahmen die Hauptrolle, während die valutarische Position Deutschlands und seiner Verbündeten von vorn herein daran litt, daß es bei der von Anfang an in den Vereinigten Staaten herrschenden Stimmung trotz aller Bemühungen nicht gelang, irgendwelche erheblichen amerikanischen Kredite zu erhalten. Deutschland mußte sich deshalb zur Deckung seines Einfuhrbedarfs und zur Stützung seiner Valuta mit den verhältnismäßig bescheidenen Krediten begnügen, die es bei den europäischen Neutralen, meist in Verbindung mit der Hergabe von Gold und mit Abmachungen über den Bezug oder die Lieferung bestimmter Waren, flüssig machen konnte.

Ferner versuchten die Regierungen der am Kriege beteiligten Staaten der Entwertung ihrer Valuta durch eine Mobilisierung und Veräußerung des Besitzes an ausländischen Wertpapieren entgegenzuwirken. In England, in Deutschland, in Frankreich und in anderen Ländern wurde ein Anmeldezwang für den Besitz an ausländischen Wertpapieren eingeführt. Durch freihändigen Ankauf, durch Beleihung zu günstigen Bedingungen und schließlich durch zwangsweise Enteignung verschafften sich die Regierungen die Verfügung über diejenigen Kategorien von Auslandswerten, für die auf den hauptsächlich in Betracht kommenden neutralen Märkten die besten Absatzmöglichkeiten bestanden. Die alten europäischen „Gläubigerländer" haben auf diese Weise sich eines großen und jedenfalls des wertvollsten Teiles ihres Besitzes an Auslandswerten entäußert.

Der Bekämpfung der Valuta-Entwertung dienten weiterhin eine Reihe von Maßnahmen, die sich auf die Einfuhr und Ausfuhr bezogen. Durch Beschränkung der Einfuhr und Begünstigung der Ausfuhr von entbehrlichen Waren suchten die verschiedenen Regierungen der durch den Krieg verursachten gewaltigen Verschiebung der Zahlungsbilanz innerhalb der Grenzen des Möglichen entgegenzuwirken. In Deutschland ging man so weit, daß schließlich, nachdem bereits durch eine Verordnung vom 25. Februar 1916 die Einfuhr entbehrlicher Gegenstände, die der Reichskanzler zu bezeichnen hatte, verboten worden war, durch eine Verordnung vom 16. Januar 1917 die Einfuhr aller Waren grundsätzlich von einer besonderen Bewilligung abhängig gemacht wurde. Auch die Ausfuhr, deren Förderung in den Kriegs- und später in den Revolutionsverhältnissen enge Grenzen gezogen waren, wurde an Genehmigungen gebunden, die bis zum heutigen Tage im allgemeinen nur dann erteilt werden, wenn bei der Ausfuhr in hochvalutarische Länder der Gegenwert in der betreffenden ausländischen Valuta bedungen wird, wenn die Preisbemessung ausreichend hoch befunden wird und wenn ein als angemessen erachteter Teil der durch den Export erzielten Devisen an die Reichsbank abgeliefert wird.

Schließlich wurde in einer Anzahl von Staaten eine unmittelbare Regelung des Devisenverkehrs im Wege einer Art Zwangsbewirtschaftung der ausländischen Zahlungsmittel und Kredite versucht. Diese Versuche verdienen an dem Beispiel der in Deutschland getroffenen Maßnahmen, die für andere Länder vielfach vorbildlich wurden, eine kurze Darstellung.

Der erste von der deutschen Regierung versuchte Eingriff in die Preisgestaltung der Devisen war die vom Bundesrat erlassene Bekanntmachung vom 20. Januar 1916 über den Handel mit ausländischen Zahlungsmitteln.

Die für den Erlaß dieser Bekanntmachung maßgebenden Gründe waren vor allem, daß die Spekulation in Devisen, die bei der ständigen Steigerung der Devisenkurse „ein verlockend sicheres Geschäft" zu sein schien, immer weiter um sich griff und damit das Uebel der Entwertung der deutschen Valuta verschärfte, ferner die Wahrnehmung, daß eine starke Nachfrage nach Devisen auf den deutschen Märkten „durch die Arbitrage bedingt würde, deren sich neben den uns verbündeten Läudern nicht zum wenigsten auch neutrale und feindliche Länder bedienten, um Deutschlands Auslandsguthaben für ihre eignen Interessen nutzbar zu machen". [1] Infolge der sich aus diesen Umständen ergebenden Erschwerung der Devisenbeschaffung für den legitimen Einfuhrhandel sahen sich die Importeure dazu gedrängt, ihren Bedarf bei ihren Bankverbindungen mit erhöhten Beträgen oder gleichzeitig bei verschiedenen Stellen anzumelden, was ein weiteres Hochtreiben der Devisenkurse bewirken mußte.

Unter diesen Umständen erschien es — bei aller Erkenntnis, daß eine nachhaltige Besserung der deutschen Valuta nur durch eine günstigere Gestaltung der elementaren Faktoren der deutschen Zahlungsbilanz erreicht werden könne — angezeigt, den Versuch zu machen, die nachteiligen Wirkungen der Spekulation und Arbitrage auf die Devisenkurse durch Konzentration und Kontrolle des Devisenhandels so weit wie irgend möglich auszuschalten.

Die Bekanntmachung des Bundesrates vom 20. Januar 1916 bestimmte, daß ausländische Geldsorten und Noten sowie Auszahlungen, Schecks und kurzfristige Wechsel auf das Ausland im Betriebe eines Handelsgewerbes nur bei den vom Reichskanzler bestimmten Personen und Firmen gekauft, umgetauscht oder darlehnsweise erworben und

---

[1] Vergl. Denkschrift über wirtschaftliche Maßnahmen aus Anlaß des Krieges 8. Nachtrag, Drucksachen des Reichstags 1914/16 Nr. 225, S. 76 ff.

nur an solche Personen und Firmen verkauft, verpfändet oder darlehnsweise veräußert werden dürften. Dem Reichskanzler wurde die Ermächtigung erteilt, Ausnahmen zuzulassen. Er hat von dieser Ermächtigung zugunsten des Umwechslungsverkehrs, des Verkehrs nach
den besetzten Gebieten Belgiens und Rußlands und des Postverkehrs
Gebrauch gemacht. Zum Devisenhandel zugelassen wurden außer der
Reichsbank eine beschränkte Anzahl erster Bankfirmen in Berlin,
Frankfurt a. M. und Hamburg. Die Zulassung dieser Firmen wurde
von der Uebernahme und Einhaltung bestimmter Verpflichtungen ab-
hängig gemacht; insbesondere sollten Devisen-Differenzgeschäfte jeder
Art ausgeschlossen sein; Angebote von Devisen nach dem In- und
Auslande sollten unterbleiben; Devisen sollten ohne Zustimmung der
Reichsbank nur abgegeben werden, wenn sie zur Bezahlung einge-
führter oder einzuführender für den Inlandsbedarf unumgänglich nötiger
Waren dienten. Die Reichsbank behielt sich vor, bestimmte Waren zu
bezeichnen, für deren Bezahlung Devisen nicht abgegeben werden durften.
Nach dieser Richtung hin wurden die Bestrebungen der Reichsbank
wirksam unterstüzt durch die oben bereits erwähnte Verordnung über
das Verbot der Einfuhr entbehrlicher Waren.

Die Festsetzung der Devisenkurse sollte ausschließlich in Berlin
unter Mitwirkung und Zustimmung der Reichsbank erfolgen, und zwar
in Geld- und Briefkursen. Soweit für Devisen auf dieser Grundlage
eine amtliche Notiz eingeführt wurde — seit Kriegsausbruch war die
Notierung von Devisen untersagt gewesen — sollten sie allgemein zum
Briefkurs abgegeben und zum Geldkurse des betreffenden Tages herein-
genommen werden.

Diese Regelung hatte zunächst einen gewissen Rückschlag in der
Steigerung der Devisenkurse zur Folge. Während in der ersten Januar-
woche des Jahres 1916 die Kurse sprunghaft gestiegen waren, schlug
die Bewegung in ihr Gegenteil um, als die Absichten der Reichsregierung bekannt wurden. Der Rückschlag war jedoch nur von kurzer
Dauer. Immerhin gelang es bis Ende des Jahres 1916, eine gegenüber
der bisherigen Entwicklung bemerkenswerte Stabilität der Devisenkurse
zu erzielen.

Die neuerliche Steigerung der Devisenkurse, die in den letzten
Monaten des Jahres 1916 eintrat, gab Veranlassung zu dem Versuch,
die Devisen-Regelung anszubauen. Eine Bekanntmachung des Bundesrats
vom 8. Februar 1917 (Devisen-Ordnung) unterwarf auch die nicht
im Betriebe eines Handelsgeschäftes abgeschlossenen Devisengeschäfte
den beschränkenden Bestimmungen und bezog neben den Zahlungsmitteln auch die Forderungen und Kredite in ausländischer Währung
in die Regelung ein, indem sie ganz allgemein die Verfügung über
Zahlungsmittel, Forderungen und Kredite in ausländischer Währung
ohne Einwilligung der Reichsbank nur noch zugunsten einer der zum
Devisenhandel zugelassenen Banken gestattete. Außerdem verfügte sie
Beschränkungen auch für den sich in Markzahlungen abwickelnden
Zahlungsverkehr mit dem Auslande. Es hatte sich herausgestellt, daß
angesichts der Knappheit des Devisenangebots auf dem deutschen Markte
inländische Zahlungsmittel in erheblichem Umfang zu Zahlungen, auch

zu solchen an sich unerwünschter Natur, nach dem Auslande verwendet wurden; so zur Bezahlung von mehr oder weniger entbehrlichen Einfuhrwaren und zur Begründung von Guthaben in ausländischer Währung, die sich der Kontrolle der Reichsbank entzogen. Daraus war ein immer stärker werdendes Angebot von deutscher Mark auf den ausländischen Plätzen entstanden, das für die deutsche Valuta die gleichen bedenklichen Folgen haben mußte, wie eine ungeregelte Nachfrage nach ausländischen Devisen in Deutschland selbst.

Um hier einen Riegel vorzuschieben, übertrug die Devisen-Ordnung die Ueberwachung der Markzahlungen an das Ausland der Reichsbank. Jede Ueberführung inländischer Zahlungsmittel an das Ausland wurde von der Genehmigung der Reichsbank abhängig gemacht. Durch Postkontrolle und Grenzüberwachung versuchte man die Wirksamkeit dieser Bestimmung zu sichern.

Dagegen mußte man schon im Interesse der Aufrechterhaltung des Kredits der mit dem Auslande in Beziehung stehenden deutschen Staatsangehörigen und Unternehmungen darauf verzichten, auch die anderen Zahlungswege und Zahlungsmöglichkeiten in ähnlicher Weise zu verschränken. In Betracht kamen insbesondere die Begründung von Markguthaben in Deutschland zugunsten eines Ausländers, die Uebertragung bereits bestehender Markguthaben an Ausländer und die Einziehung von Markguthaben und Markforderungen durch Ausländer. Da ein Verbot der Erfüllung von Verbindlichkeiten gegenüber neutralen Ausländern ausscheiden mußte, blieb nur der Weg, die Einziehung der Verbindlichkeiten gegenüber dem Auslande von der Einwilligung der Reichsbank abhängig zu machen. Die Verordnung beschränkte sich dabei auf die für die Valutaregulierung wichtigsten Gebiete, nämlich auf die Einziehung von Verbindlichkeiten zum Zwecke des Erwerbs von Waren oder Wertpapieren, von Kostbarkeiten, Kunst- und Luxusgegenständen jeder Art, von Grundstücken und Schiffen, sowie auf die Einräumung von Markkrediten an im Auslande ansässige Personen und Firmen.

Die auf solche Weise erweiterte und verschärfte Ueberwachung und Regelung des Verkehrs in ausländischen Zahlungsmitteln und in auf ausländische Währung lautenden Forderungen wurde ergänzt durch die Einführung eines Anmeldezwanges für ausländische Zahlungsmittel und Geldforderungen an das verbündete und neutrale Ausland. Der Reichskanzler erhielt die Ermächtigung, anzuordnen, daß der Reichsbank auf ihr Verlangen ausländische Zahlungsmittel und auf ausländische Währungen lautende Forderungen zum Tageskurs zu übertragen seien[1]).

Die Devisenordnung ist nach Beendigung des Krieges durch eine am 11. September 1919 veröffentlichte Verordnung vom 23. Juli 1919 aufgehoben worden. Der Verkehr in ausländischen Zahlungsmitteln wurde aber damit nicht etwa von allen Beschränkungen befreit; er blieb vielmehr weiterhin der Ueberwachung und Regelung unterworfen,

---

[1]) Das Nähere über Ausgestaltung und Anwendung der Devisenordnung siehe in dem 10. und 11. Nachtrag zu der Denkschrift über wirtschaftliche Maßnahmen aus Anlaß des Krieges, Drucksachen des Reichstages 1914/17 Nr. 650 und 1214.

die in Rücksicht auf die Bekämpfung der „Kapitalflucht" für notwendig gehalten und in dem Gesetz gegen die Kapitalflucht vom 8. September 1919 festgelegt wurden.   Vor allem aber zwangen die uns in dem Versailler Diktat auferlegten gewaltigen Kontributionszahlungen zu einer beträchtlichen Verschärfung der Maßnahmen zur Erfassung der aus dem deutschen Export entstehenden Forderungen an das Ausland.   Die Ablieferungspflicht für „Exportdevisen" wurde nach jeder Möglichkeit ausgebaut, und der Reichsbank wurde auf diese Weise die Verfügung über den größeren Teil des für den Handel überhaupt in Betracht kommenden Devisen-Materials gesichert.   Niemals hat in irgend einem Lande eine zentrale Stelle den Handel in Devisen auch nur annähernd in diesem Umfange „kontrollieren" können.   Trotzdem war, wie die Katastrophe des deutschen Volkes zeigt, die Macht der realen Tatsachen stärker als jede „Devisenpolitik".

Diese Erfahrung, die Deutschland unter dem Drucke der Kontribution bis zur Neige durchkosten muß, haben auch die anderen am Kriege beteiligten Staaten und sogar die Neutralen machen müssen. Abgesehen von den Vereinigten Staaten, deren Währung in den Stürmen des Weltkrieges als der einzige feste Pol in der Erscheinungen Flucht dasteht, hat nur England mit einem Aufgebot ganz großer Mittel während des Krieges vorübergehend eine gewisse Stabilität seiner Vatuta zu erzielen vermocht.

Selbst der amerikanische Dollar hat in der ersten Zeit des Krieges auffallende und merkwürdige Schwankungen durchgemacht.   Unter dem Drucke der plötzlichen Zurückziehung der europäischen, insbesondere der englischen Guthaben sank die amerikanische Valuta gegenüber dem Gelde einzelner europäischer Staaten — und zwar nicht nur der Neutralen sondern insbesondere auch Englands — vorübergehend nicht unwesentlich unter die Goldparität.

Die Goldparität zwischen dem Dollar und dem Pfund Sterling ist $4{,}86\,^5/_8$ Dollar $= 1$ Pfd. St.   Der Sterlingkurs wurde in New York am 30. Juli 1914 mit 5,15 notiert.   Dieser Kurs bedeutete eine Entwertung des Dollars gegenüber dem Pfund Sterling um rund 6 Prozent.   Die folgenden Wochen brachten eine Erholung, aber bis zum September 1914 hielt sich der Sterlingkurs in New York über der Parität.   Erst gegen Jahresschluß trat eine entscheidende Wendung ein; am 29. Dezember 1914 wurde als niedrigster Jahreskurs 4,8565 notiert.

Auch die deutsche Mark stand in den ersten zwei Monaten des Krieges in New York über Parität; sie wurde Ende Juli mit 96 Cts. für 400 Mark, im Durchschnitt des September noch mit 95,72 Mark bei einer Parität von 95,29, notiert.   Hier trat jedoch der Umschwung zeitiger und stärker ein als gegenüber dem Pfund Sterling; am 31. Dezember 1914 war die New Yorker Notiz für 400 Reichsmark nur noch $88\,^3/_4$ Cts., die Mark stand also nahezu 7 Prozent unter Parität.

Trotz dieser Vibrationen in der allerersten Zeit des Krieges kommt allein der amerikanische Dollar — sowohl wegen seines festen Verhältnisses zum Golde als auch wegen der überragenden wirtschaftlichen und finanziellen Bedeutung der Vereinigten Staaten — als Maßstab für die Wertgestaltung der übrigen Valuten in Betracht.

An diesem Maßstabe gemessen gestaltete sich die Valuta der wichtigsten kriegführenden und neutralen Länder folgendermaßen:

England: Der Kurs für Kabelauszahlungen London zeigte vom Ausgang des Jahres 1914 an eine fortschreitende Verschlechterung, bis am 1. September 1915 ein Tiefpunkt 4,55 erreicht wurde (Entwertung gegenüber der Parität 6,5 Prozent). Jetzt griff die britische Regierung mit großen Mitteln ein, um dem Kursrückgang des Pfundes Einhalt zu gebieten, eine Besserung zu erzielen und womöglich eine Stabilisierung zu erreichen. Zu diesem Zwecke wurden große Summen effektiven Goldes an die Vereinigten Staaten abgegeben, wurden Anleihen mit amerikanischen Finanzgruppen abgeschlossen, umfangreiche kommerzielle Kredite aufgenommen und amerikanische Wertpapiere aus altem britischen Besitz an die Vereinigten Staaten zurückverkauft. Da zudem amerikanische Bankgruppen dem englischen Bestreben auf Besserung der britischen Wechselkurse bereitwillig ihre Unterstützung liehen, gelang es in der Tat, den Sterlingkurs in New York von seinem Tiefstande Anfang September 1915 bis auf etwa 4,765 im März 1916 zu heben und auf diesem Kurse, d. h. auf etwa 2 Prozent unter der Parität, bis in das Jahr 1919 hinein annähernd stabil zu halten. Dagegen trat ein neuer und scharfer Rückgang des Sterlingkurses ein, als die britische Regierung die Politik der Stabilisierung des New Yorker Wechselkurses aufgab. Die ungeheuren finanziellen Anforderungen dieser Politik erschienen nach Beendigung des Krieges nicht mehr zu rechtfertigen. Anfang des Jahres 1919 stellte deshalb das britische Schatzamt zunächst den Ankauf fremder Wertpapiere für die Zwecke der Regulierung des Wechselkurses ein, und im März 1919 erhielt das New Yorker Bankhaus Morgan & Co., das während des Krieges in den Vereinigten Staaten als Finanzagent der britischen Regierung figuriert hatte, die Anweisung, Sterlingkäufe behufs Stabilisierung der britischen Wechselkurse nicht weiter vorzunehmen. Diese für Rechnung der britischen Regierung getätigten Interventionskäufe hatten in der Zeit vom Januar 1916 bis März 1919 den ungeheuren Betrag von rund 4 Milliarden Dollar erreicht[1]). Infolge der Aufhebung dieser regulierenden Maßnahmen übte die ungünstige Gestaltung der englischen Handelsbilanz — gewaltiger Einfuhrbedarf für die Wiederauffüllung der während des Krieges aufgezehrten Warenbestände und für die Wiederingangsetzung der britischen Friedensindustrien — auf die britische Valuta ihre volle Wirkung aus. Das Jahr 1919 schloß mit einem Kurs von 3,765 Dollar für das Pfd. St.; im Laufe des Februar 1920 ging der Sterlingkurs in New York zeitweise sogar bis auf 3,20 Dollar herab. Das bedeutete eine Entwertung der britischen Valuta, am Dollar gemessen, um ein volles Drittel, oder — anders ausgedrückt — ein Aufgeld des Dollar gegenüber dem Pfd. St. um 50 Prozent. Seither ist eine wesentliche Erholung eingetreten. Bis zum Dezember 1921 stieg der New Yorker Sterlingkurs auf 4,22, und jetzt, Ende Januar 1923, stellt er sich auf 4,6856. Die Entwertung beträgt also jetzt nur noch etwa 4 Prozent.

---

[1]) Siehe „The Chronicle" vom 5. April 1919, zitiert in der „Volkswirtschaftlichen Chronik" der „Jahrbücher für Nationalökonomie und Statistik" 1919 S. 1016.

Frankreich: In noch stärkerem Maße als der Sterlingkurs zeigte die New Yorker Notiz für den französischen Franken im Laufe des Jahres 1915 nach unten. Gegenüber dem Parikurse von 518,25 Fr. für 100 Dollar und gegenüber einem Kurse von 516,50 am 2. Januar 1915 stellte sich die Notiz am 31. August 1915 auf 604, also auf etwa 11 Prozent unter Pari. Dann brachte die von Frankreich in Verbindung mit England in den Vereinigten Staaten abgeschlossene große Anleihe eine Besserung, die jedoch in engen Grenzen blieb; der Kurs am 31. Dezember 1915 war 586. Im April 1916 wurde, trotzdem Frankreich große Anstrengungen machte, um in ähnlicher Weise wie England seine Valuta zu stabilisieren, wieder ein Kurs von 607 erreicht. Jene Anstrengungen führten dann zu einer leichten Besserung bis auf etwa 583 im Herbst 1916. Das Jahr 1917 brachte mit dem Eintritt der Vereinigten Staaten in den Krieg ein aktives Interesse der amerikanischen Politik und Finanz an der Hebung und Stabilisierung des Frankenkurses. Während der zweiten Hälfte des Jahres 1917 und bis zum Ausgang des Sommer 1918 bewegte sich der New Yorker Kurs auf Paris mit geringen Schwankungen von etwa 573 auf etwa 570; es wurde also eine annähernde Stabilisierung des Frankenkurses auf einem Niveau von etwa 10 Prozent unter Pari erreicht. Vom Juli 1918 wirkten die großen amerikanischen Zahlungen für den Unterhalt der nach Frankreich verschifften Truppen und die Wendung des Kriegsglücks zugunsten der Alliierten zusammen auf eine erhebliche Besserung der französischen Valuta. Am Schluße des Jahres 1918 wurde der Kurs auf Paris in New York nur noch mit 545 notiert, die Entwertung des französischen Franken gegenüber dem amerikanischen Dollar war also auf 5 Prozent zusammengeschrumpft. Aber diese Besserung war nur von kurzer Dauer. Die Preisgabe der von England geführten Politik der Beeinflussung des New Yorker Devisenmarktes hatte für Frankreich, das sich an jener Politik nach Kräften beteiligt hatte, noch viel schlimmere Folgen als für England. Schon Anfang April 1919 mußte der Dollar mit mehr als 6 Franken bezahlt werden, im Dezember 1919 mit mehr als 12 Franken; im April 1920 wurde er auf mehr als 17 Franken hinaufgetrieben, um dann nach einer erheblichen aber vorübergehenden Besserung zu Beginn des Jahres 1921 seinen Höchststand mit 17,18 fr. für den Dollar zu erreichen. Dann trat bis Anfang Juni 1922 ein Rückgang bis auf etwa 11 Fr. für den Dollar ein, sodaß damals gegenüber dem amerikanischen Dollar die französische Valuta, die um die Wende des Jahres 1920 und 1921 auf weniger als ein Drittel des Pariwertes herabgesunken war, nur noch um wenig mehr als die Hälfte entwertet war. In der zweiten Hälfte des Jahres 1922 trat in Verbindung mit der von Frankreich selbst hervorgerufenen Komplikation des Reparationsproblems eine neue Verschlechterung der französischen Valuta ein, die sich im Januar 1923 mit der Besetzung des Ruhrgebiets erheblich verschärfte. Ende Januar 1923 notierte der Dollar in Paris 16,89 fr.; die französische Valuta hat damit ihren Tiefstand vom Beginn des Jahres 1921 annähernd wieder erreicht.

Italien: Obwohl Italien erst im April 1915 in den Krieg eintrat, wurde die italienische Valuta von Anfang an durch den Krieg stark in Mitleidenschaft gezogen. Am 30. Juli 1914 wurden für 100 französische Franken $106\frac{1}{2}$ italienische Lire gezahlt. Auch in der Folgezeit stellte sich die italienische Valuta stets noch ungünstiger als die französische. Gegenüber dem amerikanischen Dollar zeigte die Lira während des Krieges einen kaum unterbrochenen Rückgang, der im Juli 1918 mit einem Kurse von 897 Lire für 100 Dollar (Unterwertung der Lira etwa 42%) seinen Tiefpunkt erreichte. Der gleichzeitige Kurs auf Italien in Paris war 59,75 Fr., in Zürich 41,37 Fr. für 100 Lire. Die dann einsetzende Besserung der italienischen Valuta bis auf einen Kurs von 636 Lire für 100 Dollar war stärker als die gleichzeitige Kursbesserung der meisten anderen Valuten; der italienische Kurs in Paris stellte sich wieder auf 85, in der Schweiz auf 74,80. Die folgenden Jahre brachten jedoch auch für die italienische Valuta einen Rückgang, der die Entwertung in der Kriegszeit weit übertraf. Ende 1920 stellte sich der italienische Kurs auf New York auf 2875, was einer Unterwertung der Lira von 82% entspricht. Die gleichzeitigen Kurse auf Rom in Paris und Zürich waren 57,25 und 21,85 Franken für 100 Lire. Dann ist eine Besserung ungefähr im Ausmaße derjenigen der französischen Valuta eingetreten. Im Juni 1922 stellte sich der italienische Kurs auf New York auf etwa 1960, der Pariser Kurs auf Rom, wie Ende 1920, auf etwa 57,25. Seither hat sich die italienische Valuta weiter gehoben. Ende Januar 1923 notierte die Lira in Zürich 25,40 Cts, in Paris sogar 80,40 Cts.

N i e d e r l a n d e : Ganz anders als die Valuten der kriegführenden Staaten gestalteten sich die Valuten der europäischen Neutralen, die als Lieferanten dringend benötigter Waren an die beiden kriegführenden Mächtegruppen einen starken Bedarf für ihre Zahlungsmittel sich entwickeln sahen.

In der sich daraus ergebenden Valuta-Entwicklung nach oben hatten zunächst die Niederlande die Führung. Der Kurs des holländischen Gulden stieg nicht nur erheblich über die Parität mit den Valuten der kriegführenden Staaten, sondern wurde bald auch in New York über Parität notiert. Anfang Januar 1916 stellte sich der Kurs auf Amsterdam in New York auf 44,75 Dollar für 100 Gulden, was bei einer Parität von 40,14 einen Ueberwert des holländischen Guldens von etwa $11\frac{1}{2}\%$ bedeutete. Im Laufe des Jahres 1916 trat dann allerdings eine allmähliche Senkung bis auf etwa 41 ein, in den ersten Monaten des Jahres 1917 ging der Kurs bis auf $40\%_{10}$ zurück, sodaß also die Ueberbewertung des holländischen Gulden nur noch rund 1% betrug. Dann aber kam es zu einer neuen Steigerung, bis im November 1917 abermals der Höchstkurs vom Januar 1916 mit 44,75 erreicht wurde. Im Laufe des Jahres 1918 stieg die holländische Valuta weiter bis auf $52\frac{1}{4}$ am 10. August, einen Kurs, der mit einer Ueberwertung des holländischen Guldens gegenüber dem amerikanischen Dollar von mehr als 30% gleichbedeutend war. Dann folgte ein rascher Absturz: Ende 1918 wurde ein Kurs von $42\frac{3}{4}$, im April 1919 wurde die Parität erreicht; in den folgenden Monaten wurde die Parität sogar beträchtlich unterschritten, im August 1919 um 8%. Die Abwärtsbewegung des Guldens setzte sich mit einigen Schwankungen bis zum Ende des Jahres 1920 fort; damals wurde ein Kurs von etwa 31 Dollar für 100 holländische Gulden erreicht, also eine Entwertung der holländischen Valuta gegenüber der amerikanischen um etwa 23%. Das Jahr 1921 brachte eine Besserung; im Dezember wurde ein Höchstkurs von 36,98 erreicht. Seither hat sich diese Besserung mit einigen Schwankungen fortgesetzt; Ende Januar 1922 war der New Yorker Kurs auf Amsterdam auf 39,43 angelangt; die Entwertung des Guldens gegenüber dem Dollar betrug also nicht mehr ganz 2%.

Alles in allem hat also während des Krieges selbst der holländische Gulden gegenüber dem Dollar einen Ueberwert gezeigt, der mit 30% im August 1918 seinen Höhepunkt erreichte; in der Nachkriegszeit dagegen ist der holländische Gulden erheblich unter die Dollarparität herabgegangen, und zwar bis um 23% am Ende des Jahres 1920; seither hat er sich langsam der Parität wieder angenähert. In der großen Linie ist diese Entwicklung der holländischen Valuta typisch für die Valuten der wichtigsten europäischen Neutralen.

S c h w e i z : Ebenso wie der holländische Gulden gewann auch der schweizerische Frank während des Krieges einen Ueberwert nicht nur gegenüber den Valuten der kriegführenden Staaten, sondern auch gegenüber dem amerikanischen Dollar. Allerdings war die Entwicklung hier langsamer. Bis in die zweite Hälfte des Jahres 1916 hinein wurde die Devise New York in Zürich über Pari notiert (höchster Kurs 5,41 Fr. für den Dollar Mitte März 1915, gegenüber der Parität von 5,1825 eine Unterwertung von etwa 4%). Dann aber überschritt die schweizerische Valuta die Parität und erreichte nach mancherlei Schwankungen im Einzelnen, aber sich stets über der Dollarparität haltend, Ende Juli 1918 den günstigsten Kurs von 3,965 Fr. für den Dollar, der einem Ueberwert des Franken von mehr als 30% entsprach. Dieser Höchststand der schweizerischen gegenüber der amerikanischen Valuta fiel also sowohl zeitlich, wie auch dem Betrage nach mit dem Höchststande der holländischen Valuta zusammen. Dann folgte, wie bei der holländischen Valuta der Umschwung: im zweiten Viertel des Jahres 1919 war der Schweizer Franken wieder auf seiner Dollarparität angekommen, in den folgenden Monaten ging er beträchtlich unter diese herab. Ende 1920 kam der Dollarkurs in Zürich auf 6,565 an, der einer Entwertung des schweizerischen Franken um 21% entsprach (gleichzeitige Entwertung der holländischen Valuta 23%). dann kam abermals wie bei der holländischen Valuta, die Wendung zum Besseren, nur in stärkerem Maße und rascherem Tempo. Ende 1921 überschritt der schweizerische Franken die Dollarparität, allerdings nur um wenige Tausendteile und hat sich bis in den Mai 1922 auf diesem Stande als höchstbewertete Valuta der Welt gehalten. Ende Januar 1923 war der Kurs 536,25 Fr. für 100 Dollar; das bedeutet eine Abweichung von der Parität zuungunsten der Schweiz um etwa $3\frac{1}{2}\%$.

S k a n d i n a v i e n : Die drei skandinavischen Königreiche hatten Anfang der 70er Jahre des vorigen Jahrhunderts bei ihrem gemeinschaftlichen Uebergang zur Goldwährung eine Münzunion abgeschlossen, die eine weitgehende Einheitlichkeit ihres Geldwesens sicherstellen sollte. Auch diese Einheitlichkeit ist im Weltkrieg in die Brüche gegangen. Zwischen der schwedischen, der norwegischen und der dänischen Valuta bildeten sich aufgrund der Tatsache, daß die drei Währungen ihre feste Beziehung zu Gold verloren, nicht unerhebliche Differenzen heraus. Hier genüge es, die Entwicklung der schwedischen Valuta zu verfolgen und gelegentlich auf ihr Verhältnis zu der dänischen und norwegischen Schwestervaluta hinzuweisen.

Die Parität der skandinavischen Krone und des amerikanischen Dollar ist 373,14 Kronen $= 100$ Dollar. Noch zu Anfang 1915 stand der Dollarkurs in Stockholm auf 399, d. h. die schwedische Krone stand etwa $6\,^1/_2\,^0/_0$ unter der amerikanischen Parität. Im Laufe des Jahres 1915 erreichte und überschritt die Krone den Parikurs. Ende 1915 notierte der Dollar in Stockholm 360, Ende 1916 344. Im Laufe des Jahres 1917 setzte sich diese Entwicklung fort, bis Anfang November ein Dollarkurs von 234 erreicht wurde. Dieser Kurs bedeutete einen Ueberwert der schwedischen Krone gegenüber dem amerikanischen Dollar von $55\,^0/_0$. Die schwedische Valuta war in jener Zeit die am höchsten bewertete in der ganzen Welt. Sogar der holländische Gulden zeigte gegenüber der schwedischen Krone Anfang November 1917 einen Unterwert von nahezu $33\,^0/_0$. Die dänische und norwegische Krone, die schon im Jahre 1915 hinter dem Wert der schwedischen Valuta zurückgeblieben waren, hatten im November 1917 ein Disagio gegenüber der schwedischen Krone von $17\,^0/_0$ zu verzeichnen.

Während jedoch die holländische und die schweizerische Valuta ihre Steigerung gegenüber dem amerikanischen Dollar bis in den Hochsommer 1918 hinein fortsetzten, trat bei der schwedischen Krone die Rückbildung des Kurses schon in den letzten beiden Monaten des Jahres 1917 ein. Im März 1919 stellte sich der Stockholmer Kurs auf New York wieder auf Pari also etwas früher als die holländische und schweizerische Valuta. Die Senkung der schwedischen Valuta setzte sich in stärkerem Ausmaße, als diejenige der holländischen und schweizerischen Valuta fort. Ende 1919 kam der Stockholmer Dollarkurs bis auf 466, in der zweiten Hälfte des Jahres 1920 sogar etwas höher als 500. Dieser Kurs bedeutete eine Unterbewertung der schwedischen Krone gegenüber dem amerikanischen Dollar um $25\,^1/_2\,^0/_0$, während in jener Zeit die Unterbewertung der schweizerischen Valuta mit $21\,^0/_0$. der holländischen Valuta mit $23\,^0/_0$ ihren Tiefpunkt erreichte. In der folgenden Zeit hob sich die schwedische Valuta bis auf einen Dollarkurs von 498 Ende 1921 und 375 Ende Januar 1923. Letzterer Kurs bedeutet einen Unterwert der Krone gegenüber dem Dollar von nicht mehr ganz $^2/_3\,^0/_0$.

Spanien: Die spanische Valuta verzeichnete in den Jahren vor dem Krieg stets einen Unterwert gegenüber dem französischen Franken und gegenüber den Goldvaluten überhaupt. Im Laufe des Jahres 1915 erreichte und überstieg die spanische Peseta nicht nur die Parität gegenüber dem französischen Franken, sondern auch gegenüber dem englischen Pfund. Anfang 1916 wurde auch die Parität gegenüber dem amerikanischen Dollar (19,3 Cents für die Peseta) erreicht. Zu Beginn des Jahres 1917 stellte sich der New Yorker Kurs auf Madrid auf 21 Cents, Ende 1917 auf 24,1 Cents, Anfang Juni 1918 auf 28,4 Cents. Damit war der Kulminationspunkt erreicht. Gegenüber dem amerikanischen Dollar verzeichnete die spanische Peseta damals einen Ueberwert von $47\,^0/_0$. Aber auch gegenüber den Valuten der europäischen Neutralen nahm die spanische Valuta damals einen Hochstand ein. Der Kurs Amsterdam—Madrid stand damals — bei einer Parität von 48 Gulden für 100 Peseten — auf 58, der Kurs Zürich—Madrid — bei einer Parität von 100 schweizerischen Franken = 100 Peseten — auf 116. Die Peseta hatte damit gegenüber dem holländischen Gulden einen Ueberwert von $21\,^0/_0$, gegenüber dem schweizerischen Franken von $16\,^0/_0$.

Die zweite Hälfte des Jahres 1918 brachte auch für die spanische Valuta den Rückschlag. Ende 1918 stand die Peseta einige Prozent unter der schweizerischen und holländischen Parität und nur noch um etwa $3^1/_2\,^0/_0$ über der amerikanischen Parität. Während des Jahres 1919 bewegte sich die spanische Valuta im allgemeinen über dem Stande der Valuten der übrigen europäischen Neutralen; im November 1919 notierte der Pesetenkurs in Zürich etwa 109. Ende 1919, Anfang 1920 stellte sich der Kurs New York—Madrid ungefähr auf Pari. Hatte sich bis dahin die spanische Valuta besser gehalten als diejenigen der anderen europäischen Neutralen, so zeigte sie im Laufe des Jahres 1920 einen weit stärkeren Rückgang. Im November 1920 war der Kurs Zürich—Madrid nur noch 76; die Unterwertung der spanischen Valuta gegenüber der amerikanischen stellte sich damals auf $38^1/_2\,^0/_0$, gegenüber der schweizerischen auf $24\,^0/_0$. Zurzeit, Ende Januar 1923, notiert der Kurs auf Madrid in Zürich etwa $83{,}30\,^0/_0$, die Unterwertung der Peseta gegenüber dem schweizerischen Franken beträgt also noch etwa $16{,}7\,^0/_0$.

Japan: Das Kaiserreich im fernen Osten hatte mit der Wegnahme von Tsingtau sein Kriegsziel erreicht. Auch wenn es formell am Kriege noch weiter teilnahm, war doch wirtschaftlich seine Stellung ähnlich derjenigen der europäischen Neutralen und der Vereinigten Staaten bis zu deren Eintritt in den Krieg. Infolge seiner enormen Warenlieferungen für die Alliierten sah es seine Zahlungsbilanz sich zu einer außerordentlich starken Aktivität entwickeln. Die Wirkung auf die japanische Valuta war, daß die Notierung des Yen in New York vom Anfang des Jahres 1917 an die Parität (49,85 Cents für 1 Yen) überschritt. Im November 1918 erreichte der New Yorker Kurs auf Japan mit 54,6 Cents seinen Höhepunkt (Ueberwert des Yen etwas mehr als $9^1/_2\,^0/_0$). Es folgte dann ein Rückgang der japanischen Valuta bis auf 50,25 Cents Ende 1919 und 46,25 Cents im April 1920 (Unterwertung etwa $7\,^0/_0$). In den folgenden Monaten überschritt die japanische Valuta zeitweise wieder die Parität, um sich dann annähernd auf der Parität mit der amerikanischen Valuta zu halten.

Indien: Der Kurs der indischen Rupie war durch die oben besprochenen Maßnahmen seit dem Ende des 19. Jahrhunderts auf der Parität von 1 sh 4 d für die Rupie stabilisiert worden. Bis zur Mitte des Jahres 1917 gelang es der britischen Regierung, trotz des großen Zahlungsmittelbedarfs für Indien, den Rupienkurs annähernd auf diesem Stande zu halten. Die Notierung der vom India Office in London begebenen Council Bills hielt sich bis zum Juli 1917 auf 1 sh 4 5/32 d.

Die amtliche Notiz wurde in den folgenden Jahren eingestellt. Als sie im Dezember 1917 wieder aufgenommen wurde, stellte sie sich auf 1 sh 4 15/16 d. In den folgenden Monaten sah sich die Regierung in Rücksicht auf die Steigerung des Silberpreises genötigt, den Abgabekurs für ihre Rupientratten noch weiter in die Höhe zu setzen; zunächst bis auf 1 sh. 6 d im Mai 1918. Die große Silberhausse des Jahres 1919 zwang zu weiteren Erhöhungen. Im Mai 1919 stieg der Londoner Kurs für die Rupie auf 1 sh. 8 d, im Dezember 1919 gar auf 2 sh. 4 d. Damit war die Parität um nicht weniger als 75°/₀ überschritten. Der mit dem März 1920 einsetzende scharfe Rückgang des Silberpreises brachte einen Umschwung auch in der Entwicklung der indischen Valuta, die schließlich im Laufe des Jahres 1921 wieder auf der Parität von 16 d für die Rupie ankam.

D e u t s c h l a n d : Die Parität der deutschen und amerikanischen Valuta ist nach der Berliner Notierung 4,194 Mark = 1 Dollar; nach der New Yorker Notierung war sie bis zum Jahre 1917 95,375 Dollar für 400 Mark, nach der Wiederaufnahme der Notierung des Berliner Wechselkurses 27,69 Dollar für 100 Mark.

Da mit Kriegsausbruch in Berlin die Notierungen der ausländischen Wechselkurse eingestellt und erst Ende 1916 in Verbindung mit dem ersten Eingriff in den Devisenhandel wieder aufgenommen wurden, ist eine Darstellung der Entwicklung der deutschen Valuta auf die Notierungen des Markkurses auf den fremden Plätzen angewiesen.

In New York notierte der Kurs auf Berlin Ende Juli 1914 96 Dollar für 400 M., also etwas über Pari. Die Verhältnisse für die Aufrechterhaltung der Valuta lagen indessen für Deutschland wesentlich schwieriger als für die Ententemächte. Infolge der Absperrung Deutschlands vom Seeverkehr wurde die deutsche Ausfuhr besonders stark beeinträchtigt, während die Erschwerung der notwendigen Einfuhren sich in beträchtlichen Steigerungen der Preise für Einfuhrwaren auswirkte. Der in Friedenszeiten sehr erhebliche Gewinn Deutschlands aus dem Seetransportgeschäft kam in Wegfall. Der Ertrag der auswärtigen Kapitalanlagen Deutschlands erfuhr durch die Zahlungsverbote und durch die Beschlagnahme deutschen Eigentums seitens unserer Kriegsgegner eine starke Einschränkung. Die Mittel, mit denen wir den schon in Friedenszeiten vorhandenen Passivsaldo unseres Warenhandels beglichen hatten, wurden uns also durch den Krieg genommen, während gleichzeitig der Passivsaldo selbst beträchtlich größer wurde. Außerdem blieb Deutschland die weitherzige finanzielle Unterstützung versagt, die Amerika von Anfang an den Ententestaaten gewährte. Es ist unter diesen Umständen nicht erstaunlich, daß der Markkurs bald nach Kriegsausbruch in stärkerem Maße abbröckelte als der Kurs des englischen Pfunds und auch des französischen Franken.

Bis zum Ende des Jahres 1915 sank der Markkurs in New-York bis auf 76,25 also um 20 Prozent unter die Parität. Die im Januar 1916 in Deutschland eingeführte Ueberwachung und Beeinflussung des Devisenverkehrs hatte für einige Zeit einen gewissen Stillstand in der Kursentwicklung zur Folge. Vom Monat Mai 1916 ab trat jedoch ein neuer

Rückgang ein; vorübergehend wurde Anfang Dezember 1916 der Tiefpunkt mit 65,75 erreicht, die durch das deutsche Friedensangebot und den Friedensschritt des Präsidenten Wilson erweckten Hoffnungen auf eine baldige Beendigung des Krieges ließen die Mark jedoch den Kurs des Jahresbeginns wiedergewinnen. Die Erklärung des uneingeschränkten U-Boot-Krieges und der Abbruch der diplomatischen Beziehungen mit Deutschland seitens der amerikanischen Regierung brachten einen neuen Rückgang unter 70 Dollar für 400 Mark, bis Anfang April 1917, nach dem formellen Eintritt der Vereinigten Staaten in den Krieg, in New York die Notierung der deutschen Mark eingestellt wurde.

Für die Zeit bis zur Wiederaufnahme der Notierungen der deutschen Mark in New York muß man zur Beurteilung der Gestaltung der deutschen Valuta die Kurse eines neutralen Platzes auf Berlin und New York zuhilfe nehmen, am besten die Notierungen in der Schweiz. Aus diesen ergibt sich folgendes Bild:

Die Züricher Notierung der Mark ging von 84,875 Fr. für 100 Mark Ende 1916 auf 59,875 Fr. in der zweiten Oktoberhälfte 1917 zurück; bei dem gleichzeitig in Zürich notierten Dollarkurs von 4,50 Fr. ergibt sich die Gleichung 400 Mark = 53,30 Dollar oder eine Entwertung der Mark gegenüber dem Dollar um 43%. Dann trat bis zum Jahresschluß 1917 eine wesentliche Erholung ein (Züricher Kurs auf Berlin 85,75), der jedoch im Jahre 1918, insbesondere vom Juli an, eine neue wesentliche Verschlechterung folgte. Nach einer kurzen Reaktion zur Zeit der Verhandlungen über den Waffenstillstand setzte sich der Rückgang fort; das Jahr 1918 schloß mit einem Züricher Kurs auf Berlin von etwa 60 Fr. für 100 Mark, der bei einem gleichzeitigen Züricher Kurs auf New York von 4,80 Fr. für den Dollar einen Kurs von 50 Dollar für 400 Mark oder von 8 Mark für den Dollar bedeutete. Die Züricher Kurse des 30. Juni 1919, also der Zeit der Unterzeichnung des Versailler Friedens, stellten sich für Berlin auf 42,625, für New York auf 5,435 und ergaben für den Dollar einen Wert von $12^3/_4$ Mark. Bei Friedensschluß war also die Mark gegenüber dem Dollar auf weniger als ein Drittel der Parität entwertet.

Nach Friedensschluß setzte sich die Entwertung in progressiver Beschleunigung fort. Der vorläufig tiefste Punkt wurde Ende Januar 1920 erreicht; der schweizerische Frank notierte damals in Berlin 18,00 Mark. Als am 2. Februar 1920 in Berlin die Notierung des Wechsels auf New York wieder aufgenommen wurde, stellte sich die Notiz auf 103,75 Mark für den Dollar, die Mark war also am Dollar gemessen auf etwa $1/_{25}$ entwertet. Die folgenden Monate brachten eine rapide Besserung bis auf einen Dollarkurs von 34,75 im Mai; aber schon im November 1920 erreichte der Dollarkurs wieder die Höhe von 87,75 Mark.

Diese ungeheuerlichen Schwankungen wurden durch die Entwicklung der deutschen Valuta im Laufe des Jahres 1921 noch übertroffen. Im April 1921 hielt sich der Berliner Dollarkurs zwischen 63,50 und 68,25 Mark. Nachdem die deutsche Regierung sich im Mai dem Londoner Ultimatum unterworfen hatte, sah sie sich in den folgenden Monaten gezwungen, die Devisen für die Zahlung der ersten Goldmilliarde auf die nunmehr ziffermäßig festgestellte Kontribution aufzubringen. Ein erheblicher Teil dieser bis zum 31. August 1921 zahlbaren Summe wurde von der Reichsbank durch kurzfristige Auslandskredite beschafft, die bis zum Jahresschluß zurückgezahlt werden mußten. Als dann im Oktober die Entscheidung des Obersten Rates der Alliierten über Oberschlesien bekannt wurde, begann der eigentliche Zusammenbruch der deutschen Valuta: der Berliner Dollarkurs stieg im November 1921 bis auf 310 Mark. Die Mark war damit auf $^1/_{75}$ der amerikanischen Parität angekommen.

Dem plötzlichen Zusammenbruch folgte allerdings eine rasche und kräftige Erholung, als Gerüchte über erfolgversprechende Verhandlungen in London über eine Revision des Londoner Ultimatums in Umlauf kamen und sich schließlich zu der Konferenz von Cannes verdichteten. Schon im Dezember 1920 ging der Berliner Dollarkurs zeitweise bis auf 165,50 Mark hinab, in wenigen Wochen konnte also die Mark nahezu die Hälfte ihrer Entwertung wiedergewinnen. Der Januar 1922 brachte Schwankungen zwischen 170 und 210. Die folgenden Monate sahen eine neue Steigerung des Dollarkurses bis auf 340 Mark Ende März. Dann trat unter starken Schwankungen wieder eine rückläufige Bewegung ein; in der ersten Junihälfte 1922 schwankte der Dollarkurs zwischen 270 und 290 Mark.

Das Scheitern der Pariser Anleihekonferenz (Morgan-Comite) am 10. Juni 1922 und die nunmehr einsetzenden französischen Drohungen und Gewaltmaßnahmen besiegelten die Katastrophe; im November 1922 wurde zum ersten Mal der Dollarkurs von 9000 Mark überschritten. Seit der Unterwerfung unter das Londoner Ultimatum (Mai 1921) war damit die Mark auf $^1/_{150}$, seit dem Juni 1922 war sie auf $^1/_{30}$ des damaligen Standes zurückgegangen. Vom Beginn des Jahres 1923 an hat die Besetzung des Ruhrgebietes eine weitere scharfe Entwertung der Mark gebracht: Ende Januar 1923 überschritt der Berliner Dollarkurs zeitweise den Satz von 50 000 Mark; das bedeutete einen Wert der Papiermark von nur noch $^1/_{12\,000}$ der Goldparität und von weniger, als $^1/_{150}$ des Wertes vom Juni 1922. Inzwischen hat eine verhältnismäßig starke Reaktion auf diese überstürzte und übertriebene Aufwärtsbewegung des Dollarkurses eingesetzt; Mitte Februar 1923 kam der Berliner Dollarkurs wieder auf 22 500 Mark an.

Ostdevisen: Mit ihrer jüngsten Entwertung ist die Mark erheblich sogar unter das Niveau der meisten sogenannten „Ostdevisen" herabgesunken. Nur Rußland, dessen Geld einer völligen Entwertung verfallen ist, hält einen unerreichten Rekord. Die österreichische Krone, die zur Zeit der Unterzeichnung der Friedensverträge gegenüber der bereits entwerteten deutschen Mark etwa die Hälfte ihres Wertes eingebüßt hatte — sie notierte im Juli 1919 etwa 45 Pfennig gegenüber einer Friedensparität von rund 85 Pfennigen —, sank in der Folgezeit vorübergehend unter den Satz von 2 Pfennig hinab. Während aber seit August 1922 mit Hilfe des unter Preisgabe der staatlichen Souveränität erkauften Völkerbundkredites dem weiteren Absinken der österreichischen Valuta Einhalt geboten worden ist, hat sich gerade seit jenem Zeitpunkt die Katastrophe der deutschen Valuta vollendet; die österreichische

Krone erreichte Ende Januar 1923 in Berlin vorübergehend einen Kurs von 66,3 Pfennig das Aufgeld der Krone gegenüber der Mark ist damit auf 28,4 Prozent zusammengeschrumpft.

Die Valuta der Tschecho-Slowakei, die bis in das Jahr 1921 hinein ungefähr auf der Parität mit der Mark und zeitweise etwas darunter gehalten hatte (85 Pfennig für die Krone), steht heute turmhoch über der Mark; Ende Januar 1923 wertete sie 1350 Mark, also das 1600fache der Parität. Auch die Valuten der Balkanstaaten stehen auf dem mehrhundertfachen ihrer Markparität. Selbst die ungarische Krone, die zeitweise noch unter der österreichischen gestanden hatte, notierte Ende Januar 1923 in Berlin 18,10 Mark, mehr als zwanzig Mal so hoch wie die Friedensparität. Sogar die polnische Mark, die zeitweise nicht viel mehr als 2 Pfennige gegolten hat, gewann Ende Januar gegenüber der deutschen Mark vorübergehend ein Aufgeld von $10^{1}/_{2}$ Prozent. (Kurs in der zweiten Februarhälfte wieder 45 bis 50 Pfennig für die polnische Mark.)

Die nachstehenden beiden Uebersichten geben einen Ueberblick, wie sich die Valuten der wichtigsten Länder auf die deutsche Mark und auf das englische Pfund Ende Januar 1923 projizierten.

Das Auseinanderklaffen der Valuten in einem bestimmten Zeitpunkte wird in seiner Wirkung verschärft durch die auch in den günstigsten Fällen immer noch sehr erheblichen Schwankungen innerhalb bestimmter Zeitabschnitte.

Stand der deutschen Valuta am 31. Januar 1923.

Devisenkurse auf	Parität		Kurs	Wert der Mark in Prozenten der Friedensparität
New York	1 Dollar	= 4,198 M.	49 000	0,0083
Stockholm	1 Krone	= 1,125 „	13 100	0,0086
Amsterdam	1 Frank	= 1,687 „	19 325	0,0087
Zürich	1 Frank	= 0,81 „	9 140	0,0089
London	1 Pfd. St.	= 20,43 „	227 500	0,0090
Yokohama	1 Yen	= 2,092 „	22 450	0,0096
Buenos Aires	1 Peso N.	= 1,782 „	17 950	0,0099
Madrid	1 Peseta	= 0,81 „	7 490	0,0108
Kopenhagen	1 Krone	= 1,125 „	9 275	0,0121
Christiania	1 Krone	= 1,125 „	8 975	0,0125
Rio de Janeiro	1 Milreis	= 1,36 „	5 250	0,0260
Paris	1 Frank	= 0,81 „	2 885	0,0281
Brüssel	1 Frank	= 0,81 „	2 550	0,0318
Rom	1 Lira	= 0,81 „	2 310	0,0351
Prag	1 Krone	= 0,8506 „	1 350	0,0630
Helsingfors	1 Fin. M.	= 0,81 „	1 118	0,0668
Konstantinopel	1 Ley	= 18,45 „	24 275	0,0760
Athen	1 Drachme	= 0,81 „	480	0,1687
Agram	1 Dinar	= 0,81 „	417 50	0,1940
Sofia	1 Lewa	= 0,81 „	275	0,2909
Bukarest	1 Lei	= 0,81 „	135	0,6000
Budapest	1 Krone	= 0,8506 „	18 10	4,6960
Warschau	1 Poln. M.	= 1 „	1 105	90,5000
Wien	1 Krone	= 0,8506 „	0 663	-128,4000

Devisenkurse in London am 31. Januar 1923.

auf	Parität			Kurs	Wert d. fremden Valuta in Prozenten der Friedensparität
New York	1 £ =	4,86⅝	Dollar	4,62³⁄₈	05,24
Stockholm	1 £ =	18,159	Kronen	17,365	04,57
Montreal	1 £ =	4,86⅝	Dollar	4,67⅞	04,00
Bombay	16 d =	1	Rupie	16³⁄₈	02,88
Amsterdam	1 £ =	12,107	Gulden	11,78⅞	02,79
Yokohama	24,58 d =	1	Yen	25¹⁄₃₂	01,72
Mexiko	24,58 d =	1	Dollar	25,—	01,71
Schweiz	1 £ =	25,225	Franken	24,86	01,47
Alexandria	1 £ =	97½	Piaster	97½	00,—
Buenos Aires	47⅝ d =	1	Peso Gold	43,50	91,72
Montevideo	51 d =	1	Peso Gold	43⅛	84,74
Madrid	1 £ =	22,5	Peseta	29,88	84,45
Kopenhagen	1 £ =	18,159	Kronen	24,25	74,88
Christiania	1 £ =	18,152	Kronen	25,05	72,49
Rio de Janeiro	16 d =	1	Milreis	5,97	37,31
Valpariso	1 £ =	13⅓	Peso Gold	37,—	36,03
Paris	1 £ =	25,225	Franken	79,75	31,65
Brüssel	1 £ =	25,225	Franken	90,05	28,01
Italien	1 £ =	25,225	Lire	99,25	25,41
Prag	1 £ =	24,02	Kronen	160,—	15,01
Konstantinopel	1 £ =	110,—	Piaster	750,—	14,67
Helsingfors	1 £ =	25,225	Fin. Mark	184,50	13,34
Athen	1 £ =	25,225	Drachmen	385,—	6,55
Belgrad	1 £ =	25,225	Dinar	525,—	4,80
Sofia	1 £ =	25,225	Lewa	775,—	3,25
Bukarest	1 £ =	25,225	Lei	1162,50	2,17
Budapest	1 £ =	24,02	Kronen	12,250	0,19
Warschau	1 £ =	20,43	Poln. Mark	145,000	0,014
Berlin	1 £ =	20,43	Mark	220,000	0,0093
Wien	1 £ =	24,02	Kronen	335,000	0,0072

Eine annähernde Stabilität auf der Grundlage des früheren Goldpari hat sich jetzt, im fünften Jahre nach dem Abschluß des Weltkrieges, erst wieder zwischen den Vereinigten Staaten, Kanada, Schweden, Holland, der Schweiz, Indien, Mexiko, Aegypten, England und Argentinien hergestellt. Spanien, Dänemark und Norwegen folgen in einigem Abstand. Von diesen durch einen weiten Abgrund getrennt kommen Frankreich, Belgien und Italien, dann die Tschecho-Slowakei, die Türkei, Griechenland und die übrigen Balkanstaaten, Ungarn. Ganz tief im Abgrund liegen Deutschland, Polen, Oesterreich, Rußland.

Die Entwicklung des Valuta-Chaos tut überzeugend dar, daß mehr noch als alle Zerstörungen des Krieges die unsinnigen Bestimmungen der Friedensverträge und die „Fortsetzung des Krieges mit anderen Mitteln" die Katastrophe des internationalen Geldwesens verursacht haben. Niemand vermag abzusehen, wohin die Dinge noch treiben werden, wenn nicht anstelle der Gewaltakte der „Siegerstaaten" endlich die wirtschaftliche und finanzielle Vernunft tritt.

Zweites Buch.

Theoretischer Teil.

———

1. Abschnitt. Das Geld in der Wirtschaftsordnung.

1. Kapitel. Der wirtschaftliche Begriff des Geldes.

§ 1. Allgemeines über die Definition des Geldes.

Die Feststellung des Geldbegriffs galt von jeher als ein schwieriges Problem der theoretischen Nationalökonomie. So geläufig die Vorstellung des Geldes ihrem allgemeinen Inhalte nach für jedermann ist, so schwer erscheint es, diese allgemeine Vorstellung in eine kurze Formel zu fassen. Bei näherer Betrachtung stellt sich das Geld als so vielgestaltig in seinen Erscheinungsformen und Funktionen dar, daß das Gemeinsame und Wesentliche in dem großen Komplexe der Einzelwahrnehmungen unterzugehen droht. So kommt es, daß wir zwar eine große Anzahl von Definitionen des Geldes besitzen, aber keine, die allgemeine Anerkennung gefunden hätte.

Die meisten Definitionen des Geldes knüpfen nicht an die Substanz des Geldes, sondern an seine Funktionen an, und das augenscheinlich mit Recht. Denn das Geld ist, wie im historischen Teile dieses Buches bereits dargestellt wurde, nicht ein Ding an sich, wenigstens nicht notwendig ein Ding an sich; vielmehr kann ein und derselbe Gegenstand Geld sein, soweit er innerhalb der Volkswirtschaft bestimmte Funktionen erfüllt, und er hört auf Geld zu sein, soweit er andere Funktionen erfüllt. Allerdings haben wir gesehen, daß die Entwicklung des Geldes die Tendenz hat, zu einer selbständigen Darstellung, zu einer Verkörperung der Geldfunktionen zu führen; daß z. B. das Metall in gemünzter Form in der Regel nur Geldfunktionen erfüllt und daß das Papiergeld seiner ganzen Beschaffenheit nach überhaupt nur als Geld dienen kann. Aber diese Entwicklungstendenz hat sich im modernen Geldwesen, soweit es überhaupt noch auf metallischer Grundlage beruht, noch nicht entfernt im ganzen Umfange durchgesetzt. Die Regel, daß die Edelmetalle in gemünzter Form nur als Geld funktionieren, hat ihre Ausnahmen; auch heute noch finden Münzen, die mit allen denkbaren Erfordernissen des Geldes ausgestattet sind, gelegentlich als Schmuck Verwendung; und wenn ein

17*

Goldschmied Münzen zurücklegt, nicht um sie später wieder zu verausgaben, sondern um sie als Tiegelgut zu verwenden, so haben diese Münzen damit aufgehört, Geld zu sein. Im internationalen Verkehr vollends ist bei den Edelmetallen aus ihrer Erscheinungsform heraus eine Unterscheidung, ob sie Geld oder nicht Geld sind, ganz und gar unmöglich. Hier flottiert geprägtes und ungeprägtes Edelmetall neben- und durcheinander. Es werden in Goldbarren große Zahlungen geleistet, während umgekehrt geprägtes Gold in großem Umfange der industriellen Verwendung zugeführt wird.

Aus diesen Gründen kann eine Definition des Geldes nicht an die Substanz und die Erscheinungsform des Geldes anknüpfen, sondern nur an seine Funktionen: ein bestimmtes Objekt ist Geld, soweit es Träger gewisser, näher festzustellender Funktionen ist.

Dabei ist jedoch ein Fehler zu vermeiden, der häufig gemacht worden ist. Man hat mitunter, um zu einer Definition des Geldes zu kommen, die sämtlichen Funktionen, die das Geld in unserer Volkswirtschaft, sei es ausschließlich, sei es neben anderen Gütern, versieht, zu ermitteln gesucht. Als vorbereitende Arbeit hat ein solches Verfahren gewiß seine gute Berechtigung; aber eine bloße Aneinanderreihung dieser Einzelfunktionen kann als eine korrekte Definition nicht anerkannt werden. Denn eine genauere Betrachtung ergibt, daß diese Einzelfunktionen sich teilweise aus einer Grundfunktion ableiten, teilweise nur regelmäßig oder gar nur beiläufig mit den begriffswesentlichen Funktionen verknüpft sind; ist das der Fall, dann gehören diese Funktionen nicht in eine Definition, die nur die wesentlichen, nicht auch die abgeleiteten und unerheblichen Merkmale der zu definierenden Erscheinung zu umfassen hat.

Zur Feststellung des wesentlichen Merkmales gibt es nun zwei Wege: entweder muß man von den Einzelfunktionen ausgehen, eine jede davon für sich betrachten, sie auf ihre Wesentlichkeit prüfen und sie zu den anderen Funktionen in Beziehung setzen, um so durch Ausscheidung des Unwesentlichen und Abgeleiteten das wesentliche Merkmal des Geldes festzustellen; oder aber man muß den Gesamtorganismus der Volkswirtschaft zum Ausgangspunkte nehmen und die Stellung des Geldes in diesem Gesamtorganismus aufzufinden und zu präzisieren suchen.

Wir schlagen zunächst den letzteren Weg ein. Die später vorzunehmende Untersuchung der einzelnen Funktionen des Geldes wird gewissermaßen die Probe auf das Exempel liefern.

§ 2. Die Stellung des Geldes im Organismus der Volkswirtschaft.

Die in der Volkswirtschaft in Erscheinung tretenden Gegenstände unterliegen einer fundamentalen Unterscheidung von dem Gesichtspunkte aus, ob sie unmittelbar dem Konsum, d. h. unmittelbar der Befriedigung menschlicher Bedürfnisse, dienen, oder ob sie nur Mittel sind, die dazu verwendet werden, gebrauchsfertige Güter herzustellen und sie dem Konsum zuzuführen. Die letzteren, die sich zu den ersteren wie das Mittel zum Zweck verhalten und die sich im

Gegensatz zu den „Konsumgütern" als „Mittelsgüter" bezeichnen lassen[1]), zerfallen in verschiedene Gruppen:

1. In Produktionsmittel im engeren Sinne[2]), d. h. solche Güter, welche als Rohstoffe oder Hilfsstoffe oder Werkzeuge usw. zur Umformung der gegebenen Materie in einen für den Verbrauch geeigneten Zustand dienen; hierher gehören Stoffe wie Baumwolle, Wolle, Erze, Metalle, Getreide, Kohlen, aber auch Werkzeuge, Maschinen usf.

2. In Transportmittel, d. h. solche Güter und Vorrichtungen, welche die Ueberführung von Gütern nach dem Orte ihrer weiteren, sei es vorübergehenden oder endgültigen Verwendung, sei es der Verwendung im Produktionsprozesse oder in der Konsumtion, bewerkstelligen; hierher gehören die Karren, Wagen, Schiffe, Eisenbahnen, welche das Getreide vom Acker zur Mühle, das Mehl von der Mühle zum Bäcker, das Brot vom Bäcker zum Konsumenten, welche die Baumwolle von der Plantage zur Spinnerei, das Garn von der Spinnerei zur Weberei, das Gewebe von der Weberei zum Schneider, und schließlich das fertige Kleidungsstück zu seinem endgültigen Träger führen.

Diese beiden Kreise von Mittelsgütern treten in Erscheinung, sobald die Menschen von einer lediglich okkupatorischen zu einer produktiven Tätigkeit übergehen, sobald sie aufhören, sich darauf zu beschränken, die Genußmittel, die ihnen die Natur freiwillig liefert, an Ort und Stelle zu verzehren, und sobald sie anfangen, aktiv in den Naturprozeß einzugreifen und sich planmäßig an der Hervorbringung von Gütern zu beteiligen. Produktionsmittel und Transportmittel würden in gleicher Weise auch in einer zukünftigen, nach sozialistischen oder kommunistischen Prinzipien geordneten Gesellschaft, die kein Sondereigentum kennt, nicht entbehrt werden können. Diese beiden Gruppen von Mittelsgütern haben mithin lediglich die Grundtatsache des Wirtschaftens, nämlich die Beteiligung des Menschen an der Hervorbringung von Gütern, die als Mittel zur Bedürfnisbefriedigung dienen, zur Voraussetzung.

3. Im Gegensatz zu diesen Gruppen von Mittelsgütern ist weder im Zustande der Eigenwirtschaft noch in einer kommunistischen Wirtschaftsverfassung ein Existenzgrund vorhanden für eine dritte Gruppe wirtschaftlicher Objekte, die uns bei der Betrachtung der vor unseren Augen liegenden volkswirtschaftlichen Erscheinungen auffällt und die sich auf den ersten Blick mit dem Begriffe deckt, den wir mit dem Worte „Geld" bezeichnen. Diese dritte Kategorie beruht auf der Kombination zweier Grundtatsachen — nicht des Wirtschaftens überhaupt, sondern unserer gegenwärtigen Wirtschaftsverfassung: auf der Arbeitsteilung und dem Sondereigentum.

Wo Arbeitsteilung besteht, dort erzeugt jeder nur einen kleinen Teil der Güter, auf die sich sein eigner Bedarf erstreckt; die meisten

---

[1]) Roscher unterscheidet Güter erster Ordnung oder Gebrauchs- und Verbrauchsgüter, und Güter zweiter Ordnung oder Produktivgüter; ähnlich v. Philippovich und andere. Dietzel unterscheidet, m. E. präziser, zwischen Objekten und Mitteln der Wirtschaft.

[2]) Im Gegensatz zu der vielfach gebrauchten Anwendung der Bezeichnung „Produktionsmittel" auf sämtliche Mittelsgüter.

Güter, die er sowohl für seinen Unterhalt als auch für die Zwecke seiner wirtschaftlichen Tätigkeit nötig hat, werden von anderen geschaffen. Wo außerdem Sondereigentum sowohl an Produktionsmitteln als auch an Konsumgütern besteht, können sowohl die zu einer Unternehmung notwendigen Mittelsgüter und Arbeitskräfte, als auch die für den Unterhalt einer Person notwendigen Konsumgüter dem Unternehmer oder Verbraucher aus den Händen ihrer Besitzer und Inhaber nur zur Verfügung gestellt werden durch einen Vorgang, den wir als „Verkehr" bezeichnen; nicht als Verkehr im Sinne von Transport (interlokaler Verkehr), sondern im Sinne der Uebertragung des Eigentums oder Verfügungsrechtes von einer Person auf eine andere (interpersonaler Verkehr); wir wenden das Wort „Verkehr" in der folgenden Darstellung ausschließlich im letzteren Sinne an.

Für den Verkehr in diesem Sinne bildet, wie bereits erwähnt wurde, wie aber nochmals ausdrücklich betont sein möge, die Kombination von Arbeitsteilung und Sondereigentum die Grundlage, nicht etwa eine dieser Tatsachen für sich allein. Wo keine Arbeitsteilung besteht, wo jeder selbständig alles beschafft, was er nötig hat, dort ist auch kein Anlaß zu einem Verkehr vorhanden. Wo ferner bei bestehender Arbeitsteilung kein Sondereigentum vorhanden ist, wo alles, was der Einzelne aufgrund einer Arbeitsteilung mit den der Gesamtheit gehörigen Produktionsmitteln schafft, der Gesamtheit zufließt und von den Organen der Gesamtheit wieder auf die Einzelnen verteilt wird, da mag es wohl eine geordnete Organisation der Güterverteilung geben, aber keinen Verkehr zwischen den wirtschaftenden Individuen.

Aus der in unserer historisch gewordenen Wirtschaftsverfassung gegebenen Tatsache des Verkehrs ist die Institution des Geldes erwachsen. Wie der Mensch sich dazu gedrängt sah, bei seiner auf die zweckmäßige Veränderung der Form und Beschaffenheit der Materie sowie des Standortes der Güter gerichteten Tätigkeit die Arbeit durch den Gebrauch von Mittelsgütern zu erleichtern und wirksamer zu gestalten, genau ebenso drängte sich ihm die Benutzung von Mittelsgütern auf für die Zwecke der Güterübertragung von Person zu Person. Die Schwierigkeiten des unmittelbaren Verkehrs, wie sie am deutlichsten beim unmittelbaren Austausche hervortreten mußten, ließen sich nur überwinden durch die Einschiebung von Zwischengliedern, und zwar sowohl von Zwischengliedern sachlicher als auch persönlicher Natur. Das personale Zwischenglied des Verkehrs ist der Händler, das sachliche Zwischenglied ist das Geld.

Der Händler erwirbt Güter, um sie wieder zu veräußern. Derjenige, der Güter einer bestimmten Art benötigt, braucht nicht erst einen Produzenten zu suchen, der diese Dinge gerade überflüssig hat; er braucht sich nur an den Händler zu wenden, dessen Beruf ja gerade darin besteht, bestimmte Güter immer zur Veräußerung bereit zu haben. Umgekehrt findet derjenige, welcher Güter veräußern will, in dem Händler einen Abnehmer, dessen Nachfrage nicht durch seinen eignen persönlichen Bedarf begrenzt ist, da sein Beruf darin besteht, zu kaufen, um wieder zu verkaufen. Der Händler ist mithin für den Verkehr eine Zwischeninstanz, in der von den verschiedensten Punkten

aus das Angebot und die Nachfrage zusammenlaufen und die dadurch
den einzelnen wirtschaftenden Individuen sowohl die Beschaffung als
auch die Veräußerung von Gütern erleichtert.

Ganz analog ist die Mittelstellung des Geldes. Wie der Händler
die Güter erwirbt, um sie wieder zu veräußern, so wird das Geld von
jedermann erworben, um wieder veräußert zu werden. Daraus ergibt
sich, daß sich für den Händler alle Dinge, mit denen er Handel treibt,
verhalten wie das Geld für jedermann, während sich umgekehrt für
jedermann das Geld so verhält, wie für den Händler seine Handelsware.
Jedermann ist bereit, im allgemeinen sogar gezwungen, gegen Geld zu
verkaufen, da gegen Geld alle anderen Güter und alle Leistungen, wenn
nicht ausschließlich, so doch mindestens ungleich sicherer und einfacher
zu erlangen sind, als gegen andere Werte. Man kommt rascher, im
allgemeinen sogar n u r dann zum Ziel, wenn man gegen Geld verkauft
und gegen das erhaltene Geld die benötigten Güter erwirbt. Auf das
Geld richtet sich mithin das Gesamtangebot, und vom Gelde geht die
Gesamtnachfrage nach Gütern und Leistungen aus. Wie der Händler
in personaler Beziehung, so steht das Geld in sachlicher Beziehung im
Brennpunkte von Angebot und Nachfrage; wie der Händler die Mittels-
person des Verkehrs ist, so ist das Geld der Mittelsgegenstand, das
Instrument des Verkehrs; nur daß es nicht — wie der Händler —
ausschließlich zweiseitige Uebertragungen vermittelt, bei denen ein Gut
gegen ein anderes hingegeben wird, sondern auch die zahlreichen einseitigen Uebertragungen von Vermögenswerten, die sich aus der bestehenden wirtschaftlichen und rechtlichen Organisation der Gesellschaft
ergeben, wie z. B. die Leistung von Abgaben und Steuern.

Damit ist, entsprechend dem oben Bemerkten, nur eine Aussage
über eine Verrichtung, eine Funktion des Geldes gemacht. Das Geld
ist aber nicht eine abstrakte, von jeder materiellen Verkörperung losgelöste
Funktion, es tritt uns vielmehr in jeder gegebenen Wirtschaftsverfassung
und in jedem gegebenen Wirtschaftsgebiete als ein bestimmter Kreis
konkreter Objekte gegenüber. Wir bezeichnen als Geld die Gesamtheit
derjenigen Objekte, welche die oben festgestellte Funktion erfüllen,
und zwar nicht etwa nur gelegentlich und beiläufig, sondern regelmäßig
und in ihrer ordentlichen Bestimmung. Wir sehen die Entstehung des
Geldes erst dann als vollendet an und sprechen erst dann von Geld im
vollen Sinne des Wortes, wenn bestimmte, nach äußerlichen Merkmalen
unterscheidbare Objekte — wie Münzen und Scheine — in ihrer ordentlichen Bestimmung die besonderen Funktionen der Verkehrsvermittelung
erfüllen, wobei natürlich nicht ausgeschlossen ist, daß sie ausnahmsweise
dieser Verrichtung entzogen und zu anderen Zwecken verwendet werden
oder daß gelegentlich Objekte, deren ordentliche Bestimmung auf einem
anderen Gebiete liegt, der Verkehrsvermittelung dienen.

Wir verstehen also unter „Geld" die Gesamtheit derjenigen Objekte, welche in einem gegebenen Wirtschaftsgebiete und in einer gegebenen Wirtschaftsverfassung die
ordentliche Bestimmung haben, den Verkehr (oder die Uebertragung von Werten) zwischen den wirtschaftenden Individuen
zu vermitteln.

Mit dieser Definition ist die Stellung des Geldes im Kreise der wirtschaftlichen Erscheinungen dahin bestimmt, daß es als dritte Gruppe der Mittelsgüter den Produktionsmitteln im engeren Sinne und den Transportmitteln gleichgeordnet zur Seite steht.

Diese Bestimmung der Stellung des Geldes in der Volkswirtschaft dürfte sich gegenüber der von anderen Geldtheoretikern vorgenommenen wohl begründen lassen.

Im Anschluß an die allgemein übliche Dreiteilung des Lebensprozesses unserer Wirtschaftsverfassung, die Produktion, die Verteilung und den Konsum, ist von den einen das Geld als Mittel der Güterverteilung den Produktionsmitteln und den Konsumgütern als ein dritter selbständiger Kreis volkswirtschaftlicher Forschungsobjekte gegenübergestellt worden, während von anderen das Geld unter den Begriff des „Kapitals“, d. h. der produzierten Produktionsmittel, als eine mit zehn oder zwölf anderen Unterabteilungen koordinierte Gruppe eingereiht worden ist. Knies [1]), der die erstere Auffassung gegenüber der allgemeiner angenommenen letzteren Einteilung vertreten hat, begründet seine abweichende Rubrizierung nicht nur durch den Hinweis auf die erwähnte Dreiteilung der wirtschaftlichen Vorgänge, sondern auch damit, daß ein „Kauf-Verkauf für sich doch eben kein Akt der Güterproduktion, sondern der (interpersonalen) Güterübertragung“ sei; der Einzelne als Geldbesitzer habe in seinen Geldstücken ein Mittel, nur um Güter zu bekommen, die bereits von anderen produziert sind, und das an einen anderen weggegebene Geld sei ohne jegliche Einwirkung auf das, was mit den für das Geld empfangenen Gütern weiterhin gemacht wird.

In dieser Frage der Einteilung hängt natürlich alles davon ab, was unter den Begriffen „Produktion“ und „Verteilung“ verstanden wird. Versteht man unter „Verteilung“ die Zuführung der für den Konsum fertigen Güter an die einzelnen konsumierenden Individuen, also die Repartierung des Gesamtergebnisses des Produktionsprozesses auf die einzelnen Glieder der Volkswirtschaft — und nur in diesem Sinne läßt sich der Verteilungsprozeß dem Produktionsprozesse gegenüberstellen —, dann ist das Geld in unserer Wirtschaftsverfassung entschieden mehr als lediglich das Mittel dieser Verteilung. Es gibt zahlreiche und wichtige Gruppen von Verkehrsvorgängen, die durch das Geld vermittelt werden, die aber unzweifelhaft dem Produktionsprozesse angehören. Hierher gehören alle diejenigen Verkehrsvorgänge, welche Güter, Nutzungen und Leistungen zum Zwecke der Produktion zusammenführen, welche Arbeitsräume, Maschinen-, Roh- und Hilfsstoffe und Arbeitskräfte dem Unternehmer für die Zwecke seiner Produktion zur Verfügung stellen. Das Geld dient hier zur wirksamen Zusammenfassung von Produktionskräften und Produktionsmitteln, zur Organisation der Produktion. Seine Funktion ist in gewissem Sinne analog derjenigen der Transportmittel, die, ähnlich wie das Geld, nicht nur dazu dienen, das fertige Produkt dem endgültigen Verbraucher räumlich zu-

---

[1]) K. Knies, Geld und Kredit, 1. Abt. Das Geld. 2. Aufl. 1888.

zuführen, sondern auch dazu, Produktionsmittel und Produktionskräfte räumlich zu vereinigen.

Indem wir dabei die Wahrnehmung machen, daß die Transportmittel stets anstandslos als eine Kategorie des „Kapitals", d. h. der produzierten Produktionsmittel, betrachtet worden sind, kommen wir zu der Frage, wie der Begriff der „Produktion" abzugrenzen ist. Wenn wir diesen Begriff auf die planmäßige Umformung der Materie zu höherer Brauchbarkeit beschränken, dann ist klar, daß die Transportmittel ebensowenig wie das Geld „Produktionsmittel" darstellen. Mit einer kleinen Variante läßt sich mit den oben zitierten Worten von Knies gegen die Rubrizierung der Transportmittel unter die „Produktionsmittel" dasselbe sagen, was er gegen die Einbeziehung des Geldes in die Produktionsmittel ausführt: ein Transport ist für sich kein Akt der Güterproduktion, sondern der (interlokalen) Güterübertragung. Eine Umformung der Güter tritt durch den Transport ebensowenig ein, wie durch den durch das Geld vermittelten Besitzwechsel. — Faßt man also die „Produktion" in dem oben definierten engeren Sinne auf, dann wären außer dem Gelde, dem Instrumente der interpersonalen Güterübertragung, auch die Transportmittel aus der Kategorie „Produktionsmittel" und mithin auch aus der Kategorie „Kapital" auszuscheiden.

Auch wenn man von dem Kriterium der Umformung der Materie als wesentlich für den Produktionsbegriff (und damit auch für den Kapitalbegriff) absehen will und an deren Stelle als das entscheidende Moment die Tatsache ansieht, daß ein Gut durch eine auf dasselbe gerichtete wirtschaftliche Betätigung einen höheren Wert erhält, möge es dabei immerhin in seiner äußeren Erscheinung und Beschaffenheit unverändert bleiben —, so wird auch dadurch an der analogen Stellung von Transportmitteln und Geld zum Begriffe der Produktion und des Kapitals nichts Wesentliches geändert. Wohl ist es die wirtschaftliche Bestimmung des Transports, die Güter von einem Orte an einen anderen zu führen, an dem sie eine erhöhte Brauchbarkeit besitzen und infolgedessen einen höheren Wert darstellen; aber in gleicher Weise ist es der Zweck der interpersonalen Güterübertragung, die Güter aus einer Hand in eine andere, in der sie eine erhöhte Brauchbarkeit haben, überzuführen; wie später noch ausführlich zu zeigen sein wird, beruht nicht nur der Transport auf der Tatsache einer Wertdifferenz eines und desselben Gutes an zwei verschiedenen Orten, sondern es beruht auch jeder Austausch auf einer Verschiedenheit der Wertschätzung der auszutauschenden Güter durch die tauschenden Individuen. Bei der weiteren Definition des Begriffs der Produktion würde mithin das Geld in gleicher Weise wie die Transportmittel unter die Produktionsmittel und unter den Kapitalbegriff fallen.

Wenn man folgerichtig verfahren will, dann muß man also entweder das Geld ebenso wie die Transportwerkzeuge den Produktionsmitteln zuzählen, oder man muß den Produktionsmitteln nicht nur das Geld als Mittel der interpersonalen Güterübertragung, sondern auch die Transportwerkzeuge als Mittel der interlokalen Güterübertragung als je eine selbständige Kategorie zur Seite stellen. Im ersteren Falle wäre dann das Wort „Produktionsmittel" im weiteren Sinne gebraucht, im letzteren Falle im engeren Sinne. Mit Rücksicht auf die möglichste Klarheit der Terminologie dürfte es sich empfehlen, das Wort „Produktionsmittel" nur im engeren Sinne zu benutzen, für die weitere Bedeutung aber die Bezeichnung „Mittelsgüter" zu gebrauchen.

Die Stellung des Geldes zum „Kapital" ist mit den vorstehenden Ausführungen gleichfalls klargestellt. Wenn man die „produzierten Produktionsmittel" unter dem Begriffe Kapital zusammenfaßt, so kann nach der allgemeinen Anwendung des Begriffs Kapital in der Volkswirtschaftslehre — soweit auch die Anwendung bei den verschiedenen Theoretikern im einzelnen auseinandergehen mag — darüber kein Zweifel bestehen, daß in diesem Falle der Begriff Produktionsmittel im weiteren Sinne gebraucht ist, daß mithin das Geld als Verkehrsmittel neben den Transportmitteln und den Produktionsmitteln im engeren Sinne eine Untergruppe des Kapitals darstellt.

Ueber diese allgemeine Bestimmung des Geldbegriffs kann kaum hinausgegangen werden, wenn man den Geldbegriff nicht in die einzelnen Funktionen des Geldes auflösen oder Merkmale, die aus der historisch wandelbaren Verfassung des Geldwesens genommen sind, als wesentlich für den Geldbegriff auffassen will[1]).

Andererseits ist die Besonderheit der Stellung des Geldes im Kreise der wirtschaftlichen Güter durch diese allgemeine Begriffsbestimmung hinreichend gekennzeichnet. Es unterscheidet sich von allen anderen Gütern, die in den Verkehr eintreten und die man als „Waren" zu bezeichnen pflegt, dadurch, daß es allgemein nicht für den Verbrauch oder dauernden Gebrauch, also nicht um seiner selbst willen, erworben wird, sondern als Mittel zur Erwerbung der eigentlich benötigten Güter; daß derjenige, der Gegenstände seines Besitzes veräußern will, im allgemeinen gewillt und genötigt ist, sie zunächst in Geld umzusetzen, und daß, wer von anderen wirtschaftenden Personen Güter, Nutzungen oder Dienstleistungen erwerben will, sich im allgemeinen genötigt sieht, dafür Geld zu geben.

Bei der absoluten Klarheit dieses Verhältnisses hat der Streit darüber, ob das Geld selbst eine „Ware" sei oder nicht keinerlei sachliche Bedeutung; er ist ein bloßer Streit um Worte.

Versteht man unter „Ware" im Gegensatz zu den in der eignen Wirtschaft erzeugten und ebendort zum Verbrauch gelangenden Gütern alle diejenigen Güter, die aus dem Kreise der Eigenproduktion heraus in den Verkehr, auf den „Markt" gelangen, um im Austausch gegen andere Werte den Besitzer zu wechseln, dann ist das Geld die Ware κατ' ἐξοχήν; denn seine ganze Bestimmung besteht ja darin, im Verkehr zu sein und den Besitzer zu wechseln. Versteht man aber unter Waren nur diejenigen Verkehrsgüter, auf welche sich der eigentliche Bedarf

---

[1]) Knapp will nur „Chartalstücke" als Geld ansehen. Es ist richtig, daß die durch die Gesetzgebung geordneten Geldverfassungen der modernen Staaten nur nach bestimmten Merkmalen bezeichnete Stücke, denen eine bestimmte Geltung beigelegt ist, als Geld anerkennen. Wenn wir jedoch den ganz allgemeinen, lediglich auf der Tatsache des Wirtschaftens, der Arbeitsteilung und des Privateigentums beruhenden Geldbegriff feststellen wollen, so ist eine engere Definition, als die oben gegebene. nicht möglich.

der Individuen für den Gebrauch oder Verbrauch in ihrer wirtschaftlichen Tätigkeit oder für ihre unmittelbare Bedürfnisbefriedigung
richtet und deren Umsatz gerade durch das Geld vermittelt wird,
dann allerdings kann man das Geld als das „gerade Gegenteil der
Ware" bezeichnen (R. Hildebrand)[1]. Auch diejenigen, welche den
Satz aufgestellt und vertreten haben, daß das Geld eine Ware sei, haben
damit durchaus nicht die Besonderheiten des Geldes gegenüber allen
anderen Verkehrsgütern leugnen wollen; die ursprüngliche Bedeutung
des Satzes lag vielmehr auf einem anderen Felde. Gegenüber der
Auffassung, daß das Geld kein Wertgegenstand an sich, sondern nur
ein „Wertzeichen", nur eine „Anweisung" auf andere Wertgegenstände sei,
daß es keinen „wirklichen", sondern nur einen „fiktiven Wert" habe,
— gegenüber solchen Aufstellungen sollte mit dem Satze „das Geld ist
eine Ware" die Realität des Geldes als eines selbständigen Wertgegenstandes, dessen Wert denselben Gesetzen wie derjenige aller
anderen Objekte der Volkswirtschaft unterliege, betont werden — ein
Problem, das in einem späteren Abschnitte zu erörtern ist.

§ 3. Anwendung der Begriffsbestimmung des Geldes auf seine einzelnen Erscheinungsformen.

Bevor wir zur Feststellung des Verhältnisses schreiten, in welchem
die Einzelfunktionen des Geldes zu seiner im vorigen Paragraphen ermittelten Stellung im Gesamtorganismus der Volkswirtschaft stehen,
sei noch eine Untersuchung darüber vorgenommen, wie sich die ermittelte
Begriffsbestimmung zu den konkreten Erscheinungsformen des Geldes
verhält, ob sie einerseits Raum hat für alle diese Erscheinungsformen,
und ob sie andererseits nicht auch auf Dinge zutrifft, welche allgemein
nicht als Geld angesehen und behandelt werden.

Bei dieser Untersuchung bietet sich die bereits angedeutete
eigentümliche Schwierigkeit, daß das Geld nicht ein Objekt als solches,
sondern nur ein Objekt als Träger bestimmter Funktionen ist. Wenn
nun auch die Entwicklung des Geldes dahin geführt hat, daß allmählich
nach bestimmten Merkmalen unterscheidbare Objekte vorzugsweise oder
nahezu ausschließlich die Funktion des Geldes erfüllen, so bleibt doch
— wenigstens beim gegenwärtigen Stande der Wirtschaftsverfassung im
allgemeinen und der Geldverfassung im besonderen — noch ein un-
gelöster Rest, der darin besteht, daß diejenigen Objekte, welche regelmäßig die Funktionen des Geldes versehen, wenigstens teilweise dieser
Verrichtung entzogen und einer anderen Verwendung zugeführt werden
können und daß umgekehrt die Verrichtung des Geldes gelegentlich
auch von solchen Verkehrsobjekten ausgeübt werden kann, die ihre
eigentliche Bestimmung und ihren Entstehungsgrund in einer anderen
Verwendung haben. Bei der denkbar größten Klarheit über die
Funktionen des Geldes können mithin Zweifel entstehen hinsichtlich der
Objekte, die als Geld zu bezeichnen sind. Das kommt auch in der
oben gegebenen Definition zum Ausdruck, in der als „Geld" die Gesamtheit derjenigen Objekte bezeichnet ist, welche in einem gegebenen

---

[1] R. Hildebrand, Die Theorie des Geldes, 1883.

Wirtschaftsgebiete und in einer gegebenen Wirtschaftsverfassung die
o r d e n t l i c h e B e s t i m m u n g haben, den Verkehr zwischen den
wirtschaftenden Individuen zu vermitteln. Man mag gegen diese Definition einwenden, daß der Ausdruck „ordentliche Bestimmung" keine
genaue Abgrenzung enthalte; aber darin entspricht die Definition nur
dem zu definierenden Begriffe, dessen Grenzen aus den oben dargestellten
Gründen keine festen, sondern flüssige sind.

Wenn wir nun diese Definition auf die konkreten Erscheinungsformen des Geldes und der dem Gelde nahestehenden Objekte anwenden, so muß zunächst betont werden, daß es sich an dieser Stelle
lediglich um wirtschaftliche, nicht um juristische Gesichtspunkte handelt;
denn die gegebene Definition bezieht sich lediglich auf den wirtschaftlichen Geldbegriff. Die Erörterung der Frage, was in juristischem
Sinne als Geld anzusehen ist, bleibt dem folgenden Abschnitte vorbehalten.

Die verschiedenen Arten von Verkehrsobjekten, die als Träger
der Geldfunktionen, sei es in ihrer ordentlichen Bestimmung, sei es
nur gelegentlich, in Betracht kommen, lassen sich in folgende Kategorien scheiden:

1. Das gemünzte Metallgeld,
2. das vom Staate oder anderen öffentlichen Körperschaften ausgegebene Papiergeld,
3. die Banknoten,
4. Schecks, Wechsel und ähnliche Obligationen,
5. Briefmarken, Kupons, Konsumvereinsmarken und dgl.

Das gemünzte Metallgeld wird in der Regel als die klassische
Form des Geldes überhaupt angesehen. Es wurde im historischen
Teile dieses Buches gezeigt, wie die Funktion des Geldes in der
geprägten Münze ihre erste Verkörperung fand, wie das Geld in der
Münze zum ersten Male äußerlich unterschieden den übrigen Verkehrsobjekten gegenübertrat. Ein Nimbus dieser ersten deutlichen Ausscheidung des Geldes aus dem Kreise der übrigen Verkehrsgüter ist
noch heute der Münze geblieben; sie ist heute noch die einzige Er-
scheinnngsform des Geldes, der von der Theorie ganz allgemein und
ohne jeden Widerspruch der Charakter als Geld zuerkannt wird. Trotzdem ist es nicht unnütz, daran zu erinnern, daß es stets Münzsorten
gab, deren Geldcharakter, selbst innerhalb des Staates, der sie ausprägte,
nicht ganz außer Zweifel stand oder denen überhaupt niemand Geldcharakter beimißt; so z. B. die Handelsmünzen, die für den Verkehr
mit fremden Staaten geprägt wurden, wie die österreichischen Maria-
Theresia-Taler. Niemand hat diese letzteren als österreichisches Geld
angesehen trotz der Münzform und trotz ihrer Herstellung auf denselben
staatlichen Münzstätten, welche die als Geld anerkannten österreichischen
Münzen der Gulden- oder Kronenwährung prägten. Und warum nicht? —
Weil diese Handelsmünzen in Oesterreich selbst n i c h t d i e o r d e n t -
l i c h e B e s t i m m u n g hatten, den Verkehr zwischen den wirtschaftenden
Individuen zu vermitteln. An diesem Ausnahmefalle geprüft, trifft mithin
unsere Definition zu: die äußere Erscheinung der Münze ist für den

Geldcharakter nicht entscheidend, sondern die ordentliche Bestimmung zu einer speziellen Funktion.

Erheblich auseinander gehen die Ansichten bereits über den Charakter des vom Staate oder anderen öffentlichen Körperschaften ausgegebenen Papiergeldes. Während die einen das Staatspapiergeld bedingungslos als Geld anerkennen, bestreiten andere ihm den Geldcharakter, weil es keinen „Eigenwert" enthalte, sondern — ob einlösbar oder nicht — seinen Wert nur vom Metallgelde herleiten könne; sei es daß sie den „Eigenwert" oder „Substanzwert" an sich für wesentlich für den Geldbegriff halten, sei es daß sie einem des Eigenwertes entbehrenden Verkehrsobjekte die Möglichkeit, als Wertmaß zu fungieren, absprechen. Andere tragen auch in die Frage nach dem wirtschaftlichen Charakter des Staatspapiergeldes ein juristisches Moment hinein, indem sie das mit gesetzlichem Zwangskurse ausgestattete Papiergeld als Geld anerkennen, nicht aber das Papiergeld ohne Zwangskurs.

Noch beträchtlicher sind die Meinungsverschiedenheiten über den Geldcharakter der Banknote, während hinsichtlich der Wechsel, Schecks und ähnlicher Papiere sowie hinsichtlich der mitunter an Geldesstatt verwendeten Briefmarken, Kupons usw. wohl ganz allgemein darin Uebereinstimmung herrscht, daß sie außerhalb des Begriffs des Geldes stehen. Der Umstand, daß die Banknote, solange sie gesetzlich einlösbar ist, der äußeren Form nach eine Urkunde über eine auf Geld lautende Forderung ist, hat vielfach Veranlassung zu der Folgerung gegeben, daß sie selbst nicht Geld sein könne, obwohl sie tatsächlich die gleichen Funktionen wie das Geld, oder doch wenigstens einen Teil dieser Funktionen erfülle. Nach A. W a g n e r ist die Banknote prinzipiell den Schecks, fälligen Kupons, Sichtwechseln mit Blankoindossament usw., die ebenfalls mitunter gewisse Funktionen des Geldes verrichten, gleichzustellen; die Aufstellung eines Unterschieds zwischen den letztgenannten „Kreditumlaufsmitteln" und der Banknote sei wissenschaftlich unhaltbar, da sowohl die Banknoten als auch die Schecks, Wechsel usw. das Geld nur in seiner Funktion als Tausch- und Umlaufsmittel vertreten könnten, während sie sich in ihrer Funktion als Preismaß ausdrücklich auf das Geld zurückbezögen[1]). Andere wollen auch in Ansehung der Banknote die Entscheidung über die Geldqualität von dem Vorhandensein der gesetzlichen Zahlungskraft, mit oder ohne Verbindung mit einer Aufhebung der Einlösbarkeit, abhängig machen. Wieder andere sehen die Banknote aufgrund der tatsächlich von ihr im Verkehr geleisteten Dienste und aufgrund des Umstandes, daß von der Verkehrswelt Metallgeld, Papiergeld und Banknoten gleichmäßig als „Barschaft" behandelt werden, als Geld an, ganz ohne Rücksicht auf Einlösbarkeit oder Annahmezwang.

Nach unserer Definition kann die Entscheidung über die Zugehörigkeit der verschiedenen hier in Rede stehenden Kreditinstrumente und Papierzeichen zum Gelde kaum zweifelhaft sein.

---

[1]) A d o l f W a g n e r hat diese Auffassung auch in seinem letzten Werke über das Geld (Sozialökonomische Theorie des Geldes und Geldwesen, Leipzig 1909) aufrecht erhalten; siehe insbesondere S. 135 ff.

Zunächst steht an und für sich nichts im Wege, daß eine Forderung oder Anweisung irgendwelcher Art zum Gelde gerechnet wird; denn auch Forderungen und Anweisungen können als Instrument des Verkehrs zwischen den wirtschaftenden Individuen, insbesondere als Tauschmittel, dienen und mithin Träger der Grundfunktion des Geldes sein. Daß sie keinen sogenannten „Eigenwert" besitzen, schließt diese Möglichkeit nicht aus; denn einmal ist nach den Erscheinungen der modernen Papierwährung die Auffassung, daß ein eigner stofflicher Wert zu den begriffswesentlichen Erfordernissen des Geldes gehöre, nicht zu halten; ferner ist gegenüber dem Gedanken, daß die sich auf das eigentliche Geld zurückbeziehenden Papierscheine und Banknoten nicht Wertmesser sein können, darauf hinzuweisen, daß — abgesehen von der noch zu erörternden Frage der Begriffswesentlichkeit der Wertmaßfunktion — in der ganz allgemein als normal angesehenen Geldverfassung, bei der das Wertverhältnis zwischen den einzelnen aus verschiedenen Stoffen hergestellten Geldsorten und die gegenseitige Vertretbarkeit dieser verschiedenen Sorten feststeht, — daß in einer solchen Geldverfassung niemals die einzelne Sorte Wertmesser sein kann, sondern nur die durch die Währungsverfassung gegebene Einheit, auf die alle Sorten, ob Gold, Silber, Nickel, Kupfer oder Papier, in gleicher Weise lauten. Dem deutschen Fünfmarkstück z. B. hat niemand die Eigenschaft als Geld abgesprochen, trotzdem sein stofflicher Wert ohne Bedeutung für seinen Geldwert war, trotzdem es sich in seinem Geldwerte ebenso wie die Banknote auf die Reichsgoldmünze zurückbezog, trotzdem es also kein selbständiges Preismaß sein konnte.

Auch der Einwand, daß Forderungen auf Geld doch nicht selbst Geld sein könnten, ist nicht durchschlagend, ganz abgesehen von der Frage, die hier noch offen bleibe, ob es sich bei den der staatlichen Gesetzgebung unterworfenen Papiergeldzeichen überhaupt noch um „Forderungen" im allgemeinen Sinne des Wortes handeln kann. Wir können innerhalb des Kreises der Geld darstellenden Güter sehr wohl verschiedene Arten unterscheiden, von denen die eine Art gebildet wird durch Anweisungen auf Geld der anderen Art. Einlösbares Papiergeld, Banknoten und andere Geldzeichen dieser Art brauchen dann nicht Forderungen auf Geld schlechthin zu sein, sondern nur Forderungen auf eine bestimmte Art von Geld, wodurch die eigne Geldeigenschaft nicht ausgeschlossen wird.

Nachdem so die Möglichkeit, daß Forderungen und Anweisungen irgendwelcher Art Geld sein können, festgestellt ist, kommen wir zu der Tatfrage, in wie weit diese oder jene bestimmten Papierzeichen in unserer Wirtschaftsverfassung Geld sind.

Wenn wir an die hier in Betracht kommenden Erscheinungen das Kriterium anlegen, daß als Geld diejenigen Verkehrsobjekte anzusehen sind, welche die ordentliche Bestimmung haben, als Instrument der interpersonalen Uebertragungen zu dienen, und wenn wir uns dann die Bestimmung ansehen, aus welcher die einzelnen auf Geldbeträge lautenden Papierzeichen hervorgehen, dann müssen wir zu dem Schlusse kommen, daß Staatspapiergeld und Banknoten dem Gelde zuzuzählen sind, nicht aber Schecks, Wechsel, gewöhnliche Bankanweisungen, Kupons, Divi-

dendenscheine, Postwertzeichen, Konsumvereinsmarken und ähnliche
Dinge[1]). Darüber, daß die ordentliche Bestimmung von Kupons, Divi-
dendenscheinen, Briefmarken usw. gänzlich außerhalb der Grundfunktion
des Geldes liegt, braucht kein Wort verloren zu werden; ihre gelegentliche Verwendung zu Zahlungsleistungen statt zur Erhebung von Zinsen
und Dividenden oder zur Frankierung von Briefen macht sie bei der
Deutlichkeit ihrer ordentlichen Bestimmung weder in der allgemeinen Verkehrsanschauung noch in ihrer rechtlichen Stellung zu Geld.
Schwieriger liegt die Frage, wie zugegeben werden muß, hinsichtlich
der übrigen auf Geldbeträge lautenden Papiere. Wechsel und Schecks
einerseits, Staatspapiergeld und Banknoten andererseits verrichten in
großem Umfange ähnliche Funktionen; speziell zwischen Wechsel und
Banknote besteht bei der ganzen Struktur des modernen Zettelbank-
wesens ein direkter organischer Zusammenhang.

Eine genauere Betrachtung ergibt jedoch folgenden Unterschied:

Staatspapiergeld und Banknoten haben ihre unzweifelhafte und
ausschließliche Bestimmung darin, gleich dem Metallgelde und neben
dem Metallgelde, eventuell auch anstelle des Metallgeldes als „Umlaufsmittel" zu dienen, einerlei ob ihnen ausdrücklich die Eigenschaft
als gesetzliches Zahlungsmittel zuerkannt ist oder nicht und ob sie in
Metallgeld einlösbar sind oder nicht. Das Motiv ihrer Ausgabe braucht
deshalb noch nicht auf dem Gebiete des Geldwesens zu liegen, es kann
sehr wohl darin bestehen, daß der Staat oder die Bank durch die
Ausgabe der Zettel gewissermaßen im Wege der Aufnahme einer unverzinslichen Anleihe Mittel beschaffen will; aber auch dieser Zweck
wird nur erfüllt, soweit die Zettel im Verkehr bleiben, in dem sie
gar keine andere Funktion als diejenige des Mittels der interpersonalen
Uebertragungen erfüllen können. Auch bei der Ausgabe von verzinslichen Staatsanleihen ist für die Finanzverwaltung das Motiv die Beschaffung von Mitteln; letztere ist auf dem Wege der Ausgabe von
Obligationen irgendwelcher Art nur möglich, soweit diese Obligationen
ihrerseits für das Publikum einen nützlichen Zweck erfüllen; die Bedeutung von Staatsanleihen für das Publikum liegt in der sicheren und
verzinslichen Anlage von verfügbaren Kapitalien; bei Staatspapiergeld
und Banknoten dagegen, die keine Zinsen bringen, liegt die Bedeutung
für das Publikum lediglich in deren Funktion als Verkehrsinstrument.

Dagegen liegt beim Wechsel die ordentliche Bestimmung offenbar
in der besonderen Sicherung einer aus irgendeinem Grunde erwachsenen,
in verhältnismäßig naher Zeit fälligen Forderung. Er kann diesen
seinen ordentlichen Zweck durchaus erfüllen, wenn er keinen einzigen
Umsatz und keine einzige Zahlung vermittelt, sondern vom Tage der
Ausstellung bis zum Tage des Verfalls ruhig in einer und derselben
Hand bleibt. Auch wenn er in Umlauf gesetzt wird, ist seine Um-
laufszeit von vornherein durch die Angabe des Fälligkeitstermins strikt
auf einen eng begrenzten Zeitraum beschränkt, während bei Banknote

---

[1]) v. Philippovich ist im Irrtum, wenn er in seinem Grundriß der politischen Oekonomie (8. Aufl. S. 234) behauptet, daß ich auch Briefmarken, Schecks,
Wechsel usw. zum Gelde rechne. Das Gegenteil ist richtig, wie die obige, aus der
ersten Auflage unverändert übernommene Darlegung zeigt.

und Staatspapiergeld irgendwelche Beschränkung der Umlaufsdauer nicht besteht. Daß der Wechsel infolge seiner Eigenschaft als besonders gesicherte und zu einem nahen Termine fällige Obligation auch zur Vermittlung von Umsätzen und Vermögensübertragungen Verwendung finden kann und tatsächlich findet, beweist für seine Geldeigenschaft prinzipiell ebensowenig, wie die durch andere Eigenschaften bedingte Verwendung von Briefmarken zu Zahlungszwecken; der Unterschied gegenüber der ausschließlich zu Zirkulationszwecken benutzten Banknote ist ein prinzipieller, der Unterschied gegenüber der Briefmarke ist — soweit die Verrichtung von Geldfunktionen in Frage steht — nur ein gradueller.

Ebenso verhält es sich mit dem Scheck und ähnlichen Anweisungen. Die ordentliche Bestimmung des Schecks besteht nicht in der Verrichtung von Geldfunktionen; er ist vielmehr lediglich ein Zahlungsmandat eines Kaufmanns oder eines anderen Wirtschaftssubjekts an die Bank, die seine Kasse führt, eine Bestimmung, die von derjenigen, selbst als Zahlungsmittel zu dienen, augenscheinlich verschieden ist. Wie der Wechsel kann allerdings auch der Scheck die Funktion als Umsatz- und Zahlungsmittel erfüllen; aber der Unterschied gegenüber den ausschließlich für diesen Zweck bestimmten Banknoten zeigt sich gerade beim Scheck mit aller Deutlichkeit darin, daß die Natur des Schecks jede längere Zirkulation vollständig ausschließt, da während derselben das Guthaben, aufgrund dessen der Scheck ausgestellt ist, abgehoben oder durch Zusammenbruch der Bank wertlos werden kann; in richtiger Würdigung dieser Verhältnisse verlangt die Verkehrsgewohnheit und das Scheckrecht der meisten Staaten die Präsentation des Schecks binnen weniger Tage nach der Ausstellung.

Der Unterschied in der ordentlichen Bestimmung der hier behandelten Papiere findet seinen Ausdruck auch in dem rein äußerlichen Merkmal, daß Staatspapiergeld und Banknoten dadurch in das Geldsystem eingepaßt sind, daß sie, ebenso wie die Münzen, auf bestimmte runde Summen lauten, während Wechsel und Schecks, entsprechend ihrer spezifischen Zweckbestimmung, auf die zufälligen und ungeraden Beträge lauten, die ihr eigentlicher Entstehungsgrund involviert; daß ferner Staatspapiergeld und Banknoten gedruckte Stücke einer oder mehrerer einheitlicher Gattungen sind, während jeder Wechsel und jeder Scheck ein Individuum für sich ist. Daß auch juristisch wesentliche Unterschiede bestehen, die gleichfalls auf die Verschiedenheit der ordentlichen Bestimmung zurückgehen, wird an anderer Stelle noch zu erörtern sein. Hier sei nur auf den überaus wichtigen Punkt hingewiesen, daß Staatspapiergeld und Banknoten im Gegensatz zu Wechseln und Schecks ohne jede Förmlichkeit übertragen werden können, und daß, falls der Staat oder die Bank der bestehenden Einlösungspflicht nicht nachkommt, keinerlei Regreß auf die Vorinhaber stattfindet.

Die Einbeziehung des Staatspapiergeldes und der Banknoten unter den Geldbegriff und der Ausschluß der Wechsel, Schecks, Anweisungen, Briefmarken usw. entspricht vollkommen dem Sprachgebrauche, der allgemeinen Verkehrsmeinung und der allgemeinen Geschäftspraxis.

Wenn sich diese Abgrenzung andererseits aus unserer Begriffsbestimmung des Geldes als desjenigen Kreises von Gütern, deren ordentliche Bestimmung die Vermittlung der interpersonalen Wertübertragung ist, mit zwingender Folgerichtigkeit ergibt, so haben wir darin eine bedeutsame Bestätigung der Richtigkeit unserer Begriffsbestimmung zu erblicken.

2. Kapitel. Die Verkehrsobjekte und Verkehrsvorgänge.

§ 1. Die Verkehrsobjekte.

Im vorigen Kapitel wurde die Stellung des Geldes im Gesamtorganismus unserer Wirtschaftsverfassung dahin festgestellt, daß es den Verkehr zwischen den wirtschaftenden Individuen vermittelt. Damit ist gleichzeitig die kardinale Funktion des Geldes bezeichnet; die Einzelfunktionen des Geldes müssen sich, wenn anders die Kardinalfunktion richtig ermittelt ist, von dieser ableiten oder zu ihr in Beziehung setzen lassen.

Ehe jedoch zu dieser Ableitung geschritten werden kann, muß die Gesamtheit der Erscheinungen, die bisher unter dem Worte „Verkehr" zusammengefaßt worden sind, einer Analyse unterzogen werden, und zwar nach zwei Seiten hin: zunächst sind die Gegenstände des Verkehrs, die körperlichen und unkörperlichen Objekte, in bezug auf die interpersonale Uebertragungen stattfinden, festzustellen; dann sind die Verkehrsvorgänge selbst, die verschiedenen Arten von Uebertragungen, einer Betrachtung zu unterziehen.

Was die Verkehrsobjekte anlangt, so haben wir die folgenden großen Kreise zu unterscheiden:

1. Sachgüter, die zu Eigentum, also mit dem vollen und ausschließlichen Verfügungsrechte, übertragen werden.

2. Nutzungen an Sachgütern, deren Uebertragung erfolgt ohne gleichzeitige Uebertragung des Eigentums an den betreffenden Sachgütern; hier wird also nur ein zugunsten der nach wie vor Eigentümer bleibenden Person zeitlich und sachlich beschränktes Verfügungsrecht übertragen. Eine solche Uebertragung ist nur möglich bei Dingen, die durch die beabsichtigte Nutzung nicht aufgezehrt oder vernichtet werden, sondern in ihrer Substanz mehr oder weniger unverändert erhalten bleiben. Vor allem gehören hierher die im Wege der Pacht, der Miete und der Gebrauchsleihe erfolgenden Uebertragungen.

3. Nicht in Sachgütern verkörperte Leistungen sowohl von Unternehmungen als auch von Einzelpersonen. Unter die Leistungen von Unternehmungen gehört z. B. die von Transportunternehmungen jeder Art bewirkte Beförderung von Gütern und Personen. Diese Leistungen, welche mit den unter 2. aufgeführten Nutzungen verwandt zu sein oder gar zusammenzufallen scheinen, müssen dennoch von den Nutzungen sehr wohl unterschieden werden. Es ist etwas anderes, ob ich einen Wagen oder ein Schiff miete, um darauf meine Güter zu befördern, oder ob ich die Beförderung durch den Besitzer des Wagens oder Schiffes bewirken lasse. — Bei den persönlichen Leistungen jeder Art handelt es sich um die Uebertragung eines zeitlich und sachlich be-

schränkten Verfügungsrechtes über Menschen als Träger bestimmter
Kräfte und Fähigkeiten; ein solches Verfügungsrecht kann unbeschränkt
in unserer Gesellschafts- und Rechtsordnung, welche die Sklaverei, das
Eigentum am Menschen, nicht kennt, nicht übertragen werden. Wir
haben es hier mit der Uebertragung von Nutzungen an Personen zu
tun. Diese persönlichen Nutzungen sind danach zu unterscheiden,
ob sie die Gesamtheit von mehr oder weniger bestimmt abgegrenzten
Leistungen einer Person innerhalb einer bestimmten Zeit umfassen,
wobei derjenige, dem die Nutzung der Kräfte und Fähigkeiten einer
Person übertragen ist, innerhalb eines gewissen Spielraums über die
Art und Richtung der Betätigung dieser Kräfte verfügen kann (so
beim Gesinde, bei Tagelöhnern, Arbeitern, Beamten), oder ob es sich um
eine nach Art und Umfang genau bestimmte Einzelleistung handelt (so
beim Botengang eines Dienstmanns, der Leistung eines Arztes, eines
Rechtsanwalts, eines Musikers usw.).

4. Der letzte große Kreis von Verkehrsobjekten wird dargestellt
durch Forderungen, die meist auf Sachgüter lauten, die aber auch auf
Nutzungen und Leistungen aller Art lauten können, und deren Erfüllung zu einem bestimmten, in der Zukunft liegenden Zeitpunkte
durch die Uebertragung der verabredeten Sachgüter, die Gewährung
der verabredeten Nutzung, die Erfüllung der übernommenen Leistung usw.
zu erfolgen hat. Solche in der Zukunft zu erfüllenden Forderungen
können, namentlich wenn sie in Dokumenten und Urkunden verkörpert
sind, in der Gegenwart ebenso übertragen werden, wie die Sachgüter usw., auf die sie lauten, und sie spielen tatsächlich in der Welt
des wirtschaftlichen Verkehrs nicht die letzte Rolle.

In diesen vier Gruppen haben wir im wesentlichen die Objekte
des Verkehrs zusammengefaßt. Es erübrigt uns nun, die sich auf
diese Objekte erstreckenden Bewegungsvorgänge zu betrachten.

§ 2. Die Verkehrsvorgänge.

Wenn wir das Wesen des Verkehrs in der interpersonalen Uebertragung sehen, so ist damit sofort eine fundamentale Unterscheidung
der Verkehrsvorgänge gegeben, eine Unterscheidung, auf die bereits
im historischen Teile hingewiesen worden ist: die interpersonale Uebertragung kann eine einseitige und eine doppelseitige sein.

Die einseitige Uebertragung ist eine solche, die ohne eine spezielle
Gegenleistung oder überhaupt ohne jede Gegenleistung erfolgt, bei
der mithin nur e i n Verkehrsobjekt in Frage steht und der eine Teil
nur gibt, der andere nur empfängt. Hierher gehören Schenkungen,
Stiftungen, Vermächtnisse, Mitgift und andere freiwillige Vermögensübertragungen; ferner die von Gerichten auferlegten Vermögensstrafen,
Entschädigungen und Ersatzleistungen; schließlich alle zwangsweise
auferlegten Leistungen an die weltliche und geistliche Obrigkeit, an
Grundherrn, Gemeinde, Staat und Kirche. Wenn auch in den letztgenannten Fällen meist eine gewisse allgemeine Entgeltlichkeit von
Leistung und Gegenleistung obwaltet, insoweit als der Grundherr gewisse Verpflichtungen gegenüber den Hörigen hat und als die Wirksamkeit von Gemeinde, Staat und Kirche jedem Einzelnen, der Abgaben

und Steuern zahlen muß, zugute kommt, so fehlt doch die spezielle Entgeltlichkeit, das Abwägen des Wertes von Leistung und Gegenleistung seitens der Parteien und die freie Willensentschließung des einen der beiden Beteiligten. Die Abgaben, Steuern usw. werden von der Obrigkeit einseitig und zwangsweise den Individuen auferlegt, und letztere können sich diesen Leistungen nicht etwa dadurch entziehen, daß sie auf die Wohltat des Rechtsschutzes usw. verzichten. Wir haben es also bei den von der Obrigkeit auferlegten Leistungen, trotz der allgemeinen Beziehung zu der Wirksamkeit der Obrigkeit, mit einseitigen Uebertragungen zu tun.

Bei der doppelseitigen oder entgeltlichen Uebertragung kommen nicht nur zwei Personen, sondern auch zwei Verkehrsobjekte in Frage; jedes der beiden Verkehrsobjekte stellt das Entgelt für das andere dar, und ihre Uebertragung erfolgt zwischen den beiden beteiligten Personen in umgekehrter Richtung, sodaß jede der beiden Personen zugleich Geber und Empfänger ist.

Innerhalb der Kategorie dieser doppelseitigen Uebertragungen haben wir nun einen sehr wichtigen Unterschied zu machen: zwischen Uebertragungen, bei denen Leistung und Gegenleistung sich in einem und demselben Augenblicke Zug um Zug vollziehen, und solchen, bei welchen Leistung und Gegenleistung zeitlich auseinanderfallen, indem die Gegenleistung für einen späteren Termin bedungen wird.

Der erstere Fall bedarf seiner Einfachheit wegen keiner weiteren Erläuterung.

Hinsichtlich des zweiten Falles sei folgendes bemerkt:

Ein zeitliches Auseinanderfallen von Leistung und Gegenleistung ist eine unvermeidliche Notwendigkeit in allen denjenigen Fällen, in welchen die Leistung sich auf einen Augenblick zusammendrängt, wie z. B. die Uebertragung eines Sachgutes, während die Gegenleistung sich ihrer Natur nach auf einen längeren Zeitabschnitt erstreckt, wie z. B. die sämtlichen Nutzungen an Sachgütern und alle Dienstleistungen. Wenn es sich um einen Miets- oder Pachtvertrag oder um einen Arbeitsvertrag handelt, wobei die Leistung auf der einen Seite z. B. in Geld besteht, dann muß die Geldübertragung entweder erfolgen, ehe die Nutzung oder Arbeitsleistung vollendet ist, oder die Nutzung wird ausgeübt und die Arbeit wird geleistet, bevor die entsprechende Geldübertragung erfolgt.

Von der Uebertragung von Sachgütern gegen Nutzungen und Dienstleistungen ist eine andere Art von Uebertragungen, bei denen Leistung und Gegenleistung zeitlich auseinanderfallen, wohl zu unterscheiden. Es kann ein Sachgut in der Gegenwart zu Eigentum übertragen werden, während die gleichfalls in der Uebertragung eines Sachgutes zu Eigentum bestehende Gegenleistung erst in einem zukünftigen Zeitpunkte erfolgen soll. Hier ist das zeitliche Auseinanderfallen von Leistung und Gegenleistung nicht in der Natur der Dinge begründet, sondern in zweckbewußter Absicht herbeigeführt.

Der ganze Kreis der hier in Betracht kommenden Vorgänge hat mit der Uebertragung von Nutzungen den wirtschaftlichen Zweck gemein: es soll die Nutzwirkung von Sachgütern für bestimmte Zeit

einem Dritten zur Verfügung gestellt werden. Die Uebertragung der
bloßen Nutzung unter Vorbehalt des Eigentums ist nur bei solchen
Dingen möglich, welche durch die Art ihrer Nutzung nicht aufgebraucht
werden, sondern nach vollzogener Nutzung in nicht wesentlich ver-
ändertem Zustande dem Eigentümer zurückgestellt werden können.
Soll die Nutzwirkung von Sachgütern, bei denen Gebrauch gleichbedeutend mit Verbrauch ist, an Dritte übertragen werden, so muß die
Uebertragung zu Eigentum erfolgen und auf die spätere Rückübertragung derselben Sachgüter muß Verzicht geleistet werden. Anstelle
der Rückübertragung der i d e n t i s c h e n Sachgüter kann, wenn es
sich um vertretbare (fungible) Dinge handelt, z. B. um Getreide oder
um Geld, die Rückerstattung einer e n t s p r e c h e n d e n M e n g e von
Gütern der gleichen Gattung ausbedungen werden, oder es kann die
Rückübertragung eines entsprechenden Gegenwertes in irgendeiner
beliebigen anderen Gütergattung verabredet werden; bei nicht vertret-
baren Gütern bleibt nur die letztere Möglichkeit.

Die wichtigsten hier in Betracht kommenden Fälle sind nach
Entstehung der Geldwirtschaft die folgenden:

1. Es wird in der Gegenwart ein nicht Geld darstellendes Sach-
gut zu Eigentum hingegeben (z. B. Getreide oder Baumwolle oder eine
Maschine) gegen eine in der Zukunft zu bewirkende Gegenleistung in
Geld (Verkauf auf Kredit).

2. Es wird in der Gegenwart eine Geldsumme zu Eigentum hingegeben gegen die in der Zukunft zu bewirkende Rückübertragung
einer Geldsumme (Darlehen).

In den hier in Betracht kommenden Fällen vollzieht sich, wenn
wir den Vorgang genauer betrachten, in der Gegenwart eine Uebertragung eines Sachgutes gegen die Einräumung einer Forderung: in
der Zukunft vollzieht sich ein zweiter Vorgang, der in der Erfüllung
der Forderung besteht. Die Formen, in welchen im Wege einer entgeltlichen Uebertragung Forderungen entstehen, die zu einem in der
Zukunft liegenden Zeitpunkte erfüllt werden sollen, sind außerordentlich zahlreich. Die angeführten Fälle stellen nur die einfachsten Beispiele dar. Die bei einem für längere Zeit gewährten Darlehen für
bestimmte Termine verabredeten Zinsen sind eben so gut Gegenstand
einer Forderung, wie die Rückzahlung des Kapitals selbst. Ebenso
liegt es bei Pacht-, Miet-, Leih- und Dienstverträgen, die für längere
Zeit abgeschlossen sind und bei denen der in Geld bestehende Gegenwert nicht in der Gegenwart erstattet wird, sondern als Pacht-, Miet-
oder Leihzins, als Lohn oder Gehalt in der Zukunft zu regelmäßig
wiederkehrenden Terminen zu übermitteln ist. Aehnlich verhält es sich
beim Kaufe einer Rente; hier wird — sei es durch einmalige Hingabe
einer Geldsumme, sei es durch eine Anzahl jährlicher Zahlungen —
eine in der Zukunft zu erfüllende Forderung auf bestimmte Beträge
pro Jahr erworben. Auch die im Wege der Versicherung erworbenen
Ansprüche gehören hierher; die Zahlung jährlicher Prämien gibt bei
Feuerversicherungen, Unfallversicherungen, Lebensversicherungen eine
Forderung, die jedoch nur beim Eintritt bestimmter vorgesehener
Eventualitäten, bei einem Brandschaden, einem Unfalle oder einem

Todesfalle, zu erfüllen ist. Ferner können Forderungen nicht nur gegen Sachgüter, gegen Nutzungen und Dienstleistungen erworben werden, sondern auch gegen Forderungen selbst. In letzterer Beziehung kommen nicht nur Fälle in Betracht, in denen verschiedenartige Forderungen auf Geld gegeneinander umgesetzt werden, z. B. Schecks gegen Wechsel oder Staatsschuldverschreibungen, sondern auch Fälle, in denen Forderungen auf Geld gegen Forderungen auf andere Verkehrsobjekte gegeben und genommen werden. Hierher gehören vor allem die Lieferungsverträge, das gesamte Termingeschäft in Waren und Wertpapieren. Im Getreidetermingeschäft verpflichtet sich z. B. A, zu einem zukünftigen Zeitpunkte eine bestimmte Quantität Getreide an B zu liefern, während B sich verpflichtet, für das Getreide bei der Lieferung einen bestimmten Preis zu zahlen; es wird also eine doppelseitige Uebertragung von Sachgütern, deren Bedingungen in der Gegenwart festgesetzt werden, auf die Zukunft verschoben, und daraus ergeben sich zwei sich gegenseitig bedingende Verpflichtungen bzw. Forderungen.

Wenn sich so aus einer besonderen Art der doppelseitigen Uebertragung Forderungen ergeben, die in einem zukünftigen Zeitpunkte zu erfüllen sind, so können andererseits solche Forderungen auch aus einseitigen Uebertragungen entstehen. A kann an B eine Forderung an sich selbst ohne Gegenleistung übertragen, so gut wie er den Gegenstand selbst, auf den die Forderung lautet, ohne Gegenleistung übertragen kann; die Forderung ist dann in dem vorgesehenen späteren Zeitpunkte genau ebenso zu erfüllen, wie wenn sie aufgrund einer entgeltlichen Uebertragung entstanden wäre.

Es ergibt sich daraus, daß die Erfüllung einer Forderung nicht lediglich als der letzte Akt einer doppelseitigen Uebertragung, bei der die Gegenleistung in die Zukunft hinausgeschoben wird, angesehen werden kann.

In der Tat haben wir es bei der Erfüllung von Forderungen mit einem eigenartigen Verkehrsvorgange zu tun, der gerade für die Ausbildung und die Wirksamkeit des Geldes von ganz besonderer Wichtigkeit ist. Während die doppelseitige Uebertragung von Verkehrsobjekten irgendwelcher Art im allgemeinen auf einer freiwilligen, den Bedürfnissen und Möglichkeiten des Augenblicks Rechnung tragenden Entschließung beider Parteien beruht[1]), steht die Forderung, auch wenn sie aus einer in der Vergangenheit vorgenommenen freiwilligen Uebertragung hervorgegangen ist, sobald sie einmal zustande gekommen ist, dem Willen des Verpflichteten als etwas Fremdes und Selbständiges gegenüber; der Verpflichtete kann an der Verpflichtung weder inbezug auf die Erfüllungszeit, noch inbezug auf ihren Inhalt einseitig irgend etwas

---

[1]) Die während des Krieges entstandene „Zwangswirtschaft" hat Ausnahmen von dieser Regel geschaffen; der Staat hat auch doppelseitige Uebertragungen erzwungen; insbesondere in der Gestalt der Ablieferung landwirtschaftlicher Produkte zu bestimmten Preisen, ein System, das heute noch (1923) in der sog. Getreide-Umlage aufrecht erhalten wird; ferner in den Bestimmungen über die Zwangsmiete, die gleichfalls heute noch aufrecht erhalten werden. Auch alle während des Krieges erfolgten Enteignungen von Waren, Gebrauchsgegenständen und Wertpapieren gegen Zahlung eines Gegenwertes gehören hierher

ändern, und darin ist die einmal eingegangene Verpflichtung den seitens der Obrigkeit zwangsweise auferlegten einseitigen Leistungen verwandt. Umgekehrt sind die sich Zug um Zug vollziehenden Uebertragungen dem Einflusse der staatlichen Gesetzgebung nahezu völlig entzogen, während die staatliche Gesetzgebung in der Lage ist, den Inhalt und die Erfüllungsmodalitäten der Forderungen maßgebend zu beeinflussen; auch hierin tritt eine Verwandschaft mit den seitens der Obrigkeit einseitig auferlegten Leistungen zutage. Wir werden uns später noch eingehend damit zu beschäftigen haben, wie der Erlaß von Vorschriften über die Erfüllung von auf Geld lautenden Verbindlichkeiten das wichtigste Mittel zur Ordnung des Geldwesens durch den Staat darstellt.

Die in die Zukunft hinausgeschobene Leistung bei der einseitigen Uebertragung und Gegenleistung bei der doppelseitigen Uebertragung gewinnen auf diese Weise eine besondere Bedeutung, die es rechtfertigt, die Erfüllung von Forderungen bzw. Verpflichtungen als eine spezielle Art von Verkehrsvorgängen zu behandeln.

Wir kommen nach dieser Betrachtung zu folgender Einteilung der einer Vermittlung durch das Geld zugänglichen Verkehrsvorgänge:

I. Einseitige Uebertragungen:
    a. freiwillige,
    b. zwangsweise auferlegte.
II. Doppelseitige Uebertragungen:
    a. Zug um Zug erfolgende Uebertragungen von Sachgütern gegen Sachgüter,
    b. Hingabe von Sachgütern gegen Nutzungen und Dienstleistungen,
    c. Hingabe von Sachgütern gegen bereits vorhandene Forderungen,
    d. Hingabe von Sachgütern gegen Forderungen, die durch diesen Verkehrsvorgang erst existent werden.
III. Erfüllung von aus einseitigen oder doppelseitigen Uebertragungen hervorgegangenen Verpflichtungen.

§ 3.   Tausch, Zahlung und Kapitalübertragung.

Bei der Darstellung der Verkehrsvorgänge im vorigen Paragraphen kam es lediglich darauf an, die sich im interpersonalen Verkehr vollziehenden Uebertragungen nach den wesentlichsten unterscheidenden Merkmalen in einige große Gruppen einzuteilen. Es ist dabei, da es auf die Begriffe und nicht auf die Bezeichnungen ankommt und da die Begriffe erst festgestellt werden müssen, ehe über die Terminologie entschieden werden kann, nach Möglichkeit von der Anwendung solcher Bezeichnungen abgesehen worden, über deren Bedeutung ein allgemeines Einverständnis nicht besteht.

Die durch das Geld vermittelten Verkehrsvorgänge werden in der Regel unterschieden in „Tausch", der durch die Dazwischenkunft des Geldes zum „Kauf" und „Verkauf" wird, und „Zahlung"; gerade über den Inhalt dieser Bezeichnungen ist eine vollständige Uebereinstimmung nicht vorhanden. Es wurde deshalb bei den vorstehenden

Ausführungen manchmal, wo es nahe gelegen hätte, von „Tausch" zu sprechen, das umständlichere Wort „doppelseitige Uebertragung", und wo es nahe gelegen hätte, das Wort „Zahlung" anzuwenden, die Bezeichnung „einseitige Uebertragung" gebraucht.

Da nun unter den einzelnen Funktionen des Geldes meist diejenigen als allgemeines Tauschmittel und als allgemeines Zahlungsmittel aufgezählt werden, erscheint es angebracht, vor der Erörterung der Einzelfunktionen des Geldes die Begriffe Tausch und Zahlung klarzustellen.

Im gewöhnlichen Sprachgebrauche bezeichnet man jede Uebertragung einer Geldsumme als Zahlung; das Wort „Zahlung" bedeutet ursprünglich nichts anderes als das Vorzählen von Geldstücken (numeratio). In diesem allgemeinen Sinne findet eine Zahlung auch dann regelmäßig statt, wenn ein Tausch durch das Geld vermittelt wird. Wer seine Waren gegen Geld hingibt, um mit dem erhaltenen Gelde eine andere Ware, auf die sich sein Bedarf richtet, zu erwerben, empfängt und leistet eine Zahlung; er empfängt eine Zahlung als Verkäufer der ihm ursprünglich gehörenden Ware, und er leistet eine Zahlung als Käufer der von ihm benötigten Ware. In diesem allgemeinen Sinne stellt sich also die Zahlung als ein Teil des durch Geld vermittelten Tausches dar.

Daß aber die Zahlung im allgemeinen Sinne mehr ist als die eine Seite des durch Geld vermittelten Tausches ergibt sich daraus, daß eine große Reihe von Zahlungen stattfindet, ohne daß dabei ein Tausch in Frage kommt. Ueberall, wo eine einseitige Uebertragung in Geld bewirkt wird, greift zwar eine Zahlung, aber kein Tausch Platz.

Nun hat man innerhalb des weiteren Begriffs der Zahlung, der alle in Geld erfolgenden Uebertragungen umfaßt, einen engeren Begriff der Zahlung konstruiert, der die in Geld bestehende Leistung beim Tausche nicht einbegreift, und in diesem Sinne hat man zwischen der Tauschmittelfunktion und der Zahlungsmittelfunktion des Geldes unterschieden. Zahlung im engeren Sinne wäre demnach jede in Geld bestehende Leistung, die nicht auf einen Tauschvorgang zurückzuführen ist[1]).

Es liegt nahe, anstelle dieser negativen Bestimmung des Begriffs der Zahlung im engeren Sinne, die ohnedies erst noch eine Feststellung des Begriffes „Tausch" erfordert, eine Unterscheidung in der Weise zu treffen, daß man das Wort Zahlung im engeren Sinne für die einseitigen Uebertragungen (soweit sie in Geld bestehen) anwendet. Aber eine solche Unterscheidung würde uns einmal in gewisse Konflikte mit dem allgemeinen Sprachgebrauch bringen, und sie würde außerdem in Anbetracht der Sonderstellung, welche die Erfüllung von Forderungen unter den Verkehrsvorgängen einnimmt, keineswegs durchgreifend sein.

---

[1]) Leistungen, die nicht auf einen Tauschvorgang zurückzuführen sind, haben — ebenso wie der Tausch — bereits vor der Entstehung und dem Gebrauche des Geldes stattgefunden und stattfinden müssen. Es fehlt uns nur ein zusammenfassendes Wort für diese in natura stattfindenden Leistungen, das sich zu dem für die Geldwirtschaft angewendeten Worte Zahlung ebenso verhalten würde, wie die Bezeichnung Tausch zu der Bezeichnung Kauf und Verkauf.

Soweit es sich um eine doppelseitige Uebertragung von Sachgütern handelt, die sich Zug um Zug vollzieht (Fall IIa der oben gegebenen Klassifizierung), kann die Bezeichnung Tausch und, wenn
eine der beiden Leistungen in Geld besteht, die Bezeichnung Kauf
und Verkauf keiner Einwendung begegnen. Das gilt auch von den
Verabredungen über die in einem zukünftigen Zeitpunkte zu bewirkende
doppelseitige Uebertragung von Sachgütern, von den Lieferungsverträgen
und den Termingeschäften, bei denen man von Kauf und Verkauf auf
Zeit spricht.

Anders dagegen steht es bereits, wenn Nutzungen und Dienstleistungen in eine doppelseitige Uebertragung eintreten (Fall IIb).
Wenn die Nutzung an einem Grundstücke, einem Gebäude, einem
Kleidungsstücke für bestimmte Zeit gegen eine in Geld bestehende
Gegenleistung übertragen wird, wenn ferner ein Arbeiter gegen Geldlohn sich in den Dienst eines Unternehmers stellt oder wenn eine
Transportunternehmung für einen verabredeten Geldbetrag für einen
Dritten Speditionsgeschäfte usw. besorgt, so spricht man in allen diesen
Fällen nicht von Tausch oder von Kauf und Verkauf von Nutzungen
und Dienstleistungen. Dem Tausch- bzw. Kauf-Verkaufsvertrage wird
vielmehr der Pacht-, Miet- und Leihvertrag, der Werkvertrag und
Dienstvertrag nicht nur im gewöhnlichen Sprachgebrauche, sondern
auch in der Terminologie der Volkswirtschaftslehre und Rechtswissenschaft zur Seite gestellt. Immerhin liegt zwischen diesen Verkehrsvorgängen und dem Austausche von Sachgütern eine so nahe Verwandtschaft vor, daß man im übertragenen Sinne vom Kauf oder Verkauf von Nutzungen und Leistungen spricht. Schon der alte G a j u s
hat ausgeführt (L. 2 Dig. XIX. 2): „Pacht und Miete ist dem Kauf-
Verkauf ganz nahestehend und denselben Rechtsregeln unterworfen.
Wie ein Kauf zustande kommt, indem ein Preis (pretium) stipuliert
wird, so Pacht und Miete, indem ein Pacht- und Mietzins (merces) vereinbart ist; ja manchmal wird es ganz zweifelhaft, ob ein Vorgang
Kauf, Pacht oder Miete ist."

Unbedenklich angewendet werden die Bezeichnungen Kauf und
Verkauf inbezug auf die entgeltliche Uebertragung von Forderungen,
mindestens soweit die Forderungen in Urkunden und Dokumenten, die
wie Sachgüter von Hand zu Hand gehen können, verkörpert sind.
Man spricht von Ankauf und Verkauf von Staatsschuldverschreibungen,
von Pfandbriefen, von Hypotheken, von Wechseln usf., jedoch nur,
soweit es sich um die Uebertragung bereits bestehender Forderungen
handelt (Fall IIc), nicht aber soweit die Entstehung und Erfüllung
solcher Forderungen in Frage kommt (Fall IId und Fall III).

Letzteres wird sich klar ergeben aus der Betrachtung derjenigen
Verkehrsvorgänge, bei denen die Leistung in der Gegenwart bewirkt
wird, während die Gegenleistung für einen zukünftigen Zeitpunkt
ausbedungen ist. Wir ziehen auch hier nur die beiden einfachsten
Fälle in Betracht, den Verkauf auf Kredit und das Darlehen.

Wenn in der Gegenwart ein nicht Geld darstellendes Verkehrsobjekt hingegeben wird gegen eine in der Zukunft zu leistende Geldsumme,
so läßt sich dieser Vorgang als ein Tausch des betreffenden Verkehrs-

objekts gegen eine Geldforderung auffassen. Dem Sprachgebrauch, der einen solchen Verkehrsvorgang als Kauf und Verkauf bezeichnet, entspricht es jedoch besser, die in Rede stehende Uebertragung aufzulösen in einen gewöhnlichen Verkaufsakt und ein Darlehen. Das Getreide oder die Baumwolle wird verkauft gegen ein bestimmtes Geldquantum; wenn nun dieses Geldquantum nicht sofort in die Hände des Verkäufers übergeht, sondern dem Käufer bis zu einem bestimmten Zeitpunkte gestundet wird, so ist das daraus entstehende Verhältnis zwischen den beteiligten Personen genau dasselbe, wie wenn A an B anstatt der bezeichneten Waren die als deren Gegenwert festgesetzte Geldsumme gegen die Verpflichtung der Rückerstattung übertragen hätte.

Wie steht es aber in dem Falle des Darlehens selbst?

Man hat gesagt, das Darlehen sei „ein wahrer Tausch gegenwärtiger gegen zukünftige Güter“ (v. Böhm-Bawerk); aber gegen diese Auffassung ist eingewendet worden, von Tauschvorgängen könne nur in dem Sinne gesprochen werden, daß verschiedenartige Güter gegeben und genommen werden, eine verschiedene Güterart könne jedoch bei zwei — jetzt und später gegebenen — Geldsummen nicht anerkannt werden (Knies).

In der Tat ist der normale, sich Zug um Zug vollziehende Tausch nur insoweit denkbar, als verschiedenartige Verkehrsobjekte gegeben und genommen werden; denn die Verschiedenartigkeit der Verkehrsobjekte einerseits, der Bedürfnisse der beteiligten Personen andererseits ist ja die einzige Veranlassung für einen solchen Tauschvorgang. Wenn nun beim Darlehen in einer für beide Parteien durchaus zweckmäßigen und erwünschten Weise die zukünftige Gegenleistung in derselben Art von Sachgütern ausbedungen wird, aus der die gegenwärtige Leistung besteht, so muß anerkannt werden, daß offenbar durch das rein zeitliche Auseinanderfallen von Leistung und Gegenleistung das Wesen und die wirtschaftliche Bedeutung dieses Aktes gegenüber dem Tausche erheblich verändert wird.

Der bezeichnete Einwand könnte entkräftet werden, wenn man das Darlehen als die Hingabe von Geld gegen eine Forderung bezeichnet. Nunmehr liegt eine Verschiedenartigkeit der beiden Verkehrsobjekte vor (Geld und Geldforderung). Trotzdem lehnt sich der Sprachgebrauch gegen die Bezeichnung eines Darlehens als Tauschgeschäft, bzw. als Kauf oder Verkauf einer Forderung auf. So anstandslos man von Verkauf von Forderungen, z. B. von Schatzanweisungen, Wechseln und Hypotheken, spricht, wenn diese Forderungen bereits vor dem betreffenden Verkehrsvorgange vorhanden sind, so wenig will die Bezeichnung Kauf und Verkauf für einen Verkehrsvorgang passen, durch den eine vorher nicht bestehende Forderung überhaupt erst in Erscheinung tritt.

Mit einer womöglich noch stärkeren Auflehnung des Sprachgebrauchs haben wir es zu tun, wenn wir den zweiten in der Zukunft liegenden Verkehrsvorgang eines auf Kredit beruhenden Geschäftes — sei es eines Verkaufs auf Kredit oder eines Darlehens —, nämlich die Erfüllung einer freiwillig kontrahierten Verpflichtung (Fall III) auf einen Tausch zurückführen wollen. Man könnte zur Not der Hingabe der Geldsumme, auf welche die Forderung lautet, die Rückgabe der Forderung selbst gegenüberstellen und so abermals einen Austausch zwischen einer Forderung und einem Sachgute oder, da das Sachgut in den vorliegenden Fällen Geld ist, den Rückkauf einer Forderung künstlich konstruieren. Man spricht auch in der Tat vom Rückkauf einer Forderung, aber bezeichnender Weise nur dann, wenn die Zurückerwerbung seitens des aus der Forderung Verpflichteten vor dem Fälligkeitstermine der Forderung erfolgt, wenn es sich dabei also um einen freiwilligen, durch den Inhalt der Forderung nicht erzwungenen Akt handelt. Dagegen wird niemand die Einlösung eines fälligen Wechsels, die Einlösung einer jederzeit fälligen Banknote, die Auszahlung eines fälligen Depositums oder die Entrichtung fällig gewordener Zinsen als eine doppelseitige Uebertragung bezeichnen, bei welcher der zur Zahlung Verpflichtete eine Forderung an sich selbst ankauft. Das Moment des Zwangs, der bindenden Verpflichtung unterscheidet alle derartigen Leistungen scharf von den auf freiwilliger Vereinbarung der beiden Parteien beruhenden Verkehrsvorgängen, für die im allgemeinen die Bezeichnung Tausch oder Kauf und Verkauf angewendet wird. Dagegen wird gerade für die Erfüllung von Verbindlichkeiten, soweit diese in Geld bestehen oder soweit die Erfüllung ursprünglich nicht auf Geld lautender Verpflichtungen schließlich in Geld erfolgt, das Wort Zahlung in ganz besonders prägnantem Sinne angewendet, sodaß „Zahlung" im allerengsten Sinne, namentlich im juristischen Sinne genommen, gleichbedeutend gesetzt wird mit der „Erfüllung" („solutio") von Verbindlichkeiten.

Demnach ist die Bezeichnung Tausch anwendbar auf folgende Fälle des oben gegebenen Schemas:

II a.   die Zug um Zug erfolgende doppelseitige Uebertragung von Sachgütern gegen Sachgüter;

II b.   die Hergabe von Sachgütern gegen Nutzungen und Dienstleistungen;

II c.   die Hergabe von Sachgütern gegen bereits bestehende Forderungen.

Unter den Begriff der Zahlung würden alle übrigen Verkehrsvorgänge, soweit sie durch Geld vermittelt werden, einzurechnen sein.

Faßt man jedoch den Begriff der Zahlung in dem oben angedeuteten engsten Sinne, als Erfüllung von Forderungen in Geld, so würden sich als „Zahlung" nur charakterisieren die Fälle:

I b.   zwangsweise auferlegte einseitige Uebertragungen und

III.   Erfüllung von aus doppelseitigen Uebertragungen hervorgegangenen Verpflichtungen.

Weder unter die Bezeichnung Tausch, noch unter die Bezeichnung Zahlung (im engeren Sinne) würden mithin gehören die Fälle:

I a.   Freiwillige einseitige Uebertragungen,

II d.   Hingabe von Sachgütern gegen Forderungen, die durch den Verkehrsvorgang selbst erst existent werden.

Der wichtigste Spezialfall von II d ist das Darlehen; den Verkauf auf Kredit haben wir in einen Zug um Zug erfolgenden Verkauf und ein Darlehen aufgelöst.

Wir bezeichnen die Fälle I a und II d, die weder einen Tausch noch eine Zahlung im engeren Sinne darstellen, als „Kapitalübertragungen", worüber das nähere weiter unten auszuführen sein wird.

3. Kapitel. Die Einzelfunktionen des Geldes.

§ 1. Aufzählung der Funktionen des Geldes.

Die Analyse der Verkehrsvorgänge bietet die natürliche Ueberleitung von der Feststellung der Grundfunktion zu einer Betrachtung der Einzelfunktionen des Geldes. Letztere müssen entweder von der Art sein, daß sich die Grundfunktion in sie auflösen läßt, und zwar genau entsprechend der im vorhergehenden Kapitel vorgenommenen Auflösung des Gesamtkomplexes des interpersonalen Verkehrs in die einzelnen Verkehrsvorgänge; oder, soweit dies nicht der Fall ist, müssen sich die Einzelfunktionen von der Grundfunktion als Konsekutivfunktionen ableiten oder zu der Grundfunktion als akzidentielle Funktionen in eine mehr beiläufige und zufällige Beziehung setzen lassen.

An solchen Einzelfunktionen werden in Lehrbüchern und Abhandlungen über das Geld meist folgende aufgezählt:

die Funktion als allgemeines Tauschmittel;

die Funktion als allgemeines Zahlungsmittel;

die Funktion als allgemeines Wertmaß;

die Funktion als Wertträger durch Zeit und Raum (Wertbewahrungs- und Werttransportmittel).

Dazu wird von einigen als besondere Funktion noch diejenige als Vermittler des Kapitalverkehrs hinzugefügt.

Wenn wir einen Rückblick auf die geschichtliche Entwicklung des Geldes werfen, dann tritt aus den aufgeführten Funktionen des Geldes die Funktion als allgemeines Tauschmittel am meisten hervor. Wir haben gesehen, wie die Entstehung des Geldes in erster Linie zu erklären ist aus der Notwendigkeit, die großen, sich mit der Erweiterung des Kreises der tauschbaren Güter fortgesetzt steigernden Schwierigkeiten des direkten Austausches zu überwinden. Die Funktion als allgemeines Tauschmittel erscheint infolgedessen als die historisch primäre Funktion des Geldes. Auch unter den Verhältnissen unserer modernen Wirtschaftsverhältnisse springt unter den Funktionen des Geldes die Vermittlung des Güteraustausches so sehr in die Augen, daß sie vielfach nicht nur als die wesentlichste, sondern sogar als die einzige wesentliche Funktion des Geldes angesehen wird, der gegenüber sich die übrigen als bloße Konsekutivfunktionen oder akzidentielle Funktionen darstellen. Namentlich Menger vertritt diese Ansicht. Er schreibt:

„Der ursprüngliche und der allen Entwicklungsstufen des Geldes gemeinsame Begriff desselben ist der eines allgemein gebräuchlich gewordenen Tauschmittels. Alle Begriffsbestimmungen des Geldes, welche die dem Gelde entwickelter Kulturvölker eigentümlichen Funktionen dem Gelde als solchem zuschreiben, im wesentlichen nichts anderes als eine Zusammenfassung aller aus der Beobachtung des Geldes der modernen Kulturvölker sich ergebenden Funktionen (auch der bloßen Konsekutivfunktionen der Tauschmittelfunktion) des Geldes sind, müssen

demnach als irrig, im allgemeinen auch als geschichtswidrig zurückgewiesen werden. Sollen die Konsekutivfunktionen und die sonstigen
gebräuchlichen Benutzungsarten des Geldes mit Rücksicht auf ihre hohe
praktische Wichtigkeit der Begriffsbestimmung des Geldes beigefügt
werden, so muß das in einer ihren konsekutiven bzw. ihren akzidentiellen
Charakter kennzeichnenden Weise geschehen. „Geld" ist jedes Verkehrsobjekt, welches als allgemein gebräuchliches Tauschmittel und infolge dieses
Umstandes aller Regel nach auch als Maßstab des Tauschverkehrs
funktioniert, Funktionen, mit denen sich auch regelmäßig die eines
Mittels für einseitige und subsidiäre vermögensrechtliche Leistungen,
eines Vermittlers des Kapitalverkehrs, falls der Geldstoff hierzu geeignet
ist, auch die eines Thesaurierungsmittels verbinden"[1]).

Menger hat Recht, soweit er die Versuche zurückweist, den
Begriff des Geldes zu definieren durch eine Aufzählung aller einzelnen
Funktionen, die das Geld erfüllt oder erfüllen kann; dagegen hält
seine Auffassung, die allein der Tauschmittelfunktion die Wesentlichkeit
zuerkennt, nicht Stich, wenn wir sie aufgrund der oben gegebenen
Analyse der Verkehrsvorgänge prüfen.

Von den der Vermittlung durch das Geld zugänglichen Verkehrsvorgängen sind diejenigen, die sich als Tausch bezeichnen lassen, nur
eine besondere Kategorie. Die Tauschmittelfunktion des Geldes kann

---

[1]) Artikel „Geld" im Handwörterbuch der Staatswissenschaften, 2. Aufl. Bd. IV,
S. 100. — In der 3. Auflage des „Handwörterbuchs", die während der Drucklegung
der 2. Auflage dieses Werkes erschienen ist, hat Menger den Abschnitt „Aus den
Funktionen sich ergebender Begriff des Geldes" in einer Weise umgearbeitet, die
sich in manchen Punkten der Auffassung des Verfassers annähert. Die oben zitierte
Stelle kehrt in diesem Wortlaute nicht wieder, sondern ist im wesentlichen durch
folgende Ausführungen ersetzt, die jedoch in dem hier entscheidenden Punkte, der
ausschließlichen Anerkennung der Tauschmittelfunktion als begriffswesentlich, an
der früheren Auffassung Mengers festhält (Bd. IV, S. 598 ff.).
„Mag ein Gut welcher Art immer, eine bisher dem Konsum oder der technischen Produktion dienende Ware, ein Rohstoff oder ein Kunstprodukt, ein durch
die Wage zuzumessendes Metall oder eine zirkulationsfähige Urkunde sein, — dasselbe wird zum Gelde, sobald und insoweit es in der geschichtlichen Entwicklung
des Güterverkehrs eines Volkes die Funktion eines allgemeingebräuchlichen Tausch-
vermittlers (bzw. die Konsekutivfunktion des letzteren) tatsächlich übernimmt und
hierdurch diejenige eigenartige Stellung im Verkehre und in der Volkswirtschaft gewinnt,
vermöge welcher es, als ein den Güteraustausch vermittelndes Verkehrsgut, in Gegensatz zu allen übrigen Objekten des Verkehrs tritt, deren Austausch es vermittelt . . . Was das Geld von allen übrigen Marktgütern unterscheidet . . . und somit seinen allgemeinen Begriff bestimmt, ist seine Funktion
als allgemein gebräuchlicher Vermittler des Güteraustausches. Alle übrigen Merkmale, die wir nur an bestimmten Erscheinungsformen des Geldes oder gar nur am
Gelde bestimmter Kulturstufen beobachten können (die Konsekutivfunktionen der
Tauschvermittlerfunktion des Geldes!), sind nur Erscheinungen der Entwicklung
und Ausgestaltung des Geldes (bzw. akzidentielle Merkmale desselben), die indes
nicht zu seinem allgemeinen, seinem Wesensbegriffe gehören."
Der Menger'schen Auffassung ist unter den neueren Geldtheoretiker v. Mises
(Theorie des Geldes und der Umlaufsmittel, München und Leipzig, 1912) im wesent-
lichen gefolgt. Er sieht in dem Gelde das „allgemein gebräuchliche Tauschmittel",
das „den Austausch von Gütern und Dienstleistungen vermittelnde Verkehrsgut",
dessen Hauptaufgabe die „Vermittlung des indirekten Tausches" ist. Auf diese
Funktion führt v. Mises alle übrigen Funktionen des Geldes (als Vermittler des
Kapitalverkehrs, als Wertträger, Werttransportmittel, allgemeines Zahlungsmittel,
Mittel für einseitige und subsidiäre Leistungen) zurück.

also nur einen Teil der Grundfunktion des Geldes, Instrument des interpersonalen Verkehrs zu sein, ausmachen; sie kann nur eine Teilfunktion sein, der andere Teilfunktionen koordiniert zur Seite stehen. Die nicht als Tausch anzusehenden Verkehrsvorgänge haben wir, soweit sie durch das Geld vermittelt werden, in Zahlungen und Kapitalübertragungen unterschieden.

Daraus ergibt sich, daß wir als koordinierte Teilfunktion neben der Tauschmittelfunktion die Funktion des Geldes als Zahlungsmittel und als Mittel der Kapitalübertragung ansehen müssen. In jeder der drei Teilfunktionen wirkt das Geld als Instrument des interpersonalen Verkehrs, und andererseits erschöpft sich diese in der Stellung des Geldes innerhalb des verkehrswirtschaftlichen Organismus gegebene Grundfunktion in den drei genannten Teilfunktionen.

Außerhalb bleiben also von den in der Regel aufgeführten Einzelfunktionen des Geldes die Funktion als Wertmaß und die Funktion als Wertträger durch Zeit und Raum. Das Verhältnis dieser beiden Einzelfunktionen zu der Grundfunktion läßt sich nur durch eine besondere Betrachtung des Wesens dieser Einzelfunktionen ermitteln. Wir lassen diese Frage zunächst offen und wenden uns zu der näheren Untersuchung der einzelnen Teilfunktionen.

§ 2. Die Funktion als allgemeines Tauschmittel.

Es sei zunächst wiederholt, daß wir es beim Tausche mit einer doppelseitigen und Zug um Zug erfolgenden Vermögensübertragung zu tun haben, bei der ein Wert gegen einen anderen gegeben wird, die aber insofern einen einheitlichen und in sich geschlossenen Vorgang darstellt, als der erstrebte Zweck mit dem einmaligen Austausche zweier Verkehrsobjekte erfüllt ist.

Der einheitliche Vorgang des Tausches wird nun durch die Dazwischenkunft des Geldes in zwei getrennte und relativ selbständige Aktionen zerlegt, in einen Verkauf und einen Kauf. Wenn beim Tausche z. B. Schuhe unmittelbar gegen Brot hingegeben werden, so werden nach der Dazwischenkunft des Geldes die Schuhe zunächst gegen Geld hingegeben und dann das Geld gegen Brot.

Die eminenten Vorteile, welche aus dieser scheinbaren Komplikation eines einfachen Vorgangs für die Volkswirtschaft erwachsen, sind bereits im historischen Teile dargestellt worden. Es erübrigt deshalb an dieser Stelle nur eine kurze Rekapitulation und systematische Zusammenfassung.

Die Vorteile des Gebrauches eines allgemeinen Tauschmittels bestehen in der Ueberwindung der dem naturalen Austausche entgegenstehenden Hindernisse. Diese sind in der Hauptsache folgende:

1. Nur selten werden sich zwei Leute treffen, von denen jeder im Wege des Austausches gerade das Gut abgeben will, das der andere zu erwerben wünscht; z. B. ein Nagelschmied, der Brot braucht, einen Bäcker der Nägel nötig hat.

2. Noch viel seltener wird das Gut, das der eine abzugeben hat, im Werte ungefähr dem Gute entsprechen, das er dafür von einem anderen erwerben möchte; wer z. B. Brot braucht und einen kostbaren

Stein abzugeben hat, kann, selbst wenn er einen Bäcker findet, der bereit ist, den Edelstein gegen Brot zu erwerben, nicht so viel Brot brauchen, wie der Stein wert ist.

Diese Schwierigkeiten müssen um so größer werden, je mehr die Arbeitsteilung fortschreitet, je mehr sich die Tätigkeit der einzelnen wirtschaftenden Individuen und Gruppen spezialisiert, je zahlreicher und verschiedenartiger die Verkehrsgüter werden; richtiger ausgedrückt: ohne eine Beseitigung dieser dem Güteraustausche entgegenstehenden Schwierigkeiten wäre auf Grundlage des Privateigentums und der wirtschaftlichen Selbständigkeit der Individuen eine über die rohesten Anfänge hinausgehende Arbeitsteilung und eine ergiebigere Gestaltung der Produktion überhaupt nicht denkbar. Die Produktion konnte zu der Ergiebigkeit, zu der sie durch die arbeitsteilige Organisation und durch die nur aufgrund einer arbeitsteiligen Organisation möglichen technischen Fortschritte gekommen ist, nur dadurch gesteigert werden, daß sie von der Rücksicht auf den Konsumbedarf des produzierenden Individuums befreit wurde, daß für sie immer mehr der Bedarf größerer Gesamtheiten in Betracht kam, der für eine rationelle Ausgestaltung des Produktionsprozesses nach dessen eignen Gesetzen freien Spielraum ließ. Die unmittelbarste Bindung der Produktion an den Konsumbedarf ist gegeben im Zustande der isolierten, verkehrslosen Eigenwirtschaft, wo jedes Individuum, jede kleine Gruppe nur für den eignen Verbrauch produziert. Gegenüber diesem Zustande bedeutet bereits der primitive und unmittelbare Tauschverkehr eine gewisse Befreiung der Produktion von den Fesseln des individuellen Bedarfs. Aber solange sich noch kein Tauschmittel in diesen Verkehr eingeschoben hatte, wurde die Richtung der produktiven Arbeit notwendig bestimmt, — zwar nicht mehr ausschließlich durch die Rücksicht auf den eignen Bedarf, aber doch durch die Rücksicht auf den individuellen Bedarf des eng begrenzten Kreises von Personen, auf die man zur Beschaffung der zur Befriedigung des eignen Bedarfs dienenden Güter unmittelbar angewiesen war.

Erst das Geld als allgemeines Tauschmittel hat diese Bindung vollkommen gelöst; es hat durch die Zerlegung des einheitlichen Tausches in einen Verkauf- und einen Kaufvorgang, durch diese scheinbare Komplikation, den wirtschaftlichen Verkehr zwischen den einzelnen Gliedern der Volkswirtschaft ganz außerordentlich vereinfacht und erleichtert, indem es das wirtschaftende Individuum instand setzte, die benötigten Bedarfsgüter von anderen als den Abnehmern der eignen Erzeugnisse zu beziehen. Wenn in dem oben erwähnten Falle der Nagelschmied Brot braucht, dann ist er, sobald in dem Gelde ein allgemeines Tauschmittel vorhanden ist, nicht mehr auf die Bäcker, als die Erzeuger von Brot, auch als Abnehmer für seine Nägel angewiesen; er kann diese vielmehr an irgend eine beliebige Person verkaufen, die imstande ist, ihm den Gegenwert in dem allgemeinen Tauschmittel zu erstatten. Derjenige, der sich eines kostbaren Steines gegen andere Dinge entäußern will, ist nicht mehr genötigt, den ganzen Gegenwert in den Erzeugnissen seines Abnehmers in einem den eignen Bedarf weit überschreitenden Umfange anzunehmen; er kann vielmehr mit dem Gelde, das er erlöst, tausenderlei verschiedenartige Dinge von tausend verschiedenen Personen erwerben; er kann ferner das erlöste Geld zu Zahlungen irgendwelcher Art und zur Gewährung von Darlehen verwenden.

Durch diese weitgehende Aufhebung der Bindung zwischen individueller Produktion und individuellem Bedarf wird der nötige Spielraum für eine zweckmäßige Ausgestaltung des Produktionsprozesses geschaffen. Die Bedeutung des Bedarfs für die Produktion wird auf die ganz allgemeine Beziehung reduziert, daß überhaupt innerhalb des durch wirtschaftlichen Verkehr verbundenen Kreises ein entsprechender Bedarf für die zu produzierenden Güter vorhanden sein muß; und dieser Kreis wird um so größer, mithin die Befreiung der Produktion von den Individualverhältnissen des Bedarfs um so wirksamer, je dichter die Bevölkerung sich im Raume zusammendrängt und je mehr durch Verbesserungen der Transportmittel der trennende Raum überwunden wird. Das Geld hat die Produktion von den Fesseln, in die ihre Entwicklung durch die Bindung an den i n d i v i d u e l l e n Bedarf geschlagen war, ebenso befreit, wie die Verbesserung der Transportmittel die Produktion von der Gebundenheit an den l o k a l e n Bedarf befreit hat. Wie infolge der Erleichterung und Verbilligung des Transports die Produktion instand gesetzt wurde, in jedem einzelnen ihrer mannigfaltigen Zweige die Orte der günstigsten Produktionsbedingungen aufzusuchen, wie dadurch eine garnicht abzuschätzende Steigerung der Produktivität der Arbeit bewirkt worden ist, so hat es das Geld möglich gemacht. die Produktion in den einzelnen Zweigen ohne Rücksicht auf den Bedarf der an ihr beteiligten Individuen zu organisieren; und dabei war die durch das Geld bewirkte Lösung der Produktion vom individuellen Bedarf die erste Voraussetzung für die durch die Transportmittel bewirkte Lösung der Produktion vom Orte des Konsums.

Die Befreiung der Produktion durch das Geld tritt nach zwei Richtungen hin zutage: einmal können die produzierenden Individuen und Unternehmungen innerhalb des Gesamtbedarfs der Wirtschaftsgemeinschaft ihre besonderen Kräfte und Fähigkeiten in besonderen Produktionszweigen ausnutzen, ohne durch die Rücksicht auf die Art ihres eignen Güterbedarfs oder des Güterbedarfs einer bestimmten und beschränkten Gruppe von Individuen gebunden zu sein; jeder, der irgend eine Spezialität auf den Markt bringt, hat, sofern er mit seinem Angebote nur innerhalb des Gesamtbedarfs bleibt, durch das Geld die Sicherheit, seinen individuellen Bedürfnissen genügen zu können; jeder kann infolgedessen seine Aufmerksamkeit auf die möglichste Vervollkommnung seiner eignen Spezialproduktion konzentrieren, ohne sich durch die Frage der Deckung der eignen individuellen Bedürfnisse ablenken zu lassen. Selbst für Zwischenprodukte, die keinem Konsumbedarfe unmittelbar genügen können, ist die Möglichkeit des Absatzes gegen Geld, mit dem jederzeit die notwendigen Bedarfsartikel beschafft werden können, gegeben; dadurch wird es dem Einzelnen möglich gemacht, sich einer Teiloperation innerhalb des Prozesses der Produktion einer einzelnen Ware zu widmen. Gerade dadurch, daß vermittelst des Geldes das Individuum aus jedem Zwischenstadium der Produktion heraus sofort zu seinem Endzwecke, der eignen Bedarfsbefriedigung, gelangen kann, wird die im Produktionsinteresse gelegene Zerspaltung des Produktionsprozesses in einzelne Stadien und die Verteilung der einzelnen Stadien auf verschiedene selbständige Unternehmungen möglich.

Wie die Spezialisierung der Produktion, so wird durch das Geld auch die Organisation der Produktion in der auf Privateigentum und Selbstbestimmungsrecht der Individuen begründeten Wirtschaftsordnung möglich gemacht. Das Geld allein gestattet, Kapitalien und menschliche Arbeitskräfte zu einem einheitlichen Produktionszwecke, dessen Resultat an sich keine Repartierung zuläßt, zusammenzufassen. Dadurch daß die an sich unteilbaren Erzeugnisse kombinierter Kapitalien und Arbeitskräfte gegen Geld, das die exakteste Zerlegung in kleine und große Wertbruchteile zuläßt, veräußert werden, wird es möglich, Kapitalien und Arbeitskräfte entsprechend ihrer Mitwirkung an dem gemeinsamen Produktionswerke zu entlohnen; und erst durch diese Möglichkeit ist der Boden geschaffen für das wirksame Organ der Gütererzeugung, das wir als „Unternehmung" bezeichnen.

Arbeitsteilung und Arbeitsvereinigung beruhen mithin in ihrer Ausbreitung und Verfeinerung wesentlich auf der Voraussetzung des Geldes in seiner Eigenschaft als Tauschmittel. Das Geld ermöglicht auf diese Weise eine Zusammenfassung aller Kräfte zu den Zwecken der Gesamtheit, wie sie sonst nur aufgrund der stärksten Herrschaftsverhältnisse denkbar wäre. Freilich ist die durch den freien Austausch, wie ihn das Geld ermöglicht, gegebene individuelle Freiheit nichts weniger als eine absolute Unabhängigkeit; jeder Einzelne ist, je weiter die Arbeitsteilung fortschreitet, um so mehr abhängig von den Anderen, an die er verkaufen und von denen er kaufen muß, um leben zu können; aber je mehr die Geldwirtschaft fortschreitet, je mehr alle Waren gegen Geld verkauft und gekauft werden, desto weniger ist der Einzelne von bestimmten Anderen abhängig; seine Abhängigkeit bezieht sich vielmehr auf eine unbestimmte und unpersönliche Gesamtheit, auf den „Markt"; diese Gesamtheit gebietet ihm nicht mit der strikten Schärfe eines persönlichen Willens, was er tun und nicht tun soll; sie leitet ihn vielmehr, indem sie ihm anheim gibt, Erwägungen über den eignen Vorteil anzustellen und danach seine Entschlüsse zu treffen; und das wird als Freiheit empfunden. Andererseits ist die nicht als Unfreiheit empfundene Abhängigkeit des Einzelnen von größeren Gesamtheiten das wichtigste Prinzip, auf dem die gesellschaftliche Kultur beruht. —

Der Gebrauch eines Tauschmittels muß, nachdem er infolge seiner einleuchtenden Vorzüge sich in der Gewohnheit eingebürgert hat, aus sich selbst heraus eine Erweiterung und Steigerung bis zu dem Punkte erfahren, daß nicht mehr lediglich der durch die Erkenntnis des ökonomischen Vorteils bestimmte freie Wille die Benutzung des Tauschmittels herbeiführt, sondern daß die Benutzung des Tauschmittels für die einzelnen Glieder einer arbeitsteilig organisierten Volkswirtschaft in der Regel eine Notwendigkeit ist. Die Benutzung bestimmter Güter als Tauschmittel steigert den Begehr nach diesen Gütern und damit ihre Absatzfähigkeit weit über die durch den gewöhnlichen Konsumbedarf gegebenen Grenzen hinaus. Weil jedermann sicher ist, gegen das allgemeine Tauschmittel leichter und vorteilhafter alle anderen Verkehrsobjekte erwerben zu können, deswegen will bald jedermann seine Erzeugnisse usw. nur noch gegen das allgemeine Tauschmittel hingeben, und damit ist für jeden, der von anderen irgendwelche Güter eintauschen will, der Zwang geschaffen, sich zunächst mit Geld zu versehen, d. h. seine eignen Erzeugnisse usw. regelmäßig nur noch gegen Geld abzugeben. In unserer modernen Volkswirtschaft ist diese Entwicklung soweit abgeschlossen, daß alle Verkehrsobjekte, die auf den Markt kommen, in der Regel nur gegen Geld veräußert und gegen Geld erstanden werden. Als allgemeines Tauschmittel ist das Geld der notwendige Durchgangspunkt für den gesamten Austauschprozeß, es ist der Träger der allgemeinen und unbeschränkten Kaufkraft gegenüber allen Verkehrsobjekten und damit der Träger der abstrakten, an keinen besonderen Verwendungszweck gebundenen, in ihrer Verwendung unbeschränkten Vermögensmacht. „Pecuniam habens habet omnem rem, quam vult habere." Während alle anderen Verkehrsobjekte nur ganz bestimmten Verbrauchs- und Gebrauchszwecken genügen können und, wenn sie zur Erwerbung anderer verwendet werden sollen, zunächst gegen das eine Verkehrsobjekt Geld umgesetzt werden müssen, ist das Geld von jeder Beschränkung auf einen besonderen Verbrauchs- oder Gebrauchszweck befreit, und seine Verwendung zum Erwerbe anderer Verkehrsobjekte ist ebenso unbegrenzt wie die Welt des Verkehrs selbst.

Freilich haben uns die Ereignisse der letzten Jahre gelehrt, daß in dieser Entwicklung des Geldes Rückschläge vorkommen können.

Schon während des Krieges ist ein solcher Rückschlag eingetreten. Der Krieg hat einerseits in der ganzen Welt einen gewaltigen Warenhunger, insbesondere an bestimmten für die Kriegführung und den Lebensunterhalt der Völker unentbehrlichen Stoffen erzeugt, andererseits die oben geschilderte[1]) starke Vermehrung des Geldumlaufs — in den kriegführenden Ländern durch Papiergeldausgabe, in den neutralen Ländern durch den Goldzufluß aus den kriegführenden Ländern — hervorgerufen. Die Folge war ein Kampf um bestimmte Waren, der sich nicht nur in gewaltigen Preissteigerungen, sondern auch darin auswirkte, daß der Satz „pecuniam habens habet omnem rem, quam vult habere" zeitweise außer Kraft gesetzt erschien. Es kam so weit, daß im internationalen Verkehr die am meisten begehrten und umstrittenen Waren vielfach nur noch im Wege von Austauschabkommen zu haben waren[2]) und daß auch im inländischen Verkehr der Tausch wieder Boden gewann.

In der Nachkriegszeit hat sich die Rückentwicklung zum Tausch in den Ländern, deren Geldwesen weiterer Zerrüttung verfiel, fortgesetzt und verschärft. Diese Entwicklung beruht darauf, daß in jenen Ländern, zu denen leider auch Deutschland gehört, das Geld eine der Eigenschaften verloren hat, die für ein gut funktionierendes Tauschmittel

---

[1]) Siehe oben S. 214 ff.
[2]) Siehe meinen „Weltkrieg", Bd. II, S. 202 ff.

Voraussetzung sind, nämlich die „Wertbeständigkeit". Ein Geld, dessen Kaufkraft einem fortgesetzten und unheilbar erscheinenden Schwinden unterliegt, wird schließlich als Tauschmittel untauglich. Wenn es der Staat mit seinen Machtmitteln dem Verkehr aufzwingt oder dem Verkehr die Benutzung anderer Tauschmittel (z. B. ausländischen Geldes) unmöglich macht, so wird damit der Verkehr allmählich in die Formen des naturalen Tausches zurückgezwungen.

§ 3. Die Funktion als allgemeines Zahlungsmittel.

Wir haben bei der Betrachtung der Verkehrsvorgänge gesehen, daß der Tausch nur eine bestimmte Art der Uebertragungen darstellt, im wesentlichen nur die Zug um Zug erfolgende doppelseitige Uebertragung. Dem Tausche koordiniert sind zunächst diejenigen Verkehrsvorgänge, die wir, sobald sie durch Geld vermittelt werden, als Zahlung im engeren Sinne bezeichnet haben. Als Zahlungsmittel fungiert das Geld, wenn es die Erfüllung sowohl zwangsweise auferlegter als auch freiwillig kontrahierter Verpflichtungen vermittelt, wobei zu bemerken ist, daß das Geld auch als Mittel zur Erfüllung solcher anderen, ursprünglich nicht auf Geld lautenden Verbindlichkeiten dient, deren Leistung in dem eigentlich geschuldeten Objekte dem Verpflichteten aus irgend einem Grunde unmöglich ist; man hat die letztere Verwendungsart des Geldes häufig — namentlich von juristischer Seite — als eine besondere für den Begriff des Geldes entscheidende Funktion aufgefaßt, als. die Funktion des „letzten zwangsweisen Solutionsmittels". (Siehe unten Kapitel 4, § 8).

Wir haben oben festgestellt, daß die Funktion des Geldes als allgemeines Zahlungsmittel ein Teil seiner Grundfunktion als Instrument des interpersonalen Verkehrs darstellt und in dieser Beziehung der Funktion als allgemeines Tauschmittel koordiniert ist. Daß außerdem ein enger Zusammenhang zwischen der Zahlungsmittelfunktion und der Tauschmittelfunktion des Geldes besteht, liegt auf der Hand. Aber das Wesen dieses Zusammenhangs ist nicht so einfach, wie es auf den ersten Blick scheinen möchte und wie es meist aufgefaßt worden ist.

Die eine Seite der hier vorliegenden Beziehung ist folgende.

Das Vorhandensein des Geldes als Tauschmittel bedingt seine allgemeine Verwendung als Zahlungsmittel.

Wo in dem Gelde ein Verkehrsobjekt besteht, vermittelst dessen alle übrigen Verkehrsobjekte am leichtesten und billigsten beschafft werden können und in das alle übrigen Verkehrsobjekte am einfachsten umgesetzt werden können, da erfolgen einseitige Vermögensübertragungen, ob freiwillige oder zwangsweise auferlegte, der Regel nach am besten in Geld, nämlich in allen denjenigen Fällen, in welchen der freiwillig oder gezwungen Leistende nicht imstande ist, aus seinem Eignen heraus gerade diejenigen Verkehrsobjekte abzugeben, auf welche sich der spezielle Bedarf des Empfängers richtet. Ist der gebende Teil dazu nicht in der Lage und sollte trotzdem die Uebertragung in natura geschehen, dann würde entweder der Empfänger sich genötigt sehen, gegen die erhaltenen Güter auf dem Wege des Austausches die Objekte seines unmittelbaren Bedarfs zu beschaffen, oder der Gebende müßte seinerseits vor der Uebertragung diesen Austausch bewirken. Die Leistung in demjenigen Verkehrsobjekte, das als allgemeines Tauschmittel für jeden beschaffbar und zur Beschaffung eines jeden anderen Verkehrsobjektes unbeschränkt verwendbar ist, stellt hier den gegebenen Kompromiß zwischen den Interessen beider Teile dar.

Bei durchaus freiwilligen Uebertragungen, bei Schenkungen, Vermächtnissen, Ausstattungen usw., nimmt die naturale Leistung deshalb noch einen verhältnismäßig breiten Raum ein, weil dem Schenkenden die Unbequemlichkeit des Umsatzes der in seinem Besitze befindlichen Verkehrsobjekte nicht zugemutet werden kann; am meisten kann eine solche Zumutung noch dort gestellt werden, wo die Schenkung auf einer gewissen Verpflichtung durch die Sitte beruht, wie etwa bei der Mitgift.

Wo dagegen Vermögensleistungen zwangsweise auferlegt werden, da hat es die den Zwang ausübende Gewalt in der Hand, in allen Fällen, in denen nicht durch naturale Leistung ihren Zwecken am besten entsprochen wird — wie z. B. durch Requisitionen im Kriegsfalle, durch Einquartierungen im Manöver, durch die deutsche Getreideumlage in der Nachkriegszeit — die Leistung in Geld zu erzwingen. Sind die zwangsweise auferlegten Leistungen aufgrund richterlichen Urteils an einen Dritten zu bewirken, wie im Falle des Ersatzes für zerstörte Vermögensobjekte und der Entschädigung (auch für Injurien und Körperverletzungen), oder ist im Falle der Unmöglichkeit der Erfüllung einer ursprünglich übernommenen, nicht auf Geld lautenden Verbindlichkeit eine subsidiäre vermögensrechtliche Leistung erforderlich, durch die sich der Verpflichtete von seiner Verpflichtung befreien kann und muß, oder handelt es sich um die Auferlegung von Vermögenstrafen für Rechtsverletzungen, — überall sind die in Rede stehenden einseitigen Leistungen von bestimmten Personen zu erfüllen, während sich beim Tausche jedermann seinen Gegenkontrahenten nach Belieben aussuchen kann; ihre Erfüllung kann ferner nicht von einer Einigung über die Art der Leistung abhängig gemacht werden, sondern muß unter allen Umständen herbeigeführt werden, während der Tausch mangels einer solchen Einigung unterbleibt. Das Recht sieht sich mithin vor die Notwendigkeit gestellt, Bestimmungen über den Gegenstand der in Rede stehenden Leistungen zu treffen. Da es sich bei den Ersatzleistungen und der subsidiären Erfüllung von Verbindlichkeiten gerade darum handelt, daß ein bestimmter Gegenstand von spezifischem Gebrauchswerte nicht geleistet werden kann, und da bei Entschädigungen und Geldstrafen von vornherein nur allgemeine Vermögensleistungen in Frage kommen können, so drängt sich in allen diesen Fällen ganz von selbst die Normierung der Leistung in demjenigen Verkehrsobjekte auf, das als allgemeines Tauschmittel des spezifischen Gebrauchswertes entkleidet ist und lediglich abstrakte Vermögensmacht darstellt, das für die Gesamtheit der dem Rechte unterworfenen Individuen leichter beschaffbar und andererseits für alle wirtschaftlichen Zwecke leichter verwendbar ist als irgend ein anderes willkürlich gewähltes Verkehrsobjekt.

Dieselbe auf der Tauschmittelfunktion beruhende Eigenschaft des Geldes hat darauf hingewirkt, daß die zwangsweise auferlegten Leistungen an die Obrigkeit in unserer Wirtschaftsverfassung fast ausnahmslos in Geld festgesetzt werden. Das Geld löst hier die lästige Bindung zwischen der Beschaffung der Mittel für die obrigkeitliche Tätigkeit und dieser Tätigkeit selbst, ebenso wie es durch seine Vermittlung des Tauschverkehrs die Bindung zwischen der Produktion und dem Bedarfe der einzelnen Individuen wirksam gelöst hat. Die Festsetzung der Leistungen in Geld stellt dem Staate, der Gemeinde usw. die Summe allgemeiner Kaufkraft zur Verfügung, derer diese Gemeinwesen zur Beschaffung der zur Erfüllung ihrer Aufgaben benötigten Güter und Leistungen bedürfen. Die Verteilung der Lasten auf die einzelnen Individuen kann nur bei der Erhebung der Abgaben in Geld unabhängig gestaltet werden von der Besonderheit der Güter und Leistungen, auf die sich der unmittelbare Bedarf des Staates erstreckt. Dadurch wird einmal die Beschaffung der Mittel in ganz gewaltigem Maße ausgiebiger gestaltet; denn nunmehr kann der Staat auch solche Personen zur Bewältigung seiner Aufgaben heranziehen, für deren besonderen Erzeugnisse und besonderen Leistungen er keine oder keine vollständige Verwendung hat. Ferner wird für das Gemeinwesen erst durch diese Trennung der Aufbringung der Mittel von ihrer Verwendung die Möglichkeit geschaffen, die Kosten seiner Wirksamkeit auf die einzelnen Glieder nach ihrer allgemeinen, von der konkreten Form ihres Besitzes und ihrer wirtschaftlichen Tätigkeit unabhängigen Leistungsfähigkeit zu verteilen.

Schließlich weist auch die Tatsache, daß allgemeine vermögensrechtliche Forderungen, wie Renten- und Zinsansprüche, Forderungen auf Rückerstattung übertragener Vermögenswerte usw., vorzugsweise in Geld normiert werden, auf die Tauschmittelfunktion des Geldes zurück. Bei keinem anderen Verkehrsobjekte hat der Forderungsberechtigte eine auch nur entfernt gleich große Garantie der Verwendbarkeit in dem zukünftigen Zeitpunkte der Erfüllung der Forderung, wie beim Gelde, vermittelst dessen alle anderen Verkehrsobjekte eingetauscht werden können. Auch der Verpflichtete hat im allgemeinen bei keinem anderen Verkehrsobjekte eine ähnliche Sicherheit für die Möglichkeit der Beschaffung und eine ähnliche Freiheit hinsichtlich der auf die Beschaffung gerichteten Tätigkeit. Sogar dort, wo ursprünglich Verpflichtungen üblich waren, die auf Gegenstände lauteten, die dem Verpflichteten aus seiner Wirtschaft unmittelbar zufließen, z. B. eine Körnerrente als Pachtzins für ein Grundstück, hat nicht etwa nur das einseitige Interesse des Bezugsberechtigten auf die Umwandlung der Verpflichtung in eine Geldverpflichtung hingedrängt, sondern auch seitens der Verpflichteten wurde eine solche Umwandlung im allgemeinen als eine Erleichterung, vor allem als eine Mehrung der Freiheit in der persönlichen und wirtschaftlichen Betätigung empfunden. Erst der krankhafte Zustand, in den bei uns das Geldwesen durch Krieg, Revolution und Friedensdiktat geraten ist, hat auch auf diesem Gebiete zu einer teilweisen Rückbildung Veranlassung gegeben. (Normierung der Pacht in Roggen statt in Geld etc.) —

Alles in allem liegt also eine augenfällige und weitgehende Bedingtheit der Zahlungsmittelfunktion durch die Tauschmittelfunktion des Geldes vor; auf der Beobachtung dieses Zusammenhangs beruht die oben wiedergegebene Auffassung, nach welcher die Tauschmittelfunktion die einzige begriffswesentliche Funktion des Geldes sei, von der sich die Zahlungsmittelfunktion als eine bloße Konsekutivfunktion ableite.

Das Verhältnis zwischen den beiden Funktionen ist jedoch kein einseitiges; ihre Bedingtheit ist vielmehr sowohl historisch als auch theoretisch eine wechselseitige. Die Zahlungsmittelfunktion des Geldes hat auf dessen Verwendung als allgemeines Tauschmittel ebenso einen Einfluß ausgeübt, wie die Tauschmittelfunktion auf seine Verwendung als Zahlungsmittel; und gerade in der modernen Geldverfassung ist die Verwendung des Geldes als Tauschmittel ganz besonders bedingt durch seine Qualifikation als allgemeines und namentlich auch als gesetzliches Zahlungsmittel.

Gewisse einseitige Vermögensübertragungen, namentlich Abgaben an die weltliche und geistliche Obrigkeit, Vermögensstrafen und Entschädigungen, mußten frühzeitig eine Regelung erfahren; im historischen Teile wurde darauf hingewiesen, daß die Festsetzungen über diese einseitigen Leistungen einen wesentlichen Einfluß auf die Entwicklung bestimmter Tauschgüter zum Gelde ausgeübt haben. Der hin und wieder nachweisbare enge Zusammenhang zwischen Wehrgeld und Geld gibt nach dieser Richtung hin einen deutlichen Fingerzeig. Freilich kann man sagen: als Gegenstand der einseitig auferlegten Leistungen wurden naturgemäß vorzugsweise solche Dinge festgesetzt, die als Tauschmittel bereits allgemein in Gebrauch waren. Aber dabei wird übersehen, daß die Benutzung bestimmter Güter zur Tauschvermittlung und ihre Benutzung zu einseitigen Vermögensübertragungen sich wechselseitig beeinflußt haben. Mit dem gleichen Rechte, mit dem aufgestellt wird, daß bestimmte Tauschgüter als Gegenstand einseitiger Leistungen deshalb festgesetzt worden seien, weil sie durch ihre Funktion als allgemein gebräuchliches Tauschmittel die Möglichkeit der Erlangung anderer Güter am sichersten gewährleistet hätten, mit demselben Rechte kann man sagen: dadurch daß für bestimmte einseitige Leistungen dieses oder jenes Gut vorgeschrieben wurde, hat dieses Gut eine besondere Eignung zur Tauschmittelfunktion erhalten; jedermann ist leicht geneigt, ein solches Gut im Austausch gegen andere Verkehrsobjekte hinzunehmen, weil er es eventuell zu Leistungen an den Staat, die Gemeinde usw. verwenden kann. Ferner gehen beide hier in Rede stehenden Funktionen des Geldes auf dasselbe psychologische Grundmotiv zurück. Dieselben Eigenschaften, welche gewisse Güter in den ersten Anfängen des Verkehrs zu Tauschmitteln prädestinierten, mußten die gleichen Güter — und zwar wahrscheinlich bereits vor den Anfängen des Tauschverkehrs — auch als Gegenstände einseitiger Leistungen als besonders geeignet erscheinen lassen. Wenn die ersten Tauschmittel daraus entstanden sind, daß bestimmte Güter bereits vorher Gegenstand eines allgemeinen Begehrs waren und ihrem Besitzer Ansehen verliehen, so ist es ganz natürlich, daß die Häuptlinge und Priester bei der Festsetzung der an sie zu leistenden Abgaben ihr Augenmerk in erster Linie gleichfalls auf solche Dinge richteten, auch ehe deren „Absatzfähigkeit" durch ihre Verwendung als Tauschmittel jene weitere große Steigerung erfahren hat, die ihnen schließlich die Herrschaft über alle anderen Verkehrsobjekte sicherte.

Die Verwendbarkeit bestimmter Verkehrsobjekte zu einseitigen Leistungen hat mit der Entwicklung des Staates und der Ausdehnung seiner Wirksamkeit an Bedeutung für das Geldwesen noch erheblich gewonnen; dazu ist mit der Entwicklung des Rechtes und des auf der Rechtssicherheit beruhenden Kreditverkehrs die große Bedeutung der Funktion als Solutionsmittel von Verbindlichkeit hinzugetreten. Infolgedessen sind in unserer heutigen Wirtschaftsverfassung die Festsetzungen über den Gegenstand der einseitigen und der zwangsweise auferlegten Leistungen, insbesondere an den Staat selbst, und noch mehr die Rechtssätze über die Erfüllung von auf Geld lautenden privatrechtlichen Verbindlichkeiten von dem allergrößten Einflusse auf die Verwendung bestimmter Objekte als Vermittler des Tauschverkehrs. Wenn es in bezug auf die Entstehung des Geldes vielleicht zweifelhaft sein kann, ob nicht die Funktion als allgemeines Tauschmittel das Geld für sich allein begründet und das Geld auch zum Gegenstande einseitiger Leistungen und zum Gegenstande allgemeiner vermögensrechtlicher Forderungen gemacht hat, so steht es doch für unsere heutige Wirtschaftsverfassung ganz außerhalb eines jeden Zweifels, daß in einzelnen Staaten bestimmte Geldsorten, in anderen die Gesamtheit des Geldes überhaupt nur deshalb Geld sind und nur deshalb auch als Tauschmittel fungieren, weil die zwangsweise auferlegten einseitigen Leistungen und die auf Geld lautenden Verpflichtungen in diesen bestimmten Objekten erfüllt werden müssen oder erfüllt werden können. Dieser Zusammenhang steht außer jedem Zweifel bei der Papierwährung. Offensichtlich werden die in ihrem Stoffe wertlosen Papierscheine nur deshalb im Austausch gegen andere Verkehrsobjekte genommen, weil ihnen durch die Gesetzgebung die Fähigkeit beigelegt ist, zur Erfüllung von Geldschulden zu dienen, weil sie ferner zu Zahlungen an den Staat verwendet werden können oder müssen, weil schließlich die gerichtlichen Urteile, soweit sie auf Geld lauten, diese Scheine als Geld anerkennen oder festsetzen. Der Inhaber einer vermögensrechtlichen Forderung muß es sich gefallen lassen, daß das Recht über den Inhalt seiner Forderung und die Modalitäten ihrer Erfüllung Bestimmungen trifft, er ist nicht in der Lage, die Erfüllung in Papiergeld zurückzuweisen, wenn der Staat dem Papiergelde gesetzliche Zahlungskraft verleiht. Beim Tausche dagegen und ebenso beim Verkaufe ist jeder Einzelne imstande, sich den Gegenwert auszubedingen und eventuell ausdrücklich auf der Entrichtung des Kaufpreises in vollwertigem Metallgelde oder, wenn solches nicht mehr vorhanden ist, in ausländischem Gelde zu bestehen[1]); wenn trotz-

---

[1]) Ausnahmen bestätigen auch hier die Regel. Die Versuche des Staates, bei einer krankhaften Entwicklung des Geldwesens die Ausschaltung des krank gewordenen Landesgeldes aus dem Tauschverkehr zu verhindern — z. B. durch das Verbot der Vereinbarung des Gegenwertes in ausländischem Gelde —, haben ihren Grund in der Erkenntnis, daß ohne solche Ausnahmemaßnahmen der Verkehr sich von dem Landesgelde abwenden würde.

dem in der Regel der Verkäufer sich bereit finden läßt, den Kaufpreis in Papierscheinen anzunehmen, so liegt der Grund ausschließlich in der Erwägung, daß diese Scheine „gesetzliches Zahlungsmittel" sind. Ganz klar und deutlich beruht mithin hier die Tauschmittelfunktion des Geldes auf seiner Zahlungsmittelfunktion.

Die Auffassung der Zahlungsmittelfunktion als einer Konsekutivfunktion der Funktion des Geldes als allgemeines Tauschmittel ist demnach abzulehnen. Beide Funktionen bedingen sich wechselseitig und stehen koordiniert nebeneinander. Beide Funktionen sind in gleicher Weise Teilfunktionen der kardinalen Funktion des Geldes als Vermittler des interpersonalen Verkehrs.

§ 4. Die Funktion als Vermittler von Kapitalübertragungen.

Auch beim „Kapitalverkehr" handelt es sich, ebenso wie beim Tausche und bei der Zahlung, um die Uebertragung von Vermögenswerten von Person zu Person. Diese Uebertragung kann geschehen ohne Ausbedingung einer Gegenleistung irgend welcher Art (Fall I a des oben S. 278 gegebenen Schemas). Viel wichtiger ist jedoch die Uebertragung von Kapitalien unter Ausbedingung gewisser später zu erhaltender Gegenleistungen, also gegen Forderungen, die durch diesen Verkehrsvorgang selbst erst existent werden (Fall II d). Der wichtigste Fall ist, wie oben hervorgehoben wurde, das Darlehen.

Die bloße zeitweilige Ueberlassung der Nutzung eines Gegenstandes ohne Uebertragung des Eigentums fällt nicht unter den Begriff des Kapitalverkehrs, da hierbei nicht das Kapital selbst, sondern nur die Nutzung an dem Kapital übertragen wird. Wenn man von „Kapitalverkehr", „Kapitalmarkt" usw. spricht, so versteht man dabei unter Kapital nicht die große volkswirtschaftliche Kategorie der produzierten Produktionsmittel, sondern denjenigen Teil des mobilen Vermögensbesitzes, der seinem Besitzer einen Zins oder eine Rente abwirft und ihm damit zur Gewinnung eines Anteils an dem Gesamteinkommen der Volkswirtschaft dient (Kapital im privatwirtschaftlichen Sinne). Die Besonderheit der Verkehrsvorgänge, die in der Uebertragung von Vermögenswerten in der Gegenwart gegen zukünftige Leistungen bestehen, namentlich des Verkaufs auf Kredit und des Gelddarlehens, ist oben bereits hervorgehoben worden; obwohl in diesen Fällen ein Sachgut, sei es Geld oder ein anderes Verkehrsobjekt, gegen eine auf Geld lautende Forderung hingegeben wird, sind diese Vorgänge von dem Eintausche oder dem Kaufe von bereits bestehenden Forderungen ebenso zu unterscheiden, wie die Erfüllung der Forderungen von dem Rückkaufe noch nicht fälliger Forderungen; andererseits fehlt bei dem Verkaufe auf Kredit und bei der Gewährung eines Gelddarlehens das Zwangsmoment, welches die Erfüllung rechtsgültig erwachsener Forderungen als Zahlung im engeren Sinne charakterisiert.

Wenn es sich darum handelt, mobiles Kapital im Wege des Darlehens dritten Personen auf Zeit und gegen Entgelt (Zins) zur Verfügung zu stellen, so erfolgt eine solche Uebertragung in allen denjenigen Fällen, in welchen nicht die von der dritten Person — sei es für Konsum-, sei es für Erwerbszwecke — benötigten Güter gegeben werden, für beide Teile am zweckmäßigsten in Geld. Selbst dann, wenn die Uebertragung in nicht Geld darstellenden Gütern erfolgt, wird der in der Zukunft zu entrichtende Gegenwert, solange das Geldwesen des Staates den an es zu stellenden Forderungen entspricht, am zweckmäßigsten in Geld festgesetzt.

Ein Kapitalbesitzer, dessen Kapital nicht in Geld besteht und der nicht selbst zum Zwecke der leihweisen Verwendung seinen Besitz in Geld umsetzt, kann sein Kapital nur an solche ausleihen, deren Kapitalbedarf sich gerade auf die besondere Art der in seinem Besitze befindlichen Kapitalien erstreckt. Mit Geld dagegen kann der Empfänger eines Darlehens alle diejenigen Dinge beschaffen, welche er für Konsum- und Erwerbszwecke braucht. Die Möglichkeit der nutzbringenden Verwendung des nicht in Geld bestehenden Kapitalbesitzes ist mithin in ähnlichem Maße beschränkter als die Verwendungsfähigkeit eines Geldkapitals, wie die Möglichkeit des Austausches irgend eines Gebrauchsgutes gegenüber der Kaufkraft des Geldes.

Zu dieser unbeschränkten Verwendbarkeit des Geldkapitals kommt noch ein weiteres Moment. Wenn eine Uebertragung von Kapitalbesitz in natura erfolgt und die Rückerstattung in natura verabredet wird, so taucht sofort eine große Schwierigkeit für die Regelung dieses Geschäfts auf: die meisten Güter, die durch ihre Benutzung aufgebraucht oder erheblich abgenutzt werden, die sich also nicht zur bloßen Nutzungsübertragung im Wege der Pacht, Miete und Gebrauchsanleihe eignen, sind nicht ohne weiteres durch andere Güter der gleichen Art vertretbar, sondern sie weisen untereinander große Qualitätsunterschiede auf. Wenn ein Pferd nicht nur für die Dauer eines Spazierrittes ausgeliehen, sondern einem Anderen zu vollem Eigentum übertragen wird unter der Bedingung der Rückerstattung eines Pferdes nach zehn Jahren, so ist damit zu rechnen, daß Pferde, selbst wenn sie nach Rasse und Alter gleich sind, sehr verschiedenwertig sein können. Dagegen ist das Geld das fungibelste aller Verkehrsobjekte; Unterschiede der Qualität innerhalb des Geldes eines und desselben Staatswesens sind, solange geordnete Verhältnisse bestehen, ausgeschlossen, sodaß gleiche Summen ohne Rücksicht auf die Stücke, aus denen sie bestehen, sich unbedingt vertreten können. Die Schwierigkeit der Festsetzung des in der Zukunft zu erstattenden Gegenwertes fehlt mithin von vornherein, wenn die Kapitalübertragung in Geld erfolgt; sie wird, falls die Kapitalübertragung in natura erfolgt, dadurch behoben, daß die Rückerstattung nicht in natura, sondern in einer als Preis für die überlassenen Sachgüter verabredeten Geldsumme festgesetzt wird. Aehnliche Erleichterungen bietet die Vermittelung des Geldes hinsichtlich der Festsetzung der Zinsen für die Zeit der Darlehnsdauer.

Die großen Vorteile und Erleichterungen, welche die Vermittlung des Geldes im Kapitalverkehr gewährt, haben es bewirkt, daß bei einer wohlgeordneten Geldverfassung der Kapitalverkehr sich nahezu in derselben Ausschließlichkeit wie der Austausch von Waren in Geld vollzieht. Sowohl der Kapitalbedarf für kurze Zeit als auch der Kapitalbedarf für langfristige Investierungen richtet sich in unserer Wirtschaftsverfassung in erster Linie auf das Geld, und ebendeshalb ist für diejenigen, welche ihren Kapitalbesitz nicht in einer eignen Unternehmung ausnutzen, keine Form des Kapitals so leicht und vorteilhaft verwendbar wie das Geldkapital. Andererseits wäre ohne den Geldgebrauch wegen der großen dem naturalen Kapitaldarlehen entgegenstehenden Hindernisse eine irgend erhebliche Ausdehnung des Kapitalverkehrs und damit auch der Kapitalansammlung ebenso unmöglich gewesen, wie eine erhebliche Ausdehnung des Güteraustausches und damit auch der Güterproduktion.

Daraus ergibt sich ohne weiteres die eminente volkswirtschaftliche Bedeutung der hier in Rede stehenden Geldfunktion; sie verhält sich zu derjenigen der Tauschmittelfunktion ebenso, wie die Bedeutung des Marktes für Leihkapital (des „Geldmarktes" im weitesten Sinne) zu derjenigen des Warenmarktes.

Alle Vorteile, die das Geld als Vermittler des Kapitalverkehrs bietet, werden allerdings, wie die neueste Entwicklung zeigt, illusorisch, wenn das Vertrauen in die „Wertbeständigkeit" des Geldes infolge einer Entartung des Geldwesens schwindet und niemand mehr weiß, welche Kaufkraft eine bestimmte Geldsumme, die heute als Kaufpreis gestundet oder als Darlehn hingegeben wird, in dem späteren Zeitpunkte der Zahlung des Kaufpreises oder der Rückzahlung des Darlehens haben wird. Der Kapitalverkehr sieht sich dann — vielleicht in noch stärkerem Maße als der Warenverkehr und der Zahlungsverkehr — gezwungen, sich vom Gelde abzuwenden, und nach andern Mittelsgütern zu suchen.

Was die Frage der Beziehungen zwischen der Funktion des Vermittlers des Kapitalverkehrs zu den bisher besprochenen Funktionen des Geldes anlangt, so ist auch hier das Bestehen eines wechselseitigen Verhältnisses anzuerkennen. Während einerseits die Eignung des Geldes zur Vermittlung des Kapitalverkehrs dadurch bedingt ist, daß die Verwendbarkeit des Geldes infolge seiner Tauschmittel- und Zahlungsmittelqualität für den Darlehensempfänger eine unbegrenzte ist, wird andererseits das Bestreben, Geld als Gegenwert für andere Güter einzutauschen und einseitige Leistungen in Geld zu bedingen, wesentlich verstärkt durch die Tatsache, daß Vermögenswerte in der Form des Geldkapitals ungleich leichter und wirksamer nutzbringend angelegt werden können als in irgend einer anderen Form. Zu der Grundfunktion des Geldes als Instrument des interpersonalen Verkehrs steht die Vermittlung des Kapitalverkehrs in demselben Verhältnisse einer Teilfunktion, wie die Funktionen der Tausch- und Zahlungsvermittlung.

§ 5. Die Funktion als allgemeiner Wertausdruck.

Die bisher besprochenen Funktionen des Geldes leiten sich ganz unmittelbar ab von der Stellung, die das Geld unter den Verkehrsgütern einnimmt. Das Geld vermittelt den interpersonalen Verkehr, indem es im Austausche gegen die anderen Verkehrsobjekte gegeben und genommen, indem es als Gegenstand der Zahlungen hingegeben wird und indem es den Gegenstand von Kapitalübertragungen bildet. In allen diesen Fällen tritt das Geld selbst in den Verkehr ein; es bewirkt den Besitzwechsel, indem es selbst von Hand zu Hand geht; es vermittelt den Verkehr dadurch, daß es selbst Gegenstand des Verkehrs wird.

Ganz anders verhält es sich mit der dem Gelde zugeschriebenen Funktion als „Wertmaß" oder „Preismaß". Die „Messung" der Werte oder Preise mag zwar als eine allgemeine und unerläßliche Voraussetzung für einen jeglichen Verkehr, mindestens für einen im Austausche bestehenden Verkehr angesehen werden. Aber soweit das Geld diese „Messung" über deren Wesen noch Klarheit zu schaffen ist, vollzieht, dient es dem Verkehr höchstens indirekt; es nimmt nicht unmittelbar an der Vermittlung des Verkehrs teil, es tritt nicht in den Verkehr selbst ein. Seine Funktion als Wertmaß läßt sich deshalb nicht unmittelbar aus seiner Grundfunktion als Vermittler des Verkehrs zwischen den wirtschaftenden Individuen ableiten, sie bildet nicht, wie die bisher behandelten Funktionen, einen Teil dieser Grundfunktion selbst; es muß vielmehr der innere Zusammenhang erst noch aufgeklärt werden, auf grund dessen in dem Geld eine Wert- oder Preismaßfunktion mit der unmittelbaren Verkehrsvermittelung verbunden ist.

Zunächst erforderlich ist die Feststellung des Wesen derjenigen Verrichtungen des Geldes, welche man unter der Funktion als Wertmaß zusammenfaßt. Diese Feststellung ist infolge der Vieldeutigkeit des Wertbegriffes und infolge der endlosen Kasuistik, zu der sich die Wertlehre in der modernen Nationalökonomie ausgewachsen hat, eine etwas komplizierte Aufgabe.

Der Wert ist keine den Dingen an sich anhaftende Eigenschaft wie Ausdehnung, Farbe, Härte, Temperatur; er beruht vielmehr auf den Beziehungen, die das menschliche Subjekt zu den Objekten der Außenwelt hat, er ist der Ausdruck eines Urteils des Subjektes über die Bedeutung der Objekte der Außenwelt für das Subjekt oder für die menschliche Gemeinschaft.

Mit Recht ist die Tatsache, daß seitens des Subjektes eine Bewertung der Dinge stattfindet, daß es einen Wert gibt, als ein dem Sein der Dinge analoges Urphänomen bezeichnet worden, sodaß jede Definition und Deduktion des Wertes nur die Bedingungen kenntlich macht, aufgrund welcher der Wert sich einstellt, ohne doch aus ihnen hergestellt zu werden, und daß alle Beweise für den Wert eines Objektes nichts bedeuten als die Nötigung, den für irgend ein Objekt bereits vorausgesetzten Wert auch einem anderen Objekte zuzuerkennen (Simmel). Die Bedingungen, auf denen der wirtschaftliche Wert, der für uns allein in Betracht kommt, beruht, erkennen wir darin, daß die Dinge der Außenwelt einerseits Gegenstand eines Bedürfnisses sind während andererseits ihrer Erlangung Hemmnisse entgegenstehen, deren, Ueberwindung mit Arbeit und Opfern verbunden ist. Nur wenn diese beiden Voraussetzungen gegeben sind, wird den Dingen eine wirtschaftliche Bedeutung, ein wirtschaftlicher Wert von seiten des wirtschaftenden Subjektes beigelegt.

Soweit sich der Wertungsprozeß in der Einzelseele vollzieht, ist er ein subjektiver Vorgang, und die Rangordnung der Werte, der

Grad des Wertes der einzelnen Gegenstände, ist das Ergebnis dieses subjektiven Vorgangs. Der Messung zugänglich ist jedoch nur das Objektive. Wir können die Ausdehnung oder das Gewicht eines Körpers, die beide von unserem Fühlen, Wollen und Urteilen als gegebene Eigenschaften eines Objektes unabhängig sind, vermittelst eines bestimmten Verfahrens an einer gegebenen Ausdehnung oder einem gegebenen Gewichte messen, d. h. wir können eine bereits vorhandene Beziehung zwischen zwei gegebenen Größen derselben Art durch objektive Ermittelung feststellen. Wenn dagegen das isolierte Subjekt ein Rind gleich bewertet mit einer Anzahl von kupfernen Spangen, so ist diese Gleichsetzung nicht das Resultat einer seitens des Subjektes vorgenommenen Messung eines objektiven Verhältnisses zwischen Rind und Kupferspangen, sondern die Wertgleichheit zwischen beiden Objekten ist der Ausfluß eines subjektiven Bewertungsvorganges; sie ist von dem wertenden Subjekte nicht ermittelt, sondern geschaffen, es liegt also nicht eine Wertmessung, sondern vielmehr eine Wertsetzung vor.

Der Wert der Dinge wird aus der subjektiven Sphäre dadurch herausgehoben, daß der Mensch nicht isoliert für sich steht, sondern das einzelne Glied einer großen menschlichen Gemeinschaft, einer „Gesellschaft" ist. Infolge der weitgehenden Gleichartigkeit der psychologischen und materiellen Voraussetzungen, der Bedürfnisse und der Lebensbedingungen, entstehen, gefördert durch Gewohnheit und Erziehung, innerhalb eines und desselben gesellschaftlichen Verbandes gewisse Gemeinüberzeugungen und gewisse eine allgemeine Gültigkeit beanspruchende Werturteile, die dem einzelnen Subjekte als etwas außerhalb des eignen Ichs Liegendes, als etwas Objektives gegenüberstehen und die Werturteile der einzelnen Individuen in hohem Grade bestimmen, so sehr sie ihrerseits aus der Gesamtheit der subjektiven Werturteile hervorgegangen sind und der Beeinflussung durch die Wandlungen in den Werturteilen der Einzelpersönlichkeiten unterliegen. Das einzelne Glied der Gesellschaft bildet sich nicht selbständig für sich eine Welt von Werten, sondern es findet eine auf überkommenen Anschauungen und Gewohnheiten ruhende Rangordnung von Werten vor, in welcher der Wert als etwas den Dingen Anhaftendes, von der Anerkennung durch das Einzelsubjekt Unabhängiges erscheint.

Von ganz besonderer Wichtigkeit für die Erhebung des Wertes über die rein subjektive Sphäre ist der Tausch.

Beim Tausche tritt das Subjekt mit einem anderen in Beziehung, dessen Werturteil über die auszutauschenden Gegenstände ihm als etwas Objektives gegenübersteht; der Tausch selbst ist eine objektive Tatsache des Inhalts, daß eine bestimmte Quantität des einen Gutes als Gegenwert für eine bestimmte Quantität des anderen Gutes gegeben und genommen wird. Zur Bestimmung dieses Austauschverhältnisses ist mindestens die Willensübereinstimmung der beiden beteiligten Subjekte notwendig, das Einzelsubjekt ist für die Festsetzung dieses Verhältnisses nicht mehr autonom, wie es das in seinen isolierten Beziehungen zu den Dingen ist.

Meist jedoch ist bei der Bestimmung des Austauschverhältnisses ein weit größerer Kreis beteiligt als die beiden unmittelbaren Kontrahenten. Nicht nur daß die Tatsache, wie andere Mitglieder derselben Gemeinschaft die in Rede stehenden Dinge werten, einen psychologischen Einfluß ausübt, daß auf gewissen Stufen der wirtschaftlichen Entwicklung das allgemeine Werturteil sich zu festen traditionellen Wertverhältnissen zwischen den einzelnen Tauschgütern verdichtet — wie wir es im historischen Teile bei der Darstellung der Anfänge des Geldes beobachtet haben — oder daß das allgemeine Werturteil sogar in obrigkeitlichen Vorschriften, wie in Preistaxen, eine bestimmte Gestalt gewinnt und so als ein äußerer Zwang auftritt, dem das Individuum sich zu unterwerfen hat; — auch wo Gesetzgebung und Sitte der Betätigung des subjektiven Werturteils im Verkehr den denkbar weitesten Spielraum lassen, ist bei jedem nur einigermaßen entwickelten Verkehr das Verhältnis, in welchem die Güter gegeneinander ausgetauscht werden, das Produkt einer unübersehbaren Vielheit von subjektiven Werturteilen, das als solches der Machtsphäre des einzelnen Subjektes entzogen ist oder seinem Einflusse in nur geringem Maße unterliegt. Das Wertverhältnis, das zu einem gegebenen Zeitpunkte auf einem bestimmten Markte durch den Austausch zwischen zwei Güterarten verwirklicht wird, beruht auf den Massenfaktoren Angebot und Nachfrage. Weil im allgemeinen niemand für ein Gut dem einen mehr gibt, als ein beliebiger anderer für das gleiche Gut verlangt, weil umgekehrt der Gegenkontrahent sein Gut nicht für einen geringeren Gegenwert abläßt, als er von einem beliebigen Dritten dafür erhalten kann, deshalb entscheiden nicht die unmittelbaren Kontrahenten allein, sondern alle ihre Konkurrenten in Angebot und Nachfrage über das Wertverhältnis, aufgrund dessen der Tausch wirklich zustande kommt.

Dieses im effektiven Austausche realisierte Wertverhältnis ist keineswegs identisch mit dem subjektiven Werturteile der an dem Tausche beteiligten Subjekte. Im Gegenteil, es ist Voraussetzung für das Zustandekommen eines jeden Tausches, daß das subjektive Werturteil der tauschenden Personen sowohl untereinander als auch von dem in dem Tausche verwirklichten Wertverhältnisse abweicht. Es ist keineswegs die Absicht der tauschenden Subjekte, Dinge, die sie selbst gleich bewerten, gegeneinander umzusetzen; der ganze Zweck des Tausches ist vielmehr, anstelle eines Gutes, das man hat, ein anderes Gut zu erlangen, das man aufgrund seiner ganzen ökonomischen Lage und Zwecke höher bewertet; und ein Tausch kommt nur zustande, wenn jeder das von dem anderen gebotene Gut in der gebotenen Qualität und Quantität höher schätzt als das von ihm dafür hinzugebende Gut.

So wenig nun das im tatsächlich zustande gekommenen Tausche verwirklichte Wertverhältnis zwischen zwei Gütern dem Werturteile irgend eines der tauschenden Subjekte genau entspricht, so sehr ist es doch das Produkt der verschiedenen divergierenden Werturteile aller derjenigen, zwischen denen — gerade wegen des Auseinandergehens ihrer Werturteile — ein Tausch auf dieser Basis zustande gekommen ist. Wenn zehn Leute Rinder gegen Schafe im Austausch hingegeben haben aufgrund des Verhältnisses 1 Rind = 8 Schafe, so ist dieses den zehn Tauschvorgängen zugrunde liegende Wertverhältnis nur dadurch zustande gekommen, daß mindestens zehn Leute, die Rinder besaßen, je 8 Schafe höher bewerteten als 1 Rind, während umgekehrt mindestens zehn Leute, die Schafe besaßen, 1 Rind höher bewerteten als 8 Schafe.

Damit ist die Brücke geschlagen zwischen dem subjektiven Werturteile der Individuen und dem im Verkehr verwirklichten Wertverhältnisse zwischen den einzelnen Tauschgütern. Dieses im Verkehr in Erscheinung tretende Wertverhältnis zwischen den Tauschgütern steht den einzelnen wirtschaftenden Subjekten durchaus als eine objektive Tatsache gegenüber, die von dem Einzelsubjekte nach Maßgabe der praktischen Wirksamkeit, die es durch Angebot oder Nachfrage seinem abweichenden Werturteile zu geben vermag, modifiziert werden kann, deren Anerkennung als solcher sich jedoch auch die mächtigste Einzelpersönlichkeit nicht zu entziehen vermag, während im allgemeinen die einzelnen Subjekte sich zur nahezu restlosen Unterwerfung gezwungen sehen. Die Bedeutung des den Umsätzen jeweils zugrunde liegenden Wertverhältnisses wird für die wirtschaftenden Individuen um so größer, je mehr die Eigenproduktion durch die Produktion für den Markt verdrängt wird. Je weiter die arbeitsteilige und verkehrswirtschaftliche Organisation der Volkswirtschaft sich vervollkommnet, je mehr die einzelnen Individuen die Dinge, auf die sich ihre Bedürfnisse richten, auf dem Umwege des Austausches zu beschaffen gezwungen sind, desto mehr hängt die Endwirkung der wirtschaftlichen Tätigkeit, der Grad der erreichten Bedürfnisbefriedigung davon ab, was man für seine Arbeitsleistung oder deren Erzeugnisse auf dem Wege des Austausches zu beschaffen vermag.

Das objektive Vorhandensein eines Austauschverhältnisses zwischen zwei Gütern verleitet zu der Abstraktion, daß jedes der beiden Güter mit einem bestimmten, von der Schätzung der einzelnen Individuen unabhängigen objektiven Wertquantum ausgestattet sei, das als „Verkehrswert" oder „Tauschwert"¹) bezeichnet wird. Der „Verkehrswert" ist im Unterschied zu dem Werte, welchen das Einzelsubjekt den Dingen beilegt, derjenige Wert, welchen ̶der „Verkehr" selbst, die unpersönliche Gesamtheit aller miteinander in wirtschaftliche Beziehungen tretenden Individuen, den Dingen zuerkennt; er beruht nicht mehr auf der unmittelbaren Beziehung der Dinge zu einem einzelnen Subjekte; vom Einzelsubjekte aus gesehen ist der Verkehrswert vielmehr in dem Verhältnisse der Dinge zu einander enthalten. Ebenso findet der Verkehrswert sein Maß nicht mehr in der unmittelbaren Beziehung der Dinge zum wirtschaftlichen Subjekte, sondern jeweils an dem Gegenstande, der beim Austausche als Gegenwert erscheint.

---

¹) Der Gebrauch des Wortes „Tauschwert" zur Bezeichnung der Fähigkeit eines Gutes, gegen andere Güter ausgetauscht zu werden, ist m. E. ebenso abzulehnen, wie die Anwendung des Wortes „Gebrauchswert" zur Bezeichnung der Tauglichkeit eines Gegenstandes, irgend einem Bedürfnisse zu dienen. Tauschfähigkeit und Nützlichkeit sind als konstituierende Elemente des Tauschwertes, bzw. des Wertes überhaupt, von dem Werte selbst zu unterscheiden.

Den Gegenwert selbst, der im Austausche gegen ein Verkehrsobjekt hingegeben wird, bezeichnet man als den „Preis"; jedes von zwei gegen einander umgesetzten Verkehrsobjekten stellt mithin, vom wechselnden Standpunkte der beiden tauschenden Personen gesehen, den Preis des anderen Verkehrsobjektes dar. Wo die Geldwirtschaft zur vollen Ausbildung gekommen ist, unter deren Herrschaft alle übrigen Verkehrsobjekte regelmäßig zunächst gegen Geld umgesetzt werden, versteht man unter „Preis" ausschließlich den in Geld bestehenden oder wenigstens in Geld ausgedrückten Gegenwert, der gegeben und empfangen wird.

Der Preis wird deshalb vielfach dargestellt als die Verwirklichung, als die körperliche und greifbare Darstellung des Tauschwertes eines Verkehrsobjektes in einem anderen Verkehrsobjekte. „Preis einer Ware nennen wir den Tauschwert derselben, ausgedrückt in dem Quantum einer bestimmten anderen Ware, das dafür eingetauscht worden ist oder werden soll" (Roscher). „Der Tauschwert verhält sich zum Preise, wie die bloße Möglichkeit, für ein Gut ausgetauscht zu werden, zur Wirklichkeit des Ausgetauschtwerdens" (Wagner).

Mit dieser so einleuchtend klingenden Ableitung des Preises von dem als den Dingen innewohnend gedachten Tauschwerte ist ein fehlerhafter Zirkel geschlossen, der viel Verwirrung in die Wert-, Preis- und Geldlehre, vor allem in die Auffassung des Geldes als eines Wert- oder Preismaßes hineingetragen hat.

Wir müssen daran festhalten, daß der in der Einzelseele sich vollziehenden Bewertung der Dinge als einzige objektive Tatsache, die einen Anhaltspunkt für den Begriff eines „Tauschwertes" gibt, das Verhältnis gegenübersteht, in welchem verschiedenartige Verkehrsobjekte gegeneinander umgesetzt werden. Die bloße Tatsache, daß zwei verschiedenartige Güter, z. B. Gold gegen Eisen, umgesetzt werden, sagt über Wert und Preis noch gar nichts; das tut erst die weitere Tatsache, ohne welche die erstgenannte übrigens gar nicht denkbar ist, daß nämlich die beiden Güten in einem bestimmten Verhältnisse gegeneinander umgesetzt werden, z. B. 1 kg Gold gegen 50 000 kg Eisen. In diesem Verhältnisse ist aber der Preis bereits enthalten. Es vollzieht sich kein Tausch, bei dem der Preis nicht sofort ebenso feststeht, wie die Tatsache des Tausches selbst. Der Preis ist nichts anderes als die eine Seite der den Tausch darstellenden Gleichung, und er ist, wie der Tausch selbst, das unmittelbare Produkt der divergierenden subjektiven Werturteile der auf Seite von Angebot und Nachfrage am Verkehr teilnehmenden Individuen. Dagegen ist der den Dingen beigelegte „Tauschwert" oder „Verkehrswert", wie oben gezeigt wurde, nur eine Abstraktion aus der Tatsache, daß zwei Verkehrsobjekte in einem bestimmten quantitativen Verhältnisse gegeneinander umgesetzt werden. Da aber in diesem Verhältnisse der Preis eines jeden der beiden Verkehrsobjekte jeweils in dem anderen bereits gegeben ist, so resultiert der Preis nicht aus dem Tauschwerte als dessen Verwirklichung, sondern auch zum Preise verhält sich der „Tauschwert" wie die Abstraktion zur Wirklichkeit.

Daraus ergibt sich für die Funktion des Geldes als Wertmaß oder Preismaß folgendes:

Um den Austausch zweier Verkehrsobjekte im allgemeinen und um den Austausch eines Verkehrsgutes gegen Geld insbesondere zu bewerkstelligen, bedarf es keiner Messung des Verkehrswertes der auszutauschenden Güter. Die uralte, schon von Aristoteles vertretene Ansicht, daß es beim Tausche darauf ankomme, daß jedes der beteiligten beiden Individuen den gleichen Wert erhalte, daß infolgedessen vor dem Tausche der Wert der zu tauschenden Güter gemessen werden müsse (ein Zweck der durch das Geld erfüllt werde)[1], stellt den Tatbestand geradezu auf den Kopf. Fassen wir den Tausch isoliert, so kommt er zustande durch die Divergenz des Werturteils zweier Subjekte über das dem Tausche zugrunde zu legende Verhältnis der beiden in Frage stehenden Güter, von denen jedes dasjenige höher schätzt, das im Besitz des anderen ist; irgend ein objektiver Wert, der gemessen werden könnte, steht diesen auseinandergehenden subjektiven Werturteilen noch nicht gegenüber. Erst dadurch, daß die beiden Individuen sich innerhalb der durch ihre subjektiven Werturteile gezogenen Grenzen auf ein bestimmtes Austauschverhältnis einigen und auf dieser Grundlage den Tausch vollziehen, kommt eine objektive Tatsache zustande, die eine Wertgleichung enthält und eine Messung des Verkehrswertes des einen Gutes an dem anderen ermöglicht. Das Austauschverhältnis wird also nicht durch eine Messung ermittelt, sondern es wird durch eine Vereinbarung, einen übereinstimmenden Entschluß der tauschenden Individuen festgesetzt und gibt seinerseits erst die Grundlage für eine gegenseitige „Messung" der ausgetauschten Werte. Mit anderen Worten: der Preis wird nicht durch eine Messung der Tauschwerte bestimmt, sondern er macht eine Messung des Tauschwertes überhaupt erst möglich.

Was wir beim isolierten Tausche beobachten, das gilt auch für den auf einem gegebenen Markte bei einer Konkurrenz von Angebot und Nachfrage sich vollziehenden Tausch, der nicht der erste seiner Art ist, sondern Vorgänger hat. Auf einem solchen Markte bestehen bereits Austauschverhältnisse und Preise, die von jedem neu hinzukommenden Tauschlustigen in Rechnung gezogen werden müssen. Es könnte auf den ersten Blick scheinen, als ob in einer solchen Berücksichtigung bereits verwirklichter Austauschverhältnisse eine Messung des Tauschwertes der neu auf den Markt gebrachten Verkehrsobjekte liege. Aber soweit die bestehenden Preise für den Abschluß neuer Tauschgeschäfte von Wichtigkeit sind, wirken sie unmittelbar; es braucht zur Festsetzung des Preises für den neu abzuschließenden Tausch nicht erst von den alten Preisen auf den „Tauschwert" der in Betracht kommenden Güter geschlossen zu werden. Ferner sind auch die bestehenden Preise nur das Produkt aus der Divergenz der in Angebot und Nachfrage zum Ausdruck kommenden subjektiven Werturteile und nicht etwa das Ergebnis einer Messung des Tauschwertes,

---

[1] Arist. Nik. Eth., V. 7. „So wenig eine Gemeinschaft möglich wäre ohne Austausch, so wenig ein Austausch ohne Gleichheit und eine Gleichheit ohne Maß."

die ja selbst hinwiederum nur an Preisen erfolgen kann. Kurz, da
der Preis das einzige denkbare Maß für den Tauschwert der Verkehrsobjekte ist, kann die Messung des Tauschwertes nicht die Voraussetzung für die Festsetzung des Preises sein.

Wenn wir dem Gelde die Funktion als „Wertmesser" zuerkennen,
so kann mithin diese Funktion nicht darin bestehen, daß das Geld zur
Ermittelung des Tauschwertes der Güter behufs Festsetzung des
Austauschverhältnisses oder des Preises dient. Welcher Inhalt bleibt
aber dann der „Wertmaßfunktion" des Geldes?

Vielfach wird die Wertmaß- oder Preismesserfunktion des Geldes
darin erblickt, daß in unserer Wirtschaftsverfassung, unter der Herrschaft der Geldwirtschaft, die Preise aller nicht Geld darstellenden
Verkehrsobjekte ausschließlich in Geld ausgedrückt werden, sodaß man
— wie oben bereits erwähnt — im allgemeinen unter Preis nur noch
den in Geld ausgedrückten Preis versteht. Dieser Vorgang ist lediglich eine Folge des Umstandes, daß das Geld als allgemeines Tauschmittel dient und daß infolgedessen die Verkehrsobjekte regelmäßig
zunächst gegen Geld umgesetzt werden; von den beiden Gegenwerten
besteht mithin der eine regelmäßig in einem bestimmten Geldbetrage.
Zweifellos erleichtert die Tatsache, daß die Preise der Verkehrsgüter
allgemein in Geld ausgedrückt werden, die Vergleichung der Preise
untereinander ganz außerordentlich; aber von einer Messung der Preise
durch das Geld kann gleichwohl korrekter Weise nicht die Rede sein:
die Preise werden nicht durch das Geld gemessen, sondern infolge der Anwendung des Geldes als allgemeines Tauschmittel werden
die Preise regelmäßig in Geld bemessen, sie bestehen in Geld.

Dagegen it der Preis seinerseits — als die eine Seite der im
Austausche verwrklichten Wertverhältnisse — der Ausdruck für den
Verkehrswert der Güter; und sobald die Geldwirtschaft soweit fortgeschritten ist, daß der naturale Tausch durch Kauf und Verkauf
verdrängt ist, sobald mithin die eine Seite der in den Umsätzen verwirklichten Wertgleichung regelmäßig in einem Geldpreise besteht
haben wir im Gelde den allgemeinen Ausdruck, den gemeinschaftlichen Nenner für den Tauschwert aller Verkehrsgüter. Die dem
Geldsysteme eines Landes zugrunde liegende Einheit fungiert im Anschlusse daran als Einheit für die Angabe von Werten überhaupt.
In Geld wird nicht nur der Wert der Güter bezeichnet, die in einem
gegebenen Augenblicke effektiv gekauft und verkauft werden, wobei
das Maß ihres Verkehrswertes in Geld in dem gezahlten Preise unmittelbar feststeht, sondern aufgrund der im Verkehr gezahlten Preise
wird der Verkehrswert aller Dinge, die denkbarer Weise Gegenstand
eines Umsatzes werden können, in Geld abgeschätzt.

In diesem Sinne dient das Geld tatsächlich als einheitlicher Wertausdruck, und es erfüllt damit eine Aufgabe von eminenter Bedeutung
für die Volkswirtschaft.

Wie Brüche mit verschiedenen Nennern erst dann addiert werden
können, wenn man sie vorher auf einen gemeinschaftlichen Nenner
gebracht hat, so läßt sich der Gesamtwert eines Komplexes verschiedenartiger Güter nur dadurch ausdrücken, daß man diese Güter

auf einen einheitlichen Wertausdruck zurückführt, daß man den Wert der verschiedenen Güter in einer und derselben Werteinheit abschätzt; nur auf diesem Wege ist es möglich, ein Maß für die „Mittel und Ergebnisse der Wirtschaft" zu gewinnen. Ein Urteil über die Größe des Vermögens einer Person würde sich mangels eines einheitlichen Wertausdrucks, wie wir ihn im Geld haben, nur durch eine vollständige Aufzählung der einzelnen Vermögensobjekte gewinnen lassen, wobei die einzelnen Stücke noch nach Größe, Beschaffenheit usw. beschrieben werden müßten. Es bedarf keiner Erläuterung der außerordentlichen Wichtigkeit, die der Ermittlung des Gesamtwertes des Vermögens einer Person in zahlreichen Fällen des praktischen Lebens zukommt; so bei Erbteilungen und sonstigen Vermögensauseinandersetzungen, bei der Gewährung von Kredit, bei Steuerveranlagungen usw. Auch für die Beurteilung der Bedeutung, die den einzelnen Objekten für das Vermögen und die Wirtschaft einer Person innewohnt, ist die Abschätzung in Geld eine außerordentliche Erleichterung. Ebenso lassen sich die in natura erfolgenden Aus- und Eingänge einer Wirtschaft, ihre Leistungen und Bezüge nur durch eine Reduktion ihres Wertes auf Geld zusammenfassen und vergleichen. Erst durch diese Vergleichbarkeit von Aus- und Eingängen wird aber eine planmäßige Wirtschaftsführung möglich; das gilt ebenso von der Verbrauchswirtschaft (Haushaltung), wie von der Erwerbswirtschaft (Unternehmung) und von den Gemeinwirtschaften (Staat, Kommunen usw.). „Die allgemeine Vornahme der Güterwertschätzung in Geld in der Wirtschaftsführung ist ein den gegenwärtigen Zustand der weiter vorgeschrittenen Volkswirtschaften wesentlich mitbestimmendes Moment. Sie erst ermöglicht genaue Berechnungen der Produktionskosten und des Ertrages in den einzelnen Unternehmungen und dadurch ihre genaue Vergleichung und die exakte quantitative Beurteilung des Produktionserfolges für das Vermögen des des Unternehmers. Die Abschätzung aller in die Wirtschaft eingehenden oder von ihr ausgehenden Güter und Leistungen in Geld ist die notwendige Grundlage jeder Rentabilitätsberechnung und damit einer genauen Wirtschaftsführung." [1])

Die durch das Geld gegebene Möglichkeit der Berechnung der Rentabilität eines Unternehmens ist nicht nur für den einzelnen Unternehmer wichtig, sondern sie ist auch für die gesamte Volkswirtschaft von der größten Bedeutung. In unserer Wirtschaftsverfassung, bei der die wirtschaftliche Tätigkeit der Einzelnen nicht durch einen einheitlichen leitenden Willen planmäßig nach dem Bedarfe der Gesamtheit an den verschiedenen Gütern reguliert wird, bei welcher vielmehr das Individuum die Richtung seiner Betätigung nach seinem freien Ermessen wählt, — bei dieser anscheinend und angeblich „anarchischen Produktionsweise" ist die Rentabilität der einzelnen Arten und Zweige der wirtschaftlichen Betätigung das regulierende Prinzip, durch das die Produktion nach Art und Umfang jeweils dem Bedarfe angepaßt wird. Bleibt die Produktion einer bestimmten Güterart hinter dem Bedarfe

---

[1]) Eugen v. Philippovich, Allgemeine Volkswirtschaftslehre. 8. Aufl. Seite 235.

zurück, so äußert sich das darin, daß die Preise dieser Güterart steigen und dadurch die Rentabilität der Produktion dieser Güter erhöhen; die größeren Gewinnaussichten führen dem betreffenden Produktionszweige Kapital und Arbeit zu. Umgekehrt bewirkt eine den Bedarf überschreitende Produktion einen Rückgang der Preise und damit eine Verminderung der Rentabilität; Kapital und Arbeit wird dadurch von diesen Produktionszweigen zurückgehalten und zieht sich, soweit es ohne allzu große Verluste möglich ist, aus denselben zurück. Die den Produktionsprozeß regulierende Kraft der Rentabilität, die das Selbstinteresse des Individuums in den Dienst der Gesamtheit stellt, kann um so besser funktionieren, je leichter sich die Rentabilität der einzelnen wirtschaftlichen Betätigungen übersehen läßt, und eine solche Uebersicht wird überhaupt erst durch das Geld ermöglicht.

Auch die gegenseitigen Beziehungen zwischen den einzelnen Volkswirtschaften, wie sie in Einfuhr und Ausfuhr zutage treten, sind nur dadurch einer tiefer gehenden Beurteilung zugänglich, daß die eingeführten und ausgeführten Waren auf einen einheitlichen Wertausdruck gebracht werden. Die in Geld berechneten Einfuhr- und Ausfuhrwerte gestatten eine Vergleichung der Gesamteinfuhr und der Gesamtausfuhr eines Landes und damit die Berechnung seiner Handelsbilanz; sie ermöglichen, solange das Geld das Erfordernis der Wertbeständigkeit erfüllt, die Vergleichung der Ein- und Ausfuhrwerte der aufeinander folgenden Jahre und damit eine Beurteilung der Entwicklungstendenzen der Volkswirtschaft; sie gestatten eine Feststellung der Bedeutung, die den einzelnen Warengattungen innerhalb der Gesamteinfuhr und Gesamtausfuhr zukommt; sie ermöglichen ferner sowohl eine Beurteilung der Stellung, welche die einzelnen fremden Länder im gesamten Einfuhr- und Ausfuhrhandel einnehmen, wie auch eine Vergleichung der Einfuhr aus einem bestimmten Lande mit der Ausfuhr ebendorthin.

Wenn man in der Abschätzung des Wertes aller übrigen Verkehrsobjekte in Geld den Inhalt der dem Gelde beigelegten Funktion als Wertmaß erblickt, so muß doch auf einige bedeutsame Unterschiede hingewiesen werden, die zwischen der Messung der Werte durch das Geld und der Messung aller übrigen quantitativen Verhältnisse, wie Ausdehnung und Gewicht, bestehen.

Wenn die Ausdehnung oder das Gewicht eines Körpers gemessen werden soll, so wird in einem besonderen Verfahren das zwischen dem zu messenden Körper und der Maßeinheit objektiv bestehende Verhältnis exakt ermittelt. Bei der „Messung der Werte“ durch das Geld dagegen liegt es anders. Ein objektives Wertverhältnis zwischen Ware und Geld besteht nur in dem Augenblicke, in welchem die Ware gegen das Geld umgesetzt wird; das ist so sehr der Fall, daß ein einmal erfolgter Umsatz im allgemeinen nicht unter den gleichen Bedingungen wieder rückgängig gemacht werden kann; denn der Umsatz ist ja nur deshalb zustande gekommen, weil jeder der beiden Kontrahenten das empfangene Verkehrsobjekt höher schätzte als das gegebene. Keinesfalls aber besagt die Tatsache, daß eine Ware zu einem be-

stimmten Geldpreise verkauft worden ist, daß nunmehr eine beliebige
Anzahl von Waren der gleichen Gattung zu demselben Preise gekauft
und verkauft werden könne. Der Preis, zu dem der tatsächliche
Umsatz zustande gekommen ist, ist nur das Produkt einer augen-
blicklichen Marktlage, die durch jedes erhebliche neue Angebot oder
jede erhebliche neue Nachfrage geändert wird. Auf den Märkten des
Großverkehrs wird deshalb häufig ein Angebots- und ein Nachfragepreis
verzeichnet und zwar anstelle oder neben den Preisen, welche den
tatsächlich zustande gekommenen Abschlüssen zugrunde gelegt worden
sind. Die letzteren Preise pflegt der Kurszettel bei uns mit b (bezahlt)
zu bezeichnen, die Angebotspreise mit B (Brief), die Nachfragepreise
mit G (Geld).

Es ergibt sich daraus, daß die in den effektiven Umsätzen verwirklichten Preise nur einen ungefähren Anhaltspunkt für die
Schätzung des Wertes der Verkehrsobjekte liefern, daß aber eine
exakte Ermittelung des Wertes der Güter durch das Geld, wie etwa
der Oberfläche eines Grundstücks durch ein gegebenes Flächenmaß,
nicht stattfinden kann. Die exakte Feststellung des Wertes der Güter
in dem als allgemeines Wertmaß bezeichneten Gelde ist nur insoweit
möglich, als die Güter in einem gegebenen Augenblicke effektiv zum
Umsatze gegen Geld gebracht werden, und auch dann hat das Ergebnis
dieser Feststellung Gültigkeit nur für den Zeitpunkt des Umsatzes
selbst. Am deutlichsten tritt die Besonderheit der Wertmessung durch
das Geld darin zutage, daß ein und derselbe Wertgegenstand in
einem und demselben Zeitpunkte verschieden bewertet werden muß,
je nach dem es sich darum handelt, den Wertgegenstand zu beschaffen
oder ihn zu veräußern, — ein Fall, der namentlich bei Schaden-
ersatzansprüchen praktisch wird, vor allem hinsichtlich solcher Objekte,
für die stets nur ein kleines Angebot und eine kleine Nachfrage vorhanden ist, sodaß der Unterschied in den Preisen, zu welchen sie
gekauft und verkauft werden können, erheblich ist. M e n g e r führt
als treffendes Beispiel den Unterschied in dem Schadenersatze an, den
der Besitzer eines für den Eigengebrauch bestimmten künstlichen
Auges und den etwa der Erbe für ein im Nachlasse befindliches Objekt
dieser Art, für das er selbst keine Verwendung hat, beanspruchen kann.

Der zweite Punkt, in dem sich das Geld als Wertmesser von
allen anderen Maßen wesentlich unterscheidet, ist die Tatsache,
daß der Wert des Geldes selbst, mit dem die Werte der
anderen Güter ausgedrückt werden, keine feststehende und gleich-
bleibende Größe ist, wie die Einheiten unseres Maß- und Gewichtssystems. Das einzige, was auf dem Gebiete des Verkehrswertes
objektiv feststeht, sind, wie immer wiederholt werden muß, die Austauschverhältnisse, in welchen die einzelnen Verkehrsobjekte gegeneinander umgesetzt werden. Nur aus diesen Austauschverhältnissen
können wir einen in dem einzelnen Gute enthaltenen Verkehrswert
abstrahieren, und dieser Verkehrswert findet sein Maß jeweils nur an
demjenigen Gute, gegen welches ein Austausch stattfindet. Oertliche
Verschiedenheiten und zeitliche Veränderungen des Verkehrswertes
eines Gutes treten deshalb nur darin objektiv in Erscheinung, daß das

tatsächliche Verhältnis, in welchem das eine Gut gegen ein anderes ausgetauscht wird, nach Ort und Zeit verschieden ist. Feststellbar ist also zunächst nur eine Verschiedenheit oder Verschiebung im Wertverhältnisse zwischen zwei Gütern, nicht aber eine Verschiedenheit oder Verschiebung im Werte eines Gutes. Wenn man schon aus der Tatsache, daß im Tausche ein Wertverhältnis zwischen zwei Verkehrsobjekten realisiert wird, zu der Abstraktion kommt, daß jedes der ausgetauschten Objekte ein bestimmtes Quantum von Verkehrswert enthalte, das aber der fortgesetzten Veränderung durch alle im Verkehr wirksamen, niemals im stabilen Gleichgewicht befindlichen, sondern stets vibrierenden Kräfte unterliegt, so bleibt bei einer Verschiebung des Austauschverhältnisses zwischen zwei Verkehrsobjekten die Frage stets eine offene, ob und in welchem Maße das eine oder das andere oder beide Verkehrsobjekte ihren Wert verändert haben. Wenn in einer naturalen Tauschwirtschaft an einem gegebenen Orte und zu einer gegebenen Zeit 1 Rind gegen 8 Schafe ausgetauscht wird, an einem anderen Orte oder zu einer anderen Zeit dagegen 1 Rind gegen 6 Schafe, so ist einleuchtend, daß nicht ohne weiteres gesagt werden kann, ob der Wert des Rindes für sich genommen kleiner geworden, oder ob der Wert des Schafes für sich genommen größer geworden ist. Höchstens indirekt, durch eine Betrachtung der die Austauschverhältnisse der Güter beeinflussenden Faktoren, wie der Größe und Intensität des Angebots und der Nachfrage, eventuell auch durch Beobachtungen darüber, wie sich die Austauschverhältnisse eines jeden der beiden Verkehrsobjekte zu anderen Verkehrsgütern gestaltet haben, wird man zu Schlußfolgerungen darüber kommen können, auf der Seite welches der beiden Tauschobjekte Ursachen vorhanden sind, welche die Veränderung des Austauschverhältnisses zu erklären geeignet sind; aber auch solche Schlußfolgerungen können bei der Unmeßbarkeit der in Betracht kommenden Ursachen und des Grades ihrer Einwirkung auf das Austauschverhältnis niemals Anspruch auf Exaktheit machen[1]).

Dasselbe, was für den naturalen Austausch gilt, trifft auch für den Austausch der Verkehrsobjekte gegen Geld zu. Wenn der Geldpreis einer Ware oder eines größeren Komplexes von Gütern an verschiedenen Orten und zu verschiedenen Zeiten Abweichungen zeigt, so bleibt auch hier die Frage offen, ob und wie weit der Grund des Unterschiedes auf Seite der Ware oder auf Seite des Geldes liegt. Wir werden uns später noch ausführlich damit zu beschäftigen haben, wie das Geld — ebenso wie alle übrigen Verkehrsobjekte, die gegen Geld umgesetzt werden, — Gegenstand eines nach Größe und Intensität wechselnden Bedarfs und eines teils auf elementaren Verhältnissen (Produktionsverhältnisse der Edelmetalle), teils auf Entwicklungen des Geldverkehrs (Kreditzahlungsmittel etc.), teils auf der Gestaltung des Verhältnisses zwischen den einzelnen Volkswirtschaften (Handels- und Zahlungsbilanz), teils auf bewußten Handlungen der Staatsregierungen (Ausgabe von Staatspapiergeld) beruhenden, nach Größe und Intensität wechselnden Angebots ist. Die populäre Annahme und die bei normalen

---

1) Die hier in Betracht kommenden Probleme finden ihre eingehendere Behandlung im IV. Abschnitt, Kapitel 12, dieses Buches.

Geldverhältnissen allen kaufmännischen Berechnungen zugrunde liegende
Voraussetzung sowie die juristische Fiktion der Wertbeständigkeit des
Geldes, die sich darin äußern, daß alle Veränderungen der Geldpreise
irgendwelcher Verkehrsobjekte lediglich als Veränderungen des Wertes
dieser Verkehrsobjekte aufgefaßt und behandelt werden, erklären sich
nicht nur aus einem zwingenden praktischen Bedürfnisse, sondern vor
allem auch aus der zentralen Stellung des Geldes in der Welt des
Verkehrs. Dadurch, daß alle übrigen Verkehrsobjekte regelmäßig nur
gegen das eine Objekt „Geld" umgesetzt werden und ihr Wert mithin
stets nur in dem einen Objekte „Geld" ausgedrückt wird, während das Geld
gegen alle umgesetzt wird und den Wert aller ausdrückt, erscheint das
Geld als der feste Pol in der Bewegung der Verkehrswerte. Die Bewegungen der Warenwerte werden vom Gelde aus gesehen, dessen
Wert selbst ein veränderlicher ist, ebenso wie wir die Bewegungen
der Gestirne so sehen, wie sie sich auf die sich selbst bewegende
Erde projizieren. Es müssen schon so schwere Erschütterungen eintreten, wie wir sie in Deutschland in den letzten Jahren, insbesondere
seit dem Sommer des Jahres 1921, erlebt haben, um die Fiktion der
Wertbeständigkeit des Geldes auch in der populären Auffassung ins
Wanken zu bringen und eine praktische Notwendigkeit dafür zu erzeugen, daß man sich nach einem vom Gelde unabhängigen und zu-
verlässigeren Ausdruck und Maßstab des Wertes umsieht.

Man kann diesen zweiten wichtigen Unterschied der Messung der
Werte durch das Geld gegenüber allen anderen Messungen kurz darauf
zurückführen, daß bei den letzteren sowohl die zu messende Größe als auch
die messende Größe jede für sich objektiv feststeht — so die Fläche eines
Grundstücks und das Quadratmeter, der Ballen Baumwolle und das Ge-
wichtstück —, und daß die Aufgabe der Messung in der Ermittlung der
Relation zwischen der zu messenden und der messenden Größe besteht;
während in bezug auf den Verkehrswert die objektiv gegebene und feststehende Tatsache die Relation zweier Werte ist, aus welcher unmittelbar die absolute Größe eines jeden der beiden Werte nicht entnommen
werden kann, sodaß auch eine örtliche Abweichung oder zeitliche Verschiebung der Relation kein unmittelbares Urteil darüber gestattet, ob
und wie weit die Ursache der Abweichung auf der einen oder anderen
Seite des Wertverhältnisses liegt.

Beeinträchtigt wird durch die Möglichkeit einer örtlichen und
zeitlichen Verschiedenheit des Geldwertes die Vergleichung der in
Geld ausgedrückten Werte von Ort zu Ort und für verschiedene
Zeiten. Selbst die populäre Vergleichung örtlich und zeitlich verschiedener Verhältnisse pflegte bei auffallenden Unterschieden schon
vor der gegenwärtigen Katastrophe unseres Geldwesens die Beobachtung
zu machen, daß das Geld hier oder dort einen größeren oder geringeren
Wert hatte oder daß das Geld zu dieser oder jener Zeit einen anderen
Wert hatte; umgekehrt ausgedrückt: das „Leben" ist dort oder war
damals billiger oder teurer.

Die große praktische Wichtigkeit der Wertmesserfunktion des
Geldes hat dazu geführt, daß sie meist der Tauschmittelfunktion

koordiniert zur Seite gestellt worden ist; von manchen, namentlich auch von Juristen, ist die Funktion des Geldes als Wertmesser als die eigentliche begriffswesentliche Funktion des Geldes angesehen worden. Eine nähere Betrachtung ergibt jedoch, daß wir es bei der Wertmesserfunktion mit einer Verrichtung des Geldes zu tun haben, die sich aus der Funktion als allgemeines Tauschmittel als eine Konsekutivfunktion ableiten läßt. Es wurde bereits bei der Darstellung des Wesens der Wertmaßfunktion wiederholt darauf hingewiesen, daß das Geld deshalb zum allgemeinen Wertmaß geworden ist, weil bei der fortschreitenden Verdrängung der Naturalwirtschaft durch die Geldwirtschaft alle übrigen Verkehrsgüter mehr und mehr nur noch gegen Geld umgesetzt wurden, sodaß sie schließlich nur noch am Gelde ihren regelmäßigen Gegenwert und damit ihren regelmäßigen Wertausdruck fanden. Das allgemeine Tauschmittel mußte so ganz von selbst zum allgemeinen Wertmaße werden, in dem Sinne, in welchem nach der obigen Ausführung überhaupt von einem Wertmaße gesprochen werden kann.

Eine ähnliche wechselseitige Bedingtheit, wie wir sie zwischen den Funktionen des Geldes als Tauschmittel und als Zahlungsmittel festgestellt haben, ist zwischen der Funktion als Wertmaß und als Tauschmittel nicht zu erkennen; es ist nicht ersichtlich, wie irgend ein Verkehrsgut dadurch zur Funktion als Tauschmittel oder Zahlungsmittel kommen sollte, daß es als Wertmaß dient. Allerdings ist auch ein solcher Zusammenhang mitunter behauptet worden. So schreibt Knies: „Eine gesetzliche Bestimmung über das Wertmaß erfolgt dadurch, daß der Staat Gold oder Silber, oder Silber und Gold als denjenigen Wertgegenstand feststellt, in dessen Verkehrswert das Wertquantum jedes anderen Wertobjektes rechtsgültig abgeschätzt werden soll, sooft eine richterliche Entscheidung hierüber erforderlich wird; welcher Gegenstand ebendeshalb den Stoff für die Münzen, den Inhalt für die quantitativ gestückelten Intervalle der Wertmessung abgeben soll. Durch die gesetzliche Feststellung des Preismaßstabes wird bestimmt, welches Quantum der als Wertmaß zu gebrauchenden Güter als Einheit für Berechnung von Preisen dienen soll; in welchen Multiplen und Aliquoten dieser Einheit rechtsgültig geschätzt, in welchen Wertquoten Verbindlichkeiten rechtsgültig konstituiert und solviert werden können, die ebendeshalb auch in den mit fides publica ausgestatteten Münzstücken repräsentiert sein müssen." — Mit anderen Worten: die Münzstücke sind deshalb Gegenstand der Zahlungsleistung, weil sie „die quantitativ gestückelten Intervalle der Wertmessung" sind; das Geld ist deshalb Zahlungsmittel, weil es der Maßstab des Wertes der durch richterlichen Spruch abzuschätzenden Vermögensobjekte und weil die Münzeinheit der Maßstab für den Inhalt der Geldschulden ist.

Diese Konstruktion kehrt jedoch den logischen Sachverhalt geradezu um. Nicht weil das Geld Wertmaß ist, sind durch gerichtliche Entscheidung festzusetzende Entschädigungen und Strafen in Geld zu leisten und können Geldschulden in Geld solviert werden, vielmehr muß die Schätzung und Feststellung des zu leistenden Vermögenswertes in Geld erfolgen, weil das Geld allgemeines und gesetzlich anerkanntes Zahlungsmittel ist, weil Entschädigungen und Geldstrafen in Geld zu leisten und Geldschulden in Geld zu erfüllen sind und weil es sich dabei natürlich immer nur um Geld in bestimmten Summen handeln kann.

Gegen die unbedingte Ableitung der Wertmesserfunktion von den Funktionen des Geldes als Tausch- und Zahlungsmittel hat man ferner eine historische Beobachtung ins Feld geführt: den Umstand, daß mitunter Tauschmittel und Wertmaß durch zwei verschiedene Arten von Gütern dargestellt worden sein sollen; vor allem wird in der Regel auf Homer verwiesen, dessen Griechen die Vermögenswerte in Rindern geschätzt, aber in Edelmetall gezahlt haben sollen. — Auch dieses Argument erscheint nicht durchschlagend. Es widerspricht keineswegs der theoretischen und grundsätzlichen Ableitung der Wertmaßfunktion von der Funktion als Tausch- und Zahlungsmittel, wenn der alte Wertausdruck sich noch zu einer Zeit erhält, in der das ursprüngliche Tauschmittel bereits durch ein neues verdrängt ist, und dieser Fall lag bei den homerischen Griechen, die kaum vom Rindergelde zum Edelmetallgelde gekommen waren, offenbar vor. Wir machen Beobachtungen dieser Art auch noch in unserer modernen, als „raschlebig" charakterisierten Zeit. Die Engländer rechnen heute noch vielfach nach ihrer alten, seit 1816 beseitigten Goldmünze, der Guinea, während sie in Pfund Sterling zahlen. In Süddeutschland wurde stellenweise im Viehhandel noch lange Jahre nach Einführung der Reichswährung nach „Karolinen" einer längst verschwundenen Goldmünze, gerechnet. Von der in Norddeutschland immer noch üblichen Rechnung in Talern will ich gar nicht reden, weil ja die Taler als Münze und gesetzliches Zahlungsmittel, wenn auch in das Reichsmünzsystem eingegliedert, noch lange Jahre existierten. Die zeitweilige Beibehaltung des alten Wertausdrucks über die Einführung und Einbürgerung eines neuen Tausch- und Zahlungsmittels hinaus beweist genau betrachtet das Gegenteil der Begriffswesentlichkeit der Wertmaßfunktion oder der gleichen Bedeutung derselben mit der Tausch- und Zahlungsmittelfunktion: wenn die homerischen Griechen mit Edelmetall tauschten und zahlten, aber den Wert der Güter in Rindern schätzten, so wird niemand deshalb die Rinder für das Geld der homerischen Epoche halten, so wenig wie man die überhaupt nicht mehr umlaufenden Guineas heute noch als englisches Geld ansehen kann, weil gewisse Preise herkömmlicherweise noch in dieser Münze normiert werden.

§ 6. Die Funktion als Wertträger durch Zeit und Raum (Wertbewahrungs- und Werttransportmittel).

Wenn wir das Wesen des Geldes darin gefunden haben, daß es der Vermittler des Verkehrs zwischen den wirtschaftenden Individuen ist, und wenn wir gesehen haben, daß es diesen Verkehr vermittelt, indem es selbst in den Verkehr eintritt und beim Tausche, bei der Zahlung und der Kapitalübertragung von Hand zu Hand geht, so fungiert in allen diesen Fällen das Geld als Wertträger von Person zu Person; es kann dabei gleichzeitig auch als Wertträger durch Zeit und Raum fungieren, wie im Falle der Hinterlegung behufs späterer Auszahlung an eine bestimmte Person oder im Falle der Uebertragung zwischen

Personen, die an verschiedenen Orten wohnen. Wesentlich für die Funktion des Geldes als Verkehrsmittel ist jedoch lediglich die **interpersonale** Wertübertragung. Dieser kardinalen Funktion des Geldes können die weiteren Funktionen als Wertträger durch Zeit und Raum, als Wertbewahrungs- und Werttransportmittel nur dann als besondere Funktionen zur Seite gestellt werden, wenn damit nicht etwa nur bestimmte Seiten der Tausch- und Zahlungsvorgänge, sondern selbständige Dienste, die das Geld unabhängig von der Tausch- und Zahlungsvermittlung leistet, bezeichnet werden sollen; mit anderen Worten: wenn das Geld als Wertträger durch Zeit und Raum, ohne daß es gleichzeitig als Wertträger von Person zu Person dient, nachgewiesen werden kann.

In der Tat leistet das Geld Dienste als Wertträger durch Zeit und Raum, ohne gleichzeitig die Person des Besitzers zu wechseln.

Es ist ein erstes Zeichen planmäßiger Wirtschaft, daß die Handlungen des Menschen sich nicht mehr bloß auf die unmittelbare Bedarfsbefriedigung richten, sondern daß eine gewisse Vorsorge für die Zukunft Platz greift; eine Vorsorge, die sich in ihren Anfängen nur darin äußert, daß der Mensch die Dinge, die er nicht unmittelbar verzehren kann, nicht mehr mutwillig oder sorglos verkommen läßt, und die sich schließlich dahin steigert, daß der Mensch zum Zwecke der wirtschaftlichen Sicherstellung seiner Zukunft seinen Verbrauch in der Gegenwart unter fühlbaren Entbehrungen freiwillig beschränkt.

Nun steht der längeren Aufbewahrung von Gütern, die für den unmittelbaren Konsum bestimmt sind, das große Hindernis entgegen, daß weitaus die meisten Verbrauchsgüter, und zwar gerade diejenigen, welche den elementaren Lebensbedürfnissen dienen, einem verhältnismäßig raschen Verderb ausgesetzt sind: Brot, Fleisch, Fische, Früchte usw. Dazu kommt, daß die Aufbewahrung irgend erheblicher Quantitäten solcher Güter wegen ihres großen Volumens Vorkehrungen und Räume erfordert, über die der Einzelne in der Regel nicht verfügt. Zur Aufbewahrung für längere Dauer eignen sich deshalb nur Dinge, die eine weitgehende Widerstandsfähigkeit gegen zerstörende Einflüsse der äußeren Natur besitzen, und unter diesen namentlich solche, welche in kleinem Volumen einen großen Wert enthalten; letzteres ist auch deshalb besonders wichtig, weil solche Gegenstände ungleich leichter gegen Raub und Diebstahl gesichert werden können als voluminöse Güter, sei es durch Verbergen, sei es durch besondere technische Vorkehrungen.

Aus ganz natürlichen Gründen haben Dinge dieser Art, wie Schmuck, wertvolle Geräte und Waffen, Metalle, kostbare Steine usw., am frühesten den Gegenstand dauernden Besitzes gebildet, früher als die Viehherden, die bereits eine planmäßige Wirtschaft voraussetzen. Diese Dinge haben sich im dauernden Besitze der Einzelnen angesammelt, ohne daß dabei der Gedanke einer Vorsorge für die wirtschaftliche Zukunft mitgewirkt hätte, vielmehr lediglich deshalb, weil sie ihrer Natur nach nicht einem einmaligen Verbrauche, sondern einem dauernden Gebrauche, oft durch Generationen hindurch, zu dienen bestimmt waren.

Es setzt bereits den Uebergang von der Eigenproduktion zur Tauschwirtschaft voraus, wenn die Ansammlung solcher Güter gleichzeitig dem

gegenwärtigen Schmuckbedürfnisse u n d der Vorsorge für die Zukunft
dient, wie etwa bei der Inderin, die ihre Habe in Form von Silberschmuck an ihrem Körper trägt und das Silber in schlimmen Zeiten
gegen Brot und die sonstigen unentbehrlichen Bedarfsgüter hingibt.
Hier haben wir Gebrauchsgut, Wertbewahrungsmittel und Tauschmittel
in einem. Kaum anders verhält es sich mit den großen „Horten", von
denen unsere Sagen zu melden wissen, und mit den Schätzen, wie sie
heute noch von indischen Fürsten gehalten werden. Sie dienen in
normalen Zeiten dem Schmuck- und Prunkbedürfnisse der Großen als
glänzende Zeichen ihres Reichtums und ihrer Macht; sie stellen gleichzeitig eine gewaltige Vermögensmacht dar, die im Bedarfsfalle gegen
nötigere Güter umgesetzt und zur Besoldung von Heeren verwendet
werden kann.

Die reine Form der Aufspeicherung von Werten für eine zukünftige
Verwendung (Thesaurierung) haben wir dort, wo die aufbewahrten
Gegenstände für die Dauer der Aufbewahrung allen Gebrauchszwecken
entzogen sind, wo ausschließlich die Sicherstellung von Mitteln für
künftige Zeiten das treibende Motiv für die Ansammlung und Aufbewahrung ist. Nachdem das Geld entstanden war und in der Münze
eine besondere Form erhalten hatte, in der es nur noch Geld, nicht
mehr Schmuckgegenstand war, wurde das Geld das wichtigste Objekt
einer solchen Aufspeicherung oder Thesaurierung. Der einzige Gebrauch,
den das wirtschaftende Individuum von dem Gelde als solchem machen
kann, ist der, daß es das Geld ausgibt; jede Aufbewahrung von Geld
ist mithin für die Zeit der Aufbewahrung ein totaler Verzicht auf
seinen Gebrauch. Die harten Taler im Strumpfe des Bauern alten
Schlags, die Geldstücke in der Truhe, womöglich in der Erde vergraben,
sind die deutlichsten Beispiele einer solchen Thesaurierung. Aber
auch ein Kriegsschatz, wie ihn das deutsche Reich im Jahre 1871 in
den 120 Millionen Mark Reichsgoldmünzen im Juliusturm zu Spandau
niedergelegt hat, bildete in seiner reinen und nüchternen Zweckbestimmung für einen künftigen Bedarf ein interessantes Gegenstück zu
dem aus Diamanten, Juwelen, kostbaren Geräten und sonstigen Prunkstücken bestehenden Schatze eines indischen Fürsten. Hierher gehören
schließlich — mit später zu besprechenden Einschränkungen — auch
die baren Kassenvorräte, die in den einzelnen Wirtschaften im Hinblick
auf einen mehr oder weniger unbestimmten künftigen Bedarf gehalten
werden, und unter diesen vor allem die gewaltigen Barvorräte der
modernen Zentralbanken, auf die nicht nur unmittelbar die betreffende
Bank selbst, sondern mittelbar auch die gesamte Volkswirtschaft im
Bedarfsfalle soll zurückgreifen können.

Wenn aufgrund solcher Beobachtungen feststeht, daß in großem
Umfange Werte, die zu einer Verwendung irgendwelcher Art in der
Zukunft bestimmt sind, in Geld aufbewahrt werden, so haben wir
nunmehr den Zusammenhang zwischen dieser Funktion des Geldes als
„Wertträger durch die Zeit" und dem Wesen des Geldes selbst zu
untersuchen.

Wir machen zunächst die bei der engen Verwandtschaft zwischen
den Funktionen als Wertträger von Person zu Person und als Wert-

träger durch die Zeit nahezu selbstverständliche Wahrnehmung, daß
einige wichtige Eigenschaften, welche gerade die Edelmetalle zum
Gelde, insbesondere zum allgemeinen Tauschmittel, hervorragend geeignet erscheinen lassen, die Edelmetalle und das Edelmetallgeld auch
zum Mittel der Aufbewahrung von Vermögenswerten für eine künftige
Verwendung ganz besonders befähigen; so ihre Dauerhaftigkeit und
verhältnismäßig große Wertbeständigkeit, ihr hoher Wert bei kleinem
Volumen und Gewicht, ihre allgemeine Begehrtheit.

Wenn in dieser Hinsicht die Funktion des Geldes als Mittel des
interpersonalen Verkehrs und die Funktion als Wertträger durch die
Zeit gewissermaßen auf demselben Boden gewachsen sind, so ist in
einer anderen wichtigen Beziehung die Funktion des Geldes als Thesaurierungsmittel von der kardinalen Funktion des Geldes abzuleiten.
Bei der Aufbewahrung von Vermögenswerten für eine künftige Verwendung, mag dabei eine Verwendung zum unmittelbaren Verbrauche
ins Auge gefaßt sein oder eine Verwendung zu Erwerbszwecken, läßt
sich meist der zukünftige Bedarf im einzelnen nicht im voraus übersehen; soweit er sich übersehen läßt, stehen der Aufbewahrung der
Bedarfsgüter selbst meist die bereits dargestellten Hemmnisse entgegen.
Unter diesen Umständen gibt die Aufbewahrung von Geld dem wirtschaftenden Individuum die denkbar größte Bewegungsfreiheit gegenüber unvorhergesehenen Eventualitäten und in der künftigen Verwendung
seiner Mittel zu Konsumtions- oder Produktionszwecken. Weil in dem
normalen Zustand der Dinge gegen Geld alle überhaupt erhältlichen
Güter mit Sicherheit beschafft werden können, weil das Geld jederzeit zu vorhergesehenen und unvorhergesehenen Zahlungen verwendet
werden kann, weil das Geld ferner die bequemste und willkommenste
Form für die Ausleihung von Kapitalien ist, — kurz weil das Geld
der Vermittler des interpersonalen Verkehrs ist, deshalb eignet es sich
noch besser als alle anderen ihrer Natur nach zur Wertbewahrung geeigneten Güter zur Ansammlung von Vermögenswerten für eine zukünftige Verwendung. Alle anderen Wertobjekte, wie kostbare Steine
und Perlen, Grundbesitz usw., müssen im Bedarfsfalle zur Beschaffung
der benötigten Dinge zunächst in Geld umgesetzt werden, vielleicht in
Zeiten, in denen eine notgedrungene Veräußerung nicht ohne Verluste
möglich ist; nur das Geld ist für alle Fälle stets bereit und schlagfertig.

Die Vorteile, die das Geld als Vermittler des interpersonalen
Verkehrs für die Funktion als Wertträger durch die Zeit mitbringt,
können allerdings aufgewogen werden, wenn ein Geld als Zahlungs-
und Tauschmittel aufrecht erhalten wird, in dessen Wertbeständigkeit
kein Vertrauen mehr besteht. Dann wendet sich — wie in der gegenwärtigen Zeit — das Bedürfnis nach Wertbewahrung anderen Wert-
objekten zu: fremden Valuten und Wertpapieren sowie Sachwerten aller Art.

Trotz aller Vorzüge, die das Geld in einer wohlgeordneten Geldverfassung für die Funktion des Wertträgers durch die Zeit aufweist,
ist das Geld auch in normalen Zeiten keineswegs das ausschließliche
Thesaurierungsmittel geworden, so wie es etwa das allgemeine Tauschmittel oder Zahlungsmittel geworden ist. Stets haben außer dem Gelde
Schmuckgegenstände, Edelsteine, Perlen, Tafelgerät aus edlen Metallen

und andere Kostbarkeiten neben ihrem unmittelbaren Gebrauchszwecke in gewissem Umfange die Bedeutung beibehalten, eine leicht realisierbare Reserve für schlimme Zeiten zu bilden. Stets hat auch der Grundbesitz, der als unbewegliches Gut dem Gelde als dem beweglichsten aller Güter in fast allen Beziehungen diametral gegenübersteht, ausgesprochenermaßen dem Zwecke einer unbedingt sicheren Vermögensanlage gedient.

Vor allem aber ist hervorzuheben, daß die ganze neuzeitliche Entwicklung der Volkswirtschaft, die darauf hinausläuft, alle wirtschaftlichen Kräfte für die Schaffung neuer Werte dienstbar zu machen und soweit wie möglich auszunutzen, die Tendenz hat, die Verwendung des Geldes zu Thesaurierungszwecken aufs möglichste zu beschränken. Das Geld im Kasten liegt brach, es bringt während der Zeit der Aufbewahrung weder dem Eigentümer etwas ein, noch schafft es einen Nutzen für die gesamte Volkswirtschaft. Sobald nun die Rechtssicherheit so fest begründet ist, daß eine auf Geld lautende Forderung für die Zukunft nahezu dieselbe Verfügung über Geld gewährt wie der effektive Besitz des Geldes selbst, kommt der Einzelne in die Lage, das in der Gegenwart von ihm nicht benötigte Geld, das er sich für die Zukunft sicherstellen will, an vertrauenswürdige Personen und Unternehmungen gegen Zinsen ausleihen oder zur Anlage in zinsbringenden Wertpapieren verwenden zu können. Der kleine Mann bringt seine Ersparnisse, statt sie selbst aufzubewahren, zur Sparkasse: die Geschäftsleute vertrauen ihre baren Reserven den Banken an, große Vermögen werden, statt in barem Gelde, in zinstragenden Papieren angelegt. Solange das Vertrauen in die Sparkasse, die Bank, den Staat oder den sonstigen Schuldner nicht täuscht, wird auf diese Weise der Zweck der Wertbewahrung ebenso gut erfüllt, wie bei der Thesaurierung baren Geldes; aber die angesammelten Werte sind gleichzeitig produktiv, sie werfen dem Besitzer Zinserträgnisse ab und stehen für die wirtschaftlichen Zwecke der Gesamtheit zur Verfügung.

Infolge dieser gewaltigen Vorteile ist in ruhiger Zeit die Ansammlung baren Geldes in den Einzelwirtschaften, soweit sie den Betrag für den regelmäßigen Kauf- und Zahlungsbedarf überschreitet, so sehr abgekommen, daß uns vor dem Kriege der Strumpf voller Taler und die goldgefüllte Truhe als Kuriositäten erschienen. Wenn andererseits sich in den großen Zentralbanken, wie bereits erwähnt, gewaltige, den täglichen Zahlungsbedarf dieser Institute beträchtlich überschreitende Bestände von Metallgeld angesammelt haben, die in früheren Zeiten nicht ihres Gleichen finden, so widerspricht das der Tendenz der Zurückdrängung der Thesaurierungsfunktion des Geldes keineswegs; die großen Bestände waren lediglich das Ergebnis einer gewaltigen Konzentration der baren Bestände der Einzelwirtschaften, und sie waren, so ungeheuer sie erscheinen mochten, immer noch gering gegenüber der Summe der einzelnen Barbestände, deren Unterhaltung durch sie überflüssig gemacht wurde.

Die Tatsache, daß an die Stelle der Thesaurierung von Geld immer mehr die zinsbare Anlage der Geldvorräte getreten ist, bedeutet nichts anderes, als daß die Funktion des Geldes als Wertbewahrungsmittel immer mehr durch die Funktion des Geldes als Vermittler des Kapitalverkehrs ersetzt wurde, richtiger gesagt: daß immer mehr die erstere Funktion sich mit der letzteren verschmolzen hat; denn das Geld als solches, allerdings nicht die bestimmten angesammelten Geldstücke, blieb Wertbewahrer, auch wenn es ausgeliehen wurde, und alle Gründe, die in früheren Zeiten die wirkliche Thesaurierung von Geld gegenüber der Ansammlung von anderen Vermögenswerten begünstigt hatten, wirkten dahin, daß die Vermögen, soweit sie nicht in der Erwerbs- und Verbrauchswirtschaft des Besitzers eine sofortige Verwendung fanden, vorzugsweise gerade in Forderungen auf Geld und nicht in Forderungen auf andere Verkehrsobjekte angelegt zu werden pflegten.

Ueber die Funktion des Geldes als Wertträger durch den Raum ist wenig zu sagen. Als selbständige Funktion kommt die Vermittlung des Werttransportes nur insoweit in Betracht, als das Geld dabei im Besitze einer und derselben Person bleibt, also hauptsächlich in den Fällen, in denen das Geld seinen Besitzer bei dessen Ortsveränderungen begleitet. Ein selbständiger Dienst des Geldes als Wertträger durch den Raum ist z. B. nicht vorhanden bei der Begleichung eines Saldos in der internationalen Zahlungsbilanz durch Geldsendungen; denn hier wird mit dem Gelde der Ueberschuß der Wareneinfuhr und der dem Auslande zu zahlenden Frachten, Zinsen usw. über die Warenausfuhr und die vom Auslande zu leistenden Zahlungen beglichen. Das Geld fungiert in diesem Falle als Tauschmittel und Zahlungsmittel, und wenn größere internationale Kapitalbewegungen mitsprechen (Investierung inländischen Kapitals in ausländischen Anleihen oder Unternehmungen und umgekehrt), als Mittel der Kapitalübertragung, mithin als Wertträger von Person zu Person; als Wertträger durch den Raum fungiert es zwar gleichfalls, aber nur insoweit und nur deshalb, weil der Standort der Personen, zwischen denen das Geld den Verkehr vermittelt, ein verschiedener ist. Dagegen liegt eine selbständige Vermittlung des Werttransportes durch das Geld in den Fällen vor, in denen das Geld seinen Besitzer auf Reisen, bei Umzug oder Auswanderung begleitet, oder in denen der Besitzer sein Vermögen oder einen Teil desselben in Form von Geld von einem Orte nach einem anderen behufs Aufbewahrung oder produktiver Verwendung überträgt. Der Auswanderer z. B. sieht sich genötigt, seinen unbeweglichen Besitz und einen Teil seiner beweglichen Habe gegen Geld umzusetzen, um überhaupt sein Vermögen mit sich nehmen zu können.

Schon der Umstand, daß ein Tausch oder eine Zahlung regelmäßig einen Werttransport erforderlich machen, mitunter einen Werttransport auf große Entfernungen, mußte bewirken, daß nur leicht transportierbare, also zum Werttransport geeignete Güter, wie insbesondere die Edelmetalle, allgemeines Tausch- und Zahlungsmittel werden konnten. Außer der Leichtigkeit des Transportes selbst ist für einen Wertträger durch den Raum die leichte Verwendbarkeit an dem Orte, nach dem die Uebertragung stattfindet, von Wichtigkeit, und dieses

Erfordernis ist im denkbar höchsten Grade in dem allgemeinen Tausch- und Zahlungsmittel erfüllt.

Wie die Funktion als Wertbewahrungsmittel, so ist mithin auch die Funktion als Werttransportmittel teilweise durch dieselben Erfordernisse bedingt, wie die kardinale Funktion des Geldes als Mittel des interpersonalen Verkehrs, teilweise erscheint sie als eine Folge der kardinalen Funktion des Geldes selbst.

§ 7. Zusammenfassung.

Die Betrachtung der einzelnen Funktionen des Geldes ergibt alles in allem eine Bestätigung für die Richtigkeit und Vollständigkeit der aus der Betrachtung der Stellung des Geldes im Organismus der Volkswirtschaft gewonnenen Definition des Geldbegriffs. Die Funktionen als Tauschmittel, Zahlungsmittel und Kapitalübertragungsmittel verhalten sich zu der Funktion als Mittel des Verkehrs zwischen den wirtschaftenden Individuen wie Teile zum Ganzen, sie sind Teilfunktionen der Grundfunktion des Geldes. Die Auflösung der Grundfunktion des Geldes in diese Teilfunktionen entspricht genau der Analyse der durch das Geld zu vermittelnden Verkehrsvorgänge. Die Funktion als Wertmaß ergibt sich mit Notwendigkeit aus der Funktion als Instrument des interpersonalen Verkehrs, insbesondere aus der Funktion als Tauschmittel; sie läßt sich als eine Konsekutivfunktion bezeichnen. Die Funktionen als Wertbewahrungs- und Werttransportmittel sind einerseits bedingt durch ähnliche Erfordernisse, wie die Grundfunktion des Geldes, andererseits ist das Geld in seiner Eigenschaft als Tausch-, Zahlungs- und Kapitalübertragungsmittel bei einer wohlgeordneten Verfassung des Geldwesens besonders geeignet für Thesaurierungs- und Werttransportzwecke. Da jedoch der Zusammenhang mit der Grundfunktion des Geldes kein derartig enger und zwingender ist, wie bei der Funktion als Wertmaß, da außerdem das Geld sich in die genannten Funktionen mit anderen Verkehrsobjekten teilt, haben wir es hier mit Nebenfunktionen des Geldes zu tun.

Alle in der Regel aufgezählten Einzelfunktionen des Geldes führen mithin, sei es als Teilfunktionen, sei es als Konsekutiv- oder Nebenfunktionen, auf die eine Grundfunktion als Instrument des interpersonalen Verkehrs zurück.

In ihrer Gesamtheit ist die Institution des Geldes eine unentbehrliche Voraussetzung für unsere auf Arbeitsteilung, Privateigentum und freier Selbstbestimmung der Individuen beruhende Wirtschaftsverfassung. Nur die durch das Geld gegebene nahezu unbegrenzte Verkehrsmöglichkeit hat die wirtschaftliche Betätigung des Einzelnen von der Bindung an den Bedarf der eignen Person oder eines eng begrenzten Kreises unmittelbarer Abnehmer der eignen Erzeugnisse befreit und damit eine über die primitivsten Anfänge hinausgehende Arbeitsteilung gestattet; nur das in dem Gelde gegebene Verkehrsinstrument ermöglicht unter Wahrung der persönlichen Freiheit und unter Aufrechterhaltung des Privateigentums die Organisation der Produktion in der Unternehmung, die Zusammenfassung von Arbeitskräften und Kapitalien zu einem einheitlichen Produktionszwecke, sowie die Entlohnung der Arbeit und des Kapitals aus den Erträgnissen einer solchen Unternehmung; nur das Geld hat die Voraussetzung geliefert für die gewaltige Ansammlung mobilen Vermögens, dessen die rationelle und ergiebige Produktion ebenso sehr bedarf wie der Arbeit und der Arbeitsteilung; nur das Geld schließlich ermöglicht eine Uebersicht über die Rentabilität der einzelnen Produktionszweige und dadurch eine aus dem freien Spiele der wirtschaftlichen Kräfte selbsttätig hervorgehende Regulierung der Produktion nach dem Bedarfe.

Infolgedessen kann das Geld aus unserer Wirtschaftsordnung nicht ausgeschaltet werden, ohne daß diese Wirtschaftsordnung selbst dadurch umgestürzt würde.

Alle Schwierigkeiten, die mitunter auf das Geld als solches zurückgeführt werden, insbesondere die Schwierigkeit, jederzeit zu lohnenden Preisen Abnehmer für die eignen Erzeugnisse und die eigne Arbeitsleistung zu finden, beruhen in letzter Linie nicht auf der Dazwischenkunft des Geldes, sondern auf der Struktur unserer Wirtschaftsverfassung, innerhalb welcher der Bedarf der Gesamtheit die wirtschaftliche Tätigkeit des Einzelnen gerade durch die Leichtigkeit und Schwierigkeit des Absatzes reguliert.

Es soll keineswegs in Abrede gestellt werden, daß Mängel in der Einrichtung des Geldwesens und Erschütterungen des Geldwesens zu schweren Störungen im Verkehr und im gesamten Wirtschaftsleben führen können; gerade unsere Zeit führt uns auf das nachdrücklichste vor Augen, wie eine Zerrüttung des Geldwesens zu den schwersten Erschütterungen des Wirtschaftslebens und der gesellschaftlichen Ordnung führen kann. Aber die Behauptung, daß das Geld an sich durch sein bloßes Vorhandensein den Absatz von Waren erschwere, steht im vollsten Widerspruche zu der tatsächlichen Wirksamkeit des Geldes. Diese Behauptung wird mit dem Hinweise darauf vertreten, daß in der Geldwirtschaft jeder Einzelne gezwungen sei, seine Erzeugnisse oder seine Arbeitskraft gegen Geld zu verkaufen, weil er selbst nur mit Geld kaufen könne; daß er mithin in der Möglichkeit des Absatzes auf den engen Kreis von Leuten beschränkt sei, die ihm Geld als Gegenwert geben können, während der Absatz an alle, die zwar kein Geld, aber Waren als Gegenwert zu bieten in der Lage seien, verschlossen sei.

Bei dieser Argumentation wird zunächst außer Acht gelassen, daß auch in der Geldwirtschaft in allen denjenigen Fällen, in welchen ein direkter Austauch den wirtschaftlichen Zwecken der beiden Teile entspricht, ein solcher Austausch keineswegs ausgeschlossen ist; ein solcher direkter Austausch findet in kleinen Verhältnissen in der Tat auch heute noch in gewissem Umfange statt, freilich meist unter der äußeren Form des Geldverkehrs; wenn z. B. ein Fleischer und ein Bäcker ihren Bedarf an Brot und Fleisch von einander beziehen, dann wird in der Regel jeder das, was er dem anderen zu zahlen hat, auf den Geldbetrag, den er von ihm zu empfangen hat, verrechnen. Aber die Bedeutung des Geldes lag ja von Anfang an darin, daß ein solcher direkter Austansch nur in seltenen Fällen möglich ist. Kein Produzent verbessert seine Position, wenn er seine Erzeugnisse, auf deren Absatz er angewiesen ist, an einen Anderen abläßt, der ihm weder Geld noch solche Waren, für die er unmittelbar Verwendung hat, sondern nur Dinge, die er selbst nicht brauchen kann, die er vielmehr erst wieder gegen andere Dinge austauschen müßte, als Gegenleistung zu geben vermag.

Man hat geglaubt, diese Schwierigkeit des direkten Austausches unter Umgehung des Geldes durch eine Konzentration der Tauschgeschäfte in einem einheitlichen Institute, in einer „Tauschzentrale", einer „Tauschbank" oder „Warenbank" überwinden zu können. Die Einrichtung eines solchen Instituts wird so gedacht, daß jeder Einzelne seine Erzeugnisse an dieses Institut zu jeder Zeit soll abliefern können, nicht gegen Geld, sondern gegen eine Anweisung auf die von anderen einzuliefernden Güter, die er benötigt. Die kleinen Versuche, die mit solchen Tauschbanken gemacht worden sind, haben nach kürzerer oder längerer Zeit Schiffbruch gelitten. Sie mußten scheitern, weil der ganze Gedanke an einer inneren Unmöglichkeit krankt. Wenn eine Tauschbank in unbeschränktem Maße Erzeugnisse irgendwelcher Art annimmt dann kann sie nicht den Einlieferern schrankenlos Anweisungen auf die Dinge erteilen, die von diesen benötigt werden, ohne gleichzeitig die Macht zu haben, die gesamte Produktion nach dem Bedarfe zu regulieren; sie wird große Mengen von Dingen erhalten, die von niemandem gefragt werden, und es werden von ihr gegen die eingelieferten Gegenstände Anweisungen auf Dinge verlangt werden, die sie nicht oder nicht in dem entsprechenden Umfange erhält.

Konsequent durchgedacht würde eine solche Tauschbank, die das Geld ersetzen soll, ihre Anweisungen nicht nur gegen Sachgüter, sondern auch gegen alle die Arbeitsleistungen, die heute mit Geld entlohnt werden, verabfolgen müssen, und sie würde andererseits nicht nur Anweisungen auf Sachgüter, sondern auch auf Arbeitsleistungen geben müssen. Die Erfüllung dieser Aufgabe ist, ebenso wie die Herstellung eines absoluten und stabilen Gleichgewichts zwischen Produktion und Bedarf, innerhalb unserer Gesellschaftsordnung eine Unmöglichkeit.

Darin zeigt sich, daß auch auf dem Wege der Tauschbank mit dem Gelde ein Rad aus der Maschine unserer Wirtschaftsordnung ausgeschaltet werden würde, ohne daß die Maschine nicht mehr funktionieren könnte. Nur das Geld, das im freien Austausche von Individuum zu Individuum als Gegenwert für alle übrigen Wertobjekte und alle Leistungen gegeben wird, in einem Verhältnisse, das jeweils durch das Gesamtverhältnis von Angebot und Nachfrage bestimmt wird, gibt die Möglichkeit, die Arbeit und den Kapitalbesitz des Einzelnen unter Aufrechterhaltung seiner wirtschaftlichen Selbstbestimmung in den Dienst der Gesamtheit zu stellen und ihm andererseits aus den Erzeugnissen der Gesamtheit die Gegenstände seines Bedarfs zuzuführen; kurz, nur das Geld ermöglicht den in unserer Wirtschaftsordnung verwirklichten Kompromiß von persönlicher Freiheit und gesellschaftlicher Organisation.

II. Abschnitt. Das Geld in der Rechtsordnung.

4. Kapitel. Der juristische Geldbegriff.

§ 1. Das Verhältnis des volkswirtschaftlichen und des rechtlichen Geldbegriffs.

Das Geld ist seinem Ursprunge nach keine rechtliche, sondern eine volkswirtschaftliche Institution. Aus zwingenden Bedürfnissen, die sich mit dem ersten Schritte über die isolierte Eigenproduktion hinaus einstellen mußten, ist das Geld entstanden, ohne daß es vom Rechte geschaffen worden wäre, wenn auch obrigkeitliche Normen über zwangsweise Vermögensleistungen aller Art die Ausbildung des Geldes im einzelnen beeinflußt und befördert haben mögen. Dagegen hat das Geld ebenso wie andere gesellschaftliche Einrichtungen seine volle Ausbildung erst durch den Staat und seine Rechtsordnung erhalten.[1]

Die hauptsächlichsten Momente, welche die Staatsgewalt dazu drängten, sich mit dem Gelde zu befassen, sind bereits im Laufe der bisherigen Darstellung, namentlich im historischen Teile, mehrfach angedeutet worden.

An der obrigkeitlichen Regelung des Geldsystems liegt ein ähnliches Interesse vor, wie an der Regelung des Maß- und Gewichtssystems; eine solche Regelung mußte nach dem Aufkommen des gemünzten Geldes naturgemäß an die Münze anknüpfen, und sie hat dazu geführt, daß die Staatsgewalt die Herstellung des gemünzten Geldes für sich als ein ausschließliches Recht in Anspruch nahm, woraus Wirkungen rechtlicher und volkswirtschaftlicher Natur entstanden sind, die in ihrer Bedeutung weit über die bloße Fabrikation von Münzstücken hinausgehen.

Ferner hat das bürgerliche Recht in wesentlichen Punkten Bestimmungen über das Geldwesen erforderlich gemacht; so hinsichtlich der Regelung des Schadenersatzes, falls die Wiederherstellung in natura nicht in Betracht kommt; so ferner bei der Regelung des Interesseersatzes, wenn die ursprünglich geschuldete Leistung unmöglich geworden ist unter Verhältnissen, die nicht die Befreiung des Schuldners von der Leistung herbeiführen. In solchen Fällen, in denen eine

---

[1] Diese Sätze der ersten Auflage mußte ich auch nach dem Erscheinen des Knappschen Werkes aufrecht erhalten, das mit den Worten beginnt: „Das Geld ist ein Geschöpf der Rechtsordnung." Wenn Knapp aus dieser These zu der Folgerung kommt, „eine Theorie des Geldes kann nur rechtsgeschichtlich sein", so komme ich aus meiner Auffassung zu der Folgerung, daß eine Theorie des Geldes sowohl volkswirtschaftlich als auch juristisch sein muß.

Leistung nach Gattung oder Spezies bestimmter Sachen nicht in Betracht kommt, sondern lediglich eine Leistung abstrakter Vermögensmacht, hat das Recht festzustellen, in welcher Sachenart die Entschädigung oder der Interesseersatz von dem Schuldner geleistet und von dem Gläubiger angenommen werden muß. Da das Geld als der Träger abstrakter Vermögensmacht für solche Leistungen allein geeignet ist, sieht sich die Gesetzgebung genötigt, zu bestimmen, was sie als Geld anerkennt. Weiterhin wird eine solche Bestimmung erforderlich durch das Bestehen zahlreicher auf Geld lautender Verbindlichkeiten, über deren Inhalt und Erfüllung gegebenenfalls die Gerichte zu entscheiden haben.

Nicht minder verlangt die Handhabung des Strafrechts, soweit Vermögensbußen in Betracht kommen, Rechtssätze über das Geld, auf das die richterlichen Urteile zu lauten haben.

Schließlich hat die Finanzwirtschaft des modernen Staates ein rechtlich geordnetes Geldwesen zur Voraussetzung.

Aus allen diesen Gründen war die Staatsgewalt genötigt, das Geld in die Kreise ihrer Betätigung einzubeziehen. Der Einfluß der Rechtsordnung auf die Ausgestaltung des Geldbegriffs und der Geldverfassung war ein derartig wirksamer und durchgreifender, daß die Institution des Geldes in ihrer Gesamtheit durch eine lediglich volkswirtschaftliche Betrachtungsweise nicht ausreichend gewürdigt werden kann, daß vielmehr sogar die Wirkungen und Verrichtungen des Geldes auf rein wirtschaftlichem Gebiete in großem Umfange auf der rechtlichen Regelung des Geldwesens beruhen. Erst der Staat und sein Recht haben das Geld zu dem kunstvollen und wirksamen Instrumente gemacht, das imstande ist, in dem gewaltigen Organismus der modernen Volkswirtschaft die Funktion des Verkehrsmittels zu erfüllen, diejenige Funktion, welche die sämtlichen wirtschaftlichen Beziehungen der Individuen sowohl untereinander als auch zum Ganzen trägt und damit den Charakter unserer Wirtschafts- und Gesellschaftsordnung bedingt.

Eine Betrachtung der rechtlichen Natur des Geldes ist mithin auch in einem volkswirtschaftlichen Werke unerläßlich.

§ 2. Der allgemeine rechtliche Geldbegriff.

Die Feststellung des juristischen Geldbegriffs, die sich als unsere nächste Aufgabe darstellt, begegnet nicht geringeren Schwierigkeiten, als sie bei der Ermittlung des wirtschaftlichen Geldbegriffs zu überwinden waren. Auch auf diesem neuen Gebiete löst sich bei näherer Untersuchung der sich auf den ersten Blick so einfach ausnehmende Gegenstand in eine Reihe von Erscheinungen auf, deren Merkmale zum Teil nicht übereinzustimmen, zum Teil sich sogar zu widersprechen scheinen. Wenn wir z. B. bei unserem deutschen Papiergelde das hervorspringende Merkmal in der „gesetzlichen Zahlungskraft" finden, in einer Eigenschaft, die von vielen als die für das Geld im Rechtssinne begriffswesentliche angesehen wird, wenn wir andererseits dem entgegenhalten, daß nach der geltenden Rechtsordnung Geldschulden auch auf ausländische Währungen lauten können, ohne deshalb im inländischen Rechtsgebiete den Charakter als Geldschulden zu verlieren, und daß ausländische Münzen und Scheine den allgemeinen Rechtssätzen über das Geld unterliegen; wenn wir weiter sehen, daß hinsichtlich eines Teiles des vom Deutschen Reiche ausgegebenen Papiergeldes, der Darlehenskassenscheine, ein gesetzlicher Zwang zur Annahme im Privatverkehr nicht stattfindet, so mögen sich schon daraus die Schwierigkeiten der Feststellung eines einheitlichen juristischen Geldbegriffs hinreichend ergeben.

Eine Einrichtung wird aus der Sphäre des Wirtschaftlichen in die Sphäre des Rechtes dadurch erhoben, daß sie durch Gewohnheitsrecht oder Gesetz in ihren Funktionen anerkannt wird. Es liegt deshalb nahe, den rechtlichen Begriff des Geldes einfach auf seinen wirtschaftlichen Begriff zurückzuführen. So sagt Goldschmidt[1]): „Die innerhalb eines oder mehrerer Staaten allgemein als Geld anerkannte und verwendete Sache ist für dieses Gebiet Geld im Rechtssinne.“ Erläuternd fügt er hinzu: „Die allgemeine, somit staatliche Anerkennung geschieht in Form eines Gewohnheitsrechtssatzes oder, vollkommener, in Form eines Gesetzes, welches über die bloße Anerkennung hinaus die Benutzung der als Geld dienenden Sache erleichtert, regelt und sichert.“ Und Knies[2]) definiert das Geld im juristischen Sinne als „denjenigen Gegenstand, welcher als Geld zu verwenden ist, soweit Geldgebrauch rechtsgültig normiert ist“.

Es ist klar, daß mit einer solchen Definition für die Feststellung des juristischen Geldbegriffs noch nicht allzuviel gewonnen ist. Selbst wenn wir den wirtschaftlichen Geldbegriff als ganz allgemein und unbestritten feststehend annehmen, stehen wir vor der Tatsache, daß kaum irgendwo ein Gesetz ausdrückliche Erklärungen darüber gegeben hat, welche Sachen es als Geld schlechthin anerkennt; die Gesetze legen vielmehr den Sachen, die allgemein als Geld angesehen werden, regelmäßig nur bestimmte Eigenschaften und Funktionen bei, z. B. die Eigenschaft als Zahlungsmittel, wobei es Sache der Theorie bleibt, welche Funktionen und Merkmale sie als wesentlich für den Geldbegriff ansieht; die Gesetze enthalten ferner eine Anzahl von Rechtssätzen, die sich auf das Geld schlechthin beziehen, wobei es Aufgabe der juristischen Theorie ist, einmal aus Rechtssätzen, Gewohnheitsrecht und Verkehrssitte festzustellen, auf welche Sachen diese Rechtssätze Anwendung finden, ferner aus den an den Geldbegriff geknüpften Rechtswirkungen die juristisch wesentlichen Merkmale des Geldbegriffs zu ermitteln.

Wie in der Volkswirtschaftslehre, so hat auch in der Rechtswissenschaft die Feststellung des Geldbegriffs fast ausnahmslos die Funktionen des Geldes zum Ausgangspunkte genommen. Das Geld ist bald als gesetzlicher Wertmesser, bald als Wertrepräsentant, bald als allgemeines Tausch- und Zirkulationsmittel definiert worden, bald hat man in einer Verbindung mehrerer oder sämtlicher dieser Funktionen das wesentliche Merkmal für den juristischen Geldbegriff sehen wollen. So führt Goldschmidt, nachdem er die staatliche Anerkennung als Geld als wesentlich für die rechtliche Geldqualität bezeichnet hat, zur

---

[1]) Handelsrecht, S. 1069.
[2]) a. a. O. S. 343.

näheren Bestimmung die Funktionen besonders an, deren Anerkennung
er als ausschlaggebend ansieht: „Nach zwei Richtungen macht das Bedürfnis staatlicher Anerkennung sich vorwiegend geltend und pflegt
daher auf diese sich zu beschränken: auf die Feststellung der Eigenschaft als Wertmesser und als Zahlungsmittel. Wo diese beiden Eigenschaften rechtlich anerkannt sind, ist die Anerkennung der übrigen von
selbst gegeben." Nach v. S a v i g n y[1]) ist das Geld gleichzeitig Wertmesser und Wertrepräsentant. Nach R a v i t[2]), der den Hauptnachdruck
auf die Eigenschaft als gesetzliches Zahlungsmittel legt, ist das Geld
die durch allgemeine Uebereinstimmung oder durch das Gesetz zum
Maßstabe für die Wertschätzung erwählte Materie, w e n n derselben
kraft des Gesetzes die Eigenschaft beigelegt ist, daß durch sie „solutio"
erwirkt wird (gesetzliches Zahlungsmittel), wodurch sie eo ipso das
Aequivalent des Tauschwertes aller übrigen in den Verkehr kommenden
Gegenstände wird.

Die Anknüpfung an die Funktionen des Geldes hat mithin auch
auf juristischem Gebiete zu keiner Uebereinstimmung über die Natur
des Geldes geführt. Auch hier bleibt nichts anderes übrig, als entweder den Begriff des Geldes aus seiner Sonderstellung in der Ver-
kehrsordnung zu ermitteln, oder die einzelnen Funktionen auf ihre
juristische Bedeutsamkeit und ihren inneren Zusammenhang zu untersuchen, um sie dadurch aufeinander oder auf eine allgemeinere dritte
Funktion zurückzuführen.

Nach beiden Richtungen hin hat die im vorigen Kapitel vorgenommene Untersuchung über die Stellung des Geldes in der Volkswirtschaft und über seine einzelnen Funktionen und deren Zusammenhang
vorgearbeitet. Dadurch, daß das Geld durch eine gesetzliche oder ge-
wohnheitsrechtliche Anerkennung seiner Funktionen aus der Sphäre der
Volkswirtschaft in die Sphäre des Rechtes gehoben wird, können seine
Gesamtstellung im Reiche der Sachen und seine Funktionen wohl im
einzelnen eine schärfere Ausprägung, aber keine Wesensänderung erfahren. Dabei ist es unerheblich, ob eine oder die andere Sachenart
ihre Stellung als Geld in der Volkswirtschaft dadurch bekommen hat,
daß ihr vom Rechte bestimmte Eigenschaften, z. B. die Eigenschaft als
gesetzliches Zahlungsmittel, beigelegt worden sind, oder ob die rechtliche Anerkennung bestimmter Funktionen einer Sache die Folge davon
ist, daß die Sache diese Funktionen in der Volkswirtschaft tatsächlich
ausgeübt hat und ausübt. In welchen b e s t i m m t e n S a c h e n sich
die Geldfunktionen verkörpern, dafür ist in dem letzteren wie in dem
ersteren Falle die konkrete Rechtsordnung entscheidend, nicht aber für
das Wesen der Geldfunktionen und das Wesen des Geldes selbst.

Diese Erkenntnis liegt auch der von G o l d s c h m i d t gegebenen
allgemeinen Begriffsbestimmung des Geldes zugrunde, nach welcher
Geld im Rechtssinne die innerhalb eines Rechtsgebietes staatlich als
Geld anerkannte Sache ist. Dieser Definition brauchen wir nur das
Ergebnis unserer Ermittlung über den wirtschaftlichen Geldbegriff zu

---

[1]) Obligationenrecht I. S. 405.
[2]) Beiträge zur Lehre vom Gelde. 1862. S. 12.

substituieren, anstatt ohne weiteres die staatliche Anerkennung als Geld durch die Anerkennung zweier Einzelfunktionen, die Goldschmidt als ausreichend zur Konstituierung des Geldes im Rechtssinne ansieht, zu ersetzen. Wir kommen dann zu folgender Begriffsbestimmung.

Geld im Rechtssinne ist in einem jeden Staatsgebiete die Gesamtheit derjenigen Gegenstände, die von der Rechtsordnung in der ordentlichen Bestimmung, die Uebertragung von Vermögenswerten von Person zu Person zu vermitteln, anerkannt sind[1]).

Diese Abgrenzung des Geldbegriffs mag denjenigen, welche die Geldeigenschaft einer Sache davon abhängig machen, daß der Sache die eine oder die andere oder mehrere bestimmte Funktionen durch die Rechtsordnung ausdrücklich zuerkannt werden (vor allem die Funktion als Zahlungsmittel), beträchtlich zu weit gegriffen erscheinen. Demgegenüber mag hier zunächst die Frage offen gelassen werden, ob nicht etwa innerhalb des in der obigen Definition festgestellten allgemeinen Geldbegriffs ein engerer Geldbegriff zu ermitteln ist, der sich durch die ausdrückliche gesetzliche Beilegung bestimmter Geldfunktionen charakterisiert. An dieser Stelle handelt es sich zunächst lediglich um die Frage, ob abseits der ausdrücklichen Beilegung spezieller Funktionen sich in unserer Rechtsordnung eine Anerkennung eines allgemeinen Geldbegriffs findet, dessen Merkmale mit den oben gegebenen übereinstimmen.

§ 3. Die Sonderstellung des Geldes in der Eigentumslehre.

Schon G. Hartmann, der als erster die Notwendigkeit der Anerkennung eines allgemeinen, nicht auf der Beilegung spezieller Funktionen beruhenden Geldbegriffs betonte, hat zur Erhärtung seiner Auffassung nachdrücklich auf die Stellung des Geldes in der Eigentumslehre hingewiesen.

Es war ein Grundsatz des römischen Rechtes, der mit einigen Modifikationen in die meisten neueren Gesetzbücher übergegangen ist, daß ein Gegenstand, der seinem rechtmäßigen Eigentümer auf irgendeine Weise entfremdet worden oder abhanden gekommen ist, vindiziert werden kann, auch wenn er inzwischen von einem Dritten gutgläubig erworben worden ist. Dieses Prinzip ging soweit, daß es selbst dann seine Kraft behielt, wenn der in Rede stehende Gegenstand durch Vermischung mit einem in fremdem Eigentum stehenden Gegenstande seine individuelle Erkennbarkeit verloren hatte; bei Flüssigkeiten, bei denen die Verschmelzung eine vollständige ist, trat Miteigentum pro partibus indivisis ein; bei festen Körpern, die durch die Vermengung gleichfalls ihre individuelle Erkennbarkeit verlieren, wie bei Getreide,

---

[1]) Im Prinzip stimmt diese Definition mit der von G. Hartmann, Ueber den rechtlichen Begriff des Geldes usw., gegebenen überein, nach der als Geld anzusehen sind „alle Sachen, welche durch unseren Verkehr tatsächlich in der ordentlichen Bestimmung anerkannt sind, nur durch ihren Tauschwert zu dienen, — zunächst schon als Mittel der Wertaufbewahrung, dann um effektiv den Güterumsatz zu vermitteln".

wurde die Ausnahme zugestanden, daß die Vindikation, statt auf die genau bezeichnete konkrete Sache, sich richten könne auf eine entsprechende Quantität des Gemenges. Nur hinsichtlich des Geldes ist das Prinzip der Vindikation gänzlich durchbrochen: eine dem rechtmäßigen Besitzer entfremdete Geldsumme kann von dem gutgläubigen Erwerber nicht herausverlangt werden, sobald die individuelle Erkennbarkeit der einzelnen Stücke nicht mehr vorhanden ist; selbst die letztere Einschränkung ist in manchen neueren Rechten (z. B. im Allg. Preuß. Landrechte und im Oesterr. Bürgerlichen Gesetzbuche) in Wegfall gekommen.

Diese Sonderstellung des Geldes ist allerdings in unserem neuen Bürgerlichen Gesetzbuche dadurch etwas verwischt worden, daß die Vindikation hinsichtlich sämtlicher beweglicher Sachen erheblich eingeschränkt worden ist[1]). § 932 BGB bestimmt, daß an beweglichen Sachen der gutgläubige Erwerber auch dann Eigentümer wird, wenn die Sache nicht dem Veräußerer gehörte; eine Ausnahme ist nur gemacht für den Fall, daß die Sache dem rechtmäßigen Eigentümer gestohlen worden, verloren gegangen oder sonst abhanden gekommen war (§ 935). Die Sonderstellung des Geldes findet aber auch nach dem neuen Rechte ihren Ausdruck darin, daß die erwähnte Ausnahme für Geld nicht gilt, daß also das Eigentum an Geld unter allen Umständen auf den gutgläubigen Erwerber übergeht. Dem Gelde sind darin allerdings auch die Inhaberpapiere gleichgestellt; diese können jedoch im Wege des Aufgebotsverfahrens für kraftlos erklärt werden, außer den Zins-, Renten- und Gewinnanteilscheinen sowie den auf Sicht zahlbaren unverzinslichen Schuldverschreibungen. Bei Zins-, Renten- und Gewinnanteilscheinen, die abhanden gekommen oder vernichtet sind, kann jedoch der bisherige Inhaber, falls er den Verlust dem Aussteller vor Ablauf der Vorlegungsfrist anzeigt, nach Ablauf der Frist, die Leistung von dem Aussteller verlangen, soweit nicht der abhanden gekommene Schein vor Ablauf der Frist zur Einlösung vorgelegt worden ist. Jede Art von Vindikation, Aufgebotsverfahren usw. ist mithin nur bei den auf Sicht zahlbaren unverzinslichen Schuldverschreibungen ausgeschlossen. Hinsichtlich der Banknoten hatte schon vorher das Bankgesetz vom 14. März 1875 (§ 4) jeden Ersatz bei Verlust oder Vernichtung ausgeschlossen. Es mag dabei hier noch die Frage offen bleiben, wie weit die Banknoten ohnedies unter das „Geld" im Sinne des Bürgerlichen Gesetzbuchs gehören. Jedenfalls ist gerade bei den Banknoten der Ausschluß einer jeden Vindikation und eines jeden anderen Verfahrens zur Sicherstellung des rechtmäßigen Eigentümers im Falle des Verlustes oder der Entfremdung deshalb doppelt charakteristisch, weil die individuelle Erkennbarkeit vermittelst der den Noten aufgedruckten Nummern im Gegensatze zum gemünzten Gelde hier leicht festzuhalten und nachzuweisen ist.

Die besondere Behandlung des Geldes inbezug auf den Eigentumsschutz weist nun ganz deutlich auf den oben definierten all-

---

[1]) Aehnlich schon im Code Napoléon („En fait des menbles la possession vaut titre"). Die Beschränkung der Vindikation entspricht dem alten deutschrechtlichen Grundsatze: „Hand, wahre Hand"; vgl. auch das alte Handelsgesetzbuch Art. 306.

g e m e i n e n Geldbegriff zurück. Der größere Schutz des gutgläubigen
Erwerbers, von dem der Vorbesitzer auch in dem Falle, daß ihm das
Geld gestohlen worden, verloren gegangen oder sonst abhanden gekommen ist, die Herausgabe nicht verlangen kann, bedeutet eine außerordentliche Erleichterung für die Uebertragung von Geld; denn nach
keiner Seite hin ist der gutgläubige Erwerber des Geldes zur Prüfung
des Erwerbstitels des Veräußerers genötigt; er ist nur dann nicht im
guten Glauben, „wenn ihm bekannt oder infolge grober Fahrlässigkeit
unbekannt ist, daß die Sache nicht dem Veräußerer gehört" (§ 932).
Diese besondere Förderung der Uebertragbarkeit des Geldes hat ganz
offenbar ihren Grund in der ordentlichen Bestimmung des Geldes, selbst
als Vermittler der Uebertragung von Vermögenswerten zu dienen; um
diesen besonderen Zweck erfüllen zu können, muß das Geld selbst so
ungehindert wie möglich aus dem Eigentum der einen in das Eigentum
der anderen Person übergehen können; die Eigenschaft, die es für
seinen besonderen Zweck vor allem nötig hat, ist die größtmögliche
Beweglichkeit, die rechtlich nur gewährleistet werden kann durch den
weitestgehenden Schutz des gutgläubigen Erwerbers.

Wenn einerseits die besondere Behandlung des Geldes inbezug
auf den Eigentumsschutz seiner a l l g e m e i n e n Natur durchaus entspricht, so ist es andererseits klar. daß in diesem wichtigen Punkte
n u r die allgemeine Natur des Geldes, nicht ein engerer, auf irgendwelchen speziellen Funktionen oder Eigenschaften begründeter Geldbegriff ausschlaggebend sein kann. Weder das Vorhandensein der gesetzlichen Zahlungskraft, noch die Münzform, noch irgendein anderes
besonderes Merkmal bedingen für sich allein jene Sonderstellung inbezug auf den Eigentumsschutz. Alle inneren Gründe, welche die möglichste Beschränkung des Prinzips der Vindikation hinsichtlich des mit
gesetzlichem Kurse versehenen Geldes fordern, sind offenbar in gleichem
Maße gegeben auch bei solchen Münzen, die in einem Verkehrsgebiete
ohne ausdrückliche Verleihung der gesetzlichen Zahlungskraft als Mittel
der Uebertragung von Vermögenswerten fungieren und als solche stillschweigend anerkannt werden. So hat H a r t m a n n schon darauf hingewiesen, daß die römischen Juristen den „victoriatus", eine Handelsmünze, die außerhalb des einheimischen Münzsystems stand, inbezug
auf die Vindikation durchaus als Geld behandeln mußten. Dasselbe
Prinzip fand unbestritten seine Anwendung auf die deutschen Handelsgold-
münzen, die Goldkronen von 1857, denen in den meisten deutschen Staaten
nicht einmal ein Kassenkurs zugestanden wurde. In der Vorkriegszeit
bot eines der augenfälligsten Beispiele zur Verdeutlichung des hier vorliegenden Verhältnisses der Geldumlauf der Länder der Lateinischen
Münzunion. In Frankreich war den Gold- und Silbermünzen der übrigen
Vertragsstaaten (Belgien, Schweiz, Italien, Griechenland) keine gesetzliche Zahlungskraft im Privatverkehr beigelegt, nur zur Annahme an
ihren öffentlichen Kassen hatten sich die Vertragsstaaten gegenseitig
verpflichtet. Trotzdem sind in Frankreich inbezug auf den Eigentumsschutz die nicht mit gesetzlicher Zahlungskraft ausgestatteten Münzen
der anderen Vertragsstaaten unbedingt als Geld angesehen worden.
Ebenso steht es hinsichtlich des Papiergeldes, einerlei ob es mit ge-

setzlicher Zahlungskraft versehen ist oder nicht. Auf die Banknoten ist,
wie erwähnt, der besondere Eigentumsschutz durch den § 4 des Bankgesetzes auch für den Fall ausdrücklich ausgedehnt, daß man sie nicht
ohne weiteres unter den Begriff des Geldes im Sinne der Eigentumslehre rechnen will. Das Moment des eignen stofflichen Wertes und
des selbständigen Wertmessers scheidet mithin ebenso aus, wie das
Moment der gesetzlichen Zahlungskraft.

Die Sonderstellung des Geldes hinsichtlich des Eigentumsschutzes
läßt sich also lediglich auf seine ordentliche Bestimmung, als Mittel
der Uebertragung von Vermögenswerten zu dienen, zurückführen.

§ 4. Weitere Sonderbestimmungen über das Geld.

Wenn in dem bisher besprochenen Punkte das Recht insofern die
Konsequenz aus der allgemeinen Natur des Geldes gezogen hat, als
es die für die Erfüllung seines Zweckes notwendige Uebertragbarkeit
und Beweglichkeit durch Hinwegräumung eines in den allgemeinen
Rechtssätzen über den Eigentumserwerb bestehenden Hindernisses
förderte, so treten nach einer anderen Seite in einer Reihe von Rechtssätzen Wirkungen zutage, die auf den Eigenschaften beruhen, welche
das Geld in seiner allgemeinen Bestimmung von anderen Sachen unterscheiden. Als Mittel für Vermögensübertragungen von Person zu Person
ist dem Gelde einerseits jeder spezifische Gebrauchswert fremd; es
stellt lediglich abstrakte Vermögensmacht dar, die entweder einseitig
oder gegen Entgelt übertragen wird. Andererseits hat das Geld als
Vermittler von Vermögensübertragungen selbst den denkbar größten
Grad von Uebertragbarkeit; es ist mithin im Wege der Uebertragung,
sei es zum Zwecke des Kaufes, der Zahlung oder des Darlehens, in
jedem Augenblicke nutzbringend verwendbar.

Von den Rechtssätzen, in welchen sich dieser Unterschied zwischen
dem Gelde und allen übrigen Sachen am deutlichsten ausprägt, seien
hier folgende aufgeführt.

Zunächst der Satz, daß der Schuldner Geld im Zweifel auf seine
Gefahr und Kosten dem Gläubiger an dessen Wohnsitz zu übermitteln
hat, während bei allen anderen Sachen im Zweifel die Leistung an dem
Orte zu erfolgen hat, an dem der Schuldner zur Zeit der Entstehung
des Schuldverhältnisses seinen Wohnsitz hatte (§§ 269 und 270 BGB).
Ganz offenkundig trägt dieser Unterschied nicht irgendeiner Einzel-
funktion, sondern der allgemeinen Natur des Geldes als der beweglichsten aller Sachen Rechnung.

Ferner ergibt sich aus der Abwesenheit eines jeden spezifischen
Gebrauchswertes der denkbar höchste Grad der Vertretbarkeit der
einzelnen Geld darstellenden Sachen; darauf beruhen wichtige Rechtssätze, wie z. B. diejenigen über das depositum irregulare. Die Vertretbarkeit erstreckt sich keineswegs nur auf die einzelnen Stücke derselben Sorte, sie umfaßt vielmehr bei den modernen Geldsystemen alle
zu einem Geldsysteme gehörigen Sorten. Auf dieser denkbar weitestgehenden Vertretbarkeit beruht ferner der Rechtssatz, daß bei einer
Geldschuld, die auf eine bestimmte Münzsorte lautet, die unverschuldete
Unmöglichkeit der Leistung den Schuldner nicht, wie bei allen anderen

Sachen, von der Leistung befreit, sondern daß in diesem Falle die Zahlung so zu leisten ist, wie wenn keine Münzsorte verabredet gewesen wäre (§ 245 BGB). In ähnlicher Weise kommt diese aus der Abwesenheit jedes spezifischen Gebrauchszweckes des Geldes geschöpfte Gleichgültigkeit der Verabredung einer speziellen Geldsorte in dem Rechtssatze zum Ausdruck, daß eine im Inland zahlbare, in ausländischer Währung ausgedrückte Geldschuld in Reichswährung erfüllt werden kann, falls nicht ausdrücklich die Zahlung in ausländischer Währung bedungen ist (§ 244 BGB, Art. 37 WO).

Hierher gehört ferner der Kreis von Rechtssätzen, nach denen nur bei Geldschulden gesetzliche Zinsen vorgesehen sind. Nach dem Bürgerlichen Gesetzbuche ist z. B. eine Geldschuld während des Verzugs mit 4 Prozent für das Jahr zu verzinsen, soweit der Gläubiger nicht aus einem anderen Rechtsgrunde höhere Zinsen verlangen kann; die Geltendmachung eines weiteren Schadens ist dabei nicht ausgeschlossen (§ 288). Ebenso ist der Käufer verpflichtet, den (in Geld bestehenden) Kaufpreis von dem Zeitpunkte an, von welchem an die Nutzungen des gekauften Gegenstandes ihm gebühren, mit 4 Prozent zu verzinsen, sofern nicht der Kaufpreis gestundet ist (§ 452). Desgleichen ist Verzinsung vorgeschrieben für den Geldbetrag, der wegen Entziehung oder Beschädigung einer Sache zu erlegen ist, und zwar von dem Zeitpunkte an, der der Bestimmung des Wertes zugrunde gelegt wird (§ 849). Schließlich sei erwähnt, daß der Vormund, wenn er das Geld des Mündels für sich verwendet, den Betrag von der Zeit der Verwendung an verzinsen muß (§ 1854). — Im Gegensatz dazu tritt in allen Fällen, in denen es sich nicht um eine Geldschuld handelt, z. B. beim Verzuge einer nicht in Geld bestehenden Leistung oder bei dem zu Unrecht entzogenen Gebrauche einer nicht Geld darstellenden Sache, eine Entschädigung des Gläubigers usw. nur insoweit ein, als dieser die Höhe des Schadens nachweist.

Es wird mithin vorausgesetzt, daß es bei Geldschulden im Falle des Verzugs usw. des besonderen Nachweises eines Schadens bis zu einer bestimmten Höhe nicht bedürfe, während der Nachweis eines Schadens und der Höhe des Schadens in allen übrigen Fällen für erforderlich gehalten wird. Darin liegt eine Anerkennung des Geldes als des Vermögens in der beweglichsten und schlagfertigsten Form, die zu jedem Zeitpunkte eine nutzbringende Anlage ermöglicht, während bei allen anderen Sachen die Möglichkeit, einen Vermögensvorteil aus ihnen zu ziehen, nicht in demselben Maße als sicher angesehen wird. Der Unterschied in der Behandlung der auf Geld lautenden Schulden und der übrigen Verbindlichkeiten ist also darauf zurückzuführen, daß alle Dinge außer dem Gelde spezifischen Gebrauchszwecken dienen, deren Vorteil nicht für jeden Augenblick und nicht dem Grade nach ohne weiteres feststeht; während hinsichtlich des Geldes irgendein spezifischer Gebrauchszweck nicht abgewogen zu werden braucht, dafür aber die jederzeitige sofortige Verwendbarkeit als Mittel der Uebertragung von Vermögenswerten, insbesondere auch als Mittel der Kapitalübertragung im Wege des Darlehns, als unbedingt gegeben angesehen wird.

Schließlich sei hingewiesen auf die Sonderstellung, welche dem Gelde in dem eingebrachten Gute der Ehefrau und in dem der Nutznießung des Vaters unterliegenden Vermögen des Kindes angewiesen ist. Der Ehemann hat das zu dem eingebrachten Gute der Frau gehörende Geld in mündelsicheren Papieren verzinslich anzulegen, soweit es nicht für die Bestreitung von Ausgaben bereit zu halten ist. Dagegen darf der Ehemann andere zum eingebrachten Gute gehörende verbrauchbare Sachen auch für sich veräußern oder verbrauchen mit der Maßgabe, daß er den Wert dieser Sachen nach der Beendigung der Verwaltung und Nutzung zu ersetzen hat (§ 1377 BGB). Der Vater darf verbrauchbare Sachen, die zu dem seiner Nutznießung unterliegenden Vermögen seines Kindes gehören, für sich veräußern oder verbrauchen, Geld jedoch nur mit Genehmigung des Vormundschaftsgerichtes; der Wert ist nach Beendigung der Nutznießung zu ersetzen (§ 1653 BGB).

Der Unterschied, der in den beiden Fällen zwischen dem Gelde und den übrigen verbrauchbaren Sachen gemacht ist, läßt sich ebenfalls nur aus dem allgemeinen Begriffe des Geldes erklären; alle nicht Geld darstellenden verbrauchbaren Sachen haben ihren Zweck in einem spezifischen Gebrauche, dem sie nicht vorenthalten werden dürfen, wenn nicht die Nutznießung des Ehemanns oder Vaters illusorisch gemacht werden soll; das gilt von den für den unmittelbaren Verbrauch bestimmten Gegenständen ebenso, wie etwa von den zu einem Warenlager gehörenden beweglichen Sachen, welche das Bürgerliche Gesetzbuch gleichfalls zu den „verbrauchbaren Sachen" rechnet (§ 92). Daher ist hier der Verbrauch und die Veräußerung gegen späteren Wertersatz bedingungslos gestattet. Die Gefahr, daß der Nutznießer bei Beendigung der Nutznießung zu dem vorgeschriebenen Wertersatze nicht imstande sein wird, muß hier in Kauf genommen werden. Anders beim Gelde. Weil dem Gelde kein spezifischer Gebrauchszweck innewohnt, der zum Verbrauche hindrängt, weil andererseits die auf der Eigenschaft des Geldes als Verkehrsinstrument beruhende Möglichkeit der jederzeitigen zinsbringenden Anlage für den Ehemann oder Vater eine Nutznießung bei gleichzeitiger Sicherstellung des Geldes für die Ehefrau bzw. das Kind gestattet, deshalb kann die Verfügung des Vermögensverwalters über das Geld so sehr viel mehr beschränkt werden als die Verfügung über die übrigen verbrauchbaren Sachen.

Für die Ableitung der sämtlichen hier angeführten Rechtssätze aus dem Begriffe des Geldes gilt durchweg dasselbe, was oben über die Sonderstellung des Geldes inbezug auf den Eigentumsschutz ausgeführt worden ist: die Ableitung ist nur möglich aus der allgemeinen Bestimmung des Geldes, als Mittel der Wertübertragung zu dienen, und aus den Eigenschaften, welche die Erfüllung dieser allgemeinen Funktion erfordert oder mit sich bringt; dagegen kommen irgendwelche Einzelfunktionen und spezielle Eigenschaften des Geldes als maßgebend für die besondere Behandlung des Geldes in den aufgeführten Fällen in keiner Weise in Betracht. Für den Satz, daß der Schuldner Geld im Zweifel dem Gläubiger an dessen Wohnsitz zu übermitteln hat, ist es offenbar gänzlich gleichgültig, ob das geschuldete Geld mit gesetzlicher

Zahlungskraft versehen ist oder nicht; er gilt offenbar für ausländisches Geld und für inländische Handelsmünzen ebenso, wie für inländisches Geld mit gesetzlicher Zahlungskraft, für Papiergeld ebenso, wie für vollwertiges Edelmetallgeld. Hinsichtlich der Schulden, welche auf nicht mehr im Umlauf befindliche Münzen oder auf eine ausländische Währung lauten, liegen die Verhältnisse ganz besonders klar. Ob die zur Erfüllungszeit nicht mehr im Umlauf befindliche Münzsorte in dem betreffenden Rechtsgebiete oder überhaupt irgendwo und zu irgendeiner Zeit gesetzliches Zahlungsmittel oder allgemeiner Wertmesser war, ist offenbar gänzlich bedeutungslos; ebenso ob das Geld ausländischer Währung, an dessen Stelle inländisches Geld geleistet werden darf, im Inlande irgendwelche besonderen rechtlichen Qualitäten hat oder gehabt hat. Trotzdem wird eine Schuld, welche Leistungen dieser Art zum Inhalte hat, als Geldschuld bezeichnet und behandelt, was nur möglich ist, wenn von allen speziellen Funktionen und Eigenschaften des Geldes abgesehen und nur seine allgemeine Natur als Verkehrsinstrument zugrunde gelegt wird. Auch hinsichtlich der gesetzlichen Zinsen für Geldschulden kann nur die allgemeine Natur des Geldes als ratio legis anerkannt werden; ob die Schuld, mit welcher der Verpflichtete in Verzug gekommen ist, auf Münzen mit gesetzlicher Zahlkraft, ob auf Handelsmünzen oder ausländische Münzen, ob auf Papiergeld oder Banknoten lautet, ob der Vormund Geld des Mündels in Form von Landesmünzen oder in Form von Banknoten oder Staatspapiergeld für sich verbraucht hat, ist für den inneren Grund der Festsetzung gesetzlicher Zinsen und für die praktische Anwendung der hier in Betracht kommenden Rechtssätze durchaus unerheblich. Dasselbe gilt von der inneren Begründung und praktischen Anwendung der Rechtssätze über die besondere Behandlung des Geldes, das sich im eingebrachten Gute der Frau oder in dem der väterlichen Nutznießung unterliegenden Vermögen des Kindes befindet; die Abwesenheit eines jeden individuellen Gebrauchszweckes und die jederzeitige nutzbringende Verwendbarkeit, die auf der Bestimmung des Geldes als Vermittler von Wertübertragungen beruht, ist bei ausländischen Münzen, bei Papiergeld und Banknoten ebenso gegeben, wie bei dem mit gesetzlicher Zahlungskraft ausgestatteten inländischen Metallgelde; deshalb würde niemand im Ernst die Auffassung vertreten können, daß etwa die Verpflichtung zur verzinslichen Anlage sich nicht auf die im eingebrachten Gute der Frau befindlichen Banknoten und ausländischen Geldsorten, sondern nur auf das inländische Metallgeld beziehe.

§ 5. Der Geldbegriff im Institute des Kaufes und des Wechsels.

Eine wichtige Bestätigung der rechtlichen Bedeutsamkeit unseres allgemeinen Geldbegriffs ist vor allem gegeben in den Instituten des Kaufes und des Wechsels.

Das Wesen des Kaufvertrags besteht darin, daß bei einem doppelseitigen Vertrage die Leistung des einen Teiles in einer Sache besteht, während die Leistung des anderen Teiles in Geld festgesetzt wird. Auf der Festsetzung der Gegenleistung in Geld beruht die Unterscheidung zwischen Kauf (emptio-venditio) und Tausch (permutatio), sowie die Unterscheidung von Ware und Kaufpreis (merx und pretium), von Käufer und Verkäufer (emptor und venditor). Dabei kann nun das Geld in keinem anderen Sinne als in demjenigen der in ihrer ordentlichen Bestimmung als Verkehrsinstrument anerkannten Sache gedacht werden. Wenn nicht ganz willkürliche Momente in die Unterscheidung von Tausch und Kauf-Verkauf hineingetragen werden sollen, so haben wir das Wesen des Tausches darin zu erblicken, daß bei einer doppelseitigen Uebertragung zwei spezifischen Bedarfszwecken dienende Sachen übertragen werden, das Wesen des Kauf-Verkaufs darin, daß eine der beiden Leistungen in einer Sache besteht, die allgemein nicht zum Zwecke des eignen Gebrauchs oder Verbrauchs, sondern zum Zwecke des weiteren Umsatzes gegen eine andere Sache genommen wird. Rechtlich bedeutsam wird dieser Unterschied von dem Augenblicke an, wo gewisse Sachen durch Verkehrssitte, Gewohnheitsrecht oder Gesetz in der ordentlichen Bestimmung als Mittel der Uebertragung von Vermögenswerten von Person zu Person zu dienen, anerkannt sind. Ausschließlich dieser allgemeine Geldbegriff, weder ein engerer noch ein weiterer, liegt nun ganz offenkundig der Anwendung des rechtlichen Unterschieds zwischen Tausch und Kauf zugrunde. Der Kaufpreis braucht keineswegs in gemünztem Edelmetallgelde, das mit gesetzlicher Zahlungskraft versehen ist, zu bestehen, um Kaufpreis zu sein und das Geschäft als Kauf zu charakterisieren; auch wenn der Preis in Handelsmünzen, in ausländischem Gelde, in Staatspapiergeld oder in Banknoten besteht, bleibt das Geschäft ein Kauf. Wenn man diese Arten von Geld nicht als Geld im juristischen Sinne gelten lassen will, so liegt freilich der Ausweg nahe, in den bezeichneten Fällen einen Kauf mit stillschweigend vereinbarter Hingabe an Zahlungsstatt für den eigentlich gewollten Geldpreis anzunehmen. Aber das Wesen eines solchen Geschäftes als Kauf bleibt auch dann unberührt, wenn diese Erklärung dadurch ausgeschlossen ist, daß in dem Kaufvertrage der Kaufpreis ausdrücklich in Handelsmünzen oder ausländischen Münzen oder in Papiergeld oder Banknoten bedungen wurde. Der Rechtssatz, daß die Zahlung einer in ausländischer Währung normierten im Inlande zahlbaren Geldschuld in Reichswährung erfolgen kann, soweit nicht die Zahlung in ausländischer Währung ausdrücklich bedungen ist, zeigt ganz besonders klar, daß im Falle des Kaufvertrags der Kaufpreis in einer im Inlande nicht gesetzliche Zahlkraft genießenden Münzsorte festgesetzt werden kann und daß dann bei der Entrichtung des Kaufpreises in dieser Münzsorte keine Hingabe an Zahlungsstatt, sondern eine wirkliche Zahlung vorliegt.

Praktisch ist freilich der Unterschied zwischen Tausch und Kauf nach dem bei uns geltenden Rechte nur wenig bedeutsam. Nach § 515 BGB finden auf den Tausch die Vorschriften über den Kauf entsprechende Anwendung. Gleichwohl kann unter Umständen der Unterschied immer noch eine gewisse praktische Bedeutung gewinnen. So kann z. B. ein Vorkaufsrecht nur ausgeübt werden, sobald der Verpflichtete mit einem Dritten über den Gegenstand, in Ansehung dessen das Vorkaufsrecht besteht, einen Kaufvertrag abgeschlossen hat (§ 504), während der Abschluß eines Tauschvertrags zur Ausübung des Vorkaufsrechts nicht berechtigt. Auch dieser spezielle Unterschied weist auf die allgemeine Natur des Geldes zurück: beim Tausch will der Veräußerer des mit dem Vorkaufsrechte behafteten Gegenstandes eine individuellen Gebrauchszwecken dienende Sache erwerben, wobei nicht ohne weiteres feststeht, ob er diese individuelle Sache von dem Vorkaufsberechtigten überhaupt und in derselben Beschaffenheit erhalten könnte; dagegen ist hinsichtlich des jeden spezifischen Zweckes entkleideten und mit dem höchsten Grade der Vertretbarkeit ausgestatteten Geldes die Person des Leistenden absolut gleichgültig, sodaß der Vorkaufsberechtigte, sobald die Gegenleistung in Geld festgesetzt ist, ohne weiteres und ohne jeden Nachteil in die Bestimmungen des mit einem Dritten abgeschlossenen Kaufvertrags eintreten kann.

Ebenso wie für das Institut des Kaufes ist das Geld für das Institut des Wechsels eine wesentliche Voraussetzung. Die Wechselschuld ist eine besondere Art der Geldschuld; nach dem Rechte der verschiedenen Länder war und ist mit verschwindenden Ausnahmen die Form des Wechsels nur für auf Geld lautende Obligationen zulässig[1]). So zählt die allgemeine Deutsche Wechselordnung in Art. 4 unter den Erfordernissen eines gezogenen Wechsels „die Angabe der zu zahlenden Geldsumme" auf. Was ist in diesem Falle unter Geld verstanden? Das Geld in dem von uns definierten allgemeinen Sinne oder lediglich das vollwertige Metallgeld oder das mit gesetzlicher Zahlungskraft versehene Geld? — Daß der Begriff „Geld" nur im allgemeinen Sinne angewendet sein kann, ergibt sich mit aller Deutlichkeit daraus, daß die Wechselordnung selbst den Fall vorsieht, den wir hinsichtlich der gewöhnlichen Geldschuld bereits besprochen haben, daß nämlich der Wechsel auf Münzsorten und Währungen lauten kann, denen am Zahlungsorte keinerlei spezielle rechtliche Qualitäten zustehen. In § 37 WO heißt es:

„Lautet ein Wechsel auf eine Münzsorte, welche am Zahlungsorte keinen Umlauf hat, oder auf eine Rechnungswährung, so kann die Wechselsumme nach ihrem Werte zur Verfallzeit in der Landesmünze gezahlt werden, sofern nicht der Aussteller durch den Gebrauch des Wortes „effektiv" oder eines ähnlichen Zusatzes die Zahlung in der im Wechsel benannten Münzsorte ausdrücklich bedungen hat."

Der Wechsel muß also zwar auf Geld lauten, er braucht aber nicht auf die „Landesmünze" zu lauten; er kann vielmehr gültig auch auf Geldsorten gestellt werden, denen besondere juristische Funktionen im eignen Rechtsgebiete nicht beigelegt sind. Auch für das Institut des Wechsels kommt mithin nur der allgemeine Geldbegriff in Betracht.

§ 6. Die Abgrenzung des allgemeinrechtlichen Geldbegriffs.

Die Frage, ob abseits von der ausdrücklichen Beilegung spezieller Funktionen an bestimmte Sachen sich in unserer Rechtsordnung die Anerkennung eines allgemeinen Geldbegriffs nachweisen läßt, dessen Merkmal die ordentliche Bestimmung zur Vermittlung der Uebertragung

---

[1]) Eine der wenigen Ausnahmen ist das italienische Wechselrecht, das auch Wechsel, die auf Waren lauten, zuläßt. Vgl. Dr. Felix Meyer, Weltwechselrecht. Band I, S. 110.

von Vermögenswerten ist, — diese Frage ist nach den Ergebnissen
unserer Untersuchung zweifellos zu bejahen. Der Einwand, daß es
sich bei diesem allgemeinen Geldbegriffe lediglich um das Geld im
volkswirtschaftlichen Sinne handeln könne, ist nicht stichhaltig; der
rechtliche Charakter und die rechtliche Bedeutsamkeit des allgemeinen
Geldbegriffs dürfte vielmehr an den angeführten Beispielen genügend
dargetan sein. Wenn, um auf das zuletzt gegebene Beispiel zurückzugreifen, die Wechselordnung die Angabe der zu zahlenden Geldsumme
in dem Wechsel verlangt, so ist das, was hier unter Geld verstanden
wird, ausschließlich Geld im Rechtssinne; und wenn wir sehen, daß
hier unter Geld nicht nur das mit bestimmten, gewöhnlich als wesentlich für den juristischen Geldbegriff angesehenen Qualitäten ausgestattete Geld verstanden ist, dann ist — bei aller Anerkennung der
Wichtigkeit einzelner spezieller Geldqualitäten — doch der Schluß
unabweisbar, daß dem allgemeinen, an die bloße Anerkennung der
ordentlichen Bestimmung als Verkehrsinstrument geknüpften Geldbegriffe
nicht nur eine wirtschaftliche, sondern auch eine juristische Bedeutung
zukommt.

Freilich sind die Grenzen dieses Geldbegriffs ebensowenig ganz
präzis, wie diejenigen des rein wirtschaftlichen Geldbegriffs, da sein
Merkmal nicht die ausdrückliche gesetzliche Beilegung bestimmter Geldfunktionen ist, sondern nur die sich mittelbar in der Gesetzgebung und
der Praxis der Rechtsprechung ausdrückende Anerkennung der ordentlichen Bestimmung einer Sache, als Mittel der Wertübertragungen von
Person zu Person zu dienen.

Der wichtigste Zweifelsfall ist der, ob die Banknote unter diesen
allgemeinen rechtlichen Geldbegriff fällt oder nicht; hinsichtlich des gemünzten Geldes dürfte ein Zweifel überhaupt nicht bestehen, und hinsichtlich des vom Staate ausgegebenen Papiergeldes dürfte jeder denkbare
Zweifel dadurch beseitigt sein, daß der Staat Papiergeld mit der deutlichen Zweckbestimmung, im Verkehr als Geld zu dienen, ausgibt, sodaß
allein in der Tatsache der staatlichen Ausgabe eine hinreichende rechtliche Anerkennung der ordentlichen Bestimmung des Papiergeldes liegt.

Die Banknote ist nun allerdings ihrem Ursprung und dem äußeren
Anschein nach ein von privaten Instituten, die regelmäßig, aber nicht
notwendig unter staatlicher Beaufsichtigung stehen, ausgegebenes unver-
zinsliches und — falls nicht ausdrücklich die Einlösung durch einen
gesetzlichen Akt aufgehoben ist — auf Vorzeigung einzulösendes In-
haberpapier. Die Tatsache, daß sie von der ausgebenden Bank mit
der Bestimmung, gleich dem Metallgelde als Verkehrsinstrument zu
dienen, in Verkehr gebracht wird, beweist an und für sich noch nicht,
daß sie von der Rechtsordnung in der ordentlichen Bestimmung als
Verkehrsinstrument anerkannt ist. Diese Anerkennung steht jedoch
gänzlich außer Zweifel, sobald der Banknote durch die Rechtsordnung
ausdrücklich gesetzliche Zahlungskraft gleich dem Metallgelde verliehen
wird, wie seit langem in England und Frankreich, seit der Banknovelle
von 1909 auch in Deutschland; aber auch dort, wo lediglich die Staatskassen
angewiesen werden, die Banknoten in Zahlung zu nehmen, liegt unzweifelhaft eine rechtliche Anerkennung des Geldcharakters der Banknote

vor; denn die Verleihung eines solchen „Kassenkurses" erfolgt stets in der Absicht, die Banknoten auch im freien Verkehr als Zirkulationsmittel einzubürgern, oder in der Anerkennung der im Verkehr bereits vollzogenen Einbürgerung als Verkehrsinstrument. Man kann sogar unbedenklich soweit gehen, aus jeder staatlichen Regelung der Notenemission, die das Recht der Notenausgabe von der Verleihung oder Anerkennung durch die Gesetzgebung abhängig macht, eine rechtliche Anerkennung des Geldcharakters der Banknote zu folgern. Da die Banknote ihrer Natur gemäß ihre ordentliche und ausschließliche Bestimmung darin hat, wie das Metallgeld als Verkehrsinstrument zu dienen, muß die ausdrückliche staatliche Autorisation zur Ausgabe von Banknoten als rechtliche Anerkennung dieser Bestimmung gedeutet werden.

Daß in der Sprache unserer Gesetze die Banknoten in bestimmten Fällen zweifellos in dem Begriffe „Geld" mit enthalten sind, wurde bei der Untersuchung über das Vorhandensein eines allgemeinrechtlichen Geldbegriffs mehrfach hervorgehoben. Die Beispiele ließen sich beträchtlich vermehren [1]). Andererseits wird in den Reichsgesetzen das Wort Geld häufig in einem engeren Sinne gebraucht, welcher die Banknoten und mitunter auch das Reichspapiergeld ausdrücklich ausschließt. So heißt es in § 2 des ursprünglichen Bankgesetzes vom 14. März 1875: „Eine Verpflichtung zur Annahme von Banknoten bei Zahlungen, welche gesetzlich in G e l d zu leisten sind, findet nicht statt . . . .", und in § 195 des Handelsgesetzbuches: „Als Barzahlung [2]) gilt nur die Zahlung in deutschem Gelde, in Reichskassenscheinen sowie in gesetzlich zugelassenen Noten deutscher Banken." Obwohl hier und an anderen Stellen die Banknoten dem Gelde gegenübergestellt sind, zeigt gerade der letzterwähnte Satz mit besonderer Deutlichkeit, daß neben dem dort genannten engeren Geldbegriffe ein allgemeinerer Geldbegriff auch juristisch in Betracht kommt, der alles das umfaßt, womit nach der in dem Satze selbst enthaltenen Definition „Barzahlung" geleistet werden kann. Da die Bezeichnung „Geld" in den Reichsgesetzen in beiden Bedeutungen gebraucht wird, bleibt es in den Einzelfällen Sache der Interpretation, ob ein engerer oder der allgemeine Geldbegriff in Rede steht.

§ 7. Die rechtlich bedeutsamen Funktionen des Geldes.

Wenn gegenüber dem bisher dargestellten und in seinen Rechtswirkungen untersuchten allgemeinen Geldbegriffe ein engerer Geldbegriff feststellbar und juristisch bedeutsam ist, so kann dieser engere Geldbegriff nur darauf beruhen, daß bestimmten Objekten durch Rechtssatz ausdrücklich bestimmte Geldfunktionen beigelegt sind. Der Ermittlung eines engeren rechtlichen Geldbegriffs muß mithin eine Untersuchung darüber vorausgehen, welche von den wirtschaftlichen Funktionen des Geldes auch juristisch von Bedeutung sind und wie sich vom rechtlichen Gesichtspunkte aus die einzelnen Funktionen zu einander verhalten.

---

[1]) Eine große Anzahl interessanter Beispiele ist zusammengestellt bei Dr. A d o l f W e b e r, Die Geldqualität der Banknote. 1900.

[2]) Es handelt sich in dem betreffenden Paragraphen um die durch Barzahlung zu leistenden Einlagen bei Aktiengesellschaften.

Von den drei Teilfunktionen, in welche sich die Kardinalfunktion des Geldes zerlegen läßt, bieten für eine juristische Betrachtung die Funktion als Tauschmittel und als Vermittler des Kapitalverkehrs im allgemeinen nur wenige Anknüpfungspunkte. Beide Funktionen sind ihrem Wesen nach durchaus wirtschaftlicher Natur. Sowohl der Kauf als auch die leihweise Uebertragung von Kapitalien beruhen auf einer Vereinbarung der beiden Parteien, welche für Zwangsvorschriften irgendwelcher Art inbezug auf das Geld in normalen Zeiten kaum einen Spielraum läßt. Der Staat kann ein Tauschmittel nicht zum „gesetzlichen Tauschmittel" machen, d. h. zu einem Tauschmittel, mit welchem der Käufer kaufen und gegen welches der Verkäufer verkaufen muß. Ein stärkerer Eingriff in die wirtschaftliche Freiheit, wie ein Verbot an die Verkäufer, ihre Waren gegen ein anderes als gegen das vom Staate bezeichnete Gut abzulassen, läßt sich kaum ausdenken. Wie in früheren Zeiten die Geschichte der französischen Assignate, in der neuesten Zeit die Geschichte der im Krieg entstandenen Zwangswirtschaft und die Entwicklung in den Staaten mit zerrüttetem Geldwesen gezeigt hat, ist ein solcher Eingriff selbst dann auf die Dauer nicht durchführbar, wenn zur Verhinderung eines passiven Widerstandes der Verkäufer ein strikter Zwang zum Verkauf gegen das gesetzliche Tauschmittel eingeführt wird, und wenn zur Verhinderung einer Umgehung des Verkaufszwangs, wie sie durch das Fordern exorbitanter Preise möglich ist, ein Preismaximum für die einzelnen Verkehrsobjekte gesetzlich festgestellt wird. Auch die neuerdings in den deutschen Verordnungen gegen die Devisenspekulation ausgesprochenen Verbote der Vereinbarung und Zahlung des Kaufpreises in fremden Valuten werden sich als ein untaugliches Mittel erweisen.

In der Rechtsordnung, wie sie bis in den Krieg und die Revolution hinein bestand und heute noch die Regel bildet, ist der Freiheit der Vertragschließung bei Tausch und Kauf der weiteste Spielraum gelassen. Die Parteien können sich nach ihrem Belieben sowohl über die Art als auch über die Höhe von Leistung und Gegenleistung einigen. Wenn tatsächlich das vom Staate anerkannte und geschaffene Geld auch bei uns noch als allgemeines Tauschmittel dient, so beruht das nicht auf irgendeinem Rechtssatze über die Tauschmittelfunktion des Geldes, sondern entweder darauf, daß die tatsächlich benutzten Tauschmittel in der Rechtsordnung als Geld im allgemeinrechtlichen Sinne anerkannt und eventuell ausdrücklich mit einer juristisch in Betracht kommenden Geldfunktion (z. B. als gesetzliches Zahlungsmittel) ausgestattet worden sind, oder darauf, daß bestimmte Objekte infolge der ihnen verliehenen rechtlichen Funktionen auch als Tauschmittel tatsächlichen Eingang gefunden haben. Geld als Gegenleistung (als Tauschmittel im weitesten Sinne) ist nach unseren deutschen Gesetzen wohl nur in einem Falle ausdrücklich vorgeschrieben: nach § 115 der Gewerbeordnung haben die Gewerbetreibenden (bei Vermeidung einer Geldstrafe bis zu 2000 Mark, im Unvermögensfalle einer Gefängnisstrafe bis zu 6 Monaten) die Löhne ihrer Arbeiter „bar in Reichswährung auszuzahlen". Wir befinden uns hier auf dem Gebiete des Arbeiterschutzes, auf welchem die Vertragsfreiheit aus sozialpolitischen Gründen auch nach anderen Richtungen hin ausnahmsweise Einschränkungen erfahren hat. Uebrigens handelt es sich dabei nicht mehr um einen Kauf- oder Tauschvertrag in rechtlichem Sinne, sondern um einen Dienstvertrag.

Ebensowenig wie der Staat in der Lage ist, ein Tauschmittel zum „gesetzlichen Tauschmittel" zu machen, vermag er Vorschriften über das Geld als Mittel des Kapitalverkehrs zu erlassen. Auch hier ist für den Gegenstand, in welchem die Kapitalübertragung erfolgt, im allgemeinen entscheidend der Wille der vertragschließenden Parteien. Nur für hypothekarische Darlehen ist eine — neuerdings durch die Verordnung vom 13. Februar 1920 durchbrochene — Ausnahme gemacht; in das Grundbuch dürfen nur solche Hypotheken und Grundschulden eingetragen werden, die auf Reichswährung lauten.

Dagegen ist die dritte Teilfunktion des Geldes, die Funktion als Zahlungsmittel, offenbar von ganz eminenter Wichtigkeit für die rechtliche Bedeutung des Geldes. Im Gegensatz zum Tausche und zu der Kapitalübertragung bieten die Zahlungsvorgänge der Gesetzgebung in weitem Umfange die Möglichkeit, den Gebrauch bestimmter Sachen, welche als Geld verwendet werden sollen, bindend vorzuschreiben. Die Möglichkeit liegt am deutlichsten auf der Hand bei allen jenen einseitigen Uebertragungen, die vom Staate und seinen Gerichten den Individuen zwingend auferlegt werden. Eine freie Parteiverabredung kommt hier nicht in Betracht, sondern nur der Wille des Gesetzgebers, der sich hier völlig ungehindert durchzusetzen vermag. Bei der Festsetzung von Steuern und Abgaben ist der Staat in der Lage, nicht nur die Höhe des Betrags, sondern auch die Art der Zahlungsmittel vorzuschreiben. Ebenso kann die Gesetzgebung für wichtige Kategorien vermögensrechtlicher Leistungen, die durch richterlichen Spruch aufzuerlegen sind, die Festsetzung der Leistung in Geld anordnen; die wichtigsten Fälle dieser Art, Schadensersatz, Unvermögen zur Erfüllung der eigentlich geschuldeten Leistung, Vermögensbußen usw., sind bereits mehrfach erwähnt worden. Die Festsetzung aller dieser Leistungen in Geld erfordert Bestimmungen darüber, welche Sachen bei diesen Zahlungen als Geld anzusehen sind, und durch den Erlaß solcher Bestimmungen macht die Gesetzgebung einen engeren Kreis aus der Gesamtheit der Gegenstände, welche Geld im allgemeinrechtlichen Sinne darstellen, zum gesetzlichen Zahlungsmittel.

Aber auch hinsichtlich derjenigen Zahlungen, welche auf einem vertragsmäßig begründeten Schuldverhältnis zwischen Privatpersonen beruhen, ist die Macht des Gesetzes wesentlich größer, als hinsichtlich des Zug um Zug erfolgenden Tausches und der Kapitalübertragung. Es ist eine alte Beobachtung, daß man den Menschen viel schwerer zwingen kann, etwas zu tun, als etwas zu dulden. So wenig ein Gesetz imstande wäre, die wirtschaftenden Individuen auf die Dauer und wirksam zu zwingen, ihre Waren nur gegen eine bestimmte Sache, aber gegen diese Sache unter allen Umständen abzugeben, so leicht ist es, durch den Erlaß eines Rechtssatzes die Gläubiger zu zwingen, sich mit einer bestimmten Art der Erfüllung ihrer bestehenden Forderungen zufrieden zu geben. Gerade bei Forderungen, die auf Geld lauten, ist die Gesetzgebung nicht nur imstande, sondern geradezu genötigt, Vorschriften darüber zu erlassen, in welchen bestimmten Sachen der Schuldner die Leistung zu bewirken und der Gläubiger die Leistung anzunehmen hat; ohne solche allgemeine Vorschriften wäre in Anbetracht der verschiedenartigen und wechselnden konkreten Erscheinungsformen des Geldes — was an einem bestimmten Orte und zu einer bestimmten Zeit Geld ist, steht niemals so unzweifelhaft fest als etwa das, was z. B. Getreide ist — in jedem einzelnen Streitfalle eine besondere Entscheidung durch die Gerichte nicht zu umgehen.

Die eigenartigen Verhältnisse, welche in dieser Beziehung auf dem Gebiete des Geldwesens im Anschluß an die Einführung des gemünzten Geldes entstanden sind, haben bereits im historischen Teile eine eingehendere Behandlung erfahren. Wären auch nach der Einführung der Münze die Geldsummen lediglich in bestimmten Gewichtsmengen (jetzt geprägten) Edelmetalls ausgedrückt und zum Gegenstand von Obligationen gemacht worden, dann hätte sich kaum jemals ein Anlaß zu einschneidenden Bestimmungen darüber gegeben, durch welche Sachen sich bei einer Geldschuld der Schuldner liberieren kann und welche Sachen der Gläubiger bei Vermeidung des Verzugs annehmen muß. Dadurch aber, daß die Münzen selbständige Namen erhielten, die ihnen auch bei Veränderungen ihres Metallgehaltes blieben, ferner dadurch, daß die Geldsummen nicht in Edelmetallquantitäten, sondern in Münzeinheiten ausgedrückt wurden und daß der Staat selbst die Herstellung der Münzen als sein ausschließliches Recht in Anspruch nahm, — dadurch ergab es sich von selbst, daß der Staat in die Lage kam, zu verlangen, daß die von ihm mit einem bestimmten Münznamen bezeichneten Stücke zur Tilgung der auf solche Münzen lautenden Geldschulden sollten verwendet werden können. Sobald sich das Band zwischen der Münze und ihrem ursprünglichen Edelmetallgehalte gelockert hatte — und eine solche Lockerung mußte, abgesehen von willkürlichen Feingehaltsveränderungen seitens des prägenden Staates, schon durch die Mangelhaftigkeit der Prägetechnik und die natürliche Abnutzung der Münzen eintreten —, war der als Rechnungseinheit für Geldsummen dienende Münzname eine Form, deren Inhalt nicht mehr ohne weiteres feststehen konnte; infolgedessen war die Gesetzgebung genötigt, einzelnen nach bestimmten Merkmalen bezeichneten Sachen, wie Münzen und Papierscheinen, ausdrücklich die Fähigkeit zu verleihen, als Zahlungsmittel für Geldschulden zu dienen.

Die Zahlungsmittelfunktion des Geldes ist mithin nicht nur einer weitgehenden Regelung durch das Recht zugänglich, sondern sie macht eine rechtliche Regelung zur Notwendigkeit.

Die gesetzlichen Bestimmungen über die Zahlungskraft des Geldes sind ferner, wie ein Blick auf die tatsächlichen Verhältnisse lehrt, in unserer Rechts- und Wirschaftsordnung von geradezu entscheidender Bedeutung für die Gestaltung des Geldwesens. Diejenigen Gegenstände, welchen der Staat die Eigenschaft als gesetzliches Zahlungsmittel beilegt, finden regelmäßig im Verkehr auch als Tauschmittel und Mittel der Kapitalübertragungen Eingang. Am deutlichsten zeigt sich dieser beherrschende Einfluß der gesetzlichen Zahlungskraft in den Fällen, in welchen die Staatsgewalt einem an sich wertlosen Stoffe, wie Papier-

scheinen, die gesetzliche Zahlungskraft beilegt.[1]) Die Zettel werden,
falls nicht ganz außerordentliche Verhältnisse mitspielen, alsbald auch
als Kaufpreis und als Darlehen genommen, lediglich deshalb, weil
jedermann in der Lage ist, mit ihnen fällige Zahlungen zu leisten, sei
es an den Staat, sei es an Private. Je mehr sich die Kreditwirt-
schaft ausbreitet, je mehr die Zug um Zug erfolgenden Uebertragungen
zurückgedrängt werden, desto stärker muß der Einfluß der Verleihung der gesetzlichen Zahlungskraft nach dieser Richtung hin zutage treten.

Die unverkennbare Wichtigkeit der gesetzlichen Zahlungskraft hat
den Anlaß gegeben, daß vielfach die gesetzliche Zahlungskraft als das
einzige juristisch bedeutsame Merkmal des Geldes angesehen worden
und das Geld schlechthin als das „allgemeine gesetzliche Zahlungsmittel" definiert worden ist; mit welchem Rechte, das läßt sich erst
entscheiden, nachdem die rechtliche Bedeutung der noch verbleibenden
Einzelfunktionen des Geldes untersucht ist.

Was die Funktionen als Wertträger durch Zeit und Raum
anlangt, so dürfte es kaum gelingen für sie eine juristische Bedeutsamkeit nachzuweisen[2]). Soweit diese Funktionen nicht in Verbindung
mit Zahlungs- und Tauschvorgängen, sondern selbständig wirksam
werden, besteht an ihnen juristisch schon deshalb kein Interesse,
weil keine Uebertragung von Vermögenswerten von Person zu Person,
überhaupt keinerlei Verhältnis zwischen zwei Personen, in Frage steht.
Das Geld bleibt während der Dauer der Aufbewahrung und ebenso
während des Transportes Eigentum eines und desselben Rechtssubjektes.

Dagegen ist, wie im Eingange zu diesem Kapitel bereits erwähnt
wurde, neben der Funktion als Zahlungsmittel der Wertmesserfunktion des Geldes gerade von juristischer Seite stets eine große
Bedeutung für den rechtlichen Begriff des Geldes beigelegt worden,
wenn auch vereinzelt (so von Hartmann) dieser Funktion jedes
„juristische Moment von selbständiger Bedeutung und Brauchbarkeit"
abgestritten worden ist.

Die Klarstellung des Wesens der Wertmaßfunktion, wie sie im
vorigen Kapitel versucht worden ist, wird uns die Beantwortung dieser
Streitfrage erleichtern. Wir haben gesehen, daß das Geld kein Meßinstrument ist, wie etwa ein Meterstab oder ein Litermaß, vermittelst
dessen die Länge eines gegebenen Gegenstandes oder der Rauminhalt
eines Gefäßes exakt ermittelt werden kann, sondern daß die Kräfte
des lebendigen Verkehrs zur Bildung und Veränderung der Preise für
die einzelnen Verkehrsobjekte führen. Diese Preise selbst werden nicht
in Geld gemessen, sondern sie bestehen in Geld, und zwar in bestimmten Quantitäten Geldes, die zahlenmäßig natürlich nur in bestimmten
Geldeinheiten (wie Mark, Frank, Dollar usw.) ausgedrückt werden
können. Wenn Objekte, die zur Zeit nicht im Verkehr stehen, aufgrund der für ähnliche Objekte im Verkehr bestehenden Preise in Geld
abgeschätzt werden sollen, so kann diese Schätzung natürlich auch nur

---

[1]) Vgl. oben S. 293, 294.
[2]) Der von Knies a. a. O. S. 398 ff. gemachte Versuch ist m. E. gänzlich
mißlungen.

in bestimmten Quantitäten Geldes, in einer bestimmten Summe von
Geldeinheiten erfolgen.

Die ausdrückliche Festsetzung der Rechnungseinheit, in der die
Größe von Geldsummen auszudrücken ist, wird nötig, sobald verschiedene Münzsorten in feste Beziehungen zu einander gebracht und
mit gegenseitiger Vertretbarkeit ausgestattet werden sollen. Solange
eine einzige Münzsorte als Geld in Betracht kommt, ist diese
Münze selbst die Einheit, in welcher Geldsummen ausgedrückt werden:
eine Geldsumme ist gleich einer bestimmten Stückzahl von Münzen.
Sobald jedoch verschiedene Münzsorten vorhanden sind, die ein einheitliches Geld bilden sollen, muß notwendig eine davon zur Einheit,
in welcher der Wert der anderen Sorten auszudrücken ist, gemacht
werden; oder umgekehrt: wenn das Verkehrsbedürfnis eine Vielheit
verschieden großer Münzen erfordert, sieht sich der Staat veranlaßt,
außer der Münze, welche die Rechnungseinheit des Geldes darstellt,
andere Münzen auszuprägen, welche Bruchteile und Vielfache der
Rechnungseinheit darstellen sollen. Jedenfalls kann die Gesetzgebung,
wenn sie einer Sache gesetzliche Zahlungskraft beilegt, nicht umhin,
Bestimmung darüber zu treffen, für welchen Betrag diese Sache gesetzliche Zahlungskraft haben soll. Das alles sind jedoch offenbar
Fragen, welche die innere Einrichtung der Münzsysteme betreffen,
aber nicht irgendwelche Funktionen des Geldes; die Ausführungen
über diesen Punkt sind an dieser Stelle nur deshalb nötig, weil man
in der Festsetzung der Rechnungseinheit des Geldes, in der Geldsummen überhaupt und Preise insbesondere (die ja nichts anderes sind
als Geldsummen, die als Gegenwert für andere Verkehrsobjekte hingegeben werden) ausgedrückt werden sollen, eine gesetztliche Feststellung des Preismaßstabes hat erblicken und damit das Vorhandensein einer juristisch erheblichen Preismesserfunktion des Geldes hat
begründen wollen (K n i e s)[1]. Es kann unmöglich eine Funktion des
Geldes daraus konstruiert werden, daß Geldsummen in bestimmten
Geldeinheiten, die allerdings in der Regel gesetzlich festgestellt sind,
ausgedrückt werden.

Eine Wertmaßfunktion des Geldes kann vielmehr, wie wir gesehen haben, volkswirtschaftlich nur darin gefunden werden, daß soweit bei einzelnen Gütern und Güterkomplexen ein Bedürfnis zur Abschätzung des Wertes vorliegt, diese Abschätzung in der Regel in
Geld ausgedrückt wird; eine juristisch bedeutsame Wertmaßfunktion
des Geldes liegt vor, sobald diese wirtschaftliche Funktion durch bestimmte Rechtssätze ausdrücklich anerkannt wird.

Die Frage, „ob das Recht als solches überhaupt einen Wertmesser
anerkennt oder, mit anderen Worten, ob die Eigenschaft eines Dinges,
Wertmesser zu sein, eine rechtlich bedeutende ist“ (G o l d s c h m i d t)
dürfte sich allerdings nicht verneinen lassen. In zahlreichen Fällen
schreibt das Recht eine in Geld auszudrückende Abschätzung des Wertes
von Gütern und Güterkomplexen, von Leistungen, von Gewinnen und

---

[1] Ueber den von Knies zwischen Preismaßstab und Wertmaß gemachten
Unterschied vergleiche die oben S. 310 und 311 zitierte Stelle.

Verlusten usw. entweder direkt vor, oder es macht mittelbar eine solche Abschätzung erforderlich.

Eine solche Schätzung in Geld ist notwendig bei den meisten richterlichen Urteilen, die auf Geld lauten, und für die es beispielsweise auf die Abschätzung eines erlittenen Schadens oder entgangenen Gewinnes ankommt; eine Abschätzung in Geld ist in gleicher Weise erforderlich bei der Festsetzung der Geldrente, welche bei geschiedener Ehe zur Gewährung des Unterhaltes zu entrichten ist (§ 1580 BGB); ferner zur Berechnung des Einkommens und Vermögens behufs Feststellung der zu zahlenden Steuern usw. Auch alle Vorschriften über die Buchführung und Bilanzierung (vgl. insbesondere §§ 40 und 261 BGB) haben die Anwendung des Geldes in seiner Funktion als Wertmaß zur Voraussetzung. Hierher gehören ferner die Bestimmungen des Aktienrechts, nach welchen die Aktien auf einen bestimmten in Geld ausgedrückten Nominalbetrag lauten müssen obwohl der Aktionär lediglich an dem vorwiegend nicht in Geld bestehenden Gesellschaftsvermögen zu einem aliquoten Teile beteiligt ist. In allen diesen zahlreichen Beziehungen ist das Geld als einheitlicher Wertausdruck oder als Wertmaß gesetzlich anerkannt. Die Auffassung, daß der Begriff des Wertmaßes juristisch überhaupt nicht in Frage komme, dürfte sich mithin nicht halten lassen; und wenn Hartmann zur Verteidigung dieser Auffassung anführt, daß sich die Höhe des in dem Gelde enthaltenen Wertes gar nicht durch Rechtssätze bestimmen lasse, daß es vielmehr der Verkehr sei, der naturgemäß frei werte, so ist darauf mit Recht entgegnet worden, daß es hierauf gar nicht ankomme, daß sich vielmehr das Recht damit begnügen dürfe und müsse, die Benutzung einer Sache, auch wenn sie, wie alle anderen, in ihrem Werte der staatlichen Fixierung entzogen ist, als Wertmaß anzuerkennen und für bestimmte Fälle vorzuschreiben.

Eine andere Frage ist es jedoch, ob die rechtliche Anerkennung der Qualität als Wertmaß der Beilegung der gesetzlichen Zahlungskraft in ihrer Bedeutung gleichsteht, oder ob zwischen diesen beiden rechtlich in Betracht kommenden Funktionen ein Abhängigkeitsverhältnis nachweisbar ist. Wie sich wirtschaftlich das Verhältnis zwischen den einzelnen Funktionen des Geldes gestaltet, ist bereits ausführlich besprochen worden. Es liegt in der Natur der Sache, daß dieses Verhältnis in der Sphäre des Rechts nicht anders gestaltet sein kann als in der Sphäre der Volkswirtschaft. Deshalb ist schon an dieser früheren Stelle[1] die Ableitung der Zahlungsmittelfunktion aus der Wertmaßfunktion zurückgewiesen worden. Die Abschätzung erfolgt in allen Fällen nur deshalb in Geld, weil es sich um eine in Geld zu bewirkende Leistung handelt; nicht aber hat die Zahlung deshalb in Geld zu erfolgen, weil die Abschätzung in Geld vorgenommen worden ist. Mit anderen Worten: rechtlich wie volkswirtschaftlich ist die Wertmesserfunktion lediglich eine abgeleitete Funktion; sie kann mithin aus sich selbst heraus kein selbständiges Moment für die Feststellung eines engeren juristischen Geldbegriffs innerhalb des durch die

---

[1] Siehe oben S. 310.

allgemeine rechtliche Anerkennung als Verkehrsinstrument gegebenen weiteren Geldbegriffs darbieten[1]).

§ 8. Das Geld im engeren rechtlichen Sinne.

Das Ergebnis der Untersuchung über die juristische Bedeutsamkeit der einzelnen Geldfunktionen läßt sich kurz dahin zusammenfassen, daß die einzigen Funktionen, die rechtlich als bedeutsam anzusehen sind, diejenigen als Zahlungsmittel und als Wertmaß sind und daß die letztere sich als Konsekutivfunktion der ersteren darstellt. Es bleibt mithin offenbar nur die Zahlungsmittelfunktion, an welche die Ermittlung eines engeren rechtlichen Geldbegriffs anknüpfen kann. In der Tat hat trotz aller Definitionen, welche die Eigenschaft des Geldes als Wertmaß oder Wertrepräsentant in den Vordergrund rückten, die Eigenschaft als gesetzliches Zahlungsmittel in den juristischen Erörterungen über das Geld stets die erste Rolle gespielt. Vielfach ist die Ansicht vertreten worden, daß von Geld im Rechtssinne überhaupt erst dann die Rede sein könne, wenn der Staat einer bestimmten Sachenart „gesetzliche Zahlungskraft", „gesetzlichen Kurs" oder „Zwangskurs"[2]) beilege, sodaß der Schuldner sich durch Hingabe der mit dieser Eigenschaft ausgestatteten Sache liberieren könne. So erklärt L a b a n d : „In juristischem Sinne ist das Geld ganz gleichbedeutend mit gesetzlich anerkanntem Zahlungsmittel", und nach B e k k e r ist Geld, „das, womit solutio von Geldschulden bewirkt werden kann".

In der Tat knüpfen die das Geldwesen ordnenden Gesetze in allererster Reihe an die gesetzliche Zahlungskraft an und verleihen den einzelnen Geldsorten die Eigenschaft als Zahlungsmittel in verschiedenen Abstufungen. So sind in dem Gesetze vom 5. Dezember 1871, betreffend die Ausprägung von Reichsgoldmünzen, diese neuen Goldstücke dadurch als Geld eingeführt worden, daß § 8 bestimmte: „Alle Z a h l u n g e n , welche gesetzlich in Silbermünzen der Talerwährung usw. zu leisten sind oder geleistet werden dürfen, können in Reichsgoldmünzen dergestalt geleistet werden, daß gerechnet wird das Zehnmarkstück zum Werte von $3^1/_3$ Talern usw." Die neuen Münzen, welche durch diese Bestimmung

---

[1]) Auch L a b a n d (Staatsrecht 4. Aufl. Bd. III S. 157) hat zu der Definition des Geldes als „gesetzlich anerkanntes Zahlungsmittel" hinzugefügt: „Damit hängt es unzertrennlich zusammen, daß Forderungen und Schulden nach dem Münzsyteme bemessen, d. h. quautativ bestimmt werden. Daß das Geld zur „Abschätzung" als „Wertmaß" dient, . . . ist juristisch nicht als eine selbständige und eigentümliche Funktion desselben anzuerkennen, sondern durch seine Eigenschaft als gesetzliches Zahlungsmittel bereits implicite gegeben. Um eine Schuld irgendwelcher Art in Geld zu tilgen, muß man sie — wenn sie nicht schon auf Geld lautet — auf eine Geldschuld reduzieren. Durch die Abschätzung wird die Verpflichtung zu einer zahlbaren Schuld gemacht."

[2]) Das Wort „Zwangskurs" wird in zwei verschiedenen Bedeutungen gebraucht; einmal zur Bezeichnung der gesetzlichen Zahlungskraft schlechthin, dann in dem Spezialfalle der Papierwährung zur Bezeichnung der einem uneinlösbaren Papiergelde verliehenen Eigenschaft als gesetzliches Zahlungsmittel. In diesem Sinne unterscheiden die Franzosen zwischen „cours légal" und „cours forcé". Es dürfte sich der Deutlichkeit halber empfehlen, auch im deutschen das Wort „Zwangskurs" nur für den letzterwähnten Spezialfall zu gebrauchen und sich im übrigen der Bezeichnung „gesetzliche Zahlungskraft" und „gesetzlicher Kurs" zu bedienen.

neben den noch weiter bestehenden Landesmünzen als Geld zugelassen
wurden, sind in dem Münzgesetze vom 9. Juli 1873 dadurch zu dem
Gelde des Deutschen Reiches erklärt worden, daß bestimmt wurde
(Art. 14): „Vom Eintritte der Reichswährung an gelten folgende Vorschriften:

§ 1. Alle Zahlungen, welche bis dahin in Münzen einer
inländischen Währung oder in landesgesetzlich den inländischen Münzen
gleichgestellten ausländischen Münzen zu leisten waren, sind vorbehalt-
lich der Vorschriften in Art. 9, 15 und 16 in Reichsmünzen zu leisten.“

Artikel 15 ließ die Taler neben den Reichsmünzen in ähnlicher
Weise als Geld vorläufig weiterbestehen, wie das Gesetz von 1871 die
Reichsgoldmünzen als Geld neben den Landesmünzen eingeführt hatte,
indem er nämlich vorschrieb, daß sie auch über den Eintritt der Reichswährung hinaus bis zu ihrer Außerkurssetzung bei allen Zahlungen
anstelle der Reichsmünzen anzunehmen seien.   Artikel 16 traf eine
ähnliche Bestimmung für die bisherigen Landesgoldmünzen.

Schließlich muß hier erwähnt werden, daß die alten Landesmünzen
dadurch als Geld[1]) beseitigt worden sind, daß sie durch Verordnungen
des Bundesrats (aufgrund einer in Art. 8 des Münzgesetzes erteilten
Ermächtigung) „außer Kurs“ gesetzt worden sind. Die Außerkurssetzung
ist nichts anderes als die Entziehung der Eigenschaft als Zahlungsmittel,
und die betreffenden Bundesratsverordnungen bestimmten dementsprechend
ganz übereinstimmend, daß von einem bestimmten Zeitpunkte an niemand
mehr verpflichtet sein solle, die oder jene Münzsorte in Zahlung zu
nehmen.

Bei allen den bisher erwähnten Bestimmungen handelt es sich um
die Verleihung oder Entziehung der Eigenschaft als gesetzliches Zahlungsmittel in ihrem vollen Umfange; es handelt sich um die gesetzliche
Zahlungskraft sowohl im Privatverkehr als auch gegenüber den öffentlichen Kassen; jedermann ist berechtigt, in den mit der vollen gesetzlichen Zahlungskraft ausgestatteten Geldsorten gegenüber jedermann
Zahlungen zu leisten, mit der Wirkung, daß solutio eintritt.

Diese volle gesetzliche Zahlungskraft kann ebensogut Papierscheinen wie Münzen beigelegt werden, und sie wird in der Regel an
Papierscheine (Staatspapiergeld und Banknoten) verliehen, wenn diese
nicht einlösbar sind.

Eine Abschwächung der Zahlungskraft liegt vor, wenn die Zahlungskraft bestimmten Geldsorten nur in Ansehung von Zahlungen, die gewisse
Höchstbeträge nicht überschreiten, beigelegt ist.   Beispiel: Artikel 9 des
deutschen Münzgesetzes von 1873: „Niemand ist verpflichtet, Reichssilbermünzen im Betrage von mehr als zwanzig Mark und Nickel- und
Kupfermünzen im Betrage von mehr als einer Mark in Zahlung zu
nehmen.“

Solches Geld, dessen gesetzliche Zahlungskraft auf bestimmte
Höchstbeträge beschränkt ist, nennen wir Scheidegeld, während
diejenigen Geldsorten, die bis zu jedem Betrage gesetzliches Zahlungs-

---

[1]) Ihre faktische Beseitigung auch als Münzen geschah durch die Einziehung und Einschmelzung.   „Geld“ waren aber auch die nicht eingezogenen
Stücke nach ihrer Außerkurssetzung nicht mehr.

mittel sind (also auch die mit gesetzlicher Zahlungskraft ausgestatteten
Noten und Scheine) Kurantgeld heißen. Bei der Betrachtung der
inneren Einrichtung der Geldverfassungen wird auf diese Unterschiede
zurückzukommen sein.

Die nächste Stufe wird von solchen Geldsorten gebildet, die gesetzliche Zahlungskraft nicht im Privatverkehr, sondern nur gegenüber
den öffentlichen Kassen besitzen. Beispiel: Die deutschen Reichskassenscheine, die laut § 5 des Gesetzes vom 30. April 1874 bei allen Kassen
des Reiches und sämtlicher Bundesstaaten zu ihrem Nennwerte in
Zahlung angenommen wurden, während im Privatverkehr ein Zwang
zu ihrer Annahme bis zum Kriegsausbruch nicht stattfand. Erst ein Gesetz
vom 4. August 1914 machte die Reichskassenscheine zum gesetzlichen
Zahlungsmittel auch für den Privatverkehr. Dagegen ist den gleichfalls
durch ein Gesetz vom 4. August geschaffenen Darlehns-Kassenscheinen
gesetzliche Zahlungskraft im Privatverkehr nicht ausdrücklich beigelegt
worden; nur die öffentlichen Kassen sind zu ihrer Annahme verpflichtet.
Auch die Reichssilbermünzen, die im Privatverkehr nur bis zum Betrage
von zwanzig Mark genommen werden mußten, wurden nach der Vorschrift des Münzgesetzes von den Reichs- und Landeskassen bis zu
jedem Betrage in Zahlung genommen (nicht auch die Nickel- und
Kupfermünzen). Hierher gehörten ferner die unter das Passiergewicht
abgenutzten Reichsgoldmünzen, die im Privatverkehr nicht mehr gesetzliches Zahlungsmittel waren, dagegen „bei allen Kassen des Reichs
und der Bundesstaaten stets voll zu demjenigen Werte, zu welchem
sie ausgegeben sind, angenommen werden". Schließlich wird die
Zahlungskraft gegenüber den öffentlichen Kassen häufig an ausländische
Münzen verliehen; so haben sich die der Lateinischen Münzunion an-
gehörenden Staaten bei deren Begründung gegenseitig die Annahme
ihrer Münzen an ihren öffentlichen Kassen zugesichert.

Im Gegensatz zum „gesetzlichen Kurs" sprechen wir bei Geld,
dessen gesetzliche Zahlungskraft in ihrer Wirkung auf die öffentlichen
Kassen beschränkt ist, von einem „Kassenkurs".

Bei uns in Deutschland ist ein „Kassenkurs" in diesem Sinne
an ausländisches Geld nicht verliehen[1]). In Art. 13 des Münzgesetzes
vom 9. Juli 1873 (§ 14 des Münzgesetzes in der Redaktion vom
1. Juni 1909) wurde dem Bundesrate lediglich die Befugnis erteilt, zu
bestimmen, ob ausländische Münzen von Reichs- und Landeskassen zu
einem öffentlich bekannt zu machenden Kurse im inländischen Verkehr
in Zahlung genommen werden dürfen, sowie in diesem Falle den Kurs
zu bestimmen. Es handelt sich also hier nur um eine Annahme-
erlaubnis für die öffentlichen Kassen, nicht um einen obligatorischen
Kassenkurs.

Dem Gelde, das gesetzliche Zahlungskraft besitzt, sei es in vollem
Umfange, sei es nur gegenüber den öffentlichen Kassen, stehen die-
jenigen auch juristisch (wenigstens privatrechtlich) als Geld im weiteren
Sinne anzusehenden Umlaufsmittel gegenüber, denen die Qualität als

---

[1]) Dagegen hatten die Taler österreichischen Gepräges in Deutschland bis
zu ihrer Außerkurssetzung im Jahre 1900 volle gesetzliche Zahlungskraft.

gesetzliches Zahlungsmittel in dem in Frage stehenden Rechtsgebiete
in keiner Weise zukommt. Hierher gehören hauptsächlich die im Inlande tatsächlich zu Zahlungen verwendeten ausländischen Geldsorten,
soweit diesen nicht etwa ein Kassenkurs verliehen ist. Daß diese Geldsorten im bürgerlichen Rechte als Geld behandelt werden, ist oben klar-
gelegt worden. Aber auch das Münzgesetz von 1873 hat diese Geldsorten
nicht ignoriert; es hat vielmehr dem Bundesrate ausdrücklich die Befugnis
gegeben, „den Wert zu bestimmen, über welchen hinaus fremde Gold-
und Silbermünzen nicht in Zahlung angeboten und gegeben werden
dürfen" (Art. 13, Ziffer 1 in der alten, § 14, Ziffer 3 in der neuen
Fassung), was doch voraussetzt, daß überhaupt solche Geldsorten, die
im Inland mit keiner Art irgend welcher gesetzlicher Zahlungskraft ausgestattet sind, in Zahlung gegeben und genommen werden können; sogar
eine Regulierung des Kurses dieses jeder gesetzlichen Zahlungskraft entbehrenden, lediglich geduldeten Geldes ist vorbehalten. Andererseits ist
in demselben Artikel dem Bundesrate die Befugnis erteilt, „den Umlauf
fremder Münzen gänzlich zu untersagen". Soweit dies geschehen ist,
stellen die betroffenen Münzen den diametralen Gegensatz des gesetzlichen Zahlungsmittels dar, und doch müßten die oben angeführten
privatrechtlichen Sonderbestimmungen auch auf dieses „Geld" Anwendung finden.

Als wichtigste Unterscheidung innerhalb des allgemeinen rechtlichen Geldbegriffs ergibt sich aus den verschiedenen Betrachtungen
diejenige in Geld, das — ohne oder mit Einschränkungen — die Eigenschaft als gesetzliches Zahlungsmittel besitzt, und Geld, das dieser
Eigenschaft gänzlich ermangelt. Das erstere ist in seiner Eigenschaft
als Zahlungsmittel vom Staate ausdrücklich anerkannt; das letztere
wird zwar in der Gesetzgebung und ihrer praktischen Handhabung als
Geld im allgemeinen Sinne behandelt, aber es ist nicht staatlich anerkanntes Zahlungsmittel. Was Knapp unter „staatlichem Gelde" versteht, ist Geld als staatlich anerkanntes Zahlungsmittel, deckt sich also
mit der ersten Kategorie.

Innerhalb der staatlich anerkannten Zahlungsmittel, mit denen wir
uns fortan in diesem Paragraphen ausschließlich zu beschäftigen haben,
ist die juristisch wichtigste Unterart diejenige, in welcher das Wesen,
des gesetzlichen Zahlungsmittels am prägnantesten ausgedrückt ist,
also das Geld mit voller, nach keiner Richtung eingeschränkter gesetzlicher Zahlungskraft. Erfordernis ist nicht nur, daß die Zahlungskraft
in Ansehang des Betrags keiner Beschränkung unterliegt, sowie daß
neben dem Annahmezwang bei den öffentlichen Kassen auch der Annahmezwang für den Privatverkehr besteht, sondern auch, daß die
Zahlungskraft hinsichtlich der Person des Zahlungspflichtigen eine
uneingeschränkte ist. Bei uns in Deutschland waren nach der Außerkurssetzung der Taler bis zum Kriegsausbruch volles, uneingeschränktes
gesetzliches Zahlungsmittel nur die Reichsgoldmünzen; die Reichssilber-
Nickel- und Kupfermünzen waren als Scheidemünzen nur für gewisse
Höchstbeträge gesetzliches Zahlungsmittel; die Reichskassenscheine
hatten gesetzliche Zahlungskraft nur gegenüber den Kassen des Reichs
und der Bundesstaaten. Die Reichsbanknoten schließlich hatten insofern

auch nach der Banknovelle von 1909, die ihnen gesetzliche Zahlungskraft auch im Privatverkehr verlieh, eine beschränkte gesetzliche Zahlungskraft, als für sie bei Zahlungen, die von der Reichsbank zu leisten waren, kein effektiver Annahmezwang bestand. Seit 31. Juli 1914 ist diese Beschränkung gefallen. Die Reichsbanknoten und ebenso die Reichskassenscheine sind seither ohne jede Einschränkung gesetzliches Zahlungsmittel.

Die mit voller und uneingeschränkter gesetzlicher Zahlungskraft ausgestatteten Zahlungsmittel sind — innerhalb des bereits enger gezogenen Begriffs des „staatlichen Geldes" — Geld im engsten Rechtssinne. Man hat dieses Geld auch als „Währungsgeld" bezeichnet, ein Ausdruck, dessen Beibehaltung sich in Anbetracht der alten Bedeutung des Wortes „Währung" (Leistung, Zahlung) empfiehlt.

Freilich sind gegen jede an die Eigenschaft als gesetzliches Zahlungsmittel anknüpfende Definition des juristischen Geldbegriffs Bedenken geltend gemacht worden. Der Begriff der Zahlung, durch welchen hier der Begriff des Geldes bestimmt werden soll, läßt sich in einem weiteren und in einem engeren Sinne auffassen. Verbindet man mit der „Zahlung" den Sinn, in welchem das Wort im gewöhnlichen Sprachgebrauche angewendet wird, nämlich den der Leistung von Geld, so scheint der Begriff der Zahlung selbst wieder den Begriff des Geldes, der durch den Begriff der Zahlung definiert werden soll, zur Voraussetzung zu haben; der Satz „Geld ist das gesetzliche Zahlungsmittel" würde dann nichts heißen als „Geld ist der Gegenstand, in welchem die auf Geld lautenden Leistungen gesetzlich zu bewirken sind". Faßt man aber das Wort Zahlung in einem weiteren Sinne, nämlich als gleichbedeutend mit der Leistung einer geschuldeten Verbindlichkeit überhaupt, dann scheint die Definition des Geldes als gesetzliches Zahlungsmittel nicht zuzutreffen; „Zahlungsmittel" ist dann vielmehr der bestimmte Gegenstand oder die Sachenart, auf welche die Verbindlichkeit lautet, einerlei ob „Währungsgeld", dem doch ausdrücklich gesetzliche Zahlungskraft ohne jede Einschränkung beigelegt ist, oder etwa ausländische Münzen, die ausdrücklich bedungen sind, oder schließlich irgendeine nicht Geld darstellende Sache.

Die Definition des Währungsgeldes als des gesetzlichen Zahlungsmittels scheint mithin — je nach der Bedeutung, die dem Worte „Zahlung" beigelegt wird — entweder eine Tautologie oder eine Unrichtigkeit enthalten. Andererseits ist die Wesentlichkeit des Unterschieds zwischen dem Gelde, dem ausdrücklich durch Gesetz die Eigenschaft beigelegt ist, daß es ohne jede Einschränkung in Zahlung genommen werden muß, und anderem Gelde, von dem etwa das Gesetz ausdrücklich sagt, daß ein Zwang zu seiner Annahme nicht stattfindet, so unverkennbar, daß nicht ein Verzicht auf das Merkmal der gesetzlichen Zahlungskraft, sondern vielmehr eine Klarstellung dieses Merkmals geboten erscheint.

In der Tat läßt sich der fehlerhafte Zirkel, der in der Definition des Geldes als gesetzliches Zahlungsmittel vorzuliegen scheint, dadurch beseitigen, daß man den Begriff Geld genauer präzisiert. Der Satz:

„Geld ist der Gegenstand, in welchem die auf Geld lautenden Leistungen gesetzlich zu bewirken sind", erhält einen brauchbaren Sinn, wenn man ihm die Bedeutung gibt: Geld im engeren rechtlichen Sinne sind diejenigen Sachen, in welchen im Zweifel, d. h. falls nicht eine bestimmte Geldsorte ausdrücklich bezeichnet ist, die auf Geld im allgemeinen Sinne oder auf Geld schlechthin lautenden Leistungen gesetzlich zu bewirken sind, und zwar in der Weise, daß der Gläubiger einerseits die Leistung in diesen Sachen vom Schuldner verlangen kann und daß er andererseits die ihm vom Schuldner angebotene Leistung in diesen Sachen bei Vermeidung der Rechtsfolgen des Annahmeverzugs nicht ablehnen darf.

Diese Begriffsbestimmung erweist sich in der Anwendung an unsere verschiedenartigen Zirkulationsmittel als zutreffend. Nehmen wir den Zustand des deutschen Geldwesens in der Vorkriegszeit! Wenn eine Forderung schlechthin auf 1000 Mark lautete, so mußte sich der Gläubiger, wer er auch war, ob Privater ob Fiskus, unter allen Umständen mit der Bezahlung in Reichsgoldmünzen, dem „Währungsgelde", zufrieden geben; er mußte auch Reichsbanknoten annehmen, jedoch nicht in dem Falle, wenn die Reichsbank selbst die Zahlung zu leisten hatte. Dagegen konnte der private Gläubiger Reichskassenscheine und Reichssilbermünzen zurückweisen. Dies alles galt jedoch nur bei Forderungen auf Geld schlechthin, nicht auch, falls ausdrücklich eine bestimmte Sorte von Geld ohne gesetzliche Zahlungskraft verabredet oder eine bestimmte Sorte gesetzlicher Zahlungsmittel, z. B. Reichsbanknoten, durch Vertragsabrede ausgeschlossen waren. Reichskassenscheine und Reichssilbermünzen konnten mithin auch gegenüber Privaten gleichfalls Zahlungsmittel sein, aber dann waren sie es nicht aufgrund des Gesetzes, sondern aufgrund einer Vertragsabrede.

Aehnliches galt vor 1871 für die goldenen Handelsmünzen bei der Silberwährung. Man konnte sich eine Zahlung in diesen Goldmünzen, z. B. in Friedrichsdor, ausbedingen, obwohl nach dem Wiener Münzvertrage ausschließlich die Silbermünzen gesetzliches Zahlungsmittel sein sollten. War aber eine Forderung auf Taler-Gold oder auf Friedrichsdor gestellt, so mußte der Schuldner in Goldmünzen zahlen, und der Gläuber mußte Goldmünzen annehmen; die Goldmünzen waren eben hier das vertragsmäßige Zahlungsmittel. Dagegen waren die Silbermünzen das gesetzliche Zahlungsmittel für alle Schulden, die schlechthin auf Taler lauteten; die vertragsmäßige Ausbedingung durch eine Bezeichnung wie Silbertaler oder Taler in Silber war nicht erforderlich.

Der Bezeichnung einer bestimmten Geldsorte als Zahlungsmittel steht es nicht ohne weiteres gleich, wenn eine im Inlande zahlbare Geldschuld auf eine ausländische Währung ausgestellt ist; nach den bereits angeführten Bestimmungen in § 244 BGB und in Art. 37 WO kann der Gläubiger, falls nicht durch einen besonderen Zusatz die effektive Zahlung in den Münzen der fremden Währung zugesichert ist, die Zahlung in der ausländischen Währung nicht verlangen, sondern muß sich mit der Zahlung in deutschem Gelde zufrieden geben; die fremde Währung kann mithin zwar ausdrücklich und dann für beide Teile bindend zur vertragsmäßigen gemacht werden, aber im Zweifel hat der Schuldner die Wahl, ob er in dem vertragsmäßigen oder dem gesetzlichen Zahlungsmittel leisten will.

In allen den angeführten Fällen gilt der Satz, daß, falls die Leistung in dem vertragsmäßigen Zahlungsmittel unmöglich ist, z. B. durch Verschwinden der bedungenen Münzsorte, das gesetzliche Zahlungsmittel an die Stelle des vertragsmäßigen tritt; die Zahlung ist dann so zu leisten, wie wenn keine bestimmte Geldsorte verabredet wäre. Da es der Gesetzgebung freisteht, jede inländische Geldsorte durch Außerkurssetzung und Einziehung zu beseitigen und ferner die Zahlungsleistung in ausländischen Geldsorten unter Verbot zu stellen, kann sie jede vertragsmäßig in einer bestimmten Geldsorte zu tilgende Schuld auf eine in dem gesetzlichen Zahlungsmittel zu tilgende Schuld reduzieren. So sind in der deutschen Münzreform auch die goldenen Handelsmünzen, die keine gesetzliche Zahlungskraft hatten und für die ein bestimmtes Verhältnis zu dem silbernen Währungsgelde nicht feststand, wie die Friedrichsdor und Zollvereinskronen, in aller Form „außer Kurs gesetzt" und eingezogen worden; die auf diese Münzsorten lautenden Zahlungsverträge waren vom Zeitpunkte der Außerkurssetzung an in Reichswährung zu erfüllen. „Außerkurssetzung" bedeutet natürlich in diesem Falle nicht Entziehung der Eigenschaft als gesetzliches Zahlungsmittel, denn gesetzliches Zahlungsmittel in unserem Sinne waren ja diese Münzen nie gewesen; Außerkurssetzung bedeutet hier vielmehr Entziehung der Eigenschaft als vertragsmäßiges Solutionsmittel für die auf diese Münzen ausgestellten Zahlungsverpflichtungen.

Die durch ein solches Vorgehen bewirkte Umwandlung einer auf eine bestimmte, nicht mit gesetzlicher Zahlungskraft versehene Geldsorte lautenden Geldschuld in eine durch gesetzliches Zahlungsmittel zu tilgende allgemeine Geldschuld ist ganz besonders charakteristisch für das Gemeinsame und Trennende zwischen dem Gelde im allgemeinrechtlichen Sinne und dem Gelde im engeren und engsten rechtlichen Sinne. Das Gemeinsame kommt evident darin zur Erscheinung, daß eine auf Geld, das nicht mit gesetzlicher Zahlungskraft ausgestattet ist, lautende Schuld doch so sehr Geldschuld ist, daß sie vom Staate durch Außerkurssetzung der verabredeten Sorte stets in eine jeder vertragsmäßigen Verabredung über die Sorte entbehrende und demgemäß in eine in gesetzlichem Zahlungsmittel zu tilgende Schuld verwandelt werden kann. Die vertragsmäßig bedungene Sorte und mithin der Unterschied zwischen Geld mit und Geld ohne gesetzliche Zahlungskraft erscheint demnach als nebensächlich gegenüber dem Charakter der Schuld als Geldschuld. Bei Schuldverhältnissen, die nicht auf Geld lauten, wäre ein ähnliches Vorgehen der Gesetzgebung undenkbar; es wäre ausgeschlossen, daß ein Gesetz verordnen könnte, die auf Getreide lautenden Verpflichtungen seien von irgendeinem Zeitpunkte an nicht mehr in Getreide, sondern etwa in Kohle zu erfüllen. — Andererseits tritt bei Gelegenheit der Beseitigung eines nicht gesetzliche Zahlungskraft genießenden Geldes der Unterschied zwischen Geld mit und Geld ohne gesetzliche Zahlungskraft darin deutlich hervor, daß das letztere nur aufgrund einer besonderen Verabredung der Parteien und nur, solange eine solche Verabredung gültig besteht, Zahlungsmittel ist, während das erstere kraft Gesetzes die Funktion als Zahlungsmittel überall dort ausübt, wo eine vertragsmäßige Abrede aus irgendeinem Grunde, der auch vom Staate selbst absichtlich herbeigeführt werden kann, hinfällig geworden ist.

Das Verhältnis des Geldes im engeren rechtlichen Sinne zum Gelde im allgemein-rechtlichen Sinne ist damit klar gestellt: Geld im engeren rechtlichen Sinne oder gesetzliches Zahlungsmittel ist keineswegs die Gesamtheit von Sachen, mit welchen die Erfüllung einer jeden Geldschuld bewirkt werden kann; es bestätigt sich vielmehr, daß sich diejenigen Objekte aus dem ganzen Kreise der Geld darstellenden Sachen als eine engere Kategorie herausheben, in welchen für den (im neuzeitlichen Geldwesen normalen) Fall, daß entweder überhaupt keine oder daß eine hinfällige vertragsmäßige Abrede über die zu leistende Geldsorte vorliegt, die Geldschulden kraft gesetzlicher Bestimmung unter allen Umständen erfüllt werden können.

Von einem anderen Ausgangspunkte aus kommen wir zu einer Ergänzung und Vertiefung dieses Ergebnisses.

Wenn wir die einzelnen Zahlungsvorgänge betrachten, so finden wir, daß neben den Zahlungen, die auf Verträgen beruhen, bei denen mithin eine vertragsmäßige Abrede über die Geldsorte möglich ist, solche Zahlungen einen breiten Raum einnehmen, die durch die öffentliche Autorität oder durch richterlichen Spruch einseitig auferlegt werden. Unter diesen letzteren Zahlungen haben wir zwei Gruppen zu unterscheiden: einmal solche, die auferlegt werden, ohne daß vorher überhaupt ein Schuldverhältnis bestanden hätte, wie Steuern und Geldstrafen; ferner solche Zahlungen, welche aufgrund richterlichen Spruchs behufs Erfüllung einer ursprünglich auf andere Leistungen gerichteten Verbindlichkeit gemacht werden müssen, z. B. Geldentschädigungen im Falle der Unmöglichkeit, der Untunlichkeit oder Verweigerung der in erster Linie geschuldeten Naturalrestitution, — ferner Geldzahlungen im Falle der Unmöglichkeit der ursprünglich geschuldeten Leistung, soweit der Schuldner durch die Unmöglichkeit nicht von jeder Leistung befreit ist.

Bei allen diesen Zahlungen kann ihrem Ursprunge nach eine vertragsmäßige Verabredung einer bestimmten Geldsorte nicht in Betracht kommen; sie können mithin, soweit nicht die Gesetzgebung selbst ein anderes bestimmt, nur auf Geld schlechthin lauten und müssen in gesetzlichem Zahlungsmittel geleistet werden, sodaß man also — freilich mit einem noch zu besprechenden Vorbehalte — sagen kann: gesetzliches Zahlungsmittel sei dasjenige Geld, in welchem die vom Staate selbst und seinen Gerichten festzusetzenden Zahlungen geleistet werden müssen.

In der Tat kann man z. B. das Bestehen der preußischen Silberwährung von dem Zeitpunkte an datieren, in welchem der Staat seine Abgaben, die vorher teils in Silber teils in Gold erhoben wurden, ausschließlich in Silbergeld normierte, wobei allerdings der Friedrichsdor einen festen Kassenkurs zu $5^2/_3$ Taler erhielt (1831). Vorher waren die Abgaben, namentlich auch die Zölle, zum Teil in Gold festgesetzt und mußten in Gold bezahlt werden; der Staatshaushalt wurde teils in Gold, teils in Silber geführt; kurz, das Stadium der Parallelwährung war noch nicht ganz überwunden.[1]) Wenn später von dem „Festhalten an der Silberwährung" gesprochen wurde (z. B. im Wiener Münzvertrage von 1857), obwohl man den Goldmünzen eine selbständige Existenz neben dem Silbergelde ließ, so kam dieses Festhalten vor allem darin zum Ausdruck, daß alle von öffentlichen Instanzen festzusetzenden Zahlungen auf Silbergeld lauten mußten.

Freilich machen wir anderwärts die Beobachtung, daß der Staat für einzelne der von ihm zu erhebenden Abgaben die Leistung in bestimmten Geldsorten, denen er selbst gesetzliche Zahlungskraft beigelegt hat, ausschließt. Besonders häufig war in der Vergangenheit der Fall, daß in Ländern, die Papiergeld mit Zwangskurs ausgegeben haben, die Zölle in Metallgeld zu entrichten waren, während das mit gesetzlicher Zahlungskraft versehene Papiergeld überhaupt nicht oder nur zu einem den ihm beigelegten Nennwert nicht erreichenden Kurswerte genommen wurde.[2]) In Oesterreich sind sogar lange Jahre hindurch die Zölle in Goldgulden (1 Fl. $= 2^{1}/_{2}$ Frank) erhoben worden, in Münzen, die als Handelsmünzen ausgeprägt worden waren, und denen niemals die Eigenschaft als gesetzliches Zahlungsmittel zuerkannt worden war. Das sind jedoch ausnahmsweise durch spezielle Gründe[3]) veranlaßte Durchbrechungen des ordentlichen Prinzips, nach welchem der Staat selbst in erster Linie das Geld in Zahlung nehmen muß, dem er die Eigenschaft als gesetzliches Zahlungsmittel beilegt. Durch eine weitgehende Ausschließung einzelner gesetzlicher Zahlungsmittel von den staatlichen Kassen würde der Staat sein eignes Geld diskreditieren.

Häufiger ist, wie wir wissen, der umgekehrte Fall, daß die Staatskassen im Wege des Gesetzes oder der Verordnung angewiesen sind, auch solche Geldsorten, die gegenüber Privaten nicht gesetzliches Zahlungsmittel sind, in Zahlung zu nehmen.

Wir beobachten also bei den einseitig auferlegten, an den Staat selbst zu leistenden Zahlungen Modifikationen, welche in ihrer Wirkung der vertragsmäßigen Ausschließung oder Zulassung gewisser Geldsorten gleichkommen.

Vollkommen ausgeschlossen ist jede derartige Modifikation bei denjenigen Zahlungen, welche aufgrund richterlichen Spruchs anstelle einer anderen ursprünglich geschuldeten Leistung an dritte Personen zu entrichten sind. Solche Verurteilungen können nach der bestehenden Rechtsordnung nur auf Geld schlechthin lauten, der Gläubiger kann hier unbedingt gesetzliches Zahlungsmittel verlangen und muß sich mit gesetzlichem Zahlungsmittel zufrieden geben. Der Umstand, daß hier keine Modifikation durch Vertragsabrede oder besondere gesetzliche

---

[1]) Vgl. oben S. 120 ff.

[2]) Das Aufgeld, das in der neuen deutschen Papierwährung in Form von periodisch festgesetzten Zuschlägen bei der Zollzahlung erhoben wird, kommt zwar, da es sich nach der Entwicklung der Kurse der auf Gold beruhenden Dollarwährung richtet, materiell der Erhebung von Goldzöllen gleich, ändert aber der Form nach nichts an der Erhebung der Zölle in dem gesetzliches Zahlungsmittel darstellenden Papiergelde.

[3]) Z. B. Notwendigkeit der Beschaffung von Metallgeld behufs Verzinsung der ausdrücklich auf Metallgeld lautenden Anleihen; bei den Zöllen spielt mit, daß zu einem guten Teil Ausländer getroffen werden.

Anordnung in Betracht kommt, läßt gerade hier, wo die Leistung in Geld zwangsweise anstelle einer anderen unmöglich gewordenen oder vom Schuldner verweigerten Leistung verhängt wird, den Charakter des gesetzlichen Zahlungsmittels am reinsten zutage treten. In Anbetracht dessen hat Hartmann, um den oben wiedergegebenen Bedenken gegen die Definition des Geldes als gesetzliches Zahlungsmittel aus dem Wege zu gehen, den Geldbegriff im engeren juristischen Sinne dahin definiert: Geld ist eine Materie, welche rechtlich die ordentliche Bestimmung hat, als eventuell letztes zwangsweises Solutionsmittel zu dienen. Als zwangsweises Mittel weil der Schuldner äußerstenfalls darauf zu verurteilen ist und weil andererseits die als solches Kondemnationsobjekt vorgesehene Sachenart rechtlich mit der Eigenschaft versehen sein muß, daß dem Gläubiger gegenüber bei Strafe der mora accipiendi ein Annahmezwang stattfindet; als eventuell letztes Mittel, weil in vielen Fällen Geld den nächsten und ursprünglichen Gegenstand der Schuld ausmacht, und weil in den anderen Fällen der Eintritt einer (verschuldeten) Unmöglichkeit der Naturalerfüllung Voraussetzung ist.

Hartmann ist zu dieser Definition gekommen, indem er von dem bekannten (später eingeschränkten) Satze des klassischen römischen Rechtes ausging, daß jede richterliche Kondemnation auf Geld gerichtet sein müsse, daß also jede auf eine vermögensrechtliche Leistung irgendwelcher Art lautende Verbindlichkeit nicht nur bei Unmöglichkeit, sondern auch bei Verweigerung der Naturalerfüllung zuletzt auch gegen den Willen des Berechtigten in Geld erfüllt werden könne. So wichtig dieser Satz ist, der, wie Hartmann richtig bemerkt, in gewissem Sinne „eine magna charta der persönlichen Freiheit im Gebiete des Privatrechts" bildet, so läßt sich doch die von ihm abgeleitete und zur Bestimmung des engeren juristischen Geldbegriffs verwendete Funktion des Geldes, als „eventuell letztes zwangsweises Solutionsmittel" zu dienen, auf unseren Begriff des gesetzlichen Zahlungsmittels zurückführen.

Wir haben das gesetzliche Zahlungsmittel den übrigen Geldsorten gegenüber gestellt, die nur als vertragsmäßiges Zahlungsmittel in Betracht kommen, und das Verhältnis zwischen beiden Kategorien haben wir dahin präzisiert, daß eine auf Geld gerichtete Leistung in gesetzlichem Zahlungsmittel zu bewirken ist, wenn eine vertragsmäßige Verabredung einer bestimmten Geldsorte entweder nicht getroffen worden oder eine getroffene hinfällig geworden ist. Der Begriff des Geldes als des eventuell letzten zwangsweisen Solutionsmittels ordnet sich zunächst in einem Punkte dem Begriffe des gesetzlichen Zahlungsmittels unter; denn wenn durch richterlichen Spruch eine Geldleistung an die Stelle einer anderen Leistung gesetzt wird, dann kann natürlich eine vertragsmäßige Abrede über eine bestimmte Geldsorte nicht bestehen, sodaß also ohne weiteres das gesetzliche Zahlungsmittel zum Leistungsobjekt wird. In einem anderen Punkte aber ergibt sich aus der Betrachtung der Funktion des Geldes als eventuell letztes zwangsweises Solutionsmittel eine Erweiterung und Vertiefung des Begriffs des gesetzlichen Zahlungsmittels und damit des Geldbegriffs überhaupt. Wenn wir das Wort „Zahlung" in dem weiteren Sinne der „solutio" auffassen, dann sehen wir, daß das gesetzliche Zahlungsmittel sich nicht nur gegenüber den nicht mit gesetzlicher Zahlungskraft versehenen Geldsorten als gesetzliches Zahlungsmittel verhält, sondern in ähnlicher Weise (mit Modifikationen, die dem allgemein-rechtlichen Geldbegriffe Rechnung tragen) allen anderen vermögensrechtlichen Inhalten eines Schuldverhältnisses gegenüber. Sobald in einem Schuldverhältnis eine spezielle Leistung bedungen ist, ist diese spezielle Leistung das vertragsmäßige Solutionsmittel; wird die vertragsmäßige Abrede über diese spezielle Leistung aus einem Grunde hinfällig, durch den der Schuldner nicht von der Leistung befreit wird, so ist die Leistung in dem gesetzlichen Solutionsmittel zu bewirken. Aus welchen Gründen die vertragsmäßige Abrede hinfällig wird, ob lediglich durch die objektive Unmöglichkeit und das subjektive Unvermögen, ob auch durch die Verweigerung einer möglichen Leistung, das ist Sache des positiven Rechts; ebenso die Bestimmung der Gründe, die im Falle der Hinfälligkeit der vertragsmäßigen Abrede über den Leistungsgegenstand die Befreiung des Schuldners von jeder Leistung herbeiführen; prinzipiell wichtig ist nur, daß im Falle der Hinfälligkeit der vertragsmäßigen Abrede über den Inhalt des Schuldverhältnisses ohne gleichzeitig eintretende Befreiung des Schuldners von jeder Leistung an die Stelle des vertragsmäßigen Solutionsmittels das mit der gesetzlichen Zahlungskraft ausgestattete Geld als das gesetzliche Solutionsmittel tritt. Ob von vornherein eine Geldschuld vorlag, sodaß der vertragsmäßige Leistungsgegenstand durch eine bestimmte Geldsorte mit oder ohne gesetzliche Zahlungskraft dargestellt wurde, macht dabei nur insofern einen Unterschied, als in diesem Falle auch die unverschuldete Unmöglichkeit nicht — wie regelmäßig bei den nicht auf Geld lautenden Leistungen — die Befreiung von der Leistung herbeiführt. Die Ursache dieses Unterschiedes ist aber bereits auseinandergesetzt: es liegt in der Natur des Geldes, das als bloßes Mittel der Wertübertragungen eines jeden spezifischen Gebrauchszwecks entkleidet ist, daß jede Geldsorte in ihrer ordentlichen Bestimmung durch eine andere vertreten werden kann.

Wenn wir das Geld im engsten rechtlichen Sinne oder Währungsgeld als das gesetzliche Solutions- oder Zahlungsmittel bezeichnen, so heißt das also: Währungsgeld ist die Gesamtheit derjenigen Sachen, welche in unserer Rechtsordnung die ordentliche Bestimmung haben, kraft Gesetzes uneingeschränkt als Erfüllungsmittel zu dienen:

1. bei Geldschulden, die keine vertragsmäßige Abrede über die zu leistende Geldsorte oder eine hinfällig gewordene vertragsmäßige Abrede dieser Art enthalten.

2. bei allen übrigen Schuldverhältnissen, bei denen die vertragsmäßige Abrede über den speziellen Leistungsgegenstand ohne gleichzeitige Befreiung des Schuldners von der Leistung hinfällig geworden ist.

5. Kapitel. Der Inhalt der Geldschulden.

§ 1. Das Problem des Inhalts der Geldschulden.

Die in den vorigen Paragraphen vorgenommene Feststellung des rechtlichen Geldbegriffs findet ihre praktische Anwendung in der wichtigen und schwierigen Streitfrage über den Inhalt der Geldschulden, die für die meisten juristischen Untersuchungen über das Geld den Anlaß und Anknüpfungspunkt gebildet hat.

Die Frage erscheint auf den ersten Blick durch die Bestimmung des Geldbegriffs vollkommen und restlos gelöst; denn der Inhalt einer Geldschuld ist die Leistung von Geld, und sobald über den Geldbegriff Klarheit geschaffen ist, scheint ein weiteres nicht mehr erforderlich zu sein. Dennoch ist nach zwei Richtungen hin noch eine genauere Bestimmung notwendig.

Wir haben gefunden, daß Geld im allgemein-rechtlichen Sinne diejenigen Sachen sind, welche von der Rechtsordnung eines bestimmten Territoriums in der ordentlichen Bestimmung, als Mittel der Uebertragung von Vermögenswerten zu dienen, anerkannt sind, und daß Geld im engsten rechtlichen Sinne diejenigen Sachen sind, welchen die Rechtsordnung ausdrücklich und ohne Einschränkung die Eigenschaft als gesetzliches Zahlungsmittel in dem oben präzisierten Sinne beilegt. Die auf diese Weise als Geld anerkannten Sachen können jedoch auch unabhängig von ihrer Geldeigenschaft den Inhalt von Schuldverhältnissen bilden; in diesem Falle ist die Obligation nach allgemeinem Einverständnis nicht als eine Geldschuld anzusehen. Eine Geldschuld liegt demnach nicht vor, wenn nicht eine Geldsumme, sondern einzelne bestimmte Geldstücke den Inhalt der Schuld bilden, wie im Falle eines depositum regulare, bei welchem die bestimmten, zur Aufbewahrung übergebenen Geldstücke zurückerstattet werden müssen. Eine Geldschuld liegt ferner auch dann nicht vor, wenn Geldstücke einer bestimmten Sorte zwar der Gattung nach zum Gegenstande der Schuld gemacht worden sind, jedoch nicht um ihrer Geldeigenschaft willen, sondern in Rücksicht auf andere von ihrer Geldqualität unabhängige Eigenschaften, z. B. wegen ihres Wertes für Sammler oder wegen der besonderen Feinheit des in dieser Sorte enthaltenen Edelmetalls, die sie zur industriellen Verwendung geeigneter erscheinen läßt, als andere Sorten.

Eine Geldschuld liegt nur dann vor, wenn die Leistung von Geld als solchem den Inhalt der Obligation bildet. Eine Geldschuld kann auf Geld schlechthin lauten in der Weise, daß sie keine vertragsmäßige Abrede über die zu leistende Geldsorte enthält, sie ist dann eine „allgemeine Geldschuld". Eine Geldschuld kann ferner auf bestimmte Geldsorten lauten; sie heißt dann „Geldsortenschuld". Die allgemeine Geldschuld ist unter unseren heutigen Verhältnissen die Regel, während früher aus den im historischen Teil dieses Buches[1]) dargelegten Gründen die Geldschulden in großem Umfange auf bestimmte Geldsorten lauteten und die Gesetzbücher lediglich subsidiarische Bestimmungen darüber enthielten, in welchen Sorten eine Geldschuld zu erfüllen sei, bei der eine Bestimmung über die Münzsorte fehlte[2]). Wenn aber auch Ver-

---

[1]) Siehe oben S. 41 ff.

[2]) Das Preußische Landrecht bestimmte in Teil I. Titel 5 § 257: Ist bei einer Geldsumme die Münzsorte nicht ausgedrückt, so wird im zweifelhaften Falle die an dem Orte, wo die Zahlung vorgehen soll, gangbare Münzsorte verstanden. — § 258: Ueberhaupt aber ist anzunehmen, daß dergleichen Verträge auf Silberkurant geschlossen werden.

einbarungen über die zu leistende Münzsorte heute nicht mehr allgemein üblich sind, so hat doch bis jetzt nirgends ein Gesetz solche Vereinbarungen bei Verträgen, die auf Geld lauten, ausgeschlossen. Wohl ist für bestimmte Arten von Obligationen gesetzlich vorgeschrieben, daß sie nur auf Geld lauten dürfen; so darf ein Wechsel nur auf Geld lauten, und in das Grundbuch durften bei uns in Deutschland bis vor Kurzem Schuldurkunden sogar nur eingetragen werden, wenn sie auf Reichswährung lauten.

Daß beim Wechsel neben der Bezeichnung des Geldbetrags die Bezeichnung der Geldsorte zulässig ist, geht ohne weiteres aus den mehrfach oben zitierten Bestimmungen der Wechselordnung hervor.

Bei der Hypothek ist in der Vorkriegszeit die Zulässigkeit der Eintragung einer bestimmten Sorte des die Reichswährung bildenden Geldes allerdings angefochten worden, und zwar in dem Streite um die sogenannte „G o l d k l a u s e l", welche die Rückzahlung des Kapitals und die Zahlung der Zinsen in Reichsgoldmünzen unter Ausschluß von Silbermünzen und Reichsbanknoten bedingt[1]). Die Anzweifelung der Zulässigkeit der Goldklausel war jedoch juristisch nicht zu halten. Die Vorschrift, daß in das Grundbuch nur auf Reichswährung lautende Schuldurkunden eingetragen werden dürfen, schloß lediglich die Eintragung in ausländischen Währungen und die Eintragung von Schuldurkunden, die auf andere Dinge als Geld lauten, aus, sie beseitigte aber nicht die Möglichkeit und Zulässigkeit einer Vertragsabrede über die zu leistende Geldsorte innerhalb der Reichswährung[2]). Gegenüber der gegenteiligen Auffassung hat das Kammergericht in wiederholten Entscheidungen, insbesondere in einem Beschlusse vom 22. September 1902[3]), die Zulässigkeit der Eintragung der Goldklausel anerkannt. Ueber die Wirkung der Goldklausel gegenüber eventuellen Währungsänderungen in der Zukunft ist an anderer Stelle (S. 372 ff.) zu sprechen.

Die Abgrenzung der Geldschuld mit ausdrücklicher Verabredung einer bestimmten Sorte gegenüber den oben charakterisierten, nicht Geldschulden darstellenden Obligationen wird allerdings im Einzelfalle streitig sein können. Eine wichtige Konsequenz daraus, daß eine auf Münzstücke lautende Schuld nicht als Geldschuld anzusehen ist, besteht darin, daß der Schuldner im Falle der unverschuldeten Unmöglichkeit der Leistung von der Leistung befreit ist, während —

Aehnlich bestimmte das Bürgerliche Gesetzbuch für das Königreich Sachsen in § 665: Ist eine Geldsumme Gegenstand einer Forderung und über die Art der Geldstücke keine Bestimmung vorhanden, so kann in jeder zur Zeit und am Orte der Zahlung gültigen inländischen oder dieser durch Gesetz gleichgestellten ausländischen Münzsorte gezahlt werden.

[1]) Die Frage war hinsichtlich der Silbermünzen seit der Außerkurssetzung der Taler nicht mehr praktisch, hinsichtlich der Reichsbanknoten, die seit dem 1. Januar 1910, und der Reichskassenscheine, die seit dem 1. August 1914 gesetzliches Zahlungsmittel in vollem Umfange sind, hat sie angesichts der Entwertung des deutschen Papiergeldes gegenüber den Reichsgoldmünzen eine große Bedeutung erlangt.

[2]) Vgl. die scharfsinnige Schrift von Bulling, Die Wirksamkeit der Goldklausel. Berlin 1894.

[3]) Vgl. auch den Beschluß des Reichsgerichts vom 22. Januar 1902 (Entscheidungen des Reichsgerichts in Zivilsachen, 50. Band, S. 145).

wie wir gesehen haben — bei der Geldschuld eine solche Befreiung von der Leistung nicht eintritt. Eine weitere wichtige Konsequenz ist, daß eine auf Münzstücke lautende Schuld, die nicht eine Geldschuld ist, den noch darzustellenden Bestimmungen der Gesetzgebung über die Art der Erfüllung von Geldschulden nicht unterworfen ist.

Wenn wir den Begriff der Geldschuld auf solche Obligationen begrenzt haben, deren Inhalt die Leistung von G e l d a l s s o l c h e m ist, so bleibt uns nun die weitere Ermittelung, wonach sich die Q u a n t i t ä t des zu leistenden Geldes bestimmt.

Auch die Antwort auf diese weitere Frage mag auf den ersten Blick selbstverständlich erscheinen. Alle Geldschulden lauten auf Geldeinheiten mit oder ohne Bezeichnung einer speziellen Geldsorte; das Gesetz nun, welches einem Münzstücke oder einem Papierscheine Zahlungskraft beilegt, wird regelmäßig auch eine Bestimmung darüber treffen, für welche Anzahl von Geldeinheiten das Münzstück oder der Papierschein in Zahlung genommen werden muß. Diese Bestimmung erfolgt in der Regel dadurch, daß der Staat den Geldstücken einen bestimmten, in der bekannten und anerkannten Geldeinheit, auf welche die Geldschulden lauten, ausgedrückten Nennwert beilegt und daß er vorschreibt, daß die betreffenden Geldstücke zu diesem ihrem Nennwerte in Zahlung zu nehmen sind[1]). Es ist jedoch auch schon der Fall vorgekommen, daß die Gesetzgebung bestimmten Geldsorten Zahlungskraft nicht zu dem ihnen beigelegten Nennwerte gegeben hat, sondern zu dem durch den Verkehr zu bestimmenden Kurswerte gegenüber dem ursprünglichen Landesgelde. Ein Beispiel dafür: Im Oktober 1807 wurden die preußischen Tresorscheine, ein Staatspapiergeld, welches im Februar 1806 zum erstenmal ausgegeben und dessen Einlösung im Oktober 1806 eingestellt worden war, zum gesetzlichen Zahlungsmittel nach ihrem Kurswerte erklärt, d. h. eine Schuld, die auf 1000 Taler lautete, konnte, statt in dem ursprünglichen Silbergelde, auch in den auf Taler lautenden Tresorscheinen erfüllt werden; aber im letzteren Falle waren nicht Scheine im nominellen Betrage von 1000 Taler zu zahlen, sondern der zu zahlende Nominalbetrag bestimmte sich nach dem jeweiligen Kurse des Papiergeldes gegenüber dem Silbertaler in der Weise, daß bei einem Kurse des Tresorscheins von 50 Prozent ein Nominalbetrag von 2000 Taler in Tresorscheinen nötig war, um eine auf 1000 Taler lautende Leistung zu bewirken. — Aber auch in diesem Ausnahmefalle war von der Gesetzgebung eine Bestimmung über das quantitative Moment der Zahlungskraft der Tresorscheine insoweit getroffen, als das Merkmal für die Bestimmung des Betrages, für welchen die Scheine gesetzliches Zahlungsmittel sein sollten, festgesetzt war. Die Regel ist jedoch, daß in einem gegebenen Zustande des Geldwesens alle Münzstücke und Papierscheine, die gesetzliches Zahlungsmittel sind, nicht eine schwankende, von irgendwelchen dritten Umständen und Instanzen abhängige, sondern eine ein für allemal bestimmte gesetzliche Zahlungskraft zu dem ihnen beigelegten Nennwerte haben; daß ferner, wenn

---

[1]) Knapp nennt dies, wie oben S. 34 erwähnt, „proklamatorische Geltung"

ein neues Geldstück mit gesetzlicher Zahlungskraft ausgestattet wird,
ihm gleichzeitig ein Nennwert beigelegt wird, zu welchem es in Zahlung
genommen werden muß. So hat z. B. das Gesetz vom 4. Dezember 1871
den neu auszuprägenden Reichsgoldmünzen gesetzliche Zahlungskraft
beigelegt zu einem in den verschiedenen damals bestehenden deutschen
Landeswährungen festgesetzten Werte, nämlich „dem Zehnmarkstücke
zum Werte von $3^{1}/_{8}$ Talern oder 5 Gulden 50 Kreuzer süddeutscher
Währung, 8 Mark $5^{1}/_{8}$ Schilling lübischer und hamburgischer Kurant-
währung, $3^{1}/_{93}$ Taler Gold Bremer Rechnung", dem Zwanzigmarkstücke
zu den entsprechenden Werten (§ 8 des Gesetzes, betreffend die Ausprägung von Reichsgoldmünzen, vom 4. Dezember 1871); ebenso war
in der bestehenden Reichswährung, deren Rechnungseinheit die
Mark ist, der Taler bis zu seiner Außerkurssetzung gesetzliches
Zahlungsmittel zum Werte von 3 Mark (Art. 15 des Münzgesetzes
vom 9. Juli 1873).

Trotzdem auf diese Weise in der Regel das Gesetz selbst, das
einer Geldsorte gesetzliche Zahlungskraft verleiht, auch den Betrag, zu
dem das betreffende Geldstück gesetzliche Zahlungskraft hat, festsetzt, läßt sich eine grundsätzliche Prüfung der Gesichtspunkte, nach
denen sich der Inhalt der Geldschulden nach der quantitativen Seite
bestimmt, nicht umgehen. Eine solche prinzipielle Prüfung scheint vielmehr aus folgenden Gründen erforderlich:

Zunächst ist es von Interesse, die Gesichtspunkte festzustellen,
welche de lege ferenda bei der Verleihung der gesetzlichen Zahlungskraft an ein neues Geld in Betracht kommen. Es handelt sich dabei
vor allem darum, ob die übliche Verleihung der gesetzlichen Zahlungskraft zu einem ein für allemal bestimmten Werte in dem alten Gelde
der Natur des Geldes entspricht oder nicht; ferner darum, nach welchen
Gesichtspunkten, falls die erste Frage bejaht wird, die Zahlungskraft
des neuen Geldes gegenüber dem alten quantitativ zu bemessen ist.

Zweitens darf nicht übersehen werden, daß in einzelnen Fällen
gerichtliche Entscheidungen über den Inhalt von Geldschulden auch
dort notwendig werden können, wo im allgemeinen die Zahlungskraft
der einzelnen Geldsorten durch den ihnen beigelegten Nennwert normiert
ist; z. B. wenn es sich um eine Geldschuld handelt, die auf eine nicht
mehr umlaufende Geldsorte lautet, die im Inlande niemals gesetzliche
Zahlungskraft gehabt und niemals zu dem inländischen Währungsgelde
in einem gesetzlich fixierten Verhältnis gestanden hat; wonach bestimmt
sich hier der Betrag an Währungsgeld, durch dessen Leistung die
Schuld zu tilgen ist?

Schließlich kommt in Betracht, daß alle Rechtsvorschriften ein
territorial begrenztes Machtbereich haben; es fragt sich mithin, ob und
wie bei Veränderungen des Geldwesens die den Inhalt der Geldschulden
berührenden Rechtssätze außerhalb der Grenzen des Staates, der sie
erlassen hat, wirksam sind. Zweifellos ist, daß, soweit die Macht der
einheimischen Gesetzgebung und der einheimischen Gerichte reicht, jedermann durch Gesetz gezwungen werden kann, anstelle des ursprünglich
geschuldeten Geldes ein neues Geld zu einem bestimmten Betrage in
Zahlung zu nehmen oder in Zahlung zu geben. Welche Bedeutung

aber hat der Erlaß eines deutschen Geldgesetzes dieser Art für den Inhalt einer auf deutsches Geld lautenden Schuld, deren Erfüllungsort außerhalb des Machtbereichs des deutschen Gesetzes liegt?

Die Fragen, um welche es sich hier handelt, lassen sich dahin präzisieren: Welches ist gegenüber dem Wechsel der Geld darstellenden Objekte der bleibende Inhalt einer Geldschuld und als solcher das Maß dafür, wieviel von den jeweilig mit gesetzlicher Zahlungskraft ausgestatteten Geldstücken zur solutio der Geldschuld erforderlich ist?

§ 2. Die verschiedenen Theorien über den Inhalt der Geldschulden.

Es hängt mit der Auffassung des gemünzten Edelmetallgeldes als bloßer nach Feinheit und Gewicht beglaubigter Edelmetallquantitäten zusammen, daß man vielfach in dem ungeprägten Edelmetalle, das dem Währungsgelde eines Landes zugrunde liegt, das bleibende Maß für den Inhalt der Geldschulden suchte. Aus dieser Auffassung heraus erklärt sich insbesondere die Behandlung, welche die Lehre vom rechtlichen Inhalte der Geldschulden in epochemachender Weise durch v. Savigny[1]) erfahren hat. Da die meisten späteren Erörterungen, die sich eingehender mit der hier vorliegenden Frage beschäftigten, auf Savigny Bezug genommen haben, da außerdem die Grundgedanken Savignys eine gute Basis für die Untersuchung abgeben, möge auch hier an seine Darstellung angeknüpft werden.

Savigny unterscheidet als mögliche Kriterien für die Bemessung des Inhalts einer Geldschuld, bzw. für die quantitative Feststellung der Zahlungskraft der jeweils vorhandenen gesetzlichen Zahlungsmittel: den Nennwert, den Metallwert und den Kurswert des Geldes.

Unter Nennwert versteht er denjenigen Wert, welcher jedem Geldstücke nach der Absicht des Staates beizulegen ist.

Unter Metallwert will er den Wert verstehen, „welcher jedem Geldstücke zuzuschreiben ist wegen des in ihm enthaltenen Gewichtes von reinem Silber oder Gold".

Als Kurswert schließlich wird der Wert bezeichnet, welchen „der allgemeine Glaube, also die öffentliche Meinung, irgendeiner Art des Geldes beilegt". Als „unwandelbare Grundlage" des nach Ort und Zeit veränderlichen Kurswertes soll der Wert der edlen Metalle, des Silbers oder Goldes betrachtet werden, je nachdem Silber- oder Goldwährung in einem Lande besteht. Der Kurswert und seine Feststellung wird an dem Spezialfalle des Papiergeldes erläutert: „Wenn also bei irgendeiner Art des Papiergeldes der Kurswert für zwei Zeitpunkte, die zehn Jahre auseinanderliegen, verglichen werden soll, so muß man in deutschen Staaten fragen, wieviel reines Silber in dem einen oder anderen Zeitpunkte für einen Taler (oder einen Gulden) jenes Papiergeldes gekauft werden konnte; dadurch ist der Kurswert für beide Zeitpunkte fest bestimmt".

Sowohl der „Metallwert", als auch der „Kurswert" sind mithin, genauer betrachtet, bestimmte Quantitäten Edelmetall, die im ersteren Falle in den Geldstücken enthalten sind, im letzteren mit den Geld-

---

[1]) Obligationenrecht, Band I S. 403—508.

stücken gekauft werden können. Savigny sieht als entscheidend für den Inhalt einer Geldschuld den „Kurswert" an. Das Geld ist nach seiner Ansicht „Kaufkraft" oder „abstrakte Vermögensmacht", und es ruht als solche auf der öffentlichen Meinung. Diese öffentliche Meinung findet inbezug auf die quantitative Zahlungskraft des Geldes ihren Ausdruck im Kurswerte; somit ist nach Savigny der Kurswert als Maßstab für den Inhalt einer Geldschuld die notwendige Folge aus der allgemeinen Natur des Geldes.

Nach dieser Theorie wäre als der Wertinhalt einer Geldschuld anzusehen das Quantum Gold oder Silber, das zur Zeit der Entstehung der Schuld mit dem Geldbetrage, auf den die Schuld lautet, gekauft werden konnte; zu erfüllen wäre die Schuld aber nicht in diesem Quantum ungemünzten Edelmetalls, sondern in gesetzlichem Zahlungsmittel, jedoch in dem Betrage, der zur Zeit der Erfüllung für den Ankauf des der Schuld angeblich zugrunde liegenden Edelmetallquantums ausreichend und notwendig ist.

In ähnlicher Weise ist später in einem praktisch gewordenen Falle von nicht geringer Wichtigkeit von manchen Seiten argumentiert worden. Eine Anzahl österreichischer Eisenbahngesellschaften hatte vor der deutschen Münzreform Obligationen ausgegeben und großenteils in Deutschland untergebracht; die Obligationen lauteten gleichzeitig auf österreichische Silbergulden und auf deutsche Talerwährung (teilweise auch auf Franken und Pfund Sterling), und zwar in dem durch den Silbergehalt von Gulden und Taler gegebenen Verhältnisse, nach dem 1 Gulden gleich $^2/_3$ Taler war. Nach dem Uebergange Deutschlands zur Goldwährung trat infolge der Silberentwertung eine nicht vorhergesehene Verschiebung im Wertverhältnisse zwischen dem österreichischen Silbergulden und dem Taler bzw. der Reichsmark ein, in der Weise, daß ein österreichischer Silbergulden zur Beschaffung von $^2/_3$ Talern bzw. 2 Mark nicht mehr ausreichte. Die österreichischen Bahngesellschaften verweigerten, als die Differenz anfing erheblich zu werden, die weitere Auszahlung der fälligen Zinsbeträge in deutschem Gelde zu dem angegebenen Nennwerte; sie zahlten vielmehr nur noch soviel in deutschem Gelde aus, als dem jeweiligen Kurswerte des in österreichischen Silbergulden angegebenen Betrags entsprach. Es sind darüber eine Reihe von Prozessen sowohl vor deutschen als auch vor österreichischen Gerichten geführt worden, bei denen neben der Frage, die uns hier in erster Linie interessiert, eine Reihe von anderen streitigen Momenten in Betracht kam, vor allem die Frage nach dem Sitze der Obligationen und die Frage, ob dem deutschen Gläubiger überhaupt Zahlung in deutschem Gelde versprochen worden sei oder ob die Bezeichnung des geschuldeten Betrags in deutscher Währung neben der Bezeichnung in österreichischen Silbergulden nur den Wert einer unmaßgeblichen Erklärung gehabt habe usw. Für die Entscheidung der einzelnen Gerichte, von denen die österreichischen zugunsten der österreichischen Schuldner, die deutschen, mit einer Ausnahme, zugunsten der deutschen Gläubiger entschieden, haben diese für uns unwesentlichen Punkte eine große Rolle gespielt. In der juristisch-wissenschaftlichen Diskussion jedoch, die durch diese Prozesse hervorgerufen wurde, ist die prinzipielle Frage, wonach sich der Inhalt einer Geldschuld, sobald man von den positiven Rechtsnormen abstrahiert, bestimme, eingehend erörtert worden. Dabei hat namentlich E. J. Bekker eine Auffassung vertreten, die derjenigen Savignys sehr nahe kommt.

Nach Bekker[1]) ist jedes Münzstück gedacht „als aliquoter Teil einer dem angenommenen Grundgewichte entsprechenden Masse Edelmetalls". Die „Vulgärnamen" seien nur ein Zeichen für diesen Quotenbegriff. „20 Mark sind $^1/_{69,75}$, 10 Mark sind $^1/_{189,5}$, 5 Mark sind $^1/_{279}$ Pfund Gold. Eine Mark in der Rechnung ist $^1/_{1395}$ Pfund Gold".[2]) Dazu wird jedoch die Einschränkung gemacht: „Aber nicht die Quantität des edlen Metalles an sich, sondern nur diejenige, die eine bestimmte Behandlung erfahren hat, ist Geld im engeren Sinne. Nach heutigen Begriffen wird das vom Staate unter Einhaltung bestimmter Rechtsvorschriften ausgeprägte Edelmetall Geld". Der Inhalt einer Geldschuld ist mithin nach Bekker Edelmetall und Geld in einem, ein bestimmtes Quantum Edelmetall, zahlbar in Geldstücken, die mit gesetzlicher Zahlungskraft versehen sind. Demgemäß kommt er über den Inhalt einer Geldschuld, die zur Zeit der Silberwährung kontrahiert worden ist und nach dem Uebergange zur Goldwährung fällig wird, zu folgendem Ergebnisse:

„Ursprünglich ging die Forderung auf d i e s e Quantität Silber, zahlbar in Silberwährung;

unmöglich geworden ist die Zahlung in Silberwährung, Silberwährung existiert nicht mehr;

aber die Forderung geht doch auf Geld, Währung, und ist darum auch jetzt in Währung, da es keine andere gibt, in Goldwährung zu zahlen;

die Menge der zu zahlenden Goldwährung aber bestimmt sich nach dem ursprünglichen Umfange der Schuld, d i e s e Quantität Silber sollte der Gläubiger in Währung und zwar j e t z t (am Fälligkeitstermine) erhalten, mithin ist ihm soviel in Goldwährung zu geben, wie erforderlich, um d i e s e Quantität Silber j e t z t damit zu erstehen.

Die Aenderung der Währung hat den Modus der Auszahlung, nicht aber das Maß der Schuld verändert."

Bekker stimmt also mit Savigny darin überein, daß ein bestimmtes Quantum des der Währungsverfassung zugrunde liegenden Metalls das bleibende, alle Aenderungen des Geldwesens überdauernde Maß, mithin den eigentlichen Wertinhalt einer Geldschuld bilde, während die jeweilig vorhandenen konkreten Geldstücke nur als Mittel zur Darstellung dieses eigentlichen Wertinhaltes der Geldschuld anerkannt werden[3]). Beide Theorien kommen darauf hinaus, daß die gesetzlichen

---

[1]) „Ueber die Couponprozesse der österreichischen Eisenbahngesellschaften und über die internationalen Schuldverschreibungen". 1881.

[2]) Bekker ist also strenger „Metallist" im Knappschen Sinne.

[3]) Eine Verschiedenheit zwischen der Auffassung Savignys und Bekkers liegt insofern vor, als Bekker den gesetzlichen Metallgehalt des ursprünglich geschuldeten Geldes (1 Taler = $^1/_{30}$ Pfund Feinsilber) als maßgebend ansieht, Savigny dagegen die Quantität Silber, welche zur Zeit der Schuldbegründung für das ursprünglich geschuldete Geld tatsächlich erstanden werden konnte (in der

Zahlungsmittel nicht mehr „in obligatione“, sondern nur noch „in solutione“ sind.

Im Gegensatz zu dieser Auffassung, die dem zur Zeit der Schuldentstehung die Währungsgrundlage bildenden Metalle die Rolle eines bleibenden Maßstabes für den Inhalt der Geldschulden zuweist, kommt die von G o l d s c h m i d t ursprünglich[1]) vertretene Ansicht darauf hinaus, daß nach vollzogener Währungsänderung das neue Währungsmetall diese wichtige Rolle spiele; nach vollzogenem Uebergange von der Silberwährung zur Goldwährung könne für den Inhalt der früher begründeten Geldschulden nur der Kurs von Silber zu Gold zur Zeit der Schuldentstehung maßgebend sein, d. h. es sei zu berechnen, welches Silberquantum damals die Geldeinheiten, auf welche die Schuld lautet, gesetzlich repräsentierten; dann welches Goldquantum für jenes Silberquantum nach dem damaligen Stande des Edelmetallmarktes erhältlich war; schließlich durch wieviel Einheiten des neuen Geldes dieses Goldquantum gesetzlich repräsentiert wird.

Nach dieser Theorie würden mithin Geldschulden, die ursprünglich auf gleiche Beträge lauteten, nach vollzogenem Währungswechsel je nach dem Zeitpunkte ihrer Entstehung einen verschiedenen Inhalt haben und in verschieden großen Beträgen des neuen Geldes zu erfüllen sein. Nach der B e k k e r schen Theorie, welche das alte Währungsmetall als Maßstab des Inhalts der vor dem Währungswechsel begründeten Geldschulden auch über den Währungswechsel hinaus beibehält, würden Geldschulden, die auf gleiche Beträge der alten Geldeinheit lauten, je nach dem Zeitpunkte ihrer Fälligkeit in verschieden großen Beträgen des neuen Geldes zu erfüllen sein.

Konsequenterweise würde sowohl nach S a v i g n y und B e k k e r als auch nach G o l d s c h m i d t jede vor einem Währungswechsel entstandene und nach demselben fällige Schuld individuell zu behandeln sein. Dadurch würde die heilloseste Verwirrung entstehen: Forderungen, die vor den Währungswechsel gleich groß und somit geeignet waren, sich zu kompensieren, würden je nach ihrer Entstehungs- oder Fälligkeitszeit auf verschieden große Summen in dem neuen Gelde lauten. Nach der B e k k e r schen Theorie würde sogar der Betrag neuen Währungsgeldes, welcher zur Tilgung einer in altem Gelde begründeten Schuld erforderlich ist, bis zum Zeitpunkte der Fälligkeit ganz in der Schwebe bleiben, da sich ja das in diesem Zeitpunkte bestehende Wertverhältnis von Silber und Gold unmöglich voraus bestimmen läßt; besonders empfindlich würde diese Ungewißheit, wie B e k k e r selbst anerkennt, bei langfristigen Renten und verzinslichen Obligationen hervortreten, bei denen der Schuldner nie vorausberechnen könnte, wieviel er im nächsten Jahre zu zahlen, der Gläubiger nicht, wieviel er zu empfangen hätte.

***

Regel etwas mehr, zeitweise auch etwas weniger als $^1/_{10}$ Pfund Feinsilber pro Taler). Wenn aber schon ein Quantum Edelmetall als eigentlicher Wertinhalt, die konkreten Geldstücke nur als Mittel der Darstellung dieses Wertinhalts gedacht werden, dann ist die Theorie S a v i g n y s die konsequentere.

[1]) Handelsrecht I. S. 1175; später hat G o l d s c h m i d t die dort vertretene Auffassung preisgegeben.

In Anbetracht dieser Folgen, deren praktische Unerträglichkeit sich nicht verkennen läßt, wird auch von den Vertretern der dargestellten Theorien anerkannt, daß der Staat bei Aenderungen der geschilderten Art nicht umhin kann, eine einheitliche gesetzliche Umrechnungsnorm für alle Schulden, ohne Rücksicht auf den Zeitpunkt der Entstehung oder Fälligkeit einer jeder einzelnen, zu fixieren. Bei der Festsetzung einer solchen einheitlichen Norm, die in der Beilegung der gesetzlichen Zahlungskraft an das neue Geld zu einem bestimmten Nennwerte des alten Geldes ihre Ergänzung finden würde, wäre folgerichtig nach der einen Theorie das durchschnittliche Verhältnis zwischen den beiden Währungsmetallen während eines gewissen Zeitraumes vor dem Währungswechsel, nach der anderen Theorie das für die auf den Währungswechsel folgende Zeit zu erwartende Wertverhältnis als maßgebend anzusehen.

Wenn nun aber auch — aus Gründen der „publica utilitas" (Bekker) — die Notwendigkeit der gesetzlichen Festsetzung eines bestimmten Verhältnisses zwischen dem alten und neuen Gelde und damit der Anwendung der „Nennwert"-Theorie allgemein anerkannt wird, so bleibt doch die Frage offen, ob die Rechtsvorschriften, welche das Verhältnis zwischen dem neuen und dem ursprünglichen Gelde ordnen, für den ausländischen Schuldner irgendwelche verbindliche Kraft haben. Und diese Frage muß verneint werden, solange man von der Voraussetzung ausgeht, daß der bleibende Inhalt der Geldschuld in einem bestimmten Quantum des einen oder anderen Edelmetalls, zahlbar in Währungsgeld, bestehe. Ein Gesetz kann, soweit seine Macht reicht, den Schuldner zwingen, anstelle des Wertes von 100 Pfund Silber eine bestimmte Quantität von Goldwährungsgeld, die den Wert von 100 Pfund Silber — je nach den Schwankungen im Wertverhältnis der Edelmetalle — um mehr oder weniger übersteigt, in Zahlung zu geben; der ausländische Schuldner aber, auf den sich die Macht eines solchen, mindestens im Einzelfalle unbilligen Gesetzes nicht erstreckt, wird nicht angehalten werden können, mehr zu zahlen als er nach strengen Rechtsregeln schuldet.

Aber ist denn die Voraussetzung, daß ein bestimmtes Edelmetallquantum der Wertinhalt, das Geld nur der Auszahlungsmodus der Geldschulden sei, zutreffend? Allein schon die Tatsache, daß die auf einen Währungswechsel angewendeten Konsequenzen dieser Voraussetzung praktisch zu einer unerträglichen Verwirrung aller durch das Geld vermittelten Beziehungen führen müßten, sodaß die „publica utilitas" eine Nichtbeachtung dieser Konsequenzen, soweit die Macht des inländischen Gesetzes reicht, geradezu gebieterisch verlangt, — allein schon dieser Umstand müßte genügen, um den Ausgangspunkt der ganzen Theorie als dringend der Nachprüfung bedürftig erscheinen zu lassen.

§ 3. Kritik der Metall- und Kurswerttheorie und Begründung der Nennwerttheorie.

Zum Zwecke der Nachprüfung der dargestellten Auffassungen wollen wir zunächst einmal jeden Gedanken an eine Münz- oder Währungsänderung beiseite lassen und den Inhalt einer gewöhnlichen Geldschuld bei einer gegebenen Geldverfassung aufgrund der tatsächlichen Verhältnisse und unter Vermeidung jeder Abstraktion feststellen. Der Inhalt einer auf 3000 Mark lautenden Geldschuld ist — um mit einer in diesem Falle unvermeidlichen Selbstverständlichkeit zu beginnen — die Leistung von 3000 Mark. Um von allen Besonderheiten des derzeitigen, in Entwertung geratenen Geldes abzusehen, um vielmehr das uns hier beschäftigende Problem auf dem Boden einer wohlgeordneten metallischen Währungsverfassung zu prüfen, sei die Frage gestellt: Was waren diese „3000 Mark" zur Zeit der unerschütterten Reichsgoldwährung? Ein bestimmtes Quantum Gold oder Silber? Gewiß nicht; die zu leistenden 3000 Mark waren vielmehr eine bestimmte Summe deutscher Geldstücke, eine bestimmte Summe vertretbarer, durch besondere Tatbestandsmerkmale kenntlicher Gegenstände, die durch Rechtssatz zu gesetzlichen Zahlungsmitteln erklärt waren, und zwar in der Weise, daß jeder einzelnen Sorte dieser Geldstücke die gesetzliche Zahlungskraft für eine bestimmte Anzahl von Geldeinheiten, die in der deutschen Geldverfassung die Bezeichnung „Mark" tragen, beigelegt war: der Krone für den Betrag von zehn Mark, der Doppelkrone für den Betrag von zwanzig Mark, dem Talerstück für den Betrag von drei Mark usw. Der in der Geldeinheit ausgedrückte Betrag, zu welchem ein Geldstück (sei es eine Münze oder ein Papierschein) gesetzliches Zahlungsmittel ist, wird allgemein als sein „Nennwert" bezeichnet. Demnach war und ist der Inhalt einer auf 3000 Mark lautenden Geldschuld die Leistung einer Anzahl von gesetzliches Zahlungsmittel darstellenden Geldstücken, deren Nennwert zusammen 3000 Mark beträgt.

Auch S a v i g n y und B e k k e r stimmen darin überein, daß bei einer Geldschuld Geldstücke der Gegenstand der Leistung sind; der grundlegende Unterschied zwischen ihrer Theorie und der hier vertretenen Auffassung besteht darin, daß sie als M a ß der geschilderten Leistung von Geldstücken nicht den in Geldeinheiten ausgedrückten Nennwert der Geldstücke gelten lassen wollen, sondern ein bestimmtes Edelmetallquantum.

Theoretisch ist die Aufstellung, daß ein Edelmetallquantum — sei es nach S a v i g n y das zur Zeit der Schuldbegründung für den Nennbetrag der Schuld erhältliche, sei es nach B e k k e r das zur Zeit der Schuldbegründung in dem Nennbetrage nach dem geltenden Münzfuße gesetzlich enthaltene oder enthalten sein sollende Quantum Währungsmetall — den Maßstab des Schuldinhalts bilde, eine petitio principii; historisch steht diese Auffassung im schärfsten Widerspruch zu der tatsächlichen Entwicklung des Geldes und des Geldbegriffes, praktisch widerspricht sie den überall bestehenden Rechtsvorschriften und der allgemeinen Verkehrsübung.

Eine petitio principii liegt vor, weil in keiner Weise ersichtlich ist, warum das Maß für eine auf Geldstücke lautende Schuld ein nicht in obligatione befindliches Quantum rohen Edelmetalls sein soll.

Historisch ist es falsch, die Geldeinheit als ein bestimmtes Quantum obrigkeitlich nach Feinheit und Gewicht beglaubigten Edelmetalls aufzufassen. Von ihren ersten geschichtlich nachweisbaren Anfängen an war vielmehr die Münze gegenüber dem Edelmetalle, aus dem sie geprägt wurde, ein selbständiger Wertgegenstand; nach der Einbürgerung des gemünzten Geldes lauteten die Geldschulden nicht mehr auf bestimmte Gewichtsmengen staatlich beglaubigten Edelmetalls, sondern auf eine bestimmte Stückzahl von Münzen; die ganze Entwicklung des Geldbegriffs und des Geldwesens ist nur daraus zu verstehen und zu erklären, daß die staatliche Prägung und die Verleihung der gesetzlichen Zahlungskraft das gemünzte Geld allen übrigen Waren, auch den Edelmetallen, als eine selbständige Größe gegenüberstellte, die ihren Maßstab in sich selbst fand. Nur in seltenen und charakteristischen Ausnahmefällen wurden Gewichtsmengen Edelmetalls zum Maßstabe der Zahlungskraft von Geldstücken und damit zum Maßstabe des Inhalts von Geldschulden gemacht; so durch das englische Gesetz vom Jahre 1774, nach dem Silbermünzen für Zahlungen von mehr als 25 Pfd. Sterl. gesetzliche Zahlungskraft nur noch nach ihrem Gewichte, nämlich zu 5 sh. 2 d pro Unze haben sollten. Die Hamburger Bankvaluta zählt nicht hierher, weil in diesem Falle von vornherein Feinsilber in Barren und nicht gemünztes Silber den Gegenstand von Geldschulden bildete; allerdings Feinsilber, das unter bestimmten Formalitäten in die Bank eingebracht worden war und dessen Einbringung als Grundlage für die Gutschrift eines bestimmten Betrags von Mark Banko in den Büchern der Bank zugunsten des Einbringers gedient hatte[1]). Aber abgesehen von solchen Ausnahmefällen hat überall die Geldeinheit gegenüber dem ihr ursprünglich zugrunde liegenden Metallquantum eine selbständige Größe dargestellt, deren Wert nicht unbedingt auf dem Metallgehalte der Münzen beruhte. Ein Taler war, ganz abgesehen von den juristischen Unterschieden, nicht, wie Bekker sagt, $\frac{1}{30}$ Pfund Feinsilber, weder seinem tatsächlichen Gehalte, noch seinem Werte nach; im Durchschnitt blieben die im Verlaufe der deutschen Münzreform eingezogenen Taler aus den Jahren 1823—1856 um 0,541 Prozent, die Taler aus den Jahren von 1857 an um 0,306 Prozent hinter ihrem gesetzlichen Feingehalte von $\frac{1}{30}$ Pfund zurück; an der auf Feinsilber in Barren beruhenden Mark Banko gemessen, schwankte der Kurs des Talers von 1851—1870 zwischen 148$\frac{1}{4}$ und 154 Taler pro 300 Mark Banko, also um etwa 4 Prozent. Am deutlichsten hat sich die Selbständigkeit des Geldes gegenüber dem Geldmetalle in gewissen Erscheinungen der modernen Währungsgeschichte gezeigt, vor allem an den Währungen mit gesperrter Prägung des Währungsmetalls. In Indien war von der Einstellung der freien Silberprägung im Juni 1893 an der Wert der Rupie mit beträchtlichen Schwankungen höher als der Wert des in der Rupie enthaltenen Rohsilbers ($\frac{1}{93,5}$ kg). Goldmünzen mit gesetzlicher Zahlungskraft wurden in Indien erst im September 1899 eingeführt. Die Rupie war eine durchaus selbständige Wertgröße, der gegenüber die beiden Edelmetalle sehr erheblichen Wertschwankungen unterlagen. Wie hätte hier der Grundsatz, daß der gesetzliche Silbergehalt der Rupie das Maß des Inhaltes einer auf Rupien lautenden Schuld bilde, angewendet werden können?

---

[1]) Darüber, daß auch die Mark Banko nicht etwa identisch mit einem Gewichtsquantum Silber war, siehe meine „Geschichte der deutschen Geldreform" S. 199 ff., sowie Knapp, S. 136.

Schließlich ist die Auffassung, daß bestimmte Edelmetallmengen
den Maßstab für den Inhalt von Geldschulden bilden, mit dem geltenden
Rechte aller Staaten und der Verkehrsgewohnheit aller zivilisierten
Länder unvereinbar. Dieser Maßstab wird bei gleichbleibenden Währungsverhältnissen nirgends angewendet. Wer unter der Herrschaft der deutschen
Reichsgoldwährung eine Schuld von 3000 Mark zu zahlen hatte, fragte nicht
danach, was etwa der am Golde gemessene „Kurswert" dieser 3000 Mark
zur Zeit der Schuldbegründung oder zur Zeit der Schuldtilgung war; und
der Gläubiger fragte nicht danach, wieviel Gold in den gezahlten Geldstücken tatsächlich enthalten war. Der Gläubiger konnte Geldstücke,
die gesetzliches Zahlungsmittel waren, im Nennwerte von 3000 Mark verlangen und mußte sich mit der Leistung dieser Geldstücke zufrieden geben [1]).
Ob diese Geldstücke irgend ein bestimmtes Goldquantum darstellten,
unterlag nicht seiner Prüfung; er mußte lange Zeit hindurch sogar Zahlung
in 1000 Talerstücken, die kein Gramm Gold enthielten, annehmen,
lediglich weil das Gesetz dem Talerstücke Zahlungskraft zum Nennwerte
von 3 Mark beigelegt hatte. Er mußte eventuell auch Goldstücke
annehmen, die infolge natürlicher Abnutzung nicht ihr normales Gewicht
hatten. Allerdings zog das Gesetz hier eine Grenze: wenn das Gewicht
der Reichsgoldmünzen um mehr als 5 Tausendteile hinter dem Normalgewichte zurückblieb (Passiergewicht), brauchten sie im Privatverkehr
nicht mehr in Zahlung genommen zu werden. Danach konnte also der
Einzelne die Geldstücke prüfen. Aber diese Prüfung ist ihrem Wesen
nach nichts anderes, als die Prüfung des Gepräges auf seine Echtheit
und seinen unbeschädigten Zustand; ebenso wie unter das Passiergewicht abgenutzte Stücke konnten auch unechte, aber vollhaltige Stücke,
ebenso durchlöcherte und gewaltsam beschädigte Stücke zurückgewiesen
werden (§§ 10 und 11 des Münzgesetzes in der Fassung vom 1. Juni 1909).
Die gesetzliche Zahlungskraft kommt eben den einzelnen Geldstücken nur
insoweit zu, als die gesetzlich vorgeschriebenen Tatbestandsmerkmale
vorhanden sind, zu denen ein bestimmter Metallgehalt ebenso gehören
kann wie eine bestimmte und intakte Prägung. Soweit aber diese
Merkmale vorhanden waren, entschieden ausschließlich die gesetzlichen
Vorschriften darüber, für welchen Nennbetrag ein Geldstück gesetzliches
Zahlungsmittel war.

Wir kommen aufgrund dieser Erwägungen zu folgendem Ergebnisse:

Nirgends, wo gemünztes Geld oder Papierscheine als gesetzliches
Zahlungsmittel anerkannt sind, besteht der Inhalt einer Geldschuld in
der Leistung eines bestimmten Metallquantums, mit der Maßgabe, daß
diese Leistung dem Werte nach in Währungsgeld zu bewirken ist;
überall, wo nicht ausdrücklich besondere Verabredungen getroffen

---

[1]) Besonders prägnant kommt diese Auffassung in dem französischen Code
Civile zum Ausdruck, dessen Artikel 1895 lautet:

„L'obligation qui résulte d'un prêt en argent, n'est toujours que de la
somme numérique énoncée au contrat. — S'il y a eu augmentation ou diminution
d'espèces avant l'époque du paiement le débiteur doit rendre la somme numérique
prêtée et ne doit rendre que cet somme dans les espèces ayant cours au moment
du paiement".

sind, ist vielmehr Gegenstand einer Geldschuld eine nach dem Nennwerte bestimmte Anzahl von Geldstücken, die durch die Rechtsordnung
als gesetzliches Zahlungsmittel anerkannt sind und denen gleichfalls
durch die Rechtsordnung ein bestimmter Nennwert, eine bestimmte
Geltung beigelegt ist. Das Edelmetall ist nicht der Wertinhalt der
Geldschulden, das Geld nicht bloß Auszahlungsmodus dieses Wertinhalts;
Edelmetall und Geld sind vielmehr zwei selbständige Wertgrößen, von
denen nur eine, nicht beide in einem im Verhältnis von Inhalt und
Form, Gegenstand des Schuldverhältnisses ist. Allerdings kann
durch besondere Vorkehrungen (freies Prägerecht usw.) eine enge
Verbindung zwischen dem Werte des ungeprägten Metalles und
dem Werte des daraus geprägten Geldes geschaffen werden; aber
eine solche Verbindung ist für den Charakter eines Gegenstandes als
Geld nicht unerläßlich und begriffswesentlich. Allerdings ist ferner ein
bestimmtes Quantum Edelmetall häufig, ja in den Geldverfassungen, die
wir als gesund und normal ansehen, zumeist eines der Tatbestandsmerkmale, an welche die Verleihung der Eigenschaft als gesetzliches
Zahlungsmittel anknüpft; aber das Edelmetallquantum ist dann eben nur
e i n e s unter mehreren Tatbestandsmerkmalen und auch das nur innerhalb der von der Gesetzgebung ausdrücklich gezogenen Grenzen. Die
juristische Unwesentlichkeit des Geldstoffes kommt darin klar zum Ausdruck, daß das Gesetz Geldstücken aus verschiedenen Stoffen gleichmäßige Zahlungskraft und gegenseitige Vertretbarkeit bei der Zahlungsleistung beilegt. Das Edelmetall ist auch in den auf metallischer
Grundlage beruhenden Geldverfassungen lediglich ein Substrat des Geldes,
nicht das Geld selbst. Innerhalb einer gegebenen Geldverfassung
bestimmt die Gesetzgebung nicht nur, welche Gegenstände gesetzliches
Zahlungsmittel sind, sondern auch für welchen Betrag sie gesetzliches
Zahlungsmittel sind; irgendein Edelmetallquantum kann für die Beurteilung des Inhalts einer Geldschuld nicht in Betracht kommen[1]).

Dieselben Prinzipien, nach welchen sich der Inhalt einer Geldschuld
bei unveränderter Geldverfassung bestimmt, haben auch bei Aenderungen
der Geldverfassung Anwendung zu finden. Wenn während des Bestehens
der Silberwährung nicht irgendein Silberquantum der Inhalt der auf
Taler lautenden Geldschulden war, sondern eine dem Nennwerte nach
bestimmte Anzahl von deutschen Geldstücken, dann kann es sich nach
dem Währungswechsel nicht anders verhalten, und auch der ausländische
Schuldner wird nicht behaupten können, Gegenstand seiner Leistung
sei ein bestimmtes Quantum Silber. Wenn in einer bestehenden Geldverfassung die einzelnen Geldstücke nicht nur ihre Eigenschaft als
gesetzliches Zahlungsmittel, sondern — untrennbar davon — auch den
Nennwert, zu dem sie gesetzliches Zahlungsmittel sind, lediglich

---

[1]) Wie die obigen, aus der ersten Auflage unverändert übernommenen Ausführungen zeigen, steht der Verfasser hinsichtlich der j u r i s t i s c h e n T h e o r i e
im wesentlichen auf dem Boden K n a p p s. Dagegen weicht der Verfasser von
K n a p p darin ab, daß für ihn die Geldtheorie mit einer juristischen Analyse der
Geldverfassung und einer Theorie vom Inhalte der Geldschulden nicht erschöpft
ist, sondern der Ergänzung durch die Volkswirtschaftstheorie, insbesondere durch
die durchaus jenseits der juristischen Theorie stehende Wertlehre bedarf.

kraft Gesetzes haben, so kann auch ein neu einzuführendes Geld den Grad seiner Zahlungskraft, ebenso wie seine Zahlungskraft selbst, nur aus dieser Quelle herleiten. Der Ausländer, welcher eine Schuld in deutschem Gelde kontrahiert, verpflichtet sich, ebenso wie der Inländer im gleichen Falle, zu einer Leistung, deren Art und Größe, sowohl in Anbetracht der bestehenden Geldverfassung als auch im Hinblick auf eventuelle Aenderungen derselben, lediglich durch die deutsche Gesetzgebung bedingt ist; es fehlt jeder Anhaltspunkt dafür, die inländische Gesetzgebung nur für die Art, nicht auch für die Größe der von einem Ausländer geschuldeten Leistung maßgebend sein zu lassen, wie es B e k k e r tut. Man kann in Anbetracht der Bedingtheit des Geldes durch die staatliche Gesetzgebung einen Vertrag, der eine Geldschuld begründet, mit einem Vertrage vergleichen, bei dem die Bestimmung der Leistung einem Dritten, nämlich der Gesetzgebung des Staates, auf dessen Geld die Schuld lautet, überlassen ist.

Wir kommen also zu dem Schlusse, daß im Falle der Einführung eines neuen Geldes neben dem alten oder im Falle der Ersetzung des alten Geldes durch ein neues die gesetzliche Norm, welche die Zahlungskraft des neuen Geldes in der bisherigen Geldeinheit oder die Umrechnung der alten Geldeinheit in die neue Geldeinheit regelt, für alle Schulden, die auf das Geld des betreffenden Staates lauten, maßgebend sein muß, und zwar ohne jede Rücksicht auf den Sitz der Obligation im Inlande oder Auslande.

Daß nach allseitiger Uebereinstimmung zwingende Gründe der „publica utilitas" den Staat dazu nötigen, bei der Einführung eines neuen Geldes dessen Zahlungskraft im Verhältnis zum alten Gelde zu bestimmen, wurde bereits angedeutet; ich glaube in den eben abgeschlossenen Darlegungen gezeigt zu haben, daß durch diese notwendige Maßregel irgendwelche allgemeinen Rechtsprinzipien nicht durchbrochen werden, daß vielmehr mit der Verleihung der Qualität der gesetzlichen Zahlungskraft die Bestimmung des Betrags, für den ein Geldstück gesetzliches Zahlungsmittel ist, unlösbar verbunden ist. Wenn das alte Geld durch ein neues ersetzt oder ergänzt werden soll, dann ist eine Bestimmung darüber, durch welchen Betrag neuen Geldes die auf altes Geld abgestellten Schulden rechtsgültig getilgt werden können, unerläßlich[1]). Würde die Gesetzgebung diese Norm nicht vorschreiben, dann würden mangels Uebereinstimmung der Parteien die Gerichte in die Lage kommen, eine solche Norm festsetzen zu müssen. Die Entscheidung in einer so schwierigen Frage würde bei den verschiedenen Gerichten verschieden ausfallen; Geldschulden, die auf gleiche Quantitäten alten Geldes lauten, würden in verschiedenen Quantitäten neuen Geldes zu tilgen sein; niemand würde wissen, zu welchem Be-

---

[1]) K n a p p bezeichnet diese Norm als „rekurrenten Anschluß" des neuen Geldes an das alte. Da für ihn nur die juristische Frage der „Geltung", nicht auch die volkswirtschaftliche Frage des „Wertes" des Geldes existiert, so folgert er aus der Notwendigkeit des „rekurrenten Anschlusses", daß die dem Geldsysteme eines Landes zugrunde liegende Werteinheit „historisch definiert" sei, während er eine „reale Definition" der Werteinheit (durch ein bestimmtes Metallquantum) ablehnt. Die Folgerung ist richtig, aber — wie wir sehen werden — nicht erschöpfend.

trage er die neuen Geldstücke zur Tilgung einer fällig werdenden alten Schuld verwenden kann; kurz, die alten Schulden wären keine „obligationes certae" mehr, sondern Schulden auf einen unbestimmten Betrag des neuen Geldes. Daraus ergibt sich für den Staat, der eine Aenderung seiner Geldverfassung vornimmt, die zwingende Notwendigkeit, die Kontinuität seines Geldes dadurch aufrecht zu erhalten, daß er das Verhältnis des Nennwertes des neuen zu dem Nennwerte des alten Geldes in einer einheitlichen Norm vorschreibt. Diese Lösung ergibt sich, ebenso wie die unbedingte Wirksamkeit einer solchen Norm, aus der Natur des Geldes als einer selbständigen juristischen Größe, die als solche durch Gegenstände von wechselnden Tatbestandsmerkmalen dargestellt werden kann[1]).

Bei dem Uebergang von einer metallischen Währung zur Papierwährung ist diese der Rechtsnatur des Geldes allein entsprechende Lösung von selbst gegeben; die Art des Währungswechsels bringt es hier mit sich, daß der Anschluß des neuen Geldes an das alte sich ohne den Erlaß einer besonderen Rechtsnorm über die Zahlungskraft des neuen im Verhältnis zum alten Gelde von selbst vollzieht. Denn das „neue Geld" war hier in der Regel in seiner äußerlichen Erscheinungsform bereits vor dem Währungswechsel neben dem „alten Gelde" vorhanden und stand zu diesem in einem festen Nennwertsverhältnis; der entscheidende Vorgang ist, daß die Einlösung des vorher bereits vorhandenen Papiergeldes in dem aus dem bisherigen Währungsmetall bestehenden Gelde eingestellt wird und daß dem Papiergelde, soweit es nicht vorher schon neben dem metallischen Währungsgelde gesetzliche Zahlungskraft hatte, die Eigenschaft als gesetzliches Zahlungsmittel zu seinem bereits vorhandenen Nennwerte beigelegt wird. Der Währungswechsel besteht also hier nicht in der Schaffung eines neuen Geldes oder der Beilegung eines neuen Nennwertes an ein bereits bestehendes Geld, sondern in einer inneren Veränderung der Geldverfassung unter Aufrechterhaltung der äußerlichen Erscheinungsformen und der bestehenden Nennwertsverhältnisse der das Geld darstellenden Stücke und Scheine. Der Uebergang von einer Metallwährung zur Papierwährung, der — unbeschadet der volkswirtschaftlichen Begleiterscheinungen und Folgen — als tatsächlicher Vorgang gerade in der heutigen Zeit nicht ignoriert werden kann, ist vom Standpunkte der Metall- und Kurswerttheorie unerklärlich, dagegen ist er eine besonders prägnante aber in den wirtschaftlichen Folgen auch besonders bedenkliche Verwirklichung der Nennwertstheorie.

§ 4. Die Erschütterung der Nennwerttheorie durch die Geldentwertung.

In den vorstehenden, aus den früheren Auflagen ohne jede sachliche Aenderung übernommenen Ausführungen ist das Problem des

---

[1]) G. Hartmann („Internationale Geldschulden") drückt diesen Gedanken treffend aus, indem er schreibt: „Das Geld als juristische Größe ruht seinem Wesen nach nicht gerade auf dieser individuellen Metallart, sodaß es mit ihr steht und fällt. Es kann sich vielmehr von ihr ablösen und als rechtlich identische Größe mit einem anderen Substrate, an einer entsprechend gewerteten Einheit anderen Metalls fortbestehen."

Inhaltes der Geldschulden aufgrund der Gesetzgebung und Rechtsprechung
entwickelt worden, wie sie sich bis zu der durch den Krieg und seine
Folgen herbeigeführten schweren Störung des Geldwesens entwickelt
hatten. Danach ist die allgemeine Geldschuld eine „obligatio certa“,
lautend auf eine in der Rechnungseinheit des staatlichen Geldsystems
ausgedrückte Summe von Geldstücken, die von der staatlichen Gesetzgebung mit Zahlungskraft zu einem bestimmten Nennwerte ausgestattet
sind, wobei die stoffliche Ausstattung und die Wertbeziehung zu einem
bestimmten Metall oder zu irgendwelchen anderen Gütern unerheblich ist.

Die Metallwert- und Kurswerttheorien faßten im wesentlichen Teil
ihre Begründung darauf, daß bei der Konstituierung einer Geldschuld
nach dem Willen der Parteien eine „obligatio certa“ nicht nur im
formell-juristischen Sinne, sondern vor allem auch im wirtschaftlichen
Sinne errichtet werden soll, daß nach der Gemeinüberzeugung der
wirtschaftliche Inhalt der Geldschulden ein bestimmtes „Wertquantum“
oder ein bestimmtes Maß von „allgemeiner Kaufkraft“ sein soll. Die
Vertreter der Metall- und Kurswerttheorien sehen für die Verwirklichung
dieser Gemeinüberzeugung in einem bestimmten Quantum Goldes oder
Silbers eine größere Gewähr, als in einer Summe, die nach der
Rechnungseinheit eines von Zufälligkeiten der politischen und wirtschaftlichen Entwicklung und von der Willkür des Staates abhängigen Geldsystems bemessen ist.

Ueberall, wo die ideale Forderung eines relativ „wertbeständigen“, in
seiner Kaufkraft nur geringfügigen Schwankungen unterliegenden Geldes
durch die Einrichtung des Geldsystems verwirklicht ist, sind praktisch
die Streitfragen zwischen Metall- und Kurswerttheorie oder Nennwerttheorie nahezu bedeutungslos. Die moderne Goldwährung mit unbeschränkter Umwandelbarkeit des Goldes in Geld und des Geldes in
Gold, beides zu einem bis auf wenige Tausendteile miteinander übereinstimmenden Satze, war im Gewande der Nennwerttheorie die praktische Verwirklichung der Metallwert-, Kurswert- und Nennwerttheorie
in Einem: eine dem Nennwerte nach bestimmte Schuld repräsentierte
den Wert eines bestimmten Quantums Gold und damit, solange der
Wert des Goldes keinen praktisch ins Gewicht fallenden Schwankungen
unterlag, auch ein relativ stabiles Quantum an Kaufkraft.

Auch die Metallwert- und Kurswerttheorie gehen freilich nicht von
einem bestimmten und unveränderlichen Quantum Kaufkraft, sondern
von einem bestimmten und unveränderlichen Quantum Edelmetall, das
als „wertbeständig“ präsumiert wird, aus. Die Frage, wie gegenüber der
Eventualität starker Veränderungen der Kaufkraft des Geldmetalles ein
von jeder festen Wertbeziehung zu einem Edelmetall unabhängiges,
stets den gleichen „Wert“ oder die gleiche Kaufkraft umschließendes
Geld geschaffen werden könne, war bisher nur das Objekt theoretischer
Spekulationen, noch nicht das Objekt gesetzgeberischer Maßnahmen.

Die Revolutionierung des Geldwesens, wie sie in den letzten Jahren
eingetreten ist, hat die Fiktion der „Wertbeständigkeit“ der Rechnungseinheit nicht nur für die wissenschaftliche Betrachtung, sondern auch
für die alltägliche Beobachtung des Laien von Grund aus zerstört.
Damit ist die Grundlage in die Brüche gegangen, auf der das allgemeine

Gefühl von Recht und Billigkeit sich mit der strengen Verwirklichung der Nennwerttheorie durch die Legislative und die Judikatur abgefunden hatte. Seitdem in Deutschland für jedermann die brutale Tatsache offenkundig geworden ist, daß die Reichsmark heute an Kaufkraft nur noch einen verschwindenden Bruchteil dessen bedeutet, was sie im Jahre 1913 darstellte, lehnt sich das öffentliche Rechtsempfinden dagegen auf, daß die Reichsmark des Jahres 1923 von Gesetz und Rechtsprechung als identisch mit der Reichsmark des Jahres 1913 behandelt wird.

Eine ganze Literatur ist über die Frage entstanden, in welcher Weise die Gesetzgebung dafür Sorge tragen kann und soll, daß den Schwankungen des Geldwertes der Einfluß auf den realen Inhalt der Geldschulden genommen wird[1]). Die einen schlagen vor, daß zum mindesten für neu entstehende Geldschulden anstelle des Nennbetrags der „Goldmarkwert" als maßgebend erklärt werde. Zwecks Feststellung des Inhalts der deutschen Geldschulden hätte die Reichsregierung den Kurs der Goldmark periodisch festzustellen; eine auf Reichsmark lautende Geldschuld wäre nach dem Kurs zur Zeit ihrer Begründung in Goldmark umzurechnen und nach dem Kurs zur Zeit der Erfüllung in Papiermark zu bezahlen. Die Papiermark bliebe also das gesetzliche Zahlungsmittel, die Goldmark dagegen wäre der „gesetzliche Rechnungswert". Es handelt sich bei den Vorschlägen dieser Art, wie sie insbesondere von M ü g e l literarisch vertreten worden sind[2]), um die legislatorische Anwendung der Savignyschen Kurswerttheorie auf unsere heutigen Verhältnisse.

Andere suchen für die Stabilisierung des realen Inhalts der Geldschulden einen außerhalb der Geldmetalle stehenden Maßstab. Als solchen hat Z e i l e r[3]) die „Entwicklung des volksdurchschnittlichen Einkommens", als den zahlenmäßigen Ausdruck der allgemeinen Wohlstandshöhe, vorgeschlagen, während andere die Veränderungen irgendwelcher Indexziffern von Warenpreisen oder Lebenshaltungskosten zugrunde legen wollen. Nach einem solchen Maßstabe sollen mit rückwirkender Kraft die bestehenden Geldschulden nach den für die Zeit ihrer Entstehung festzusetzenden Verhältniszahlen umgerechnet werden.

Diese Vorschläge haben kaum eine Aussicht auf eine Verwirklichung im Wege der Gesetzgebung, denn sie sind mit dem Wesen des Geldes nicht verträglich. Die „Identität von Geldzeichen und Rechnungseinheit" (Lehmann) wird in Theorie und Praxis als eines der wichtigsten Erfordernisse einer wohlgeordneten Gelderfassung angesehen. Ein Auseinanderreißen des realen Inhaltes der Geldschuld und der Zahlungsmittel, in dem die Geldschuld zu erfüllen ist, also dessen, was „in obligatione" und was „in solutione" ist, spaltet die Einheit des Geld-

---

[1]) Siehe die Zusammenstellung bei Dr. J u l i u s L e h m a n n, die Geldentwertung als Gesetzgebungsproblem des Privatrechts, Berlin 1922, S. 28.

[2]) Siehe M ü g e l, „Gesetzliche Maßnahmen aus Anlaß der Geldentwertung", in JW. 1921, S. 1269, und „Kreditgewährung und wechselnder Geldwert", in DJZ. 1922, S. 74. — Siehe auch R i n t e l e n, „Zurück zur Goldmark", Berlin 1922.

[3]) Siehe Z e i l e r, W a s s e r m a n n und M a y e r, „Die Geldentwertung als Kredit-, Kalkulations- und Besteuerungsproblem", München 1921; ferner Z e i l e r, „Eine Berücksichtigung der Geldentwertung nach dem geltenden Recht" in JW. 1922, S. 684.

begriffs und führt praktisch zu den größten Unzuträglichkeiten, wie sie bei der Besprechung der Kurswerttheorie bereits dargelegt worden sind. Dagegen sind unter dem Druck der Katastrophe unseres Geldwesens neuerdings in einer Anzahl konkreter Fälle durch freie Vereinbarung zwischen den Parteien Geldschulden geschaffen worden, bei denen das gesetzliche deutsche Geld nur noch Erfüllungsmittel, aber nicht mehr Wertinhalt ist. Hierher gehören die Roggen-Rentenbriefe und Kohlenwert-Obligationen, über die weiter unten in anderem Zusammenhang gesprochen werden soll. Bei diesen Erscheinungen handelt es sich natürlich nicht um eine Dauerlösung, sondern nur um einen Notbehelf. Eine Besserung der gegenwärtigen unerträglichen Zustände kann nur auf dem Wege herbeigeführt werden, daß unter Aufrechterhaltung der Einheit von Zahlungsmitteln und realem Inhalt der Geldschulden die Kaufkraft des Geldes wieder stabilisiert wird, was allerdings nicht durch währungstechnische Maßnahmen allein erreicht werden kann, sondern eine Wiederherstellung der Wirtschaft und die Bereinigung unserer Zahlungsverpflichtungen an das Ausland zur Voraussetzung hat.

Immerhin hat die Gesetzgebung des Reiches in einzelnen Fällen, bei denen es sich um Dauerverträge handelt, der Geldentwertung durch besondere Bestimmungen Rechnung getragen. So mit der Verordnung über die schiedsgerichtliche Erhöhung von Preisen bei der Lieferung von elektrischer Arbeit, Gas- und Leitungswasser, vom 1. Februar 1919; in den Pachtschutz-Verordnungen vom 31. Juli 1919 und 9. Juni 1920; in der Mietsgesetzgebung, insbesondere dem Reichsmietengesetz vom 24. März 1922. Im Gegensatz zu den Geldschulden, bei denen die die Geldschuld begründende Leistung als etwas abgeschlossenes in der Vergangenheit liegt, dauern bei diesen Verträgen Leistung und Gegenleistung fort; deshalb springt die durch die Geldentwertung entstandene Diskrepanz zwischen der Leistung und der in Geld bestehenden Gegenleistung besonders stark in die Augen, und die Frage wirft sich auf, ob angesichts dieser Diskrepanz der einen Partei — dem Lieferanten von Elektrizität, Gas und Wasser, dem Verpächter, dem Vermieter — die Fortsetzung der Leistung zugemutet werden kann, wenn die andere Partei nicht eine Erhöhung der in Geld bestehenden Gegenleistung gewährt, die angesichts der Geldentwertung dem tatsächlichen Werte der Leistung einigermaßen entspricht. Die Gesetzgebung hat es vorgezogen, ihrerseits diese Frage für die oben angeführten und einige andere Arten von Dauerverträgen in einer dem öffentlichen Rechtsgefühl und den wirtschaftlichen Notwendigkeiten entsprechenden, den Charakter der Geldschuld als „obligatio certa" jedoch beeinträchtigenden Weise zu entscheiden.

Die Rechtsprechung hat den Kreis der Fälle, in denen sie eine Berücksichtigung der Geldentwertung bei der Erfüllung von Geldschulden für angemessen hält, erheblich weiter gezogen als bisher die Gesetzgebung. Die Gerichte waren gezwungen, sich in einer großen Zahl von Einzelfällen mit der Frage zu beschäftigen, ob und in welcher Weise die Geldentwertung bei der Erfüllung von Geldschulden zu berücksichtigen sei; das Reichsgericht hat sich genötigt gesehen, in zahlreichen Entscheidungen zu diesem Probleme Stellung zu nehmen.

Obwohl diese Entscheidungen und ihre Begründungen nicht aus einer einheitlichen, konsequent und logisch durchgearbeiteten Auffassung entspringen, sich vielmehr in Einzelheiten vielfach widersprechen, kann man doch gewisse Grundzüge in der Entwicklung der Rechtsprechung feststellen.

Nach der negativen Seite hin ist zu konstatieren, daß die Gerichte bisher die Berücksichtigung der Geldentwertung in allen Fällen abgelehnt haben, in denen die die Geldschuld begründende Leistung in der Vergangenheit liegt, insbesondere bei Darlehnsschulden, auch bei hypothekarischen Schulden und bei ähnlichen Rechtsverhältnissen.

Nach der positiven Seite hin finden wir die Neigung zu einer Berücksichtigung der Geldentwertung bei synallagmatischen Verträgen, bei denen Leistung und Gegenleistung noch ausstehen oder jedenfalls noch nicht abgeschlossen sind; also bei Verträgen hinsichtlich derer auch die Gesetzgebung sich zu einem der Geldentwertung berücksichtigenden Eingreifen für berechtigt gehalten hat, nur daß auf diesem Gebiet die Rechtsprechung sehr viel weiter gegangen ist. Die Rechtsgrundsätze, die zur Begründung einer Annullierung oder Aenderung von Verträgen, bei denen die Leistung der einen Seite in Geld besteht, herangezogen werden, sind verschiedener Art. Zunächst wurde vorwiegend eine durch die Geldentwertung herbeigeführte Unmöglichkeit der Leistung auf der Seite des Lieferanten, welche die Befreiung von der Leistung zur Folge hat, angezogen. Dies geschah insbesondere in Fällen, in denen der Nachweis erbracht wurde, daß die infolge der Geldentwertung eingetretene Diskrepanz von Leistung und Gegenleistung im Falle der Erzwingung der Vertragserfüllung die wirtschaftliche Existenz des Lieferanten zerstören werde. Auch die „clausula rebus sic stantibus" wurde vielfach in den Begründungen angeführt, obwohl diese Klausel im BGB nicht geregelt ist. Außerdem kehrt häufig der Gedankengang wieder, daß ein Festhalten an dem Vertrage und das Verlangen der Erfüllung trotz der eingetretenen Geldentwertung gegen Treu und Glauben verstoße (§§ 157, 242 BGB).

Besonders charakteristisch ist das Urteil des Reichsgerichts vom 13. Februar 1920 (zitiert bei Lehmann a. a. O., S. 44), in dem zum ersten Mal der Grundsatz aufgestellt wird, daß „der Wille der Parteien bei ihren Abschlüssen auf ein regelrecht entgeltliches Geschäft gerichtet sei". Von der vereinbarten Bausumme — es handelte sich um den Bau eines Bootes — sei beiderseits angenommen worden, daß sie ein angemessenes Entgelt der Werkleistung darstelle; das sei nach dem tatsächlich und unvorhersehbar eingetretenen Entwicklungsgang der wirtschaftlichen Verhältnisse unausführbar geworden. Müßte der Beklagte den Bootsrumpf zum vereinbarten Preise liefern, so würde er nicht nur jeden Verdienst einbüßen, sondern noch sehr bedeutende Geldaufwendungen zusetzen müssen, während der Kläger ein Werk erhielte, dessen Wert sich dem Doppelten des Preises nähern würde. Ein solches Ergebnis könne nicht billig und gerecht erscheinen.

Noch bezeichnender ist ein Reichsgerichtsurteil vom 3. Februar 1922, in dessen Begründung ausgesprochen wird, daß die Grundlage eines Geschäftes im Sinne einer bei Geschäftsabschlüssen zutage getretenen

Vorstellung der Beteiligten über den Bestand gewisser maßgebender Verhältnisse hinfällig werden könne durch eine bloße Valutaverschiebung, nämlich dann, wenn die Fortdauer der Aequivalenz von Leistung und Gegenleistung bei dem Vertragsschluß vorausgesetzt wurde. Sollte es zu einer Aenderung des Vertrages kommen, so müßte behufs Vermeidung der Lossagung des Beklagten von dem Vertrage der Preis entsprechend der jetzigen Geldentwertung erhöht werden. Ein etwa auf andere Gründe zurückzuführender Wertzuwachs würde den Vorteil des Klägers bilden und brauche von ihm nicht ausgeglichen zu werden.

Die Geldentwertung wird also in diesen Entscheidungen in der Weise berücksichtigt, daß bei zweiseitigen Verträgen, bei denen Leistung und Gegenleistung noch aussteht, eine der Geldentwertung entsprechende Erhöhung der in Geld bestehenden· Gegenleistung zugebilligt wird; weigert sich die zur Geldleistung verpflichtete Partei, diese Erhöhung des Geldpreises zu gewähren, so kann die Gegenpartei vom Vertrage zurücktreten.

D Fiktion der Wertbeständigkeit des Geldes ist in diesen Entscheidungen nicht nur aufgegeben, sondern der anerkannten Tatsache der Geldentwertung wird ein Einfluß auf die Summe eingeräumt, in der Geldverpflichtungen zu erfüllen sind. Gleichzeitig wird in dem zuletzt angeführten Reichsgerichtsurteil ausdrücklich anerkannt, daß Wertverschiebungen auf der Seite der nicht in Geld bestehenden Leistung keinen Einfluß auf die Ausführung der Verträge haben, daß vielmehr eine auf dieser Seite seit dem Vertragsabschluß eingetretene Wertsteigerung demjenigen zugute kommt, der Anspruch auf die Lieferung des Objektes hat. Wir stehen also vor der merkwürdigen Tatsache, daß, während früher Geldwertveränderung als nicht vorhanden und jedenfalls als gänzlich unerheblich für die Erfüllung von Verträgen angesehen wurden, heute den Geldwertveränderungen, nicht dagegen auch den Wertveränderungen der Sachgüter, ein Einfluß auf die Erfüllung der Verträge eingeräumt wird. Ware bleibt also gleich Ware, aber Geld bleibt nicht mehr gleich Geld.

Indem auf diese Weise unter den in Verfall geratenen Geldverhältnissen der Gegenwart von der Rechtsprechung und teilweise auch von der Gesetzgebung der fundamentale Grundsatz der Nennwerttheorie, daß gleiche Geldsummen im Zeitenlaufe vor dem Rechte gleich bleiben, geopfert wird, kommt die Anerkennung zum Ausdruck, daß auch die rechtliche Behandlung des Geldes auf wirtschaftlichen Grundtatsachen beruht und daß eine dieser Grundtatsachen die annähernde Stabilität des Geldwertes ist. Wo diese Stabilität offensichtlich in Trümmer geht, wird Gesetzgebung und Rechtsprechung, ebenso wie die Praxis des Geldverkehrs, in Wege gezwungen, die abseits der auf dem Grunde der wohlgeordneten Geldverfassungen vom Typ der modernen Geldwährung aufgebauten Theorie liegen. Auch die Nennwerttheorie ist historisch bedingt; eine Zerstörung ihrer· wirtschaftlichen Grundlagen hat Rückfälle in eine Praxis zur notwendigen Folge, die eher der Metallwert- und Kurswerttheorie entspricht.

§ 5. Die Bedeutung von Vertragsabreden im Falle von Aenderungen im Geldwesen.

Eine Vertragsabrede kann sich sowohl auf die Art der zu leistenden Zahlungsmittel als auch auf die Quantität der zu leistenden Zahlungsmittel erstrecken. Es kann z. B. die Leistung einer bestimmten Summe in einer bestimmten Geldsorte (etwa Reichsgoldmünzen) vereinbart werden; dann handelt es sich um eine vertragsmäßig festgelegte Sortenschuld. Es kann z. B. auch das Prinzip der Kurswerttheorie oder der Metallwerttheorie, das, wie wir gesehen haben, für den Inhalt der Geldschulden ipso iure im allgemeinen nicht in Betracht kommt, vertragsmäßig zur Norm für die Leistung erhoben werden; etwa in der Weise, daß sich der Schuldner zur Leistung derjenigen Summe in Reichswährung oder in bestimmten Sorten der Reichswährung (Reichsgoldmünzen) verpflichtet, die zur Zeit der Fälligkeit der Schuld aufgrund des Kurses von Feingold in Hamburg dem Werte von 1000 kg Feingold entspricht, oder in der Weise, daß der Schuldner sich verpflichtet, Goldmünzen, die zur Zeit der Fälligkeit der Schuld gesetzliches Zahlungsmittel sein werden, zu leisten, und zwar in einem Betrage, der ebensoviel Feingold enthält, wie heute eine bestimmte Summe von Reichsgoldmünzen.

Bei der Beurteilung des Inhaltes solcher Obligationen haben wir die oben dargelegte Unterscheidung zwischen vertragsmäßigem und gesetzlichem Zahlungsmittel anzuwenden. Wir haben zunächst daran festzuhalten, daß die Leistung in gesetzlichen Zahlungsmitteln nach der Wahl des Schuldners und zu ihrem gesetzlichen Nennwerte vom Gläubiger bei Vermeidung des Verzugs nur insoweit angenommen werden muß, als eine vertragsmäßige Abrede über die zu leistende Zahlung entweder nicht vereinbart worden ist oder insoweit, als eine getroffene Abrede durch irgendwelche Verhältnisse hinfällig geworden ist. Dieser Satz gilt aufgrund des Verhältnisses zwischen vertragsmäßigem und gesetzlichem Zahlungsmittel sowohl bei gleichbleibender Geldverfassung, als auch im Hinblick auf Veränderungen der Geldverfassung; nur daß Veränderungen der Geldverfassung an sich schon geeignet sind, ein Hinfälligwerden von vertragsmäßigen Abreden zu bewirken.

Die hier zu prüfenden Fragen, die infolge der Anwendung der oben bereits erwähnten „Goldklausel" früher schon zeitweise lebhaft diskutiert worden sind und die infolge der Ersetzung der Reichsgoldwährung durch eine Papierwährung für die gegenwärtigen Verhältnisse in Deutschland eine ganz besondere Bedeutung gewonnen haben, gehen in der Hauptsache dahin, inwieweit einerseits vertragsmäßige Abreden über die Art und den Betrag einer in der Zukunft zu leistenden Zahlung die Wirkungen künftiger Aenderungen der Geldgesetzgebung ausschließen können, inwieweit andererseits durch Aenderungen der Gesetzgebung über das Geldwesen vertragsmäßige Abreden der bezeichneten Art von selbst hinfällig werden oder hinfällig gemacht werden können.

Was zunächst die letztere Frage anlangt, so steht außer Zweifel, daß Aenderungen der Münzgesetzgebung, durch welche die Erfüllung einer vertragsmäßigen Abrede über eine Zahlungsleistung tatsächlich zur Unmöglichkeit wird oder ausdrücklich unmöglich gemacht wird, die vertragsmäßige Abrede aufheben und die Obligation auf eine allgemeine Geldschuld reduzieren. Wenn z. B. in einer Geldschuld die Leistung einer bestimmten Geldsorte bedungen ist und wenn diese Sorte durch eine Aenderung der Münzgesetzgebung tatsächlich verschwindet oder beseitigt wird, so ist die Schuld in den zur Zeit ihrer Fälligkeit mit gesetzlicher Zahlungskraft ausgestatteten Münzen oder Scheinen zu erfüllen, wie wenn keine spezielle Sorte bedungen worden wäre.

Anders liegt die Frage, ob Aenderungen der monetären Gesetzgebung auch dann, wenn sie nicht die tatsächliche Unmöglichkeit der Erfüllung der Vertragsabrede bewirken, dennoch den Schuldner von der Erfüllung der Vertragsabrede entbinden können. Um den praktischen Fall der Goldklausel als Beispiel zu nehmen: wenn der Schuldner sich zur Rückzahlung des ihm gewährten Darlehens in Reichsgoldmünzen zu deren Nennwerte verpflichtet hat, wäre dann diese besondere Verpflichtung auch in dem Falle bestehen geblieben, daß vor dem Fälligkeitstermine ein Uebergang zur Doppelwährung stattgefunden hätte in der Weise, daß neben den Reichsgoldmünzen neue Silbermünzen mit voller gesetzlicher Zahlungskraft eingeführt worden wären? In diesem Falle wäre die Erfüllung der Vertragsabrede nach wie vor tatsächlich möglich gewesen. Trotzdem wurde von manchen Seiten behauptet, daß eine gesetzliche Aenderung der bezeichneten Art die Vertragsabrede ohne weiteres hinfällig mache, da ja die Einführung der Doppelwährung überhaupt nur in der Weise möglich sei, daß die Annahme der neuen Silbermünzen in Zahlung anstelle des bisherigen Kurantgeldes, der Goldmünzen, vorgeschrieben werde.

Meines Erachtens ist diese Folgerung unrichtig. Eine gesetzliche Bestimmung der bezeichneten Art kann sich o h n e w e i t e r e s nur auf allgemeine Geldschulden beziehen; denn ebenso wie bei gleichbleibendem Stande der Münzgesetzgebung die Rechtsvorschriften über die gesetzlichen Zahlungsmittel nur insoweit Platz greifen, als gültige und erfüllbare Vertragsabreden über den Inhalt der Geldschuld nicht bestehen, ebenso muß das Verhältnis von vertragsmäßigen und gesetzlichen Solutionsmitteln auch für den Fall von Aenderungen der monetären Gesetzgebung angesehen werden. So gut, wie unmittelbar nach der Einführung der Doppelwährung gültige Kontrakte, die Zahlung in Goldmünzen bedingen, abgeschlossen werden können, soweit solche Abmachungen nicht ausdrücklich untersagt sind, ebensogut muß eine tatsächlich noch erfüllbare Abrede dieser Art auch dann eingehalten werden, wenn sie aus der Zeit vor der Gesetzesänderung stammt. An der unveränderten Gültigkeit einer solchen Abrede ist insbesondere dann nicht zu zweifeln, wenn sie (nach dem Vorschlage B u l l i n g s) die ausdrückliche Bestimmung enthält, daß die Zahlung auch dann in Goldmünzen zu leisten ist, wenn der Schuldner gesetzlich befugt wäre, in Silber zurückzuzahlen. Wir haben also prinzipiell die Möglichkeit anzuerkennen, daß Vertragsabreden die Wirkung künftiger Aenderungen der Münzgesetzgebung auszuschließen vermögen.

Aber diese Möglichkeit ist auf der anderen Seite keine unbedingte. Ebenso wie es denkbar ist, daß ein Staat, der die Doppelwährung einführt, Vertragsabreden, nach welchen dem Schuldner die Wahl des Zahlungsmittels beschränkt wird, verbietet — ein Fall, der meines Wissens allerdings niemals praktisch geworden ist —, ebenso wäre es möglich, daß ein Staat bei dem Uebergange von der Gold- zur Doppelwährung alle vor diesem Währungswechsel vereinbarten Vertragsabreden über den Inhalt von Geldschulden für ungültig und nichtig erklärt. Diese Möglichkeit muß als vorhanden anerkannt werden, auch wenn man ein solches Verfahren de lege ferenda zu verwerfen geneigt ist. Ein Verfahren dieser Art wäre in der Tat zu verwerfen, weil das Gesetz sich niemals dazu hergeben sollte, eine Verletzung von Treu Glauben zu sanktionieren, indem es den Verpflichteten berechtigt, etwas anderes zu leisten, als beim Vertragsschluß nach Meinung beider Parteien zum Gegenstande der Leistung bestimmt wurde. Aber die Gültigkeit eines solchen Gesetzes würde gleichwohl außer Frage stehen.

Die hier vorgetragene Auffassung befindet sich in Uebereinstimmung mit einer Anzahl von Beschlüssen des Kammergerichts über die Eintragbarkeit der Goldklausel in das Grundbuch und über die Rechtswirkungen dieser Eintragung. So heißt es in einem Beschlusse vom 11. Juli 1887: durch die Eintragung, daß die Verzinsung und Rückzahlung des Kapitals auf Verlangen des Gläubigers in deutschen Reichsgoldmünzen geleistet werden müsse, sei kundgegeben, „daß die Art der Rückzahlung, welche die bestehende Gesetzgebung zur Zeit anordnet[1]), von den Parteien zugleich zu einer vertragsmäßigen erhoben ist, was rechtliche Bedeutung gewinnen kann, wenn z. B. Deutschland — o h n e w e i t e r e A e n d e r u n g d e r G e s e t z g e b u n g — die Doppelwährung einführen sollte“. — Aehnlich heißt es in einem Beschlusse des Kammergerichts von 22. April 1899, daß durch die Eintragung der Verpflichtung, alle Zahlungen an Kapital und Zinsen in jetziger deutscher Reichsgoldwährung zu leisten, die Interessenten „diejenige Art der Zahlung, welche die bestehende Gesetzgebung zur Zeit anordnet, zu einer vertragsmäßigen erhoben“ hätten. „Diese Abrede würde für den Fall der Einführung der Silberwährung neben der jetzt bestehenden Goldwährung insofern von Erheblichkeit sein, als sie den Schuldner dann verpflichtet, anstatt nach seiner Wahl in einer der Währungen, nach Maßgabe der Goldwährung zu leisten. Da sonach jenes Abkommen der Gläubigerin für einen denkbaren Fall mehr Rechte gewährt, als ihr bei dem gegenwärtigen Stande der Intabulata zukommen, so erscheint die Eintragung des Vermerks, durch welchen die getroffene Abrede gegen jeden nachfolgenden Grundstückseigentümer wirksam wird, keineswegs überflüssig.“ Eine weitere Entscheidung in dieser Frage ist enthalten in einem Beschlusse des Kammergerichts vom 22. September 1902. Dieser Beschluß erklärte die Eintragung der Klausel, „daß die Zahlung des Kapitals auf Verlangen der Gläubigerin in deutschen Reichsgoldmünzen zu leisten ist, welche in Gemäßheit

---

[1]) Die Kurantgeldeigenschaft der Taler, die damals noch nicht außer Kurs gesetzt waren, ist dabei übersehen.

des Münzgesetzes vom 9. Juli 1873 ausgeprägt sind", für zulässig und führt aus, daß der Sinn dieser Klausel sich nur dahin auffassen lasse, „daß, soweit nach dem deutschen Münzsysteme neben den Goldmünzen auch Silbermünzen währungsgemäßes Zahlungsmittel sind, auf Verlangen der Gläubigerin ausschließlich in den währungsgemäßen Goldmünzen gezahlt werde. Sie will sich in ihren Wirkungen also sowohl auf das gegenwärtige Münzsystem erstrecken, wonach gesetzlich die noch im Umlauf befindlichen Talerstücke neben den Reichsgoldmünzen als Zahlungsmittel zugelassen sind, als auch auf den Fall der eigentlichen Doppelwährung, bei der Silbermünzen schlechthin neben dem Goldgelde währungsgemäßes Zahlungsmittel bilden."

In diesen Beschlüssen haben wir mithin die Auffassung, daß eine vertragsmäßige Abrede über die Art der Zahlungsleistung die Wirkung künftiger Gesetze über die gesetzlichen Zahlungsmittel ausschließen könne und daß Bestimmungen über die gesetzlichen Zahlungsmittel nur insoweit Platz greifen, als nicht gültige Abreden über ein vertragsmäßiges Zahlungsmittel bestehen. Der erste der angeführten Beschlüsse deutet jedoch an, daß in der Weise, wie es oben dargestellt wurde, die Gültigkeit von Vertragsabreden über die Art der Zahlungsleistung ihrerseits durch die Gesetzgebung aufgehoben werden kann, auch dann, wenn die Vertragsabrede tatsächlich erfüllbar bleibt. Nur in diesem Sinne läßt sich die oben gesperrt gedruckte Einschaltung „ohne weitere Aenderung der Gesetzgebung" interpretieren. Die Goldklausel mußte also nach diesem Urteil rechtliche Bedeutung gewinnen, wenn Deutschland zur Doppelwährung überging, ohne gleichzeitig eine w e i t e r e (d. h. über die Einführung der Doppelwährung hinausgehende) Aenderung der Gesetzgebung vorzunehmen, durch welche die Gültigkeit früherer Vereinbarungen über die Art der Zahlungsleistungen ausdrücklich aufgehoben worden wäre.

Das prinzipielle Verhältnis von Vertragsabreden und gesetzlichen Bestimmungen über die Art der Zahlungsleistung ist damit festgelegt. Im einzelnen Falle wird alles von der Formulierung sowohl der Vertragsabreden als auch der bei einer Veränderung der Geldverfassung erlassenen Gesetzesvorschriften abhängen. Ein theoretisches Interesse an der Untersuchung der verschiedenen Möglichkeiten liegt nicht vor. Ebenso ist die Frage, in welcher Formulierung Vertragsabreden über die Art der Zahlungsleistung in das Grundbuch eingetragen werden können, für die Geldtheorie nicht von Belang. Die Entscheidung richtet sich nach dem das Grundbuch betreffenden positiven Rechte, und es ist für das Wesen der hier dargestellten Verhältnisse gleichgültig, ob das positive Recht irgendeines Staates etwa nur die Eintragung allgemeiner Geldschulden in das Grundbuch zuläßt, oder ob und in welchem Umfange es die Eintragung von Vertragsabreden über die Art der Zahlungsleistung gestattet.

Die vorstehenden Ausführungen sind aus den früheren Auflagen, deren Fassung aus der Zeit der deutschen Goldwährung herrührt, unverändert übernommen worden. Inzwischen hat die Frage der „G o l d - k l a u s e l" — nicht, wie früher angenommen wurde, durch einen

Uebergang zur Doppelwährung, sondern durch den Uebergang zur Papierwährung und die starke Entwertung des Papiergeldes — wie bereits erwähnt — eine wohl von niemand vorausgesehene praktische Bedeutung gewonnen. Es ist deshalb nicht nur vom Standpunkte der Geldtheorie, sondern auch vom Standpunkte der praktischen Interessen aus von besonderer Wichtigkeit, festzustellen, wie die Gesetzgebung und die Rechtsprechung sich zu der „Goldklausel" unter der Herrschaft der Papierwährung verhalten haben.

Zunächst ist zu berücksichtigen, daß in der gesetzlichen Zahlungskraft, die den einzelnen Geldsorten im Privatverkehr zukommt, eine Aenderung nur hinsichtlich der wegen ihres geringen Betrags (240 Millionen Mark) praktisch bedeutungslosen Reichskassenscheine eingetreten ist: die Reichskassenscheine, die vorher nur Kassenkurs hatten, sind durch Gesetz vom 4. August 1914 zum gesetzlichen Zahlungsmittel erklärt worden. Die Reichsbanknoten, die praktisch allein in Betracht kommen (Umlaufsbetrag am 7. März 1923 rund 3,871 Milliarden Mark) hatten gesetzliche Zahlungskraft im Privatverkehr schon seit dem 1. Januar 1910, und die durch ein Gesetz vom 4. August 1914 geschaffenen Darlehnskassenscheine (Umlauf am 7. März 1923 etwa 12,9 Milliarden Mark) sind nicht mit gesetzlicher Zahlungskraft im Privatverkehr ausgestattet worden. In der Zahlungsmittel-Eigenschaft der einzelnen deutschen Geldzeichen ist also eine Aenderung von wesentlicher Bedeutung überhaupt nicht vorgenommen worden.

Allerdings hat das Wesen der Reichsbanknote durch die am 31. Juli 1914 vom Reichsbankdirektorium verfügte und durch Gesetz vom 4. August 1914 mit rückwirkender Kraft bis zu diesem Tage anerkannte Einstellung der Goldeinlösung der Reichsbanknoten eine erhebliche Veränderung erfahren. Aber niemand hat aufstellen wollen und wird aufstellen können, daß die Aufhebung der Goldeinlösung der Reichsbanknoten, diese allein wesentliche Aenderung in der Struktur der deutschen Geldverfassung, ohne weiteres die Wirkung hätte haben können, die in irgendeiner Form der Goldklausel enthaltenen Vertragsabreden über die Art der Erfüllung der Geldschulden außer Kraft zu setzen.

Die oben vorausgesehene, wenn auch als unbillig verworfene Eventualität, daß die Gesetzgebung die früher vereinbarten Vertragsabreden über den Inhalt der Geldschulden als ungültig erklären könne, ist jedoch Wirklichkeit geworden: Durch eine Bekanntmachung des Bundesrates über die Unverbindlichkeit gewisser Zahlungsvereinbarungen vom 28. September 1914 (RGBl. S. 417) wurde bestimmt, daß die vor dem 31. Juli 1914 getroffenen Vereinbarungen, nach denen eine Zahlung in Gold zu erfolgen habe, bis auf weiteres nicht verbindlich sind.

In der Begründung der Verordnung wurde ausgeführt, daß das Gesetz vom 4. August 1914, das die Einlösung der Reichsbanknoten und Reichskassenscheine in Gold aufhob, es erforderlich gemacht habe, auch die Goldklausel vorübergehend außer Kraft zu setzen, um den Schuldner gegen eine schikanöse Ausübung der Gläubigerrechte zu schützen; die Außerkraftsetzung sei unbedenklich, da die Gläubiger dadurch in keiner Weise benachteiligt würden.

Die „vorübergehende" Außerkraftsetzung der Goldklausel ist bis zum heutigen Tage in Kraft geblieben. Mit der Entwertung des deutschen Papiergeldes auf weniger als ein Tausendstel seiner ursprünglichen Goldparität hat diese Maßnahme eine Bedeutung gewonnen, die bei ihrem Erlaß von ihren Urhebern sicher nicht vorausgesehen worden ist: man ging damals davon aus, daß nach Beendigung des voraussichtlich nur kurzen Krieges die deutsche Valuta bald wieder auf ihre Goldparität steigen und daß deshalb die vorübergehende Suspension der Goldklausel keinerlei Dauerwirkung haben werde. Daher der heute nahezu grotesk anmutende Satz, daß durch diese Maßnahme die Gläubiger in keiner Weise benachteiligt würden. Tatsächlich erhalten die Gläubiger aus den mit der Goldklausel versehenen Hypotheken aufgrund der heute noch geltenden Verordnung vom 28. September 1914 bei den Zinszahlungen und der Kapitalrückzahlung nur einen minimalen Bruchteil dessen, was ihnen bei Aufrechterhaltung der Goldklausel zustehen würde. Denn die Wirkung der Verordnung ist, daß auch die mit einer Goldklausel versehenen Geldschulden vom Schuldner so erfüllt werden können, als ob sie allgemeine, auf Reichswährung schlechthin lautende Geldschulden wären, also in Reichsbanknoten und Reichskassenscheinen zu deren Nennwert.

Solange die Entwertung der Mark sich in engen Grenzen bewegte und noch die Hoffnung auf einen erträglichen Ausgang des Krieges und damit auch auf eine Wiederherstellung der deutschen Valuta bestand, hat die Verordnung vom 28. September 1914 kaum einen Widerspruch gefunden. Erst die Jahre nach dem Zusammenbruch und der Unterzeichnung des Versailler Diktates haben mit dem rapiden Sturz der deutschen Valuta der Frage der Goldklausel ihre große praktische Bedeutung gegeben. Es ist begreiflich, daß diejenigen, die sich durch die Außerkraftsetzung der Goldklausel aufs Schwerste geschädigt fühlten, den Versuch machten, gerichtliche Entscheidungen zur Verbesserung ihrer Lage herbeizuführen. Auf diese Weise sind einige für die Beurteilung der Frage der Gültigkeit von Vertragsabreden im Falle von Währungsänderungen höchst interessante Entscheidungen des Reichsgerichts ergangen.

Wichtig ist zunächst eine Entscheidung vom 30. Sept. 1920 (RG. 100, 79). In dem zur Entscheidung stehenden Falle war neben einer eigentlichen Goldklausel folgende Valutaklausel vereinbart:

„Falls jedoch im Momente des Eintreffens der Zahlung am Erfüllungsort der Kurs der deutschen Währung in Basel tiefer stehen sollte als am Tage der Auszahlung des Darlehens, so hat der Schuldner den aus der Kursdifferenz sich ergebenden Betrag an den Gläubiger zu entrichten."

Das Reichsgericht stellte fest, daß diese Vereinbarung von der Goldklausel unabhängig sei und daß deshalb der Schuldner die Wirkungen des Sinkens der deutschen Valuta in dem vereinbarten Umfange zu tragen habe.

In einer weiteren Entscheidung vom 18. Dezember 1920 (RG. 101, 141) beschäftigte sich das Reichsgericht mit einer Vereinbarung, lautend: „in deutscher Währung zahlbar, und zwar auf spezielle An-

ordnung der Gläubigerin in Reichsgoldmünzen". Es handelte sich hier
also um eine Goldklausel im eigentlichen Sinne des Wortes, die — da
sie vor dem 31. Juli 1914 vereinbart worden war, durch die Verordnung
vom 28. Sept. 1914 außer Kraft gesetzt wurde. Das Reichsgericht
stellte dies fest und streifte dabei die Frage, ob „Goldwertklauseln",
die aus der Zeit vor dem 31. Juli 1914 stammten, durch die Verordnung vom 28. September 1914 berührt würden, ohne jedoch dazu
Stellung zu nehmen. Dieser Frage war allerdings bereits durch die
vorerwähnte Entscheidung vom 30. Sept. 1920, bei der die in ihrem
Wesen auf eine Goldwertklausel hinauskommende Valutaklausel anerkannt wurde, präjudiziert. Den Einwand des Gläubigers, die Worte
„bis auf weiteres" in der Verordnung vom 28. September 1914 seien
dahin zu verstehen, daß der Anspruch des Gläubigers auf Zahlung in
Gold bestehen bleibe und lediglich seine Geltendmachung einstweilen
hinausgeschoben sei, wies das Reichsgericht zurück und erklärte den
Schuldner für berechtigt, während der Gültigkeitsdauer der Verordnung
in Papiergeld zu zahlen.

Von besonderem Interesse ist eine Entscheidung vom 11. Januar
1922 (RG. 103, 384). Der zur Entscheidung stehende Fall lag folgendermaßen:

Für den Kläger war auf Grundstücken im Rheinland eine Dar-
lehenshypothek von 55000 Mark zugunsten des Beklagten eingetragen.
Laut Schuldurkunde vom 18. August 1914 hatten die Parteien ver-
einbart, daß alle Zahlungen in deutscher Goldwährung zu leisten seien.
Im Jahre 1920 entstand zwischen den Parteien Streit darüber, ob die
Rückzahlung in Höhe des Betrages erfolgen müsse, der dem Werte des
Darlehens in Reichsgoldmünzen entspreche. Der Kläger zahlte die
Hypothek in Papiergeld zum Nennwert zurück und erhob Feststellungs-
klage, daß mit dieser Zahlung die Forderung des Beklagten getilgt sei.
Der Beklagte begehrte durch Widerklage Verurteilung des Klägers zur
Zahlung weiterer 1072000 Mark. Sowohl das Landgericht Elberfeld
als auch das Oberlandesgericht Düsseldorf traten dem Kläger bei und
wiesen die Mehrforderung des Beklagten ab. Das Reichsgericht billigte
die Entscheidung des Oberlandesgerichts. Bei der Würdigung der Begründung dieser Entscheidung ist zu beachten, daß die in Rede stehende
Klausel nicht unter die Verordnung vom 28. September 1914 fiel, da
sie erst nach dem 31. Juli 1914 vereinbart worden war. Der Fall war
also, unabhängig von der Verordnung vom 28. September 1914, aufgrund
allgemeiner Rechtssätze und aufgrund der tatsächlichen Gestaltung der
deutschen Geldverhältnisse zu entscheiden.

Das Reichsgericht ging von der Erwägung aus, daß die zwischen
den Parteien getroffene Vereinbarung der Zahlung „in deutscher Goldwährung" als „eigentliche Goldklausel" anzusehen, d. h. in dem Sinne
auszulegen sei, daß der Kläger die Zahlung in Reichsgoldmünzen zu
leisten habe, daß er aber nicht, wie es bei der Vereinbarung einer
„Goldwertklausel" der Fall sein würde, sich verpflichtet habe, eine
dem Werte des geschuldeten Betrages in Reichsgoldmünzen gleich-
kommenden Betrag zu entrichten. Begründet wurde diese Auffassung
damit, daß eine „deutsche Goldwährung" im Sinne eines Währungs-

systems nicht mehr bestanden habe, seitdem durch das Gesetz vom 4. August 1914 die Verpflichtung der Reichshauptkasse und der Reichsbank zur Einlösung der Reichskassenscheine und Reichsbanknoten aufgehoben worden sei; deshalb sei die Vereinbarung in Uebereinstimmung mit dem Berufungsrichter dahin aufzufassen, daß Zahlung in deutschen Gold m ü n z e n als bedungen anzusehen sei. Nun aber seien zurzeit der von dem Kläger bewirkten Zahlung (5. Februar 1920) die vereinbarten Münzen, nämlich die deutschen Reichsgoldmünzen „nicht mehr im Umlauf"[1]) gewesen. Daraus folgerte das Reichsgericht in Übereinstimmung mit dem Berufungsrichter, daß gemäß § 245 BGB die Zahlung so zu leisten war, wie wenn die Münzsorte nicht bestimmt gewesen wäre, daß also der Kläger sowohl verpflichtet als auch berechtigt gewesen sei, den Darlehensbetrag durch Zahlung in Papiergeld zum Nennwerte abzudecken und daß er mithin durch die von ihm geleistete Zahlung von seiner Schuld befreit sei. Allerdings hätte der Beklagte ein Interesse daran gehabt, sich eine Gold w e r t klausel auszubedingen; daß er dies aber getan habe, sei aus der vereinbarten Klausel in keiner Weise zu entnehmen.

Aus diesen Entscheidungen ergibt sich folgende Rechtslage:

Eigentliche Goldklauseln, d. h. Vereinbarungen der Zahlung in deutschen Reichsgoldmünzen oder deutscher Reichsgoldwährung sind, soweit sie aus der Zeit vor dem 31. Juli 1914 stammen, durch die Verordnung vom 28. September 1914 außer Kraft gesetzt; soweit sie später vereinbart worden sind, wären sie an sich verbindlich, jedoch sind sie durch das tatsächliche Fehlen des Goldumlaufs gemäß § 245 BGB unwirksam geworden.

Goldwertklauseln und Valutaklauseln, d. h. Vereinbarungen, nach denen die geschuldete Summe in dem jeweiligen gesetzlichen Reichsgelde nach dem Werte der Reichsgoldmünzen oder nach dem Kurse einer fremden Valuta zu bezahlen sind, bleiben verbindlich, einerlei ob sie nach oder vor dem 31. Juli 1914 abgeschlossen worden sind. Jedoch ist zu beachten, daß der Kreis der Geschäfte, für welche die Goldwertklausel verwendbar ist, dadurch eine erhebliche Einschränkung erleidet, daß sie nach einer früheren Entscheidung des Reichsgerichts (RG. 50, 144) nicht in das Grundbuch eingetragen werden kann. Dagegen hat eine Verordnung vom 13. Februar 1920 (RGBl. S. 231) die Eintragung von Hypotheken in ausländischer Währung mit Einwilligung der Landeszentralbehörde gestattet.

Eine Sonderregelung eigner Art hat das Reich durch einen Vertrag vom 6. Dezember 1920 mit der Schweiz zugunsten der schweizerischen Inhaber deutscher, mit der Goldklausel versehener Hypotheken getroffen. Ohne die reichsgerichtliche Entscheidung in den über die Verzinsung und Rückzahlung dieser Hypotheken schwebenden Prozessen abzuwarten, wurde mit der Annahme dieses Vertrages durch einen Akt der Gesetz-

---

[1]) Zwischen dem V o r h a n d e n s e i n an Reichsgoldmünzen — denn vorhanden sind solche Münzen heute noch; auch werden sie von der Reichsbank im Auftrage des Reiches zu amtlich bekannt gemachten Kursen angekauft — und dem „U m lauf" im Sinne des § 245 BGB wird also in dieser Entscheidung ein charakteristischer Unterschied gemacht.

gebung gegen gewisse von den schweizerischen Gläubigern zu gewährende
Erleichterungen die Wirksamkeit der Goldklausel im Verhältnis zwischen
deutschen Schuldnern und schweizerischen Gläubigern anerkannt. Diese
Sonderregelung ist eine schwere Inkonsequenz und bedeutet eine durch
Rechtsgründe in keiner Weise zu rechtfertigende Differenzierung zwischen
den deutschen und den schweizerischen Gläubigern und zwischen den
deutschen Schuldnern, je nachdem der Inhaber der Hypothekenforderung
schweizerischer Staatsangehöriger ist oder nicht. Der Vertrag ist von
den deutschen Interessenten scharf angefochten worden. Das letzte
Wort in dieser Sache dürfte noch nicht gesprochen sein.

§ 6. Das Nennwertverhältnis zwischen altem und neuem Gelde.

Wenn oben die sich aus dem Wesen des Geldes ergebende Notwendigkeit einer gesetzlichen Festsetzung des Nennwertes eines neuen
Geldes im Verhältnis zum Nennwerte des bisherigen Geldes dargelegt
worden ist, so bleibt noch die Frage, nach welchen Grundsätzen dieses
Verhältnis zu bemessen ist, eine Frage, die nicht nur de lege ferenda
in Betracht kommt, sondern eventuell auch für gerichtliche Entscheidungen,
z. B. in dem Falle, daß eine nicht mehr umlaufende Münzsorte, über
deren Umrechnung keine gesetzliche Vorschrift existiert, Gegenstand
einer fälligen Geldschuld ist.

„Es sind historisch unzählige Münzänderungen vorgenommen
worden aus Beweggründen, denen wir heute die Berechtigung abstreiten,
so Herabsetzungen des Feingehaltes der Münzen zum Zwecke der fiskalischen Bereicherung oder zum Zwecke einer Entlastung der Schuldner
auf Kosten der Gläubiger; aber auch heute noch wird jeder Staat, wenn
es sich um Sein oder Nichtsein handelt, unbedenklich zur Ausgabe von
Papiergeld mit Zwangskurs greifen, um sich die Mittel zu seiner Selbsterhaltung zu verschaffen. Ein solches Papiergeld, das der Gefahr einer
starken Entwertung ausgesetzt ist, kann zweckmäßigerweise nur mit
gesetzlicher Zahlungskraft zum Nennwerte ausgestattet werden. Für
den Staat kommt es darauf an, mit diesem Papiergelde im freien Verkehr Mittel zur Erfüllung seiner Aufgaben zu beschaffen; er wird das
um so leichter und vollkommener erreichen, je höher der Verkehr sein
Papiergeld bewertet, und die Fähigkeit, zu einem festen Nennwerte zur
rechtskräftigen Tilgung von Geldschulden zu dienen, wird dem Papiergelde natürlich einen weit höheren Verkehrswert sichern, als wenn
ihm — wie früher mitunter versucht worden ist — nur Zahlungskraft
zu einem von Tag zu Tag schwankenden Kurswerte gegeben würde.“ —
Diese Ausführungen der früheren Auflagen haben im Weltkrieg und
in der Nachkriegszeit eine Bestätigung von nie geahntem Umfang erfahren.
Im historischen Teil dieses Buches wurde gezeigt, wie nicht nur die
sämtlichen Kriegführenden, sondern auch die weitaus meisten Neutralen
sich genötigt gesehen haben, in einem bisher nicht gekannten Maße
zur Ausgabe uneinlösbaren Papiergeldes zu greifen.

Abgesehen von solchen Notlagen, die das Prinzip brechen,
galt es als Gemeinüberzeugung, daß der Staat durch Veränderungen
des Geldes keine ökonomischen Verschiebungen, durch welche die eine
oder andere Klasse geschädigt werden muß, herbeiführen dürfe; mit

anderen Worten: der „Wert des Geldes" soll durch Veränderungen des Geldsystems möglichst wenig betroffen werden, der Schuldner soll durch eine das Geld betreffende Maßregel ebensowenig wie der Gläubiger geschädigt werden. Die Ermittelung einer angemessenen Relation für den Uebergang von einer Währung zu einer anderen ist mithin ein nationalökonomisches Problem[1]).

Wird bei einer Geldverfassung, in welcher zwischen der Geldeinheit und einem bestimmten Quantum Edelmetall durch freie Prägung und ergänzende Vorkehrungen ein annähernd festes Wertverhältnis besteht, lediglich der Münzfuß geändert, so wird man im allgemeinen geneigt sein, den Nennwert der neuen Geldeinheit zu demjenigen der alten nach dem Verhältnisse des gesetzlichen Feingehaltes der beiden Geldeinheiten zu normieren, da sich in einem gegebenen Augenblicke der Wert zweier verschiedener Quantitäten des gleichen Edelmetalls natürlich genau ebenso verhält, wie die Gewichtsmengen[2]). Abweichungen von dem durch den gesetzlichen Feingehalt gegebenen Wertverhältnisse erscheinen unter gewissen Voraussetzungen zulässig, zum Beispiel dann, wenn der tatsächlich vorhandene Münzumlauf infolge langjähriger Abnutzung einen Mindergehalt gegenüber der gesetzlichen Norm aufweist und wenn infolgedessen der Wert der umlaufenden Münzen geringer ist als der Wert ihres gesetzlichen Feingehaltes.

---

[1]) Nähere Ausführungen sind unten in Abschnitt IV. Kapitel 12 enthalten. Knapp gibt S. 182—202 eine sehr eingehende Analyse der Währungsänderungen. Abgesehen von Unterscheidungen, die von anderen Kriterien ausgehen, unterscheidet er nach dem Wertverhältnisse des neuen Geldes zum alten „steigende", „schwebende" und „sinkende Uebergänge". Nur spricht er den Währungsänderungen jede irgend erhebliche Wirkung für die innere Volkswirtschaft ab, ausschließlich der Metallhandel werde durch Währungsänderungen unmittelbar berührt; im übrigen könne ein Währungswechsel nur durch sekundäre Veränderungen mancher „Konjukturen" wirksam werden. — Diese durch die Erfahrungen der letzten Jahre widerlegte Auffassung ist nur dadurch erklärlich, daß für Knapp das Problem des Geldwertes überhaupt nicht existiert, daß er infolgedessen die auf Seite des Geldes wirksamen Bestimmungsgründe für die Veränderungen der Warenpreise ignoriert. Das Geld hat für ihn nur eine „Geltung", keinen „Wert"; es existiert für ihn nur als Zahlungsmittel für Geldschulden (als juristische Kategorie), nicht als Gegenwert bei den Umsätzen des freien wirtschaftlichen Verkehrs (als ökonomische Kategorie). Für ihn ist das Problem des Währungswechsels mit der irrigen Voraussetzung erledigt, daß die Stellung der wirtschaftenden Individuen eine „amphitropische" sei, d. h. daß jedes Individuum zugleich Schuldner und Gläubiger sei; bei sinkenden oder steigenden Währungsänderungen werde deshalb der scheinbare Verlust oder Gewinn beim Nehmen ausgeglichen durch den entsprechenden Gewinn oder Verlust beim Geben; eine Auffassung, die sofort widerlegt wird durch die Tatsache, daß zahlreiche wirtschaftende Individuen Waren verkaufen müssen, um das zur Bezahlung ihrer Schulden oder der Zinsen auf ihre Schulden erforderliche Geld zu beschaffen, während andere gezwungen sind, mit dem aus ihren Forderungen eingehenden Gelde Waren zu kaufen. Wenn also ein Währungswechsel auf die Warenpreise einwirkt, so verändert er, trotzdem oder gerade weil er die Geltung des Geldes als Zahlungsmittel für Geldschulden nicht berührt, die wirtschaftliche Lage beider Volksschichten. Daß diese Aenderungen für große und wichtige Teile eines Volkes geradezu katastrophal werden können, erleben wir in der völligen Zermalmung der Schicht der sogenannten „Kleinrentner".

[2]) Dieser Grundsatz ist ausgedrückt im allgemeinen Landrecht I Titel a § 785 i:
„Ist seit der Zeit des gegebenen Darlehens der Münzfuß verändert worden, so bestimmt das Verhältnis des alten gegen den zur Zeit der Rückzahlung bestehenden Münzfuß die Verbindlichkeit des Schuldners."

So ist im Jahre 1857, als die Wiener Münzkonvention anstelle der alten Kölnischen Mark das Zollpfund als Münzgewicht einführte, der neue Taler im Silbergehalt von $^1/_{30}$ Pfund dem alten Taler im Silbergehalt von $^1/_{14}$ Kölnische Mark gleichgesetzt worden, obwohl der gesetzliche Feingehalt des neuen Talers um 0,2235 Prozent hinter dem des alten Talers zurückblieb.

Beträchtlich schwieriger als bei einer bloßen Aenderung des Münzfußes ist die Frage der Relation zwischen dem alten und neuen Gelde, wenn das Währungsmetall geändert wird. Zwischen Silber und Gold besteht kein durch bloße Gewichtsverhältnisse gegebenes Wertverhältnis, wie etwa zwischen $^1/_{14}$ Kölnische Mark Feinsilber und $^1/_{30}$ Pfund Feinsilber. Wohl besteht auf dem Edelmetallmarkte in jedem Augenblicke ein feststellbares Wertverhältnis zwischen Silber und Gold, und auf dieses hat man zurückgreifen müssen, wenn man ein in seinem Werte bisher wesentlich durch das Silber bestimmtes Geld durch ein vermittelst freier Prägung usw. mit dem Golde in Beziehung zu bringendes Geld ersetzen wollte. Aber das Wertverhältnis der beiden Edelmetalle auf dem Markte unterliegt fortgesetzten Schwankungen, es ist zu verschiedenen Zeitpunkten verschieden; welcher Zeitpunkt soll für die Bestimmung des Verhältnisses des neuen Goldgeldes zum alten Silbergelde der maßgebende sein?

Diejenigen, welche auf den mehr oder weniger weit zurückliegenden Entstehungstermin der schwebenden Obligationen sehen, verlangen — wie bereits in anderem Zusammenhange erwähnt —, daß das durchschnittliche Wertverhältnis eines längeren Zeitraums vor dem Währungswechsel als maßgebend angenommen werde; wer den Zeitpunkt der Fälligkeit von Obligationen als prinzipiell entscheidend für die Umrechnungsnorm ansieht, muß konsequenterweise die möglichste Berücksichtigung der zukünftigen Gestaltung des Wertverhältnisses zwischen beiden Metallen empfehlen. Die einen sehen mit rückwirkender Kraft das neue Währungsmetall, die anderen mit über den Währungswechsel hinauswirkender Kraft das alte Währungsmetall als den wahren Maßstab des Inhaltes der Geldschulden an. In Wahrheit ist weder das eine noch das andere Metall in seinem Werte unveränderlich. Bei Veränderungen des Wertverhältnisses in den Jahren oder Jahrzehnten vor dem Währungswechsel kommt es ferner nicht darauf an, wie früher der Wert des Geldes im Verhältnis zu dem neuen Währungsmetalle war, da, auch wenn die Ursache der Schwankungen auf der Seite des bisherigen Landesgeldes liegen sollte, eine restitutio in integrum nicht in Betracht kommt, sondern einzig und allein die möglichste Erhaltung des nun einmal gegebenen Geldwertes. Zukunftsbetrachtungen über die Gestaltung des Wertverhältnisses sind höchst prekär; auch würde einer etwa vorauszusehenden Entwertung des bisherigen Währungsmetalls kein Einfluß auf die Festsetzung der Relation eingeräumt werden dürfen, da es natürlich nicht in der Absicht liegen kann, das neue Geld an dieser Entwertung teilnehmen zu lassen; höchstens eine zu erwartende Wertsteigerung des neuen Währungsmetalls dürfte berücksichtigt werden. Ich deute diese Gedankengänge, die gelegentlich weit ausgesponnen worden sind, nur an, um zu zeigen, daß man sich mit solchen Erwägungen in durchaus nebelhaften Sphären bewegt.

Die einzige feste Grundlage für die dem Währungswechsel zugrunde zu legende Relation ist das Wertverhältnis, welches zur Zeit des Währungswechsels effektiv auf dem Markte besteht. Wenn dieses Wertverhältnis zur Zeit des Beginns der deutschen Münzreform mit ganz geringen Schwankungen $1:15^{1}/_{2}$ war, wenn ferner der Wert des Talers im großen Ganzen dem Werte seines Silbergehaltes von $^{1}/_{80}$ Pfund entsprach, sodaß mithin die neue Rechnungseinheit, die Mark, welche ein Drittel des Talers sein sollte, gleich $^{1}/_{90}$ Pfund Feinsilber gesetzt werden konnte, so durfte man das Goldäquivalent der Mark ohne große Bedenken auf $\dfrac{1}{90 \cdot 15^{1}/_{2}}$ Pfund $= \dfrac{1}{1395}$ Pfund nomieren und danach den Goldgehalt der neuen Reichsmünzen bestimmen. Der neue Faden wurde auf diese Weise gewissermaßen an demselben Punkte angeknüpft, an dem der alte abgeschnitten wurde. — Freilich auch „der Zeitpunkt des Währungswechsels" ist noch eine praktisch unbrauchbare Zeitangabe. Wird darunter der Zeitpunkt verstanden, an welchem das den Währungswechsel bewirkende Gesetz in Kraft tritt, wie ließe sich da das Wertverhältnis dieses Zeitpunktes dem Gesetze selbst zugrunde legen? Man wird also das Wertverhältnis zur Zeit der Beratung und Feststellung des Währungsgesetzes in Betracht ziehen müssen; bei den Schwankungen welche die Marktrelation während dieser Zeit selbst erfahren kann, bleibt schließlich ein willkürlicher Griff wohl niemals ganz erspart.

Aehnlich wie beim Uebergange von einer Silber- zu einer Goldwährung gestaltet sich das Problem, wenn ein seit längerer Zeit von jeder metallischen Währungsgrundlage losgelöstes Geld durch eine neue Metallwährung mit freier Prägung ersetzt werden soll. Wenn Papiergeld mit Zwangskurs während längerer Jahre das eigentliche Landesgeld bildet, dem gegenüber das ursprüngliche Metallgeld ein beträchtliches und mehr oder weniger schwankendes Agio genießt, auf welcher Basis soll dann die Rückkehr zu einer metallischen Währung erfolgen? Soll das seit Jahren entwertete Papiergeld zu dem früheren Metallwerte wieder durch Metallgeld ersetzt (Restitution) oder soll seine Entwertung als etwas Gegebenes hingenommen werden und seine Ersetzung durch Metallgeld von entsprechend geringerm Feingehalte erfolgen (Devalvation)?

Diese in den früheren Auflagen akademisch aufgeworfene Frage ist für Deutschland infolge der ungeheuren Entwertung der Reichsmark zu einer Frage von der größten praktischen Tragweite geworden.

Uebereinstimmung besteht darüber, daß eine Wiederherstellung der alten Goldparität der Reichsmark sich aus durchschlagenden Gründen praktischer Natur von selbst verbietet. Auch bei der denkbar günstigsten Entwicklung der deutschen Wirtschaft und der deutschen Finanzen wäre das Problem unlösbar, die Mark wieder auf das 5000fache ihres heutigen Goldwertes[1]) zu bringen. Das Reich würde die Tausende von Milliarden

---

[1]) Im März 1923 stellte sich der Dollarkurs in Berlin auf mehr als 20000 Mark. — Gegenüber der ursprünglichen Goldparität von 1 Dollar $= 4{,}20$ Mark bedeutet dieser Kurs eine Entwertung der Mark auf $^{1}/_{5000}$.

schwebender Schulden, die es zum weitaus größten Teil in bereits stark entwertetem Papiergeld aufgenommen hat, unmöglich zu dem ursprünglichen Goldwert der Mark zurückzahlen können; die Reichsbank wird niemals im Stande sein, die Goldeinlösung ihrer Banknoten — am 7. März 1923 3871 Milliarden Mark — auch nur annähernd aufgrund des alten Goldäquivalentes der Mark wieder aufzunehmen. Und wenn beides finanziell möglich wäre, dann würde die deutsche Wirtschaft die mit einer solchen Hebung des Markkurses verbundene Revolution der Preise und Löhne nach unten nicht ertragen können. Vom Standpunkte der Gerechtigkeit mag man für eine „Restitution" des Geldwertes anführen, daß damit die schwere Schädigung derjenigen, die unter der Herrschaft der Goldwährung ihr gutes Geld gegen feste Zinsen in Form von Hypotheken und anderen Darlehen ausgeliehen oder in festverzinslichen Wertpapieren, die auf deutsche Währung lauten, angelegt haben, wieder rückgängig gemacht würde. Aber dem steht gegenüber, daß die Wiederherstellung des alten Geldwertes alle diejenigen Schuldner auf das ungerechteste treffen würde, die Darlehen irgendwelcher Art in dem bereits geringwertig gewordenen Gelde aufgenommen haben; vor allem würde, wie bereits angedeutet, das Reich als der weitaus größte Schuldner getroffen, und für die sich hieraus ergebende Mehrbelastung hätte die Gesamtheit der Steuerzahler zugunsten derjenigen einzustehen, welche den weitaus größten Teil der heute ausstehenden Reichsschatzscheine bereits in einem stark entwerteten Gelde erworben haben.

Es bleibt also nur die „Devalvation"[1]), die Festsetzung einer hinter der alten wesentlich zurückbleibenden Wertrelation zum Golde und zu den ausländischen Valuten, auf deren Grundlage die Neustabilisierung des Geldwertes versucht werden soll. Eine solche Devalvation bedeutet gegenüber dem früheren Zustande ein wesentlich niedrigeres Kaufkraft-Aequivalent des Geldes in Waren und Leistungen. Wie weit die neue Grundlage für die Stabilisierung des Geldwertes oberhalb des im Augenblick des Beginnes einer Stabilisierungsaktion erreichten Standes der Geldentwertung wird gewählt können und dürfen, hört angesichts der oben angedeuteten divergierenden Gesichtspunkte, die vom Standpunkte der Gerechtigkeit geltend gemacht werden können, völlig auf, eine Rechtsfrage zu sein. Die Frage wird zu einer solchen der wirtschaftlichen Möglichkeit und Zweckmäßigkeit und eines möglichst billigen Ausgleichs entgegenstehender Interessen. Es kommt dabei u. a. in Betracht, daß jede Hebung des Geldwertes über den einmal erreichten Stand eine entsprechende Senkung nicht nur des Preisniveaus, sondern auch der Löhne bedeutet und daß ein Abbau der Löhne, auch wenn gleichzeitig das Preisniveau ermäßigt wird, um so schwerer

---

[1]) In früheren Zeiten bezeichnete man mit „Devalvation" die Herabsetzung des Nennwertes bestimmter Münzen oder von Papierscheinen. Dieses primitive Mittel der Herbeiführung eines Ausgleichs zwischen den gesetzlichen Vorschriften über die metallische Ausstattung oder Fundierung des Geldes und dem tatsächlichen Zustande ist in der Entwicklung des Geldwesens mehr und mehr durch ein entgegengesetztes System der „Devalvation" verdrängt worden, bei dem der Nennwert des umlaufenden Geldes unberührt bleibt, dagegen das Metalläquivalent der Geldeinheit herabgesetzt wird.

durchführbar ist, je größer die Macht und je geringer die wirtschaftliche Einsicht der handarbeitenden Volksschichten, je schwächer andererseits die Autorität der Staatsgewalt ist, die es unternimmt, eine solche „Deflationspolitik" durchzuführen. Ebenso muß die wirtschaftliche Kraft des Volksganzen und die ihm obliegende Last inländischer und auswärtiger Verpflichtungen bei der Auswahl des Stabilisierungspunktes berücksichtigt werden, wenn die Stabilisierungsaktion nicht von vornherein zum Scheitern verurteilt sein soll.

Inwieweit die schweren Härten und Ungerechtigkeiten, die bei einer Stabilisierung des Geldwertes auf einem der bereits eingetretenen Entwertung annähernd entsprechenden niedrigen Niveau unvermeidlich sind, durch besondere Bestimmungen einigermaßen abgemildert werden können, — man kann dabei vor allem an eine besondere Behandlung der alten, auf Grundlage eines wesentlich höheren Geldwertes begründeten Schulden und Forderungen, namentlich der Hypotheken, denken —, ist gleichfalls keine Rechtsfrage, sondern die Frage eines billigen Interessenausgleichs.

6. Kapitel. Das Geld im öffentlichen Rechte.

§ 1. Münzhoheit und Münzprägung.

Die Beziehungen des Staates zum Geldwesen beschränken sich nicht darauf, daß er über das Geld Rechtssätze erläßt, die ihrem Inhalte nach dem Privatrechte angehören. Das Geld als solches ist vielmehr eine öffentlich-rechtliche Einrichtung, deren Ordnung und Instandhaltung dem Staate eine Reihe von Aufgaben öffentlich-rechtlicher Natur auferlegen.

Man hat früher unter dem Wort „Münzregal" das gesamte Verhältnis des Staates zu seinem Gelde zusammengefaßt. Für die tiefer eindringenden juristischen Erwägungen hat es sich jedoch als notwendig gezeigt, innerhalb des alten Begriffs Münzregal zwei verschiedenartige Bestandteile zu unterscheiden, die wir mit Laband als „Münzhoheit" und „Münzprägung", besser mit „Geldhoheit" und „Geldherstellung" bezeichnen können. Geldhoheit ist das in der Staatsgewalt enthaltene und von der Staatsgewalt untrennbare Recht, das Geldsystem durch den Erlaß von Rechtssätzen zu regeln; die Geldherstellung umfaßt den technischen Akt der Herstellung der dem Geldsysteme entsprechenden Münzstücke und Papierscheine.

Die Unterscheidung zwischen diesen beiden Begriffen ist uns durch die staatsrechtliche Verfassung des deutschen Geldwesens ganz besonders nahe gelegt. Das Reich hat aufgrund der Reichsverfassung von 1871 (Art. 4 Ziffer 3) die Gesetzgebung über das Münzwesen und die Ausgabe von Papiergeld übernommen; aufgrund dieser Bestimmung hat es die zur Zeit der Reichsgründung in Deutschland geltenden Landeswährungen durch die Reichswährung ersetzt (Art. 1 des Münzgesetzes vom 9. Juli 1873) und die fernere Ausprägung von anderen als den durch Reichsgesetz festgestellten Münzen untersagt (Art. 11 des Münzgesetzes). Dagegen übt das Reich keinerlei Prägetätigkeit aus. Die Herstellung der Reichsmünzen erfolgt vielmehr für Rechnung des Reichs auf den Münzstätten derjenigen

Bundesstaaten, welche sich dazu bereit erklärt haben (§ 6 des Gesetzes
vom 4. Dezember 1871; Art. 3 § 4 und Art. 12 des Münzgesetzes vom
9. Juli 1873). Mit dem Prägerechte der Einzelstaaten, das bei den
Verhandlungen über die Münzgesetze im Reichstage seitens der Vertreter der Einzelregierungen als „Münzregal" bezeichnet wurde[1]), hängt
es zusammen, daß die Reichsgoldmünzen sowie die silbernen Fünfmark-
und Zweimarkstücke zwar auf der einen Seite den Reichsadler und
die Inschrift „Deutsches Reich" trugen, auf der anderen Seite aber
„das Bildnis des Landesherrn, beziehungsweise das Hoheitszeichen der
freien Städte mit einer entsprechenden Umschrift" (§ 5 des Gesetzes
vom 4. Dezember 1871; Art. 3 § 2 des Münzgesetzes vom 9. Juli 1873).
Das Reich übt also die Münzhoheit aus, die Einzelstaaten besitzen das
Recht der Münzprägung innerhalb der durch die Reichsmünzgesetze
gezogenen Grenze. Auch die Weimarer Verfassung hat an diesem Zustande nichts geändert.

Daß die Regelung des Geldwesens ein Hoheitsrecht ist, durch
dessen Ausübung sich die Staatsgewalt betätigt, ist unbestritten; dagegen
besteht Meinungsverschiedenheit über die rechtliche Erheblichkeit der
Münzprägung. Während die einen der letzteren jede rechtliche Bedeutung absprechen (so L a b a n d), sehen andere in der Münzprägung eine
Handlung, die der Staat „als Urkundsperson des öffentlichen Rechts"
vornimmt[2]); wieder andere fassen die Herstellung von Münzen auf als
einen dem Erlasse eines Gesetzes gleichstehenden publizistischen Akt,
durch den einem Metallstücke Geldcharakter beigelegt werde[3]).

Eine genauere Analyse sowohl der Regelung des Geldwesens als
auch der Münzprägung wird über die juristische Bedeutung beider Begriffe und über ihr gegenseitiges Verhältnis Klarheit schaffen.

Die Regelung des Geldwesens erfolgt durch Rechtssätze, deren
Inhalt ein doppelter ist; zum Teil beziehen sich die Rechtssätze auf den
Aufbau des Geldsystems, zum Teil sprechen sie die Beilegung der Geld-
qualität an bestimmt bezeichnete Gegenstände aus.

Soweit der Aufbau des Geldsystems in Betracht kommt, erfolgt
die Regelung des Geldwesens dadurch, daß der Staat die Rechnungseinheit des Geldsystems und ihre Einteilung festsetzt sowie die Geldstücke, durch welche die Rechnungseinheit, ihre Bruchteile und Vielfachen dargestellt werden sollen. So stehen an der Spitze des ersten
vom Deutschen Reich über das Münzwesen erlassenen Gesetzes (vom
4. Dezember 1871) die folgenden Bestimmungen:

§ 1. Es wird eine Reichsgoldmünze ausgeprägt, von welcher aus
einem Pfund feinen Goldes $139^1/_2$ Stück ausgebracht werden.

§ 2. Der zehnte Teil dieser Goldmünze wird Mark genannt und
in 100 Pfennige eingeteilt.

---

[1]) Der bayrische Bevollmächtigte zum Bundesrat definierte das Münzregal
als das Recht, Münzen aus edlem Metall zu prägen.
[2]) L a n d e s b e r g e r in D o r n s Volkswirtschaftlicher Wochenschrift vom
19. November 1891.
[3]) Vgl. M o m m s e n, Römisches Münzwesen, S. 194; K u n t z e, Inhaberpapiere, S. 482—490, zitiert bei H a r t m a n n, Begriff des Geldes, S. 58.

In § 3 wurde die Ausprägung von Reichsgoldmünzen zu 20 Mark angeordnet.

Ebenso bestimmte das Münzgesetz vom 9. Juli 1873 in seinem 1. Artikel:

„An die Stelle der in Deutschland geltenden Landeswährungen tritt die Reichsgoldwährung. Ihre Rechnungseinheit bildet die Mark, wie solche durch § 2 des Gesetzes vom 4. Dezember 1871, betreffend die Ausprägung von Reichsgoldmünzen, festgestellt worden ist."

Im Anschluß daran sah Artikel 2 die Ausprägung eines goldenen Fünfmarkstückes vor. Artikel 3 ordnete die Ausprägung der Reichs-silber-, Nickel- und Kupfermünzen an.

Für alle diese Münzstücke waren Bestimmungen über Feinheit und Gewicht, über die zulässigen Fehlergrenzen bei der Ausprägung und über das Gepräge notwendig.

Hierher gehören auch die Vorschriften über die Stückelung der Reichskassenscheine und der Reichsbanknoten sowie der seit August 1914 ausgegebenen Darlehens-Kassenscheine.

Neben der Festsetzung der einzelnen Geldstücke ist eine Be-stimmung darüber notwendig, wer befugt ist, diese Geldstücke her-zustellen und in Verkehr zu setzen. Der Staat kann sich selbst dieses Recht ausschließlich vorbehalten; in einem Bundesstaate kann es die Zentralgewalt für sich in Anspruch nehmen, wie in der Schweiz und in den Vereinigten Staaten, oder es den Einzelstaaten überlassen, wie im Deutschen Reiche. Behält sich der Staat die Münzprägung als sein ausschließliches Recht vor, so kann er dieses ausnutzen, indem er die Formgebung nur in beschränktem Umfange bewirkt oder für sie einen höheren Preis fordert, als sie ihn selbst kostet; oder er kann hinsicht-lich aller oder einzelner Münzsorten auf die Ausnutzung des Präge-monopols verzichten, indem er die Prägung für jedermann gegen eine die Selbstkosten nicht wesentlich übersteigende Gebühr oder ganz un-entgeltlich vollzieht (Prägung auf Privatrechnung). Der Staat kann schließlich die Herstellung und Emission der Geldstücke Dritten über-lassen, mit oder ohne besonders festzusetzende Kautelen, z. B. einem fremden Staate oder Privaten. So hat z. B. die Schweiz lange Zeit hindurch wohl ein gesetzlich geordnetes Münzsystem mit dem Franken als Rechnungseinheit gehabt, ohne jedoch Kurantmünzen dieses Systems auszuprägen; als solche dienten ihr vielmehr die von Frankreich, Belgien und Italien ausgeprägten Stücke. Ferner haben die Vereinigten Staaten von Amerika neben den staatlichen Nationalmünzen lange Zeit private Münzstätten geduldet, die Goldmünzen des amerikanischen Geld-systems herstellten [1]). Die Ausgabe von Banknoten erfolgt — abgesehen von den seltenen Fällen, daß sie durch eine reine Staatsbank emittiert werden — durch Institute, die gegenüber dem Staat selbständige Rechts-persönlichkeiten und Vermögenssubjekte sind.

Wo der Staat die Herstellung und Ausgabe von Geldstücken sich selbst vorbehält oder in Form einer ausschließlichen Ermächtigung

---

[1]) So namentlich in Kalifornien noch zu Anfang der 50er Jahre des 19. Jahr-hunderts; vgl. Fr. Noback, Münz-, Maß- und Gewichtsbuch. 1879.

bestimmten dritten Personen oder Verbänden überträgt, kann in der
Regel auf einen strafrechtlichen Schutz gegen unbefugte Herstellung
der betreffenden Münzen und Papierscheine nicht verzichtet werden.
Vielfach wird sogar die unberechtigte Herstellung auch von ausländischen
Münzen, Papiergeld und Banknoten mit Strafe bedroht (§ 146 StGB).
— Der Staat ist ferner in der Lage, ausländisches Geld dadurch aus
seinem Geldumlaufe fernzuhalten, daß er seine Verwendung zu Zahlungen
im Inlande unter Verbot stellt (vgl. Art. 13 des Münzgesetzes von 1873
und die Verordnung gegen die Devisenspekulation vom Oktober 1922).

Im Gegensatz zu diesen das Rechnungssystem des Geldwesens
und die Herstellung und Zulassung von Geldstücken betreffenden Anordnungen besteht der zweite Teil der Regelung des Geldwesens in
dem Erlasse von Rechtssätzen über die Geldeigenschaft der einzelnen
Geldsorten. Diese Rechtssätze gehören, wie wir in den letzten Paragraphen gesehen haben, nach Inhalt und Zweck wesentlich dem Privatrechte an; ihrem Ursprunge nach, als Ausfluß der Staatsgewalt, sind
sie, wie alle anderen Rechtssätze, publizistischer Natur, und wir werden
sehen, daß sich aus ihnen, neben ihren privatrechtlichen Wirkungen,
auch für das öffentliche Recht bedeutsame Folgen ergeben.

Der Inhalt der hier in Betracht kommenden Rechtssätze bezieht
sich auf diejenige Funktion, welche wir als die für den engeren rechtlichen Begriff des Geldes allein wesentliche festgestellt haben, auf die
Funktion als Zahlungsmittel.

Die Qualität als Zahlungsmittel kann, wie oben S. 142 ff. dargelegt
wurde, an die einzelnen Arten von Münzen und Papierscheinen in verschiedenem Grade verliehen werden. Die Verleihung kann uncin-
geschränkt erfolgen in der Weise, daß die bezeichneten Stücke für
jeden Betrag, und zwar sowohl bei den staatlichen Kassen als auch
im Privatverkehr, zu dem ihnen beigelegten Nennwerte in Zahlung
genommen werden müssen. Die Zahlungskraft kann ferner bei einzelnen Sorten auf gewisse Maximalbeträge beschränkt werden (Scheidemünzen). Schließlich kann, unter Ausschluß eines Annahmezwangs im
Privatverkehr, einzelnen Geldsorten Zahlungskraft gegenüber den Staatskassen, ein sogenannter Kassenkurs, verliehen werden, wobei zu unterscheiden ist, ob der Kassenkurs durch Gesetz beigelegt ist, wie bei den
Reichskassenscheinen, oder durch Verwaltungsverordnungen, die jederzeit widerrufen werden können, wie bis zum Jahre 1909 bei den
Reichsbanknoten.

Regelmäßig wird die Geldqualität in irgendeinem der bezeichneten
Grade denjenigen Münzstücken und Papierscheinen beigelegt, die der
Staat selbst mit der Bestimmung als Zirkulationsmittel herstellt. Aber
die Regel ist nicht ohne Ausnahme. Der durch den Wiener Münz-
vertrag von 1857 eingeführten Goldkrone wurde in den sämtlichen an
dem Münzvertrage teilnehmenden Staaten, außer in Hannover und
Oldenburg, nicht einmal ein Kassenkurs verliehen, geschweige denn ein
gesetzlicher Kurs. Aehnlich stand es mit Handelsmünzen, wie den
Maria-Theresia-Talern und Trade-Dollars, die ausschließlich für den
Verkehr mit ausländischen Gebieten geprägt wurden.

Andererseits kann die Qualität als Zahlungsmittel in den verschiedenen Abstufungen auch an Münzstücke und Papierscheine verliehen werden, die nicht vom Staate selbst hergestellt und in den Verkehr gesetzt werden. Es braucht in dieser Beziehung nur an die bereits erwähnte gesetzliche Zahlungskraft der Banknoten der deutschen Reichsbank, der Bank von England, der Bank von Frankreich usw., an die gesetzliche Zahlungskraft der französischen Münzen in der Schweiz erinnert zu werden, oder auch an die österreichischen Taler, die bis Ende 1901 im Deutschen Reiche gesetzliches Zahlungsmittel waren, während sie in ihrem Ursprungslande, in Oesterreich-Ungarn, schon durch Verordnungen vom 12. und 19. April 1893 außer Kurs gesetzt worden waren; ein ähnliches Beispiel sind die durch den Wiener Münzvertrag von 1857 geschaffenen Goldkronen, die in den Staaten selbst, welche sie ausprägten, niemals gesetzliches Zahlungsmittel waren, jedoch von der außerhalb des Münzvereins stehenden Freien Stadt Bremen als gesetzliches Zahlungsmittel adoptiert wurden.

Schon diese Klarstellung des Inhaltes und der Betätigung der Münzhoheit zeigt, daß der Münzprägung und der Geldherstellung überhaupt eine selbständige juristische Bedeutung nicht zukommen kann. Die Auffassung, die in der Münzprägung einen Akt von öffentlich-rechtlicher Bedeutung sieht, eine Schaffung von Geld, dem bestimmte rechtliche Qualitäten anhaften, unterscheidet nicht mit der erforderlichen Deutlichkeit zwischen dem Rechtssatze, der einem Metallstücke von bestimmter Prägung oder Papierscheine von bestimmten Merkmalen Geldqualität beilegt, und dem rein technischen Vorgange der Herstellung solcher Metallstücke und Papierscheine. Es ist einzig und allein das Gesetz, das diesen Metallstücken und Papierscheinen juristische Eigenschaften, durch die sie sich von allen anderen Dingen unterscheiden, beilegt, nicht der Akt der Prägung. Das ergibt sich besonders klar daraus, daß einerseits der Staat auch solchen Münzen und Papierscheinen, die er nicht hergestellt hat, Geldqualität beilegen kann, während andererseits die Geldqualität nicht ohne weiteres allen vom Staate selbst hergestellten Münzstücken zukommt; das Gepräge an sich besagt nichts über die rechtlichen Eigenschaften eines Münzstückes: ein Stück mit der Prägung eines ausländischen Staates kann inländisches Währungsgeld sein, ein Stück mit der Prägung des eignen Staates kann unter Umständen diese Eigenschaft nicht oder nicht mehr besitzen; über den Grad der einem Münzstücke zukommenden Zahlungskraft gibt nicht sein Gepräge, sondern nur das Gesetz Aufschluß; der den Münzen aufgeprägte Nennwert kann durch Gesetz geändert sein; die Stücke sind Geld nicht zu dem Betrage, der ihnen aufgedruckt ist, sondern zu dem Betrage, den das Gesetz bestimmt. Irgendwelche Rechtswirkungen leiten sich also nicht aus der Prägung her, sondern nur aus den kraft der Münzhoheit des Staates erlassenen Rechtssätzen[1]).

---

[1]) Knapp, S. 27: „Wie bei allen anderen Marken, so ist auch für die Zahlmarken nur wichtig, daß sie Zeichen tragen, die von der Rechtsordnung genau vorgeschrieben sind. Nicht wichtig ist, daß sie einen Text, im Sinne der Schrift, enthalten, ja, weder was in Buchstaben, noch was in Hieroglyphen (Wappen) etwa darauf steht, kommt als Text in Betracht. Es kommt nur in Betracht, insofern es

Wenn trotzdem die Münzprägung in früheren Zeiten und teilweise bis herab zur Gegenwart als der wesentliche Inhalt der Münzhoheit angesehen worden ist, so kommt das in erster Linie daher, daß die Herstellung von Münzen für den mittelalterlichen und neuzeitlichen Staat eine ergiebige Einnahmequelle bildete. Aus diesem fiskalischen Gesichtspunkte heraus ist das „Münzregal“, ebenso wie andere nutz-bare Regalien, entstanden. Dafür daß auch heute noch der Staat in der Regel die Herstellung des gemünzten Geldes für sich als ein aus-schließliches Monopol in Anspruch nimmt, sind allerdings fiskalische Gründe erst in zweiter Linie maßgebend; in erster Reihe steht die Sorge für die Schaffung und Erhaltung eines wohlgeordneten und allen Ansprüchen der Volkswirtschaft genügenden Geldumlaufs. Die Staaten haben aus den Münzwirren früherer Zeiten gelernt, daß das Geldwesen nicht als fiskalisches Ausbeutungsobjekt behandelt werden darf, sondern nötigenfalls selbst mit großen finanziellen Opfern in geordnetem und leistungsfähigem Zustande erhalten werden muß. Aber auch das aus solchen Gründen im großen Ganzen aufrecht erhaltene Monopol der Münzprägung hat nicht den Charakter eines Hoheitsrechts, so wenig wie etwa das Monopol der Briefbeförderung, das gleichfalls neben fiskalischen Zwecken einem öffentlichen Verkehrsbedürfnisse dient. Die Münzprägung ist und bleibt eine rein technische Verrichtung, die an sich und für sich allein unfähig ist, irgendwelche Rechtswirkungen zu erzeugen[1]).

§ 2. Die öffentlich-rechtlichen Wirkungen der Ausübung der Münzhoheit.

Die privatrechtlichen Wirkungen, welche sich aus dem Erlasse von Rechtssätzen über das Geld ergeben und die für . die rechtliche Sonderstellung des Geldes im Kreise der Verkehrsobjekte von ent-scheidender Bedeutung sind, mußten bereits bei der Erörterung des juristischen Geldbegriffs und der rechtlich bedeutsamen Funktion des Geldes dargestellt werden. Hier erübrigt uns noch die Untersuchung, welche Wirkungen von öffentlich-rechtlicher Bedeutsamkeit aus der Ausübung der Münzhoheit hervorgehen.

Daß dem Staate als solchem gewisse Verpflichtungen aus der Ausgabe von Geld erwachsen, die über die allgemeine Sorge für die Erhaltung des Geldumlaufs auf einem guten Stande hinausgehen, ist ohne

---

Kennzeichen ist. Was aber diese Zeichen bedeuten, das wird nicht durch Lesung dieser Zeichen, sondern durch Einsicht in die Rechtsordnung erkannt ... Die rechtliche Bedeutung chartaler Zahlungsmittel ist also nicht aus dem Stücke selber erkennbar; das Stück trägt nur Zeichen, was sie aber bedeuten, steht in den Gesetzen oder in anderen Rechtsquellen.“

[1]) Vgl. Laband, Staatsrecht Bd. II. S. 162 ff.: „Die Herstellung von Münzen ist nicht die Ausübung eines Hoheitsrechtes, ist keine Betätigung der Staatsgewalt, keine Normierung des Rechtszustandes, sondern ein industrielles Unternehmen, eine mit Gewinn verbundene Arbeitsleistung, welche man im allgemeinen dem Be-triebe jeder beliebigen Metallwarenfabrik gleichstellen kann. So wie der Staat im Betriebe der Post ein Frachtführer und im Betriebe der Bank ein Bankier ist, so ist er im Betriebe der Münzanstalten ein Fabrikant von Gold- und Silber-waren“ . . . . . . „ Der Staat kann auf die Herstellung von Münzen verzichten, ohne ein Hoheitsrecht preiszugeben und ohne irgendeine von seinen Aufgaben unerfüllt zu lassen.“

weiteres klar hinsichtlich desjenigen Geldes, welches der Staat mit einer seinen Stoffwert überschreitenden Geltung versieht. Wo der Staat unterwertigen Scheidemünzen oder Papierscheinen die Geldqualität zuerkennt, da darf er sich nach allgemeiner Uebereinstimmung der Verpflichtung nicht entziehen, diese Münzen und Scheine mit den ihm zur Verfügung stehenden Mitteln und wenn nötig durch besondere Vorkehrungen auf dem ihnen beigelegten Nennwerte zu erhalten. Diesem Zwecke dient z. B. die Vorschrift in Artikel 9 Absatz 2 des deutschen Münzgesetzes von 1873, nach der bestimmte, vom Bundesrate zu bezeichnende Kassen auf Verlangen Reichsgoldmünzen zu verabfolgen haben gegen Einzahlung von Reichssilbermünzen in Beträgen von mindestens 200 Mark sowie von Nickel- und Kupfermünzen in Beträgen von mindestens 50 Mark; ebenso die Bestimmung in § 5 des Reichskassenscheingesetzes vom 30. April 1874, nach der die Reichskassenscheine von der Reichshauptkasse auf Erfordern jederzeit gegen „bares Geld" einzulösen sind; desgleichen auch die Vorschriften über die Goldeinlösung der Banknoten (§§ 18 des Bankgesetzes vom 14. März 1875), Auch wo eine solche Einlösungspflicht gegenüber einem unterwertigem Gelde für die Dauer der Gültigkeit dieses Geldes nicht ausdrücklich durch gesetzliche Bestimmungen feststeht, darf nach der allgemeinen Rechtsanschauung der Staat einem solchen Gelde nicht seine Geldqualität durch Außerkurssetzung entziehen, ohne es zu seinem Nennwerte einzulösen.

Soweit herrscht Uebereinstimmung. Dagegen weichen die Ansichten voneinander ab hinsichtlich der Frage, welcher Natur diese Verpflichung des Staates ist, ob öffentlichrechtlicher oder privatrechtlicher Natur, und ob sich die Verpflichtung lediglich auf die unter Erzielung eines fiskalischen Gewinnes von vornherein als unterwertiges Geld ausgegebenen Münzen und Papierscheine bezieht oder auch auf die als vollwertiges Geld ausgegebenen Münzen, die der Staat, sei es für eigne Rechnung, sei es auf private Rechnung geprägt hat.

Diese Fragen sind von verschiedenen Seiten dahin beantwortet worden, daß dem Staate gegenüber dem von ihm geschaffenen vollwertigen Gelde eine Einlösungsverpflichtung irgendwelcher Art nicht obliege. Die Emission eines solchen Geldes, namentlich wenn seine Ausmünzung auf Privatrechnung vorgenommen wird, erfolge als Zahlung, und die „Zahlung ist ein rechtstilgender, kein rechtsbegründender Akt" ... „Ein Staat der vollwertige Kurantmünzen ausprägt, setzt überhaupt keine rechtsgeschäftliche Handlung, leistet keine Unterschrift, — am wenigsten aber vollzieht er einen Verpflichtungsakt, den er honorieren müßte" (Landesberger)[1]. In diesem Gedankengange liegt die petitio prinzipii verborgen, daß irgendwelche dem Staate aus der Schaffung von Geld erwachsenden Verpflichtungen nur privatrechtlichen Ursprungs sein, nur als auf einem Rechtsgeschäfte beruhend gedacht werden könnten. Dem entspricht es, daß man die Umwechselungs- und Einlösungspflicht gegenüber dem unterwertigen Gelde daher leitet, daß der Staat mit der Ausgabe eines solchen Geldes eine

---

[1] Dorns Volkswirtschaftl. Wochenschrift vom 19. November 1891.

schwebende Schuld kontrahiere, für die er unter allen Umständen aufkommen müsse. Vielleicht am prägnantesten ist diese Auffassung
bei den Verhandlungen über einen praktisch sehr wichtigen Fall auf den
wir noch zu sprechen kommen, von dem belgischen Minister Pirmez[1])
formuliert worden: „Die Hauptmünzen sind rein stoffliche Gegenstände,
die ihren Wert ganz in sich selbst tragen; der Inhaber hat an diesen
schlechthin nur ein Eigentumsrecht, ein ausschließlich dingliches Recht,
welches die Juristen ‚ius in re‘ nennen. Die Scheidemünzen dagegen
haben einen Kreditcharakter; sie geben dem Inhaber mehr als das
Metall, aus dem sie gemacht sind, nämlich ein Forderungsrecht gegen
den Staat, der sie ausgeprägt hat, ein ‚ius in personam‘.“

Gegenüber dieser Auffassung ist zunächst zu betonen, daß sie
weder der gesetzgeberischen Praxis noch dem allgemeinen Rechtsgefühle
entspricht. Seitdem sich die Ansicht zur Geltung durchgerungen hat,
daß das Geldwesen nicht in erster Linie eine fiskalische Einnahmequelle, sondern eine dem öffentlichen Interesse dienende Einrichtung
ist, sind die früher üblichen „Verrufungen“ von gesetzlich als Geld anerkannten Münzen ohne gleichzeitige Einlösung kaum mehr vorgekommen,
einerlei ob es sich um vollwertig ausgegebene Kurantmünzen oder um unterwertig ausgeprägte Scheidemünzen handelte. Welche Entrüstung würde
— um ein Beispiel anzuführen — heraufbeschworen worden sein, wenn
das Deutsche Reich die Taler, die ursprünglich als vollwertiges Geld
ausgegeben worden waren, an denen mithin eine Verpflichtung privatrechtlicher Art gar nicht haften konnte, ohne Einlösung außer Kurs gesetzt und sie damit in den Händen ihrer Inhaber aus einem Geldstücke
im Werte von 3 Mark in eine Silberscheibe im Werte von etwa
1,10 Mark verwandelt hätte!

Diese Erwägung weist uns darauf hin, daß die dem Staate aus
der Ausübung seiner Münzhoheit erwachsenden Verpflichtungen nicht
lediglich privatrechtlicher Natur sein können, daß vielmehr die Ausübung der Münzhoheit gewisse öffentlichrechtliche Verpflichtungen mit
sich bringen muß.

Die Ausübung der Münzhoheit, auf deren Wesen wir behufs Ableitung irgendwelcher Verpflichtungen zurückgreifen müssen, besteht, wie
wir gesehen haben, darin, daß der Staat durch Rechtssatz Geld schafft,
daß er durch Rechtssatz Münzstücken und Papierscheinen Geldqualität
verleiht, sei es beschränkte oder unbeschränkte gesetzliche Zahlungskraft, sei es Kassenkurs zu einem bestimmten Nennwerte.

Indem nun der Staat bestimmte Objekte mit gesetzlicher Zahlungskraft versieht, zwingt er jedermann, diese Objekte zu dem ihnen beigelegten Nennwerte in Zahlung zu nehmen, und er gibt damit andererseits jedermann das Recht, diese Objekte zu demselben Nennwerte, zu
welchem er sie hat nehmen müssen, auch seinerseits zu Zahlungen zu
verwenden; dieses Recht ist die notwendige Ergänzung des Annahmezwangs, und zwar bei Münzen, die als vollwertiges Geld ausgegeben
wurden, nicht minder als bei unterwertigen Münzen und Papierscheinen.
Wer deutsches Goldgeld oder deutsche Silbermünzen in Zahlung emp-

---

[1]) Rede im belgischen Abgeordnetenhaus in der Sitzung vom 11. August 1885.

fing, der nahm diese Münzen nicht als Stücke Barrengoldes oder Barrensilbers an, sondern als **deutsches Geld**, in welchem er seinerseits wieder Zahlungen leisten konnte und wollte. Das traf auch für das deutsche Goldgeld zu; daß dessen Metallgehalt und Nennwert fast genau miteinander übereinstimmten, daß mithin der Verkauf der Stücke als rohes Gold keinen oder nur einen geringen Verlust ergeben konnte, war allerdings wirtschaftlich von Erheblichkeit, juristisch dagegen bedeutungslos. Denn die Reichsgoldmünzen wurden von den Zahlungsempfängern nicht angenommen als Waren, die sie verkaufen wollten, sondern in ihrer vom Rechte bestätigten Eigenschaft als gesetzliches Zahlungsmittel.

Pflicht zur Annahme und Recht zur Weitergabe in Zahlung fallen nun in einem gegebenen Ruhezustande der Dinge völlig untrennbar zusammen; die gesetzliche Zahlungskraft zwingt den einen Zahlungsempfänger nur soweit zur Annahme, wie sie alle Gläubiger zwingt, und dadurch ist normaler Weise die Möglichkeit der weiteren Verwendung der empfangenen Stücke als gesetzliches Zahlungsmittel vollkommen garantiert. Wie aber, wenn der Staat den Geldstücken die Eigenschaft als gesetzliches Zahlungsmittel entzieht? Dann kommt für jedes einzelne Geldstück der Augenblick, wo es von seinem Empfänger nicht mehr als Geld weitergegeben werden kann. Hier ist mithin der Punkt, wo für den Staat gewisse sich aus der Verleihung der Geldqualität ergebende Verpflichtungen einsetzen. Wenn aufgrund eines Rechtssatzes ein bisher mit der Eigenschaft als gesetzliches Zahlungsmittel ausgestattetes Geldstück diese Eigenschaft verliert, so fällt dem Staate die Verpflichtung zu, dem Inhaber gegen das seine Geldeigenschaft verlierende Objekt ein anderes Objekt, das gesetzliches Zahlungsmittel zum gleichen Nennwerte ist und bleibt, herauszugeben; kurz, der Staat darf sein Geld nicht außer Kurs setzen, ohne es einzulösen [1]).

Mit diesem Satze befindet sich das allgemeine Rechtsgefühl und die gesetzgeberische Praxis — bis auf gewisse Zweifel, die noch zu besprechen sind — in voller Uebereinstimmung. So hat Artikel 8 des Münzgesetzes von 1873, der dem Bundesrate die Ermächtigung zur Außerkurssetzung der Landesmünzen erteilte, ausdrücklich vorgeschrieben:

„Eine Außerkurssetzung darf erst eintreten, wenn eine Einlösungsfrist von mindestens vier Wochen festgesetzt und mindestens drei Monate vor ihrem Ablaufe bekannt gemacht worden ist."

Auch in allen anderen Ländern ist es Rechtsübung, ein Geld nur nach vorhergehender Einlösung außer Kurs zu setzen; eine Unterlassung der Einlösung würde überall als eine Rechtsverletzung empfunden werden.

---

[1]) Die Einlösung braucht nicht unter allen Umständen vom Staate selbst und auf Rechnung des Staates bewirkt zu werden, aber stets wird der Staat dafür Sorge zu tragen haben, daß die Einlösung überhaupt stattfindet; wenn z. B. der Staat den Noten einer Bank Zwangskurs verliehen hat, so wird er ihnen die gesetzliche Zahlungskraft erst dann wieder entziehen können, wenn die Bank die Einlösung ihrer Noten wieder aufnimmt.

Neben dieser allgemeinen, sich auf vollwertiges wie auf unterwertiges Geld erstreckenden Verpflichtung zur Einlösung bei Entziehung der Geldqualität kann der Staat allerdings zur Sicherung des in dem gesetzlichen Nennwerte der einzelnen Stücke zum Ausdruck kommenden festen Verhältnisses zwischen den einzelnen vollwertigen und unterwertigen Geldsorten noch besondere Verpflichtungen übernehmen, die darin bestehen, daß er sich bereit erklärt, unterwertiges Geld auch während seiner Geltungsdauer — also ganz abgesehen von der Eventualität einer Außerkurssetzung — auf Verlangen jederzeit gegen vollwertiges Geld umzuwechseln. Es wurde bereits gezeigt, daß das Deutsche Reich in der bis zum Kriegsausbruch bestehenden Geldverfassung eine solche Verpflichtung hinsichtlich der Scheidemünzen und der Reichskassenscheine übernommen und hinsichtlich der reichsgesetzlich zugelassenen Banknoten den ausgebenden Banken auferlegt hat. Dagegen haben z. B. England und die Vereinigten Staaten eine solche Umwechselungsverpflichtung hinsichtlich ihrer Scheidemünzen nicht eingeführt. Ob die vom Staate übernommene Umwechselungsverpflichtung dem Inhaber des unterwertigen Geldes einen privatrechtlichen Anspruch gibt, ob mithin die Umwechselung durch Klage erzwingbar ist, darüber besteht keine Einstimmigkeit. Nach meiner Ansicht ist die vom Staate übernommene Umwechselung als eine publizistische Veranstaltung aufzufassen, die lediglich dem öffentlichen Interesse an der Instandhaltung und Regelung des Geldwesens dient. So ist der Staatsschatz der Vereinigten Staaten verpflichtet, auf Verlangen Scheidemünzen gegen Kurantgeld herauszugeben; hier handelt es sich offenbar ausschließlich um eine Bestimmung öffentlichrechtlicher Natur, denn niemand wird den Golddollar als den Träger einer privatrechtlichen Forderung auf Scheidemünzen ansehen. Wenn aber dem so ist, mit welcher Begründung will man dann der das Gegenstück bildenden Verpflichtung, Kurantgeld gegen Scheidemünzen zu verabfolgen, einen privatrechtlichen Charakter zuschreiben? — Aber auch wenn man der vom Staate hinsichtlich des unterwertigen Geldes übernommenen Umwechselungspflicht einen privatrechtlichen Charakter zuschreiben will, so wäre es doch falsch, die Pflicht des Staates zur Einlösung dieser Münzen bei der Außerkurssetzung lediglich als einen Spezialfall der als privatrechtlich angesehenen Umwechselungspflicht aufzufassen; diese Einlösungspflicht besteht vielmehr als eine öffentlichrechtliche gegenüber dem Gelde, einerlei ob gleichzeitig eine Umwechselungspflicht besteht oder nicht; sie läßt sich mithin auch dort, wo der Staat eine Umwechselungspflicht übernommen hat, nicht aus dieser letzteren, sondern nur aus der Tatsache der früheren Verleihung der Geldqualität, die nur als ein öffentlichrechtlicher Akt gedacht werden kann ableiten.

Wenn nun auch im allgemeinen diese Einlösungspflicht des Staates gegenüber seinem Gelde anerkannt ist, so bestehen doch — wie bereits erwähnt — in einzelnen Punkten über die Ausdehnung dieser Einlösungspflicht gewisse Zweifel.

Der erste dieser zweifelhaften Punkte ist folgender:

Ein Geldstück kann nach den münzgesetzlichen Bestimmungen der meisten Staaten seine Geldeigenschaft ganz von selbst, ohne jede formelle Außerkurssetzung einbüßen, und zwar durch die natürliche Abnutzung im Umlaufe; das in den meisten Münzgesetzen normierte Passiergewicht bedeutet die äußerste Grenze für die Abnutzung, deren Ueberschreitung von selbst den völligen oder mindestens teilweisen Verlust der Geldeigenschaft herbeiführt. Niemand war in der Geldverfassung des Deutschen Reiches genötigt, Reichsgoldmünzen, deren Gewicht infolge der natürlichen Abnutzung um mehr als $^1/_2$ Prozent unter das Normalgewicht gesunken war, in Zahlung zu nehmen. In der Hand irgendeines gutgläubigen Empfängers mußte sich zu irgendeinem Zeitpunkte dieser Verlust der gesetzlichen Zahlungskraft ereignen. Ist auch in solchen Fällen der Staat zur Einlösung des auf natürlichem Wege zur bloßen Ware gewordenen Geldes verpflichtet? Man wird konsequenterweise diese Frage nur bejahen können; wenn auch der Staat in diesem Falle nicht durch einen bewußten Akt die Geldeigenschaft entzieht, so hat er doch die Entziehung der Geldeigenschaft allgemein ausgesprochen für einen Fall, der sich bei jedem Geldstücke, das nicht vorher eingeschmolzen wird, im normalen Verlaufe der Dinge und ohne das Verschulden des zufälligen letzten Inhabers ereignen muß. Abgesehen davon, daß volkswirtschaftliche Gründe, vor allem die Rücksicht auf die Erhaltung eines möglichst vollwichtigen Münzumlaufs, die Einlösung abgenutzter Geldstücke wünschenswert erscheinen ließen, mußte auch vom juristischen Standpunkte aus das deutsche System der staatlichen Einlösung der unter das Passiergewicht abgenutzten Münzen den Vorzug verdienen vor dem englischen Systeme, das eine solche Einlösungspflicht nicht anerkennt und den Verlust auf dem zufälligen Inhaber sitzen läßt.

Der zweite Zweifelspunkt betrifft die Frage, wie es bei der Außerkurssetzung mit einem Gelde zu halten ist, das nicht volle und uneingeschränkte gesetzliche Zahlungskraft, sondern nur Zahlungskraft gegenüber den öffentlichen Kassen genießt. In diesem Falle ist freilich kein Privater gezwungen, die betreffenden Geldstücke in Zahlung zu nehmen; man kann sie vielmehr zurückweisen und auf der Leistung von Geldstücken, die volle gesetzliche Zahlungskraft haben, bestehen. Es läßt sich jedoch nicht verkennen, daß die Verleihung des Kassenkurses an eine Münze oder einen Papierschein im allgemeinen in der Absicht erfolgt, auch die Privaten zur Annahme der Münze oder des Papierscheins in Zahlung zu bestimmen. Indem der Staat erklärt, daß er diese Geldsorten an seinen Kassen zu einem bestimmten Nennwerte in Zahlung nehmen wird, leistet er gewissermaßen Garantie dafür, daß derjenige, der solches Geld in Zahlung nimmt, es zu seinem Nennwerte in Zahlung wird weitergeben können, entweder direkt an die öffentlichen Kassen, oder an Personen, die an öffentlichen Kassen Zahlungen zu leisten haben. Auch solche Geldsorten werden ihrer auf dem Kassenkurs beruhenden Geldqualität nicht ohne Einlösung entkleidet werden können, wenn auch zugegeben werden muß, daß sich die Einlösungspflicht des Staates aus der Verleihung des bloßen Kassenkurses nicht mit derselben geradezu zwingenden Notwendigkeit ergibt, wie aus der Verleihung der vollen gesetzlichen Zahlungskraft.

Schließlich bleibt die wichtige Frage, inwieweit eine Einlösungsverpflichtung besteht hinsichtlich eines Geldes ausländischen Ursprungs, dem durch inländisches Gesetz Geldqualität beigelegt worden ist; woran sich dann die völkerrechtliche Frage anschließt, wie weit in solchen Fällen die einzelnen Staaten untereinander zur gegenseitigen Einlösung des Geldes, das ihr Gepräge trägt, verpflichtet sind. Es handelt sich hier um die rechtliche Beurteilung von Verhältnissen, wie sie namentlich aufgrund von internationalen Münzverträgen, die einen mehr oder weniger gemeinschaftlichen Geldumlauf in den vertragschließenden Ländern zum Zwecke haben, eingetreten sind; vor allem kommen in Betracht die Verhältnisse innerhalb der Lateinischen Münzunion und die Auseinandersetzung zwischen Deutschland und Oesterreich in der Frage der Beseitigung der Taler österreichischen Gepräges. Wir haben es hier mit einem schwierigen Probleme des internationalen öffentlichen Rechts zu tun, das sein Gegenstück in dem oben (S. 357) erörterten Probleme des internationalen Privatrechts hat.

§ 3. Die öffentlich-rechtlichen Wirkungen der Beilegung der Geldeigenschaft an ein Geld fremden Gepräges.

Für die Beurteilung dieser schwierigen Fragen muß zunächst daran erinnert werden, daß die Einlösungsverpflichtung des Staates sich lediglich aus dem Akte der Verleihung der Geldqualität herleitet, während der Akt der Münzprägung an sich keinerlei derartige Konsequenzen mit sich zu bringen geeignet ist. Daraus, daß der Staat einen Rechtssatz erläßt, welcher zur Annahme einer Münze in Zahlung zwingt, nicht daraus, daß der Staat Metallstückchen mit seinem Gepräge versieht, ergibt sich die Einlösungspflicht bei Entziehung der Geldqualität; ob die Zahlungskraft an eine von dem betreffenden Staate selbst hergestellte Münze oder an eine im Auslande geprägte Münze verliehen wird, ist dabei gleichgültig; denn im Inlande wird die Münze nicht aufgrund des ausländischen Prägestempels oder der ihr im Auslande beigelegten Geldqualität genommen, sondern nur aufgrund des inländischen Rechtssatzes. Der Fall lag bei den österreichischen Talern dadurch besonders klar, daß die ihnen in Deutschland gesetzlich beigelegte Geltung von 3 Mark seit dem Uebergange Deutschlands zur Goldwährung und seit der Silberentwertung einen höheren Wert darstellte, als die ihnen in Oesterreich beigelegte Geltung von 1¹/₂ Silbergulden. Die österreichischen Taler wurden nun doch nicht deshalb in Deutschland zu 3 Mark in Zahlung gegeben und genommen, weil sie in Oesterreich gesetzliches Zahlungsmittel für 1¹/₂ Gulden im Werte von etwa 2,50 bis 2,60 Mark waren, sondern ausschließlich deshalb, weil sie zuerst aufgrund der in den deutschen Staaten in Gemäßheit des Wiener Münzvertrags von 1857 erlassenen Gesetze zum Werte eines deutschen Talers in Zahlung genommen werden mußten und weil später durch das Reichsgesetz vom 20. April 1874 bestimmt wurde, daß die österreichischen Taler in gleicher Weise wie die Taler deutschen Gepräges bis zu ihrer Außerkurssetzung bei allen Zahlungen anstelle der Reichsgoldmünzen anzunehmen seien, unter Berechnung des Talers zu 3 Mark. Infolgedessen konnte kein Zweifel darüber bestehen, daß nicht Oesterreich-Ungarn, sondern das Deutsche Reich den Reichsangehörigen gegenüber zur Einlösung dieser Taler im Falle ihrer

Außerkurssetzung verpflichtet war. Als offen betrachtet werden konnte, wie die Dinge lagen, nur die Frage, ob das Deutsche Reich als solches Oesterreich-Ungarn gegenüber einen Anspruch auf Einlösung der von den deutschen Reichsangehörigen bei den Reichskassen zur Einlösung gebrachten Taler österreichischen Gepräges geltend machen könnte. Der Wiener Münzvertrag, aufgrund dessen die österreichischen Taler geprägt worden waren, enthält über diesen Punkt keine Bestimmung, ebensowenig das am 13. Juni 1867 zu Prag unterzeichnete Abkommen, durch welches Oesterreich von dem Deutschen Münzverein zurücktrat.

Eine ähnliche Lage hatte sich im Lateinischen Münzbunde entwickelt. Der Münzvertrag vom 23. Dezember 1865 zwischen Frankreich, Italien, Belgien und der Schweiz, dem Griechenland im Jahre 1867 beitrat, hatte eine vollständige Gemeinschaft des Umlaufs der Gold- und Silbermünzen dieser Länder dadurch hergestellt, daß jeder der einzelnen Staaten sich verpflichtete, die von den anderen Staaten geprägten Münzen an seinen öffentlichen Kassen, ebenso wie die Münzen eigner Prägung, zu ihrem Nennwerte anzunehmen. Eine Einlösungsverpflichtung für die Dauer und namentlich auch für den Fall der Kündigung des Münzvertrags wurde nur hinsichtlich der Silberscheidemünzen vertragsmäßig vorgesehen. Als später infolge der Einstellung der freien Silberprägung und der Silberentwertung auch die ursprünglich als vollwertige Kurantmünzen ausgeprägten silbernen Fünffrankenstücke, die sogenannten „Fünffrankentaler", zu einem unterwertigen Gelde wurden, bekam die Frage eine große praktische Bedeutung, wie es im Falle der Auflösung der Münzgemeinschaft mit der Einlösung dieser Fünffrankentaler zu halten sei. Auch hier bestand kein Zweifel darüber, daß zunächst jeder Staat gegenüber seinen Angehörigen zur Einlösung der außer Kurs zu setzenden Münzen der aus der Union ausscheidenden Staaten verpflichtet sei; ebenso wie z. B. die Schweiz, die während des deutsch-französischen Krieges von 1870/71 infolge einer akuten Knappheit an Metallgeld dem englischen Sovereign zu 25,10 Frank gesetzlichen Kurs verliehen hatte, diese ausländische Münze, als sie ihr die gesetzliche Zahlungskraft wieder entzog, zu dem ihr beigelegten Nennwerte eingelöst hatte. Streitig war nur, ob und wieweit die einzelnen Staaten selbst gegen einander verpflichtet seien, die von ihnen vollwertig ausgeprägten, aber durch den Gang der Ereignisse unterwertig gewordenen Fünffrankentaler gegen vollwertiges Goldgeld zurückzunehmen.

Die entscheidenden Punkte treten bei der Frage der österreichischen Taler klarer hervor, als bei der Liquidationsfrage des Lateinischen Münzbundes. Im Lateinischen Münzbunde konnte ein einzelner Staat, z. B. Belgien, die von ihm geprägten Fünffrankentaler schon deshalb nicht ohne Einlösung außer Kurs setzen, weil sie im eignen Gebiete ebenso tatsächlichen Umlauf hatten, wie in den übrigen Münzbundstaaten, und weil sie hier wie dort gesetzliches Zahlungsmittel zu dem gleichen Nennwerte waren. Hier bestand also die Verpflichtung zur Einlösung hinsichtlich der Stücke belgischen Gepräges als eine staatsrechtliche Verpflichtung gegenüber den eignen Staatsangehörigen. Wenn nun der Fall der Außerkurssetzung praktisch wurde, konnte Belgien unmöglich einen Unterschied machen zwischen den Fünffrankenstücken,

je nachdem diese sich in der belgischen Zirkulation oder in dem Umlaufe der übrigen Münzbundstaaten befunden hatten. Auf diese Weise
war den übrigen Staaten die Gelegenheit so gut wie gesichert, auch
die in ihrem Gebiete umlaufenden Stücke in Belgien zur Einlösung zu
bringen; aber durch diese tatsächliche Kombination ist natürlich die
völkerrechtliche Prinzipienfrage noch nicht entschieden.

Hinsichtlich der österreichischen Taler jedoch lagen die Dinge so,
daß von Anfang an infolge der in Oesterreich herrschenden Papierwährung und später wegen des höheren Geldwertes, der diesen
Münzstücken in Deutschland beigelegt war, fast der ganze zur Ausprägung gelangte Betrag nach Deutschland abgeflossen war und daß zu
Beginn der 90er Jahre, als Oesterreich-Ungarn an die Regulierung
seiner Valuta herantrat, man annehmen konnte, daß alle noch vorhandenen Talerstücke österreichischen Gepräges sich im deutschen
Umlaufe befänden. Infolgedessen wäre Oesterreich in der Lage gewesen,
diese Münzen, die ja tatsächlich nur noch deutsches, nicht mehr
österreichisches Geld waren, ohne Einlösung außer Kurs zu setzen,
ohne damit eine Verpflichtung gegenüber seinen Staatsangehörigen zu
verletzen. Andererseits konnte das Deutsche Reich den österreichischen
Talern nicht ohne Einlösung die ihnen beigelegte Geldeigenschaft entziehen, auch nicht unter Hinweis auf eine Einlösungsverpflichtung
Oesterreichs als desjenigen Staates, dessen Gepräge die Münzen trugen;
denn selbst wenn Oesterreich eine Einlösungsverpflichtung anerkannt
hätte, so hätte die Einlösung doch unmöglich zu einem höheren Werte
als zu dem den Talern durch die österreichische Gesetzgebung verliehenen
gesetzlichen Nennwerte von $1^1/_2$ Gulden = etwa 2,50 Mark erfolgen
können, sodaß durch eine eventuelle Einlösung von seiten Oesterreichs
den deutschen Inhabern von österreichischen Talern erhebliche Verluste
nicht erspart worden wären. Hier ist mithin jede mißverständliche
Auffassung der Prinzipienfrage ausgeschlossen. Das Deutsche Reich
mußte, in Konsequenz der Verleihung der gesetzlichen Zahlungskraft
an die österreichischen Taler zum Nennwerte von 3 Mark, diese Taler
bei einer eventuellen Außerkurssetzung zu 3 Mark das Stück einlösen;
Oesterreich war infolge des Verschwindens der Taler aus der österreichischen Zirkulation einer analogen Einlösungspflicht gegenüber
seinen Staatsangehörigen enthoben. Es blieb mithin nur die Frage
nach dem Bestehen einer völkerrechtlichen Einlösungsverpflichtung
Oesterreichs gegenüber dem Deutschen Reiche. Besondere Abmachungen
über diesen Punkt bestanden nicht, sodaß also nur eine Entscheidung
aus allgemeinen Rechtsgrundsätzen möglich war.

Die Frage ist vielfach dahin beantwortet worden, es sei zweifellos,
daß jeder Staat für sein Gepräge aufkommen müsse, und daß ein Staat
die mit seinem Gepräge versehenen Stücke nicht ohne Einlösung außer
Kurs setzen dürfe; das gelte ebensosehr gegenüber fremden Staaten
wie gegenüber den eignen Staatsangehörigen.

Man kann gegen diesen Standpunkt Gründe der volkswirtschaftlichen Billigkeit ins Feld führen. Man kann darauf hinweisen, daß
Oesterreich seiner Zeit seine Taler als vollwertige Münzen ausgeprägt
hat, wohl vorwiegend für private Rechnung, ohne einen irgend erheb-

lichen Münzgewinn zu ziehen; daß ferner diese Stücke sich fast ausschließlich im deutschen Geldumlaufe befunden, Oesterreich selbst also keinerlei Nutzen gebracht haben; daß es mithin im höchsten Grade unbillig erscheinen müsse, Oesterreich mit dem an diesen Münzen erwachsenen Verluste zu belasten. Ebenso kann man in der Frage der Fünffrankentaler die evidente Unbilligkeit hervorheben, die in der Entscheidung der Einlösungsfrage nach dem Gepräge liegen würde. Auf der Brüsseler Münzstätte sind infolge ihrer günstigen Lage und ihres prompten Arbeitens gewaltige Beträge von Fünffrankentalern auf private Rechnung ausgeprägt worden, die von vornherein für den Umlauf in den anderen Münzbundstaaten bestimmt waren und die die ~Aufnahmefähigkeit des belgischen Münzumlaufs beträchtlich überschritten. Andererseits hat die Schweiz, solange die Prägung von Silber in den übrigen Münzbundstaaten frei war und infolgedessen an der Prägung nur die normale Prägegebühr zu verdienen war, überhaupt keinerlei Kurantmünzen ausgeprägt, sondern ihren Münzumlauf aus den Prägungen der anderen Münzbundstaaten bezogen. Bei einer Entscheidung der Einlösungspflicht nach dem Gepräge wird hier Belgien mit Verlusten belastet, die an Münzen entstanden sind, die auf seiner Münzstätte für die übrigen Staaten geprägt worden sind; die Schweiz dagegen, der die Vorteile des gemeinschaftlichen Münzumlaufs ebenso zugute gekommen sind, wie allen übrigen Unionsstaaten, braucht den an dem gemeinsamen Zirkulationsmittel entstandenen Verlust nicht mitzutragen. Offenbar würde hier der Billigkeit nur die Lösung entsprechen, daß der Verlust an dem gemeinsamen Umlaufe auf die einzelnen Staaten nach Maßgabe der Größe ihres Münzumlaufs oder einfacher nach Maßgabe ihrer Bevölkerungszahl verteilt würde.

Aber freilich müßte man sich hier mit dem alten Satze „summum ius — summa injuria" zufrieden geben, wenn nicht auch ein Rechtsgrund für die eben angedeutete Entscheidung der Einlösungsfrage nachgewiesen wird.

Wir haben nun gesehen, daß sich aus dem Akte der Münzprägung und mithin auch aus dem Gepräge irgendwelche Rechtswirkungen nicht herleiten lassen. Es ist nicht ersichtlich, auf welche Weise der juristisch indifferente Akt der Münzprägung eine entscheidende rechtliche Bedeutung auf dem Gebiete des Völkerrechts erlangen sollte. Wir haben ferner gesehen, daß die Einlösungspflicht des Staates nur aus der Verleihung der Geldeigenschaft hergeleitet werden kann, daraus, daß der Staat seine Angehörigen zur Annahme bestimmter Münzsorten und Papierscheine als Zahlungsmittel zwingt oder wenigstens bestimmt. Die Einlösungspflicht ist infolgedessen ohne das Autoritätsverhältnis zwischen Staatsgewalt und Untertan überhaupt nicht denkbar; sie kann deshalb ihrer ganzen Natur nach nur eine s t a a t s r e c h t l i c h e Verpflichtung sein. Für die Konstruktion einer völkerrechtlichen Einlösungspflicht fehlt jeder Boden, sodaß man sagen kann: e s g i b t k e i n e v ö l k e r - r e c h t l i c h e E i n l ö s u n g s p f l i c h t.

Infolgedessen werden praktische Streitfragen dieser Art nur als Fragen der Billigkeit oder als Machtfragen behandelt werden können.

Ueber die österreichischen Taler haben sich die beiden beteiligten Regierungen in einem Abkommen vom 20. Februar 1892 in einer Weise geeinigt, die im großen Ganzen dem Gesichtspunkte der Billigkeit Rechnung trägt. Oesterreich-Ungarn hat sich bereit erklärt, ein Drittel des damals als noch vorhanden geschätzten Bestandes dieser Münzen, $8^2/_3$ Millionen von 26 Millionen Talern, zu $1^1/_2$ Fl. pro Stück von der Reichsregierung zu übernehmen, während Deutschland für die restlichen zwei Drittel auf alle Ansprüche an Oesterreich verzichtete.

Auch die Staaten des Lateinischen Münzbundes haben die Frage der Liquidation der Fünffrankenstücke im Hinblick auf eine mögliche Auflösung des Bundes vertragsmäßig zunächst in der Liquidationsklausel des die Münzunion verlängernden Vertrages vom 6. November 1885 geregelt. Hier jedoch haben Frankreich und die Schweiz die Zwangslage, in der sich Belgien befand, ausgenutzt. Zwar hat sich Belgien zur direkten Einlösung (in Gold oder silbernen Fünffrankenstücken des empfangenden Staates oder in Wechseln auf den letzteren) nur für die Hälfte seiner im französischen Umlauf befindlichen Fünffrankentaler und für höchstens 6 Millionen Frs. der in der Schweiz umlaufenden Stücke dieser Art verpflichten müssen; jedoch sollte es während der auf die Auflösung der Münzunion folgenden fünf Jahre seine Fünffrankentaler nicht außer Kurs setzen, damit der in Frankreich und der Schweiz verbleibende Rest auf kommerziellem Wege zurückgeleitet werden konnte. Aehnliche Verpflichtungen mußte auch Italien übernehmen. Das Offenhalten der kommerziellen Rückleitung für die Stücke, die nicht sofort nach Auflösung des Bundes zur Einlösung präsentiert werden können, bedeutet nichts anderes, als daß Belgien in der Endwirkung den ganzen an den Stücken seiner Prägung erwachsenden Verlust ohne jede Milderung zu tragen haben wird. Es ist klar, daß diese Lösung der rechtlichen Natur des Geldes nicht entspricht.

Die Gestaltung der Währungsverhältnisse in den Vertragsstaaten in und nach dem Weltkrieg gab Veranlassung zu einem neuen Abkommen. Die Schweiz sah sich, da ihre Valuta allein sich annähernd auf ihrer Goldparität behauptete, während die Valuten der übrigen Vertragsstaaten beträchtlich unter die Goldparität herabsanken, einem starken Zufluß von Silbergeld aus den übrigen Vertragsstaaten ausgesetzt. Sie erließ am 4. Oktober 1920 ein Einfuhrverbot für die silbernen Fünffrankenstücke der übrigen Vertragsstaaten, am 2. November 1920 ein Einfuhrverbot für die belgischen Silberscheidemünzen[1]) und verfügte am 28. Dezember die Außerkurssetzung dieser Münzen für den 31. März 1921. Ein neuer Vertrag zwischen den Münzbundstaaten vom 9. Dezember 1921 erkannte den Ausschluß der Fünffrankenstücke nichtschweizerischer Prägung aus der Schweiz an und regelte die Modalitäten der Heimschaffung der in der Schweiz angesammelten Silbermünzen fremden Gepräges. Danach darf die Schweiz von insgesamt 232 Millionen Frs., die sie ihrerseits eingelöst hat, 166 Millionen Frs. den Regierungen der übrigen Münzbundstaaten zur Einlösung präsentieren, davon 6 der

---

[1]) Die Silberscheidemünzen der übrigen Vertragsstaaten waren durch frühere Sonderabmachungen bereits „nationalisiert", d. h. auf den Umlauf im Prägerstaat beschränkt worden.

ıelgischen, 130 der französischen, 30 Millionen der italienischen Regierung. Die restlichen 66 Millionen beabsichtigt die Schweiz einzuschmelzen und in schweizerische Fünffrankenstücke umzuprägen. Die Heimschaffung der 166 Millionen Frs. soll am 15. Januar 1927 beginnen und in gleichen dreimonatlichen Raten innerhalb von fünf Jahren durchgeführt werden. Die Einlösung geschieht für 28,6 Millionen Frs. in Gold (davon 2 Millionen von Belgien, 20 Millionen von Frankreich, 6,6 Million von Italien); der Rest ist entweder in Gold oder in schweizerischen Fünffrankenstücken oder in Tratten, zahlbar in der Schweiz in schweizerischer Valuta, zu begleichen.

*   *   *

Die Gesamtergebnisse der Erörterung über die Stellung des Geldes in der Rechtsordnung, sowohl im Privatrechte als auch im öffentlichen Rechte, sind eine wesentliche Ergänzung der im I. Abschnitte dieses Buches gegebenen Untersuchung über die Stellung des Geldes in der Volkswirtschaft. Sie bilden einen unerläßlichen Teil des Fundamentes, auf dem sich die in den beiden folgenden Abschnitten zu gebende Darstellung der Geldverfassung und der Probleme des Geldbedarfs, der Geldversorgung und des Geldwertes aufzubauen hat.

———

III. Abschnitt. Die Geldverfassung.

7. Kapitel. Die Erfordernisse des Geldes.

§ 1. Vorbemerkung.

Von den Erörterungen über die Stellung des Geldes in der Wirtschafts- und Rechtsordnung, über seinen Begriff und seine Funktionen wenden wir uns zur Betrachtung der konkreten Erscheinungsformen des Geldes und der Zusammenfassung dieser in den Geldsystemen.

So einheitlich der richtig aufgefaßte Begriff des Geldes sich uns darstellt, so vielgestaltig treten uns die Dinge gegenüber, welche diesen Begriff in der Wirklichkeit verkörpern. Das Geld eines jeden einzelnen Staates besteht aus einer Anzahl verschiedenartiger Stoffe in verschiedenartigen Formen, aus Materien, die durch ein immaterielles Band zu einer kunstvollen Einheit zusammengefaßt sind, zu einer Einheit, in der jedes einzelne Stück als die Verkörperung einer und derselben Geldidee erscheint. Das Ganze ist das Produkt einer historischen Entwicklung, bei welcher — neben manchen willkürlichen Eingriffen der politischen Gewalt und ihrer Träger — die Bedürfnisse des wirtschaftlichen Verkehrs und ihre Wandlungen eine treibende Kraft und in der Hauptsache die ausschlaggebende Kraft gewesen sind. Die Erfordernisse, die sich nach dem jeweiligen Stande der Volkswirtschaft aus der Stellung und den Aufgaben des Geldes ergeben, haben die natürliche Tendenz, sich die konkreten Erscheinungsformen des Geldes anzupassen; jede planmäßige Einwirkung des Staates und seiner Gesetzgebung auf die Gestaltung des Geldwesens muß, solange sie nicht außerhalb des Geldwesens liegende Ziele verfolgt, darauf hinausgehen, das Geld in seiner konkreten Erscheinung so zu gestalten, daß es den durch seine Funktionen und den Stand der Volkswirtschaft gegebenen Erfordernissen so gut wie möglich zu genügen vermag.

Die Betrachtung dieser Erfordernisse bildet mithin die gegebene Brücke von der Betrachtung der begrifflichen Seite und der Funktionen des Geldes zur Darstellung der Verwirklichung des Geldbegriffs in der die Erscheinungsformen des Geldes zusammenschließenden Geldverfassung.

§ 2. Die allgemeinen Erfordernisse des Geldes.

Wir können in diesem Kapitel auf manches zurückgreifen, was bereits im geschichtlichen Teile ausgeführt wurde, namentlich auf die Darstellung derjenigen Eigenschaften, welche die Edelmetalle vor allen anderen Verkehrsobjekten als Geldstoff geeignet erscheinen lassen.

Wir sehen zunächst von der Möglichkeit eines Geldes ohne wertvollen Geldstoff ab und rekapitulieren die Vorzüge, welche die Edelmetalle, soweit ein stofflich wertvolles Geld in Betracht kommt, ganz besonders zum Geldstoffe prädestinieren. Die Aufgabe des Geldes, als Mittel der Uebertragung von Vermögenswerten von Person zu Person zu dienen, hat zur Voraussetzung das Vertrauen in die Beständigkeit der Kaufkraft, die bei den Edelmetallen in besonderem Maße gegeben ist; sie verlangt ferner leichte Uebertragbarkeit, also Transportfähigkeit und Handlichkeit, ein Erfordernis, dem nur solche Verkehrsobjekte, welche in kleinem Volumen und Gewichte einen hohen Wert darstellen, entsprechen können; ferner ist erforderlich die leichte Möglichkeit der Darstellung beliebig großer Werte, ein Erfordernis, das Teilbarkeit und Formbarkeit des Geldstoffes voraussetzt; außerdem muß der Geldstoff widerstandsfähig gegen schädliche Einflüsse aller Art sein, er darf auf dem Transporte nicht leiden, und er muß in der Hand desjenigen, welcher ihn empfängt, seine Beschaffenheit und seinen Wert möglichst unverändert bewahren; die Begehrtheit des Stoffes muß ferner, auf je weitere Flächen sich die wirtschaftlichen Beziehungen erstrecken, desto allgemeiner sein, um Wertübertragungen auch auf große Entfernungen hin zu ermöglichen. Das sind im großen Ganzen die Erfordernisse, denen die Edelmetalle bis auf den heutigen Tag besser als alle anderen Sachgüter entsprechen, und auf denen es mithin beruht, daß heute noch das Geld in den Edelmetallen seine ideale Verkörperung findet.

Auf der anderen Seite bestehen bis zum heutigen Tage gewisse allgemeine Erfordernisse, welchen die Edelmetalle als solche ohne jede weitere Vorrichtung nicht zu entsprechen vermögen. Die Leichtigkeit der Uebertragung hängt nicht nur von den transporttechnischen Momenten ab, denen auch das ungeprägte Metall in so hohem Grade genügt; es kommen vielmehr bei den Uebertragungen auch gewisse geistige Operationen in Betracht. Die Beschaffenheit und das Gewicht des zu übertragenden Gegenstandes dürfen zu ihrer Feststellung nicht ein umständliches und schwieriges Verfahren notwendig machen, sondern müssen leicht ersichtlich sein; die Darstellung bestimmter Wertgrößen in dem Geldgute darf keine komplizierte Rechentätigkeit zur Voraussetzung haben, sondern muß durch einfaches Vorzählen von gleichartigen oder in einfachen Wertverhältnissen zu einander stehenden Stücken zu bewirken sein. Die Münzen, die von der öffentlichen Autorität nach einheitlichen Typen hergestellten, mit bestimmten Zeichen versehenen, mit einer bestimmten Geltung ausgestatteten und leicht handlichen Metallscheiben, brachten die Ueberwindung der hier vorliegenden Schwierigkeiten; das allgemeine Erfordernis, dem zu genügen sie zuerst geschaffen wurden, besteht noch heute und sichert noch heute dem gemünzten Metalle seine besondere Stellung unter den Erscheinungsformen des Geldes.

§ 3. Die Voraussetzungen für den vorwiegenden Gebrauch der verschiedenen Geldstoffe.

Innerhalb des soeben gezeichneten allgemeinen Rahmens differenzieren sich nun die das Geld betreffenden Verkehrsbedürfnisse je nach der besonderen Lage der wirtschaftlichen Verhältnisse. Die einzelnen Metalle, die geschichtlich als Geldstoffe eine Rolle gespielt haben und heute noch Geldstoffe sind, waren nicht zu allen Zeiten und sind heute noch nicht in allen Ländern in gleicher Weise geeignet, als Geldstoff zu dienen. Kupfer, Silber und Gold, die Metalle, die hier fast ausschließlich in Betracht kommen, haben zu verschiedenen Zeiten nacheinander und in verschiedenen Ländern nebeneinander als Geldstoff die Vorherrschaft gehabt. Die Erkenntnis, daß dem zeitlichen Wechsel und der örtlichen Verschiedenheit der Verwendung der einzelnen Metalle zu Geldzwecken tiefere Ursachen zugrunde liegen, ist alt; und die flüchtige Beobachtung der historischen Entwicklung legt es nahe, mit Lord Liverpool auf eine allgemeine Entwicklungstendenz zu schließen, nach welcher die Völker bei steigender wirtschaftlicher Kultur von weniger kostbaren zu wertvolleren Geldstoffen übergehen, sodaß also bei dem metallischen Gelde bei fortschreitender wirtschaftlicher Entwicklung das Kupfer und die anderen unedlen Metalle, wie Zinn und Eisen, durch das Silber, das Silber durch das Gold aus der vorherrschenden Stellung verdrängt würden.

Eine genauere Betrachtung zeigt jedoch, daß sich die wechselnde Verwendung der Metalle zu Geldzwecken nicht auf eine so einfache Formel zurückführen läßt. Darauf weist schon die Tatsache hin, daß die ersten geprägten Münzen Goldmünzen waren und daß auch bei den neueren Völkern der Gebrauch von Kupfergeld sich erst für spätere Zeiten nachweisen läßt als der Gebrauch von Silber- und Goldgeld.

Es läßt sich allerdings eine allgemeine Beziehung aufstellen zwischen der Größe der bei einem gegebenen Stande der Volkswirtschaft durch Geld zu vermittelnden Umsätze sowie der räumlichen Ausdehnung der durch Geld zu vermittelnden Beziehungen einerseits und dem spezifischen Werte des als Geld benutzten Stoffes andererseits. Wo einige Silbermünzen genügen, um den Unterhalt einer Familie für längere Zeit zu bestreiten, wo der tägliche Lohn eines Arbeiters sich auf wenige Kupferpfennige beläuft, da kann im allgemeinen das Gold keinen allzubreiten Raum in dem Geldumlaufe einnehmen. Wo umgekehrt die durch Geld zu vermittelnden Umsätze und Zahlungen so große Quantitäten von Silbermünzen erfordern, daß deren Transport und Uebertragung lästig wird, da ist der Boden für einen überwiegenden Gebrauch von Goldgeld gegeben. Wo ferner die durch Geld zu vermittelnden Beziehungen sich auf einen engen territorialen Kreis beschränken, da wird man im allgemeinen den Gebrauch eines weniger wertvollen Zahlungsmittels nicht in demselben Maße lästig finden wie dort, wo die Notwendigkeit zur Versendung von Geld über große Entfernungen hin vorliegt.

Aber weder die Größe der Umsätze, noch die räumliche Ausdehnung der Beziehungen, die durch Geld zu vermitteln sind, befinden sich in unmittelbarerer Abhängigkeit von dem allgemeinen Stande der wirtschaftlichen Kultur. Was den ersteren Punkt anlangt, so kommt es, wie im geschichtlichen Teile an der Gestaltung der europäischen Geldverhältnisse nachgewiesen worden ist, für die verschiedenen Epochen und Länder sehr wesentlich darauf an, wie weit überhaupt die Produktion für den Absatz und der Geldgebrauch die Eigenwirtschaft und den naturalen Tausch innerhalb der einzelnen Schichten der Volkswirtschaft verdrängt haben. Man wird im allgemeinen das Vordringen der Geldwirtschaft in immer tiefere Schichten des Wirtschaftslebens als ein Zeichen fortschreitender wirtschaftlicher Kultur ansehen können. Aber mit einer solchen wirtschaftlichen Entwicklung braucht der Uebergang zu einem wertvolleren Geldstoffe so wenig Hand in Hand zu gehen, daß man vielmehr versucht sein könnte, eine umgekehrte Entwicklungstendenz zu behaupten. Es sei nur daran erinnert, daß der gewaltige Fortschritt, den die Geldwirtschaft vom Ausgang des Mittelalters an in den europäischen Ländern machte, von dem in den letzten Jahrhunderten des Mittelalters vorherrschenden Goldgebrauche zu einem Ueberwiegen des Silbergeldes hinführte. Während der Großverkehr, bei dem der Geldgebrauch naturgemäß beginnt, bei seinen vielleicht weniger zahlreichen, aber im Einzelfalle große Werte umfassenden Umsätzen von vornherein für die wertvollsten Geldstoffe Verwendung hat, können die breiten unteren Schichten der Volkswirtschaft, in denen es sich zwar um zahllose, aber im Einzelfalle kleine Umsätze handelt, dem Geldgebrauche nur durch ein weniger wertvolles Geld erschlossen werden; die Summe dieser kleinen Umsätze mag dann beträchtlich höher sein, als die Summe der Umsätze des Großverkehrs, sodaß infolge einer solchen Ausdehnung der Geldwirtschaft der weniger wertvolle Geldstoff anstelle des wertvolleren die Vorherrschaft erlangt.

Auch die territoriale Ausdehnung der durch Geld zu vermittelnden Beziehungen kann von Bedingungen abhängen, welche nicht ohne weiteres durch den allgemeinen wirtschaftlichen Kulturstand gegeben sind. In einem territorial ausgedehnten Staatswesen erfordert allein schon der Dienst der Verwaltungs- und Heeresorganisation ein relativ wertvolles Geld, und zwar um so dringender, je schlechter die Verkehrsverhältnisse sind. Die auswärtigen Verkehrsbeziehungen eines Staates, die gleichfalls auf die Verwendung eines relativ wertvollen Geldstoffes hindrängen, sind allerdings häufig, aber keineswegs immer ein zuverlässiger Gradmesser für den gesamten wirtschaftlichen Kulturstand; jedenfalls ist ihr Einfluß auf die Gestaltung des Geldwesens um so größer, je mehr der Auslandverkehr an Bedeutung den inneren Verkehr überragt, je weniger mithin die innere Volkswirtschaft im Verhältnis zum Außenhandel entwickelt ist. Die größere Leichtigkeit eines ausgedehnten Verkehrs zu Wasser gegenüber dem Landverkehr hat vielfach dazu beizutragen, daß gerade in den Anfängen der wirtschaftlichen Entwicklung das Schwergewicht im Außenhandel lag. Auch von diesem Gesichtspunkte aus ist es mithin denkbar, daß ein Fortschreiten der wirtschaftlichen Entwicklung den Gebrauch des weniger wertvollen Metalls begünstigt.

Das Verhältnis zwischen der Größe der durch Geld zu vermittelnden Uebertragungen und den als Geldstoff in Betracht kommenden Metallen ist ferner von Faktoren abhängig, die auf der Seite der Metalle wirksam sind. Eine Steigerung der wirtschaftlichen Kultur, eine Verfeinerung der Arbeitsteilung und der Technik, die eine er-

giebigere Gestaltung der Produktion und eine Vermehrung der Umsätze
zur Folge haben, brauchen an sich das Verhältnis zwischen dem täglichen Verbrauche der einzelnen Wirtschaften zu dem Geldmetalle nicht
zu alterieren; eine Verbilligung der Preise kann als Folge der Erleichterung der Produktion eintreten, sodaß nach wie vor der erhöhte tägliche
Bedarf mit demselben Geldquantum beschafft werden kann. Das Bedürfnis einer vermehrten Benutzung des wertvolleren Geldstoffes tritt
nur dann ein, wenn mit der Zunahme der Gütererzeugung, des Verkehrs und des Verbrauchs die Geldpreise der Verkehrsgüter nicht entsprechend zurückgehen, sondern vielleicht sogar steigen, sodaß das
Geldquantum, das zur Bestreitung der Lebenshaltung der breiten Bevölkerungsschichten erforderlich ist, ein wesentlich größeres wird; mit
anderen Worten: nur dann, wenn gleichzeitig mit der Steigerung der
Umsätze der Wert des Geldes gegenüber den übrigen Verkehrsgütern
gleich bleibt oder zurückgeht.

Die gewaltige Steigerung der Produktion beider Edelmetalle seit
der Entdeckung Amerikas und in verstärktem Maße seit der Mitte des
19. Jahrhunderts hat eine solche Entwicklung in der Tat zur Folge gehabt. Dabei mußte seit der Mitte des 19. Jahrhundert die Produktions-
vermehrung bei dem Silber naturgemäß dahin wirken, den Kreis seiner
Verwendung im Geldverkehr zu beschränken, während die Produktions-
vermehrung des Goldes zu einer ganz gewaltigen Ausdehnung des Gebrauchs von Goldgeld geführt hat. Je mehr die gesteigerte Goldgewinnung den Wert des gelben Metalls im Verhältnis zu dem täglichen
Bedarfe der breiten Bevölkerungsschichten herabdrückte, desto geeigneter wurde das Gold als Verkehrsmittel für immer weitere Kreise der
Volkswirtschaft; umgekehrt wurde das Silber, je mehr infolge der gesteigerten Zufuhr sein Wert gegenüber den anderen Verkehrsgütern sank,
desto lästiger für größere und mittlere Zahlungen, sodaß es immer mehr
auf die Kreise des Kleinverkehrs beschränkt wurde. Während ferner
beim Golde die Möglichkeit einer außerordentlichen Ausdehnung der
monetären Verwendung über die bisher vom Silber beherrschten Verkehrsgebiete einer allzu starken Verringerung seines Wertes entgegenwirkte, wurde umgekehrt der Silberwert nicht nur durch die Vermehrung
der Silberproduktion selbst, sondern auch durch die infolge des Vordringens des Goldes eingetretene relative Einschränkung seiner monetären
Verwendung getroffen.

So haben in der zweiten Hälfte des vorigen Jahrhunderts in der
Tat die Produktionsverhältnisse der Edelmetalle und die allgemeine
wirtschaftliche Entwicklung vereint dahin gewirkt, daß für den weit überwiegenden Teil der metallischen Umlaufsmittel das Gold den Bedürfnissen des Verkehrs besser entprach als das Silber. Es handelte sich
dabei nicht etwa um kleine Unterschiede, bei denen Mode und Lieb-
haberei den Ausschlag hätten geben können; die Unterschiede zwischen
beiden Metallen sind vielmehr so groß, daß sie als wirtschaftliche Notwendigkeiten ins Gewicht fallen mußten. Schon nach dem sogenannten
„alten" Wertverhältnisse repräsentierte das Gold im gleichen Gewichte einen
15 $^{1}/_{2}$ mal so großen Wert als das Silber; dazu kommt, daß sich das
spezifische Gewicht des Goldes zu dem des Silbers wie 19 $^{1}/_{4}$: 10 $^{1}/_{2}$

verhält, sodaß im gleichen Volumen das Gold einen 28,4 mal so großen Wert darstellte als das Silber. Um eine Zahlung, die in Gold geleistet werden kann, in Silber zu leisten, mußte mithin schon bei dem alten Wertverhältnisse ein $15\,^1/_2$ mal so großes Gewicht und ein 28,4 mal so großes Volumen, als bei Goldzahlung erforderlich gewesen wäre, in Bewegung gesetzt werden. Für die deutschen, ungefähr nach dem alten Wertverhältnisse geprägten Münzen trafen diese Zahlen noch bis zum Kriege zu; für Uebertragungen im Barrenmetall dagegen oder in künftig etwa vollhaltig auszuprägenden Silbermünzen ist das Verhältnis durch die inzwischen eingetretene Entwertung des Silbers noch ganz außerordentlich stark zuungunsten des Silbers verschoben worden. Bei einem Londoner Silberpreise von $23\,^1/_2$ d pro Unze Standard, wie er in der letzten Zeit vor dem Kriege verzeichnet worden ist, stellt das Gold im gleichen Gewichte den 40fachen, im gleichen Volumen den $73\,^1/_8$ fachen Wert des Silbers dar. Wo für die Versendung von Gold einige Kisten genügen, da bedarf es für die Versendung des gleichen Wertes in Silber eines stattlichen Eisenbahnzuges[1]).

Wo der Gebrauch von Goldgeld anstelle des Gebrauchs von Silbergeld trat, wurde mithin der Verkehr von einer ganz gewaltigen toten Last befreit; diese Tatsache machte sich nicht etwa nur bei den in Metall zu bewirkenden internationalen Zahlungsausgleichungen fühlbar, sie äußerte vielmehr bis weit hinab in die Schichten des täglichen Verkehrs ihre Wirkung darin, daß der Gebrauch des Silbergeldes im großen Ganzen auf diejenigen Zahlungen beschränkt wurde, für welche keine Goldmünzen zur Verfügung standen. Das zeigte sich in der tatsächlichen Gestaltung der Umlaufsverhältnisse überall dort besonders deutlich, wo es durch die Organisation des Geldwesens dem Verkehr überlassen wurde, sich nach seinen Bedürfnissen mit Gold- und Silbergeld zu versehen. In Deutschland konnte der freie Verkehr aus den Beständen der Reichsbank jederzeit soviel Silbergeld beziehen, wie er brauchte, und andererseits konnte er, da die Reichsbank Einzahlungen in Silber zu jedem Betrage annahm, das über seinen Bedarf hinausgehende Silber an die Reichsbank abstoßen. Für das Jahr 1913 läßt sich der Betrag der im freien Umlaufe[2]) befindlichen Reichssilber-, Nickel- und Kupfermünzen auf etwa 1000 Millionen Mark berechnen gegen einen Betrag von rund 2600 Millionen Mark in Goldmünzen; nur etwa 28 Prozent der freien metallischen Zirkulation kamen mithin auf Silber-, Nickel- und Kupfermünzen, dagegen rund 72 Prozent auf die Goldmünzen.

§ 4. Das Bedürfnis nach Geldstücken in verschiedener Wertgrösse.

Wenn nun auch in den Ländern der europäischen Kultur bei dem gegebenen Stande der Produktion, des Verkehrs und des Konsums einerseits, der Preise andererseits das Gold den Erfordernissen des Geldes

---

[1]) Einem halben Kubikmeter Gold im Gewicht von 9,6 Tonnen würde bei einem Silberpreise von $23^1/_2$ d ein Silberquantum von 384 Tonnen, also etwa $38^1/_2$ Wagenladungen à 10 Tonnen entsprechen.

[2]) D. h. außerhalb des Reichskriegschatzes und der sämtlichen Notenbanken.

für den größeren Teil der Zirkulation besser entspricht als das Silber, so kann doch kein Geldwesen ausschließlich mit Goldmünzen auskommen. Das Bedürfnis, die verschiedensten Werte bis auf ganz kleine Unterschiede exakt in Geld, und zwar in möglichst wenigen Geldstücken, darstellen zu können, erfordert eine größere Anzahl von Geldsorten, in denen sich der Wert in einer Reihe von Abstufungen verkörpert. So groß einerseits die Beträge sind, die im Großverkehr umgesetzt werden, so klein sind andererseits mitunter die Wertbeträge und Wertdifferenzen, die in den unteren Schichten der Volkswirtschaft in Betracht zu ziehen sind. Von der Tausendmarknote bis zum Pfennigstück war in der alten Geldverfassung des Deutschen Reiches ein weiter Spielraum, der nur zum Teil durch Goldgeld ausgefüllt werden konnte. Sowohl nach oben als auch nach unten hat die Handlichkeit und Verwendbarkeit des Goldes ihre Grenzen. Unter eine gewisse Größe kann man mit den Goldmünzen nicht herabgehen, ohne daß sie unhandlich und leicht verlierbar werden. Der Begriff der „Handlichkeit“ ist natürlich kein fest gegebener, sondern ein nach Zeiten, Ländern und sozialen Schichten verschiedener. Ein Goldstück, das für die „schwielige Hand des Arbeiters“ wegen seiner Kleinheit unhandlich ist, mag in einem niedlichen Damenportemonnaie sehr wohl am Platze sein, und umgekehrt war z. B. das silberne Fünfmarkstück in den Arbeiterkreisen der Industriebezirke stark begehrt, während es in anderen Schichten wegen seiner Unhandlichkeit abgelehnt wurde. Hinsichtlich des Goldes haben die praktischen Erfahrungen bei uns in Deutschland gezeigt, daß das goldene Fünfmarkstück bereits unterhalb der durch die Gewohnheiten und Bedürfnisse des Geldverkehrs gezogenen Grenze steht. Der Raum vom Zehnmarkstücke abwärts gehörte also dem Silber bis zu dem Punkte, wo auch das Silber anfing, unhandlich zu werden. Das silberne Zwanzigpfennigstück hat sich im praktischen Verkehr nicht mehr bewährt, wobei allerdings zu bemerken ist, daß es in Süddeutschland, wo man von früheren Zeiten her an kleine Münzen gewöhnt war, sich einer beträchtlich größeren Beliebtheit erfreute als im Norden. Unterhalb des Silbers blieb noch ein Raum für die Verwendung unedler Metalle.

Nach oben hin kommt auch für das Gold der Punkt, an dem es nicht mehr als ein bequemes Geld angesehen wird. Große Goldmünzen, wie sie z. B. in Frankreich geprägt worden sind (zu 100 und 50 Franken), haben im Geldverkehr niemals eine Bedeutung erlangt; der Typus des deutschen Zwanzigmarkstücks und des englischen Sovereign stellt für die im Verkehr gebräuchlichen Goldmünzen bereits das Maximum der Größe dar. Nun lassen sich allerdings große Summen in solchen Stücken beliebig zusammenstellen, aber bei größeren Beträgen wird den papiernen Geldzeichen allenthalben der Vorzug gegeben. Es war fraglos bereits bequemer, zwei Noten zu hundert Mark als zehn Zwanzigmarkstücke bei sich tragen, und diese Bequemlichkeit steigerte sich progessiv, je mehr die Beträge wuchsen; man stelle nur eine Zahlung von 10000 Mark in 10 Reichsbanknoten à 1000 Mark der Zahlung desselben Betrags in 500 Zwanzigmarkstücken gegenüber.

Auch hinsichtlich kleinerer Beträge erscheinen für bestimmte Zwecke papierne Geldzeichen geeigneter als Metallgeld. So wurden

z. B. in unsrer alten Geldverfassung und bei unserem mit Metallgeld gesättigten Umlauf die Reichskassenscheine vielfach zur Versendung mit der Post benutzt.

Im übrigen sind gerade mit Bezug auf die papiernen Umlaufsmittel die Verkehrsgewohnheiten der einzelnen Völker außerordentlich verschieden. Man hat die Erfahrung gemacht, daß in Ländern, in denen lange Zeit hindurch Papierwährung bestanden hat, sich der Verkehr nur langsam wieder an „Hartgeld" gewöhnt, während andererseits z. B. die Deutschen, die an eine metallische Zirkulation gewöhnt waren, die naturgemäß meist nicht im besten und reinlichsten Zustande befindlichen kleinen Papierscheine zu einem Gulden oder einer Lira, die in sie Oesterreich-Ungarn und in Italien kennen lernten, geradezu unerträglich fanden.

Die Unmöglichkeit, dem Verkehrsbedürfnisse durch einen einzigen Geldstoff oder gar eine einzige Geldsorte zu genügen, stellt die das Geldwesen regelnde und die Münzprägung ausübende Staatsgewalt vor die Aufgabe, ein ganzes System von sich gegenseitig ergänzenden Geldsorten aus verschiedenen Stoffen zu schaffen. Wenn das Geld seine Funktion als Mittel von Wertübertragungen in bequemer Weise erfüllen soll, dann muß die Auswahl der einzelnen Sorten, die sogenannte „Stückelung", zwei Bedingungen erfüllen. Die Stückelung soll einerseits die Darstellung der verschiedensten Geldsummen durch eine geringe Anzahl von Geldstücken möglich machen, andererseits die Verwechselung der verschiedenwertigen Geldstücke nach Möglichkeit ausschließen. Beide Forderungen widersprechen sich in gewisser Weise; die erstere verlangt eine vielgestaltige, die letztere eine einfache Stückelung. Je verschiedenere Sorten vorhanden sind, desto weniger einzelne Stücke sind zur Darstellung beliebiger Summen erforderlich. Je mehr Münzsorten vorhanden sind, desto geringer müssen aber bei der durch die Gewohnheit festgelegten Form der Münzen, bei der geringen Münzgröße und bei der geringen Anzahl der in Betracht kommenden Geldstoffe die augenfälligen Unterschiede zwischen den einzelnen Sorten werden. Wo die richtige Mitte liegt, darüber kann nur die praktische Erfahrung entscheiden, die bei uns in Deutschland beispielsweise gezeigt hat, daß der Verkehr das früher für notwendig gehaltene 20 Pfennigstück und ebenso das 25 Pfennigstück sehr wohl entbehren konnte; sowohl die ursprünglich eingeführten silbernen als auch die später eingeführten „nickelnen" Zwanzigpfennigstücke sind in Wegfall gekommen, ohne daß sie eine fühlbare Lücke hinterlassen hätten, und das später eingeführte nickelne Fünfundzwanzigpfennigstück hat im Verkehr keineswegs eine enthusiastische Aufnahme gefunden.

§ 5. Technische und ästhetische Erfordernisse.

Die leichte Unterscheidbarkeit der Münzen, die bei der Auswahl der Stückelung mit in Betracht gezogen werden muß, stellt außerdem gewisse technische Ansprüche an die Münzstücke. Das Gleiche gilt für die papiernen Geldzeichen. Vor allem ist ein deutliches Gepräge erforderlich, das es ermöglicht, die an Größe und Metallfarbe einander ähnlichen Stücke leicht auseinander zu halten. Das Wichtigste an der Münze und dem Papierschein ist der Wert, den sie darstellen sollen;

eine möglichst deutliche Wertbezeichnung erscheint deshalb ganz besonders geboten. Aber gerade gegen diesen Grundsatz wird häufig genug verstoßen. Oft bedecken Bilder und Wappen mit mehr oder minder ausführlichen Inschriften die ganze Oberfläche der Münzstücke, sodaß man die Wertbezeichnung erst mühsam heraussuchen muß. — Neben der Deutlichkeit in der Zeichnung des Gepräges ist ein weiteres Erfordernis die Dauerhaftigkeit des Gepräges. Um die Münzstücke nach Möglichkeit vor einer das Gepräge verwischenden und ihren Metallgehalt verkürzenden Abnutzung zu schützen, wird allgemein den Edelmetallen ein Zusatz von Kupfer gegeben (Legierung oder Beschickung), der ihre Widerstandsfähigkeit gegen Abnutzung beträchtlich erhöht; ferner werden die Münzstücke, um das Gepräge möglichst vor Abreibung zu schützen, mit erhöhtem Rande geprägt; die Reifelung oder Prägung des Randes selbst hat den Zweck, den Feingehalt der Münzen gegen .betrügerische Verkürzung durch Befeilen sicher zu stellen. Der Staatsfiskus hat an diesen Schutzmaßregeln ein ebenso großes Interesse wie der Verkehr. Da jedoch die Abnutzung auf die Dauer auch bei den besten technischen Vorkehrungen unvermeidlich ist, bleibt für den Staat die Aufgabe bestehen, für die fortgesetzte Erneuerung des Münzumlaufs durch Beseitigung der abgenutzten Stücke und durch Neuprägungen zu sorgen.

In Verbindung mit diesen technischen Erfordernissen ist ein weiterer, sich auf das Aeußere der Geldstücke beziehender Punkt kurz zu berühren, der allerdings mehr in das Gebiet der Aesthetik als der eigentlichen Verkehrsbedürfnisse gehört. Jeder Staat sollte einen gewissen Stolz hineinsetzen, seine Münzen mit einem geschmackvollen und gut ausgeführten Gepräge auszustatten und sie aus Legierungen herzustellen, die sie nicht nur gegen Abnutzung schützen, sondern ihnen auch bei ihrem Wege durch ungezählte Hände ein möglichst reinliches und freundliches Aussehen bewahren. Auch bei den papiernen Geldzeichen sollten die Staaten auf eine von künstlerischen Gesichtspunkten einwandfreie und gefällige Ausstattung halten und durch haltbares Material, wie auch durch häufige Erneuerung der umlaufenden Zettel dafür sorgen, daß die Scheine nicht allzu sehr abgenutzt werden. Kein Bild kommt dem Volke im täglichen Verkehr so oft in die Hände und vor die Augen, wie das Gepräge seiner Münzen und der Aufdruck seiner Geldscheine; jedes Münzstück und jeder Geldschein sollte deshalb ein kleiner Kunstgegenstand sein, den man mit Befriedigung betrachten kann. Auch bei den geringwertigen Münzen sollten Legierungen vermieden werden, die schon nach kurzem Gebrauche ein häßliches Aussehen annehmen, wie das namentlich bei der Metallmasse der Fall ist, aus der in Deutschland und einigen anderen Ländern die sogenannten „Nickelmünzen" geprägt wurden; diese Masse enthält 75 Teile Kupfer und nur 25 Teile Nickel, und die aus ihr geprägten Münzen unterscheiden sich äußerst unvorteilhaft von den Münzen aus Reinnickel, wie den schweizerischen 20 Centimesstücken, den österreichischen 20 und 10 Hellerstücken und dem später geprägten deutschen 25 Pfennigstück. Die große Unbeliebtheit, auf welche das nickelne Zwanzigpfennigstück in Deutschland überall stieß, ist ein Beweis dafür,

daß der Verkehr in dieser ästhetischen Frage durchaus nicht indifferent
ist; wenn dieses Stück sich noch viel weniger einbürgern konnte als
das silberne Zwanzigpfennigstück, so lag das vor allem daran, daß
dieses Stück in seltener Weise ein unschönes Gepräge und einen
unschönen Stoff vereinigte. Also auch nach dieser Richtung hin stellt
der Verkehr gewisse Ansprüche an das Geld.

§ 6. Das Erfordernis der Einheitlichkeit des Geldwesens.

Den Erfordernissen, die sich aus den Aufgaben des Geldes ergeben, ist jedoch damit noch nicht Genüge geleistet, daß der Staat
eine Anzahl von Geldsorten, die Wertgrößen in verschiedenen Abstufungen repräsentieren, in technisch zweckentsprechender Weise aus
den verschiedenen in Betracht kommenden Geldstoffen fabriziert oder
fabrizieren läßt und dem Verkehr zur Verfügung stellt. Es bleibt vielmehr noch ein Erfordernis von ganz besonderer Wichtigkeit zu erfüllen:
die einzelnen Geldsorten müssen in ein einheitliches
System eingeordnet werden; sie müssen zu einander in bestimmten und einfachen Wertverhältnissen stehen.
Das Geld kann seinen Aufgaben nur dann in vollkommener Weise
gerecht werden, wenn es bei aller Verschiedenartigkeit seiner körperlichen Erscheinungen eine in sich geschlossene Einheit bildet. Bei
Uebertragungen aller Art ist es für jedermann von außerordentlicher
Wichtigkeit, jede Geldsorte, die er empfängt, für alle durch Geld zu
erfüllenden Zwecke zu demselben Werte, zu welchem er sie erhalten
hat, weitergeben zu können. Solange die einzelnen Geldsorten, ehe
sie zu Käufen, zu Zahlungen und Kapitalübertragungen Verwendung
finden können, selbst erst wieder in anderen Geldsorten bewertet oder
zu wechselnden Kursen in andere Geldsorten umgesetzt werden müssen,
sind die Vorteile der Verkehrsvermittelung durch das Geld nur in
beschränktem Maße gegeben; erst dann, wenn die einzelnen Geldsorten
in einfachen und unveränderlich festen Verhältnissen Bruchteile und
Vielfache einer und derselben Geldeinheit darstellen, und wenn sie sich
innerhalb des ein für allemal durch die Gesetzgebung gegebenen
Rahmens (Beschränkung der Zahlungskraft bei den Scheidemünzen usw.)
bei der Zahlungsleistung nicht nur rechtlich, sondern auch tatsächlich
in dem durch ihren Nennwert gegebenen Verhältnisse ebenso vollkommen vertreten können, wie die einzelnen Stücke der gleichen
Sorten unter sich, — erst dann ist das Geld als Geld vollkommen, erst
dann steht es der Vielheit von Waren als die Einheit gegenüber, in
der sich Angebot und Nachfrage begegnen, gegen die alle Verkehrsgüter
umgesetzt werden und an der damit der Verkehrswert aller Güter sein
Maß und seinen Ausdruck findet. In diesem vollkommenen Zustande
des Geldwesens baut sich auf der Grundlage der in einer einzelnen
Sorte verkörperten Werteinheit ein rationell gegliedertes Rechnungssystem auf, dessen Zahlenverhältnisse nach oben und unten ihre Verkörperung in den übrigen Geldsorten finden; dadurch erfährt sowohl
der Gebrauch jeder einzelnen Sorte bei Uebertragungen jeder Art, als
auch die Handhabung der ganzen im Gelde bestehenden Verkehrsein-
richtung für alle ihre Zwecke die denkbar größte Erleichterung.

Es wurde im historischen Teile gezeigt, wie sehr bisher die Entwicklungsgeschichte des Geldes von dem Streben nach diesem Ideal-
zustande beherrscht war und wie es erst in der modernen Geldverfassung gelungen ist, die aus verschiedenen Geldstoffen bestehenden
Münzsorten in einer den Bedürfnissen des Verkehrs entsprechenden
Zusammensetzung zu einem geschlossenen Systeme zu vereinigen.

Wir haben nunmehr diese Geldverfassung in ihrem Wesen und
ihrem Aufbau sowie in ihren nach außen weisenden Zusammenhängen
einer näheren Betrachtung zu unterziehen.

8. Kapitel.   Die Geldsysteme.

I. Teilabschnitt.   Die Währungssysteme und ihre Einteilung.

§ 1.   Der Begriff der Währung.

Der grundlegende Begriff in der modernen Geldverfassung ist
der Begriff „Währung". Wir sprechen von „Währung" in den verschiedenartigsten Verbindungen; zunächst in Anlehnung an die wichtigsten Geldstoffe von Goldwährung, Silberwährung, Papierwährung usw.;
ferner mit Beziehung auf den Staat, dessen Geldwesen wir im Auge
haben, von der deutschen, französichen, englischen, amerikanischen,
indischen usw. Währung; schließlich in Anknüpfung an die dem Geldwesen zugrunde liegende Rechnungseinheit von Markwährung, Talerwährung, Frankenwährung usw. Bei diesen verschiedenartigen An-
wendungen des Wortes drängt sich sofort die Unterscheidung auf, daß
wir es bei der Goldwährung usw. mit einem Gattungsbegriffe zu tun
haben, der eine bestimmte Art von „Währungen" umfaßt; daß dagegen
mit der Bezeichnung der Währung nach einem bestimmten Staate oder
einer bestimmten Rechnungseinheit stets eine spezielle, gegebene
Währung gemeint ist, die als solche sich in eine bestimmte Kategorie
von Währungen, in die Goldwährung, die Silberwährung oder irgendeine andere, einreiht.

Unter dem Begriffe der Währung wird ein gegebenes Geldwesen
in seiner Totalität als eine Einheit aufgefaßt; man denkt dabei eben
sowenig an die körperliche Erscheinung des Geldes in den einzelnen
Geldsorten, die das Geld eines Staates oder einer Staatengemeinschaft darstellen, wie an den reinen Begriff des Geldes, der unabhängig ist von seiner Verwirklichung in bestimmten Ländern und in
einer bestimmten Organisation; man hat vielmehr bei dem Begriffe
der Währung stets ein gegebenes Geldwesen in einer gegebenen
Organisation im Auge, dessen körperliche Erscheinungen in der Währung
als in einer ideellen Einheit zusammengefaßt werden. Nennt man
z. B. eine bestimmte Summe in deutscher Reichswährung oder in
österreichischer Währung, in Markwährung oder Kronenwährung, so
soll damit eine bestimmte Quantität deutschen oder österreichischen
Geldes schlechthin bezeichnet werden, und es bleibt dabei dahingestellt, aus welchen bestimmten Geldstücken die genannte Geldsumme zusammengesetzt ist oder zusammengesetzt werden wird, ob
aus Goldmünzen oder Silbermünzen oder Papierscheinen. Spricht

man von dem Ansehen und der Marktgängigkeit einer Währung im Auslande oder von der Solidität oder Unsicherheit einer Währung, stets denkt man nur an die Gesamtheit eines bestimmt organisierten Geldwesens ohne Unterscheidung der einzelnen Erscheinungsformen des Geldes. Eine solche Zusammenfassung der einzelnen Geldstücke und Geldsorten zu einer Einheit ist nur möglich durch die das Geldwesen ordnende gesetzgeberische und verwaltende Tätigkeit des Staates. „Währung" ist mithin der als Einheit aufgefaßte Inbegriff des Geldes eines bestimmten Staates oder einer bestimmten Staatengemeinschaft.

Der Begriff der Währung ist deshalb erst dort gegeben, wo es gelungen ist, die einzelnen Geldsorten zu einer Einheit zusammenzufassen; wir finden ihn nicht in demjenigen Zustande des Geldwesens, in welchem die einzelnen Sorten unabhängig nebeneinander stehen und der im historischen Teile als „Sortengeld" bezeichnet wurde.

Das Einheitliche und Verbindende, das von einem gegebenen Geldwesen übrig bleibt, wenn man von den körperlichen Geldstücken einerseits und dem reinen Begriffe des Geldes andererseits absieht, ist erstens der Wert, den die einzelnen Geldstücke in bestimmten Zahlenverhältnissen gleichmäßig darstellen, also der Wert, den die der Geldverfassung zugrunde liegende Einheit repräsentiert, zweitens die formale Konstruktion der Geldverfassung. Die Bedingtheit und das Verhalten des Geldwertes einerseits, die formalen Merkmale der Geldverfassung andererseits sind mithin die Gesichtspunkte, von denen aus die einzelnen Währungen zu unterscheiden und in die verschiedenen Kategorien der Währung, in die verschiedenen Währungssysteme einzuordnen sind. Der erstere Gesichtspunkt ist volkswirtschaftlicher, der zweite juristischer Art.

§ 2. Gebundene und freie Währungen.

Wenn wir die verschiedenen Währungssysteme, die bei der Darstellung der Entwicklungsgeschichte des Geldes in unseren Gesichtskreis getreten sind, zunächst nach dem volkswirtschaftlichen Gesichtspunkte der Bedingtheit und des Verhaltens des Geldwertes betrachten, so stellt es sich uns als das wesentlichste Unterscheidungsmerkmal dar, ob der Wert des Geldes, wie er durch alle Geldsorten des Systems gleichmäßig ausgedrückt wird, in eine bestimmte Beziehung gesetzt ist zu dem Werte eines dritten Wertgegenstandes oder ob keine derartige Beziehung vorhanden ist.

Als dritter Wertgegenstand, der das Verhalten des Geldwertes in bestimmten Währungssystemen bedingt, kommen praktisch nur die Edelmetalle Gold und Silber, die wichtigsten Geldstoffe, in Betracht. Die Beziehung zwischen dem Werte des Geldstoffes und dem Werte des geprägten Geldes erscheint bei den verschwindend geringen Kosten der Prägung im Verhältnis zum Werte des Prägestoffes von selbst gegeben. Wir haben jedoch im geschichtlichen Teile gesehen, daß die natürliche Abnutzung und die absichtliche Verschlechterung der Münzen lange Perioden hindurch ein festes Wertverhältnis zwischen der Münze und einem bestimmten, ihr ursprünglich zugrunde liegenden

Metallquantum nicht aufkommen oder nicht aufrecht erhalten ließ. Dagegen war allerdings der tatsächliche Metallgehalt für den Wert der Münzen auf die Dauer entscheidend, und erst verhältnismäßig spät ist es gelungen, diese natürliche Beziehung zwischen Geldwert und Geldstoff künstlich zu unterbinden. Geldsorten, die aus verschiedenen in ihrem gegenseitigen Wertverhältnisse fortgesetzt Schwankungen unterliegenden Stoffen bestehen, lassen sich nur dadurch in eine feste Relation bringen, daß höchstens ein einziger unter den Geldstoffen in fester Verbindung mit dem Werte der Geldeinheit bleibt, während die aus den anderen Geldstoffen bestehenden Sorten von dem Werte ihres eignen Stoffes unabhängig gemacht und mit dem Werte der aus dem einen Geldstoffe hergestellten Geldsorten in eine feste Verbindung gebracht werden.

In diesem Falle bleibt der Geldwert schlechthin, der in allen Sorten in dem durch ihren Nennwert gegebenen Verhältnisse zum Ausdruck kommt, mit einem bestimmten Geldmetalle verknüpft, es bleibt eine nur minimalen Schwankungen unterworfene Relation zwischen der Rechnungseinheit des Geldes und einem genau bestimmten Metallquantum bestehen, eine Relation, die sich meistens[1]) mit dem Verhältnisse zwischen Nennwert und Metallgehalt der aus dem betreffenden Edelmetalle hergestellten Münzen deckt. So bestand in der deutschen Reichsgoldwährung eine nur nach Tausendteilen veränderliche Wertgleichung zwischen der Rechnungseinheit der deutschen Geldverfassung, der Mark, und $\frac{1}{1395}$ Pfund Feingold, und diese Gleichung fand sich wieder zwischen dem Nennwerte und dem Feingehalte der Reichsgoldmünzen; das Zehnmarkstück enthält $\frac{1}{139,5}$ Pfund, das Zwanzigmarkstück $\frac{1}{69,75}$ Pfund Feingold, also pro Mark des Nennwertes $\frac{1}{1395}$ Pfund.

Es wurde bereits hervorgehoben, daß in Ansehung der einzelnen Münzstücke die Beziehung zwischen ihrem Werte als gemünztes Geld und ihrem Metallgehalte durchaus natürlich ist. Sie besteht solange, als der die Münzprägung ausübende Staat jedes Quantum Edelmetall, das ihm gebracht wird, gegen Berechnung der Selbstkosten oder einer nicht allzusehr über die Prägekosten hinausgehenden Gebühr, die man Schlagschatz nennt, in Münzform bringt und als der Staat in irgendeiner Weise für die Aufrechterhaltung der annähernden Vollwichtigkeit der von ihm ausgegebenen Münzen sorgt.

In der freien Prägung und der Festsetzung eines Passiergewichts haben wir mithin zunächst ein Band, welches eine nahezu unverrückbare Wertgleichheit zwischen dem Geldmetalle und dem aus ihm geprägten Metallgelde herstellt und aufrecht erhält. Sobald es durch Vorkehrungen, die bei der inneren Einrichtung der Geldsysteme zu erörtern sein werden, gelungen ist, alle aus anderen Stoffen bestehenden Geldsorten den aus dem frei ausprägbaren Metalle hergestellten und

---

[1]) Es gibt auch Ausnahmen; davon später.

vollwichtig erhaltenen Münzen in festen Verhältnissen anzugliedern, umfaßt die durch die freie Prägung bewirkte Bindung den Wert des Geldes schlechthin. Solange in Deutschland 20 silberne Einmarkstücke ebensoviel galten wie ein goldenes Zwanzigmarkstück, bestand die durch die freie Prägung des Goldes und die Festsetzung des Passiergewichtes bewirkte Beziehung zu dem Metalle Gold in Ansehung der Silbermünzen ebenso, wie in Ansehung der Goldmünzen; das deutsche Geld als solches war in seinem Werte in eine bestimmte Gleichung gesetzt zu dem Metalle Gold, der Wert der deutschen Rechnungseinheit, der Mark, entsprach innerhalb der bezeichneten engen Schwankungsgrenzen dem Werte von $\frac{1}{1395}$ Pfund Gold[1]). In der Knappschen Terminologie heißt das: es besteht „Hylodromie" für das Metall Gold, der Stoff (Hyle) Gold hat einen festen Kurs (Dromos) in der Geldeinheit.

Im Gegensatz zu diesen Währungssystemen, bei denen der Wert des Geldes mit einem bestimmten Edelmetalle verknüpft erscheint, stehen diejenigen Systeme, bei denen eine annähernd feste Wertrelation zwischen der Geldeinheit und irgendeinem Geldstoffe oder überhaupt irgend einem dritten Gute gänzlich fehlt, bei denen also der Wert des Geldes unabhängig ist von dem Werte aller übrigen Verkehrsobjekte und sich in seinem Verhältnisse auch zu den Geldstoffen nach eignen Gesetzen bestimmt. Voraussetzung für diese Systeme ist, daß entweder keines der beiden Edelmetalle frei ausprägbar ist, wie etwa in Oesterreich von 1879 bis 1892[2]), in Indien von 1893[3]) an und in den skandinavischen Staaten während des Weltkrieges[4]); oder daß die Verbindung des gesamten Geldwesens mit den frei ausprägbaren Münzen nicht gelungen oder nicht aufrecht erhalten worden ist, wie beim Fehlen eines Passiergewichts und der daraus hervorgehenden fortgesetzten Gewichtsverringerung des tatsächlichen Umlaufs, oder wie bei den Papierwährungen. Im ersteren Falle — mangels freier Prägung — kann sich der Wert des geprägten Geldes beliebig über seinen Metallgehalt erheben. Im Falle der Papierwährung wirkt die zwischen dem frei ausprägbaren Gelde einerseits und dem Papiergelde andererseits eingetretene Wertdifferenz dahin, daß im Verkehr jedermann von dem Rechte, mit dem Papiergelde zu seinem Nennwerte zu zahlen, Gebrauch macht, während das ursprüngliche Metallgeld entweder aus dem Umlaufe verschwindet oder nur noch mit schwankendem Aufgelde gegenüber seinem Nennwerte gegeben und genommen wird. Der Wert der Geldeinheit hängt mithin in diesem Falle nicht mehr von dem ursprünglichen Metallgelde ab, sondern von dem Landespapiergelde, dem gegenüber das ursprüngliche Metallgeld mitunter den stärksten Kursschwankungen unterliegt.

---

[1]) Es genüge hier die Konstatierung der festen Wertgleichung zwischen Geldstoff und Geldeinheit; ob im Falle des Bestehens dieser festen Gleichung der Wert des Geldstoffes, in unserem Falle des Goldes, durch den Wert der Geldeinheit bedingt ist oder umgekehrt, oder ob schließlich eine Wechselwirkung vorliegt, bleibt einer späteren Erörterung vorbehalten.

[2]) Siehe oben S. 74.   [3]) Siehe oben S. 74 und 188.   [4]) Siehe oben S. 202 und 203.

Man kann mithin nach dem Kriterium des Bestehens oder Nichtbestehens einer Bindung des Geldwertes an einen Geldstoff zwei Hauptgruppen von Währungssystemen unterscheiden: gebundene Währungen und freie Währungen.

Bei den gebundenen Währungen heißt dasjenige Edelmetall, mit dem der Wert des Geldes in einer festen Verbindung steht, das Währungsmetall.

§ 3. Die Unterarten der gebundenen Währung.

Nach den Währungsmetallen und der Art und Weise, in welcher die Verbindung zwischen Geldwert und Währungsmetall hergestellt ist, werden innerhalb des Kreises der gebundenen Währung mehrere Arten von Währungssystemen unterschieden. Zunächst haben wir die einfachen Systeme der Goldwährung und der Silberwährung. Die Goldwährung ist dasjenige Währungssystem, bei welchem der Wert des Geldes mit einem bestimmten Goldquantum in Beziehung gesetzt ist; die Silberwährung ist dasjenige Währungssystem, bei welchem der Wert des Geldes mit einem bestimmten Silberquantum in Beziehung gesetzt ist. Nach den über den Zusammenhang zwischen Geldwert und Währungsmetall gemachten Ausführungen kann bei der Goldwährung nur das Gold, bei der Silberwährung nur das Silber frei ausprägbar sein; das schließt jedoch nicht aus, daß für außerhalb des Geldsystems stehende Handelsmünzen aus dem anderen Metalle, die einen veränderlichen Kurs in dem eigentlichen Landesgelde haben, freie Prägung besteht. Beide Systeme sind „monometallische“ Währungssysteme, da ihnen nur je ein Währungsmetall zugrunde gelegt ist.

Ihnen gegenüber stehen die „bimetallischen“ Systeme, bei denen beide Edelmetalle, sei es gleichzeitig nebeneinander, sei es aufgrund bestimmter Voraussetzungen abwechselnd nacheinander, als Währungsmetalle fungieren.

Das eine dieser Systeme, die Parallelwährung, baut sich in der Weise auf Gold und Silber auf, daß jedes der beiden Metalle frei ausprägbar ist und die Grundlage eines besonderen, von dem anderen unabhängigen Geldsystems darstellt: sie ist das Nebeneinander zweier von einander unabhängiger Geldsysteme, von denen das eine auf dem Golde, das andere auf dem Silber beruht. Es gibt innerhalb der Parallelwährung kein einheitliches Geld, sondern zwei verschiedene und gleichberechtigte Arten von Geld, von denen die eine in einer Wertgleichung mit dem Golde, die andere in einer Wertgleichung mit dem Silber steht. Die Einheitlichkeit des gesamten Geldwesens ist hier bewußt und gewollt preisgegeben; bei jedem Zahlungsversprechen ist zu bestimmen, ob die Zahlung in Goldgeld oder Silbergeld zu leisten ist.

Bei der Doppelwährung dagegen ist das Geld bewußt als eine Einheit aufgefaßt; als Währungsgrundlage dienen ihm beide Edelmetalle, die beide frei ausprägbar und durch eine bestimmte Wertrelation als miteinander zu einer Einheit verbunden gedacht sind. Nach dieser Wertrelation zwischen den beiden Edelmetallen bestimmt sich der Feingehalt der aus Gold und Silber geprägten Münzen, deren Nennwert in einer und derselben Rechnungseinheit ausgedrückt wird.

Wenn z. B. der französischen Doppelwährung das Wertverhältnis 1 kg Gold $= 15^1/_2$ kg Silber zugrunde lag, wenn ferner die Rechnungseinheit des Systems, der Frank, als dem Werte von 5 g Münzsilber von $^9/_{10}$ Feinheit entsprechend gedacht war, so ergab sich daraus für den Franken ein Goldäquivalent von $\frac{5}{15,5} = \frac{1}{3,1}$ g Münzgold von gleichfalls $^9/_{10}$ Feinheit, dementsprechend für das 20 Frankenstück ein Gehalt von $\frac{20}{3,1}$ g Münzgold. Die Auffassung des Geldwesens als einer untrennbaren Einheit kommt darin zum Ausdruck, daß sich Gold- und Silbermünzen zu den ihnen beigelegten Nennwerten vertreten können, sodaß der Schuldner nach seiner Wahl in Gold- oder Silbermünzen oder in beiden zahlen kann. Da nun aber das Wertverhältnis zwischen Gold und Silber Schwankungen unterliegt, ist die gleichzeitige Verbindung des Geldwertes mit beiden Edelmetallen eine Fiktion, die sich nicht verwirklicht. Ein Frank kann nicht gleichzeitig mit 5 g Münzsilber und mit $\frac{1}{3,1}$ g Münzgold im Werte übereinstimmen, wenn 5 g Münzsilber nicht mit $\frac{1}{3,1}$ g Münzgold wertgleich sind. Solange also das im freien Verkehr tatsächlich bestehende Wertverhältnis zwischen den beiden Edelmetallen nicht genau mit der gesetzlichen Relation übereinstimmt — und diese Uebereinstimmung war bei den geschichtlichen Doppelwährungssystemen nur ganz ausnahmsweise in einzelnen Zeitpunkten vorhanden —, kann immer nur das eine oder das andere der beiden Edelmetalle, nicht aber können beide gleichzeitig für den Geldwert bestimmend sein. Der eigentümliche Mechanismus der Doppelwährung bringt es mit sich, daß tatsächlich stets dasjenige Metall in einer Wertgleichung mit der Geldeinheit steht, welches gegenüber dem im freien Verkehr bestehenden Wertverhältnisse in der gesetzlichen Relation zu hoch bewertet ist. Es wurde im historischen Teile an einer Reihe wichtiger und für die Entwicklungsgeschichte der Geldverfassung geradezu entscheidender Fälle gezeigt, daß bei einer irgend merkbaren Abweichung des tatsächlichen Wertverhältnisses von der gesetzlichen Relation stets das in dem Münzgesetze zu hoch bewertete Metall die Tendenz hat, den Umlauf auszufüllen und das zu niedrig bewertete Metall zu verdrängen. Das letztere bleibt den Münzstätten fern, da es dort weniger gilt als auf dem offenen Markte; die aus ihm geprägten Münzen werden in erheblichen Beträgen eingeschmolzen, da ihr Metallgehalt gegenüber dem aus dem anderen Metalle geprägten Gelde auf dem Edelmetallmarkte höher bewertet wird, als ihr Nennwert besagt. Meist überträgt sich die Abweichung des tatsächlichen Wertverhältnisses zwischen den ungeprägten Metallen auch auf das geprägte Geld, und es entsteht zwischen Gold- und Silbergeld eine Wertdifferenz, die sich, da der Schuldner das Recht hat, in den den Umlauf anfüllenden Münzen aus dem weniger wertvollen Metalle nach ihrem Nennwerte zu zahlen, darin äußert, daß die Münzen aus dem höherwertigen Metalle gegenüber ihrem Nennwerte ein Aufgeld erhalten. Der Wert der Geldeinheit setzt sich mithin in die Gleichung stets mit dem gegenüber der gesetzlichen Relation weniger wertvollen Metalle, das andere Metall wird für den Geldwert bedeutungslos, die aus ihm geprägten Münzen fallen, indem sie eine schwankende Geltung bekommen, aus dem Systeme heraus.

Jede Aenderung in der Lage des Edelmetallmarktes, die das Verhältnis der tatsächlichen zu der gesetzlichen Relation der beiden Metalle umkehrt, erzeugt bei diesem Systeme notwendigerweise auch einen Wechsel in der Gestaltung der Zirkulationsverhältnisse und in dem mit dem Geldwerte in fester Gleichung stehenden Metalle. Solange die Schwankungen des Wertverhältnisses auf dem Edelmetallmarkte um die gesetzliche Relation oszillieren, wechseln mithin beide Edelmetalle in ihrer Eigenschaft als Grundlage des Geldwertes miteinander ab. Man hat deshalb die Doppelwährung auch „alternierende Währung" oder „Alternativwährung" genannt. Dabei darf jedoch nicht vergessen werden, daß ein solches Alternieren nur solange stattfindet, als das freie Wertverhältnis der Metalle um das gesetzliche Wertverhältnis in der Weise schwankt, daß bald das Gold, bald das Silber überwertet erscheint. Sobald jedoch die tatsächliche Wertrelation sich dauernd nach einer Richtung hin von dem gesetzlichen Verhältnisse entfernt, bildet das im Werte sinkende Metall die bleibende Währungsgrundlage, genau wie bei einem monometallischen Systeme; die Doppelwährung wird tatsächlich zur einfachen Währung. Ein Beispiel dafür waren die Münzverhältnisse Mexikos. Die dort bis zum Jahre 1904 bestehende Silberwährung ging zurück auf ein Doppelwährungssystem mit der Relation von $1:15^{1}/_{2}$ zwischen Silber und Gold. Seitdem von der ersten Hälfte der 70er Jahre des 19. Jahrhunderts an der Silberwert sich dauernd unterhalb dieser Relation gehalten und sich immer weiter von ihr entfernt hat, war die Doppelwährung nur noch ein toter Buchstabe, und die wirklich bestehende Währung unterschied sich praktisch in nichts mehr von einer reinen Silberwährung.

Als „Bimetallismus" hat man ein Doppelwährungssystem bezeichnet, das infolge seiner vertragsmäßigen Einführung in den wichtigsten Kultur- und Handelsstaaten stark genug sein soll, um alle Abweichungen des tatsächlichen Wertverhältnisses der Edelmetalle von der dem Systeme zugrunde gelegten Relation gänzlich auszuschließen; würde diese Erwartung zutreffen, so hätte man es bei diesem Systeme in der Tat nicht mehr mit einer alternierenden Währung zu tun, sondern mit einem Systeme, bei dem der Wert des Geldes gleichzeitig mit beiden unter einander zu einer Werteinheit verbundenen Edelmetallen verknüpft wäre. Mit der Durchführbarkeit dieses Systems haben wir uns an anderer Stelle zu beschäftigen.

§ 4. Die Unterarten der freien Währung.

Innerhalb des Kreises der freien Währungen haben wir folgende Arten zu unterscheiden:

1. Die einfache Papierwährung, bei welcher in Metallgeld nicht einlösbare Scheine, denen gegenüber das ursprüngliche Metallgeld aus

dem Umlauf verschwunden ist oder ein schwankendes Aufgeld genießt, zu
ihrem Nennwerte gesetzliches Zahlungsmittel sind und infolgedessen allgemein als Geld gebraucht werden. Der Wert der Geldeinheit unterliegt hier gegenüber dem Werte des ihr ursprünglich zugrunde liegenden
Metallquantums den fortgesetzten, in dem Kurse des ursprünglichen
Metallgeldes oder unmittelbar in dem Preise des ursprünglichen Währungsmetalls oder, wenn solche Preise nicht notiert werden, in den
Kursen fremder Metallwährungen zum Ausdruck kommenden Veränderungen. Nach unten hin ist bei der Papierwährung die Schwankungsmöglichkeit des Geldwertes unbegrenzt, das Papiergeld kann sich bis
auf den Nullpunkt entwerten. Nach oben hin jedoch ist dem Geldwerte durch die nach wie vor freie Ausprägbarkeit des ursprünglichen
Währungsmetalls eine Grenze gezogen: höher als bis zur Parität mit
dem Metallgelde, auf welches die Scheine lauten, kann das Papiergeld
nicht steigen, und der Wert des Metallgeldes kann seinerseits nicht
höher sein, als der Wert des Währungsmetalls zuzüglich der Prägekosten.

2. Die Währungen mit gesperrter oder beschränkter Prägung
des ursprünglichen Währungsmetalls. Praktisch kommen nur solche
Währungen in Betracht, die ursprünglich auf dem Silber ruhten, bei
denen jedoch der Geldwert durch die Einstellung der Silberprägung von
dem sich fortgesetzt entwertenden Silber unabhängig gemacht wurde[1]).

Bei diesen Systemen kann sich der Wert des geprägten Geldes
wesentlich über den Wert des entsprechenden Quantums ungeprägten
Metalls erheben, da der Staat die Prägung nicht für jedermann und
nicht für jedes beliebige Quantum von Edelmetall vornimmt. Bei
starkem Angebot des ungemünzten Metalls und starker Nachfrage nach
gemünztem Gelde muß hier der Wert des geprägten Geldes über sein
ursprüngliches Metalläquivalent steigen, wie das im geschichtlichen
Teile an einer Reihe von Beispielen gezeigt worden ist.

Im Gegensatz zu der einfachen Papierwährung, bei welcher die
Bewegungen des Geldwertes nach oben an dem ursprünglichen Metalläquivalente der Geldeinheit eine feste Grenze haben, ist bei den hier
in Rede stehenden Währungen nach unten eine feste Grenze gezogen
in dem Metallgehalte des umlaufenden Geldes. Der Wert der indischen
Rupie konnte auch nach der Einstellung der freien Silberprägung
niemals niedriger sein, als der Wert des in der Rupie enthaltenen Silbers,
nur nach oben konnte er sich von seinem Metalläquivalente entfernen.

Nach oben kann den Bewegungen des Geldwertes in einer solchen
Währungsverfassung dadurch eine Grenze gezogen werden, daß die
Prägung des Edelmetalls, das bisher nicht Währungsmetall war, frei-
gegeben und den aus diesem Metalle geprägten Münzen zu einem

---

[1]) Bei der großen Steigerung der Goldproduktion und der enormen Geldflüssigkeit, die um die Mitte der 90er Jahre in Europa bestand, ist allerdings in
englischen Blättern der Gedanke einer Einstellung der Goldprägungen diskutiert
worden. Die Anregung wurde aber nirgends ernst genommen. Während des Weltkrieges haben, wie oben (S. 203) dargestellt, die skandinavischen Staaten die freie Umwandlung des Metalles Gold in Geld aufgehoben; auch in Spanien wurden gewisse
Schwierigkeiten gemacht. Mit der Beendigung des Krieges hat jedoch dieser Zustand, der von vornherein als ein durch die Kriegsverhältnisse bedingter Ausnahme-
zustand angesehen wurde, sein Ende gefunden.

bestimmten Nennwerte neben dem alten Gelde gesetzliche Zahlungskraft gegeben wird, oder durch kompliziertere Maßregeln, die in ihrer
Wirkung auf dasselbe hinauskommen. So war z. B. die Möglichkeit
einer Steigerung des holländischen Geldwertes nach Einstellung der
Silberprägungen solange unbegrenzt, als nicht die Ausprägung einer
gesetzliches Zahlungsmittel darstellenden Goldmünze zu 10 Gulden
freigegeben war. Andererseits ist bei der Einstellung der freien Silberprägung in Indien der möglichen Steigerung des Rupienwertes dadurch
von vornherein eine bestimmte Schranke gesetzt worden, daß die Münzstätten gleichzeitig mit der Einstellung der Silberprägung (Juni 1893)
Anweisung erhielten, gegen Einzahlung englischen Goldgeldes 15 Rupien
pro Sovereign zu verabfolgen; nunmehr konnte, mehr als 6 Jahre vor
der Verleihung der gesetzlichen Zahlungskraft an den Sovereign
(September 1899), der Wert der Rupie in englischem Goldgelde nicht
höher steigen, als auf $^1/_{15}$ Pfd. Sterling = 16 d. Der Wert des
indischen Geldes hatte demnach seine obere Schwankungsgrenze an dem
Werte des englischen Geldes, das seinerseits durch freie Prägung mit
dem Golde in Beziehung gesetzt war.

Wenn der Wert des Geldes sich bei diesen Währungssystemen
dauernd auf seiner oberen Grenze hält, so erscheint hier praktisch das
Gold ebenso als Grundlage des Geldwertes, wie das Silber bei einer
Doppelwährung im Falle einer fortgesetzten Silberentwertung. Solange
Goldmünzen als gesetzliches Zahlungsmittel noch nicht zugelassen sind,
wie in Indien vor dem September 1899, ist bei diesen interessanten
Bildungen der Geldwert durch ein im tatsächlichen Geldumlaufe überhaupt nicht vertretenes Metall bedingt, das Geldwesen stellt sich uns
dar als eine Goldwährung ohne jedes Goldgeld.

3. Die dritte Art der hier zu besprechenden Währungsysteme ist
eine merkwürdige Verbindung der unter 1. und 2. genannten Systeme:
eine Papierwährung mit gesperrter Prägung des ursprünglichen Währungsmetalls. Wir haben hier ein uneinlösbares Papiergeld, das ein unbegrenztes Sinken des Geldwertes unter sein ursprüngliches Metalläquivalent zuläßt; wir haben andererseits gesperrte oder beschränkte
Prägung des ursprünglichen Währungsmetalls, die ein Steigen des Geldwertes über sein früheres Metalläquivalent hinaus möglich macht, und
zwar ein unbegrenztes Steigen, falls nicht in der oben geschilderten
Weise eine Schranke gezogen ist. Das typische Beispiel dieser Art ist
die österreichische Währung von 1879 an. Bei dem Fortbestehen des
Zwangskurses und bei der Sperrung der Silberprägung für Private war
weder dem Fallen noch dem Steigen des Geldwertes irgendeine Grenze in
dem Werte eines dritten Gutes gezogen, bis im Jahre 1892 frei ausprägbare
Goldmünzen als gesetzliches Zahlungsmittel eingeführt wurden[1]).

§ 5. Die Unterscheidung der Währungssysteme nach den formalen Merkmalen der Geldverfassung.

Das Verhalten des Geldwertes, das wir dieser Einteilung der
Währungssysteme zugrunde gelegt haben, ist in weitem Umfange be-

---

[1]) Siehe oben S. 74.

dingt von der formalen Konstruktion der Geldverfassung, die — wie erwähnt — gleichfalls zum Ausgangspunkte einer Einteilung der Währungssysteme gemacht werden kann. Das Bestehen oder Nichtbestehen der freien Prägung für das eine oder andere Metall, das Bestehen oder Nichtbestehen eines gesetzlich festgelegten Nennwertverhältnisses zwischen Silber- und Goldgeld bei freier Ausprägung beider Metalle, die Einlösbarkeit von Papierscheinen und schließlich die gesetzliche Zahlungskraft des aus dem einen oder anderen Metalle geprägten Geldes, — alle diese Momente sind von Bedeutung für die Gestaltung des Geldwertes. Es könnte demnach erscheinen, als müßte die von der rechtlichen Konstruktion der Geldverfassung ausgehende Einteilung vollständig mit der von dem Verhalten des Geldwertes ausgehenden zusammenfallen. Diese Uebereinstimmung besteht jedoch nur im allgemeinen; im einzelnen weicht die Einteilung der Währungssysteme nach dem juristischen Standpunkte von der Einteilung nach dem volkswirtschaftlichen Standpunkte hinsichtlich derjenigen Systeme ab, bei denen die Gestaltung des Geldwertes innerhalb des durch die juristische Konstruktion der Geldverfassung gegebenen Rahmens einigen Spielraum hat, sodaß für die wirkliche Gestaltung des Geldwertes gewisse tatsächliche Verhältnisse außerhalb der Geldverfassung den Ausschlag geben. Es muß bemerkt werden, daß die juristische Einteilung sich inbezug auf wichtige Kategorien von Währungssystemen derselben Bezeichnungen bedient, wie die volkswirtschaftliche, vom Geldwerte ausgehende Einteilung, wobei es vorkommt, daß eine und dieselbe tatsächlich bestehende Währung juristisch unter eine anders bezeichnete Rubrik zu setzen ist als volkswirtschaftlich. Es ist daraus manche Verwirrung entstanden und mancher Streit, bei dem sich die Meinungen auf zwei verschiedenen Ebenen bewegten, während andererseits zuzugeben ist, daß aus einer Kombination der beiden theoretisch auseinanderzuhaltenden Gesichtspunkte eine für die praktischen Bedürfnisse ausreichende Gruppierung und Charakterisierung der einzelnen Währungssysteme gewonnen werden kann.

Von den bereits aufgezählten juristischen Merkmalen ist das wichtigste die gesetzliche Zahlungskraft, die wir ja als die Wesenseigenschaft des Geldes im engeren Rechtssinne festgestellt haben. Von diesem Merkmale ist deshalb bei der juristischen Einteilung der Währungssysteme auszugehen, während die übrigen nur modifizierend in Betracht kommen.

Daraus ergibt sich zunächst eine fundamentale Einteilung dahin, ob nur Metallgeld und neben ihm vielleicht in Metallgeld einlösbare Papierscheine, oder ob uneinlösbares Papiergeld gesetzliches Zahlungsmittel ist: Metallwährung und Papierwährung.

Bei den Metallwährungen ergibt sich die weitere Einteilung von dem Gesichtspunkte aus, ob nur Münzen aus einem der beiden Edelmetalle volles gesetzliches Zahlungsmittel sind (monometallische Systeme) oder die Münzen aus beiden Edelmetallen (bimetallische Systeme). Sind nur Goldmünzen volles gesetzliches Zahlungsmittel, so ist das System eine Goldwährung; sind nur Silbermünzen volles gesetzliches Zahlungsmittel, so ist es eine Silberwährung. Bei den bimetallischen Systemen ist zu unterscheiden, ob sich die Münzen aus den beiden Metallen zu einem gesetzlich festgelegten Nennwertsverhältnisse bei der Zahlungsleistung vertreten können oder nicht; im ersteren Falle ist das System eine Doppelwährung, im letzteren eine Parallelwährung. Dazu kommen dann weitere Modifikationen durch das Bestehen oder Nichtbestehen des freien Prägerechtes. Die hier praktisch allein in Betracht kommenden Fälle sind, daß bei einer Silberwährung die freie Prägung des Währungsmetalls aufgehoben ist und daß bei einer Doppelwährung die freie Prägung des Silbers eingestellt ist. Das erstere System wäre als Silberwährung mit gesperrter Prägung zu bezeichnen; das letztere wäre vom juristischen Gesichtspunkte aus konsequenter Weise als unvollkommene Doppelwährung zu bezeichnen, wird aber vielfach „hinkende Goldwährung" genannt; bei der Bezeichnung als „hinkende Goldwährung" spricht gegenüber dem juristisch wesentlichsten Merkmale der vollen gesetzlichen Zahlungskraft von Münzen aus beiden Metallen die volkswirtschaftliche Erwägung mit, daß der Wert des Geldes mit dem Golde verbunden ist. Diese Verbindung mit dem Golde ist jedoch durch die freie Prägbarkeit nur des Goldes noch nicht unbedingt gesichert; es muß vielmehr der tatsächliche Umstand hinzukommen, daß die Silbermünzen mit voller gesetzlicher Zahlungskraft, deren Prägung gesperrt ist, keinen allzubreiten Raum in der Zirkulation einnehmen; andernfalls ist die Entstehung einer Wertdifferenz zwischen den Silber- und Goldmünzen nicht ausgeschlossen; und eine solche Differenz könnte sich, da die Silbermünzen volles gesetzliches Zahlungsmittel zu ihrem Nennwerte sind, nur darin äußern, daß die Goldmünzen ein schwankendes Aufgeld erhalten, daß mithin der Geldwert durch die Silbermünzen bestimmt wird, deren Wert sich innerhalb des Spielraums, der durch ihren eignen Silbergehalt und durch das Goldäquivalent ihres Nennwertes gegeben ist, bewegen kann. Eine solche hinkende Doppelwährung kann mithin, vom Gesichtspunkte des Geldwertes aus betrachtet, sowohl eine Goldwährung als auch eine freie Währung sein.

§ 6. Zusammenstellung der praktisch bedeutsamen Währungssysteme.

Indem man für die Charakterisierung der praktisch in Betracht kommenden Währungssysteme in der oben angedeuteten Weise die volkswirtschaftlichen und juristischen Merkmale zusammenzieht, kommt man zu folgender praktisch genügenden Einteilung:

1. **Die reine Goldwährung.** Sie ist dasjenige Währungssystem, bei dem eine Wertgleichung zwischen der Geldeinheit und dem Metalle Gold besteht, bei der nur das Gold frei ausprägbar ist und nur Goldmünzen, neben ihnen eventuell in Goldmünzen einlösbare Scheine, gesetzliches Zahlungsmittel sind.

2. **Die hinkende Goldwährung.** Die Erfordernisse sind dieselben, wie bei der reinen Goldwährung bis auf den einen Punkt, daß neben den Goldmünzen auch bestimmte Silbermünzen, die nicht frei ausprägbar sind, als volles gesetzliches Zahlungsmittel vorhanden sind[1]).

---

[1]) Man hat früher diese Systeme als „Goldvaluta" der reinen Goldwährung, die man allein als Goldwährung gelten lassen wollte, gegenübergestellt.

3. **Die Silberwährung.** In diesem Systeme besteht ein festes Wertverhältnis zwischen der Geldeinheit und dem Metalle Silber; Silber ist frei ausprägbar, und Silbermünzen allein sind volles gesetzliches Zahlungsmittel. Soweit Goldmünzen vorhanden sind, stehen sie als Handelsmünzen mit schwankendem Kurse außerhalb des Silberwährungssystems.

4. **Die Doppelwährung.** Gold und Silber sind beide frei ausprägbar, die Münzen aus beiden Metallen sind volles gesetzliches Zahlungsmittel und können sich in dieser Eigenschaft in einem bestimmten, auf einer angenommenen Wertrelation zwischen Gold und Silber beruhenden Nennwertverhältnisse gegenseitig vertreten. Die Geldeinheit steht jeweils in einer Wertgleichung zu dem in der angenommenen Wertrelation gegenüber der Marktrelation zu hoch bewerteten Metalle.

5. **Parallelwährung.** Gold und Silber sind beide frei ausprägbar, die Münzen aus beiden Metallen sind gesetzliches Zahlungsmittel; sie stehen jedoch zu einander nicht in einem gesetzlich festgelegten Nennwertverhältnisse und können sich in der Eigenschaft als gesetzliches Zahlungsmittel nicht vertreten, sodaß alle Zahlungsverpflichtungen entweder auf Goldgeld oder auf Silbergeld lauten müssen. Der Wert der Goldmünzen ist mit dem Golde, der Wert der Silbermünzen mit dem Silber verknüpft.

6. **Silberwährung mit gesperrter Prägung.** Der Wert des Geldes kann sich hier, mit oder ohne obere Grenze, über den Wert seines ursprünglichen Silberäquivalents erheben.

7. **Papierwährungen.** Gesetzliches Zahlungsmittel sind hier neben dem ursprünglichen Metallgelde uneinlösbare Scheine; der Wert des Geldes kann sich unterhalb seines ursprünglichen Metalläquivalentes frei bewegen; falls die freie Prägung des ursprünglichen Währungsmetalls aufgehoben ist, sind den Bewegungen des Geldwertes auch nach_oben keine Schranken gezogen.

II. Teilabschnitt. Die Innere Einrichtung der Geldsysteme.

§ 1. Rechnungseinheit, Rechnungssystem und Stückelung.

Das Geldsystem ist, vom Gesichtspunkte seiner inneren Einrichtung aus betrachtet, der planmäßig durchgeführte Aufbau einer Anzahl verschieden große Werte darstellender Geldsorten. Diesen Aufbau, dessen einzelne Momente bisher gelegentlich in den Kreis unserer Erörterungen einbezogen werden mußten, haben wir nunmehr in seinem Zusammenhange zu betrachten.

In allen konkreten Verhältnissen handelt es sich stets um Geld in gewissen Summen, in gewissen Quantitäten, nicht um Geld schlechthin. Wie alle anderen Quantitätsbegriffe, wie Länge, Maß und Gewicht, läßt sich auch eine Geldsumme nur durch das Vielfache oder durch einen Bruchteil einer feststehenden Einheit ausdrücken. Wie in unserem

Da aber das Wort „Valuta" zweckmäßigerweise in einem ganz bestimmten, hier nicht in Betracht kommenden Sinne angewendet wird (siehe unten 9. Kapitel, § 1), so dürfte sich die oben gebrauchte Terminologie empfehlen.

Maßsysteme eine bestimmte Länge, das Meter, als Einheit fungiert, in welcher alle Längenverhältnisse ausgedrückt werden, wie im Gewichtssysteme ein bestimmtes Gewichtsquantum, das Gramm, die Einheit ist, an welcher alle Gewichtsgrößen gemessen werden, so muß beim Gelde ein bestimmtes Geldquantum als Einheit dienen, in der alle Geldsummen sich ausdrücken lassen. Diese Einheit, auf welcher sich das Geldsystem ebenso aufbaut, wie unser Maß- und Gewichtssystem auf dem Meter und dem Gramm, heißt Rechnungseinheit oder Geldeinheit oder schließlich, da wir in Geld alle übrigen wirtschaftlichen Werte auszudrücken pflegen, Werteinheit.

Die Rechnungseinheit hat in den verschiedenen Geldsystemen verschiedene Namen und stellt verschiedene Wertgrößen dar. Sie ist z. B. im deutschen Geldsysteme die „Mark", im französischen, belgischen und schweizerischen der „Frank", im italienischen die „Lira", im holländischen der „Gulden", im russischen der „Rubel", im österreichischen die „Krone", im englischen das „Pfund Sterling", im amerikanischen der „Dollar" usw.

Wie aus der Längeneinheit, Maßeinheit und Gewichtseinheit Unter- und Ueberabteilungen gebildet werden (Zentimeter und Kilometer, Dekaliter und Hektoliter, Milligramm und Kilogramm usw.), so auch aus den Rechnungseinheiten der Geldsysteme. Der Zahlenaufbau der Einteilung, das Rechnungssystem, ist in den einzelnen Geldsystemen verschieden. Wie im Maß- und Gewichtssysteme hat jedoch auch hier in der neueren Zeit die dezimale Einteilung die größte Ausdehnung erfahren. Die Mark wird in hundert Pfennige geteilt, der Frank in hundert Centimes, der Gulden in hundert Cents, der Dollar in hundert Cents. Dagegen zerfiel der preußische Taler in 30 Silbergroschen, der Silbergroschen in 12 Pfennige, der süddeutsche Gulden in 60 Kreutzer; das englische Pfund Sterling wird eingeteilt in 20 Schillinge, der Schilling in 12 Pence. Die Vorzüge des Dezimalsystems bestehen in einer außerordentlichen Erleichterung des Rechnens und mithin, da das Rechnen eine der wichtigsten Operationen bei dem Gebrauche des Geldes ist, in einer außerordentlichen Erleichterung des Geldgebrauchs überhaupt. Die Anlehnung des früheren Rechnungssystems an die Zahlen, die namentlich bei der Einteilung der Zeit (12 Jahresmonate, 30 Tage im Monat, 24 Stunden im Tag) eine Rolle spielen, ist mitunter als ein Vorzug der alten Systeme angeführt worden; aber wenn auch diese Anlehnung in einzelnen Fällen eine Rechnung zu erleichtern vermag, so können diese gelegentlichen Vorteile nicht entfernt gegenüber der großen Erleichterung des Geldgebrauchs in Betracht kommen, die durch die Uebereinstimmung des Rechnungssystems des Geldes mit unserem gesamten auf dezimaler Grundlage ruhenden Zahlensysteme geschaffen worden ist. Wo heute noch vom Dezimalsysteme abweichende Einteilungen der Geldeinheit bestehen, wie in England, werden sie lediglich durch die Macht der Gewohnheit und den konservativen Sinn der Verkehrswelt, nicht durch Zweckmäßigkeitserwägungen gehalten.

Der auf der Rechnungseinheit beruhende zahlenmäßige Aufbau des Geldsystems ist entscheidend für die „Stückelung"; die Rechnungseinheit selbst, ihre Unterteilungen und Vielfachen werden in

Münzen und Papierscheinen dargestellt. Die Münznamen sind von den Namen der Rechnungseinheit und ihrer Unterteilungen mitunter verschieden. So ist die Rechnungseinheit des englischen Geldsystems das „Pfund Sterling“, während die Goldmünze, welche diese Rechnungseinheit verkörpert, „Sovereign“ heißt; das englische Fünfschillingstück heißt „Krone“, obwohl nur nach Pfunden Sterling und Schillingen, nicht auch nach Kronen gerechnet wird. In Deutschland hat ein Kaiserlicher Erlaß vom 17. Februar 1875 der Reichsgoldmünze zu 10 Mark den Name „Krone“, dem 20 Markstücke den Namen „Doppelkrone“ offiziel beigelegt, während der Art. 1 des Münzgesetzes ausdrücklich die „Mark“ als die Rechnungseinheit bezeichnete.

Nach welchen Grundsätzen bei der Auswahl der einzelnen Münzstücke zu verfahren ist, wurde bereits dargelegt. Das Münzgesetz, das die Stückelung bestimmt, gibt regelmäßig auch die erforderlichen Vorschriften über den Metallgehalt und das Gepräge der einzelnen Sorten.

§ 2. Münzgewicht, Münzfuß, Feingehalt, Feinheit, Fehlergrenzen, Passiergewicht.

Das im Münzwesen angewendete Gewichtssystem unterscheidet sich mitunter von dem allgemeinen Gewichtssysteme. So wurde in den deutschen Staaten das mittelalterliche Gewicht, die „Kölnische Mark“ (seit 1838 für die Zollvereinsstaaten übereinstimmend auf 233,85555 g festgesetzt), als Münzgewicht bis zum Jahre 1857 beibehalten. Als Gewicht für das Gold wurde die Mark in 24 Karat zu 12 Grän, als Gewicht für das Silber in 16 Lot zu 18 Grän eingeteilt. Der Wiener Münzvertrag von 1857 führte als Münzgewicht das Zollpfund ($= 500$ g) ein, das sich jedoch von dem Verkehrsgewichte dadurch unterschied, daß es nicht in Gramm, sondern in Tausendteile eingeteilt wurde. Dieses Münzgewicht wurde in den Reichsmünzgesetzen beibehalten, obwohl bereits in der Maß- und Gewichtsordnung des Norddeutschen Bundes vom 17. August 1868 das Kilogramm als Verkehrsgewicht eingeführt worden war. Erst die Münznovelle vom 1. Juni 1900 hat das besondere Münzgewicht beseitigt und durch das allgemeine Verkehrsgewicht ersetzt. — Ebenso wie früher in Deutschland, weicht heute noch in England das Münzgewicht, das gleichzeitig auch im Edelmetallhandel Anwendung findet, von dem Verkehrsgewichte ab. Als Verkehrsgewicht ist das sog. „Avoir-du-pois-Pfund“ $= 453,593$ g in Anwendung, im Münzwesen und Edelmetallhandel das „Troypfund“ $= 373,742$ g.

Der „Münzfuß“ drückt aus, wieviel mal die Rechnungseinheit des Geldsystems auf die Gewichtseinheit des Währungsmetalls geht.[1]

---

[1] Nach Knapp (S. 48) soll der Münzfuß nur ausdrücken, wie viele Stücke einer und derselben Münzsorte aus der Gewichtseinheit des Münzmetalls herzustellen sind. Dadurch würde der Münzfuß lediglich zu einem anderen Ausdrucke für den „absoluten Gehalt“ der einzelnen Münzsorten. Aus dem absoluten Gehalte und der Bewertung in der Rechnungseinheit des Geldsystems ergibt sich dann nach Knapp der „spezifische Gehalt“, das ist der Gehalt auf die Rechnungseinheit. Das, was Knapp unter „spezifischem Gehalt“ versteht, deckt sich also — jedoch nur

Solange die Münze, welche die Rechnungseinheit darstellt, als vollhaltige Münze aus dem Währungsmetalle geprägt wird, wie früher die Taler und Gulden der deutschen Silberwährung, stellt der Münzfuß ein einfaches Verhältnis dar. Der Münzfuß der Talerwährung war der „Dreißigtalerfuß", d. h. aus einem Pfunde feinen Silbers wurden 30 Taler „ausgebracht"; und wenn das süddeutsche Münzsystem als „$52\frac{1}{2}$ Guldenfuß", das österreichische Münzssystem als „45 Guldenfuß" bezeichnet wurde, so war damit gesagt, daß aus je einem Pfunde Silber $52\frac{1}{2}$ süddeutsche, bzw. 45 österreichische Gulden ausgebracht wurden. Bei den meisten neueren Geldsystemen wird jedoch die Rechnungseinheit nicht in dem Währungsmetalle dargestellt. Die Rechnungseinheit der deutschen Goldwährung, die Mark, wurde dargestellt durch eine Silbermünze, obwohl sie ihren Wert vom Golde ableitete. Die Beziehung der geprägten Rechnungseinheit zum Währungsmetalle war hier keine körperliche mehr. Wohl aber leitete die Mark ihren Wert von einer Goldmünze ab, die ihrerseits für den Münzfuß des deutschen Geldsystems maßgebend war, nämlich von derjenigen Reichsgoldmünze, deren Ausprägung im ersten Paragraphen des ersten deutschen Münzgesetzes angeordnet wurde und deren zehnter Teil die „Mark" war, die aufgrund des ersten Artikels des Münzgesetzes von 1873 die Rechnungseinheit der Reichswährung bildet. Da aus dem Pfunde Feingold $139\frac{1}{2}$ Zehnmarkstücke ausgebracht wurden, so gingen 1395 Mark auf das Pfund Feingold. Zwar wurden aus dem Pfunde Feingold nicht etwa 1395 Markstücke ausgeprägt, aber Goldmünzen im Nennwerte von 1395 Mark. Der Münzfuß der Reichsgoldwährung war mithin ein 1395 Markfuß.

Diejenige Münze, von der sich die Rechnungseinheit ableitet, sei es unmittelbar, indem die Münze die Verkörperung der Rechnungseinheit ist, sei es mittelbar, indem die Rechnungseinheit ein Teil oder ein Vielfaches der Münze ist, läßt sich als „G r u n d m ü n z e" bezeichnen. Bei der früheren deutschen Silberwährung war das Taler- bzw. Guldenstück die Grundmünze, und diese Stücke verkörperten gleichzeitig die Rechnungseinheit. Bei der Reichswährung aufgrund des Münzgesetzes von 1873 war das Zehnmarkstück die Grundmünze, und die Rechnungseinheit war als der zehnte Teil dieser Grundmünze definiert. Die Verkörperung der Rechnungseinheit in einer Silbermünze war für das Wesen dieser Rechnungseinheit bedeutungslos.

Mit dem Münzfuße ist der Gehalt der Grundmünze an Währungsmetall gegeben. Da sich der Gehalt der aus dem Währungsmetalle geprägten Münzen in der Regel[1]) verhält wie ihr Nennwert, so ist durch den Münzfuß gleichzeitig der Gehalt der sämtlichen Münzen aus Währungsmetall bestimmt. Nicht gegeben ist durch den Münzfuß der Gehalt der

---

soweit Münzen aus dem Währungsmetalle in Betracht kommen — mit dem, was oben als „Münzfuß" bezeichnet ist. Ich halte an der oben angewendeten Terminologie fest, da erstens ein Bedarf nach einem zweiten Ausdrucke für den absoluten Gehalt nicht vorliegt, und da zweitens die oben angewendete Terminologie sich mit der historischen Bedeutung des Wortes Münzfuß in der deutschen Münzsprache (Dreißigtalerfuß usw.) deckt.

[1]) Eine Ausnahme machen die Silberscheidemünzen bei einer Silberwährung.

aus einem anderen als dem Währungsmetalle zu prägenden Münzen des Geldsystems, also bei einer Goldwährung der Gehalt der Silber-, Nickel- und Kupfermünzen. Dieser muß vielmehr, solange kein allgemein anerkanntes Wertverhältnis zwischen den verschiedenen Münzmetallen besteht, durch die Münzgesetze mehr oder weniger willkürlich normiert werden.

Das Gewichtsquantum Edelmetall, welches eine Münze enthält, wird „Feingehalt" genannt. Der Feingehalt unterscheidet sich deshalb von dem Brutto- oder Rauhgewicht der Münzen (in der alten Münzsprache „Schrot" genannt), weil das Edelmetall, das zur Münzprägung verwendet wird, aus den bereits erwähnten Gründen einen Zusatz von Kupfer erhält. Das Verhältnis des Feingehaltes zum Rauhgewicht nennt man „Feinheit" (in der alten Münzsprache „Korn"). Das Korn wurde früher in Deutschland ausgedrückt beim Golde durch die Angabe von Karat und Grän Feingold, beim Silber durch die Angabe von Lot und Grän Feinsilber, die auf die Mark legierten Metalls kamen. So war z. B. aufgrund des preußischen Münzgesetzes von 1821 die Feinheit des Friedrichsdor 21 Karat 8 Grän, die Feinheit des Silbertalers 12 Lot. Die neueren Münzgesetze in den meisten Staaten bestimmen die Feinheit der Münzen in Tausendteilen; so bestimmte in Deutschland § 4 des Gesetzes vom 4. Dezember 1871: „Das Mischungsverhältnis der Reichsgoldmünzen wird auf 900 Tausendteile Gold und 100 Tausendteile Kupfer festgestellt." Dagegen wird in England heute noch die Feinheit in der alten Weise ausgedrückt, indem angegeben wird, wieviel Feingold auf das Troypfund legierten Goldes von 24 Karat zu 4 Grän zu 4 Quarts oder Silber auf das Troypfund legierten Silbers zu 12 Unzen zu 20 Pennyweight kommt. Weitaus die meisten Staaten haben für ihre Goldmünzen und ihre größeren Silbermünzen ein Mischungsverhältnis von 900 Tausendteilen Edelmetall und 100 Tausendteilen Kupfer angenommen. Die wichtigste Ausnahme macht auch hier England, dessen Goldmünzen eine Feinheit von $^{11}/_{12}$ (22 Karat) und dessen Silbermünzen eine Feinheit von $^{37}/_{40}$ (11 Unzen 2 Pennyweight) haben. Die Metallmasse, welche das für die Ausmünzung vorgeschriebene Mischungsverhältnis darstellt, nennt man „Münzmetall", „Münzgold" oder „Münzsilber" (in England „standard gold" und „standard silver").

Um die tatsächliche Beschaffenheit der Münzen möglichst im Einklang mit der von den Münzgesetzen vorgeschriebenen Beschaffenheit zu halten, ist es notwendig, einmal eine möglichst exakte Ausmünzung vorzuschreiben und ferner für die Beseitigung der durch den Umlauf abgenutzten und der beschädigten Münzstücke Sorge zu tragen.

Da eine absolute Genauigkeit in dem Feingehalte und dem Gewichte der einzelnen Münzstücke nur mit ganz unverhältnismäßigen Aufwendungen zu erreichen wäre, setzten die Münzgesetze sogenannte „Fehlergrenzen" fest, innerhalb deren eine Abweichung vom gesetzlichen Schrot und Korn gestattet ist. Bei den deutschen Kronen und Doppelkronen durfte die Abweichung in der Feinheit nicht mehr als 2 Tausendteile, im Rauhgewicht nicht mehr als $2^{1}/_{2}$ Tausendteile betragen, bei den Reichssilbermünzen in der Feinheit 3 Tausendteile, im Gewichte 10 Tausendteile. In den anderen Staaten sind ähnliche

Fehlergrenzen festgesetzt. Diese gestattete Abweichung von der normalen Feinheit und dem normalen Gewichte nennt man „Remedium" oder „Toleranz". Der mißbräuchlichen Ausnutzung dieser Fehlergrenzen, die namentlich in früheren Zeiten üblich war, kann durch eine Vorschrift, wie sie sich in den deutschen Münzgesetzen findet, vorgebeugt werden; die Münzgesetze des Deutschen Reiches gestatteten sowohl bei den Gold- als auch bei den Silberprägungen Abweichungen nur bei dem einzelnen Stücke, nicht aber in der gesamten Prägemasse, hinsichtlich derer vielmehr eine vollständige Genauigkeit nach Gehalt und Gewicht verlangt wurde (§ 4 des Münzgesetzes in der Fassung vom 1. Juni 1909). Die Prüfung der Feinheit des Münzmetalls und des Gewichtes der Münzplättchen nennt man „Justierung".

Für die umlaufenden Münzen wird in der Regel eine „Abnutzungsgrenze" vorgesehen, die natürlich etwas weiter gegriffen sein muß als die für die Ausmünzung gestattete Abweichung vom Normalgewichte. Bei den Scheidemünzen, deren Wert von vornherein als unabhängig von ihrem Metallgehalte gedacht ist, wird meist von einer ziffermäßigen Festsetzung der Abnutzungsgrenze abgesehen. Bei den deutschen Reichsgoldmünzen war eine Abnutzung von 5 Tausendteilen gegenüber dem Normalgewichte gestattet; solange diese Abnutzung nicht überschritten war, hatten sie bei allen Zahlungen als vollwichtig zu gelten (§ 11 des Münzgesetzes vom 1. Juni 1909). Hinsichtlich der Scheidemünzen war lediglich vorgeschrieben, daß „Reichssilber-, Nickel- und Kupfermünzen, welche infolge längerer Zirkulation und Abnutzung an Gewicht oder Erkennbarkeit erheblich eingebüßt haben, auf Rechnung des Reichs einzuziehen sind" (§ 12 des Münzgesetzes vom 1. Juni 1909). Das Mindestgewicht, bei welchem die Münzen ihre Eigenschaft als gesetzliches Zahlungsmittel bewahren, heißt „Passiergewicht". Das Passiergewicht ist mithin gleich dem Normalgewichte abzüglich der gestatteten Abnutzung.

Die unter das Passiergewicht abgenutzten Münzen werden in den verschiedenen Staaten verschieden behandelt. In Deutschland waren die unter das Passiergewicht abgenutzten Münzen bei allen Kassen des Reiches und der Bundesstaaten zu ihrem vollen Nennwerte anzunehmen und für Rechnung des Reichs zum Einschmelzen einzuziehen. Der durch die Abnutzung entstehende Verlust wurde hier von der Gesamtheit getragen. In England dagegen verlieren die unter das Passiergewicht abgenutzten Münzen ihre gesetzliche Zahlungskraft nicht nur gegenüber den Privaten, sondern auch gegenüber den Staatskassen. Eine Verpflichtung des Staates zur Einziehung der abgenutzten Münzen liegt nicht vor, und jedermann ist berechtigt, solche Stücke, die ihm in Zahlung angeboten werden, zu zerschneiden und sie dem Besitzer zurückzugeben, ein Recht, von dem, solange in England die effektive Goldwährung bestand, besonders die Banken Gebrauch machten.

Wie sich diese beiden Systeme vom Gesichtspunkte der juristischen Theorie aus verhalten, ist bereits an anderer Stelle besprochen worden. Hier sei nur festgestellt, daß sich das deutsche System in der praktischen Erfahrung besser bewährt hat als das englische. In Englan wurden die abgenutzten Stücke notorisch von denjenigen Kassen ferngehalten, die vom Rechte des Zerschneidens Gebrauch machten; sie zirkulierten hauptsächlich in der Provinz und erfuhren dort häufig eine Abnutzung bis weit unter das Passiergewicht hinab. Der Zweck, den Umlauf von allzustark abgenutzten Münzen frei zu halten, wurde nicht in befriedigender Weise erreicht. In Deutschland dagegen, wo niemand aus der Zahlung mit abgenutzten Stücken einen Verlust zu fürchten hatte, ergab sich von selbst ein Rückfluß der abgenutzten Münzen zu denjenigen Kassen, die sie zur Einschmelzung an das Reich abzuliefern hatten und zu denen außer den Reichs- und Staatskassen auch die Provinzial- und Kommunalkassen sowie die Geld- und Kreditanstalten gehörten.

Die Ueberlegenheit des deutschen Systems tritt deutlich darin in Erscheinung, daß sich England wiederholt genötigt gesehen hat, die abgenutzten Sovereigns aufzurufen und auf Rechnung des Staates umzuprägen.

§ 3. Die Methoden der Geldschaffung.

Die im vorigen Paragraphen besprochenen Bestimmungen über die auszuprägenden Münzstücke und deren Beschaffenheit sind technischer Natur; sie besagen nur, mit welchen Tatbestandsmerkmalen inbezug auf den Metallgehalt die einzelnen Stücke, die Geld sein sollen, ausgestattet sein müssen. Wie jedoch im historischen Teile gezeigt wurde, genügen technische Vorschriften über die Ausstattung der einzelnen Münzsorten keineswegs, um diese unter sich, und dazu noch mit den in keiner modernen Geldverfassung fehlenden Papierscheinen, zu einem einheitlichen Systeme zusammenzufassen sowie die Wertbeziehungen zwischen Geld und Geldmetall zu bestimmen. Die technischen Vorschriften bedürfen vielmehr zu ihrer Ergänzung einer Reihe von Rechtssätzen, welche die Bedingungen der Geldschaffung, insbesondere der Umwandlung von Metall in Geld sowie die rechtliche Ausstattung der einzelnen Geldsorten und deren gegenseitige Beziehungen ordnen[1]).

---

[1]) Knapp unterscheidet platische, genetische und dromische Beziehungen zwischen Geld und Metall; den sich daraus ergebenden Unterscheidungen der einzelnen Geldarten fügt er eine „funktionelle Einteilung" hinzu.

Die „platischen Beziehungen" sind diejenigen, die ausschließlich die Beschaffenheit der das Geld darstellenden „Platten" erfassen, also die oben im vorhergehenden Paragraphen besprochenen rein technischen Momente.

Die „genetischen Beziehungen" sind gegeben in der Art der Entstehung des Geldes aus Metall. Die aus der freien Umwandelbarkeit eines Metalls („Hyle") entstehenden Geldarten nennt Knapp „hylogenisch"; der Gegensatz dazu ist das „autogenische Geld"; die hier in Betracht kommenden Gesichtspunkte werden oben in dem Paragraphen über die Arten der Geldschaffung behandelt.

Bei den „dromischen Beziehungen" handelt es sich um die Frage, ob ein Metall in dem Gelde einen festen Preis oder Kurs („Dromos") hat oder nicht, also um die in dem folgenden Paragraphen über die Wertbeziehungen zwischen Geld und Metall dargestellten Verhältnisse.

Die funktionelle Einteilung schließlich befaßt sich mit der Stellung und dem gegenseitigen Verhältnisse der zu einem einheitlichen Geldsysteme zusammengefügten verschiedenen Geldarten.

In keiner modernen Geldverfassung ist ein Metall, geschweige denn ein anderer Stoff, ohne weiteres Geld oder ohne weiteres in Geld verwandelbar; vielmehr hat der Staat allein das Recht der Geldschaffung, sei es, daß er dieses Recht direkt, sei es, daß er es durch eine von ihm ermächtigte Instanz (z. B. eine Notenbank) ausübt. Der Staat kann sich selbst oder den von ihm mit der Geldschaffung betrauten Stellen für die Herstellung von Geld freie Hand lassen oder bestimmte Normen auferlegen, und er kann in dieser Beziehung mit den einzelnen Geldsorten verschieden verfahren.

Von diesem Gesichtspunkte betrachtet, stellt es sich als ein fundamentaler Unterschied dar, ob in Ansehung eines Metalles der unbeschränkte Anspruch auf Umwandlung in Geld besteht oder nicht, d. h. also, ob jeder Private, der ein Quantum dieses bestimmten Metalls besitzt, dessen Umwandlung in Geld von den mit der Geldschaffung betrauten Instanzen beanspruchen kann.

Der einfachste und bekannteste Spezialfall der unbeschränkten Umwandelbarkeit eines Metalles in Geld ist die „freie Prägung" oder die „Prägung auf Privatrechnung". Der Staat prägt unentgeltlich oder gegen eine geringe, den eignen Unkosten entsprechende Gebühr jedes Metallquantum für den Einlieferer aus; der Einlieferer empfängt also von der Münzstätte das Gewichtsquantum Edelmetall, das er in rohem Zustande eingeliefert hat, in gemünztem Zustande ohne jeden Abzug oder unter Abzug einer nur geringfügigen Prägegebühr zurück.

In gewissem Sinne hat eine solche freie Prägung von den ersten Anfängen des gemünzten Geldes an bestanden und sich erhalten, auch nachdem das Prinzip der Fiskalität herrschend geworden war. Es entsprach insbesondere den merkantilistischen Anschauungen, die in der für die Ausdehnung der Geldwirtschaft in Europa entscheidenden Periode vorwalteten, daß man jeden Zufluß von Gold und Silber bedingungslos als einen Vorteil ansah und alles Edelmetall ausprägte, dessen man überhaupt habhaft werden konnte. Vielfach wurde sogar vorgeschrieben, daß die Erträgnisse der heimischen Edelmetallgewinnung an die Münzstätten zur Ausprägung abgeliefert werden mußten. Wo Bergwerke fehlten, wurde häufig vorgeschrieben, daß alles Edelmetall in Barren, Bruch oder fremden Münzen zu einem festen Preise bei den Münzstätten oder einem Wechselamte einzuliefern sei. Auch dort, wo solche Vorschriften nicht bestanden oder in Wegfall kamen, erhielt sich bei den Münzstätten die Uebung, entweder das angebotene Edelmetall zu einem innerhalb enger Grenzen veränderlichen und nicht erheblich hinter seinem Ausmünzungswerte zurückbleibenden Satze anzukaufen oder es für den Einlieferer gegen eine geringe Prägegebühr auszumünzen.

<hr>

Die von Knapp gegebene Analyse der Geldarten und der Geldverfassung erhebt sich weit über alle bisher auf diesem Gebiete gemachten Versuche. Sie hat Klarheit und Ordnung in eine Reihe bisher verschwommener und verworrener Begriffe gebracht; keine Darstellung der Geldlehre wird künftig an den Knappschen Ergebnissen vorbeigehen können, auch wenn man diese, wie der Verfasser, nicht ohne weiteres und nicht in allen Einzelheiten und Konsequenzen übernimmt.

Später wurde diese Praxis gesetzlich festgelegt; so wurde nachweisbar in England bereits im Jahre 1666 der Münzstätte gesetzlich die Verpflichtung auferlegt, Gold und Silber auf Verlangen für den Einlieferer unentgeltlich auszuprägen. Diesem Beispiele sind dann die meisten Staaten hinsichtlich eines oder beider Edelmetalle gefolgt, mit der Abweichung, daß die Ausprägung für private Rechnung gegen Erhebung einer mäßig bemessenen Gebühr erfolgen sollte. Verhältnismäßig spät ist die gesetzliche Festlegung dieses „freien Prägerechtes" in Deutschland erfolgt. Während in Oesterreich die Silberkurantmünzen, die gemäß dem Wiener Münzvertrage von 1857 eingeführt wurden, gesetzlich frei ausprägbar waren (gegen 1 Prozent Prägegebühr)[1], bestand in den deutschen Staaten nur eine tatsächlich freie Ausprägung, indem die Münzstätten Silber zu einem öffentlich bekannt gemachten Preise, der je nach den Schwankungen des Angebots und der Nachfrage innerhalb der engsten Grenzen reguliert wurde, ankauften; eine gesetzliche Verpflichtung zu einem solchen Ankaufe war ihnen nicht auferlegt. Erst das Münzgesetz von 1873 hat im Prinzip das freie Prägerecht, und zwar für das Gold, anerkannt.

Die freie Prägung ist nur ein besonderer Fall, wenn auch der praktisch wichtigste, der unbeschränkten Umwandelbarkeit eines Metalles in Geld. Es handelt sich ja nicht um eine tatsächliche, sondern um eine rechtliche Umwandlung einer Materie in Geld; die Umwandlung kann sich also auch ohne den körperlichen Akt der Ausprägung des eingelieferten Metalls vollziehen. So war z. B. die Hamburger Mark Banko ein reines Buchgeld, das auf Feinsilber in Barren beruhte, bei dem also keinerlei Ausprägung in Frage kam. Andererseits haben wir oben festgestellt, daß die Mark Banko keineswegs identisch war mit einem bestimmten Quantum Feinsilber; wie das Silber, um zum Taler zu werden, auf den staatlichen Münzstätten zur Ausmünzung gebracht werden mußte, so entstand aus dem Silber nur dadurch die Mark Banko, daß das Feinsilber in die Bank eingebracht, amtlich geprüft und abgewägt und der seinem Gewichte entsprechende Betrag von Mark Banko dem Einlieferer auf seinem Konto in den Büchern der Bank gutgeschrieben wurde. Da der Bank auferlegt war, von den Mitgliedern der Hamburgischen Kaufmannschaft Feinsilber in jeder Menge gegen Gutschrift in Bankowährung anzunehmen, bestand also auch hier eine unbeschränkte Umwandelbarkeit des Silbers in Geld, deren Wirkung in jeder Beziehung der freien Prägung entsprechen mußte, ohne daß überhaupt eine Prägung in Frage kam.

Aehnlich steht es überall dort, wo die Zentralbanken ihre Noten gegen Einlieferung von Gold zu bestimmten Beträgen für die Gewichtseinheit verabfolgen müssen.

So kaufte die Bank von England vor dem Weltkrieg viele Jahrzehnte hindurch Gold zum festen Satze von 77 sh 9 d pro Unze standard an, bei einem Ausmünzungswerte von 77 sh 10½ d pro Unze standard. Ebenso wurde, wie oben bei der Darstellung der deutschen Geldreform

---

[1] Vgl. den Erlaß des Finanzministeriums vom 8. Oktober 1858, bei Ignaz Gruber, Die österr. Gesetzgebung über Münzen usw. Wien 1886.

bereits hervorgehoben wurde, der Reichsbank im deutschen Bankgesetze vom 14. März 1875 die Verpflichtung auferlegt, Barrengold zum festen Satze von 1392 Mark für das Pfund fein gegen ihre Noten umzutauschen, bei einem Ausmünzungswerte von 1395 Mark pro Pfund Feingold. Da in Deutschland die Münzstätten bei der Ausprägung von Gold für private Rechnung eine Prägegebühr von 3 Mark berechneten, erhielten die Einlieferer von Gold bei der Reichsbank denselben Betrag in Noten, wie an der Münze in Goldgeld. In England dagegen machte die Bank einen Abzug von $1^1/_2$ d gegenüber dem von der Münzstätte, die keine Prägegebühr berechnete, zu erstattenden Betrage. Trotzdem wurde auch in England, weil bei der Bank der Austausch von Gold gegen Noten Zug um Zug erfolgte, während bei der Münzstätte erst die Ausprägung des eingelieferten Metalls abgewartet werden mußte, wobei ein Zinsverlust entstand, das für monetäre Zwecke bestimmte Gold von den Privaten regelmäßig nur zur Bank gebracht, die ihrerseits, soweit ein Bedarf vorlag, die Ausprägung der angekauften Barren und fremden Münzen vornehmen ließ.

Schließlich gibt es Fälle, in denen sich der Staat die Verpflichtung auferlegt hat, gegen Einlieferung von Gold die das Hauptumlaufsmittel des Landes bildenden Silbermünzen zu verabfolgen. So hat die indische Gesetzgebung gleichzeitig mit der Einstellung der freien Silberprägung dekretiert, daß die Münzstätten gegen Einlieferung von englischem Goldgeld Silberrupien zum Satze von 15 Rupien für den Sovereign auszuliefern haben[1]), und dies sechs Jahre vor der Beilegung der gesetzlichen Zahlungskraft an den Sovereign und ohne daß bis zum heutigen Tage freie Prägung für das Gold in Indien selbst besteht. So bestimmte ferner das mexikanische Münzgesetz von 1904, daß die Münzstätten gegen Einlieferung von Goldbarren Silberpesos zu dem bestimmten, der neuen mexikanischen Goldvaluta zugrunde liegenden Satze herausgeben sollen; gleichzeitig wurde allerdings die Prägung von Goldpesos freigegeben.

Alle diese Fälle haben also mit der freien Prägung das gemein, daß der Einlieferer eines von der Gesetzgebung bezeichneten Metalls Anspruch hat auf die Hergabe bestimmter Geldsorten zu einem durch die Gesetzgebung festgestellten Satze.

In allen denjenigen Geldsystemen, in denen ein unbeschränkter Anspruch auf Umwandlung eines Metalles in Geld besteht und die Ausübung dieses Anspruches nicht durch besondere Umstände tatsächlich unmöglich geworden ist, reguliert sich die Geldschaffung aus diesem Metall automatisch nach den Verhältnissen des Edelmetall- und Geldmarktes. Nur innerhalb enger Grenzen ist eine Beeinflussung durch eine regulierende Tätigkeit, insbesondere durch die Diskontpolitik der großen Notenbanken, möglich.

Aber auch in den Geldverfassungen, in denen die freie Umwandelbarkeit eines Metalles in Geld besteht, sind Geldsorten vorhanden, die unabhängig von der Einlieferung dieses Metalles geschaffen werden.

---

[1]) Siehe oben S. 73.

Das gilt zunächst in allen Geldsystemen für die Scheidemünzen. Hinsichtlich dieser muß aus zwingenden Gründen, die im historischen Teil bereits zutage getreten sind und die im nächsten Paragraphen dieses Abschnittes theoretisch dargestellt werden sollen, der Staat sich die Geldschaffung nach ihrem Umfange vorbehalten. Entweder wird der Spielraum für die Neuprägungen von Scheidemünzen durch besondere Akte der Gesetzgebung von Zeit zu Zeit in absoluten Zahlen festgelegt, so in England und in den Vereinigten Staaten von Amerika; oder die Münzgesetze sehen Kopfquoten für die Ausprägung der Scheidemünzen vor, die mit wachsender Bevölkerung den Spielraum für die Scheidemünzprägung von selbst erweitern, so in den Staaten der Lateinischen Münzunion und in Deutschland, wo die Ausprägung von Reichssilbermünzen zuletzt auf 20 Mark für den Kopf der Bevölkerung begrenzt war.

Aehnlich steht es bei Kurantmünzen, die aus dem nicht unbeschränkt in Geld umwandelbarem Metall, also bei Goldwährungen aus Silber, bestehen. In Deutschland war die Prägung der Taler seit 1871, in den Staaten der Lateinischen Münzunion war die Prägung der silbernen Fünffrankenstücke seit dem Ende der 70er Jahre des vorigen Jahrhunderts völlig eingestellt. In den Vereinigten Staaten, wo im Jahre 1878 mit der Bland-Bill die Ausprägung von Silberdollars mit voller gesetzlicher Zahlungskraft innerhalb der Goldwährung wieder aufgenommen wurde, hat man die Ausprägung dieser Stücke auf monatlich 2—4 Millionen Dollar festgesetzt; durch die Sherman-Bill vom Jahre 1890 wurden die Silberankäufe, des amerikanischen Schatzamtes für Geldzwecke auf $4^{1}/_{2}$ Millionen Unzen Feinsilber normiert[1]). In Indien wurden nach der Einstellung der freien Silberprägung Rupien stets nur aufgrund besonderer gesetzlicher Akte neu ausgeprägt. — Für die Bemessung der Prägemenge war, namentlich hinsichtlich der Scheidemünzen, meist das Bedürfnis des Verkehrs an den hier in Betracht kommenden Münzsorten maßgebend, mitunter gaben aber auch außerhalb des Geldwesens liegende Gesichtspunkte, insbesondere die Absicht der Hebung des Silberpreises, den Ausschlag. Das letztere war ausgesprochenermaßen bei den amerikanischen Prägungen von Silberdollars der Fall.

Der Natur der Sache nach ist eine freie Umwandelbarkeit des Geldstoffes in Geld ausgeschlossen bei den papiernen Geldzeichen aller Art. Zwar ist es, wie wir gesehen haben, mit der modernen Geldverfassung durchaus verträglich, Papierscheine gegen Einlieferung des Währungsmetalls zu verabfolgen; aber in diesem Falle handelt es sich um die freie Umwandlung nicht von Papier, sondern von Edelmetall in Geld. Abseits dieser die freie Prägung des Währungsmetalls ergänzenden Art der Schaffung von papiernen Geldzeichen sind besondere Normen für die Herstellung und Ausgabe dieser Geldarten erforderlich. Diese Normen lassen sich in zwei große Kategorien einteilen: entweder bezwecken sie die Anpassung des Geldumlaufs an den Geldbedarf der Volkswirtschaft oder sie entspringen Gesichtspunkten,

---

[1]) Siehe oben S. 176.

die außerhalb des Geldwesens liegen, insbesondere Gesichtspunkten staatsfinanzieller Natur.

Gesichtspunkte der letzteren Art sind meistens bei dem eigentlichen Staatspapiergelde maßgebend; die wirtschaftlichen Gesichtspunkte der Anpassung des Geldumlaufs an den Verkehrsbedarf sind der eigentliche Daseinsgrund der Banknote.

Der Unterschied war deutlich ausgeprägt in der Geldverfassung des Deutschen Reiches, wie sie in der Gesetzgebung der ersten Hälfte der siebziger Jahre des vorigen Jahrhunderts geschaffen wurde.

Das deutsche Staatspapiergeld, das damals anstelle des vielgestaltigen Staatspapiergeldes der Einzelstaaten ausgegeben wurde, waren die Reichskassenscheine. Man lese die Entstehungsgeschichte der Reichskassenscheine (oben S. 154 ff.) nach, und man wird finden, daß der einzige Grund für die Schaffung dieser Geldzeichen ein fiskalischer gewesen ist: man wollte den Einzelstaaten die Einziehung des von ihnen — gleichfalls aus fiskalischen Gründen — ausgegebenen Landespapiergeldes erleichtern, ohne doch die Reichskasse mit Zuschüssen für diesen Zweck zu belasten. Der Betrag der auszugebenden Reichskassenscheine wurde infolgedessen so bemessen, daß er für die Zurückziehung des Landespapiergeldes zu den im Gesetz vom 30. April vorgesehenen Bedingungen genügte; soweit der Betrag 120 Millionen Mark überschritt, mußte er auf Kosten der Einzelstaaten, die den überschießenden Betrag (mehr als 3 Mark für den Kopf ihrer Bevölkerung) vorschußweise für die Einziehung des von ihnen im stärkeren Umfang ausgegebenen Staatspapiergeldes erhalten hatten, im Laufe von 15 Jahren eingezogen werden. Eine gewisse Rechtfertigung für den als endgültig in Aussicht genommenen Betrag entnahm man daraus, daß das Reich denselben Betrag von 120 Millionen Mark in effektiven Reichsgoldmünzen als Kriegsschatz im Juliusturm von Spandau niedergelegt hatte. Obwohl im übrigen keinerlei Beziehung zwischen Kriegsschatz und Reichskassenscheinen bestand, hat man im Jahre 1913 den Anlaß der Verdoppelung des Reichskriegsschatzes benutzt, um die Reichsfinanzverwaltung zur Verdoppelung der Ausgabe von Reichskassenscheinen zu ermächtigen. Auch hier war im Grunde der Wunsch ausschlaggebend, die Verstärkung des in Goldmünzen bestehenden Kriegsschatzes ohne finanzielle Aufwendungen für das Reich durchzuführen.

Während bei den Reichskassenscheinen von 1874 bis 1913 eine Neuausgabe überhaupt nicht in Betracht kam, waren die von den deutschen Banken auszugebenden Noten von vornherein als elastischer Bestandteil der deutschen Geldzirkulation gedacht, der sich je nach dem Verkehrsbedarf sollte ausdehnen oder zusammenziehen können. Für die Banknoten hat die Reichsgesetzgebung deshalb keine festen Beträge, sondern nur direkt oder indirekt begrenzte Höchstbeträge — ersteres für die „Privatnotenbanken“ — vorgesehen. Der Reichsbank wurde in § 16 des Bankgesetzes vom 14. März 1875 ausdrücklich das Recht zugesprochen, „nach Bedürfnis ihres Verkehrs Banknoten auszugeben“, ohne daß ein absoluter Höchstbetrag festgesetzt wurde. Einige indirekte Beschränkungen wurden allerdings geschaffen, so die 5 prozentige Steuer auf die einen gewissen Betrag überschreitende, durch den Barbestand der Bank nicht gedeckte Notenausgabe und die Vorschrift der Drittelsdeckung für die ausgegebenen Noten. Von diesen beiden indirekten Grenzen war die erstere gegen Zahlung der Notensteuer überschreitbar; die Notensteuer hat die Reichsbank niemals gehindert, ihren Notenumlauf nach den Bedürfnissen des Verkehrs auszudehnen, sie ist übrigens bei Kriegsausbruch suspendiert worden. Auch die Vorschrift der Drittelsdeckung hat die Bewegungsfreiheit der Reichsbank in Friedenszeiten niemals beschränkt, da ihre tatsächliche Notendeckung auch an Tagen der stärksten Anspannung stets wesentlich günstiger als der vorgeschriebene Mindestsatz war. Im Kriege ist der Reichsbank die Einhaltung der Drittelsdeckung dadurch erleichtert worden, daß ihr gestattet wurde, die Darlehenskassenscheine in die Bardeckung einzurechnen. Erst im Jahre 1921, unter den durch das Friedensdiktat von Versailles geschaffenen Verhältnissen, hat sich die Befreiung der Reichsbank von der Vorschrift der Drittelsdeckung als nötig erwiesen.

Innerhalb der so gezogenen weiten, praktisch jeden erforderlichen Spielraum lassenden Grenzen wurde die Notenausgabe dem Verkehrsbedarf in der Hauptsache dadurch angepaßt, daß die Notenbanken die aus dem Warenverkehr hervorgegangenen Wechsel, soweit sie den Anforderungen an ihre Sicherheit entsprachen, diskontierten und die Valuta, soweit sie nicht den Einreichern der Wechsel auf Girokonto gutgeschrieben wurden, in ihren Noten auszahlten. Im Wege der Diskontierung von Warenwechseln konnte sich also die Volkswirtschaft jederzeit die benötigten Umlaufsmittel in Form von Banknoten beschaffen, und im Wege der Einlösung der diskontierten Wechsel konnte der Verkehr jederzeit die nicht benötigten Umlaufsmittel an die Notenbanken zurückleiten. Sache der Notenbanken, insbesondere der Reichsbank, war es, durch die Normierung ihres Diskontsatzes regulierend auf die an sie herantretenden Geldansprüche einzuwirken, um eine allzustarke Anspannung ihres Status, insbesondere eine allzustarke Verschlechterung der Deckung des Notenumlaufs durch ihre Metallbestände, zu verhindern.

Die Geldschöpfung geschah mithin, soweit die Banknoten in Betracht kamen, — und sie geschieht überall, wo die Banknote auf ihre eigentliche Funktion als ein dem wirtschaftlichen Geldbedarf sich anpassendes Umlaufsmittel beschränkt bleibt — im Wege der Diskontierung von sicheren, dem legitimen Geschäftsverkehr entsprungenen Warenwechseln. Das starre System, das die Folge eines rein metallischen Geldwesens wäre, wird also durch die auf Warenwechseln beruhende Banknote zu einem elastischen System gestaltet. Angesichts der großen periodischen Schwankungen, die der Geldbedarf der modernen Volkswirtschaften, wie weiter unten gezeigt werden wird, auch in ruhigen wirtschaftlichen und politischen Zeiten aufweist, ist die elastische Art der Geldschöpfung, wie sie durch die Banknote ermöglicht wird, unentbehrlich.

Die Banknote ist jedoch keineswegs überall und zu allen Zeiten auf ihre eigentliche Aufgabe der elastischen Anpassung des Geldumlaufs an den Geldbedarf der Volkswirtschaft beschränkt geblieben. Ein Instrument, das die nahezu kostenlose Schaffung von Zahlungsmitteln gestattet, mußte von Anfang an allerlei Mißbräuchen durch die ausgebenden Banken selbst und durch die Staatsgewalt ausgesetzt sein. Der finanzielle Vorteil der ausgebenden Banken und die Geldbedürfnisse der Staaten haben die Entwicklung der Banknote von Anfang an in mindestens derselben Weise beeinträchtigt, wie der aus Münzverschlechterungen zu ziehende Nutzen die Entwicklung des gemünzten Geldes. Wie durch die Ausbildung vernünftiger Grundsätze in der Münzgesetzgebung, so hat man auch durch eine rationelle Gestaltung des Notenbankwesens diese Mißbräuche einzudämmen versucht. In der neueren Zeit ist jedoch die Ausgabe von Banknoten als billigeres, bequemeres und ausgiebigeres Mittel der staatlichen Geldbeschaffung bei schwerer Bedrängnis völlig an die Stelle der früheren Münzverschlechterungen getreten. Die Form dafür ist, daß die staatlichen Finanzverwaltungen bei ihren Notenbanken große Kredite in Anspruch nehmen, deren Gegenwert ihnen in Banknoten zur Verfügung gestellt wird, und zwar in einem Umfang, der alle bankgesetzlichen Grenzen sprengt. Die Vorgänge in allen kriegführenden und in zahlreichen neutralen Staaten während des Weltkrieges, die oben eingehend geschildert worden sind[1]), zeigen, in welchem Maße die Banknote unter dem Druck der außerordentlichen Verhältnisse zu einem Mittel der staatlichen Geldbeschaffung geworden ist. Die Geldschöpfung vollzieht sich nicht mehr nach den Geldbedürfnissen der Wirtschaft, sondern nach dem Umfang der durch andere Eingänge nicht gedeckten Staatsausgaben.

In welchem Maße diese Entfremdung der Banknote von ihrer eigentlichen Funktion bei uns in Deutschland eingetreten ist, zeigt die Tatsache, daß am 31. Dezember 1921 einem Notenumlauf der Reichsbank in Höhe von 122 Milliarden Mark nur ein Goldbestand in Höhe von 1 Milliarde, ein Bestand an Warenwechseln gleichfalls in Höhe von 1 Milliarde Mark, dagegen diskontierte Schatzwechsel des Reichs in Höhe von mehr als 100 Milliarden Mark gegenüberstanden. Seither hat sich allerdings die Beanspruchung der Reichsbank durch die privaten Geldbedürfnisse wesentlich gehoben; aber die Beanspruchung des Reichs ist auch weiterhin noch viel stärker gewachsen; am 29. März 1923 stellte sich bei einer Notenausgabe von 5518 Milliarden Mark der Bestand der Bank an diskontierten Warenwechseln auf rund 2272 Milliarden Mark, während ihr Bestand an diskontierten Schatzwechseln des Reichs rund 4552 Milliarden Mark betrug.

Daß die Geldschöpfung nach Maßgabe fiskalischer Bedürfnisse unvereinbar ist mit der Aufrechterhaltung der metallischen Grundlagen des Geldsystems, haben die Erfahrungen der Kriegs- und Nachkriegszeit der Welt mit nicht zu übertreffender Deutlichkeit vor Augen gerückt. Die Zerrüttung der Währungsverhältnisse der ganzen Welt geht unmittelbar zurück auf eine fehlerhafte, wenn auch durch die Not veranlaßte Art der Geldschaffung.

§ 4. Die Wertbeziehungen zwischen Geld und Metall.

Die Art der Geldschaffung hat ihre besondere Bedeutung sowohl für die Wertbeziehungen zwischen Geld und Metall als auch für die

---

[1]) Siehe oben S. 207 ff.

Zusammenfassung der einzelnen Sorten zu einem einheitlichen Geld-systeme. Die unbeschränkte Umwandlung eines Metalls in Geld ist die Voraussetzung für ein festes Wertverhältnis zwischen Metall und Geld; die von der Einlieferung ihres Stoffes unabhängige Schaffung der nicht aus dem frei ausprägbaren Metall bestehenden Geldsorten ist die Voraussetzung für deren Eingliederung in das Geldsystem.

Es ist uns bereits bekannt, daß das hinsichtlich eines Metalls bestehende freie Prägerecht die Wirkung hat, eine bestimmte Wert-beziehung zwischen Metall und Geld zu schaffen. Hier haben wir diese Wirkung näher zu analysieren. Wenn man bei den staatlichen Münzstätten oder den Notenbanken gegen Einlieferung des Prägemetalls in unbeschränkten Mengen eine bestimmte Summe geprägten Geldes oder als Zahlungsmittel anerkannter Banknoten für die Gewichtseinheit des eingelieferten Prägemetalls erhalten kann, so ist klar, daß niemand die Gewichtseinheit des Metalls zu einem niedrigeren Preise als zu diesem bei der Münzstätte und der Notenbank mit Sicherheit erhältlichen (unter Berücksichtigung des eventuellen Zinsverlustes während der Zeit der effektiven Ausprägung) verkaufen wird. Der Preis des Metalles kann also nicht unter den Satz, zu welchem es im Wege der freien Aus-prägung bei der Münzstätte und im Wege der Einlieferung bei einer Notenbank zu verwerten ist, herabgehen. Wenn bei uns die Münz-stätten verpflichtet waren, ohne Beschränkung das bei ihnen eingelieferte Gold zum Satze von 1395 Mark pro Pfund fein und gegen Berechnung einer Prägegebühr von 3 Mark auszuprägen, sodaß also der Einlieferer für je ein Pfund Feingold Anspruch auf 1392 Mark in Reichsgoldmünzen hatte, wenn überdies die Reichsbank aufgrund einer gesetzlichen Verpflichtung jedem Einlieferer von Gold 1392 Mark für das Pfund fein in ihren Noten verab-folgte, so konnte das Pfund Feingold nicht billiger werden als 1392 Mark oder — umgekehrt ausgedrückt — die Mark konnte nicht höher be-wertet werden als $\frac{1}{1392}$ Pfund Feingold. Die freie Prägung schafft also in Ansehung des frei ausprägbaren Geldes und des Prägemetalls eine feste Wertbeziehung, die darin besteht, daß der Wert des frei ausprägbaren Metalls, an dem aus ihm hergestellten Gelde gemessen, nicht unter die Umwandlungsnorm (Ausmünzungsfuß abzüglich Präge-gebühr) herabsinken kann, während umgekehrt der Wert der Rechnungseinheit des frei ausprägbaren Geldes, an dem Prägemetalle gemessen, nicht über die Umwandlungsnorm hinaus steigen kann. Das-selbe gilt für den freien Umtausch des Währungsmetalls gegen Bank-noten. Für den Wert der Geldeinheit besteht also infolge der freien Ausprägung oder des freien Umtausches eine obere Grenze in dem Werte eines bestimmten Quantums des Währungsmetalls.

Diese obere Wertgrenze ist nicht nur gegeben für das aus dem frei ausprägbaren Metalle selbst hergestellte Geld, sondern für das Geld des ganzen Geldsystems schlechthin. Wenn sich jedermann für die Gewichtseinheit des frei ausprägbaren Metalls eine bestimmte Summe gesetzlichen Zahlungsmittels in Münzen dieses Metalls beschaffen kann, so hat niemand — solange ausschließlich die Beschaffung gesetzlichen Zahlungsmittels in Frage steht — eine Veranlassung, für gesetzliches

Zahlungsmittel aus einem anderen Stoffe einen höheren Gegenwert in dem frei ausprägbaren Metalle zu bieten.

In dieser Beziehung ist sehr belehrend die Gestaltung bei einer Papierwährung mit fortbestehender freier Prägung für das ursprüngliche Währungsmetall. In Oesterreich-Ungarn z. B. war von 1858 an der Papiergulden uneinlösbar, während das freie Prägerecht für das Silber fortbestand. Die Münzstätten prägten aus dem Pfunde Feinsilber 45 Gulden und berechneten 1 Prozent Prägegebühr, sodaß also der Einlieferer von Barrensilber 44,55 Fl. pro Pfund fein zu beanspruchen hatte. Mit $\frac{1}{44,55}$ Pfund Feinsilber konnte also auch in der Papierwährungsära jedermann sich gesetzliches Zahlungsmittel für den Betrag eines Guldens verschaffen; der Gulden schlechthin, auch der Papiergulden, konnte mithin, solange das freie Prägerecht für Silber fortbestand, niemals mehr wert sein als $\frac{1}{44,55}$ Pfund Feinsilber. Diese im Metalle Silber gegebene obere Grenze für den Wert des Guldens österreichischer Währung war lange Zeit hindurch rein theoretisch, genau ebenso wie heute bei unserer deutschen Papierwährung, die durch $\frac{1}{2784}$ kg Feingold nach wie vor gegebene obere Grenze des Wertes der Mark rein theoretisch ist; denn, wie wir wissen, war der Papiergulden bis 1878/79 stets erheblich weniger wert als sein ursprüngliches Silberäquivalent, man mußte für das Pfund Feinsilber erheblich mehr bezahlen als 44,55 Gulden österreichischer Währung. Der Silbergulden erhielt ein schwankendes Aufgeld und wurde damit für den Wert des österreichischen Landesgeldes ebenso bedeutungslos wie es heute das goldene Zwanzigmarkstück für den Wert der Reichsmark ist. Die im Metalle Silber für den österreichischen Gulden gegebene obere Grenze wurde jedoch praktisch infolge der Silberentwertung. Während der im Gelde der Goldwährungsländer ausgedrückte Silberpreis zurückging, blieb das Verhältnis zwischen dem österreichischen Papiergelde und dem Gelde der Goldwährungsländer ziemlich stabil, was natürlich in einem Rückgange des Silberpreises auch in der österreichischen Währung zum Ausdruck kommen mußte. Schließlich erreichte der rückläufige Silberpreis in österreichischem Gelde den der freien Prägung für Silber zugrunde liegenden Satz, womit gleichzeitig auch das Aufgeld des Silberguldens verschwand. Der österreichische Geldwert hatte seine infolge der freien Silberprägung durch ein bestimmtes Silberquantum gegebene obere Grenze erreicht. Wenn nun das Wertverhältnis zwischen Gold und Silber sich weiter zu ungunsten des letzteren verschob, der im Gelde der Goldwährungsländer ausgedrückte Silberwert also weiter zurückging, so mußte bei Fortbestand der freien Silberprägung in Oesterreich-Ungarn die damals glücklich erreichte Aufrechterhaltung der relativen Stabilität zwischen der österreichischen Währung und den Goldwährungen unmöglich werden, vielmehr mußte ein weiterer Rückgang des Silberpreises auch den Kurs des österreichischen Geldes im Gelde der Goldwährungsländer entsprechend herabdrücken denn solange die freie Prägung für Silber bestand, konnte der österreichische Gulden schlechthin — einerlei ob Silber- oder Papiergulden — niemals höher gewertet werden als $\frac{1}{44,55}$ Pfund Feinsilber. Um diese obere Wertgrenze, die — auf die Goldwährungen projiziert — eine stark sinkende Tendenz zeigte, zu beseitigen, gab es nur ein Mittel: die Aufhebung der freien Silberprägung; und dieses Mittel wurde im Jahre 1879 angewendet.

Nun kann es allerdings vorkommen, daß bei einzelnen Geldsorten der stoffliche Gehalt im Verhältnis zu der ihnen beigelegten Geltung einen höheren Wert repräsentiert, als der durch die freie Prägung eines Metalls gegebenen oberen Grenze entspricht. Die Wirkung ist aber dann nicht, daß der Geldwert als solcher die obere Grenze durchbricht, sondern daß die mit einem höheren stofflichen Werte ausgestatteten Münzen, statt zu dem ihnen beigelegten Nennwerte gegeben und genommen zu werden, ein veränderliches Aufgeld erhalten, also aus dem Rahmen des Geldsystems herausfallen und für den Wert der Geldeinheit bedeutungslos werden. Im historischen Teile sind auf Schritt und Tritt Beispiele hierfür gegeben. Aus der neueren Geschichte des Geldwesens ist besonders charakteristisch die Störung, die durch die Steigerung des Silberpreises in den Jahren 1906 und 1907 in den Geldverhältnissen Japans, Mexikos, der Philippinen usw. herbeigeführt wurde. In Japan bestand seit 1897, in Mexiko seit 1904 freie Prägung für das Gold. Der Silbergehalt der Silberkurantmünzen stellt bei einem Londoner Silberpreise von etwa 29 d pro Unze standard einen Wert dar, welcher der durch die freie Ausprägbarkeit für das Gold gegebenen oberen Grenze entsprach. Als nun der Silberpreis bis auf 33 d und darüber stieg, wurden dadurch die Beziehungen des japanischen, mexikanischen usw. Geldes zum Golde und zu dem Gelde der Goldwährungsländer in keiner Weise berührt; die einzige Wirkung war, daß die Silbermünzen ein Aufgeld erhielten und aus der Zirkulation verschwanden. Aehnliche Erscheinungen zeigten sich, als während des Weltkrieges das Wertverhältnis zwischen Gold und Silber sich stark zugunsten des weißen Metalls verschob[1]).

Besonders interessant stellen sich unter den hier erörterten Gesichtspunkten die Verhältnisse bei der Doppelwährung dar. Beide Metalle sind hier frei ausprägbar und die Münzen aus beiden Metallen sind mit bestimmter Geltung in einer und derselben Werteinheit ausgestattet. In Konsequenz der obigen Darlegungen ist also bei der Doppelwährung die obere Grenze für den Geldwert schlechthin zwiefach definiert, einmal durch ein bestimmtes Goldquantum, ferner durch ein bestimmtes Silberquantum; in Anwendung auf die frühere französische Doppelwährung ergibt sich, daß die obere Grenze für den Wert der Geldeinheit, des Franken, gegeben war sowohl durch ein bestimmtes Goldquantum ($\frac{1}{3,1}$ g Münzgold), als auch durch ein bestimmtes Silberquantum (5 g Münzsilber). Die Sache war einfach, wenn sich diese

---

[1]) Siehe oben S. 239.

Gold- und Silberquanten in ihrem Werte deckten, was bekanntlich nur bei einem Wertverhältnisse von $15\,^1/_2$ zu 1 zwischen Gold und Silber der Fall war; wenn aber die beiden Metallquanten in ihrem Werte auseinandergingen und also zwei verschiedene obere Grenzen gegeben schienen? — Es liegt in der Natur der Sache, daß dann nur eine der beiden Grenzen wirksam sein konnte, und zwar die niedrigere. Wenn für 5 g Münzsilber ein Frank in gesetzlichem Zahlungsmittel erhältlich ist, ebenso für $\dfrac{1}{3,1}$ g Münzgold, $\dfrac{1}{3,1}$ g Münzgold aber mehr wert sind als 5 g Münzsilber, so hat niemand Veranlassung, den Franken teurer zu erstehen als zu 5 g Münzsilber; der Frank kann also nicht mehr wert sein als 5 g Münzsilber. Der Satz, daß der Wert eines wirtschaftlichen Objekts durch die geringsten Gestehungskosten bestimmt wird, zu denen es in ausreichender Menge zu beschaffen ist, hat auch hier seine Richtigkeit. So erklärt es sich, daß bei der Doppelwährung jeweils das gegenüber der gesetzlichen Relation auf dem Markte billigere Metall für den Geldwert bestimmend ist und daß die Münzen aus dem anderen Metalle ein Aufgeld erhalten und aus dem Geldsysteme herausfallen.

Zusammenfassend können wir also sagen: Bei unbeschränkter Umwandelbarkeit von Metall in Geld ist durch die Umwandlungsnorm ein bestimmtes Wertverhältnis zwischen Geldeinheit und Metall als obere Grenze für den Wert der Geldeinheit gegeben. Sind mehrere Metalle unbeschränkt in Geld umwandelbar, so ist von den die obere Grenze des Geldwertes darstellenden Metalläquivalenten stets das im Werte am niedrigsten stehende wirksam. Ist kein Metall — ein anderes Gut kommt praktisch nicht in Betracht — unbeschränkt in Geld umwandelbar, so besteht keinerlei Gleichung zwischen dem Gelde und einem Metalle oder drittem Gute, die eine obere Grenze für den Geldwert darstellt.

Nun zur Kehrseite des Problems, zu der Frage nach dem Vorhandensein und der Bedingtheit einer unteren Grenze für den Geldwert.

Zweifellos kann kein Geldstück irgendwelcher Art weniger wert sein, als der Stoff, aus dem es besteht. Andererseits können die Voraussetzungen rechtlicher und wirtschaftlicher Art, auf denen eine den stofflichen Gehalt überschreitende Bewertung der Geldstücke beruht, hinfällig werden. Die Reichssilbermünzen z. B. hatten in den letzten Jahren vor dem Weltkrieg als deutsches Geld einen Wert, der etwa dreimal so groß war als der Wert ihres Metallgehaltes; für eine Mark geprägten Silbergeldes, die 5 g Feinsilber enthielt, konnte man ungefähr 15 g Feinsilber kaufen. Man hätte jedoch nur etwa die freie Prägung für Reichssilbermünzen einzuführen und diesen unbeschränkte Zahlungskraft zu geben brauchen, und der Wert der Mark würde den Wert von 5 g Feinsilber nur um die geringfügige Prägegebühr haben übersteigen können. Die G e l t u n g des Einmarkstückes wäre allerdings davon unberührt geblieben, dieses würde nach wie vor eine Mark gegolten haben. Aber am Metalle Silber, seinem stofflichen Gehalte, gemessen, würde das Einmarkstück auf ein Drittel seines Wertes reduziert und auf den Wert seines stofflichen Gehaltes herabgedrückt worden sein.

Als in den Beziehungen zwischen Geld und Geldstoff gegebene untere Grenze für den Geldwert ist also der Wert des tatsächlichen Stoffgehaltes der einzelnen Geldsorten anzusehen.

Ein festes oder annähernd festes Wertverhältnis zwischen Geld und Metall ist nur dort unbedingt gesichert, wo die durch die Umwandlungsnorm gegebene obere Grenze mit der durch den stofflichen Gehalt gegebenen unteren Grenze annähernd zusammenfällt oder wo besondere Vorkehrungen getroffen sind, um den Geldwert auf der durch die Umwandlungsnorm gegebenen oberen Grenze, unabhängig vom stofflichen Gehalt der in Betracht kommenden Münzsorten, festzulegen.

Der erstere Fall ist bei den frei ausprägbaren Münzen, soweit ihre Vollwichtigkeit aufrecht erhalten wird, ohne weiteres gegeben. Wenn das Pfund Feingold in 1395 Mark ausgebracht wird und wenn jeder Einlieferer eines Pfundes Feingold 1395 Mark abzüglich 3 Mark Prägegebühr, also 1392 Mark zurückerhält, so kann die Mark in Reichsgoldmünzen nie weniger wert sein als $\frac{1}{1395}$ Pfund Feingold, da ja — abgesehen von der geringen zulässigen Abnutzung — die Reichsgoldmünzen für jede Mark ihrer Geltung effektiv $\frac{1}{1395}$ Pfund Feingold enthalten; andererseits kann die Mark nicht mehr wert sein als $\frac{1}{1392}$ Pfund Feingold. Bei den frei ausprägbaren und durch eine gesetzliche Abnutzungsgrenze vollwichtig erhaltenen Münzen deckt sich also der Wert, den sie als Geld haben, bis auf eine minimale Schwankungsmöglichkeit mit dem Werte des Stoffes, den sie enthalten; und zwar ist diese Uebereinstimmung ex institutione immer, nicht etwa nur zufällig und vorübergehend, vorhanden. Wir nennen deshalb diese Geldarten „v o l l w e r t i g e s G e l d“.

Alle Geldarten, bei denen die freie Prägung fehlt, sind nicht, oder wenigstens nicht ex institutione, vollwertig, einerlei, ob für sie eine unbeschränkte Umwandelbarkeit eines Metalls in Geld — abseits der freien Prägung — besteht oder nicht. So ist der mexikanische Silberpeso unbeschränkt und zu einem festen Satze gegen Einlieferung von Goldbarren erhältlich; es ist klar, daß er trotzdem nicht ex institutione vollwertig ist, da das Silber, aus dem er besteht, in dem Golde, gegen das er ausgeliefert wird, heute mehr, morgen weniger wert ist. Der Silberpeso unterscheidet sich in diesem Punkte in nichts von den Silbermünzen innerhalb einer Goldwährung, deren Prägung oder Nichtprägung von der Einlieferung irgendeines Metalles gänzlich unabhängig ist. Ganz klar liegt der Fall bei Papierscheinen, die gegen Einlieferung eines Metalles ausgehändigt werden; der stoffliche Wert ist hier gleich Null; von einer Vollwertigkeit kann also keine Rede sein.

Gewöhnlich ist das nicht ex institutione vollwertige Geld „u n t e r - w e r t i g“, d. h. der Wert seines stofflichen Gehaltes ist geringer als der Wert der Geldeinheiten, die es darstellt. Bei den Papierscheinen ist dies stets der Fall, wenn diese nicht gerade einer gänzlichen Entwertung verfallen sind und damit auch als Geld aufhören zu existieren.

desgleichen ist es die Regel bei den Silberscheidemünzen der Goldwährung und bei dem Silberkurantgelde der hinkenden Goldwährung.
Sobald es sich jedoch um Münzen handelt, also um Geldstücke, deren
Stoff überhaupt einen Wert repräsentiert, ist der Fall denkbar, daß durch
eine Preissteigerung des Metalls aus dem diese Münzen bestehen, der stoffliche Wert der Münzen ihren Wert als Geld erreicht oder überschreitet. In
Japan, Mexiko, den Philippinen usw. ist es, wie oben erwähnt, in den
Jahren 1906 und 1907 und später im Weltkrieg, während des letzteren
ist es auch in Indien tatsächlich vorgekommen, daß der stoffliche Wert
der nicht frei ausprägbaren Silbermünzen deren Wert als Geld erreicht
und überschritten hat. Diese Silbermünzen wurden also aus einem
unterwertigen Gelde lediglich durch Veränderungen auf dem Metall-
markte zu einem de facto vollwertigen und schließlich sogar über-
wertigen Gelde.

Daraus ergibt sich, daß die Unterscheidung in vollwertiges und unterwertiges Geld das Wesen der Sache nicht erschöpft. Logisch zutreffend
ist nur die Unterscheidung in ex institutione vollwertiges und in
nicht ex institutione vollwertiges Geld, wobei offen bleibt, ob
und wieweit letzteres, auch wenn es als unterwertiges Geld gewollt
ist, gelegentlich auch vollwertig oder überwertig sein kann[1]). Ausgeschlossen ist eine solche Möglichkeit zunächst, wie oben bereits
erwähnt, bei dem stofflich wertlosen Gelde, also dem Papiergelde;
ferner aber auch bei demjenigen Gelde, das aus demselben Metalle
wie das ex institutione vollwertige Geld besteht, jedoch mit einem
geringeren spezifischen Gehalte ausgestattet ist (unterwertige Silberscheidemünzen bei einer Silberwährung); in diesen Fällen haben wir
es mit einem ex institutione unterwertigen Gelde zu tun.

Nachdem Klarheit darüber besteht, daß nur das frei ausprägbare
und vollwichtig erhaltene Geld — aber dieses immer — ex institutione
vollwertig ist, fragt es sich, wie dem nicht ex institutione vollwertigen
Gelde ein fester Wert in dem ersteren gesichert werden kann.

Im ersten Teile wurde dargestellt, wie dieses Problem in der
geschichtlichen Entwicklung der Geldverfassung seine Lösung fand; hier
haben wir die Lösung theoretisch zu analysieren.

Da die materielle Ausstattung der Stücke versagt, ist der gewollte
Zweck nur durch die Rechtsordnung und ihre Handhabung zu erreichen.

Zunächst legt die Rechtsordnung allen Geldsorten des Geldsystems,
einerlei ob sie ex institutione vollwertig sind oder nicht, eine bestimmte,
in der Rechnungseinheit des Systems ausgedrückte Geltung, einen
bestimmten „Nennwert" bei. Die einzelnen Münzstücke und Papierscheine werden in ihrem Gepräge oder Aufdrucke nach der ihnen beigelegten Geltung in der Rechnungseinheit des Systems bezeichnet oder,
wenn der Aufdruck auf eine andere Rechnungseinheit oder einen besonderen Münznamen lautet (Taler, Sovereign), wird den Stücken ein
Nennwert in der Rechnungseinheit des geltenden Systems durch Gesetz

---

[1]) Knapp (a. a. O., S. 53 ff.) hat für die hier in Frage kommende Unterscheidung die Bezeichnungen „orthotypisches" oder „bares Geld" und „paratypisches"
oder „notales Geld" angewendet.

oder Verordnung beigelegt. Es sei daran erinnert, daß die Aufprägung einer bestimmten Wertbezeichnung auf ein Geldstück an und für sich bedeutungslos ist, vielmehr erst dadurch eine Bedeutung erlangt, daß kraft Rechtssatzes die einzelnen Geldstücke zu dem ihnen beigelegten Nennwerte Geldqualität haben. Die Beilegung der Geldqualität an die einzelnen Geldsorten zu verschieden abgestuften, aber in einer und derselben Rechnungseinheit ausgedrückten Nennwerten ist nichts anderes als die Festsetzung eines bestimmten Wertverhältnisses zwischen den einzelnen Geldsorten der verschiedensten Art.

Wir wissen, daß die Feststellung einer solchen Wertordnung zwischen den einzelnen Geldsorten durch das Gesetz nicht ohne weiteres auch deren Verwirklichung bedeutet. Wäre das anders, so hätten die Probleme der Doppelwährung, der Papierwährung, der Scheidemünzen usw. nie existiert. Ein Auseinanderfallen der verschiedenen Geldsorten bleibt möglich trotz des Bandes, das in der gesetzlichen Beilegung eines in einer und derselben Rechnungseinheit ausgedrückten Nennwertes gegeben ist. Das Auseinanderfallen vollzieht sich in der Weise, daß einzelne Geldsorten vom Verkehr höher bewertet werden, als ihrer gesetzlichen Geltung entspricht, daß ein „Aufgeld" oder „Agio" auf bestimmte Geldsorten gezahlt wird. Denn da alle mit Geldqualität ausgestatteten Münzen und Scheine zu dem ihnen beigelegten Nennwerte zur Erfüllung von Geldschulden dienen können, kann sich das Auseinanderfallen nicht darin äußern, daß bestimmte Geldsorten zu einem geringeren als dem ihnen beigelegten Nennwerte gegeben und genommen werden, daß sie ein „negatives Agio" oder „Disagio" erhalten. Dies ist nur möglich, wo entweder das unterwertige Geld nicht volles gesetzliches Zahlungsmittel zu seinem Nennwerte ist oder wo der Verkehr — in einzelnen Fällen der Staat selbst — den neu entstehenden Forderungen nicht mehr das Geld schlechthin, sondern bestimmte vollwertige Geldsorten zugrunde legt. Wenn den Eisenbahntarifen, den Zollzahlungen usw. bei einer Papierwährung Goldgeld zugrunde gelegt wird, Zahlung in Papiergeld zum Kurse aber angenommen wird, — ein Fall, der wiederholt vorgekommen ist — dann kann von einem Disagio des Papiergeldes gesprochen werden.

Wenn nun eine oder mehrere Geldsorten durch ein Agio aus der vom Gesetze gewollten festen Wertordnung des Geldsystems herausfallen, so kann die Ursache nicht in der vom Gesetze verliehenen Geldqualität liegen; denn das Phänomen besteht ja gerade darin, daß der Verkehr diesen Stücken einen Wert beilegt, der ihre gesetzliche Geltung als Geld überschreitet, und hierfür kann die Ursache nur außerhalb der staatlichen Gesetze, zumeist nur in dem stofflichen Gehalt des mit Aufgeld bewerteten Geldes[1]) gesucht werden.

____

[1]) Die den gesetzlichen Nennwert übersteigende Bewertung einer Geldsorte im Verkehr kann, unabhängig vom stofflichen Werte, darauf zurückgehen, daß gerade nach dieser Geldsorte ein besonders starker, den vorhandenen Umlauf überschreitender Bedarf besteht. So erfuhr in den ersten Zeiten des Weltkrieges der Bedarf an kleinem Gelde eine so große und plötzliche Steigerung, daß vielfach ein erhebliches Aufgeld für Silbermünzen und kleine Scheine gezahlt wurde. Ebenso ist es im Herbst 1922 vorgekommen, daß die Reichsdruckerei in ihrem Notendruck mit der rapiden

Das Auseinanderfallen eines aus einer Vielheit von Geldsorten verschiedenen Stoffes bestehenden Geldsystems kann also nur dadurch verhindert werden, daß der Geldwert schlechthin und in allen Geldsorten in Uebereinstimmung mit demjenigen Werte der Rechnungseinheit gebracht wird, welcher sich aus der gesetzlichen Geltung der nach ihrem spezifischen Gehalte wertvollsten Geldsorte ergibt.

Wo ein Metall unbeschränkt in Geld umwandelbar ist, mithin in diesem Metalle eine obere Grenze für den Geldwert besteht, muß also zunächst vermieden werden, irgendeine Münzsorte mit einem spezifischen Gehalte auszustatten, der einen höheren als den der Umwandlungsnorm entsprechenden Wert darstellt oder einen solchen höheren Wert durch eine absehbare Wertsteigerung des Münzmetalls erreichen kann. Aus der Erkenntnis dieser Notwendigkeit sind in England im Jahre 1816 und in den Staaten der französischen Doppelwährung in der ersten Hälfte der 60 er Jahre des vorigen Jahrhunderts die Silberscheidemünzen absichtlich mit einem geringeren Silbergehalte, als dem damaligen Gold-äquivalente der Rechnungseinheit entsprochen hätte, ausgestattet worden.

Soweit aber der spezifische Gehalt der einzelnen Geldsorten einen Wert darstellt, der die aus der Umwandlungsnorm des unbeschränkt in Geld verwandelbaren Metalls gegebene obere Grenze nicht erreicht, kann die Entstehung eines Aufgeldes auf das ex institutione vollwertige Geld und ein Hinabgehen des Geldwertes unter die obere Grenze nur verhindert und damit ein nach oben und unten festes Wertverhältnis zwischen dem Gelde schlechthin und dem Metalle nur durchgesetzt werden, wenn dafür Sorge getragen ist, daß jedermann für das unterwertige Geld ohne Schwierigkeit und Opfer stets den gleichen Nennbetrag vollwertigen Geldes, oder auch direkt das betreffende Metall zu einem der Umwandlungsnorm annähernd entsprechenden Satze, erhalten kann.

Dies Ziel kann direkt oder indirekt erreicht werden.

Entwertung des deutschen Geldes nicht Schritt halten konnte und daß infolgedessen für kleinere als die 10 000 Marknoten beim Wechseln ein Aufgeld verlangt und gewährt wurde. Ein weiterer Grund für ein nicht durch den Wert des Geldstoffes bedingtes Aufgeld kann darin liegen, daß eine Geldsorte auch im Auslande Geld ist und dort eine gesetzliche Geltung hat, die bei dem tatsächlichen Wertverhältnisse zwischen der ausländischen und inländischen Geldeinheit höher ist, als die entsprechende Geltung in der inländischen Geldeinheit. Beispiele: Die österreichischen Taler hatten in Deutschland gesetzliche Geltung zu 3 Mark, in Oesterreich zu $1\frac{1}{2}$ Gulden; wenn das Verhältnis der deutschen zur österreichischen Geldeinheit sich auf den Satz 1,50 Mark = 1 Gulden stellte, so waren die 3 Mark der deutschen Geltung des österreichischen Talers = 2 Gulden ö. W., also 0,50 Gulden mehr als die österreichische Geltung des österreichischen Talers. — Als in Italien während der 90 er Jahre des vorigen Jahrhunderts zeitweise ein Agio auf Goldgeld in Höhe von 16 % bestand, erhielten auch die silbernen Fünflirastücke und sogar die Silberscheidemünzen das gleiche Aufgeld, obwohl ihr Silbergehalt einen nicht unerheblich geringeren Wert in italienischen Liren darstellte, als der gesetzlichen Geltung dieser Münzen in Italien entsprach. Die Ursache der auf den ersten Blick befremdlichen Erscheinung war, daß die erwähnten Silbermünzen auch in Frankreich und den übrigen Münzbundstaaten, wo eine Goldagio nicht bestand, als Geld zu dem ihnen beigelegten Nennwerte, also im Gleichwerte mit dem Goldgelde zugelassen waren.

Es kann genügen, daß der Staat die Versorgung des Umlaufs mit unterwertigem Gelde in so engen Grenzen hält, daß allein durch die Beschränktheit des verfügbaren Quantums unterwertigen Geldes die Bildung eines Agios auf vollwertiges Geld ausgeschlossen ist, vielmehr jedermann ohne Schwierigkeit im Verkehr selbst vollwertiges gegen unterwertiges Geld erhalten kann. Dies ist insbesondere der Fall, wenn der Staat an seinen Kassen auf der einen Seite die einzelnen Geldsorten unterschiedslos zu ihrem Nennwerte annimmt, auf der anderen Seite bei seinen Auszahlungen den Wünschen des Publikums auf Hergabe bestimmter Sorten entgegenkommt. In diesem Falle liegt eine Art indirekter gegenseitiger Einlösung der verschiedenen Geldsorten vor.

Der Staat kann aber auch ganz direkt die Einlösbarkeit des unterwertigen Geldes in vollwertigem Gelde statuieren. Die Einlösbarkeit sichert den einzelnen unterwertigen Geldarten, auch wenn ihnen die Geldqualität nur in beschränktem Umfange beigelegt ist, den Gleichwert mit dem vollwertigen Gelde; das gilt sowohl hinsichtlich des unterwertigen metallischen Geldes, wie auch hinsichtlich des Staatspapiergeldes und der Banknoten.

Die Vorkehrungen, welche das frei ausprägbare, ex institutione vollwertige Geld jederzeit zu dem gesetzlichen Nennwertverhältnisse gegen alle anderen Geldarten erhältlich machen und damit die vom Gesetze gewollte Wertordnung der einzelnen Geldsorten herstellen und sichern, bewirken gleichzeitig, daß das Geld schlechthin, einerlei in welchen Stoffen es verkörpert ist, sich zu dem frei ausprägbaren Metalle ebenso verhält, wie die aus diesem hergestellten vollwertigen Münzen. Da man bis zum Ausbruch des Weltkrieges für 1395 Mark in unterwertigen Silbermünzen oder Banknoten und Reichskassenscheinen jederzeit den gleichen Betrag in Reichsgoldmünzen erhalten konnte und da je 1395 Mark in Reichsgoldmünzen ein Pfund Feingold effektiv enthielten, konnte jedermann mit 1395 Mark, gleichgültig in welchen Geldsorten sie verkörpert waren, ohne weiteres ein Pfund Feingold beschaffen, die

Mark schlechthin konnte also nicht weniger wert sein als $\dfrac{1}{1395}$ Pfund Feingold.

Die bei dem ex institutione vollwertigen Gelde durch den stofflichen Gehalt gegebene untere Grenze wird also durch die gedachten Vorkehrungen für das Geld schlechthin wirksam; in dem Wertverhältnisse zwischen dem frei ausprägbaren Metalle und dem Gelde schlechthin fallen die obere und die untere Grenze bis auf den gleichen minimalen Spielraum zusammen, wie zwischen den frei ausprägbaren und vollwichtig erhaltenen Münzen und dem Prägemetalle: der Preis des Pfundes Feingold konnte sich in der deutschen Geldverfassung, wie sie bis zum Kriegsausbruch bestand, nur zwischen 1392 und 1395 Mark bewegen.

Wir haben oben gesehen, daß die unbeschränkte Umwandelbarkeit eines Metalles in Geld nicht gerade in der freien Prägung bestehen muß, sondern auch dadurch bewirkt werden kann, daß gegen das unbeschränkt umwandelbare Metall Geldarten, die aus einem anderen Stoffe hergestellt sind, verabfolgt werden, z. B. Silbermünzen oder

Papierscheine gegen Einlieferung von Gold in Barren oder bestimmten ausländischen Münzen. Wenn nur diese Art der unbeschränkten Umwandelbarkeit besteht, dann gibt es überhaupt kein vollwertiges Geld (wie z. B. in Indien von 1893 bis 1898). Aber auch in diesem Falle kann das Wertverhältnis zwischen dem unbeschränkt umwandelbaren Metalle und dem Gelde schlechthin festgelegt werden und zwar dadurch daß der Staat gegen sein Geld zu einem der Umwandlungsnorm annähernd entsprechenden Satze das Metall oder Anweisungen auf dieses Metall (z. B. Wechsel auf Goldwährungsländer) verabfolgt oder verabfolgen läßt.

Wir haben mithin als Voraussetzungen für die Festlegung eines bestimmten, eng umschriebenen Wertverhältnisses zwischen Metall und Geld

1. einen Kreis von Vorkehrungen, die die unbeschränkte Umwandelbarkeit eines Metalls in Geld zu einer bestimmten Norm sichern;

2. einen Kreis von Vorkehrungen, die die unbeschränkte Erlangbarkeit desselben Metalles gegen Geld schlechthin zu einem mit der Umwandlungsnorm nahezu übereinstimmenden Satze gewährleisten[1]).

Wo diese beiden Vorausetzungen gegeben sind, ist das Geldsystem eine gebundene Währung; wo eine der beiden Voraussetzungen oder beide fehlen, haben wir eine freie Währung.

Gleichzeitig ist die unbeschränkte Erhältlichkeit der nach ihrem spezifischen Gehalte stofflich wertvollsten Geldsorte gegen alle anderen Geldsorten — eine Bedingung, die bei den gebundenen Währungen mit der Voraussetzung Nr. 2 in Uebereinstimmung steht — das Band, welches das Auseinanderfallen des Geldsystems verhindert und die Aufrechthaltung der vom Gesetze gewollten Wertordnung der einzelnen Geldsorten, wie sie in der ihnen beigelegten Geltung zum Ausdrucke kommt, sicher stellt.

*   *   *

Nachdem wir das Wesen der Vorkehrungen analysiert haben, die zur Festlegung des Wertverhältnisses zwischen einem Metalle und dem Gelde erforderlich sind, haben wir uns noch kurz mit der Frage des Spielraums, den diese Festlegung läßt, zu beschäftigen.

Dieser Spielraum ist gegeben durch die Verschiedenheit der Norm, zu welcher der Staat gegen das ihm angebotene Metall gesetzliches Zahlungsmittel verabfolgt (in Deutschland 1392 Mark für das Pfund Feingold) und zu welcher gegen gesetzliches Zahlungsmittel jederzeit das frei umwandelbare Metall zu erhalten ist (in Deutschland vor dem Krieg für 1395 Mark ein Pfund Feingold). Da bei freier Prägung die letztere Norm durch den Ausmünzungsfuß bestimmt ist, hängt bei freier Prägung die Größe des Spielraumes ab von den Kosten, mit welchen für den Einlieferer von Metall die Ausmünzung verbunden ist, also von

---

[1]) Knapp nennt den erstgenannten Kreis von Vorkehrungen „Hylolepsie", den zweitgenannten „Hylophantie", das feste Wertverhältnis zwischen Geld und Metall oder — wie er es nennt — die Festlegung des Metallpreises „Hylodromie", den Spielraum zwischen der oberen und unteren Grenze des Geldwertes in dem Metalle, bzw. des Metallpreises in dem Gelde „hylodromischen Spielraum".

der Höhe der Prägegebühr und eventuell von dem bei der Ausmünzung entstehenden Zinsverluste. Wo die Prägung tatsächlich durch eine Zentralnotenbank vermittelt oder durch die Verabfolgung von Noten gegen Einlieferung des Währungsmetalls ersetzt wird, ist entscheidend der von der Bank gezahlte Preis, der seinerseits meistens durch die Höhe der Prägegebühr bedingt ist.

In früheren Zeiten, als die Münzprägung noch ganz vom Gesichtspunkte eines nutzbaren Regals aus betrachtet wurde, haben die Münzherren in der Regel einen die eignen Prägekosten weit übersteigenden „Schlagschatz" erhoben. Solange sie — wie oben erwähnt — für ihre Münzstätten ein förmliches Monopol des Ankaufs sowohl des in inländischen Bergwerken produzierten als auch des importierten Edelmetalls aufrecht erhielten, konnten sie die Einlieferer von Edelmetall zwingen, sich einen beträchtlichen Abzug vom Ausmünzungswerte des eingelieferten Goldes oder Silbers gefallen zu lassen. Auf die Dauer war jedoch die Erhebung eines hohen Schlagschatzes nur möglich auf dem Wege fortgesetzter Münzverschlechterungen. Das Ankaufsmonopol für Gold und Silber ließ sich nicht streng durchführen; wenn die Münzstäten Edelmetall bekommen wollten, mußten sie die durch den geringeren Gehalt des umlaufenden Geldes bedingten höheren Barrenpreise bewilligen; einen Schlagschatz konnten sie dann jeweils nur durch eine erneute Verkürzung des Metallgehalts der auszuprägenden Münzen herauswirtschaften.

Die moderne Auffassung des Geldwesens als einer öffentlichen Einrichtung, zu deren Instandhaltung der Staat nötigenfalls beträchtliche finanzielle Opfer bringen muß, hat es zur Regel werden lassen, daß der Staat bei den auf private Rechnung erfolgenden Ausmünzungen im allgemeinen nur die Selbstkosten erhebt. In England und in den Vereinigten Staaten von Amerika ist die Ausprägung sogar unentgeltlich; in anderen Staaten werden wenige Tausendteile vom Werte des Prägemetalls erhoben.

Bei aller Ablehnung des Gedankens einer fiskalischen Ausnutzung der Prägung von Währungsgeld können in der Frage der Bemessung der Prägegebühr verschiedene Ansichten bestehen. Eine sehr interessante Auseinandersetzung über die hier in Betracht kommenden Gesichtspunkte hat bei der Beratung des Münzgesetzes vom 9. Juli 1873 im Reichstage zwischen dem Vertreter der Regierung, Otto Michaelis, und Ludwig Bamberger stattgefunden[1]). Ersterer vertrat den Standpunkt, daß bei Goldausprägungen auf Privatrechnung ein Zuschlag zu den Prägekosten zugunsten des Reichs erhoben werden müsse, um die Reichskasse für die Kosten der Aufrechterhaltung der Vollwichtigkeit der auf private Rechnung geprägten Goldmünzen schadlos zu halten; aus dem Zuschlage zu den Prägekosten sollte nicht nur der aus der Abnutzung der betreffenden Stücke zu erwartende Verlust, sondern auch der Kostenbetrag der dem Reiche obliegenden späteren Umprägung der abgenutzten Stücke gedeckt werden. Auf dieser Grundlage berechnete Michaelis eine Prägegebühr von 8 Mark pro Pfund

---

[1]) Vgl. meine „Geschichte der deutschen Geldreform", S. 219—224.

Feingold. Für diese relativ hohe Prägegebühr führte er jedoch nicht nur den dargelegten finanziellen Gesichtspunkt an, sondern auch eine volkswirtschaftliche Erwägung; er behauptete, durch eine relativ hohe Gebühr werde der Wert des geprägten Geldes in entsprechender Weise über seinem bloßen Stoffwerte gehalten und dadurch werde die Ausfuhr und die Einschmelzung des geprägten Geldes erschwert.

Gegenüber diesen Ausführungen zugunsten einer reichlichen Bemessung der Prägegebühr ist folgendes zu sagen.

Es liegt keinerlei Grund vor, diejenigen, welche Gold ausprägen lassen, mit den Kosten der Abnutzung und der späteren Umprägung der für ihre Rechnung ausgeprägten Stücke zu belasten. Die deutschen Staaten hatten — im Gegensatz zu England — die Einziehung und Umprägung der unter das Passiergewicht abgenutzten Stücke deshalb auf die Kosten der Allgemeinheit übernommen, weil die Stücke sich im Dienste der Allgemeinheit abnutzen; die auf Privatrechnung ausgeprägten Stücke laufen aber ebenso gut im Dienste der Allgemeinheit um, wie die auf Staatsrechnung ausgeprägten. Ebenso wie man das englische System, das den Verlust der Abnutzung auf dem letzten zufälligen Inhaber sitzen läßt, als unbillig empfand, ebenso mußte deshalb die Belastung des Ausprägers mit den nicht durch die Prägung, sondern durch den Umlauf entstehenden Kosten als unbillig erscheinen. Im übrigen war die von Michaelis für die Prägegebühr aufgemachte „Apothekerrechnung" aus sich selbst heraus leicht ad absurdum zu führen; man hat ihr mit Recht entgegen gehalten, daß konsequenter Weise auch der Verlust an der Abnutzung der einmal umgeprägten Stücke und die Kosten der zweiten Umprägung, und so weiter in infinitum, der Prägegebühr zugeschlagen werden müßten.

Auch der angebliche Schutz gegen Ausfuhr und Einschmelzung des gemünzten Geldes kann durch eine hohe Prägebühr bei freier Prägung nicht geschaffen werden. Wir werden uns mit dieser Frage eingehender bei der Besprechung der internationalen Beziehungen der Geldverfassung (unten, 9. Kapitel) zu befassen haben. Hier genüge der Hinweis darauf, daß eine hohe Prägegebühr nur solange auf das Wertverhältnis zwischen Metall und Geld in dem behaupteten Sinne wirkt, als ein Bedarf nach Heranziehung neuer Zahlungsmittel besteht; daß dagegen, wenn die Gestaltung der Handelsverhältnisse zu einer überwiegenden Nachfrage nach dem Geldmetalle oder nach Zahlungsmitteln für das Ausland führt, der Kurs des geprägten Geldes sich lediglich nach seinem Metallgehalte bestimmt. Der angebliche Schutz gegen Einschmelzung und Ausfuhr versagt also gerade unter den Umständen, unter denen er in Wirkung zu treten hätte. Umgekehrt bildet eine hohe Prägegebühr immerhin eine gewisse Erschwerung für einen Zufluß von Währungsmetall; im internationalen Edelmetallhandel sind die kleinsten „Margen" ausschlaggebend; der Arbitrageur berechnet auf Bruchteile von Promillen, ob der Ankauf von Wechsel auf ein Land oder die Versendung und Ausprägung von Gold sich für ihn billiger stellt; je höher die Prägekosten, desto größer ist mithin die Wahrscheinlichkeit gegen die Goldeinfuhr.

Nicht nur im Interesse der möglichsten Einschränkung der Schwankungsmöglichkeiten von Metallwert und Geldwert, sondern auch im Interesse der möglichst leichten Versorgung des Geldumlaufs erscheint deshalb eine niedrige Bemessung der Prägegebühr geboten.

Das Gleiche gilt für den „hylodromischen Spielraum" überall dort, wo ein festes Wertverhältnis zwischen einem Metalle und dem Gelde durch andere Mittel als die freie Prägung verwirklicht wird.

§ 5. Die Stellung der einzelnen Geldsorten im Geldsysteme.

Die Funktionen der einzelnen Geldsorten innerhalb des Geldsystems und ihre gegenseitigen Beziehungen sind durch eine Reihe von Rechtssätzen geregelt; die Regelung steht im engen Zusammenhange mit dem Bestreben, die verschiedenen Geldsorten dauernd zu einem einheitlichen Systeme zusammenznfassen und dauernd ein festes Wertverhältnis zwischen einem bestimmten Metalle (dem Währungsmetalle) und dem Gelde schlechthin aufrecht zu erhalten; deshalb mußte bisher schon teilweise auf die hier in Betracht kommenden Rechtssätze und die aus diesen sich ergebende „funktionelle Einteilung" der Geldsorten Bezug genommen werden.

Die wichtigste Unterscheidung ist diejenige nach dem Grade der Zahlungskraft; sie ist oben (II. Buch, Kap. 4 § 8) bereits eingehend erörtert, sodaß wir hier nur zu rekapitulieren brauchen.

I. Wir haben zunächst Geld mit voller gesetzlicher Zahlungskraft von jedermann und an jedermann und für jeden Betrag. Dieses Geld kann in keinem geordneten Geldsysteme fehlen; ein einheitliches und geordnetes Geldsystem ist nicht mehr vorhanden, wo dieser Grundsatz durchbrochen ist, wo z. B. ein Papiergeld, das im Privatverkehr volles gesetzliches Zahlungsmittel ist, an wichtigen staatlichen Kassen, z. B. Zollkassen nicht angenommen wird, diese vielmehr Zahlung in einer anderen Geldsorte verlangen, vielleicht sogar in einer Geldsorte, die — wie der 1867 geschaffene österreichische Goldgulden — keinerlei gesetzliche Zahlungskraft im Privatverkehr genießt.

II. Wir haben ferner verschiedene Sorten von Geld mit eingeschränkter gesetzlicher Zahlungskraft.

a) Hierher gehören zunächst die (einlösbaren) Banknoten mit „gesetzlichem Kurs", die zwar sowohl im Privatverkehr als auch gegenüber den öffentlichen Kassen gesetzliches Zahlungsmittel sind, jedoch bei Zahlungen, die von der ausgebenden Stelle zu leisten sind, von niemanden in Zahlung genommen werden müssen.

b) Hierher gehören ferner alle diejenigen Geldarten, die im Privatverkehr nicht gesetzliches Zahlungsmittel sind, jedoch gesetzliche Zahlungskraft gegenüber den öffentlichen Kassen besitzen.

c) Hierher gehören schließlich diejenigen Geldarten, die bis zu bestimmten Beträgen allgemein in Zahlung genommen werden müssen, darüber hinaus jedoch gesetzliche Zahlungskraft nur gegenüber den öffentlichen Kassen oder überhaupt keine gesetzliche Zahlungskraft haben.

Hinsichtlich der Terminologie sei folgendes bemerkt.

Wir haben oben die unter I aufgeführte Kategorie als „Währungsgeld" bezeichnet. Für die Kategorie unter II fehlt ein zusammenfassender Name. Praktisch wird die unter II a aufgeführte Gruppe ausschließlich durch einlösbare Banknoten mit gesetzlichem Kurs repräsentiert; die Gruppe unter II b ist Geld mit Kassenkurs; die Gruppe unter II c wird allgemein „Scheidegeld" genannt. Knapp teilt ein in „obligatorisches Geld", das nicht nur für Zahlungen an den öffentlichen Kassen, sondern auch für den Privatverkehr mit Annahmezwang ausgestattet ist, und in „fakultatives Geld", das nur für Zahlungen an die öffentlichen Kassen, nicht auch im Privatverkehr, gesetzliche Zahlungskraft hat. Unter das schlechthin „obligatorische Geld" rechnet er nicht nur die Kategorie I, sondern auch die Gruppe II a. Schlechthin „fakultatives Geld" ist für ihn die Gruppe II b. Diejenigen Geldarten, „deren obligatorische oder fakultative Eigenschaft von einem kritischen Betrage der Zahlung abhängt" (Gruppe II c), nennt er übereinstimmend mit dem allgemeinen Sprachgebrauche „Scheidegeld". Das Wort „Kurantgeld" will er auf das „schlechthin obligatorische Geld" angewendet wissen, was der geschichtlichen Bedeutung dieses Wortes im Gegensatz zu dem Worte „Scheidegeld" durchaus entspricht. „Kurantgeld" ist demnach ein weiterer Begriff als unser Begriff „Währungsgeld", der nur die Kategorie I, das mit voller, also nicht nur inbezug auf den Betrag und die annehmende Stelle, sondern auch in bezug auf die zahlende Stelle mit uneingeschränkter gesetzlicher Zahlungskraft ausgestattete Geld umfaßt.

In ihren gegenseitigen Beziehungen unterscheiden sich die einzelnen Geldarten eines und desselben Systems nach dem Kriterium der Einlösbarkeit. Im vorigen Paragraphen haben wir gesehen, daß — aus Gründen der Sicherung der vom Gesetze gewollten Wertordnung der einzelnen Geldsorten — vielfach gewisse Kategorien von Geld mit einem Anspruch auf Einlösung in bestimmten anderen Geldsorten ausgestattet werden. Der Nehmer eines solchen einlösbaren Geldes ist zwar gegenüber dem Geber befriedigt und hat diesem gegenüber keinerlei Regreßanspruch; dagegen hat er einen Anspruch gegenüber dem Staate oder dem vom Staate autorisierten Emittenten des Geldes.

Der Anspruch auf Einlösung oder Umtausch kann ein wechselseitiger sein. Neben der Verpflichtung staatlicher Kassen, gegen Scheidemünzen auf Verlangen in Kurantgeld einzulösen, kann die Verpflichtung bestehen, gegen Einlieferung von Kurantgeld Scheidemünzen zu verabfolgen. (Vereinigte Staaten von Amerika.) Neben der Einlösbarkeit der Banknoten besteht, wie wir gesehen haben, vielfach die Verpflichtung, gegen Einlieferung von Gold in Barren oder Münzen Banknoten zu verabfolgen. Theoretisch würde nichts im Wege stehen, jeder einzelnen Kategorie von Geld einen Anspruch auf Umtausch in alle anderen Kategorien von Geld zu verleihen; in der Praxis ist diese Umtauschbarkeit bei jedem gut organisierten und reibungslos funktionierenden Geldwesen durch besondere Einrichtungen zur Regelung des Geldumlaufs (siehe unten § 8) durchgeführt. Eine indirekte Einlösbarkeit oder Umtauschbarkeit ist überall gegeben, wo die öffentlichen Kassen (einschließlich der Kassen der Notenbanken) die verschiedenen

Geldarten ihrerseits zwar unbeschränkt zu ihrem Nennwert in Zahlung
nehmen, bei ihren Auszahlungen dagegen keine bestimmte Geldsorte
aufdrängen, sondern den Wünschen der Zahlungsempfänger entsprechen.

Anknüpfend an das Merkmal der Einlösbarkeit unterscheidet
Knapp zwischen „definitivem" (uneinlösbarem) und „provi-
sorischem" (einlösbarem) Geld. Unter das letztere rechnet
er auch diejenigen Geldarten, bei denen eine „indirekte Einlösbarkeit"
in dem obigen Sinne gegeben ist, die also von den öffentlichen Kassen
unbegrenzt in Zahlung genommen, aber nicht gegen den Willen des
Zahlungsempfängers aufgedrängt werden.

Das direkt einlösbare Geld wird in der Geldliteratur vielfach als
„Kreditgeld" bezeichnet. Man hat dabei unterschieden zwischen
fundiertem und unfundiertem Kreditgeld, je nachdem ein besonderer
Betriebsfonds für die Einlösung bereit gestellt ist oder nicht. „Fun-
diertes Kreditgeld" sind im allgemeinen nur die Banknoten, soweit deren
Einlösung nicht aufgehoben ist. Die Banken müssen im Interesse
ihrer eignen Zahlungsfähigkeit stets einen hinreichenden Fonds für
die Einlösung ihrer Noten bereit halten; meist sind sie gesetzlich zu
einer bestimmten Minimaldeckung und zu einer bestimmten Art der
Deckung für die von ihnen ausgegebenen Noten verpflichtet. Dagegen
hält der Staat in der Regel keine besondere Deckung für das von ihm
ausgegebene „Kreditgeld"; er bewirkt vielmehr die Einlösung, soweit
sie von ihm verlangt wird, aus den bereiten Mitteln der Staatskasse,
die für sämtliche Staatsausgaben bestimmt sind. In Deutschland war
unter der Herrschaft der Reichsgoldwährung weder für die Einlösung
der Reichskassenscheine, noch für die Einlösung der Scheidemünzen ein
besonderer Fonds vorhanden. Die Einlösung wurde vielmehr durch die
Reichsbank für Rechnung des bei ihr für die allgemeinen Zwecke des
Reichs stehenden Guthabens der Reichshauptkasse bewirkt.

Von manchen Theoretikern wird alles Geld, dessen Stoffwert
hinter seinem Werte als Geld zurückbleibt, als „Kreditgeld" bezeichnet,
obwohl es unterwertiges Geld gibt, das keinerlei Einlösungsanspruch,
geschweige denn ein privatrechtliches Forderungsrecht in sich schließt.

Ein Beispiel aus dem deutschen Geldsysteme waren die Taler, die
sich dadurch von den Reichssilbermünzen unterschieden, daß ihnen
gegenüber das Reich keinerlei Verpflichtung hatte, sie auf Verlangen
in Reichsgoldmünzen umzuwechseln.

Wie in Deutschland die Taler sich verhielten, so stehen in England und in Amerika die sämtlichen Silbermünzen; eine Verpflichtung
des Staates, die unterwertigen Scheidemünzen auf Verlangen gegen
vollwertiges Goldgeld umzuwechseln, besteht nicht. Der den Stoffwert überschreitende Geldwert dieser Münzen kann mithin nicht auf
einem in ihnen enthaltenen Forderungsrechte an den Staat beruhen.

Bei den freien Währungen mit gesperrter Prägung des Währungsmetalls, bei welchem in allen Geldsorten der Stoffwert der Münzen
hinter ihrem Geldwerte zurückbleibt, ist es schon deshalb gänzlich
ausgeschlossen, den höheren Geldwert auf den Kredit zurückzuführen,
weil es gar kein vollwertiges Geld gibt, in welchem das unterwertige Geld einlösbar sein und von dem es auf dem Wege des

Kredits seinen Wert ableiten könnte. Im niederländischen Geldwesen gab es von 1873 bis 1875, im österreichischen von 1879 bis 1892, im indischen von 1893 bis 1899 überhaupt kein vollwertiges Geld. Der den Stoffwert überschreitende Geldwert des holländischen und österreichischen Silberguldens und der indischen Rupie war ein durchaus selbständiger, von keinem anderen Wertgegenstande abgeleiteter Wert. Er beruhte nicht einmal auf einer Tarifierung in vollwertigem Gelde, geschweige denn auf einem Forderungsrechte auf vollwertiges Geld, sondern einzig und allein auf dem diesen Münzen beigelegten Charakter als gesetzliches Zahlungsmittel und auf der beschränkten Prägung.

Wie wenig sich die Theorie bisher von der Vorstellung befreit hat, daß unterwertiges Geld Kreditgeld sein und mindestens seinen Wert von einem vollwertigen Gelde ableiten müsse, zeigt die Unklarheit, welche über das Verhalten der österreichischen Währung vom Jahre 1879 an in weiten Kreisen bestand. Die Erscheinung, daß sich der Wert des geprägten österreichischen Silberguldens nach der Einstellung der freien Silberprägung über den Wert seines Silbergehaltes erhob, verblüffte in erster Reihe deshalb, weil man nicht sah, von welcher in ihrem Stoffe höherwertigen Geldsorte der Silbergulden den seinen Silbergehalt überschreitenden Geldwert ableitete. Man verfiel deshalb auf die sonderbare Erklärung, daß der Wert des Silberguldens nur durch seine Verknüpfung mit dem Papiergulden über seinen Metallwert gehoben worden sei, ohne sich Rechenschaft darüber zu geben, durch welche Verknüpfung der Papiergulden über seinem Papierwerte gehalten werde[1]).

Wir haben mithin bei dem unterwertigen Gelde folgende Arten zu unterscheiden:

1. Unterwertiges Geld, das seinen Geldwert von einem vollwertigen Gelde ableitet und zwar

a) durch bloße Verleihung der Geldqualität zu einem bestimmten Nennwerte,

b) durch zusätzliche Verleihung eines dem beigelegten Nennwerte entsprechenden Anspruchs auf Einlösung in vollwertigem Geld;

2. Unterwertiges Geld, dessen Geldwert kein abgeleiteter, sondern ein selbständiger ist und ausschließlich auf seinem Charakter als gesetzliches Zahlungsmittel beruht.

Die unter 1 a und b genannten Arten ergänzen das vollwertige Geld in den gebundenen Währungen; die unter 2 genannte Art bildet das Geld in den freien Währungen. —

Diese Klarstellung des Verhältnisses zwischen Kreditgeld und unterwertigem Gelde zeigt, daß die Merkmale der Einlösbarkeit und der Unterwertigkeit sich keineswegs decken. K n a p p legt nun den größten Wert darauf, daß ganz allgemein und prinzipiell die „funktionellen" Unterscheidungen der Geldarten nach dem Grade ihrer Zahlungskraft und ihrer Einlösbarkeit durchaus von der „genetischen" und „dromischen" Unterscheidung unabhängig seien, daß also weder der

---

[1]) Vgl. Lexis, Artikel „Papiergeld" im Handwörterbuch der Staatswissenschaften. 2. Aufl. Bd. VI. S. 17; dazu meine Schrift über die Folgen des deutschösterreichischen Münzvereins, S. 102.

Grad der Zahlungskraft, noch die Einlösbarkeit oder Uneinlösbarkeit bestimmt werde durch die Art der Wertbeziehungen zwischen dem Gelde und dem Geldstoffe (Vollwertigkeit, Unterwertigkeit usw.). Er exemplifiziert dabei auf die unbestreitbaren Tatsachen, daß vielfach unterwertiges Silbergeld mit beschränkter und gesperrter Prägung sowie Papierscheine unbeschränkte gesetzliche Zahlungskraft besessen haben und besitzen, daß derartiges Geld mitunter einlösbar (provisorisches Geld), mitunter auch uneinlösbar (definitives Geld) ist. Diese Hinweise sind an sich zutreffend. Die begriffliche Unabhängigkeit der einzelnen Unterscheidungen darf uns jedoch nicht verleiten, darüber hinweg zu sehen, daß es meist ganz bestimmte Kombinationen der aus den verschiedenen Gesichtspunkten sich ergebenden Merkmale sind, auf denen sich die Geldsysteme aufbauen. Ueber der von K n a p p zum erstenmal logisch und konsequent durchgeführten Analyse dürfen wir die Synthese der Geldverfassung nicht vernachlässigen.

Obwohl vielfach nicht frei ausprägbare und unterwertige Geldarten mit unbeschränkter gesetzlicher Zahlungskraft ausgestattet sind und die Eigenschaft des definitiven Geldes haben, so kommt doch der umgekehrte Fall, daß ein frei ausprägbares und ex institutione vollwertiges Geld in seiner Zahlungskraft beschränkt wird, in keiner Geldverfassung vor. Die Einlösbarkeit in einem stofflich höherwertigem Gelde scheidet von selbst aus. Beschränkungen der Zahlungskraft und Einlösbarkeit im eigentlichen Sinn gibt es praktisch nur bei den Geldarten die nicht ex institutione vollwertig sind. Und dieser tatsächliche Sachverhalt hat seine gute innere Begründung. Die geschichtliche Entwicklung der Geldsysteme zeigt, daß die Beschränkung der Zahlungskraft als Gegengewicht gegen die bewußt und gewollt geschaffene Unterwertigkeit des für den Verkehr notwendigen kleinen Geldes entstanden ist. Auch heute noch hat die Beschränkung der Zahlungskraft keinen anderen Sinn, als die für den Kleinverkehr erforderlichen, bewußt unterwertig ausgeprägten Münzen auf eine bestimmte, eng umschriebene Sphäre des Zahlungsverkehrs zu begrenzen. Dem gleichen Zwecke dient die Beschränkung der Ausgabe solcher Geldarten auf bestimmte Kopfquoten oder bestimmte absolute Beträge. Als Zweck der Einlösbarkeit haben wir die Erhaltung der gesetzlich gewollten Wertordnung der einzelnen Geldarten kennen gelernt: die Entstehung eines Agios auf die ex institutione vollwertigen Geldarten und damit die Entwertung der Geldeinheit gegenüber dem ihr zugedachten Werte soll durch die Einlösbarkeit des unterwertigen Geldes in vollwertigem Gelde ausgeschlossen werden. Deshalb hat die Einlösbarkeit bei einem ex institutione vollwertigen Gelde keinen Sinn.

Mit anderen Worten: die Beschränkungen der Zahlungskraft und die Einlösbarkeit sind zwar begrifflich unabhängig von der Art der Geldschaffung und den Wertbeziehungen zwischen Geld und Geldstoff, sie haben aber nur dann einen Sinn und Zweck, wenn man die Verschiedenheit des stofflichen Wertes der einzelnen Geldsorten berücksichtigt. Dies tritt am deutlichsten hervor, wo die Beschränkung der Zahlungskraft und die Einlösbarkeit als Mittel behandelt werden, unterwertige Geldarten in ein Geldsystem einzuordnen, dessen Grundlage ein ex institutione vollwertiges Geld ist. Das klassische Beispiel ist die reine Goldwährung, die nur vollwertige Goldmünzen als unbeschränktes gesetzliches Zahlungsmittel kennt, bei der alle anderen Geldsorten — Silber-, Nickel- und Kupfermünzen, Banknoten und Staatspapiergeld — in Gold einlösbar, die bewußt und gewollt unterwertig hergestellten Münzen aus Silber, Nickel und Kupfer in ihrer Prägung limitiert und in ihrer Zahlungskraft auf bestimmte Höchstbeträge beschränkt sind.

Aber auch dort, wo keine gebundene Währung besteht und kein ex institutione vollwertiges Geld vorhanden ist, haben die funktionellen Unterschiede nur eine Bedeutung in ihrer Anwendung auf Geldarten von verschiedenem stofflichen Werte. Indien kannte Scheidemünzen und in Silberrupien einlösbare Staatsnoten auch zu der Zeit, als aufgrund der Einstellung der freien Silberprägung die Währung zu einer freien geworden war und die Rupie erheblich höher im Werte stand als ihr effektiver Silbergehalt; die Wirkung war, daß der effektive Silbergehalt der Rupie für die Gesamtheit des indischen Geldes, einerlei aus welchen Stoffen es bestand, wenn auch nicht mehr die obere, so doch nach wie vor wenigstens die untere Wertgrenze bildete. Dagegen ist die Beschränkung der Zahlungskraft überall dort, wo die in der Zahlungskraft beschränkten Geldarten in ihrem Stoffwerte den Geldarten mit unbeschränkter gesetzlicher Zahlungskraft entweder gleichstehen oder überlegen sind, wenn sie überhaupt noch einen Sinn hat und über eine gedankenlose Nachahmung hinausgeht, nur noch als Schutz der Empfänger großer Zahlungen gegen die Behelligung mit großen Mengen kleinen Geldes zu erklären. Die Einlösbarkeit hat in solchen Fällen nur noch einen Sinn als Mittel der Regelung des Geldumlaufs, nicht mehr als Mittel des Zusammenhalts des Geldsystems. Im übrigen sind Papierscheine als Scheidegeld mit beschränkter Zahlungskraft bei einer Papierwährung ebenso sinnlos, wie silbernes Scheidegeld bei einer Papierwährung, das — abgesehen von seiner beschränkten Zahlungskraft — womöglich noch in den mit unbeschränkter Zahlungskraft ausgestatteten papiernen Zetteln einlösbar ist.

Weitergehende funktionelle Unterscheidungen als diejenigen nach dem Grade der Zahlungskraft und nach der Enlösbarkeit oder Uneinlösbarkeit lassen sich nicht feststellen. Insbesondere ist die von Knapp aufgestellte Unterscheidung in „valutarisches" und akzessorisches" Geld, die er als die wichtigste der funktionellen Unterscheidungen bezeichnet, nicht haltbar. Die hier in Betracht kommenden Verhältnisse sind jedoch so lehrreich, daß ich über die Knappschen Darlegungen nicht ohne weiteres hinweggehen möchte.

„Valutarisches Geld" ist nach Knapp diejenige definitive (uneinlösbare) Geldart, welche der Staat für die von seinem Kassen zu leistenden Zahlungen stets bereit hält und als „aufdrängbar" behandelt (a. a. O. S. 93 ff.). Alle übrigen Geldarten sind „akzessorisch". Vom „valutarischen Gelde" muß man nach Knapp ausgehen, um die Geldsysteme der Länder zu klassifizieren (S. 101 ff.).

Zunächst stellen wir fest, daß der Knappsche Begriff des valutarischen Geldes nur dann eine Besonderheit gegenüber dem „definitiven Gelde" darstellt, wenn es mindestens zwei definitive Geldarten gibt, wie etwa in Frankreich vor dem Weltkriege die Goldmünzen und die silbernen Fünffrankenstücke. Wo es nur e i n e definitive Geldart gibt, wie in Deutschland und England vor dem Kriege die Goldmünzen, muß diese nach der K n a p p schen Definition gleichzeitig auch das valutarische Geld sein.

Schon damit ist praktisch das Feld, auf dem die Unterscheidung des valutarischen Geldes von dem definitiven Gelde wirksam werden kann, erheblich eingeschränkt. Aber es ist zuzugeben, daß es K n a p p nicht auf die tatsächliche, sondern auf die theoretische Erheblichkeit ankommt.

Wo nun zwei definitive Geldarten rechtlich nebeneinander existieren, sei es Gold- und Silbergeld, sei es — wie jetzt bei uns und in den meisten anderen Ländern — Metallgeld und uneinlösbares Papiergeld, da ergibt sich allerdings die Frage, wie sich dieses Nebeneinander gestaltet. Es sind zwei Möglichkeiten denkbar: entweder geht der gesetzliche Gleichwert zwischen den beiden definitiven Geldarten im praktischen Verkehr verloren, indem sich ein Agio für die nach ihrem Stoffgehalte wertvollere Geldart herausbildet, oder der gesetzliche Gleichwert zwischen den beiden definitiven Geldarten bleibt trotz des Mangels der Einlösbarkeit der einen Sorte in der anderen erhalten.

Der erstgenannte Fall war z. B. gegeben in der französischen Doppelwährung. Goldmünzen und Silbermünzen waren beide definitives Geld. Aber es gelang nicht, den Gleichwert zwischen beiden Geldarten zu erhalten; in der ersten Periode des Funktionierens der französischen Doppelwährung bildete sich ein Agio auf das Goldgeld, in der zweiten Periode ein Agio auf das Silbergeld. Desgleichen hat die Ausgabe uneinlösbaren Papiergeldes neben einem ex institutione vollwertigen Metallgelde in der Regel die Bildung eines Agios auf das letztere oder gar dessen völliges Verschwinden aus dem Umlauf zur Folge gehabt. Die Bildung eines Agios bedeutet nun aber nichts anderes, als daß die Geldart, die das Agio erhält, aus dem Geldsysteme herausfällt und für die Werteinheit des Geldsystems, die sich natürlich nur von einer zu ihrem Nennwerte umlaufenden Sorte ableiten kann, nicht mehr bestimmend ist. Es bleibt also nur eine der beiden definitiven Geldarten innerhalb des Geldsystems; wenn man diese zu ihrem Nennwerte umlaufende definitive Geldart — im Gegensatz zu der überhaupt nicht mehr oder nur noch mit Agio umlaufenden Geldart — „valutarisch" nennen will, so ist dagegen nichts einzuwenden, aber der Vorteil ist nicht ersichtlich.

Außerdem will das K n a p p sche Unterscheidungsmerkmal nicht auf alle Fälle passen. Nach K n a p p lag in der Geltungszeit der französischen Doppelwährung die Wahl des valutarischen Geldes bei der Staatsverwaltung: die von dieser jeweilig für die von den staatlichen Kassen zu leistenden Zahlungen erwählte Geldart war valutarisch, die andere war akzessorisch. „Bekanntlich wählte die französische Staatsverwaltung von 1803 bis etwa 1860 das Silbergeld, nach 1860 das Goldgeld für den valutarischen Gebrauch."

Diese Auffassung ist durchaus nicht in Einklang mit den Tatsachen zu bringen. In Wirklichkeit waren es nicht die Staatskassen, deren Verhalten über die Stellung des Gold- und Silbergeldes innerhalb des Geldsystems entschied, sondern das Wertverhältnis der Edelmetalle im

freien Verkehr. Solange das Silber im freien Verkehr gegenüber dem
Golde niedriger bewertet wurde als in der Relation, die der französischen
Doppelwährung zugrunde lag, strömte — wie im historischen Teile (oben
S. 125 ff.) gezeigt wurde — das Silber massenhaft in den französischen
Verkehr ein, und es entstand ein Agio auf die Goldmünzen. Das Silbergeld füllte also nicht nur — ganz unabhängig von dem Verhalten der
Staatskassen — die Kanäle des Umlaufs aus, sondern wurde auch, da
es im Gegensatz zum Goldgelde zu seinem Nennwerte gegeben und
genommen wurde, bestimmend für die Werteinheit des französischen
Geldsystems. Später, als nach den kalifornischen Goldfunden das Wertverhältnis zwischen den beiden Metallen sich ungünstiger für das Gold
gestaltete, war die Folge, daß einerseits das Gold in großen Mengen in
den französischen Verkehr eindrang, andererseits das Silbergeld zum
großen Teil abfloß, und, soweit es in Frankreich blieb, ein Aufgeld erhielt,
während das Goldgeld nunmehr zu seinem Nennwerte zirkulierte. Die
Gründe sind oben ausführlich dargelegt. Hier ist nur festzustellen, daß
das abwechselnde Herausfallen des Goldgeldes und des Silbergeldes aus
der gesetzlichen Wertordnung des Geldsystems und die abwechselnde
Ableitung der Werteinheit vom Silber und vom Golde nicht durch einen
Willensakt der französischen Staatsverwaltung und das Verhalten der
staatlichen Kassen herbeigeführt worden ist, sondern durch Verkehrstatsachen, die aufgrund des bimetallistischen Systems so und nicht
anders wirken mußten. Auch der Staat zahlt im allgemeinen mit dem
Gelde, das er hat; und beim bimetallistischen Systeme führte ihm der
Verkehr jeweilig das Silbergeld zu, wenn in dem Wertverhältnisse des
internationalen Edelmetallmarktes das Silber billiger war, als der gesetzlichen Relation der französischen Doppelwährung entsprach.

Wir konstatieren hier also in einem besonders wichtigen und lehr-
reichen Falle, daß für das Abwechseln zweier definitiver Geldarten in
der für die Werteinheit maßgebenden Stellung das Verhalten der staatlichen
Kassen bei den von ihnen zu leistenden Zahlungen nicht entscheidend
war, daß vielmehr das Verhalten dieser Kassen selbst abhing von den
in Wahrheit entscheidenden Verkehrstatsachen.

Wenn wir uns nun zu dem zweiten der oben genannten beiden
Fälle wenden, daß nämlich der Gleichwert zwischen zwei oder mehreren
definitiven Geldarten erhalten bleibt, so ist zu prüfen, worauf diese
Erhaltung beruht und inwieweit etwa das Verhalten der staatlichen
Kassen bei der Zahlungsleistung dabei mitwirken kann.

Wir haben oben gesehen, daß das sicherste Mittel zur Erhaltung
des Gleichwertes zwischen zwei Geldarten verschiedenen Stoffes die
Einlösbarkeit des stofflich weniger wertvollen in dem stofflich wertvolleren Gelde ist. Dieses Mittel scheidet hier aus, weil es mit der
Fragestellung nicht vereinbar ist, die gerade darauf hinausgeht, worauf die Erhaltung des Gleichwertes zwischen zwei definitiven, also
nicht einlösbaren Geldarten beruht. Wir haben weiter gesehen, daß
die Erhaltung des Gleichwertes zwischen stofflich verschiedenen Geldarten dadurch bewirkt werden kann, daß der Staat an seinen Kassen
die verschiedenen Geldarten unterschiedslos ohne Beschränkung zu
ihrem Nennwerte annimmt, bei seinen Auszahlungen aber den Wünschen

des Publikums auf die Hergabe bestimmter Sorten entgegenkommt, ein Verhalten, das, wie oben erwähnt, Knapp selbst als „indirekte Einlösung" bezeichnet. Wir haben hier also in der Tat eine Mitwirkung der staatlichen Kassen; aber auch hier will die Knappsche Unterscheidung nicht zutreffen. Knapp selbst stellt die indirekte Einlösbarkeit neben die direkte (S. 92), und er rechnet, wenn ich ihn recht verstehe, auch die indirekt einlösbaren Geldarten zum „provisorischen Gelde". Das Nichtaufdrängen eines mit voller gesetzlicher Zahlungskraft ausgestatteten Geldes seitens der staatlichen Kassen nimmt also diesem Gelde nach Knapp selbst den Charakter als definitives Geld; wenn das gleiche Kriterium entscheidend sein soll für die Unterscheidung in valutarisches und nichtvalutarisches Geld, so bleibt die Frage ungelöst, worin sich das valutarische vom definitiven und das akzessorische vom provisorischen Gelde unterscheidet.

Daß der von Knapp konstruierte Unterschied auf einer starken Ueberschätzung des Verhaltens der öffentlichen Kassen bei den von ihnen zu leistenden Zahlungen beruht, haben wir für den Fall der Nichterhaltung des Gleichwertes zwischen zwei definitiven Geldarten am Beispiele der französischen Doppelwährung dargetan; diese Ueberschätzung tritt ferner darin zutage, daß der Gleichwert zwischen zwei definitiven Geldarten verschiedenen Stoffes ohne jede Intervention der öffentlichen Kassen aufrecht erhalten werden kann, wenn die Versorgung des Umlaufs mit der stofflich weniger wertvollen Geldart innerhalb gewisser durch den Geldbedarf gegebener Grenzen vom Staate reguliert wird. Die theoretische Begründung für diese Erscheinung wird unten (12. Kapitel, § 4) gegeben; hier genüge der Hinweis auf einige praktische Beispiele.

In Frankreich, wo neben den Goldmünzen die silbernen Fünffrankenstücke definitives Geld sind, hat sich seit dem Ausgange der siebziger Jahre des vorigen Jahrhunderts bis zum Weltkrieg im gewöhnlichen Verkehr meines Wissens niemals, im Großhandel immer nur für ganz kurze Zeit und in sehr engen Grenzen, eine Störung des Gleichwertes zwischen Gold- und Silbergeld gezeigt. In den Niederlanden, wo die gleichen Voraussetzungen bestehen, und zwar verschärft dadurch, daß der Silberumlauf den Goldumlauf bedeutend überwiegt, ist seit der Einführung des Goldgeldes neben dem Silbergelde bis zum Weltkrieg niemals ein Goldagio entstanden. In Indien, wo Goldgeld überhaupt kaum im Umlauf ist, hat sich die Rupie im Gleichwerte mit dem seit 1898 als gesetzliches Zahlungsmittel zugelassenen englischen Goldgelde gehalten. Diese Erscheinungen können in keinem der genannten Länder darauf zurückgeführt werden, daß die öffentlichen Kassen — die Kassen des Staates und der mit der Regelung des Geldwesens betrauten Notenbanken — die eine oder andere Geldart im Sinne Knapps als aufdrängbar behandelt und damit zum valutarischen Gelde gemacht hätten. In allen den genannten Ländern wurden zweifellos die Goldmünzen von den öffentlichen Kassen nicht als aufdrängbar behandelt; diese gaben Goldgeld entweder überhaupt nicht oder nur soweit, wie es ihnen aus irgendwelchen Erwägungen paßte. Für Frankreich kann man wohl sagen, daß eine einheitliche Praxis der öffentlichen Kassen überhaupt nicht existierte; diese zahlten im allgemeinen größere Beträge in Banknoten, kleinere je nach ihrem Belieben in Silber oder Gold; die Bank von Frankreich verfuhr bei der Noteneinlösung häufig so, daß sie, gestützt auf die unbeschränkte gesetzliche Zahlungskraft der silbernen Fünffrankenstücke, Goldgeld nur gegen die Zahlung einer Prämie verabfolgte; sie hat also eher das Silber- als das Goldgeld als „aufdrängbar" behandelt.

Ob man in der Knappschen Terminologie für diese Länder die Silbermünzen oder die Goldmünzen als valutarisches Geld bezeichnen soll, ist nicht ganz leicht zu entscheiden. Wesentlich ist die jedenfalls durch die aufdrängbare Behandlung des Silbergeldes nicht zu erklärende Tatsache, daß bis zum Weltkrieg ein Agio auf das stofflich wertvollere Goldgeld nicht bestand, was zur Folge hatte, daß die Werteinheit des Geldsystems der genannten Länder sich von ihrem Goldgelde ableitete und dadurch mit dem Werte des Metalles Gold verknüpft war. Wenn man mit dem Worte „valutarisches Geld" nicht einen Sinn verbinden will, der mit dem Begriff der „Valuta", der doch eine Wertbeziehung bedeutet, in vollem Widerspruch steht, wird man also in diesen Fällen nur die Goldmünzen als valutarisches Geld bezeichnen können.

Wir kommen also zu folgendem Endergebnisse.

Bei Geldsystemen mit nur einer definitiven Geldart ist ein Bedürfnis nach der Konstruktion des Begriffs eines „valutarischen Geldes" nicht gegeben.

Bei Geldsystemen mit zwei definitiven Geldarten ist die entscheidende Frage, ob es gelingt, den Gleichwert zwischen den beiden Geldarten aufrecht zu erhalten oder, was dasselbe ist, die Entstehung eines Agios auf eine der beiden Geldarten zu verhindern.

Wenn dies gelingt — was bei der Doppelwährung aus den bei der Erörterung dieses Geldsystems und der Zusammenhänge zwischen Geldwert und Metallwert dargelegten Gründen ex institutione ausgeschlossen ist —, so ist dafür das Verhalten der staatlichen Kassen bei der Zahlungsleistung jedenfalls nicht ausschließlich entscheidend, vielfach sogar gleichgültig, während das Verhalten des Staates bei der Geldschaffung und gewisse Verkehrstatsachen mitsprechen und oft den Ausschlag geben. Wo aber der Gleichwert zwischen zwei oder mehreren definitiven Geldarten erhalten bleibt, da kann der Geldwert schlechthin jedenfalls nicht geringer sein, als dem stofflichen Gehalte der stofflich wertvollsten Geldart entspricht; wenn diese Geldart frei ausprägbar ist, so steht die Geldeinheit schlechthin zu dem frei ausprägbaren Metalle in demselben festen Verhältnisse, wie die aus diesem Metalle im Wege der freien Prägung hergestellte Geldart.

§ 6. Unterwertiges Geld in der Goldwährung und Silberwährung.

Wir haben gesehen, daß kein auf metallischer Grundlage beruhendes Geldsystem ohne eine Mehrheit von Geldstoffen, oder — was gleichbedeutend ist — ohne unterwertiges Geld auskommen kann und daß die ganze Kunst der Konstruktion der Geldsysteme darin besteht, ein Auseinanderfallen der stofflich verschiedenen Geldarten zu verhindern.

Es liegt nun in der Natur der Sache, daß die Silberwährung mit einem wesentlich geringeren Maße von unterwertigen Münzen auskommen kann als die Goldwährung. Während bei der Goldwährung nur Stücke von relativ hohem Werte in dem Währungsmetalle und somit als vollwertige Münzen ausgeprägt werden können, ist es bei der Silberwährung möglich, sehr kleine Beträge in vollwertigen Münzen darzustellen. Eine Goldmünze im Werte von weniger als 10 Goldmark oder bestenfalls 10 Goldfranken ist bereits zu klein für die Ansprüche des Verkehrs, ein annähernd vollwertiges silbernes Zwanzigpfennigstück dagegen hätte in der Reichsgoldwährung an Größe und Gewicht fast genau dem Fünfzigpfennigstücke entsprochen und wäre mithin ein ganz brauchbares Geldstück gewesen. Freilich machen bei der Silberwährung die verhältnismäßig sehr viel höheren Prägekosten der kleinen Stücke aus fiskalischen Gründen eine unterwertige Ausprägung der kleinen Silbermünzen notwendig, sodaß z. B. bei der Talerwährung die Silbermünzen vom $2^1/_2$ Groschenstück abwärts, bei der Guldenwährung die Silbermünzen vom 6 Kreuzerstück abwärts als unterwertige Scheidemünzen ausgeprägt wurden. Während aber bei der Silberwährung auch in Berücksichtigung dieses Umstandes die Münzen etwa bis zum früheren Zwanzigpfennigstücke herab vollwertig ausgeprägt werden konnten, müssen bei einer Goldwährung die unterwertigen Scheidemünzen den ganzen Raum unterhalb etwa des Zehnmarkstückes einnehmen.

Diesem Vorzuge der Silberwährung steht jedoch ein wesentlicher Nachteil gegenüber. Bei der Goldwährung kann das Silber als Hilfsmetall in einem seinem relativen Werte entsprechenden Umfange benutzt werden; die Silbermünzen können dem Münzsysteme eingefügt werden als Scheidemünzen, als unterwertiges Geld mit beschränkter Zahlungskraft, in der Weise, daß ihnen ein bestimmter von den Goldmünzen abgeleiteter Nennwert gesichert ist. Dagegen ist es unmöglich, Goldmünzen in ähnlicher Weise in das System einer Silberwährung einzufügen.

Das Mittel, durch das die Silbermünzen in das System einer Goldwährung eingefügt und in ihrem Werte von dem Golde abhängig gemacht werden, ist, wie oben dargelegt wurde, die unterwertige Ausprägung, durch die ein Steigen ihres Stoffwertes über den Wert des Goldäquivalentes der Geldeinheit ausgeschlossen werden soll, verbunden mit der Beschränkung der Ausprägung, die ein Sinken ihres Geldwertes unter den Wert des Goldäquivalentes der Geldeinheit verhindern soll. Als Konsequenz der Unterwertigkeit haben wir die beschränkte Zahlungskraft, durch welche die Zahlungsempfänger davor bewahrt werden, größere Beträge in unterwertigem Gelde annehmen zu müssen. Diese Modalitäten sind für Goldmünzen in einer Silberwährung nicht anwendbar. Vollwertigkeit des Geldes ist in Rücksicht auf den Verkehr mit dem Auslande sehr viel wichtiger, als in Rücksicht auf den inländischen Verkehr. Die Wirksamkeit der staatlichen Tarifierung erstreckt sich nicht über die Landesgrenze, und Geld, das aus dem Lande geht, um eingeschmolzen und in fremdes Geld umgeprägt zu werden, kann seinen Wert nur von seinem Stoffe, nicht von der bei diesen Prozeduren in Wegfall kommenden Zahlungskraft im Inlande herleiten. Der Auslandsverkehr vollzieht sich nun in großen Zahlungen, die in Gold bequemer zu bewerkstelligen sind als in Silber; die kleineren Zahlungen dagegen, für die das Silber das einzige in Betracht kommende Metall ist, gehören durchaus dem Inlandsverkehr an. Schon in Rücksicht darauf ist es eher zulässig, die für die Bewältigung des kleinen Verkehrs notwendigen Silbermünzen unterwertig auszuprägen als die zur Vermittlung größerer Zahlungen bestimmten Goldmünzen. Aber auch allgemein erscheint es natürlich und berechtigt, daß die kleinere Werte darstellenden Münzen unterwertig ausgeprägt werden und ihren Wert von den größere Beträge darstellenden Münzen ableiten, während vollwertige Münzen für die kleinen, unterwertige Münzen für die großen Zahlungen widersinnig erscheinen würden. Dazu kommt, daß die in der Unterwertigkeit begründete Beschränkung der Zahlungskraft sich wohl auf die Silbermünzen in einer Goldwährung anwenden läßt, nicht aber auf die Goldmünzen bei einer Silberwährung. Die Aufgabe der Silbermünzen, kleinere Zahlungen zu vermitteln, steht mit der auf kleine Beträge beschränkten Zahlungskraft durchaus im Einklang. Dagegen können die Goldmünzen nur den Zweck haben, zur Vermittlung von größeren Zahlungen zu dienen, für welche das Silber zu schwer ist. Eine Beschränkung der Zahlungskraft würde mit dieser Aufgabe in einem absoluten Widerspruche stehen.

Deshalb hat in der geschichtlichen Entwicklung die Silberwährung stets einen ausgedehnten Gebrauch von Goldmünzen unmöglich gemacht. Die Einfügung von Goldmünzen in das System einer Silberwährung ist stets nur auf einem Wege versucht worden, der die Silberwährung aufhob und eine Doppelwährung an ihre Stelle setzte, indem die Goldmünzen als vollwertige und frei ausprägbare Kurantmünzen einen festen Nennwert in dem Silbergelde erhielten. Oder aber man hat die Goldmünzen als „Handelsmünzen" mit schwankendem Kurse außerhalb des eigentlichen Landesgeldsystems gestellt und damit ein System geschaffen, das sich von der Parallelwährung nur durch die Bedeutungslosigkeit des Goldumlaufs unterschied.

Der in dem Wesen der Silberwährung begründete Ausschluß des Goldgeldes hat nun die Wirkung, daß der Verkehr für alle Zahlungen, für die Silber zu schwer ist, sich einer anderen Art unterwertigen Geldes, nämlich der papiernen Geldzeichen, bedienen muß. Unter allen Umständen wird das im freien Umlaufe befindliche vollwertige Metallgeldquantum im Verhältnis zu den papiernen Geldzeichen beträchtlich kleiner sein müssen als bei der Goldwährung. Dadurch wird der Vorteil des geringeren Bedarfs an unterwertigen Scheidemünzen bei einer Silberwährung mehr als aufgewogen. Bei der deutschen Goldwährung z. B. mußten die Zahlungen von weniger als 10 Mark in unterwertigem Gelde geleistet werden; dagegen kamen papierne Geldzeichen im wesentlichen nur für Beträge von 100 Mark aufwärts in Betracht. Bei einer Silberwährung hätten die papiernen Geldzeichen in Rücksicht auf die Bequemlichkeit des Geldverkehrs mindestens bei Beträgen von 5 Mark anfangen müssen; denn beim damaligen Silberpreise würde man mindestens drei Silbermünzen in der Größe des ehemaligen Fünfmarkstückes gebraucht haben, um den Betrag von 5 Mark in vollwertigem Silbergelde darzustellen. Während bei der deutschen Goldwährung die Sphäre der Zahlungen von 20 bis 100 Mark vorwiegend dem vollwertigem Goldgelde gehörte, hätte bei einer Silberwährung die Sphäre des vollwertigen Geldes auf Zahlungen von etwa 20 Pfennig bis 5 Mark beschränkt sein müssen.

Die Doppelwährung würde in dieser Beziehung die Vorzüge der Goldwährung und der Silberwährung vereinigen, wenn sie über die formale Gleichstellung des Goldgeldes und des Silbergeldes hinausgeben und einen gleichzeitigen Umlauf der beiden Metalle gewährleisten würde. Solange aber Wertschwankungen zwischen Gold und Silber stattfinden, die bald das Gold, bald das Silber aus dem Umlaufe verdrängen, entspricht der tatsächliche Zustand des Geldwesens bei einer gesetzlichen Doppelwährung entweder einer Silberwährung oder einer Goldwährung; im ersteren Falle muß auf den ausgiebigen Gebrauch von Goldgeld Verzicht geleistet werden, im letzteren Falle läßt sich das für den Kleinverkehr notwendige Silbergeld nur dadurch dem Umlaufe erhalten, daß man es — ebenso wie bei der Goldwährung — zur unterwertigen Scheidemünze macht. In Wirklichkeit kann also die Doppelwährung nicht mit dem geringen Maße unterwertigen Geldes wie eine Silberwährung auskommen, sondern sie braucht einen ähnlichen Scheidemünzumlauf wie die Goldwährung, während auf der anderen Seite der Goldumlauf der Sicherung entbehrt, die bei einer Goldwährung gegeben ist.

Die mit den siebziger Jahren des vorigen Jahrhunderts eingetretene Entwertung des Silbers hat bewirkt, daß in den damals bereits bestehenden oder zur Einführung gelangenden Goldwährungen die Unterwertigkeit der Silbermünzen unerwartet groß geworden ist. Während in England, der Lateinischen Münzunion, in Deutschland usw. die Unterwertigkeit der Silberscheidemünzen ursprünglich auf 6—10 Prozent bemessen wurde, betrug schließlich der Stoffwert der Silberscheidemünzen kaum mehr ein Drittel ihres Wertes als Geld. Dazu kam, daß in den Ländern mit hinkender Währung die größeren oder kleineren Mengen des ursprünglich vollwertigen Silberkurantgeldes, die bei dem Uebergange zur Goldwährung nicht abgestoßen worden waren, ein ähnliches Schicksal erfahren hatten; bei einem Silberpreise von 60 Mark pro Kilogramm betrug der Stoffwert des französischen Fünffrankentalers und des deutschen Talers nur noch etwa ein Drittel des Wertes dieser Stücke als Geld. Ebenso wie der Grad der Unterwertigkeit der von vornherein als unterwertig gedachten Münzen ist mithin auch der Betrag des unterwertigen Geldes durch die Entwertung des Silberkurants in einzelnen Ländern über die ursprünglich gewollte Begrenzung hinaus beträchtlich gesteigert worden.

Die aus dieser ungewollten und unvorhergesehenen Entwicklung sich ergebenden Bedenken haben in dem Streit um Goldwährung und Doppelwährung, der in den letzten zwei Jahrzehnten des vorigen Jahrhunderts mit großer Heftigkeit geführt wurde, eine große Rolle gespielt, haben aber heute nur noch ein historisches Interesse. Die Befürchtung der betrügerischen Nachprägung der stark unterwertig gewordenen Silbermünzen hat sich nirgends in einer irgendwie ins Gewicht fallenden

Weise bewahrheitet. Ebensowenig ist die Gefahr praktisch geworden, daß im Falle schwerer wirtschaftlicher oder politischer Krisen das Vertrauen der Bevölkerung in das unterwertige Silbergeld in einer für den Zusammenhalt des Geldsystems verhängnisvollen Weise erschüttert werden könnte[1]). In der politischen und wirtschaftlichen Katastrophe des Weltkrieges hat sich vielmehr die vom Verfasser dieses Buches stets vertretene Auffassung als richtig erwiesen, daß im Falle schwerer Komplikationen der Bedarf des Verkehrs nach kleinen Zahlungsmitteln ein vollkommen ausreichendes Gegengewicht gegen die Unterwertigkeit der Silbermünzen bieten würde. Insbesondere in der ersten Zeit des Weltkrieges war die Knappheit an kleinem Geld, trotz der sofortigen Verstärkung der Silberprägung und der Ausgabe kleiner Darlehenskassenscheine, so groß, daß vielfach ein Aufgeld auf Silbermünzen und kleine Scheine gezahlt wurde und daß die Kommunen, teilweise auch große Privatunternehmungen, sich genötigt sahen, zur Ausgabe von auf kleine Beträge lautendem Notgeld zu greifen.

Ebenso hat sich der in den früheren Auflagen dieses Buches enthaltene Satz bewahrheitet: „Eine Gefährdung der deutschen Währung kann daher nicht durch das vorhandene unterwertige Silbergeld, sondern nur durch ein im Kriegsfalle allerdings sehr mögliches Mißverhältnis zwischen der Notenausgabe und dem gesamten Barbestande der Zentralbank heraufbeschworen werden."

Schließlich hat sich die aus früheren Erfahrungen hergeleitete Annahme als richtig erwiesen, daß im Falle einer Einstellung der Goldeinlösung der Banknoten und einer Entwertung der letzteren gegenüber dem Golde die starke Unterwertigkeit der Silbermünzen geradezu als Schutz gegen deren plötzliches Verschwinden aus dem Geldumlauf und gegen den schärfsten Kleingeldmangel wirken müsse. Trotz der starken Unterwertigkeit sind die Reichssilbermünzen ohnehin in erheblichem Umfang von der Bevölkerung zurückgehalten und thesauriert worden. Die dadurch verstärkte Knappheit an kleinen Zahlungsmitteln wäre in den ersten Monaten des Krieges zur Katastrophe geworden, wenn auch das Silbergeld annähernd vollwertig gewesen wäre.

§ 7. Die papiernen Umlaufsmittel.

Eine von den unterwertigen Münzen verschiedene Stellung nehmen im Geldsysteme die papiernen Geldzeichen ein, die wir gemäß den in den vorhergehenden Abschnitten gemachten Ausführungen gleichfalls zum Gelde im wirtschaftlichen und allgemein-rechtlichen Sinne zählen müssen.

Vom Standpunkte des Geldwesens aus hat die Ergänzung des gemünzten Geldes durch Papierzeichen aus zwei Gründen eine Berechtigung: einmal aus dem wichtigen Grunde der elastischen Anpassung des Geldumlaufs an die regelmäßigen und außergewöhnlichen Schwankungen des Geldbedarfs der Wirtschaft; ferner aus dem nicht ganz so wichtigen, immerhin aber nicht zu unterschätzenden Grunde der Bequemlichkeit des Geldverkehrs.

____
[1]) Vgl. insbesondere **Adolf Wagner**, die neueste Silberkrisis und unser Münzwesen, 1894.

Ueber den ersteren Grund ist oben in Verbindung mit der Frage der Geldschaffung bereits gesprochen worden. Was den zweiten Grund anlangt, so spricht er nicht nur zugunsten großer Abschnitte, für deren Darstellung selbst das Gold zu schwer wäre, sondern in gewissem Umfang auch zugunsten kleinerer Abschnitte. Auch darüber ist oben (7. Kapitel § 4) bereits das Nötige gesagt worden.

Aus diesen beiden Berechtigungsgründen ergeben sich die Richtlinien für die Einordnung der papiernen Geldzeichen in die auf metallischer Grundlage beruhenden Geldsysteme und ihre Ausstattung innerhalb dieser Systeme.

Wenn aus Gründen der Solidität des Geldwesens Wert darauf gelegt wird, auch die kleine Geldbeträge darstellenden Münzstücke mit einem stofflichen Werte auszustatten, so müssen die auf kleine Beträge lautenden Scheine, wenn man aus irgendwelchen Rücksichten überhaupt solche schaffen will, auf das strengste kontingentiert werden. Nach der gleichen Richtung wirken hygienische und ästhetische Erfordernisse. Wir haben jetzt in Deutschland Gelegenheit uns davon zu überzeugen, wie unmöglich es ist, ein für den Kleinverkehr bestimmtes Papiergeld in einem erträglichen Zustand zu erhalten.

Die nach der Reichsgründung in Angriff genommene Ordnung des deutschen Geldwesens hat strenge Grundsätze auch hinsichtlich dieses Punktes verwirklicht. Den Notenbanken einschließlich der Reichsbank wurde die Ausgabe von Noten für kleinere Beträge als 100 Mark untersagt. Die Reichskassenscheine, deren Stückelung auf 50, 20 und 5 Mark festgesetzt wurde, waren auf einen Gesamtbetrag von 120 Millionen Mark kontingentiert. Erst ein Gesetz vom 6. Juni 1906 hat, um einen Teil des freien Goldumlaufs der Goldreserve der Reichsbank zuzuführen, der Reichsbank gestattet, Noten zu 50 und zu 20 Mark auszugeben und dafür die Stückelung der Reichskassenscheine auf 10 und 5 Mark festgesetzt.

Die Reichskassenscheine wurden, um nach Möglichkeit allen sich aus einem Papiergeld ergebenden Gefahren vorzubeugen, nur mit Kassenkurs, nicht mit gesetzlicher Zahlungskraft auch im Privatverkehr ausgestattet; sie wurden außerdem für einlösbar erklärt, allerdings ohne daß besondere Mittel für einen Einlösungsfonds bereitgestellt wurden.

Die ursprünglich sehr strengen, später etwas gelockerten Bestimmungen der deutschen Gesetzgebung über die Reichskassenscheine waren stark beeinflußt durch die Voreingenommenheit gegen die papiernen Umlaufsmittel, die durch die vor der Reichsgründung auf diesem Gebiete von den meisten Einzelstaaten getriebenen Mißwirtschaft erzeugt worden war. Sogar ein so überzeugter und fast orthodoxer Anhänger der Goldwährung wie L u d w i g B a m b e r g e r hat damals die Kautelen gegen die Gefahren der papiernen Geldzeichen für übertrieben gehalten. Er war grundsätzlich gegen die Ausgabe von Reichs- oder Staatspapiergeld neben den Banknoten. Aber wenn einmal die Einführung eines Reichspapiergeldes beschlossen werde, dann solle man von einer Einlösungspflicht des Reiches absehen; die Annahme bei den öffentlichen Kassen („Steuerfundation") werde in Verbindung mit dem geringen Ausgabe-

betrag ausreichen, um den Reichskassenscheinen den ihnen beigelegten
Wert zu sichern. In kritischen Zeiten werde man ohnedies zur Aufhebung der Einlösbarkeit kommen.

Auch hinsichtlich der Banknoten waren die ursprünglichen Bestimmungen der Reichsgesetzgebung zum Teil übervorsichtig. In eine
Kritik der einzelnen Bestimmungen, deren Zweck die unbedingte Sicherung der Noteneinlösung war, soll hier nicht eingetreten werden, da ein
solcher Versuch zu weit in das Gebiet des Notenbankwesens hinein-
führen würde. Nur über die Ausstattung der Banknoten hinsichtlich
ihrer Zahlungskraft sei hier einiges gesagt.

Während die Reichskassenscheine wenigstens aufgrund gesetzlicher
Vorschrift (§ 5 des Gesetzes vom 30. April 1874) „bei allen Kassen des
Reiches und sämtlicher Bundesstaaten nach ihrem Nennwert in Zahlung
genommen" werden mußten, bestimmte das Bankgesetz vom 14. März
1875 ausdrücklich, daß eine Verpflichtung zur Annahme von Banknoten
auch für Staatskassen nicht stattfinde und durch Landesgesetz nicht begründet werden könne; nur auf dem Wege jederzeit wiederruflicher
Verwaltungsverordnungen ist damals den Reichsbanknoten Kassenkurs
im ganzen Reiche beigelegt worden. In anderen Staaten, namentlich in
England und in Frankreich hatte man den Noten der Zentralbanken in
richtiger Erkenntnis ihrer Geldqualität die Eigenschaft als gesetzliches
Zahlungsmittel unbedenklich zugestanden. In Deutschland hat man
es für notwendig gehalten, die Konsequenz der Goldwährung bis zum
äußersten zu ziehen: niemand sollte verpflichtet sein, ein Geld, das
seinen Wert nicht voll in dem Geldstoffe umschloß, in Zahlung zu
nehmen.

Erst die Banknovelle am 1. Juni 1909 hat wenigstens die Reichsbanknoten mit gesetzlicher Zahlungskraft auch im Privatverkehr ausgestattet, während es hinsichtlich der Privatnotenbanken und zunächst
auch noch hinsichtlich der Reichskassenscheine beim Alten blieb.

In vier Jahrzehnten einer friedlichen Entwicklung, die zeitweise
in Perioden stürmischer Aufwärtsbewegung der Wirtschaft und in
Augenblicken kritischer Zuspitzung außerordentlich große Anforderungen
an die deutschen Notenbanken, insbesondere an die Reichsbank, stellte,
ist es gelungen, diesen Anforderungen zu entsprechen, ohne daß der
innere Zusammenhalt des Geldwesens durch eine allzustarke Ausdehnung
des Notenumlauf gefährdet worden wäre. Der Weltkrieg dagegen hat
in allen von ihm betroffenen Staaten, wie im historischen Teil geschildert,
die auf metallischer Grundlage aufgebauten Geldsysteme gesprengt und
die papiernen Geldzeichen aus einem ergänzenden Bestandteil des Geldwesens zum Gelde schlechthin gemacht.

§ 8. Die Regelung des Geldumlaufs.

Auch die denkbar besteingerichtete Geldverfassung ist keine Maschine, die ganz von selbst funktioniert. Das Geldwesen bedarf vielmehr, wenn es seine Zwecke in vollkommener Weise erfüllen soll, einer
lebendigen Kraft zu seiner ständigen Ueberwachung und Regelung.
Die auf diesem Gebiete zu erfüllenden Aufgaben sind folgende:

1. Die Ueberwachung und Regelung der auswärtigen Beziehungen
des Geldwesens;

2. Die Sorge für die Aufrechterhaltung des Gleichgewichts des
inneren Geldbedarfs und des Geldumlaufs;

3. Die örtliche Regelung des Geldumlaufs.

In den modernen Staaten sind diese Aufgaben regelmäßig einer
Zentralbank übertragen; denn die Erfüllung dieser Aufgaben läßt sich
zu einem wesentlichen Teile nur durch gewisse banktechnische Maßnahmen erreichen.

Das deutsche Bankgesetz vom 14. März 1875 nennt in § 12 unter
den der Reichsbank zugeteilten Aufgaben an erster Stelle die Regelung
des Geldumlaufs. Teilweise ist die Tätigkeit der Zentralbanken, die
hier in Betracht kommen, ein so integrierendes Stück ihrer gesamten
Wirksamkeit, daß eine eingehendere Darstellung erst in dem Bande
über das Bankwesen gegeben werden und daß an dieser Stelle nur
das für das Gesamtbild der Geldverfassung Unerläßliche ausgeführt
werden kann.

Bei der oben an erster Stelle genannten Aufgabe handelt es sich
um die Beobachtung und Beeinflussung der internationalen Edelmetallbewegungen und der Faktoren, auf denen das Zu- und Abströmen
von Geldmetall beruht; vor allem die auswärtigen Wechselkurse und
ihre Regelung spielen hier eine wichtige Rolle, auf die im nächsten
Kapitel noch zurückzukommen ist. Es handelt sich hier ferner um
die Schaffung eines Reservoirs, dem einerseits das vom Auslande im-
portierte Geldmetall in erster Linie zufließt und aus dem nötigenfalls
der Bedarf an Zahlungsmitteln für das Ausland schöpfen kann. Nur
eine große Zentralbank ist für die Erfüllung dieser Aufgaben geeignet.
Das wichtigste Mittel zur Beeinflussung der auswärtigen Wechselkurse und der Goldbewegungen ist die planmäßige Beeinflussung des
Wechselzinsfußes, die sogenannte Diskontpolitik, und diese kann
natürlich nur von einem großen Bankinstitute gehandhabt werden.
Ebenso ist nur eine über große Mittel verfügende und mit dem Rechte
der Notenausgabe ausgestattete Bank imstande, beliebige Mengen des
Währungsmetalls aufzunehmen, die Ausprägung des importierten
Metalls zu vermitteln und dauernd einen Metallgeld- und Devisenbestand
zu halten, der allen absehbaren Anforderungen für Zahlungen an das
Ausland genügt. Daß speziell der Reichsbank die unbeschränkte Verpflichtung des Ankaufs von Barrengold gegen ihre Noten auferlegt ist,
wurde bereits in anderem Zusammenhange mehrfach erwähnt[1]).

Die unter 2 genannte Aufgabe kann gleichfalls ihrer Natur nach
nur von einem großen, mit dem Rechte der Notenausgabe ausgestatteten Bankinstitute erfüllt werden. Abgesehen von der bereits unter 1
behandelten Herbeiziehung von Geldmetall aus dem Auslande ist die
Regulierung des Verhältnisses zwischen Geldumlauf und innerem Geldbedarf erreichbar einerseits durch die in der Notenausgabe gegebene
elastische Ergänzung des metallischen Geldumlaufs, andererseits durch
eine Einwirkung auf den inländischen Geldbedarf selbst, die ähnlich

---

[1]) Siehe oben S. 152 und 432.

wie die Beeinflussung der internationalen Beziehungen des Geldwesens im Wege der Diskontpolitik ausgeübt werden kann. Ebenso wie hohe Warenpreise die Nachfrage nach Waren beschränken, ebenso beschränken hohe Diskontsätze die im Wege des Begehrs nach kurzfristigem Kredit an die Banken und den Geldmarkt herantretende Geldnachfrage.

Während in diesen beiden Punkten spezifische Aufgaben der Notenbanken vorliegen, ist die unter 3 genannte Aufgabe kein wesentlicher Bestandteil des Bankgeschäftes, sondern eine Verrichtung, die an sich auch von der staatlichen Finanzverwaltung vorgenommen werden könnte und die vielfach auch — sei es ausschließlich, sei es neben den Zentralbanken — von der staatlichen Finanzverwaltung wahrgenommen wird.

Bei der örtlichen Regulierung des Geldumlaufs handelt es sich um die den wechselnden Bedürfnissen des Verkehrs entsprechende Verteilung sowohl der gesamten Geldzirkulation als auch der einzelnen Geldsorten auf die einzelnen Landesteile. Die im Jahre 1900 herausgegebene Jubiläumsdenkschrift der Reichsbank, die der Aufgabe der Regelung des Geldumlaufs ein eignes, sehr interessantes Kapitel gewidmet hat, führt über diesen Punkt folgendes aus[1]):

„Es ist eine Erfahrung, daß einzelne Bezirke eine fortwährende Zufuhr von Geld nötig haben, sei es weil ihr Geldbedarf in fortgesetztem Wachsen begriffen ist, sei es weil die Natur ihrer wirtschaftlichen Beziehungen das ihnen zugeführte Geld stets wieder nach anderen Bezirken abfließen läßt. Namentlich inbezug auf die einzelnen Geldsorten sind solche Verhältnisse häufig festzustellen. Es besteht das große volkswirtschaftliche Bedürfnis, den an einzelnen Orten sich ansammelnden Ueberschuß von Geld überhaupt und von einzelnen Geldsorten im besonderen dorthin zu leiten, wo sich ein entsprechender Mangel zeigt. Dieses Bedürfnis ist besonders stark hinsichtlich der Scheidemünzen. Die allzustarke Ansammlung von Scheidemünzen in einzelnen Bezirken muß im Interesse der Ordnung des Geldumlaufs unbedingt vermieden werden. Diejenigen, in deren Händen sich größere Beträge ansammeln, können diese Münzen infolge ihrer beschränkten Zahlungskraft nicht zu großen Zahlungen verwenden und sind deshalb darauf angewiesen, sie gegen Kurantgeld austauschen zu können. Andererseits liegt ein eben so starkes öffentliches Interesse daran vor, daß diejenigen, welche größere Beträge an kleinem Gelde bedürfen, z. B. zu Lohnzahlungen, solches im Austausch gegen Noten und Goldgeld erhalten können.“

In gewissem Umfange ist das ganze System der öffentlichen Kassen eines Staates geeignet, dieser Aufgabe zu dienen. Das Publikum ist in der Lage, bei seinen Zahlungen an diese Kassen die nicht benötigten Sorten abzustoßen; eine Erleichterung ist dabei die in den verschiedenen Ländern regelmäßig wiederkehrende Bestimmung, daß die Beschränkung der Zahlungskraft wenigstens der Silberscheidemünzen bei Zahlungen an die staatlichen Kassen keine Anwendung findet. Aber

---

[1]) „Die Reichsbank 1876 bis 1900“, herausgegeben vom Reichsbankdirektorium.

die Wirksamkeit der staatlichen Kassen auf diesem Felde hat ihre engen Grenzen. Sie sind nicht in der Lage, im Wege der Kreditgewährung oder der Auszahlung auf anderswo fällige Forderungen einem Bezirke mit wachsendem Geldbedarfe Umlaufsmittel zuzuführen, und sie verfügen nicht über hinreichend große Bestände, die ihnen die Umwechslung von überflüssigen gegen benötigte Geldsorten in irgendwelchem erheblichen Umfange gestatten würden. In diesen Punkten ist vielmehr eine Zentralbank, die stets über beträchtliche Kassenbestände verfügt und zahlreiche über das ganze Land verteilte Zweigniederlassungen besitzt, an ihrem Platze. Es ist charakteristisch, daß die dem Reiche in dem Münzgesetze von 1873 auferlegte Pflicht der Umwechslung von Scheidemünzen gegen Goldgeld auf bestimmte Reichsbankhauptstellen übertragen worden ist. Die Bestände der einzelnen Niederlassungen einer großen Zentralbank sind das gegebene Reservoir, aus dem der Verkehrsbedarf das benötigte Geld in den benötigten Sorten bezieht und an das er das überflüssige Geld in den überflüssigen Sorten abgibt. Ganz abgesehen davon, wie weit einer solchen Bank durch das Gesetz bestimmte Verpflichtungen auf diesem Gebiete auferlegt sind, sieht sich ein zentrales Bankinstitut schon in Rücksicht auf seinen eignen Geschäftsbetrieb genötigt, seine Filialen in einer den örtlichen Verkehrsbedürfnissen entsprechenden Weise mit Kassenvorrat auszustatten und dem Publikum sowohl bei der Entgegennahme von Einzahlungen und bei der Leistung von Auszahlungen, als auch inbezug auf die Umwechselung der einzelnen Sorten nach Möglichkeit entgegenzukommen. In welcher hervorragenden Weise die Reichsbank — weit über die gesetzlichen Verpflichtungen hinaus — der Aufgabe der örtlichen Regelung des Geldumlaufs gerecht geworden ist, hat das oben zitierte Kapitel der Reichsbankdenkschrift ausführlich dargestellt.

9. Kapitel. Die internationale Geldverfassung.

§ 1. Das Wesen der internationalen Geldverfassung.

Im allgemeinen hat jeder Staat seine eigne Geldverfassung, die der Geldverfassung aller anderen Staaten selbständig gegenüber steht. Die Geldverfassung ist eben ein Erzeugnis der Gesetzgebung, die jeder Staat für sich ausübt, und deren Wirksamkeit an den Landesgrenzen ihr Ende findet. Infolgedessen fehlt für den internationalen Verkehr ein einheitliches Instrument der Wertübertragungen, wie es der nationale Verkehr in dem Landesgelde besitzt. Während im inländischen Verkehr die Wertübertragung auf dem einfachen Wege der Uebertragung von Landesgeld erfolgen kann und der Austausch von Gütern in der Weise vermittelt wird, daß die Waren gegen Landesgeld verkauft und mit Landesgeld gekauft werden, ist es im internationalen Verkehr zur Vermittlung dieser Transaktionen notwendig, das Geld des einen Landes gegen das Geld des anderen Landes umzusetzen. Der Inländer, der im Auslande eine Zahlung zu leisten hat, muß im allgemeinen gegen das in seinen Händen befindliche Landesgeld ausländisches Geld beschaffen; der Inländer, der aus dem Auslande eine

Zahlung in ausländischem Gelde empfängt, sieht sich meist genötigt, dieses gegen Landesgeld umzusetzen.

Der Kurs, zu dem sich die Umsätze zwischen inländischem und ausländischem Gelde vollziehen, hängt ab von allen denjenigen Faktoren, welche die Preisbildung im allgemeinen beeinflussen können, insbesondere von der Gestaltung von Angebot und Nachfrage. Jedes ausländische Geld ist gegenüber dem inländischen Gelde eine Ware, deren Preis Schwankungen unterliegt. Wir werden sehen, daß diese Schwankungen durch gewisse Einrichtungen der Geldverfassungen, deren Aufrechterhaltung allerdings auf bestimmten Voraussetzungen beruht, auf einen sehr engen Spielraum beschränkt werden können, während sie beim Fehlen dieser Einrichtungen mitunter die größten Dimensionen annehmen. Hier sei nur festgestellt, daß ein absolut festes Kursverhältnis zwischen dem Gelde zweier Länder, so wie es zwischen den verschiedenen Geldsorten eines und desselben Geldsystems erstrebt wird und durchführbar ist, nur dort stattfinden kann, wo diese Länder nicht nur formell, sondern auch materiell eine einheitliche Geldverfassung haben. Das ist eine Voraussetzung, die bisher nur in Ausnahmefällen, und auch dann nur für beschränkte Gebiete und weder lückenlos noch dauernd verwirklicht worden ist.

Es gibt also kein einheitliches internationales Geld und keine eigentliche internationale Geldverfassung, sondern nur ein Nebeneinander verschiedener nationaler Währungen. Aber das Verhältnis, in dem diese verschiedenen nationalen Währungen zueinander stehen, ist für den ganzen internationalen Verkehr von der allergrößten Wichtigkeit, und dieses Verhältnis hat man im Auge, wenn man von der „internationalen Geldverfassung" spricht.

Wenn der durch Geld zu vermittelnde Verkehr von Land zu Land den Umsatz des Geldes des einen Landes gegen das Geld des anderen Landes erfordert, so ist es für die Gestaltung dieses Verkehrs von der größten Bedeutung, in welchem Verhältnis der Austausch zwischen dem inländischen und dem ausländischen Gelde sich vollziehen läßt, ob dieses Verhältnis ein stabiles ist oder ob es großen Schwankungen unterliegt. Es ist klar, daß die internationalen Verkehrsbeziehungen sehr erschwert werden, wenn zwischen dem Gelde der verschiedenen Länder kein annähernd festes Wertverhältnis besteht. Wer nach dem Auslande Waren verkauft und ausländisches Geld dafür in Zahlung empfängt, wer im Auslande Kapital investiert, dessen Zinsen oder sonstigen Erträgnisse in ausländischem Gelde eingehen, der muß Wert darauf legen mit einiger Sicherheit berechnen zu können, wie viel das ausländische Geld zur Zeit des Zahlungsempfanges in seinem heimischen Landesgelde wert sein wird. Je größer die Schwankungen, die in dem Wertverhältnisse des Geldes verschiedener Länder stattfinden, desto größer wird die Gefahr eines Verlustes für diejenigen, die in ausländischem Gelde Zahlung zu empfangen oder Zahlung zu leisten haben; es kommen mithin bei großen Schwankungen nur solche Transaktionen zustande, bei denen entsprechend hohe Gewinnaussichten dem größeren Risiko gegenüberstehen. — Wenn zu irgendeiner Zeit diese Wahrheiten klar und für jedermann greifbar zutage getreten sind, dann in unserer Zeit der beispiellosen Erschütterung der internationalen Geldverfassung.

Man nennt eine Währung in ihren Beziehungen zu fremden Währungen „Valuta", die Wertveränderungen zwischen dem inländischen und ausländischen Gelde nennt man „Valutaschwankungen". Die Feststellung der Ursachen, welche die Valutaschwankungen beherrschen, und der Mittel, welche geeignet sind, die Valutaschwankungen zu beseitigen oder wenigstens auf ein unschädliches Maß einzuschränken, stellt einen wichtigen Teil der Wissenschaft vom Gelde dar.

§ 2. Die Paritäten.

Das Problem des gegenseitigen Verhältnisses zweier nationaler Währungen ist ein verschiedenes bei den beiden Hauptkategorien von Währungssystemen, die wir unterschieden haben: bei den gebundenen und den freien Währungen. Bei den letzteren, bei denen die Wertbewegung des Geldes nicht mit einem bestimmten dritten Wertgegenstande in Beziehung gesetzt ist, können im Verhältnis zu fremden Währungen unbegrenzte Schwankungen stattfinden. Wo aber der Wert des Geldes in Beziehung gesetzt ist zu einem bestimmten Gewichtsquantum Edelmetall, da sind Valutaschwankungen gegenüber den auf dem gleichen Währungsmetalle beruhenden fremden Währungen auf einen minimalen Spielraum beschränkt; gegenüber den auf dem anderen Edelmetalle beruhenden Währungen erscheinen die Valutaschwankungen in der Hauptsache bedingt und begrenzt durch die Veränderungen im Wertverhältnisse der beiden Edelmetalle.

Wenn zwei Länder Goldwährung haben, sodaß in einem jeden eine Wertgleichheit zwischen der Geldeinheit und einem bestimmten Gewichtsquantum Gold besteht, so ergibt sich daraus ein Gleichungspunkt für das Verhältnis des Wertes der beiden Geldeinheiten, der sich nach dem Verhältnisse der Gewichtsquanten Gold, die den beiden Geldeinheiten entsprechen, berechnen läßt. Diesen Gleichungspunkt zweier Valuten nennt man „Parität".

Um das Wesen dieser „Parität" an einem Beispiele klar zu machen:

Deutschland und Frankreich hatten vor dem Weltkriege beide Goldwährung in dem Sinne, daß der Wert der Geldeinheit in Beziehung stand zu einem bestimmten Goldquantum. Nach den deutschen Münzgesetzen wurden aus einem Kilogramm feinen Goldes 2790 Mark geprägt; nach den französischen Münzgesetzen wurden aus einem Kilogramm Münzgold von 900 Tausendteilen Feinheit 3100 Franken, also aus dem Kilogramm Feingold $\frac{31\,000}{9}$ Franken geprägt. Mithin ergab sich zwischen dem deutschen und dem französischen Gelde die Gleichung:

$$2790 \text{ Mark} = \frac{31\,000}{9} \text{ Franken } (= 1 \text{ kg Feingold})$$

also:
$$1 \text{ Frank} = \frac{2790 \cdot 9}{31\,000} \text{ Mark} = \frac{81}{100} \text{ Mark}.$$

Die Parität zwischen der deutschen und französischen Valuta war mithin: 100 Franken = 81 Mark. In je 81 Mark deutschen Goldgeldes war soviel Gold enthalten, daß 100 Franken daraus geprägt werden konnten, und hier wie dort bestand eine Wertgleichheit zwischen der Geldeinheit und ihrem spezifischen Goldgehalte.

Die Berechnung der Parität ist etwas umständlicher, wenn die Münzgewichte bei den in Frage kommenden Geldsystemen nicht in einfachem Verhältnisse zueinander stehen. Aber im Prinzip bleibt die Berechnung bei allen Währungen mit gleicher Währungsgrundlage dieselbe. So ergab sich die Parität zwischen dem deutschen und dem englischen Gelde aus folgendem Kettensatze:

<table>
<tr><td align="right">x Mark</td><td>1 Pfd. Sterl.</td></tr>
<tr><td align="right">1 Pfd. Sterl.</td><td>240 d</td></tr>
<tr><td align="right">934,5 d[1])</td><td>1 Unze Standard Gold</td></tr>
<tr><td align="right">12 Unzen Standard Gold</td><td>11 Unzen Feingold</td></tr>
<tr><td align="right">1 Unze Feingold</td><td>31,1034962 g Feingold</td></tr>
<tr><td align="right">1000 g Feingold</td><td>2790 Mark.</td></tr>
</table>

Daraus ergibt sich die Gleichung:

$$x = \frac{240 \cdot 11 \cdot 31{,}1034962 \cdot 2790}{934{,}5 \cdot 12 \cdot 1000}$$

Mithin x = 20,42945, d. h. die Parität zwischen der englischen und der deutschen Valuta war 1 Pfd. Sterl. = 20,42945 Mark oder rund 20,43 Mark. In je 20,43 Mark deutschen Goldgeldes war so viel Gold enthalten, daß 1 Pfd. Sterl. daraus geprägt werden konnte.

In derselben Weise lassen sich die Paritäten zwischen allen Goldvaluten berechnen, ebenso die Paritäten zwischen allen Silbervaluten.

Dagegen besteht eine feste Parität nicht zwischen Goldvaluten einerseits und Silbervaluten andererseits; denn hier fehlt die Gleichung zwischen der Geldeinheit der beiden Valuten und einem und demselben Geldmetalle. Wenn sich das Wertverhältnis zwischen Gold und Silber ändert, dann muß sich auch der Gleichungspunkt zwischen einer Gold- und einer Silbervaluta verschieben.[2]) Bei einem Silberpreise von 61 d pro Unze Standard berechnete sich die Parität zwischen der englischen und indischen Valuta folgendermaßen:

<table>
<tr><td align="right">x d</td><td>1 Rupie</td></tr>
<tr><td align="right">32 Rupien</td><td>11 Unzen Feinsilber</td></tr>
<tr><td align="right">37 Unzen Feinsilber</td><td>40 Unzen Standard Silber</td></tr>
<tr><td align="right">1 Unze Standard Silber</td><td>61 d</td></tr>
</table>

Daraus ergibt sich die folgende Gleichung:

$$x = \frac{11 \cdot 40 \cdot 61}{32 \cdot 37} = 22{,}67 \text{ d.}$$

Dagegen berechnete sich, solange Indien freie Silberprägung hatte, bei einem Silberpreise von 40 d die Parität zwischen der englischen und

---

[1]) = 3 Pfd. Sterl. 17 sh 10$\frac{1}{2}$ d.

[2]) Auf die Frage, wie weit die Veränderungen des Wertverhältnisses zwischen Gold und Silber ihrerseits beeinflußt werden durch Gründe, die in dem Verhältnisse zwischen Gold- und Silberwährungen ihren Sitz haben, wird weiter unten eingegangen werden.

indischen Valuta auf ungefähr 15 d = 1 Rupie. Bei einem Silberpreise von 61 d konnte man mit je 22²/₃ d soviel Silber kaufen, als zur Ausprägung einer Rupie nötig war; bei einem Silberpreise von 40 d genügten schon 15 d zu diesem Zwecke; jede Verschiebung des Wertverhältnisses zwischen Silber und Gold, die sich in dem in englischem Goldwährungsgelde ausgedrückten Silberpreise äußerte, mußte parallel gehen mit einer Veränderung der Parität zwischen dem englischen und indischen Gelde. Dagegen blieb bis zur Einstellung der indischen Silberprägungen das indische Silbergeld stets in einer festen Parität zu den übrigen Silbervaluten, z. B. zu der chinesischen, japanischen und mexikanischen Silberwährung.

Zwischen gebundenen Währungen und freien Währungen sowie zwischen freien Währungen untereinander besteht, wie bereits betont, keinerlei Parität, da die freien Valuten in ihrem Wertgange nicht an irgendeinen dritten Stoff gebunden sind.

§ 3. Das Kursverhältnis, insbesondere die Wechselkurse, zwischen gebundenen Währungen mit gleicher metallischer Grundlage.

Wenn wir den rechnerischen Gleichungspunkt, der sich aus den Metalläquivalenten zweier gebundener Währungen ergibt, als „Parität" bezeichnen, so müssen wir sofort die Feststellung hinzufügen, daß auch bei gebundenen Währungen, die auf dem gleichen Metalle beruhen, das tatsächliche Kursverhältnis keineswegs immer oder auch nur regelmäßig mit dem Pari übereinstimmt, sondern von diesem meist innerhalb gewisser, allerdings sehr eng gezogener Grenzen abweicht.

Dies tritt bereits in Erscheinung, wenn es sich um Umsätze effektiver ausländischer Geldstücke gegen inländisches Geld handelt. Die Möglichkeit der Abweichung des Kurses von der Parität ergibt sich hier schon aus der Tatsache, daß — wie wir oben festgestellt haben — auch bei gebundenen Währungen das Wertverhältnis zwischen Geld und Geldmetall kein absolut festes, sondern vielmehr ein innerhalb sehr enger Grenzen schwankendes ist. Prägekosten, Zinsverlust bei der Prägung und Abnutzung des tatsächlich umlaufenden frei ausprägbaren Geldes ermöglichen Schwankungen im Ausmaße von einigen Promillen um den durch den Ausmünzungsfuß des vollwertigen Geldes gegebenen Gleichungspunkt zwischen Geld und Metall. Wenn die Wertgleichung zwischen der deutschen Geldeinheit und dem Metalle Gold, desgleichen zwischen der englischen Geldeinheit und dem Metalle Gold nicht eine fest bestimmte, sondern nur eine ungefähre war, so konnte daraus auch nur eine ungefähre Wertgleichung zwischen dem englischen und dem deutschen Gelde hervorgehen. Um mehr als die Kosten der Abnutzung, zuzüglich der Kosten der Umwandlung des ausländischen in inländisches und des inländischen in ausländisches Geld, können sich aber die Kurse des ausländisches Geldes nicht von der Parität entfernen.

Um den Sachverhalt rechnungsmäßig deutlich zu machen, nehmen wir als Beispiel den ungünstigsten Kurs, den französische Zwanzigfrankenstücke in deutschem Gelde erzielen konnten; wir setzen dabei eine Abnutzung der französischen Goldmünzen von 5 Promille voraus, sodaß also, statt in 1300 Franken, erst in 1315,5 Franken ein Pfund Münzgold von $^9/_{10}$ Feinheit enthalten war; gegeben ist ferner, daß bei der Ausprägung von Gold in deutsches Geld oder bei dem Verkaufe von Gold an die Reichsbank gegen deren Noten ein Gegenwert von 2784 Mark pro kg Feingold (2790 Mark — 6 Mark Prägekosten) erzielt wurde. Wir erhalten dann folgenden Kettensatz:

x Mark	100 Franken
3115,5 Franken	1 kg Münzgold
10 kg Münzgold	9 kg Feingold
1 kg Feingold	2784 Mark.

Daraus ergibt sich die Gleichung:

$$x = \frac{100 \cdot 9 \cdot 2784}{3115,5 \cdot 10} = 80{,}424$$

Die angenommene Abnutzung des französischen Geldes und die Kosten der Umwandlung der französischen Goldmünzen in deutsches Geld machten also eine Abweichung von 0,576 Mark unter die Parität von 81 Mark für 100 Franken möglich. Diese Möglichkeit mußte dann Wirklichkeit werden, wenn der Besitzer von französischen Goldmünzen mit der angenommenen Abnutzung darauf angewiesen war, diese in deutsches Geld zu verwandeln; niemals aber hätte er sich bei den angenommenen Voraussetzungen mit weniger als 80,424 Mark für 100 Franken begnügen müssen.

Eine gleich große Abweichung nach oben ist möglich, wenn für gleich stark abgenutztes deutsches Goldgeld französisches Geld beschafft werden muß; dann muß eben der Besitzer der deutschen Goldmünzen äußerstenfalls deren Abnutzung und die Kosten der Neuprägung tragen.

Der Umsatz effektiven ausländischen Geldes, seien es Münzen oder Papierscheine, gegen inländisches Geld steht jedoch an praktischer Wichtigkeit erheblich zurück hinter dem Verkehr in kurzfristigen Forderungen auf ausländisches Geld. Wer ausländisches Geld zu kaufen sucht, der benötigt, wenn er nicht gerade bestimmte Sorten zum Zwecke der Einschmelzung und industriellen Verarbeitung verwenden will, das fremde Geld zur Leistung von Zahlungen im Auslande[1]). Für diesen Zweck ist aber, von dem Bedarfe des Reiseverkehrs abgesehen, eine im Auslande fällige kurzfristige Forderung, die dem Erwerber die Verfügung über ausländisches Geld am Orte der von ihm zu leistenden Zahlung gibt, erheblich bequemer als effektives ausländisches Geld, insbesondere als gemünztes Geld, das erst mit besonderen Kosten und Bemühungen nach dem ausländischen Orte der zu leistenden Zahlung versendet werden müßte. Desgleichen ist es für denjenigen, welcher aufgrund eines Verkaufs von Waren oder irgendeiner anderen

---

[1]) Unter den gegenwärtigen Verhältnissen spielt allerdings bei dem Handel mit ausländischen Noten die Spekulation die Hauptrolle. Die Spekulation des Publikums hat jedoch im gegenseitigen Verhältnis zweier auf die Grundlagen des gleichen Metalls beruhenden gebundenen Währungen keinerlei Betätigungsmöglichkeit.

Transaktion im Auslande die Verfügung über eine bestimmte Summe ausländischen Geldes hat und dieses ausländische Geld gegen inländisches umzusetzen wünscht, wesentlich bequemer und billiger, sein Verfügungsrecht über das ausländische Geld in Form einer kurzfristigen Anweisung zu verkaufen, als das ausländische Geld nach dem Inlande kommen zu lassen und es dort in Gestalt effektiver Münzen oder Scheine gegen inländisches Geld zu veräußern. Die kurzfristigen Anweisungen, die für den Zahlungsverkehr von Land zu Land so gut wie ausschließlich in Betracht kommen, sind der Wechsel, der Scheck und die telegraphische „Auszahlung". Man bezeichnet sie mit dem Sammelnamen „Devisen". Bei der überragenden Bedeutung, die der Wechsel ursprünglich im internationalen Zahlungsverkehr hatte — Scheck und Auszahlung sind erst in neuerer Zeit entwickelt worden, — werden in der Literatur des Geldwesens die Kursverhältnisse zwischen den verschiedenen nationalen Valuten meist schlechthin als die „auswärtigen Wechselkurse", neuerdings auch als „Devisenkurse" bezeichnet und behandelt. Die Gesamtheit der hier in Betracht kommenden Erscheinungen, von denen die ausländischen Wechselkurse nur einen Teil — allerdings einen sehr wichtigen Teil — bilden, kann man nach dem Vorbilde Knapps unter der Bezeichnung „intervalutarische Beziehungen" zusammenzufassen.

Ehe wir nun auf die Besonderheiten der Wechselkursschwankungen eingehen, sei die Bedeutung des Wechsels im internationalen Zahlungsverkehr noch etwas näher beleuchtet.

Der Wechsel wird im internationalen Verkehr als Mittel zur Ausgleichung von Zahlungen unter Ersparung von Bargeldsendungen aus einem Lande in das andere benutzt. Folgendes Beispiel mag zur Erläuterung dienen. Eine deutsche chemische Fabrik hat Farbstoffe nach England verkauft und hat den Gegenwert von dort zu empfangen; gleichzeitig hat eine deutsche Spinnerei in England Baumwolle gekauft und schuldet den Betrag dem englischen Händler. Um die Sendung von Metallgeld nach England, die Transport- und Versicherungskosten verursachen würde, zu vermeiden, läßt sich die deutsche Spinnerei von der chemischen Fabrik deren Forderung an den englischen Färber übertragen; das geschieht in der Form, daß die Fabrik auf ihren englischen Abnehmer einen Wechsel zieht und diesen an die Spinnerei verkauft. Die deutsche Spinnerei bezahlt nun den englischen Baumwollhändler mit diesem Wechsel, der Baumwollhändler präsentiert ihn seinem Landsmanne, dem Färber, zur Einlösung und macht sich auf diese Weise in barem Gelde für seine Baumwolle bezahlt. Der Vorteil der Manipulation besteht darin, daß an die Stelle zweier kostspieliger Bargeldsendungen (von England nach Deutschland und umgekehrt) zwei inländische Barzahlungen, eine in Deutschland (vom Spinner an die chemische Fabrik) und eine in England (vom Färber an den Baumwollhändler) getreten sind. In der Regel vollzieht sich übrigens die ganze Operation nicht auf dem der Einfachheit halber geschilderten direkten Wege, sondern durch die Vermittlung von Bankinstituten, die Wechsel auf das Ausland ankaufen und verkaufen.

Solange sich die von zwei Ländern an einander zu leistenden Zahlungen die Wage halten, kann ein vollständiger Ausgleich und eine vollständige Ersparung der Bargeldsendungen von einem nach dem anderen Lande durch die Vermittelung des Wechsels bewirkt werden; solange das der Fall ist, besteht ferner keinerlei Grund für eine Abweichung des Wechselkurses von der Parität. In der Regel jedoch überwiegen auf der einen oder anderen Seite die zu leistenden Zahlungen, und dann muß zur Begleichung des Saldos als ultima ratio eine Versendung von Bargeld eintreten. Wenn das Land A in einem gegebenen Augenblicke mehr von dem Lande B zu fordern als an es zu zahlen hat, so ist die Folge davon, daß von den Kaufleuten des Landes A usw. mehr Wechsel auf das Land B gezogen und auf den Markt gebracht werden, als behufs Zahlungsleistung an dieses Land auf dem Markte des Landes A gefragt sind und untergebracht werden können. Solange auf beiden Seiten Goldwährung besteht, sind diejenigen, welche nicht imstande sind, ihre Wechsel auf das Land B auf dem Markte des Landes A abzusetzen, genötigt, ihre Wechsel nach dem Lande B zur Einlösung zu schicken, das bare Geld von dort kommen zu lassen und dessen Umwandlung in ihr Landesgeld, sei es durch Prägung, sei es durch Verkauf an die Reichsbank, sei es auf einem anderen Wege zu bewirken. Wenn umgekehrt in einem gegebenen Zeitpunkte die Forderungen des Landes B an das Land A überwiegen, dann wird auf dem Markte des Landes A die Nachfrage nach Wechseln auf das Land B das Angebot an solchen Wechseln übersteigen. Wer nicht imstande ist, sich behufs Zahlungsleistung an das Land B einen Wechsel auf dieses Land zu beschaffen, sieht sich zur Versendung von Bargeld nach dem Lande B gezwungen. Um die Kosten der Barsendung usw. zu vermeiden, werden sich im ersteren Falle die Verkäufer von Wechseln lieber mit einem etwas niedrigeren Kurse als dem der Parität entsprechenden begnügen, und im letzteren Falle werden sich aus dem gleichen Grunde die Käufer von Wechseln bereit finden, lieber einen etwas höheren Kurs als den der Parität entsprechenden zu bezahlen. Die Wechselkurse können mithin sowohl nach aufwärts als auch nach abwärts sich von der Parität entfernen, je nach dem Verhältnis von Angebot und Nachfrage.

Zu den Faktoren, die schon bei den Umsätzen effektiven ausländischen Geldes gegen inländisches Geld die Abweichungen von der Parität ermöglichen, kommen hier noch hinzu alle diejenigen Kosten, die mit der Versendung von Bargeld von einem Lande in das andere verknüpft sind: also Fracht, Versicherung, Kommission usw.

Aber die Schwankungen der Wechselkurse um die Parität haben — immer solange auf beiden Seiten die gleiche Metallwährung besteht — an der Bedingtheit derjenigen Faktoren, welche die Abweichungen von der Parität möglich machen, ebenso ihre Grenzen, wie die Schwankungen im Kurse effektiven Geldes. Man zahlt allenfalls mehr als den Parikurs oder gibt sich mit weniger zufrieden, um die Kosten der Barsendung usw. zu vermeiden. Sobald aber der Wechselkurs so viel über die Parität gestiegen oder unter die Parität gesunken ist, daß die Abweichung allen aus der Barsendung und etwaigen Umwandlung erwachsenden Kosten gleichkommt, ist ein weiteres Steigen oder Fallen der Wechselkurse unmöglich, weil eben dann niemand mehr einen Wechsel kaufen oder verkaufen, vielmehr jedermann zur Regulierung in Metallgeld greifen würde.

Die beiden Grenzkurse, bei denen der Bezug oder die Versendung von Bargeld anfängt lohnend zu werden, nennt man bei beiderseitiger Goldwährung die „Goldpunkte". Neigen sich die Wechselkurse dem Goldpunkte zu, der den Bezug von Gold aus dem Ausland ermöglicht, so spricht man von „günstigen" Wechselkursen, und diesen Goldpunkt selbst nennt man den „Goldpunkt für" das betreffende Land; im umgekehrten Falle spricht man von „ungünstigen" Wechselkursen und vom „Goldpunkte gegen" das betreffende Land. Diese Terminologie ist alt; sie stammt aus der Zeit der merkantilistischen Anschauung, die in der Zufuhr von Edelmetall das letzte Ziel des auswärtigen Handels erblickte.

Ob die günstigen Wechselkurse gegenüber der Parität niedriger oder höher sind, hängt von der Art der Notierung der auswärtigen Wechselkurse ab. In Deutschland und in den meisten anderen Ländern werden die Wechselkurse in der Weise notiert, daß angegeben wird, wieviel inländisches Geld für einen bestimmten Betrag ausländischen Geldes gezahlt wird, z. B. wieviel Mark für 100 Franken oder wieviel Mark für ein Pfund Sterling. Bei dieser Art der Notierung sind günstige Wechselkurse gleichbedeutend mit niedrigen, ungünstige gleichbedeutend mit hohen Wechselkursen: je niedriger der Preis ist, der für ausländische Wechsel erzielt wird, desto mehr nähert man sich dem Punkte, bei welchem es die Inhaber der Wechsel vorziehen, sie im Auslande zur Einlösung zu präsentieren und den Betrag in Metallgeld kommen zu lassen; je höher andererseits der Kurs steigt, desto mehr nähert man sich dem Punkte, bei dem es diejenigen, welche Zahlungen nach dem Auslande zu leisten haben, vorziehen, Bargeld nach dem Auslande zu versenden. In England dagegen werden die meisten ausländischen Wechselkurse in der Weise notiert, daß der Kurs jeweils anzeigt, wieviel fremdes Geld, z. B. wieviel Mark oder wieviel Franken, man für ein Pfund Sterling erhalten kann. Hier fallen mithin niedrige und ungünstige, hohe und günstige Wechselkurse zusammen: je weniger Geld eines fremden Landes in Wechselform man in England für ein Pfund Sterling erhält, desto unvorteilhafter wird der Ankauf von Wechseln auf dieses Land gegenüber der Versendung von Bargeld; je mehr Geld des fremden Landes in Wechselform man in London für ein Pfund Sterling geben muß, desto unvorteilhafter wird der Verkauf von Wechseln gegenüber der Einlösung in dem fremden Lande und dem Bezuge des Barbetrages.

Der Spielraum, innerhalb dessen die Wechselkurse bei beiderseitiger Goldwährung von der Parität abweichen können, und die Kurse, bei welchen die Versendung oder der Bezug von Metallgeld oder Metall lohnend wird, sind nun in der Praxis keine feststehenden Größen, sondern hängen von einer Reihe besonderer und nicht immer gleichbleibender Bedingungen ab. Der Betrag der effektiven Abnutzung des heimischen oder ausländischen Geldes, zuzüglich der Kosten der Umprägung und aller mit der Versendung verbundenen Kosten, stellt ein

Maximum der Abweichung dar, das durch gewisse Vorkehrungen und Maßnahmen beschränkt werden kann. Die effektive Umprägung kann überflüssig gemacht werden dadurch, daß eine Zentralbank die fremden Goldmünzen gegen ihre Noten zu einem bekannt gemachten Preise ankauft; dieser Preis wird allerdings herkömmlicherweise nicht nach dem Nennwerte der fremden Münzen, sondern nach dem Gewichte bemessen, sodaß die Abnutzung auch hier in Erscheinung tritt. Wenn der Ankaufspreis für fremde Goldmünzen oder auch für Goldbarren sich um weniger als die Prägegebühr unterhalb des Ausmünzungswertes hält, so ist der Weg des Verkaufs der Münzen oder Barren an die Bank gegen deren Noten vorteilhafter als die effektive Umprägung, und das Maximum der Abweichungen der Wechselkurse stellt sich entsprechend niedriger. Eine weitere Einschränkung des Spielraumes der Wechselkursschwankungen tritt ein, wenn im Falle der Notwendigkeit von Barsendungen nach dem Auslande Geld des betreffenden fremden Staates im Inlande zu einem seinem Goldgehalte entsprechenden Preise beschafft werden kann, oder auch wenn Goldbarren zu ihrem Ausmünzungswerte zur Verfügung stehen; im letzteren Falle kommen die durch die Abnutzung der geprägten Münzen entstehenden Kosten in Wegfall, während die Prägekosten, bzw. der Abzug, den die Zentralbank des fremden Staates beim Ankauf von Goldbarren von dem Ausmünzungswerte macht, bestehen bleiben; im ersteren Falle dagegen kommt weder eine Abnutzung noch eine Umprägung in Betracht, die Kosten der Barsendung erfahren vielmehr nur insoweit einen Zuschlag, als die fremden Münzen etwa nur zu einem den Parikurs übersteigenden Preise erhältlich sind.

Es ergibt sich daraus, daß die Goldpunkte auch bei gleichbleibenden Barsendungskosten nicht unbedingt festliegen, sondern je nach Lage der eben berührten Verhältnisse mehr oder weniger von der Parität abweichen können. Wenn in der Vorkriegszeit die Bank von England einen Bestand an deutschen Goldmünzen hatte und diese zu ihrem Ausmünzungswerte in englischem Gelde oder zu einem nur wenig höheren Kurse verkaufte oder wenn sie Barrengold zu seinem Ausmünzungswerte abgab, so mußte der „Goldpunkt für Deutschland" der Parität näher liegen, als wenn für die Barsendung nach Deutschland nur abgenutzte Sovereigns zur Verfügung gestanden hätten.

Abgesehen von der Feststellung der An- und Verkaufspreise für Goldbarren und fremde Goldmünzen können die großen Notenbanken das Maximum der Abweichungen der Wechselkurse von der Parität und damit die Lage der Goldpunkte beeinflussen durch die Gewährung von zinsfreien Vorschüssen auf Goldlieferungen. Wenn ein solcher Vorschuß bei einem Diskontsatze von 6 Prozent auf einen halben Monat gewährt wird, so bedeutet das für den Importeur von Gold eine Vergütung von $^{1}/_{4}$ Prozent; daraus ergibt sich, daß in einem solchen Falle die Einfuhr von Gold schon bei einem Kursstande lohnend wird, der um $^{1}/_{4}$ Prozent der Parität näher liegt als der sich aus den übrigen Faktoren ergebende Goldpunkt. Das System der zinsfreien Vorschüsse auf Goldeinlieferungen ist von der deutschen Reichsbank in der Vorkriegszeit ganz besonders gepflegt und ausgebildet worden.

Die bisher festgestellten Grenzen für die Abweichungen der Wechselkurse von der Parität haben ihre uneingeschränkte Bedeutung nur für das Verhältnis zwischen Währungen, deren Verfassung und tatsächlicher Zustand die Sicherheit gibt, daß man jederzeit für jede beliebige Geldsorte vollwertiges Metallgeld zu seinem Nennwerte, also ohne jedes Aufgeld und ohne besondere Kosten, erhalten kann. Wo dies nicht der Fall ist, sind Abweichungen in größerem Umfange möglich. Es kommen hier vor allem die sogenannten hinkenden Währungen in Betracht. Wo nur Goldmünzen unbedingtes gesetzliches Zahlungsmittel sind, ist selbstverständlich das Goldgeld jederzeit zu seinem Nennwerte beschaffbar. Wo aber, wie in der Vorkriegszeit in Frankreich, außer den Goldmünzen auch unterwertige Silbermünzen, die nicht ohne erheblichen Verlust eingeschmolzen und als Metall verkauft oder umgeprägt werden konnten, Kurantmünzen waren, da bestand die Möglichkeit, daß derjenige, der Zahlungen an das Ausland zu leisten hatte, wohl solche Silbermünzen zu ihrem Nennwerte auftreiben konnte, während er für Goldmünzen sich zur Zahlung eines Aufgeldes bequemen mußte. Da der Bedarf an Metallgeld behufs Begleichung internationaler Zahlungen in der Regel aus den großen Barbeständen der Zentralbanken schöpft, spitzt sich die Frage praktisch darauf zu, ob bei einer hinkenden Goldwährung die Zentralbank auf Verlangen jederzeit anstandslos in Goldgeld zu seinem Nennwerte zahlt, ob sie ihre Noten auf Verlangen ·in Goldgeld einlöst, ob sie Auszahlungen aus den bei ihr stehenden Giroguthaben usw. auf Verlangen in Goldgeld zu seinem Nennwerte bewirkt, ob sie Wechsel auf Verlangen in Goldgeld diskontiert usw., oder ob sie von ihrem Rechte der Zahlung in Silbergeld in der Weise Gebrauch macht, daß sie sagt: ich bin berechtigt, in Silbergeld zu zahlen; wenn du auf Zahlung in Goldgeld Wert legst, so mußt du dir einen kleinen Abzug gefallen lassen, ich berechne für Goldzahlung eine Prämie. Die Politik der unbedingten Goldzahlung ist in der Vorkriegszeit von der deutschen Reichsbank befolgt worden, auch solange die Silbertaler noch volles gesetzliches Zahlungsmittel neben dem Goldgelde waren; sie war die aufgrund der englischen Geldverfassung die selbstverständliche Politik der Bank von England. Die Politik der Berechnung einer Goldprämie wurde zeitweise von der Bank von Frankreich gehandhabt.

Es ist hier nicht der Platz, in eine eingehende Würdigung dieser beiden viel umstrittenen Systeme einzutreten; eine solche ist nur möglich in Verbindung mit der Darstellung der Grundzüge der Diskontpolitik. Hier ist lediglich festzustellen, daß, wo eine Prämie auf Gold erhoben wird, diese Prämie als ein weiterer Zuschlag zu den Versendungs- und Umwandlungskosten von Metallgeld hinzutritt, und zwar als Kosten der Beschaffung exportfähigen Metallgeldes. Der Spielraum der Wechselkursschwankungen erfährt dadurch eine Erweiterung. Das Verhalten der französischen Wechselkurse in der Vorkriegszeit ist der praktische Beweis dafür; während die Versendungs- und Umwandlungskosten von Goldgeld zwischen Frankreich einerseits, England und Deutschland andererseits höchstens auf 0,4 oder 0,5 Prozent zu berechnen waren, haben sich die Wechselkurse zwischen Frankreich und den

beiden genannten Ländern zeitweise um mehr als ein volles Prozent
von der Parität entfernt.

§ 4. Die Zahlungsbilanz.

Indem wir uns mit der Frage des Spielraumes der Wechselkursschwankungen bei den Ländern mit gebundenen Währungen beschäftigten, mußten gleichzeitig die Ursachen dieser Schwankungen angedeutet
werden: die Veränderungen des Verhältnisses von Angebot und Nachfrage nach Zahlungsmitteln für das Ausland, welches Verhältnis seinerseits auf der „internationalen Zahlungsbilanz" beruht.

Die internationale Zahlungsbilanz eines Landes ist der Ausdruck
des Verhältnisses der von diesem Lande in einem gegebenen Augenblick
oder in einem längeren Zeitraum an das Ausland zu leistenden und
vom Auslande zu empfangenden Zahlungen.

Die Zahlungsbilanz ist mithin nicht identisch mit der „Handelsbilanz"; denn die Handelsbilanz eines Landes umfaßt lediglich das
Verhältnis von Wareneinfuhr und Warenausfuhr. Dagegen bilden die
aus der Wareneinfuhr sich ergebenden Zahlungsverpflichtungen an das
Ausland und die aus der Warenausfuhr erwachsenden Forderungen
an das Ausland einen wichtigen Bestandteil der Zahlungsbilanz. Immerhin nicht den unter allen Umständen entscheidenden Bestandteil. In
den Jahrzehnten vor dem Kriege war z. B. die Handelsbilanz der am
meisten vorgeschrittenen und wirtschaftlich am günstigsten dastehenden
Länder Europas „passiv", d. h. die Einfuhr dieser Länder — Englands,
Deutschlands, Frankreichs — überwog regelmäßig die Ausfuhr, und
zwar um beträchtliche Summen. Im Jahre 1913 stand in Großbritannien
und Irland einer Einfuhr von 768,7 Millionen Pfd. Sterl. eine Ausfuhr
von 634,8 Millionen Pfd. Sterl. gegenüber; der „Passivsaldo" der
Handelsbilanz betrug also 133,9 = rund 2700 Millionen Goldmark. In Frankreich stellte sich im gleichen Jahre die Einfuhr auf
8421,3, die Ausfuhr auf 6880,2, der Passivsaldo der Handelsbilanz
also auf 1541,1 Millionen Franken. In Deutschland betrug die Einfuhr 10769,2, die Ausfuhr 10098,2, der Passivsaldo mithin 672,5
Millionen Mark. Die Zahlungsbilanz dieser Länder war jedoch, wie
der Stand der Wechselkurse und der erhebliche Goldzufluß beweist,
eine „aktive". Die abseits der Handelsbilanz in Betracht kommenden
Elemente der Zahlungsbilanz haben also zweifellos ein ausreichendes
Gegengewicht gegen die Passivität der Handelsbilanz gebildet.

Diese anderen Elemente der Zahlungsbilanz sind im wesentlichen
folgende:

1. Der Besitz eines Volkes an ausländischen Wertpapieren (Schuldverschreibungen, Aktien usw.) im Verhältnis zum Besitze des Auslandes an inländischen Werten dieser Art. Je größer das Uebergewicht
des inländischen Besitzes an ausländischen Werten ist, desto stärker
ist der Ueberschuß an Zinsen und Dividenden, der einem Lande Jahr
für Jahr aus dem Auslande zufließt.

2. Die von Angehörigen des einen Landes in einem anderen
Lande betriebenen Unternehmungen, deren Erträgnisse, ebenso wie die

Zinsen und Dividenden ausländischer Wertpapiere, dem Heimatlande des Kapitalisten und Unternehmers zugute kommen.

3. Der Betrieb von internationalen Vermittlungs- und Transportgeschäften auf dem Gebiete des Handels und der Schiffahrt.

4. Aller im Auslande gewonnene Arbeitsverdienst, soweit die Ersparnisse nach der Heimat gesandt oder mitgebracht werden; oder — vom Standpunkt des anderen Landes gesehen — die an ausländische Arbeiter zu leistenden Zahlungen, soweit sie den Verbrauch an Ort und Stelle überschreiten.

5. Die Ausgaben von Ausländern im Inlande im Verhältnis zu den Ausgaben von Inländern im Auslande.

Vor dem Kriege wurde der deutsche Besitz an auswärtigen Kapitalanlagen in Wertpapieren und in anderer Form, also die oben unter 1. und 2. aufgeführten Posten, auf 20 bis 25 Milliarden Goldmark geschätzt. Bei der verhältnismäßig hohen Verzinsung, die auswärtige Kapitalanlagen brachten, konnte man den Jahresertrag dieser Investierungen auf mindestens $1^1/_2$ Milliarden Goldmark schätzen. Dazu kommen rund 1 Milliarde Goldmark aus dem unter 3. genannten Posten, aus dem internationalen Handel und aus der internationalen Personen- und Güterbeförderung unserer Handelsflotte. Insgesamt lieferten also diese drei Posten der Zahlungsbilanz für Deutschland Zahlungsansprüche in Höhe von rund $2^1/_2$ Milliarden Goldmark.

Die Posten 4. und 5. waren für Deutschland zweifellos passiv. Der Arbeitsverdienst von Deutschen im Ausland wurde überwogen durch die Zahlungen, die Jahr aus Jahr ein insbesondere an die große Zahl landwirtschaftlicher Saisonarbeiter geleistet werden mußten. Ebenso wurden die Ausgaben ausländischer Reisender in Deutschland sicherlich durch die Ausgaben der im Auslande reisenden Deutschen mehr als aufgewogen. Um erhebliche Summen, die den Ueberschuß der Posten 1. bis 3. nennenswert hätten beeinträchtigen können, hat es sich aber dabei nicht gehandelt. Man mag den Passivsaldo Deutschlands aus den Posten 3 und 4 auf rund $1/_2$ Milliarde Goldmark schätzen. Es blieb demnach ein Aktivsaldo der Zahlungsbilanz von rund 2 Milliarden Goldmark. Die unter 5. genannten Posten spielten eine beträchtliche Rolle für ein Land wie die Schweiz, deren Zahlungsbilanz durch den starken und regelmäßigen Fremdenverkehr eine wesentliche Erleichterung erfuhr; für Frankreich, dessen Hauptstadt stets eine starke Anziehungskraft auf das zahlungsfähige Publikum der ganzen Welt ausgeübt hat; für Italien, das neben den Einnahmen aus einem starken Fremdenverkehr Jahr für Jahr große Summen von seinen im europäischen und überseeischen Auslande arbeitenden Landeskindern erhielt.

Der Krieg und die Friedensdiktate haben die Zahlungsbilanzen der meisten und wichtigsten Länder der Erde auf das schwerste erschüttert und damit die internationale Geldverfassung gesprengt.

Schon während des Krieges selbst hat bei den europäischen kriegführenden Staaten die Schwächung der Produktion und die gewaltige Steigerung des Verbrauchs an allen lebens- und kriegswichtigen Dingen die Handelsbilanzen stark passiv gestaltet, während die neutralen Länder, ebenso die Vereinigten Staaten und Japan, ihre Ausfuhren und vor allem die Preise ihrer Ausfuhrwaren sehr erheblich steigern und damit bisher unbekannte Ausfuhrüberschüsse erzielen konnten. Der Einfuhrüberschuß Englands stieg von 134 Millionen Pfund Sterling im Jahre 1913 auf 790 Millionen Pfund Sterling im Jahre 1918, der Einfuhrüberschuß Frankreichs von 1,5 Milliarden Franken im Jahre 1913 auf 15,8 Millarden Franken im Jahre 1917. Dagegen wuchs der Aktivsaldo der Handelsbilanz der Vereinigten Staaten von 324 Millionen Dollar im Fiskaljahr 1913/14 auf nicht weniger als 4129 Millionen Dollar im Fiskaljahr 1918/19.

Der gewaltige Einfuhrbedarf der europäischen Kriegführenden hatte eine Revolutionierung der internationalen Verschuldungsverhältnisse zur Folge. Insbesondere wurden die Vereinigten Staaten von Amerika, die bis zum Kriegsausbruch ein Schuldnerland gewesen waren, zu dem weitaus größten Gläubigerstaat der Welte. Allein die von der amerikanischen Regierung an die alliierten Regierungen gewährten Kredite stellten sich einschließlich der unbezahlt gebliebenen Zinsen im Juli 1921 auf mehr als 11 Milliarden Dollar; davon schuldet England rund 4,6 Milliarden, Frankreich 3,6 Milliarden, Italien 1,8 Milliarden, Belgien 409 Millionen Dollar. Die Vorschüsse der britischen Regierung an andere Regierungen stellten sich im März 1921 auf rund 1,8 Milliarden Pfund Sterling; davon schuldete Rußland 561 Millionen, Frankreich 557 Millionen, Italien 477 Millionen, Belgien 103 Millionen Pfund Sterling. Die statistisch nicht zu erfassenden, aber sehr umfangreichen kaufmännischen Kredite kommen noch hinzu.

Die gewaltigen Ziffern der sich aus den Kriegskrediten ergebenden Verschuldung werden jedoch noch weit übertroffen durch die Zahlungsverpflichtungen, die den unterlegenen Staaten, insbesondere Deutschland, unter dem Titel der „Reparationen" aufgezwungen worden sind. Das Londoner Ultimatum vom Mai 1921 hat die deutsche Reparationsschuld auf 132 Milliarden Goldmark zuzüglich der belgischen Kriegsschulden, im ganzen also auf etwa 138 Milliarden Goldmark festgesetzt; das ist mehr als das Dreizehnfache des höchsten Jahresbetrages, den in der Vorkriegszeit die deutsche Gesamtausfuhr jemals erreicht hat, und mehr als der Gesamtbetrag des Deutschland nach Krieg, Revolution und Friedensdiktat noch verbliebenen Volksvermögens.

Niemals hat es in der Welt auch nur annähernd ein solches Maß internationaler Verschuldung gegeben. Die Verschuldung steht gänzlich außer jedem Verhältnis zu dem tatsächlichen und möglichen Umfang des internationalen Warenaustausches, durch den allein auf die Dauer internationale Schulden verzinst und getilgt werden können. Das gilt insbesondere für Deutschland. Die Schwächung der deutschen Produktionskraft durch den Krieg und die Revolution sowie durch die territorialen Verstümmelungen des Reichs haben bewirkt, daß die Ausfuhr Deutschlands weit stärker zurückgegangen ist als die Einfuhr. Für das Jahr 1922 stellt sich nach den vorläufigen Berechnungen der Wert der Einfuhr auf 6,2 Milliarden, der Wert der Einfuhr auf 4 Milliarden, der Passivsaldo der Handelsbilanz also auf 2 Milliarden Goldmark. Daraus ergibt sich die Unmöglichkeit der uns auferlegten Milliarden jährlicher Sach- und Barleistungen. Der Versuch, trotzdem

solche Leistungen unter Gewaltanwendungen aus Deutschland herauszupressen, mußte mit Notwendigkeit zu dem völligen Zusammenbruch
der deutschen Valuta führen, dessen Zeugen wir sind.

Nur wenn durch eine weitherzige und großzügige Regelung der
Kriegsverschuldung und der Kontributionslasten die Verhältnisse der internationalen Zahlungsbilanz wieder in Ordnung gebracht werden, besteht
die Möglichkeit, die gänzlich zerrüttete internationale Geldverfassung
allmählich wieder herzustellen und die einzelnen Valuten in ihrem
gegenseitigen Verhältnis wieder annähernd zu stabilisieren. Internationale Anleihen für sich allein vermögen bestenfalls nur eine vorübergehende Erleichterung zu bringen; auf die Länge der Zeit verstärken
sie die Hauptursache der Störung der internationalen Zahlungsbilanz
und damit der internationalen Geldverfassung.

§ 5. Die Valutaschwankungen im Verhältnisse von Gold- und Silberwährungen.

In dem Verhältnisse der auf derselben Metallgrundlage beruhenden
gebundenen Valuten können, solange beiderseits die Währungsverfassung
aufrecht erhalten bleibt, auch die stärksten Schwankungen der Zahlungsbilanz nur die geringfügigen durch die beiden Goldpunkte begrenzten
Bewegungen hervorrufen, während die Parität von allen diesen Schwankungen der Zahlungsbilanz gänzlich unberührt bleibt.

Das Verhältnis von Gold- und Silbervaluten liegt um eine
Schattierung anders. Hier ist die Parität keine feste; sie verändert
sich vielmehr mit dem Wertverhältnisse der beiden Edelmetalle, das
vom Gesichtspunkte der Goldwährungsländer aus in dem Preise des
Silbers in Erscheinung tritt; bei einem gegebenen Silberpreise aber
können die Wechselkurse zwischen Gold- und Silberwährungsländern
von der aus dem Silberpreise zu berechnenden Parität gleichfalls nur
innerhalb des engen Spielraums abweichen, der durch die Kosten der
Versendung und Ausprägung von Silberbarren einerseits, durch die
Kosten des Bezugs und der Einschmelzung von Silbermünzen und durch
den Betrag der Abnutzung der Silbermünzen andererseits gegeben ist.
Darin liegt die prinzipielle Aehnlichkeit dieses Verhältnisses mit dem
zwischen Goldwährungen unter sich und Silberwährungen unter sich
bestehenden. Der Unterschied liegt jedoch darin, daß die Zahlungsbilanz zwischen Gold- und Silberwährungsländern einen Einfluß auf
den Silberpreis und damit auf die Veränderungen der Parität zwischen
Gold- und Silbervaluten hat. Es hat sich im historischen Teile dieses
Buches oft genug Gelegenheit geboten, auf die große Bedeutung hinzuweisen, die die Zahlungsbilanz Indiens stets für den Londoner
Silberpreis gehabt hat, solange die indische Münzstätte dem Silber
offen stand.

Immerhin ist die Zahlungsbilanz der verschiedenen Silberländer
stets nur ein einzelner unter einer Vielheit von Faktoren, die für die
Preisbildung des Silbers oder — was gleichbedeutend ist — für die
Gestaltung des Wertverhältnisses zwischen Silber und Gold von Bedeutung sind. Dieser beschränkten Beeinflussung des Silberpreises
durch die Zahlungsbilanz eines Silberlandes steht gegenüber, daß die
aus einer Vielheit von Ursachen hervorgegangene Wertrelation

zwischen Gold und Silber innerhalb der engen, durch die Kosten der Metallsendung gegebenen Grenzen bestimmend ist für die Wechselkurse der Silberländer. Es liegt hier also eine eigenartig bedingte Wechselwirkung vor.

Knapp hat in seinem Buche den Versuch gemacht, das hier vorliegende Verhältnis in einem anderen Lichte erscheinen zu lassen. Er spricht den industriellen Faktoren, die auf die Preisbildung des Silbers einwirken können (Produktionsverhältnisse, Nachfrage für industrielle Zwecke) nicht jede Bedeutung ab, sieht aber den bestimmenden Faktor für den Silberpreis in den Valutakursen der Silberländer, von 1871 bis 1893 hauptsächlich in dem Kurse der indischen Rupie. Wir sagen: das Wertverhältnis zwischen Gold und Silber wird zwar von der Zahlungsbilanz eines jeden einzelnen der Silberländer, die gleichzeitig deren Wechselkursen eine Tendenz nach oben oder unten gibt, beeinflußt; das Wertverhältnis selbst, wie es sich aus der Vielheit der industriellen und monetären Faktoren tatsächlich in jedem Augenblicke stellt, ist aber von entscheidender Bedeutung für den Wechselkurs der Silberländer. Knapp stellt die These auf: das Wertverhältnis zwischen Gold und Silber wird bestimmt durch den Valutakurs der Silberländer; Aenderungen in den Produktionsverhältnissen und dem industriellen Absatze können nur in bescheidenem Umfange modifizierend einwirken und auch das nur insoweit, als sie die Zahlungsbilanz und damit den Wechselkurs der Silberländer beeinflussen und durch diesen wirksam werden.

Knapp führt für seine These insbesondere ins Feld, daß seit 1871 und noch mehr seit 1876 sowohl die indische Rupie als auch der mexikanische Peso aus „pantopolischen" Gründen — das heißt aus Gründen der Gesamtheit der merkantilen Beziehungen dieser Länder, wie sie in der Zahlungsbilanz zum Ausdruck kommen, — gesunken sei, ganz unabhängig von der Preisentwicklung des Silbers; der Silberpreis sei also in jener Zeit zurückgegangen, weil der Rupienkurs ins Weichen kam, und zwar sei er dem Rupienkurs gefolgt, weil dieser ihm stets eine obere Grenze gesetzt habe. Den Beweis für diesen Zusammenhang will Knapp in den Vorgängen des Jahres 1893 sehen. Der Rupienkurs, der in jenem Jahre zu der Zeit, als die Einstellung der freien Rupienprägung erfolgte, auf etwa 15 d stand, habe sich infolge der Sperrung der Silberprägung nicht etwa gehoben, sei vielmehr weiter bis auf 13 und 12 d zurückgegangen. Darüber hätten die meisten Schriftsteller ihr Erstaunen ausgesprochen. „Wir aber teilen dies Erstaunen nicht. Denn wir glauben ja, daß der Rupienpreis aus pantopolischen Gründen gefallen sei; wenn also solche Gründe weiterbestanden — und das ist allerdings noch nachzuweisen —, weshalb sollte dann die Sperrung der indischen Münzstätten den Kurs der Rupie gehoben haben? Daß dieser Kurs sich nicht hob, steht ja außer aller Frage. Und gerade daraus schließen wir, daß an dem Sinken des Kurses der Rupie nicht das Silber schuld war, das aus irgendwelchen Gründen an und für sich billiger geworden wäre und den Rupienkurs mit hinuntergedrückt hätte. Es lag vielmehr umgekehrt." (a. a. O., S. 230.)

Stellen wir gegenüber dieser Argumentation zunächst einmal den Tatbestand fest:

Es ist richtig, daß aus verschiedenen gewichtigen Gründen die indische Zahlungsbilanz — jedoch nicht erst von 1871 oder 1876, sondern schon von etwa 1866 an — sich nicht unerheblich ungünstiger gestaltete, als in dem vorhergegangenen Jahrzehnt. Das ist im einzelnen oben auf den Seiten 180—181 eingehend dargelegt. Es ist auch ohne weiteres zuzugeben, daß der aus der ungünstigeren Gestaltung der indischen Zahlungsbilanz sich ergebende Rückgang der monetären Silbernachfrage für Indien einen sehr bedeutenden Einfluß auf die Gestaltung des Wertverhältnisses zwischen Silber und Gold ausgeübt hat; dies ist auch nie bestritten, sondern von Soetbeers Zeiten an ganz allgemein in der Geldliteratur vertreten worden. Nur ist gegenüber Knapp folgende Einschränkung zu machen. Die indische Zahlungsbilanz war in der hier in Betracht kommenden Zeit nicht etwa absolut genommen ungünstig, sondern nur weniger günstig als in dem Jahrzehnt 1855 bis 1865. Was zunächst die eigentliche Handelsbilanz anlangt, so befindet sich Knapp durchaus im Irrtum, wenn er schreibt: „Indien produziert auch nicht solche Massen von Handelswaren, die nach England Absatz finden, hinreichend um den englischen Waren, die in Indien verkauft werden, das Gleichgewicht zu halten. Vielmehr muß Indien, auch abgesehen von dem, was die Regierung tut, Rupien anbieten, um englische Waren zu kaufen." (a. a. O., S. 232.) — Das Gegenteil ist richtig: Indien hatte in der ganzen Periode des rückläufigen Rupienkurses einen ganz enormen Ausfuhrüberschuß, der von 1866 bis 1893 im Jahresdurchschnitt auf mindestens 250 Millionen Rupien veranschlagt werden kann. Die gewaltigen Forderungen Indiens an das Ausland, die sich aus dem Aktivsaldo seiner Handelsbilanz ergaben, wurden auch durch die Wirkungen seiner unbestreitbar vorhandenen Verschuldung an· England nicht annähernd im ganzen Umfange paralysiert. Diese Verschuldung kam zum Ausdruck in der Begebung der Council-Bills. Wie sehr diese Begebungen hinter dem Ueberschusse der Warenausfuhr in der kritischen Zeit zurückblieben, zeigt die folgende Zusammenstellung [1]):

Perioden (Jahresdurchschnitte)	Indiens Mehrausfuhr von Waren 1000 Rupien	Betrag der verkauften Council-Bills 1000 Rupien	Ueberschuß der Mehrausf. über d Begeb. v. C.-Bills 1000 Rupien	Mehreinfuhr v. Silber 1000 Rupien
1870/71—1874/75	233 350	120 840	112 510	30 631
1875/76—1879/80	231 430	151 140	80 290	70 542
1880/81—1884/85	292 310	195 700	96 610	60 806
1885/86—1889/90	284 660	190 730	93 930	96 351
1890/91—1894/95	344 380	234 880	109 500	112 220

Auch wenn man Indiens Handelsbilanz und seine Verschuldung an England zusammenfaßt, blieb also für Indien stets noch ein be-

---

[1]) Siehe auch meine „Reform des deutschen Geldwesens nach der Gründung des Reiches", II. Band, S. 372, Tabelle II.

trächtlicher Saldo von Forderungen an das Ausland übrig, der ceteris paribus zu einer Steigerung der Wechselkurse hätte führen müssen und der tatsächlich zu einer fortgesetzten Einfuhr von Silber nach Indien geführt hat. Wenn statt der Steigerung des Rupienkurses, die sich aus den „pantopolischen Verhältnissen" Indiens hätte ergeben müssen, gleichwohl ein empfindlicher Rückgang der Rupie eingetreten ist, so ist das nur daraus zu erklären, daß die Gesamtheit der auf den Silberpreis drückenden Faktoren stärker war, als die von der indischen Zahlungsbilanz ausgehende Wirkung; letztere konnte den Rückgang des Silberpreises nur abschwächen, nicht aber aufhalten, und der Rückgang des Silberpreises mußte deshalb den indischen Wechselkurs, trotz der sich aus der indischen Zahlungsbilanz ergebenden Gegenwirkung, herabdrücken. Der Zusammenhang wird besonders klar, wenn man die aus dem jeweiligen Stande des Londoner Silberpreises sich ergebende Parität zwischen dem englischen und dem indischen Gelde mit dem tatsächlichen Stande des Rupienkurses vergleicht [1]).

Man kann sagen, daß der Rupienkurs sich im großen Durchschnitt stets um etwa $^1/_2$ d über dem sich aus dem jeweiligen Londoner Silberpreise ergebenden Schmelzwerte der Rupie gehalten hat. Die indischen Wechselkurse standen also gegenüber der sich aus dem jeweiligen Wertverhältnisse zwischen Silber und Gold ergebenden Parität günstig und ermöglichten auf diese Weise die großen Silberimporte. Dies bestätigt, daß an sich die indischen Wechselkurse aufgrund der indischen Zahlungsbilanz nach oben strebten und sich jeweilig so hoch hielten, als es der aus anderen und gewichtigeren Gründen sinkende Silberpreis gestattete. Wäre z. B. in jener Zeit die Silberproduktion, statt erheblich zu steigen, zurückgegangen, sodaß sie zur Befriedigung des monetären Silberbedarfs Indiens nur knapp ausgereicht hätte, so hätte die indische Zahlungsbilanz sich in einer Erhöhung des Silberpreises durchsetzen können.

Wenn K n a p p zur Stütze seiner Auffassung insbesondere auf die Vorgänge des Jahres der Einstellung der indischen Silberprägungen (1893) hinweist, so müssen wir zunächst auch hier den Tatbestand genau feststellen [2]):

Die Einstellung der Silberprägung ist erfolgt, weil die britischindische Regierung in richtiger Erkenntnis der oben dargestellten Zusammenhänge den Druck beseitigen wollte, den die Gesamtheit der auf den Silberpreis einwirkenden Faktoren auf die indische Valuta ausübte, entgegen der Tendenz, die sich — im Durchschnitt längerer Perioden — aus den die indische Zahlungsbilanz bestimmenden Faktoren ergeben mußte.

Der Erfolg der Maßregel war — im Gegensatz zu K n a p p s Darstellung — innerhalb weniger Jahre gesichert.

---

[1]) Eine ausführliche Statistik, die allerdings erst mit dem Jahre 1890 beginnt, findet sich bei A r n o l d , Das indische Geldwesen unter besonderer Berücksichtigung seiner Reform seit 1893. Jena 1906. S. 330.

[2]) Vgl. hierzu das zitierte Buch von A r n o l d ; ferner H e y n , Die indische Währungsreform 1893, insbesondere die Tabellen S. 38 und 39.

Zunächst stieg der Rupienkurs, der von 18,4 d zu Beginn des Jahres 1891 auf etwa 14,5 d gegen Ende Mai 1893 gesunken war, im unmittelbaren Anschluß an die im Juni 1893 erfolgte Einstellung der Silberprägung bis auf 15,88 d zu Anfang Juli 1893, während der Londoner Silberpreis gleichzeitig von 37,7 d Ende Mai auf 34,25 d Anfang Juli 1893 herabging. Allerdings hielt sich der Rupienkurs nicht auf der unmittelbar nach der Einstellung der Silberprägung wieder gewonnenen Höhe, sondern ging in den folgenden 18 Monaten langsam bis auf 12,4 d im Januar 1895 herab, während der Silberpreis gleichzeitig bis auf 27,2 d sank. Von diesem Zeitpunkte an trat jedoch ein definitiver Umschwung ein. Ende Dezember 1895 war der Rupienkurs bereits wieder auf 13,8 d angekommen, und im März 1898 war die erstrebte neue Parität von 16 d erreicht, von der in der Folgezeit bis zum Weltkrieg nur mehr die durch die Kosten der Goldversendung bedingten geringfügigen Abweichungen — und zwar im Einklang mit der indischen Zahlungsbilanz zumeist nach oben — stattfanden.

Es steht also außer Frage, daß nach einer kurzen Uebergangsperiode der Kurs der Rupie, nachdem mit der Aufhebung der freien Prägung für Silber der durch den auch weiterhin rückläufigen Silberpreis ausgeübte Druck ausgeschaltet war, sich bis zu der durch die Zulassung des englischen Goldgeldes geschaffenen oberen Grenze hob, und zwar ohne daß in den grundlegenden Faktoren der indischen Zahlungsbilanz eine Aenderung eingetreten wäre. Der zeitweilige Rückgang des Rupienkurses in der zweiten Hälfte des Jahres 1893 und während des Jahres 1894, auf dem Knapps Beweisführung fußt, hat keinerlei Beweiskraft; niemand konnte vernünftigerweise erwarten, daß die Wirkung der Einstellung der Silberprägungen auf den Rupienkurs sich sofort in vollem Umfange äußern würde, und außerdem haben gerade in der unmittelbar an den entscheidenden Schritt anschließenden Zeit besondere Verhältnisse der indischen Zahlungsbilanz der Steigerung des Rupienkurses entgegengewirkt. Das Jahr 1893/94 hatte mit 295 Millionen Rupien einen nicht unerheblich geringeren Ausfuhrüberschuß als die beiden Vorjahre mit 387 und 403 Millionen Rupien, und im Jahre 1895, das eine Erhöhung des Ausfuhrüberschusses auf 353 Millionen Rupien aufwies, ging die Regierung mit der Begebung von Council-Bills in einem bis dahin unerhörten Umfange vor; die Begebungen betrugen 310 Millionen Rupien und absorbierten mithin nahezu den ganzen Aktivsaldo der Handelsbilanz. Die exzeptionelle Gestaltung der indischen Zahlungsbilanz in jenem Jahre zeigte sich auch darin, daß Indien damals eine Mehrausfuhr von Gold und zwar in Höhe von 50 Millionen Rupien zu verzeichnen hatte, ein Fall, der — soweit die indische Handelsstatistik zurückreicht — nur zweimal, und in viel bescheidenerem Umfange, vorgekommen war.

Alles in allem beweist also gerade die Kursgestaltung der indischen Währung vor und nach der Einstellung der Silberprägung, daß der indische Wechselkurs aufgrund des Verhältnisses der indischen Zahlungsbilanz nahezu kontinuierlich nach oben strebte, daß jedoch die Wirkung dieser Tendenz auf den Silberpreis durch andere, stärkere

Faktoren überwogen wurde und daß infolgedessen die effektive Gestaltung des indischen Kurses bis zur Einstellung der Silberprägung
unter dem Drucke des Silberpreises stand, wie dieser sich jeweilig
aus einer Gesamtheit von Faktoren ergab, unter denen die indische
Zahlungsbilanz nur ein einzelner und nicht ausschlaggebender war.

Auch abgesehen von dem hier im Anschluß an Knapp etwas
ausführlicher behandelten Beispiele zeigt sich der tatsächliche Zusammenhang, sobald man eine Vielheit von Silberwährungsländern mit
verschiedener Gestaltung der Zahlungsbilanz zur Voraussetzung nimmt.
Wir können in diesem Falle von der Einwirkung industrieller Faktoren
ganz absehen, und doch ist das Ergebnis, daß die Wertrelation zwischen
Silber und Gold, die in dem angenommenen Falle ihrerseits das
Produkt der sämtlichen, die Zahlungsbilanzen der einzelnen Silberländer bestimmenden Faktoren ist, den Wechselkurs jedes einzelnen
Silberlandes innerhalb der durch die Kosten der Versendung von Silber
gegebenen engen Grenzen bestimmt.

Nehmen wir Indien und Mexiko als einzige Silberländer und
setzen wir voraus, daß Indien eine vorzügliche, Mexiko dagegen eine
schlechte Zahlungsbilanz habe. Der indische Kurs hat dann die
Tendenz, zu steigen, der mexikanische hat die Tendenz zu fallen.
Beide Tendenzen wirken fraglos auf den Silberpreis, und zwar in entgegengesetztem Sinne. Wenn die von der indischen Zahlungsbilanz
ausgehende Wirkung die stärkere ist, so steigt der Silberpreis und mit
ihm der mexikanische Wechselkurs, obwohl die mexikanische Zahlungsbilanz an und für sich einen rückgängigen Wechselkurs zur Folge
haben müßte; allerdings steigt der Silberpreis nicht in dem Maße, wie
wenn die mexikanische Zahlungsbilanz nicht entgegenwirkte.

Oder, um ein historisches Beispiel zu wählen: im Jahre 1890/91
waren die Verhältnisse der indischen Zahlungsbilanz im großen Ganzen
normal, jedenfalls war in ihnen kein Grund für eine Steigerung der
indischen Valuta gegeben. Der indische Ausfuhrüberschuß war mit
282 Millionen Rupien geringer als im vorhergehenden und im folgenden
Jahre mit 342 und 387 Millionen Rupien; die Begebung von Council-
Bills hielt sich mit 212 Millionen Rupien ungefähr auf dem durchschnittlichen Betrage. Während mithin die Verhältnisse der indischen
Zahlungsbilanz für sich genommen zur Folge hätten haben müssen, daß
der Rupienkurs im Jahre 1890/91 sich niedriger gestellt hätte als in
dem vorhergehenden und folgenden Jahre, ist die umgekehrte Entwicklung eingetreten: der Rupienkurs stellte sich 1890/91 durchschnittlich auf etwas über 18 d gegen 16,57 und 16,73 in den Jahren 1889/90 und
1891/92; vorübergehend ging im Jahre 1890/91 der Rupienkurs sogar
auf 20 $^{29}/_{32}$ d, während im Jahre vorher ein Kurs von 16 d verzeichnet
worden war und im folgenden Jahre ein Rückgang bis auf ungefähr
15 d eintrat. Die Erklärung für diese auffällige, der Gestaltung der
indischen Zahlungsbilanz durchaus widersprechende Entwicklung des
Rupienkurses lag einzig und allein in der Münzgesetzgebung der Vereinigten Staaten (Sherman-Bill), die im Jahre 1890 eine gewaltige
Haussespekulation in Silber hervorrief. Der Rupienkurs aber, der nach
der Gestaltung der indischen Zahlungsbilanz eher hätte sinken müssen,

wurde von dem aus anderen Gründen steigenden Silberpreise mit in die Höhe gerissen.

Es ist also klar: einerlei, wie man die industriellen und die monetären Bestimmungsgründe des Silberpreises bewerten mag, so ist doch für jedes einzelne Silberwährungsland der jeweilige Silberpreis, auf dessen Gestaltung die Zahlungsbilanz dieses Silberlandes eine gewisse, aber jedenfalls nicht die allein entscheidende Einwirkung hat, innerhalb des uns bekannten engen Spielraumes absolut bestimmend für die Kursgestaltung seines Geldes. Der jeweilige Silberpreis, der das Produkt einer Vielheit von sich teils verstärkenden, teils entgegenwirkenden Faktoren ist, bedingt einen Gleichheitspunkt in dem Verhältnisse von Gold- und Silbervaluten, von dem die effektiven Kurse nur innerhalb der bekannten engen Grenzen unter dem unmittelbaren Einflusse der Zahlungsbilanz abweichen können.

§ 6. Die Valutaschwankungen im Verhältnisse zwischen freien Währungen.

Im vollen Gegensatze zu den zwischen gebundenen Währungen bestehenden Beziehungen steht das Verhältnis der freien Währungen zu den ausländischen Geldsystemen. Da bei diesen Währungen der Wert des Geldes nicht mit einem dritten Gute verbunden ist, haben alle diejenigen Einflüsse, welche bei den gebundenen Währungen nur die durch die Ein- und Ausfuhrpunkte für Edelmetall begrenzten unbedeutenden Wechselkursschwankungen um die Parität bewirken können, bei den freien Währungen für die Wertgestaltung der Valuta einen sehr viel größeren Einfluß; sie bewirken hier Schwankungen von vielen Prozenten, während sie dort nur Schwankungen von wenigen Promillen hervorrufen können. Während ein vollwertiges Geld jederzeit eingeschmolzen und bei gleicher Währungsgrundlage durch Umprägung oder, wenn Gold- und Silberwährung sich gegenüberstehen, durch Verkauf des gewonnenen Barrenmetalls in das Geld des anderen Landes mit verhältnismäßig geringen Kosten umgewandelt werden kann, ist ein Papiergeld weder als bloßer Stoff zu verwerten, noch kann es in das Geld eines anderen Landes umgewandelt werden, und damit ist theoretisch die Möglichkeit seiner totalen Entwertung gegenüber dem Gelde anderer Länder gegeben. Die theoretische Möglichkeit ist in der Nachkriegszeit für einzelne Länder furchtbare Wirklichkeit geworden. Gegenüber dem Goldgelde ist der russische Rubel auf weniger als $^1/_{100\,000}$, die österreichische Krone auf weniger als $^1/_{20\,000}$, die deutsche Reichsmark zeitweise auf weniger als $^1/_{10\,000}$ ihres ursprünglichen Wertes gesunken.

Während ferner bei gebundenen Währungen das Währungsmetall oder das vollwertige Geld der fremden Länder mit gleicher Währungsgrundlage im Wege der freien Ausprägung jederzeit in inländisches Geld verwandelt werden kann, wodurch dem Steigen der inländischen Valuta ein Riegel vorgeschoben ist, kann die Valuta eines Landes, das für keines der Metalle freie Prägung kennt, im Falle einer nicht zu deckenden Nachfrage nach Zahlungsmitteln für das betreffende Land ins ungemessene steigen.

Bei denjenigen freien Währungssystemen, bei welchen der Wert des Geldes nur nach oben oder nur nach unten begrenzt ist oder nach oben und unten weit auseinander liegende Grenzen hat, ist wenigstens innerhalb dieses erheblichen Spielraums die Möglichkeit großer Valutaschwankungen gegeben.

Diese unbegrenzte oder innerhalb weiter Grenzen gegebene Schwankungsmöglichkeit besteht nicht nur gegenüber gebundenen Valuten, sondern natürlich auch im gegenseitigen Verhältnisse von freien Valuten. Denn die Wertbewegung einer freien Valuta hat ihre Bestimmungsgründe jeweils in Faktoren, die nur das eigne Land betreffen; die Nachfrage nach Zahlungsmitteln für das Papierwährungsland Argentinien konnte infolge großer Getreideexporte eine starke sein und die argentinische Valuta heben, während gleichzeitig das Papierwährungsland Brasilien infolge gedrückter Kaffeepreise einen Rückgang seiner Valuta erfuhr.

Zu den Schwankungen der Zahlungsbilanz treten bei den freien Valuten, namentlich bei den Papierwährungen, noch einige andere Schwankungsursachen, die bei den gebundenen Valuten keine nennenswerte Rolle spielen können, nämlich die Handhabung der Ausgabe von Geld und die den Staatskredit betreffenden Verhältnisse.

Bei der gebundenen Valuta ist infolge der freien Prägung des Währungsmetalls die Schaffung neuen Geldes gewissermaßen automatisch reguliert; die Politik der Geldemission scheidet deshalb aus. Bei metallischen Währungen mit gesperrter Prägung und bei Papierwährungen dagegen hat der Staat die Regulierung des Angebots von neuem Gelde in der Hand; davon, wie er sich in diesem Punkte verhält, ob er seine Prägungen oder die Ausgabe von Papiergeld vorsichtig beschränkt oder ob er große Massen neuen Geldes in den Verkehr wirft, muß natürlich auch zu einem großen Teil die Bewertung seines Geldes auf dem Weltmarkte abhängen. Die meisten starken Entwertungen von Papiervaluten vor dem Weltkriege sind durch das Uebermaß der Ausgabe von Papiergeld bewirkt worden.

Auch die den Staatskredit berührenden Faktoren sind gegenüber einer gebundenen Währung, soweit sie durch die ausschließliche Zulassung vollwertigen Geldes als unbedingtes gesetzliches Zahlungsmittel oder wenigstens durch das beträchtliche Ueberwiegen des vollwertigen Kurantgeldes eine Garantie für ihren Bestand in sich trägt, deshalb ohne merkbaren Einfluß, weil der Wert des vollwertigen Geldes durch seinen eignen Stoff in einer von allen anderen Verhältnissen durchaus unabhängigen Weise gedeckt ist. Bei einem Geldsysteme dagegen, das ausschließlich oder überwiegend unterwertiges Geld umfaßt, hängt die Bewertung der Valuta auf dem Weltmarkte auch von den Erwägungen ab, die sich auf die wirtschaftlichen, finanziellen und politischen Aussichten des betreffenden Staatswesens beziehen. Insbesondere bei einem Papiergelde wird stets die Frage mitspielen, ob und wann und zu welchem Kurse eine Wiederaufnahme der Barzahlungen zu erwarten ist. Wirtschaftliche und politische Krisen und eine schlechte Finanzwirtschaft verschlechtern diese Aussichten und haben somit die Tendenz, die Valuta herabzudrücken; eine günstige wirtschaftliche, finanzielle und politische Entwicklung ist geeignet, die Valuta zu heben.

Die einschneidende Wirkung aller dieser Faktoren läßt sich an der Geschichte der Valuta eines jeden Landes mit freier Währung nachweisen. Für die Zeit vor dem Weltkrieg sei es mir gestattet, in dieser Beziehung insbesondere auf meine Untersuchung über das Verhalten der russischen Papiervaluta während der 80er Jahre des 19. Jahrhunderts [1]) hinzuweisen. Es ist dort vor allem die weitgehende Abhängigkeit des Berliner Rubelkurses von den Schwankungen des russischen Getreideexports, des wichtigsten und beweglichsten Faktors in der russischen Zahlungsbilanz, dargetan, während andererseits einige charakteristische Unterbrechungen dieses Zusammenhanges auf die Einwirkung der politischen Verhältnisse zurückgehen. Die Zeit nach dem Weltkrieg ist mit ihrer beispiellosen Erschütterung der intervalutarischen Verhältnisse eine einzige große Illustration der oben dargelegten, auf die Gestaltung der Valuta einwirkenden Faktoren.

§ 7. Die Regulierung der Valutakurse.

Im gegenseitigen Verhältnisse der gebundenen Währungen des gleichen Metalls liegen die Paritäten ex institutione fest, und der enge Spielraum um die Parität, innerhalb dessen die Kurse des effektiven Geldes oder der Wechsel und Schecks schwanken können, ist durch bestimmte, der Kalkulation unterliegende Faktoren gegeben.

Aehnliches gilt für das Verhältnis zwischen gebundenen Währungen verschiedenen Metalls, nur daß hier die Paritäten sich nicht ohne weiteres aus den beiderseitigen Geldverfassungen ergeben, sondern aufgrund der Geldverfassungen nach dem jeweiligen Silberpreise berechnet werden müssen.

In beiden Fällen ist für eine staatliche Einwirkung auf die Wechselkurse, abgesehen von derjenigen, welche sich aus der Einrichtung und Aufrechterhaltung der Geldverfassung selbst ergibt, nur ein beschränkter Spielraum vorhanden. Soweit eine Einwirkung stattfindet, geht sie meistens von den großen Notenbanken aus, denen die Sorge für die Regelung des Geldumlaufs übertragen ist. Wir haben bereits gesehen, daß diese Notenbanken durch die Festsetzung der An- und Verkaufspreise für Goldbarren und fremde Goldmünzen, sowie durch die Gewährung von zinsfreien Vorschüssen auf Goldlieferungen einen gewissen Einfluß auf die Kurse, bei denen die Einfuhr oder die Ausfuhr von Geldmetall lohnend wird, und mithin auf die Größe des Spielraums der Schwankungen der Wechselkurse ausüben können. Ferner ist innerhalb dieses Spielraums eine Beeinflussung der Bewegungen der Wechselkurse möglich durch andere bankpolitische Maßnahmen, vor allem durch die Regelung des Diskontsatzes und durch die sogenannte Devisenpolitik, d. h. die planmäßige Handhabung von Aufnahme und Abgabe ausländischer Wechsel. Die näheren Ausführungen sind nur in Verbindung mit einer eingehenden Behandlung des Bankwesens möglich. Hier

---

[1]) „Außenhandel und Valutaschwankungen", zuerst in Schmollers Jahrbuch Bd. XXI, 2, dann in meinen „Studien über Geld- und Bankwesen" veröffentlicht.

sei nur angedeutet, daß der Diskontsatz einer großen Notenbank, soweit er den allgemeinen Zinssatz des betreffenden Landes für kurzfristigen Kredit beeinflußt, eine gewisse Wirkung auf die internationalen Edelmetallbewegungen ausübt; ein relativ hoher Zinssatz, der die Anlage von Geld in dem betreffenden Lande rentabel erscheinen läßt, erhöht die Nachfrage nach dem Gelde dieses Landes und beeinflußt dadurch die Wechselkurse in günstigem Sinne. Wenn ferner eine Notenbank in Zeiten eines niedrigen Kursstandes ausländischer Wechsel einen größeren Bestand an solchen aufgekauft und in ihr Portefeuille genommen hat, dann kann sie in Zeiten eines hohen Kursstandes durch Abgabe solcher Wechsel der ungünstigen Tendenz des Kurses entgegenwirken.

Immer aber wird, solange beiderseits die gebundenen Währungsverfassungen aufrecht erhalten bleiben, eine solche regulierende Einwirkung nur innerhalb der bekannten engen Grenzen um die durch die Geldverfassungen selbst gegebene Parität möglich sein.

Einen wesentlich größeren Spielraum bieten die freien Währungen einer regulierenden Einwirkung der Staatsgewalt oder der von dieser beauftragten Instanzen. Ein ex institutione gegebenes Pari ist hier nicht vorhanden. Der Staat kann also ein beliebiges Pari als erstrebenswertes Ziel fixieren und es durch Mittel der staatlichen Finanzpolitik und der Bankpolitik zu verwirklichen suchen.

Das bekannteste Beispiel hierfür aus der Vorkriegszeit ist Oesterreich-Ungarn. Die Doppelmonarchie hatte zwar in ihrer Gesetzgebung eine Goldwährung vorgesehen, aber bis zum Ausbruch des Weltkrieges hatte die Oesterreichisch-Ungarische Bank die Einlösung ihrer Noten in Gold offiziell noch nicht aufgenommen. Gleichwohl war die österreichische Valuta seit der Mitte der 90 er Jahre des vorigen Jahrhunderts gegenüber den Goldwährungen praktisch fast genau ebenso stabil, wie wenn die Goldwährung in Oesterreich-Ungarn durch Aufnahme der Barzahlungen durchgeführt worden wäre. Das Ziel wurde erreicht einmal durch die seit dem Beginn der 90 er Jahre bestehende Freiprägung für Gold, durch die bewirkt wurde, daß der Kurs der österreichischen Krone nicht viel höher als 85 Pfennig deutscher Währung steigen konnte; ferner durch die Politik der Oesterreichisch-Ungarischen Bank, die einen ansehnlichen Goldbestand und daneben ein sehr beträchtliches Portefeuille an Devisen auf Goldwährungsländer hielt und im Falle eines Bedarfs an Zahlungsmitteln für die Goldwährungsländer, der im freien Verkehr keine Deckung fand, Devisen und nötigenfalls auch Goldbarren zu einem die gewollte Parität nicht merklich übersteigenden Satze abgab.

Die Durchführbarkeit einer solchen Politik hängt natürlich davon ab, ob es der Bank auf die Dauer möglich ist, ihren Bestand an Devisen und Gold, nachdem sie zur Aufrechterhaltung des Kurses größere Abgaben gemacht hat, immer wieder entsprechend aufzufüllen. Das ist eine Frage der Zahlungsbilanz und eventuell des Staatskredits. Jedenfalls ist die Sicherheit für die Aufrechterhaltung des Wechselkurses, wenn diese lediglich von bankpolitischen und finanzpolitischen Maßnahmen abhängt, nicht die gleiche, wie dort, wo die Parität ex institutione durch die Währungsverfassung gegeben ist und nur durch eine Währungsänderung, z. B. die Einstellung der Noteneinlösung, hinfällig werden kann.

Aehnlich gestaltet war die Regelung des russischen Rubelkurses, wie sie von 1894 an in Vorbereitung der Aufnahme der Goldzahlungen durch die Russische Reichsbank vorgenommen wurde. Das Finanzministerium unterhielt an ausländischen Plätzen, insbesondere in Berlin, umfangreiche Goldguthaben, die zur Regelung des Rubelkurses verwendet wurden. Bei sinkender Tendenz des Rubelkurses wurden diese Guthaben verwendet, um Rubelnoten und Wechsel auf Rußland aufzukaufen, bei steigender Tendenz des Rubelkurses ließ der Finanzminister Rubelnoten abgeben. Auf diese Weise gelang es in der Tat, den Rubelkurs zu stabilisieren, ehe die Einlösung der Rubelnoten in Gold aufgenommen wurde. Aber auch für diesen Fall gilt das oben für Oesterreich-Ungarn gesagte: die Kursstabilität war in das Belieben und Vermögen einer Behörde gestellt, in der Geldverfassung selbst war keine Garantie für die Aufrechterhaltung des Kurses gegeben.

In der gleichen Weise hat Argentinien seit 1898 seine Papierwährung mit Hilfe eines „Konversionsfonds" gegenüber den Valuten der Goldwährungsländer stabilisiert[1]). Dieses geringere Maß von Sicherheit äußert sich praktisch unter anderem darin, daß Staaten, deren Valutakurs nicht durch ihre Geldverfassung an sich, sondern nur durch eine gewissermaßen freihändige Regulierung stabilisiert ist, auf gewisse Schwierigkeiten stoßen, wenn sie Anleihen, die auf ihre Währung lauten, auf dem internationalen Markte unterbringen wollen. Entweder müssen sie sich mit einem dem größeren Risiko entsprechenden ungünstigeren Uebernahmekurs zufrieden geben, oder sie müssen die Anleihen alternativ nach Wahl des Gläubigers auf Geld der Goldwährungsländer ausstellen.

Auch in dieser Frage der Regelung der Wechselkurse durch bankpolitische oder finanzpolitische Maßnahmen haben wir uns mit K n a p p auseinanderzusetzen.

K n a p p zieht aus der Tatsache, daß durch solche Maßnahmen, die er unter der Bezeichnung „exodromische Maßnahmen" zusammenfaßt, ein fester intervalutarischer Kurs auch dort erreicht werden kann, wo keine gebundene Währung („Hylodromie") besteht, zunächst die Schlußfolgerung, daß die Verknüpfung des Geldwertes mit einem Metalle nicht nötig sei, um einen festen intervalutarischen Kurs („Exodromie") zu schaffen. Darin hat er theoretisch zweifellos und praktisch unter bestimmten Voraussetzungen Recht.

Dagegen schießt K n a p p über das Ziel hinaus, wenn er die weitere These aufstellt, daß es für den intervalutarischen Kurs zweier Länder aus der Verfassung des Geldwesens heraus an und für sich überhaupt noch kein Pari gäbe, daß vielmehr ein Pari nur dort bestehe, wo es von der staatlichen Verwaltung als Ziel aufgestellt und durch

---

[1]) Vgl. über die russische und die argentinische Valuta-Regulierung, insbesondere Carl A. S c h a e f e r, Klassische Valuta-Stabilisierungen, 1922.

bestimmte Maßnahmen verwirklicht werde (S. 238). Stets beruhe die „Wahl des Pari" auf einem „Entschluß" (S. 211). „Seitdem Deutschland ebenso wie England Goldwährung hat, gibt es zwischen diesen Ländern nur deshalb ein Pari, weil man sich entschlossen hat, den Kursstand, welcher dem Münzpari entspricht, als Pari zu betrachten und sogar durch besondere Einrichtungen aufrecht zu erhalten. Es wäre aber denkbar, obgleich sehr unzweckmäßig, ein anderes Pari aufzustellen und zu verwirklichen" (S. 211).

Wie oben gezeigt wurde, ergibt sich aus der Tatsache, daß die Geldeinheiten zweier Staaten mit einem und demselben Metalle in eine Wertbeziehung gesetzt sind, mit mathematischer Notwendigkeit die Wirkung, daß die beiderseitigen Kurse für Geld und kurzfristige Geldforderungen nur innerhalb bestimmter, in jedem Augenblicke kalkulierbarer Grenzen um das durch die Metalläquivalente der beiden Geldeinheiten gegebene Pari schwanken können.

Infolgedessen ist es theoretisch und praktisch gleich unmöglich, zwischen zwei Ländern mit der gleichen gebundenen Währung eine andere als die aus den beiderseitigen Geldverfassungen ohne weiteres gegebene Parität aufzustellen und aufrecht zu erhalten. Wenn unter den vor dem Kriege in Deutschland und England bestehenden Währungsverhältnissen die deutsche Regierung den Versuch hätte machen wollen, als Parität zwischen dem deutschen und englischen Gelde den Kurs von 30 Mark (statt 20,43 Mark) pro Pfund Sterling aufzustellen, so wäre das ebenso verrückt und ebensowenig durchführbar gewesen, wie wenn sie sich hätte verpflichten wollen, für je etwa 20,43 Mark einen Betrag von 30 Mark zu zahlen; denn sie würde sich haben bereit erklären müssen, alle ihr angebotenen Wechsel auf England oder englische Geldsorten mit 30 Mark pro Pfund Sterling zu bezahlen, während sie aus dem in je einem Pfund Sterling enthaltenen oder dafür zu beschaffenden Goldquantum nur etwa 20,43 Mark deutschen Geldes herstellen konnte. Analog würde sich die Sache bei Aufstellung eines unterhalb der „Münzparität" liegenden Pari stellen. Wenn ein Pari von 15 Mark für 1 Pfund Sterling hätte verwirklicht werden sollen, so hätte die deutsche Regierung für je 15 Mark 1 Pfund Sterling liefern müssen, während sie ihrerseits das Pfund Sterling nur zu etwa 20,43 Mark hätte beschaffen können. — In beiden Fällen würde sich eine Schraube ohne Ende zur Auspumpung desjenigen Staates entwickeln, der eine theoretisch so widersinnige und praktisch so unmögliche Geldpolitik versuchen wollte.

Wenn wir es ablehnen, K n a p p auf diesen Wegen zu folgen, und wenn wir daran festhalten, daß im Verhältnisse zwischen gebundenen Währungen die Parität ohne weiteres aus den beiderseitigen Geldverfassungen sich ergibt, so soll damit nicht geleugnet werden, daß auch bei gebundenen Währungen bankpolitische und gelegentlich auch finanzpolitische Maßnahmen von Wichtigkeit sein können, aber diese erstrecken sich nicht unmittelbar auf die Verwirklichung der Paritäten zu anderen Valuten, sondern auf die Erhaltung der eignen Währungsverfassung, durch die ganz von selbst auch die Kursverhältnisse zu den ausländischen Währungen gegeben sind, soweit diese auf gleichen Grundlagen beruhen.

§ 8. Internationale Münzeinheit und Währungsgleichheit.

Das Ergebnis unserer Untersuchung über das gegenseitige Verhältnis der einzelnen nationalen Währungen ist, daß nur zwischen den gebundenen und auf dem gleichen Edelmetalle beruhenden Währungen eine den Bedürfnissen des internationalen Verkehrs entsprechende, nur minimalen Schwankungen unterliegende Beziehung besteht, während im gegenseitigen Verhältnisse von Gold- und Silberwährungen sowie im Verhältnisse von gebundenen und freien Währungen und zwischen freien Währungen unter einander die Möglichkeit von heftigen und im voraus nicht zu berechnenden Schwankungen gegeben ist. Aber auch die geringfügigen Kursschwankungen zwischen den gleichen gebundenen Währungen, ferner die Unbequemlichkeiten, die aus der Verschiedenheit der Geldeinheiten eines und desselben gebundenen Währungssystems entstehen, die Beschränktheit der Gültigkeit des Geldes der einzelnen Länder auf ihr staatliches Territorium und die Notwendigkeit, im internationalen Verkehr das Geld des einen Landes gegen das Geld des anderen Landes umzusetzen, — alle diese im Verhältnis zu den großen Valutaschwankungen geringfügigen Unbequemlichkeit sind schon frühzeitig als ein Nachteil empfunden worden.

Aus solchen Wahrnehmungen erklären sich die zu verschiedenen Zeiten mit wechselnder Stärke aufgetretenen Bestrebungen, die darauf hinausgingen, aus dem Nebeneinander verschiedener nationaler Geldverfassungen eine einheitliche internationale Geldverfassung zu schaffen. Ein einheitliches Weltgeld erscheint rein theoretisch in der Tat als die letzte Konsequenz desjenigen Erfordernisses des Geldes, welches mit gebieterischer Notwendigkeit zu einem einheitlichen nationalen Gelde geführt hat, nämlich des möglichst weiten Geltungsbereichs. Namentlich in Zeiten eines großen Aufschwungs des Weltverkehrs hat sich der Wunsch nach einem einheitlichen Weltgelde lebhaft geregt. Weitaus am stärksten sind die auf eine Weltmünzeinheit gerichteten Bestrebungen in den Jahren 1860 bis 1870 hervorgetreten, im deutlichen Zusammenhange mit den Wirkungen der verbesserten Transportmittel und mit der Ermäßigung und teilweisen Beseitigung der hohen Zollschranken, die bisher die Völker von einander getrennt hatten. Es ist im historischen Teile dargestellt worden, wie diese Bestrebungen — trotz eines glänzenden Anlaufs und trotz ihrer Förderung durch das damals auf dem Gipfelpunkte seines Ansehens stehende französische Kaisertum — nur zur Bildung des einige wenige Staaten umfassenden Lateinischen Münzbundes geführt haben, nicht aber zu der die Welt umspannenden Münzeinheit, von der die französischen Staatsmänner eine Zeit lang träumten. Die Gründe des Scheiterns der Weltmünzidee lagen nicht nur in den blutigen politischen Ereignissen der Jahre 1870/71, welche die internationalen Verbrüderungsgedanken zurückdrängten und mit der Steigerung des Gefühls der inneren nationalen Zusammengehörigkeit auch das Gefühl für die nationalen Gegensätze hoben; diese Gründe lagen vielmehr in der Hauptsache in den inneren Schwierigkeiten des Problems der Weltmünze selbst.

Ein einheitliches Geldwesen und ein gemeinschaftlicher Geldumlauf ist — bei dem entscheidenden Einflusse der staatlichen Gesetzgebung auf das Geld — nur soweit ohne Bedenken möglich, als eine
einheitliche Gesetzgebung besteht, und das ist nur innerhalb eines
und desselben Staatsgebietes der Fall. Wohl können internationale
Verträge über die Regelung des Geldwesens und über einen mehr
oder weniger gemeinsamen Geldumlauf abgeschlossen werden, und solche
Verträge sind ja auch abgeschlossen worden, aber — wie wir zum
Teil bereits gesehen haben — die Erfahrungen, die mit solchen Verträgen bisher gemacht worden sind, können keineswegs als ermutigend
angesehen werden.

Wenn auch nur auf dem Papier hinreichende Garantien für die
ordnungsmäßige Instandhaltung eines gemeinschaftlichen Geldumlaufs
geboten werden sollen, dann müssen die vertragsmäßigen Verpflichtungen der einzelnen Teile so weit gehen, daß sie meist nicht mehr
vereinbar mit der Souveränität der Staaten und der für jeden einzelnen
Staat aus vitalen Gründen erforderlichen Bewegungsfreiheit gefunden
werden dürften; das war ja die große Schwierigkeit, die vor der
Reichsgründung sogar innerhalb des deutschen Zollvereins die Herstellung einer vollständigen Münzeinheit unmöglich gemacht hat. Einschneidende Bestimmungen über den Scheidemünzumlauf, weitgehende
gegenseitige Kontrolle der Genauigkeit der Ausmünzungen, Vereinbarungen über das Passiergewicht und die Einziehung abgenutzter
Münzen, Vorkehrungen gegen die Gefahren, die dem Geldwesen
aus der Ausgabe uneinlösbaren Papiergeldes drohen, — alle diese
Punkte bedürfen einer Regelung, wenn ein gemeinsamer Geldumlauf
Platz greifen soll. In der Lateinischen Münzunion hat man sich allerdings mit halber Arbeit begnügt, im wesentlichen damit, daß man die
einzelnen Münztypen nach Gewicht und Feingehalt festsetzte, die Ausprägung von Scheidemünzen kontingentierte und den einzelnen Staaten
die Verpflichtung der Einlösung ihrer Scheidemünzen auferlegte; man
verzichtete jedoch auf die Kontrolle der Ausmünzungen, auf die Festsetzung eines Passiergewichts, auf Bestimmungen über die Einlösung
abgenutzter Kurantmünzen und auf Vorkehrungen gegen die Gefahren
der Papiergeldausgabe. Gerade die Ende der 60er Jahre des vorigen
Jahrhunderts in die Öffentlichkeit gedrungenen Nachrichten über den
Mangel an Exaktheit bei den Ausprägungen der Pariser Münze und
das Fehlen einer wirksamen Vorkehrung gegenüber einer allzustarken
Abnutzung des Geldumlaufs hat in Deutschland, wo man die Schäden
ungenauer Prägungen und eines abgenutzten Münzumlaufs lange genug
erfahren hatte, die Begeisterung für eine Münzgemeinschaft mit Frankreich erheblich herabgestimmt. Dazu kam die Wahrnehmung, daß
Italien im ersten Jahre nach dem Abschlusse des Lateinischen Münzbundes (1866) sich genötigt sah, seinen Banknoten Zwangskurs zu
verleihen. Trotz der nominell gleichen Geldeinheit und der auf dem
Papier bestehenden Münzgemeinschaft ging die italienische Valuta
gegenüber derjenigen der anderen Münzbundstaaten erheblich zurück;
außerdem flossen die italienischen Scheidemünzen nach den übrigen
Münzbundstaaten ab, wo sie vertragsmäßig von den öffentlichen Kassen

zu ihrem vollen Nennwerte genommen werden mußten, das 1 Lira-
stück als der zwanzigste Teil des goldenen 20 Frankenstückes, während
es in Italien infolge seiner Unterwertigkeit mit dem im Kurse sinkenden
Papiergelde zunächst im Gleichwerte blieb. Es konnte mithin jedermann
einen Gewinn dabei machen, wenn er in Frankreich italienisches Papiergeld kaufte, zu etwa 105 Lire für 100 Franken, wenn er dann in Italien
das Papiergeld gegen Silberscheidemünzen umsetzte und schließlich
diese Silberscheidemünzen in Frankreich zu ihrem Nennwerte in Goldgeld
anbrachte. Auch später, namentlich im Jahre 1893, hat sich Italien
aus den gleichen Gründen in derselben Lage befunden. Der Abfluß
der Silberscheidemünzen nach den anderen Münzbundstaaten war für
den italienischen Geldverkehr eine überaus schwere Belästigung. Für
die übrigen Münzbundstaaten machte das Eindringen der italienischen
Scheidemünzen die Kontingentierung des Scheidemünzumlaufs illusorisch.
Im Interesse beider Teile hat man schließlich den Münzvertrag von
1865 durch einen Zusatzvertrag ergänzt, nach welchem die italienischen
Scheidemünzen von den übrigen Münzbundstaaten ausgeschlossen wurden
und Italien von diesen Staaten die dorthin abgeflossenen Scheidemünzen
zu ihrem Nennwerte in Goldgeld zurücknahm.

Der Weltkrieg hat die Lateinische Münzunion völlig gesprengt.
Es braucht nur darauf hingewiesen zu werden, daß zurzeit (Mitte
März 1922) in der Schweiz die Devise Paris 32,80, die Devise Brüssel
28,25, die Devise Rom 25,50 Franken pro 100 Franken französischen und
belgischen Geldes, bzw. pro 100 Lire italienischen Geldes notiert.

Auch wenn die Absicht besteht, alle denkbaren Sicherheiten für
einen gemeinschaftlichen Geldumlauf vertragsmäßig festzulegen, so lassen
sich doch selbst bei der größten Vorsicht unmöglich alle Fälle, die
für das Geldwesen in der Zukunft einmal von entscheidender Bedeutung
werden können, bei Abschluß eines Münzvertrags voraussehen; es sei
hier nur an die infolge von Ereignissen, die unmöglich in Rechnung
gezogen werden konnten, aufgetauchten Fragen der Liquidation der
österreichischen Taler und der silbernen Fünffrankenstücke erinnert.
Aber auch dann, wenn alle denkbaren Kautelen vorgesehen sind, fehlt
es an jeder Garantie dafür, daß die vertragsmäßigen Verabredungen
im entscheidenden Augenblicke gehalten werden; die finanzielle Unmöglichkeit oder die Rücksicht auf die Selbsterhaltung des Staates
kann die weitestgehenden Vertragsbestimmungen illusorisch machen
zum Schaden aller an der Geldgemeinschaft beteiligten Staaten. So
hat z. B. der Wiener Münzvertrag von 1857 die ausdrückliche Bestimmung enthalten, daß keiner der beteiligten Staaten uneinlösbares
Papiergeld mit gesetzlicher Zahlungskraft ausstatten dürfe; trotzdem
hat Österreich, das sich zurzeit des Vertragsabschlusses in der Papierwirtschaft befand, nach einem kurzen Versuche zur Aufnahme der Barzahlungen sich genötigt gesehen, den Zwangskurs wieder einzuführen,
und es ist während der ganzen Geltungsdauer des Vertrags in der
Papierwährung geblieben.

Gegenüber den aus solchen Erfahrungen und Erwägungen hervorgehenden Bedenken sind die Vorteile der eigentlichen M ü n z e i n h e i t

— die Ersparung des Umwechselns und Umrechnens — nicht allzu-
hoch anzuschlagen. Der große internationale Zahlungsverkehr vollzieht
sich, wie wir gesehen haben, zum weitaus größten Teile nicht in Metallgeld, sondern in Wechseln und ähnlichen Papieren. Der Wechsel aber
würde auch bei gleichen Rechnungseinheiten einen schwankenden Kurs
haben, weil auch bei gleicher Rechnungseinheit und vollständiger Münzgemeinschaft die Versendung von Geld aus dem einen in das andere
Land notwendig werden und Kosten verursachen würde. Man braucht
sich nur von den Schwankungen der Pariser Wechselkurse auf Brüssel
und der Schweiz, wie sie auch in Zeiten politischer Ruhe und ungestörter
Geldverfassung stattfanden, ein Bild zu machen, wie wenig für den
internationalen Zahlungsverkehr durch die Münzgemeinschaft erreicht
werden kann. Die Vorteile der Münzgleichheit würden im wesentlichen
nur dem internationalen Reiseverkehr zugute kommen; und diese Vorteile
haben sich doch überall gegenüber den geschilderten Bedenken und
gegenüber der großen Unbequemlichkeit der Umrechnung aller bestehenden Geldverbindlichkeiten in ein neues und fremdes, von dem
eignen gänzlich verschiedenes Münzsystem als zu geringfügig erwiesen,
um den Gedanken einer Weltmünzeinheit praktische Gestalt annehmen
zu lassen.

Um so mehr aber hatte sich, namentlich seit dem Beginn der
starken Erschütterung des Wertverhältnisses zwischen Silber und Gold,
das Bedürfnis des internationalen Verkehrs nach einer möglichst weitgehenden internationalen W ä h r u n g s g l e i c h h e i t herausgestellt. In
der Tat können auf diesem Boden allein die großen, den Weltverkehr
schwer beeinträchtigenden Schwankungen zwischen den Valuten
der einzelnen Länder auf das Minimum herabgesetzt werden, das auch
durch das Hinzukommen der Gleichheit des Münzsystems kaum noch
eine weitere Einschränkung erfahren könnte; und zwar könnte dieses
Ziel auf dem Boden der Währungsgleichheit erreicht werden ohne jede
vertragsmäßige Bindung und ohne jede Gemeinschaft des Geldumlaufs
der einzelnen Länder, also ohne die Bedenken, welche den internationalen Münzverträgen und der Gemeinschaft der Umlaufsmittel entgegenstehen. Die Voraussetzung dafür ist jedoch, daß die wirtschaftlichen, finanziellen und politischen Verhältnisse der einzelnen Länder
die Herstellung und Aufrechterhaltung einer auf der Grundlage des
Goldes beruhenden Währungsverfassung gestatten.

<h3 align="center">§ 9. Der Doppelwährungsvertrag.</h3>

Es hatte nach dem Eintritt der Silberentwertung längere Zeit
hindurch den Anschein, als ob auch eine bloße Währungsgleichheit
auf dem Boden der autonomen Münzgesetzgebung der einzelnen Staaten
nicht erreichbar sei, als ob infolge der tatsächlichen Gestaltung des
Geldumlaufs der einzelnen Länder und der Edelmetallproduktion die
Erde geteilt bleiben müsse in Goldwährungs- und Silberwährungsländer,
zwischen denen nur eine Brücke denkbar sei: die v e r t r a g s m ä ß i g e
D o p p e l w ä h r u n g.

Obwohl die Bestrebungen zugunsten der vertragsmäßigen Doppelwährung heute keine aktuelle Bedeutung mehr haben, sei angesichts des Interesses, das die Konstruktion der vertragsmäßigen Doppelwährung für die Geldtheorie hat, an dieser Stelle einiges über diese Konstruktion ausgeführt.

Die vertragsmäßige Doppelwährung oder der Bimetallismus bedeutet an sich keineswegs einen gemeinschaftlichen Münzumlauf, wie er etwa in den Ländern des Lateinischen Münzbundes bestand, auch nicht eine Gleichheit des Münzsystems oder auch nur ein einfaches Verhältnis der verschiedenen nationalen Rechnungseinheiten, wie es auf der Pariser internationalen Münzkonferenz von 1867 schließlich in Vorschlag gebracht wurde. Der Doppelwährungsvertrag soll sich vielmehr seinem Wesen nach nur auf das Währungssystem erstrecken; die einzelnen Staaten sollen sich lediglich verpflichten, die Doppelwährung aufgrund eines und desselben Wertverhältnisses einzuführen, d. h. Gold- und Silbermünzen, die sich zu dem ihnen beigelegten Nennwerte vertreten können, nach einem und demselben Wertverhältnisse als Kurantgeld unbeschränkt für Private auszuprägen. Das System wäre natürlich nur unter der Voraussetzung durchführbar, daß die gemeinsame Festsetzung des den Ausmünzungen zugrunde zu legenden Wertverhältnisses einen beherrschenden Einfluß auf das tatsächliche Wertverhältnis zwischen Gold und Silber ausüben würde. Solange diese Voraussetzung zuträfe, würde in der Tat durch den Doppelwährungsvertrag eine vollkommene Stabilität der Valutakurse zwischen allen Ländern geschaffen werden, die sich des Goldes oder des Silbers oder beider Edelmetalle als Umlaufsmittel bedienen.

Die gegen einen mehreren Staaten gemeinschaftlichen Münzumlauf oben geltend gemachten Bedenken können gegen die vertragsmäßige Doppelwährung nichts besagen, da dieses System ohne gemeinschaftlichen Münzumlauf möglich ist. Gleichwohl bleiben auch gegen einen Doppelwährungsvertrag noch sehr gewichtige Bedenken bestehen.

Man hat von bimetallistischer Seite darauf hingewiesen, daß die modernen Staaten sich nicht scheuen, auf einer Reihe von Gebieten von großer volkswirtschaftlicher Bedeutung die freie Selbstbestimmung durch internationale Verträge zu beschränken, z. B. durch Verträge auf dem Gebiete des Postwesens, durch Handelsverträge, Eisenbahnverträge usw.; man hat daraus die Folgerung gezogen, daß auch gegen einen Währungsvertrag grundsätzliche Bedenken nicht geltend gemacht werden könnten. Dabei wird jedoch eine Besonderheit der das Geld betreffenden Verträge übersehen. Wenn ein Staat ein Postvertrag oder einen Handelsvertrag abschließt und das Vertragsverhältnis wird nach einiger Zeit wieder gelöst, so ergibt sich daraus keine dauernde Belastung des Staatswesens; vielleicht hat der Staat während der Gültigkeitsdauer des Vertrags unter ungünstigsten Bestimmungen zu leiden gehabt, aber die Wirkungen sind nicht unwiderruflich. Anders steht es bei einem Doppelwährungsvertrage. Eine solche Vereinbarung würde einen jeden der vertragschließenden Staaten verpflichten, jedes beliebige Quantum Silber, das zu seinen Münzstätten gebracht wird, auszuprägen und es damit zu gesetzlichem Zahlungsmittel zu machen. Die sich daraus für den Staat ergebenden Verpflichtungen wären mit der Auflösung des Doppelwährungsvertrags keineswegs erschöpft. Wenn der Vertrag in die Brüche ginge, sei es weil der Vertrag von dem einen oder anderen der beiden Teile nicht loyal ausgeführt wurde, sei es weil das bimetallistische Währungssystem sich aus inneren Gründen auf die Dauer nicht aufrecht erhalten ließ, — so wäre die Lage aller derjenigen Staaten, die mit einer gesicherten Goldwährung in den Vertrag eingetreten sind, eine wesentlich ungünstigere als zur Zeit des Vertragsabschlusses. Die während der Vertragsdauer ausgeprägten Silbermünzen würden den Staat mit einer fortdauernden Verantwortlichkeit belasten, sie würden eine Bedrohung des Geldwesens bilden, und die Rückkehr zu gesicherten Währungsverhältnissen, wie sie vor dem Vertragsabschlusse bestanden, würde nur unter großen Opfern möglich sein.

In diesen Bedenken ist eines der stärksten Hindernisse zu suchen, die sich in dem Vierteljahrhundert der bimetallistischen Agitation (von der zweiten Hälfte der siebziger Jahre bis zum Beginn des 19. Jahrhunderts) dem Abschlusse eines Doppelwährungsvertrags entgegengestellt haben. Die meisten Menschen sind gewissenhafter, als sie selbst glauben, sobald sie in verantwortliche Stellungen kommen. Das hat sich in der Frage des Bimetallismus mit aller Deutlichkeit darin gezeigt, daß Staatsmänner, die als unverantwortliche Politiker und Parlamentarier mit großem Eifer die bimetallistische Idee vertreten hatten, sich vor der praktischen Verwirklichung ihrer Ideale, nachdem sie zur Regierung gekommen waren, doch noch eines anderen besonnen haben. Dazu gehört z. B. der englische Staatsmann A r t h u r B a l f o u r , auf den gerade die deutschen Bimetallisten in der zweiten Hälfte der neunziger Jahre vor seinem Eintritte in das englische Kabinett so große Hoffnungen gesetzt hatten, um dann von dem Premierminister B a l f o u r eine um so schwerere Enttäuschung zu erfahren. Auch der frühere preußische Finanzminister von S c h o l z , der anfänglich gleichfalls einige bimetallistische Neigungen hatte, hat gelegentlich erklärt, durch das pflichtgemäße Studium der bimetallistischen Vertragsentwürfe, die der Pariser Münzkonferenz von 1881 unterbreitet wurden, sei er bekehrt worden; er habe niemals einen bimetallistischen Vertragsentwurf gesehen, den ein Staatsmann unterzeichnen könne, der sein Vaterland lieb habe und es nicht verraten wolle.

Die Entwicklung des letzten Jahrzehnts vor dem Weltkrieg hat gezeigt, daß ein Fortschritt in der internationalen Währungsgleichheit auch ohne vertragsmäßige Doppelwährung möglich ist. Das Bedürfnis der wirtschaftlich noch weniger entwickelten Silberwährungsländer und der in die Papierwährung geratenen Kulturstaaten nach einem engen Anschlusse und einem ungestörten Verkehr mit den großen den Weltmarkt beherrschenden Handelsstaaten hat — in Verbindung mit der Steigerung der Goldproduktion — den im historischen Teile geschilderten Entwicklungsprozeß herbeigeführt, durch welchen im ersten Jahrzehnt des 20. Jahrhunderts das Gold die Währungsgrundlage für

den ganz überwiegenden Teil aller am Weltverkehr beteiligten Länder
geworden ist. Die schweren Schädigungen, die während einiger Jahrzehnte aus den Valutaschwankungen zwischen den Goldwährungen
einerseits, den Silberwährungen und namentlich auch den Papierwährungen andererseits hervorgerufen worden waren, haben durch die
geschilderte Entwicklung eine wesentliche Einschränkung erfahren, und
die internationale Geldverfassung war auf dem Boden der Goldvaluta
dem erstrebenswerten Ziele möglichst stabiler Beziehungen zwischen
dem Gelde der sämtlichen Kulturstaaten um ein erhebliches näher gebracht
worden. Heute sind wir infolge der durch den Weltkrieg bewirkten
Zerstörung der nationalen Geldverfassungen und der Revolutionierung
der internationalen Zahlungsbilanz von diesem Ideale weiter entfernt
denn je.

IV. Abschnitt.
Geldbedarf, Geldversorgung und Geldwert.

Vorbemerkung.

Nachdem im theoretischen Teile dieses Werkes bisher der Begriff
und die Funktionen des Geldes in der Volkswirtschaft, die Stellung
des Geldes im Recht und die Organisation des Geldwesens eingehend
behandelt worden sind, bleibt noch die Darstellung eines Komplexes
von theoretischen Problemen, die unter sich auf das engste zusammenhängen. Es sind zu erörtern die Fragen nach der Größe des Bedarfs
der Volkswirtschaften an Geld, nach den diesen Bedarf bestimmenden
Faktoren und nach den Ursachen der Veränderungen des Geldbedarfs.
In unmittelbarer Verbindung mit diesen Fragen stehen die anderen,
die sich auf die Versorgung der Volkswirtschaft mit Geld beziehen.
Die Gegenüberstellung beider Kreise von Fragen ergibt von selbst das
weitere Problem des Gleichgewichtes zwischen Geldbedarf und Geldversorgung und der Wirkungen von Unstimmigkeiten zwischen Geldbedarf und Geldversorgung. Wie bei allen wirtschaftlichen Gütern die
Größe des Angebots und die Größe der Nachfrage und Aenderungen
im gegenseitigen Verhältnisse dieser beiden Faktoren auf den Verkehrswert der Güter einen Einfluß ausüben, so darf man eine solche Wirkung
auch hinsichtlich des Geldes annehmen; auf diese Weise werden wir
von der Erörterung derjenigen Probleme des Geldwesens, die man
als rein quantitative bezeichnen kann, zur Erörterung des „Geldwertes" und seiner Bewegungen und dadurch schließlich zur Erörterung der Wirkungen und Begleiterscheinungen der Geldwertänderungen hingeführt.

10. Kapitel. Der Geldbedarf.

§ 1. Die Entwicklung der Theorie des Geldbedarfs.

Die Auffassung der merkantilistischen Periode, nach welcher das
Geld die eigentliche Verkörperung des Reichtums ist, kannte den Begriff des Geldbedarfs als einer durch die jeweiligen Verhältnisse der
Volkswirtschaft bedingten Größe noch nicht; die Ansammlung möglichst großer Bestände von Edelmetall — nur solches wurde als Geld
betrachtet — erschien, ohne jede Rücksicht auf bestimmte Verwendungszwecke, an sich als erstrebenswert; das Geld als solches wurde
noch mit denselben Augen angesehen wie etwa die Schätze indischer

Fürsten, deren Anhäufung Selbstzweck ist und in keiner speziellen Verwendung eine Bedarfsgrenze findet.

Erst die Erkenntnis, daß die Nützlichkeit des Geldes ebenso wie die aller anderen Güter darin besteht, daß es bestimmte wirtschaftliche Zwecke erfüllt, und daß das Geld überflüssig ist, soweit es zur Verrichtung seiner speziellen Funktionen nicht benötigt wird, hat zum Nachdenken über die Größe des Geldbedarfs Anlaß gegeben. Die Erkenntnis ferner, daß diejenigen Gegenstände, welche die Funktion des Geldes erfüllen, dem unmittelbaren Gebrauch und Verbrauch entzogen sind und nur dazu dienen, die Uebertragungen der Gebrauchs- und Verbrauchsgüter zu vermitteln, hat schließlich dazu geführt, daß man — im direkten Gegensatze zu der ursprünglichen Auffassung — einen Vorteil darin erblickte, mit möglichst wenig Geld die dem Gelde obliegenden Verrichtungen zu erfüllen. Das Geld ist gewissermaßen die Maschine, welche die in unserer Wirtschaftsverfassung notwendigen Uebertragungen bewirkt; ebenso, wie man bei allen anderen Maschinen einen Vorteil in der möglichst billigen Herstellung und dem möglichst billigen Betriebe findet, ebenso hat die Volkswirtschaft ein Interesse daran, daß ein möglichst geringes Geldquantum zur Vermittelung der Uebertragungen benötigt wird. Schon Adam Smith hat die Ersparung von Metallgeld durch den Gebrauch von papiernen Geldzeichen mit der Ersparung verglichen, die eintreten würde, wenn der Transport von Gütern, der Straßen benötigt und dadurch Bodenflächen dem Ackerbau entzieht, teilweise durch die Luft bewirkt werden könnte, sodaß die Straßenfläche für die landwirtschaftliche Produktion verfügbar würde.

Die ersten Vorstellungen, die sich über die Größe des Geldbedarfs bildeten, gingen dahin, daß eine Gleichung bestehen müsse zwischen dem Gesamtbetrage des in einem Lande vorhandenen Geldes einerseits und der Gesamtmenge der übrigen Waren andererseits. Diese Anschauung ist nachweisbar schon im Jahre 1588 von Davanzati („Lezione sulle monete") vertreten worden; nach seiner Darstellung sind alle Dinge, die zur Befriedigung der menschlichen Bedürfnisse dienen, durch Konvention allem Golde, Silber und Kupfer im Werte gleich, wobei sich die Teile wie das Ganze verhalten. Der englische Philosoph Locke hat diese Ansicht übernommen und sie durch das Gleichnis einer Wage, auf deren einer Schale die Waren, auf deren anderer das Geld liegt, verdeutlicht. Beide Schalen dieser großen Wage müssen sich nach seiner Ansicht in stetem Gleichgewichte befinden. Die Beziehung zur Theorie des Geldwertes liegt hier sehr nahe: die Gleichung zwischen Geld und Waren kann nur eine Gleichung des Wertes der beiden großen in ihrer Menge veränderlichen Güterkategorien sein; eine Veränderung der Geldmenge bei unveränderter Warenmenge läßt mithin den Gesamtwert des Geldes unverändert, bewirkt aber gerade deshalb eine Veränderung des Wertes der einzelnen Geldstücke, und zwar in der Weise, daß bei unveränderter Warenmenge durch eine Vermehrung der Geldmenge eine entsprechende Verminderung des Wertes des einzelnen Geldstückes, durch eine Verminderung der Geldmenge eine entsprechende Steigerung des Wertes des einzelnen Geldstückes hervorgerufen wird.

Diese Auffassung ist leicht zu widerlegen durch den Hinweis darauf, daß von dem gesamten Gütervorrate einer Nation sich stets nur ein Bruchteil im Zustande der Uebertragung befindet und so dem Gelde gegenübertritt, daß ferner in weitaus den meisten Einzelwirtschaften die Vorräte an barem Gelde nur einen geringen Bruchteil des in anderen Gütern (wie Grund und Boden, Gebäuden, Maschinen, Rohstoffen, Gebrauchs- und Verbrauchsgegenständen usw.) investierten Vermögens ausmachen.

Diese sehr naheliegende Wahrnehmung hat zu der Einschränkung der eben dargestellten Auffassung geführt, daß die Menge des Geldes in ihrem Werte der Menge nur der veräußerlichen oder zur Veräußerung bestimmten Güter entsprechen müsse. Von dieser Ansicht brauchte es nur einen kleinen Schritt zu der weiteren Modifikation, daß ein Bedarf an Geld nur soweit vorhanden sei, als tatsächlich Waren umgesetzt werden. Da nun aber ein und dasselbe Geldstück in einem gegebenen Zeitraume wiederholt von Hand zu Hand gehen und so wiederholt Umsätze vermitteln kann, so ist schließlich die lange Zeit hindurch herrschende Theorie entstanden, daß der Geldbedarf einer Volkswirtschaft sich bestimme: erstens nach der Gesamtmenge der in einem gegebenen Zeitraume umzusetzenden Waren, zweitens nach der „Umlaufsgeschwindigkeit" des Geldes. Man hat diesen Satz durch das Gleichnis zu erläutern gesucht, daß die Leistung eines Transportschiffes sich nicht nur nach seinem Raumgehalte, sondern auch nach der durch seine Fahrgeschwindigkeit bedingten Anzahl seiner Fahrten innerhalb einer gegebenen Zeit bestimme; man hat ihn ferner in eine mathematische Formel gebracht; indem man den Gesamtwert der jährlichen Umsätze $= n$, die benötigte Geldmenge $= m$, die durchschnittliche Zirkulationsgeschwindigkeit des Geldes, d. h. die Anzahl von Malen, welche das Geld innerhalb eines Jahres von Hand zu Hand geht, $= s$ setzte, kam man zu der Gleichung;

$$n = \frac{m}{s}\,{}^{1}).$$ Stuart Mill präzisiert diesen Gedanken in folgenden Worten: „If each piece of money changes hands on an average ten times, while goods are sold to the value of a million £, it is evident that the money required to circulate those goods is 100000 £." Sismondi formulierte die Theorie folgendermaßen: „Die Summe der Umlaufsmittel im Staate muß gleich sein der Summe der Zahlungen, die während einer gewissen Zeit geleistet werden, dividiert mit der Anzahl der Male, wie oft inzwischen jene ihre Eigentümer wechseln."

Auch in dieser Form ist die Theorie des Geldbedarfs nicht unangefochten geblieben. Zunächst wurde darauf aufmerksam gemacht — und das wurde auch von den klassischen Nationalökonomen der englischen Schule als selbstverständlich angenommen —, daß die Ersparung des Gebrauchs von Bargeld durch Geldsurrogate und besondere

---

[1]) Vgl. Roscher, Grundlagen der Nationalökonomie. 23. Aufl. 1900. S. 355 ff.

auf Kredit beruhende Einrichtungen neben der Gesamtheit der Umsätze und der Umlaufsgeschwindigkeit des Geldes ein wesentlicher Faktor für die Größe des Geldbedarfs sei; je mehr Umsätze unter Ersparung von Bargeld stattfinden, desto geringer der Geldbedarf. Bei der oben wiedergegebenen mathematischen Formel müßte mithin von n (der Gesamtsumme der Umsätze) eine Zahl für die Summe der unter Ersparung des Geldgebrauchs vermittelten Umsätze in Abzug gebracht werden.

Andererseits ist darauf hingewiesen worden, daß die Vermittlung der Umsätze von Waren keineswegs die einzige Funktion des Geldes sei, daß vielmehr das Geld im Verkehr auch als Mittel von einseitigen Wertübertragungen und als Vermittler des Kapitalverkehrs diene. Selbst wenn man zur Ermittlung des Geldbedarfs die in einem gewissen Zeitraume zu leistenden Zahlungen im weitesten Sinne zugrunde lege, einerlei ob sie auf doppelseitigen Uebertragungen beruhen oder ob sie als einseitige Uebertragungen erfolgen, — selbst dann bleibe noch ein weiterer Rest, da das Geld auch in seiner Funktion als Wertbewahrer (Thesaurierungsmittel) Gegenstand eines bestimmten, nach dem ganzen Charakter der einzelnen Volkswirtschaften und der Einzelwirtschaften verschieden starken Bedarfes sei. So schreibt Menger[1]):

„Auch diejenigen, welche den Geldbedarf einer Volkswirtschaft einerseits aus dem Werte der innerhalb einer bestimmten Periode umzusetzenden Gütermengen oder dem Maximalbetrage der innerhalb einer Periode (gleichzeitig!) zu leistenden Zahlungen und andererseits aus der „Umlaufsgeschwindigkeit" des Geldes (aus der größeren oder geringeren Zahl der Fälle, in welchen mit den nämlichen Geldstücken in der betreffenden Periode Zahlungen geleistet zu werden pflegen) zu berechnen suchen, verkennen die wahren Bestimmungsgründe des Geldbedarfs einer Volkswirtschaft. Sie übersehen, daß die Geldmenge, welche bei Zahlungen jeweilig zur Verwendung gelangt, nur einen Teil, ja einen relativ geringen Teil der einem Volke nötigen Barmittel bildet, ein anderer dagegen in Form von Reserven mancherlei Art für die Sicherstellung ungewisser, in zahlreichen Fällen tatsächlich überhaupt nicht stattfindender Zahlungen (im Interesse der ungestörten Funktion der Volkswirtschaft!) bereit gehalten werden muß. Die im Metallschatze der Zettelbanken, in den Kassen des Staates und öffentlicher Körper, der Sparkassen, der Kreditinstitute, insbesondere aber auch der Privatwirtschaften befindlichen, nur für einen ungewissen Bedarf, für seltene und ungewöhnliche Gefahren, ja zum Teil nur für äußerste Fälle bereit gehaltenen Bestände von Barmitteln bilden, obzwar für Zahlungen regelmäßig nicht in Anspruch genommen, doch ebensowohl einen Teil des Geldbedarfs einer Volkswirtschaft wie die im Besitze jeder Wirtschaft befindlichen kleinen Beträge von Scheidemünzen, welche mehrmals im Tage aus einer Hand in die andere übergehen. Auch die von Privaten und, zum Teil selbst gegenwärtig noch, von einzelnen öffentlichen Wirtschaften thesaurierten Geldsummen sind hierher zu rechnen,

---

[1]) Art. „Geld" im Handwörterbuch der Staatswissenschaften. 3. Aufl. Bd. IV. S. 606 ff.

da sie bei Berechnung des Geldbedarfs eines Volkes während bestimmter Perioden mit in Betracht gezogen werden müssen, trotzdem sie in den Zahlungsgeschäften der betreffenden Zeitperiode regelmäßig keine Verwendung finden. Der Geldbedarf einer Volkswirtschaft findet, ähnlich wie derjenige der einzelnen Privathaushalte, in den Zahlungen, welche innerhalb einer bestimmten Periode bzw. „gleichzeitig" zu leisten sind, selbst wenn das höchste Ausmaß derselben der Berechnung zugrunde gelegt wird, entfernt nicht den richtigen Ausdruck."

Nach Menger vermag zu einer der realen Sachlage entsprechenden Theorie des Barmittelbedarfs einer Volkswirtschaft nur eine Untersuchung zu führen, welche von dem Barmittelbedarf der Einzel- und der Gemeinwirtschaften, aus denen sich die „Volkswirtschaft" zusammensetzt, ihren Ausgang nimmt. Der Geldbedarf einer Volkswirtschaft sei der Inbegriff der durch die Einzel- und Gemeinwirtschaften eines Volkes beanspruchten Geldbestände, in deren Gesamtheit er somit sein letztes Maß finde[1]).

Noch weit radikaler hat Hildebrand[2]) die bezeichnete Theorie kritisiert. Er will sie überhaupt nicht gelten lassen. Zunächst sei es ein Fehler, den Bedarf an Geld mit dem Umsatze von Waren in eine direkte Verbindung zu bringen, denn zum Kaufen, das ein bloßes Eingehen einer Zahlungsverbindlichkeit sei, brauche man überhaupt kein Geld in irgendwelcher bestimmter Menge, sondern nur zur Erfüllung von Zahlungsverbindlichkeiten, die keineswegs mit dem Kaufen zusammenzufallen brauche. Nur als Zahlmittel, nicht auch schon als Umsatzmittel sei mithin das Geld Gegenstand eines bestimmten Bedarfs, und der Bedarf an Geld könne deshalb immer nur durch die Summe der fällig gewordenen Zahlungsverbindlichkeiten, niemals aber schon durch die Summe der zu bewerkstelligenden Umsätze bestimmt werden.

Der zweite Fehler der herrschenden Theorie liege in dem Begriffe der „Umlaufsgeschwindigkeit" des Geldes. Die Analogie mit der Fahrgeschwindigkeit eines Schiffes sei falsch, da es sich bei dem Besitzwechsel des Geldes nicht um einen mechanischen Vorgang handle, der wie bei dem Schiffe wesentlich von der technischen Beschaffenheit des sich bewegenden Gegenstandes abhänge; die sogenannte Umlaufsgeschwindigkeit des Geldes hänge vielmehr einzig und allein von Umständen ab, die ganz außerhalb des Geldes lägen, oder denen gegenüber das Geld eine vollkommen passive Rolle spiele. Infolgedessen besage die Umlaufsgeschwindigkeit des Geldes gar nichts über die eigentlichen Bestimmungsgründe des Geldbedarfs, und der Satz, daß die Effektuierung einer gegebenen Summe von Zahlungen eines gegebenen Zeitraumes um so weniger Geld in Anspruch nehme, je mehr von

---

[1]) In der 3. Auflage des Handwörterbuchs hat Menger noch den Satz hinzugefügt: „Der Geldbedarf einer Volkswirtschaft ergibt sich indes nicht aus einer mechanischen Summierung des Barmittelbedarfs der einzelnen Wirtschaften. Es müssen hierbei auch die Funktionen einerseits der Münzgeld ersetzenden, andererseits der Bargeld ersparenden Institutionen der Volkswirtschaft mit in Betracht gezogen werden."

[2]) Die Theorie des Geldes. Jena 1883. S. 33 ff.

diesen Zahlungen mit Hilfe eines und desselben Geldstückes vollbracht
werden können, bedeute nicht mehr, als daß zwei mal zwei vier sei.
Die ganze Theorie von der Bestimmung des Geldbedarfs durch die
Umlaufsgeschwindigkeit des Geldes sei mithin ein durchaus leerer und
nichtssagender Formalismus. Außerdem sei es rein unmöglich, die
„mittlere Zirkulationsgeschwindigkeit" des Geldes in einem Lande auch
nur annähernd zu schätzen, geschweige denn zu messen. Die ganze
Theorie bleibe etwas vollkommen Unfruchtbares.

Hildebrand wollte in seiner Kritik der Theorie nicht ebenso
unfruchtbar bleiben, wie die Theorie selbst; er suchte deshalb auf
einem neuen Wege zur Bestimmung des Geldbedarfs zu kommen. Der
einzuschlagende Weg besteht nach seiner Auffassung darin, daß man
nicht die einzelnen Geldstücke, sondern den Zahlungsprozeß selbst
ins Auge faßt und daß man ferner bei der Fragestellung nicht gleich
auf einen ganzen Zeitraum, sondern zunächst nur auf einen bestimmten Zeitpunkt Bezug nimmt; auf diese Weise bestimme sich
der Geldbedarf „ganz einfach nach dem Gesammtbetrage der in dem
betreffenden Lande in einem gegebenen Augenblicke, d. h. gleichzeitig, auszuführenden Zahlungen, oder aber, insofern es sich darum
handelt, den Maximalbedarf an Geld innerhalb eines ganzen Zeitraums,
z. B. eines Jahres, festzustellen, nach dem höchsten Gesamtbetrage,
den die gleichzeitig auszuführenden Zahlungen innerhalb dieses Zeitraumes daselbst erreichen können"· Dabei macht Hildebrand aber
die Einschränkung, es sei bei dieser seiner Theorie stillschweigend
vorausgesetzt, daß alle Zahlungsverbindlichkeiten in bar zu begleichen
seien, während in Wirklichkeit gerade bei der Konzentration der
Zahlungen auf bestimmte Zeitpunkte und Plätze oder Institute anstelle
der baren Begleichung eine umfangreiche Kompensation der Zahlungsverbindlichkeiten stattfinden könne, wodurch der Geldbedarf entsprechend verringert werde.

§ 2. Die wirklichen Bestimmungsgründe des Geldbedarfs.

Eine genauere Betrachtung sowohl der sogenannten „herrschenden
Theorie" als auch der Einwendungen Mengers und Hildebrands,
die ich hier als besonders charakteristisch angeführt habe, ergibt
folgendes:

Als der erste und grundlegende Faktor für die Größe des Geldbedarfs einer Volkswirtschaft ist der Umfang der durch Geld zu vermittelnden Uebertragungen anzusehen, — und zwar sowohl der einseitigen als auch der doppelseitigen Uebertragungen, also sowohl der
Tauschvorgänge als auch der Zahlungen im engeren Sinne und der
sich in Geld vollziehenden Kapitalübertragungen.

Fraglich kann erscheinen, ob das Geld auch in seinen übrigen
Funktionen Gegenstand eines bestimmten und bestimmbaren Bedarfes
ist. In seiner Funktion als Wertmaßstab ist das Geld offenbar kein
Gegenstand eines bestimmten Bedarfes; um den Wert eines Gutes in
Geld auszudrücken, muß zwar das Geld überhaupt existieren, aber es
ist für diesen Zweck gänzlich gleichgültig, in welcher Menge es
existiert.

Schwieriger ist die Frage, in wieweit nach dem Gelde als Wertträger durch Zeit und Raum ein bestimmter Bedarf besteht. Die selbständige Funktion des Geldes als Werttransportmittel ist, wie im 1. Kapitel des theoretischen Teiles dargestellt worden ist, von so geringer Bedeutung, daß sie hier füglich außer Acht gelassen werden kann; wirklich in Frage kommt nur der Bedarf an Geld zu Thesaurierungszwecken. Wenn man nun, dem Hinweise Mengers folgend, die kleinen und großen Geldbestände, die in einer Volkswirtschaft von den privaten Haushaltungen und Unternehmungen, von den Bankinstituten und den Staatskassen angesammelt und unterhalten werden, näher ins Auge faßt, dann drängt sich von selbst die Unterscheidung auf zwischen Geldbeständen, die gänzlich müßig und unausgenutzt daliegen, wie etwa die alten „Horte" oder die Taler im Strumpfe oder die Papierscheine in der Truhe des Bauern auf der einen Seite, und andererseits den Kassenvorräten der Einzelwirtschaften, die zu dem unmittelbaren und ausschließlichen Zwecke der Zahlungsleistung und Zahlungsbereitschaft gehalten werden oder auf denen sich, wie auf den Barbeständen der großen Banken, gewisse Einrichtungen aufbauen, deren Zweck und letzte Wirkung eine intensivere Ausnutzung des Geldes zur Vermittelung von Uebertragungen jeder Art ist, — Zwecke, die bei der Thesaurierung im strengsten Sinne, bei welcher das Geld nicht als Zahlungsmittel, sondern einfach nur als Träger von Vermögenswert aufbewahrt wird, nicht mitspielen. Der Unterschied inbezug auf den Umfang des Geldbedarfs tritt darin in Erscheinung, daß ein irgendwie zu bestimmender Bedarf an Geld zur reinen Vermögensansammlung, ohne jede Beziehung zur Funktion des Geldes als Uebertragungsmittel, nicht existiert, so wenig wie etwa der Reichtum an sich eine bestimmbare Bedarfsgröße in der Volkswirtschaft ist; in dieser Beziehung gilt heute noch das, was oben über die merkantilistische Auffassung gesagt worden ist. Anders steht es dagegen mit denjenigen Geldbeständen, welche entweder direkt zu Zahlungszwecken oder indirekt als Grundlage für Einrichtungen, die der Zahlungsausgleichung dienen, gehalten werden; soweit solche Geldbestände in Betracht kommen, ist das Geld allerdings, wie Menger richtig hervorhebt, Gegenstand eines bestimmten Bedarfs. Aber der Bedarf der Volkswirtschaft an solchen Kassenvorräten und Barreserven ist, wie wir gleich sehen werden, von dem Bedarfe der Volkswirtschaft an Geld für Zahlungen (im weitesten Sinne) überhaupt nicht zu scheiden. Wir kommen damit auf einen Punkt, an dem sowohl die von Hildebrand aufgeworfene Frage, ob nicht anstelle eines Zeitraumes ein Zeitpunkt der Bestimmung des Geldbedarfs zugrunde zu legen sei, als auch der Zusammenhang der Kassenvorräte und Barreserven mit der „Zirkulationsgeschwindigkeit" des Geldes einer Erörterung unterzogen werden müssen.

Wenn wir, wie es Hildebrand will, in einem gegebenen Zeitpunkte den Gesamtbestand des in einer Volkswirtschaft zur Vermittelung von Uebertragungen bestimmten Geldes ins Auge fassen, so befindet sich nur ein Teil, meist sogar nur ein verschwindender Teil in Bewegung und mithin in der wirklichen Erfüllung seiner ordentlichen Bestimmung; der andere Teil dagegen befindet sich im Ruhezustande in den Geldbeuteln der einzelnen Individuen und in den Kassen der Einzelwirtschaften. Erstreckt sich nun in der Tat der Geldbedarf der Volkswirtschaft, wie Hildebrand behauptet, nur auf das jeweilig in Bewegung befindliche Geld, und entspricht in der Tat der Maximalbedarf einer Volkswirtschaft an Geld innerhalb eines größeren Zeitraumes dem höchsten Gesamtbetrage, den die gleichzeitig auszuführenden Zahlungen innerhalb dieses Zeitraumes erreichen? Oder aber hat Menger Recht, der neben dem Bedarfe für die jeweils tatsächlich zu vermittelnden Uebertragungen einen Bedarf an Geld für Reserven und Kassenvorräte aller Art anerkennt?

Die Fragestellung allein schon enthält auf den ersten Blick eine Beantwortung zugunsten Mengers; denn niemand wird behaupten können, daß die in einem gegebenen Augenblicke ruhenden Kassenvorräte für die Volkswirtschaft überflüssig sind. Was Hildebrand als Zeitpunkt der Zahlungen dem Zeitraume gegenüberstellt, das ist eben nicht minder eine Abstraktion, wie die von ihm so hart kritisierte „Zirkulationsgeschwindigkeit" des Geldes. Eine Konzentration der Zahlungen auf einen und denselben Augenblick kann nicht ernsthaft einer Untersuchung zugrunde gelegt werden; sobald aber die Zahlungen, von denen man sagt, daß sie „gleichzeitig" zu leisten sind, sich auf einen, wenn auch noch so kurzen Zeitraum verteilen — etwa auf eine Stunde oder einen Tag —, dann tritt wieder das Moment in Erscheinung, das Hildebrand aus seiner Untersuchung gänzlich ausschalten will, daß nämlich ein und dasselbe Geldstück zu mehreren Zahlungen benutzt werden kann. Der Geldbedarf einer Stunde oder eines Tages wird mithin unter Umständen kleiner sein können, als die Gesamtsumme der innerhalb der Stunde oder des Tages zu leistenden Zahlungen, auch wenn man von jeder Kompensation der zu leistenden Zahlungen absieht.

Nach der anderen Seite hin kommen wir zu folgender Erwägung: Wenn an einem Tage ein bestimmter Betrag von Zahlungen zu leisten ist, der als solcher den Höchstbetrag innerhalb eines Jahres darstellt, so kann dieser Betrag als Höchstbetrag des Bedarfes der Volkswirtschaft an Geld zu Zahlungszwecken nur dann angesehen werden, wenn die am nächsten Tage zu leistenden Zahlungen jeweils mit denselben Geldstücken geleistet werden können, die bereits am Tage zuvor zur Zahlungsleistung gedient haben. Wenn an einem gegebenen Tage 100 Millionen Mark zu zahlen sind, am folgenden Tage nur 50 Millionen Mark, jedoch von Leuten, die am ersten Tage keine Zahlungen empfangen haben, so müssen — wenn nicht ganz bestimmte Voraussetzungen bestehen, von denen gleich zu sprechen ist — bereits am ersten Tage sich 50 Millionen Mark in den Kassen der Leute, die am zweiten Tage zu zahlen haben, als bereite Bestände befinden; der Höchstbetrag des Geldbedarfs der Volkswirtschaft ist dann nicht 100 Millionen, sondern mindestens 150 Millionen Mark. Der Fall, den die Hildebrandsche Theorie als selbstverständlich voraussetzt, daß nämlich in dem zweiten Zeitpunkte dieselben Geldstücke zur Zahlungsleistung in Bewegung gesetzt werden, welche schon im ersten Zeitpunkte zur Zahlungsleistung gedient haben, kann nur unter zwei Voraussetzungen eintreten: entweder müssen die Zahlungen des zweiten Zeitpunktes von denselben Personen und Unternehmungen zu leisten sein, die im ersten Zeitpunkte hinreichend große Zahlungen empfangen haben, oder aber das für die Leistung der Zahlungen des zweiten Zeitpunktes nötige Geld muß den Zahlungspflichtigen auf dem Wege des Kredits von denjenigen zur Verfügung gestellt werden, welche im ersten Zeitpunkte Zahlungen erhalten haben. Soweit die beiden Voraussetzungen nicht zutreffen, kann kein Zweifel obwalten, daß die am zweiten Zeitpunkte zur Zahlung Verpflichteten bereits im ersten Zeitpunkte einen ruhenden Geldvorrat besitzen müssen und daß andererseits die Zahlungsempfänger des ersten Tages ihr Geld am zweiten Tage müßig im Kasten liegen sehen.

Kann man nun den Bedarf an Geld für Zahlungen, die an einem späteren Zeitpunkte zu leisten sind, oder die kraft der besonderen Natur des ihnen zugrunde liegenden Schuldverhältnisses zu einem jeden Zeitpunkte gefordert werden können, dem Bedarfe an Geld für die jeweilig effektiv zu leistenden Zahlungen als etwas Verschiedenes gegenüberstellen? Läßt sich, mit anderen Worten, der Bedarf an Zahlungsmitteln im Ruhezustande von dem Bedarfe an Zahlungsmitteln in Bewegung überhaupt unterscheiden? Meines Erachtens nicht; vielmehr leitet eine genauere Prüfung dieser Frage zu einem Probleme, das mit dem Probleme der Zirkulationsgeschwindigkeit des Geldes verwandt ist, ohne sich mit ihm ganz zu decken.

Wenn wir soeben gesehen haben, daß die in einem bestimmten Zeitpunkte zu leistenden Zahlungen nicht ausschließlich bestimmend sind für den Geldbedarf einer Volkswirtschaft, daß sich dieser vielmehr auch auf das in späteren Zeitpunkten für die tatsächlich oder möglicherweise zu leistenden Zahlungen notwendige Geld erstreckt, so ergibt sich daraus, daß ein größerer Zeitraum der Ermittelung des Geldbedarfs zugrunde zu legen ist. Dann aber ist neben dem Bedarfe an Geld für Zahlungszwecke nicht auch noch ein Bedarf an Geld zu Reserve- oder Thesaurierungszwecken anzuerkennen; denn ein solcher Bedarf besteht eben nur insoweit, als das Geld innerhalb eines größeren Zeitraums zu Zahlungszwecken tatsächlich oder möglicherweise benötigt wird. Die in einem gegebenen Augenblicke jeweilig ruhenden Barvorräte werden um so größer sein müssen, je geringer — nicht etwa die „Zirkulationsgeschwindigkeit des Geldes“ ist; es handelt sich hier um einen viel weiteren Begriff —, sonder je geringer die Intensität der Ausnutzung des Geldes ist, von der die Zirkulationsgeschwindigkeit nur einen Teil darstellt, aber immerhin einen Teil.

Wenn die Zahlungen eines zweiten Zeitpunktes ganz oder zum größeren Teile mit denselben Geldstücken geleistet werden können, wie diejenigen des ersten Zeitpunktes, so brauchen im ersten Zeitpunkte nicht in demselben Umfange ruhende Kassenvorräte vorhanden zu sein, wie wenn die Zahlungen des zweiten Zeitpunktes ganz oder vorwiegend mit anderen Stücken geleistet werden müßten; der Geldbedarf der Volkswirtschaft ist im ersteren Falle ein geringerer, weil die Intensität der Ausnutzung des Bargeldes — in diesem Spezialfalle gleichbedeutend mit der Zirkulationsgeschwindigkeit — eine größere ist.

Wie oben auseinandergesetzt wurde, kann in diesem Falle die erhöhte Zirkulationsgeschwindigkeit des Geldes und mithin der geringere Geldbedarf darauf beruhen, daß dieselben Einzelwirtschaften innerhalb der Volkswirtschaft in rascher Folge Zahlungen zu empfangen und zu leisten haben. In diesem Punkte verhalten sich nun die verschiedenen Einzelwirtschaften innerhalb einer Volkswirtschaft keineswegs gleichmäßig. Wir haben nebeneinander den Tagelöhner, der Tag für Tag, den Arbeiter, der Woche für Woche seinen Lohn empfängt und verausgabt; in diesen Haushaltungen können sich, soweit man von erheblicheren Ersparnissen absieht, niemals größere Kassenvorräte ansammeln. Anders steht es schon beim Beamten, der vierteljährlich sein Gehalt bezieht; wenn wir hier gleichfalls von Ersparnissen und andererseits auch von der vorübergehenden Nutzbarmachung der überschüssigen Bestände absehen, so finden wir in diesen Haushaltungen zu Beginn der Vierteljahre größere Kassenbestände, die sich bis zum Ende des Quartals langsam aufzehren; diejenigen Geldstücke, welche in der letzten Woche des Quartals zu Zahlungen benutzt werden, haben während des ganzen Quartals müßig in der Kasse gelegen. Dieselben Unterschiede, wie sie sich an die verschiedenen Termine des Zahlungsempfangs der Einzelwirtschaften, z. B. als Entlohnung persönlicher Arbeitsleistungen, anschließen, stellen sich auch ein hinsichtlich der Termine der von den Einzelwirtschaften zu leistenden Zahlungen. Wo jährliche Zins- und Pachtzahlungen zu machen sind, müssen die für diese Zwecke notwendigen Summen in den Einzelwirtschaften allmählich angesammelt werden; dadurch werden größere Summen der eigentlichen Zirkulation entzogen als durch gleich große Ausgaben, die sich gleichmäßiger über das Jahr verteilen. Aehnliche Unterschiede beobachten wir bei ganzen Gruppen von wirtschaftlichen Unternehmungen. Die Landwirtschaft hat ihre große Einnahmezeit im Herbste nach der Ernte. Bei den Industrien dagegen verteilen sich die Einnahmen auf das ganze Jahr, freilich wohl bei keiner Industrie gleichmäßig; Absatzzeiten und Zahlungstermine hängen auch hier in großem Umfange vom Wechsel der Jahreszeiten ab, so insbesondere bei den Bekleidungsindustrien; aber im großen Ganzen ist der Pulsschlag von Einnahmen und Ausgaben ein lebhafterer und regelmäßigerer als bei den landwirtschaftlichen Unternehmungen. So sehr nun auch das Bedürfnis der Kassenhaltung im Verhältnis zu den zu leistenden Zahlungen bei den Einzelwirtschaften innerhalb derselben Volkswirtschaft ein verschiedenes ist, so lassen sich doch über das Verhalten der Volkswirtschaften in diesem Punkte gewisse allgemeine Wahrnehmungen machen. Der Geldbedarf ist im Verhältnis zum Gesamtbetrage der während eines längeren Zeitraumes durch das Geld zu vermittelnden Uebertragungen um so geringer, je gleichmäßiger sich der Zahlungsprozeß über den ganzen Zeitraum verteilt und je mehr die Einzelwirtschaften, bei denen Zahlungseingang und Zahlungsleistung sich in raschem Wechsel folgen, überwiegen. Gebiete mit dichter Bevölkerung, entwickelter Industrie und lebhaftem Verkehr beanspruchen deshalb im Verhältnis zur Größe der gesamten Umsätze einen geringeren Geldbestand als Gebiete mit einer spärlichen Bevölkerung, die nur zu bestimmten Zeiten miteinander in Verkehr tritt, und bei der das Vorwiegen der Landwirtschaft die Geldeingänge auf bestimmte Jahreszeiten konzentriert.

Ferner können die Kassenvorräte, welche die einzelnen Privatwirtschaften halten müssen, im Verhältnis zu der Gesamtheit der durch Geld zu bewirkenden Umsätze um so kleiner sein, je entwickelter der Kreditverkehr ist, der das bare Geld von den Stellen, an denen es augenblicklich nicht benötigt wird, den Stellen zuführt, an denen zur Zeit ein Geldbedarf besteht; denn je mehr das Ausleihen vorübergehend nicht benötigter Beträge sich einbürgert, desto größer ist die Sicherheit für die Einzelwirtschaften, daß sie gegebenenfalls das erforderliche Bargeld im Wege des Kredits beschaffen können, desto geringer ist mithin die Notwendigkeit der Haltung großer Kassenreserven. Wir stoßen hier auf die wichtige Tatsache, daß der Kredit den Geldbedarf nicht nur in der von der sogenannten „herrschenden Theorie" allein hervorgehobenen Weise verringert, indem er nämlich Umsätze vermittelt, die sonst durch bares Geld zu vermitteln wären, sondern auch dadurch, daß er Umsätze erzeugt, die kein neues Bargeld erfordern, sondern Bargeld ersparen; daß der Kredit den Uebergang des Bargeldes von Hand zu Hand fördert und damit den Betrag der durch das einzelne Geldstück innerhalb einer gegebenen Zeit vermittelten Uebertragungen steigert; mit andern Worten: daß er die Zirkulationsgeschwindigkeit des Geldes erhöht und so zu einer intensiveren Ausnutzung der vorhandenen Geldvorräte führt.

Während auf diesem Wege der Kredit den Bedarf an Kassenvorräten im Verhältnis zur Gesamtheit der Uebertragungen zu verringern geeignet ist, beobachten wir weiterhin, daß sich auf gewissen Arten von Barvorräten vermöge des Kredits Zahlungseinrichtungen aufbauen, die ebenso oder gar in noch höherem Grade, als die Steigerung der Zirkulationsgeschwindigkeit des Geldes, eine intensivere Ausnutzung der vorhandenen Geldbestände zu den Zwecken der Verkehrsvermittelung ermöglichen. Hierher gehören die großen Barbestände der Banken, auf deren Grundlage sich der Scheckverkehr, der Giroverkehr und der Abrechnungsverkehr abspielen. Da die Umsätze im Scheck-, Giro- und Abrechnungsverkehr Barbestände zur Voraussetzung haben, ist die Meinung irrig, daß diese Umsätze sich unter einer unmittelbaren und völligen Ersparung von Bargeld vollziehen; erspart wird vielmehr bei diesen Einrichtungen zunächst nur die Bargeldübertragung: das Bargeld bleibt bei den auf seiner Grundlage bewirkten Umsätzen in den Kassen der Banken im Ruhezustande. Aber diese Einrichtungen stellen eine intensivere Art der Ausnutzung des Bargeldes dar, als sie durch die gewöhnlichen Bargeldübertragungen herbeigeführt werden könnte, und diese intensivere Ausnutzung des Bargeldes wird nicht erreicht — wie in dem vorhin betrachteten Falle des Leihverkehrs in Geld — durch eine Steigerung der Beweglichkeit und der Bewegungen des Geldes, sondern umgekehrt, da sie sich aufgrund ruhender Geldvorräte vollzieht, bei gleichzeitiger Verminderung der effektiven Zirkulationsgeschwindigkeit des Geldes.

Es muß dem Bande über das Kredit- und Bankwesen vorbehalten bleiben, die Bargeldübertragungen ersparenden Einrichtungen eingehend darzustellen; hier kann nur auf die wichtigsten Züge hingewiesen werden.

Nehmen wir zunächst die Uebertragung der Kassenführung für Einzelwirtschaften an Bankinstitute und den sich daran anschließenden Giro- und Scheckverkehr. Hier ist es klar, daß in der Konzentration der Kassenführung für eine große Anzahl von Haushalten und Unternehmungen an einer einzigen Stelle allein schon ein Bargeld ersparendes Moment liegt. Eine Bank, die für 1000 Personen Zahlungen leistet und empfängt, braucht nicht entfernt eine ebenso große Kasse zu halten, wie die 1000 Personen zusammengenommen ohne diese Konzentration halten müßten. Denn einmal verteilen sich die Zahlungsleistungen und Eingänge auf verschiedene Zeitpunkte, und dann ist, da die einzelnen Kunden derselben Bank vielfach an einander Zahlungen zu leisten haben, die Möglichkeit gegeben, die Zahlungen durch bloße Umschreibungen in den Büchern der Bank auszugleichen. Beim Giroverkehr einer großen Bank mit zahlreichen Filialen nehmen die notwendig werdenden Auszahlungen gegenüber den Buchübertragungen einen verschwindend geringen Raum ein. Vermöge dieser Konzentration des Zahlungsprozesses kann dieselbe Summe von Zahlungsausgleichungen aufgrund eines Bruchteils des sonst nötigen Bargeldbestandes bewirkt werden; die Banken sind infolgedessen imstande, einen erheblichen Teil der ihnen anvertrauten Kassenbestände im Wege der Kreditbewilligung dem freien Verkehr wieder zur Verfügung zu stellen, zum Teil können sie die Guthaben selbst, aufgrund deren sich die Zahlungsausgleichungen vollziehen, im Wege der Kreditgewährung schaffen, etwa indem sie Wechsel diskontieren und den Betrag, statt ihn in Metallgeld oder Noten auszuzahlen, dem Einreicher des Wechsels auf seinem Konto gutschreiben.

Eine noch weitere Steigerung erfährt die Intensität der Ausnutzung des Bargeldes, wenn die einzelnen kassenführenden Banken untereinander in ein Abrechnungsverhältnis treten und die durch die Kassenführung für ihre Kunden von Bank zu Bank erwachsenden Forderungen untereinander ausgleichen. Ihre höchste Vervollkommnung hat diese Einrichtung in der Organisation der Abrechnungsstellen (Clearinghäuser), deren Vorbild in London geschaffen wurde, gefunden. Hier kompensieren die einzelnen Banken ihre gegenseitigen Forderungen in der Weise, daß auch die verbleibenden Salden nicht zur baren Auszahlung gelangen, sondern ihre Ausgleichung durch Giroübertragungen in den Büchern der Zentralbank, der Bank von England und der Reichsbank, finden, ohne daß überhaupt Bargeld in Bewegung gesetzt zu werden braucht.

Ebenso ergibt bei metallischen Währungen mit einlösbaren Banknoten die Kombination des Giroverkehrs und der Notenausgabe eine außerordentliche Steigerung der Möglichkeit einer intensiven Ausnutzung des Bargeldes. Es sei in diesem wichtigen Punkte auf die interessanten Erfahrungen der deutschen Reichsbank verwiesen[1]). Giroguthaben und

---

[1]) Vgl. die Denkschrift „Die Reichsbank 1876—1900", S. 67, 68.

Notenumlauf stehen sich darin gleich, daß beide zwar nicht eine volle Deckung durch Metallgeld, immerhin aber eine Deckung durch Metallgeld erfordern, die für alle möglichen Eventualitäten zur Aufrechterhaltung der baren Auszahlungen und der Noteneinlösung genügt. Nun hat sich gezeigt, daß die Höhepunkte und Tiefpunkte der sogenannten „fremden Gelder", die in der Hauptsache Giroguthaben sind, und der Notenausgabe auf verschiedene Zeitpunkte fallen, daß sich mithin die Bewegungen dieser beiden Passivposten untereinander in weitem Umfange ausgleichen. Die Spannung zwischen dem Höchst- und Mindestbetrag der sämtlichen täglich fälligen Verbindlichkeiten der Reichsbank (Noten + fremde Gelder) war in der ganzen Zeit von der Errichtung der Reichsbank (1876) bis zum Ausbruch des Weltkrieges mit Ausnahme eines einzigen Jahres prozentual geringer als die Spannung zwischen dem Maximum und Minimum des Notenumlaufs allein; in weitaus den meisten Jahren war die Spannung sogar dem absoluten Betrage nach kleiner bei den sämtlichen täglich fälligen Verbindlichkeiten als bei dem Notenumlaufe allein. Wenn man die durch Barvorrat nicht gedeckten sämtlichen täglich fälligen Verbindlichkeiten und die durch Barvorrat nicht gedeckten Noten miteinander vergleicht, so war dem absoluten Betrage nach in dem bezeichneten Zeitraume, mit Ausnahme von zwei Jahren, die Spannung zwischen Höchst- und Mindestbetrag bei den ungedeckten Noten allein größer als bei den sämtlichen durch Barvorrat nicht gedeckten Verbindlichkeiten. Die am weitesten gehende Kompensation von Noten und fremden Geldern hat im Jahre 1892 stattgefunden, in welchem die Spannung des ungedeckten Notenumlaufs 415 Millionen Mark, die Spannung der durch Barvorrat nicht gedeckten sämtlichen täglich fälligen Verbindlichkeiten dagegen nur 197 Millionen Mark betragen hat. Infolge dieser gegenseitigen Ausgleichung aber braucht die Bank für Noten und fremde Gelder zusammen nur einen wesentlich geringeren Bestand von Bargeld als Deckung zu halten, als zwei getrennte Banken halten müßten, von denen die eine den gleichen Giroverkehr, die andere den gleichen Notenumlauf hätte; ja man kann aufgrund der bisherigen Erfahrungen sagen: Eine gut organisierte und geleitete Zentralbank braucht für ihre Noten und fremden Gelder zusammen kaum einen höheren Barvorrat, als sie ihn für ihre Noten allein nötig hätte; mit anderen Worten: die Kombination von Notenausgabe und Giroverkehr hat eine nahezu um die ganzen Milliardenumsätze des Giroverkehrs (bei der Reichsbank im Jahre 1913 287 Milliarden Mark) gesteigerte Ausnutzung des in der Reichsbank liegenden und allein schon für die Zwecke der Notendeckung erforderlichen Bargeldbestandes möglich gemacht.

Der Scheck- und Giroverkehr verringert infolge der dargestellten Wirkungen zweifellos den Gesamtbetrag an Kassenvorrat, der für die Bewerkstelligung einer bestimmten Summe von Zahlungsausgleichungen innerhalb eines bestimmten Zeitraumes gehalten werden muß. Gleichzeitig erhöhen diese Zahlungseinrichtungen jedoch die „sichtbaren Geldvorräte"; denn das in den Banken konzentrierte Geld gelangt durch deren Ausweise zur allgemeinen Wahrnehmung, der die Kassenvorräte der Einzelhaushalte und Einzelunternehmungen entzogen sind. Es kommt hinzu, daß diese sichtbaren Geldbestände, auf deren Grundlage sich der Scheck- und Giroverkehr vollzieht, sich in einem dauernden Ruhezustande befinden und nur verhältnismäßig geringen Veränderungen unterliegen im Gegensatze zu den Kassenbeständen der gewöhnlichen Einzelwirtschaften, die sich in mehr oder weniger raschem Wechsel erschöpfen und wieder füllen; während man die Kassenvorräte der Einzelwirtschaften zum „zirkulierenden Gelde" rechnet, werden die sichtbaren Bestände der großen Banken als der Zirkulation entzogen aufgefaßt.

An diesen Unterschied hat Scharling in seinem Werke über „Bankpolitik" (1900) angeknüpft, um weitgehende Folgerungen für die Theorie des Geldes und für die praktische Gestaltung des Geldwertes in den letztverflossenen Jahrzehnten zu ziehen. Er hat dort dem „zirkulierenden Gelde" das „ruhende Geldkapital" gegenüber gestellt, und er versteht unter dem letzteren diejenigen Geldsummen, welche die Banken vorrätig halten müssen, um jederzeit ihrer Verpflichtung, die deponierte Geldsumme zur Verfügung ihres Besitzers zu stellen, genügen zu können; das sind im wesentlichen die Bestände, auf deren Grundlage sich der Scheck- und Giroverkehr vollzieht. Scharling führt diesen Unterschied auf einen Unterschied in den Funktionen des Geldes zurück; das Geld hat nach seiner Ansicht neben der Funktion, als allgemeines Zirkulationsmittel zu dienen, noch die andere Fuktion, disponibles Kapital zu repräsentieren; die erstere Funktion wird durch das „zirkulierende Geld", die letztere durch das „ruhende Geldkapital" erfüllt. Die Konsequenzen, die Scharling daraus für die Gestaltung des Geldwertes zieht, lassen sich hier nicht im einzelnen prüfen, müssen jedoch der Vollständigkeit halber und zur Charakterisierung der Tragweite der Scharlingschen Unterscheidung in Kürze dargestellt werden. Er behauptet, daß die stete Zunahme von Kapitalvorräten eine stete Zunahme der ruhenden Geldkapitalien erfordere, daß mithin von der Neugewinnung an Gold oft nur ein verschwindender Teil „in Zirkulation" komme; die Geldkapitalien könnten aber, solange sie sich im Ruhestande befinden, keinen Einfluß auf den Warenmarkt und darum auch keinen Einfluß auf den Wert des zirkulierenden Geldes oder auf die Warenpreise ausüben; nur insoweit die auf Grundlage der ruhenden Geldkapitalien ausgegebenen Bank- und Staatsnoten vermehrt würden, erfahre auch das zirkulierende Geld eine Vermehrung.

Wir haben hier die Ansicht, daß ein Bedarf an Geld nicht nur für Zahlungszwecke im weitesten Sinne, sondern auch für Reservezwecke bestehe, in der schärfsten Zuspitzung; aber gerade in dieser Zuspitzung wird die Hinfälligkeit des Unterschiedes zwischen dem Geldbedarfe zu Zahlungszwecken und zu Reservezwecken am deutlichsten sichtbar. Die Geldbestände der großen Banken sind nur insofern ruhende Geldbestände, als die auf ihrer Grundlage vermittelten Umsätze und Zahlungsausgleichungen sich vollziehen, ohne daß die einzelnen Geldstücke selbst von einer Hand in eine andere überzugehen brauchen; sie sind jedoch nicht in dem Sinne ruhende Geldvorräte, daß sie der Funktion des Geldes, Uebertragungen zu vermitteln, entzogen wären. Sie sind ruhende Geldvorräte nur im physischen, nicht auch im volkswirtschaftlichen Sinne. Der ganze sich auf der Grundlage solcher „ruhenden" Geldvorräte aufbauende Scheck-, Giro- und Abrechnungsverkehr dient vielmehr genau denselben verkehrswirtschaftlichen Zwecken, wie das „zirkulierende Geld"; das Geld ist Verkehrsinstrument, einerlei ob es als Münze oder Note von Hand zu Hand geht oder ob es als Grundlage von Zahlungsmethoden und Zahlungseinrichtungen dient, bei welchen die effektive Uebertragung von Bargeld erspart wird; nur ist seine Leistungsfähigkeit als Vermittler von Uebertragungen im letzteren Falle eine wesentlich höhere, und die gleiche Summe von Bargeld kann zur Vermittelung eines weit größeren Betrags von Zahlungen dienen, wenn sie sich als Unterlage für den Scheck- und Giroverkehr im Ruhezustande in einer Bank befindet, als wenn sie selbst körperlich in den Zahlungsprozeß eintritt.

Wir haben bisher an Wirkungen des Kredits auf den Geldbedarf festgestellt, daß erstens der eigentliche Leihverkehr in Geld die Zirkulationsgeschwindigkeit des Geldes erhöht und die nicht nur physisch, sondern auch volkswirtschaftlich ruhenden Geldbestände verringert, indem er das an der einen Stelle zur Zeit nicht benötigte Geld denjenigen Stellen zuführt, welche dafür unmittelbare Verwendung haben; daß ferner die auf Kredit beruhenden Zahlungseinrichtungen, wie Scheck-, Giro- und Abrechnungsverkehr, unter Ersparung der Bargeldumsätze eine größere Menge von Zahlungsausgleichungen aufgrund eines kleineren Bestandes von nur physisch, aber nicht volkswirtschaftlich ruhendem Bargeld ermöglichen. In beiden Fällen bewirkt der Kredit eine intensivere Ausnutzung des Geldes; er ermöglicht eine größere Anzahl von Umsätzen mit dem gleichen Geldbestande und wirkt mithin einschränkend auf den Geldbedarf.

Zu diesen beiden Fällen tritt nun die dritte Einwirkung des Kredits, die darin besteht, daß Kreditinstrumente irgendwelcher Art in ähnlicher Weise, wie das Geld selbst, die Umsätze vermitteln und so zu einer unmittelbaren Ersparung von Bargeld führen.

Hierher würden vor allem die durch Bargeld nicht gedeckten Noten und staatlichen Papierscheine zu rechnen sein, wenn wir diese Papiere, deren ordentliche Bestimmung in der Vermittlung von Uebertragungen besteht, nicht selbst zu dem „Gelde" rechnen würden. Immerhin müssen diese Geld darstellenden Papiere bei den Erörterungen über den Geldbedarf berücksichtigt und von dem Metallgelde unterschieden werden; denn die Befriedigung des Geldbedarfs durch die Ausgabe solcher Papiere beruht auf ganz anderen Voraussetzungen, als die Befriedigung des Geldbedarfs durch metallische Umlaufsmittel, ein Problem, auf das bei der Erörterung der Geldversorgung näher einzugehen sein wird; die Ausgabe solcher Papiere bedeutet ferner, soweit sie nicht lediglich in irgendwelchen Kassen angesammeltes Metallgeld in der Zirkulation vertreten, sondern die zu ihrer Deckung dienenden Bestände überschreiten, eine Verminderung des Bedarfs an metallischem Gelde.

Außer dem Staatspapiergelde und den Banknoten, die selbst Geld sind, dienen jedoch auch andere, eine Forderung irgendwelcher Art enthaltende Dokumente, die ihre ordentliche Bestimmung nicht in der

Vermittelung von Uebertragungen haben, gelegentlich und nebenbei als
Verkehrsinstrument. Bei der Abgrenzung des Geldbegriffs im ersten
Kapitel dieses theoretischen Teiles ist auf diese Krediturkunden, die
nicht Geld sind, aber gelegentlich Geldfunktionen verrichten, näher
eingegangen worden; es sind dort, als unter diese Kategorien fallend,
aufgezählt worden: Schecks, Wechsel, Zins- und Dividendenscheine,
Briefmarken usw. Es liegt nicht, wie es auf den ersten Blick scheinen
möchte, ein Widerspruch darin, daß der Scheck hier abermals aufgezählt wird, während der Scheckverkehr als solcher bereits unter der
Rubrik der eine intensivere Ausnutzung des vorhandenen Bargeldes
ermöglichenden Zahlungseinrichtungen genannt worden ist. Tatsächlich ist nämlich die Funktion des Schecks eine verschiedene, wenn der
Aussteller ihn zur Zahlungsleistung und der Empfänger ihn zur Einkassierung des Betrages, sei es direkt, sei es durch Vermittelung eines
Bankiers, verwendet, oder wenn der Scheck von dem Empfänger zur
Zahlungsleistung an einen Dritten, von diesem an einen Vierten usf.
weitergegeben wird, ehe er zur Einkassierung des Betrags, auf den
er lautet, bei der bezogenen Bank präsentiert wird. Im ersteren Falle
ist der Scheck lediglich das Instrument, durch welches der für den
Aussteller die Kasse führende Bankier zu einer Zahlung angewiesen
wird, er ist nichts als das Vehikel der bankmäßigen Kassenführung,
und in dieser Verrichtung liegt seine ordentliche Bestimmung. Im
letzteren Falle dagegen fungiert der Scheck ebenso wie das Metallgeld oder die Banknote als Zirkulationsmittel, und diese Funktion
liegt so wenig in seiner ordentlichen Bestimmung, daß — wie oben
erwähnt — in denjenigen Staaten, in welchen der Scheckverkehr am
meisten entwickelt ist, eine bestimmte, auf wenige Tage bemessene
Frist vorgeschrieben ist, innerhalb welcher der Scheck bei der bezogenen Bank zur Zahlung präsentiert werden muß. Soweit aber der
Scheck neben seiner eignen Funktion auch als Zirkulationsmittel dient,
bedeutet seine Verwendung eine unmittelbare Ersparung von barem Gelde.

Dasselbe gilt vom Wechsel. In seiner ordentlichen Bestimmung,
als Beurkundung und besondere Sicherung des kurzfristigen kaufmännischen Kredits zu dienen, erspart der Wechsel weder Bargeld an
sich noch auch — wie etwa die Giroüberweisung — eine Bargeldübertragung; er verschiebt lediglich den Zeitpunkt der Bargeldübertragung
von der Gegenwart auf einen bestimmten zukünftigen Termin. Wenn
der Spinner den Lieferanten der Baumwolle einen in drei Monaten
fälligen Wechsel für seine Lieferung ziehen läßt und diesen Wechsel
akzeptiert, wenn ferner dieser Wechsel, ohne in der Zwischenzeit zu
Zahlungszwecken gedient zu haben, dem Spinner nach drei Monaten
zur Zahlung präsentiert wird, so hat damit der Wechsel seine ordentliche Bestimmung durchaus erfüllt, ohne eine Bargeldübertragung überflüssig gemacht zu haben. Wenn aber der Baumwollhändler den Wechsel
seinerseits an einen dritten in Zahlung gibt, so fungiert dabei der
Wechsel anstelle baren Geldes als Vermittler von Uebertragungen in
der gleichen Weise, wie in dem soeben betrachteten Falle der Scheck.

Ueber Kupons, Briefmarken usw. wären ähnliche Bemerkungen
zu machen. Alle diese Dinge können ihre eigentlichen Zwecke voll-

auf erfüllen, ohne Gelddienste zu tun; soweit sie aber Gelddienste verrichten, bewirken sie eine Ersparung von Bargeld und mithin eine Verringerung des auf das wirkliche Geld gerichteten Bedarfs der Volkswirtschaft. Die Ersparung von Bargeld ist hier eine unmittelbare und absolute, im Gegensatze zu der mittelbaren und relativen, die sich aus der Verwendung des Kredits zur intensiveren Ausnutzung vorhandener Geldbestände ergibt.

Eine Zusammenfassung aller der dargelegten Gesichtspunkte ergibt:
Gewiß hat Menger Recht, wenn er als das Maß des Geldbedarfs der Volkswirtschaft die Summe der durch die Einzel- und Gemeinwirtschaften eines Volkes beanspruchten Geldbestände bezeichnet. Aber die Geldbestände, welche diese Einzel- und Gemeinwirtschaften halten müssen, unterliegen gewissen allgemeinen Bestimmungsgründen, die eben dadurch zu den allgemeinen Bestimmungsgründen für den Geldbedarf der Volkswirtschaft werden. Diese sind:
1. Die Größe der tatsächlich oder möglicherweise innerhalb eines bestimmten Zeitraums zu leistenden Zahlungen, sowie die Verteilung der Zahlungseingänge und Zahlungsleistungen auf die Zeit und auf die Einzelwirtschaften innerhalb der Volkswirtschaft;
2. die Intensität der Ausnutzung des Geldes, beruhend auf der Entwicklung des Leihverkehrs in Geld und auf der Ausbildung von Zahlungsmethoden und Zahlungseinrichtungen, die sich auf ruhenden Geldvorräten aufbauen;
3. die Vermittelung von Uebertragungen durch Krediturkunden und Forderungsdokumente.
Der auf diesen Faktoren beruhende Geldbedarf wird in den einzelnen Ländern reichlicher oder knapper befriedigt, je nachdem die Wohlhabenheit des Landes und die gleichmäßige Verteilung des Vermögens auf weite Schichten der Bevölkerung eine reichlichere Deckung zuläßt und je nachdem der kaufmännische Geist auf eine möglichst wirtschaftliche Ausnutzung der Umlaufsmittel hindrängt.
Die großen Unterschiede in den Geldbeständen der einzelnen Länder und namentlich auch in der Quote, die durchschnittlich auf den Kopf der Bevölkerung der einzelnen Länder entfällt, Unterschiede, wie sie auch in normalen Zeiten bestanden haben, lassen sich durchweg auf diese Faktoren zurückführen. Wenn in der Vorkriegszeit z. B. Frankreich sowohl pro Kopf seiner Bevölkerung als auch im Ganzen einen soviel größeren Geldbestand hatte als die meisten übrigen großen Länder, namentlich auch als Deutschland und England[1]), obwohl Frankreich an Lebhaftigkeit des Verkehrs und an Größe der jährlichen Umsätze und Zahlungen hinter Deutschland und England zurückstand, so erklärt sich dies aus folgenden Gründen:
Zunächst waren die auf eine intensivere Ausnutzung des Bargeldes hinwirkenden Einrichtungen in Frankreich nicht in demselben Maße entwickelt wie in Deutschland oder gar in England; infolgedessen wurde in Frankreich für die Bewältigung der gleichen Uebertragungen

---

[1]) Vgl. die Tabelle auf S. 193.

ein größerer Betrag von Bargeld benötigt. Ferner aber war Frankreich an Reichtum im Verhältnis zu seiner Bevölkerung jedenfalls Deutschland beträchtlich überlegen; wenn es auch England in diesem Punkte vielleicht nicht gleichkommen mochte, so war dafür der Reichtum in Frankreich über die breiten Schichten der Bevölkerung viel gleichmäßiger verteilt als in den meisten anderen Ländern. Es war mithin ein viel größerer Teil der Bevölkerung als anderwärts in der Lage, seinen Bedarf an Kassenbestand reichlich zu decken; und gerade die Schicht der mittleren Wohlhabenheit beansprucht im allgemeinen im Verhältnis zu dem gesamten Vermögen einen größeren Geldbestand als die reichsten Haushalte. Dazu kommt beim Franzosen die verhältnismäßig geringe Ausbildung des kaufmännischen Geistes; es kommt ihm nicht so sehr, wie etwa dem Engländer, darauf an, ob er an dem Bargelde, das er mit sich herumträgt oder in seinen Kassen liegen hat, Zinsen verliert; dieser Verlust wird vielmehr für ihn durch die Bequemlichkeit eines jederzeit bereiten reichlichen Kassenbestandes überwogen.

§ 3. Die Schwankungen des Geldbedarfs.

Mit der Feststellung der den Geldbedarf bestimmenden Faktoren ist zugleich die Grundlage für die Erörterungen der Schwankungen des Geldbedarfs gewonnen; die Veränderungen des Geldbedarfs in der Zeit müssen sich auf dieselben Bestimmungsgründe zurückführen lassen, auf welchen die Verschiedenheit des Geldbedarfs der einzelnen Volkswirtschaften in einem gegebenen Zeitpunkte beruht.

Wenn wir uns ein Bild von den zeitlichen Schwankungen des Geldbedarfs innerhalb einer und derselben Volkswirtschaft machen wollen, so werden wir zu der Wahrnehmung geführt, daß die Bewegungen des Geldbedarfs sich nicht als einfache Kurven darstellen, die in großen, mehr oder weniger gleichmäßig verlaufenden Zügen auf- und abwärtsführen; die großen Züge der Bewegung unterliegen vielmehr in sich selbst starken Oszillationen.

Wir beobachten zunächst die großen Wandlungen des Geldbedarfs, die in der — ich möchte sagen — säkularen Entwicklung der Volkswirtschaften begründet sind, in dem Vordringen der Geldwirtschaft, in der Zunahme der Bevölkerung, in der Steigerung der Gütererzeugung, und des Verkehrs, in der Vermehrung des allgemeinen Wohlstandes, in der Ausbildung des Leihverkehrs in Geld, in der Entwicklung verbesserter Zahlungsmethoden und Zahlungseinrichtungen, in der Einbürgerung des Gebrauchs von Geldsurrogaten. Diese in der Gesamtentwicklung der Volkswirtschaft begründeten Faktoren, die sich untereinander teils verstärken, teils entgegenwirken, bestimmen in großen Linien die Veränderungen des durchschnittlichen Geldbedarfs längerer Zeiträume.

Innerhalb dieser großen Bewegungen beobachten wir periodische Schwankungen von kürzerer Dauer, die mit dem Wellenschlage des Wirtschaftslebens, mit dem Auf und Ab der Konjunkturen zusammenhängen. Auch wenn die ganze Signatur einer längeren Periode eine gleichartige ist, so fehlt doch nicht der Wechsel von Zeiten des Aufschwungs und Zeiten der Depression und des Rückgangs. Die gewaltige Entwicklung der einzelnen Wirtschaftsgebiete, die im verflossenen Jahrhundert durch die Umgestaltung der Produktions- und Transporttechnik ausgelöst worden ist und sich bis zum Ausbruch des Weltkrieges fortgesetzt hat, die unübersehbare Steigerung der Gütererzeugung und des Verkehrs, die Vermehrung der Kapitalien und des Wohlstandes haben sich keineswegs in ruhigem Flusse, sondern ruckweise vollzogen. Wir beobachten in einzelnen Perioden ein stürmisches Vorwärtsdrängen; die Gütererzeugung scheint der Nachfrage nicht genügen zu können, die Preise der Waren, sowohl der fertigen Erzeugnisse also auch der wichtigsten Roh- und Hilfsstoffe, zeigen eine allgemeine Steigerung; dadurch werden die Unternehmer zu Betriebsausdehnungen und Neugründungen veranlaßt. Ebenso wie die Nachfrage nach Materialien, steigt die Nachfrage nach Arbeitskräften, und infolgedessen erhöhen sich die Arbeitslöhne; dazu kommt die Steigerung der Umsätze auf dem Anlagemarkte; die günstigen Erträgnisse der Unternehmungen veranlassen das Publikum zur Kapitalanlage und zur Spekulation in Dividendenpapieren, deren Kurse infolge der vermehrten Nachfrage gleichfalls eine steigende Richtung einschlagen. In solchen Zeiten vermehren sich die Umsätze von Waren und Wertpapieren nicht nur ihrer Menge nach, sondern infolge der Preis-, Lohn- und Kurssteigerung benötigt auch der Umsatz gleicher Warenmengen und gleicher Beträge von Industriepapieren usw. einen höheren Geldbetrag; die ganze Bewegung wirkt mithin in verdoppelter Stärke auf eine Steigerung des Geldbedarfs. Da im kaufmännischen Verkehr der Wechsel dasjenige Instrument ist, durch welches sich die einzelnen Unternehmungen Geld im Wege des kurzfristigen Kredits zu beschaffen suchen, ist die Größe des Betrags der jeweils in Umlauf gesetzten Wechsel ein ziemlich zuverlässiges Symptom für diese Bewegungen des Geldbedarfs. Während der großen um die Mitte der 90er Jahre des vorigen Jahrhunderts einsetzenden Aufschwungsperiode ist in der Tat der Betrag der in Deutschland in Umlauf gelangten Wechsel enorm gestiegen[1]); er betrug im Jahre 1894 rund 14,7 Milliarden Mark, 1900 dagegen bereits 23,3 Milliarden Mark; 1902 stellte er sich auf 21,5 Milliarden Mark, 1907 auf 30,7 Milliarden Mark und erreichte im Jahre 1913 34,4 Milliarden Mark.

Freilich pflegen solche Zeiten nicht nur eine Steigerung des Geldwertes der zu bewältigenden Uebertragungen zu bringen, sondern gleichzeitig auch eine Steigerung der Intensität der Ausnutzung des vorhandenen Geldbestandes. Von der mehr oder weniger problematischen Steigerung der Umlaufsgeschwindigkeit des zirkulierenden Geldes soll hier abgesehen werden; es sei nur auf die feststehende Erscheinung hingewiesen, daß unter dem Drucke des steigenden Geldbedarfs die großen Barreserven der Volkswirtschaft, die in den Kellern der Banken liegen, dadurch eine Verminderung erfahren, daß seitens dieser Institute größere Barbeträge als sonst dem Verkehr im Wege

---

[1]) Vgl. die interessanten Tabellen in der Denkschrift „Die Reichsbank" S. 362—363, und in der Volkswirtschaftlichen Chronik, 1914, S. 1029.

der Wechseldiskontierung usw. zur Verfügung gestellt werden, während anderseits aufgrund der schmaleren Bargeldbasis ein größerer Betrag von Zahlungsausgleichungen als in normalen Zeiten bewirkt wird. Bei der näheren Betrachtung der gewaltigen Steigerung, welche die Giroguthaben der Reichsbank von ihrer Errichtung bis zum Ausbruch des Weltkrieges erfahren haben, drängt sich die Wahrnehmung auf, daß die Zunahme der Guthaben in der Hauptsache auf die Perioden eines stockenden Geschäftsganges entfiel, während die Jahre eines wirtschaftlichen Aufschwungs meist einen Stillstand oder gar einen Rückschlag brachten; vor allem aber beobachten wir, daß der durchschnittliche Umsatz der Giroguthaben in den Jahren lebhafter Geschäftstätigkeit ein viel höherer war, als in Perioden der geschäftlichen Depression. Auf je eine Mark des durchschnittlichen Bestandes der privaten Giroguthaben bei der Reichsbank (einschließlich der „schwebenden Uebertragungen") kam ein Umsatz von 274 Mark in den Jahren 1894 und 1895; dieser Umsatz hat sich während der folgenden Aufschwungsperiode bis auf 405 Mark im Jahre 1900 gesteigert, während gleichzeitig die durchschnittliche metallische Deckung der sämtlichen täglich fälligen Verbindlichkeiten von etwa 63 Prozent auf etwa 49,5 Prozent herabgegangen ist; im Jahre 1913 kam auf je eine Mark des durchschnittlichen Bestandes der Giroguthaben ein Umsatz von 633 Mark bei einer metallischen Deckung der täglich fälligen Verbindlichkeiten von nur 51,43 Prozent. Wenn man den Barvorrat, den die Reichsbank gemeinschaftlich für ihre sämtlichen täglich fälligen Verbindlichkeiten hielt, pro rata auf die einzelnen Arten von täglich fälligen Verbindlichkeiten (Noten, Girogelder usw.) verteilt, so kann man sagen, daß im Giroverkehr der Reichsbank 51,43 Pfennige des Barvorrates im Jahre 1913 einen Umsatz von 633 Mark bewältigt haben, während in den Jahren 1894 und 1895 durch 63 Pfennige nur ein Jahresumsatz von 274 Mark bewältigt worden war; oder daß im Giroverkehr der Reichsbank 1 Pfennig Bargeld in den Jahren 1894 und 1895 einen Jahresumsatz von 4,35 Mark, im Jahre 1900 dagegen einen Jahresumsatz von 8,18 Mark bewältigt hat. In den folgenden Jahren hat die Intensität der Ausnutzung des in der Reichsbank liegenden Metallbestandes eine weitere Steigerung erfahren; im Jahre 1913 hat jeder Pfennig Bargeld im Giroverkehr der Reichsbank einen Umsatz von 12,30 Mark bewirkt.

Die charakteristischen Schwankungen in der Intensität der Ausnutzung der dem Giroverkehr zugrunde liegenden Geldbestände zeigen, daß der Bedarf an barem Geld in Zeiten einer aufsteigenden wirtschaftlichen Entwicklung nicht ganz entsprechend der Steigerung der durch das Geld zu vermittelnden Uebertragungen zu wachsen braucht.

Wenn der wirtschaftliche Aufschwung, wie es erfahrungsgemäß immer wieder der Fall ist, schließlich zu einer allzustarken Ausdehnung der Unternehmungen, zu einer Ueberproduktion und Ueberspekulation führt, wenn infolgedessen der naturgemäße Rückschlag mit einem Sinken der Preise und der Kurse, mit einem Rückgange der Umsätze und der neuen Investierungen von Kapital eintritt, dann vollzieht sich die Bewegung des Geldbedarfes nach der umgekehrten

Richtung hin: der Geldbedarf nimmt ab, und die Ausnutzung der vorhandenen Geldbestände wird eine weniger intensive.

Neben diesen sich über längere Zeiträume erstreckenden Auf- und Abwärtsbewegungen des Wirtschaftslebens stehen diejenigen akuten Erscheinungen, die man als Krisen zu bezeichnen pflegt, und die, soweit sie wirtschaftlicher Natur sind, in der Regel den Uebergang von einer Aufwärtsbewegung zu einer Depression einzuleiten pflegen. Die Signatur der Krisis gegenüber der chronischen Absatzstockung ist die akute Erschütterung des Vertrauens. Von solchen plötzlichen Vertrauenserschütterungen werden vor allem die Kreditverhältnisse betroffen; der Leihverkehr in Geld, der für die Intensität der Ausnutzung des vorhandenen Geldbestandes von so großer Wichtigkeit ist, erfährt eine empfindliche Einschränkung. Für die einzelnen Wirtschaften wird dadurch die Möglichkeit, sich die Barmittel für die jeweils erforderlich werdenden Zahlungen im Wege des Kredits zu beschaffen, in Frage gestellt; sie sind infolgedessen genötigt, beträchtlich größere Barbestände als in normalen Zeiten zu halten. Die ausgeliehenen Gelder werden, soweit sie täglich fällige Verbindlichkeiten darstellen oder gekündigt werden können, in großem Umfange zurückgezogen, auch wenn der Gläubiger keine augenblickliche Verwendung für diese Gelder hat. Dadurch werden einerseits große Beträge von Bargeld brach gelegt, während andererseits der außerordentliche Umfang der Zurückziehung von dargeliehenem Geldkapital den Bedarf an Zahlungsmitteln in ungewöhnlichem Maße anschwellen läßt. Soweit sich die Zurückziehung von Geldern auf Depositen bezieht, die einem Bankinstitute als Grundlage für die Kassenführung übertragen worden waren, macht sie sich in der Weise fühlbar, daß die Bargeld ersparende Wirkung der Konzentration der Kassenführung im Wege des Scheck-, Giro- und Abrechnungsverkehrs zu einem großen Teile beseitigt wird, daß ferner die betroffenen Bankinstitute sich ihrerseits genötigt sehen, zur Leistung der von ihnen geforderten Rückzahlungen ausgeliehener Gelder sich in ihrer Gewährung von Krediten Zurückhaltung aufzuerlegen und darüber hinaus selbst mit einer starken Nachfrage nach Geld an den Markt heranzutreten. Dazu kommt, daß die in normalen Zeiten den Geldbedarf einschränkende Verwendung von Kreditpapieren, namentlich von Wechseln und Schecks, zur Vermittelung von Uebertragungen gleichfalls zu einem großen Teile in Wegfall kommt, da infolge des allgemeinen Mißtrauens die Zahlungsleistung in solchen Papieren auf größere Schwierigkeiten stößt als in Zeiten des ungestörten geschäftlichen Vertrauens. Das Versagen des Kredits und der auf dem Kredit beruhenden Zahlungsmittel und Zahlungseinrichtungen bewirkt mithin in kritischen Zeiten eine akute und starke Steigerung des Bedarfs an Bargeld, die ganz und gar aus dem Rahmen der normalen Gestaltung des Geldbedarfs herausfällt. Beim Ausbruch des Weltkrieges haben wir alle diese Erscheinungen in stärkster Ausprägung erlebt.

Ebenso, wie wir innerhalb der großen mit der Gesamtentwicklung der Volkswirtschaften zusammenhängenden, sich über Jahrzehnte und vielleicht über Jahrhunderte erstreckenden Bewegungen des Geldbedarfs die durch den Wechsel der Konjunkturen hervorgerufenen periodischen Schwankungen des Geldbedarfs beobachtet haben, ebenso lassen sich innerhalb der durch einen guten Geschäftsgang bewirkten Aufwärtsbewegungen und der durch eine geschäftliche Depression bewirkten Abwärtsbewegungen des Geldbedarfs gewisse Schwingungen feststellen, die sich innerhalb der einzelnen Jahre mit großer Regelmäßigkeit wiederholen und die man als die Jahreskurven des Geldbedarfs bezeichnen kann. Diese Bewegungen treten deutlich hervor in den Ausweisen der großen Zentralbanken der europäischen Länder, bei welchen der Geldbedarf der Volkswirtschaft, soweit er den Umfang des jeweilig in Zirkulation befindlichen Geldes überschreitet, in letzter Linie sich zu decken sucht, sei es durch Diskontierung von Wechseln, sei es durch Inanspruchnahme von Lombardkredit, sei es durch Entnahme aus Guthaben. An diesem Maßstabe gemessen zeigen die Monatsschlüsse und noch mehr die Quartalswechsel und die Jahreswenden eine überdurchschnittliche Anspannung des Geldbedarfs. Auf diese Termine drängen sich die Regulierungen von Rechnungen und Zahlungsverpflichtungen jeder Art, sowohl aus dem kleinen als aus dem großen Verkehr, zusammen; Zinszahlungen und Dividendenausschüttungen, Miets- und Pachtzahlungen, Gehaltszahlungen erfolgen vorwiegend zu diesen Zeitpunkten, Wechsel werden vorwiegend auf solche Zeitpunkte fällig gestellt, kurz ein sehr erheblicher Teil der gesamten während eines Jahres zu leistenden Zahlungen wird nach unseren Zahlungsgewohnheiten an den bezeichneten Terminen bewirkt. Es ist in der Vorkriegszeit wiederholt vorgekommen, daß der Reichsbank in der letzten Woche eines Quartals oder eines Jahres mehr als 100 Millionen Mark an Metallgeld entzogen worden sind und daß sie gleichzeitig dem Verkehr den vierfachen Betrag durch eine Steigerung ihrer Notenausgabe zur Verfügung stellen mußte; in den ersten Wochen des neuen Quartals oder Jahres trat dann mit dem Nachlassen des akuten Geldbedarfs regelmäßig ein Rückfluß dieser Mittel zu den Kassen der Reichsbank ein.

Mit der Feststellung der Tatsache, daß die Jahreskurven des Geldbedarfs ihre Höhepunkte an den Monats- und Quartalswenden haben, ist jedoch die Charakterisierung dieser Jahreskurven noch nicht erledigt. Es kommt die weitere Tatsache hinzu, daß das ganze Niveau des Geldbedarfs innerhalb der einzelnen Jahreszeiten sich in einer regelmäßig wiederkehrenden Weise ändert. Schon bei der Darstellung der konstituierenden Faktoren des Geldbedarfs wurde darauf hingewiesen, in welchem Maße die Verteilung der innerhalb einer Volkswirtschaft zu leistenden Zahlungen über das Jahr von den Absatz- und Zahlungszeiten der wichtigeren Erwerbszweige abhängig ist. Die Landwirtschaft hat ihre Geschäftszeit im Herbst nach der Ernte; in dieser Zeit setzt sie ihre Produkte zum ganz überwiegenden Teile ab und beschafft sich dadurch die Mittel für die Fortführung ihres Betriebs bis zur nächsten Ernte. Aber auch zahlreiche und wichtige Industriezweige haben im letzten Jahresviertel die lebhafteste Geschäftstätigkeit. In unserem Klima steigert der Winter den Bedarf an einer Reihe von Dingen, namentlich an Kleidung und Heizung nach der gleichen Richtung wirkt die Sitte der Weihnachtsgeschenke, durch welche die Umsätze der letzten Jahreswochen und, da die Händler und Detaillisten sich vorher decken müssen, der letzten Jahresmonate sehr erheblich gesteigert werden. Jahr für Jahr kehrte infolgedessen die Erscheinung wieder, daß vom September an der Geldbedarf der Volkswirtschaft wuchs, und daß während der drei letzten Jahresmonate an die großen Zentralbanken beträchtlich größere Geldansprüche herantraten als in den übrigen Quartalen. Aus den oben dargelegten Gründen zeigte der Geldbedarf seinen Höhepunkt meist am Jahresschluß. Nach der Jahreswende pflegte in der Vorkriegszeit, als noch nicht die uns im Versailler Diktat auferlegte Kontribution mit ihren Einwirkungen auf das Geldwesen alle anderen Momente überschattete, ein rasches und starkes Nachlassen des Geldbedarfs einzutreten, in dem Maße, daß — an dem Status der Reichsbank gemessen — der deutsche Geldbedarf meist seinen niedrigsten Stand bereits in der zweiten Hälfte des Februar erreichte. Bis in den September hinein traten dann in der Regel — abgesehen von den Steigerungen an den Monats- und Quartalswechseln — keine erheblichen Veränderungen ein; dann ließ der Beginn des Herbstgeschäftes den Geldbedarf aufs neue anschwellen.

11. Kapitel.   Die Geldversorgung.

§ 1.   Die Bedeutung der Edelmetallproduktion für die Geldversorgung.

Solange das Metallgeld die wichtigste Erscheinungsform des Geldes war, kam für die Versorgung des Geldbedarfs der Volkwirtschaften in erster Reihe die Edelmetallproduktion in Betracht. Die währungspolitischen Umwälzungen der letzten Jahrzehnte vor dem Weltkriege, durch die das Silber aus seiner gleichberechtigten Stellung mit dem Golde mehr und mehr verdrängt worden ist, hatten der Silbergewinnung ihre Bedeutung für das Geldwesen der Kulturländer zum großen Teil entzogen, immerhin keineswegs vollständig, wie die an anderer Stelle mitgeteilten Zahlen über die Silberprägungen seit 1870 beweisen. Je mehr aber das Prinzip der Goldwährung, das sich mit umfangreicheren Silberprägungen nicht verträgt, zum Durchbruch kam, desto ausschließlicher mußte die Goldproduktion für die Befriedigung des im allgemeinen steigenden Geldbedarfs der Kulturländer in Betracht kommen. England, Deutschland, die Länder des Lateinischen Münzbundes und andere europäische Staaten haben seit ihrer Abkehr vom Silber bis zum Ausbruch des Weltkrieges ihren Geldumlauf ausschließlich oder nahezu ausschließlich durch Goldprägungen vermehrt; die Vereinigten Staaten von Amerika, die unter der Herrschaft der Bland- und Sherman-Bill für mehrere Milliarden Silber in ihren Umlauf genommen hatten, waren seit der Aufhebung der Sherman-Bill im Jahre 1893 gleichfalls für das Silber verschlossen, und die ganze gewaltige Vermehrung der Metallzirkulation dieses Staatswesens hat sich seit jener Zeit nur durch Zuwachs an Goldgeld vollzogen. In der Goldproduktion haben wir mithin die Quelle zu sehen, aus der bei der internationalen Währungsverfassung, wie sie in den Jahrzehnten vor dem Ausbruch des Welt-

krieges sich gestaltet hatte, der Geldumlauf der Kulturwelt in der
Hauptsache gespeist wurde.

Je wertvoller ein Gut im Verhältnis zu seinem Gewichte und
Volumen ist, je geringer infolgedessen die Kosten seines Transports im
Verhältnis zu seinem Werte sind, desto gleichgültiger ist für die Weltwirtschaft der Ort seiner Produktion. Beim Golde machen die Transportkosten auch auf große Entfernungen nur einen nach Tausendteilen
zu berechnenden Bruchteil seines Wertes aus, die Freizügigkeit des
Goldes ist somit nahezu unbegrenzt. Während bei gewissen weniger
kostbaren Mineralien, wie Eisen oder Kohle, die Möglichkeit der Produktion im eignen Lande von unabsehbarer Bedeutung für die ganze
Volkswirtschaft ist, weil diese wichtigen Stoffe durch jeden größeren
Transport eine beträchtliche Verteuerung erfahren, ist es für die ausreichende Befriedigung des Geldbedarfs eines Landes fast unerheblich, ob
es selbst Edelmetall produziert oder nicht. Die europäischen Länder,
welche Gold überhaupt nicht oder nur in ganz unbedeutenden Mengen
produzieren, wie England, Frankreich und Deutschland, haben an der
Goldausbeute der Vereinigten Staaten, Australiens, Südafrikas und Rußlands einen beträchtlichen Anteil erhalten. Auf der anderen Seite vermochte z. B. Rußland trotz seiner sehr erheblichen Goldgewinnung viele
Jahrzehnte hindurch sich nicht aus der Papierwährung herauszuarbeiten
und einen metallischen Umlauf wieder herzustellen; in ähnlicher Weise
haben die Vereinigten Staaten in den 60er und 70er Jahren des
vorigen Jahrhunderts, als sie bereits das weitaus erste Goldproduktionsland waren, Papierwährung gehabt, und noch in den Jahren 1893 und
1894 haben sie die Erhaltung ihrer Währung, trotz einer jährlichen
Goldproduktion von mehreren hundert Millionen Mark, durch einen
starken und anhaltenden Goldabfluß, der durch die Silberprägungen und
Silberankäufe hervorgerufen war, ernstlich bedroht geschen.

Bei der großen Beweglichkeit der Edelmetalle läßt sich mithin
nur eine allgemeine Beziehung zwischen der gesamten Weltproduktion
an Gold oder an Silber auf der einen Seite und dem gesamten sich auf
das eine oder andere dieser beiden Metalle richtenden Weltbedarfe
feststellen. Die Frage, wie sich die Ergebnisse der Edelmetallproduktion
auf die einzelnen Länder verteilen, ist eine Frage für sich, die später
zu behandeln ist.

Wenn nun dem Weltbedarfe an Metallgeld die Weltproduktion an
Geldmetall gegenübersteht, so fragt es sich vor allem, ob und wieweit Veränderungen des Geldbedarfs und der Edelmetallgewinnung
korrespondieren. Ein flüchtiger Blick über die geschichtliche Gestaltung
der Edelmetallproduktion genügt, um zu zeigen, daß eine solche Uebereinstimmung nicht vorliegt. Die Bewegungen des Geldbedarfs sind von
ganz anderen Bestimmungsgründen abhängig, als die Veränderungen
der Edelmetallproduktion, und die Edelmetalle gehören nach der ganzen
Natur ihres Vorkommens zu denjenigen Gütern, bei welchen der Umfang der Erzeugung nahezu vollständig der Einwirkung der veränderten
Nachfrage entzogen ist; wenn reiche Goldfelder entdeckt werden, so
ist es für deren Ausbeutung und damit für die Gestaltung der Goldgewinnung gleichgültig, ob der Geldbedarf der Welt steigt oder ab-

nimmt; in Zeiten einer Erschöpfung der bekannten Produktionsstätten ist es für den Rückgang der Edelmetallgewinnung nicht von Bedeutung, ob etwa der Geldbedarf der Welt gleichzeitig wächst. Immerhin ist die Bedingtheit der Erzeugung von Geldmetall durch die Veränderungen des Geldbedarfs nicht bis auf den letzten Rest ausgeschaltet. Ohne näher auf die Theorie des Geldwertes einzugehen, können wir annehmen, daß ein zunehmender Geldbedarf bei gleichbleibender oder abnehmender Produktion des Geldmetalls geeignet ist, den Wert des Geldmetalls im Verhältnis zu den übrigen Gütern zu steigern, wodurch in gewissem Umfange der Abbau auch solcher Edelmetallvorkommen, die vorher nicht lohnten, rentabel gemacht werden kann; umgekehrt verhält es sich bei einer Abnahme des Bedarfs bei gleichbleibender oder zunehmender Produktion eines Geldmetalls. Es liegt jedoch auf der Hand, daß es sich hier nur um eng begrenzte Rückwirkungen gegen größere Unstimmigkeiten in Bedarf und Produktion handelt, durch welche die Selbständigkeit der Bewegungen von Edelmetallproduktion und Geldbedarf nicht berührt wird. Für die Theorie des Geldwertes ist diese Tatsache von großer Wichtigkeit.

§ 2. Die internationale Edelmetallverteilung.

Wenn wir uns von dem Probleme der Geldversorgung der gesamten Weltwirtschaft zu der Frage der Deckung des Geldbedarfs der einzelnen Volkswirtschaften wenden, so ist zunächst festzustellen, daß die Versorgung der einzelnen Länder mit Metallgeld sich keineswegs ausschließlich auf die Bildung eines Anteils an dem jeweilig neu produzierten Quantum des Geldmetalls erstreckt; neben der Neuproduktion dienen vielmehr häufig genug die im Verlaufe langer Jahre in dem einen Lande angesammelten Bestände an Metallgeld dazu, den Geldbedarf eines anderen Landes befriedigen zu helfen. Das vor Jahrhunderten produzierte und in gemünzter Form umlaufende Gold ist ebenso beweglich wie das Gold, das neu aus der Erde kommt, und die metallischen Umlaufsmittel eines Landes sind keineswegs ein aus dem gesamten Metallvorrate der Welt ein für allemal für die Zwecke dieses Landes ausgeschiedener Bestand. Es gibt zahlreiche Beispiele erheblicher Verschiebungen in der Metallzirkulation der einzelnen Länder. Als die Vereinigten Staaten infolge des Bürgerkriegs zu Beginn der 60er Jahre in die Papierwährung gerieten, haben sie außer dem Ertrage ihrer Neuproduktion von Gold einen erheblichen Teil ihres bereits vorher vorhandenen Goldbestandes an Europa abgegeben; als Deutschland zu Beginn der 70er Jahre die Goldwährung einführte und vermittelst der Eingänge aus der französischen Kriegskostenentschädigung die gewaltige Goldmenge für die ersten Prägungen von Reichsgoldmünzen beschaffte, hat es in großem Umfange aus den Goldbeständen Frankreichs, Englands und der Vereinigten Staaten geschöpft; ähnliches gilt für die Goldbeschaffungen, die in den 90er Jahren von Rußland, Österreich und Japan zum Zwecke der Einführung der Goldwährung durchgeführt worden sind; ebenso von den erheblichen Goldimporten, durch die in der zweiten Hälfte der 90er Jahre die Vereinigten Staaten ihre Währungsverhältnisse auf Grundlage der Goldvaluta mit großem Erfolge verbessert haben. Die stärkste je dagewesene Verschiebung in den monetären Edelmetallbeständen der einzelnen Länder ist jedoch während des Weltkrieges und in den auf diesen folgenden Jahren eingetreten. Es wurde im historischen Teil (siehe oben S. 201ff.) gezeigt, wie die europäischen Kriegführenden einen sehr erheblichen Teil ihres monetären Goldbestandes abgeben mußten und wie die Neutralen, die Vereinigten Staaten von Amerika und Japan einen Goldzufluß zu verzeichnen hatten, dessen Umfang ein Mehrfaches der gleichzeitigen Neugewinnung von Gold betrug.

Für die Geldversorgung der einzelnen Volkswirtschaften kommt mithin nicht nur in Frage, welchen Anteil sie sich an der jährlichen Neuproduktion des Geldmetalls sichern können, sondern auch wie weit sie ihren vorhandenen Bestand an Metallgeld behaupten und wie weit sie etwa Metallgeld aus den alten Beständen anderer Volkswirtschaften an sich zu ziehen vermögen; neben der Höhe der Weltproduktion an Edelmetall ist für die Geldversorgung der einzelnen Volkswirtschaften bestimmend die Gestaltung der sogenannten internationalen Edelmetallbewegung.

Wir sehen uns damit vor die Frage gestellt, von welchen Faktoren der Anteil einer Volkswirtschaft an den internationalen Edelmetallbewegungen abhängt.

Dieses Problem hat die Anfänge der volkswirtschaftlichen Theorie, wie sie in dem merkantilistischen Gedankenkreise gegeben sind, geradezu beherrscht. Die Frage, die im Jahre 1613 der Italiener Serra zum Titel einer für die damalige Auffassung charakteristischen Schrift machte: „Wie kann sich ein Land, das keine Bergwerke besitzt, Reichtum an Gold und Silber verschaffen?", mußte bei der mangelnden Unterscheidung zwischen Geld und Reichtum als der Kern aller volkswirtschaftlichen Fragen erscheinen. Man glaubte die Frage beantwortet zu haben, indem man die Ein- und Ausfuhr von Edelmetall in Abhängigkeit setzte von der Gestaltung der Handelsbilanz. Edelmetall, so nahm man an, kommt ins Land als Gegenwert für die ausgeführten Waren, und es geht außer Landes als Gegenwert für die eingeführten Waren; eine Edelmetalleinfuhr müsse deshalb eintreten, sobald die Warenausfuhr die gleichzeitige Wareneinfuhr übersteige, und eine Edelmetallausfuhr müsse Platz greifen, sobald die Wareneinfuhr die Warenausfuhr überwiege. Im ersteren Falle nannte man deshalb die Handelsbilanz „günstig", im letzteren Falle „ungünstig", Bezeichnungen, die sich bis zum heutigen Tage neben den farbloseren Bezeichnungen „aktive" und „passive" Handelsbilanz erhalten haben.

Es wurde oben (S. 478ff.) gezeigt, daß die Handelsbilanz nur einen Teil der „Zahlungsbilanz" bildet. Für die Gestaltung der Edelmetallbewegungen von Land zu Land kann, ebenso wie für die Gestaltung der internationalen Wechselkurse, nicht die Handelsbilanz für sich allein, sondern nur die Zahlungsbilanz in ihrer Gesamtheit in Betracht kommen.

Aber auch diese Zahlungsbilanz ist nicht unbedingt entscheidend für die tatsächliche Gestaltung der internationalen Edelmetallbewegungen. Zu allen den Zahlungen, die aus Zahlungsverpflichtungen irgendwelcher

Art hervorgehen, kommen vielmehr noch die freiwilligen Uebertragungen von Geldkapital von Land zu Land als ein die Edelmetallbewegungen wesentlich beeinflussendes Moment hinzu.

Wir können hier unterscheiden zwischen kurzfristigen Kapitalübertragungen und dauernden Kapitalinvestierungen. Uebertragungen der erstgenannten Art finden namentlich statt zur Ausnutzung der Differenz der Zinssätze in den einzelnen Ländern. Das internationale Geldkapital, das kurzfristige Anlage sucht, wendet sich vorzugsweise nach denjenigen Ländern, die jeweilig bei gleichem Risiko die höchsten Zinssätze für den kurzfristigen Kredit, also vor allem die höchsten Diskontsätze, aufweisen. Eine vorübergehende ungünstige Gestaltung sämtlicher übrigen Momente der Zahlungsbilanz kann in ihrer Wirkung auf die Edelmetallbewegungen durch den Stand der Diskontsätze vollständig paralysiert werden, ein Punkt, der in dem Bande über Bankwesen bei der Diskontpolitik Anlaß zu eingehender Untersuchung geben wird.

Im Gegensatze zu den sich in fortgesetzter Bewegung befindlichen kurzfristigen Uebertragungen stehen die großen einmaligen Kapitalübertragungen, wie sie namentlich bei internationalen Anleiheoperationen stattfinden oder bei Unternehmungen großen Stils, die in einem Lande mit ausländischem Kapital durchgeführt werden (z. B. Eisenbahnbauten in überseeischen Gebieten, die noch nicht über eine hinreichende Kapitalansammlung verfügen). Auch Verschiebungen im Besitz an internationalen Wertpapieren und einseitige Leistungen, wie Kriegskostenentschädigungen, gehören hierher.

Alle diese die internationale Edelmetallbewegung beeinflussenden Faktoren lassen sich auf die Funktionen des Geldes als Tauschmittel (Handelsbilanz), als Zahlungsmittel (Zinszahlungen usw.), als Vermittler des Kapitalverkehrs (internationaler Leihverkehr) und als Werttransportmittel (Reisenden- und Auswandererverkehr) zurückführen.

§ 3. Die Einwirkung des nationalen Geldbedarfs auf die internationale Edelmetallbewegung.

Nach der Feststellung der Ursachen, auf welchen die internationalen Edelmetallbewegungen beruhen, entsteht auch hier — ebenso wie vorher hinsichtlich der Edelmetallgewinnung — die Frage, wie weit der Geldbedarf bestimmend einwirkt. Die alte merkantilistische Auffassung, nach der die internationalen Verschiebungen im Edelmetallbesitz ausschließlich durch die Handelsbilanz beherrscht erscheinen, schließt jede Einwirkung des Geldbedarfs aus; während die Versendung aller übrigen Waren von Land zu Land ganz selbstverständlich als bedingt gedacht wird durch den Bedarf an solchen Waren, sollen allein die Edelmetalle, weil sie der Grundstoff des zur Bezahlung der übrigen Waren dienenden Geldes sind, von Land zu Land geführt werden nicht durch den auf sie selbst gerichteten Bedarf, sondern durch das gänzlich außerhalb ihrer selbst liegende Moment der Ein- und Ausfuhr der anderen Güter, also im letzten Grunde durch den auf andere Güter gerichteten Bedarf; weil Deutschland einen durch die eigne Produktion nicht gedeckten Bedarf an Getreide hat, nicht etwa weil Amerika Bedarf an Gold hat, soll Gold aus Deutschland nach Amerika abfließen.

Das Verhältnis erfährt noch keine prinzipielle Aenderung, wenn man die Handelsbilanz als den bewegenden Faktor durch den weiteren Begriff der Zahlungsbilanz ersetzt. Auch alle die Forderungen und Verpflichtungen, die aus dem Stande der gegenseitigen Kreditgewährung der einzelnen Länder oder aus dem Betriebe von Unternehmungen im Auslande oder schließlich aus dem Betriebe internationaler Vermittelungsgeschäfte irgendwelcher Art hervorgehen, sind Bestimmungsgründe für die internationalen Edelmetallbewegungen, die mit dem Geldbedarfe der einzelnen Länder an sich nichts zu tun haben.

Dagegen liegt offenbar eine unmittelbare Beziehung zu dem Geldbedarfe vor bei denjenigen Modifikationen, welche die Edelmetallbewegungen durch den internationalen Leihverkehr in Geld erfahren. Wie der Bedarf an Waren in der Höhe des Preises zum Ausdruck kommt und durch diese Einwirkung auf den Preis die Versendung der Waren beeinflußt, ebenso äußert sich der Bedarf an Kapital in der Höhe des Zinsfußes und beeinflußt dadurch die Bewegungen des internationalen Kapitalverkehrs. Nun muß man sich freilich hüten, den Bedarf an Kapital und den Bedarf an Geld für gleichbedeutend zu halten und anzunehmen, daß die großen internationalen Kapitalübertragungen, wie sie etwa durch die Aufnahme von Anleihen kapitalbedürftiger Staaten in kapitalreichen Ländern veranlaßt werden, ausschließlich oder auch nur zu einem sehr beträchtlichen Teile in Geld erfolgten. Wenn z. B. ein Staat wie Indien in England eine Anleihe zum Zwecke des Baues von Eisenbahnen aufnimmt, so wird er den Wert der Anleihe zu einem großen Teile nicht effektiv in Edelmetall oder Geld, sondern in Schienen und anderen Materialien empfangen, also in denjenigen Kapital darstellenden Gütern, auf welche sich sein eigentlicher Bedarf richtet und zu deren Beschaffung das auf die Anleihe eingezahlte Geld lediglich ein Mittel ist. Freilich kann sich der Bedarf, der zur Aufnahme von Anleihen im Auslande führt, auch auf Kapital in Geldform richten; das war z. B. in der ausgesprochensten Weise der Fall bei den großen Anleihen, die im Laufe der letzten drei Jahrzehnte des 19. Jahrhunderts von Italien, Oesterreich-Ungarn, Rußland und anderen Ländern aufgenommen worden sind, um eine Papierwährung wieder durch eine metallische Währung zu ersetzen.

Was für die ausländischen Anleihen des Staates gilt, bei denen Grund und Zweck meist ohne weiteres klar liegen, gilt in derselben Weise für den nach Grund und Zweck sehr viel weniger übersichtlichen internationalen Kapitalverkehr, der aus den Kapitalbedürfnissen der Einzelwirtschaften innerhalb einer jeden Volkswirtschaft resultiert. Der Kapitalbedarf einer jeden einzelnen Unternehmung richtet sich, ebenso wie der Kapitalbedarf des Staates selbst, auf bestimmte Erscheinungsformen des Kapitals, von denen das Geld nur eine unter Tausenden ist; soweit die Summe dieser Kapitalnachfrage im Inlande keine Deckung findet und sich deshalb an das Ausland wendet, muß es ganz von der besonderen Art des die inländischen Mittel überschreitenden Kapitalbedarfs abhängen, in welcher Form die kreditierten Werte importiert werden.

Während der Bedarf an Kapital, der im Wege des langfristigen Kredits gedeckt wird, nur in Ausnahmefällen sich auf Geld richtet, ist die Inanspruchnahme kurzfristigen Kredits der Weg, auf dem sowohl die Finanzwirtschaft des Staates und anderer Körperschaften, als auch die privaten Unternehmungen und sonstigen Einzelwirtschaften sich die vorübergehend benötigten Zahlungsmittel zu beschaffen suchen. In diesem Sinne unterscheidet man zwischen dem Kapitalmarkte als dem Markte für langfristige Anlagen und dem Geldmarkte als dem Markte für kurzfristigen Kredit. Die Zinssätze der einzelnen nationalen Geldmärkte sind in großem Umfange abhängig von der Stärke der Geldnachfrage; da die Höhe der Zinssätze für kurzfristigen Kredit in den einzelnen Ländern, soweit diese eine metallische Währung mit freier Prägung für das Währungsmetall haben, einen weitgehenden Einfluß auf die Edelmetallbewegungen ausübt, so liegt hier allerdings eine Einwirkung des Geldbedarfs der einzelnen Länder auf die internationale Edelmetallbewegung vor. Der Leihverkehr in Geld kann mithin in der Tat die aus dem Warenverkehr und aus anderen Ursachen hervorgehenden internationalen Zahlungsverpflichtungen in ihrer Wirkung auf die Versendung von Geld und Geldmetall paralysieren, ebenso wie das einzelne wirtschaftende Individuum sich das benötigte Bargeld außer auf dem Wege des Verkaufs von Gütern und der Einziehung von Forderungen auch auf dem Wege des Kreditnehmens beschaffen kann.

Aber ebenso wie beim Verkehr zwischen Individuen, so hat auch im Verkehr zwischen den einzelnen Ländern die Geldübertragung im Wege des Kredits keinen unbegrenzten Spielraum. Auf die Dauer leiht man nur, wenn man das Ausgeliehene wieder zurückerhält; es entscheidet nicht allein die Größe des Bedarfs, sondern auch die Vertrauenswürdigkeit und Leistungsfähigkeit des Schuldners. Ein dauernder Fehlbetrag in der nationalen Zahlungsbilanz kann deshalb nicht im Wege des internationalen Leihverkehrs ausgeglichen werden, weil die Möglichkeit der Zurückzahlung der auf dem internationalen Geldmarkte aufgenommenen Darlehen und damit die Grundlage für die ausgleichende Wirkung des internationalen Kreditverkehrs schließlich schwinden müßte.

Immerhin steht soviel fest, daß gegenüber einer Gestaltung der Zahlungsbilanz, deren Wirkung auf die internationale Edelmetallbewegung der Entwicklung des Geldbedarfs eines Landes nicht entsprechen würde, wenigstens vorübergehend im Wege des Kreditverkehrs eine Beeinflussung der internationalen Edelmetallbewegungen durch den Geldbedarf der einzelnen Länder möglich ist.

Es bleibt die weitere Frage, ob in der Tat der Geldbedarf der einzelnen Länder nur durch die Vermittlung des internationalen Kreditverkehrs auf die Edelmetallbewegungen einzuwirken vermag und ob wirklich jede Einwirkung des Geldbedarfs auf die übrigen Faktoren, welche die Edelmetallbewegungen beeinflussen, ausgeschlossen ist.

Der ursprünglichen Theorie, nach welcher die Zu- und Abflüsse von Edelmetall lediglich als die notwendige und selbstverständliche

Wirkung der Gestaltung der Handelsbilanz anzusehen waren, ist schon von David Hume die These gegenübergestellt worden, daß die Versendung von Geld von Land zu Land, ebenso wie die Versendung aller anderen Waren, im letzten Grunde durch die Unterschiede des Bedarfs an Geld bestimmt werde. Wenn ein Land infolge einer ungünstigen Handelsbilanz erhebliche Mengen von Geld an ein anderes Land abgeben müsse, so sei unter sonst gleichen Umständen die Folge, daß das erstere Land Mangel, das letztere Ueberfluß an Geld habe. Diese Verschiedenheit in der Deckung des Geldbedarfs müsse sich äußern in dem Werte des Geldes gegenüber den anderen Gütern: in dem Lande mit dem verringerten Geldumlaufe steige der Wert des Geldes gegenüber den Waren, in dem anderen Lande sinke der Wert des Geldes gegenüber den Waren; oder — mit anderen Worten ausgedrückt — im ersteren Lande mußten die Geldpreise der Waren sinken, im letzteren Lande steigen. Diese Verschiebung im Preisniveau der beiden Länder bewirke einen Umschwung in der Gestaltung ihrer Handelsbilanz: während bisher das erstere Land mehr Waren ein- als ausgeführt und gerade deshalb Geld an das Ausland verloren habe, werde jetzt, bei den niedrigeren Preisen im Inlande und den höheren Preisen im Auslande, die Einfuhr von Waren erschwert und die Ausfuhr befördert; kurz, die bisher ungünstige Handelsbilanz werde — infolge des durch sie verursachten Geldabflusses und Geldmangels und infolge der Wirkung dieser Vorgänge auf die Warenpreise — auf automatischem Wege wieder günstig, und an die Stelle des Geldabflusses trete ein Geldzufluß.

Diese Theorie, die anstelle des einseitigen Verhältnisses von Handelsbilanz und Edelmetallbewegungen, wie es die Merkantilisten konstruiert hatten, ein Wechselwirkungsverhältnis annimmt, greift bereits weit hinüber in die Fragen der Bestimmungsgründe und der Wirkungen der Geldwertänderungen. Die Unterlagen dieser Theorie werden deshalb später genauer zu prüfen sein. Hier genüge die allgemeine Erwägung, daß es bei näherem Zusehen durchaus natürlich erscheinen muß, daß die Verteilung der wichtigsten Geldstoffe über die einzelnen Länder denselben Einflüssen unterliegt wie die Verteilung der übrigen Güter; und diese Einflüsse sind die Stärke des Bedarfs auf der einen Seite, der Grad der Verfügung über Mittel des Erwerbs (Kaufkraft) auf der anderen Seite. Ein jeder Einzelne und ebenso ein jedes Land kann aufgrund seiner gesamten wirtschaftlichen Kraft seine verschiedenen Bedürfnisse bis auf einen gewissen Sättigungspunkt decken, in der Weise, daß die verfügbaren Mittel stets für die Befriedigung des dringenderen Bedürfnisses zunächst Verwendung finden. Es ist nicht einzusehen, warum das Geldmetall außerhalb dieses Kreises stehen soll und warum ein Land, das im Wege der eignen Produktion und des auswärtigen Handels alle anderen Bedürfnisse bis zu einem gewissen Sättigungspunkte zu decken vermag, nicht auch seinen Bedarf an metallischen Zirkulationsmitteln bis zu demselben Grade sollte decken oder einen seinen Bedürfnissen entsprechenden metallischen Geldumlauf sollte festhalten können.

Wenn freilich die gesamte wirtschaftliche Kraft eines Landes zurückgeht, wenn durch einen Zerfall seiner Produktivität der Grad

der Bedürfnisbefriedigung beeinträchtigt wird, dann wird es auch sein
Bedürfnis nach metallischen Zirkulationsmitteln nicht mehr ebenso reichlich wie bisher, unter Umständen überhaupt nicht mehr zu decken vermögen. Die Tatsache, daß es Ländern mit zerrütteten wirtschaftlichen
und finanziellen Verhältnissen stets schwer geworden ist, einen geordneten
metallischen Geldumlauf aufrecht zu erhalten, widerspricht mithin nicht
der Auffassung, daß auch die internationalen Bewegungen der Geldmetalle durch den auf sie gerichteten Bedarf und die Zahlungsfähigkeit
der Nachfrage der einzelnen Länder beeinflußt werden. Das Gleiche
gilt von der Tatsache, daß Länder, die infolge politischer und wirtschaftlicher Katastrophen ihren metallischen Geldumlauf verloren haben,
sich meist außer Stand sehen, ohne fremde Hilfe (durch die Gewährung
von Anleihen) einen Münzumlauf wieder herzustellen. Freilich ist gerade inbezug auf die Deckung des Geldbedarfs ein besonderer Punkt
mit in Betracht zu ziehen. Bei ungenügender Deckung des Bedarfs
kann kein Gut leichter durch Surrogate ersetzt werden als das metallische
Geld; an die Stelle des metallischen Geldes können Papierscheine gesetzt werden, während die Güter, die zur Befriedigung von Nahrung,
Kleidung, Wohnung und anderen Bedürfnissen dienen, nicht in einer
gleich einfachen und nahezu kostenlosen Weise durch stofflich wertlosere
Dinge ersetzt werden können. Alle die Störungen, die sich aus einer
ungenügenden Deckung des Bedarfs an Zirkulationsmitteln ergeben,
drängen die maßgebenden Instanzen, sei es die staatliche Finanzverwaltung oder eine mit dem Recht der Notenausgabe ausgestattete
Bank, nahezu unwiderstehlich dazu, dem Geldbedarfe durch eine stärkere
Ausgabe papierner Geldzeichen entgegenzukommen. Dadurch wird
natürlich die von Hume dargestellte Reaktion eines ungenügend gedeckten Geldbedarfs auf die Handelsbilanz und die Edelmetallbewegungen ganz oder teilweise ausgeschaltet; die Spannung zwischen Geldbedarf und Geldumlauf, die an sich die internationalen Edelmetallbewegungen zu beeinflussen geeignet wäre, ist durch die Papiergeld-
emission beseitigt. Die Tatsache, daß Länder, die im Falle einer Knappheit an Zirkulationsmitteln zum Auskunftsmittel der Papiergeldausgabe
greifen, kein Metallgeld an sich ziehen, beweist mithin nichts gegen
die Theorie, daß der Geldbedarf, falls ihm auf diese Weise nicht genügt wird, die Tendenz hat, sich durch die Beeinflussung der internationalen Edelmetallbewegungen Befriedigung zu schaffen.

Ihre völlige Klarstellung können, wie gesagt, diese Zusammenhänge,
die unter den heutigen, aus dem Weltkrieg erwachsenen Verhältnissen
gegenüber der Zeit der Ausgabe der 1. Auflage dieses Buches für uns
eine so große praktische Bedeutung gewonnen haben, erst aufgrund
der noch zu erörternden Theorie des Geldwertes erhalten. An dieser
Stelle sei zur Erhärtung der Ansicht, daß sich das Metallgeld auf die
einzelnen Länder im allgemeinen nach Maßgabe des Geldbedarfs, der
sowohl den Zinssatz für kurzfristigen Kredit als auch die Gestaltung
des Außenhandels beeinflußt, zu verteilen strebt, auf ein wichtiges Beispiel einer durch äußere Verhältnisse herbeigeführten Störung der internationalen Zirkulationsverhältnisse, nämlich auf die französische Kriegskostenentschädigung und die darauf folgende Reaktion, hingewiesen.

Die Uebertragung der 5 Milliarden Franken an Deutschland fand bekanntlich nur zu einem kleinen Teile unmittelbar in Metallgeld statt[1]). Abgesehen von geringen Beträgen in deutschen und englischen Goldmünzen wurden etwa 273 Millionen Franken = 220 Millionen Mark in französischen Goldmünzen gezahlt; an deutschen Silbermünzen gingen etwa 24 Millionen Mark ein, an französischen Silbermünzen etwa 270 Millionen Mark. Der weitaus größte Teil der von Frankreich gegebenen Zahlungsmittel bestand in Wechseln und Bankanweisungen auf deutsche Plätze (zusammen für etwa 2400 Millionen Mark), ferner aus Wechseln auf England (für mehr als 500 Millionen Mark), auf Holland (für etwa 200 Millionen Mark) und Belgien (für etwa 116$^{1}/_{2}$ Millionen Mark). Davon wurden namentlich die Wechsel auf England vorwiegend zum Ankaufe von Gold auf dem Londoner Edelmetallmarkte verwendet. Im ganzen hat die Reichsregierung in den Jahren 1871 bis 1873 aus der französischen Kriegskostenentschädigung für etwa 1040 Millionen Mark Gold teilweise unmittelbar erhalten, teilweise aus den nicht in Gold bestehenden Eingängen beschafft. Für den weitaus größeren Teil der Milliarden hat Deutschland den Gegenwert in Wertpapieren und Waren empfangen. Die französischen Banken haben große Beträge von österreichischen, italienischen und anderen fremden Wertpapieren durch Vermittelung deutscher Banken an das deutsche Publikum abgestoßen, das infolge der Zurückzahlung erheblicher Beträge von deutschen Staatsanleihen imstande war, diese Werte aufzunehmen; sie haben gegen diese Verkäufe die großen Beträge von Wechseln auf deutsche Plätze ziehen können, die sie der französischen Regierung als Einzahlung auf ihre Anleihen zur Verfügung stellten und welche die französische Regierung als Zahlungsmittel auf die Kontribution an die deutsche Regierung weiter gab. In welchem Umfange der Gegenwert für die von Frankreich in Zahlung gegebenen Wechsel und Anweisungen in Waren bestand, zeigt die Gestaltung der deutschen Handelsbilanz, deren Einfuhrüberschuß im Jahre 1872 941 460 000 Mark, im Jahre 1873 1 454 245 000 Mark, im Jahre 1874 1 251 579 000 Mark betrug. Bezeichnend ist, daß in Frankreich in jenen Jahren anstelle des vorher bestehenden Einfuhrüberschusses ein Ausfuhrüberschuß getreten ist.

Obwohl nur etwa ein Viertel der ganzen Kontribution in Gold realisiert und der ganze Rest in Wertpapieren und Waren übertragen wurde, machte sich die durch diese Zahlungen hervorgerufene Störung der internationalen Zirkulationsverhältnisse stark fühlbar. Der deutsche Metallgeldbestand hat zwar infolge gewisser sich aus der Durchführung der Münzreform ergebender Gegenwirkungen[2]) nicht unmittelbar um den vollen Betrag des durch die Kontribution erhaltenen und beschafften Goldes zugenommen, immerhin ist er nach eingehenden Be-

---

[1]) Vgl. zum folgenden meine „Reform des deutschen Geldwesens nach der Gründung des Reiches," Bd. II. S. 236 ff.

[2]) Namentlich die Austreibung der in großen Mengen umlaufenden fremden Münzen (österr. Gulden, Fünffrankenstücke usw.) hat in den ersten Jahren der Münzreform der Vermehrung des Geldvorrates entgegengewirkt.

rechnungen[1]) von etwa 1985 Millionen Mark bei Beginn der Münzreform (Mitte 1871) auf 2810 Millionen Mark um die Mitte des Jahres
1873 angewachsen; das war innerhalb zweier Jahre eine Zunahme
um 825 Millionen Mark oder um mehr als 40 Prozent des zu Beginn
der Münzreform in Deutschland vorhandenen Geldbestandes, die sich großenteils auf Kosten des Metallgeldvorrates der übrigen europäischen Länder,
namentlich Frankreichs, Belgiens und Englands, vollzog. Dadurch
wurde in Deutschland relativer Geldüberfluß und in den beteiligten
ausländischen Gebieten relativer Geldmangel erzeugt. Die Reaktion
auf diese Verschiebung war, daß erstens nach der Beendigung der
Milliardenzahlung und nach dem Aufhören des durch die Ueberspekulation und die Krisis von 1873 verursachten außerordentlichen
Geldbedarfs die Zinssätze für kurzfristigen Kredit auf dem deutschen
Geldmarkte sich für längere Zeit niedriger stellten als auf irgendeinem ausländischen Geldmarkte; daß zweitens auch nach der Abtragung der Kontribution die deutsche Handelsbilanz fortfuhr, einen
sehr erheblichen Einfuhrüberschuß aufzuweisen. Der stärkere Geldbedarf des Auslandes machte mithin, soweit er sich in höheren Zinssätzen äußerte, die zinsbare Anlage von Geld im Auslande für die
deutschen Kreditgeber zu einem lohnende Geschäfte; ferner beförderte
die Tatsache, daß der Geldbedarf der deutschen Volkswirtschaft in
einem beträchtlich höheren Umfange gedeckt war als der Bedarf der
deutschen Volkswirtschaft an anderen Gütern den Austausch des in
Deutschland relativ überflüssigen Geldes gegen solche Erzeugnisse des
Auslandes, nach denen in Deutschland ein relativ größerer Begehr
vorhanden war, ein Austausch, der sich nur vollziehen konnte, solange
in Deutschland für die in Frage kommenden Güter höhere Geldpreise
gezahlt wurden als im Auslande, d. h. solange in Deutschland der
relative Ueberfluß an Geld den Wert des Geldes gegenüber den Gütern,
deren Bedarf in geringerem Maße gedeckt war, niedriger hielt als im
Auslande.

Die Reaktion auf die gewaltige Geldübertragung an Deutschland
war mithin ein teilweise im Wege des Kreditverkehrs, teilweise im
Wege der Bezahlung von Einfuhrgütern sich vollziehender Rückfluß
von Geld nach dem Auslande. Dieser Rückfluß hat sich von der Mitte
des Jahres 1874 an unter einer erheblichen Steigerung der auswärtigen
Wechselkurse vollzogen und hat im großen Ganzen bis in das Jahr 1879
angedauert; zeitweise wurde er durch die aus der Durchführung der
deutschen Geldreform hervorgehenden Einschränkungen der deutschen
Geldzirkulation unterbrochen, so namentlich in der zweiten Hälfte des
Jahres 1875 durch die Zurückziehung großer Beträge von papiernen
Umlaufsmitteln, die durch das Inkrafttreten der neuen Ordnung des
Notenbankwesens erforderlich gemacht wurde; in den folgenden Jahren
hat die Einziehung der Silbermünzen zeitweise den Umfang des
deutschen Geldumlaufs nicht unerheblich eingeschränkt, und sie hat
auch in ihrem Endresultat eine gewisse Verminderung des deutschen
Geldumlaufs herbeigeführt, da bei dem Rückgange des Silberpreises

---

[1]) Siehe meine „Reform des deutschen Geldwesens". II. S. 365 ff. und S. 402.

für die eingeschmolzenen Silbermünzen nur ein hinter dem ursprünglichen Nennwerte derselben zurückbleibender Betrag von Goldmünzen
beschafft werden konnte.

Im ganzen hat der deutsche Metallgeldbestand, der von 1985
Millionen Mark um die Mitte des Jahres 1871 auf 2810 Millionen Mark,
um die Mitte des Jahres 1873 zugenommen hatte, in den folgenden
Jahren eine fast ununterbrochene Abnahme bis auf 2420 Millionen
Mark um die Mitte des Jahres 1879 erfahren. Von den 825 Millionen
Mark, um die der deutsche Metallgeldvorrat in den ersten zwei Jahren
der Münzreform infolge der Milliardenzahlung zugenommen hatte, ist
mithin im Jahre 1879 nur noch eine Zunahme von 435 Millionen Mark
übrig gewesen, eine Zunahme, die, auf die acht Jahre von 1871 bis 1879
verteilt, nichts Ungewöhnliches mehr hat.

An diesem in seiner Art bedeutsamsten Beispiele sehen wir deutlich, in welchem Umfange und auf welche Weise der Geldbedarf der
einzelnen Volkswirtschaften auf die internationalen Bewegungen der
Geldmetalle seinen Einfluß ausübt[1]).

Eine ähnliche Reaktion auf die noch unendlich viel größeren
Zirkulationsverschiebungen, die der Weltkrieg im Gefolge gehabt hat,
ist bisher nicht eingetreten. Die Ursache ist darin zu suchen, daß
die einzelnen nationalen Wirtschaftskörper, namentlich diejenigen der
schließlich unterlegenen Staaten, in ihrer Produktionsfähigkeit so schwer
geschädigt worden sind, daß sie die Kraft zu einer solchen Reaktion, die
in erster Linie in einer Steigerung ihrer Ausfuhr bestehen müßte, bisher
nicht aufgebracht haben; daß ferner die Disqualifizierung ihres Handels
(Versagen der Meistbegünstigung, Boykott) einer solchen Reaktion
entgegenwirken; daß schließlich die Last der Kontributionen, die im
Falle Frankreichs innerhalb zweier Jahre nach Friedensschluß abgetragen
war, für unabsehbare Zeit auf den betroffenen Staaten weiter lastet
und eine natürliche Reaktion der Wirtschaft nicht aufkommen läßt.

§ 4. Die industrielle Verwendung der Edelmetalle.

Von der Gesamtmenge des einer Volkswirtschaft zur Verfügung
stehenden und ihr aus der jeweiligen Produktion neu zufließenden
Geldmetalls findet nur der eine Teil wirklich zu Geldzwecken Verwendung, sei es, daß er als gemünztes Geld in den Verkehr kommt,
sei es, daß er in Form von Münzen oder Barren zur Deckung papierner
Umlaufsmittel und als Grundlage besonderer Zahlungseinrichtungen
dient. Der andere Teil wird, wie alle anderen Waren, gewöhnlichen
Gebrauchszwecken zugeführt; er dient als Rohstoff für Geräte und
Schmuckgegenstände, als Material zum Vergolden und Versilbern,
zum Plombieren von Zähnen usw. Man faßt die Verwendung der
Edelmetalle zu nichtmonetären Zwecken zusammen als „industrielle
Verwendung".

Ueber die theoretischen Beziehungen der monetären und der
industriellen Verwendung der Geldmetalle ist wenig zu sagen. Es

---

[1]) Vgl. zu den obigen Ausführungen auch die sehr instruktive Abhandlung
von Nasse, Die Münzreform und die Wechselkurse, in Hirths Annalen des
Deutschen Reiches, 1875.

liegen hier dieselben Verhältnisse vor wie bei allen anderen Gütern, die für verschiedene Verwendungszwecke in Betracht kommen. Die Intensität und die Zahlungsfähigkeit der Nachfrage für die verschiedenen in Betracht kommenden Verwendungen entscheiden über das Verhältnis, in welchem sich der gesamte verfügbare Bestand auf die einzelnen Verwendungsarten verteilt; die genannten Faktoren äußern sich im Preise, den die Nachfrage für die eine oder andere Verwendungsart zu zahlen bereit ist; alles Edelmetall, das von dem industriellen Bedarf nicht zu einem Preise aufgenommen wird, der seinem Ausmünzungswerte abzüglich der Ausmünzungskosten entspricht, fließt naturgemäß den Münzstätten und Banken zu, die für dieses Edelmetall offen sind.

Ebenso wie der Geldbedarf der einzelnen Volkswirtschaften von einer Reihe verschiedenartiger Faktoren abhängt, so auch das Verhältnis der Verwendung der Edelmetalle zu monetären und zu gewöhnlichen Gebrauchszwecken. Namentlich der Reichtum eines Volkes und seine gleichmäßige oder ungleichmäßige Verteilung sind für den Umfang, in welchem Edelmetall zur Herstellung von Schmucksachen und Geräten verwendet und in Form von Schmucksachen und Geräten aufbewahrt wird, von sehr erheblicher Bedeutung, und zwar teilweise nach anderen Richtungen als für die monetäre Verwendung der Edelmetalle. Wohl hat ein größerer nationaler Wohlstand, wie oben auseinander gesetzt wurde, an und für sich infolge der größeren Umsätze die Wirkung, den Geldbedarf der Volkswirtschaft zu steigern und eine reichlichere Deckung des Geldbedarfs zu ermöglichen; gleichzeitig hat er eine vermehrte Nachfrage nach Edelmetall zu Luxuszwecken zur Folge. In ihrer Stärke jedoch ist diese Wirkung mindestens von einem gewissen Punkte an eine verschiedene; schon deshalb, weil alle den Geldbedarf einschränkenden Zahlungseinrichtungen und Kreditumlaufsmittel einen gewissen Wohlstand zur Voraussetzung haben und sich bei den wohlhabenden Völkern am vollkommensten entwickeln können, während die Nachfrage nach Luxusgütern sich bei zunehmenden Wohlstande, ohne solche Gegenwirkungen zu erfahren, auszudehnen vermag; weil ferner auch hier die ganz allgemeine Wahrnehmung gilt, daß unter sonst gleichen Umständen, je größer der Wohlstand eines Volkes ist, ein um so größerer Teil des gesamten Nationalvermögens auf die Befriedigung von weniger dringenden Bedürfnissen verwendet werden kann; und zweifellos dient die industrielle Verwendung der Edelmetalle gegenüber der monetären Verwendung einem Luxuszwecke.

Eine ähnliche Wahrnehmung ist von besonderer Wichtigkeit für die Beurteilung der Frage, wie die Gleichmäßigkeit oder Ungleichmäßigkeit der Verteilung des Volksreichtums auf das Verhältnis der monetären und industriellen Verwendung der Edelmetalle einwirkt. Je ungleichmäßiger die Verteilung des Nationalvermögens ist, je mehr große Vermögen in den Händen einzelner angesammelt sind und je geringer der Wohlstand der breiten Masse eines Volkes ist, desto größer ist der Teil des gesamten Nationalvermögens, der Luxusbedürfnissen dient. Man braucht sich nur das eine Extrem der absolut gleichmäßigen Verteilung des Vermögens und Einkommens vorzustellen: die breiten Schichten des Volkes würden eine etwas auskömmlichere Existenz haben, aber niemand innerhalb der ganzen Volkswirtschaft würde imstande sein, Kostbarkeiten irgendwelcher Art zu beschaffen. Die Nachfrage nach Edelmetall zu Luxuszwecken würde mithin außerordentlich zusammenschrumpfen. Auf der anderen Seite haben wir — speziell an dem Beispiele Frankreichs in der Vorkriegszeit — gesehen, daß eine gleichmäßige Verteilung des Volkswohlstandes den Bestand von Edelmetall in Geldform zu erhöhen geeignet ist. Je weniger gleichmäßig die Verteilung der Vermögen innerhalb einer Volkswirtschaft ist, desto größer wird deshalb im allgemeinen der zu Gebrauchszwecken dienende Teil des nationalen Edelmetallbestandes gegenüber dem monetären Zwecken dienenden Teile sein.

Die Grenze zwischen dem monetären und dem nichtmonetären Edelmetallbestande einer Volkswirtschaft ist keineswegs eine feste. Bei der Kostbarkeit der Edelmetalle ist der Wert der Form, in die sie gebracht sind, relativ gering; infolgedessen ist die Ueberführung der Edelmetalle von der einen Verwendungsart zur anderen in ähnlicher Weise leicht, wie die internationale Bewegung der Edelmetalle infolge der relativ geringfügigen Transportkosten. Namentlich wird gemünztes Metall in großem Umfange eingeschmolzen und als Material für Schmucksachen usw. benutzt, da der Formwert der fabrikmäßig im Großen hergestellten Münzen gegenüber ihrem Stoffwerte gänzlich unbedeutend ist. Beispielsweise betrug die von den deutschen Münzstätten erhobene Prägegebühr für das 20 Markstück nur 4,3 Pfennige. Bei dieser geringfügigen Wertdifferenz zwischen geprägtem und ungeprägtem Edelmetall war es, namentlich wenn es sich um kleine Quantitäten handelte, stets einfacher und häufig billiger, sich das benötigte Gold durch Einschmelzen von Münzen zu beschaffen, die im Verkehr in jedem Augenblick erhältlich waren, als Goldbarren zu beziehen.

Aber auch die Einschmelzung von Geräten und Schmucksachen aus Edelmetall und die Verwendung des Schmelzergebnisses zur Ausprägung von Münzen ist, trotz des höheren Formwertes dieser Gegenstände, keineswegs etwas Ungewöhnliches; namentlich ist es eine bekannte Erfahrung, daß in Zeiten einer akuten Steigerung des Geldbedarfs, wie z. B. in Kriegen und politischen Katastrophen, große Mengen von Geräten und Schmucksachen aus Edelmetall zur Ausmünzung gebracht werden. Während des Weltkrieges hat nicht nur in Deutschland, sondern auch in anderen Ländern der Appell an die Vaterlandsliebe die Wirkung gehabt, daß gewaltige Mengen goldener Schmucksachen bei den Münzstätten und Zentralbanken gegen eine mäßige Vergütung eingeliefert worden sind.

Alle diese Ausführungen beziehen sich lediglich auf die frei ausprägbaren Edelmetalle, bei denen allein die selbsttätig wirksamen Kräfte des Verkehrs über das Verhältnis der Verwertung zu monetären und industriellen Zwecken entscheiden können; sie gelten nicht, soweit

die Prägung des einen oder anderen der beiden Edelmetalle beschränkt
und in das Belieben der Regierung gelegt oder gar gänzlich eingestellt ist. Bei beschränkter Prägung bestimmt vielmehr die Staatsgewalt den Betrag des Edelmetalls, der zu Geldzwecken verwendet
werden soll, und der ganze Rest des Edelmetallquantums bleibt für
Gebrauchszwecke verfügbar und muß für solche Zwecke Absatz finden.
Bei gesperrter oder beschränkter Prägung des Währungsmetalls äußert
sich eine Steigerung des Geldbedarfs, die bei freier Prägung Edelmetall für die monetäre Verwendung heranzuziehen und damit die
Gesamtmenge des monetären Zwecken dienenden Edelmetalls zu vergrößern geeignet wäre, nach einer anderen Richtung: in einer Erhöhung
des Wertes des geprägten Edelmetallgeldes über den Wert des
ungeprägten Metalls.

§ 5. Die Statistik des industriellen Edelmetallverbrauchs.

Die statistische Erfassung des industriellen und des monetären
Verbrauchs der Edelmetalle begegnet noch weit größeren Schwierigkeiten, als etwa die Feststellung der Edelmetallproduktion und der
internationalen Edelmetallbewegungen.

Schon die Ermittlung, wieviel Gold und Silber jährlich in den
einzelnen Ländern in der Industrie Verwendung findet, wird bei der
großen Anzahl der Betriebe, die hier in Betracht kommen, kaum
jemals einwandfrei möglich sein. Die genauesten Erhebungen über
die industrielle Verwendung der Edelmetalle werden seit Jahrzehnten
in den Vereinigten Staaten veranstaltet, und dort hat sich früher der
die Erhebungen leitende Münzdirektor mit seinen Anfragen direkt an
die Gewerbetreibenden, die Edelmetall verarbeiten, gewendet. Auch
eine im Deutschen Reiche in den Jahren 1896 und 1897 veranstaltete
Untersuchung hat diesen Weg eingeschlagen. Bei dieser Art der
Erhebung liegt zunächst die Gefahr vor, daß man von einer großen
Anzahl der Befragten überhaupt keine oder unrichtige Angaben erhält.
Ist aber eine ungefähre Ziffer für den gesamten Jahresverbrauch an
Edelmetall ermittelt, so entstehen die weiteren Fragen, wieviel von
dem verarbeiteten Edelmetall neu produziert, wieviel altes Material
ist, wieviel aus dem Münzumlaufe des eignen Landes entnommen ist
und wieviel aus der Einschmelzung fremder Münzen stammt. Diese
letzteren Fragen können wenigstens annäherungsweise beantwortet
werden durch Nachweisungen der Münzanstalten, der offiziellen Probierämter, der großen Scheideanstalten usw. über den Umfang und die
Herkunft der an Gewerbetreibende verkauften Edelmetallmengen. Auf
der Grundlage solcher Nachweisungen beruhen seit dem Jahre 1889 die
Ermittlungen des amerikanischen Münzdirektors über den industriellen
Edelmetallverbrauch in den Vereinigten Staaten (Nachweisungen der
Münze in Philadelphia, des United States Essay Office in Newyork
und privater Scheideanstalten). Es fehlt jedoch bei diesem Verfahren an
Anhaltspunkten für die Beträge von Münzen, die von den einzelnen
Goldschmieden und anderen Edelmetall verarbeitenden Industriellen

selbst eingeschmolzen und damit aus der monetären in die industrielle Verwendung übergeführt werden. Der amerikanische Münzdirektor macht für diese Beträge einen mehr oder weniger willkürlich geschätzten Zuschlag. Die deutschen Enqueten von 1896, 1897 und 1908 haben sowohl die Nachweisungen der Scheideanstalten über Umfang und Herkunft des an Gewerbetreibende verkauften Materials benutzt, als auch die einzelnen Gewerbetreibenden über den Umfang und die Art des von ihnen verwendeten Goldes befragt. Auch der amerikanische Münzdirektor hat späterhin seine Erhebungen wieder durch eine solche Anfrage bei den einzelnen Gewerbetreibenden zu ergänzen gesucht. Fast jeder Anhaltspunkt für die Beurteilung der Herkunft des in der Industrie usw. verarbeiteten Materials fehlt bei den Nachweisungen über die bei den Probierämtern oder Punzierungsämtern gestempelten Gold- und Silberwaren, wie sie z. B. Frankreich und Oesterreich-Ungarn vor dem Kriege besaßen.

Diese Ausführungen zeigen, mit welcher Vorsicht auch die auf den fleißigsten Untersuchungen beruhenden Schätzungen des industriellen Verbrauchs der Edelmetalle zu beurteilen sind. Bei allen solchen Aufstellungen haben wir es bestenfalls mit Annäherungswerten zu tun, die sich innerhalb nicht zu enger Fehlergrenzen bewegen.

S o e t b e e r hat im Jahre 1886[1]) folgende Uebersicht über den industriellen Verbrauch von Gold und Silber in den wichtigsten Ländern der europäischen Kultur gegeben:

	Gold			Silber		
Länder	Bruttoverbrauch kg	Abzug für altes Material Prozent	Nettoverbrauch kg	Bruttoverbrauch kg	Abzug für altes Material Prozent	Nettoverbrauch kg
Vereinigte Staaten . .	21 700	10	19 500	135 000	15	115 000
Großbritannien . . .	20 000	15	17 000	90 000	20	72 000
Frankreich	21 000	20	16 800	100 000	25	75 000
Deutschland	15 000	20	12 000	110 000	25	82 000
Schweiz	15 000	30	10 500	32 000	25	24 000
Niederlande und Belgien	3 200	20	2 900	30 000	20	24 000
Oesterreich-Ungarn . . .	2 800	15	2 400	40 000	20	32 000
Italien	6 000	25	4 500	25 000	25	19 000
Rußland	3 000	20	2 400	40 000	20	32 000
Andere Kulturländer . .	2 300	15	2 000	50 000	20	40 000
Zusammen	110 000		90 000	652 000		515 000

Der amerikanische Münzbericht gibt über den industriellen Verbrauch von Gold und Silber (nach Abzug des Altmaterials)

---

[1]) „Materialien usw.", S. 38.

in den einzelnen Kulturländern für das Jahr 1912 folgende Aufstellung:

Länder	Gold Wert in Dollar	Silber Unzen fein
Vereinigte Staaten . .	35 800 000	20 000 000
Deutschland . . .	20 000 000	10 000 000
Großbritannien . .	18 000 000	10 000 000
Frankreich	17 500 000	9 000 000
Schweiz	8 000 000	2 000 000
Oesterreich-Ungarn . .	5 000 000	2 000 000
Rußland (einschl. Finnland)	5 000 000	4 000 000
Italien	3 500 000	1 500 000
Belgien und Niederlande	3 000 000	5 000 000
Dänemark, Norwegen und Schweden	1 000 000	600 000
Spanien und Portugal .	1 800 000	1 000 000
Australien und Neuseeland	2 000 000	900 000
Kanada	2 500 000	900 000
Andere Länder Europas und Amerikas . . .	1 000 000	1 000 000
Summe	124 100 000	67 900 000
Aegypten und Asien . .	50 000 000	28 841 771
Insgesamt	174 100 000[1])	96 741 771

Der jährliche industrielle Goldverbrauch der sämtlichen Kulturländer würde nach den Zahlen des amerikanischen Münzdirektors einen Wert von etwa 730 Millionen Mark darstellen. Lexis hat noch im Jahre 1900[2]) den industriellen Goldverbrauch der ganzen Welt (einschließlich Indiens und der übrigen asiatischen Länder) für das Jahr 1897 auf 250 Millionen Mark geschätzt; auch der amerikanische Münzbericht nahm für das Jahr 1897 noch einen wesentlich geringeren Betrag als für 1907 an, nämlich 59 Millionen Dollar = etwa 248 Millionen Mark, also einen Betrag, der sich mit der Schätzung von Lexis ungefähr deckte. Wenn man die Schätzung des amerikanischen Münzdirektors für das Jahr 1912 als ungefähr zutreffend annimmt, so würde an der Schwelle des Weltkrieges der Jahresverbrauch von Gold in der Industrie usw. 37—38 Prozent der jährlichen Neuproduktion betragen haben, und 62—63 Prozent der Neuproduktion würden für monetäre Zwecke verfügbar geblieben sein. Immerhin hat die Zunahme der Goldgewinnung in den letzten Jahrzehnten vor dem Weltkrieg die gleichzeitige Zunahme des industriellen Goldverbrauchs nicht nur absolut, sondern auch proportional bedeutend überflügelt. Als Soetbeer für die Mitte der 80 er Jahre den jährlichen Goldverbrauch in der Industrie auf 250 Millionen Mark schätzte, berechnete er die gleichzeitige Goldgewinnung

---

[1]) Hiervon entfiel ein Betrag von ungefähr $ 20 000 000 auf eingeschmolzene Goldmünzen; der Nettoverbrauch an ungemünztem Golde würde mithin $ 154 000 000 betragen haben.

[2]) Siehe Handwörterbuch der Staatswissenschaften. 2. Aufl. Bd. IV. S. 761.

nur auf etwa 435 Millionen Mark. Wenn man mit L e x i s die S o e t -
b e e r sche Schätzung des industriellen Verbrauchs für zu hoch hält
und wenn man sie um etwa ein Viertel reduziert, so würde auch dann
noch der damalige industrielle Goldverbrauch dem monetären Goldverbrauche nahezu gleichgekommen sein.

Für Deutschland speziell hat die Enquete von 1896 und 1897
einen jährlichen industriellen Goldverbrauch von etwa 16 000 kg im
Werte von 45 Millionen Mark nachgewiesen. Darunter befanden sich
etwa 5300 kg im Werte von 15 Millionen Mark, die von den Scheideanstalten aus inländischem Altmaterial gewonnen worden waren, d. h.
aus alten Schmucksachen und Geräten sowie aus Abfällen, die sich
bei der Herstellung von Goldwaren ergeben hatten. Abzüglich dieser
Goldmenge ergab sich für Deutschland ein jährlicher Nettoverbrauch
von etwa 10 700 kg im Werte von 30 Millionen Mark und diese
Ziffern hat auch der amerikanische Münzdirektor in seine Nachweisung aufgenommen. Von diesem Nettoverbrauch kamen 7100 kg
im Werte von 20 Millionen Mark auf deutsche Goldmünzen, 1800 kg
im Werte von 5 Millionen Mark auf fremde Goldmünzen und ebensoviel auf Goldbarren, die den Industriellen von den deutschen
Scheideanstalten, zu einem geringen Teile auch von der Reichsbank,
geliefert worden sind. Die im Jahre 1908 veranstaltete Erhebung
über den industriellen Goldverbrauch Deutschlands in den Jahren 1906
und 1907 ergab wesentlich höhere Ziffern. Der durchschnittliche
industrielle Jahresverbrauch wurde mit 31 400 kg im Werte von
87,7 Millionen Mark ermittelt. Auf eingeschmolzene deutsche Goldmünzen kamen nicht weniger als 47,5 Millionen Mark, auf fremde
Goldmünzen nur 2,5 Millionen Mark.

Die Schätzungen des industriellen Silberverbrauchs haben seit
der Verdrängung des Silbers aus seiner Rolle als Währungsmetall
erheblich an Bedeutung verloren. Die industrielle Verwendung von
Silber ist seit der Einstellung der freien Silberprägung in den sämtlichen Ländern unserer Kultur kein Moment mehr, das für die Geldversorgung irgendwelche Bedeutung hätte. Gerade wegen der Beschränkung der monetären Silberverwendung, namentlich vom Jahre
1893 an, und wegen der Steigerung der Silberproduktion während
der letzten Jahrzehnte mußte der Verbrauch von Silber in den Ländern
europäischer Kultur eine erhebliche Zunahme erfahren. In den Vereinigten Staaten, deren Erhebungen am zuverlässigsten sind, wurde
der industrielle Silberverbrauch im Jahre 1883 auf einen Münzwert
von nur 5,6 Millionen Dollar veranschlagt, im Jahre 1900 auf
einen Münzwert von 14,8 Millionen Dollar, im Jahre 1907 auf
nahezu 30 Millionen Dollar. Der von dem amerikanischen Münzdirektor für das Jahr 1900 veranschlagte Verbrauch von Silber zu
industriellen Zwecken in Europa und Amerika blieb mit 1 277 000 kg,
wenn diese Zahl auch mehr als doppelt so hoch war, wie die von
S o e t b e e r für die Mitte der 80er Jahre berechneten 515 000 kg, so
erheblich hinter der gleichzeitigen Produktion im Betrage von mehr
als 5 $\frac{1}{2}$ Millionen kg zurück, daß starke Zweifel an der auch nur annähernden Richtigkeit der aufgestellten Schätzungen sich nicht unter-

drucken ließen. Für das Jahr 1910 kam der amerikanische Münzdirektor
für Europa und Amerika auf einen industriellen Silberverbrauch von 67,9
Millionen Unzen, zu denen für Aegypten und Asien weitere 28,8 Millionen
Unzen hinzutreten. Das sind zusammen rund $96\,^8/_4$ Millionen Unzen
= rund 3,1 Millionen kg bei einer Silberproduktion von nahezu 7 Millionen kg. Für ungefähr die Hälfte der jährlichen Silbergewinnung
fehlte also ein hinreichender Verwendungsnachweis.

§ 6. Der endgültige Verbrauch an Edelmetall.

Durch die Ausprägung in Münzen oder die Verwendung zu Schmucksachen usw. werden die Edelmetalle noch keineswegs endgültig konsumiert.
Sie häufen sich vielmehr in diesen verschiedenen Formen zu großen
Beständen auf, die durch Einschmelzung wieder in Barren verwandelt
und stets aus einer in die andere Form, von dem einem zu dem anderen
Verwendungszwecke übergeführt werden können. Von Interesse für
die Beurteilung der Geldversorgung der Kulturwelt ist aber nicht nur
die Frage, wieviel von dem jährlich neu verfügbaren Goldquantum der
industriellen und der monetären Verwendung zugeführt wird, sondern
auch die weitere Frage, wieviel Edelmetall in beiden Verwendungs-
zweigen endgültig konsumiert wird.

Der endgültige Verbrauch an Edelmetall entsteht durch die Abnutzung sowohl der umlaufenden Münzen als auch der Schmucksachen
und Geräte, ferner durch die Verwendung von Edelmetall zu Zwecken,
die eine Wiederdarstellung des Edelmetalls unmöglich machen, vor
allem durch die Verwendung zur Vergoldung. Dazu kommen die unvermeidlichen Abgänge bei der Einschmelzung und Umarbeitung und
schließlich die Verluste, die durch Verschleuderung, Vergraben, Schiffsunfälle usw. entstehen.

Es ist gänzlich unmöglich, diesen endgültigen Konsum an Gold
und Silber mit einiger Zuverlässigkeit zahlenmäßig zu erfassen. Einige
Anhaltspunkte liegen immerhin noch vor hinsichtlich der Abnutzung
von Münzen. So hat man in England bei der in den 90er Jahren des
vorigen Jahrhunderts durchgeführten Einziehung und Einschmelzung der
vor dem Regierungsantritt der Königin Viktoria geprägten Goldmünzen
im Durchschnitt bei den Sovereigns einen jährlichen Gewichtsverlust
von 0,3 Tausendteilen, bei den halben Sovereigns von 0,8 Tausendteilen festgestellt. Die durchschnittliche jährliche Abnutzung der 20
Frankenstücke hat man in Frankreich und der Schweiz auf 0,2 Tausendteile berechnet. Nach S o e t b e e r haben genaue Wägungen größerer
Partien von deutschen Doppelkronen nach mehrjährigem Umlauf sogar
nur eine durchschnittliche jährliche Abnutzung von $^1/_7$ Tausendteil ergeben. Kleinere Münzen unterliegen der Abnutzung in stärkerem Maße
als größere, da die der Reibung ausgesetzte Oberfläche im Verhältnis
zum Metallgehalte bei den kleinen Münzen größer ist. Ebenso darf
angenommen werden, daß die Abnutzung anfänglich geringer ist, als in
einem späteren Stadium, da bei den neuen Stücken infolge der er-
habenen Randleisten nur ein geringerer Teil der Münzoberfläche der
Reibung ausgesetzt ist. In Anbetracht dieser Erwägungen wird man

den jährlichen Goldverlust durch Münzabnutzung auf etwa 0,4 Tausendteile des gesamten monetären Goldbestandes schätzen können.

Der Abnutzungsverlust, der an Silbermünzen entsteht, ist verhältnismäßig stärker, schon deshalb, weil die kleinere Werte darstellenden
Silbermünzen in beträchtlich rascherem Wechsel von Hand zu Hand
gehen als die Goldmünzen. Bei den großen Silberstücken darf man
aufgrund zahlreicher Feststellungen eine durchschnittliche jährliche
Abnutzung von 0,2 bis 0,3 Tausendteilen annehmen. Die Beobachtungen über die Abnutzung der silbernen Fünffrankenstücke ergeben
ungefähr diese Zahl. Die Einschmelzung von Talern während der
deutschen Münzreform zeigte eine durchschnittliche jährliche Abnutzung
von 0,25 Tausendteilen bei den Stücken aus den Jahren 1817—1822,
von 0,21 Tausendteilen bei den Stücken von 1823—1856 und von 0,22
Tausendteilen bei den Stücken von 1857—1871. Dagegen hat sich bei
den Dritteltalerstücken eine jährliche Abnutzung von etwa 1,3 Tausendteilen pro Jahr herausgestellt; bei den kleineren Silbermünzen ergab sich
ein noch beträchtlich stärkerer Gewichtsverlust. Beim französischen
Einfrankenstück soll eine durchschnittliche jährliche Abnutzung von
1,6 Tausendteilen festgestellt sein.

Zuverlässige Anhaltspunkte für die Beurteilung der Abnutzung,
welcher die Metalle Gold und Silber in der Form von Geräten und
Schmucksachen unterliegen, sind nicht vorhanden.

Die Verluste an Edelmetall, die durch Verschleuderung, Schiffsunfälle usw. entstehen, sind im Verhältnis zu dem gesamten Edelmetallvorrate und auch zum Betrage der jährlichen Neuproduktion von
Gold und Silber offenbar ganz unerheblich. Das Gleiche gilt von den
Schmelzverlusten. Infolge der verbesserten Technik sind diese früher
nicht unbedeutenden Abgänge so erheblich eingeschränkt worden, daß
beispielsweise der Schmelz- und Prägeverlust der Münzstätte der Vereinigten Staaten nur noch etwa 0,1 Promille beträgt.

Dagegen wird ein beträchtliches Quantum beider Metalle zu
Zwecken verwendet, die eine Wiedergewinnung des Metalls der Regel
nach unmöglich machen. Das ist der Fall bei der Herstellung von
Blattgold und von Doubléwaren, bei der galvanischen Vergoldung, der
Verwendung in der Photographie usw. In Amerika werden ungefähr
$7\frac{1}{2}$ Prozent des gesamten industriellen Goldverbrauchs allein zur
Blattgoldfabrikation verbraucht, von dem industriellen Silberverbrauche
kommen ungefähr 9 Prozent auf die Herstellung von Chemikalien
für photographische Zwecke. Nach der deutschen Enquete von 1896
und 1897 kam von dem industriellen Goldverbrauche Deutschlands
ein Quantum von etwa 4800 kg im Werte von 13,5 Millionen Mark
auf sogenanntes Verlustgold; das sind etwa 30 Prozent des gesamten
industriellen Goldverbrauchs.

Nimmt man mit Lexis die Gesamtmenge des sogenannten Verlustgoldes mit mindestens 20 Prozent des jährlichen industriellen Verbrauchs an,
so ergibt das für die Vorkriegszeit einen endgültigen Goldkonsum von etwa
225 Millionen Mark pro Jahr. Das wäre $\dfrac{1}{400}$ bis $\dfrac{1}{500}$ des gesamten
damaligen aus Münzen, Schmucksachen usw. bestehenden Goldbestandes.

Den endgültigen Verbrauch von Silber hat **Lexis** zuletzt auf etwa $\dfrac{1}{400}$ des gesamten Silberbestandes geschätzt.

§ 7. Die Versorgung des Geldumlaufs durch papierne Umlaufsmittel.

Die Versorgung des Geldbedarfs durch die Ausgabe papierner Umlaufsmittel erfordert eine besondere Betrachtung.

Die Ausgabe von Papiergeld jeder Art ist in viel höherem Maße in das Belieben der Staatsgewalt gestellt als die von der Edelmetallproduktion und den Edelmetallbewegungen abhängige Schaffung metallischer Umlaufsmittel. Von vornherein scheint mithin auf diesem Felde die Möglichkeit einer planmäßigen Anpassung der Geldversorgung an den Geldbedarf gegeben.

Wir haben jedoch inbezug auf die Geldverfassung folgende Arten der Ausgabe papierner Geldzeichen zu unterscheiden:

1. Papierscheine, die gegen Hinterlegung des vollen Wertes in geprägtem oder ungeprägtem Geldmetall ausgegeben werden; man nennt solche Scheine „Zertifikate". Sie fügen dem gesamten Geldumlaufe eines Landes nichts hinzu, sondern geben dem Verkehr lediglich ein bequemeres anstelle eines unbequemeren Umlaufsmittel. So haben z. B. die Vereinigten Staaten zur Ausgabe von Zertifikaten gegriffen, als sich die Unmöglichkeit herausstellte, die großen Mengen des unter den Silbergesetzen von 1878 und 1890 angekauften Silbers in gemünzter Form in Umlauf zu bringen;

2. Papierscheine, die bei einer metallischen Währung ohne spezielle Metalldeckung oder in einem ihre Metalldeckung überschreitenden Betrage ausgegeben werden;

3. Papierscheine, die ein selbständiges, von jeder metallischen Grundlage unabhängiges Geld darstellen.

In dem unter Ziffer 2 genannten Falle sollen die papiernen Umlaufsmittel lediglich eine Ergänzung der metallischen Zirkulation sein; sie beziehen sich dementsprechend vermöge der ihnen beigelegten Einlösbarkeit oder auf irgendeine andere Weise auf das Metallgeld zurück. Ihre Ausgabe läßt sich nach dem jeweiligen Stande des Geldbedarfs regulieren, jedoch nicht unbegrenzt, sondern nur innerhalb der Schranken, die durch die Rücksicht auf die Einlösbarkeit der Scheine gezogen sind. In der Regel geschieht die Ausgabe solcher Papierscheine durch Vermittlung einer bankmäßigen Organisation im Wege der kurzfristigen Kreditgewährung. Die Fälle, daß bei einer metallischen Währung neben den Banknoten ein Papiergeld vom Staate selbst ohne bankmäßige Vermittlung in Umlauf gesetzt wird, sind Ausnahmefälle, bei denen es sich stets — wie bei unseren deutschen Reichskassenscheinen in der Vorkriegszeit — nur um geringfügige Beträge handelt.

Die bankmäßige Ausgabe papierner Umlaufsmittel bietet folgende Vorteile:

Einmal sieht sich die ausgebende Stelle im Interesse ihrer eignen Zahlungsfähigkeit genötigt, für die stete Einlösbarkeit ihrer Noten und damit für die unschädliche Einordnung der papiernen Umlaufsmittel in die metallische Währung Sorge zu tragen. Ferner treten die Schwankungen des Geldbedarfs der Volkswirtschaft im Wege der Kreditansprüche unmittelbar an die ausgebende Stelle heran; diese sieht sich dadurch bei steigendem Geldbedarfe zu einer Ausdehnung ihrer Notenausgabe veranlaßt, während andererseits bei sinkendem Geldbedarfe die ausgegebenen Noten im Wege der Rückzahlung der gewährten Kredite von selbst zur Bank zurückfließen. Innerhalb der durch die Rücksicht auf die Erhaltung des Gleichwertes der papiernen und der metallischen Umlaufsmittel gegebenen Grenze, die je nach den Besonderheiten der Währungs- und Bankverfassung eines Landes enger oder weiter sein kann, ergibt sich mithin eine gewisse automatische Anpassung der papiernen Umlaufsmittel an die Veränderungen des Geldbedarfs. Schließlich ist hervorzuheben, daß die bankmäßige Ausgabe von papiernen Umlaufsmitteln die Möglichkeit gibt, daß die ausgebende Stelle durch die Normierung des Zinssatzes, zu welchem sie ihre Noten im Wege der kurzfristigen Kreditgewährung dem Verkehr zur Verfügung stellt, auf den Umfang des Geldbedarfs selbst innerhalb gewisser Grenzen einen regulierenden Einfluß ausübt.

Im Gegensatze zu dem einer metallischen Währung eingefügten Papierumlaufe ist das selbständige Papiergeld an und für sich ohne jede Beschränkung regulierbar. Dabei spielt es keine Rolle, ob der Staat das Papiergeld selbst ausgibt oder ob er dessen Emission einer Bank, die von der Einlösungspflicht befreit ist, überläßt. Theoretisch würde die Möglichkeit bestehen, ein reines Papiergeld in seiner Ausgabe vollkommen den Schwankungen des Geldbedarfs der Volkswirtschaft anzupassen und dadurch manche Störungen zu vermeiden, die bei den metallischen Währungen aus Verschiebungen des Gleichgewichts zwischen Geldbedarf und Geldversorgung hervorgehen können. Praktisch dagegen ist bisher in den Papierwährungsländern, soweit man nicht — wie in Rußland und Oesterreich-Ungarn in den 90 er Jahren des vorigen Jahrhunderts — durch Regulierung des Kurses des eignen Geldes in ausländischen Goldvaluten eine künstliche Anlehnung an eine metallische Basis suchte und damit im Prinzip die bei einer metallischen Währung notwendige Beschränkung der Papiergeldausgabe auf sich nahm, der Umfang der Papiergeldausgabe meist von ganz anderen Faktoren bestimmt worden als von der Rücksicht auf den Geldbedarf der Volkswirtschaft. Für die Entstehung der Papierwährung selbst und für die Vermehrung des Papiergeldumlaufs bei einer Papierwährung ist der regelmäßige Grund nicht ein durch Metallgeld nicht zu befriedigender Geldbedarf der Volkswirtschaft, sondern ein durch ungewöhnliche Verhältnisse oder finanzielle Mißwirtschaft hervorgerufener Bedarf der Staatskasse.

Insbesondere ist die Zunahme des Papiergeldumlaufs, wie sie während des Krieges in allen kriegführenden und den meisten neutralen Ländern eingetreten ist und wie sie in den unterlegenen Staaten seit dem Friedensschluß in bisher unerhörtem Maße sich fortgesetzt hat, nicht in erster Linie auf die Steigerung des Bedarfs der Volkswirtschaften an Umlaufsmitteln, sondern vielmehr auf die finanzielle Bedrängnis der Staaten zurückzuführen. Die Unmöglichkeit der Herstellung des Gleichgewichts im inneren Budget und die Kontributionslasten zwangen die Staaten, die fehlenden Mittel durch Diskontierung von Schatzanweisungen bei ihren Notenbanken zu schaffen und so die papiernen Umlaufsmittel unabhängig von dem Zirkulationsbedarf der Volkswirtschaft zu vermehren.

Allerdings liegen die Dinge nicht so einfach, wie sie auf den ersten Blick erscheinen mögen. Die durch den Krieg und die Friedensschlüsse geschaffenen internationalen Verschuldungsverhältnisse üben, insbesondere bei den am meisten belasteten Staaten, einen schweren Druck auf die internationale Bewertung ihres Geldes aus, der notwendigerweise auf die inländische Kaufkraft des Geldes zurückwirken muß. Die so entstehende Steigerung aller Preise und Löhne macht, unabhängig von dem staatlichen Geldbedarf, eine Ausdehnung der Papiergeldausgabe zu einer wirtschaftlichen Notwendigkeit. Diese interessanten Zusammenhänge, für die die Gestaltung der deutschen Verhältnisse in den letzten Jahren das lehrreichste und wichtigste Beispiel sind, können an dieser Stelle nur angedeutet werden; ihre eingehendere Behandlung wird weiter unten, bei der Untersuchung der Beziehungen zwischen den quantitativen Veränderungen des Geldumlaufs und dem Geldwerte im Kriege und in der Nachkriegszeit erfolgen. (Siehe 13. Kapitel § 12 c.)

12. Kapitel.   Der Geldwert.

§ 1.   Die Wesentlichkeit der Werteigenschaft für das Geld.

In der Vorbemerkung zu diesem Abschnitte wurde ausgeführt, daß die Betrachtung des Geldbedarfs und der Geldversorgung der Volkswirtschaften von selbst hinüberleitet zu einer Betrachtung des „Geldwertes", der ja wohl, wie der Wert aller übrigen Güter, durch die Gestaltung der Größe des Bedarfs und seiner Versorgung, durch Nachfrage und Angebot, beeinflußt werde. Aber indem wir nunmehr dieses neue Gebiet betreten, sehen wir uns unvermittelt vor einer Frage, die uns den Weg sperrt; vor einer Frage, die ungefähr ebenso alt ist wie das ernsthafte Nachdenken über das Wesen des Geldes selbst; sie lautet: Muß das Geld aus seiner Natur heraus einen „Wert" haben? Ist es hinsichtlich der Wertqualität allen übrigen wirtschaftlichen Gütern gleichgestellt? Ist es selbst ein wirtschaftliches Gut, eine „Ware"? — Oder kann das Geld als solches der Werteigenschaft entbehren? Steht es den wirtschaftlichen Gütern als ein bloßes „Zeichen" und „Symbol" gegenüber[1])?

Die Anschauung, daß das Geld einen eignen Wert nicht habe oder nicht notwendig haben müsse, ist namentlich in der Zeit der

---

[1]) In dem Knappschen Werke wird man eine Erörterung dieser Probleme vergeblich suchen. Dieser Mangel ist die notwendige Folge der rein juristischen Betrachtungsweise Knapps. Schon an anderen Stellen war darauf hinzuweisen, daß bei dieser Behandlung die wirtschaftlichen Gesichtspunkte, die für eine Erfassung des Geldwesens nicht minder wichtig und wesentlich sind wie die juristischen, gänzlich ausgeschaltet werden. Am schärfsten muß das in Erscheinung treten bei

Reaktion auf die merkantilistischen Vorstellungen, nach denen das Geld
in ganz besonderem Grade die Verkörperung von Wert und Reichtum
darstellte, mit Nachdruck vertreten worden. Schon Locke hat die Ansicht geäußert, daß die Menschheit dahin überein gekommen sei, dem
Golde und Silber einen imaginären Wert („imaginary value") beizulegen;
Gold und Silber seien aufgrund eines allgemeinen Uebereinkommens
ein allgemeines Unterpfand („common pledge"), gegen welches die wirt-

der Behandlung des Wertproblems, das seiner Natur nach ein wirtschaftliches
Problem ist. Knapp kennt das Geld nur als „Geschöpf der Rechtsordnung", d. h. als
ein durch Rechtssätze geordnetes Erfüllungsmittel für Geldschulden. Infolgedessen
kennt er nur eine historisch definierte „Geltung" des Geldes, nicht einen sich wirtschaftlich bestimmenden „Wert".

Knapp geht soweit, daß er geradezu die Existenz des Wertproblems im
Gelde bestreitet, und zwar mit folgender Argumentation: Damit die Vorstellung vom
Werte deutlich werde, müsse jedesmal ein Vergleichsgut genannt sein. „Wenn das
Vergleichsgut nicht ausdrücklich genannt ist, dann bedeutet der Wert einer Sache
stets den „lytrischen Wert", das ist, den Wert, der sich durch Vergleich mit dem
allgemein gewordenen Tauschmittel ergibt; woraus wieder folgt, daß man in diesem
Sinne nicht vom Werte des Tauschmittels selber reden kann" (S. 7). Hier
steht noch die zutreffende Einschränkung „in diesem Sinne". Diese Einschränkung
kommt jedoch im weiteren Verlaufe der Darstellung abhanden; Knapp schreibt
einige Seiten später (S. 25): „Auch dürfen wir bekanntlich den Begriff Wert nicht
auf die Zahlungsmittel selber, also auch nicht auf das Geld anwenden, sondern nur
auf Dinge, die nicht selber Zahlungsmittel sind, da wir beim Wert stets das jeweilige
Zahlungsmittel als Vergleichsgut voraussetzen".

Der Gedankensprung, durch den hier das Wertproblem im Gelde eliminiert
und gewissermaßen in das Reich der Metaphysik verwiesen wird, ist offenkundig.
Man bleibt durchaus auf realem Boden und in dem Kreise der durch die Wissenschaft aufzuklärenden Probleme, wenn man die Frage stellt und untersucht: durch
welche Faktoren werden die erfahrungsgemäß veränderlichen Austauschverhältnisse
zwischem dem Gelde und den übrigen Verkehrsobjekten bedingt und auf welche
Weise vollziehen sich die Veränderungen dieser Austauschverhältnisse? — Dies und
nichts anderes ist das Problem des Geldwertes. Und daß dieses Problem kein
Hirngespinst ist, sondern eine Realität, mitunter eine grausame Realität, darüber
kann es in unserer Zeit der beispiellosen Revolutionierung der Austauschverhältnisse zwischen dem Gelde und allen anderen Objekten des wirtschaftlichen Verkehrs
keinen Zweifel mehr geben.

In der zweiten, 1917 erschienenen Auflage seines Werkes hat Knapp einen
Schlußparagraphen „Zur Verständigung über Geldwert und Preise" angefügt. Seine
Auffassung kommt prägnant zum Ausdruck in folgenden Sätzen:

„Der Staat setzt voraus — und zwar bei allen Gelegenheiten, wo es sich um
Preise handelt, daß man sich der Werteinheiten bediene, die juristisch üblich sind,
und daß Zahlungen in dem valutarischen Gelde geleistet werden. Was etwa durch
eine statistische Preisuntersuchung herauskommt, hat juristisch nicht die geringste
Wirkung. Der Staat kennt gar keine Veränderlichkeit „des Geldwertes". In dem
Augenblick, in dem der Staat die Begültigung der Stücke ausspricht, sagt er, daß
bestehende Schulden mit diesen Stücken getilgt werden können; neue Schulden
auch, und es wird für neue Schulden angenommen, daß die vertragschließenden
Teile ihren Vorteil wahren." — Die im Verlauf des Krieges eingetretene Umwälzung der in Gold ausgedrückten Preise gibt Knapp zwar Veranlassung zu Betrachtungen über die durch diesen Vorgang berührten Interessen. „Die Interessen-
lage der Klassen ist eine Angelegenheit von hoher Bedeutung — aber sie hat nichts
mit der Verfassung des Geldwesens zu tun, die in der Staatlichen Theorie des
Geldes geschildert wird." — „Ist es nicht bei jeder Geldverfassung möglich, daß
die Machtverhältnisse der wirtschaftlichen Parteien sich verschieben und daß
ungeheure Preisveränderungen entstehen? — Der Krieg nötigt uns, das gewohnte
bürgerliche Leben umzuwälzen, und das Papiergeld ist nur das Mittel, die notgedrungene Umwälzung durchzuführen. Es ist doch eine merkwürdige Beschränktheit, nur das Papiergeld anzuklagen."

schaftenden Individuen mit Sicherheit Dinge im gleichen Werte, wie die von ihnen gegen das Geld weggegebenen, erhalten könnten. David Hume hat das Geld als eine bloße „representation of labour and commodities" dargestellt, als ein Zeichen, das nur zur Messung und Abschätzung des Wertes von Arbeit und Gütern diene. Aehnlich haben sich Montesquieu und eine Anzahl neuerer Schriftsteller (wie Oppenheim, Macleod usw.) geäußert.

Die entgegengesetzte Auffassung ist hauptsächlich von den Physiokraten (Turgot), den klassischen englischen Nationalökonomen und deren Nachfolgern in Frankreich und Deutschland, ferner von Karl Marx in seinem „Kapital" vertreten worden. Roscher hat den Gegensatz der beiden Auffassungen in einem oft zitierten Satze dahin zugespitzt: „Die falschen Definitionen des Geldes lassen sich in zwei Hauptgruppen teilen; solche, die es für mehr, und solche, die es für weniger halten als eine Ware".

Ganz neuerdings haben die Erscheinungen der Papierwährung und der Währung mit gesperrter Prägung den Streit um die Wertqualität des Geldes aufs neue angefacht.

Entsprechend der starken Betonung, welche von den meisten Theoretikern bisher die Funktion des Geldes als „Wertmaß" erfahren hat, ist die Frage, ob das Geld einen „eignen Wert" haben müsse, vorwiegend unter dem Gesichtspunkte behandelt worden, ob die Wertmaßfunktion für das Geld die Notwendigkeit eines eignen Wertes involviere oder nicht. So schreibt Knies [1]:

„Es ist eine naturgesetzliche Notwendigkeit, daß man zur Messung, d. h. zur Feststellung des quantitativen Verhältnisses in irgendeinem quantitativ bestimmbaren Objekte, nur einen solchen Gegenstand als Meßwerkzeug, als Meßmittel verwenden kann, welcher selbst dasjenige, was gemessen werden soll, in einem speziellen Quantum besitzt; es wird dann das in betreff des zu messenden Objektes unbekannte Quantum durch Verwendung des bekannten Quantums in dem artgleichen Meßwerkzeug ermittelt." Eine Längenerstreckung lasse sich nur durch ein Meßmittel bestimmen, welches selbst Länge hat, wie der Fuß, der Schritt, der Meterstab usw.; eine Flächenausdehnung nur durch eine Fläche, wie den Quadratfuß oder das Quadratmeter usw. Es könne wohl sein, daß die wörtliche Form irgendeiner Aussage bezüglich eines Größenverhältnisses im Widerspruch mit jenem Satze stehe, aber stets werde eine kurze Ueberlegung zur Auflösung des scheinbaren Widerspruchs genügen; so z. B. wenn man eine räumliche Entfernung nach einer Zeitlänge, z. B. nach „Stunden" oder „Marschtagen" angebe, oder wenn man umgekehrt die Zeit nach dem Raume messe, den der Uhrzeiger durchläuft; nach dem wahren Sachverhalte sei nichts anderes gemessen worden, als im ersten Falle eine Längenerstreckung durch ein Längenmaß von Schritten, von denen eine bestimmte Anzahl während einer Stunde oder eines Tages nacheinander zu zählen waren; im zweiten Falle eine Zeitdauer durch eine Zeitlänge von Minuten oder Stunden, während deren Verlauf sich der Uhrzeiger von einem Striche

---

[1] A. a. O. S. 147.

des Zifferblattes zu einem anderen bewegt. „Es steht deshalb ebenso unumstößlich fest, daß, wenn und soweit überhaupt das besondere Quantum wirtschaftlichen Wertes, welches die konkreten Güter umschließen, geschätzt und bemessen werden kann und soll, dies nur mittelst eines Gegenstandes möglich ist, der selbst wirtschaftlichen Wert hat, selbst ein wirtschaftliches Gut ist."

Diese anscheinend durchschlagende Argumentation hat zur Voraussetzung eine Auffassung von der „Wertmaßfunktion" des Geldes, die oben eingehend zurückgewiesen worden ist (II. Buch, 3. Kapitel § 5). Das Geld dient eben nicht, nach Analogie der Meßinstrumente, zur Ermittelung eines objektiv feststehenden, von den Waren umschlossenen „Wertquantums", es ist vielmehr nur der aus den tatsächlich sich vollziehenden Tauschvorgängen resultierende allgemeine Wertausdruck für die übrigen Tauschgüter.

Ehe wir jedoch in die Erörterung der sich hieraus ergebenden Folgerungen eintreten, ist ein auf den gleichen Voraussetzungen hinsichtlich der Wertmaßfunktion des Geldes wie die Argumentation von K n i e s stehender, sehr geistreicher Versuch einer Wiederlegung der K n i e s schen Folgerung zu erwähnen. In seiner „Philosophie des Geldes" führt S i m m e l folgendes aus[1]).

Es sei allerdings richtig, daß man die Quanten zweier verschiedener Objekte nur vergleichen könne, wenn sie von einer und derselben Qualität seien; wo also das Messen nur durch u n m i t t e l b a r e Gleichung zwischen zwei Quanten geschehen könne, da setze es in der Tat Qualitätsgleichheit voraus. Aber neben dieser unmittelbaren Vergleichung sei noch eine zweite Art des Messens möglich. Wo eine Aenderung, eine Differenz oder das Verhältnis je zweier Quanten gemessen werden solle, da genüge es, daß die P r o p o r t i o n e n der messenden Substanzen sich in denen der gemessenen spiegelten, um diese völlig zu bestimmen, ohne daß zwischen den Substanzen selbst irgendeine Wesensgleichheit zu bestehen brauche.

S i m m e l erläutert seine Auffassung durch den Hinweis darauf, daß man zwar die Kraft des Windes, der einen Baumzweig bricht, mit der Hand, die dasselbe tut, nur insofern vergleichen könne, als diese Kraft in beiden qualitativ gleich vorhanden sei. Aber man könne die Kraft des Windes auch an der Dicke des Zweiges messen, den er geknickt hat. Zwar drücke der geknickte Zweig nicht an und für sich schon das Energiequantum des Windes in demselben Sinne aus, wie der Kraftaufwand der Hand es ausdrücken möge; allein das Stärkeverhältnis zwischen zwei Windstößen und damit die relative Stärke des einzelnen sei wohl daran zu messen, daß der eine einen Zweig zerbrochen habe, den der andere noch nicht habe verletzen können. Ganz entscheidend erscheint S i m m e l das folgende Beispiel:

„Die ungleichartigsten Objekte, die wir überhaupt kennen, die Pole des Weltbildes, die aneinander zu reduzieren weder der Metaphysik noch der Naturwissenschaft gelungen ist — sind materielle Bewegungen und Bewußtseinserscheinungen. Die reine Extensität der

---

[1]) „Philosophie des Geldes". 2. Aufl. S. 101 ff.

einen, die reine Intensität der anderen haben bisher keinen Punkt entdecken lassen, der allgemein überzeugend als ihre Einheit gelte. Dennoch kann der Psychophysiker nach den Aenderungen der äußeren Bewegungen, die als Reize unsere Sinnesapparate treffen, die relativen Stärkeänderungen der bewußten Empfindungen messen."

Indem also zwischen den Quanten des einen und denen des anderen Faktors ein k o n s t a n t e s V e r h ä l t n i s bestehe, bestimmten die Größen des einen die relativen Größen des anderen, ohne daß irgendeine qualitative Beziehung oder Gleichheit zwischen ihnen zu bestehen brauche. Damit sei das logische Prinzip durchbrochen, das die Fähigkeit des Geldes, Werte zu messen, von der Tatsache seines eignen Wertes abhängig zu machen scheine.

Ohne uns zunächst von dem K n i e s - S i m m e l schen Boden zu entfernen, lassen wir auf die Kritik die Gegenkritik folgen.

Wir haben in der Tat zwischen zwei verschiedenen Arten der Messung zu unterscheiden. Bei den ersten wird das zu messende Objekt unmittelbar mit dem messenden Objekte verglichen, und hier ist Artgleichheit zwischen beiden Objekten unbedingt erforderlich. Die zweite Art ist komplizierter. Es gibt Größen, deren unmittelbare Messung mit gleichen Größen nicht möglich ist, weil sie nicht unmittelbar nebeneinander gestellt und unmittelbar verglichen werden können. Das gilt von allen abstrakten Größen, von der Stärke des Windes und der Stärke der bewußten Empfindungen ebenso, wie etwa von der Wärme und von der Zeit; unmittelbarer Vergleichung zugänglich sind eigentlich nur die Größen der körperlichen Ausdehnung. Infolgedessen sind wir genötigt, bei den meisten Messungen, d. h. Feststellungen des quantitativen Verhältnisses zweier qualitativ gleichen Substanzen oder Kräfte, uns eines Zwischengliedes zu bedienen, indem wir zwischen den beiden zu vergleichenden, aber nicht unmittelbar aneinander meßbaren Größen einerseits und den unmittelbar miteinander vergleichbaren räumlichen Größen und Vorgängen andererseits eine konstante Beziehung feststellen. So messen wir die Zeit an Bewegungsvorgängen im Raume, und zwar in allen Methoden, ob man die Veränderungen des Standes der Sonne unmittelbar beobachtet, ob man sich einer Sonnenuhr, einer Sanduhr oder eines Uhrwerkes, das den Zeiger bewegt, bedient; so messen wir die Wärme an der verschiedenen räumlichen Erstreckung einer der Einwirkung der verschiedenen Wärmequanten ausgesetzten Quecksilbersäule, das Gewichtsverhältnis zweier Körper an der räumlichen Bewegung der Wagschalen, so können wir ferner nach den S i m m e l schen Beispielen die verschiedene Stärke des Windes an der Dicke der Zweige messen, die er zu brechen vermag, und die verschiedene Stärke der bewußten Empfindungen an Aenderungen äußerer Bewegungen.

K n i e s hat nun offenbar insoweit Recht, als das gewollte Endergebnis des Messungsvorgangs in allen Fällen, bei der unmittelbaren und bei der mittelbaren Vergleichung, das ist, daß die bisher unbekannte Quantität einer Gegebenheit irgendwelcher Art ausgedrückt wird in einem bekannten oder als bekannt angenommenen Quantum einer artgleichen Gegebenheit. Ebenso wie nach dem von K n i e s gegebenen Beispiel ein Zeitquantum bei der Messung durch die Uhr ausgedrückt wird in der Zeiteinheit, während welcher der Uhrzeiger einen bestimmten Weg auf dem Zifferblatt zurücklegt, ebenso wird in den Simmelschen Beispielen die Stärke des Windes bei der Messung durch die Dicke der Zweige im Endergebnis ausgedrückt in dem bestimmten Energiequantum, das zum Knicken eines Zweiges von gegebener Dicke erforderlich ist, und die Stärke der bewußten Empfindungen bei der Messung durch Bewegungsvorgänge durch eine andere Empfindungsstärke, die einen bestimmten Bewegungsvorgang zur Voraussetzung hat oder auslöst. Aber mit dieser Konstatierung, daß das Endergebnis und der Sinn der Messung nur die Ermittelung eines quantitativen Verhältnisses zwischen artgleichen Größen sein kann, ist Simmels Einwand noch nicht zurückgewiesen. Das „Meßwerkzeug" oder „Meßmittel", von dem Knies spricht, muß nur bei der Messung durch unmittelbare Vergleichung die Qualität selbst besitzen, die es messen soll: ein Meterstab muß Länge haben, ein Hohlmaß Rauminhalt; aber die Vorgänge im Raum und die räumlichen Größenverhältnisse, vermittelst welcher wir Zeit-„Räume", wie wir bezeichnenderweise sagen, Wärmequanten, Energiequanten, Empfindungsstärken usw. messen, sind mit den zu messenden Größen nicht artgleich.

Die Anwendung dieser Ergebnisse auf das Geld würde nun allerdings die Frage offen lassen, ob das Geld als Wertmesser im Wege der unmittelbaren Vergleichung funktioniert und infolgedessen notwendigerweise selbst Wertqualität haben muß oder ob es lediglich als mittelbares Meßinstrument zur Vergleichung des Wertes der Waren dient und infolgedessen an und für sich die Wertqualität entbehren könnte.

Simmel erläutert die letztere Möglichkeit folgendermaßen.

Er nimmt ein ganz allgemeines, von ihm nicht näher definiertes Verhältnis zwischen Güterquantum und Geldquantum als gegeben an, ein Verhältnis, wie es sich in dem freilich oft verdeckten und an Ausnahmen reichen Zusammenhange zwischen wachsendem Geldvorrate und steigenden Preisen, wachsendem Gütervorrate und sinkenden Preisen zeige. „Wir bilden danach, alle nähere Bestimmung vorbehalten, die Begriffe eines Gesamtwarenvorrates und eines Gesamtgeldvorrates und eines Abhängigkeitsverhältnisses zwischen ihnen. Jede einzelne Ware ist nun ein bestimmter Teil jenes verfügbaren Gesamtwarenquantums; nennen wir das letztere a, so ist jene etwa $\frac{1}{m}$ a; der Preis, den sie bedingt, ist der entsprechende Teil jenes Gesamtgeldquantums, sodaß er, wenn wir dieses b nennen, gleich $\frac{1}{m}$ b ist. Kennten wir also diese Größen a und b, und wüßten wir, einen wie großen Teil der verkäuflichen Werte überhaupt ein bestimmter Gegenstand ausmacht, so wüßten wir auch seinen Geldpreis und umgekehrt. Ganz unabhängig davon also, ob das Geld und jenes wertvolle Objekt irgendeine qualitative Gleichheit haben, gleichgültig also dagegen, ob das erstere selbst ein Wert ist oder nicht, kann die bestimmte Geldsumme den Wert des Gegenstandes bestimmen oder messen" (a. a. O. S. 104).

Es braucht dieser Vorstellung nicht in den Einzelheiten ihrer Grundlagen und Konsequenzen nachgegangen zu werden[1]. Der fundamentale Fehler der ganzen Konstruktion, den Simmel selbst offenbar gefühlt hat, ist aus dem bisher gesagten bereits mit hinreichender Klarheit ersichtlich zu machen; er liegt darin, daß die vorausgesetzte allgemeine Beziehung zwischen Gesamtgeldvorrat und Gesamtwarenvorrat, soweit man eine solche Beziehung überhaupt zugeben will, nicht anders denkbar ist, denn als ein in einem möglichen Austausche realisierbares Wertverhältnis. Simmel behauptet zwar, seine Konstruktion enthalte keineswegs den Zirkel, daß die Fähigkeit einer bestimmten Geldsumme, den Wert einer einzelnen Ware zu messen, auf das Gleichungsverhältnis allen Geldes mit allen Waren gegründet werde, dieses selbst aber schon die Meßbarkeit des einen an dem anderen voraussetze; denn eine Messung relativer Quanten sei eben schon daraufhin möglich, daß ihre absoluten Quanten in irgendeinem Verhältnisse stehen, welches nicht Messung oder Gleichheit zu sein brauche. Welches Verhältnis außer dem der Wertgleichheit zwischen den Gesamtquanten von Waren und Geld gedacht werden kann, darauf bleibt Simmel die Antwort schuldig. Wenn wir die Zeit an einem räumlichen Verhältnisse vermittelst eines Bewegungsvorganges messen, so ist die Beziehung zwischen dem räumlichen Maßstabe und der zu messenden Zeit darin gegeben, daß jede Bewegung ihrem Wesen nach den beiden Kategorien Zeit und Raum gleichmäßig angehört. Wenn wir bewußte Empfindungen an äußeren Bewegungsvorgängen messen, so liegt hier ein seinem inneren Wesen nach freilich nicht aufgeklärtes, aber empirisch festgestelltes Verhältnis von Ursache und Wirkung vor, ebenso wie in den anderen Fällen, in denen die Stärke des Windes an der Dicke des Zweiges, den er zu brechen vermag, oder die Temperatur an der Ausdehnungsveränderung einer Quecksilbersäule gemessen wird. Welcher Art soll aber die Beziehung zwischen den Gesamtquanten von Geld und von Waren sein, wenn wir nicht ein im Tausche realisierbares Wertverhältnis annehmen wollen? Locke selbst, der das Geld nur als ein Unterpfand von fiktivem Werte gelten lassen wollte, hat doch auf der anderen Seite, wie oben erwähnt wurde[2], den Satz aufgestellt,

---

[1] Die Simmelsche Hypothese scheitert z. B. schon an folgender Ueberlegung, auf die S. P. Altmann („Zur deutschen Geldlehre des 19. Jahrhunderts", in der Festgabe für Schmoller, 1908) in zutreffender Weise hingewiesen hat:

Der Ausdruck $\dfrac{1}{m}$ a für den Wert der einzelnen Waren setzt voraus, daß der Wert aller Waren auf einen gemeinschaftlichen Nenner gebracht ist; nur dadurch würde eine Vergleichbarkeit von Ware und Gesamtwarenvorrat gegeben sein. Der gemeinsame Nenner ist aber nichts anderes als der Wertausdruck in Geld, wie er in den Warenpreisen zum Ausdruck kommt. Das Vorhandensein von Geldpreisen für alle Waren ist also Voraussetzung für die quantitative Vergleichbarkeit von Ware und Gesamtwarenmenge, während Simmel aus dem Verhältnis von Ware und Gesamtwarenmenge den Geldpreis der Ware ermitteln will oder wenigstens eine solche Ermittlung für theoretisch möglich hält.

[2] Siehe oben S. 501.

daß der Wert des Gesamtgeldquantums stets dem Werte des gesamten Warenquantums gleich sein müsse, und er hat damit indirekt das Erfordernis der Wertqualität für das Geld zugegeben. Solange nicht irgendeine andere vorstellbare Beziehung zwischen dem Gesamtgeldvorrate und dem Gesamtwarenvorrate nachgewiesen ist als ein im Austausch zu realisierendes Wertverhältnis, kommt man mithin auch in Verfolg der Simmelschen Gedankengänge zu dem Schlusse, daß das Geld Wertqualität besitzen muß[1]).

Lassen wir nunmehr die Hypothesen, auf deren Grundlage sowohl Knies als auch Simmel argumentieren, fallen, daß nämlich die Waren ein bestimmtes „Tauschwertquantum" enthalten und daß in dem Gelde ein eigentliches Meßinstrument für dieses Tauschwertquantum gegeben sei. Die Rückkehr zu einer realistischeren Betrachtungsweise wird die Frage der Wesentlichkeit der Werteigenschaft für das Geld in ein helleres Licht setzen, als alle mehr oder weniger gekünstelten Hypothesen und Konstruktionen. Der „Tauschwert" oder „Verkehrswert" der Verkehrsobjekte ist, wie wir gesehen haben[2]), lediglich eine Abstraktion aus der Tatsache, daß die Verkehrsobjekte in irgendwelchen quantitativen Verhältnissen gegeneinander umgesetzt werden. Der in der Einzelseele sich vollziehenden Bewertung der Dinge steht, wie oben ausgeführt wurde, als einzige objektive Tatsache, die einen Anhaltspunkt für den Begriff des Tauschwertes gibt, das Verhältnis gegenüber, in welchem verschiedenartige Verkehrsobjekte gegeneinander umgesetzt werden. Aus der Tatsache des Umsatzes und des in ihm verwirklichten quantitativen Verhältnisses zwischen den umgesetzten Objekten leiten wir die Abstraktion her, daß jedes der beiden Objekte mit einem bestimmten objektiven Wertquantum, das als Tauschwert bezeichnet wird, ausgestattet sei. Eine solche Abstraktion ist nicht nur ein vulgärer Sprachgebrauch, sondern sie ist auch in der wissenschaftlichen Methode durchaus zulässig; nur muß man sich stets vor Augen halten, daß eine Abstraktion aus bestimmten tatsächlichen Voraussetzungen vorliegt.

Jedes der beiden ausgetauschten Objekte findet den Ausdruck oder — wenn man so will — das Maß seines Tauschwertes an dem als Gegenwert gegebenen Objekte, und sobald alle anderen Verkehrsobjekte fast ausschließlich gegen Geld ausgetauscht werden, ist der in Geld bestehende Preis das allgemeine Maß, mithin das Geld selbst der allgemeine Maßstab der übrigen Verkehrsobjekte. Die Wertmaßfunktion des Geldes ist folgerichtigerweise aus der Funktion des Geldes als allgemeines Tauschmittel hergeleitet worden, und wenn der Tauschwert nichts ist als eine Abstraktion aus der Tatsache des Ausgetauscht-

---

[1]) Dr. August Koppel („Für und wider Karl Marx". Karlsruhe 1905. S. 85) verwechselt „Wertqualität" und „Substanzwert", wenn er aus den oben aufrecht erhaltenen Darlegungen der 1. Auflage gefolgert hat, daß ich für das Geld einen „Substanzwert" fordere. Koppel hätte nur die im folgenden Paragraphen enthaltenen Ausführungen über „Substanzwert und Funktionswert des Geldes" zu lesen brauchen, um sich zu überzeugen, daß ich den Begriff der „Wertqualität" erheblich weiter fasse als das, was man gemeinhin „Substanzwert" nennt.

[2]) Vgl. oben S. 302 ff.

werdens, so muß dem Gelde — in erster Linie aus seiner Funktion als Tauschmittel und damit indirekt aus seiner durch die Tauschmittel- funktion bedingten Wertmaßfunktion — ebenso gut ein Tauschwert zugesprochen werden wie allen anderen Verkehrsobjekten, die unter sich oder gegen Geld ausgetauscht werden.

Aber auch wenn wir von dem durch Abstraktion gewonnenen Begriffe „Tauschwert" absehen und auf das Urphänomen des Wertes zurückgehen, kommen wir zu der Folgerung, daß dem Gelde die Wert- qualität nicht abgesprochen werden kann. Wir halten uns an S i m m e l, der — wie oben[1]) bereits zitiert — hervorhebt, daß jede Definition und Deduktion des Wertes nur die Bedingungen kenntlich macht, auf- grund welcher der Wert sich einstellt, ohne doch aus ihnen hergestellt zu werden, und daß alle Beweise für den Wert eines Objektes nichts bedeuten als die Nötigung, den für irgendein Objekt bereits voraus- gesetzten Wert auch einem anderen Objekte zuzuerkennen. Wenn wir für die Waren einen Wert voraussetzen, welche stärkere Nötigung gibt es, diesen Wert auch dem Gelde zuzuerkennen, als die Tatsache des sich fortgesetzt vollziehenden Austausches zwischen Geld und Waren! Wenn der Wert in allen seinen Erscheinungsformen auf ein Urteil des Subjektes über die Bedeutung der Objekte der Außenwelt für das Subjekt oder die menschliche Gemeinschaft zurückgeht, und wenn das Subjekt sich entschließt, für eine Ware Geld in einem bestimmten Ver- hältnis zu geben oder zu nehmen, so bedeutet das nichts anderes, als daß das Geld ebensogut wie die Ware ein Objekt der Werturteile ist oder Wertqualität besitzt und besitzen muß, um seine Aufgabe als allgemeines Tauschmittel zu erfüllen[2]).

Gegen diese Folgerung ist nur der eine Einwand möglich, der bereits eingangs erwähnt wurde, daß nämlich im Austausche in dem

---

[1]) S. 298.

[2]) R o b e r t L i e f m a n n, Geld und Gold, Stuttgart und Berlin 1916, macht zu dieser Stelle folgende Bemerkung (S. 134): „Welches Unheil die Er- örterungen über den „Wert" oder die „Kaufkraft" des Geldes angerichtet haben, das sei an einigen Zitaten aus dem besten systematischen Werke über das Geld, aus dem Buche Helfferichs erörtert, das, trotz aller Verdienste um die Einzelheiten der Geldlehre, doch mangels einer richtigen allgemeinen Wirtschaftstheorie auch in der Theorie des Geldes versagt. An zahllosen Stellen seines Buches spricht auch Helfferich von „dem" Wert des Geldes und daß es „Wertqualität habe". — — — Gewiß ist das Geld auch ein „Objekt der Werturteile", aber in welcher Weise, das muß man eben erkennen und davon ist die bisherige Theorie, einerlei ob sub- jektive oder objektive Werttheorie, und so auch Helfferich noch himmelweit ent- fernt. Dazu kommt man erst mit dem psychischen Kostenbegriff, der ja allen bisherigen Theorien vollkommen fehlt. Helfferich, obwohl er einen Substanzwert leugnet, spricht immer von „Wertqualität", „selbständiger Wertqualität" und der- gleichen, als ob es überhaupt einen absoluten Wert gäbe. „Wenn das Subjekt" — heißt es S. 532 — „sich entschließt, für eine Ware Geld in einem bestimmten Verhältnis zu geben oder zu nehmen, so heißt das nichts anderes, als daß das Geld ebensogut wie die Ware ein Objekt der Werturteile ist oder Wertqualität besitzen muß, um seine Aufgabe als allgemeines Tauschmittel zu erfüllen." Es sollte doch nicht allzuschwer sein, einzusehen, daß „ein Objekt der Werturteile sein" und „Wertqualität besitzen" nicht dasselbe ist. Die Verwendung des letzteren Ausdruckes führt Helfferich irre und macht seine Erörterungen falsch und „wert- los". Im Hintergrund steht aber natürlich die Vorstellung des absoluten Wertes..." — Ich muß gestehen, daß ich allerdings auch heute noch nicht einsehe, wie ein

Gelde nicht ein Ding an sich gegeben werde, sondern nur eine Anweisung, eine Repräsentation oder ein Symbol für andere Dinge, daß mithin bei einem Umsatze einer Ware gegen Geld eigentlich ein Umsatz einer Ware gegen eine andere, für das gegebene Geld erhältliche Ware Platz greife, während das Geld selbst nur das wesenlose Zwischenglied für diesen Umsatz sei.

Der Einwand findet in der Stellung, die das Geld in unserer Wirtschaftsverfassung einnimmt, keinerlei Berechtigung. Wenn das Geld nicht ein Gut an sich, sondern nur ein Zeichen oder eine Anweisung für wirkliche Güter wäre, so müßten gegen das Geld bestimmte Güter in bestimmten Mengen von bestimmten Instanzen zu erhalten sein; denn eine Anweisung oder Stellvertretung oder Symbolisierung irgendwelcher Art ist nicht denkbar, ohne daß das Angewiesene, Vertretene oder Symbolisierte feststeht. Es wäre nun in der Tat rein theoretisch eine Verkehrsvermittlung denkbar, bei der die Stelle des Geldes als Umsatzmittel durch Anweisungen auf Waren vertreten würde. Der oben besprochene Gedanke der „Tauschbank"[1]) beruht auf diesem Prinzip. Aber dieses Prinzip wird ja gerade von seinen Vertretern dem in unserer Wirtschaftsordnung verwirklichten Prinzip der Verkehrsvermittlung durch das Geld als etwas diametral Verschiedenes entgegengestellt, und das mit Recht[2]). In dem Gelde

---

Gegenstand, der nicht „Wertqualität besitzt", ein „Objekt von Werturteilen" sein kann. Ein Urteil über eine Eigenschaft eines Gegenstandes, die dieser Gegenstand überhaupt nicht hat, scheint mir eher das Urteil „wertlos" zu verdienen als die von Liefmann kritisierte Erörterung. Mit dem „absoluten Wert", den auch ich deutlich genug abgelehnt habe, hat meine Erörterung über die Notwendigkeit der Wertqualität des Geldes genau so wenig zu tun, wie „Wertqualität" und „Substanzwert" von mir als gleichbedeutend behandelt werden.

[1]) Siehe S. 319.

[2]) Koppel (a. a. O. S. 85, 86) schreibt: „Nun hat aber Helfferich die Möglichkeit eines Funktionswertes geleugnet, wonach also im Geld lediglich eine Anweisung, ein Symbol, eine Vertretung anderer Dinge gegeben werden soll. Er tut diese Möglichkeit einfach ab mit dem Hinweis auf die „Stellung, die das Geld in unserer Wirtschaftsordnung einnimmt"! Also weil das Geld heute ein „Ding an sich, ein Wert an sich" ist, ist es unmöglich, es zu einem Zwischenglied zu machen! Mit der Berufung auf die gerade bestehende Wirtschaftsordnung ist aber noch niemals eine Theorie widerlegt worden, die sich mit anderen Möglichkeiten beschäftigt. Man kann derartige Versuche ignorieren, oder aber man muß ihre Voraussetzungen als unrealisierbar nachweisen, andernfalls helfen alle Polemiken gegen „Tauschbanken" und „Anweisungen" nichts". — Diese Kritik ist mir ein willkommener Anlaß, die oben stehenden Ausführungen zu unterstreichen und ins rechte Licht zu setzen. Die theoretische Möglichkeit einer von der bestehenden verschiedenen Wirtschaftsordnung habe ich nirgends bestritten, und die theoretische Möglichkeit einer Ersetzung des Geldes durch ein System von Anweisungen, wie es dem Gedanken der „Tauschbank" zugrunde liegt, ist oben von mir ausdrücklich anerkannt worden. Ich behaupte nur in aller Bescheidenheit:

1. daß das System der Tauschbank und der Verkehrsvermittlung durch Anweisungen auf Waren dem Prinzip der Verkehrsvermittlung durch das Geld diametral entgegengesetzt ist;

2. daß das der bloßen Anweisung auf Waren diametral entgegengesetzte Geld einen integrierenden Bestandteil unserer bestehenden Wirtschaftsordnung bildet und nur im Zusammenhang mit dieser begriffen werden kann;

3. daß die Verwirklichung des theoretisch möglichen Systems der Tauschbank und der Verkehrsvermittlung durch bloße Anweisungen auf Waren innerhalb

erhält der Einzelne ein Etwas, das ihm gegen niemanden einen zwingenden Anspruch auf eine andere Sache gibt und das, soweit es im Austausch gegen andere Dinge genommen wird, der freien Bewertung in diesen anderen Dingen unterliegt, genau ebenso wie jede Ware, die gegen eine andere umgesetzt wird. Daß gegen Geld in unserer Wirtschaftsordnung im allgemeinen alle veräußerlichen Dinge tatsächlich erhältlich sind, ist gegenüber den Waren, die für den Absatz auf dem Markte hergestellt werden, nur ein Unterschied des Grades, nicht ein Unterschied in der Art. Ebenso wie das Geld vorwiegend genommen wird, um andere Dinge damit zu beschaffen, ebenso werden die Waren in unserer Wirtschaftsordnung hergestellt, um zur Erwerbung der von den Einzelwirtschaften eigentlich benötigten Dinge zu dienen. Wenn man die Anweisung des Inhaltes entkleidet, daß sie einen bestimmten Anspruch an bestimmte Personen und auf bestimmte Sachen gibt, und ihr nur den Inhalt läßt, daß sie zur Beschaffung unbestimmter Sachen in unbestimmten Quantitäten und von unbestimmten Personen dient, dann wird nicht nur das Geld, sondern jede Ware, die auf den Markt gebracht wird, eine Anweisung. Bei dieser Definition des Begriffs Anweisung bleiben aber nur zwei Konsequenzen: entweder muß den sämtlichen Waren, die auf den Markt kommen, die selbständige Wertqualität abgesprochen werden, oder man muß auch den „Anweisungen“ in dem besprochenen weiteren Sinne die Möglichkeit einer selbständigen Wertqualität zugestehen. Wenn man aber dem Sinn der Worte nicht Gewalt antun und die Grenze der Begriffe nicht verwischen will, so wird man daran festhalten müssen, daß eine Anweisung nur einen nach den bezeichneten Richtungen hin bestimmten Inhalt haben kann, daß eine Anweisung infolgedessen nicht in veränderlichen Verhältnissen gegen die angewiesenen Dinge umgesetzt werden kann, daß vielmehr, wo eine veränderliche Bewertung bei einem Umsatze stattfindet, der selbständige, voneinander unabhängige Wertcharakter der umgesetzten Objekte eine unerläßliche Voraussetzung ist. Das Geld als solches ist mithin nicht eine Anweisung auf irgendwelche Wertgegenstände, sondern es ist selbst ein Wertgegenstand.

Diese Feststellung präjudiziert natürlich in keiner Weise der Untersuchung der besonderen Bedingungen und Voraussetzungen, auf welchen die Wertqualität bei dem Gelde und bei den übrigen Verkehrsobjekten beruht.

§ 2.   „Substanzwert“ und „Funktionswert“ des Geldes[1]).

Die Feststellung, daß das Geld seinem Wesen nach Wertqualität besitzen muß, leitet uns auf die weitere Frage hin, welcher Art der Wert des Geldes ist.

---

der bestehenden, auf der Arbeitsteilung, dem Privateigentum und dem Selbstbestimmungsrechte der Individuen beruhenden Wirtschaftsordnung unmöglich ist, also nur mit einer Aenderung der Wirtschaftsordnung durchführbar ist.

[1]) Vgl. zu diesem Paragraphen außer Simmel, Philosophie des Geldes, II. Kapitel, auch Otto Heyn, Papierwährung mit Goldreserve für den Auslandsverkehr, 1894, sowie „Irrtümer auf dem Gebiete des Geldwesens“, 1900.

Die hier zu entscheidende Frage, ob nur ein „an sich wertvoller Stoff" Geld sein oder ob das Geld als solches ohne die Grundlage eines an sich wertvollen Stoffes gedacht werden könne, ist häufig genug mit dem im vorigen Paragraphen dieses Kapitels behandelten Probleme der Erforderlichkeit der Wertqualität für das Geld zusammengeworfen worden, und dadurch ist ein gutes Stück Unklarheit in die Diskussion über die beiden auseinander zu haltenden Fragen hineingekommen.

Die Ansicht, daß die Wertqualität eine integrierende Eigenschaft des Geldes ist, steht und fällt keineswegs mit der weitergehenden Auffassung, daß das Geld die Wertqualität nur von einem „an sich wertvollen Stoffe" herleiten könne, oder — wie man es ausgedrückt hat — daß der Wert des Geldes ein „S u b s t a n z w e r t" sein müsse; ebenso wenig muß die Beobachtung, daß es Geld ohne stoffliche Wertgrundlage gibt, mit Notwendigkeit zu dem Schlusse führen, daß das Geld der Wertqualität entbehren könne; vielmehr bleibt die Möglichkeit offen, daß für den Wert des Geldes eine andere Grundlage nachgewiesen wird als der Wert des Geldstoffes.

Gegenüber der früher vorwiegend vertretenen Auffassung von der Notwendigkeit des „Substanzwertes" des Geldes hat die Beobachtung der modernen Gebilde der „freien Währungen", sowohl der Papierwährungen als auch der Währungen mit gesperrter Prägung des ursprünglichen Währungsmetalls, immer mehr der Erkenntnis zum Durchbruche verholfen, daß der Wert des Geldes unter bestimmten Voraussetzungen unabhängig von dem Werte irgendeines Geldstoffes für sich bestehen kann. Sowohl im geschichtlichen Teile, als auch in dem Abschnitte über die Geldverfassung haben wir Systeme kennengelernt, bei denen der Wert des Geldes nicht durch seinen Stoff gegeben ist, sich auch nicht im Wege eines Kredit- oder Einlösungsverhältnisses von einem wertvollen Stoffe ableitet, sondern einzig und allein darauf beruht, daß die zu Geld erklärten Münzen oder Scheine für die Verrichtung der volkswirtschaftlich unentbehrlichen Geldfunktionen privilegiert sind. Wenn bei der Papierwährung der Stoff, aus dem das Geld besteht, wertlos ist, wenn ferner die Papierscheine keinerlei Forderungsrecht auf einen wertvollen Stoff enthalten, so hat doch das Papiergeld, solange es im Austausche gegen irgendwelche anderen Verkehrsobjekte genommen wird, einen im Verhältnisse zu allen übrigen Werten veränderlichen, also von allen übrigen Wertgegenständen unabhängigen Wert, der mangels der Möglichkeit jeder anderen wirtschaftlichen Verwendbarkeit der Papierscheine ausschließlich auf seiner Funktion als Geld beruhen kann. Wenn ferner bei einer Silberwährung mit gesperrter Prägung der Wert der Geldeinheit ein wesentlich höherer ist als der Wert des der Geldeinheit zugrunde liegenden Silberquantums, so kann der höhere Wert des geprägten Geldes nur darauf beruhen, daß dieses die Geldfunktionen erfüllt, die bei der bestehenden Geldverfassung durch das ungeprägte Metall nicht erfüllt werden können.

Man hat deshalb, im Gegensatz zu dem „S u b s t a n z w e r t", von einem „F u n k t i o n s w e r t" des Geldes gesprochen.

Wenn durch die erwähnten Erscheinungen auf dem Gebiete des modernen Geldwesens der tatsächliche Nachweis für die Möglichkeit eines von der stofflichen Grundlage unabhängigen Geldwertes erbracht ist, so wird eine theoretische Betrachtung des Verhältnisses von „Substanzwert" und „Funktionswert" ergeben, daß beide als grundsätzlich verschieden gedachte Arten von Wert in den gleichen allgemeinen Voraussetzungen, auf denen jeder wirtschaftliche Wert beruht, ihre Wurzeln haben, und zwar so sehr, daß die anscheinende Antinomie zwischen Funktionswert und Substanzwert sich vollkommen auflöst.

Schon bei der Besprechung der Wertmaßfunktionen des Geldes wurde davon ausgegangen, daß der Wert keine den Dingen an sich anhaftende Eigenschaft, wie Ausdehnung, Härte, Farbe usw. ist, daß er vielmehr lediglich auf den Beziehungen beruht, die das menschliche Subjekt zur Außenwelt hat; der Wert der Dinge ist infolge dessen nichts, was durch das Sein der Dinge gegeben, in der Substanz der Dinge enthalten wäre; die Bedingungen, auf denen der wirtschaftliche Wert der Dinge beruht, haben wir vielmehr darin erkannt, daß die Dinge der Außenwelt einerseits Gegenstand eines menschlichen Bedürfnisses sind, während andrerseits ihrer Erlangung Hemmnisse entgegenstehen, deren Ueberwindung mit Arbeit und Opfern verbunden ist. Gegenstand eines Bedürfnisses sind keineswegs nur diejenigen Dinge, die unmittelbar der Befriedigung der menschlichen Bedürfnisse dienen, sondern daneben auch alle diejenigen Dinge, welche mittelbar zur Herstellung und Beschaffung der eigentlichen Konsumgüter Verwendung finden. Nahrungsmittel und Kleidungsstücke, Schmuckgegenstände und Wohnräume stehen in diesem Punkte den Werkzeugen und Maschinen, den Rohstoffen und Hilfsstoffen, die der Herstellung der unmittelbaren Verbrauchsgüter dienen, ferner den Transportmitteln, die sowohl im Produktionsprozeß als auch zur Ueberführung der gebrauchsfertigen Produkte an den Ort des Konsums benutzt werden, vollständig gleich. Aber auch das Geld, das die wichtige Aufgabe hat, die Uebertragungen von Gütern, Nutzungen und Leistungen von Person zu Person zu vermitteln, gehört in diese Reihe; indem es im Produktionsprozeß die sachlichen Produktionsmittel und Arbeitskräfte zusammenführt, indem es die fertigen Waren aus der Hand der Produzenten zu den Verbrauchern leitet, dient es der Bedürfnisbefriedigung in derselben Weise, wie alle anderen Arten von Mittelsgütern. Ein Unterschied liegt nur insofern vor, als die Konsumgüter, die eigentlichen Produktionsmittel und die Transportmittel, in jeder Wirtschaftsverfassung Gegenstand eines Bedürfnisses sind, während das Geld lediglich einem Bedürfnisse dient, das nur in unserer auf der freien Selbstbestimmung der Individuen, dem Privateigentum und der Arbeitsteilung beruhenden Wirtschaftsordnung gegeben ist. Solange aber diese Wirtschaftsordnung besteht, teilt das Geld mit allen anderen wirtschaftlichen Gütern die eine Voraussetzung des wirtschaftlichen Wertes, daß es Gegenstand eines Bedürfnisses ist. Andererseits teilen alle übrigen Güter mit dem Gelde die Eigenschaft, daß sie einen Wert nicht durch ihr bloßes Sein, durch ihre bloße Substanz besitzen, sondern nur dadurch, daß sie durch die Erfüllung bestimmter wirtschaftlicher „Funktionen" direkt oder indirekt die Befriedigung menschlicher Bedürfnisse bewirken. Ja die Edelmetalle selbst leiten ihren Wert, sobald sie als Geld Verwendung finden, ebensowohl von ihrer Geldfunktion her, wie von ihrer Brauchbarbeit als Rohstoffe für Schmuckgegenstände und Geräte. Genau betrachtet ist mithin jeder wirtschaftliche Wert ein „Funktionswert", einen „Substanzwert" gibt es nicht[1]).

Die zweite Voraussetzung des wirtschaftlichen Wertes, die mit Arbeit und Opfern verbundene Beschaffung, ist beim Gelde ohne weiteres gegeben, falls der Geldstoff nur mit größerem Kostenaufwand produziert werden kann oder falls der Geldstoff sich einerseits durch natürliche Seltenheit auszeichnet, während andererseits sich eine erhebliche Nachfrage auch zu anderen als zu Geldzwecken auf ihn richtet. Das ist bei dem Edelmetallgelde der Fall.

Wenn aber das Geld aus einem Stoffe hergestellt wird, der, wie das Papier, im Verhältnis zu dem Werte des daraus hergestellten Geldes nahezu kostenlos produziert werden kann, ist auch dann der zweiten Voraussetzung für den wirtschaftlichen Wert genügt? Wir müssen uns hier vergegenwärtigen, daß die Schwierigkeit der Beschaffung keineswegs ausschließlich in den Widerständen und der Kargheit der N a t u r zu bestehen braucht, die den Menschen die Mittel zu ihrer Bedürfnisbefriedigung nur gegen einen Aufwand von Arbeit und Opfern und nur in einem Umfange, der für die vollständige Befriedigung aller Bedürfnisse nicht ausreicht, zur Verfügung stellt. Die Schwierigkeit der Beschaffung kann ihren Grund auch haben in der rechtlichen Organisation von Gesellschaft und Volkswirtschaft; das ist z. B. der Fall, wenn eine Person oder eine Körperschaft das Monopol der Herstellung oder des Besitzes von Objekten hat, die für andere Gegenstand eines Bedürfnisses sind; diese anderen werden sich zur Erlangung der benötigten Dinge zu Gegenleistungen verstehen müssen; an die Stelle der natürlichen Schwierigkeit der Beschaffung oder zu dieser hinzu tritt mithin eine in der Gesellschaftsordnung begründete, eine soziale Schwierigkeit, die geeignet ist, den betreffenden Objekten einen Wert zu verleihen oder ihren Wert zu steigern. Beim Gelde ist dieser Fall offenbar in der ausgesprochensten Weise gegeben. Der Staat hat in unserer Rechtsordnung die ausschließliche Befugnis der Herstellung oder der Verleihung des Rechtes der Herstellung derjenigen Münzen und Scheine, denen die Eigenschaft als Geld zukommt. Der Einzelne kann vom Staate das Geld nur erlangen, indem er etwas dafür gibt oder leistet. Der Staat ist mithin an sich zweifellos in der Lage, für sein Geld, auch wenn die natürlichen Schwierigkeiten seiner Erlangung (seine „Produktionskosten") nahezu gleich null sind, durch Ausnutzung seines Geldherstellungsmonopols ein künstliches Beschaffungshindernis zu errichten und ihm damit die zweite Voraussetzung des wirtschaftlichen Wertes zu sichern.

Der anscheinend prinzipielle Gegensatz von Geld mit Substanzwert und Geld mit bloßem Funktionswert löst sich aufgrund dieser Ausführungen dahin auf:

---

[1]) Vgl. auch Simmel a. a. O. S. 151.

Der Wert beider Arten von Geld beruht auf den zwei kardinalen Voraussetzungen eines jeden wirtschaftlichen Wertes, auf der Eignung zur Befriedigung menschlicher Bedürfnisse und auf der Schwierigkeit der Erlangung. Es bleibt nur der Gradunterschied, daß das Geld mit bloßem „Funktionswert" seiner Beschaffenheit nach nur die Dienste als Geld zu leisten imstande ist, während bei dem Gelde mit sogenanntem „Substanzwert" der Geldstoff auch zur Befriedigung anderer Bedürfnisse Verwendung finden kann.

Immerhin kann man dieser Erklärung entgegenhalten, es sei eine petitio principii, daß ein zu keinem anderen Zwecke brauchbarer Gegenstand überhaupt die Funktion als Geld verrichten könne. Dieser Einwand ist in gewisser Beziehung nicht unberechtigt; denn zwischen dem Gelde und allen übrigen wirtschaftlichen Gütern besteht folgender Unterschied: bei den letzteren ist die Fähigkeit, Mittel zur Befriedigung eines Bedürfnisses zu sein, lediglich eine der beiden Voraussetzungen des Wertes, nicht aber ist umgekehrt die Tatsache, daß ihnen infolge der Schwierigkeit der Beschaffung wirklich ein Wert zukommt — ein Wert, der sich darin äußert, daß diese Dinge im Austausch gegen andere wertvolle Objekte gegeben und genommen werden —, Voraussetzung ihrer Nützlichkeit; das Wasser dient zur Stillung des Durstes ganz unabhängig davon, ob es infolge seiner Knappheit und schwierigen Beschaffung einen Wert repräsentiert oder nicht. Beim Gelde allein liegt es anders; das Geld kann offenbar seinen Funktionen als Mittel der Wertübertragung nur unter der Voraussetzung genügen, daß es wertvoll ist; ein Geld ohne Wert, für das also niemand etwas gibt, kann weder als Tauschmittel und Wertmaß, noch als Kapitalübertragungsmittel dienen, noch werden Zahlungsverpflichtungen in einem solchen Gelde vereinbart, noch kann es als Wertträger durch Zeit und Raum in Betracht kommen. Wenn nun aber das Geld Nutzwirkungen irgendwelcher Art nur soweit zu leisten vermag, als es Wertqualität besitzt, dann scheint es nicht angängig zu sein, seine Wertqualität ausschließlich von seinen Nutzwirkungen als Geld abzuleiten; es scheinen vielmehr nur solche Sachen als Geld funktionieren zu können, die vermöge anderer Nutzwirkungen bereits einen Wert haben.

Wie im geschichtlichen Teile gezeigt worden ist, haben in der Tat zuerst solche Güter als Tausch- und Zahlungsmittel und als Wertmaß gedient, die als Gebrauchsgüter Wert besaßen. Erst nachdem der Gebrauch solcher Güter als Geld die Wirtschaftsverfassung in einer Weise umgestaltet hatte, daß das Geld als solches unentbehrlich geworden war, konnte der Wert der als Geld verwendeten Sachen auf der Grundlage ihrer Geldfunktionen beruhen. Um aber ein Geld rein auf die Grundlage seiner Geldfunktionen zu stellen, dazu war die staatliche Ordnung des Geldwesens und das Bestehen von Zahlungsverpflichtungen notwendig. Es muß, wie soeben ausgeführt wurde, ohne weiteres zugeben werden, daß niemand eine Sache ohne Wert im Austausch gegen eine wertvolle Sache annehmen wird; wir haben ferner bei den Erörterungen über die Stellung des Geldes in der Rechtsordnung gesehen, daß die Gesetzgebung der Volkswirtschaft nicht eine Sache als Tauschmittel aufzwingen kann, die der freie Verkehr als Tauschmittel ablehnt;

und das heißt nichts anderes, als daß einer Sache, die nicht schon aus anderen Gründen wertvoll ist, weder aus einer freiwilligen, noch aus einer erzwungenen Verwendung als Tauschmittel ein Wert erwachsen kann. Dagegen steht es anders mit der Zahlungsmittelfunktion des Geldes. Zwar wird niemand geneigt sein, sich für die Zukunft die Leistung einer wertlosen Sache auszubedingen; wenn aber einmal zwischen den einzelnen Gliedern der Volkswirtschaft auf Geld lautende Zahlungsverpflichtungen in großem Umfange bestehen und wenn die staatliche Gesetzgebung in der Lage ist, zu bestimmen, in welchen Sachen der Gläubiger die Zahlung annehmen muß, so kann der Staat auch Sachen, die keinerlei andere Brauchbarkeiten in sich schließen, mit dieser gesetzlichen Zahlungskraft ausstatten und ihnen damit eine Nutzwirkung geben, die geeignet ist, in Verbindung mit dem staatlichen Monopol der Geldherstellung als selbständige Wertgrundlage zu dienen. Wer Zahlungen zu leisten hat, braucht nichts danach zu fragen, ob die Sache, in der er kraft Rechtens Zahlung leisten kann, zu irgendeinem anderen Zwecke brauchbar ist. Die Funktion als Mittel zur Erfüllung einer bereits bestehenden Zahlungsverpflichtung ist mithin eine von allen anderen Brauchbarkeiten unabhängige Nutzwirkung, die, solange die lediglich als Zahlungsmittel brauchbare Sache von dem Zahlungsverpflichteten nur unter Ueberwindung von Schwierigkeiten beschafft werden kann — eine Voraussetzung, die bei beschränkter Ausgabe zutrifft —, ausreichend ist, um dieser Sache einen Wert zu verleihen. Aufgrund dieses rein aus der gesetzlichen Zahlungskraft und der Schwierigkeit der Beschaffung erwachsenen Wertes kann die Sache dann auch als Tauschmittel und in allen übrigen Geldfunktionen Verwendung finden. Historisch freilich muß das Geld entstanden sein, ehe auf Geld lautende Zahlungsverpflichtungen und damit die Grundlage für ein Geld, das nur als Geld eine Brauchbarkeit darstellt, entstehen konnte. Die Entstehung des Geldes mußte deshalb in der geschilderten Weise mit der Verwendung von Gebrauchsgütern als Tausch- und Zahlungsmittel usw. beginnen. Sobald aber einmal in einem späteren Stadium der Geldentwicklung auf Geld lautende Zahlungsverpflichtungen gegeben sind, sobald der Staat sich die Bestimmungen über die Erfüllung von Geldschulden und die Herstellung des Geldes selbst vorbehalten hat, ist die logische und praktische Möglichkeit der Schaffung von Geld gegeben, das lediglich als Geld Brauchbarkeit und Wert besitzt[1]).

Diese Möglichkeit liegt naturgemäß in einem um so höheren Grade vor, je mehr infolge der Entwicklung des Kreditverkehrs die Zahlungsverpflichtungen sich ausdehnen und die Funktion des Geldes als Erfüllungsmittel für Zahlungsverpflichtungen gegenüber den der Einwirkung der Gesetzgebung entzogenen Funktionen als Mittel der freiwilligen Uebertragung (namentlich als Tauschmittel) an Bedeutung gewinnt, je mehr ferner die staatliche Organisation sich verfeinert

---

[1]) Diese Auffassung deckt sich mit derjenigen K n a p p s , der (a. a. O. S. 45) wie folgt formuliert: „Früher mußte man die Werteinheit real definieren; daraus ergaben sich Schulden in Werteinheiten; jetzt kennt man Schulden in früheren Werteinheiten, und aufgrund dieser Schulden wird die Werteinheit definiert, nicht mehr real, sondern historisch“.

und mit ihren Wirkungen die wirtschaftlichen Beziehungen der Individuen durchdringt. Aber die geschilderte Möglichkeit ist gleichwohl auf keiner Entwicklungsstufe von Staat und Volkswirtschaft eine unbedingte. Der lebendige Verkehr kann ihr vielmehr die Voraussetzungen nehmen, wenn das Geld, das ihm der Staat liefert, seinen Bedürfnissen nicht entspricht. Wenn der Staat nicht durch eine kluge Handhabung seines Monopols der Geldherstellung für sein aus einem wertlosen oder geringwertigen Stoffe hergestelltes Geld der Verkehrswelt dasjenige Vertrauen einzuflößen vermag, das dem Gelde mit Substanzwert eben wegen des Wertes seiner auch zu anderen Zwecken brauchbaren Substanz entgegengebracht wird, so kann der Verkehr, wie zahlreiche historische Beispiele lehren, in den neu zu begründenden Schuldverhältnissen Leistungen vereinbaren, die der Einwirkung des Staates entzogen sind, er kann sich auf diese Weise ein neues Geld schaffen. Beispiele dafür sind die Rückkehr des Verkehrs zu Edelmetallbarren anstelle der geprägten Münzen in Zeiten starken Mißbrauchs der staatlichen Münzhoheit und der Gebrauch ausländischen Metallgeldes in Staaten mit einem sich stark entwertenden Papiergelde; wenn keine neuen Zahlungsverpflichtungen mehr in dem staatlichen Gelde eingegangen werden, dann muß allmählich die Grundlage schwinden, auf der allein ein Geld ohne „Substanzwert" denkbar ist[1]).

Gerade die Entwicklung des deutschen Geldwesens in der neuesten Zeit ist dafür ein Beleg. Trotz aller staatlichen Gegenmaßnahmen wendet sich der Verkehr von der anscheinend zu einer schrankenlosen Entwertung verurteilten deutschen Papiermark allmählich ab. Die Abschlüsse in ausländischen Währungen nehmen auch im inländischen Waren- und Kreditverkehr zusehends überhand. Der Staat sieht sich genötigt, dem Gebrauch ausländischen Geldes Zugeständnisse zu machen; nachdem die Devisen-Verordnung vom 12. Oktober 1922 bestimmt hatte, daß die Zahlung in ausländischen Zahlungsmitteln bei Geschäften zwischen Parteien, die beide ihren Wohnsitz oder Sitz im Inland haben, nicht gefordert, angeboten, ausbedungen, geleistet oder angenommen werden darf, es sei denn daß es sich um das Entgelt für Warenlieferungen handelt, die zum Versande nach dem Auslande bestimmt sind, hat die zweite Devisen-Verordnung vom 27. Oktober 1922 diesen Grundsatz durch zahlreiche Ausnahmen durchbrechen müssen. Davon abgesehen sind Ansätze zu merkwürdigen Neubildungen zu verzeichnen. Ich erwähne insbesondere die Pachtabschlüsse, bei denen das Entgelt statt in Reichsmark in bestimmten Quantitäten Roggen festgesetzt wird; ferner die Beleihung von Grundstücken mit „Roggenwertrenten" und die Ausgabe von „Roggenrentenbriefen" oder „Roggenanweisungen", die durch solche Roggenwertrenten gesichert sind.

Die Staatliche Kreditanstalt Oldenburg hat diesen neuen Gedanken als erste in folgender Form verwirklicht:

----

[1]) Diese Bedingtheit der staatlichen Gewalt über das Geldwesen wird von Knapp übersehen.

Sie gibt „Roggenanweisungen" aus, die eine Laufzeit von vier Jahre haben (1. April 1923 bis 1. April 1927). Der Ausgabekurs soll dem derzeitigen Werte von 125 Kilogramm Roggen entsprechen. Die Rückzahlung in Kapital und aufgelaufenen Zinsen soll nach dem künftigen Wert von 150 Kilogramm Roggen erfolgen, woraus sich eine Verzinsung in Roggenwert von 20 Prozent für vier Jahre, also von 5 Prozent für das Jahr ergibt. Die der Kreditanstalt aus dem Verkauf der Roggenanweisungen zufließenden Beträge werden ausschließlich zur Gewährung produktiver Kredite an Grundeigentümer und Kommunen verwendet, und zwar muß der Gesamtbetrag der ausgegebenen Roggenanweisungen durch Darlehensforderungen gedeckt sein, die auf gleicher Grundlage beruhen, die also gleichfalls nach dem Roggenwert zu verzinsen und zurückzuzahlen sind.

Eine ähnliche Neubildung ist auf dem Gebiete industrieller Obligationen zu verzeichnen. Zu Beginn des Jahres 1923 hat die Badische Landes-Elektrizitätsversorgung A.G. (Badenwerk) eine 5 prozentige „Kohlenwert-Anleihe" mit großem Erfolg zur öffentlichen Zeichnung aufgelegt. Die Inhaber-Schuldverschreibungen lauten auf den Geldwert von 10 000, 5 000, 2 000, 1 000 und 500 kg Kohle (westfälische Fettflammnuß IV, gesiebt und gewaschen, ab Zeche einschließlich Steuer). Das bei der Einlösung der Schuldverschreibungen zu zahlende Kapital und die Zinsen werden zwar in deutschem Gelde ausbezahlt, aber der Geldbetrag berechnet sich nach dem durchschnittlichen Kohlenpreis des der Zahlung vorausgehenden Halbjahres. Für den Fall, daß durch ein Reichsgesetz eine „endgültige neue deutsche Währung" geschaffen werden sollte, hat jeder Obligationär das Recht, die Umwandlung seiner Schuldverschreibung in eine auf die neue Währung lautende Geldschuld aufgrund des am Tage des Inkrafttretens des betreffenden Reichsgesetzes bestehenden Kohlenpreises von der Gesellschaft zu verlangen.

Auf ähnlicher Grundlage hat im Januar 1923 der Freistaat Sachsen eine „Kohlen- und Elektrizitätsanleihe" ausgegeben. Im März kündigte die Stadt Breslau eine sechsprozentige „Kohlenwertanleihe" an. Andere öffentliche Körperschaften sind diesen Beispielen gefolgt.

Bei diesen Neubildungen wird allerdings das staatliche Geld noch nicht völlig bei Seite geschoben; denn die Ausgabe, wie die Rückzahlung und Verzinsung der Roggen- und Kohlenwertanleihen erfolgt nicht in effektivem Roggen oder in effektiver Kohle, sondern in gesetzlichem deutschen Gelde. Diese Obligationen sind also noch Geldschulden; aber sie lauten nicht mehr auf bestimmte Summen deutschen Geldes, ihr Wertinhalt wird vielmehr bestimmt durch den in deutschem Gelde ausgedrückten Preis bestimmter Quantitäten von Roggen oder von Kohle.

Die zahlreichen Vorschläge und Versuche, Zahlungsverpflichtungen der verschiedensten Art, insbesondere Löhne und Gehälter, nicht mehr auf bestimmte Geldsummen zu stellen, sondern auf variable Geldsummen, deren Höhe durch Indexziffern bestimmt wird, (Festmark, Indexmark) kommen gleichfalls darauf hinaus, den Wertinhalt der Geldschulden von dem Gelde, in dem die Zahlung zu erfolgen hat, zu trennen. Damit wird das Geld, wie es der moderne Staat ausgebildet hat, an seiner

Wurzel gefaßt, an der Nennwertstheorie. Das Geld verliert damit sein eigentliches Wesen, es sinkt zu einem Schemen herab, zu einer Form ohne bestimmten Inhalt, die sich auf die Dauer nicht halten kann und in nichts zerfallen muß.

Der im Herbst 1922 aufgetauchte Gedanke, durch die Reichsfinanzverwaltung auf Goldmark oder auf eine ausländische Goldwährung lautende Schatzanweisungen auszugeben, — ein Gedanke, der im März 1923 durch die für einen bestimmten Zweck, die Markstützungsaktion der Reichsbank, ausgegebenen Dollarschatzanweisungen des Reichs verwirklicht worden ist — bedeutet nichts anderes als die staatliche Anerkennung der Tatsache, daß das staatliche deutsche Geld als Mittel des Kapitalverkehrs und der Wertbewahrung untauglich geworden ist.   Wird der Gedanke in weiterem Umfange verwirklicht, so gibt das Reich selbst die von ihm noch in den neuesten Devisenverordnungen verteidigte Monopolstellung der deutschen Papiermark preis und führt neben dieser eine zweite Währung ein, die dem elementaren Bedürfnis der Wirtschaft nach einem wertvollen und möglichst wertbeständigem Gelde Rechnung trägt.

In dieser Beleuchtung erscheint aufgrund der neuesten Entwicklung des Geldwesens und der Geldtheorie das Wertproblem und die schon von Aristoteles aufgeworfene Frage, ob das Geld „νόμῳ“ oder „φύσει“ ist, ob es auf der durch das Gesetz geschaffenen oder der von Natur gegebenen Ordnung der Dinge beruht.

§ 3. Die Höhe und die Veränderungen des Geldwertes.

Wir haben im vorigen Paragraphen gesehen, daß der Wert des Geldes dieselben Voraussetzungen hat wie jeder wirtschaftliche Wert überhaupt: die Fähigkeit, einem Bedürfnisse zu genügen, und die nur unter Opfern mögliche Beschaffung.   Nach der Klarstellung des qualitativen Problems stellt sich nunmehr das quantitative Problem ein; vulgär ausgedrückt, die Frage, wonach sich die „Höhe des Geldwertes“ bestimmt.

Auch bei der Erörterung dieses neuen Problems muß daran erinnert werden, daß wir in der Vorstellung, nach welcher die einzelnen Güter mit einem veränderlichen, aber meßbaren Quantum von Verkehrswert ausgestattet sind, lediglich eine Abstraktion aus der Tatsache erblicken können, daß die einzelnen Verkehrsgüter gegeneinander in quantitativen Verhältnissen, die fortgesetzten Veränderungen unterliegen, ausgetauscht werden.   Es kann nun aber überhaupt kein Austausch zwischen zwei Verkehrsobjekten stattfinden, ohne daß das quantitative Verhältnis, in welchem die beiden Objekte gegeneinander umgesetzt werden, durch Faktoren bestimmt wird, die auf jeder der beiden Seiten wirksam sind.   Wenn ein Rind gegen acht Schafe gegeben wird, so kann dieses Austauschverhältnis nur das Ergebnis von Erwägungen und Tatsachen sein, die sich sowohl auf das Rind als auch auf die Schafe beziehen.   Der Grad der Nützlichkeit und die Stärke der darauf beruhenden Nachfrage, die größere oder geringere Schwierigkeit der Beschaffung und damit die Stärke des Angebots bilden, indem sie bei beiden Tauschobjekten in verschiedenem Maße vorhanden sind, die Grundlage für das Verhältnis, in welchem sich der Austausch vollzieht.

Die Veränderungen jedoch, die in den Austauschverhältnissen irgendwelcher Verkehrsobjekte eintreten, können möglicherweise ihre Ursache
auf der Seite nur eines der beiden Verkehrsobjekte haben, indem
sich die für das Tauschverhältnis maßgebenden Bestimmungsgründe
nur hinsichtlich dieses einen Gutes ändern, während sie hinsichtlich
des anderen Gutes unverändert bleiben. Das alles gilt in Anbetracht
des Umstandes, daß der Wert des Geldes auf denselben Voraussetzungen
beruht, wie der Wert aller anderen Verkehrsobjekte, für das zwischen dem
Gelde und den übrigen Verkehrsobjekten bestehende Austauschverhältnis
ebenso, wie für die Austauschverhältnisse der übrigen Verkehrsobjekte
unter sich.

Das Problem der Höhe des Geldwertes und der Veränderungen
derselben umschließt mithin zwei ihrem Wesen nach verschiedene
Fragen:

1. Die Frage nach den tatsächlich bestehenden Austauschverhältnissen zwischen dem Gelde und den übrigen Verkehrsobjekten. — Da
man die Umsätze von Geld gegen andere Verkehrsobjekte als „Kauf"
und das in Geld bestehende Aequivalent als „Preis" bezeichnet, ist die
Frage nach der Höhe und den Veränderungen der „allgemeinen Kaufkraft des Geldes" und des „allgemeinen Preisniveaus" mit dieser ersten
Seite des Problems identisch. Die Aufgabe ist lediglich s t a t i s t i s c h e r
Natur, sie erstreckt sich auf die Feststellung der tatsächlich bestehenden
Preise (im weitesten Sinne) und ihrer Verschiebungen.

2. Die Frage nach den Bestimmungsgründen für die Verschiebungen
der zwischen dem Gelde und den übrigen Verkehrsobjekten bestehenden
Austauschverhältnisse. — Die Frage ist a n a l y t i s c h e r Natur, sie
geht über die Feststellung tatsächlicher Verhältnisse hinaus, ihre Lösung
erfordert die Ergründung der Ursachen gewisser Tatsachen und Vorgänge des Verkehrs.

Man hat die erste Frage als das Problem des „äußeren Tauschwertes", die zweite als das Problem des „inneren Tauschwertes" des
Geldes bezeichnet[1]). Die Anwendung der letzteren Bezeichnung für
die Frage nach den auf der Seite des Geldes liegenden Bestimmungsgründen des Austauschverhältnisses zwischen dem Gelde und den
übrigen Objekten ist — wie man sich stets vor Augen halten muß —
nur aufgrund der Vorstellung möglich, daß ein jedes von zwei Verkehrsobjekten, die in irgendwelchem quantitativen Verhältnisse gegeneinander umgesetzt werden, ein bestimmtes Quantum von Tauschwert
umschließe. In diesem Tauschwertquantum, das absolut genommen überhaupt nicht vorstellbar ist, denkt man sich die auf der Seite des Geldes
für das Austauschverhältnis wirksamen Bestimmungsgründe gewissermaßen kondensiert.

Aus Gründen der Einfachheit der Terminologie spricht manches
dafür, die Wirkung der auf der Seite des Geldes liegenden Bestimmungsgründe für die Austauschverhältnisse zwischen dem Gelde und den
übrigen Verkehrsobjekten unter der Bezeichnung „innerer Tauschwert

---

[1]) Vgl. M e n g e r , Artikel „Geld" im Handwörterbuch der Staatswissenschaften. 3. Aufl., IV. Bd., S. 588—593.

des Geldes" oder noch einfacher unter der Bezeichnung „Geldwert"
zusammenfassen. In den früheren Auflagen dieses Buches habe ich
mich deshalb für die von Menger empfohlene Unterscheidung des
„äußeren" und „inneren Tauschwertes" des Geldes ausgesprochen und
die Bezeichnung „äußerer Tauschwert des Geldes" für die Kaufkraft
des Geldes in dem oben definierten Sinne angewendet, die Bezeichnung
„innerer Tauschwert des Geldes" oder „Geldwert" schlechthin für die
Auswirkung der auf der Seite des Geldes maßgebenden Bestimmungsgründe des „äußeren Tauschwertes" des Geldes und seiner Veränderungen.

Die Erfahrungen, welche die durch den Krieg, die Revolution
und die Friedensdiktate verursachte Erschütterung der Austauschverhältnisse zwischem dem Geld und allen übrigen Verkehrsobjekten
geliefert hat, haben mich zu einer Nachprüfung der Frage veranlaßt, ob
diese Terminologie aufrecht erhalten werden kann. Die Entscheidung
scheint mir davon abzuhängen, ob die für Aenderungen in den Austauschverhältnissen maßgebenden Faktoren sich mit hinreichender
Präzision in Bestimmungsgründe, die auf der Seite des Geldes, und
solche, die auf der Seite der übrigen Verkehrsobjekte wirksam sind,
unterscheiden lassen.

Diese Möglichkeit ist nicht durchweg gegeben.

Die letzten Jahre haben Erscheinungen gezeitigt, bei denen
Bestimmungsgründe auf Seiten des Geldes und auf Seiten der übrigen
Verkehrsobjekte — nicht nur der Waren sondern auch der Leistungen
aller Art — unlösbar und untrennbar zu gegenseitiger Bedingtheit
ineinander verflochten sind. Um nur einige wichtige Beispiele heraus-
zugreifen:

Der durch den Krieg erzeugte dringliche Bedarf an lebens- und
kriegswichtigen Waren hat ein starkes Geldangebot seitens der kriegführenden Staaten ausgelöst, das in der Weise zustande kam, daß die
kriegführenden Staaten für ihren inneren Bedarf große Mengen von
papiernen Geldzeichen in Umlauf brachten und ihren bisherigen Goldumlauf zu einem erheblichen Teil zu Ankäufen von Waren im neutralen
Auslande und den Vereinigten Staaten von Amerika verwendeten. Ist
nun die allgemeine Steigerung der Preise und Löhne, die in der ganzen
Welt vom Kriegsausbruch an eintrat, durch die gesteigerte Nachfrage
nach Waren oder durch das vermehrte Angebot von Geld, also durch
Bestimmungsgründe auf der Seite der Waren oder auf der Seite des
Geldes verursacht worden? — Eine Unterscheidung ist nicht möglich,
denn beide Vorgänge, die gesteigerte Nachfrage nach Waren und das
gesteigerte Angebot von Geld sind nur zwei Erscheinungsformen einer
und derselben Grundtatsache.

Der Sachverhalt ist besonders klar, wenn man die Vorgänge in
den neutralen Ländern näher betrachtet, da hier — im Gegensatz zu
den kriegführenden Staaten — die geldpolitischen Maßnahmen des
Staates keine wesentliche Rolle gespielt haben. Die kriegführenden
Staaten — sowohl Regierungen als auch Private — traten auf den
neutralen Märkten mit ihrer dringenden Nachfrage nach Lebensmitteln,
Rohstoffen, Kriegsmaterial usw. auf und boten, soweit sie nicht auf

Kredit kaufen konnten, bares Geld, dessen Uebertragung sich letzten Endes in der Hauptsache in effektivem Golde vollzog. Ging nun die unter diesen Verhältnissen eingetretene Preissteigerung auf die Nachfrage nach Waren oder auf das Angebot von neuem Geld zurück? — Das Angebot von Gold, jene „Goldinflation", gegen die z. B. die skandinavischen Staaten sich mit Schutzmaßnahmen gegen das Gold zu wehren suchten[1]), war nichts als eine der wichtigsten Formen, in denen die Nachfrage nach Waren auftrat; ohne den so dringenden und umfangreichen Bedarf der kriegführenden Staaten nach den Erzeugnissen der neutralen Länder wäre der Zufluß von Gold nicht eingetreten, und auf der anderen Seite hätte ohne die bei den kriegführenden Staaten vorhandene Möglichkeit der Goldabgabe ein großer Teil der Nachfrage nach Erzeugnissen der Neutralen, mochte der Bedarf auch noch so dringend sein, nicht effektiv werden und infolgedessen das Preisniveau nicht beeinflussen können.

Ein anderer Fall: Wir haben in der Zeit, die unmittelbar auf die Revolution folgte, erlebt, daß die Arbeiterschaft aufgrund ihrer zunächst unbegrenzten Macht imstande war, bei erheblicher Minderleistung die hohen Kriegslöhne nicht nur aufrecht zu erhalten, sondern sogar weiter zu steigern. Diese Tatsache mußte für sich allein genommen auf eine Erhöhung der Warenpreise und damit auf eine Verminderung der Kaufkraft des Geldes hinwirken. Die von ihr ausgehende Tendenz ist durch die Entwertung der deutschen Valuta zeitweise verstärkt worden, sie hat sich aber auch durchgesetzt in Zeiten, in denen die deutsche Valuta verhältnismäßig stabil blieb oder gar sich hob. Die Steigerung der Löhne und Preise hat zweifellos dazu beigetragen, das Anschwellen der Papiergeldausgabe zu fördern; allein schon durch das Medium der Erhöhung aller persönlichen und sachlichen Ausgaben des Reiches. Wäre dem Reich die Papiergeldausgabe verschränkt gewesen, so hätte das Hochtreiben der Löhne und damit der Preise sicher an der Unmöglichkeit der Beschaffung der Mittel für die Bezahlung der Löhne und Preise einen starken Widerstand gefunden. Faktoren auf der Geldseite und auf der Seite der Löhne und Preise greifen also auch in diesem Falle so ineinander über, daß es unmöglich ist, der Geld- oder der Warenseite die ausschlaggebende Bedeutung beizumessen. Was feststeht, ist lediglich die Veränderung der Austauschverhältnisse zwischem dem deutschen Gelde und allen übrigen Verkehrsobjekten; aber die Unterscheidung ist unmöglich, in welchem Maße diese Veränderung durch Bestimmungsgründe, die auf der Seite des Geldes, und solche, die auf der Seite der übrigen Verkehrsobjekte wirksam waren, herbeigeführt worden ist oder, um es in der Mengerschen Terminologie auszudrücken, welcher Anteil an der Veränderung des „äußeren Tauschwertes des Geldes" auf eine Veränderung seines „inneren Tauschwertes", und welcher Anteil auf Veränderungen des Wertes der übrigen Verkehrsobjekte entfällt.

Es scheint mir deshalb aufgrund der Erfahrungen der letzten acht Jahre nicht empfehlenswert an der Abstraktion festzuhalten, daß

---

[1]) Siehe oben S. 203.

die auf der Seite des Geldes wirksamen Bestimmungsgründe der Veränderungen der Austauschverhältnisse sich in dem als absolutes Wertquantum gedachten „inneren Tauschwert" des Geldes ausdrücken. Wenn wir auf festem Boden bleiben wollen, müssen wir uns damit begnügen, daß die einzige reale Tatsache die Veränderung der Austauschverhältnisse zwischen dem Geld und den übrigen Verkehrsobjekten ist und daß jeder Versuch vergeblich ist, aus dem bestehenden Austauschverhältnis absolute und meßbare Wertquanten auf der einen oder anderen Seite und aus Veränderungen des Austauschverhältnisses Veränderungen solcher absoluter Wertquanten herleiten zu wollen.

Für die Terminologie würde sich daraus ergeben, daß der Begriff des Wertes in Anwendung auf die Austauschverhältnisse und ihre Veränderungen in seiner strikten Relativität aufrecht erhalten wird, daß der Wert des Geldes nur in seiner Kaufkraft (das Wort „Kaufkraft" in weitestem Sinne genommen, auch in der Erstreckung auf Nutzungen und Leistungen aller Art) zutage tritt, daß Veränderungen des Geldwertes nur das Spiegelbild von Veränderungen der Preise, Löhne usw. sind.

Man könnte versucht sein, daraus die weitere Folgerung zu ziehen, daß es überflüssig und vielleicht sogar irreleitend sei, überhaupt das Wort „Geldwert" als einen quantitativen Begriff anzuwenden und von Geldwertveränderungen zu sprechen, daß es vielmehr genüge, das Wort „Kaufkraft" anzuwenden.

Hätte man die Sprache — und zwar nicht nur die deutsche, sondern auch die Sprachen aller anderen Kulturvölker — neu zu formen, so möchte dieser Weg gangbar sein. Wir haben es aber bei der Anwendung des Wortes „Wert" auf die uns hier beschäftigenden Erscheinungen mit einem in allen Kultursprachen so fest eingewurzelten Sprachgebrauch zu tun, daß die Klarheit der Begriffe nicht gewinnen würde, wenn die Sprache der Wissenschaft das Wort „Wert" grundsätzlich aus diesem Bereich verbannen wollte. Alle Welt spricht heute von der „Entwertung" unseres Geldes. Sollte die Wissenschaft erklären: eine Entwertung des Geldes gibt es nicht, es gibt nur eine Steigerung der in Geld ausgedrückten Preise und Löhne usw. oder eine Veränderung der Kaufkraft des Geldes? Ich sehe zu einem solchen Kampf gegen den Sprachgebrauch um so weniger Veranlassung, als diejenigen, welche den Kampf gegen das Wort „Wert" in Anwendung auf die Austauschverhältnisse, in denen das Geld zu den übrigen Verkehrsobjekten steht, mit dem größten Nachdruck predigen, nichts dagegen einzuwenden haben, daß aus den Austauschverhältnissen heraus von einem „Wert" der nicht Geld darstellenden Verkehrsobjekte gesprochen wird. Nur muß man sich stets vor Augen halten, daß die Worte „Geldentwertung" und „Geldwertsteigerung", wenn sie in diesem Sinne angewendet werden, noch kein Urteil über die Ursachen der durch diese Worte bezeichneten Aenderungen in den Austauschverhältnissen enthalten. Das oben unter 2 präzisierte analytische Problem bleibt bestehen. Die Frage bleibt offen und der Untersuchung wert, durch welche Ursachen Veränderungen in den Austauschverhältnissen zwischen dem Gelde und den übrigen Verkehrsobjekten herbeigeführt werden können und in wichtigen konkreten Fällen herbeigeführt worden sind.

Dann mag sich ergeben, daß diese Ursachen teilweise auf der Seite des Geldes, teilweise auf der Seite der übrigen Verkehrsobjekte, teilweise auch in verwickelten und vielgestaltigen Vorgängen liegen können, die eine Repartierung auf das Geld und auf die übrigen Verkehrsobjekte nicht gestatten.

§ 4. Das statistische Problem des Geldwertes.

Das statistische Problem des Geldwertes umfaßt die tatsächliche Gestaltung der in Geld bestehenden Gegenwerte für alle gegen Geld veräußerlichen und erhältlichen Güter, Nutzungen und Leistungen.

Die hier zu lösende Aufgabe kann sich jedoch nicht auf die Ermittlung von Preisen und Kursen, Mieten und Pachten, Löhnen und Gehältern und auf die Feststellung der örtlichen Verschiedenheiten und zeitlichen Veränderungen dieser Preise usw. beschränken, sie hat vielmehr aus dem chaotischen Gewirr der zahllosen Einzelerscheinungen heraus ein Gesamtbild der Kaufkraft des Geldes, ihrer örtlichen Verschiedenheiten und zeitlichen Veränderungen zu gewinnen.

Es ist klar, daß allein schon die statistische Vorarbeit ein in vollem Umfang überhaupt nicht lösbares Problem darstellt. Die statistische Erfassung aller in einem gegebenen Wirtschaftsgebiet gezahlten Preise für bewegliche und unbewegliche Güter, aller Groß- und Kleinhandelspreise, aller Mieten und Pachten, Löhne, staatlichen und privaten Gehälter, Entgelte für Dienstleistungen freier Berufe usw. ist eine Unmöglichkeit. Es werden immer nur charakteristische Ausschnitte aus der Gesamtheit der Erscheinungen, in denen sich die Kaufkraft des Geldes zeigt, in Betracht kommen.

Verhältnismäßig am einfachsten ist noch die Feststellung der Preise der wichtigsten Großhandelswaren, die nach bestimmten Typen fortlaufend amtlich notiert werden.

Aber auch wenn man sich zunächst auf die Großhandelspreise beschränkt, ist die Gewinnung eines einheitlichen Gesamtbildes aus den Veränderungen der Preise der einzelnen für die Untersuchung herangezogenen Waren nicht ohne weiteres etwa in der Weise möglich, daß man für die zu vergleichenden Zeitpunkte den Durchschnitt aus den Preisen der verschiedenen Artikel zu ziehen sucht. Wenn die Tonne Weizen zurzeit der deutschen Goldwährung 160.— Mark, die Tonne Kohle 20.— Mark, die Tonne Silber 120 000 Mark kostete, so ist klar, daß man daraus nicht einen Durchschnittspreis von 40,060 für die drei Artikel berechnen konnte, der sich bei einer Steigerung des Weizenpreises auf 200.— Mark, einem Rückgang des Kohlenpreises auf 10.— Mark und des Silberpreises auf 90 000 Mark auf 30,070 ermäßigte.

Um zu einem einigermaßen brauchbaren Einheitsausdruck für die Bewegung der Großhandelspreise zu kommen, hat man das System der sogenannten Indexziffern angewandt. Dieses System besteht darin, daß man für einen bestimmten Zeitraum und Ort den Preis aller der einzelnen Artikel, die man zur Ermittlung des „allgemeinen Preisniveaus“ heranziehen will, gleich 100 setzt und für die Preise der folgenden Zeitpunkte auf dieser Grundlage die Verhältniszahlen berechnet; nicht aus den wirklichen Preisen, sondern aus den Verhältniszahlen wird dann für jeden einzelnen Zeitpunkt der Durchschnitt berechnet. Die sich so für die einzelnen Zeitpunkte ergebenden Verhältniszahlen hat man „Indexziffern" (index numbers) genannt.

In dem oben angeführten Beispiel würden sich die Indexzahlen für die drei Artikel folgendermaßen berechnen:

	Weizen		Kohle		Silber		Index-ziffer
	Tonne Mark	Ver-hältnis-zahl	Tonne Mark	Ver-hältnis-zahl	Tonne Mark	Ver-hältnis-zahl	
1. Zeitpunkt	160	100	20	100	120 000	100	100
2. Zeitpunkt	200	125	10	50	90 000	75	83 35

Zuerst ist diese Methode auf breiter Grundlage von dem englischen Nationalökonomen J e v o n s im Jahre 1865 durchgeführt worden. Er hat für eine Anzahl wichtiger Großhandelsartikel die Durchschnittspreise für die sechs Jahre 1845—1850 und auf dieser Grundlage die Verhältniszahlen und deren Durchschnitt für die folgenden Jahre berechnet. Der Statistiker N e w m a r c h und die Herausgeber des Londoner „E c o n o - m i s t" haben dieses System in den folgenden Jahren fortgeführt und verbessert. Die heute noch regelmäßig zur Veröffentlichung gelangenden Indexziffern des „Economist" beruhen auf den Preisen von 22 Artikeln und dem von Jevons angenommenen Durchschnitt der Jahre 1845 bis 1850. Auf dem gleichen System beruhen die im „Statist" veröffentlichten Indexziffern des englischen Statistikers S a u e r b e c k, nur daß hier 45 Großhandelspreise herangezogen sind und der Durchschnitt der Jahre 1867/77 gleich 100 gesetzt ist. Für Deutschland hat zuerst A d o l f S o e t b e e r eine umfassende Berechnung von Großhandels-Indexziffern in die Wege geleitet. Auf seine Veranlassung hat das Hamburgische Handelsstatistische Bureau zu Beginn der 80er Jahre des vorigen Jahrhunderts, eine „Prozentweise Zusammenstellung der Veränderungen in den Durchschnittspreisen von 100 Handelsartikeln während des Zeitraumes 1851 bis 1888 in fünfjährigen und zehnjährigen Perioden, verglichen mit den Durchschnittspreisen in den Jahren 1847 bis 1850" ausgearbeitet. Die Arbeit ist später fortgesetzt worden, leider nur bis zum Jahre 1890[1]).

Die Gestaltung der Indexzahlen hängt bei diesen Berechnungen wesentlich von der Auswahl der beobachteten Warengattungen ab. Wenn unter den 22 Artikeln des „Economist" die Baumwolle in verschiedenen Stadien der Verarbeitung viermal, außerdem Rohseide, Flachs, Hanf und Wolle je einmal vertreten sind, sodaß also die für die Textilindustrie wichtigen Stoffe achtmal vorkommen, während die Nahrungs- und Genußmittel nur fünfmal vertreten sind, dann muß

---

[1]) Die Berechnungen sind veröffentlicht bis 1885 in S o e t b e e r s „Materialien zur Erläuterung und Beurteilung der wirtschaftlichen Edelmetallverhältnisse und der Währungsfrage", 2. Auflage, Berlin 1886, — bis 1890 in den Jahrbüchern für Nationalökonomie und Statistik, III. Folge, 3. Band.

natürlich die Gestaltung der Indexzahlen eine andere sein als beispielsweise bei Sauerbeck, bei dem die Textilstoffe unter 45 Artikeln nur achtmal, die Nahrungs- und Genußmittel aber 19mal berücksichtigt sind.

Es ergibt sich daraus die Frage, ob die einfache Addierung der Verhältniszahlen der einzelnen Warenpreise angesichts der sehr verschiedenen Wichtigkeit der einzelnen Waren für die Wirtschaft und den Verbrauch überhaupt brauchbare Ergebnisse liefern kann. Diese Frage ist von den ersten Anfängen der Indexzifferberechnung beachtet und geprüft worden. Der „Economist" pflegte zu den Tabellen seiner Indexziffern die Anmerkung zu machen: „Die Totalindexziffer kann selbstverständlich eine vollständige und genaue Darstellung der Veränderungen des Preisniveaus nicht geben, da sie die verhältnismäßige Wichtigkeit der verschiedenen Artikel unberücksichtigt läßt. Weizen gilt hier nicht mehr als Indigo, und während der Jahre des hohen Preisstandes von Baumwolle und Baumwollfabrikaten ist durch diesen besonderen Umstand die Totalindexziffer ungebührlich gesteigert worden. Mit den nötigen Vorbehalten wird trotzdem die Totalindexziffer wichtige Schlußfolgerungen gestatten."

Andere volkswirtschaftliche und statistische Autoritäten vertraten die Ansicht, daß eine Verfeinerung der Indexzifferberechnung unter Berücksichtigung der verhältnismäßigen Wichtigkeit der einzelnen Warengattungen notwendig und möglich sei. Die Lösung liegt darin, daß die für die einzelnen Warengattungen berechneten Verhältniszahlen mit einem ihrer wirtschaftlichen Bedeutung entsprechenden Koeffizienten multipliziert und aus den so gewonnenen Zahlen für die einzelnen Zeitpunkte die Durchschnitte berechnet werden. Interessante Versuche dieser Art sind zuerst gemacht worden von Inglis Palgrave[1]. Dieser nahm die Statistik des „Economist" zum Ausgangspunkt, ließ für jeden der 22 Artikel den Wert des Verbrauchs im Vereinigten Königreich berechnen und daraus die Wichtigkeits-Koeffizienten für die einzelnen Warengattungen ableiten. Diesem Beispiel folgt der amerikanische Statistiker Roland P. Falkner in seinen auf der Grundlage von 223 amerikanischen Großhandelspreisen aufgebauten Indexberechnungen[2].

Die Indexziffern, welche die verhältnismäßige Bedeutung der einzelnen Waren berücksichtigen, nennt man — im Gegensatz zu den „einfachen" Indexziffern „gewogene" Indexzahlen.

Beide Systeme haben sich seither nebeneinander behauptet. Theoretisch verdient das System der gewogenen Indexziffern den Vorzug; praktisch dagegen fällt ins Gewicht, daß die Unterschiede in der Totalindexziffer, die sich aus der Anwendung der beiden Systeme ergeben, auffallend gering sind[3]), sodaß die sehr erhebliche Mehrarbeit, die für die Gewinnung der gewogenen Indexziffer aufzuwenden ist, kaum lohnt,

---

[1]) Veröffentlicht in der Beilage B zum dritten Bericht der britischen Parlamentskommission „On the depression of trade and industry", London 1886.

[2]) Veröffentlicht unter dem Titel „Wholesale prices, wages and transportation", Washington 1893.

[3]) Siehe darüber das Buch von Irving Fisher „The Purchasing Power of Money", deutsch von Ida Stecker, Berlin 1916.

zumal da auch die gewogenen Indexziffern angesichts der Unmöglichkeit alle Warengattungen zu erfassen und ihre wirtschaftliche Bedeutung exakt zu bewerten, nur Annäherungswerte darstellen können.

Seit dem Krieg und der durch diesen eingeleiteten Erschütterung der Geldverfassungen der einzelnen Länder haben die Fragen der Veränderungen des Preisniveaus eine ganz gewaltig erhöhte Bedeutung gewonnen. Während die Bewegungen der Indexziffern früher nur einen engen Kreis von wissenschaftlichen Nationalökonomen oder von Fachleuten aus Handel und Industrie, die in ihnen eine Art „Konjunktur-Barometer" sahen, interessierten, sind sie heute für die weitesten und breitesten Schichten des Volkes von unmittelbarem Einfluß auf das tägliche Leben und die Erwerbsverhältnisse. In allen Ländern der Erde hat man deshalb der Bearbeitung der Indexziffern eine erhöhte Sorgfalt und ihren Ergebnissen eine gesteigerte Aufmerksamkeit zugewendet. Nicht nur die amtlichen statistischen Bureaus der einzelnen Staaten, sondern auch Stadtverwaltungen und private Stellen, insbesondere Fachzeitschriften und Handelszeitungen, haben sich mit der Aufstellung von fortlaufenden Preisstatistiken und der Berechnung von Indexziffern befaßt.

Von deutschen Großhandels-Indexziffern sind außer denjenigen des **Statistischen Reichsamtes** die von der „**Frankfurter Zeitung**" und von der „**Industrie- und Handelszeitung**" berechneten zu erwähnen.

Die **Großhandels-Indexziffer des Statistischen Reichsamts** beruht auf den Preisen von 38 Waren, die in 7 Gruppen gegliedert sind, nämlich:

Gruppe I: Roggen, Weizen, Gerste, Hafer, Kartoffeln.

Gruppe II: Butter, Schmalz, Zucker, Rindfleisch, Schweinefleisch, Schellfisch, Kabeljau.

Gruppe III: Hopfen, Kakao, Kaffee, Thee, Pfeffer.

Gruppe IV: Ochsen- und Kuhhäute, Kalbfelle, Sohlleder, Boxcalf.

Gruppe V: Baumwolle, Baumwollgarn, Cretonnes, Leinengarn, Rohjute, Jutegarn.

Gruppe VI: Blei, Kupfer, Zink, Zinn, Aluminium, Reinnickel, Petroleum.

Gruppe VII: Roheisen, Steinkohle, Braunkohle.

Diese Untergruppen werden in sich wieder zu folgenden Hauptgruppen zusammengefaßt:

Lebensmittel (Gruppe I—III).

Inlandswaren (Gruppe, I, II und VII).

Einfuhrwaren (Gruppe III, IV, V und VI).

Die Preise werden auf das Jahr 1913 in der Weise zurückbezogen, daß die Durchschnittspreise dieses Jahres gleich 100 gesetzt und die Gegenwartspreise in Verhältniszahlen (Meßziffern) dieser Friedenspreise umgerechnet werden. Die so für einen bestimmten Zeitpunkt (Stichtag) oder Zeitraum (Monatsdurchschnitt) gewonnenen Meßziffern der einzelnen Warenpreise werden innerhalb der einzelnen Gruppen addiert und die Summe durch die Anzahl der Einzelwarenpreise dividiert. Das Ergebnis ist die Gruppenindexziffer. Aus den sieben Gruppenindexziffern werden

die Indexziffern der oben erwähnten vier Hauptgruppen und die Gesamtindexziffer in der Weise berechnet, daß zunächst jede Gruppenindexziffer mit einem der wirtschaftlichen Bedeutung der Gruppe ausdrücken-
den Koeffizienten (Gewichtszahl) multipliziert und dann die Summe der
so gewonnenen Produkte mit der Summe der Gewichtszahlen dividiert
wird. Die Gewichtszahlen sind nach dem Werte des Verbrauches der
Jahre 1908 bis 1912 ermittelt und betragen

<pre>
     für die Gruppe   I 30   für die Gruppe IV 1
       „   „   „   II 10   „   „   „   V   4
       „   „   „   III   3   „   „   „   VI   3
                                   „   „   „   VII 15
</pre>

Die Indexziffern des Statistischen Reichsamts sind also gewogene
Indexziffern.

Die Indexziffern werden für drei Stichtage im Monat, den 5., 15.
und 25., sowie für die Monatsdurchschnitte berechnet.

Die **Frankfurter Zeitung** legt die Preise von 98 Waren
zugrunde, die in fünf Gruppen eingeteilt werden. (Gruppe I: Lebensmittel
und Genußartikel — 26 Artikel —, Gruppe II: Textilien, Leder usw. —
13 Artikel —, Gruppe III: Mineralien — 18 Artikel —, Gruppe IV: Verschiedenes — 18 Artikel —, Gruppe V: Industrielle Endprodukte — 23 Artikel.) Im Gegensatz zu den Berechnungen des Statistischen Reichsamts
und auch der Industrie- und Handelszeitung werden also von der Frankfurter Zeitung auch fertige Industriewaren (wie Automobile, Fahrräder,
Dampfkessel, Schreibmaschinen, Möbel, Flaschen, Schuhe, Strümpfe,
Bindfaden) einbezogen, also Gegenstände, für die eine genaue Preis-
feststellung ungleich schwieriger ist als für die eigentlichen Stapelartikel des Großhandels. Als Ausgangs- und Vergleichspunkt für die
Indexzahlen wurde ursprünglich der 1. Januar 1920 gewählt; im Jahre
1922 sah sich jedoch die Frankfurter Zeitung veranlaßt, nachträglich
die Preise der in ihrer Statistik zugrunde liegenden Waren für die
Mitte des Jahres 1914 zu ermitteln und der Berechnung der Verhältniszahlen und der Indexziffern zugrunde zu legen. Die Berechnung
wird monatlich einmal für einen am Beginn des Monats liegenden
Stichtag vorgenommen.

Die Berechnungen der „**Industrie- u. Handelszeitung**"
beruhen auf 44 Warenpreisen, die sich wie folgt zusammensetzen:

Gruppe I: Kohle (6), Eisen (4), andere Metalle (4), Baustoffe (2),
Oele (3), zusammen 19 Waren.

Gruppe II: Textilien: Baumwolle (1), Wolle (1), Garn (1),
Flachs (1), zusammen 4 Waren.

Gruppe III: Häute (1), Felle (1), Leder (1), Gummi (1), zusammen
4 Waren.

Gruppe IV: Getreide (4), Mehl (1), Kartoffeln (2), Düngemittel (1),
zusammen 8 Waren.

Gruppe V: Fleisch (3), Fisch (1), Milch (1), Zucker (1), Fette (3),
— zusammen 9 Waren.

Ausgangspunkt ist die Schlußwoche des Jahres 1913. Für jede
Woche werden die Durchschnittspreise der einzelnen Waren ermittelt
und in Verhältniszahlen zu dem Durchschnittspreis der Schlußwoche

des Jahres 1913 umgerechnet. Aus diesen Verhältniszahlen wird für die Berechnung der Gruppenindexziffern und der Gesamtindexziffer das arithmetische Mittel gezogen.

Obwohl die Konstruktion der Berechnungsgrundlagen bei diesen drei Systemen stark voneinander abweicht, stimmen doch die das Endergebnis darstellenden Kurven der Gesamtindexziffer in weitgehendem Maße überein, ein Beweis dafür, daß die Fehlerquellen sich in erheblichem Umfang kompensieren.

So interessant und wichtig die Zusammenfassung der Großhandelspreise in Indexzahlen ist, so kann doch auf diesem Wege kein theoretisch und praktisch ausreichendes Bild von den Veränderungen der Kaufkraft des Geldes gewonnen werden. Für den Endzweck der Wirtschaft, für die Befriedigung der menschlichen Bedürfnisse sind die Großhandelspreise der Stapelartikel nicht unmittelbar und nicht in erster Linie maßgebend; die K l e i n h a n d e l s p r e i s e der gebrauchsfertigen Waren sind hier ungleich wichtiger. Aber die Schwierigkeiten der statistischen Erfassung und Verwertung sind auf diesem Gebiete sehr viel größer als auf dem Gebiete der nach einheitlichen Typen notierten Großhandelspreise. So kommt es, daß die Versuche der Berechnung von Kleinhandelsindexziffern nicht in demselben Maße zu allgemein anerkannten Ergebnissen geführt haben wie die Berechnungen auf dem Gebiete der Großhandelspreise.

Außerdem ist zu berücksichtigen, daß die Kleinhandelswarenpreise, wie sie für den unmittelbaren Konsum sich stellen, für sich allein auch noch kein für irgendwelche theoretischen und praktischen Zwecke brauchbares Bild geben. Im allgemeinen werden die statistischen Erhebungen über die Kleinhandelspreise weniger als Vorarbeit für einen Kleinhandelspreisindex, denn als Vorarbeit für die Ermittlung der sogenannten „L e b e n s h a l t u n g s k o s t e n" angesehen. Neben dem notwendigen Aufwand für die Ernährung und Bekleidung müssen für diesen Zweck die Wohnungskosten einschließlich Beleuchtung und Heizung, die Ausgaben für Fahrten und Porti und für ein Minimum an kulturellen Bedürfnissen berücksichtigt werden. Das Problem des Wägens aller einzelnen hier in Betracht kommenden Preise und Entlohnungen ist angesichts des stark individuellen Charakters der zu berücksichtigenden Bedürfnisse von ungleich größerer Bedeutung, aber auch von ungleich größerer Schwierigkeit als auf dem Gebiet der Großhandelspreise. Es ist einwandfrei überhaupt nicht lösbar. Die verschiedenen Versuche, „Lebenshaltungskosten" zu berechnen, haben denn auch zu stark voneinander abweichenden Ergebnissen geführt.

Das S t a t i s t i s c h e R e i c h s a m t berechnet Indexziffern für die Lebenshaltungskosten auf folgender Grundlage:

Das Rohmaterial liefern die monatlichen Preiserhebungen der Reichsteuerungsstatisik in 71 deutschen Städten, Groß-, Mittel- und Kleinstädten, teils mehr industriellen, teils mehr landwirtschaftlichen Charakters, die sich auf das ganze Reich verteilen. Die Teuerungsstatistik baut sich auf dem Vierwochenbedarf einer fünfköpfigen Familie auf, der wie folgt zusammengesetzt ist:

Nahrungsmittel:

Roggenbrot .	47 kg	Schellfisch	1,5 kg
Mehl	4 „	Speck . .	1,5 „
Nährmittel (Teigwaren,		Fett . .	4,5 „
Haferflocken, Hülsen-		Salzheringe .	1,0 „
früchte usw.) .	11 „	Dörrobst .	3 „
Kartoffeln . . .	70 „	Zucker .	3,5 „
Gemüse .	15 „	Eier . .	10 St.
Fleisch .	3 „	Vollmilch	28 l

Magerkäse 1,75 kg

Brennstoffe:

	Steinkohlen . .	3 Ztr.
oder	Braunkohlen . . .	5 „
„	Braunkohlenbriketts	4 „
„	Gaskoks .	3 „
„	Torf . . .	6 „
„	Brennholz	6 „
„	Kochgas	40 cbm

Leuchtstoffe:

	Leuchtgas	15 cbm
oder	Elektrizität	5 Kwst.

Die Erhebung der Bekleidungskosten erstreckt sich insgesamt auf
15 typische Bekleidungsgegenstände.

Die Summe dieser monatlich festgestellten Ausgaben ergibt die
Teuerungszahlen. Die eigentliche Reichsindexziffer für
Lebenshaltungskosten wird so gewonnen, daß aus den Teuerungszahlen der 71 Gemeinden der Durchschnitt gezogen und dieser
mit dem Jahre 1913/14 auf der entsprechenden Grundlage festgestellten
und gleich 100 gesetzten Ausgabebetrag in Beziehung gesetzt wird.
Die Durchschnittsberechnung erfolgt nach der „gewogenen Methode“,
welche die Einwohnerzahl der Erhebungsgemeinden berücksichtigt.

Die Reichsindexziffern der Teuerung werden gesondert veröffentlicht für Ernährung, für Heizung und Beleuchtung, für Wohnung und
für Bekleidung. Daraus werden Gesamtindexziffern für Lebenshaltung
ohne Bekleidung und für Lebenshaltung mit Bekleidung gebildet.

Außer der Berechnung der Lebenshaltungskosten, wie sie das
Statistische Reichsamt fortlaufend vornimmt und veröffentlicht, gibt es
eine Anzahl anderer Teuerungsstatistiken. Bekannt ist insbesondere
die Berechnung von Richard Calwer, der die wöchentlichen Ausgaben einer vierköpfigen Familie nach der dreifachen Friedensration
eines Marinesoldaten zum Ausgangspunkte nimmt. Erwähnt seien ferner
folgende Statistiken:

Kuczynski, Direktor des Statistischen Amtes von Berlin-
Schöneberg, berechnet fortlaufend das Existenzminimum eines Ehepaares
mit zwei Kindern für Berlin nach den Monatsdurchschnitten (Ernährung,
Wohnung, Heizung, Beleuchtung, Bekleidung und Sonstiges).

Silbergleit, der Leiter des Berliner Statistischen Amtes, berücksichtigt lediglich den Ernährungsbedarf eines Erwachsenen und zwar unter Annahme einer bestimmten Kalorienmenge.

Elsas geht von dem Bedarf einer vierköpfigen Familie in Frankfurt a. M. aus, nimmt für die Ernährung die Calwerschen Ziffern an und schlägt die Kosten an Kleidung, Wohnung, Heizung, Beleuchtung und sonstigen Ausgaben hinzu.

Die Berechnung der Lebenshaltungskosten, soweit sie den gesamten Lebensbedarf umfaßt, setzt neben einer Erfassung der Kleinhandelspreise für Ernährung, Bekleidung und Heizung bereits umfassende statistische Erhebungen auf dem Gebiete von Nutzungen und Leistungen voraus, insbesondere auf dem Gebiete der Wohnungsmieten. Eine Berechnung von Indexziffern, die einen großen Komplex von Erscheinungen in einem einheitlichen Zahlenausdruck zusammenfassen könnte, ist hier nicht möglich, es bleibt nur ein Herausgreifen und Beobachten typischer Erscheinungen.

Noch weniger lassen sich die Bewegungen der Preise für Grundstücke, ländliche und städtische, bebaute und unbebaute, in die Methode der Indexzahlenberechnung eingliedern. Auch hier muß die Einzelbeobachtung die für die Gesamtbeurteilung notwendigen und in freier Würdigung zu verwertenden Unterlagen liefern.

Dagegen sind auf einem anderen wichtigen Gebiete Versuche großen Umfanges mit der Methode der Indexziffer gemacht worden: auf dem Gebiet der Wertpapiere.

Von den verschiedenen Berechnungen sei hier zur Beleuchtung des Verfahrens diejenige des Statistischen Reichsamtes dargelegt.

Das Statistische Reichsamt berechnet einen Aktienindex, einen Rentenindex und einen Index der Auslandswerte. Die Indexzahlen werden nach den Wochen- und Monatsdurchschnitten der börsentäglichen Notierungen berechnet. Die Kurse vom 31. Dezember 1913 sind gleich 100 gesetzt.

Der Aktienindex beruht auf den Kursen von 300 an der Berliner Börse notierten Aktien, die in 33 Einzelgruppen gegliedert werden. Bei der Gruppenbildung wird insofern die gewogene Methode angewandt, als die Anzahl der in den einzelnen Gruppen aufgenommenen Papiere dem Umfange des Nominalkapitals angepaßt ist, das nach dem Stande vom 31. Dezember 1920 in der entsprechenden Gewerbegruppe investiert war. Die 33 Gruppen werden in drei Sammelgruppen zusammengefaßt:

    I. Bergbau und Schwerindustrie,
    II. Verarbeitende Industrie,
    III. Handel und Verkehr.

Die seit dem 31. Dezember 1913 abgegangenen Bezugsrechte werden den in der Berechnung zugrundeliegenden Kursen zugeschlagen.

Der Rentenindex wird aus den Kursen von 95 festverzinslichen Wertpapieren (ausschließlich Papiere mit 4% Verzinsung) zusammengestellt, die in folgenden 6 Gruppen zusammengefaßt werden.

    I. Deutsche Staatsanleihen,
    II. Deutsche Provinzialanleihen,

III. Deutsche Stadtanleihen,
IV. Preußische Pfandbriefe,
V. Hypotheken-Pfandbriefe,
VI. Industrie-Obligationen.

Der Index der Auslandswerte wird schließlich aus den Kursen von 20 sogenannten „Valutapapieren" gewonnen.

Die Bedeutung dieser drei Börsenindexziffern ist eine so verschiedene, daß ein Zusammenschmelzen zu einer einzigen Börsenindexziffer sinnlos wäre. Die Kurse der Valutapapiere werden in erster Linie von den Bewegungen der Valuten, auf die sie lauten, beeinflußt, die Kurse der einheimischen Rentenpapiere spiegeln im allgemeinen die Höhe der Entwicklung des Zinsfußes für langfristigen Kredit wieder; in Zeiten starker Veränderungen des Wertes des einheimischen Geldes stehen sie in ihrer Kursentwicklung, wenn nicht ganz besondere Verhältnisse einwirken, außerhalb dieser Bewegung, da sie ja selbst nur Forderungen auf einheimisches Geld darstellen und ihre Kurse in dem einheimischen Gelde ausgedrückt werden. Dagegen sind die Aktien Anteile an industriellen und kommerziellen Unternehmungen und damit, auch wenn diese Anteile auf Nennbeträge des Landesgeldes lauten, „Sachwerte", deren Wertentwicklung von derjenigen des Geldes grundsätzlich unabhängig ist, aber auch mit der Gestaltung der ausländischen Valuten keineswegs parallel zu gehen braucht. Während der Index der Auslandswerte kaum etwas anderes besagt als die Entwicklung der ausländischen Valuten und während der Rentenindex im allgemeinen nur für die Gestaltung des Zinsfußes, nicht aber für die Gestaltung der Austauschverhältnisse zwischen Geld und anderen Werten von Belang ist, gibt der Aktienindex immerhin einen bedeutsamen Anhalt für die Kaufkraft des Geldes gegenüber industriellen und kommerziellen Unternehmungen.

Besondere Aufmerksamkeit und Mühe wird in den letzten Jahren überall in der Welt der statistischen Erfassung der Löhne und Gehälter gewidmet. Die Verallgemeinerung der Tarifverträge hat die auf diesem Gebiet zu bewältigende Aufgabe zweifellos erleichtert. Trotzdem sind die einer exakten Lohnstatistik entgegenstehenden Schwierigkeiten selbst dort, wo Tarifverträge üblich sind, außerordentlich groß. Es sei nur hingewiesen auf die in den einzelnen Gewerben, an den einzelnen Orten, nach der individuellen Leistung und nach dem Geschäftsgang verschiedenen Akkordzuschläge, auf die gleichfalls durchaus uneinheitlichen Zuschläge nach Familienstand und Kinderzahl (Soziallohn), auf die Bedeutung der besonders entlohnten Ueberstunden.

Das Statistische Reichsamt bearbeitet fortlaufend eine umfassende Statistik der Tariflöhne der einzelnen Gewerbezweige; es berechnet für diese aufgrund der Ermittlungen für die einzelnen Orte Durchschnittszahlen, und zwar nach der „gewogenen Methode". Die Sätze für die einzelnen Arbeiterkategorien, — männliche und weibliche, gelernte, angelernte und ungelernte Arbeiter, verheiratete und unverheiratete usw. — werden dabei gesondert ermittelt. Eine Ergänzung finden diese Erhebungen in der Statistik der Löhne der Arbeiter in den Reichsbetrieben und der Gehälter der Reichsbeamten. Aus den absoluten Lohn- und

Gehaltszahlen werden Maßziffern berechnet, wobei Lohn und Gehalt
Ende 1913 gleich 1 gesetzt wird. Neuerdings berechnet das Statistische
Reichsamt aus den Durchschnittszahlen der verschiedenen Tariflöhne
und der Löhne der Reichsarbeiter für die einzelnen Arbeiterkategorien
einen Gesamtdurchschnitt.

Das statistische Problem des Geldwertes löst sich also in eine
Anzahl von Einzelproblemen auf, die unter sich benachbarte und mit
einander zusammenhängende, aber doch von einander verschiedene
Komplexe von wirtschaftlichen Erscheinungen zum Gegenstand haben.
Wie stark die Entwicklung der Austauschverhältnisse von Geld und
seinen Gegenwerten innerhalb dieser verschiedenen Einzelkomplexe von
einander abweichen kann, dafür ist die Entwicklung, die Deutschland
seit dem Kriegsausbruch durchgemacht hat und die weiter unten besonders behandelt werden soll, ein schlagendes Beispiel.

§ 5. Das analytische Problem des Geldwertes.

Wir haben das analytische Problem des Geldwertes definiert als
die Frage nach den Bestimmungsgründen für die Verschiebungen der
zwischem dem Gelde und den übrigen Verkehrsobjekten bestehenden
Austauschverhältnisse.

Das Problem kann theoretisch gestellt und auf praktische Einzel-
fälle zugespitzt werden. Beide Betrachtungsarten haben sich zu ergänzen.

Die theoretische Betrachtung hat auszugehen von den allgemeinen
Grundlagen der Wertlehre. Die Frage nach den Bestimmungsgründen
für die Verschiebungen der Austauschverhältnisse zwischen dem Gelde
und seinen Gegenwerten muß anknüpfen an den fundamentalen Tatsachen, welche die Voraussetzung eines jeden „Wertes" sind: an der
Brauchbarkeit und der Schwierigkeit der Beschaffung der auszutauschenden Objekte.

Aber sofort machen wir die Beobachtung, daß zwischen den Voraussetzungen des Wertes und den Austauschverhältnissen selbst ein einfaches Verhältnis nicht besteht. Weder der Grad der Brauchbarkeit
zweier Güter noch der Grad der Schwierigkeit ihrer Beschaffung gestatten eine unmittelbare Ableitung des zwischen den beiden Gütern
im Austausche realisierten oder zu realisierenden Wertverhältnisses.

Allerdings haben wir in der sogenannten „Grenznutzentheorie"
einen geistreichen Versuch, den Verkehrswert der Güter in unmittelbare Beziehung zu dem Grade ihrer Nützlichkeit zu setzen. Wenn
von einem Gute ein bestimmter Vorrat gegeben ist, so werden aus
diesem Vorrate zuerst die dringendsten, dann die nächstdringenden Bedürfnisse befriedigt; ist das Gut nur zur Befriedigung eines einzigen
Bedürfnisses geeignet, so wird, je mehr Einheiten des Gutes verbraucht
werden, ein desto stärkerer Sättigungsgrad erreicht, sodaß der noch
zu befriedigende Grad des Begehrens immer geringer wird. Die geringste Nutzwirkung, zu welcher ein Gut bei gegebener Menge noch
zu verwenden ist, wird als „Grenznutzen" bezeichnet. Der Grenznutzen sinkt nach den eben gemachten Ausführungen bei zunehmendem
Vorrat und steigt bei zunehmendem Bedarf. Dieser Grenznutzen der

einzelnen Güter soll unmittelbar bestimmend sein für ihren Verkehrswert. Jeder Einzelne wird eine Einheit eines in seinem Besitze befindlichen Gutes nur dann gegen ein anderes Gut hingeben, wenn er
mit dem letzteren eine höhere Nutzwirkung erzielen kann, als dem
geringsten mit dem wegzugebenden Gut noch zu erzielenden Nutzen
entspricht. Der im Austausch zu realisierende Verkehrswert kann sich
mithin nur zwischen den Grenzen bewegen, die durch die Verschiedenheit des Grenznutzens der ausgetauschten Güter für die beiden aus-
tauschenden Individuen gegeben sind. Nimmt man einen Markt mit
einer Mehrzahl von Käufern und Verkäufern, so soll der volkswirtschaftliche Grenznutzen darin zum Ausdruck kommen, daß die Verkäufer genötigt sind, sich mit einem Preise zufrieden zu geben, welcher
der geringsten Schätzung entspricht, bis zu der das Angebot der Nachfrage folgen muß, d. h. mit einem Preise, der durch den geringsten in
Geld ausgedrückten Nutzen, der mit der angebotenen Menge bei den
Nachfragenden noch befriedigt werden kann, bestimmt ist.

Die Meinungen, wie weit dieser Versuch einer unmittelbaren Darstellung von Preis und Tauschwert aus der Nützlichkeit geglückt ist,
sind geteilt. Namentlich ist darauf hingewiesen worden, daß der Grad
der Nützlichkeit der Gütereinheiten für die Individuen schlechterdings
nicht quantitativ bestimmbar ist und deshalb auch keinen wirklichen
Anhalt für die quantitative Bestimmung des Verkehrswertes der Güter
geben kann.

Wir brauchen uns hier auf eine Kritik umso weniger einzulassen,
als der Anwendung der Grenznutzentheorie auf das Geld ein eigen-
tümliches Hindernis entgegen steht.

Während diese Theorie den Verkehrswert der Güter aus dem
Grade ihrer Nützlichkeit innerhalb der Einzelwirtschaften zu bestimmen sucht, ist umgekehrt der Grad der Nützlichkeit des Geldes
für die Einzelwirtschaften ganz offensichtlich durch seinen Verkehrswert gegeben. Wir stehen hier vor demselben Phänomen wie im
Paragraphen 2 bei der Erörterung des „Funktionswertes" des Geldes.
Dort haben wir gesehen, daß das Geld nur unter der Voraussetzung
Nutzwirkungen ausüben kann, daß es Wertqualität hat; hier machen
wir die Beobachtung, daß auch der Grad der Nützlichkeit des Geldes
bestimmt ist durch das quantitative Moment des Austauschverhältnisses
zwischen Geld und Waren, also durch die Höhe seines im Austausch
zu realisierenden „Verkehrswertes". Die Schätzung des Geldes in der
Einzelwirtschaft richtet sich danach, was man für das Geld an Gütern,
die dem unmittelbaren Verbrauche oder Gebrauche dienen — sei es
in Haushaltung oder Erwerbswirtschaft —, bekommen kann, oder danach, was man zur Beschaffung des für fällige Zahlungen benötigten
Geldes an anderen Gütern hingeben muß. Der Grenznutzen des Geldes
in einer gegebenen Einzelwirtschaft ist mithin der geringste Nutzen,
der mit den Gütern, die durch das zur Verfügung stehende Geld beschafft werden können oder für das benötigte Geld hingegeben werden
müssen, noch zu erzielen ist; und dieser Grenznutzen hat bereits einen
bestimmten Verkehrswert des Geldes zur Voraussetzung, sodaß der
letztere vom ersteren nicht abgeleitet werden kann.

Wenn man die Gesamtheit einer Volkswirtschaft ins Auge faßt, so ergibt sich die Unanwendbarkeit der Grenznutzentheorie für das Geld aus folgender Erwägung: Der Begriff des Grenznutzens beruht darauf, daß mit einer gegebenen Gütermenge nur ein bestimmter Bedarf befriedigt und somit nur eine bestimmte Reihe von Nutzwirkungen herbeigeführt werden kann; der geringste noch erzielbare Nutzen steht bei gegebenem Bedarf und Vorrat fest. Er bestimmt nach der Grenznutzentheorie den Wert des Gutes im Verhältnis zu den anderen Gütern, die als Gegenwert angeboten werden, und zwar in der Weise, daß derjenige Teil der Nachfrage, der durch den gegebenen Vorrat nicht befriedigt werden kann, dadurch ausgeschaltet wird, daß er einen dem Grenznutzen entsprechenden Gegenwert nicht zu bieten vermag. Die Voraussetzung, daß mit einer gegebenen G ü t e r m e n g e an sich schon auch die mögliche Nutzwirkung gegeben ist, die dann ihrerseits den Wert bestimmen könne, trifft nun zwar für alle anderen Güter zu, aber nicht für das Geld. Mit tausend Tonnen Getreide kann eine bestimmte Anzahl von Menschen bis zu einem bestimmten Grade gesättigt werden, und zwar unabhängig vom Verkehrswerte des Getreides. Dagegen befindet sich die Nutzwirkung einer gegebenen Geldmenge nicht nur für die Einzelwirtschaften, sondern auch innerhalb der gesamten Volkswirtschaft in unmittelbarer Abhängigkeit von dem Verkehrswerte des Geldes. Je höher der Wert der Geldeinheit gegenüber den übrigen Gütern ist, desto größere Gütermengen können durch die Vermittlung der gleichen Summe von Geldeinheiten umgesetzt werden. Allerdings richtet sich der Bedarf des Einzelnen zur Erfüllung einer aus früherer Zeit stammenden Zahlungsverpflichtung auf eine bestimmte Geldsumme, die als solche unabhängig ist von dem gegenwärtigen Geldwerte; aber der Bedarf an Geld als Tauschmittel in der Gegenwart und der Umfang der Zahlungsverpflichtungen, die jeweils aus dem Ankaufe von Waren auf Kredit usw. entstehen, richten sich ganz und gar nach dem Werte, den das Geld im Verhältnis zu den übrigen Gütern in dem gegebenen Zeitpunkte tatsächlich hat. Schon D a v i d H u m e hat den in seinem Kern unzweifelhaft richtigen Satz aufgestellt, daß die Menge des Geldes an sich für die volkswirtschaftliche Nutzwirkung des Geldes gleichgültig sei, daß die Hälfte des in einer Volkswirtschaft vorhandenen Geldes bei doppeltem Werte gegenüber den übrigen Gütern die gleichen Dienste leisten werde wie der ganze Geldvorrat. Während bei allen anderen Gütern der Wert aus der Beschränkung der bei einem gegebenen Vorrate möglichen Nutzwirkungen resultiert und im allgemeinen um so höher ist, je höhere Grade von Nutzwirkungen durch die Beschränktheit des Vorrates ausgeschlossen sind, die Nutzwirkungen des Vorrates selbst aber durch seinen Verkehrswert nicht erhöht werden, kann beim Gelde die Nutzwirkung eines gegebenen Vorrates durch Erhöhung des Verkehrswertes der Geldeinheit eine beliebige Ausdehnung erfahren.

Wir sehen mithin, daß in der Einzelwirtschaft wie in der Volkswirtschaft die Nutzwirkungen des Geldes — im Gegensatze zu denjenigen aller übrigen Güter — nicht durch seine Menge beschränkt sind, sondern durch Veränderungen seines Verkehrswertes bedingt

werden, daß mithin sein Verkehrswert selbst nicht aus der Begrenzt-
heit seiner Nutzwirkungen durch einen gegebenen Vorrat abgeleitet
werden kann. Wir müssen deshalb für das Geld noch mehr als für
die übrigen Güter darauf verzichten, die Höhe des Wertes unmittelbar aus den Faktoren, welche die Voraussetzung des Wertes bilden,
darzustellen.

Wenn aber auch die Voraussetzungen des Wertes — die Brauchbarkeit zur Befriedigung eines Bedürfnisses und die Schwierigkeit der
Beschaffung — keine direkte Ableitung der Höhe des Verkehrswertes
der Güter gestatten, so ergeben sich doch aus den Verschiedenheiten
und den Veränderungen des Grades, in dem diese Voraussetzungen bei
den einzelnen Gütern vorliegen, gewisse allgemein feststellbare Tendenzen
für die Bildung und Aenderung der Austauschverhältnisse.

Sobald es sich nicht mehr um einen Tausch zwischen isolierten
Wirtschafssubjekten, sondern um Tauschvorgänge auf dem „Markte“,
d. h. zwischen einer Mehrzahl von miteinander konkurrierenden Individuen auf beiden Seiten handelt, sind Angebot und Nachfrage die
Faktoren, welche unmittelbar die Austauschverhältnisse regulieren;
je größer das Angebot, desto geringer ist im allgemeinen der zu erzielende Gegenwert, weil mindestens ein Teil der Verkäufer sich
lieber mit einem geringeren Gegenwerte zufrieden gibt, als daß er auf
seiner Ware sitzen bleibt. Je stärker die Nachfrage, desto höher ist
im allgemeinen der zu erzielende Gegenwert, weil mindestens ein
Teil der Verkäufer gewillt ist, seine Nachfrage nötigenfalls auch zu
höheren Preisen zu decken.

Das Verhältnis ist jedoch nicht ganz so einfach, wie es auf den
ersten Blick aussieht; es wirkt nämlich nicht nur die Gestaltung von
Angebot und Nachfrage auf den zu erzielenden Gegenwert ein, sondern
der erzielte Gegenwert übt seinerseits auch eine gewisse Rückwirkung
auf die Gestaltung von Angebot und Nachfrage aus; ein hoher Preis
ist geeignet, die Nachfrage zu beschränken und das Angebot zu erhöhen,
ein niedriger Preis wirkt nach der umgekehrten Richtung.

In dem Grade dieser Wechselwirkung sind die wichtigsten
Besonderheiten der Preisbildung bei den einzelnen Kategorien der
Verkehrsobjekte begründet. Je unentbehrlicher ein Gut, je größer und
dringender deshalb die auf dasselbe gerichtete Nachfrage ist, desto
höher wird bei geringerem Angebote der Preis steigen müssen, um die
Nachfrage entsprechend zu beschränken; je weniger ausdehnungsfähig
die Nachfrage ist, desto stärker muß ein steigendes Angebot auf den
Preis drücken, um Absatz zu finden. Daraus erklärt sich die bekannte
Beobachtung, daß die Preise derjenigen Güter, die einerseits in einem
gewissen Quantum von jedermann benötigt werden, an deren Anhäufung
über ein gewisses Maß hinaus jedoch niemand ein Interesse hat, wie
etwa die notwendigsten Nahrungsmittel, beträchtlich stärkeren Preisschwankungen unterliegen als Luxusgüter, die einerseits entbehrlich
sind, deren Absatzmöglichkeit auf der anderen Seite praktisch unbegrenzt ist.

Auf der Seite des Angebots ist die Ausdehnungs- und Beschränkungsfähigkeit gleichfalls bei den einzelnen Gütern sehr verschieden. Je weniger beschränkungsfähig das Angebot ist, desto stärker muß bei sinkender Nachfrage der Preis zurückgehen; so z. B. ist der Preis bei Gütern, die einem raschen Verderb unterliegen, einem stärkeren Sinken ausgesetzt als bei dauerhafteren Gütern, deren Angebot wenigstens zeitweise zurückgehalten werden kann. Je schwerer andererseits das Angebot ausgedehnt werden kann, desto stärker müssen bei wachsender Nachfrage die Preise steigen; daraus erklärt sich die Verschiedenartigkeit der Preisbewegung der Güter, die ohne Steigerung der Kosten beliebig vermehrbar sind und der Güter, die entweder überhaupt nicht oder nur zu steigenden Kosten vermehrt werden können, — wobei die Unmöglichkeit oder Schwierigkeit der Vermehrung ebensowohl in natürlichen als auch in rechtlichen Verhältnissen (Monopolen) ihren Grund haben kann.

Es braucht nicht hervorgehoben zu werden, daß wir es bei den auf der Seite des Angebotes wirksamen Verhältnissen mit dem Faktor der Schwierigkeit der Beschaffung, bei den auf seiten der Nachfrage wirksamen Verhältnissen mit dem Faktor der Brauchbarkeit zur Befriedigung von Bedürfnissen zu tun haben.

Auf unser besonderes Problem angewendet, ergeben diese für den Verkehrswert der Güter im allgemeinen entwickelten Sätze, daß auch die auf der Seite des Geldes wirksamen Bestimmungsgründe für das Austauschverhältnis zwischen dem Gelde und den übrigen Verkehrsobjekten in der Gestaltung von Nachfrage und Angebot, in der Gestaltung von Geldbedarf und Geldversorgung zu suchen sind. Dieser an sich nicht viel besagende Satz erhält seinen Inhalt durch die ausführliche Analyse, die Geldbedarf und Geldversorgung in den beiden ersten Kapiteln dieses Abschnittes erfahren haben. Aus einer Betrachtung der Besonderheiten eines jeden dieser beiden Faktoren ergibt sich für den Geldwert folgendes:

Die Geldversorgung ist bei dem metallischen Gelde im allgemeinen eine relativ stabile Größe. Infolge der Dauerhaftigkeit der Edelmetalle haben sich im Laufe der Jahrhunderte und Jahrtausende so erhebliche Bestände an Edelmetall angehäuft, daß die jährliche Neuproduktion und deren Schwankungen nur einen geringfügigen Einfluß auf den der Volkswirtschaft zur Verfügung stehenden Edelmetallvorrat ausüben. Nur ganz gewaltige Veränderungen in der Edelmetallgewinnung, wie sie durch die Entdeckung Amerikas und im 19. Jahrhundert durch die Entdeckung der kalifornischen und australischen Goldfelder hervorgerufen worden sind, oder ganz gewaltige Verschiebungen in der Verteilung des Weltbestandes an Edelmetallgeld, wie sie der Weltkrieg herbeigeführt hat, können plötzliche und empfindliche Veränderungen in dem monetären Edelmetallvorrat der einzelnen Länder verursachen.

Soweit die Geldversorgung durch Ausgabe papierner Scheine erfolgt, läßt sich etwas Allgemeines nicht aussagen, da der Umfang und die Veränderungen der Geldversorgung hier von der freiwilligen oder unfreiwilligen, jedenfalls aber keineswegs nur durch Erfordernisse des Geldwesens bedingten Politik des Staates oder der Bank abhängen, welche die Scheine emittieren. Das Geldbedürfnis des Staates, nicht der Geldbedarf der Volkswirtschaft, ist hier oft das entscheidende Moment.

Die Nachfrage nach Geld, die von den oben geschilderten zahlreichen und komplizierten Bedingungen abhängig ist, unterliegt sowohl im großen Laufe der Entwicklung der Volkswirtschaften als auch innerhalb der kürzeren Entwicklungsabschnitte bestimmten Veränderungen. Was die Gesamtentwicklung des Geldbedarfs bei Völkern anlangt, die vollkommen zur Geldwirtschaft durchgedrungen sind, so beobachten wir, daß die einzelnen auf den Geldbedarf einwirkenden Faktoren geeignet sind, sich zu kompensieren. Die mit dem Fortschreiten der Volkswirtschaft verbundene Zunahme einerseits der durch Geld zu vermittelnden Umsätze, andererseits der Intensität der Ausnutzung des Geldvorrates heben sich in ihrer Wirkung auf die Gesamtgestaltung des Geldbedarfs bis zu einem gewissen Grade auf.

Hinsichtlich der Rückwirkung des für das Geld zu erzielenden Gegenwertes auf die Geldversorgung kann an die Ausführungen erinnert werden, die oben gelegentlich der Analyse der Geldversorgung gemacht worden sind. Der erste Faktor der Geldversorgung bei Ländern mit metallischer Währung, die Neuproduktion von Edelmetall, kann nur in geringem Umfange durch die Gestaltung des für Geld zu erzielenden Gegenwertes beeinflußt werden, nämlich nur so weit, als bei einer Steigerung des Gegenwertes, der ja auch in Arbeitskräften und bergbaulichen Produktionsmitteln bestehen kann, die lohnende Ausbeutung ärmerer Fundstellen möglich wird, während bei einer Minderung des Gegenwertes der Betrieb der am wenigsten ertragreichen Minen eingestellt werden muß.

Bei der Betrachtung dieses Faktors darf jedoch nicht vergessen werden, daß die Versorgung eines einzelnen Landes mit Metallgeld — und darauf kommt es im konkreten Falle allein an — nicht unmittelbar durch die Gestaltung der Edelmetallproduktion beeinflußt wird, sondern durch die sich auf die in allen vom Weltverkehr berührten Ländern angesammelten Edelmetallbestände erstreckenden Edelmetallbewegungen; diese Edelmetallbewegungen aber werden innerhalb der oben bezeichneten Grenzen durch die relative Stärke der Geldnachfrage in den einzelnen Ländern und die Höhe des für das Metallgeld in den verschiedenen Gebieten zu erzielenden Gegenwertes, mag dieser durch den Ankauf von Waren, Wertpapieren usw. oder als Zinsvergütung für die leihweise Ueberlassung von Geld realisiert werden, maßgebend beeinflußt. Die internationale Beweglichkeit und Freizügigkeit der Edelmetalle, wie sie vor dem Weltkrieg bestand, hatte für die einzelnen Länder die Wirkung einer auf Gegenseitigkeit begründeten Versicherung gegenüber den Schwankungen des Geldbedarfs; die nach verschiedenen Richtungen gehenden Veränderungen des Geldbedarfs der einzelnen Volkswirtschaften hatten die Tendenz, sich in ihrer Wirkung auf den Wert des Geldmetalls gegenseitig auszugleichen.

Dazu kommt, daß die Edelmetalle nicht nur Geldzwecken, sondern in einem sehr erheblichen Umfange auch der Verwendung zu Luxuszwecken dienen. Für diesen zweiten Teil ihrer Verwendung treffen die obigen Ausführungen zu, daß die Nachfrage durch Veränderungen des Angebots und deren Wirkungen auf den zu erzielenden Gegenwert ebenso leicht eingeschränkt wie ausgedehnt werden kann. Ferner bietet das in Form von Schmucksachen und Geräten angehäufte Geldmetall gegenüber einer erheblichen Steigerung des Geldbedarfs und der für Geld zu erzielenden Gegenwerte eine sehr wichtige Rücklage. Die ersten Jahre des Krieges haben gezeigt, in welchem Maße diese Rücklage im zwingenden Bedarfsfalle mobilisiert werden konnte. Die Anpassungsfähigkeit der Geldversorgung an den Geldbedarf wird mithin durch die Verwendbarkeit der Edelmetalle zu Luxuszwecken beträchtlich verstärkt.

Schließlich ist hervorzuheben, daß der Geldumlauf bei den auf metallischer Grundlage beruhenden Währungssystemen durch die bankmäßige Ausgabe papierner Geldzeichen eine weitgehende Anpassungsfähigkeit gegenüber den Veränderungen des Geldbedarfes erhält; bei einer rationellen Ordnung des Bankwesens und bei einer richtigen Handhabung der Bankpolitik vermag der elastische Notenumlauf den auf dem Wechsel der wirtschaftlichen Konjunkturen und der ungleichen Verteilung der Zahlungsleistungen innerhalb der einzelnen Jahre beruhenden Schwankungen des Geldbedarfs zu genügen, sodaß diese periodischen Schwankungen des Geldbedarfs als Bestimmungsgründe des Geldwertes ausgeschaltet oder mindestens erheblich abgeschwächt werden.

Bei denjenigen Währungssystemen, bei welchen die Ausgabe von Geld ganz im Belieben der Regierung steht, also namentlich bei der Papierwährung, wäre theoretisch eine völlige Anpassung des Geldumlaufs an die Veränderungen des Geldbedarfs denkbar. Nur daß in den meisten Fällen der Papierwährung diese selbst ein Kind nicht des „Beliebens", sondern der Not ist und daß der Staat in der Handhabung der Notenpresse meist nicht frei ist, vernünftigen Erwägungen der Anpassung des Geldumlaufs an die Veränderungen des Geldbedarfes der Volkswirtschaft zu gehorchen, sondern daß er Zwangsmomenten folgt, die stärker sind als jede Rücksicht auf die Ordnung des Geldwesens.

Hinsichtlich der Anpassungsfähigkeit der Geldnachfrage ist zunächst zu bemerken, daß unter normalen Verhältnissen den Schwankungen der Größe der durch Geld zu bewirkenden Uebertragungen in weitem Umfange genügt werden kann durch die mehr oder minder intensive Ausnutzung der vorhandenen Zirkulationsmittel, durch die elastische Notenausgabe und durch die Ergänzung des eigentlichen Geldumlaufs durch Kreditpapiere, die ihre ordentliche Bestimmung in anderen als den eigentlichen Geldfunktionen haben; daß mithin eine Vermehrung der durch Geld zu vermittelnden Wertübertragungen, wie oben namentlich an dem Beispiele des Giroverkehrs gezeigt wurde, noch keineswegs einen Mehrbedarf an Zirkulationsmitteln im allgemeinen und an Metallgeld im besonderen hervorzurufen braucht.

Vor allem aber ist die Rückwirkung des für das Geld zu erzielenden Gegenwertes auf die Nachfrage eine intensivere als bei irgend einem anderen Gute, und zwar aufgrund der bereits mehrfach hervorgehobenen Tatsache, daß das Geld das einzige Gut ist, dessen

Nutzwirkungen auf seinem Verkehrswerte beruhen und mit seinem Verkehrswerte steigen und fallen. Bei allen anderen Gütern können bei einer Veränderung im Verhältnis von Angebot und Nachfrage diese beiden Faktoren nur dadurch wieder ins Gleichgewicht gebracht werden, daß im Falle einer Ueberschreitung des Angebots durch die Nachfrage derjenige Teil der Nachfrage, der durch das Angebot nicht gedeckt werden kann, durch steigende Preise zum Verzicht gezwungen und ausgeschaltet wird; daß umgekehrt im Falle einer Ueberschreitung der Nachfrage durch das Angebot der Umfang der Nachfrage durch eine Herabsetzung der Preise, welche neue, weniger leistungsfähige Käufer herbeizieht und die bisherigen Käufer zu einer reichlicheren Deckung ihres Bedarfs veranlaßt, erweitert wird. Die Preisschwankungen müssen, wie oben ausgeführt, um so stärker sein, je zäher die Nachfrage der Rückwirkung der Preise widersteht. Bei dem Gelde nun schrumpft der Widerstand des Bedarfs gegen die restringierenden und stimulierenden Einwirkungen der Veränderungen seines Verkehrswertes auf ein Minimum zusammen. Sobald die auf der Seite des Geldes wirksamen Bestimmungsgründe für das Austauschverhältnis zwischen dem Gelde und den sonstigen Verkehrsobjekten sich durchgesetzt und zu einer Erhöhung des für ein gegebenes Geldquantum zu erzielenden Gegenwertes in anderen Verkehrsobjekten geführt haben, kann einem gesteigerten Geldbedarfe durch die gleiche Geldmenge, die nunmehr einen erhöhten Verkehrswert repräsentiert, genügt werden; im umgekehrten Falle einer Minderung des Verkehrswertes des Geldes wird die gleiche Geldmenge durch einen geringeren Geldbedarf beansprucht. Der Geldbedarf der Volkswirtschaft richtet sich nicht auf eine bestimmte M e n g e an Edelmetallstücken oder Papierscheinen, sondern darauf, daß die vorhandene Geldmenge einen bestimmten W e r t gegenüber den übrigen Verkehrsobjekten darstelle; deshalb kann jeder beliebige Geldbedarf mit jeder beliebigen Geldversorgung durch eine entsprechende Aenderung im Austauschverhältnisse zwischen dem Gelde und den übrigen Verkehrsobjekten ins Gleichgewicht gesetzt werden. Eine Diskrepanz zwischen Geldbedarf und Geldversorgung kann aufgrund dieser Sonderstellung des Geldes nur insoweit und solange stattfinden, als eine Veränderung der für die Austauschverhältnisse wirksamen Bestimmungsgründe sich in den Austauschverhältnissen selbst noch nicht völlig durchgesetzt hat. Die Wirkungen einer solchen Unstimmigkeit sind weiter unten zu besprechen.

Der Gedanke, daß der einer Volkswirtschaft zur Verfügung stehende Geldbestand sich durch Veränderungen seines Verkehrswertes dem Geldbedarfe anpassen könne und anzupassen strebe, liegt nahezu allen Theorien des Geldwertes zugrunde. Die Mängel der einzelnen Theorien resultieren daraus, daß die komplizierten Faktoren des Geldbedarfs und der Geldversorgung nicht richtig aufgefaßt worden sind. Die alte Theorie L o c k e s glaubt den Geldbedarf einer Volkswirtschaft gegeben durch den gesamten Gütervorrat; gewisse neuere Spielarten der „Quantitätstheorie" erblicken das veränderliche Moment unter den Bestimmungsgründen des Geldwertes ausschließlich oder ganz vorwiegend in der Geldversorgung, wie sie bei metallischen Währungen durch die jeweilige Edelmetallproduktion, bei Papierwährungen durch den Umfang der Papiergeldausgabe, dargestellt wird. Diese Theorien, die nur **einen** Faktor unter allen auf das Austauschverhältnis von Geld und Waren einwirkenden als ausschlaggebend ansehen und die zahlreichen Gegenwirkungen übersehen oder wenigstens nicht ausreichend würdigen, müssen notwendigerweise zu einer Ueberschätzung der Veränderlichkeit des Geldwertes und damit zu einer Ueberschätzung der vom Gelde ausgehenden Einwirkungen auf die Veränderungen der Preise usw. gelangen. Eine tiefer eindringende Analyse der Faktoren Geldbedarf und Geldversorgung und des zwischen diesen beiden Faktoren bestehenden Wechselwirkungsverhältnisses, wie sie hier versucht worden ist, führt zu dem Resultate, daß wohl bei kaum einem anderen Gute die für das Austauschverhältnis maßgebenden Bestimmungsgründe in ihrer Gesamtwirkung eine so große Stabilität garantieren, wie sie bei dem Gelde aufgrund seiner wirtschaftlichen Sonderstellung und vor allem auch aufgrund der Organisation der modernen auf metallischer Grundlage beruhenden und durch die elastische Notenausgabe ergänzten Geldverfassung gegeben ist[1]). Wenn freilich in dem Geldwesen quantitative Veränderungen in solchen Ausmaßen vor sich gehen, wie sie der Weltkrieg nicht nur bei den Kriegführenden, sondern auch bei den Neutralen verursacht hat, so müssen dadurch die Austauschverhältnisse zwischen dem Gelde und seinen verschiedenartigen Gegenwerten trotz aller im Wesen des Geldes selbst liegenden Gegenwirkungen auf das schwerste erschüttert werden.

§ 6. Die Einrichtung der Geldsysteme als Wertproblem.

Nach der Feststellung der Voraussetzungen und Bestimmungsgründe des Wertes im allgemeinen und des Geldwertes im besonderen sind wir in der Lage, uns über die tiefere Bedeutung und die Wirkungsgrenzen derjenigen Maßnahmen Rechenschaft zu geben, durch welche der Staat die einzelnen aus verschiedenen Stoffen bestehenden Geldsorten zu einem einheitlichen Systeme zusammenfaßt und diesem Systeme in einem der Edelmetalle eine Wertgrundlage gibt. Wir haben an dieser Stelle aus den Prinzipien der Werttheorie die inneren Zusammenhänge aufzuklären, deren Wirkungen bereits im historischen Teile und in dem von der Geldverfassung handelnden Abschnitte des theoretischen Teiles dargestellt werden mußten.

Die beiden Voraussetzungen des Wertes sind Nützlichkeit und Schwierigkeit der Beschaffung, und die Höhe des Wertes ist bedingt durch die Größe der Nachfrage, die von dem Grade der Nützlichkeit abhängig ist, und durch die Größe des Angebots, die von dem Grade der Schwierigkeit der Beschaffung abhängt. Wie stellen sich von diesen Gesichtspunkten aus betrachtet die Maßnahmen dar, durch welche eine Festlegung des Wertverhältnisses zwischen dem Gelde und dem Geldmetalle oder einem dritten Wertgegenstande und zwischen den einzelnen Geldsorten unter sich erstrebt wird?

---

[1]) Vgl. hierzu auch **Lexis**, Allgemeine Volkswirtschaftslehre. 1910 S. 100ff., 115, 116, 127ff.

Wir haben in der freien Prägung das Mittel kennen gelernt, durch welches eine feste Beziehung zwischen dem geprägten Gelde und dem ungeprägten Metalle hergestellt werden kann. Die hier noch aufzuklärende Frage ist, welche Wirkung die freie Prägung für den Grad der Nützlichkeit und der Schwierigkeit der Beschaffung von Geld und Geldmetall hat.

Dadurch daß die frei ausprägbaren Edelmetalle ohne weiteres im Wege der freien Ausprägung in Geld verwandelt werden können, wird zunächst die Wirkung hervorgerufen, daß der Wert der Edelmetalle nicht mehr ausschließlich auf ihrer Brauchbarkeit zur Herstellung von Schmucksachen, kostbaren Geräten usw. beruht, sondern zu einem sehr erheblichen Teile auch auf ihrer Verwendbarkeit als Geld. Die Wesensgleichheit des sogenannten „Substanzwertes" und des „Funktionswertes" des Geldes tritt hier mit besonderer Deutlichkeit darin in Erscheinung, daß im Falle der freien Prägung der Wert der Geldsubstanz (des Währungsmetalles) selbst mit bedingt ist durch die Verwendbarkeit dieser Substanz in der Funktion als Geld. Alles Edelmetall, das monetäre Zwecke erfüllt, ist der Verwendung zu Gebrauchszwecken entzogen, nicht dauernd und unwiderruflich, aber doch für die Zeit seiner Verwendung zu Geldzwecken. In den früheren Auflagen war an dieser Stelle gesagt: „Wenn der ganze gewaltige Bestand an Edelmetall, der heute als Geld funktioniert, in seiner Funktion als Geld in irgend einer Weise ersetzt und der industriellen Verwendung zugeführt werden könnte, so würde mit dieser Beschränkung der Verwendbarkeit eine beträchtliche Verringerung des Wertes der Edelmetalle herbeigeführt werden; beim Silber hat die Entwicklung der letzten Jahrzehnte hinreichend Gelegenheit gegeben, die Wirkungen einer Beschränkung der monetären Verwendbarkeit auf den Wert des Edelmetalls zu beobachten." Heute läßt sich hinzufügen, daß die Mobilisation des in Schmucksachen und Geräten enthaltenen Goldes, wie sie während des Krieges in den kriegführenden Ländern, vor allem in Deutschland, durchgeführt worden ist, verbunden mit der tatsächlichen Einschränkung der Verwendung des Goldes zu Geldzwecken in den kriegführenden Ländern, den Wert des Goldes gegenüber den übrigen Verkehrsobjekten in der ganzen Welt stark herabgedrückt hat.

Während nun auf der einen Seite der Wert eines frei ausprägbaren Metalls in so erheblichem Umfange durch die Verwendbarkeit zu Geldzwecken mit bedingt ist, setzt die freie Prägung auf der anderen Seite den Wert des gemünzten Geldes in eine feste Verbindung mit dem Werte seines Metallgehaltes. Indem der Staat sich bereit erklärt, jedes beliebige Quantum Gold für den Einlieferer unentgeltlich oder gegen eine geringe Gebühr in Goldmünzen auszuprägen, limitiert er die Schwierigkeit der Beschaffung von Goldmünzen auf die Schwierigkeit der Beschaffung des in ihnen bestimmungsgemäß enthaltenen Goldquantums[1]) zuzüglich der eventuell festgesetzten Prägegebühr und der sonstigen mit der Ausprägung etwa verbundenen

---

[1]) Die „Schwierigkeit der Beschaffung" ist nicht zu verwechseln mit den „Produktionskosten".

Kosten (Zinsverlust usw.). Der Wert des Goldes in Geldform kann mithin den Wert des Barrengoldes nur um minimale Differenzen übersteigen, während andrerseits der Wert der Goldmünzen natürlich nicht geringer sein kann als der Wert des in ihnen effektiv enthaltenen Goldes.

Da bei freier Ausprägbarkeit des Goldes jede Nachfrage nach Geld durch die Beschaffung von Gold befriedigt werden kann, wirken alle den Wert des Geldes beeinflussenden Faktoren auf den Wert des Goldes ein. Man ist in neuerer Zeit vielfach geneigt, diese Seite des hier vorliegenden Wechselwirkungsverhältnisses zwischen Geld und Geldmetall zu überschätzen; ja man ist soweit gegangen, zu bestreiten, daß die freie Prägung den Wert des Geldes in Abhängigkeit setze von dem Werte des Geldmetalls, indem man behauptet hat, der Wert des sogenannten vollwertigen Goldgeldes beruhe ebenso unabhängig von seinem Stoffwerte auf seiner Zahlungs- und Kaufkraft, wie etwa der Wert eines uneinlösbaren Papiergeldes. Einer der hervorragendsten Vertreter dieser Auffassung, Otto Heyn, hat — nicht etwa für die heutige deutsche Papierwährung, sondern für die deutsche Goldwährung, wie sie vor dem Weltkriege bestand, den Satz aufgestellt: der durch die Zahlungs- und Kaufkraft der Mark gegebene Wert, nicht das in den Reichsgoldmünzen steckende Gold sei für den Wert des deutschen Geldes maßgebend, es sei deshalb falsch, die deutsche Währung eine „Goldwährung" zu nennen, sie sei eine „Markwährung" [1]).

Da zwischen dem Geldmetalle und dem gemünzten Gelde bei freier Prägung ein festes Wertverhältnis besteht, so wäre die notwendige Konsequenz der eben geschilderten Auffassung, daß der Wert der ungeprägten Geldmetalle seinerseits bestimmt würde durch den Wert der geprägten Münzen. Eine kurze Ueberlegung ergibt jedoch die Unrichtigkeit dieser Auffassung. Die den Wert des Geldes eines bestimmten Staates mit Goldwährung beeinflussenden Faktoren, die — wie wir gesehen haben — auf den Wert des Goldes einwirken, könnten nur dann den Wert des Goldes vollkommen bestimmen, wenn das Metall Gold zu keinen anderen Zwecken als zu demjenigen, als Geld dieses Staates zu dienen, verwendbar wäre. Ebenso wie die Verwendbarkeit als deutsches Geld wirkte jedoch auch die Verwendbarkeit als englisches, französisches, amerikanisches und anderes Geld auf den Wert des Metalles Gold ein, solange alle diese Staaten eine tatsächliche Goldwährung hatten; in gleicher Weise, wenn auch in geringerem Grade, wird der Wert des Goldes beeinflußt durch seine Verwendbarkeit zu industriellen Zwecken. Die Gesamtheit dieser Verwendungsmöglichkeiten stellt den Grad der Nützlichkeit des Goldes dar und damit den einen Faktor der Wertbildung des Goldes; sie bestimmt in Verbindung mit der Schwierigkeit der Goldbeschaffung den Wert des Metalles Gold. Wo im Wege der freien Prägung ein festes Wertverhältnis zwischen der Geldeinheit und einem bestimmten Metallquantum besteht, liegt mithin eine doppelseitige Beziehung vor, indem der Wert der Geldeinheit in eine feste Beziehung zu dem Werte des Geldmetalls gesetzt ist, der

---

[1]) Vgl. Heyn, Irrtümer auf dem Gebiete des Geldwesens. 1900. S. 1—12.

seinerseits durch die Nachfrage nach Geld für das betreffende Land bis zu einem gewissen Grade mit beeinflußt wird[1]).

Die klare Erkenntnis dieses Verhältnisses ist wichtig nicht nur für das Wesen der freien Prägung und des durch sie geschaffenen Zusammenhanges selbst, sondern auch für das Verständnis der gesamten Konstruktion der Geldsysteme.

Würde in der durch die freie Prägung geschaffenen Gleichung zwischen Geld und Geldstoff der Wert des letzteren von dem des ersteren in eine einseitige und unbedingte Abhängigkeit gesetzt, dann würde es keinerlei Schwierigkeit machen, die aus verschiedenen Stoffen bestehenden Geldsorten in eine feste Wertbeziehung zu setzen. Wenn der Wert der Mark das gegebene ist und wenn bei freier Goldprägung der Wert des Pfundes Feingold bestimmt wäre durch den Wert von 1395 Mark, dann könnte bei gleichzeitiger freier Silberprägung der Wert des Pfundes Feinsilber auf einen beliebigen Betrag in Mark festgelegt werden, ebenso der Wert des Nickels und des Kupfers; dann wäre die Zusammenfassung von Münzen aus verschiedenen Stoffen zu einem einheitlichen Geldsysteme und vor allem auch die Durchführbarkeit der Doppelwährung niemals ein Problem gewesen. Die Schwierigkeiten, die sich nach diesen Richtungen hin im geschichtlichen Verlauf der Dinge ergeben haben, werden aber in ihrem Wesen durch die richtige Erkenntnis des bei freier Prägung zwischen dem Metalle und den daraus geprägten Münzen bestehenden Verhältnisses sofort klar. Ebenso wie der Wert des Goldes durch die Bestimmung, daß aus einem Pfunde Feingold 1395 Mark, die gesetzliches Zahlungsmittel in Deutschland sind, geprägt werden sollen, keineswegs festgelegt wurde, wie er vielmehr neben der Verwendbarkeit als deutsches Geld durch alle die anderen monetären und industriellen Verwendungsmöglichkeiten und

---

[1]) An dieser Auffassung eines Wechselwirkungsverhältnisses zwischen Goldwert und Geldwert halte ich fest auch gegenüber den Einwendungen, die seit dem Erscheinen der ersten Auflage gemacht worden sind (vgl. z. B. Altmann, a. a. O. S. 32). Zumeist wird bei diesen Einwendungen übersehen, daß ich die Einwirkung aller den Geldwert berührenden Faktoren auf den Wert des Goldes in den Ländern mit freier Goldprägung keineswegs leugne, sondern ausdrücklich hervorhebe. Der Unterschied meiner Auffassung gegenüber derjenigen Heyns und anderer liegt in einem ganz anderen Punkte. Bei freier Goldprägung ist der Wert der Geldeinheit eines bestimmten Staates nicht isoliert zu begreifen als bestimmt durch die speziell den Geldwert dieses Landes berührenden Verhältnisse, wie es bei einer reinen Papierwährung der Fall wäre, sondern nur aus der Gesamtwirkung aller den Geldwert in sämtlichen Goldwährungsländern berührenden Faktoren. Die den Geldwert berührenden Faktoren mögen in dem einen Lande für sich genommen nach der umgekehrten Richtung wirken wie in einem anderen Lande; die in beiden Ländern vorhandene feste Wertbeziehung zwischen Geld und Gold hat dann zur Folge, daß die entgegenstrebenden Tendenzen sich in ihrer Wirkung auf den eine einheitliche Erscheinung darstellenden Goldwert mehr oder weniger ausgleichen; die Gesamtheit der sich teils verstärkenden, teils abschwächenden auf den Goldwert einwirkenden Faktoren ist entscheidend für die Wertgestaltung der einzelnen auf der Goldwährung beruhenden nationalen Werteinheiten. Der Wert der deutschen Mark wurde unter der Goldwährung durch das Medium des Goldes mit beeinflußt durch Verhältnisse, die unmittelbar auf den Wert des Dollars, des Pfundes Sterling oder des Franken einwirkten und unmittelbar mit der Zahlungs- und Kaufkraft der Mark nicht das mindeste zu tun hatten. Deswegen war die deutsche Währung vor dem Kriege keine „Markwährung" im Sinne Heyns, sondern eine „Goldwährung".

durch die Gesamtheit der Goldversorgung bestimmt wurde, ebenso verhält es sich hinsichtlich des Silbers und der anderen Geldstoffe. Der Staat, der Gold und Silber für frei ausprägbar erklärt und den Gold- und Silbermünzen gesetzliche Zahlungskraft zu einem bestimmten Nennwertverhältnisse und gegenseitige Vertretbarkeit zu diesem Verhältnisse beilegt, trifft zwar eine Bestimmung über die Nützlichkeit und Verwendbarkeit beider Edelmetalle, aber diese Bestimmung erstreckt sich nur auf die Verwendbarkeit zu einem ganz bestimmten Zwecke, nicht auf die Gesamtheit der Verwendungsmöglichkeiten; andererseits bleibt die Schwierigkeit der Beschaffung sowohl von Gold als auch von Silber von irgendwelchen Bestimmungen, welche die monetäre Verwendbarkeit der beiden Metalle betreffen, gänzlich unberührt. Bei keinem der beiden Metalle kann mithin die staatliche Gesetzgebung durch Bestimmungen über ihre freie Ausprägung und die gesetzliche Zahlungskraft der aus ihnen hergestellten Münzen einen b e h e r r s c h e n d e n Einfluß auch nur auf einen der beiden Faktoren ausüben, durch welche die Höhe des Wertes bedingt ist; die staatliche Münzgesetzgebung kann vielmehr lediglich in mehr oder weniger weitgehendem Umfange auf den e i n e n der wertbestimmenden Faktoren — auf die Verwendbarkeit — einen m o d i f i z i e r e n d e n Einfluß ausüben. Es ist aber klar, daß die Festlegung eines Wertverhältnisses zwischen zwei Gegenständen nur unter der Voraussetzung denkbar ist, daß entweder ihre Verwendungsmöglichkeit oder ihr Beschaffungswiderstand in eine volle gegenseitige Abhängigkeit gebracht wird.

In diesem Zusammenhange ist die theoretische Unmöglichkeit der Doppelwährung, deren praktische Undurchführbarkeit uns im historischen Teile beschäftigt hat, begründet. Zweifellos vermag die Doppelwährung einen Einfluß auf das Wertverhältnis der beiden Edelmetalle auszuüben, indem sie deren Verwendbarkeit für einen bestimmten Zweck in eine feste Beziehung setzt. Der Einfluß müßte ferner zweifellos um so größer sein, je größer der Teil der Verwendbarkeit der Edelmetalle ist, der durch ihn berührt wird. Eine isolierte Doppelwährung trifft nur Bestimmung über die monetäre Verwendbarkeit von Gold und Silber für das eine bestimmte Land, nicht auch über die monetäre Verwendbarkeit der beiden Metalle in anderen Ländern und ebensowenig über das gesamte Gebiet der industriellen Verwendung. Eine vertragsmäßige, die wichtigsten Handelsstaaten umfassende Doppelwährung würde die monetäre Verwendbarkeit von Gold und Silber für das ganze Vertragsgebiet in eine feste Beziehung setzen und damit einen weit größeren Teil der gesamten Verwendungsmöglichkeit beider Metalle regeln. Wenn Frankreich und England Doppelwährung aufgrund der gleichen Wertrelation hätten, dann könnte ein in Frankreich auftretender Bedarf an Zahlungsmitteln für England sowohl mit Gold als auch mit Silber befriedigt werden; er könnte deshalb das in Frankreich bestehende Wertverhältnis zwischen den beiden Metallen nicht in derselben Weise stören, wie wenn England freie Prägung nur für Gold hätte und ein Geldbedarf für England mithin ausschließlich durch Gold befriedigt werden müßte. Aber auch bei einer vertragsmäßigen Doppelwährung bliebe das weite Feld der industriellen Verwendung und auf der anderen Seite die Schwierigkeit der Beschaffung beider Edelmetalle außerhalb des Einflusses der Münzgesetzgebung.

Auch bei einem die Welt umfassenden bimetallistischen Systeme ist mithin die Möglichkeit von Schwankungen des gegenseitigen Wertverhältnisses von Silber und Gold keineswegs völlig ausgeschlossen.

Wenn nun bei freier Prägung für beide Metalle die Goldmünzen mit einem bestimmten Goldquantum, die Silbermünzen mit einem bestimmten Silberquantum in eine feste Beziehung gesetzt werden, welches ist dann die Wirkung von Schwankungen im Wertverhältnisse der Metalle Gold und Silber auf das Geldwesen?

Entweder hat die Verleihung der gesetzlichen Zahlungskraft an die frei ausprägbaren Silber- und Goldmünzen tatsächlich die Wirkung, die bisher vorausgesetzt wurde, daß die monetäre Verwendbarkeit eines bestimmten Goldquantums vollkommen gleich ist der monetären Verwendbarkeit eines bestimmten Silberquantums. Wenn nun aber für einen bestimmten Zweck zwei verschiedene Güter in absolut gleicher Weise brauchbar sind, so findet — da sich der Bedarf mit dem geringstmöglichen Opfer zu befriedigen sucht — für diesen bestimmten Zweck nur dasjenige Gut Verwendung, dessen Beschaffung am leichtesten ist, während das andere Gut denjenigen Verwendungen zugeführt wird, in welchen es durch das leichter beschaffbare Gut nicht ersetzt werden kann. In diesem Falle würde stets nur das im Verhältnis zu der ihm beigelegten Geltung leichter beschaffbare Metall als Geld Verwendung finden.

Oder aber die Beilegung der gesetzlichen Zahlungskraft zu einem bestimmten Nennwertverhältnisse an zwei aus verschiedenen Stoffen bestehende Geldsorten hat nicht eine unbedingte Wirkung auf das Wertverhältnis, in welchem beide Sorten als Geld Verwendung finden. In diesem Falle würden sich die Wertschwankungen zwischen Silber und Gold auf die frei ausprägbaren Gold- und Silbermünzen übertragen können und müssen.

Das Gleiche gilt für den Fall der Papierwährung: Wenn dem Papiergeld durch Gesetz die gleiche Brauchbarkeit als Erfüllungsmittel für Geldschulden verliehen wird wie dem Metallgeld und wenn nicht durch besondere Vorkehrungen die Schwierigkeit der Beschaffung des Papiergeldes auf der gleichen Höhe gehalten wird wie die Schwierigkeit der Beschaffung von Metallgeld, so wird bald nur noch das Papiergeld als Zahlungsmittel Verwendung finden, das Metallgeld wird anderen Verwendungszwecken zugeführt werden oder sich nur mit Aufgeld im Verkehr halten.

Wir haben in der Tat oben gesehen, daß die Bestimmungen, durch welche der Staat bestimmten Gegenständen die Fähigkeit gibt, als Erfüllungsmittel für bestehende Geldschulden zu dienen, dem Staate keineswegs eine unbedingte Macht über das Geld verleihen. Der Staat kann den Gläubiger zwingen, sich die Begleichung seiner bestehenden Forderungen in den Gegenständen gefallen zu lassen, denen die gesetzliche Zahlungskraft beigelegt ist; aber ebensowenig, wie der Staat dauernd verhindern kann, daß neue Dahrlehnsverträge auf andere Wertobjekte, als die von ihm zu gesetzlichen Zahlungsmitteln erklärten, abgeschlossen werden, ebensowenig kann er den Gläubiger dauernd hindern, eine bestimmte Sorte von gesetzlichen Zahlungsmitteln, die dieser aus irgendeinem Grunde höher schätzt, zu einem höheren Werte als ihrem gesetzlichen Nennwerte in Zahlung zu nehmen; ebensowenig kann er die Verkäufer auf die Dauer hindern, nur gegen bestimmte Geldsorten zu verkaufen oder einen verschiedenen Preis in den verschiedenen Geldsorten zu normieren oder ihre Preise dem Wert der allein noch umlaufenden geringwertigen Geldsorten anzupassen; ebensowenig kann er es schließlich hindern, daß die Nachfrage zu Thesaurierungszwecken sich vorwiegend oder ausschließlich auf Geldsorten, die aus einem bestimmten Stoffe bestehen, erstreckt oder sich gänzlich von dem staatlichen Gelde abwendet. Aus allen diesen Gründen ist die Beilegung der gesetzlichen Zahlungskraft und der gegenseitigen Vertretbarkeit zu einem bestimmten Nennwertverhältnisse an zwei aus verschiedenen Stoffen bestehende Geldsorten noch keineswegs gleichbedeutend mit der Herstellung eines festen Verhältnisses auch nur der monetären Verwendbarkeit der beiden Sorten.

Wenn der Staat ein festes Wertverhältnis zwischen Geldsorten aus zwei verschiedenen Stoffen herstellen will, so kann er das nur auf dem Wege erreichen, daß er mindestens hinsichtlich einer dieser Geldsorten die Beschaffungsschwierigkeit reguliert. Wenn der Wert der Goldmünzen durch freie Prägung in ein festes Verhältnis zu dem Werte ihres Goldäquivalents gebracht ist, so kann die Verleibung einer bestimmten Zahlungskraft an Geldsorten aus anderen Stoffen nur dann diese Geldsorten den Goldmünzen in einem bestimmten Wertverhältnisse angliedern, wenn der Staat durch die tatsächliche Ausübung des Monopols der Geldherstellung, d. h. durch beschränkte Prägung und Emission, die Beschaffungsschwierigkeit für diese Geldsorten bis auf den Punkt steigert, daß die Wertgleichheit mit den Goldmünzen dadurch gesichert wird. Wenn neben den Goldmünzen auch Silbermünzen frei ausprägbar sind, dann ist die Schwierigkeit der Beschaffung von Silbermünzen gegeben durch die Schwierigkeit der Beschaffung eines bestimmten Quantums Silber zuzüglich der mit der Ausprägung verbundenen Kosten. Nur dadurch daß der Staat sich weigert, jedes beliebige Quantum Silber in Geld zu verwandeln, kann er die Schwierigkeit der Versorgung des Bedarfs an Silbergeld über die Schwierigkeit der Beschaffung des Metalls Silber hinaus so sehr steigern, daß sie der Schwierigkeit der Beschaffung von Goldgeld entspricht. Ebenso ist bei der Emission von Papiergeld die strenge Beschränkung der Ausgabe das einzige Mittel, um die Beschaffungsschwierigkeit auf der Höhe derjenigen für Metallgeld zu halten. Die Uebereinstimmung kann dadurch absolut gesichert werden, daß der Staat die Verpflichtung übernimmt, das von ihm in Umlauf gesetzte Geld, soweit es aus anderen Stoffen als aus dem frei ausprägbaren Währungsmetalle besteht, zu seinem Nennwerte gegen Geld der letzteren Art umzuwechseln; solange man ohne weiteres gegen Geld aus Silber, aus unedlen Metallen und aus Papier den gleichen Nennwertbetrag in Goldgeld erhalten kann, ist die Schwierigkeit der Beschaffung von Goldgeld gleich derjenigen der unterwertigen Geldsorten. Aber diese letzte Sicherung ist an und für sich nicht notwendig, solange die Emission eines seinem Stoffe nach unterwertigen Geldes sich in solchen Grenzen hält, daß die Schwierigkeit seiner Beschaffung in Geldform als ein hinreichender Zuschlag zu der Schwierigkeit der Beschaffung seines Stoffes erscheint.

Die Unmöglichkeit, Geldsorten, die aus verschiedenen Stoffen bestehen, auf andere Weise zu einem einheitlichen Systeme zu vereinigen als dadurch, daß die freie Ausprägung lediglich für das eine Währungsmetall zugelassen und daß die Ausgabe der aus den übrigen Stoffen bestehenden Sorten durch den Staat reguliert wird, geht mithin auf die Grundtatsache eines jeden Wertes zurück, nämlich darauf, daß die Höhe des Wertes durch den Grad der Nützlichkeit und durch den Grad der Beschaffungsschwierigkeit reguliert wird.

§ 7. Die Begleiterscheinungen und Folgen der Veränderungen des Geldwertes.

Die oben festgestellte Tatsache, daß jede beliebige Geldmenge durch Veränderungen des Geldwertes einem jeden Geldbedarfe restlos angepaßt werden kann, darf nicht zu der Folgerung verleiten, daß Veränderungen in der Geldmenge oder im Geldbedarfe, die sich in Verschiebungen der Austauschverhältnisse zwischen dem Gelde und seinen Gegenwerten auswirken, die wirtschaftlichen Verhältnisse unberührt ließen. Solche Verschiebungen vollziehen sich vielmehr, wie wir heute aus den Erfahrungen der letzten Jahre besser wissen denn je, nicht ohne Begleiterscheinungen von erheblicher Bedeutung und nicht ohne nachhaltige Folgen für die gesamte Volkswirtschaft.

Um zunächst ein Bild von den Begleiterscheinungen der Geldwertveränderungen zu gewinnen, haben wir zu betrachten, auf welche Weise die auf der Seite des Geldes wirksamen Bestimmungsgründe sich in den Austauschverhältnissen zwischen dem Gelde und den übrigen Verkehrsobjekten durchsetzen und welche Wirkungen aus der während der Uebergangszeit vorhandenen Unstimmigkeit von Geldversorgung und Geldbedarf entstehen.

Der Weg, auf welchem Verschiebungen in Geldbedarf und Geldvorrat auf die Austauschverhältnisse, auf Warenpreise, Arbeitslöhne usw. einwirken, ist keineswegs ohne weiteres ersichtlich. Eine Beobachtung der tatsächlichen Vorgänge, wie sie sich zur Zeit der universellen Geltung der Goldwährung abspielten, zeigt uns, daß z. B. bei einer erheblichen Steigerung der Goldproduktion oder einem erheblichen Goldzuflusse aus dem Auslande das neue Geld durchaus nicht immer den übrigen Verkehrsobjekten unmittelbar gegenübertrat, sodaß die Inhaber von Geld infolge ihres gesteigerten Geldangebots sich mit einem geringeren Aequivalente in Waren begnügen mußten. Wir sehen vielmehr, daß sich eine Vermehrung des Zuflusses von Metallgeld in der Hauptsache zunächst an einer ganz anderen Stelle äußerte, nämlich an den Barvorräten der großen Banken und auf dem Geldmarkte. Wir haben in den Zentralbanken die Vermittler des internationalen Geldverkehrs kennen gelernt; ihren Kassen floß das von außen kommende Metall zu, aus ihren Kassen schöpfte andererseits der Geldbedarf für das Ausland; in der Höhe ihrer Kassenbestände fanden mithin Verschiebungen der Geldversorgung ihren nächsten Ausdruck. Aber nicht nur Veränderungen des Geldvorrats, sondern auch die Schwankungen des inländischen Geldbedarfs wirkten in großem Umfange unmittelbar auf die Barbestände der Zentralbanken und auf den Geldmarkt ein; wir beobachten, wie in Zeiten eines abnehmenden Geldbedarfs die Metallvorräte dieser Banken anwuchsen, wie sie andererseits in Zeiten eines anziehenden Geldbedarfs abnahmen; der Wechsel der wirtschaftlichen Konjunkturen, die regelmäßigen Jahresschwankungen des Geldbedarfs und die einzelnen großen Zahlungstermine spiegelten sich hier deutlich wieder.

Offenbar besteht zwischen den in den Banken liegenden Geldbeständen und den Verschiebungen der Warenpreise, Arbeitslöhne usw. keine unmittelbare Beziehung; wohl aber liegt eine solche Beziehung nach einer anderen Richtung hin vor, nämlich zu den Zinssätzen für kurzfristigen Kredit. Die Banken sind, solange für sie eine Einlösungspflicht ihrer Noten gegen Metallgeld besteht, im Interesse ihrer eignen Zahlungsfähigkeit genötigt, ein gewisses Verhältnis zwischen ihrem Barbestande und ihren Verbindlichkeiten aufrecht zu erhalten. Dieses Verhältnis wird um so ungünstiger, je größer die an sie im Wege des Begehrs nach kurzfristigem Kredit herantretenden Geldansprüche sind, die durch die Ausgabe von Noten, durch Gutschrift auf den Girokonten oder durch Verabfolgung von Metallgeld befriedigt werden. Die Banken sehen sich deshalb bei einer auf metallischer Grundlage beruhenden Währung genötigt, dem steigenden Geldbegehr mit erhöhten Zinssätzen zu begegnen; nur auf diesem Wege können sie die an sie herantretenden Ansprüche einschränken, ohne zu dem harten Mittel direkter Kreditverweigerungen zu greifen. Die Erhöhung des Zinssatzes trägt ferner dazu bei, Geldmetall aus dem Auslande herbeizuziehen oder einen Abfluß von Geldmetall nach dem Auslande einzuschränken. Auf der anderen Seite erfordert es das geschäftliche Interesse der Banken, daß keine überflüssigen Barmittel zinslos brach liegen; wenn der Barvorrat über das erforderliche Maß hinaus steigt, so wird ihnen dadurch eine Ermäßigung ihrer Zinssätze und damit eine Herbeiziehung neuer Kreditansprüche ermöglicht. Da die großen Zentralbanken die letzten Instanzen des Geldverkehrs in ihren Wirtschaftsgebieten darstellen, besteht zwischen den Veränderungen ihres Zinssatzes und demjenigen der übrigen Banken und des gesamten Geldmarktes eine enge Wechselwirkung. Die nächste Wirkung von Aenderungen von Geldversorgung und Geldbedarf ist mithin bei einer auf metallischer Grundlage beruhenden Währung offenbar eine allgemeine Verschiebung der Zinssätze für kurzfristigen Kredit und zwar, da dieser vorwiegend in der Form der Diskontierung von Wechseln gewährt wird, hauptsächlich der Diskontsätze.

Vielfach sind hohe Diskontsätze als gleichbedeutend mit einer Steigerung des Geldwertes, niedrige Diskontsätze als gleichbedeutend mit einer Senkung des Geldwertes angesehen, und die Veränderungen des „Leihpreises" des Geldes sind häufig mit den Veränderungen des in anderen Verkehrsobjekten bestehenden Tauschäquivalentes für Geld, mit der Kaufkraft des Geldes, durcheinander geworfen worden. In Wirklichkeit handelt es sich jedoch um Erscheinungen, die auf durchaus verschiedenen Gebieten liegen. Wenn der Wert eines Gutes nur in seinem Austausche gegen ein anderes Gut in Erscheinung treten kann, ja nur eine Abstraktion aus der Tatsache des Austausches und aus dem Austauschverhältnisse ist, dann vermag der in Geld bestehende Leibpreis für die zeitweilige Ueberlassung einer Geldsumme nichts über den Wert des Geldes zu besagen.

Die Tatsache, daß Veränderungen im Geldangebot und in der Geldnachfrage bei einer auf metallischer Grundlage beruhenden Währung die Tendenz haben, zunächst auf den Leibpreis für Geld einzuwirken, entscheidet jedoch noch keineswegs die Frage, ob sich damit die Wirkung dieser Veränderungen erschöpft. Um diese Frage zu beantworten, müssen wir zunächst auf die Ursache der unmittelbaren Einwirkung der bezeichneten Veränderung auf die Zinssätze eingehen.

Diejenigen, welche Geld benötigen, sei es um zu kaufen, sei es um Zahlungen zu leisten, können sich das Geld auf zwei Wegen verschaffen: indem sie andere Verkehrsobjekte gegen Geld veräußern, oder indem sie Kredit in Anspruch nehmen; umgekehrt können diejenigen, welche überflüssiges Geld zur Verfügung haben, dieses Geld entweder gegen andere Verkehrsobjekte umsetzen oder gegen Zinsen ausleihen. Die Beschaffung von Geld im Wege des Kredits wird im allgemeinen umsomehr bevorzugt werden, je niedriger die Zinssätze und je ungünstiger die Preise sind, die bei einer Veräußerung von Waren usw. erzielt werden können; ebenso wird die Verfügung über Geld im Wege des Kredits umsomehr bevorzugt werden, je höher die Zinssätze und je geringer die Vorteile des Umsatzes von Geld gegen andere Verkehrsobjekte sind. Dazu kommt, daß bei höheren Zinssätzen mancher Kauf auf Kredit unterbleibt, während niedrige Zinssätze zum Kauf auf Kredit anreizen.

Nun haben wir im Kredit das Medium kennen gelernt, welches die mehr oder weniger intensive Ausnutzung des vorhandenen Geldbestandes vermittelt. Ein steigender Geldbedarf oder eine Verringerung des Geldvorrates kann durch eine intensivere Ausnutzung des Geldes in seiner Wirkung auf Warenpreise usw. paralysiert werden; da aber eine solche gesteigerte Ausnutzung des Geldvorrats nur im Wege einer stärkeren Kreditanspannung möglich ist, so ist ihre notwendige Begleiterscheinung ein steigender Diskontsatz. Umgekehrt liegt es bei einer Zunahme des Geldvorrats oder einer Verringerung des Geldbedarfs. Soweit die Verschiebungen im Verhältnis von Geldversorgung und Geldbedarfs innerhalb solcher Grenzen bleiben, daß sie durch die sich im Wege des Kreditverkehrs vollziehende Verstärkung oder Abschwächung der Intensität der Geldausnutzung ausgeglichen werden können, braucht die Wirkung dieser Verschiebungen nicht auf das Austauschverhältnis zwischen dem Gelde und den übrigen Verkehrsobjekten überzugreifen.

Aber die Intensität der Ausnutzung der Umlaufsmittel hat nach oben und unten ihre Grenzen; es können ebensowenig beliebige Summen im Wege des Kredits zur Verfügung gestellt wie untergebracht werden. Wenn bei einem Auseinandergehen von Geldbedarf und Geldversorgung die Geldbeschaffung oder die Verfügung über Geld im Wege des Kredits infolge zu hoher oder zu niedriger Zinssätze unmöglich oder unwirtschaftlich wird, so bleibt schließlich nur der Weg des Umsatzes anderer Güter gegen Geld oder von Geld gegen andere Verkehrsobjekte. Sobald aber dieser Moment gekommen ist, beginnt die Verschiebung in der Geldversorgung und Geldnachfrage auf die Austauschverhältnisse einzuwirken. Der Geldbedarf, der bisher nur an die Banken und den Geldmarkt herangetreten war, führt jetzt zu einem Ausbieten von Waren und wirkt damit auf eine Senkung der Preise; im umgekehrten Falle führt das Geldangebot, das bisher sich nur im Leihverkehr fühlbar gemacht hatte, zu einer Nachfrage nach anderen Verkehrsobjekten und schafft damit die Tendenz zu einer Steigerung der Preise. Auf diese Weise setzen sich schließlich die veränderten Bestimmungsgründe des Geldwertes in der Gestaltung der Austauschverhältnisse durch und bringen damit Geldvorrat und Geldbedarf wieder in das normale · Gleichgewicht.

Bei den auf metallischer Grundlage beruhenden Währungen dient also der Leihverkehr in Geld gewissermaßen als Prellkissen, das die sich aus den Schwankungen des Geldbedarfs und der Geldversorgung ergebenden Stöße auf die Austauschverhältnisse zwischen dem Gelde und seinen Gegenwerten zunächst auffängt und erheblich abmildert. Dieses Prellkissen ist bei Papierwährungen großenteils ausgeschaltet. Da die Einlösbarkeit der Banknoten aufgehoben ist, hat die Aufrechterhaltung eines bestimmten Verhältnisses zwischen Metalldeckung und Notenumlauf ihre praktische Bedeutung verloren, auch wenn gewisse Formalvorschriften für die Notendeckung aufrechterhalten bleiben. Infolgedessen fehlt für die „Diskontpolitik", die planmäßige Einwirkung der Zentralnotenbanken auf die Zinssätze des Leihverkehrs in Geld, die eigentliche Triebfeder. Sie fehlt umsomehr, wenn in kritischen Zeiten der Staat als der Hauptträger des Geldbedarfs nicht wünscht, daß dem Geldbedarf durch Verteuerung der Zinssätze entgegengewirkt werde oder wenn zwingende Rücksichten auf die Existenz des Staates der Zentralnotenbank eine solche Gegenwirkung von selbst verbieten. In der Tat haben wir erlebt, daß während des Krieges, der die stärksten jemals bisher dagewesenen Umwälzungen auf dem Gebiete des Geldbedarfes brachte — abgesehen von den ersten Wochen der panikartigen Aufregung — nirgends der Versuch gemacht worden ist, durch ein Anziehen der Diskontschraube auf den Geldbedarf einzuwirken, daß vielmehr sowohl die offiziellen Diskontsätze der großen Zentralnotenbanken als auch die Zinssätze des offenen Marktes überall eine mäßige Höhe und eine bemerkenswerte Stabilität zeigten. Vom Jahre 1915 an stellte sich der Diskontsatz der Reichsbank bis lange über das Kriegsende hinaus unverändert auf 5 %. Das gleiche gilt von dem Satze der Bank von Frankreich. Die Diskontrate der Bank von England bewegte sich von 1915 bis 1919 nur zwischen 5 und 6 %.

Noch weniger als von einer Gegenwirkung gegen eine Steigerung des Geldbedarfs im Wege der Zinsregulierung kann bei einer Papierwährung von einem Auffangen einer plötzlichen Steigerung des Geldangebots durch die Zentralnotenbanken die Rede sein. Während bei einer Goldwährung die Zentralnotenbanken bei einer starken Vermehrung der Goldgewinnung oder bei einem beträchtlichen Zufluß von Gold aus dem Auslande zunächst ihre Goldbestände verstärken und den Betrag ihrer ungedeckten Notenausgabe verringern, geht bei einer Papierwährung die Vermehrung des Geldangebots meist von den Zentralnotenbanken selbst aus; hauptsächlich in der Form, daß der Staat den Kredit der Zentralnotenbank in Anspruch nimmt und die Mengen neuer Papiergeldzeichen, die er sich auf diese Weise beschafft, im Wege der Auszahlung von Gehältern und Löhnen oder der Nachfrage nach Materialien und Bedarfsgegenständen aller Art unmittelbar in den Verkehr zwingt.

Die auf der Seite des Geldes vor sich gehenden Veränderungen werden also bei einer Papierwährung im allgemeinen unmittelbarer und infolgedessen stärker auf die Austauschverhältnisse zwischen dem Gelde und den übrigen Verkehrsobjekten einwirken als bei einer durch eine zweckmäßig geordnete Bankverfassung ergänzten metallischen Währung.

Es liegt in der Natur der hier zur Erörterung stehenden Vorgänge, daß die auf der Seite des Geldes vor sich gehenden Veränderungen nicht etwa gleichzeitig und gleichmäßig auf sämtliche Austauschverhältnisse zwischen dem Gelde und den übrigen Verkehrsobjekten einwirken. Wenn die auf der Seite des Geldes wirkenden Bestimmungsgründe auf eine Verschiebung der Austauschverhältnisse zugunsten des Geldes hinauskommen, wenn also eine „Geldwertsteigerung" eintritt, so wird sich der Rückgang der Warenpreise, Arbeitslöhne und der sonstigen in Geld bestehenden Aequivalente dort am frühesten zeigen, wo die Widerstandsfähigkeit gegenüber einer ungünstigeren Gestaltung des Austauschverhältnisses am geringsten ist. Der Grad der Widerstandsfähigkeit der Preise usw. verändert sich in den verschiedenen Stadien der wirtschaftlichen Entwicklung; auf den früheren Stufen des Verkehrs verleiht das Herkommen und die Sitte — wie wir im historischen Teile gesehen haben — den Austauschverhältnissen eine große Stabilität; je mehr sich der Verkehr entwickelt, je mehr sich im Handel Parteien gegenüberstehen, von denen eine jede die kleinsten Verschiebungen in den Marktverhältnissen zu ihren Gunsten auszunutzen sucht, desto unmittelbarer und intensiver wirken Veränderungen in den Faktoren der Preisbildung auf die Austauschverhältnisse ein.

In diesem Punkte verhalten sich nicht nur die einzelnen Entwicklungsstadien der Volkswirtschaft verschieden, sondern auch innerhalb einer und derselben Volkswirtschaft die einzelnen Kreise des Verkehrs und die einzelnen Verkehrsobjekte. Die Preisbildung ist im Großhandel empfindlicher als im Kleinverkehr; bei den Rohstoffen und Halbfabrikaten, die als Massenartikel die Objekte des Großhandels sind, ist sie empfindlicher als bei den fertigen Produkten, die ihren Absatz im Kleinverkehr finden. Arbeitslöhne und noch mehr für längere Zeit fixierte Gehälter haben im allgemeinen ein größeres Beharrungsvermögen als Waren, über deren Bewertung der Verkehr Tag für Tag neu entscheidet. Dazu kommen die Unterschiede in der Position der einzelnen Gruppen von Käufern und Verkäufern. Wer sich gezwungen sieht, zu verkaufen, wird im Falle einer Geldwertsteigerung die Wirkungen früher und stärker verspüren, als diejenigen, welche in der Lage sind, mit ihrem Angebote zurückzuhalten. Wer gezwungen ist zu kaufen, wird im Falle einer Geldwertverringerung sich früher genötigt sehen, für die von ihm begehrten Verkehrsobjekte höhere Geldpreise zu bewilligen, als diejenigen, welche imstande sind, abzuwarten. In beiden Fällen vermögen die wirtschaftlich Stärkeren aus den eintretenden Verschiebungen auf Kosten der wirtschaftlich Schwächeren Vorteil zu ziehen.

Bis sich die vollständige Ausgleichung aller Austauschverhältnisse durchgesetzt hat, gewinnen bei einer Geldwertsteigerung diejenigen, welche am längsten in der Lage sind, die alten Preise für ihre Waren, Arbeitsleistungen usw. aufrecht zu erhalten, während sie imstande sind, die übrigen Verkehrsobjekte billiger zu bezahlen; bei einer Geldentwertung diejenigen, die am frühesten in der Lage sind, für ihre Waren, Arbeitsleistungen usw. höhere Preise zu erzielen, während sie für die übrigen Verkehrsobjekte noch keine höheren Preise oder noch nicht in demselben Maße erhöhte Preise zu bewilligen haben.

Bei der relativen Stabilität der Arbeitslöhne liegt die zur Gemeinüberzeugung gewordene Annahme nahe, daß die Arbeitslöhne sich zuletzt von allen in Geld bestehenden Aequivalenten den Veränderungen des Geldwertes anpassen, daß mithin eine Geldwertsteigerung die Arbeiter vorübergehend auf Kosten der Unternehmer begünstige, während eine Geldentwertung die Unternehmergewinne auf Kosten der Lebenshaltung der Arbeiter erhöhe. Wie weit diese Wirkungen Platz greifen, hängt in großem Umfange von der sozialen Machtstellung der Arbeiterschaft ab; je geringer diese ist, desto leichter ist es für die Unternehmer, wenn sie bei einer Geldwertsteigerung geringere Preise für ihre Produkte erhalten, die Arbeitslöhne entsprechend zu reduzieren, oder, wenn sie bei einer Geldwertverringerung erhöhte Preise erzielen, diese den Arbeitern ganz oder teilweise vorzuenthalten; je größer die Machtstellung der Arbeiter ist, desto leichter können diese im Falle einer Geldentwertung und einer Steigerung der Preise ihrer Lebensbedürfnisse eine entsprechende Erhöhung ihrer Arbeitslöhne herbeiführen, ja unter Umständen mit Lohnerhöhungen der Preissteigerung vorauseilen.

Eine bleibende Verschiebung wird durch Veränderungen des Geldwertes in den Verhältnissen zwischen Schuldnern und Gläubigern hervorgerufen. Eine Geldwertsteigerung bedeutet eine Begünstigung aller derjenigen, welche Geld zu fordern haben, sei es aufgrund eines gewährten Darlehens, sei es aufgrund fester Renten- oder Gehaltsansprüche. Eine Geldentwertung bedeutet eine Begünstigung aller derjenigen, welche zu solchen feststehenden Zahlungen verpflichtet sind. Häufig sind die Gläubiger ganz allgemein als die „wirtschaftlich Stärkeren", denen eine Benachteiligung nichts schade, die Schuldner als die „wirtschaftlich Schwächeren", denen man eine Erleichterung gönnen und wünschen dürfe, hingestellt worden. Es muß deshalb darauf hingewiesen werden, daß „Gläubiger" in dem hier in Betracht kommenden Sinne nicht nur der große Kapitalist ist, sondern auch der kleine, oft unfreiwillige Rentner und der Arbeiter, der seine Ersparnisse in einer Sparkasse angelegt hat; daß andrerseits „Schuldner" nicht nur die kleinen Bauern sind, deren Grundbesitz hypothekarisch belastet und überlastet ist, sondern auch die großen und größten Unternehmer, insbesondere auch die Aktiengesellschaften, die teilweise mit fremdem Kapital, mit Bankkredit und Schuldverschreibungen, arbeiten. Die Arbeiterklasse ist im allgemeinen nicht verschuldet, da ihr nur in beschränktem Umfange Kredit gewährt wird; dagegen sind gerade die besten Elemente der Arbeiterschaft imstande, kleine Ersparnisse zurückzulegen.

Abgesehen von den Verschiebungen zugunsten und zuungunsten einzelner Kreise und Gruppen innerhalb der Volkswirtschaft üben die Veränderungen des Geldwertes einen Einfluß auf den gesamten Gang des Wirtschaftslebens aus. Eine Verringerung des Geldwertes, die sich allmählich in einer Steigerung aller Preise und aller übrigen in Geld bestehenden Gegenwerte durchsetzt, ist geeignet, einen spekulativen Aufschwung zu befördern. Schon die Ermäßigung der Zinssätze, die sich als nächste Folge eines Ueberwiegens des Geldangebots über den Geldbedarf ergibt, hat die Tendenz, eine Ausdehnung der Unternehmungen zu begünstigen. Manches Geschäft, das bei 5 Prozent Diskont keinen Gewinn mehr bringen würde; erscheint bei 3 Prozent Diskont noch lohnend. Die Geldflüssigkeit bewirkt ferner, wenn sie von Dauer ist, im allgemeinen ein Steigen der Kurse der sicheren und zu einem festen Satze verzinslichen Anlagepapiere. Dadurch wird das Publikum zur Aufnahme von Dividendenpapieren günstig gestimmt. Die Nachfrage nach Industriepapieren regt zu Gründungen und zu Kapitalerhöhungen bestehender Gesellschaften an, die ihre Berechtigung nicht in den Verhältnissen des Warenmarktes haben, die vielmehr nur in Rücksicht auf die günstige Absatzgelegenheit für Industrie- und Bankaktien vorgenommen werden. Die sich allmählich über die einzelnen Warengruppen erstreckende Preissteigerung, die — solange sie sich nicht allgemein durchgesetzt hat — einzelnen Produktionszweigen erhöhte Gewinne ermöglicht, trägt dazu bei, einen Aufschwung zu begünstigen, der von vornherein auf falschen Voraussetzungen beruht. Indem die erweiterten und neugegründeten Unternehmungen Waren produzieren, für welche die wirkliche Nachfrage nicht entsprechend vermehrt ist, führen sie zur Ueberproduktion; indem die vorübergehenden hohen Gewinne einzelner Unternehmungen, die niedrigen Zinssätze und die hohen Kurse der sicheren Anlagewerte zu einer übertriebenen Nachfrage nach Industriepapieren Anlaß geben, führen sie zur Ueberspekulation, bis schließlich der unvermeidliche Rückschlag eintritt.

Umgekehrt hat man sich die Wirkungen einer Geldwertsteigerung vorzustellen. Die Erhöhung der Zinssätze, in welchen sich die das Angebot übersteigende Geldnachfrage zunächst äußert, übt eine einschränkende Wirkung auf die Geschäftstätigkeit aus. Der Preisrückgang, der allmählich Platz greift, verringert die Gewinne und lähmt den Unternehmungsgeist. Die zuerst und am schwersten von dem Preisrückgange betroffenen Unternehmungen, die ihre Produktionskosten — vor allem die Arbeitslöhne — nicht entsprechend dem geringeren Erlöse für ihre Erzeugnisse herabzudrücken vermögen, erleiden Einbußen und sehen sich zu Betriebseinschränkungen oder gar zu Betriebseinstellungen gezwungen. Die geringere Nachfrage nach Arbeitskräften drückt schließlich auch die Arbeitslöhne, und zwar unter Begleiterscheinungen, die für Unternehmer und Arbeiter gleich traurig sind.

Veränderungen des Geldwertes sind mithin — einerlei nach welcher Richtung hin sie erfolgen — geeignet, bedenkliche Verschiebungen in der Einkommens- und Vermögensverteilung, Erschütterungen der Grundlagen einer jeden wirtschaftlichen Kalkulation und damit erhebliche Störungen im ganzen Wirtschaftsleben hervorzurufen. Sowohl im allgemeinen Interesse der Volkswirtschaft, als auch aus Gründen der Gerechtigkeit erscheint deshalb die möglichste Stabilität des Geldwertes, d. h. die möglichste Unveränderlichkeit der auf Seiten des Geldes wirksamen Bestimmungsgründe für die Austauschverhältnisse, als das erstrebenswerte Ziel.

Wenn in diesen Ausführungen versucht wurde, die Begleiterscheinungen und Folgen der Geldwertverschiebungen darzustellen, so darf der Hinweis darauf nicht unterlassen werden, daß wir es hier nicht mit Wirkungen zu tun haben, die unbedingt eintreten müssen, daß vielmehr die auf der Seite der übrigen Verkehrsobjekte wirksamen Faktoren geeignet sind, die vom Gelde ausgehenden Wirkungen aufzuheben und zu überbieten. In Anbetracht der oben dargelegten Tatsache, daß die Besonderheit der auf der Seite des Geldes wirksamen Bestimmungsgründe dem Werte des Geldes eine weit größere Beständigkeit sichert, als wir sie bei den meisten anderen Verkehrsobjekten voraussetzen dürfen, kann man sogar damit rechnen, daß — solange die Geldverfassung nicht Störungen schwerster Art ausgesetzt ist — in der tatsächlichen Gestaltung der Austauschverhältnisse und der Bewegungsvorgänge der Volkswirtschaft die vom Gelde ausgehenden Wirkungen gänzlich durch die von den übrigen Verkehrsobjekten ausgehenden Wirkungen in den Hintergrund gedrängt werden. Je weniger sich in den tatsächlichen Vorgängen und Erscheinungen ein Einfluß des Geldes nachweisen läßt, je indifferenter das Geld für den Gang des Wirtschaftslebens ist, desto mehr nähert sich das Geld dem Ideale, das man vulgär „Unveränderlichkeit des Geldwertes" bezeichnet.

Die vorstehenden Ausführungen habe ich absichtlich nahezu unverändert aus den früheren, vor dem Weltkriege verfaßten Auflagen entnommen. Damals waren sie der Niederschlag theoretischer Betrachtung, der Erfahrungen zurückliegender Zeiten und der Beobachtungen der Verhältnisse in einigen uns mehr oder weniger fernliegenden Ländern mit zerrütteter Geldverfassung. Inzwischen hat das deutsche Volk am eignen Leibe erfahren müssen, was eine Entwertung des Geldes bis nahe auf den Nullpunkt bedeutet. In allen wesentlichen Punkten haben die Vorgänge, deren Zeugen wir waren und noch sind, die Richtigkeit der oben entwickelten Theorie bestätigt. In welchem Maße sie die graue Theorie in unerhörten Schicksalen breiter Volksschichten und in der Katastrophe einer großen und vordem blühenden Volkswirtschaft verwirklicht haben, wird bei der Schilderung der tatsächlichen Entwicklung des Geldwertes während der letzten Jahre vor Augen zu führen sein (Siehe unten 13. Kapitel § 12).

§ 8. Die Wirkungen der Valutaschwankungen.

Ehe jedoch die Theorie der Begleiterscheinungen und Folgen einer Geldentwertung an den in der Weltgeschichte beispiellosen Vorgängen der letzten Jahre demonstriert werden kann, müssen noch einige Ausführungen über einen Faktor gemacht werden, der für die Verschiebungen der Austauschverhältnisse zwischen dem Gelde und seinen Gegenwerten von der größten Wichtigkeit ist, bisher aber noch nicht berücksichtigt wurde.

Die bisherige Darstellung nahm das Geldwesen und die Wirtschaft eines gegebenen Gebietes als ein geschlossenes Ganzes. In Wirklichkeit ist jedes einzelne Wirtschaftsgebiet der Welt durch den Außenhandel, durch den Kreditverkehr und andere Beziehungen in den Gesamtkomplex der Weltwirtschaft verflochten. Nur wenn die Bestimmungsgründe für eine Aenderung der Austauschverhältnisse zwischen dem Gelde und seinen Gegenwerten der Richtung und dem Grade nach universell sind, können diese Bestimmungsgründe die Wertbeziehungen zwischen den Valuten der einzelnen Länder unberührt lassen. Diese Voraussetzung ist mitunter gegeben. Wenn z. B. im Zustande der universellen Goldwährung plötzlich eine Steigerung der Goldproduktion eintrat, die zu einer Wertverringerung des Goldes und damit des Geldes der Goldwährungsländer führte, so wurden durch diesen Vorgang die sämtlichen Goldwährungsländer gleichmäßig getroffen. Für eine ernstliche Störung in dem wechselseitigen Verhältnis der Valuten der einzelnen Goldwährungsländer lag in einem solchen Falle weder ein Anlaß, noch auch eine Möglichkeit vor.

Auch wenn die Verschiebungen in den Bestimmungsgründen nicht universell sind, können sie sich auf dem Gebiet der intervalutarischen Kurse, soweit es sich um Länder mit gleicher gebundener Währung handelt, nur innerhalb der durch die Währungsgleichheit den Schwankungen der intervalutarischen Kurse gezogenen Grenzen, also nur innerhalb der „Goldpunkte" auswirken. Allerdings besteht hier die Möglichkeit, daß die Veränderungen der Bestimmungsgründe für die Austauschverhältnisse stark genug sind, um die Aufrechterhaltung der Goldwährung unmöglich zu machen und sich so auch in einer Störung der intervalutarischen Kurse durchzusetzen.

Ist aber erst einmal die gemeinschaftliche metallische Währungsgrundlage verloren und gehen die Störungen der Austauschverhältnisse zwischen dem Gelde und seinen Gegenwerten von Faktoren aus, die nicht universeller Natur sind, sondern ihren Ursprung in den besonderen Verhältnissen der einzelnen Staaten und Volkswirtschaften haben, dann müssen die Störungen notwendigerweise auch auf die intervalutarischen Kurse überwirken.

Der einfache Schulfall, wie er namentlich von der klassischen englischen Nationalökonomie behandelt worden ist, läßt sich folgendermaßen darstellen:

Der Staat A gerät in finanziellen Verfall. Infolge allzustarker Beanspruchung der Zentralnotenbank durch die staatliche Finanzverwaltung muß die Noteneinlösung eingestellt werden und wird der Geldumlauf durch die übermäßige Ausgabe von Papiergeld über den wirtschaftlichen Bedarf des Landes hinaus gesteigert (Inflation). Die Vermehrung der Geldausgabe setzt sich in Nachfrage nach Waren und Leistungen um und erhöht infolgedessen das Niveau der Preise und Löhne, führt also zu einer — zunächst nur inländischen — Geldentwertung. Aber der auf diese Weise entstehende Niveau-Unterschied zwischen den inländischen und den Weltmarktspreisen hat zur Folge eine Verschiebung der Handels- und Zahlungsbilanz: durch die hohen Inlandspreise und Löhne wird die Einfuhr aus den Ländern mit niedriger gebliebenen Preisen und Löhnen begünstigt, die Ausfuhr nach diesen Ländern erschwert, die Handelsbilanz und damit die Zahlungsbilanz wird also passsiv. Die Notwendigkeit der Abdeckung des wachsenden Passivsaldos der Zahlungsbilanz steigert die Nachfrage nach ausländischen Zahlungsmitteln und treibt damit die Kurse der fremden Devisen in die Höhe. Am Anfang dieser Kette von Ursachen und Wirkungen steht also die im Inlande vor sich gehende „Inflation“, am Ende steht die Steigerung der ausländischen Devisen und die Entwertung der heimischen Valuta.

In zahlreichen geschichtlichen Fällen haben sich die Dinge in der Tat nach diesem Schema abgespielt. Es sind jedoch auch Fälle denkbar, und solche Fälle sind gerade in der Entwicklung der neuesten Zeit praktisch geworden, in denen die Entwicklung anders, ja geradezu in umgekehrter Richtung verläuft; wo also aus irgendwelchen von den inneren Geldverhältnissen eines Staates gänzlich unabhängigen Gründen eine Erschütterung der intervalutarischen Kurse eintritt und wo diese Störung der Valuta, also des Außenwertes des Geldes, auf die inneren Austauschverhältnisse, den Binnenwert des Geldes, die stärkste Rückwirkung ausübt. Ehe dieser zweite Fall an den tatsächlichen Vorgängen der Nachkriegszeit illustriert wird (Kapitel 13 § 11), sei die in den bisherigen Auflagen für diesen zweiten Fall entwickelte Theorie wiedergegeben. Dort hieß es:

Der Einfluß der Valutaverschiebung äußert sich zunächst in den Preisen derjenigen Waren, für deren Bezug die beiden Länder am meisten aufeinander angewiesen sind. Wenn der Exporteur des Goldwährungslandes für die in dem Papierwährungslande, dessen Valuta zurückgegangen ist, abzusetzenden Waren nach wie vor den gleichen Erlös in Goldgeld erzielen will, so sieht er sich genötigt, die von ihm in dem Papiergelde geforderten Preise dem Valutarückgange entsprechend zu erhöhen. Wenn umgekehrt eine Ware in Frage steht, die das Land mit sinkender Valuta ausführt, so erzielt der Exporteur dieses Landes für den gleichen Goldpreis einen höheren Erlös in dem heimischen Papiergelde, und diese Tatsache muß natürlich auf den Inlandspreis der betreffenden Ware zurückwirken. Bei Waren, welche die beiden Länder in Konkurrenz miteinander produzieren, ist freilich auch der umgekehrte Fall denkbar, daß nämlich der Exporteur des Goldwährungslandes die volle Preiserhöhung, die zur Erzielung des bisherigen Erlöses in Goldgeld erforderlich ist, nicht durchzusetzen vermag und daß diese Tatsache auch einen gewissen Druck auf die Inlandspreise des Goldwährungslandes ausübt, oder daß der Exporteur des Landes mit sinkender Valuta, um seinen Absatz zu erhalten oder auszudehnen, sich mit einem niedrigeren Preise in Goldgeld, der für ihn immer noch den gleichen oder gar einen höheren Preis im heimischen Papiergelde bedeuten kann, zufrieden gibt und dadurch den Preisstand der Ware in dem Goldwährungslande drückt. Welche von den beiden Eventualitäten oder wie weit eine jede von beiden sich verwirklicht, ob eine Senkung der Preise in dem Lande mit hochwertiger Valuta, ob eine Preissteigerung in dem Lande mit sinkender Valuta, darauf sind von großem Einflusse die wirtschaftlichen Größenverhältnisse der beiden in Betracht kommenden Währungsgebiete und die Konkurrenzverhältnisse auf dem Weltmarkte. Wenn der Absatz nach dem Lande mit Silber- oder Papierwährung nur einen kleinen Bruchteil des Konsums in dem exportierenden Goldwährungslande oder des Absatzes nach anderen Goldwährungsländern darstellt, wenn ferner der Export des Landes mit Silber- oder Papierwährung nur einen kleinen Bruchteil der Versorgung des Weltmarktes ausmacht, dann muß die Einwirkung der Valutaschwankungen auf die Preise der Goldwährungsländer weit zurückstehen hinter der Rückwirkung, den die Valutaveränderung auf die Preise in den Silber- und Papierwährungsländern ausübt. Ferner hat ein Valutarückgang eines Silber- oder Papierwährungslandes auf den Weltmarktpreis seiner Exportwaren je nach der Lage des Marktes eine verschiedene Wirkung; bei einem Ueberwiegen der Nachfrage über das Angebot liegt für den Exporteur des Landes mit sinkender Valuta kein Grund vor, sich mit geringeren Goldpreisen zu begnügen; er wird vielmehr an der günstigen Preisgestaltung in vollem Umfange teilnehmen wollen; bei der umgekehrten Marktlage allerdings kann er sich veranlaßt sehen, sich den in Frage gestellten Absatz durch eine Reduktion seiner Preisforderungen zu erzwingen. Das Endergebnis für das Preisniveau der beiden Währungsgebiete muß jedoch im wesentlichen davon abhängen, auf welcher Seite die Ursache für die Valutaschwankung zu suchen ist. Wenn z. B. infolge einer beträchtlichen Steigerung der Silberproduktion und des Silberangebotes der Preis des Silbers und mit ihm der Kurs der Silbervaluten einen Rückgang erfährt, wenn infolgedessen die Exportartikel der Silberwährungsländer — bei gleichem Preise in Silbergeld — zu einem billigeren Preise in Goldgeld beschafft werden können, wenn dadurch der Export dieser Waren und zu deren Bezahlung der Import von Silber einen größeren Umfang annimmt, so ergibt sich aus diesen Verhältnissen, welche den Geldumlauf der Goldwährungsländer gänzlich unberührt lassen, eine Vermehrung des Geldumlaufs in dem Silberwährungslande, die schon deshalb, weil sie durch eine Steigerung der Nachfrage nach Exportwaren des Silberwährungslandes herbeigeführt worden ist, die Tendenz hat, eine Preissteigerung herbeizuführen.

Die der Valutaveränderung entsprechende Verschiebung des beiderseitigen Preisniveaus muß sich für die Gesamtheit der Verkehrsobjekte um so rascher durchsetzen, je enger die Verkehrsbeziehungen zwischen den beiden Währungsgebieten sind, und sie erfolgt um so langsamer, je geringer die beiderseitigen Berührungspunkte sind.

So lange sich die Ausgleichung nicht vollständig vollzogen hat, genießt die Produktion des Landes mit sinkender Valuta in der

Konkurrenz mit dem anderen Lande einen gewissen Vorsprung. Die in heimischem Landesgelde bestehenden Produktionskosten stellen infolge des Valutarückgangs, solange die Preise der Produktionsmittel und die Arbeitslöhne nicht entsprechend gestiegen sind, einen geringeren Betrag in Goldgeld dar als bisher; der heimische Produzent kann infolgedessen sowohl auf dem eignen Markte als auch auf dem Weltmarkte mit den Produzenten der Goldwährungsländer erfolgreicher in Konkurrenz treten. Man hat infolgedessen behauptet, eine sinkende Valuta wirke für das betroffene Land wie ein Schutzzoll gegen die fremde Einfuhr und wie eine Prämie für die eigne Ausfuhr (Valuta-Dumping). In gewissem Sinne trifft die Behauptung nach den oben gemachten Ausführungen zu, jedoch mit folgenden Einschränkungen:

Eine Verschiebung zugunsten des Landes mit sinkender Valuta tritt nur für einen Teil der Produktionskosten ein. Soweit die Produktionskosten nicht in heimischem Gelde, sondern in Naturalien bestehen, wie vielfach bei den landwirtschaftlichen Arbeitslöhnen, soweit die Produktionsmittel aus Ländern mit Goldwährung bezogen und entsprechend dem Sinken der Valuta teurer bezahlt werden müssen, wie vielfach Maschinen und Kohlen, ist der Valutarückgang auf das Verhältnis der Produktionskosten in beiden Währungsgebieten offenbar ohne Einfluß. Dasselbe gilt für die wichtigsten Rohstoffe der industriellen Produktion, deren Verbilligung, die etwa infolge einer Entwertung der Valuta des Erzeugungslandes eintritt, auch den Goldwährungsländern zugute kommt. So hat die Silberentwertung und der Rückgang der indischen Valuta für die indische Spinnerei den auf die Rohbaumwolle entfallenden Teil der Produktionskosten ebensowenig zuungunsten der Goldwährungsländer beeinflussen können, wie den auf die aus Europa importierten Maschinen entfallenden Teil; ebenso wie letztere infolge des Valutarückgangs teurer bezahlt werden mußten, ebenso hätte bei gleichbleibendem Preise in indischem Gelde die indische Baumwolle von den europäischen Spinnereien zu einem billigeren Preise in Goldgeld bezogen werden können. Gelegentliche Berechnungen haben ergeben, daß überhaupt nur etwa 10 Prozent der Produktionskosten von Garn mittlerer Qualität denkbarerweise durch die Entwertung der indischen Valuta zugunsten der indischen und zuungunsten der europäischen Spinnerei haben beeinflußt werden können[1]).

Ferner ist die möglicherweise eintretende Verschiebung der Produktionskosten nur vorübergehend; sie verschwindet von selbst, sobald die notwendige Ausgleichung des Preisniveaus der beiden Währungsgebiete auf der Grundlage des neuen Wertverhältnisses der beiden Valuten eingetreten ist.

Auch mit diesen Beschränkungen und Vorbehalten läßt sich die mit einem Schutzoll und einer Exportprämie verglichene Wirkung der sinkenden Valuta nicht als einen unzweifelhaften Vorteil hinstellen. Denn einmal kann man über die Wohltaten von Schutzzoll und Exportprämie an sich schon verschiedener Ansicht sein, namentlich dann,

---

[1]) Vgl. meine Abhandlung über „Außenhandel und Valutaschwankungen" in Schmollers Jahrbuch, XXI. 2.

wenn der Schutzzoll und die Exportprämie unterschiedslos die verschiedenen Ein- und Ausfuhrwaren treffen, der „Schutzzoll" auch die für die eigne wirtschaftliche Entwicklung notwendigen Produktionsmittel wie Kohlen, Eisen, Maschinen usw., die „Exportprämie" auch die für die Ernährung der eignen Bevölkerung notwendigen Lebensmittel und die Rohstoffe der eignen gewerblichen Produktion. Ferner aber stehen den kleinen und vorübergehenden Vorteilen, die sich aus den geschilderten Wirkungen etwa ergeben können, schwere Nachteile gegenüber. Einem Valutarückgange sind diejenigen Länder am meisten ausgesetzt, deren wirtschaftliche und finanzielle Kraft am wenigsten entwickelt ist. Solche Länder bedürfen zur Aufschließung und Nutzbarmachung ihrer Hilfsquellen der Unterstützung durch das Kapital der weiter vorgeschrittenen Goldwährungsländer. Unsichere Valutaverhältnisse sind jedoch für die Heranziehung dieses Kapitals ein großes Hindernis. Die Kapitalisten der Goldwährungsländer, die ihr Kapital in solchen Gebieten anlegen, laufen Gefahr, daß die in der schwankenden Valuta eingehenden Erträgnisse gegenüber dem Goldgelde entwertet werden; soweit sie sich durch dieses Risiko nicht abschrecken lassen, müssen sie sich durch Ansprüche auf höhere Zinsen oder eine größere Rentabilität schadlos halten. Vielfach sehen sich sowohl die staatlichen Finanzverwaltungen als auch die privaten Unternehmer in solchen Ländern genötigt, das Kapital durch die Zusage der Verzinsung und Rückzahlung in Goldgeld heranzuziehen; dann hat das Land mit unsicherer Valuta selbst das ganze Risiko zu tragen, da für die zukünftigen Goldzahlungen mit jedem weiteren Rückgange der Valuta ein größerer Betrag einheimischen Geldes aufzuwenden ist. Die sich aus diesen Verhältnissen ergebende Erschwerung der Kapitalzufuhr bedeutet für die wirtschaftliche und finanzielle Entwicklung der Länder mit schwankender Valuta eine Hemmung, die beträchtlich schwerer ins Gewicht fällt, als der vorübergehende Anreiz, der sich aus einem Valutarückgange für einzelne Produktionszweige möglicherweise ergeben kann. So erklärt es sich, daß die Länder, welche die Wirkungen einer schwankenden Valuta an sich selbst erfahren haben, von den Wohltaten einer Valutaentwertung nichts wissen wollen, daß sie vielmehr bereit sind, für die Herstellung eines festen Kursverhältnisses zwischen ihrem Gelde und dem Gelde der Goldwährungsländer erhebliche Opfer zu bringen.

Soweit die Darlegung der früheren Auflagen. Sie mögen uns angesichts der Erfahrungen, die wir heute mit der abgrundtiefen Entwertung unserer deutschen Valuta machen, farblos und blutleer erscheinen. Aber die aus den früheren, viel bescheideneren Valutaschwankungen von Silber- und Papierwährungsländern abstrahierte Theorie hat durch die neuesten Erlebnisse des Zusammenbruchs unserer Valuta in allen wesentlichen Punkten nur eine Bestätigung erfahren, wenn auch das Riesenmaß aller Dimensionen die alten Wahrheiten fast als neu erscheinen läßt und wenn auch die Besonderheit der Umstände, unter denen sich die Entwertung der deutschen Valuta vollzogen hat, in Einzelheiten auch für die Theorie eine Ausgestaltung und Vervollständigung ermöglicht.

13. Kapitel.
Die Gestaltung des Geldwertes von 1850 bis zur Gegenwart.

§ 1. Die Grosshandelspreise von 1850 bis zum Weltkrieg.

Wenn wir uns Rechenschaft geben wollen über die Gestaltung des Geldwertes seit der Mitte des neunzehnten Jahrhunderts und über den Einfluß, den die auf der Seite des Geldes wirksamen Bestimmungsgründe während dieses Zeitraumes auf die Gesamtheit der volkswirtschaftlichen Bewegungsvorgänge ausgeübt haben, so müssen wir zunächst die Tatsachen konstatieren, aus denen wir unsere Schlüsse zu ziehen haben.

Als einen wichtigen Anhalt für die Veränderung der Kaufkraft des Geldes haben wir die auch für längere Zeit rückwärts am leichtesten und sichersten feststellbaren Großhandelspreise wichtiger Handelswaren kennen gelernt, die in „Indexziffern" (siehe oben Kapitel 12, § 4) zu vergleichbaren Zahlen zusammengefaßt werden. Für die frühere Zeit kommen vor allem die von Sauerbeck für England, von Soetbeer für Hamburg berechneten Indexziffern in Betracht; sie stellen sich für die Zeit von 1847/50 bis 1890, dem letzten Jahre der Soetbeerschen Statistik, wie folgt:

Indexzahlen Soetbeers und Sauerbecks.

Jahre	Soetbeer	Sauerbeck	Jahre	Soetbeer	Sauerbeck
1847—50	100	81	1871	127,03	100
1851	100,21	75	1872	135,62	109
1852	100,69	78	1873	138,28	111
1853	113,69	95	1874	136,20	102
1854	121,25	102	1875	129,85	96
1855	124,23	101	1876	128,33	95
1856	123,27	101	1877	127,70	94
1857	130,11	105	1878	120,60	87
1858	113,52	91	1879	117,10	83
1859	116,34	94	1880	121,89	88
1860	120,98	99	1881	121,07	85
1861	118,10	98	1882	122,14	84
1862	122,65	101	1883	122,24	82
1863	125,49	103	1884	114,25	76
1864	129,28	105	1885	108,72	72
1865	122,63	101	1886	103,99	69
1866	125,85	102	1887	102,02	68
1867	124,44	100	1888	102,04	70
1868	121,99	99	1889	106,13	72
1869	123,38	98	1890	108,12	72
1870	122,87	96			

Um das Bild zu vervollständigen, sei nachstehend die Entwicklung der Großhandelspreise für Deutschland, England, Frankreich, Schweden und die Vereinigten Staaten für die Zeit von 1860 bis 1913 nach einer von dem Statistischen Reichsamt bearbeiteten Uebersicht wiedergegeben:

Bewegung der Großhandelspreise (Großhandels-Indexziffern) in Deutschland, England, Frankreich, Schweden und den Vereinigten Staaten von Amerika 1860—1913 (1861—70 = 100)[1].

Jahr	Deutschland (Stat. Reichsamt)	England (Sauerbeck)	Frankreich (Annuaire Statistique)	Schweden (Kommerskoll. Svensk Handelstid.)	Ver. Staaten (Dun's Review)
1860	99	99	106	100	65
1861	100	98	104	98	58
1862	96	101	105	103	67
1863	94	103	105	108	98
1864	94	105	104	109	159
1865	96	101	97	104	110
1866	101	102	99	98	118
1867	110	100	97	97	107
1868	109	99	97	96	104
1869	103	98	95	94	94
1870	96	96	98	93	85
1871	103	100	101	96	86
1872	116	109	105	107	86
1873	125	111	105	115	81
1874	119	102	97	108	81
1875	110	96	95	103	77
1876	107	95	95	98	66
1877	109	94	96	100	62
1878	98	87	88	89	55
1879	89	83	86	88	55
1880	100	88	88	92	62
1881	96	85	86	90	64
1882	91	84	84	89	70
1883	90	82	81	86	61
1884	82	76	74	83	57
1885	78	72	73	79	52
1886	73	69	70	76	51
1887	73	68	68	73	53
1888	79	70	71	80	54
1889	87	72	74	80	51
1890	93	72	74	83	52
1891	99	72	72	83	55
1892	87	68	70	78	51
1893	81	68	69	75	51
1894	75	63	64	72	47
1895	73	62	62	71	46
1896	74	61	60	72	42
1897	80	62	61	74	41
1898	85	64	63	77	44
1899	85	68	68	82	48
1900	91	75	73	85	52
1901	85	70	70	83	52
1902	84	69	68	82	58
1903	83	69	69	82	57
1904	87	70	68	83	55
1905	90	72	72	84	56
1906	92	77	76	89	60

[1] Nach „Wirtschaft und Statistik", 2. Jahrgang Nr. 3, S. 91.

Jahr	Deutschland (Stat. Reichsamt)	England (Sauerbeck)	Frankreich (Annuaire Statistique)	Schweden (Kommerskoll. Svensk Handelstid.)	Ver. Staaten (Dun's Review)
1907	103	80	80	93	65
1908	97	73	74	89	61
1909	96	74	74	90	68
1910	94	78	79	92	68
1911	99	80	83	95	67
1912	112	85	87	99	69
1913	97	85	85	101	66

Aus dieser Uebersicht ergibt sich zunächst, daß in den fünf Jahrzehnten von 1860 bis an die Schwelle des Weltkrieges die Veränderungen der Indexziffern sich in verhältnismäßig engen Grenzen gehalten haben.

Die Jahresdurchschnitte der Indexziffern bewegten sich innerhalb folgender Spannungen:

in den Jahren	in Deutschland	in England	in Frankreich	in Schweden	in den Ver. Staaten
1860—1869	94—109	98—105	106—95	109—94	58—159 [1])
1870—1879	125— 89	111— 83	105—86	115—88	86— 55
1880—1889	100— 73	88— 68	88—68	92—73	70— 51
1890—1899	99— 73	72— 61	72—60	83—71	55— 41
1900—1909	83—103	69— 80	68—80	82—93	52— 68

Es zeigt sich weiter, daß die Wellenbewegungen der Indexziffern in den einzelnen Ländern der Richtung nach in weitgehender Uebereinstimmung miteinander verlaufen; sie decken sich mit den Wellenbewegungen der großen wirtschaftlichen Konjunkturen und Depressionen, die bei der engen Verflechtung der einzelnen nationalen Wirtschaften zur Weltwirtschaft internationalen Charakter hatten. Die Perioden starken wirtschaftlichen Aufschwungs in den Jahren 1871—1873 und in der zweiten Hälfte der neunziger Jahre, dann wieder 1903 bis 1907 und in den letzten Jahren vor dem Krieg treten mit den auf sie folgenden rückläufigen Bewegungen scharf hervor.

Betrachtet man die Gesamtbewegung, so tritt zunächst von 1850 bis 1873 eine ansehnliche Steigerung der Indexziffern zu Tage. In den folgenden Jahrzehnten ist nach allen Statistiken im Ganzen ein Rückgang der Großhandelspreise festzustellen, der seinen Tiefpunkt in den Jahren 1895—1897 erreichte. Der Rückgang war keineswegs gleichmäßig und ununterbrochen; die Preisbewegung der einzelnen Warengattungen, auf denen sich die Indexziffern aufbauen, zeigt vielmehr erhebliche Abweichungen, und der Rückgang der Endzahlen ist von Zeit zu Zeit durch eine Steigerung unterbrochen worden. Von der zweiten Hälfte der neunziger Jahre des vorigen Jahrhunderts an strebte die Bewegung im großen Ganzen wieder nach oben.

---

[1]) Periode des Bürgerkriegs und der amerikanischen Papierwährung.

§ 2. Großhandelspreise und Goldproduktion von 1850 bis 1873.

Auffällig ist der Parallelismus dieser Gestaltung der Großhandelspreise mit der Entwicklung der **G o l d p r o d u k t i o n**. Die Periode der Steigerung der Großhandelspreise von 1850—1873 fällt zusammen mit der gewaltigen Vermehrung der Goldgewinnung infolge der Entdeckung der kalifornischen und australischen Goldfelder. Die Periode der deutlichen Senkung der Großhandelspreise von 1873 bis in die zweite Hälfte der neunziger Jahre erinnert uns daran, daß die Goldproduktion vom Ausgang der sechziger Jahre an einen nicht unerheblichen Rückgang aufwies, der allerdings schon im Jahre 1883 seinen tiefsten Punkt erreichte. Die Periode der neuen Hebung des Preisniveaus läßt sich in Verbindung bringen mit dem neuen gewaltigen Aufschwung der Goldgewinnung, der zu Beginn der neunziger Jahre einsetzte und bis zum Ausbruch des Weltkrieges nahezu ununterbrochen anhielt. Es liegt nahe aus diesem zeitlichen Parallelismus auf einen ursächlichen Zusammenhang zu schließen. Dieser Schluß ist in der Tat gezogen worden: Die Geldliteratur der 50 er und 60 er Jahre des vorigen Jahrhunderts beschäftigte sich eingehend mit der Frage der Entwertung des Goldes und damit des Goldgeldes als einer Folge der gesteigerten Goldgewinnung. Die Entwicklung der 80 er Jahre gab Veranlassung, das Problem der „Appreciation“ des Goldes als Folge des Rückganges der Goldgewinnung eingehend zu erörtern. Um die Wende des 19. und 20. Jahrhunderts, nachdem die Goldgewinnung ihren neuen großen Aufschwung genommen hatte und die Preise wieder ins Steigen gekommen waren, wurde die Frage der Verringerung des Gold- und Geldwertes erneut zeitgemäß.

Was zunächst die Entwicklung der 50 er und 60 er Jahre anlangt, so ist zu berücksichtigen daß die gesteigerte Goldgewinnung zu einem großen Teile dazu diente, das in jener Zeit in gewaltigen, die gleichzeitige Neuproduktion übertreffenden Mengen nach Indien abströmende Silber in dem Münzumlauf einer Anzahl europäischer Staaten zu ersetzen (siehe oben S. 129 ff). Außerdem ist in Betracht zu ziehen, daß die durch Eisenbahnen und Dampfschiffe ausgelöste wirtschaftliche Entwicklung jener Jahre, insbesondere der Aufschwung des Welthandels, den Geldbedarf der Welt erheblich steigern mußte. Aber diese auf der Seite der Geldnachfrage liegenden Gegenwirkungen waren nicht stark genug, um die Wirkung des durch die gesteigerte Goldproduktion plötzlich erhöhten Angebots des wichtigsten Geldstoffes auf die Kaufkraft des Geldes völlig aufzuheben. Obwohl die auf der Seite der Großhandelswaren vorliegenden Verhältnisse, die technischen Fortschritte in der Produktion und im Transport sowie die wirksamere Gestaltung der Organisation der Produktion, für sich genommen und unter im übrigen gleichbleibenden Umständen einen Rückgang der Warenpreise zum mindesten auf den europäischen Märkten hätten zur Folge haben müssen, ist eine beträchtliche und unverkennbare, nur einmal — nach der Krisis von 1857 — durch einen stärkeren Rückschlag unterbrochene Hebung des Niveaus der Großhandelspreise eingetreten. Diese Entwicklung der Großhandelspreise befand sich auch im Einklang mit der Entwicklung der Kleinhandelspreise, der Mieten und Pachten, der Grundstückspreise und Arbeitslöhne; ja die Verminderung der Kaufkraft des

Geldes war auf diesen Gebieten, soweit es sich nach dem allerdings
unvollständigen statistischen Material und aufgrund allgemeiner Beobachtungen feststellen läßt, noch beträchtlich fühlbarer als auf dem
Gebiete der Großhandelspreise.

Für die 50 er und 60 er Jahre des vorigen Jahrhunderts kann
man also in der Tat von einer „Wertverringerung des Geldes" in dem
oben präzisierten Sinne sprechen: die Austauschverhältnisse zwischen
dem Gelde einerseits, Waren, Nutzungen und Leistungen andererseits
haben sich zuungunsten des Geldes verschoben, und zwar ist diese
Verschiebung offenbar durch einen auf der Seite des Geldes wirksamen
Faktor, die gewaltige Steigerung der Goldgewinnung entscheidend beeinflußt worden [1]).

§ 3. Goldproduktion und Geldwert 1873—1895.

Weniger einfach liegen die Zusammenhänge in den folgenden
Perioden. Was zunächst die Zeit der Senkung des Niveaus der Großhandelspreise von 1873 bis zur zweiten Hälfte der neunziger Jahre
anlangt, so fiel allerdings die rückläufige Preisentwicklung jener Periode
mit einer verhältnismäßig starken Abnahme der Goldgewinnung zusammen.
Eine nicht geringe Anzahl von Nationalökonomen und Geldtheoretikern,
darunter solche von großem Namen [2]), waren geneigt, aufgrund der
Entwicklung der Großhandelspreise eine „Wertsteigerung" des Geldes
der Goldwährungsländer anzunehmen. Man glaubte die Bestimmungsgründe der Senkung der Großhandelspreise, deren Durchschnittszahlen
man mehr noch als heute mit dem „allgemeinen Preisniveau" identi-
fizierte, mit aller Sicherheit auf der Seite des Geldes nachweisen zu
können: Während bis zu den 70 er Jahren in der europäischen Kulturwelt Gold und Silber nebeneinander als Geldstoff gedient hatten, war
mit der fortschreitenden Demonetisation des Silbers der Geldbedarf
immer ausschließlicher auf das in seiner Neugewinnung rückläufige
Gold angewiesen worden; auf diese Weise habe die Geldversorgung
der Goldwährungsländer eine Einschränkung erfahren, die zu einer
Gold- und Geldverteurung habe führen müssen und die für sich allein
eine ausreichende Erklärung für den allgemeinen Preisrückgang biete.

Eine solche Auffassung scheint auf den ersten Blick durch die
Tatsache bestätigt zu werden, daß die enorme Zunahme der Goldgewinnung, die seit den Beginn der 90 er Jahre des vorigen Jahrhunderts
wieder eingetreten ist, zusammenfällt mit dem Stillstande in der rückläufigen Tendenz der Großhandelspreise.

Diese Beweisführung ist jedoch nichts weniger als zwingend. Wenn
man zunächst eine Einschränkung der Geldversorgung als Folge der
Ausschließung des Silbers von den Münzstätten einer Reihe wichtiger
Staaten zugibt, so ist damit noch keineswegs die Notwendigkeit einer
Geldverteuerung bewiesen. Denn wenn in den beiden Jahrzehnten

---

[1]) Aus welchen Gründen die Steigerung der Goldgewinnung auch auf den
Wert des Silbers und damit des Geldes der Silberwährungsländer überwirken mußte,
ist oben Seite 133 dargelegt.

[2]) Vgl. namentlich G o s c h e n , On the probable results of an increase in the
purchasing power of gold, (1885); G i f f e n , Trade depression und low prices, 1885.

1850—1870, wie wir gesehen haben, die überreiche Geldversorgung eine erhebliche Verringerung des Geldwertes herbeigeführt hat, dann mußte eine Einschränkung der Geldversorgung, wie sie durch die Ausschließung des Silbers von den Münzstätten und die Verringerung der Goldproduktion herbeigeführt wurde, nicht unbedingt eine Geldwertsteigerung zur Folge haben; die Wirkung dieser Umstände konnte sich vielmehr darauf beschränken, den Rückgang des Geldwertes einzudämmen und dem Geldwerte wieder eine annähernde Stabilität zu verleihen.

Ferner ist zu beachten, daß die seit dem Beginn der 70 er Jahre des vorigen Jahrhunderts eingetretene Beschränkung der Geldversorgung der Goldwährungsländer nicht entfernt so bedeutend war, wie es auf den ersten Blick aussehen möchte. Es ist unrichtig zu sagen, daß in den damals zur Goldwährung übergegangenen Ländern das Gold allein dieselben Dienste habe tun müssen, wie vorher Gold und Silber zusammen. Eine Abstoßung von Silbergeld hat, wie im geschichtlichen Teile dargestellt wurde, nur in einem Umfange stattgefunden, der gegenüber dem Vorrate an Silbergeld, der ja auch in den neuen Goldwährungsländern zum weitaus größten Teile beibehalten wurde, und gegenüber den Silberprägungen, die bis in die 90 er Jahre hinein für die Vereinigten Staaten von Amerika und für europäische Länder vorgenommen wurden, nicht ins Gewicht fallen konnte. Beschränkt worden ist mithin nicht der in den Ländern europäischer Kultur vorhandene Geldvorrat, es ist vielmehr durch die geschilderten Umstände nur das Tempo der Vermehrung dieses Geldvorrats verlangsamt worden. Um die Wirkung dieser Verlangsamung zu beurteilen, muß man sich erinnern, daß die enorme Goldproduktion der Jahre 1850 bis 1870 die Mittel für eine gewaltige territoriale Ausdehnung des Gebrauchs von Goldgeld zur Verfügung gestellt hatte und daß dafür die europäische Zirkulation die Silbermengen, die damals nach Indien verschifft wurden, freigegeben hatte. Die starke Goldproduktion der genannten zwei Jahrzehnte hatte mithin einem ganz außerordentlichen einmaligen Bedarfe genügt; die Erhaltung und die den Verkehrsbedürfnissen entsprechende Vermehrung der einmal geschaffenen Goldzirkulation konnte natürlich mit einer wesentlich geringeren Zufuhr neuen Metalls bewirkt werden.

Dazu kommt schließlich die Steigerung der Intensität der Geldausnutzung, beruhend auf der Verbreitung und Vervollkommnung der sich auf dem Kredit aufbauenden Zahlungsmethoden und Zahlungseinrichtungen, eine Entwicklung, die gerade von den 70 er Jahren an staunenswerte Fortschritte gemacht hat. Man denke nur an die Entwicklung der Depositenbanken in England und des Giroverkehrs in Deutschland! Durch die Ausbildung dieser Zahlungseinrichtungen allein hätte die Wirkung einer beträchtlichen Steigerung des Geldbedarfs und einer wesentlichen Einschränkung der Geldversorgung ausgeglichen werden können.

Die Entwicklung der Edelmetall- und Währungsverhältnisse während der Periode des ausgesprochenen Rückganges der Indexziffern ist mithin nicht geeignet, von vornherein die Frage zu entscheiden ob der Rückgang der Großhandelspreise jener Periode seine Ursache ganz oder teilweise auf der Seite des Geldes hatte.

Auf der anderen Seite lassen sich bei allen den großen Warengruppen, deren Preise von 1870 bis 1895/96 einen erheblicheren Rückgang erfahren haben, gewichtige außerhalb des Geldes liegende Gründe nachweisen, die einen Preisrückgang nicht nur erklären, sondern bei gleichbleibenden Bestimmungsgründen auf Seiten des Geldes geradezu notwendig erscheinen lassen. Der zur Beschaffung der wichtigsten Großhandelswaren notwendige Aufwand an Kapital und Arbeit hat in jener Zeit eine sehr erhebliche Verminderung erfahren, deren Hauptursachen folgende sind:

Die Produktionstechnik hat bei einer Reihe von Waren außerordentliche Fortschritte gemacht. Die Vervollkommnung der Maschinen und Werkzeuge, die Steigerung der Ausnutzung der Roh- und Hilfsstoffe der Produktion, die Anwendung neuer und billigerer Herstellungsmethoden haben zu einer bei den einzelnen Warengruppen allerdings verschieden starken, im ganzen aber sehr beträchtlichen Ermäßigung der Produktionskosten geführt, und das nicht etwa nur auf dem Gebiete der stoffveredelnden Industrie, sondern auch in der landwirtschaftlichen und bergmännischen Urproduktion. Auf dem Gebiete des Bergbaus und der Industrie ist die leistungsfähigere Gestaltung der Organisation der Produktion infolge des Vordringens des mit geringeren Kosten arbeitenden Großbetriebs hinzugekommen.

Ferner hat die Verbesserung der Transportmittel den Bezug gewisser Warengattungen aus ihren vom europäischen Markte weit entfernten Produktionsstätten ganz erheblich verbilligt. Im Seeverkehr sind die weniger leistungsfähigen hölzernen Schiffe durch immer leistungsfähigere Typen von eisernen Schiffen ersetzt worden, und die Seefrachten haben infolgedessen einen Rückgang erfahren, der bei einzelnen Warengattungen allein schon hinreichte, um ihren Preisrückgang zu erklären. Vor allem aber hat der Ausbau des Eisenbahnnetzes in den Vereinigten Staaten, in Argentinien, in Rußland, in Indien usw. große Gebiete erschlossen, in denen namentlich die landwirtschaftliche Produktion, teilweise auch die Gewinnung von Mineralien, zu wesentlich geringeren Kosten möglich war, als in den bisher im Bereiche des Weltmarktes gelegenen Produktionsländern.

Es dürfte schwer sein, eine Großhandelsware von erheblicherer Bedeutung nachzuweisen, deren Beschaffungskosten in der Periode des Rückganges des „allgemeinen Preisniveaus" nicht durch einen oder mehrere der eben genannten Faktoren eine nennenswerte Ermäßigung erfahren hätte. Wenn dem aber so ist, dann mußte bei sonst gleichbleibenden Verhältnissen unbedingt ein starker Rückgang der Preise dieser Waren eintreten. Freilich bleibt — da sich die Einwirkungen der Produktions- und Transporterleichterungen auf die Preise ebensowenig exakt berechnen lassen, wie die Wirkungen der oben dargestellten auf der Seite des Geldes vorgegangenen Veränderungen — die Frage noch unentschieden, ob der volle Preisrückgang der Waren auf die Ermäßigung ihrer Beschaffungskosten zurückzuführen ist oder ob er nicht wenigstens zu einem Teile durch das Geld verursacht worden sein könnte.

Gegen diese letztere noch offene Möglichkeit spricht jedoch das Verhalten des Geldes gegenüber den übrigen Verkehrsobjekten.

Im Gegensatz zu der nach unten gerichteten Entwicklung der Großhandelspreise der wichtigsten Rohstoffe und Halbfabrikate stand in jener Periode die Gestaltung der Kleinhandelspreise und die Beobachtung, daß das Leben nicht billiger, sondern teurer wurde. Die Kleinhandelspreise der gebrauchsfertigen Waren sind mindestens nicht in demselben Verhältnis billiger geworden, wie die Stapelartikel des Großverkehrs.

Eine von den Großhandelspreisen wesentlich verschiedene Entwicklung haben in den Ländern der europäischen Kultur nahezu allgemein die Grundstückspreise, sowie die Pacht- und Mietspreise erfahren. Die Preise der landwirtschaftlichen Grundstücke und die dafür gezahlten Pachten haben in Deutschland von den 40er Jahren des 19. Jahrhunderts an bis in die 80er und 90er Jahre hinein eine sehr erhebliche Steigerung erfahren; in den 90er Jahren ist infolge des Druckes der Konkurrenz der neuerschlossenen überseeischen Gebiete auf dem Getreidemarkte stellenweise ein nennenswerter Rückschlag eingetreten, der jedoch bald von einer erneuten Steigerung abgelöst wurde. Die Preise der städtischen Grundstücke und Mieten setzten ihre Steigerung nahezu ohne Unterbrechung fort.

Ebenso stand die Gestaltung der Arbeitslöhne im Widerspruch mit der Entwicklung der Großhandelspreise. Es ist eine allgemeine und durch zahlreiche statistische Untersuchungen erhärtete Beobachtung, daß die Arbeitslöhne in den Staaten europäischer Kultur, namentlich auch in Deutschland, während der Zeit des Rückganges der meisten und wichtigsten Großhandelspreise eine nicht unerhebliche Steigerung erfahren haben, ganz abgesehen von der indirekten Erhöhung des Arbeitslohnes, die bei uns in Deutschland durch die den Unternehmern auferlegten Leistungen für die Arbeiterversicherungen usw. herbeigeführt worden ist. Der Arbeitslohn hat also gerade in der Periode des Rückganges der Großhandelspreise sehr erheblich zugenommen, was an sich schon nicht darauf schließen läßt, daß der entscheidende Faktor bei der Entwicklung der Großhandelspreise eine Verknappung des Geldangebots gewesen sei. Dazu kommt die Entwicklung der Diskontsätze. Diese haben, wie aus der folgenden Aufstellung (S. 612) hervorgeht, vom Beginn der 70er Jahre bis zur Mitte der 90er Jahre des vorigen Jahrhunderts im ganzen eine sinkende Tendenz gezeigt. Erst in der zweiten Hälfte der 90er Jahre schlug die Entwicklung der Diskontsätze nach oben um.

In der in Rede stehenden Periode hat also die Kaufkraft des Geldes nur gegenüber den Großhandelspreisen der Stapelartikel eine entschiedene Abnahme gezeigt; gegenüber den Kleinhandelspreisen fertiger Produkte dagegen konnte eine Abnahme nicht mit derselben Sicherheit festgestellt werden, während die Kaufkraft des Geldes gegenüber den Grundstücken und deren Nutzungen eher eine Verminderung, gegenüber den persönlichen Arbeitsleistungen sogar eine ausgesprochene Verminderung zeigte. Insonderheit der letztere Punkt ist für die Beurteilung der hier vorliegenden Frage wichtig. Der Arbeiter kann nur

Diskontsätze in Berlin, London und Paris.

Jahre	Berlin Markt-Diskont Prozent	Berlin Bank-Diskont Prozent	London Markt-Diskont Prozent	London Bank-Diskont Prozent	Paris Markt-Diskont Prozent	Paris Bank-Diskont Prozent
1870	4,50	4,89	3,10	3,12	3,44	3,99
1871	3,63	4,16	2,94	2,87	5,12	5,71
1872	3,94	4,29	4,94	4,12	4,81	5,15
1873	4,50	4,95	4,69	4,75	5,00	5,15
1874	3,25	5,38	3,56	3,75	3,75	4,30
1875	3,75	4,70	3,19	3,25	3,25	4,00
1876	3,06	4,16	2,35	2,62	2,32	3,40
1877	3,31	4,42	2,63	2,87	1,69	2,28
1878	3,31	4,34	3,69	3,75	2,00	2,18
1879	2,75	3,70	2,25	2,37	2,19	2,58
1880	3,04	4,24	2,25	2,75	2,50	2,75
1881	3,50	4,42	2,75	3,38	3,67	3,83
1882	3,89	4,54	3,42	4,08	3,59	3,71
1883	3,08	4,05	2,94	3,57	2,80	3,07
1884	2,90	4,00	2,50	2,96	2,60	3,00
1885	2,85	4,12	2,12	3,00	2,50	3,00
1886	2,16	3,28	2,12	3,02	2,38	3,00
1887	2,30	3,41	2,88	3,30	2,53	3,00
1888	2,11	3,32	2,38	3,31	2,75	3,30
1889	2,63	3,68	3,25	3,61	2,60	3,13
1890	3,78	4,52	3,71	4,51	2,68	3,00
1891	3,02	3,78	1,50	3,30	2,62	3,00
1892	1,80	3,20	1,33	2,45	1,75	2,70
1893	3,17	4,07	1,67	3,05	2,25	2,50
1894	1,74	3,12	1,70	2,00	1,62	2,50
1895	2,01	3,14	0,81	2,00	1,63	2,09
1896	3,04	3,66	1,52	2,48	1,83	2,00
1897	3,08	3,81	1,87	2,63	1,96	2,00
1898	3,55	4,27	2,65	3,25	2,12	2,20
1899	4,45	5,04	3,29	3,75	2,96	3,06
1900	4,41	5,33	3,70	3,96	3,17	3,25
1901	3,06	4,10	3,20	3,72	2,48	3,00
1902	2,19	3,32	2,99	3,33	2,43	3,00
1903	3,01	3,84	3,40	3,75	2,78	3,00
1904	3,14	4,22	2,70	3,30	2,19	3,00
1905	2,85	3,82	2,66	3,01	2,10	3,00
1906	4,04	5,15	4,05	4,27	3,72	3,00
1907	5,12	6,03	4,53	4,93	3,40	3,46
1908	3,52	4,76	2,31	3,01	2,25	3,04
1909	2,87	3,93	2,31	3,10	1,79	3,00
1910	3,54	4,35	3,18	3,72	2,44	3,00
1911	3,54	4,40	2,94	3,47	2,61	3,14
1912	4,22	4,95	3,64	3,77	3,16	3,38
1913	4,98	5,88	4,39	4,77	3,84	4,00
1914	2,84[1])	4,89	2,50[1])	4,04	2,89[1])	4,22
1915	3,89	5,00	3,69	5,00	—	5,00
1916	5,46	5,00	5,23	5,47	—	5,00
1917	4,62⁵	5,00	4,80	5,15	—	5,00
1818	4,62	5,00	3,60	5,00	—	5,00
1919	3,19	5,00	3,96	5,15	—	5,00
1920	3,59	5,00	6,42	6,71	—	5,73
1921	3,49	5,00	5,35	6,10	—	5,79

[1]) Für 1914 umfassen die Ziffern nur die 7 Monate Januar bis Juli.

dann bei sinkenden Preisen der von ihm hergestellten Waren auf die Dauer einen gleichbleibenden oder gar einen höheren Lohn erhalten, wenn er infolge technischer Verbesserungen der Produktion mit dem gleichen Kapital- und Arbeitsaufwande mehr Waren produziert als bisher; also nur dann, wenn der Preisrückgang der Produkte durch eine entsprechende Vermehrung der Produktion bei gleichem Arbeits- und Kapitalaufwande ausgeglichen wird. Würde dagegen der Preisrückgang der Produkte auf Ursachen beruhen, die auf der Seite des Geldes wirksam sind, so bliebe dem Unternehmer nur übrig, auch die Arbeitslöhne entsprechend der Steigerung des Geldwertes herabzusetzen oder aber mit Verlust zu arbeiten und schließlich zugrunde zu gehen. Steigende Arbeitslöhne bei sinkenden Warenpreisen lassen es deshalb ausgeschlossen erscheinen, daß der Rückgang der Warenpreise durch Veränderungen auf der Seite des Geldes verursacht sein könnte.

Für die Periode der sinkenden Großhandelspreise von 1873 bis zur Mitte der 90 er Jahre ist also ein entscheidender Einfluß der auf der Seite des Geldes wirksamen Bestimmungsgründe nicht nachweisbar.

§ 4. Goldproduktion und Geldwert von 1895—1914.

Als von der zweiten Hälfte der 90 er Jahre an die Großhandelspreise in allen Ländern europäischer Kultur wieder die Richtung nach oben einschlugen, erhoben sich alsbald Stimmen, die auf die seit dem Beginn der 90 er Jahre gewaltig anschwellende Goldgewinnung als die Ursache hinwiesen. In dem Jahrzehnt 1871—1880 waren für 4830 Millionen, im folgenden Jahrzehnt für 4030 Millionen Goldmark gefördert worden; im Jahrzehnt 1891—1900 stieg die Goldgewinnung auf 8820 Millionen, im Jahrzehnt 1901—1910 auf 15870 Millionen Goldmark. Der monetäre Goldbestand der Welt hat sich in den 20 Jahren von 1890—1910 von etwa 15 auf mehr als 30 Milliarden Goldmark erhöht. Die Großhandelsindexziffer stieg in Deutschland von 73 im Jahre 1895 auf 112 im Jahre 1912 in England von 62 auf 85; die Erhöhung des Niveaus der Großhandelspreise betrug also in jener Zeit in Deutschland 53, in England 37 Prozent.

Trotzdem müssen wir uns hüten, eine unmittelbare Beziehung zwischen der Vermehrung des monetären Goldbestandes der Welt und der Preisbewegung der Großhandelswaren als ohne weiteres feststehend anzunehmen. Eine solche unmittelbare Beziehung ist schon deshalb nicht vorhanden, weil gleichzeitig mit der Steigerung der Goldgewinnung das Verwendungsgebiet des Goldgeldes eine außerordentliche Erweiterung gefunden hat. Es sei an die oben (Seite 186 ff.) gegebene Darstellung des Uebergangs großer und wichtiger Wirtschaftsgebiete zur Goldwährung erinnert, der sich vom Beginn der 90 er Jahre des vorigen Jahrhunderts an vollzogen hat. Weitaus den größten Teil des neugewonnenen Goldes, soweit es nicht durch den erheblich steigenden industriellen Bedarf in Anspruch genommen wurde, zogen die neu zur Goldwährung übergehenden oder ihre Goldwährung formell und materiell konsolidierenden Staaten an sich: in Europa vor allem Rußland und Oesterreich, jenseits der Meere die Vereinigten Staaten, Indien, Japan, Mexiko, Argentinien. Die Wirkung der gesteigerten Goldgewinnung war also nicht eine nur annähernd entsprechende Vermehrung des Goldumlaufs in den zu Beginn dieser Periode vorhandenen Goldwährungsländern, sondern die Ausweitung der Goldwährung zur Weltwährung. Der Einfluß des neuen Goldes auf den Goldwert und den Geldwert in den Goldwährungsländern mußte durch die Erweiterung des Gebietes der monetären Goldverwendung zum mindesten sehr erheblich abgeschwächt werden[1]; in ähnlicher Weise, wie in den 50er und 60er Jahren des 19. Jahrhunderts die Wirkung der kalifornischen und australischen Goldfunde auf den Gold- und Geldwert durch die Ausdehnung des Goldgeldgebrauches in den europäischen Ländern zum großen Teil aufgefangen worden war. Trotzdem ist ohne Zweifel in der Periode von der Mitte der 90er Jahre des vorigen Jahrhunderts bis zum Weltkrieg, namentlich in der letzten Hälfte dieser Periode, eine Vermehrung des Goldumlaufes der alten Goldwährungsländer übrig geblieben, die nicht unwesentlich stärker war als diejenige der vorausgegangenen fünfzehn Jahre.

Es liegt also für diese Periode immerhin die Möglichkeit einer Einwirkung der gesteigerten Goldgewinnung auf die Entwicklung der Großhandelspreise vor, zumal da auch die Entwicklung des Wertverhältnisses zwischen dem Gelde der Goldwährungsländer und den übrigen Verkehrsobjekten, wie es in den Kleinhandelspreisen, den Grundstückspreisen, den Mieten und Pachten, den Löhnen und Gehältern zum Ausdruck kommt, für eine Wertverringerung des Geldes spricht.

Auf der anderen Seite darf nicht übersehen werden, daß die Periode von der Mitte der 90er Jahre bis zum Weltkrieg sich in ihrem Gesamtcharakter wesentlich von der vorausgegangenen Periode unterschied. In der Zeit von 1873—1895 überwogen die Zeiten der wirtschaftlichen Depression und Stagnation; der im großen Ganzen unverkennbare wirtschaftliche Fortschritt vollzog sich unter starken und langanhaltenden Rückschlägen. Von der Mitte der 90er Jahre an dagegen beobachten wir eine gewaltige Aufwärtsbewegung, die alle bisher dagewesenen Entwicklungen dieser Art weit übertraf. Zwar kam es von Zeit zu Zeit zu heftigen Krisen und Rückschlägen; aber diese Rückschläge waren, im Gegensatz zu der vorhergegangenen Periode, stets nur von kurzer Dauer und wurden rasch wieder von einem neuen Aufschwung abgelöst. Das treibende Element in dieser weltumfassenden Aufwärtsbewegung war die Revolutionierung der Technik im Industrie- und Transportwesen durch die Nutzbarmachung des elektrischen Starkstromes[2]. Der durch die Entwicklung der Elektrotechnik herbeigeführte, sich auf einen engen Zeitabschnitt zusammendrängende Um- und Ausbau der Industrie und des Verkehrswesens der wichtigsten Kulturländer erzeugte eine bisher beispiellose Nachfrage nach Materialien und Arbeitskräften. Auf der Seite des Waren- und Arbeitsmarktes waren also die stärksten Antriebe für eine Steigerung der Warenpreise und Arbeitslöhne in einem Maße wirksam, das für sich allein ausreichend gewesen wäre,

---

[1]) Siehe hierzu: „Die Wirkungen der gesteigerten Goldproduktion" in meinen „Studien über Geld- und Bankwesen", 1900, S. 248 ff.

[2]) Siehe hierüber meine Lebensbeschreibung Georg von Siemens, II. Band, 1923, 3. und 4. Kapitel, Der finanzielle Aufbau der deutschen Elektrizitäts-Industrie.

um die Veränderungen in den Austauschverhältnissen zwischen dem Gelde und den übrigen Verkehrsobjekten zu erklären. Man braucht also die durch die Gestaltung der Goldgewinnung eingetretenen Aenderungen auf der Seite des Geldes nicht unbedingt zur Erklärung der Steigerung von Preisen und Löhnen heranzuziehen. Noch weniger geht es an, die Ursache der Langsamkeit des wirtschaftlichen Fortschrittes in der Periode 1873—1895 in einer zu knappen Versorgung der Welt mit Gold, die Ursache des sich geradezu überstürzenden Tempos und des alle bisherigen Vorstellungen weit überschreitenden Ausmaßes des Aufschwunges der folgenden Jahrzehnte ausschließlich in der starken Vermehrung der Goldgewinnung zu suchen.

Allerdings bleibt die Frage offen, ob die Aufwärtsbewegung jener Zeit sich in so gewaltigen Dimensionen hätte vollziehen können, wenn der durch die Gesamtentwicklung der Wirtschaft erzeugte Geldbedarf sich an den starren Schranken einer zu knappen Geldversorgung gestoßen hätte. Es war zweifellos ein glückliches Zusammentreffen, daß der wachsende Geldbedarf der Aufschwungsperiode durch die steigende Goldgewinnung eine verhältnismäßig leichte Befriedigung fand. Wie weit bei einer stagnierenden oder in gemäßigtem Tempo sich erhöhenden Goldproduktion die geographische Ausdehnung der Goldwährung verhindert oder eingeschränkt, wie weit die Geldversorgung der alten Goldwährungsländer beeinträchtigt worden wäre, wie weit durch eine noch stärkere Anspannung der Elastizität der auf Kredit beruhenden Zahlungsmethoden ein Ausgleich gefunden worden wäre — das alles sind Fragen an eine nicht dagewesene Vergangenheit, die nur mit einem „non liquet" beantwortet werden können. Das analytische Problem des Geldwertes ist schon verwickelt und schwierig genug, wenn es sich um tatsächliche Erscheinungen handelt; es ist unlösbar, wenn es aufgrund von nicht eingetretenen Eventualitäten gestellt wird.

§ 5. Warenpreise, Diskontsätze und Konjunkturschwankungen.

Dagegen ist es möglich, das Problem des Geldwertes in der wirtschaftlichen Entwicklung der letzten Jahrzehnte vor dem Weltkriege noch etwas mehr aufzuhellen, wenn man die Veränderungen der Preisentwicklung nicht nur in der in größeren Perioden vorhandenen Gesamttendenz sondern auch in ihren Einzelheiten genauer untersucht.

Bei der Betrachtung der auf S. 605 u. 606 gegebenen Uebersicht über die Entwicklung der Großhandelspreise drängt sich für jeden Kenner der Wirtschaftsgeschichte die Wahrnehmung auf, daß die Schwankungen der Indexzahlen vollständig mit dem Wechsel der auf- und absteigenden Konjunkturen zusammenfallen. Die Jahre guten Geschäftsganges und wachsender Unternehmungslust zeigen erhöhte Indexzahlen, so die Perioden 1852—1857, 1870—1873, 1879—1883, 1887—1890, 1896—1900, 1904—1907, 1910—1912. Die Zeiten einer rückläufigen Konjunktur weisen niedrige Indexzahlen auf, so die Periode nach 1857, die Jahre 1874—1879, 1884—1887, 1892—1896, 1901—1903, 1908 und 1909. Der Wechsel der Konjunkturen selbst ist in der Struktur unserer Wirtschaftsordnung begründet. Er beruht darauf, daß die Nachfrage und das Angebot in ihren Gesamtverhältnissen sich kaum jemals im Gleichgewichte befinden, sich aber stets durch ihre Einwirkung auf Preise und Gewinne auszugleichen streben. Die periodischen Schwankungen der Preise und Zinssätze sind nichts anderes als ein integrierender Teil dieser großen wirtschaftlichen Bewegungen.

Nun wäre es an sich denkbar, daß das Auf und Ab der Konjunkturen beherrscht oder mindestens stark beeinflußt würde durch die Veränderungen, die auf der Seite des Geldes vor sich gehen; bei erheblicheren Störungen auf dem Gebiete des Geldwesens ist — wie oben bei Besprechung der Begleiterscheinungen von Veränderungen des Geldwertes dargestellt wurde und wie uns die Entwicklung der Dinge seit dem Ausbruche des Krieges vor Augen führt — eine solche Einwirkung sogar überaus wahrscheinlich. Wenn wir aber die tatsächliche Entwicklung der letzten Jahrzehnte vor dem Kriege, in denen sich die meisten Länder der Welt einer wohlgeordneten Geldverfassung erfreuten, ins Auge fassen, dann machen wir die Beobachtung, daß die Veränderungen auf dem Gebiete des Geldwesens keinerlei Beziehungen zu dem Wellenschlag der Konjunkturen aufweisen. Die auf die Krisis von 1873 folgende Depression erreichte ihr Ende gerade im Jahre 1879, zu der Zeit, in welcher die Goldproduktion die stärkste Abnahme zeigte und die Goldversorgung Europas sich infolge der starken Goldeinfuhr der Vereinigten Staaten und Indiens ganz besonders ungünstig gestaltete[1]). Im Jahre 1883 trat dann eine neue Depression ein, obgleich sowohl die Goldproduktion als auch speziell die Goldversorgung Europas sich damals wieder günstiger entwickelten. Während der langen Depressionsperiode von 1891—1895 erlebten die europäischen Goldwährungsländer einen Zufluß von Gold, wie er bis dahin kaum jemals zu verzeichnen gewesen war. Der im Jahre 1895 eingetretene starke Aufschwung entwickelte sich allerdings gleichzeitig mit der gewaltigen Steigerung der Goldgewinnung; aber von dem neuen Golde kam — wie oben dargelegt wurde — der weitaus größte Teil den neu zur Goldwährung übergehenden oder ihr Geldwesen auf der Basis der Goldvaluta konsolidierenden Staaten zugute, der Union, Rußland, Oesterreich-Ungarn, Indien und Japan. Auch der im Jahre 1900 eingetretene Rückschlag der Konjunktur läßt sich nicht aus irgend welchen auf der Seite des Geldes wirksamen Bestimmungsgründen erklären. Der Rückgang der Goldproduktion infolge des Burenkrieges war nicht von entscheidender Bedeutung, wenn er auch die gegen Ende des Jahres 1899 eingetretene akute Geldklemme verschärft hat. Jedenfalls aber fehlt für den im Jahre 1907 in ähnlicher Schärfe und unter ähnlichen Begleiterscheinungen eingetretenen Konjunkturrückgang das Moment einer Abnahme der Goldproduktion vollständig, die Goldgewinnung erreichte vielmehr in jenen Jahren Rekordziffern[2]).

---

[1]) Vgl. oben S. 171 ff.

[2]) Es ist im Rahmen dieses Buches unmöglich, die der obigen Auffassung diametral entgegengesetzte Theorie S o m b a r t s , die jeden großen wirtschaftlichen Aufschwung auf eine Vermehrung der Goldproduktion zurückführen will, eingehend zu besprechen und zu widerlegen. Die oben gegebene Würdigung des Momentes, das S o m b a r t als das allein ausschlaggebende ansieht, muß hier genügen. Im übrigen sei auf S o m b a r t s Referat in Band 113 der „Schriften des Vereins für Sozialpolitik" und auf meine Abhandlung „Der deutsche Geldmarkt 1895 bis 1902" in Band 110 derselben Schriften verwiesen.

Vor allem aber zeigt eine Vergleichung der Entwicklung der Diskontsätze, wie sie in der Tabelle auf S. 612 dargestellt ist, mit denjenigen der Warenpreise, daß eine Erklärung der Konjunkturen und periodischen Preisschwankungen durch Veränderungen innerhalb des Geldes für die uns beschäftigende Periode völlig ausgeschlossen ist.

Wir haben oben festgestellt, daß in unserer modernen Geldverfassung eine vom Gelde ausgehende Verschiebung der Austauschverhältnisse sich zunächst in den Zinssätzen für kurzfristigen Kredit zeigen müßte; sinkende Preise, deren Ursache eine Geldwertsteigerung wäre, müßten von steigenden Diskontsätzen begleitet sein, steigende Preise, deren Ursache eine allzu reichliche Geldversorgung und damit eine Geldentwertung wäre, müßten von sinkenden Diskontsätzen begleitet sein. Nun läßt sich allerdings bei einer Gegenüberstellung der Indexzahlen und der Diskontsätze für die Zeit von 1870 bis zum Weltkrieg ein durchgehender Zusammenhang feststellen; aber der Zusammenhang ist gerade demjenigen entgegengesetzt, der sich bei einer Zurückführung der Preis- und Diskontveränderungen auf das Geld einstellen müßte. Durchweg fallen steigende Warenpreise mit steigenden Diskontsätzen zusammen. Der große nach dem Kriege von 1870 einsetzende Aufschwung hat neben der enormen Preissteigerung auch steigende Diskontsätze gebracht; der nach der Krisis von 1873 eintretende Preisrückgang hat eine sehr beträchtliche Ermäßigung, die Besserung der Preise von 1879 an hat eine erneute Steigerung der Diskontsätze zur Folge gehabt. Während der Depression der Wirtschaft und des Tiefstandes der Preise von 1883—1887/88 beobachten wir einen niedrigen Diskontsatz, der mit der Aenderung der wirtschaftlichen Konjunktur gegen Ende der 80er Jahre durch eine erneute Steigerung abgelöst wurde. Die erste Hälfte der 90er Jahre brachte, gleichzeitig mit den niedrigsten Indexzahlen, die für das 19. Jahrhundert festgestellt sind, auch die größte jemals dagewesene Geldflüssigkeit und die niedrigsten jemals dagewesenen Diskontsätze; in Berlin wurde im Durchschnitt des Jahres 1894 ein Marktdiskont von 1,74 Prozent, in London wurde im Jahre 1895 ein durchschnittlicher Marktdiskont von nur 0,81 Prozent verzeichnet. Die darauf folgende sich bis zum Jahre 1900 fortsetzende Aufschwungsperiode hat gleichzeitig mit der Erhöhung der wesentlichen Großhandelspreise eine ungewöhnliche Steigerung der Diskontsätze gebracht; in Deutschland sah sich die Reichsbank in den letzten Tagen des Jahres 1899 zu einer Erhöhung ihres Diskontsatzes auf 7 Prozent genötigt, der Marktdiskont überschritt um diese Zeit sowohl in Berlin als auch in London den Satz von 6 Prozent. Der im Jahre 1900 einsetzende Rückschlag hat mit sinkenden Preisen auch wieder eine Erleichterung des Geldmarktes und sinkende Zinssätze herbeigeführt. Dasselbe Spiel wiederholte sich in dem ersten Jahrzehnt des 20. Jahrhunderts. Der neue wirtschaftliche Aufschwung, der von 1904 bis 1907 währte, brachte mit der starken Preissteigerung auch eine sogar noch die Jahre 1899/1900 übertreffende Erhöhung der Diskontsätze (bis auf $7\frac{1}{2}$ Proz. bei der deutschen Reichsbank), ebenso der Konjunkturrückschlag des Jahres 1908 einen scharfen Rückgang der Preise und des Diskonts. Schließlich war die steigende Konjunktur der Jahre 1912 und 1913 von einer neuen Steigerung der Diskontsätze begleitet.

Aus dem Gelde heraus läßt sich dieser Parallelismus von Großhandelspreisen und Zinssätzen für kurzfristigen Kredit schlechterdings nicht erklären; wir würden vielmehr vor einem unlösbaren Widerspruche stehen. Dagegen erscheint dieser Parallelismus nicht nur erklärlich, sondern durchaus notwendig, sobald man von dem Gelde als der treibenden Ursache der Preis- und Diskontbewegungen absieht und die auf der Seite der Waren vorliegenden Bestimmungsgründe zum Ausgangspunkte nimmt. Wenn die Schwingungen der großen wirtschaftlichen Wellenbewegungen durch die Verschiebungen im Verhältnis von Produktion und Bedarf bedingt sind, wenn der steigende und ungenügend gedeckte Bedarf die Preise und Löhne erhöht, wenn dann allein schon infolge der erhöhten Preise und Unternehmergewinne die Produktion sich ausdehnt und die Umsätze sich vermehren, so ist die notwendige Folge eine gesteigerte Inanspruchnahme des Geldmarktes. Es ist bereits bei der Klarstellung der Schwankungen des Geldbedarfs auf diesen Einfluß der vermehrten Umsätze und erhöhten Preise hingewiesen worden. Der einzelne Unternehmer sucht sich gegenüber den größeren Umsätzen und erhöhten Preisen zu helfen, indem er einen stärkeren Kredit in Anspruch nimmt, vor allem indem er auf größere Beträge Wechsel zieht oder auf sich ziehen läßt, die dann zur Diskontierung gebracht werden und den Diskontsatz steigern. — Wenn umgekehrt die Warenproduktion die Aufnahmefähigkeit des Marktes übersteigt, wenn infolgedessen ein Rückgang der Preise und Unternehmergewinne, eine Lähmung des Unternehmungsgeistes, eine Einschränkung der Umsätze und eine Herabsetzung der Löhne eintritt, so ist die notwendige Folge eine geringere Inanspruchnahme des vorhandenen Geldbestandes und eine Ermäßigung der Zinssätze für kurzfristigen Kredit.

In diesem Lichte betrachtet, stellen sich mithin steigende Diskontsätze als die Folge steigender Preise und wachsender Umsätze, niedrige Diskontsätze als die Folge sinkender Preise und abnehmender Umsätze dar.

Nun haben wir aber bei der Betrachtung der Begleiterscheinungen der Geldwertveränderungen einen umgekehrten Kausalnexus festgestellt: die auf Veränderungen in Geldversorgung und Geldbedarf beruhende Erhöhung der Diskontsätze übt, wie wir gesehen haben, einen Druck auf Preise und Umsätze aus, während eine Ermäßigung der Diskontsätze die Tendenz hat, eine Steigerung der Preise und Umsätze zu bewirken. Es liegt mithin eine Wechselwirkung zwischen den Preisen und Umsätzen auf der einen Seite, den Diskontsätzen auf der anderen Seite vor; ein Wechselwirkungsverhältnis, bei welchem die Wirkung modifizierend auf die Ursache zurückwirkt. An sich kann jeder der beiden Faktoren sowohl die ausschlaggebende Ursache als auch die lediglich modifizierende Wirkung sein. Die Erhöhung der Preise und Steigerung der Umsätze kann die Ursache der Erhöhung der Diskontsätze sein, während letztere lediglich modifizierend auf Preise und Umsätze zurückwirken; oder aber die Steigerung der Diskontsätze ist die Ursache des Rückganges der Preise und Umsätze, und dieser Rückgang übt lediglich eine einschränkende Rückwirkung auf die Steigerung der Diskontsätze aus. Die erstere Möglichkeit setzt voraus, daß der Anstoß und das treibende Moment der Entwicklung auf der Seite der Waren liegt; die letztere Möglichkeit ist gegeben, wenn der Anstoß und das treibende Moment vom Gelde ausgeht. Je neutraler und indifferenter sich das Geld in diesen Vorgängen verhält, desto deutlicher muß die Abhängigkeit der Diskontsätze von den Preisen und Umsätzen in Erscheinung treten. Denn eine durch eine Erhöhung der Preise bewirkte Diskontsteigerung kann nicht durch eine Geldverteuerung erklärt werden, da eine solche ja in sinkenden Preisen zum Ausdruck kommen müßte; und ein niedriger Diskontsatz, der auf sinkenden Preisen beruht, läßt sich nicht auf eine Geldentwertung, der steigende Preise entsprechen müßten, zurückführen. Solange in der tatsächlichen Entwicklung die Bewegung der Diskontsätze in dem Maße, wie es in den letzten Jahrzehnten vor dem Weltkriege der Fall war, von der Gestaltung der Preise und der gesamten wirtschaftlichen Konjunktur beherrscht ist, haben allerdings diejenigen, welche eine Geldverteuerung nachweisen wollen, zu jeder Zeit die Möglichkeit, entweder einen Preisrückgang oder steigende Diskontsätze für ihre Ansicht ins Feld zu führen; Aber umgekehrt kann man dem Preisrückgange stets die gleichzeitige Ermäßigung der Diskontsätze, der Steigerung der Diskontsätze stets die gleichzeitige Erhöhung der Preise als Beweis gegen eine Geldknappheit und Geldverteuerung entgegenhalten. In Wirklichkeit beweist das regelmäßige Zusammenfallen von Preissteigerung und Diskonterhöhung, von Preisrückgang und Diskontermäßigung nichts anderes, als daß der Einfluß des Geldes sowohl auf die Bewegung der Preise als auch auf die Schwankungen der Diskontsätze hinter der Einwirkung der allgemeinen wirtschaftlichen Verhältnisse und Bewegungen zurücktritt, daß also die auf der Seite des Geldes wirksamen Bestimmungsgründe sowohl in der Preisbewegung als auch in den Veränderungen des Diskontsatzes nur modifizierend und deshalb latent, nicht aber entscheidend und deshalb greifbar zum Ausdrucke kommen.

Soweit das Geld in dem geschilderten Zusammenhange einen rückwirkenden und modifizierenden Einfluß auf die großen volkswirtschaftlichen Bewegungsvorgänge ausübt, erfüllt es die außerordentlich wichtige Funktion eines Regulators der periodischen Schwingungen des Wirtschaftslebens. Wenn eine aufsteigende Konjunktur mit ihren erhöhten Preisen und Umsätzen eine intensivere Ausnützung des vorhandenen Geldbestandes und damit ein Anziehen des Diskonts zur Folge hat, wenn ferner die erhöhten Diskontsätze eine retardierende Wirkung auf die Preissteigerung und die Ausdehnung der Unternehmungen ausüben, so liegt in dieser vom Gelde ausgehenden Rückwirkung eine gewisse Eindämmung der Gefahr spekulativer Ausschreitungen in Produktion und Handel und eine Milderung des auf die Uebertreibungen einer günstigen Konjunktur regelmäßig erfolgenden Rückschlages. Wenn umgekehrt bei einer allgemeinen Depression der Zinsfuß für kurzfristigen Kredit sich ermäßigt, so erleichtert der niedrige Zinsfuß die Ueberwindung der schwierigen Zeit und befördert das Wiederaufleben des Unternehmungsgeistes.

§ 6. Die Großhandelspreise im Krieg und in der Nachkriegszeit.

Im Krieg und in der Nachkriegszeit ging auch auf dem Gebiete des „Geldwertes" alles aus den Fugen; nicht nur in den am Krieg unmittelbar beteiligten Ländern, sondern auch in den neutral gebliebenen Staaten; nicht nur in den Ländern, deren Geldverfassung in Verfall geriet, sondern auch in den Vereinigten Staaten von Amerika, die allein in der Welt die Goldwährung aufrechterhalten konnten.

Es sei zunächst ein Ueberblick über die Entwicklung der Großhandelspreise in einigen der wichtigsten Länder gegeben.

Internationale Großhandels-Indexziffern.
Jahresdurchschnitte 1913 bis 1922.   (1913 = 100.)

	Deutsch-land (Stat. R.-A.)	England (Economist)	Frank-reich (Stat. Gén.)	Nieder-lande (Ctr. B. f. St.)	Schweden (Sv. Hand.)	Vereinigte Staaten (Bradstreet)	Japan (Bank von Japan)
1913	100	100	100	100	100	100	100
1914	106	99	102	105	116	97	96
1915	142	123	140	145	145	107	97
1916	153	160	187	222	185	128	117
1917	189	204	261	286	244	170	149
1918	217	225	339	392	339	203	146
1919	415	235	356	287	331	203	240
1920	1 486	283	509	281	347	197	258
1921	1 911	181	345	181	211	122	201
1922	34 200	159	327	160	162	134	146

Internationale Großhandels-Indexziffern.
Monatszahlen 1920 bis 1922.
(1913 = 100.)

	Deutsch-land	England	Frank-reich	Nieder-lande	Schweden	Vereinigte Staaten	Japan
1920							
Januar	1 256	289	487	287	319	227	301
Februar	1 685	303	522	280	342	226	313
März	1 709	310	555	283	354	225	322
April	1 567	306	588	289	354	225	300
Mai	1 508	305	550	292	361	216	248
Juni	1 382	291	493	293	366	210	255
Juli	1 367	293	496	297	363	204	240
August	1 450	288	501	288	365	195	235
September	1 498	284	526	287	362	184	231
Oktober	1 466	267	502	283	346	170	220
November	1 509	245	461	260	331	148	221
Dezember	1 440	220	435	233	299	138	206
1921							
Januar	1 439	209	407	213	267	134	201
Februar	1 376	192	377	197	250	129	195
März	1 338	189	360	188	237	124	191
April	1 326	183	347	176	229	118	190
Mai	1 308	183	329	182	218	115	191
Juni	1 366	179	325	183	218	117	192
Juli	1 428	178	330	176	211	120	197
August	1 917	179	331	180	198	120	199
September	2 067	183	344	180	182	122	207

	Deutsch-land	England	Frank-reich	Nieder-lande	Schweden	Vereinigte Staaten	Japan
1921							
Oktober	2 460	170	331	169	175	123	219
November	3 467	166	334	165	174	123	214
Dezember	3 418	162	325	165	172	124	210
1922							
Januar	3 665	159	314	161	170	124	206
Februar	4 103	158	306	162	166	126	204
März	5 433	160	307	161	164	125	201
April	6 355	159	314	161	165	127	198
Mai	6 458	162	317	165	164	129	194
Juni	7 030	163	325	167	164	131	197
Juli	10 059	163	325	162	165	131	201
August	19 200	158	331	155	163	131	195
September	28 700	156	329	153	158	136	193
Oktober	56 600	158	337	156	155	145	191
November	115 100	159	352	158	154	150	188
Dezember	147 500	158	362	158	155	149	183
1923							
Januar	278 500	161	387	159	156	149	184
Februar	558 500	164	422	—	158	151	—

Die Zusammenstellung zeigt zunächst die auffallende Tatsache, daß überall — in den „Siegerstaaten", bei den Neutralen und in den unterlegenen Ländern — der Höhepunkt der Großhandelspreise nicht im Kriege selbst, sondern erst in der Nachkriegszeit erreicht worden ist.

Für die Vereinigten Staaten liegt der Höhepunkt im Januar 1920 (mit 227), für Japan im März 1920 (mit 322), für England im gleichen Monat (mit 310), für Frankreich im April 1920 (mit 588), für Schweden im Juni 1920 (mit 366), für die Niederlande im Juli 1920 (mit 297). Dann begann in allen diesen Ländern das Niveau der Großhandelspreise abzuebben. In den Vereinigten Staaten wurde der Tiefpunkt mit 115 schon im Mai 1921 erreicht; das Jahr 1922 brachte, namentlich in seiner zweiten Hälfte, wieder eine Hebung bis auf 150 im November. England, die Niederlande und Schweden kommen erst in der zweiten Hälfte des Jahres 1922, das sich in diesen Ländern durch bemerkenswert geringe Veränderungen der Indexziffern auszeichnet, auf einem Tiefstande an; England mit 156 und Holland mit 153 im September, Schweden mit 154 im November. Japan erreichte den Tiefstand mit 183 im Dezember 1922. Frankreich dagegen, dessen Großhandelsindex im Februar 1922 auf 306 angekommen war, sah das Preisniveau dann wieder bis auf 362 im Dezember und 422 im Februar 1923 steigen.

Ganz anders verlief die Entwicklung in denjenigen Staaten, welchen der sogenannte Frieden keine Ruhe und keinen Wiederaufbau, sondern die schwersten Störungen und Zerrüttungen brachte.

Speziell in Deutschland haben sich die Großhandelspreise folgendermaßen entwickelt:

Während des Krieges selbst gelang es der deutschen Wirtschaftspolitik die Großhandelspreise — trotz der durch die Blockade und die verhältnismäßig stärkere Entwertung der deutschen Valuta erschwerten

Verhältnisse — auf einem niedrigeren Stande zu halten als in den anderen kriegführenden Ländern, ja als in den meisten neutralen Staaten. Im Jahre 1917 war die deutsche Großhandelsindexziffer 179, die englische 204, die französische 261, die schwedische 244, die holländische 286; die amerikanische stand mit 170 nur wenig hinter der deutschen Indexziffer zurück; nur die japanische war mit 149 wesentlich niedriger. Auch noch das Jahr 1918 mit seinem traurigen Ausgang änderte an diesem Verhältnisse nichts. Wenn sich einmal eine gerechtere Würdigung der deutschen Kriegswirtschaftspolitik, als sie heute unter dem Druck des verlorenen Krieges und des verpfuschten Friedens üblich ist, durchgesetzt haben wird, dann wird man an dieser bemerkenswerten Tatsache nicht vorübergehen.

Nach dem Kriege allerdings, während sich in den „alliierten und assoziierten Ländern" und in den neutralen Staaten die Aufwärtsbewegung der Preise zunächst verlangsamte, um dann in ein Absinken umzuschlagen, setzte in Deutschland ein fast explosives Hochgehen der Preise ein. Schon die durchschnittliche Indexzahl des Jahres 1919 war mit 415 um mehr als 90 Prozent höher als die Indexzahl des Vorjahres. Im März 1920, nicht ganz anderthalb Jahre nach dem Abschluß des Waffenstillstandes, war die durchschnittliche Indexziffer 1709; damit war ein Niveau erreicht, das nahezu zehnmal so hoch lag, als das durchschnittliche Preisniveau des Kriegsjahres 1917. Es folgte eine Rückbildung auf 1367 im Juli 1920 und ein Jahr verhältnismäßiger Stabilität: die Indexzahl des Juni 1921 war 1366. Dann aber setzte eine sich in progressiver Beschleunigung geradezu überstürzende Steigerung ein, bis im Februar 1923 die Indexzahl mit 558 470 auf dem mehr als vierhundertfachen Stand vom Juni 1921 ankam.

§ 7. Das Verhältnis
von Preisen, Löhnen und Valuten in einigen wichtigen Ländern.

In Uebereinstimmung mit der Entwicklung der Großhandelspreise hielt sich — wenigstens in der großen Linie — die Entwicklung der Kleinhandelspreise, der unter deren Heranziehung errechneten Lebenshaltungskosten, der Löhne und Gehälter. Es ist nicht möglich, in diesem Buche das gesamte außerordentlich weitschichtige Material für die einzelnen Länder zusammenzutragen, so interessante Schlußfolgerungen sich daraus für das Problem des Geldwertes ziehen lassen. Für das exakte Studium der Folgen und Begleiterscheinungen starker Veränderungen auf dem Gebiete des Geldes, nicht nur der „Inflation" und „Geldentwertung", sondern auch der „Deflation" und „Geldwertsteigerung" bieten die Vorgänge der Kriegs- und Nachkriegsjahre in den verschiedenen Ländern ein weites und bisher fast unbeackertes Feld.

Der Parallelismus der Bewegung von Preisen und Löhnen auf der einen Seite, von Inflation und Deflation auf der anderen Seite ist in der großen Linie unverkennbar. Die Länder, in denen es im Jahr 1920 gelang, der Zunahme der Papiergeldzirkulation Einhalt zu gebieten und zu einer Politik des Zurückdämmens des Geldumlaufs überzugehen (Kontraktion), vermochten auch das Niveau der Preise und

Löhne zu senken. Diejenigen Länder dagegen, bei denen die Flut des Papiergeldes weiter anschwoll, sahen sich auch einem weiteren Ansteigen der Preise und Löhne ausgesetzt. Auch eine gewisse — wenn auch nur allgemeine — quantitative Uebereinstimmung zwischen der Stärke der Inflation und Deflation einerseits, dem Ausmaß der Steigerung und Senkung von Preisen und Löhnen andererseits ist offensichtlich.

Aber auch das Verhältnis der Valuten der einzelnen Länder zeigt eine unverkennbare Beziehung zu ihrem Preisniveau. Wenn man den Dezember 1922 zugrunde legt, so ergeben sich, auf den Dollarkurs und das amerikanische Preisniveau projiziert, folgende Relationen:

Der Londoner Kurs auf New York stand Mitte Dezember auf 4,6337 Dollar für ein Pfund Sterling; das bedeutete, gemessen an der Goldparität, einen Ueberwert des Dollars von 5,2 Prozent. Die englische Großhandelsindexziffer des Dezember 1922 war mit 158 um 5,1 Prozent höher als die amerikanische mit 149.

Die amerikanischen Wechselkurse in Schweden und in den Niederlanden standen annähernd auf der Goldparität. Die Großhandelspreise waren in Schweden mit 155 um 4 Prozent, in den Niederlanden mit 158 um 6 Prozent höher als in den Vereinigten Staaten.

Die Abweichungen in den Indexziffern dieser Länder, die unter sich die valutarische Parität annähernd wieder gewonnen haben, hielten sich mithin in auffallend engen Grenzen; sie waren nicht größer als die Abweichungen, die auch in Friedenszeiten stets vorhanden waren.

Als Typus der Länder mit einer mittleren Entwertung der Valuta sei Frankreich angeführt. Wechselkurs auf New York Mitte Dezember 1922 14,06 Frank für 1 Dollar. Der Dollar stand also 2,71 mal so hoch wie die Friedensparität. Die französische Großhandelsindexziffer war mit 362 2,43 mal so hoch als die amerikanische. Also auch hier eine ungefähre Uebereinstimmung.

Erheblich stärker war die Abweichung zwischen dem deutsch-amerikanischen Wechselkurs und dem Verhältnis der deutschen und amerikanischen Großhandelspreise. Mitte Dezember 1922 notierte der Dollar in Berlin mit rund 8000 Mark nahezu 2000 mal so hoch wie die Friedensparität. Dagegen stellte sich die deutsche Großhandels-indexziffer mit 147 500 nicht ganz 1000 mal so hoch wie die amerikanische. Die Erklärung liegt nahe: Die Anpassung an den seit dem Oktober sich überstürzenden katastrophalen Fall der deutschen Valuta hatte sich erst zum Teil vollzogen. Das ergibt sich deutlich aus einer Zerlegung der Gesamtindexziffer nach Inlandswaren und Einfuhrwaren. Die Indexziffer der Inlandswaren stand im Durchschnitt des Dezember noch auf 128 330, diejenige der Einfuhrwaren war bereits auf 243 220 angekommen, sie war 1630 mal so hoch wie die amerikanische Gesamtindexziffer.

Es liegt in der Natur der Sache, daß die Preise der Großhandels-waren, die gleichzeitig Stapelartikel des Welthandels sind, am stärksten die Tendenz haben, sich Verschiebungen der intervalutarischen Kurs-verhältnisse anzupassen; Kleinhandelspreise, Arbeitslöhne und Gehälter, aber auch Grundstückspreise, Pachten und Mieten, Werte von industriellen und kommerziellen Unternehmungen sind in stärkerem Maße von den

Besonderheiten der Verhältnisse der einzelnen Länder abhängig und zeigen deshalb in ihrem Verhältnis von Land zu Land weit größere Abweichungen von dem jeweiligen Verhältnis der intervalutarischen Kurse als die Großhandelspreise.

§ 8. Deutschland. — Großhandelspreise und Lebenshaltungskosten.

Die Gestaltung der Großhandelsindexziffern, getrennt nach Einfuhr- und Inlandswaren, sowie der in stärkerem Maße lokal bedingten Faktoren, die neben der Entwicklung der Großhandelspreise sowohl für das statistische als auch für das analytische Problem des Geldwertes von wesentlicher Bedeutung sind, sei in Nachstehendem für Deutschland wenigstens für die letzten drei Jahre, für die ein exakt bearbeitetes Material vorliegt, kurz dargestellt.

	Großhandels-Indexziffern			Lebenshaltungskosten	
	Einfuhr-waren	Inlands-waren	Gesamt-index	für Ernährung	für Ernährung, Bekleidung, Wohnung, Heizung und Beleuchtung
	(1913 = 1)			(1913/14 = 1)	
1920					
Januar	27,3	9,6	12,6	—	—
Februar	40,6	12,1	16,9	9,5	8,5
März	40,1	12,5	17,1	11,1	9,6
April	34,4	11,9	15,7	12,3	10,4
Mai	25,8	12,9	15,1	13,2	11,0
Juni	21,2	12,4	13,8	12,8	10,8
Juli	19,0	12,6	13,7	12,7	10,7
August	20,4	13,3	14,5	11,7	10,2
September	22,3	13,5	15,0	11,7	10,2
Oktober	23,3	12,9	14,7	12,7	10,7
November	23,6	13,4	15,1	13,4	11,2
Dezember	20,2	13,2	14,4	14,3	11,6
1921					
Januar	18,2	13,6	14,4	14,2	11,8
Februar	16,6	13,2	13,8	13,6	11,5
März	16,2	12,8	13,4	13,5	11,4
April	15,6	12,8	13,3	13,3	11,3
Mai	15,2	12,7	13,1	13,2	11,2
Juni	16,0	13,2	13,7	13,7	11,7
Juli	17,2	13,7	14,3	14,9	12,5
August	19,4	19,1	19,2	15,9	13,3
September	26,4	19,5	20,7	16,1	13,7
Oktober	35,9	22,4	24,6	17,1	15,0
November	56,6	29,7	34,2	21,9	17,8
Dezember	50,7	31,7	34,9	23,6	19,3
1922					
Januar	50,8	33,8	36,7	24,6	20,4
Februar	58,0	37,6	41,0	30,2	24,5
März	74,6	50,3	54,3	36,0	29,0
April	82,0	59,9	63,6	43,6	34,4
Mai	86,2	60,3	64,6	46,8	38,0
Juni	94,8	65,4	70,3	51,2	41,5

	Großhandels-Indexziffern			Lebenshaltungskosten	
	Einfuhr-waren	Inlands-waren	Gesamt-index	für Ernährung	für Ernährung, Bekleidung, Wohnung, Heizung und Beleuchtung
	(1913 = 1)			(1913/14 = 1)	
1922					
Juli	138,5	93,0	100,6	68,4	53,9
August	324,9	165,5	192,0	97,5	77,7
September	431,1	258,2	287,0	154,2	133,2
Oktober	903,4	498,5	566,0	266,2	220,7
November	2141,5	952,9	1151,0	549,8	446,1
Dezember	2432,3	1283,3	1474,6	807,0	685,1
1923					
Januar	4758,3	2390,1	2784,8	1366,0	1120,0
Februar	8796,4	4942,4	5584,7	3183,0	2643,0
März	6815,9	4502,6	4888,2	3315,0	2854,0

Das beweglichste Element in diesen Zahlenreihen sind die Preise für Einfuhrwaren. Auch wenn der Dollarkurs nicht neben ihnen steht, ist ersichtlich, daß sich hier die Schwankungen der deutschen Valuta in dem Gelde des Weltmarktes, modifiziert durch die Bewegungen der auf Gold lautenden Weltmarktspreise, wiederspiegeln.

Zögernd und schleppend folgen die Preise der im Inland erzeugten Großhandelswaren. Bei heftigen Steigerungen des Dollarkurses bleiben sie zunächst auffällig hinter dem Preisniveau der Einfuhrwaren zurück, um dann, wenn in dem Dollarkurs und den Preisen der Einfuhrwaren ein Rückschlag eingetreten ist, den Annäherungsprozeß durch weiteres Steigen fortzusetzen. Als im Februar 1920 der Berliner Dollarkurs mit einem Durchschnittssatze von 99,11 Mark (gleich dem 23,6 fachen der Parität) seinen vorläufigen Höhepunkt erreichte, kam in Deutschland die Indexziffer der Einfuhrwaren auf 40,6 an[1]). Die Indexziffer der deutschen Inlandswaren stand damals auf 12,1, also auf rund 30 Prozent der Indexzahl der Einfuhrwaren. In den folgenden Monaten ging die Indexzahl der Einfuhrwaren im Gleichschritt mit dem Dollarkurs zurück bis auf 19,0 im Juli 1920; gleichzeitig setzte die Indexzahl der Inlandswaren ihre Steigerung fort bis auf 12,6, kam also jetzt auf 66 Prozent des Einfuhrindex. Dann folgte ein Jahr verhältnismäßig großer Beständigkeit in Devisenkursen und Großhandelspreisen, in dem der Index der Inlandswaren noch mehr demjenigen der Einfuhrwaren sich annäherte: im Mai 1921 war das Verhältnis der beiden Indices 15,2 zu 12,7; der Index der Inlandswaren kam also auf 84 Prozent des Index der Einfuhrwaren.

---

[1]) Daß die Indexziffer der deutschen Einfuhrwaren mit 40,6 höher war als die sich aus dem Dollarkurs ergebende Meßziffer der deutschen Valuta mit 23,6, erklärt sich aus der Tatsache, daß damals die amerikanische Indexziffer der Großhandelspreise auf 226 v. H. stand. Auf deutsches Geld umgerechnet ergibt sich daraus eine Meßziffer der amerikanischen Großhandelspreise von $23,6 \times 2,26 = 53,3$, hinter der die Indexziffer der deutschen Einfuhrwaren noch erheblich zurückblieb.

Als in der zweiten Hälfte des Jahres 1921 die Folgen der Unterwerfung unter das Londoner Ultimatum und seine unerfüllbaren Zahlungsbedingungen in dem Beginn des Zusammenbruchs der deutschen Valuta sichtbar wurden, wirbelten mit dem Dollarkurs die Preise der Einfuhrwaren in die Höhe; der November 1921 brachte einen Index der Einfuhrwaren von 56,6. Die Inlandswaren folgten in immer größer werdendem Abstande und kamen im November auf einem Index von 29,7 an, also auf 52 Prozent des Einfuhrwarenindex. Als Valuta- und Einfuhrwarenindex in den folgenden Monaten einen Rückschlag erfuhren, stiegen die Preise der Inlandswaren weiter: im Januar 1922 war das Verhältnis der beiden Indices 50,8 und 33,8 die Inlandspreise standen also wieder auf 66 Prozent der Einfuhrpreise.

Dieses Verhältnis blieb bei steigenden Indexziffern bis in die zweite Hälfte des Jahres 1922 bestehen. Im Juli 1922 betrug der Index der Einfuhrwaren 138,5, der Index der Inlandswaren 93,0 = 68 Prozent des Einfuhrwarenindex. Als jedoch nunmehr mit den französischen Gewaltandrohungen die eigentliche Valutakatastrophe einsetzte, klafften die Preise der Einfuhrwaren und der Inlandswaren, obwohl auch die letzteren scharf in die Höhe gingen, von neuem weit auseinander: im November 1922 stellte sich der Index der Einfuhrwaren auf 2141,5, derjenige der Inlandswaren auf 952,9 = 45 Prozent des Einfuhrwarenindex. Am 5. Februar, dem Stichtag nach dem höchsten Dollarkurs (49 000 Mark am 31. Januar), stand einem Einfuhrwarenindex von 11 176 ein Inlandswarenindex von 4925 gegenüber. Das Verhältnis des letzteren zum ersteren war also 44 Prozent. Die inzwischen eingeleitete Aktion zur Herabdrückung des Dollarkurses, die den Erfolg hatte, daß der Dollarkurs am 15. Februar sich auf 19 500 Mark (gegen 42 250 Mark am 5. Februar) ermäßigte, kam in einer starken Senkung des Einfuhrwarenindex zum Ausdruck, während die Preise der Inlandswaren nahezu stabil blieben: am 15. Februar waren die beiden Indices 7963 und 4873; der Inlandswarenindex war also in den 10 Tagen von 44 auf 66 vom Hundert des Einfuhrwarenindex gestiegen.

Noch wesentlich stärker abgeflacht als die Kurve der Indexziffer der im Inland erzeugten Großhandelswaren erscheint die Kurve der Kleinhandelspreise und der im wesentlichen auf diesen beruhenden Teuerungszahlen der Lebenshaltungskosten. Am meisten gilt das für die Ziffern der gesamten Lebenshaltungskosten, in denen die Mieten einbegriffen sind. Die teilweise noch fortbestehende Zwangsbewirtschaftung des Getreides und die noch in vollem Umfang aufrechterhaltene Zwangsbewirtschaftung im Wohnungswesen hält die Kurve der Lebenshaltungskosten unter sichtbarem Druck. Das macht sich besonders in Zeiten scharfer Steigerungen der auswärtigen Wechselkurse geltend: Im Februar 1920 stand der Index der Lebenshaltungskosten mit 8,5 nur etwa halb so hoch wie der Großhandelsindex mit 16,9. In den folgenden Monaten der Valutabesserung und Senkung der Großhandelspreise holten die Lebenshaltungskosten auf; sie standen im Juni 1921 auf 11,7 gegenüber einem Großhandelsindex von 13,7, der Unterschied zwischen den beiden Zahlenreihen war also auf etwa 14 Prozent zusammengeschrumpft. Die in der zweiten Hälfte 1921 einsetzende-

scharfe Entwertung der Mark ließ die beiden Zahlenreihen wieder stärker auseinandergehen; im November 1921 stand einem Großhandelsindex von 34,2 ein Lebenshaltungskostenindex von 17,8 gegenüber. Bei dem katastrophalen Zusammenbruch der deutschen Valuta in der zweiten Hälfte des Jahres 1922 wurde der Unterschied noch größer; im Januar 1923 stellte sich der Index der Lebenshaltungskosten mit 1120 nur noch auf etwa 40 Prozent des Großhandelsindex mit 2785, im März 1923, dem letzten Monat, für den im Augenblick abschließende Zahlen vorliegen, war das Verhältnis 2854 und 4827.

Welche Rolle innerhalb der Lebenshaltungskosten die einzelnen Kategorien von Ausgaben spielen, sei mit der nachfolgenden Uebersicht ersichtlich gemacht:

Reichsindexziffern für	1922									1923		
	April	Mai	Juni	Juli	Aug	Sept	Okt.	Nov.	Dez.	Jan.	Febr	März
Ernährung	43,6	16,8	51,2	8,4	97,5	154,2	266,2	49,8	807,0	1366	3183	3315
Bekleidung	48,3	56,9	65,2	80,2	125,7	260,0	386,6	741,6	1161,1	1682	4164	4323
Heizung und Beleuchtung . . .	35,0	14,1	48,2	9,4	77,2	161,1	251,7	508,3	1038,9	1612	4071	5529
Wohnung.	2,9	3,0	3,1	3,4	4,0	4,2	8,0	11,3	16,5	38	58	113
Gesamte Lebenshaltungskosten.	34,4	38,0	41,5	53,9	77,7	133,2	220,7	446,1	685,1	1120	2643	2854

Die Wohnungskosten sind also bis zum März 1923 gegenüber dem Vorkriegsstande nur um $^1/_{40}$ der Bekleidungskosten, um $^1/_{50}$ der Kosten für Heizung und Beleuchtung und um $^1/_{30}$ der Ernährungskosten gestiegen. Nur auf die verhältnismäßig geringe Steigerung der Wohnungsmieten ist es zurückzuführen, daß die Indexziffer für die gesamten Lebenshaltungskosten mit 2884 wesentlich niedriger war als die Indices für Ernährung mit 3315, für Bekleidung mit 4328 und für Heizung und Beleuchtung mit 5529.

§ 9. Deutschland. — Löhne und Gehälter.

Für die Kriegsjahre und die erste Zeit nach der Revolution und dem Friedensschluß ist das Material hinsichtlich der Entwicklung der Löhne und Gehälter noch nicht genügend gesichtet und durchgearbeitet, um eine abschließende Beurteilung zu gestatten. In großen Zügen hielt sich die Steigerung des Entgeltes für Arbeitsleistungen aller Art vom Kriegsausbruch bis zum Herbst 1917 in verhältnismäßig engen Grenzen. Erst in Verbindung mit der Inangriffnahme des sogenannten Hindenburgprogramms trat eine sprunghafte Steigerung der Löhne ein. Die Revolution brachte zu dem aus der physischen Erschöpfung und Minderung der Arbeitskraft hervorgehenden natürlichen Rückgang der Arbeitsergiebigkeit mit dem gesetzlichen Achtstundentag, mit zahlreichen Streiks und anderen Hemmungen ein künstliches Zurückschrauben der Arbeitsleistung, verbunden mit den auf dem gestiegenen Machtbewußtsein der Arbeiterschaft hervorgegangenen Ansprüchen auf eine bessere Entlohnung. Daraus entwickelte sich ein Wettrennen zwischen Löhnen und Preisen, bei dem die Arbeitslöhne zwar vorübergehend einen kleinen Vorsprung gewonnen haben mögen, auf die Dauer jedoch die Preise immer wieder die Arbeitslöhne schlugen.

Ueber die Gestaltung des Verhältnisses zwischen Preisen, Lebenshaltungskosten und Löhnen in der letzten Zeit gibt nachstehende Zusammenstellung einen Ueberblick:

Zeitpunkt	Großhandels-Indexziffer (1915 = 1)	Ernährungskosten (1913 14 = 1)	Gesamte Lebenshaltungskosten (1913/14 = 1)	Meßziffer der tarifmäßigen Wochenlöhne der volljährigen Metallarbeiter im Zeitlohn (Juli 1914 = 1)	Meßziffer der durchschnittl. Monatslöhne der über 24 jährigen ungelernten, verheirateten Reichsbetriebsarbeiter in Ortsklasse A (Ende 1913 = 1)
Januar 1921	14	14	12	—	11
Januar 1922	37	25	20	—	20
April „	64	44	34	34	30
Juli „	101	68	54	56	57
August „	192	98	78	76	85
September „	287	154	133	135	161
Oktober „	566	266	220	193	190
November „	1 151	550	446	334	332
Dezember „	1 475	807	685	598	552
Januar 1923	2 785	1 366	1 120	997	888
Februar „	5 585	3 183	2 643	2 326	1 852
März „	4 887	3 315	2 854 ·	2 978	—

Die Löhne für ungelernte Arbeit hielten nach diesen Ziffern, während sie hinter der Steigerung der Großhandelspreise schon zu Beginn des Jahres 1922 erheblich zurückblieben, bis in die zweite Hälfte des Jahres 1922 hinein ein annäherndes Gleichgewicht mit der Steigerung der gesamten Lebenshaltungskosten (einschließlich der Wohnungsmieten). Noch im August 1922, als die Großhandels-Indexziffer bereits auf 192 angekommen war, stellte sich die Entlohnung des ungelernten verheirateten Arbeiters in der Metallindustrie auf das 76fache, in den Reichsbetrieben auf das 85fache des Friedenslohnes, während der Reichsindex der Lebenshaltungskosten das 78fache des Friedensstandes anzeigte. In den folgenden Monaten dagegen hielt die Erhöhung der Arbeitslöhne nicht Schritt mit der in gewaltigen Preissprüngen sich steigernden Verteuerung aller Lebensbedürfnisse. Im Februar 1923 stellte sich der an dem Index der Lebenshaltungskosten des Statistischen Reichsamtes gemessene Reallohn des ungelernten verheirateten Metallarbeiters nur noch auf 88 Prozent, des ungelernten verheirateten Reichsbetriebsarbeiters nur noch auf 70 Prozent des Friedensstandes. Der seither eingetretene Preisrückgang hat angesichts des Gleichbleibens oder gar weiteren Steigens der Löhne inzwischen einen gewissen Ausgleich gebracht.

Die Löhne für ungelernte Arbeiter dürfen nun aber keineswegs als typisch für die Entwicklung des für Arbeitsleistungen überhaupt gezahlten Entgeltes betrachtet werden; nicht einmal für das eigentliche Gebiet der Arbeitslöhne, geschweige denn für die Gehälter der kaufmännischen und technischen Angestellten und der Beamten oder für das Arbeitseinkommen der freien Berufe.

Wie stark die Entwicklung der Entlohnung für die verschiedenen Kategorien der eigentlichen Lohnarbeit auseinandergegangen ist, davon gibt die nachstehende Uebersicht eine Vorstellung.

Durchschnittliche Monatslöhne der über 24jährigen Reichsbetriebsarbeiter in Ortsklasse A.

Zeitpunkt	Gelernte Arbeiter (Handwerker der Lohngruppe II!)		Angelernte Arbeiter (Werkhelfer der Lohngruppe V)		Ungelernte Arbeiter (Lohngruppe VII)	
	ledig	verheiratet	ledig	verheiratet	ledig	verheiratet

a) Monatslöhne in Mark

Zeitpunkt	ledig	verheiratet	ledig	verheiratet	ledig	verheiratet
Ende 1913	150		136		103	
Januar 1921	1 186	1 269	1 123	1 206	1 082	1 165
Januar 1922	1 924	2 257	1 820	2 153	1 758	2 090
Juli „	5 491	6 261	5 221	5 990	5 075	5 845
August „	8 362	9 298	7 966	8 902	7 821	8 757
September „	15 954	17 618	15 246	16 910	14 914	16 578
Oktober „	17 654	20 718	16 846	19 910	16 514	19 578
November „	29 848	36 192	28 600	34 914	27 872	34 216
Dezember „	48 464	59 904	46 384	57 824	45 448	56 888
Januar 1923	78 520	96 408	75 192	93 080	73 528	91 416
Februar „	164 944	201 136	157 872	194 064	154 544	190 736

b) Meßziffern (Ende 1913 = 1).

Zeitpunkt	ledig	verheiratet	ledig	verheiratet	ledig	verheiratet
Januar 1921	8	8	8	9	11	11
Januar 1922	13	15	13	16	17	20
Juli „	37	42	38	44	49	57
August „	56	62	59	65	76	85
September „	106	117	112	124	145	161
Oktober „	118	138	124	146	160	190
November „	199	241	210	257	271	332
Dezember „	323	399	341	425	441	552
Januar 1923	523	643	553	684	714	888
Februar „	1 100	1 341	1 161	1 427	1 500	1 852

Die Steigerung der Entlohnung für angelernte und mehr noch für gelernte Arbeiter bleibt · also erheblich hinter den Lohnerhöhungen für ungelernte Arbeiter zurück. Was hier für die Reichsbetriebsarbeiter sich zeigt, ist eine ganz allgemeine Erscheinung, die durchweg in allen Zweigen des Gewerbes zu beobachten ist. Die Wirkung ist, daß der Abstand zwischen der Entlohnung für gelernte und ungelernte Arbeit nahezu bis zur Bedeutungslosigkeit zusammengeschrumpft ist: während vor dem Krieg in den Reichsbetrieben der gelernte Arbeiter einen 45,6 Prozent höheren Lohn erhielt als der ungelernte, betrug im Februar 1923 der Unterschied nur noch 5,4 Prozent.

Die ungünstigere Entwicklung der Entlohnung für gelernte Arbeit zeigt sich in verschärftem Maße auf dem Gebiete der ausgesprochen geistigen Arbeit. Die Entwicklung der Beamtengehälter gibt hierfür einen Anhalt:

Durchschnittliche Monatsgehälter der Reichsbeamten in Ortsklasse A

Zeitpunkt	Besoldungsgruppe und Familienstand					
	Höhere Beamte (Gruppe XI)		Mittlere Beamte (Gruppe VIII)		Untere Beamte (Gruppe III)	
	ledig	verheiratet	ledig	verheiratet	ledig	verheiratet
a) Monatsgehälter in Mark (ohne Steuerabzug)						
1913	608		367		165	
Februar 1922	4 587	5 067	3 007	3 487	1 972	2 452
April „	5 363	6 222	3 814	4 673	2 666	3 524
Juli „	10 685	12 193	7 587	9 095	5 290	6 798
Oktober „	42 267	48 611	30 084	36 428	18 382	24 725
Dezember „	119 837	138 487	85 295	103 945	52 116	70 766
Januar 1923	195 773	226 523	139 343	170 093	85 140	115 890
Februar „	412 111	476 211	293 323	357 423	179 224	243 324
b) Meßziffern (1913 = 1)						
Februar 1922	8	8	8	10	12	15
April „	9	10	10	13	16	21
Juli „	18	20	21	25	32	41
Oktober „	70	80	82	99	111	150
Dezember „	197	228	232	283	316	429
Januar 1923	322	373	380	463	516	702
Februar „	678	783	799	974	1086	1475

Die Gehaltssteigerung im Verhältnis zum Friedenstand war also bei den mittleren Beamten wesentlich geringer als bei den unteren und blieb bei den höheren Beamten noch hinter derjenigen für die mittleren Beamten zurück. Während im Frieden der höhere Beamte der Gruppe XI das 3,7 fache Gehalt des unteren Beamten der Gruppe III bezog, stellt er sich heute nur etwa doppelt so hoch.

Im Vergleich mit dem Lohn des ungelernten Arbeiters in den Reichsbetrieben, diesen gleich 100 gesetzt, haben sich die Löhne für angelernte und gelernte Arbeiter und die Gehälter für untere, mittlere und höhere Beamte in Meßziffern für das Jahr 1913 und den Monat Februar 1923 wie folgt entwickelt.

Lohn bzw. Gehalt für den verheirateten	im Jahre 1913	im Februar 1923
ungelernten Arbeiter	100	100
angelernten „	132	102
gelernten „	146	105
unteren Beamten	160	127
mittleren „	356	184
höheren „	590	249

Der mittlere Beamte, dessen Gehalt in der Vorkriegszeit mehr als $3\frac{1}{2}$ mal so hoch war wie der Lohn des ungelernten Arbeiters, erhält heute nicht einmal ganz zweimal so viel. Der höhere Beamte, dessen Gehalt sich auf nahezu das Sechsfache des Lohnes für ungelernte Arbeit stellte, bezieht heute weniger als das $2\frac{1}{2}$ fache.

Wendet man den Begriff des „Reallohnes" auf die Gehälter an und nimmt man die vom Statistischen Reichsamt berechneten Indexziffern der Lebenshaltungskosten als Grundlage, so ergibt sich für den Februar 1923 folgendes Bild:

Index der Lebenshaltungskosten im Februar 1923: 2643.

Arbeiter- bzw. Beamten - Kategorie	Meßziffer der Löhne bezw. Gehälter 1913 = 1	Reallohn im Februar 1923 in % des Reallohnes von 1913
ungelernte Arbeiter	1 852	70%
angelernte „	1 427	54%
gelernte „	1 341	51%
untere Beamter	1 475	56%
mittlere „	974	37%
höhere „	783	30%

Während also der ungelernte Arbeiter im Februar 1923 noch 70 Prozent seines Friedensreallohnes bezog, sah sich der höhere Beamte auf 30 Prozent des realen Entgeltes der Vorkriegszeit beschränkt.

Die Entwicklung der Beamtengehälter ist dabei typisch auch für die Entlohnung der Angestellten. Im Bankgewerbe z. B. bezog vor dem Krieg der Angestellte für schwierigere Arbeiten (Gruppe III) 163 Prozent, im Februar 1923 dagegen nur noch 113 Prozent des Gehaltes des Bankgehilfen (Gruppe I).

Die Nivellierung wird durch die stark progressive Einkommenbesteuerung noch verschärft.

Das Arbeitseinkommen der freien Berufe (Aerzte, Rechtsanwälte, Gelehrte, Schriftsteller, Künstler usw.) hat sich, von seltenen Ausnahmen abgesehen, noch erheblich ungünstiger gestaltet als die Beamtengehälter.

§ 10.   Deutschland. — Kurse und Erträgnisse der Wertpapiere.

Unter den Wertpapieren haben wir drei verschiedene Kategorien zu unterscheiden:

1. die auf deutsche Währung lautenden festverzinslichen Schuldverschreibungen (Reichs- und Staatsanleihen, Kommunalanleihen, Pfandbriefe, Industrie-Obligationen),

2. die auf ausländische Währungen lautenden Werte aller Art,

3. die inländischen Dividendenpapiere, insbesondere die Aktien.

Die erste Kategorie ist im wesentlichen dem Schicksal des deutschen Geldes gefolgt. Da der Inhalt dieser Papiere eine Forderung auf eine bestimmte Summe deutschen Geldes ist, mußten sich diese Papiere mit dem deutschen Gelde selbst, auf das sie lauten, entwerten. Hinter den gewaltigen Veränderungen der deutschen Valuta treten alle die anderen Einflüsse, die in normalen Zeiten auf die Kursgestaltung der festverzinslichen Papiere einwirken, insbesondere die Veränderungen in der Höhe des Zinsfußes für langfristigen Kredit, stark zurück. In der sich entwertenden deutschen Währung zeigten die meisten dieser Papiere einen Kursstand, der hinter demjenigen der Vorkriegszeit noch etwas zurückblieb. Erst vom Herbst 1922 an trat eine auffallende Kursbesserung ein, die bei einigen Papieren den Kurs weit über den

Nennwert hinaus steigerte. Die Gründe lagen in der Hauptsache in den Gerüchten, daß mit einer „Valorisierung“ dieser Werte zu rechnen sei. Am stärksten war die Steigerung bei den deutschen Schutzgebietsanleihen, deren Kurs zeitweise bis auf 20 000 Prozent in die Höhe ging, lediglich aufgrund des Gerüchtes, daß England diese Anleihen übernehmen und zu einem günstigen Kurse in Pfund Sterling umrechnen werde. Aber auch bei anderen Reichs- und Staatsanleihen spielte die Hoffnung auf eine Hinaufwertung bei Stabilisierung der Mark erheblich mit. Das Gleiche gilt von den durch Hypotheken gedeckten Pfandbriefen, deren Kurs durch die Propaganda für eine Hinaufwertung der Hypotheken stark gehoben wurde.

Das Statistische Reichsamt hat für die festverzinslichen Werte, die auf den deutschen Börsen notiert werden, folgenden „R e n t e n - i n d e x“ berechnet:

Monats- bezw. Jahresdurchschnitt	Deutsche Staatsanleihen	Deutsche Provinzial-anleihen	Deutsche Stadt-anleihen	Landschaftl. Pfandbriefe	Hypotheken-Pfandbriefe	Gesamt-Index
Zahl der Papiere	13	9	28	11	9	70
1922						
Januar	87	90	89	101	106	93
Februar	87	89	89	100	105	92
März	88	87	89	98	104	92
April	90	86	89	97	103	92
Mai	92	85	90	97	103	92
Juni	93	84	90	96	103	92
Juli	93	82	89	96	103	92
August	95	80	86	94	100	90
September	100	77	86	92	98	90
Oktober	104	77	83	92	96	89
November	179	91	95	116	111	116
Dezember	505	104	102	133	123	186
Jahresdurchschnitt 1922	135	86	90	101	105	101
1923						
Januar	925	127	127	281	174	311
Februar	1407	152	198	378	259	456

Die Kursbewegung der A u s l a n d s w e r t e wird ausschlaggebend beeinflußt durch die Wertgestaltung der Valuta, auf die sie lauten.

Von besonderem Interesse ist die Entwicklung der dritten Kategorie von Wertpapieren, der D i v i d e n d e n w e r t e.

Die Gestaltung der Aktienkurse sei aufgrund der Berechnungen des Statistischen Reichsamtes für die Zeit vom Beginn des Jahres 1914 bis zur Gegenwart und gesondert nach den drei Gruppen „Bergbau und Schwerindustrie“, „Verarbeitende Industrie“, „Handel und Verkehr“, in nachstehender Uebersicht wiedergegeben[1]).

---

[1]) Wegen der Methode nach der die Aktienindexziffern errechnet sind, siehe insbesondere „Wirtschaft und Statistik“, 3. Jahrgang Nr. 3/4, Seite 109 ff.

Indexziffern der Aktienkurse, berechnet vom Statistischen Reichsamt (1913 = 100).

Monat	Bergbau u. Schwerindustrie	Verarbeitende Industrie	Handel u. Verkehr	Gesamtindex
1914				
Januar	105	102	102	102
Februar	106	104	102	104
März	103	102	100	102
April	100	100	97	99
Mai	100	98	98	98
Juni	99	96	97	97
Juli	88	85	92	87
1917				
Dezember	144	130	102	126
1918				
Januar	144	131	103	126
Februar	147	136	106	131
März	148	138	106	132
April	151	138	107	133
Mai	157	145	108	138
Juni	154	143	108	137
Juli	153	145	109	137
August	160	152	111	143
September	148	143	107	135
Oktober	115	113	96	109
November	99	95	90	95
Dezember	89	89	87	88
1919				
Januar	98	99	92	97
Februar	95	101	93	98
März	92	100	95	97
April	91	99	95	96
Mai	87	93	90	91
Juni	93	100	96	96
Juli	99	104	92	100
August	98	103	91	99
September	116	117	98	112
Oktober	132	130	105	124
November	137	130	105	125
Dezember	144	130	104	127
1920				
Januar	204	172	121	166
Februar	256	212	139	200
März	253	207	136	196
April	231	195	130	184
Mai	196	169	119	160
Juni	218	173	122	167
Juli	270	191	122	187
August]	295	213	127	204
September	311	232	136	220
Oktober	337	263	150	145
November	348	282	158	260
Dezember	366	303	159	271

Monat	Bergbau u. Schwerindustrie	Verarbeitende Industrie	Handel u. Verkehr	Gesamtindex
1921				
Januar	366	308	163	278
Februar	340	286	159	260
März	348	293	159	265
April	364	306	158	275
Mai	366	312	155	277
Juni	383	348	155	299
Juli	411	408	163	337
August	463	484	174	389
September	614	618	212	492
Oktober	731	825	269	644
November	1 044	1 189	423	936
Dezember	791	910	329	731
1922				
Januar	861	970	321	743
Februar	1 019	1 099	330	841
März	1 162	1 335	349	986
April	1 185	1 386	348	1 018
Mai	1 036	1 166	317	873
Juni	1 038	1 070	299	823
Juli	1 158	1 157	320	897
August	1 615	1 417	429	1 156
September	1 746	1 500	534	1 262
Oktober	2 922	2 309	980	2 062
November	8 457	5 458	1 904	5 070
Dezember	13 065	10 516	3 538	8 981
1923				
Januar	29 623	25 017	10 979	22 429
Februar	52 845	53 288	23 028	45 770
März	42 031	39 659	15 590	33 635

Die dem Kriegsausbruch vorausgehende Spannung äußerte sich in einem Druck auf die Aktienkurse, der die Gesamtindexzahl des Juli 1914 auf 87 Prozent des Standes von 1913 senkte. Mit Kriegsausbruch wurden die Kursnotierungen eingestellt. Als sie im Dezember 1917 wieder aufgenommen wurden, zeigte der Gesamtindex den Stand von 126; die günstige Beurteilung der Lage und der Aussichten der deutschen Industrie, zum Teil auch die damals schon vorhandene Entwertung der deutschen Valuta kamen in diesem Stande zum Ausdruck. Bis zum August 1918 setzte sich die Kurssteigerung nur in mäßigem Tempo fort (August-Durchschnitt 143). Der politische und militärische Zusammenbruch wurde in seiner Wirkung auf die Aktienkurse zum Teil durch die Entwertung des deutschen Geldes, in dem diese Kurse notiert werden, ausgeglichen; so erklärt es sich, daß der Gesamtindex der Aktienkurse nicht tiefer absank als bis auf 88 im Dezember 1918. Da die Mark gegenüber ihrem ursprünglichen Goldäquivalent damals schon auf weniger als die Hälfte gesunken war, bedeutete diese Indexzahl auf Gold umgerechnet nur noch ungefähr 40 Prozent des Vorkriegskursstandes der deutschen Aktien.

Vom Jahr 1919 an prägen sich in den Aktienkursen die Bewegungen der auswärtigen Wechselkurse deutlich aus; allerdings nur der Richtung, nicht auch dem Umfange nach. Im Januar/Februar 1920 kam der Berliner Dollarkurs zum ersten Male auf 100 an; das entsprach einer Entwertung der Mark auf $^1/_{25}$ der Goldparität. Der Aktienindex erreichte im Februar 1920 seinen vorläufigen Höhepunkt mit 200; auf Gold umgerechnet bedeutete diese Indexzahl noch nicht 10 Prozent des Friedensstandes. Trotzdem brachten die folgenden Monate bis zum Mai mit der Erholung der deutschen Valuta einen — wenn auch leichteren — Rückgang der Aktienkurse.

Dieselbe Entwicklung, nur in beträchtlich stärkerem Ausmaße, wiederholte sich in der zweiten Hälfte des Jahres 1921: die durch den verunglückten Versuch der Erfüllung des Londoner Ultimatums ausgelöste Steigerung des Dollarkurses bis auf mehr als 300 im November hatte auf dem Aktienmarkte die erste „Katastrophenhausse" zur Folge; der Aktienindex für Bergbau und Schwerindustrie kam auf 1044, für die verarbeitende Industrie auf 1189, und nur dem Zurückbleiben der Aktienkurse der Gruppe Handel und Verkehr (darunter namentlich Bankaktien), deren Index sich auf 423 stellte, ist es zuzuschreiben, daß der Gesamtindex der Aktienkurse für den November 1921 sich auf nicht mehr als 936 berechnet. Da im Durchschnitt des November 1921 der Entwertungsfaktor der Mark, am Dollarkurs gemessen, sich auf höher als 60 stellte, bedeutete selbst der günstigste Gruppenindex (1189 für die verarbeitende Industrie) auf Gold umgerechnet damals weniger als 20 Prozent des Friedensstandes.

Der in der zweiten Hälfte 1922 beginnende völlige Zusammenbruch der deutschen Valuta, der um die Wende der Monate Januar und Februar 1923 mit dem Dollarkurs von 50 000 Mark kulminierte und den durchschnittlichen Dollarkurs im Februar auf 27 818 Mark brachte, hat die „Katastrophenhausse" auf dem Aktienmarkt ungeahnte Dimensionen annehmen lassen: Der Gesamtindex der Aktienkurse stieg im Februar 1923 auf 45 770, die Gruppenindices für Schwerindustrie und Bergbau sowie für die verarbeitende Industrie auf rund 53 000. Während am Golde gemessen die Mark nur noch auf $^1/_{6620}$ wert war, ging also die Gesamtindexziffer der deutschen Aktien auf rund das 458 fache des Friedensstandes; beide Ziffern in ihrem Zusammenhalt ergeben, daß am Golde gemessen der Kursstand der deutschen Aktien im Durchschnitt des Februar 1923 nur noch 6,8 Prozent des Friedensstandes erreichte. Dabei hat sich der Goldwert der deutschen Aktien, wie die nachstehende Uebersicht ergibt, gegenüber seinem niedrigsten Stand immerhin wieder etwas gehoben.

Aktienindex 1918—1923,

aufgrund des Dollarkurses auf G o l d reduziert

Jahre	Bergbau und Schwerindustrie	Verarbeitende Industrie	Handel und Verkehr	Gesamtindex
1918	100,6	95,1	74,5	91,1
1919	27,9	29,1	26,4	28,2
1920	19,3	15,2	9,5	14,4
1921	22,2	21,3	9,2	17,9
1922	11,6	12,1	3,5	9,3

Jahre bzw. Monate	Bergbau und Schwerindustrie	Verarbeitende Industrie	Handel und Verkehr	Gesamtindex
März 1922	17,2	19,7	5,1	14,6
Juni 1922	13,7	14,2	3,9	10,9
September 1922	5,0	4,3	1,5	3,6
Dezember 1922	7,2	5,8	2,0	5,0
Januar 1923	6,9	5,8	2,6	5,2
Februar 1923	8,0	8,0	3,5	6,8
März 1923	8,3	7,9	3,1	6,7

In den vorstehenden Berechnungen sind die „Verwässerungen" des Goldkapitals der Aktiengesellschaften (Ausgabe von neuen Aktien zu verhältnismäßig niedrigen Kursen gegen Einzahlung in deutschem Papiergeld) insofern berücksichtigt, als die abgehenden Bezugsrechte den Börsenkursen hinzugeschlagen worden sind. Das Herabsinken der Aktienkurse auf wenige Prozente ihres Friedensgoldwertes beruht also nicht auf dieser Verwässerung. In aller Deutlichkeit wird dies klar an der Kursentwicklung von Aktien solcher Gesellschaften, die seit Kriegsausbruch ihr Aktienkapital überhaupt nicht erhöht haben. Ein Beispiel dafür ist die Gelsenkirchner Bergwerks A.-G. Deren Aktien notierten im Januar 1914 etwa 190; zur Friedensparität in amerikanisches Geld umgerechnet bedeutete dieser Kurs einen Wert der 1000 Mark-Aktie von 450 Dollar. Am 28. März 1923 war der Kurs der Gelsenkirchner Bergwerksaktien 67 500 Mark, was bei einem Berliner Dollarkurs von rund 21 000 Mark einem Preis der Aktie in amerikanischem Gelde von ca. 32 Dollar entsprach. Auf Gold umgerechnet war also der Kurs dieses wichtigen, durch keine „Verwässerung" beeinträchtigten deutschen Industriepapiers Ende März 1923 nur noch etwa 7 Prozent des Friedenskurses.

Diese Tatsache zeigt, daß auch die von den Aktiengesellschaften verkörperten „Sachwerte" in den Stürmen der Zeit schwerste Einbußen in der ihnen zuteil werdenden Bewertung erfahren haben.

Am deutlichsten wird dies, wenn man eine Gesamtbewertung der deutschen Aktien zu Beginn des Krieges und für Ende 1922 vornimmt.

Vor dem Krieg (am 31. Dezember 1913) hatten die 5486 deutschen Aktiengesellschaften ein Kapital im Nennwert von 17,4 Milliarden Goldmark, dessen Kurswert auf 31,2 Milliarden Goldmark berechnet wurde.

Bis zum 31. Dezember 1921 ist die Zahl der deutschen Aktiengesellschaften auf 9669, ihr Nennkapital auf 105,4 Milliarden Mark erhöht worden. Der durchschnittliche Aktienindex des Statistischen Reichsamtes für den Monat Dezember 1922 stellte sich auf das 90fache des Friedesstandes. Dieser Index ist jedoch unter Zuschlag der jeweils abgegangenen Bezugsrechte berechnet. Sieht man, wie es für eine Bewertung des gesamten Ende 1922 vorhandenen Aktienkapitals erforderlich ist, von diesen Zuschlägen ab, so dürfte der von der „Industrie- und Handelszeitung" aus den Kursen von 140 Aktien der verschiedensten Art berechnete Index, der für den 27. Dezember 1922 auf das 54fache des Friedesstandes kommt, ungefähr das Richtige treffen. Da sich das durchschnittliche Kursniveau des Jahres 1913 auf etwa

180 Prozent des Nennwertes stellte, würde sich für Ende 1922 ein durchschnittliches Kursniveau von 9720 Prozent des Nennwertes ergeben. Bei einem Nennkapital von rund 105 Milliarden Mark stellte sich mithin der Kurswert des gesamten Aktienkapitals Ende 1922 auf rund 10 Billionen Mark.

Der Dollarkurs Ende Dezember 1922 war etwa 7500 Mark; das ergibt 1 Goldmark = 1800 Papiermark. Die 10 Billionen Papiermark des gesamten Kurswertes der deutschen Aktien stellten mithin einen Goldwert von rund 5,6 Milliarden Mark dar, gegen 31,2 Milliarden Goldmark am 31. Dezember 1913. Obwohl das Nennkapital der deutschen Aktiengesellschaften seit jener Zeit durch Kapitalerhöhungen und Neugründungen von 17 auf 105 Milliarden Mark, also auf das etwa Sechsfache, erhöht worden ist, hat sein in Gold ausgedrückter kursmäßiger Wert einen Rückgang auf nicht viel mehr als ein Sechstel erfahren[1]).

Was den Geldwert des Kapitalertrages anlangt, so haben wir zwischen Zinsen und Gewinnanteilen (Dividenden usw.) zu unterscheiden.

Der Zinsertrag des in deutscher Währung investierten Kapitals ist in Papiermark heute der gleiche wie früher in Goldmark. Die Besitzer von Leihkapital haben die Geldentwertung, ebenso wie bei ihrem Kapitalstock, so auch bei ihrem Zinsbezug in vollem Umfang über sich ergehen lassen müssen.

Bei den Gewinnanteilen war eine Anpassung an die Geldentwertung an sich möglich. Eine solche Anpassung ist jedoch nur in einem sehr bescheidenen Umfang eingetreten. In wie bescheidenem Umfang, ergibt sich aus einem Vergleich der Aktienkurse mit den verteilten Dividenden.

Nach der Statistik der „Industrie und Handelszeitung" stellte sich am 27. Dezember 1922 aufgrund des für diesen Zeitpunkt ermittelten Kursniveaus und der tatsächlich gezahlten Dividenden die effektive Rentabilität der Aktien wie folgt (siehe Tabelle Seite 638):

Im Durchschnitt stellte sich also die effektive Verzinsung der deutschen Aktien Ende 1922 auf nicht viel mehr als $\frac{1}{4}$ Prozent ihres Kurswertes. In den Vorkriegszeiten war die effektive Rentabilität der deutschen Aktiengesellschaften kaum niedriger als 5 Prozent. Am Aktienkurse gemessen ist also die Rentabilität auf $\frac{1}{20}$ des Vorkriegsstandes zurückgegangen. Da aber die Aktienkurse selber in ihrer Entwicklung

---

[1]) In einer neueren Berechnung des Statistischen Reichsamtes, die während der Drucklegung der obenstehenden Ausführungen in „Wirtschaft und Statistik" 3. Jahrgang, Nr. 7 veröffentlicht wird, berechnet das Statistische Reichsamt den Goldwert des seit dem Ende des Jahres 1913 durch Neugründungen und Kapitalerhöhungen in Aktienform neu investierten Kapitals auf 5,8 Milliarden Goldmark. Das würde bedeuten, daß auf Gold umgerechnet der Kurswert aller deutschen Aktien Ende 1922 sogar noch etwas geringer war, als die auf Gold umgerechneten Neuinvestierungen seit dem Beginn des Jahres 1914. Auf der Goldbasis ergibt sich also für die Gesamtheit der deutschen Aktien ein Kursverlust, der noch etwas größer ist, als der Kurswert aller deutschen Aktien am Ende des Jahres 1913 gewesen war.

Zahl der Gesellschaften	Aktiengattung	Kurswert in Prozenten des Kurswertes von 1913	Verzinsung in Prozenten des Kurswertes
9	Banken	3042,6	0,34
4	Hypothekenbanken	636,4	0,81
6	Eisen- und Straßenbahnen	6995,4	0,07
8	Schiffahrtsgesellschaften und Werften	6531,2	0,17
6	Brauereien	1416,3	0,50
12	Textilfabriken	9415,9	0,25
12	Kohlenbergwerke	6661,9	0,11
16	Eisenbergwerke und Hütten	9633,8	0,14
4	Kalibergwerke	10192,8	0,13
12	Metallverarb. Fabriken	5669,7	0,17
10	Maschinenfabriken	4258,4	0,21
15	Chemische Fabriken	3407,7	0,25
11	Elektrizitätsgesellschaften	6035,4	0,22
9	Papierfabriken	5487,0	0,34
6	Terraingesellschaften	1666,7	—
140 bzw. 134	Durchschnitt	5403,4	0,26

weit hinter der Geldentwertung zurückgeblieben sind, ist in Wirklichkeit der Rückgang der effektiven Rentabilität des in den deutschen Aktiengesellschaften investierten Kapitals noch weit größer. Um sich darüber klar zu werden, braucht man nur den Dividendenertrag der deutschen Aktiengesellschaften im Jahre 1913 und im Jahre 1922 gegenüber zu stellen:

Kurswert der deutschen Aktien
Ende 1913 . . . .   31 200 Millionen Goldmark

Dividendenertrag 1913 bei 5 Prozent Rentabilität . . . .   1 560 Millionen Goldmark

Dazu 5 Prozent auf die 1914 bis 1922 neuinvestierten 5,8 Milliarden Goldmark   290   „   „
                                                                    1 850 Millionen Goldmark

Kurswert der deutschen Aktien
Ende 1922 . . . .   10 000 Milliarden Papiermark

Dividendenertrag 1923 bei $^1/_4$ Prozent Rentabilität   25   „   „

Die Papiermarkdividende des Jahres 1922 war also nur etwa das $13^1/_2$ fache der Goldmarkdividende des Jahres 1913, während die Papiermark im Jahre 1922 bei einem durchschnittlichen Dollarkurse von etwa 1 890 Mark nur noch etwa $^1/_{450}$ Goldmark wert war. Daraus ergibt sich, daß am Golde gemessen der Dividendenertrag der deutschen Aktiengesellschaften 1922 nur noch etwa 55 Millionen Goldmark erreichte, — also unter Berücksichtigung der Neuinvestierungen von 1914 bis 1922 — nur noch etwa 3 Prozent des Ertrages von 1913.

§ 11. Die Bestimmungsgründe der Geldwertveränderungen im Kriege und in der Nachkriegszeit.

In den vorhergehenden Paragraphen haben wir uns davon überzeugen können, daß die Geldentwertung in dem oben (S. 566)

definierten Sinne der Veränderungen der Austauschverhältnisse zuungunsten des Geldes seit dem Ausbruch des Weltkrieges — bei allen Verschiedenheiten des Ausmaßes in den einzelnen Ländern und der einzelnen Erscheinungsformen in einem und demselben Lande — eine offenkundige und universelle Tatsache ist.

Wir haben uns ferner davon überzeugen können, daß in der Vorkriegszeit die relative Stabilität des Geldwertes sich im Einklang befunden hatte mit einer relativen Stabilität der das Geld betreffenden Verhältnisse, daß dagegen im Kriege und in der Nachkriegszeit die schwere Erschütterung der Austauschverhältnisse Hand in Hand ging mit einer gleich schweren Erschütterung der Geldverfassungen, mit gewaltigen quantitativen Verschiebungen in den Umlaufsverhältnissen und mit bisher unerhörten Störungen im gegenseitigen Verhältnis der einzelnen Valuten.

Der erste Augenschein spricht für den kausalen Zusammenhang zwischen diesen qualitativen und quantitativen Veränderungen des Geldwesens und den Veränderungen der Austauschverhältnisse zwischen dem Gelde und allen übrigen Verkehrsobjekten. Und dieser erste Eindruck wird bestätigt durch ein genaueres Hinsehen, das ergibt, daß die Störung der Austauschverhältnisse in den einzelnen Ländern um so größer war und ist, je stärkeren Veränderungen im Krieg und in der Nachkriegszeit die Verhältnisse des Geldwesens unterworfen waren. In der großen Linie ist der Zusammenhang zwischen der Vermehrung des Geldumlaufs, der Verschlechterung des Valutastandes und der Herabdrückung des Geldwertes gegenüber den übrigen Verkehrsobjekten ganz unverkennbar. Die oben (S. 257) umschriebene Gruppe der Länder, die heute ihre Valuta annähernd wieder auf die alte Goldparität gebracht haben (die Vereinigten Staaten, Japan, die wichtigsten europäischen und amerikanischen Neutralen, England und seine großen Dominions) und die auch in ihrem inneren Preisniveau die geringste Abweichung sowohl unter sich als auch gegenüber dem Friedensstande zeigen (siehe oben S. 623), hat gleichzeitig auch die geringste Vermehrung des Umlaufs von Zahlungsmitteln zu verzeichnen. Ja die rückläufige Entwicklung des inneren Preisniveaus, die in den meisten dieser Länder im Jahre 1920 eingetreten ist, fällt zusammen mit einer planmäßigen Verringerung des Geldumlaufs (Deflation). Frankreich, Belgien und Italien, die ihren wesentlich stärker gestiegenen Geldumlauf noch nicht nennenswert haben eindämmen können, die aber immerhin der weiteren Vermehrung seit 1920 einen Riegel vorgeschoben haben, halten auch in Ansehung der Valutakurse und des inneren Preisniveaus die Mitte. In Deutschland, Polen, Oesterreich — von Rußland ganz zu schweigen — ging die sich progressiv entwickelnde Inflation Hand in Hand mit der Verschlechterung der Valuta und der allgemeinen Steigerung von Preisen und Löhnen.

Trotzdem wäre es voreilig, für die hier offensichtlich vorliegenden Zusammenhänge nur die eine Deutung zuzulassen, daß ausschließlich die Veränderungen des Geldwesens oder gar ausschließlich die quantitativen Veränderungen des Geldumlaufs die Ursache und daß die Veränderungen in dem Außen- und Binnenwert des Geldes (in dem Valutastand und in der Kaufkraft) lediglich Wirkung seien. Die Veränderungen des Geldwesens, insbesondere auch die Veränderungen quantitativer Art, sind nichts, was von selbst entsteht oder was nur aus Ursachen entstehen kann, die keinen Zusammenhang mit irgendwelchen Veränderungen in der Kaufkraft des Geldes haben; und die Veränderungen der Kaufkraft des Geldes müssen nicht notwendig durch Veränderungen, die auf der Seite des Geldes vor sich gehen, bedingt sein. Es ist also durchaus denkbar, daß Veränderungen in der Kaufkraft des Geldes, die ihre Ursache auf der Warenseite haben, bestimmend sind für Aenderungen in der Größe des Geldumlaufs. Haben wir doch gesehen, daß in den Jahrzehnten vor dem Weltkriege Schwankungen des Preisniveaus, die aus dem Wechsel der großen wirtschaftlichen Konjunkturen hervorgegangen waren, sich in Schwankungen des Geldbedarfs auswirkten, die ihrerseits wieder eine Ausdehnung oder Zusammenziehung des elastischen Teils der Geldzirkulation, des Notenumlaufs, zur Folge hatten; hier lag also nicht eine kausale Bedingtheit der Preise durch Veränderungen des Geldumlaufs, sondern umgekehrt eine kausale Bedingtheit der Veränderungen des Geldumlaufs durch die Preise, also durch die Kaufkraft des Geldes vor. Was damals im engeren Rahmen der Konjunkturschwankungen möglich war, kann in dem weiteren Rahmen der Kriegs- und Nachkriegsentwicklung nicht ohne weiteres unmöglich sein.

In der Tat ging der erste Anstoß zu den gewaltigen Verschiebungen auf dem Gebiete der Geldverfassungen, des Geldumlaufs und der Kaufkraft des Geldes von der Warenseite aus. Der Krieg brachte sofort eine riesenhafte Steigerung der Nachfrage nach allen Dingen, die für die Ausrüstung und den Unterhalt der Millionenheere erforderlich waren; er brachte gleichzeitig eine schwere Störung und Einschränkung der Gütererzeugung, teils im Wege der Entziehung von Millionen der leistungsfähigsten Arbeitskräfte, teils infolge der durch die Besonderheit des Kriegsbedarfs bedingten Umstellung der Produktion, teils durch die Erschwerung oder völlige Verhinderung der Zufuhr von ausländischen Rohstoffen. Der ungeheure improduktive Verbrauch auf der einen Seite, die Drosselung der Produktion auf der anderen Seite mußten für sich allein, ganz unabhängig von Veränderungen auf dem Gebiete des Geldwesen, eine starke Tendenz der Preissteigerung schaffen.

Gewiß sind auch auf der Seite des Geldwesens sofort bei Kriegsausbruch bedeutsame und folgenschwere Veränderungen qualitativer und quantitativer Art vor sich gegangen: die Einlösbarkeit der papiernen Umlaufsmittel wurde aufgehoben, und die Notenpresse wurde in Bewegung gesetzt, um den dringenden und starken Geldbedarf des Staates für die Kriegszwecke zu befriedigen. Aber der Steigerung des Geldangebotes, wie sie durch diese Art der Kriegsfinanzierung herbeigeführt wurde, stand zum mindesten in den ersten Wochen des Krieges eine gleichfalls sehr starke Steigerung des Geldbedarfs gegenüber, die nicht nur auf die allgemeine Erhöhung der Preise, sondern vor allem auf die schwere Erschütterung des Kredits, auf die ängstliche Zurückhaltung und Anhäufung von Kassenbeständen und die Einschränkung der auf Kredit beruhenden bargeldersparenden Zahlungsmethoden zurückzuführen war.

Diese Gegenwirkung gegen die vermehrte Papiergeldausgabe war zunächst so stark, daß nicht Geldüberfluß, sondern eine ausgesprochene, ja bedrohliche Geldknappheit entstand. Scharfe Geldknappheit bei scharf steigenden Preisen — allein schon dieses Zusammentreffen, wie es in den ersten Wochen des Krieges vor aller Augen lag, zeigt mit aller Deutlichkeit, daß in jener Zeit die entscheidende Ursache der Preissteigerung, also der Verringerung der Kaufkraft des Geldes, nicht auf der Seite des Geldes gelegen haben kann, sondern auf der Seite der gegen das Geld austauschbaren Verkehrsobjekte gesucht werden muß.

Freilich konnte die Kriegsfinanzierung im Wege des Notendrucks nicht ohne Einfluß auf die Kaufkraft des Geldes bleiben. Während die Beschaffung von Mitteln im Wege der Besteuerung oder der langfristigen Anleihen nur vorhandene Kaufkraft von den Privaten an den Staat überträgt, schafft die Ausgabe von Papiergeld zusätzliche Kaufkraft, die mit der vorhandenen Kaufkraft in Konkurrenz tritt und dadurch caeteris paribus die Preise steigern, also die Kaufkraft des Geldes verringern muß. (Siehe oben S. 209 ff.) Aber diese Tendenz hat sich in der ersten Zeit des Krieges bei uns in Deutschland nur in einer Abschwächung der Geldknappheit, nicht in einer Ueberdeckung des Geldbedarfs ausgewirkt.

In der weiteren Entwicklung des Krieges hat Deutschland die Politik verfolgt, der Vermehrung des Papierumlaufs durch die von sechs zu sechs Monaten erfolgende Begebung von Kriegsanleihen, vom Jahre 1916 an auch durch Kriegssteuern, entgegenzuwirken. Wie weit das gelungen ist und in welchem Maße und Tempo der Papierumlauf trotz dieser Gegenwirkung in den verschiedenen Stadien des Krieges angewachsen ist, wurde oben (S. 214, 215) bereits dargestellt.

Die Zunahme des Papierumlaufs war im Einklang mit der Entwicklung der Kriegsausgaben und dem guten Erfolg der Kriegsanleihen eine mäßige bis zum Herbst des Jahres 1916. Die Kriegsausgaben konnten in jener Zeit, trotz der Ausdehnung der Kriegsschauplätze, trotz der Vermehrung der Truppenzahl, trotz der vermehrten und verbesserten Ausstattung des Heeres mit Kriegswerkzeug aller Art und trotz des gesteigerten Munitionsverbrauchs, auf etwa zwei Milliarden Mark pro Monat annähernd stabil gehalten werden[1]; und zwar vermöge einer Politik strenger Sparsamkeit und vorsichtiger Preisbemessung für die Kriegslieferungen aller Art. Das beschleunigte Tempo in der Papiergeldausgabe und das Zurückbleiben der Anleiheerträgnisse hinter den Kriegskosten fällt zusammen nicht nur mit den erhöhten Anforderungen des „Hindenburg-Programmes", sondern auch mit einer Aenderung der Preispolitik der Heeresverwaltung in der Richtung, daß Lieferungen, statt zu festen Preisen, immer mehr zu Materialkosten und Löhnen zuzüglich eines Gewinnzuschlages abgeschlossen wurden. Dieses System der Preisfestsetzung nahm den für die Kriegsbedürfnisse arbeitenden Unternehmungen jedes eigne Interesse an niedrigen Materialpreisen und Löhnen und mußte so zu einer wesentlichen Verteuerung des Kriegs-

---

[1] Siehe meinen „Weltkrieg" Band II S. 136, 137.

materials führen. Gleichzeitig wurde die in der ersten Hälfte des Krieges streng durchgeführte Politik der Rationierung und der Höchstpreise für die Gegenstände des täglichen Verbrauchs mehr und mehr durch die Lockerung der öffentlichen Moral und den Schleichhandel durchbrochen. Auch in der weiteren Entwickelung des Krieges lagen also nicht nur auf der Geld-, sondern auch auf der Warenseite gewichtige Momente vor, die für sich allein genügen würden, um starke Verschiebungen in den Austauschverhältnissen von Geld und Waren zu erklären.

Nimmt man hinzu, daß Deutschland, angesichts der Ausdehnung der Kriegsschauplätze und der Okkupationsgebiete in West und Ost mit seinem Gelde ein weit größeres Territorium zu versehen hatte als vor dem Kriege, daß ferner die Behinderungen des Kreditverkehrs und der auf Kredit beruhenden Zahlungsmethoden fortbestanden, so mag es zweifelhaft erscheinen, ob man für die eigentliche Kriegszeit bis in das Jahr 1918 hinein für Deutschland überhaupt von einer „Inflation" im Sinne einer Ueberdeckung des Geldbedarfs durch die Neuausgabe von Umlaufsmitteln sprechen kann, zumal da, wie oben (S. 622) dargetan, die Steigerung des Preisniveaus in Deutschland während jener Zeit geringer war als in allen anderen kriegführenden und neutralen Ländern Europas. Der Reichsbankpräsident Havenstein, mit dem der Verfasser als Staatssekretär des Reichsschatzamtes und später als Staatssekretär des Innern und Vertreter des Reichskanzlers in der Bankleitung während jener Jahre im engsten Konnexe stand, hat stets die Ansicht vertreten, daß angesichts der großen in den Kassen der Heeresverwaltung und der Wirtschaft gebundenen Geldbestände, angesichts der für die Kriegsgebiete benötigten Umlaufsmittel und angesichts des gesteigerten Geldbedarfs, der sich aus der durch die Kriegsverhältnisse bedingten, von den Geldverhältnissen unabhängigen Preis- und Lohnsteigerung ergeben mußte, von einer „Inflation" keine Rede sein könne.

Immerhin wird man zugeben müssen, daß die Preissteigerung auch schon während des Krieges nur einen geringeren Umfang hätte annehmen können, wenn die auf der Warenseite nach dieser Richtung wirkenden Tendenzen von der Geldseite her gehemmt und nicht durch die fortgesetzte Vermehrung der Notenausgabe unterstützt worden wären. Dieser Zusammenhang ist besonders klar in dem Falle der Preispolitik der Heeresverwaltung: Die Normierung der Preise für Heereslieferungen nach Materialien und Löhnen plus Gewinnzuschlag, die in erster Linie die Steigerung der Preise für Kriegsbedürfnisse, damit die Steigerung des Geldbedarfs der Heeresverwaltung und die verstärkte Inanspruchnahme der Notenpresse verursacht hat, wäre in diesem Umfange nicht möglich gewesen, wenn nicht der Heeresverwaltung die Notenpresse unbeschränkt zur Verfügung gestanden hätte. Ganz allgemein läßt sich sagen, daß ein nicht beliebig vermehrbarer Geldumlauf an sich schon eine starke Hemmung für erheblichere Preissteigerungen bedeutet. Wird diese auf der Seite des Geldes liegende Hemmung gemildert oder gar völlig ausgeschaltet, so muß der Ausschlag aller auf der Warenseite wirksamen Tendenzen entsprechend stärker sein.

Aehnlich wie in Deutschland war die Verflechtung der auf der Waren- und auf der Geldseite wirksamen Bestimmungsgründe für die Verschiebung der Austauschverhältnisse auch bei den anderen kriegführenden Staaten.

Was die neutralen Staaten anlangt, kam ein staatlicher Geldbedarf, der sich in der Beanspruchung der Notenpresse Deckung verschaffte, überhaupt nicht oder nur in beschränktem Maße in Betracht. Aber trotzdem sehen wir auch in diesen Ländern ähnliche Erscheinungen wie in den kriegführenden Staaten. Die Preissteigerung blieb kaum hinter derjenigen der am Krieg unmittelbar beteiligten Länder zurück. Die Vermehrung des Geldumlaufs stammte zwar zu einem erheblichen Teile aus dem Golde, das die kriegführenden Länder abzugeben genötigt waren; aber zu der Vermehrung des monetären Goldbestandes und der durch diesen gedeckten Banknoten kam fast überall noch eine beträchtliche Steigerung des ungedeckten Notenumlaufs hinzu (siehe oben Seite 218). Der Anstoß zu dieser Entwicklung lag zweifellos in der gewaltig gesteigerten und sich in dem schärfsten Wettbewerb Geltung verschaffenden Nachfrage der Kriegführenden nach allen kriegs- und lebenswichtigen Waren. Träger dieser Nachfrage war in erster Linie das Gold, das die kriegführenden Staaten ihren eignen Reserven und ihrem eignen Umlauf entnahmen, daneben aber auch die Kredite, die sich die kriegführenden Staaten in den neutralen Ländern einräumen ließen. Der Goldzufluß wirkte unmittelbar zirkulationsvermehrend; die Kredite, die letzten Endes zu einer Verstärkung der Beanspruchung der neutralen Notenbanken führen mußten, hatten mittelbar die gleiche Wirkung. Der gesteigerte Warenbedarf der Kriegführenden verursachte also in den neutralen Ländern sowohl die Preissteigerung, wie auch die Vermehrung der Umlaufsmittel; er stellt sich mithin als die primäre Ursache der inflationistischen Erscheinungen dar. Aber auf der anderen Seite ist zu bedenken, daß die gesteigerte Nachfrage der Kriegführenden auf den neutralen Märkten nicht hätte effektiv werden können, wenn sie nicht in der Lage gewesen wären, Gold anzubieten, das unmittelbar die Zirkulation vermehrte, oder Kredite zu erhalten, die gleichfalls mittelbar eine Zirkulationsvermehrung zur Folge hatten. Auch im Fall der Neutralen haben wir also die engste Verflechtung der auf der Seite des Geldes und der auf der Seite der übrigen Verkehrsobjekte wirksamen Bestimmungsgründe.

In der Nachkriegszeit ging die Entwicklung in den einzelnen Gruppen von Ländern stark auseinander. Die meisten der sogenannten „Siegerstaaten" und die Neutralen waren in der Lage, durch staatsfinanzielle und bankpolitische Maßnahmen die Inflation abzustoppen oder gar eine planmäßige „Deflationspolitik" zu betreiben. Durch die Verminderung der Umlaufsmittel wurde hier eine Herabsetzung von Preisen und Löhnen erstrebt und erreicht.

In den vom Kriegsausgang am schwersten getroffenen und durch die Friedensbedingungen am stärksten belasteten Staaten brachte die Nachkriegszeit, wie wir gesehen haben (oben Seite 225 ff.), eine weitere Vermehrung des Geldumlaufs und eine weitere Revolutionierung aller

Austauschverhältnisse, Erscheinungen, die alles in Schatten stellten, was sich auf diesem Gebiete während des Krieges ereignet hatte.

Auf den ersten Blick scheint hier der durch andere Deckung nicht befriedigte und sich deshalb in der Ausgabe von Papiergeld auswirkende Geldbedarf des Staates das treibende Moment zu sein. Speziell in Deutschland scheint die gewaltige Zunahme der „schwebenden Schuld" des Reiches, die sich durch die Diskontierung der Reichsschatzanweisungen bei der Reichsbank in eine entsprechend starke Zunahme der Notenausgabe umsetzt, alles andere hinreichend zu erklären.

Aber auch hier liegen die Zusammenhänge nicht so einfach.

Zunächst wirkten neben den staatsfinanziellen Ursachen Momente allgemein wirtschaftlicher und sozialer Natur, die teilweise unmittelbar auf die Geldverhältnisse, teilweise mittelbar auf die Gestaltung der staatsfinanziellen Verhältnisse einen starken Einfluß ausübten.

Der Krieg hat durch Kapitalverbrauch, Kapitalzerstörung und schließlich durch Kapitalberaubung (Wegnahme unserer auswärtigen Kapitalanlagen, unserer Handelsflotte, der in den Kolonien und den abgetrennten europäischen Gebieten investierten Kapitalien), noch mehr vielleicht durch die Schwächung der Arbeitskraft des deutschen Volkes (Tod und Verstümmelung von Millionen der in kräftigstem Alter stehenden Männer, Nachwirkungen der Hungerblokade) die Ergiebigkeit des deutschen Produktionsprozesses empfindlich beeinträchtigt. Die Revolution und die durch sie erzeugte Geistesverfassung eines großen Teiles der Arbeiterschaft, für die jede Relation zwischen Arbeitsleistung und Entlohnung verloren gegangen war, hat diese Beeinträchtigung der Ergiebigkeit der Produktion noch verstärkt. Im Kohlenbergbau stellt sich die durchschnittliche Förderung pro Kopf der Belegschaft auf nicht viel mehr als 60 Prozent der Vorkriegszeit. In den großen Industrien und bei den großen Verkehrsunternehmungen ist ein ähnlicher Rückgang der Arbeitsleistung gegenüber dem Vorkriegsstand festzustellen. In der Landwirtschaft ist die gesamte Körnerernte von 28 Millionen Tonnen im Jahre 1913 auf 17 Millionen Tonnen im Jahre 1921 zurückgegangen. Allein schon das annähernde Festhalten der vor Kriegsausbruch erreichten Lebenshaltung hätte angesichts der durch den Krieg und seinen Ausgang so stark beeinträchtigten Ergiebigkeit des Produktionsprozesses eine wesentlich gesteigerte Arbeitsleistung zur Voraussetzung gehabt. Wenn jetzt die Ansprüche auf Behauptung und Verbesserung der Lebenshaltung mit den Ansprüchen auf verminderte Arbeitsleistung einbergingen, so konnte die Wirkung nur das Wettrennen zwischen Löhnen und Preisen sein, dessen Zeugen wir in den letzten Jahren gewesen sind. Die soziale und politische Position der Arbeiterschaft war stark genug, um trotz objektiver Minderleistung höhere Löhne zu erzwingen. Da der Kapitalgewinn ohnehin auf ein Minimum zusammengeschrumpft war, konnten die höheren Löhne nur bezahlt werden, wenn höhere Preise für die Erzeugnisse durchgesetzt wurden; da die höheren Preise die Lebenshaltungskosten verteuerten, gaben sie Anlaß zu neuen Lohnforderungen, die ihrerseits wieder zu neuen Preiserhöhungen führten. — Und die Rolle des Geldes bei dieser Entwicklung? Aus dem Wettrennen von Löhnen

und Preisen entstand ein entsprechend erhöhter Geldbedarf sowohl der
Volkswirtschaft als auch der staatlichen Finanzverwaltung. Eine Geldverfassung, die einer solchen Ausdehnung des Geldbedarfs einen Widerstand entgegengesetzt hätte, würde damit auch dem Wettlauf von Preisen
und Löhnen eine Barriere entgegengestellt haben; die Entwicklung der
Preise und Löhne wäre infolge schärfster Geldknappheit — wahrscheinlich unter schweren Krisen und Katastrophen — zusammen-
gebrochen. Unsere Geldverfassung, die eine praktisch schrankenlose
Vermehrung des Geldumlaufs ermöglicht, bot eine solche Hemmung
nicht. Die Geldverfassung und die Vorgänge auf dem Gebiete des
Geldwesens sind also an der geschilderten Entwicklung von Löhnen
und Preisen beteiligt, aber nur sekundär und passiv. Die Steigerung
der Papiergeldausgabe ist innerhalb dieses Komplexes von Erscheinungen
nicht die Ursache, sondern die Folge der Preis- und Lohnsteigerung;
andererseits ist die Möglichkeit der schrankenlosen Steigerung der
Papiergeldausgabe die Voraussetzung für die ungemessene Lohn- und
Preissteigerung.

Im weiteren Verlauf der Entwicklung der deutschen Geld- und Preis-
verhältnisse hat mehr und mehr die Gestaltung der deutschen Valuta
die beherrschende Rolle übernommen. Während die namentlich im
Ausland weit verbreitete Auffassung bei der Beurteilung der deutschen
Geldverhältnisse von der reinen Quantitätstheorie ausgeht und demgemäß die Vermehrung des deutschen Papiergeldumlaufs als die Ursache
der Steigerung des deutschen Preisniveaus und der Entwertung der
deutschen Valuta ansieht, zeigt eine genauere Betrachtung, daß der
kausale Zusammenhang der umgekehrte ist, daß nämlich die Vermehrung
der deutschen Papiergeldzirkulation nicht die Ursache, sondern die Wirkung
der Entwertung der deutschen Valuta und der großenteils aus dieser
hervorgehenden Steigerung der Löhne und Preise ist.

Am deutlichsten läßt sich diese Kausalität nachweisen für die Zeit
von der Unterwerfung unter das Londoner Ultimatum vom Mai 1921
bis zu dem Augenblick der bisher höchsten Dollarkurse Ende Januar 1923.
In dieser Zeit haben sich in den für die Beurteilung der Zusammenhänge wesentlichen Faktoren folgende Aenderungen vollzogen:

	Mai 1921	23. bzw. 25. Jan. 1923
Schwebende Schuld des Reichs	175 Milliarden M.	2 200 Milliarden M.
Notenumlauf der Reichsbank . .	71 „ „	1 654 „ „
Großhandelsindexziffer (1913		
= 1) für Inlandswaren	12,7	2 872
„ Einfuhrwaren	15,2	5 360
Gesamtindexziffer	13,1	3 286
Berliner Dollarkurs (M. für 1 $)	62,30	21 546

In den 20 Monaten nach der Annahme des Londoner Ultimatums
ist also Deutschlands schwebende Schuld auf das $12^1/_2$ fache, die Notenausgabe der Reichsbank auf das 23 fache, der Großhandelsindex für
Inlandswaren auf das 226 fache, für Einfuhrwaren auf das 353 fache,
der Dollarkurs auf das 346 fache gestiegen.

Wäre die „Inflation" die Ursache und die Entwertung der deutschen Valuta die Wirkung, dann hätten sich die Dinge, im Einklang mit der Lehre der klassischen englischen Nationalökonomie, wie folgt gestalten müssen: Die Vermehrung der Papierzirkulation bewirkt eine entsprechende Erhöhung des inländischen Preisniveaus; die höheren Inlandspreise wirken als Begünstigung der Einfuhr und Erschwerung der Ausfuhr, mithin als Verschlechterung der Handelsbilanz und damit auch der Zahlungsbilanz; die Verschlechterung der Zahlungsbilanz steigert die Nachfrage nach ausländischen Devisen und treibt dadurch die auswärtigen Wechselkurse in die Höhe. — Ein Blick auf die obenstehenden Ziffern zeigt, daß ein solcher Zusammenhang nicht konstruiert werden kann; es ist vielmehr ohne weiteres klar, daß in unserem Falle die Vermehrung des Notenumlaufs der Preissteigerung und der Valutaentwertung nicht vorausgegangen, sondern langsam und in großem Abstande gefolgt ist. Die Vermehrung des Notenumlaufs auf das 23 fache kann unmöglich die Ursache der um das 10 fache größeren Steigerung der Inlandspreise und der um das 15 fache größeren Steigerung der Preise der Einfuhrwaren und des Dollarkurses sein. Die Gesamtheit dieser Entwicklung kann vielmehr in ihrem ursächlichen Zusammenhange nur begriffen werden, wenn man von der Entwicklung der Valuta ausgeht.

Daß der Zusammenbruch der deutschen Valuta ganz außer Verhältnis zu der Vermehrung der Umlaufsmittel in Deutschland steht, ergibt sich allein schon aus folgender Begründung: Bei einem Dollarkurs von 21546, wie er am 25. Januar 1923 notiert wurde, ist eine Goldmark ungefähr gleich 5000 Papiermark. Der Notenumlauf der Reichsbank, der damals 1654 Milliarden Papiermark betrug, repräsentierte also einen Wert von nur 330 Millionen Goldmark; das ist nicht viel mehr als ein Zwanzigstel des Goldwertes des deutschen Geldumlaufs in der Zeit vor Kriegsausbruch. Wenn auch durch den Krieg und die Friedensbedingungen der Umfang der wirtschaftlichen Tätigkeit Deutschlands und demgemäß die durch Geld zu vermittelnden Umsätze erheblich eingeschränkt worden sind, wenn ferner auch die Preissteigerung im Inlande hinter der Steigerung der Kurse der Goldvaluten Ende Januar 1923 stark zurückblieb, so kann doch darüber kein Zweifel bestehen, daß die deutsche Wirtschaft mit einem Geldumlauf von einem Zwanzigstel des Goldwertes der Vorkriegszeit unmöglich auskommen konnte, daß also die Vermehrung des Geldumlaufs mit der Entwertung des deutschen Papiergeldes nicht entfernt Schritt gehalten hatte. So erklärt sich auch die Tatsache, daß die um die Mitte des Jahres 1922 einsetzende katastrophale Entwertung der Mark, trotz der lawinenartig anschwellenden Notenausgabe, von einer scharfen Geldknappheit begleitet war, die zu bisher unerhörten Steigerungen der Zinssätze sowohl bei der Reichsbank, wie noch viel mehr im privaten Verkehr geführt hat.

Der Auffassung, die in der „Inflation" die Ursache des Rückganges der deutschen Valuta sieht, liegt die petitio principii zugrunde, daß der in den ausländischen Wechselkursen zum Ausdruck kommende Außenwert des Geldes nur durch das quantitative Moment des Papierumlaufs bestimmt sein könne. Im vorliegenden Falle, in dem der Nachweis erbracht ist, daß die Vermehrung des Papiergeldes weit hinter der Entwertung der Valuta zurückgeblieben ist, liegen die von der Gestaltung des Papiergeldumlaufs unabhängigen Ursachen des Valutazusammenbruchs klar zutage: einem Lande, dessen Zahlungsbilanz, ohne Ansatz der sich aus dem Versailler Vertrag ergebenden Zahlungs- und Leistungsverpflichtungen, mit etwa 3 Milliarden Goldmark passiv war[1]), wurde mit dem Londoner Ultimatum unter dem Titel der „Reparation" eine jährliche Leistung an das Ausland auferlegt, die sich auf etwa 3,3 Milliarden Goldmark berechnete; dazu kamen die uns aufgezwungenen Zahlungen für das „Clearing" der Vorkriegsschulden und die Goldzahlungen an die Besatzungsmächte. Der jährliche Passivsaldo der deutschen Zahlungsbilanz wurde dadurch auf mehr als 7 Milliarden Goldmark gesteigert. Wer sich damals Rechenschaft von dieser Lage gab, konnte nicht daran zweifeln, daß der Versuch, diese unerfüllbaren Verpflichtungen zu erfüllen, zu einem völligen Zusammenbruch der deutschen Valuta führen müsse. Der Verfasser hat bei den Verhandlungen über die Annahme oder Ablehnung des Londoner Ultimatums unter Darlegung dieser Lage in Uebereinstimmung mit dem Reichsbankpräsidenten vorausgesagt, daß die Annahme und der Versuch der Durchführung des Londoner Ultimatums für die deutsche Valuta einen „Sturz ins Bodenlose" zur Folge haben müsse. Die unvermeidliche Katastrophe der deutschen Valuta vollendete sich, als alle auf den Versuch der Erfüllung des Londoner Ultimatums gesetzten Hoffnungen scheiterten, als die verzweifelte Bekundung des deutschen Zahlungswillens den Verlust Oberschlesiens im Herbst 1921 nicht verhinderte, als die Konferenz in Genua im Mai 1922 ergebnislos auseinanderging, als Herr Poincaré durch seinen Widerstand gegen jede Revision des Londoner Zahlungsplanes die Lösung der Reparationsfrage durch eine internationale Anleihe im Juni 1922 zum Scheitern brachte und im Monat darauf das deutsche Moratoriumsgesuch mit der Verkündigung der „Politik der produktiven Pfänder" und der Androhung der Besetzung des Ruhrgebietes beantwortete, als Frankreich und Belgien schließlich im Januar 1923 mit der Invasion des Ruhrgebietes den Weg der offenen Gewalt betraten.

Das Hinaufwirbeln der Kurse der Golddevisen, in dem der Zusammenbruch der deutschen Valuta zum Ausdruck kam, hatte zur notwendigen und unmittelbaren Folge, daß die Preise aller Einfuhrwaren, die Deutschland aus Ländern mit hochwertiger Valuta bezieht, in demselben Maße in die Höhe gingen. Bei der großen Bedeutung der Einfuhr für die Ernährung der deutschen Bevölkerung und für die deutsche Industrie mußte die Verteuerung der Einfuhrwaren sich schrittweise auf Löhne und Gehälter und schließlich auch auf die Preise der im Inlande erzeugten Waren übertragen. In welchem Maße durch diese Entwicklung der private Geldbedarf und die Anforderungen der deutschen Wirtschaft an die Reichsbank gesteigert wurden, zeigt die Ausdehnung, die der Bestand der Reichsbank an diskontierten Handels-

---

[1]) Siehe meine „Politik der Erfüllung", 1922, Seite 24—25.

wechseln in der Zeit der deutschen Valutakatastrophe erfuhr: Der Wechselbestand der Reichsbank ist von 4946 Millionen Mark am 7. Juli 1922 auf 697216 Millionen Mark am 31. Januar 1923 angewachsen. Die Steigerung der Löhne und Gehälter, verbunden mit der Verteuerung aller Materialien, mußte aber auch die Reichsausgaben steigern und so, da die Steigerung der Reichseinnahmen nicht Schritt halten konnte, die schwebende Schuld und damit die Ansprüche des Reichs an die Reichsbank in die Höhe treiben: Der Bestand der Reichsbank an diskontierten Reichsschatzanweisungen stieg von 185 Milliarden Mark am 7. Juli 1922 auf 1609 Milliarden Mark am 31. Januar 1923. Den so gewaltig erhöhten Anforderungen der deutschen Wirtschaft und der Reichsfinanzverwaltung konnte die Reichsbank nur mit einer Vermehrung ihrer Notenausgabe — von 173 Milliarden Mark am 7. Juli 1922 auf 1984 Milliarden Mark am 31. Januar 1923 — genügen.

Die Kette von Ursachen und Wirkungen stellt sich also in vorliegendem Falle folgendermaßen dar:

Entwertung der deutschen Valuta infolge der Ueberlastung Deutschlands mit ausländischen Zahlungsverpflichtungen und infolge der französischen Gewaltpolitik; aus der Entwertung der deutschen Valuta hervorgehend Steigerung der Preise aller Einfuhrwaren; daraus hervorgehend allgemeine Steigerung der Preise und Löhne; infolgedessen vermehrter Bedarf der Wirtschaft an Umlaufsmitteln und erhöhter Geldbedarf der Reichsfinanzverwaltung; infolgedessen schließlich gesteigerte Inanspruchnahme der Reichsbank durch Wirtschaft und Reichsfinanzverwaltung und vermehrte Notenausgabe. Im Gegensatz zu der weitverbreiteten Auffassung steht also nicht die „Inflation", sondern die Valutaentwertung am Anfang dieser Kette von Ursachen und Wirkungen; die Inflation ist nicht die Ursache der Preissteigerung und der Valutaentwertung, sondern die Valutaentwertung ist die Ursache der Preissteigerung und der Vermehrung der Papiergeldausgabe.

Dieser Zusammenhang wird auch durch die seit Ende Januar 1923 bis zum Abschluß dieses Buches eingetretene Entwicklung nicht widerlegt, sondern bestätigt. Die Signatur dieser Entwicklung ist: Senkung des Dollarkurses von dem Höchstkurse von rund 50 000 Mark Ende Januar auf 22 000 Mark und annähernde Stabilisierung auf dieser Höhe; Senkung der Indexziffer der Einfuhrwaren von 11 176 am 5. Februar auf 6577 am 24. März, der Indexziffer der Inlandswaren von 4925 auf 4477 in derselben Zeit; Steigerung des Wechselportfeuilles der Reichsbank von 697 Millionen Mark Ende Januar auf 2586 Millionen Mark Mitte April, der diskontierten Reichsschatzanweisungen von 1609 auf 5440 Milliarden Mark und der Notenausgabe von 1984 auf 5838 in derselben Zeit.

Mit der Hebung der Valuta sind also in dieser Periode die Preise gesunken; am stärksten die Preise der Einfuhrwaren, die vorher der Steigerung der Golddevisen unmittelbar und vollständig gefolgt waren; wesentlich schwächer die Preise der Inlandswaren, die sich vorher den gestiegenen Devisenkursen noch nicht entfernt angepaßt hatten. Aber während Devisenkurse und Preise zurückgingen, erfuhr die Notenausausgabe in diesen zehn Wochen eine Steigerung auf das Dreifache!

Deutlicher als durch das Absinken des Preisniveaus und der Devisenkurse bei der alles bisher Dagewesene übertreffenden Steigerung der Notenausgabe kann die Unabhängigkeit der Preisentwicklung von dem quantitativen Moment der Vermehrung der Umlaufsmittel und ihre Abhängigkeit von der Gestaltung der Valuta kaum dargetan werden. Insofern hat also die Entwicklung seit Ende Januar 1923 die Bestätigung der aus der Entwicklung der vorausgegangenen Periode gezogenen Schlußfolgerungen erbracht. Dagegen scheint hinsichtlich der Bedingtheit der Zunahme des Notenumlaufs von der Entwertung der Valuta die Entwicklung der letzten zehn Wochen mit dem Zusammenfallen der Valutabesserung und der gewaltigen Vermehrung der Papiergeldausgabe den Erfahrungen der vorhergegangenen Periode zu widersprechen. Aber dieser Widerspruch ist nur ein scheinbarer. Man braucht sich nur vor Augen zu halten, daß der Kurs, auf den der Dollar durch die Intervention der Reichsbank im Februar zurückgebracht und bis in die zweite Aprilhälfte annähernd stabil gehalten wurde (20—22 000 Mark) dreimal so hoch ist, als der noch Anfang Januar 1923 notierte Kurs, und daß die Angleichung des Geldumlaufs an die Entwertung des deutschen Geldes, wie sie einem Dollarkurs von 20—22 000 Mark und einer Großhandelsindexziffer von rund 4800 entspricht, Anfang Februar noch nicht entfernt erreicht war, ja auch heute (Ende April 1923) noch nicht voll erreicht ist. Gegenüber dem Stande vom Mai 1921 ergibt sich für den 24. März 1923

beim Dollarkurs eine Steigerung von 62,3 auf 20 915, also auf das 335 fache,

bei der Indexziffer der Einfuhrwaren eine Steigerung von 15,2 auf 6577, also auf das 435 fache,

bei der Indexziffer der Inlandswaren eine Steigerung von 12,7 auf 4477, also auf das 353 fache,

bei dem Notenumlauf der Reichsbank eine Steigerung von 71 auf 4956 Milliarden Mark, also auf das 70 fache.

Auch heute noch ist also gegenüber dem Stande vom Mai 1921 die am Dollarkurs gemessene Entwertung der deutschen Valuta und die an den Großhandelspreisen gemessene Verminderung der inländischen Kaufkraft des Geldes ungefähr fünfmal so stark wie die Vermehrung des Notenumlaufs. Der Fortgang der Vermehrung der Notenausgabe auch in der Zeit der Senkung und Stabilisierung des Dollarkurses beruht also darauf, daß der Prozeß der Angleichung des Geldumlaufs an das durch den Valutastand bedingte Preisniveau noch nicht vollendet ist.

Eine Würdigung der Gesamtentwicklung seit der Unterwerfung unter das Londoner Ultimatum ergibt also, daß die Bestimmungsgründe für die beispiellose Revolutionierung der Austauschverhältnisse zwischen dem Gelde und allen geldwerten Verkehrsobjekten zwar auf der Seite des Geldes liegen, jedoch nicht in der quantitativen Veränderung des Geldumlaufs, die vielfach als die auf der Geldseite allein denkbare Ursache von Verschiebungen des Austauschverhältnisses zwischen Geld und Waren angesehen wird, sondern in der durch die Ueberlastung Deutschlands mit auswärtigen Zahlungsverpflichtungen und durch politische Aktionen herbeigeführten Steigerung der auswärtigen Wechselkurse. Die quantitative Veränderung des Geldumlaufs stellt sich als letzte Wirkung der Valutaentwertung dar.

Aber auch bei dieser Verkettung der Zusammenhänge sind die quantitativen Veränderungen des Geldumlaufs nicht lediglich Wirkung. Es mag ganz dahingestellt bleiben, ob nicht die durch die Valutaentwertung und ihre unmittelbaren Wirkungen auf Preise und Reichsausgaben ausgelöste Lawine der Geldvermehrung schließlich unaufhaltsam über die Schranke der Ausgleichung an das erhöhte Preis- und Lohnniveau hinausrollen und so zu einer Inflation im engsten Sinne des Wortes führen wird, die sich dann ihrerseits wieder in einer weiteren Erhöhung des Preis- und Lohnniveaus und einem neuen Druck auf die Valuta auswirken müßte. Auch unabhängig von dieser Perspektive läßt sich aufstellen, daß eine Geldverfassung, die der schrankenlosen Ausdehnung des Geldumlaufs einen starken Widerstand entgegengestellt hätte, auf die Entwicklung des Preis- und Lohnniveaus und wohl auch auf die Entwicklung der Valuta bestimmte Rückwirkungen hätte ausüben müssen, die angesichts der relativ leichten Angleichung unseres Geldumlaufs an den durch die Valutaentwertung und die Steigerung des Preis- und Lohnniveaus erhöhten Geldbedarfs ausgeblieben sind. Aber diese Rückwirkungen würden sich, wenn überhaupt, dann unter kaum übersehbaren Krisen und Katastrophen vollziehen. Denn die Erfüllung des guten Rates der Stillegung der Notenpresse, während die auf der deutschen Valuta drückenden Faktoren fortwirken, würde bedeuten, daß dem wirtschaftlichen Leben die für die Bewältigung der Warenumsätze, der Gehalts- und Lohnzahlungen usw. erforderlichen und unentbehrlichen Umlaufsmittel vorenthalten würden und daß die öffentlichen Körperschaften, das Reich an der Spitze, in kürzester Frist ihre Lieferanten, Beamten und Arbeiter nicht mehr würden bezahlen können. In wenigen Wochen würden dann außer der Notenpresse auch die Bergwerke und Fabriken, die Eisenbahnen und die Post, die staatliche und die kommunale Verwaltung, kurz das ganze staatliche und wirtschaftliche Leben stillstehen. In dem Zusammenbruch von Wirtschaft, Staat und Gesellschaft würde dann allerdings auch der Wahnsinn der die Kraft des deutschen Volkes so ungeheuerlich übersteigenden Reparationsforderungen begraben und damit die Wurzel des Uebels ausgerottet werden.

Die vorstehende Untersuchung ergibt, wie wenig die „Quantitätstheorie" das Problem des Geldwertes erschöpfend zu lösen vermag; wie wir es vielmehr bei den Veränderungen der Austauschverhältnisse zwischen dem Gelde und den gegen Geld umgesetzten Vermögensobjekten, Nutzungen und Leistungen mit einem vielgestaltigen, in Wirkung und Gegenwirkung verflochtenen Komplex von Erscheinungen zu tun haben, für dessen Entwirrung und Erklärung die Theorie wohl gewisse allgemeine Regeln, nicht aber eine einheitliche und allgemein giltige Formel zu bieten vermag.

§ 12. Wirkungen und Begleiterscheinungen
der Geldentwertung im Lichte der neuesten deutschen Entwicklung.

Wenn man die erdrückende und verwirrende Fülle der Wahrnehmungen, die sich mit dem Begriffe der „Geldentwertung" in Beziehung bringen lassen, aufgrund der Erfahrungen der letzten Jahre, zu einem einheitlichen Bilde zu ordnen versucht, so lassen sich folgende Gruppen von Erscheinungen und Vorgängen unterscheiden:

1. Verschiebungen in den Vermögens- und Einkommensverhältnissen der einzelnen Gruppen der Bevölkerung (Verteilungsproblem);

2. Veränderungen in den Bewegungsvorgängen der Volkswirtschaft (Produktionsproblem);

3. Störungen auf dem Gebiet der öffentlichen Finanzen (Finanzproblem).

a) Das Verteilungsproblem.

Die Geldentwertung, wie sie sich in den Austauschverhältnissen zwischen dem Gelde und den übrigen Verkehrsobjekten ausdrückt, ist nichts weniger als eine einheitliche Erscheinung. Die Aenderung der Austauschverhältnisse ist vielmehr, wie wir gesehen haben, dem Grade nach außerordentlich verschieden. Die auf feste Geldsummen lautenden Forderungen aller Art folgen ohne weiteres und in vollem Umfang dem Schicksale des sich entwertenden Geldes. Die nicht Geld darstellenden „Sachwerte" — bewegliche und unbewegliche Werte, Produktionsmittel, Gebrauchs- und Verbrauchsgegenstände — erzielen in dem sich entwertenden Gelde Preissteigerungen, die jedoch dem Außmaße nach stark voneinander abweichen. Das Gleiche gilt für Nutzungen und Leistungen. Daraus ergeben sich bei einer Geldentwertung von solcher Schwere, wie sie Deutschland nach dem Kriege über sich hat ergehen lassen müssen, gewaltige Verschiebungen in den Vermögens- und Einkommensverhältnissen und damit in der sozialen Schichtung des Volkes.

Am meisten in die Augen springt die Verschiebung in dem Verhältnis von Schuldner und Gläubiger. Eine Entwertung des deutschen Geldes auf 1/5000 und weniger seines ursprünglichen Goldäquivalentes ist praktisch gleichbedeutend mit einer Totalexpropriation aller auf deutsches Geld lautenden Forderungen und der aus diesen fließenden Einkommen. Um welche Summen im Verhältnis zum gesamten Volksvermögen es sich dabei handelt, dafür geben folgende Ziffern einen Anhalt.

Das gesamte deutsche Volksvermögen vor Kriegsausbruch habe ich aufgrund eingehender Berechnungen auf etwa 210 Milliarden Goldmark geschätzt[1]). An Schuldverschreibungen des Reichs, der Einzelstaaten, der Kommunalverbände und Kommunen waren etwa 25 Milliarden Goldmark ausgegeben. An Schuldverschreibungen deutscher Bodenkreditinstitute (Landschaften, Hypothekenbanken usw.) waren etwa 18 Milliarden Goldmark in Umlauf, an Industrie-Obligationen und ähnlichen Schuldverschreibungen etwa 5 Milliarden Goldmark. Zusammen mit den nicht durch Pfandbriefe repräsentierten Hypotheken und den sonstigen nicht durch Wertpapiere dargestellten langfristigen Geld-

---

1) Siehe „Deutschlands Volkswohlstand 1888—1913", 7. Auflage; 1913, Seite 112.

forderungen kommt man für die Zeit vor Kriegsausbruch auf einen Gesamtbestand an langfristigen Geldforderungen in Höhe von mindestens 60 Milliarden Goldmark. Im Laufe des Krieges sind nahezu 100 Milliarden Mark an Kriegsanleihe hinzugetreten, sodaß bei Kriegsende die langfristigen Geldforderungen etwa die Hälfte des gesamten bei Kriegsausbruch vorhandenen Volksvermögen ausmachten. Zu berücksichtigen sind ferner die Ansprüche an Lebensversicherungen auf Kapitalauszahlungen und Renten: allein die Kapitalversicherung betrug Ende 1912 rund 16 Milliarden Mark. Dazu kommen die Einlagen der öffentlichen und nichtöffentlichen Sparkassen, die sich bei Kriegsausbruch auf etwa 20 Milliarden Mark beliefen, und die Guthaben bei den deutschen Geldinstituten, die den Stand von 30 Milliarden Mark überschritten.

Die Inhaber aller dieser Wertpapiere und Forderungen haben, soweit sie nicht diese Papiere und Forderungen rechtzeitig an andere abstießen oder ihre Forderungen einzogen, infolge der Geldentwertung heute nur noch den Bruchteil eines Tausendteiles des ursprünglichen Wertes, gemessen am Gold, an den hochwertigen Valuten des Auslandes, an den Großhandelpreisen, an den Lebenshaltungskosten oder an irgendeinem anderen Maßstabe. Wer früher mit einem in solchen Werten und Forderungen bestehenden Vermögen von 1 Million Mark und einem Einkommen von 50 000 Mark ein wohlhabender Mann war, für den Nahrungssorgen ein unbekannter Begriff waren und der sich jede Bequemlichkeit und jeden Genuß gestatten konnte, ist heute, wenn er nicht durch seine Arbeit seinen Lebensunterhalt verdienen kann, mit demselben nominalen Vermögen und Einkommen am Bettelstab. Eine Million Mark ist heute etwa das Vierteljahrseinkommen und der Vierteljahrsverbrauch eines ungelernten Arbeiters; die Zinsen von 50 000 Mark sind der Arbeitslohn für 4 bis 5 Tage! Dabei gab es in Preußen im Jahre 1917 von 1 980 608 Zensiten mit einem Vermögen von 6000 Mark nur 10 363 Zensiten mit einem Vermögen von mehr als einer Million Mark.

Das festverzinslich angelegte deutsche Vermögen, das sich als Ergebnis der Arbeit und Sparsamkeit von Generationen angesammelt hatte und das einen so großen Teil der Summe der privaten Vermögen ausmachte, ist also durch die Geldentwertung radikal vernichtet worden; mit ihm die Daseinsgrundlage breiter Schichten, deren Leben sich auf ererbtem und selbsterworbenem Sparvermögen aufbaute. Getroffen sind durch diese Katastrophe nicht nur die über Sparkassenguthaben verfügenden Arbeiter und die sogenannten „Kleinrentner", nicht nur die mittleren Schichten des Wohlstandes, sondern auch die früheren Träger großen Reichtums, soweit ihr Vermögen in deutschen Geldforderungen bestand. Diese Schichten der „Rentner" bildeten bei uns nicht etwa eine isolierte Klasse, die von den Erwerbstätigen durch eine Scheidewand getrennt gewesen wäre; sie waren vielmehr aufs engste mit der Erwerbstätigkeit verwachsen, sie hatten ihr Vermögen zum weitaus größten Teil aus den Ergebnissen einer Erwerbstätigkeit angesammelt, und sie benutzten es nicht nur zur Sicherung des eignen Lebensabends, sondern vor allem auch für die Heranbildung ihrer Kinder zu einer Tätigkeit in der Wirtschaft oder im Dienste der Oeffentlichkeit. Diese

Schichten, denen aus ihren Ersparnissen die Möglichkeit erwuchs, Aufwendungen über die elementaren Lebensbedürfnisse hinaus zu machen, waren gleichzeitig die Träger und Förderer des Fortschrittes unserer Wirtschaft und unserer geistigen Kultur. Die Katastrophe der Vernichtung dieser Schichten ist in ihrer Tragweite für die weitere Entwicklung des Volksganzen nicht abzuschätzen.

Es liegt nahe, nach dem Gewinn zu suchen, der den Verlusten der Inhaber von Geldforderungen und festverzinslichen Wertpapieren gegenüber steht. Denn Schulden und Forderungen sind ein wechselseitiges Verhältnis, bei dem der Verlust des einen Teils sich in dem Gewinn des anderen Teils auswirken müßte.

Der größte Schuldner ist angesichts der gewaltigen Summen der Kriegsanleihen und der immer wieder prolongierten Schatzanweisungen das Reich. Das Reich hat in der Tat seine großen beim Abschluß des Krieges vorhandenen Schulden — rund 150 Milliarden Mark — zu einem Nichts zusammenschrumpfen sehen. Aber der dem Reich aus dieser Entlastung erwachsene Vorteil ist unter dem Druck der übrigen das Reich belastenden Momente überhaupt nicht in Erscheinung getreten. In. der 2. Märzdekade 1923 betrugen die durchschnittlichen Tagesausgaben des Reichs 156 Milliarden Mark, dem Nennbetrag nach also an einem einzigen Tage mehr als die ganze am Ende des mehr als vierjährigen Krieges aufgelaufene Verschuldung des Reichs! Das Reich ist durch die Verluste der Reichsgläubiger ebensowenig reicher geworden, wie irgendein bankerottes Unternehmen durch die Verluste seiner Gläubiger. Der Vermögensvorteil, der dem Reich durch die fortschreitende Entwertung seiner Schulden an und für sich hätte erwachsen können, war stets im Voraus durch die Defizitwirtschaft des Reichs konsumiert. Aehnlich steht es hinsichtlich der Schulden der Länder und Kommunen. Nirgends steht der Vermögenszerstörung auf der Seite der Gläubiger ein realer Vermögenszuwachs auf der Seite der Schuldner gegenüber. Die Geldentwertung wirkt mithin in diesen Fällen als absolute Vermögenszerstörung, nicht als relative Vermögensverschiebung.

Anders geartet scheint das Problem der Entwertung der Geldforderungen, die sich an. private Schuldner richten; also der Fall der auf ein Grundstück eingetragenen Hypothek, der von einem Industrie-Unternehmen aufgenommenen Obligationenanleihe, der Einlagen bei Banken und Sparkassen. Hier scheint .den Verlusten der Gläubiger eine entsprechende Bereicherung der Schuldner gegenüberzustehen.

Aber auch in diesen Fällen sind die Dinge nicht ganz einfach gelagert.

Zunächst scheiden als mögliche Träger einer Bereicherung alle diejenigen Unternehmungen und Einrichtungen aus, bei denen eignen Geldverbindlichkeiten eigne Geldforderungen gegenüberstehen. Was die Banken und die Sparkassen gegenüber ihren Kreditoren durch die Entwertung des Geldes gewinnen, das verlieren sie gegenüber ihren Debitoren und an ihren Beständen an festverzinslichen Wertpapieren, Hypotheken usw., die sie als Deckung für ihre eignen Verbindlichkeiten halten.

Aber auch in denjenigen Fällen, in welchen die Schuldner gegenüber ihren auf deutsches Geld lautenden Verbindlichkeiten Aktiva stehen haben, die in „Sachwerten" bestehen, also im Falle des mit Hypotheken belasteten Hausbesitzers und Landwirtes oder des industriellen Unternehmens, das mit großen Bankkrediten arbeitet oder Obligationen ausgegeben hat, sind gewisse Einschränkungen zu machen. Welcher Art die Faktoren sind, die auch in solchen Fällen einer der Geldentwertung entspringenden Bereicherung des Schuldners im Endeffekt entgegenstehen und diese Bereicherung teilweise aufzehren können, tritt am deutlichsten in Erscheinung beim städtischen Hausbesitz. Gewiß wirkt hier die Geldentwertung als eine nahezu vollständige Entschuldung; aber ist diese Entschuldung dem Hausbesitzer auch nur annähernd zugute gekommen? — Die Zwangsbewirtschaftung der Wohnungen hat die Mietspreise bisher nur deshalb gegenüber der Steigerung aller anderen Preise so niedrig halten können, weil der Hausbesitz durch die Geldentwertung von seinen Hypothekenschulden praktisch befreit wurde. Hätte der Hausbesitzer im Laufe der seit dem Kriege verflossenen Jahre die von ihm geschuldeten Hypothekenzinsen auch nur annähernd nach ihrem ursprünglichen Goldwerte zahlen müssen, so hätten die Wohnungsmieten unmöglich auf einem Satze gehalten werden können, der für den März 1923 nach den Teuerungszahlen des Statistischen Reichsamtes nur etwa $^1/_{80}$ der Verteuerung der Ernährungskosten ausmacht (Indexziffer der Wohnungskosten 113, Indexziffer der Ernährungskosten 3315). Die Kosten des „Mieterschutzes" haben also nicht nur die Hausbesitzer, sondern mehr noch die Inhaber der auf städtischem Grundbesitz ruhenden Hypotheken getragen. Der aus der Entwertung dieser Hypotheken an sich resultierende Gewinn ist nur zum Teil dem Hausbesitzer zugute gekommen; zu einem anderen, und zwar bisher zum größeren Teil ist er von den Mietern in Gestalt der weit hinter der Geldentwertung zurückbleibenden Wohnungsmieten konsumiert worden. Soweit dies der Fall ist, haben wir es also auch hier mit einem absoluten Vermögensverbrauch, nicht mit einer Vermögensverschiebung zu tun[1]).

Aehnlich wie der „Mieterschutz" beim städtischen Grundbesitz hat in der Landwirtschaft die Zwangswirtschaft, zuletzt noch die Getreideumlage gewirkt. Ohne die durch die Geldentwertung herbeigeführte Entschuldung wäre diese Politik nicht durchführbar gewesen. Die Hypothekengläubiger haben wesentlich zu den Kosten der Verbilligung der Lebensmittel beigetragen, ihre Hypothekenforderungen sind zu einem großen Teil von der breiten Masse der Bevölkerung in der Form billigen Brotes aufgezehrt worden.

---

[1]) Vielfach ist allerdings eine Bereicherung des Hausbesitzers im Falle eines Verkaufs des Grundstückes zu den hohen, außer jedem Verhältnis zu dem gegenwärtigen und für die nächste Zukunft zu erwartenden Ertrage stehenden Preisen eingetreten. Es wirkt als ein aufreizendes Unrecht, daß in solchen Fällen die Inhaber der Hypotheken, die zur Zeit der Beleihung vielleicht zwei Drittel des Grundstückswertes ausmachten, aus dem Verkaufserlös mit dem Nennwert ihrer Hypotheken abgefunden werden, der jetzt vielleicht nur noch ein Prozent oder weniger des Verkaufserlöses beträgt.

Bei den industriellen und kommerziellen Betrieben machen wir die Beobachtung, daß unter den Nachwirkungen des Krieges und der Revolution die Unkosten auf der ganzen Linie beträchtlich stärker gestiegen sind als der Produktionsertrag. Die Minderung der physischen Arbeitsfähigkeit, die schematische Verkürzung der Arbeitszeit, der Kampf gegen die den Arbeitseifer anspornenden Arbeitsmethoden, die Inanspruchnahme von Arbeitskräften und Arbeitszeit durch unproduktive Beschäftigungen, die Einschränkung unserer Rohstoffbasis durch die Verstümmelung des Reichsterritoriums, die Verteuerung und Erschwerung des Rohstoffbezuges von außen und des Absatzes nach außen durch den Verlust unserer überseeischen Besitzungen und des weitaus größten Teiles unserer ausländischen Unternehmungen sowie durch die Auslieferung unserer Handelsflotte — alle diese Momente mußten einen schweren Druck auf die Ergiebigkeit der Arbeit ausüben. Die Wirkung für die Unternehmungen war das Zusammenschrumpfen des Reinertrages, ja vielfach ein Zehren an der Substanz, das nur durch die aus der Geldentwertung entstehenden Scheingewinne für den an der Oberfläche haftenden Blick verdeckt wurde. Bei dieser Entwicklung hat die durch die Geldentwertung herbeigeführte Entlastung von Schulden, langfristigen und kurzfristigen, sich vielfach in der Wirkung als bescheidenes Gegengewicht gegen die den Produktionsprozeß so schwer belastenden Momente erschöpft. Das „Wirtschaften aus der Substanz“ ging nicht nur zu Lasten der Unternehmer, sondern mehr noch zu Lasten der Kreditoren, deren Forderungen zuerst aufgezehrt wurden.

Die insgesamt auf etwa 200 Milliarden Goldmark zu berechnenden Verluste, die den Inhabern von festverzinslichen Werten und Geldforderungen erwachsen sind, haben also nur teilweise zu einer Bereicherung der Schuldner geführt, zum anderen Teil sind sie in dem Vermögensschwunde, dem unsere Gesamtwirtschaft unterliegt, untergegangen, ohne Spuren zu hinterlassen.

Wie wenig sich der Vermögensschwund auf festverzinsliche Werte und Geldforderungen beschränkt, zeigen die oben (§ 10) wiedergegebenen Berechnungen der Kursentwicklung und der Erträgnisse der deutschen Aktien. Gewiß, wenn Ende 1923 der Kursstand der deutschen Aktien im Durchschnitt auf das 54fache des Friedensstandes, bei Berücksichtigung der abgegangenen Bezugsrechte sogar auf das 90fache des Friedensstandes berechnet wurde, so ist das gegenüber den festverzinslichen Werten und Geldforderungen, die auf ihrem Nennwert geblieben sind, ein gewaltiger Vorzug. Aber angesichts der Tatsache, daß der damalige Dollarkurs für eine Goldmark den Wert von 1 800 Papiermark ergab, ist der 90fache Kurswert in Papiermark nur noch $^1/_{20}$ des ursprünglichen Wertes in Goldgeld. Und wenn im Jahre 1922 die gesamten Dividendenerträgnisse der Aktiengesellschaft 25 Milliarden Papiermark statt etwa 1 500 Millionen Goldmark im Jahr 1913 erreichten, so ist das zwar dem Nennwert nach mehr als 16 mal so viel, dem Goldwert nach aber nur noch etwa 3 vom Hundert des Ertrages von 1913 (Siehe oben S. 638).

Die ungenügende Anpassung der Bewertung des industriellen und kommerziellen Betriebsvermögens an die in den Valutakursen, den

Warenpreisen und Lebenshaltungskosten in Erscheinung tretende Geldentwertung, wie sie in den Aktienkursen zum Ausdruck kommt, hat
ihren Grund nicht, oder jedenfalls nicht in erster Linie, in materiellen
Verschlechterungen der Substanz, der technischen Ausstattung und des
maschinellen Apparates unserer wirtschaftlichen Betriebe, sondern in
den Aenderungen der Rentabilität, die zum Teil mit der bereits dargestellten Minderung der Ergiebigkeit des Wirtschaftsprozesses zusammen-
hängt, zum anderen Teil aber auf schwerwiegenden Veränderungen in
der Verteilung des Produktionsertrages auf Kapital und Arbeit zurückgehen.

Es wurde oben (S. 595, 596) darauf hingewiesen, wie sehr der Prozeß
des Sichdurchsetzens der Geldentwertung durch die Machtposition der
einzelnen wirtschaftlichen Gruppen — der Käufer und Verkäufer, der
Arbeitgeber und Arbeitnehmer — beeinflußt wird. Die Machtposition
der Arbeiterschaft gegenüber dem Kapital ist nun durch den Weltkrieg
in der ganzen Welt, und speziell in Deutschland noch darüber hinaus
durch die innerpolitischen Umwälzungen, sehr erheblich verstärkt worden.
Das Ergebnis ist, daß die Arbeiterschaft in Deutschland die Folgen der
erschreckenden Schwächung der deutschen Produktion zwar nicht ganz
von sich abwenden, aber doch zu einem sehr erheblichen Teil dem
Kapital zuschieben konnte, daß sie ihre Löhne in viel stärkerem Maße der
in den Preisen und Lebenshaltungskosten zum Ausdruck kommenden Geldentwertung anzupassen vermochte, als der Kapitalist seinen Kapitalertrag.

Wie groß die auf diesem Gebiet gegenüber der Vorkriegszeit eingetretenen Verschiebungen schon im Jahre 1920 waren, zeigt eine von
dem Vorsitzenden des Direktoriums der A. E. G., Geheimem Kommerzien-
rat Deutsch, im September 1921 veröffentlichte Untersuchung, der
die Verhältnisse von 152 Gesellschaften mit einem Nennkapital an
Aktien und Obligationen zuzüglich der Reservefonds von rund 10 Milliarden Mark und mit insgesamt 1 350 000 Angestellten und Arbeitern
zugrunde liegen[1]).

Bei diesen 152 Gesellschaften betrugen im Geschäftsjahr 1919/20
die gezahlten Gehälter und Löhne   16 Milliarden Mark
  „   „   Steuern   2,2   „   „
  „   „   Dividenden . . . . . .   650 Millionen Mark.

Prozentual ausgedrückt entfiel mithin von je 100 Mark, die für
diese drei Zwecke ausgegeben werden,

        auf die Gehälter und Löhne . . .   84,9 Mark
        auf den Staat und die Kommunen   11,7   „
        auf das Kapital   3,4   „
                       zusammen   100 Mark.

Der Gewinnanteil des Kapitals betrug nur noch 4,6 Prozent der
gezahlten Löhne und Gehälter.

Im Durchschnitt der zehn Jahre 1908—1917 waren bei denselben
Gesellschaften von je 100 Mark entfallen

        auf die Gehälter und Löhne . . .   76,7 Mark
        auf den Staat und die Kommunen   11,7   „
        auf das Kapital   11,6   „

---

[1]) Herausgegeben durch die Handelskammer von Berlin.

Der Gewinnanteil des Kapitals hatte also damals noch 15 Prozent der gezahlten Löhne und Gehälter betragen.

Schon im Jahre 1920 war mithin der Gewinnanteil des Kapitals in seinem Verhältnis zu den gezahlten Löhnen und Gehältern auf wenig mehr als ein Viertel des Standes der Jahre 1908 bis 1917 zurückgeschraubt. Diese Entwicklung hat sich seither fortgesetzt; nach zahlreichen Stichproben muß ich annehmen, daß im Jahre 1922 der Gewinnanteil des Kapitals kaum mehr 1 Prozent der gezahlten Löhne und Gehälter erreicht hat.

Selbst dieses kümmerliche Ergebnis konnte den Aktionären nur zugewandt werden, weil — abgesehen von der bereits besprochenen Verringerung des Realwertes der Schulden — die Rückstellungen, bei aller Erhöhung der Papiermarkziffern, in ihrem Goldwerte weit hinter denjenigen zurückblieben, die früher als notwendig erachtet wurden; weil ferner die Abschreibungen, die sich auf die ursprünglichen Anschaffungspreise der abzuschreibenden Gegenstände zurückbeziehen, jedes Verhältnis zu den in unserm Papiergelde auf das Mehrtausendfache gestiegenen Kosten der künftigen Ersatzbeschaffung verloren haben; weil schließlich Scheingewinne auf Warenbestände, die infolge der Geldentwertung zu Ende des Geschäftsjahres mit höheren Preisen zu Buche stehen als zu Anfang, vielfach als echte Gewinne behandelt werden. In Wirklichkeit lebt ein großer Teil unserer Unternehmungen von der Substanz; nicht nur die dem Kapital zugewiesenen Gewinnanteile werden aus der Substanz entnommen, sondern auch ein Teil der Löhne und Gehälter wird tatsächlich aus der Substanz der Unternehmungen bezahlt.

Diese Annahme wird bestätigt durch die Entwicklung, welche die Erträgnisse der Kapitalertragsteuer im Verhältnis zu denjenigen der Einkommensteuer genommen haben. Noch im Rechnungsjahr 1921 erbrachte die Kapitalertragsteuer, die bekanntlich mit 10 Prozent vom Kapitaleinkommen aller Art (Zinsen aus Forderungen und Wertpapieren, Dividenden und sonstigen Gewinnanteilen an Erwerbsgesellschaften) an der Quelle erhoben wird, mit 1487 Millionen Mark rund 5 Prozent der Einkommensteuer, die 28 146 Millionen Mark abwarf. Im Rechnungsjahr 1922 dagegen war das Ergebnis der Kapitalertragsteuer mit 2688 Millionen Mark nur noch ein halbes Prozent des Ertrags der Einkommensteuer mit 533 341 Millionen Mark. Gegenüber der Einkommensteuer hat sich also das Ergebnis der Kapitalertragsteuer vom Jahre 1921 auf das Jahr 1922 auf ein Zehntel verschlechtert. Ja im Monat März 1923 war das Ergebnis der Kapitalertragsteuer mit 505 Millionen Mark nur noch 0,27 Prozent des Ertrags der Einkommensteuer mit 189 Milliarden Mark. Da die Einkommensteuer angesichts der erheblichen Steuerermäßigungen, die bei den unteren Einkommenstufen für Existenzminimum und Werbungskosten gewährt werden, den für die Kapitalertragsteuer maßgebenden Satz von 10 Prozent im großen Durchschnitt nicht erheblich übersteigen dürfte, zeigen diese Ziffern, daß der Anteil des Einkommens aus Kapitalvermögen an dem gesamten Volkseinkommen in den letzten Jahren der katastrophalen Geldentwertung geradezu bedeutungslos geworden ist.

Bezeichnend für diese Entwicklung ist, daß die Reichsfinanzverwaltung auf die weitere Erhebung der Kapitalertragsteuer von den Zinsen aller Art verzichtet hat, da die Kosten der Einziehung den Ertrag übersteigen; die bisherige Kapitalertragsteuer auf Gewinnanteile der Erwerbsgesellschaften ist mit der Körperschaftssteuer verschmolzen worden (Gesetz über die Berücksichtigung der Geldentwertung in den Steuergesetzen vom 30. März 1923).

Aber die Entwicklung hat sich nicht auf die radikale Verschiebung des Verhältnisses zwischen Kapital und Arbeit beschränkt. Auch innerhalb der großen Kategorie der Arbeit ist, wie oben gezeigt wurde, die Anpassung des Arbeitsentgeltes an die Geldentwertung keineswegs eine einheitliche. Wir haben gesehen, daß die Löhne für ungelernte Arbeit der Steigerung der Lebenshaltungskosten am weitesten gefolgt sind, während die Anpassung an das erhöhte Preisniveau um so geringer wird, je mehr es sich um qualifizierte und geistige Arbeit handelt. Wenn, an den Lebenshaltungskosten gemessen, im Februar 1923 der ungelernte Arbeiter in den Reichsbetrieben 70 Prozent des Reallohnes der Vorkriegszeit bezog, der höhere Beamte dagegen nur noch 30 Prozent, wenn man am Ende dieser Kette das jeder Beschreibung spottende Elend der „freien Berufe“ erblickt, wenn man all die Erscheinungen, die man unter dem Worte „Not der Wissenschaft“ zusammenzufassen pflegt, dem zigarettenrauchenden halbwüchsigen „Proletarier“ gegenüberstellt, dann erkennt man, daß in dem durch die Verarmung unseres Volkes und die Geldentwertung ausgelösten Kampfe ums Dasein die „schwielige Faust“ sich bisher noch am besten behaupten konnte und daß unser Volk nicht nur von der materiellen, sondern auch von der geistigen Proletarisierung bedroht ist.

Bei der Vernichtung der zinstragenden Sparvermögen, bei der Nivellierung der Entlohnung für qualifizierte und geistige Arbeit handelt es sich also nicht nur um Fragen der Vermögens- und Einkommensverteilung, sondern um Probleme, die für die Zukunft unserer Wirtschaft und unserer Kultur geradezu Schicksalsprobleme sind.

b) Das Produktionsproblem.

Schon die Ausführungen über die Wirkungen und Begleiterscheinungen der Geldentwertung auf dem Gebiete der Vermögen und Einkommen haben gezeigt, daß diese Wirkungen und Begleiterscheinungen sich nicht in der Revolutionierung der Vermögensschichtung und Einkommensverteilung erschöpfen, sondern auch auf die produktive Arbeit der Volkswirtschaft hinübergreifen.

Allein schon die Schwächung der Konsumtionkraft des Volksganzen und die Verschiebungen innerhalb des verringerten Konsums, wie sie aus der Vernichtung des zinstragenden Sparvermögens und aus der Entwertung auch der „Sachwerte“ hervorgegangen sind, mußten schwere Störungen für die Gütererzeugung mit sich bringen.

Dazu kommt die Beeinträchtigung des Produktionsapparates durch die ungenügende Neubildung von Kapital, ja durch den oben dargestellten Kapitalschwund. Insbesondere die ungenügenden Abschreibungen und Rückstellungen für die künftigen Ersatzbeschaffungen und Verbesserungen bilden eine nicht zu unterschätzende Gefahr.

Nicht nur die für die Aufrechterhaltung der Konkurrenzfähigkeit der deutschen Industrie erforderliche Verjüngung und Fortentwicklung des maschinellen Apparates ist bedroht, darüber hinaus droht die Gefahr des allmählichen Absterbens der vorhandenen Ausstattung. Außerdem werden die unerläßlichen Aufwendungen für die wissenschaftliche und technische Durcharbeitung der Produktionsmethoden aufs Empfindlichste beschränkt. Mit Recht schreibt Geheimrat D e u t s c h in seiner oben erwähnten Studie:

„Unsere deutsche Industrie marschierte vor dem Kriege im Schaffen von neuen Konstruktionen und in unablässigem Studium aller neu auftauchenden Probleme an der Spitze des technischen Fortschrittes .... Die Situation hat sich erschreckend zu unseren Ungunsten verschoben; der Jammer unserer Valuta macht uns die Konkurrenz in dieser Beziehung mit den valutastarken Ländern fast unmöglich, und es erscheint kaum noch angängig, die ungeheuren Kosten für den Fortschritt aufzuwenden, die heute erforderlich sind, um die Fabriken auf die höchste Stufe zu bringen und dem Absatz unserer Erzeugnisse einen immer größeren Markt zu schaffen. Hat aber die deutsche Industrie nicht mehr die Möglichkeit, ohne ihre augenblickliche Situation zu schwächen, erhebliche Summen für Patente, Neukonstruktionen und Versuche bereitzustellen, so kann sie auch ihre frühere Stellung und ihren Ruf im Weltgeschäft nicht behaupten."

Fast noch schlimmer ist, daß die Nivellierung des Engeltes für Arbeit jeder Art nicht nur unsere Qualitätsarbeiter, unsere Ingenieure und Techniker, unsere geschulten kaufmännischen Angestellten, unsere wirtschaftlichen Organisatoren und Führer, schließlich alle geistigen Arbeiter, die durch ihre Tätigkeit mittelbar den Prozeß der Gütererzeugung fördern, durch die Vorenthaltung einer den Aufwendungen für ihre Ausbildung und ihre Leistungen entsprechenden Entlohnung schädigt und ihre Arbeitsfreude und Arbeitskraft beeinträchtigt, sondern daß dadurch auch die Heranzüchtung eines Nachwuchses für die Zukunft auf das Schwerste bedroht wird. Jedermann, der weiß, was unser Gewerbe und unsere Industrie, nicht zuletzt auch unsere Landwirtschaft, der Qualitätsarbeit, der technischen und wissenschaftlichen Schulung, der Tätigkeit der Gelehrten und Forscher verdanken, kann ermessen, was diese Gefahr bedeutet. Hier wird die geistige Proletarisierung die materielle Proletarisierung noch erheblich verschärfen und beschleunigen.

Aber es handelt sich nicht nur um künftige Gefahren; vielmehr sind die Grundlagen einer jeden rationellen Wirtschaft durch die Geldentwertung bereits in der unmittelbaren Gegenwart in Frage gestellt. Die Schwankungen des Geldwertes machen jede Kalkulation, jede Buchführung illusorisch. Materialpreise, Löhne und Gehälter und sonstige Unkosten lassen sich nicht mehr im voraus berechnen, die für die Produkte erzielbaren Preise lassen sich nicht mehr abschätzen, die nicht vorherzusehenden Schwankungen des Geldwertes werfen alle Gewinnberechnungen über den Haufen und machen jedes planmäßige Wirtschaften unmöglich. Die im Laufe des Wirtschaftsjahres sich vollziehenden Aenderungen des Geldwertes blähen die Bilanzen auf und täuschen Scheingewinne vor, wo in Wirklichkeit schwere Substanzverluste vorliegen. Wo von dem Valutastand die Entscheidung über Erfolg und Mißerfolg geschäftlicher Transaktionen in erster Linie abhängt, wird die fleißige und rationelle Arbeit entwertet und entmutigt; die Spekulation gewinnt die Herrschaft über das Wirtschaftsleben, sie demoralisiert breite Schichten der Bevölkerung, und diejenigen Elemente kommen obenauf, die im unproduktiven Hin- und Herschieben der fortgesetzt im Preise schwankenden Vermögenswerte ihre besondere Befähigung betätigen können. Wie die ehrliche schaffende Arbeit, so wird die gesunde Sparsamkeit gelähmt. Wo sich Werte von heute auf morgen verflüchtigen, da lohnt es nicht, Werte anzusammeln. Die raschen Gewinne werden rasch vertan. Zu der Verarmung tritt die Verschwendung.

Die Störungen der Wirtschaft werden verstärkt durch die enorm hohen Zinssätze. Im April erhöhte die Reichsbank ihren offiziellen Diskontsatz auf den nie dagewesenen Stand von 18 Prozent; im privaten Verkehr werden Sätze gezahlt, die um ein mehrfaches höher sind. In diesen hohen Zinsen kommt einmal die Tatsache zum Ausdruck, daß — wie oben dargestellt (S. 646) — die Vermehrung der Umlaufsmittel mit der Entwertung des Geldes nicht entfernt Schritt gehalten hat, dann aber auch das Bestreben der Geldgeber, sich für das Risiko einer weiteren Geldentwertung während der Dauer des Darlehens schadlos zu halten.

Der aus allen diesen Momenten hervorgehenden Lähmung der Produktionskraft sollte nach der Theorie der Ansporn gegenüberstehen, den eine sinkende Valuta der Ausfuhr des betroffenen Landes gibt. In der Tat war die deutsche Industrie in einzelnen Zweigen zeitweise in der Lage, mit ihrer Preisstellung auf dem Weltmarkte den ausländischen Wettbewerb merklich zu unterbieten. Aber dieses „Valuta-Dumping" wurde erheblich abgeschwächt, einmal durch die recht erheblichen Ausfuhrabgaben, die von der deutschen Regierung erhoben wurden, dann durch Valutazuschläge zu den Einfuhrzöllen und andere Erschwerungen, die von einer Reihe ausländischer Staaten dem deutschen Export entgegengestellt wurden. Soweit deutsche Unternehmungen trotzdem auf dem Weltmarkte den ausländischen Industrien einen Wettbewerb machen, der als Schleuderkonkurrenz empfunden wird, geschieht das in der Hauptsache aufgrund von Kalkulationen, die bei Warenbeständen, Abschreibungen und Reservestellungen die Geldentwertung nicht genügend berücksichtigen, also auf Kosten der Substanz der Betriebe und damit auf Kosten der Zukunft.

Im übrigen hat die Einwirkung der deutschen Valutaentwertung auf den deutschen Außenhandel nicht zu verhindern vermocht, daß gegenüber dem letzten Friedensjahre die deutsche Einfuhr in erheblich geringerem Maße abgenommen hat als die deutsche Ausfuhr, sodaß also eine starke Verschlechterung der Handelsbilanz eingetreten ist. In den vier Jahren 1919 bis 1922 hat die Einfuhr insgesamt 25,5 Milliarden Goldmark, die Ausfuhr nur 14,5 Milliarden Goldmark betragen, der Passivsaldo der Handelsbilanz stellte sich also auf 11 Milliarden Goldmark. Im

Jahresdurchschnitt hat in jenen vier Nachkriegsjahren die Einfuhr 60 Prozent, die Ausfuhr nur 36 Prozent des Standes von 1913 erreicht, der Passivsaldo der Handelsbilanz war mit jährlich 2,7 Milliarden Mark fast viermal so groß wie im Jahre 1913. Weit entfernt, durch den Zusammenbruch der deutschen Valuta verbessert zu werden, hat also die deutsche Handelsbilanz ihrerseits dazu beigetragen, den Zusammenbruch der deutschen Valuta zu verschlimmern.

Dagegen hat die Zerrüttung der deutschen Valuta in vollem Umfang die andere von der Theorie anerkannte Wirkung gehabt, die Investierung ausländischen Leihkapitals in Deutschland zu einigermaßen billigen Bedingungen unmöglich zu machen. Kein Kapitalist der Welt denkt daran, deutschen Unternehmungen oder deutschen öffentlichen Körperschaften Kredite in deutscher Währung zu geben. Die schweren Verluste, die die Spekulation des Auslandes an ihren Engagements in deutscher Mark erlitten hat, wirken abschreckend. Der deutsche Kreditnehmer muß also, soweit er überhaupt noch Kredit im Ausland findet, das Risiko der Steigerung der fremden Devisen und zudem die sonstigen, meist recht schweren Zins- und Provisionsbedingungen in Kauf nehmen.

In anderen Formen als der Hergabe von Leihkapital hat allerdings das Ausland für Anlagen in deutschen Werten ein großes, für Deutschland jedoch höchst bedenkliches Interesse gezeigt. Der Umstand, daß die Preise von ländlichen und namentlich auch städtischen Grundstücken, desgleichen die Kurse der Aktien und sonstigen Anteile an deutschen Unternehmungen nicht entfernt im Verhältnis zur Entwertung der deutschen Valuta gestiegen sind, gibt den ausländischen Kapitalisten die Möglichkeit, deutsche „Sachwerte" aller Art für ein Butterbrot zu erwerben. Es wurde oben gezeigt, daß in amerikanische Dollar umgerechnet der Kurs der Aktien der Gelsenkirchener Bergwerks-A.-G. Ende März 1923 sich nur auf etwa 7 Prozent des Kurses vom Januar 1914 stellte, obwohl dieses Unternehmen sein Kapital nicht durch die Ausgabe irgendwelcher neuer Aktien verwässert hat. Die Gelsenkirchner Aktie ist dabei noch ein verhältnismäßig günstiges Beispiel. Das gesamte Aktienkapital der Deutschen Bank im Nennwert von 800 Millionen Mark repräsentierte Ende März 1923 bei einem Kurs von rund 25 000 Prozent einen Kurswert von 200 Milliarden Papiermark == 10 Millionen Dollar! Im Jahre 1913 hätte Amerika, um die Aktien der Deutschen Bank — damals im Nennwert von nur 250 Millionen Mark — zu kaufen, 160 Millionen Dollar aufwenden müssen, also 16 mal so viel wie heute für das auf mehr als das Dreifache erhöhte Kapital! Unter diesen Umständen hat die „Ueberfremdung" der deutschen Wirtschaft geradezu erschreckende Fortschritte gemacht. Ein sehr erheblicher Teil des Hausbesitzes, namentlich in den Großstädten, ist in ausländische Hände übergegangen und die Anteile an unsern weltbekannten Unternehmungen auf dem Gebiete der Industrie, des Handels und des Verkehrs werden fortgesetzt in einem unkontrollierbaren Umfange von dem Auslande aus dem Markt genommen, sodaß vielfach besondere Vorkehrungen — Schaffung von Vorzugsaktien mit erhöhtem Stimmrecht und Bindung dieser Aktien in zuverlässigen Händen — erforderlich schienen, um die unmittelbare Beherrschung dieser Unternehmungen durch die ausländischen Aktienkäufer zu verhindern. Der Schleuderausverkauf der deutschen Waren hat also durch den noch viel bedenklicheren und beträchtlich umfangreicheren Schleuderausverkauf des deutschen Produktivvermögens seine Ergänzung gefunden. Das deutsche Volk ist dadurch in die Gefahr geraten, zum Lohnsklaven fremden Kapitals zu werden.

Gewiß ist die Geldentwertung nicht die erste und einzige Ursache dieser verhängnisvollen Entwicklung. Die Zerstörung großer Teile unseres Volksvermögens, die Lähmung unserer Produktionskraft, die Ueberfremdung unserer Wirtschaft haben ihre tieferen Wurzeln in dem Kriegsausgang und dem Versailler Diktat. Die Entwertung des deutschen Geldes kann nicht unabhängig von diesen tieferen Ursachen des deutschen Elendes begriffen werden. Aber die Geldentwertung ist das wichtigste Medium, durch das jene tiefen Ursachen ihre verhängnisvolle Wirkung ausüben.

c) Das Finanzproblem.

Nicht minder schweren Störungen, wie alle privaten Betriebe und Haushalte, werden auch die Haushalte der öffentlichen Körperschaften durch die Geldentwertung ausgesetzt. Ja die Störungen der öffentlichen Haushalte sind, da hier die in den privaten Betrieben zur Verfügung stehenden Gegenwirkungen großenteils fehlen, eher noch einschneidender und verhängnisvoller. Die Aufstellung eines Haushaltplanes wird unter der Einwirkung der fortgesetzten Geldentwertung zur Farce, und die Versuche der Deckung der lawinenartig anschwellenden Ausgaben durch die Einnahmen werden zur Sisyphusarbeit. Die materiellen und personellen Ausgaben passen sich in den Preisen, den Gehältern und Löhnen, die gezahlt werden müssen, jedem neuen Rückgang des Geldwertes unmittelbar an, während bei einem großen Teil der Einnahmen eine Anpassung überhaupt nicht oder nur in schleppendem Tempo erfolgt. Eine unmittelbare Anpassung ist nur bei denjenigen Verbrauchs- und Verkehrssteuern gegeben, die in Prozenten vom Wert der Produkte oder Umsätze erhoben werden (Kohlensteuer, Umsatzsteuer, Kapitalverkehrssteuern); ferner bei der als Lohn- und Gehaltsabzug an der Quelle und im Augenblick der Lohn- und Gehaltszahlung erhobenen Einkommensteuer auf diese Einkommensarten; schließlich bei der an der Quelle stattfindenden Besteuerung des Kapitalertrags in der Form der Kapitalertragssteuer und der Körperschaftssteuer, freilich hier nur in dem gänzlich ungenügenden Maße, in dem der Kapitalertrag selbst sich der Geldentwertung anpaßt. Keine Anpassung erfolgt bei den Verbrauchssteuern, die mit bestimmten Geldbeträgen nach dem Maß oder Gewicht der besteuerten Waren erhoben werden (z. B. bei der Bier- und Zuckersteuer). Eine schleppende, bei sich fortsetzender Geldentwertung immer nachhinkende Anpassung findet statt bei den im Wege der Veranlagung festzustellenden Steuern von Einkommen und Vermögen; denn hier erfordert die Veranlagung für einen abgelaufenen Zeitraum oder einen bestimmten Stichtag im günstigsten Falle mehrere Monate, und die Zahlung der Steuer erfolgt dann in einem Gelde, das gegenüber dem Gelde, in dem das Einkommen eingegangen oder das Vermögen bewertet worden ist, bereits wieder eine Entwertung erfahren hat. Erst wenn eine Stabilisierung des Geldwertes erfolgt ist, tritt nach Ablauf einer gewissen Zeit eine automatische Anpassung ein. Das Gesetz über die Berücksichtigung der Geldentwertung bei den Steuergesetzen vom 30. März 1923 ist keine Lösung dieses ernsten Problems, sondern nur ein dürftiger Notbehelf[1]).

Welche verhängnisvolle Einwirkung die Geldentwertung unter diesen Umständen trotz einer unerhört schweren Besteuerung auf die Reichsfinanzen ausgeübt hat, sei an der Entwicklung des Rechnungsjahres 1922/23 dargetan. Die folgende Tabelle gibt einen Ueberblick:

Monate	Reichseinnahmen	Ausgaben der inneren Reichsverwaltung	Ueberschuß (+) bzw. Fehlbetrag (−) der inneren Reichsverwaltung	Zuschuß zu den Betriebsverwaltungen	Ueberschuß (+) bzw. Fehlbetrag (−) der Reichsverwaltung einschl. Betriebsverwaltungen	Ausgaben für die Durchführung des Friedensvertrages	Gesamtfehlbetrag des Reichs	Dollarkurs in Berlin
1	2	3	4	5	6	7	8	9
1922								
April	14,5	7,0	+ 7,5	0,3	+ 7,2	16,2	9,0	291
Mai	21,0	12,3	+ 8,7	0,9	+ 7,8	16,1	8,3	290
Juni	21,6	11,1	+ 10,5	2,8	+ 8,7	13,5	5,8	317
Juli	26,1	20,4	+ 5,7	1,9	+ 3,8	16,6	12,8	493
August	42,0	34,4	+ 7,6	12,0	− 4,4	19,1	23,5	1 135
September	44,4	96,0	− 51,6	42,5	− 94,1	25,5	119,6	1 466
Oktober	67,9	100,4	− 31,5	71,1	− 103,6	49,1	152,7	3 181
November	144,9	163,2	− 18,9	78,9	− 97,2	138,1	235,3	7 183
Dezember	231,0	441,7	− 210,7	257,3	− 468,0	188,0	656,0	7 589
1923								
Januar	360,5	301,5	+ 59,0	195,0	− 136,0	450,7	586,7	17 972
Februar	521,2	868,1	− 346,9	735,8	− 1 072,7	423,9	1 506,6	27 918
März	794,7	1747,2	− 952,5	1304,1	− 2 256,5	756,3	3 012,9	21 190

Diese Nachweisung zeigt, daß die gewaltige Steuerlast, die sich das deutsche Volk auferlegt hat, bis in die zweite Hälfte des Jahres 1922 hinein nicht umsonst getragen wurde. Die bei einer sich verhältnismäßig stabil haltenden Valuta kräftig steigenden Einnahmen des Reichs (Spalte 2) genügten nicht nur, um die Ausgaben der inneren Reichsverwaltung (Spalte 3) völlig abzudecken, mit ihren wachsenden Ueberschüssen (Spalte 4) konnten sogar die immer noch notwendigen Zuschüsse an die Betriebsverwaltungen, Reichseisenbahn und Post (Spalte 5) bestritten werden, und auch dann noch verblieben ansehnliche Mehrbeträge (Spalte 6). Im Juni 1922 erreichten die Ueberschüsse der inneren Reichsverwaltung mit 10,5 Milliarden Mark ihren Höhepunkt.

---

[1]) Siehe meine Schrift „Das neue Steuergesetz", Berlin 1923.

Die Ueberschüsse der Reichseinnahmen über die Ausgaben der inneren Reichsverwaltung und den Zuschußbedarf der Reichsbetriebe stellten sich im April auf 7,2, im Mai auf 7,8, im Juni auf 7,7, im Juli auf 3,8 Milliarden Mark. Zum jeweiligen monatsdurchschnittlichen Dollarkurs umgerechnet, beliefen sich diese Ueberschüsse in dem Vierteljahr April bis Juni auf etwas mehr als 100 Millionen Goldmark monatlich, im ganzen in den vier Monaten April bis Juli auf rund 250 Millionen Goldmark.

Die sich so herausentwickelnden recht ansehnlichen Ueberschüsse standen für die „Durchführung des Friedensvertrages" zur Verfügung, freilich ohne den Ausgabenbedarf dieses Budgets auch nur annähernd in vollem Umfange abdecken zu können. Immerhin war auch im Gesamtfehlbetrag des Reichshaushaltes, der diese Ausgaben mit einschloß, bis zum Juni Monat für Monat ein Rückgang festzustellen (Spalte 8).

Ein völliger Umschwung dieser günstigen Entwicklung der Reichsfinanzen trat ein, als die französische Politik im Juni mit der Sprengung der Pariser Bankierkonferenz, die über die Regelung der Reparationsfrage durch eine internationale Anleihe verhandelte, den Weg der Gewalt einschlug und damit den Zusammenbruch der deutschen Valuta herbeiführte. Der Ueberschuß der Reichseinnahmen über die inneren Verwaltungsausgaben und die Zuschüsse zu den Reichsbetrieben verwandelten sich von neuem in einen Fehlbetrag, und je höher der Dollarkurs stieg (Spalte 9), desto größer wurde der Fehlbetrag, bis schließlich in dem einen Monat März ein Defizit in Höhe von 3 Billionen Mark erreicht wurde.

Die Valutakatastrophe ist also für das Reich, dessen Finanzen auf dem Wege unverkennbarer Konsolidierung waren, zur Finanzkatastrophe geworden. Die schwebende Schuld des Reiches, in der diese geradezu phantastische Entwicklung am deutlichsten zum Ausdruck kommt, hat sich von 312 Milliarden Mark Ende Juni 1922, auf 528 Milliarden Mark Ende September, auf 1822 Milliarden Mark Ende Dezember und 8274 Milliarden Mark Ende März 1923 gesteigert. Gewiß haben bei der katastrophalen Gestaltung der Reichsfinanzen seit dem Monat Januar die gewaltigen Anforderungen mitgewirkt, die Frankreichs Einfall in das Ruhrgebiet heraufbeschworen hat; aber die entscheidende Wendung ist bereits zu Beginn der zweiten Hälfte des Jahres 1922 mit dem Anfang des durch die französische Politik herbeigeführten neuen Zusammenbruchs der deutschen Valuta eingetreten.

Auch auf dem Gebiet der öffentlichen Finanzen wirkt also die Geldentwertung als das Medium der zerstörenden Kräfte, die unser wirtschaftliches und kulturelles Leben, unsere staatliche und gesellschaftliche Ordnung mit der Vernichtung bedrohen.

§ 13. Das Ideal eines Geldes von unveränderlichem Werte.

Diese Ueberschrift führte der Schlußparagraph auch der bisherigen Auflagen des vorliegenden Buches. Dabei hatten wir, als die früheren Auflagen geschrieben wurden, einen Zustand des Geldwesens — nicht nur in Deutschland, sondern in nahezu allen wichtigen Wirtschaftsgebieten —, der uns heute hinsichtlich der Beständigkeit des Geldwertes als ein Idealzustand erscheint. Damals handelte es sich um ein interessantes theoretisches Problem, das zwar in der wissenschaftlichen Literatur eine große Rolle spielte, für die Praxis des Wirtschaftslebens jedoch keine sehr erhebliche Bedeutung hatte; heute stehen wir vor einem praktischen Problem allerersten Ranges, nach dessen Lösung die Notwendigkeiten unserer Wirtschaft hindrängen, wie die Kräfte eines kranken Körpers nach Gesundung. Unter diesen Umständen wirft sich die Frage auf, wie weit die früheren theoretischen Spekulationen im Lichte der neuesten Erfahrungen Stich halten und wie weit sie etwa für die praktische Lösung der durch die Entwicklung des Geldwesens in den letzten Jahren aufgeworfenen Probleme nutzbar gemacht werden können. Ich lasse deshalb den Schlußparagraphen zunächst unverändert in der früheren Fassung folgen.

Alte Fassssung.

Die Vorstellung der gegen die Prinzipien der Gerechtigkeit verstoßenden und die wirtschaftliche Entwicklung ungünstig beeinflussenden Wirkungen der Veränderungen des Geldwertes haben den Wunsch nach einem in seinem Werte absolut stabilen Gelde laut werden lassen, nach einem Gelde, dessen Angebot jederzeit in ungestörtem Gleichgewicht mit dem Geldbedarf gehalten werden kann, sodaß von Seiten des Geldes niemals irgendwelche Einwirkungen auf den Gesamtprozeß des Wirtschaftslebens ausgehen könnten.

Soviel größer als bei allen anderen Wertgegenständen auch die Sicherheiten sein mögen, welche die Edelmetalle, insbesondere das Gold, als Grundlage des Geldwesens für eine Stabilität des Geldwertes bieten, so sehr auch diese Sicherheiten durch die elastische Ergänzung, die das moderne Geldwesen durch die auf Kredit beruhenden Zahlungsmittel und Zahlungseinrichtungen erhalten hat, verstärkt werden mögen, so bleibt doch bei den auf den Edelmetallen begründeten Währungen der Geldwert elementaren Einflüssen ausgesetzt, die sich jeder planmäßigen Regulierung entziehen.

Im Gegensatze zu den metallischen Währungen haben wir in der Papierwährung eine Geldverfassung kennen gelernt, die, rein theoretisch betrachtet, die Regulierung des Geldwertes in die Hand der staatlichen Organe zu geben scheint. Die Geldversorgung ist in einer solchen Geldverfassung nicht abhängig von Vorgängen, die mehr oder weniger außerhalb unseres Machtbereiches stehen, wie etwa von der Höhe der Edelmetallgewinnung oder von den internationalen Edelmetallbewegungen; sie liegt vielmehr ganz im Belieben derjenigen Instanzen, welche die Ausgabe des Papiergeldes besorgen. An und für sich erscheint es mithin möglich, bei einer solchen Geldverfassung die Gedversorgung jederzeit in voller Uebereinstimmung mit dem Geldbedarfe zu halten und so eine volle Stabilität des Geldwertes und eine gänzliche Indifferenz des Geldes in den wirtschaftlichen Vorgängen herbeizuführen.

Es kommt hinzu, daß in gewissem Sinne das reine Papiergeld den äußersten Punkt der Entwicklungsgeschichte des Geldes bildet. Während ursprünglich nur Gebrauchsgüter Geldfunktionen verrichteten, während die metallischen Münzen durch Einschmelzung und Verarbeitung jederzeit in Gebrauchsgüter verwandelt werden können und während ihr Wert anfangs ausschließlich, später mindestens noch teilweise auf der Möglichkeit ihrer Umwandlung in Gebrauchsgüter beruht, ist das Papiergeld überhaupt nur als Geld zu gebrauchen, es ist die reine Verkörperung der Geldfunktion. Nicht nur die Gerechtigkeit und das Gesamtinteresse der Volkswirtschaft, sondern auch die Entwicklungsgeschichte des Geldes scheint mithin auf die reine Papierwährung als auf die ideale Geldverfassung hinzuweisen.

Es bestehen jedoch gewisse praktisch unüberwindliche Hindernisse, welche diesen Endpunkt der logisch denkbaren Entwicklung des Geldes in unerreichbare Fernen hinausschieben. Solange gewisse wesentliche Züge unserer politischen und wirtschaftlichen Verfassung fortbestehen und solange unsere Einsicht in die wirtschaftlichen Zusammenhänge nicht sehr viel tiefer und sicherer ist als bei dem gegenwärtigen Stande der nationalökonomischen Wissenschaft, wird die Papierwährung praktisch stets nur als eine Anomalie betrachtet und die Verbindung des Geldwertes mit einem der Edelmetalle als der wünschenswerte und normale Zustand angestrebt werden, und zwar aus folgenden Gründen:

So sehr man auf den ersten Blick einen Vorteil der reinen Papierwährung darin erblicken mag, daß sie die Staatsgewalt in die Lage setze, durch eine Regulierung der Geldausgabe nach dem Geldbedarfe den Geldwert in voller Stabilität zu erhalten, so große Schwierigkeiten würden der praktischen Verwirklichung dieses Vorteils entgegenstehen. Zunächst fehlt uns jedes zuverlässige Kriterium für die Veränderungen des Geldwertes. Man braucht sich nur die wissenschaftliche Literatur anzusehen, in der das Kriterium für einen nicht genügend gedeckten Geldbedarf teilweise in einem Sinken der Warenpreise, teilweise in einer Steigerung der Diskontsätze gesucht wird, und man braucht demgegenüber nur die oben (S. 615 ff.) geschilderte tatsächliche Entwicklung der letzten Jahrzehnte (vor dem Kriege) ins Auge zu fassen, in der regelmäßig nicht etwa steigende Diskontsätze und sinkende Preise, sondern umgekehrt steigende Diskontsätze und steigende Preise zusammenfielen. Nach der Ansicht derjenigen, welche in mehr oder weniger komplizierten Preisstatistiken den exakten Maßstab des Geldwertes sehen, hätte bei einer Geldverfassung, die dem Staate die Regulierung der Geldversorgung völlig in die Hand gibt, der Geldumlauf Deutschlands in den Jahren 1897 bis 1899 und 1904 bis 1907, um der allgemeinen Preissteigerung entgegen zu wirken, erheblich eingeschränkt werden müssen, und das bei einem offiziellen Diskontsatze von zeitweise 6, 7 und $7^{1}/_{2}$ Prozent! Welche Katastrophen durch eine solche „Regulierung des Geldwertes" heraufbeschworen worden wären, ist kaum auszudenken. Umgekehrt hätte nach der Auffassung derjenigen, welche in den Bewegungen des Diskontsatzes das Kriterium des Geldbedarfs erblicken, der Geldumlauf durch eine schrankenlos erweiterte Emission von Papiergeld im Wege der Kreditgewährung zu einem niedrigen Zinsfuße vermehrt und die Ueberproduktion und Ueberspekulation noch künstlich ermutigt werden müssen. Bekennt man sich aber zu der Ansicht, daß sowohl in den Warenpreisen als auch in den Diskontsätzen nicht nur die auf der Seite des Geldes wirksamen Bestimmungsgründe, sondern ganz überwiegend die in unserer Wirtschaftsverfassung begründeten Schwankungen der Konjunkturen zum Ausdrucke kommen, an welcher konkreten Erscheinung will man dann einen Anhaltspunkt für die Regulierung des Geldwertes gewinnen[1])?

Aber die Unzulänglichkeit unserer Erkenntnis ist nicht das einzige Hindernis; mindestens ebenso schwer fällt ins Gewicht der Mangel einer jeden Sicherheit dafür, daß bei einer reinen Papierwährung die Regulierung der Geldausgabe lediglich nach den Erfordernissen der Gerechtigkeit und nach dem allgemeinen Interesse der Volkswirtschaft gehandhabt werden würde. In der Hand des Staates selbst ist die unbeschränkte Möglichkeit, aus nichts Geld zu machen, zu verlockend, als daß ein jeder Mißbrauch zu fiskalischen Zwecken ausgeschlossen sein sollte. Dazu kommt, daß gerade in unserer Zeit der rücksichtslosen Verfechtung wirtschaftlicher Sondervorteile um die Regulierung des Geldwertes ein Interessenkampf entstehen würde, der bei dem Mangel eines objektiven Kriteriums von vornherein nicht durch Vernunft und Gerechtigkeit, sondern nur durch brutale Macht entschieden werden könnte. Auf der einen Seite würden alle, die Geld schulden, für eine möglichst starke Geldausgabe und die möglichste Verringerung des Geldwertes kämpfen, auf der anderen Seite würden alle Gläubiger und alle diejenigen, welche feste Gehälter, Renten und Löhne empfangen,

---

[1]) Auch die von Fr. Bendixen („Das Wesen des Geldes", 1908) entwickelte Ideen über die „Geldschöpfungspflicht" der vom Staate eingesetzten zentralen Geldquellen, der Notenbanken, enthalten keine Lösung des hier vorliegenden Problems. Bendixen vertritt ein „Kreditrecht des Produzenten", dahingehend, daß jedermann aufgrund des Nachweises, daß er „in entsprechendem Umfange" Werte geschaffen und der Gemeinschaft zur Verfügung gestellt habe, Geldzeichen verlangen könne. Er verweist für die Durchführbarkeit seiner Idee auf die Reichsbank, die im Wege der Diskontierung von Warenwechseln in ihren Noten heute schon die Geldschöpfungspflicht erfülle. — Aber die Reichsbank reagiert durch Erhöhung ihres Diskontsatzes auf die Steigerung der an sie herantretenden Geldansprüche und wirkt dadurch indirekt auf das Preisniveau ein; dadurch reguliert sie nicht nur das Gleichgewicht zwischen Geldbedarf und Geldversorgung, sondern auch — wie oben dargestellt wurde — das Gleichgewicht zwischen Produktion und Konsum. Das „Recht auf Kredit" und die von jeder Rücksicht auf die metallische Notendeckung befreite „Geldschöpfungspflicht" sind, konsequent durchgedacht, unvereinbar mit einer Handhabung der Diskontpolitik, die gegebenenfalls einschränkend auf den Geldbegehr einwirkt. Die Wirkungen, welche ein Verzicht auf eine solche Einwirkung haben müßte, sind oben angedeutet.

(Neue Anmerkung:) Eine neuartige Behandlung des Problems findet sich in dem oben (S. 569) bereits angeführten Buche von Irving Fisher „The Purchasing Power of Money", New York, 1912. Die Theorie und die praktischen Vorschläge Fishers, auf die hier nicht im einzelnen eingegangen werden kann, sind dargestellt und kritisch gewürdigt in der Schrift von Dr. Heinrich König, „Die Befestigung der Kaufkraft des Geldes" 1922. Fisher geht von der Annahme aus, daß in der Zeit vor dem Kriege die erhebliche Steigerung der Goldproduktion und die daraus resultierende Vermehrung des Geldumlaufs der Goldwährungsländer eine dauernde Abnahme der Kaufkraft des Geldes verursacht hätten. Die bisherigen Goldwährungen bezeichnet Fisher wegen der Schwankungen der Kaufkraft des Geldes als „erratische Währungen"; er will sie durch „geregelte Goldwährungen" ersetzen, die ihrerseits auf der Grundlage der „Tabellarwährung" beruhen sollen. Seine Konstruktion beruht auf der Voraussetzung, daß durch ein System von Preisindexziffern die

an einer Hochhaltung und Steigerung des Geldwertes interessiert sein. Der Kampf um den Geldwert müßte mehr als jeder andere wirtschaftliche Interessenkonflikt zur Demoralisation des wirtschaftlichen und gesellschaftlichen Lebens führen. Solche zerstörenden Kämpfe können vermieden werden — freilich nicht ganz, sonst hätte es ja niemals eine „Währungsfrage" gegeben —, wenn der Geldwert in Abhängigkeit von einem der Edelmetalle gesetzt wird, dessen Wertbildung außerhalb des Einflusses der wirtschaftlichen Parteien steht und dessen besondere Eigenschaften eine größere Sicherheit für eine annähernde Stabilität seines Wertes bilden, als sie bei einem anderen Gute bisher wahrscheinlich gemacht worden ist.

Die Verbindung des Geldwertes mit einem der Edelmetalle ist jedoch nicht nur notwendig, um dem Staate die unerfüllbare Aufgabe einer Regulierung des Geldwertes zu ersparen und um diese Regulierung dem Streite brutaler Interessen soviel wie möglich zu entziehen, sondern auch in Rücksicht auf den internationalen Verkehr. Die Störungen, welche die internationalen Handelsbeziehungen durch Schwankungen im gegenseitigen Wertverhältnisse der verschiedenen Länder erfahren, sind bereits ausführlich dargestellt worden. Wir haben gesehen, daß diese Schwankungen praktisch nur dadurch beseitigt werden können, daß die verschiedenen Länder den Wert ihres Geldes mit einem und demselben Geldstoffe in Verbindung setzen. Die Entwicklung der

Kaufkraft des Geldes exakt und einwandfrei festgestellt werden könne. Diese Indexziffern sollen dann für die Währung eines Zentralstaates als „tabellarischer Wertregulator" dienen, und alle übrigen Staaten der Welt sollen durch die Mittel der Devisenpolitik ihre Währungen an diese Zentralwährung anschließen. Der „tabellarische Wertregulator" soll in der Weise funktionieren, daß bei Veränderungen der Indexzahl das Goldäquivalent der Geldeinheit geändert wird, und zwar entweder durch Aenderung des gesetzlichen Feingehaltes der Goldmünzen oder unter Abschaffung des vollwertigen Goldgeldes durch Aenderungen der Ankaufs- und Verkaufspreise für Gold seitens der mit der Regelung des Geldumlaufs betrauten Zentralstelle. Anstelle des „Dollar mit festem Goldgewicht und veränderlicher Kaufkraft" soll ein „Dollar mit veränderlichem Goldgewicht, aber feststehender Kaufkraft" treten. Fisher denkt dabei weniger an eine unmittelbare Einwirkung auf den Wert der Geldeinheit durch Erhöhung oder Verminderung ihres Goldäquivalentes, als an eine Beeinflussung des Geldwertes durch Ausdehnung oder Zusammenziehung des Geldumlaufs. Denn bei einer Erhöhung des Goldankaufspreises der Zentralstelle oder der Münze, die einer Senkung des allgemeinen Preisniveaus entgegenwirken soll, erwartet er eine Ausdehnung des Geldumlaufs, von einer Herabsetzung des Goldpreises eine Zusammenziehung des Geldumlaufs. Sein Projekt beruht also insoweit auf der Grundlage der Quantitätstheorie. — So interessant der Vorschlag und seine Durcharbeitung ist, so will es mir doch scheinen, daß die praktischen Schwierigkeiten nicht verringert werden, wenn die Ausdehnung und Zusammenziehung des Geldumlaufs durch das Medium der Erhöhung oder Ermäßigung des staatlichen An- und Verkaufspreises für Gold bewirkt werden sollen, statt durch die Erleichterung oder Erschwerung der Kreditgewährung durch eine Zentralbank. Theoretisch ist die Kombination der Ausdehnung und Zusammenziehung des Geldumlaufs mit der Verringerung und Erhöhung des Goldäquivalentes der Geldeinheit gewiß nicht uninteressant; aber wer in den letzten Jahren in den Ländern mit stark schwankender Valuta, also stark schwankenden Goldpreisen, erlebt hat, wie verschieden in Tempo und Ausmaß die einzelnen Großhandels- und Kleinhandelspreise, Mieten und Pachten, Gehälter und Löhne auf stärkste Veränderungen des Goldpreises reagieren, wird Zweifel an der Richtigkeit der Voraussetzungen dieser Konstruktion nicht unterdrücken können.

letzten Jahrzehnte (vor dem Kriege) hat dazu geführt, daß der weitaus größte Teil aller am Weltmarkte beteiligten Länder auf dem Boden der Goldvaluta den gegenseitigen Wert ihres Geldes festgelegt hat. Hätten diese Länder ein Papiergeld, dessen Wert unabhängig wäre von demjenigen eines konkreten Sachgutes und der durch staatliche Maßnahmen reguliert werden würde, die ihrerseits von der Rücksichtslosigkeit und der wechselnden Macht der widerstreitenden Interessen abhängig wären, — dann könnte ein einigermaßen stabiles Verhältnis zwischen dem Gelde dieser Staaten nicht bestehen, solange nicht die gesamte Papiergeldausgabe für sämtliche Staaten eine einheitliche wäre und von e i n e r Zentralstelle aus geleitet würde. Die Voraussetzungen für ein solches Papiergeld wären keine geringeren als diejenigen für den ewigen Frieden.

Man mag es bedauern und kritisieren, daß bei der sich auf metallischer Grundlage aufbauenden Geldverfassung der Wert des Geldes durch Gewalten beherrscht wird, die unserem Machtbereiche entzogen sind und die denkbarer Weise einmal große Vermögensverschiebungen und starke Erschütterungen der Volkswirtschaft hervorrufen können. Die bisherige Entwicklung des Geldwesens kann uns jedoch veranlassen, uns auch hier — wie auf so vielen anderen Gebieten — mit der allen menschlichen Einrichtungen anhaftenden Unvollkommenheit zu bescheiden; denn die Geschichte der einzelnen Papierwährungen drängt uns zu dem für die menschliche Unzulänglichkeit bezeichnenden Schlusse, daß die Geldversorgung der Volkswirtschaft und mithin auch der Geldwert meist gerade bei derjenigen Währungsverfassung am schlechtesten reguliert war, bei der die Regulierung am vollständigsten im Machtbereiche des menschlichen Willens zu liegen scheint. Auch der stärkste Glaube an die intellektuelle und moralische Entwicklungsfähigkeit des Menschengeschlechtes kann nicht darüber hinwegtäuschen, daß es noch lange dauern wird, bis die Mangelhaftigkeit der menschlichen Erkenntnis und die Macht der menschlichen Selbstsucht und Leidenschaft soweit überwunden sein werden, daß für das alle wirtschaftlichen Beziehungen tragende und durchdringende Geld ohne Gefahr auf die Verankerung in dem festen Grunde eines allgemein anerkannten Wertes verzichtet werden kann. Diese Berechtigung und Begründung eines praktischen „Metallismus" kann durch keine „Chartaltheorie" erschüttert werden.

Der gegebene Weg zur Einschränkung der von niemandem geleugneten Unvollkommenheit des auf metallischer Grundlage beruhenden Geldes ist der Ausbau derjenigen Einrichtungen des Zahlungsverkehrs und des Bankwesens, welche die Anpassungsfähigkeit des Geldes gegenüber den Bedürfnissen der Volkswirtschaft zu steigern und damit die Wirkung der die Stabilität des Geldwertes beeinträchtigenden Verschiebungen einzudämmen vermögen.

Neue Erwägungen.

Die Entwicklung der letzten Jahre hat bestätigt, daß die Wertbeständigkeit des Geldes in keiner Geldverfassung größeren Erschütterungen ausgesetzt ist als bei der Papierwährung, die rein theoretisch allein eine planmäßige und vollständige Anpassung des

Geldumlaufs an den Geldbedarf und damit eine Regulierung des Geldwertes gestattet. Es hat sich herausgestellt, daß die Zwangsmomente, die zur Preisgabe der Goldwährung und zum Abgleiten in die Papierwährung geführt haben, solange sie fortbestehen, auch eine planmäßige Regulierung von Geldumlauf und Geldwert auf dem Boden der Papierwährung unmöglich machen. Es hat sich ferner herausgestellt, daß Wirtschaft und Staat, wenn der Druck jener Zwangsmomente nachläßt und aufhört, für die Stabilisierung ihres Geldwertes eher einen Halt an dem Gelde der auf der Goldbasis verbliebenen fremden Länder finden als an irgendwelchen inländischen Kriterien, die für eine Fixierung des Geldwertes theoretisch in Betracht kommen könnten. England hat, als ihm die wirtschaftliche und finanzielle Erholung die Inangriffnahme der Wiederherstellung seines Geldwesens gestattete, nicht irgendeine Indexzahl für Großhandelspreise oder Lebenshaltungskosten oder Löhne als feste Norm des Geldwertes aufgestellt, sondern den der ursprünglichen Goldparität entsprechenden Dollarkurs, genau so, wie in der Vergangenheit Rußland, Oesterreich-Ungarn, Argentinien und andere Länder, die aus stark fluktuierenden Papierwährungen heraus zu einer Stabilisierung des Geldwertes zu kommen suchten, die Herstellung eines festen Kursverhältnisses zu den Goldwährungsländern erstrebten.

Ich bin überzeugt, daß auch Deutschland, wenn die Verhältnisse für eine Stabilisierung des Geldwertes reif geworden sein werden, das Problem nicht auf der künstlich konstruierten Grundlage von Indexziffern, sondern auf dem einfacheren und praktisch genügenden Wege der Herstellung eines festen Verhältnisses zu dem Gelde der Goldwährungsländer versuchen wird, wie in der Tat die Reichsbank vom Januar 1923 an das Abbremsen der Teuerung, also die Stabilisierung des inländischen Geldwertes, auf dem Wege der Stabilisierung des Dollarkurses, also des Außenwertes des Geldes, versucht hat. Wenn aber die wirtschaftliche und finanzielle Kraft des Landes nicht zu einer solchen Anlehnung an ein wertbeständiges ausländisches Geld ausreicht, dann ist nicht einzusehen, wie die Kraft für die Realisierung einer festen Indexziffer, eines Konglomerates von Preisen und Löhnen, genügen sollte. Der Dollar ist eine einfache, indiskutable Wertgröße, die heute in der ganzen Welt als Standard-Werteinheit gilt. Die Regulierung der Mark nach dem Dollarkurs, der täglich an den Börsenplätzen notiert wird, ist unendlich einfacher als die Regulierung der Mark nach einem System von Indexziffern, dessen Aufbau immer umstritten sein wird und dessen Handhabung langwierige statistische Erhebungen und rechnerische Arbeiten nötig macht. Darüber hinaus ist die technische Möglichkeit einer Regulierung des valutarischen Verhältnisses zu einer ausländischen Geldeinheit im Wege der Devisenpolitik in einer Anzahl wichtiger Fälle praktisch erprobt, während die Stabilisierung des Geldwertes auf der Grundlage einer aus einer großen Anzahl von Preisen oder Löhnen künstlich konstruierten Indexzahl praktisch bisher noch nirgends auch nur versucht worden ist und, wenn sie auf dem Wege der Ausdehnung und Zusammenziehung des Geldumlaufs erfolgen sollte, theoretisch mit der reinen Quantitätstheorie steht und fällt. Als praktisches Ziel kommt also nur die Herstellung eines festen Kursverhältnisses zu dem Gelde des Weltmarktes, d. h. eines festen Wertverhältnisses zum Golde, in Betracht.

Bei der heutigen politischen, wirtschaftlichen und finanziellen Konstellation liegt allerdings dieses Ziel noch in der Ferne. Es ist deshalb begreiflich, wenn die weiten Kreise, die unter der Entwertung und den Wertschwankungen des deutschen Geldes leiden, sich auf die Erreichung dieses Zieles nicht vertrösten lassen wollen, sondern sich den Kopf zerbrechen, auf welchen Wegen vor einer endgültigen Neuordnung unseres Geldwesens auf einer wertbeständigen Grundlage Abhilfe gegen die schlimmsten Mißstände und Schutz vor den schwersten Gefahren geschaffen werden kann.

Diese Bestrebungen gehen häufig unter Namen, welche die Vorstellung erwecken, als handle es sich um die Einführung eines neuen wertbeständigen Umlaufsmittels anstelle der sich immer weiter entwertenden Mark. Bezeichnungen wie „Goldmark", „Neumark", „Festmark", „Indexmark" usw. müssen eine solche Vorstellung erwecken. In Wirklichkeit aber handelt es sich bei jenen Bestrebungen, die oben in den Paragraphen über die Erschütterung der Nennwerttheorie durch die Geldentwertung schon erwähnt worden sind[1]), um etwas anderes: sie wollen die in ihrem Werte schwankende und möglicher Weise sich weiter entwertende Mark als Umlaufsmittel, der Not gehorchend, beibehalten, aber ein neues Kriterium für den Wertinhalt der Geldschulden und der in Geld festzusetzenden regelmäßigen Leistungen, wie Löhne und Gehälter usw., schaffen. So befürwortet G e i l e r die „sofortige Schaffung eines wertbeständigen inländischen Wertmessers, und zwar mangels der Möglichkeit einer realen Fundierung, zunächst nur in der Form einer abstrakten Rechnungseinheit" (Neumark). Daneben soll das gegenwärtige Papiergeld als Zahlungsmittel bestehen bleiben, es soll also zu dieser wertbeständigen Rechnungseinheit in wechselnde Relation treten. Dementsprechend soll bei den unter die neue Rechnungseinheit fallenden Geldschulden die Papiermark zwar weiterhin als Zahlungsmittel gelten, maßgebend für den Betrag der in Erfüllung der Schuld zu zahlenden Summe von Papiermark soll jedoch das Kursverhältnis der Papiermark zu der festen Rechnungseinheit bei Begründung und Heimzahlung der Schuld sein. Der „Neumark" soll die „Inlandskaufkraft der Mark" zugrunde gelegt werden, die im Wege einer Kombinierung unserer bisherigen Indexziffern ermittelt werden soll.

Auf ähnlicher Grundlage beruhen eine Anzahl anderer Vorschläge, nur daß hier und dort anstelle der inländischen Indexziffer die durchschnittlichen Kurse der Golddevisen für bestimmte Zeiträume oder die Goldmark zugrunde gelegt werden.

G e i l e r spricht sich für eine allmähliche und fakultative Einführung seiner „Neumark" unter Zulassung der Eintragung ins Grund-

---

[1]) Siehe oben S. 366 ff. — Neben der dort angegebenen Literatur sei noch erwähnt: M ü g e l, „Geldentwertung und Gesetzgebung", Berlin 1922; G e i l e r, „Die Geldentwertung als Gesetzgebungsproblem", Mannheim 1922; derselbe, „Das Problem der wertbeständigen Rechnungseinheit", Berliner Börsenzeitung vom 6. März 1923; M a h l b e r g, „Die Notwendigkeit der Goldmarkverrechnung im Verkehr", Leipzig 1922.

buch sowie ihrer Verwendung bei der Bilanzierung, in gerichtlichen Urteilen und im Versicherungsverkehr aus; andere sind dagegen für eine generelle und zwangsweise Einführung, eventuell sogar mit rückwirkender Kraft für früher abgeschlossene Geldverbindlichkeiten.

Was hier vorgeschlagen wird, ist, soweit Geldschulden in Betracht kommen, vom Standpunkt der Rechtstheorie des Geldes (oben S. 368, 369) bereits gewürdigt worden. Es wurde darauf hingewiesen, daß durch das Auseinanderreißen dessen, was „in obligatione" und was „in solutione" ist, die Einheit des Geldbegriffes in einer auf die Dauer unerträglichen Weise gespalten wird. Es wurde ferner darauf hinge-wiesen, daß in den Roggen- und Kohlenwert-Obligationen — neuerdings kommen die Goldschuldverschreibungen der Rhein-Main-Donau-Gesellschaft und die Kaliwert-Obligationen des Preußischen Staates noch hinzu — diese Trennung von Wertinhalt und Erfüllungsmittel der Geldschulden im Wege der freien Vereinbarung in einzelnen konkreten Fällen ver-wirklicht worden ist. Bei dieser Lösung wird dem Gelde die Eigenschaft als Wertbewahrer, auch soweit an sich in Geld zahlbare Schulden in Be-tracht kommen, genommen. Dem Bedürfnis nach einem stabilen Wert-bewahrer, der die Vorzüge der Geldforderung bewahrt, ohne an der Entwertung des Geldes teilzunehmen, wird durch diese Konstruktion einigermaßen entsprochen. Der weiteren Entwertung des umlaufenden Geldes wird jedoch in keiner Weise vorgebeugt. Immerhin kann man vielleicht sagen, daß die Schaffung solcher „wertbeständigen Anleihen" nicht die Wirkung haben müsse, den Entwertungsprozeß des Geldes unaufhaltbar zu machen oder zu beschleunigen.

Wesentlich anders liegt es bei der Anwendung irgendeiner Art von Indexwährung auf die Entgelte für Leistungen. Soweit Löhne und Gehälter in Betracht kommen, würde die Indexwährung unter Beibehaltung der sich entwertenden Umlaufsmittel praktisch auf ein System der „gleitenden Skala" für Lohn- und Gehaltssätze hinaus-kommen. Mit diesem System liegen praktische Erfahrungen, vor allem in Oesterreich, vor, die nichts weniger als ermutigend sind. In einer im September 1922 dem deutschen Reichstag vorgelegten „Denkschrift über die gleitende Gehaltsskala"[1]) wird über die österreichischen Erfahrungen ausgeführt:

„In Oesterreich ist die Vollanpassung (der Löhne und Gehälter an den Teuerungsindex) in großem Umfange eingeführt worden, sowohl in Industrie und Handel, wie für die Landesangestellten. In den Ver-trägen der Industrieangestellten wurde zunächst die gleitende Teuerungs-zulage in der Weise angewendet, daß sich die Gehälter um ebenso viel Hundertsätze erhöhen bzw. erniedrigen, als sich die Kosten der Lebens-haltung verteuern bzw. verbilligen ... Die Anpassung erfolgte in kurzen Zwischenräumen, einmal sogar wegen der sprunghaften Teuerung zwei-mal innerhalb 14 Tagen. Hierbei zeigte sich das Ergebnis, daß viel-fach durch die rein mechanische Anpassung der Besoldung an die Kosten der Lebenshaltung die Verteuerung überschätzt wurde. Es machte sich das Bestreben geltend, bei den Verhandlungen über die Fest-

---

[1]) Drucksachen des Reichstags 1920/22 Nr. 5007.

stellung des Index möglichst hohe Preise einzusetzen, um dadurch den Index in die Höhe zu treiben. Alle diese Umstände führten zu übermäßig erhöhten Löhnen und erzeugten eine neuerliche Teuerungswelle, die wiederum eine erneute Erhöhung der Bezüge erforderlich machte. Es zeigte sich mehr und mehr, daß die Lohnempfänger an einer Verbilligung der Lebens- und Bedarfsartikel kein Interesse mehr hatten, ihnen sogar eine sprunghafte Verteuerung im jeweiligen Zeitpunkte der Berechnung des Index ganz erwünscht war, weil sie dadurch auf einen Monat hinaus eine Erhöhung erfuhren."

Auch wenn man von jeder mißbräuchlichen Ausnutzung des Systems der gleitenden Skala absieht, so wird man sich der Erkenntnis nicht verschließen können, daß dieses System notwendiger Weise die letzte Hemmung gegen den verhängnisvollen Wettlauf von Löhnen und Preisen ausschalten muß. Eine Teuerung der Warenpreise, der die Löhne und Gehälter nicht automatisch folgen, regt einerseits zu einer verstärkten Arbeitsleistung an, andererseits zu Einschränkungen im Verbrauch. Paßt aber die Entlohnung der Arbeit sich automatisch der Teuerung an, so sind diese Antriebe, die allein die Teuerung an der Wurzel fassen können, ausgeschaltet. Dann muß die Anpassung der Löhne an die Teuerung zu einer neuen Verteuerung der Preise führen, diese wieder zu einer neuen Erhöhung der Löhne und so weiter in infinitum; und wenn der Staat oder seine Zentralbank, wie es Voraussetzung für dieses System ist, für die aus diesem Wettlauf sich ergebenden Anforderungen unbegrenzt die Notenpresse zur Verfügung stellen, dann muß auch die Inflation in geometrischer Progression wachsen. Die größte Gefahr unseres komplizierten modernen Produktionsprozesses liegt darin, daß der Arbeiter die unmittelbare Beziehung zu seiner Arbeitsleistung verloren hat, daß ihm der Blick für das Verhältnis zwischen seiner Arbeitsleistung und seiner Entlohnung verloren gegangen ist, daß er den Vorteil der erhöhten Arbeitsleistung und sparsamen Arbeitsweise nicht mehr so unmittelbar spürt, wie der kleine Handwerker oder Bauer, der für sich selbst arbeitet. Der letzte Rest fühlbarer Beziehung zwischen Arbeitsleistung und Lohn wird aber für den Arbeiter aufgehoben, wenn er durch die automatische Anpassung der Papiergeldlöhne an die Verteuerung seines Lebensunterhaltes in die Illusion versetzt wird, jeder eignen Anstrengung zur Ueberwindung der Teuerung enthoben zu sein. Die Endwirkung muß also, wie es in Oesterreich tatsächlich der Fall war, die Verschärfung der Teuerung und die Beschleunigung der Entwertung des Geldes sein.

Wir sind in Deutschland in der Praxis der Tarifverhandlungen und der Gehaltsregulierungen dem System der gleitenden Skala oder der Indexmark bereits in einer geradezu bedenklichen Weise nahe gerückt. Eine formelle und vollständige Einführung dieses Systems müßte nicht nur den gänzlichen Ruin unseres Geldwesens beschleunigen, sondern auch den Ruin unserer gesamten Wirtschaft. Auch wir werden, wenn unser Geldwesen und unsere Wirtschaft gesunden sollen, auf das Narkotikum der fortgesetzten Vermehrung der Zahlungsmittel verzichten und — wenn die politischen Voraussetzungen des Erfolges geschaffen sind — zu einer „Deflationspolitik" kommen müssen; auch wir werden, wenn die Scheingewinne aus den fortgesetzten Preis- und Kurssteigerungen

aufhören und damit auch für die Löhne und Gehälter wieder bestimmte
Grenzen gezogen werden, die „Gesundungskrisis" durchmachen müssen,
die noch keinem Lande erspart geblieben ist, das nach der Gewöhnung
an Inflation und Geldentwertung die Entziehungskur begonnen hat. Die
„gleitende Skala" und die „Indexwährung" aber führen nach der entgegengesetzten Richtung.

So bleibt einem Lande in unserer Lage — es mag phantasielos
klingen, aber es ist das Ergebnis unerbittlicher Logik — abgesehen
von kleinen Notbehelfen nur die Arbeit an der Wiederherstellung der
Goldbasis für seine Währung. Wann und unter welchen Umständen und
mit welchem Goldäquivalent dieses Ziel sich für uns erreichen lassen
wird, steht dahin. Denn das Geldwesen eines Landes ist nicht ein Ding
an sich, nicht eine auf sich selbst stehende juristische, administrative oder
technische Konstruktion, sondern ein Glied, das an der Gesundheit und
Krankheit des Gesamtkörpers teilnimmt.

———o O o———